O EFEITO
LÚCIFER

O EFEITO LÚCIFER

PHILIP ZIMBARDO

Tradução de
Tiago Novaes Lima

Revisão técnica de
Luiz Pasquali

14ª edição

EDITORA RECORD
RIO DE JANEIRO • SÃO PAULO

2025

CIP-BRASIL. CATALOGAÇÃO NA FONTE
SINDICATO NACIONAL DOS EDITORES DE LIVROS, RJ

Zimbardo, Philip

Z66e   O efeito Lúcifer: como pessoas boas tornam-se más /
14ª ed.   Philip Zimbardo; tradução Tiago Novaes Lima. – 14ª ed.
– Rio de Janeiro: Record, 2025.

Tradução de: The Lucifer efect
ISBN 978-85-01-08219-0

1. Bem e mal – Aspectos psicológicos. 2. Conduta.
I. Título.

12-3418.   CDD: 158.1
                                            CDU: 159.947

Texto revisado segundo o Acordo Ortográfico da Língua Portuguesa de 1990.

Título original em inglês:
The Lucifer Efect

Direitos exclusivos de publicação em língua portuguesa para o Brasil adquiridos pela
EDITORA RECORD LTDA.
Rua Argentina 171 – 20921-380 – Rio de Janeiro, RJ – Tel.: (21) 2585-2000 que se reserva a propriedade literária desta tradução.

Impresso no Brasil

ISBN 978-85-01-08219-0

Seja um leitor preferencial Record.
Cadastre-se no site www.record.com.br e receba informações sobre nossos lançamentos e nossas promoções.

Atendimento direto ao leitor:
sac@record.com.br

EDITORA AFILIADA

Dedicado a Christina Maslach Zimbardo,
a heroína serena de minha vida

Sumário

Agradecimentos... 9

Prefácio 13

1. A Psicologia do mal: as transformações de caráter dependendo
   da situação.. 21

2. As detenções-surpresa de domingo 47

3. Que se iniciem os rituais de degradação de domingo 71

4. A rebelião de prisioneiros da segunda-feira 94

5. A dupla confusão da terça-feira: visitantes e desordeiros 126

6. A quarta-feira está fugindo ao controle....................................... 153

7. O poder da liberdade condicional.. 194

8. Os confrontos com a realidade na quinta-feira............................ 226

9. A dissipação da sexta-feira.. 251

10. Significados e mensagens do EPS: a alquimia das
    transformações de caráter 279

11. O EPS: ética e extensão... 324

12. Investigando a dinâmica social: poder, conformidade e
    obediência 363

13. Investigando a dinâmica social: desindividuação, desumanização e o mal da inação 416

14. Os abusos e torturas de Abu Ghraib: compreendendo e personificando seus horrores 454

15. Levando o sistema a julgamento: a cumplicidade do comando 529

16. Resistindo às influências das circunstâncias e celebrando o heroísmo 615

Notas 675

Índice 737

AGRADECIMENTOS

Este livro não seria possível sem uma boa dose de auxílio em cada etapa de sua longa jornada, da idealização à realização desta versão final.

PESQUISA EMPÍRICA

Tudo começou com o planejamento, a execução e a análise do experimento que fizemos na Universidade de Stanford, em agosto de 1971. O ímpeto imediato desta pesquisa surgiu como um projeto de graduandos sobre a psicologia do aprisionamento encabeçado por David Jaffe, que viria a se tornar o diretor de nosso Experimento da Prisão de Stanford. Ao preparar a condução do experimento, para melhor compreender a mentalidade dos prisioneiros e da equipe correcional, assim como para explorar quais eram os atributos cruciais da natureza psicológica de qualquer experimento de prisão, ministrei um curso de férias na Universidade de Stanford abordando esses tópicos. Meu coinstrutor foi Andrew Carlo Prescott, que havia recebido recentemente a liberdade condicional após uma série de longos confinamentos nas prisões da Califórnia. Carlo se tornou um inestimável consultor e chefe de nossa "Comissão de Liberdade Condicional para Maiores". Dois alunos da graduação, William Curtis Banks e Craig Haney, estiveram envolvidos integralmente em cada etapa da produção deste incomum projeto de pesquisa. Craig utilizou a experiência como trampolim para uma carreira de sucesso na Psicologia e no Direito, tornando-se um advogado de referência em direitos para prisioneiros, e é o autor de uma série de artigos e capítulos que assina comigo em vários temas relacionados à instituição das prisões. Agradeço a cada um deles por suas contribuições a este estudo por seus frutos intelectuais e práticos. Além disso, meu agradecimento vai para cada um dos universitários que se inscreveram como voluntários para o experimento do qual, décadas depois, alguns não conseguem esquecer. Como reafirmo no texto, peço desculpas a eles pelo sofrimento que passaram durante e depois desta pesquisa.

PESQUISA SUBSEQUENTE

A tarefa de reunir em DVD os arquivos de vídeo do experimento da prisão, dos quais puderam ser feitas as transcrições, recaiu sobre Sean Bruich e Scott Thompson, dois excepcionais alunos de Stanford. Além de dar destaque a episódios significativos desse material, Sean e Scott também ajudaram a combinar uma vasta série de materiais de base colhidos em diversos aspectos do estudo.

Tanya Zimbardo e Marissa Allen ajudaram durante a etapa seguinte, organizando e reunindo um amplo material complementar, de recortes da imprensa, meus apontamentos, e artigos variados. Uma equipe de outros estudantes de Stanford, em especial Kieran O'Connor e Matt Estrada, conduziu de forma experiente a verificação das referências. Matt também transcreveu minha entrevista gravada com o sargento Chip Frederick, convertendo-a em um texto datilografado compreensível.

Estimo o *feedback* recebido de colegas e estudantes acerca dos dois primeiros esboços de vários capítulos, dentre os quais Adam Breckenridge, Stephen Behnke, Tom Blass, Rose McDermott e Jason Weaver. Anthony Pratkanis e Cindy Wang merecem um agradecimento especial por seu auxílio, em parte do capítulo final relativo à resistência à influência indesejada, além de Zeno Franco, por suas contribuições às novas visões acerca da psicologia do heroísmo.

Minha compreensão da situação militar em Abu Ghraib e de outros cenários de guerra se beneficiou muito com o conhecimento do suboficial Marci Drewry e do coronel e psicólogo militar Larry James. Doug Bracewell proveu-me continuamente de fontes de informação da internet sobre uma multiplicidade de tópicos relacionados a questões concernentes aos dois capítulos sobre Abu Ghraib. Gary Myers, advogado do sargento Frederick, não apenas serviu a este caso por um largo período sem remuneração, como também me forneceu todos os materiais originais e informações necessárias para que este complexo quadro fizesse sentido. Adam Zimbardo brindou-me com uma acurada análise da natureza sexual das "fotos troféus" que surgiram durante a "festa" do turno da noite, no Pavilhão 1A.

Grande parcela de minha gratidão vai para Bob Johnson (meu colega psicólogo, coautor da obra introdutória em psicologia *Core Concepts*). Bob leu todo o manuscrito e ofereceu inestimáveis e incontáveis sugestões sobre como melhorá-lo, assim como Sasha Lubomirsky, que me ajudou a coordenar a contribuição de Bob com a de Rose Zimbardo. Rose é uma ilustre professora de Literatura Inglesa que garantiu que cada frase deste livro funcionasse como deveria para transmitir minha mensagem ao leitor comum. Agradeço a cada um deles por realizarem essa tarefa com tanta graça e bom-senso.

Agradeço também meu editor da Random House, Will Murphy, por sua meticulosa edição — uma arte esquecida por muitos editores —, e pela valente tentativa de enxugá-lo a temas essenciais. Lynn Anderson cumpriu com primor e astúcia o trabalho de revisão, e com Vincent La Scala, adicionou consistência e clareza a minhas mensagens. John Brockman tem sido o agente e anjo da guarda deste livro e de sua divulgação.

Finalmente, após ter muitas vezes trabalhado durante 12 horas seguidas, dia e noite adentro, meu corpo dolorido foi preparado para o *round* seguinte por minha massagista Jerry Huber, da *Healing Hands Massage*, em São Francisco, e por Ann Hollingsworth, do *Gualala Sea Spa*, sempre que me escondia em minha casa de praia para trabalhar.

Para cada um desses que me ajudaram, família, amigos, colegas e alunos, que me permitiram transformar ideias em palavras, estas em um manuscrito, e o manuscrito neste livro, por favor, aceitem os meus mais sinceros agradecimentos.

Ciao,
Phil Zimbardo

11

PREFÁCIO

GOSTARIA DE PODER DIZER QUE ESCREVER ESTE LIVRO FOI uma atividade apaixonante: não o foi em momento algum dos dois anos que levei para escrevê-lo. Em primeiro lugar, foi emocionalmente doloroso rever todas as fitas do Experimento da Prisão de Stanford (EPS) e ler muitas e muitas vezes os textos datilografados preparados a partir delas. O tempo turvou minha memória no que se refere à amplitude do mal criativo que muitos dos guardas empregaram, à amplitude do sofrimento de muitos dos prisioneiros, e de minha passividade ao permitir que os abusos continuassem por tanto tempo — este, o mal da inação.

Esqueci-me também que, na verdade, a primeira parte deste livro havia começado há trinta anos, sob contrato com uma outra editora. Desisti, porém, pouco depois de começar a escrever, por não estar preparado para reviver a experiência enquanto ela ainda se encontrava tão próxima de mim. Fico feliz por não ter perseverado e me forçado a continuar escrevendo, pois é agora o tempo certo de fazê-lo. Sou agora mais experiente e capaz de trazer uma perspectiva mais madura a esta complexa tarefa. Além disso, o paralelismo entre os abusos em Abu Ghraib e os eventos no EPS conferiu maior validade ao nosso Experimento da Prisão de Stanford, que, por sua vez, lançou luz sobre a dinâmica psicológica que propiciou os abusos terríveis naquela prisão real.

Um segundo obstáculo emocionalmente exaustivo para a escrita foi ter me envolvido de modo pessoal e intenso com a pesquisa em tempo integral dos abusos e torturas em Abu Ghraib. Como testemunha especialista de um dos policiais militares da prisão, tornei-me mais um repórter investigativo do que um psicólogo social. Trabalhei para descobrir tudo o que pudesse acerca desse jovem: desde entrevistas intensivas com ele a conversas e correspondências com pessoas de sua família, com o intuito de examinar seu passado em instituições correcionais e nas Forças Armadas, assim como o contato com o restante da equipe de funcionários que serviu naquele calabouço. Comecei a sentir como era estar em seu lugar, durante o turno da noite no Pavilhão 1A, das quatro horas da tarde às quatro da madrugada, toda noite, durante quarenta noites seguidas.

Como testemunha especialista em seu julgamento, convocado para discorrer sobre as forças situacionais que contribuíram para os abusos específicos que ele cometera, foi-me concedido acesso às muitas centenas de registros de perversidade em imagens digitais. Foi uma tarefa angustiante e ingrata. Ademais, tive acesso a todos os documentos disponibilizados até aquele momento por diversas comissões de investigação, civis e militares. Como me avisaram que não poderia levar apontamentos detalhados ao julgamento, tive de memorizar o máximo possível de conclusões e de aspectos cruciais. Esse desafio cognitivo somou-se à terrível tensão emocional que surgiu depois de o sargento Ivan "Chip" Frederick ter recebido uma sentença severa, quando tornei-me conselheiro psicológico informal dele e de sua esposa Martha. Com o tempo, passei a ser, para eles, o "Tio Phil".

Eu estava duplamente frustrado e furioso, primeiro pela má vontade das Forças Armadas em aceitar qualquer uma das muitas circunstâncias atenuantes detalhadas por mim, que contribuíram para seu comportamento abusivo e que deveriam ter amenizado sua severa condenação à prisão. O promotor público e o juiz se negaram a aventar qualquer possibilidade de que a força das circunstâncias pudesse influenciar comportamentos individuais. Com eles estava o conceito individualista padrão, compartilhado pela maioria das pessoas de nossa cultura. Trata-se da ideia de que o erro era inteiramente de índole, uma consequência de o Sargento Chip Frederick ter escolhido livremente envolver-se com o mal. Contribuiu para minha consternação perceber que muitos relatórios investigativos "independentes" depositaram claramente a culpa pelos abusos aos pés dos oficiais superiores e em suas lideranças omissas e defeituosas. Tais relatórios, conduzidos por generais e antigos oficiais do governo de altas patentes, tornaram evidentes que a hierarquia militar e civil erigira um "barril podre", no qual um grupo de bons soldados foi transformado em "maçãs podres".

Tivesse eu escrito este livro logo após o Experimento da Prisão de Stanford, teria ficado contente em detalhar as formas pelas quais as forças das circunstâncias são, mais do que pensamos ou possamos reconhecer, mais poderosas em modelar nosso comportamento em muitos contextos. Teria, contudo, ignorado o mais importante, o maior poder capaz de produzir o mal a partir do bem — o poder do Sistema, o complexo de poderosas forças que constituem a situação. Há muitos estudos em Psicologia Social que apoiam a ideia de que o poder das circunstâncias triunfa sobre o poder individual em contextos específicos. Refiro-me a isso em vários capítulos. No entanto, a maioria dos psicólogos não se sensibilizou para as fontes mais profundas do poder inerentes às matrizes política, econômica, religiosa, histórica e cultural, que definem situações e dão a elas existência legítima ou ilegítima. Uma compreensão completa da dinâmica do comportamento humano requer o reconhecimento da extensão e dos limites do poder pessoal, do poder das circunstâncias e do poder sistêmico.

Mudar e evitar comportamentos indesejáveis em indivíduos e grupos exige o conhecimento das forças, virtudes e vulnerabilidades que eles carregam em uma determinada situação. Em seguida, precisamos reconhecer mais inteiramente o complexo das forças circunstanciais que operam em determinados cenários comportamentais. Modificá-los, ou aprender a evitá-los, pode ter um impacto maior na redução de reações individuais indesejáveis do que reforçar ações voltadas apenas a mudar as pessoas durante determinada situação. Isso significa adotar, para a cura de doenças e erros individuais, uma abordagem de saúde pública, em vez da abordagem do modelo médico padrão. Entretanto, a não ser que nos sensibilizemos acerca do poder real do Sistema, invariavelmente escondido sob um véu de sigilo, e compreendamos o conjunto de regras e regulamentos, a mudança comportamental será transitória e a mudança situacional, ilusória. Ao longo de todo este livro, retomo o mantra de que procurar compreender as contribuições sistêmicas e das circunstâncias a qualquer comportamento individual não exime ou absolve a pessoa da responsabilidade por ter praticado atos imorais, ilegais, ou malignos.

Ao refletir sobre as razões pelas quais passei grande parte de minha carreira profissional estudando a psicologia do mal — da violência, do anonimato, da agressão, do vandalismo, da tortura e do terrorismo — devo também considerar a força das circunstâncias formativas agindo sobre mim. O fato de ter crescido em meio à pobreza do South Bronx, em um gueto urbano, na cidade de Nova York, moldou muitas das minhas prioridades e de minha visão de mundo acerca da vida. Viver no gueto significa sobreviver valendo-se de estratégias diversas. Em outras palavras, significa perceber quem pode usar de poder contra você ou a seu favor, quem evitar, e de quem se deve cair nas graças. Significa decifrar as pistas sutis deixadas pelas diferentes situações para saber quando apostar e quando esconder o jogo, criar obrigações recíprocas, e determinar o que é necessário para passar de seguidor a líder.

Naquele tempo, antes de a heroína e a cocaína chegarem ao Bronx, a vida no gueto se resumia a pessoas sem posses, crianças cujo recurso mais precioso, na ausência de brinquedos e tecnologias, era ter outras crianças para brincar. Alguns desses garotos se tornaram vítimas ou atores da violência; algumas pessoas que julguei serem boas acabaram fazendo coisas realmente más. Às vezes, era evidente qual tinha sido o catalisador desses atos. O pai de Donny, por exemplo, que o punia por qualquer coisa errada tirando todas as roupas do filho e o fazendo se ajoelhar em grãos de arroz dentro de uma banheira. Esse "pai torturador" era, em outros momentos, encantador, especialmente entre as senhoras que moravam no cortiço. Quando adolescente, Donny, arrasado pela experiência, acabou sendo preso. Outros garotos descontavam as frustrações esfolando gatos vivos. Como parte do ritual de iniciação da gangue, todos tínhamos de roubar, lutar com outro garoto, realizar algum ato ousado, intimidar meninas e garotos judeus que iam para a sinagoga. Nada disso era considerado maldade, nem ao menos feio; estávamos apenas obedecendo ao líder do grupo e nos adequando às normas da gangue.

Para nós, garotos, o poder sistêmico se resumia a zeladores altos e maus que nos expulsavam dos alpendres e a proprietários desalmados que, por falta de pagamento do aluguel, podiam despejar famílias inteiras fazendo as autoridades empacotarem seus pertences, deixando-as no meio da rua. Ainda me ressinto da vergonha pública que passavam. Nosso pior inimigo, no entanto, era a polícia, que investia contra nós quando estávamos jogando taco na rua (com tacos de cabo de vassoura e bola de borracha *Spalding*). Sem nenhuma explicação, eles confiscavam nossos tacos e nos obrigavam a parar de brincar na rua. Como não havia um parque a menos de 2 quilômetros de onde morávamos, as ruas eram tudo o que tínhamos e nossa bola de borracha cor-de-rosa oferecia pouco perigo aos passantes. Lembro-me de quando escondemos os tacos ao vermos a polícia se aproximar e os guardas me escolheram para abrir o bico sobre onde os havíamos colocado. Quando me recusei a dizer, um guarda disse que iria me prender, e, ao me empurrar para a viatura, minha cabeça bateu contra a porta do carro. Desde então, nunca mais confiei em adultos de uniforme, a não ser que provassem o contrário.

Com tal formação, sempre longe dos olhos dos pais — naquele tempo pais e filhos não se misturavam nas ruas —, fica claro de onde surgiu minha curiosidade pela natureza humana, especialmente por seu lado mais negro. Desta forma, *O Efeito Lúcifer* ficou incubado em mim durante muitos anos, desde a minha infância no gueto até a minha formação na ciência psicológica, e levou-me a formular grandes questões e a respondê-las por meio da evidência empírica.

A estrutura deste livro é um tanto incomum. Começa com um capítulo de abertura que delineia o tema da transformação do caráter humano, de anjos e de boas pessoas se transformando e fazendo coisas ruins, até mesmo más, coisas malignas. Isto suscita a questão fundamental de quão bem conhecemos a nós mesmos, e quão confiantes podemos ser em prever o que faríamos ou não em situações pelas quais nunca passamos. Seríamos capazes, como o anjo dileto de Deus, Lúcifer, de sucumbir à tentação de fazer o impensável aos outros?

O segmento de capítulos sobre o Experimento da Prisão de Stanford desdobra-se em grande detalhe, assim como nosso estudo de caso ampliado, tratando da transformação de estudantes universitários, aleatoriamente designados para representar os papéis de prisioneiros ou carcereiros, em um simulacro de prisão — simulacro que se tornou demasiado real. A cronologia capítulo a capítulo é apresentada de modo cinematográfico, como uma narrativa pessoal contada no presente do indicativo com o mínimo de interpretação psicológica. Apenas após a conclusão deste estudo — finalizado prematuramente — é que levaremos em conta o que aprendemos com ele, descreveremos e explicaremos as provas coletadas e refletiremos sobre os processos psicológicos ali envolvidos.

Uma das maiores conclusões do Experimento da Prisão de Stanford é que o poder penetrante, ainda que sutil, de um grande número de variáveis envolvidas em quaisquer circunstâncias pode dominar a vontade de resistir de um indivíduo. Tal conclusão confere maior profundidade a uma série de capítulos que detalham este fenômeno por meio de um conjunto de pesquisas em ciências sociais. Vemos como uma série de participantes da pesquisa — sejam sujeitos universitários ou cidadãos voluntários — chegou a se adaptar, consentir, obedecer e a ser prontamente seduzida a fazer coisas impensáveis fora daquele campo de força das circunstâncias. Descrevemos em seguida um conjunto de processos de dinâmica psicológica que induzem pessoas boas a fazerem o mal, dentre os quais a desindividuação, a obediência à autoridade, a passividade perante ameaças, as autojustificativas e a racionalização. A desumanização é um dos processos centrais na transformação de pessoas normais e comuns em perpetradoras do mal indiferentes ou mesmo entusiásticas. A desumanização é como uma catarata cortical, que turva o pensamento e fomenta a percepção de que os outros são inferiores a seres humanos. Faz com que algumas pessoas vejam esses outros como inimigos merecedores de sofrimento, tortura e aniquilação.

Com o conjunto de ferramentas analíticas à nossa disposição, passamos a refletir sobre as causas dos terríveis abusos e torturas de prisioneiros na Prisão de Abu Ghraib, no Iraque, pelos policiais militares americanos responsáveis por eles. A alegação de que estes atos imorais foram o trabalho sádico de alguns poucos soldados inescrupulosos, então chamados de "maçãs podres", é desafiada pelo exame do paralelismo que há entre as forças das circunstâncias e os processos psicológicos presentes nesta prisão e em nossa prisão de Stanford. Examinamos em profundidade o Lugar, a Pessoa e a Situação de modo a tirar conclusões sobre as forças causadoras que culminaram na criação da repulsiva coleção de "fotos troféus" tiradas pelos soldados enquanto torturavam os prisioneiros.

No entanto, nesse momento seguiremos a cadeia explicativa, que parte da pessoa até a situação, e desta ao sistema. Confiando em alguns relatórios investigativos sobre estes abusos, e em outros indícios advindos de uma variedade de direitos humanos e fontes legais, adoto uma postura processual para levar o Sistema a julgamento. Utilizando os limites de nosso sistema legal, que requer que os indivíduos e não as situações ou sistemas sejam acusados de transgressões, apresento acusações contra um quarteto de oficiais militares da alta hierarquia e amplio a querela à cumplicidade com a ordem da estrutura de controle civil na administração Bush. O leitor, como júri, decidirá se as evidências embasam a condenação de cada um dos acusados.

Essa jornada um tanto sinistra ao coração e à mente das trevas se inverte no último capítulo. É o momento para algumas boas novas sobre a natureza humana, sobre o que nós como indivíduos podemos fazer para desafiar o poder das circunstâncias e do Sistema. Em todas as pesquisas citadas e em exemplos da vida real, havia sempre aqueles indivíduos que resistiam, que não cediam à tentação. O que os salvou do mal não foi uma bondade mágica herdada, mas, provavelmente, uma compreensão, ainda que intuitiva, de táticas mentais e sociais de resistência. Delineio um conjunto destas estratégias e táticas, de modo a poder ajudar todos aqueles que desejarem evitar uma influência social indesejada. Este conselho é baseado na combinação de minha própria experiência com o conhecimento de meus colegas em Psicologia Social, especialistas no domínio da influência e da persuasão. (Ele se encontra complementado e ampliado num modelo disponível no *site* deste livro, www.lucifereffect.com).

E, finalmente, quando a maioria cede e alguns poucos se rebelam, esses rebeldes podem ser considerados heróis, por resistirem às poderosas forças da complacência, da conformidade e da obediência. Fomos levados a crer que nossos heróis são especiais, situados à parte do restante de nós mortais, pelos feitos ousados e sacrifícios de toda uma vida. Aqui, aprendemos que tais indivíduos especiais existem, mas são exceções em meio aos heróis, e são os poucos aptos a tais sacrifícios. São uma estirpe rara que, por exemplo, organiza sua vida ao redor de causas humanitárias. Em contraste, a maioria dos que consideramos heróis são heróis de momento, de uma situação, que atuam de forma decisiva quando chega a hora. Assim, *O Efeito Lúcifer* termina com um comentário positivo celebrando o herói comum que vive dentro de cada um de nós. Em oposição à "banalidade do mal", que postula que pessoas comuns podem ser responsáveis pela maioria dos atos vis de crueldade e degradação de seus semelhantes, eu postulo a "banalidade do heroísmo", que desenrola a bandeira do heroico homem comum e da mulher comum, que atendem ao chamado de servir a humanidade quando chega o momento. Quando esse sino toca, saberão que toca por eles. E ele soa a uma convocação para sustentar o que há de melhor na natureza humana, e que se eleva sobre as poderosas pressões da Situação e do Sistema, como a profunda declaração da dignidade humana em oposição ao mal.

A ilusão de anjos e demônios de M. C. Escher
M. C. Escher — "Cicle Limit IV" © 2006 The M. C. Escher Company-Holland.
Todos os direitos reservados. www.mcescher.com.

CAPÍTULO 1

A Psicologia do mal: as transformações de caráter dependendo da situação

A mente é seu próprio lugar, e nela se pode fazer um paraíso do inferno, um inferno do paraíso.*

— John Milton, *Paraíso Perdido*

CONTEMPLE POR UM MOMENTO ESTA IMAGEM NOTÁVEL. AGORA, FECHE OS olhos e resgate-a em sua memória.

Você consegue se lembrar dos muitos anjos brancos a dançar em um paraíso negro? Ou você vê os muitos demônios negros, os diabos com chifres, a habitar a ofuscante brancura do Inferno? Nesta ilusão do artista M. C. Escher, ambas as perspectivas são possíveis. Uma vez ciente da congruência entre o bem e o mal, não se pode mais enxergar apenas um deles sem ver o outro. No que se segue, não permitirei que você recue para a cômoda separação entre seu Lado Bom e Irrepreensível e o Lado Mal e Perverso dos outros. "Sou capaz de fazer o mal?" é a pergunta que quero que você se faça muitas vezes enquanto rumamos juntos por esses ambientes estranhos.

Três verdades psicológicas emergem da imagem de Escher. Primeiro, o mundo está repleto de bem e de mal — esteve, está, e sempre estará. Segundo, a barreira entre o bem e o mal é permeável e nebulosa. E terceiro, é possível que anjos se tornem demônios e que talvez, muito mais difícil de conceber, diabos se transformem em anjos.

---

* *The mind is its own place, and in itself can make a heaven of hell, a hell of heaven.*

Essa imagem talvez o remeta à definitiva transformação do bem no mal, a metamorfose de Lúcifer em Satã. Lúcifer, o "portador da luz", era o anjo dileto de Deus, até que desafiou a autoridade divina e foi banido para o Inferno, junto a grupo de anjos caídos. "Melhor reinar no Inferno do que servir no Paraíso", gaba-se Satã, o "adversário de Deus," de acordo com o *Paraíso Perdido*, de Milton. No Inferno, Lúcifer-Satã se torna um mentiroso, um impostor vazio que faz uso de jactância, lanças, trombetas e bandeiras, do mesmo modo como costumam fazer alguns chefes de Estado de hoje. Na Assembléia Demoníaca no Inferno, Satã se dá conta de que não poderá recuperar o Paraíso por meio de um confronto direto.[1] Contudo, o estadista de Satã, Belzebu, surge com a mais maligna das soluções ao propor que se vinguem de Deus corrompendo a sua maior criação, a raça humana. Embora Satã tenha sido bem-sucedido ao tentar Adão e Eva a desobedecerem a Deus, conduzindo-os para o mal, Deus decreta que, com o tempo, eles serão salvos. Até lá, no entanto, será permitido a Satã contornar essa imposição, aliciando bruxas para que atraiam as pessoas para o mal. Os intermediários de Satã seriam, depois disso, alvo de zelosos inquisidores que objetivavam livrar o mundo do mal; seus terríveis métodos, porém, gerariam uma nova forma de mal sistêmico que o mundo nunca vira.

O pecado de Lúcifer é o que os pensadores da Idade Média chamavam de "*cupiditas*".* Para Dante, os pecados que brotam dessas raízes são os mais extremos "pecados do lobo", a situação espiritual de ter um buraco negro interior, tão profundo dentro de si, que nenhuma quantia de dinheiro ou poder será suficiente para preenchê-lo. Para aqueles que padecem da mortífera enfermidade chamada cupiditas, o que quer que exista fora de si só possui valor quando passa a ser explorado ou adquirido para o próprio bem. No Inferno de Dante, os condenados por tal pecado encontram-se no nono círculo, congelados no Lago de Gelo. Tendo olhado para ninguém além de si mesmos em vida, estão encaixotados no Si Mesmo glacial por toda a eternidade. Condenadas a se concentrar apenas em si mesmas, Satã e seus seguidores fazem com que as

---

* *Cupiditas*, em português, é a cobiça, a avareza, a ganância, o forte desejo de riqueza ou o poder sobre o outro. Também representa o desejo de transformar em si mesmo ou ter em si tudo o que é "diferente" de si mesmo. Por exemplo, luxúria e estupro são formas de cupiditas, porque implicam usar outra pessoa como uma coisa para gratificar a própria vontade; assassinar alguém por dinheiro também é cupiditas. É o oposto do conceito de caritas, que significa ver-se como parte de um anel de amor no qual cada indivíduo tem valor em si, mas também como ele se relaciona com todos os outros. "Trate os outros como você gostaria que tratassem a você" é uma expressão simples de caritas. O latim "Caritas et amor, Deus ibi est" é provavelmente a melhor expressão do conceito "onde quer que estiverem caritas e amor, Deus estará". [*N. do T.*]

pessoas deixem de olhar para a harmonia do amor que unifica todas as criaturas viventes.

Os pecados do lobo fazem com que o ser humano se afaste da graça e faça do eu o único bem que possui — um bem que é também uma prisão. Dentro do nono círculo do Inferno, os pecadores, possuídos pelo espírito insaciável do lobo, estão congelados dentro de uma "prisão autoimposta", na qual prisioneiro e carcereiro estão fundidos em uma única realidade egocêntrica.

Em sua busca acadêmica pelas origens de Satã, a historiadora Elaine Pagels oferece uma tese provocadora sobre o significado psicológico de Satã como espelho da humanidade:

O que nos fascina em Satã é o modo como ele exprime qualidades que ultrapassam o que comumente reconhecemos como humano. Satã evoca mais do que a ganância, a inveja, a luxúria e a ira que identificamos como nossos piores impulsos, e mais do que o que chamamos de brutalidade, que imputa aos seres humanos semelhança com os animais ("brutos") [...]. Assim, o mal em sua pior face parece envolver o sobrenatural — o que identificamos, com um frio na espinha, como oposto diabólico da caracterização de Martin Buber de Deus como um "outro total".[2]

Tememos o mal, mas somos fascinados por ele. Criamos mitos sobre conspirações malignas e passamos a acreditar que existam a ponto de mobilizarmos forças para atacá-las. Rejeitamos o "outro" como diferente e perigoso simplesmente porque é desconhecido, e estremecemos ainda com mais intensidade ao contemplarmos abusos sexuais e infrações às leis por aqueles que não são de nosso meio. O professor de ensino religioso David Frankfurter conclui sua busca pelo mal encarnado ao se concentrar na construção social do outro maligno.

A construção do outro *social* como um canibal selvagem, demônio, feiticeiro, vampiro, ou um amálgama de todos estes, suscita um consistente repertório de símbolos de inversão. As histórias que contamos sobre pessoas situadas à margem jogam com a selvageria, os costumes libertinos e a monstruosidade. Ao mesmo tempo, o misto de horror e prazer que sentimos com a contemplação da alteridade — sentimentos que influenciaram a brutalidade dos colonizadores, missionários e Exércitos invasores — certamente também nos afeta no plano da fantasia individual.[3]

TRANSFORMAÇÕES:
ANJOS, DEMÔNIOS, E NÓS, MEROS MORTAIS

O Efeito Lúcifer é minha tentativa de compreender os processos de transformação vigentes quando pessoas boas ou comuns fazem coisas nocivas ou más. Lidaremos com a questão fundamental: "O que faz as pessoas procederem erradamente?" Mas, em vez de recorrer ao tradicional dualismo religioso bem *vs.* mal, ou natureza saudável *vs.* educação corruptora, voltar-nos-emos para pessoas reais executando tarefas cotidianas, enredadas no cumprimento de ordens, sobrevivendo dentro de uma provação inerente à natureza humana, e, não raro, turbulenta. Buscaremos entender a natureza de suas transformações de caráter quando defrontadas com as poderosas forças das circunstâncias.

Comecemos com uma definição do mal. A minha é simples e fundamentada na psicologia: *O mal consiste em se comportar de maneiras que agridam, abusem, humilhem, desumanizem ou destruam inocentes — ou em utilizar a própria autoridade e poder sistêmicos para encorajar ou permitir que outros o façam em seu nome.* Em suma, é "saber o melhor, mas fazer o pior".[4]

O que engendra o comportamento humano? O que determina a ação e o pensamento humanos? O que faz com que alguns de nós se encaminhem em vidas morais e direitas, enquanto outros parecem facilmente escorregar para o crime e a imoralidade? Aquilo que entendemos por natureza humana estaria, por acaso, baseado na hipótese de que *determinantes internos* nos guiam para o bom ou para o mau caminho? Damos suficiente atenção aos *determinantes externos* de nossos pensamentos, sentimentos e ações? Em que medida somos criaturas da situação, do momento, da multidão? E existe algo, que já tenha sido feito por alguém de que temos certeza de que nunca nos sentiremos compelidos a fazer?

A maioria de nós se esconde por trás de inclinações egocêntricas que provocam ilusões de que somos especiais. Esse escudo autoprotetor nos permite pensar que todos nós estaríamos acima da média em um teste de integridade. Muito frequentemente olhamos para as estrelas através das grossas lentes da invulnerabilidade pessoal, quando deveríamos também baixar os olhos para o declive escorregadio sob nossos pés. Tais inclinações egocêntricas são mais comumente encontradas em sociedades que estimulam as orientações independentes, como as americanas e europeias, e são mais raras em sociedades orientadas para a coletividade, como as da Ásia, África e Oriente Médio.[5]

Ao longo de nossa viagem pelo bem e o mal, irei convidá-lo a refletir sobre três questões: Quão bem você conhece a si mesmo, as suas forças e fraquezas? Seu autoconhecimento advém da observação de seu comportamento em situações familiares, ou quando exposto a contextos completamente novos, onde seus velhos hábitos são postos à prova? Nessa mesma esteira, quão bem você conhece as pessoas com quem convive diariamente: sua família, amigos, colegas e pessoa amada? Uma tese deste livro é que a maioria de nós conhece apenas a limitada experiência em situações familiares que envolvem regras, leis, políticas, e pressões que nos restringem. Vamos à escola, ao trabalho, saímos de férias, vamos a festas; pagamos contas e impostos, todo dia e a cada ano. Mas o que acontece quando nos expomos a ambientes totalmente novos e estranhos, onde nossos hábitos não são suficientes? Você consegue um novo emprego, encontra alguém que conheceu na internet, afilia-se a uma fraternidade, é preso, alista-se no Exército, passa a frequentar um culto, ou torna-se voluntário de um experimento. O seu eu antigo pode não funcionar como esperado quando as regras básicas se modificam.

Através de nossa jornada, quero que você se faça a cada momento a pergunta "Eu também?", à medida que nos depararmos com variadas formas do mal. Examinaremos o genocídio em Ruanda, os suicídios em massa e assassinatos dos seguidores do Templo do Povo nas selvas da Guiana, o massacre de My Lai no Vietnã, os horrores dos campos de concentração nazistas, a tortura praticada pelas polícias militar e civil ao redor do mundo, o abuso sexual de paroquianos por padres católicos, e buscaremos linhas de continuidade com o comportamento fraudulento e escandaloso dos executivos das empresas Enron e WorldCom. E, finalmente, veremos como alguns pontos comuns a todos esses males são também identificados nos abusos a prisioneiros civis recentemente descobertos na prisão Abu Ghraib, no Iraque. Um ponto especialmente significativo que une essas atrocidades advirá de um núcleo de pesquisa em Psicologia Social Experimental, em particular de um estudo que ficou conhecido como o Experimento da Prisão de Stanford.

O mal: fixo e interno ou mutável e externo?

A ideia de que há um abismo intransponível que separa as pessoas boas das pessoas más é uma fonte de conforto em virtude de pelo menos duas razões.

Primeiro, ela cria uma lógica binária na qual o mal é *essencializado*. A maioria de nós entende o mal como uma entidade, uma qualidade inerente a certas pessoas e não a outras. Sementes ruins produzirão, ao final, frutos igualmente ruins. Definimos o mal apontando para os tiranos realmente maus de nossa era, tais como Hitler, Stalin, Pol Pot, Idi Amin, Saddam Hussein, e outros líderes políticos que orquestraram assassinatos em massa. Também devemos reconhecer os perversos menores e comuns, tais como traficantes, estupradores, cafetões, perpetradores de esquemas fraudulentos em idosos, cujas ameaças destroem o bem-estar de nossos filhos.

Sustentar uma dicotomia bem-mal também permite que "boas pessoas" se eximam de sua responsabilidade. Estão livres de considerar que exercem qualquer papel em criar, sustentar, perpetuar ou conceder condições que contribuam para a delinquência, o crime, o vandalismo, as provocações, as ameaças, o estupro, a tortura, o terror e a violência. "O mundo funciona desse jeito, e não há nada que possa ser feito, muito menos por mim."

Uma concepção alternativa toma o mal em termos *gradualistas*, como algo de que somos capazes, dependendo das circunstâncias. As pessoas podem possuir, a qualquer momento, um atributo particular (digamos inteligência, orgulho, honestidade ou vileza) em maior ou menor grau. Nossa natureza pode ser transformada, quer para o lado bom, quer para o lado mau da natureza humana. A visão gradualista implica em uma aquisição de qualidades por meio da experiência ou da prática intensiva, ou por meio de uma intervenção externa, como a oferta de uma oportunidade ímpar. Em resumo, aprendemos a nos tornar bons ou maus, a despeito de nossa herança genética, personalidade ou legado familiar.[6]

Compreensões alternativas: constitucional, situacional e sistêmica

Seguindo ao lado deste par de concepções essencialista e gradualista, está o contraste entre origens de comportamento *constitucionais* ou *situacionais*. Quando deparados com um comportamento incomum, um evento inesperado ou alguma anomalia sem sentido, como fazemos para compreendê-lo? A abordagem tradicional tem sido identificar qualidades pessoais herdadas que conduzem à ação: a constituição genética, os traços de personalidade, caráter, livre-arbítrio. Quando se trata de um comportamento violento, buscam-se traços de personalidade sádicos. Tomados os feitos heroicos, buscam-se os genes que predispõem para o altruísmo.

Nos Estados Unidos, uma epidemia de massacres nos quais estudantes colegiais mataram e feriram dezenas de outros estudantes e professores abala as comunidades suburbanas.[7] Na Inglaterra, dois garotos de 10 anos sequestraram o bebê de 2 anos Jamie Bulger em um *shopping center*, e, a sangue-frio, mataram-no brutalmente. Na Palestina e no Iraque, jovens de ambos os sexos se tornam homens-bombas. Na maioria dos países europeus, durante a Segunda Guerra Mundial, muitas pessoas abrigaram judeus da perseguição nazista, mesmo sabendo que, se fossem pegas, elas e suas famílias seriam mortos. Em muitos países, "delatores" se arriscam ao exporem injustiças e ações imorais de superiores. Por quê?

A visão tradicional (dos que vivem em uma cultura que enfatiza o individualismo) olha para dentro — para a patologia ou para o heroísmo — à procura das respostas. A psiquiatria se sustenta no fator constitucional, como também o fazem a psicologia clínica e as psicologias da personalidade e de avaliação. A maioria de nossas instituições se enquadra nessa perspectiva, incluindo o direito, a medicina e a religião. Consideram que a culpabilidade, a doença, o pecado, devem ser encontrados dentro do partido criminoso, da pessoa doente, do pecador. Começam a investigação orientando-se pelas perguntas iniciadas em "quem": *Quem* é o responsável? *Quem* foi o causador? *Quem* fica com a culpa? *Quem* fica com o crédito?

Ao tentarem compreender as causas de comportamentos incomuns, psicólogos sociais (como eu) tendem a evitar esse ímpeto pelo juízo constitucional. Preferem começar perguntando questões começadas por "que ou quais": *Quais* circunstâncias podem estar envolvidas na criação desse comportamento? *O que* foi a situação na perspectiva de seus atores? Psicólogos sociais indagam: "Em que medida as ações individuais podem ter se originado fora de seu autor, em variáveis situacionais e processos ambientais únicos a uma dada situação?"

A abordagem constitucional está para a situacional assim como o modelo médico de saúde está para o modelo de saúde pública. Um modelo médico busca encontrar a fonte da enfermidade, da doença ou da deficiência na própria pessoa afetada. Os pesquisadores da saúde pública, por outro lado, consideram que o vetor da transmissão da doença provém do ambiente, que cria condições propícias para a doença. Às vezes, a pessoa doente é o produto final dos ambientes patogênicos, que, caso não sejam modificados, afetarão outras pessoas, a despeito das tentativas de melhorar a saúde do indivíduo. Como exemplo, de acordo com a abordagem constitucional, a uma criança que exiba uma deficiência de aprendizado pode ser ministrada uma série de tratamentos médicos e comportamentais para que ela supere sua deficiência. Mas, em muitos casos, segundo uma leitura da abordagem situacional, especialmente entre os pobres, o problema é causado pela ingestão de chumbo da tinta que descasca da parede de sua moradia e é agravado pelas condições da pobreza. Essas perspectivas não são apenas variações abstratas de análise conceitual; elas conduzem a formas muito diferentes de lidar com problemas pessoais e sociais.

A importância dessas análises se estende a todos nós que, como psicólogos intuitivos, seguimos vivendo e tentando compreender por que as pessoas fazem o que fazem e como poderão ser mudadas para melhor. Mas é raro o sujeito em uma sociedade individualista que não esteja infectado pela tendência constitucional, sempre atento em primeiro lugar aos motivos, traços, genes e patologias individuais. Ao tentar compreender o comportamento de outra pessoa, a maioria de nós possui uma tendência a superestimar a importância das qualidades constitutivas e a subestimar a importância das qualidades situacionais.

Nos capítulos que se seguem, oferecerei um conjunto substancial de evidências que se contraporá à visão constitucional do mundo e ampliará a atenção para considerar como o caráter das pessoas pode se modificar por estarem imersas em situações que desencadeiam poderosas forças situacionais. Comumente, pessoas e situações estão em estado de dinâmica interação. Embora você provavelmente se visualize com uma personalidade constante através do tempo e do espaço, é bem possível que isso não seja verdade. Você não é o mesmo ao trabalhar sozinho ou quando está em um grupo; em um cenário romântico ou em um cenário educacional; quando está com amigos próximos ou em uma multidão anônima; quando está fora do país ou no sossego de casa.

O *Malleus maleficarum* e o Programa IDB da Inquisição

Uma das primeiras fontes documentadas do uso abrangente da visão constitucional para compreender o mal e livrar o mundo de sua influência perniciosa é encontrada em um texto que se tornou a bíblia da Inquisição, o *Malleus maleficarum*, ou *O martelo das feiticeiras*.[8] Era leitura obrigatória dos juízes da

Inquisição. Ele começa com uma charada a ser resolvida: como o mal continua a existir em um mundo governado pelo bom Deus Todo-poderoso? Uma resposta: Deus o permite para testar a alma dos homens. Entregue-se às tentações e acabará no Inferno; resista às tentações e será convidado para o Paraíso. Entretanto, Deus restringe a influência direta do diabo sobre as pessoas, em virtude de sua primeira corrupção, a de Adão e Eva. A solução do diabo é ter intermediários que cumpram suas ordens malignas, usando bruxas como seu elo com as pessoas que gostaria de corromper.

Para reduzir a disseminação do mal nos países católicos, a solução proposta foi identificar e eliminar as bruxas. Era preciso descobrir maneiras para identificar as bruxas, fazer com que confessassem a heresia, e, então, destruí-las. O mecanismo de identificação e destruição de bruxas (que, nos dias de hoje, pode ser conhecido como o Programa IDB) era simples e direto: descobrir, por meio de espiões, quais, em meio à população, eram as bruxas, testar sua natureza maligna pela confissão, utilizando técnicas variadas de tortura e matar aquelas que não passassem no teste. Embora tenha amenizado o que foi um sistema cuidadosamente planejado de terror em massa, tortura e extermínio de incalculáveis milhares de pessoas, esse tipo de redução simplista das questões complexas envolvendo o mal foi o combustível que acendeu as fogueiras da Inquisição. Fazer das "bruxas" a desprezada categoria constitucional, forneceu uma solução rápida para os problemas do mal na sociedade, ao simplesmente destruir o máximo possível de agentes do mal que pudessem ser identificados, torturados, e então fervidos em óleo ou queimados na fogueira.

Dado que a Igreja e suas alianças com o Estado eram conduzidas por homens, não é de se espantar que fossem as mulheres as mais rotuladas de bruxas. Os suspeitos eram comumente marginais e ameaçadores em alguma medida: viúvos, pobres, feios, deformados, ou em alguns casos, pessoas consideradas muito orgulhosas e poderosas. O terrível paradoxo da Inquisição é que o desejo fervoroso e comumente sincero de combater o mal produziu um mal em proporções jamais vistas. Era conduzida pelo Estado e pela Igreja com o uso de aparatos e técnicas de tortura que eram a extrema perversão de qualquer ideal de perfeição humana. A natureza apurada da mente humana, capaz de criar grandes trabalhos na arte, ciência e filosofia, foi pervertida ao se engajar em atos de "crueldade criativa", elaborados para dobrar a vontade. As ferramentas do ofício da Inquisição ainda estão presentes em prisões ao redor do mundo, em centros civis e militares de interrogatório, onde a tortura é o procedimento operacional padrão (como veremos mais tarde em nossa visita à prisão de Abu Ghraib).[9]

Sistemas de poder exercem domínio penetrante e descendente

Minha avaliação do poder no interior dos sistemas começou com a constatação de como as instituições criam mecanismos para traduzir ideologias — por exemplo, as causas do mal — em procedimentos operativos, como a caça às bruxas na Inquisição. Em outras palavras, meu horizonte foi alargado consideravelmente por meio de uma avaliação mais completa das maneiras pelas quais as circunstâncias são criadas e modeladas por fatores concernentes a ordens superiores — os *sistemas* de poder. Os sistemas, e não apenas os temperamentos ou as circunstâncias, precisam ser levados em conta para que se possa compreender padrões complexos de comportamento.

Os comportamentos aberrantes, ilegais ou imorais de indivíduos no exercício de profissões, tais como policiais, carcereiros e soldados, são normalmente rotulados como os crimes de "algumas maçãs podres". São vistos como rara exceção e precisam ser postos do outro lado da linha impermeável que separa o mal do bem, com a maioria das boas maçãs do lado oposto. Mas quem faz essa distinção? Normalmente, são os guardiões do sistema, desejosos de isolar o problema para redirecionar a atenção e eximir de culpa os que estão no topo, que podem ser os responsáveis por criar condições insustentáveis de trabalho, ou responsáveis pela falta de atenção ou de supervisão. Mais uma vez, a "visão constitucional — maçã podre" ignora a caixa onde as maçãs estão armazenadas e seu impacto situacional potencialmente corruptivo para aqueles que se encontram em seu interior. Uma análise dos sistemas se concentra nos criadores das caixas e naqueles com o poder de projetá-las.

É a "elite do poder" trabalhando nos bastidores que estabelece muitas das condições de vida para nós, que precisamos passar o tempo em uma variedade de quadros institucionais que eles construíram. O sociólogo C. Wright Mills ilumina este buraco negro do poder:

A elite do poder é composta por homens cujas posições lhes permitem transcender os ambientes dos homens e mulheres comuns; estão em posição de tomar decisões que terão grandes consequências. Se tomam ou não estas decisões, trata-se de algo menos importante do que o fato de que ocupam tais posições-chave: seu fracasso em agir, seu fracasso em tomar decisões é em si mesmo uma ação, amiúde mais importantes do que as decisões que tomam. Pois eles estão no comando das grandes hierarquias e organizações da sociedade moderna. Eles regem as grandes corporações. Eles executam a maquinaria do Estado e afirmam suas prerrogativas. Eles dirigem o sistema militar. Eles ocupam os postos de comando estratégico da estrutura social, nos quais estão centrados os meios efetivos de poder, e a riqueza e a fama de que desfrutam.[10]

À medida que estes corretores do poder se reúnem, passam a definir nossa realidade, do mesmo modo como George Orwell profetizou em *1984*. O complexo militar-corporativo-religioso é o megassistema supremo que controla muito dos recursos e da qualidade de vida de muitos norte-americanos atualmente.

"É quando o poder se enlaça ao temor crônico que ele se torna terrível."
— Eric Hoffer, *The Passionate State of Mind*

O poder de criar o "Inimigo"

Os poderosos não costumam fazer o trabalho sujo eles mesmos, do mesmo modo que os chefões da máfia deixam os assassinatos para os subalternos. Os sistemas criam hierarquias de dominação em que a influência e a comunicação correm de cima para baixo — e raramente de baixo para cima. Quando uma elite do poder quer destruir uma nação inimiga, ela se volta para os especialistas em propaganda para que confeccionem um programa de ódio. O que faz com que os cidadãos de uma sociedade odeiem os cidadãos de outra sociedade a ponto de quererem segregá-los, atormentá-los e até matá-los? É preciso um "imaginário hostil", uma construção psicológica profundamente implantada em suas mentes pela propaganda que transforme os outros no "inimigo". Esta imagem é a maior motivação de um soldado, a que carrega seu rifle com a munição do ódio e do medo. A imagem de um inimigo temido ameaçando o o bem-estar pessoal de alguém e a segurança nacional da sociedade encoraja mães e pais a enviar seus filhos para uma guerra que fortalecerá governos que, por sua vez, reorganizarão prioridades, transformando o fio do arado em espada de destruição.

É tudo produzido com palavras e imagens. Para citar um velho ditado da língua inglesa:* "paus e pedras podem lhe quebrar os ossos, mas palavras podem matá-lo." O processo se inicia com a criação de noções estereotipadas do outro, percepções desumanizadas deste outro, o outro como um imprestável, o outro como todo-poderoso, demoníaco, como um monstro abstrato, como uma ameaça fundamental a nossos mais caros valores e crenças. Com um marcado temor coletivo e a ameaça do inimigo iminente, pessoas razoáveis atuam irracionalmente, pessoas independentes podem atuar em impensada conformidade, e pessoas pacíficas, como guerreiras. Imagens visuais dramáticas do inimigo em pôsteres, televisão, capas de revistas, filmes e a internet imprimem nas reentrâncias do sistema límbico, a porção primitiva do cérebro, poderosas emoções de medo e ódio.

O filósofo social Sam Keen descreve de maneira brilhante como essa imaginação hostil é criada por praticamente toda propaganda de nações a caminho de uma guerra, e revela os poderes transformadores na psique humana dessas "imagens do inimigo".[11] Justificativas para o desejo de destruir as ameaças podem ser elaboradas depois, para fins de registro oficial, mas não para análises críticas dos danos sendo feitos ou por fazer.

A instância mais extremada da imaginação hostil posta em prática é, logicamente, a que conduz ao genocídio, o plano de um povo de eliminar da face da Terra todos aqueles concebidos como seus inimigos. Estamos cientes de algumas maneiras pelas quais a máquina de propaganda de Hitler transformou judeus — vizinhos, colegas e até amigos — em inimigos desprezíveis do Estado, merecedores da "solução final". Esse processo foi semeado em livros escolares do ensino fundamental por meio de imagens e textos, que representavam os judeus como desprezíveis e desmerecedores da compaixão humana. Gostaria aqui de considerar brevemente um exemplo recente de tentativa de genocídio associada ao uso do estupro como arma contra a humanidade. Em seguida, mostrarei como um aspecto desse complexo processo psicológico, o componente da desumanização, pode ser estudado em uma pesquisa experimental controlada que isole o aspecto crítico para fins de análise sistemática.

---

* "Sticks and stones may break your bones, but words can sometimes kill you."

CRIMES CONTRA A HUMANIDADE:
GENOCÍDIO, ESTUPRO E TERROR

Três mil anos de literatura nos ensinaram que nenhuma pessoa ou Estado é incapaz de cometer o mal. No relato de Homero sobre a Guerra de Troia, o comandante das forças gregas, Agamenon, diz aos seus homens antes de atacarem os inimigos: "Não deixaremos um único [troiano] vivo, acabem com os bebês nos úteros de suas mães — nem eles devem viver. Todo o povo deve ser apagado da existência." Estas palavras vis foram ditas por um cidadão nobre de um dos mais civilizados Estados-nação de seu tempo, o berço da filosofia, da jurisprudência e do teatro clássico.

Vivemos o "século dos assassinatos em massa". Mais de 50 milhões de pessoas foram sistematicamente assassinadas por decretos governamentais, executados por soldados e forças civis desejosos de levar a cabo as ordens de matança. Começando em 1915, os turcos otomanos dizimaram 1,5 milhão de armênios. A primeira metade do século XX assistiu aos nazistas liquidarem pelo menos 6 milhões de judeus, 3 milhões de prisioneiros de guerra soviéticos, 2 milhões de poloneses e centenas de milhares de pessoas "indesejáveis". O império soviético de Stalin assassinou 20 milhões de russos, enquanto as políticas do governo de Mao Tsé-tung resultaram em um número ainda maior de mortes, cerca de 30 milhões dos próprios cidadãos país. O regime comunista do Khmer Vermelho matou 1,7 milhão de pessoas na própria nação, o Camboja. O Partido Ba'ath, de Saddam Hussein, é acusado de matar 100 mil curdos, no Iraque. Em 2006, o genocídio irrompeu na região de Darfur, no Sudão, um fato que a maior parte do mundo convenientemente ignorou.[12]

Notem que as palavras usadas por Agamenon há 3 milênios foram praticamente repetidas em nosso tempo, em Ruanda, na África, pelos governantes hutus, em meio ao processo de extermínio de seus antigos vizinhos, a minoria tutsi. Uma vítima lembra do que lhe disse um de seus torturadores: "Vamos matar todos os tutsis, e, um dia, as crianças hutus terão de perguntar como era uma criança tutsi."

O estupro de Ruanda

Os pacíficos tutsis, de Ruanda, na África Central, aprenderam que uma arma de destruição em massa pode ser um simples facão, usado contra eles com eficiência letal. O extermínio sistemático dos tutsis por seus antigos vizinhos, os hutus, se disseminou por todo o país em poucos meses, na primavera de 1994, quando esquadrões da morte mataram milhares de homens, mulheres e crianças inocentes com facões e porretes com pregos. Um relatório das Nações Unidas estima que entre 800 mil e 1 milhão de ruandeses tenham sido mortos em um período de três meses, fazendo do massacre o mais feroz até hoje registrado. Três quartos de toda a população tutsi foram exterminados.

Os vizinhos hutus destruíram, a mando, antigos amigos e vizinhos de rua. Um assassino hutu disse, uma década depois, em uma entrevista: "A pior coisa do massacre foi matar o meu vizinho; costumávamos beber juntos e seu gado pastava na minha grama. Ele era como um parente." Uma mãe hutu descreveu como espancou até a morte as crianças da vizinha, que olhavam-na com olhos arregalados de assombro, pois tinham sido amigos e vizinhos durante toda a vida. Ela relatou que alguém do governo lhe dissera que os tutsis eram seus inimigos, e lhe deram um porrete e a seu marido um facão, para que usassem contra a ameaça. A mulher justificou o massacre dizendo estar fazendo um "favor" àquelas crianças, que se tornariam órfãs indefesas, visto que os pais já haviam sido assassinados.

Até recentemente, poucos reconheciam o uso sistemático do estupro dessas mulheres ruandesas como uma tática de terror e aniquilamento espiritual. Segundo algumas narrativas, este começou quando um líder hutu, o prefeito Silvester Cacumbibi, estuprou a filha de um antigo amigo, e então mandou que outros homens a estuprassem também. Mais tarde, ela relatou que ele havia dito: "Nós não desperdiçaremos munição com você; nós vamos estuprá-la, e isto será pior para você."

Diferentemente dos estupros de mulheres chinesas por soldados japoneses em Nanquim (a ser descrito posteriormente), em que os detalhes do pesadelo perderam a nitidez por falhas nos primeiros relatos e pela relutância dos chineses em reviver a experiência ao compartilhá-la com estrangeiros, muito se conhece da dinâmica psicológica do estupro das mulheres ruandesas.[13]

Quando os cidadãos do povoado de Butare defenderam suas fronteiras contra o assalto dos hutus, o governo interino despachou uma pessoa especial para lidar com o que considerava uma revolta. Ela era ministra nacional de assuntos da família e da mulher, e tendo crescido na região, era a filha dileta do povoado. Pauline Nyiramasuhuko, uma tutsi, antiga assistente social, que dava palestras sobre a emancipação das mulheres, era a única esperança do povoado. Tal esperança imediatamente se despedaçou. Pauline supervisionou uma emboscada terrível, prometendo ao povo que a Cruz Vermelha os proveria com comida e abrigo no estádio local; na realidade, capangas armados hutu (os Interahamwe) aguardavam a chegada deles, e terminaram matando a maioria dos que procuraram refúgio. Eles estavam armados com metralhadoras, granadas foram atiradas no meio da multidão, e os sobreviventes foram esquartejados com facões.

Pauline deu a ordem: "antes de matar as mulheres, vocês precisam estuprá-las". Ordenou a outro grupo de capangas que queimassem vivas setenta mulheres e meninas que os homens mantinham presas, e forneceu a gasolina do próprio carro para que o fizessem. Novamente, convidou os homens a estuprarem as vítimas antes de matá-las. Um dos jovens disse a um tradutor que eles não poderiam estuprá-las porque "passamos o dia matando, e estávamos cansados. Apenas colocamos a gasolina em garrafas, espalhamos sobre elas e tocamos fogo".

Uma jovem, Rose, foi estuprada pelo filho de Pauline, Shalom, que anunciou que tinha "permissão" da mãe para estuprar mulheres tutsi. Rose foi a única tutsi autorizada a viver, para que, como testemunha, pudesse enviar um relatório a Deus do progresso do genocídio. Foi forçada, então, a assistir à mãe ser estuprada, e vinte de seus parentes serem chacinados.

Um relatório das Nações Unidas estima que pelo menos 200 mil mulheres foram estupradas durante este breve período de terror, muitas delas assassinadas em seguida. "Algumas delas eram penetradas com lanças, canos de armas, garrafas ou estames de bananeiras. Órgãos sexuais foram mutilados com facões, água fervente ou ácido; os seios das mulheres foram cortados" (p. 85). "Piorando ainda mais, os estupros, muitos deles cometidos por vários homens sucessivamente, eram frequentemente acompanhados por outras formas de tortura física, realizadas em público para multiplicar o terror e a degradação" (p. 89). Eram também usados como uma maneira pública de promover a aproximação social entre os assassinos hutu. Esta emergente camaradagem compartilhada é, não raro, subproduto dos estupros perpetrados por grupos masculinos.

A extensão da desumanidade não conheceu limites. "Uma senhora ruandesa de 45 anos foi estuprada pelo filho de 12 anos — com os Interahamwe segurando uma machadinha em sua garganta — na frente do marido, enquanto os outros cinco filhos do casal eram forçados a manter abertas as coxas da mãe" (p. 116). A disseminação da Aids entre as vítimas sobreviventes de estupros continua a assolar Ruanda. "Ao utilizar uma doença, ou uma praga, como terror apocalíptico, como uma arma de guerra biológica, está-se aniquilando os procriadores, perpetuando a morte por gerações", afirma Charles Strozier, professor de História da John Jay College of Criminal Justice, em Nova York (p. 116).

Como sequer começar a entender as forças que operaram para fazer de Pauline, uma mulher contra mulheres inimigas, um novo tipo de criminosa? Uma combinação de história e psicologia social pode oferecer uma estrutura baseada em diferenciais de poder e de status. Primeiro, ela foi levada por uma disseminada noção do status inferior das mulheres hutus, se comparado com a beleza e arrogância das mulheres tutsis. Elas eram mais altas, tinham a pele mais clara e tinham traços mais caucasianos, o que as tornavam mais desejáveis pelos homens do que as mulheres hutus.

Uma distinção racial foi criada arbitrariamente pelos colonialistas belgas e alemães para discriminar pessoas que, por séculos, se casaram entre si, falaram a mesma língua, e compartilharam a mesma religião. Eles forçaram todos os ruandeses a carregarem cartões de identificação que diziam se faziam parte da maioria hutu ou da minoria tutsi, o que beneficiava os tutsi, que tinham mais condições de educação e assim de ocupar postos administrativos. Isso se tornou outra fonte para o sublimado desejo de vingança de Pauline. Também é verdade que ela era uma oportunista política em uma administração dominada por homens, solicitada a provar a seus superiores sua lealdade, obediência e zelo patriótico orquestrando crimes nunca executados antes por uma mulher contra um inimigo. Enxergar os inimigos como abstrações, e chamá-los por um termo desumanizador como "baratas", que precisavam ser "exterminadas", também facilitou os assassinatos em massa e os estupros. Aqui se encontra um documentário vivo da imaginação hostil que pinta as faces dos inimigos com tonalidades odiosas para, então, destruir a tela pintada.

Por mais inimaginável que possa parecer a qualquer um de nós alguém inspirar intencionalmente esses atos monstruosos, lembra-nos Nicole Bergevin, a advogada de Pauline no julgamento de seu genocídio: "Quando se participa de julgamentos de assassinatos, percebe-se que somos todos susceptíveis, e você sequer sonharia que poderia cometer tal ato. Mas você começa a entender que qualquer um é [susceptível]. Poderia acontecer comigo, poderia acontecer com minha filha. Poderia acontecer com você" (p. 130).

Esclarece ainda mais as teses principais deste livro a estimada opinião de Alison Des Forges, do *Human Rights Watch*, que investigou muitos desses crimes bárbaros. Ela nos força a ver nosso reflexo espelhado nessas atrocidades:

Este comportamento se detém um pouco abaixo da superfície de qualquer um de nós. Os relatos simplificados do genocídio permitem uma distância entre nós e os perpetradores do genocídio. Eles são tão maus que não poderíamos sequer nos imaginar fazendo a mesma coisa. Mas se você levar em conta a terrível pressão sob a qual essas pessoas estavam operando, então você automaticamente reafirma suas humanidades — e isso se torna alarmante. Você é forçado a olhar para a situação e dizer: "O que eu faria?" Às vezes, a resposta é desencorajadora (p. 132).

A jornalista francesa Jean Hatzfeld entrevistou dez membros da milícia hutu, atualmente presos por esfaquear até a morte milhares de civis tutsis.[14] Os testemunhos desses homens comuns — em sua maioria fazendeiros, frequentadores de igreja e antigos professores — são arrepiantes em sua banalidade, descrevendo sem remorso crueldades inimagináveis. Suas palavras nos forçam a nos confrontar inúmeras vezes com o impensável: que os seres humanos são capazes de abandonar completamente a sua humanidade em nome de uma ideologia impensada, para obedecer, e, em seguida, extrapolar as ordens de líderes carismáticos de destruir todos aqueles rotulados de "O Inimigo". Reflitamos acerca de alguns destes relatos, capazes de empalidecer, por comparação, até mesmo *A Sangue Frio*, de Truman Capote.

"Desde que comecei a matar com frequência, passei a sentir que aquilo não significava nada para mim. Quero deixar claro que, do primeiro ao último cavalheiro que matei, eu não sinto pesar por nenhum deles."

"Estávamos obedecendo ordens. Estávamos alinhados com o entusiasmo de todo mundo. Nos reuníamos em times no campo de futebol e partíamos para a caça com uma euforia coletiva."

"Qualquer um que hesitasse em matar por conta de sentimentos de tristeza tinha que tomar cuidado com o que dissesse, para não falar nada sobre a razão de sua hesitação, devido ao medo de ser acusado de cumplicidade."

"Matávamos todos que encontrávamos [escondidos] na plantação de papiro. Não tínhamos razões para escolher, esperar ou temer alguém em particular. Éramos cortadores de relações, cortadores de vizinhos, apenas simples cortadores."

"Sabíamos que nossos vizinhos tutsis não eram culpados de crime algum, mas pensamos que todos os tutsis tinham culpa por nossos constantes problemas. Não olhávamos mais para eles individualmente, não parávamos mais para reconhecê-los ou pensar como tinham sido, nem ao menos como colegas. Eles se tornaram uma ameaça maior do que tudo o que havíamos vivido juntos, mais importante do que nossa forma de enxergar as coisas na comunidade. Foi assim que pensamos e matamos ao mesmo tempo."

"Não víamos mais um ser humano quando descobríamos um tutsi escondido no pântano. Quero dizer, não como uma pessoa como nós, com os mesmos pensamentos e sensações. A caçada foi selvagem, os caçadores eram selvagens, a presa era selvagem — a selvageria tomou conta da mente."

Uma das reações mais comoventes a esses assassinatos e estupros, e que expressa um tema que iremos revisitar, veio de uma das sobreviventes tutsis, Berthe:

Antes, eu sabia que um homem podia matar outro homem, porque é algo que acontece a toda hora. Agora sei que até a pessoa com quem se dividiu a comida, ou com quem se dormiu, até ela pode te matar, sem problemas. O vizinho mais próximo pode te matar com os dentes: foi o que aprendi desde o genocídio, e meu olhar não é mais o mesmo sobre a face da terra.

O general de divisão Roméo Dallaire é autor de um poderoso testemunho sobre suas experiências como comandante das forças da Missão de Apoio das Nações Unidas em Ruanda, obra intitulada *Shake Hands with the Devil* ("Aperte as mãos do Diabo").[15] Embora tenha sido capaz de salvar milhares de pessoas por sua heroica engenhosidade, este comandante militar de alta patente ficou devastado por sua incapacidade em conseguir mais ajuda das Nações Unidas para prevenir muitas outras atrocidades. Em consequência do massacre, ele sofreu um grave estresse pós-traumático.[16]

O Estupro em Nanquim, China

Uma imagem terrível — ainda que fácil de visualizar — é utilizar o conceito de estupro como termo metafórico para descrever outras atrocidades de guerra quase inimagináveis. Os soldados japoneses trucidaram entre 260 e 350 mil civis chineses em poucos meses sangrentos, em 1937. Esses números representam mais mortes do que o aniquilamento total causado pelas bombas atômicas no Japão, e todas as mortes civis na maior parte dos países europeus, durante toda a Segunda Guerra Mundial.

Além dos números absolutos do massacre dos chineses, é para nós importante reconhecer os meios "criativamente maus" inventados pelos opressores para fazer até a morte se tornar desejável. A investigação do terror feita pelo autor Iris Chang revelou que chineses foram usados como alvos para treinar o uso da baioneta e em concursos de decapitação. Estima-se que 20 a 80 mil mulheres tenham sido estupradas. Muitos soldados foram além do estupro, estripando as mulheres, cortando seus seios e pregando-as vivas nas paredes. Pais foram forçados a estuprar as filhas, e filhos, a estuprar as mães enquanto outros membros da família assistiam.[17]

A guerra engendra crueldade e comportamento bárbaro contra qualquer um que seja considerado o "inimigo" — o outro desumanizado e demoníaco. O estupro em Nanquim é notório pela riqueza de detalhes do terror extremo com que os soldados degradaram e destruíram civis inocentes, os "inimigos não combatentes". Entretanto, fosse este um incidente singular, e não apenas mais uma parte do rol histórico de desumanidades contra civis, poderíamos pensá-lo como uma anomalia. Tropas britânicas executaram e estupraram civis durante a Guerra Revolucionária Norte-Americana. Os soldados do Exército Vermelho Soviético estupraram um número estimado de 100 mil mulheres berlinenses, próximo do final da Segunda Guerra Mundial, e entre 1945 e 1948. Acrescidas aos estupros e assassinatos de mais de quinhentos civis no massacre de My Lai, em 1968, provas secretas do Pentágono, publicadas recentemente, descrevem 320 atrocidades perpetradas por norte-americanos contra civis vietnamitas e cambojanos.[18]

Desumanização e desligamento moral em laboratório

Podemos considerar que a maioria das pessoas, na maior parte do tempo, são criaturas morais. Mas imagine que essa moralidade seja um câmbio de automóvel que, às vezes, é colocado no ponto morto. Quando isso acontece, a moralidade é desligada. Se ocorre de o carro estar em uma ladeira, carro e motoristas se precipitam declive baixo. É, portanto, a natureza das circunstâncias que determina os resultados, não as habilidades ou intenções do motorista. Essa simples analogia, penso eu, transmite um dos temas centrais da teoria de desligamento moral desenvolvida por meu colega de Stanford, Albert Bandura. Em capítulo posterior, reveremos essa teoria, que ajudará a explicar por que algumas pessoas, em geral muito boas, podem ser levadas a fazer coisas ruins. Neste momento, quero me voltar para a pesquisa experimental que Bandura e seus assistentes conduziram, que ilustra a facilidade com que a moralidade pode ser desligada pela tática de desumanizar uma vítima potencial.[19] Em uma elegante demonstração do poder da desumanização, uma única palavra foi suficiente para aumentar a agressão contra o alvo. Vejamos como funcionou o experimento.

Imagine que você é um estudante de faculdade, que se ofereceu como voluntário com três pessoas de sua escola, para um estudo sobre soluções de problemas em grupo. Sua tarefa é ajudar estudantes de outra faculdade a melhorar sua capacidade de solucionar problemas, punindo suas respostas erradas. Tal punição se faz administrando eletrochoques, que podem ser intensificados depois de tentativas sucessivas. Após anotar os seus nomes e os nomes dos integrantes do outro time, o assistente sai, dizendo que o estudo pode começar. Haverá dez tentativas, durante as quais você pode decidir o nível do choque administrado no outro grupo de estudantes na sala vizinha.

Você não sabe que faz parte do roteiro do experimento, mas você escuta "acidentalmente" o assistente reclamando no interfone para o experimentador que os outros estudantes "parecem animais". Você não sabe disso, mas nas outras duas vezes nas quais outros estudantes como você foram aleatoriamente designados, o assistente descreve os outros estudantes como "caras legais", ou simplesmente não os rotula.

Esses simples rótulos têm algum efeito? Inicialmente, parece que não. Na primeira tentativa, todos os grupos responderam da mesma maneira, administrando níveis baixos de eletrochoque, por volta do nível 2. Mas, logo, começa a fazer diferença o que cada grupo escutou desses outros desconhecidos. Se você não sabe nada sobre eles, você se fixa ao redor do nível 5. Se você é levado a crer que são "caras legais", você os trata de maneira mais humana, dando-lhes uma intensidade menor de choque, por volta do nível 3. No entanto, imaginá-los como "animais" anula qualquer sentimento de compaixão que você poderia ter por eles, e, quando cometem erros, você começa a dar choques com níveis maiores de intensidade, significativamente maiores do que das outras vezes subindo até o nível 8.

Pense com cuidado durante um momento sobre os processos psicológicos desencadeados em sua mente por um simples rótulo. Você escuta acidentalmente de alguém que não conhece pessoalmente, dito a algum superior que você nunca viu, que os outros colegas se parecem com "animais." Este único termo descritivo muda a construção mental que você faz desses outros. Ele o distancia das imagens de garotos amigáveis de faculdade, que devem ser mais parecidos do que diferentes de você. Essa nova disposição mental tem um impacto poderoso em seu comportamento. As racionalizações *post hoc*, feitas pelos estudantes para explicar por que era preciso dar tanto choque nos estudantes "animais", de modo a "ensinar-lhes uma lição", foram igualmente fascinantes. Esse exemplo de pesquisa experimental controlada, com o intuito de investigar processos psicológicos subjacentes que ocorrem em casos de violência no mundo real, será ampliado nos capítulos 12 e 13, quando levaremos em conta como cientistas comportamentais investigaram vários aspectos da psicologia do mal.

Nossa capacidade de ligar e desligar seletivamente nossos padrões morais [...] ajuda a explicar como as pessoas podem ser barbaramente cruéis em um momento, e compassivas em outro.

— Albert Bandura[20]

Terríveis imagens de abuso na prisão de Abu Ghraib

A força propulsora deste livro foi a necessidade de entender melhor o como e o por que dos abusos físicos e psicológicos perpetrados em prisioneiros pela Polícia Militar do Exército dos Estados Unidos, na prisão de Abu Ghraib, no Iraque. Como as evidências fotográficas desses abusos se espalharam pelo mundo, em maio de 2004, vimos em vívidos registros históricos os jovens norte-americanos, homens e mulheres, envolvidos em formas inimagináveis de tortura contra civis, por quem eram responsáveis. Os opressores e os oprimidos foram capturados em ampla exposição de perversidade, em documentos digitalizados, produzidos pelos próprios soldados, durante essas travessuras violentas.

Por que eles criaram provas fotográficas de atos ilegais, que, se encontradas, certamente os comprometeriam? Nessas "fotos troféus", parecidas com as exposições orgulhosas do passado tiradas por caçadores de animais de grande porte ao lado das presas que abateram, vimos homens e mulheres sorridentes ao abusar de suas criaturas de pequeno porte. As imagens mostram socos, tapas, chutes em detentos; pulos sobre seus pés; detentos desnudos à força, encapuzados, enfileirados ou uns sobre os outros formando uma pirâmide; homens nus forçados a usar roupas íntimas femininas sobre as cabeças; homens obrigados a se masturbarem ou a simularem sexo oral enquanto eram fotografados ou filmados ao lado de militares do sexo feminino sorrindo ou encorajando tais ações; prisioneiros nos caibros das celas durante longos períodos; arrastados para lá e para cá com coleiras amarradas aos seus pescoços; sendo assustados por cachorros de ataque sem mordaça.

A imagem emblemática que ricocheteou, saída daquela masmorra e atingindo as ruas do Iraque e de cada canto do globo, foi a do "homem triângulo": um detento encapuzado em pé sobre uma caixa, em uma posição desconfortável, com braços esticados projetando-se para fora de uma manta que o cobre, revelando fios elétricos amarrados em seus dedos. Disseram-lhe que ele seria eletrocutado se caísse da caixa quando ficasse extenuado. Não importa que os fios terminassem em lugar algum; importa que ele acreditava na mentira, e deve ter experimentado uma tensão considerável. Havia ainda muitas outras fotos mais chocantes que o governo norte-americano resolveu não divulgar, para preservar de um dano ainda maior a credibilidade e a imagem moral do Exército dos Estados Unidos e do comando administrativo do presidente Bush. Vi centenas dessas imagens, e elas são, de fato, terríveis.

Angustiou-me a visão de tamanhos sofrimentos, de tamanha demonstração de arrogância, de tamanha indiferença ante a humilhação infligida a prisioneiros indefesos. Fiquei também consternado ao saber que uma das torturadoras, uma militar que acabara de fazer 21 anos, descreveu os abusos como apenas "curtição".

Fiquei chocado, mas não surpreso. A mídia e as "pessoas nas ruas" ao redor do mundo questionaram como ações tão vis puderam ser cometidas por esses sete homens e mulheres, cujos líderes militares rotularam de "soldados inescrupulosos" e de "algumas maçãs podres". Em vez disso, perguntei a mim mesmo quais circunstâncias naquele bloco de celas inclinaram a balança, e fizeram com que até mesmo bons soldados fizessem coisas tão ruins. Que fique claro, levar adiante uma análise das forças das circunstâncias envolvidas em crimes assim não os desculpa ou os torna moralmente aceitáveis. Em vez disso, precisava encontrar um método nessa loucura. Desejei compreender como foi possível que o caráter desses jovens tenha sido tão transformado em tão pouco tempo, para que pudessem cometer esses feitos impensáveis.

Universos paralelos: Abu Ghraib e Prisão de Stanford

A razão pela qual fiquei chocado, mas não surpreso, pelas imagens e histórias de abusos dos prisioneiros na "pequena loja de horrores" de Abu Ghraib, é porque eu já havia presenciado algo similar. Três décadas antes, testemunhara cenas sinistramente similares, que se desenrolaram em um projeto que dirigi e planejei: prisioneiros nus, algemados, com sacos em suas cabeças, guardas pisando em suas costas enquanto estes faziam flexões, guardas humilhando sexualmente os prisioneiros, e estes sofrendo de extremo desgaste. Algumas das imagens visuais de meu experimento são praticamente intercambiáveis com aquelas de guardas e prisioneiros na remota prisão no Iraque, a notória Abu Ghraib.

Os universitários interpretando guardas e prisioneiros em um experimento de falsa prisão, realizado na Universidade de Stanford, no verão de 1971, estavam refletidos nos guardas reais e na prisão real no Iraque, em 2003. Eu não apenas tinha visto tais acontecimentos, como fui responsável por criar as condições que permitiram que os abusos vicejassem. Como principal investigador do projeto, planejei o experimento que aleatoriamente designou universitários normais, sadios e inteligentes para representar os papéis de guardas ou de prisioneiros, em um ambiente que simulava uma prisão de modo realista, onde deveriam viver e trabalhar por diversas semanas. Meus alunos e companheiros de pesquisa, Craig Haney, Curt Banks, David Jaffe e eu queríamos compreender algumas das dinâmicas operativas na psicologia do aprisionamento.

Como pessoas comuns se adaptam a tais cenários institucionais? Como a diferença de poder entre guardas e prisioneiros atua em suas interações diárias? Se você põe boas pessoas em lugares ruins, as pessoas triunfam ou o lugar as corrompe? A violência, endêmica à maioria das prisões reais, estaria ausente em uma prisão cheia de bons garotos de classe média? Estas são algumas das questões exploratórias a serem investigadas no que começou como um simples estudo sobre a vida na prisão.

INVESTIGANDO O LADO NEGRO DA NATUREZA HUMANA

Nossa jornada juntos será uma das que o poeta Milton diz que podem desembocar na "escuridão visível". Ela nos conduzirá a lugares onde o mal, em qualquer de seus sentidos, vicejou. Encontraremos uma multidão de pessoas que fizeram coisas muito ruins a outras, muitas vezes sem um sentido de fins elevados, da melhor ideologia e do imperativo moral. Esteja alertado de que encontrará demônios pelo caminho, mas poderá ficar desapontado com sua banalidade e a semelhança com o seu vizinho. Com sua permissão, como um guia de aventuras, eu o convidarei a se pôr em seus lugares e a enxergar através de seus olhos de modo a brindá-lo com uma perspectiva interna do mal, próxima e pessoal. Por vezes, a visão será extremamente desagradável, mas apenas ao examinar e compreender as causas desse mal estaremos aptos a modificá-lo, a contê-lo, a transformá-lo por meio de decisões sábias e ação coletiva inovadora.

O porão do Jordan Hall, da Universidade de Stanford, é o pano de fundo que utilizarei para ajudá-lo a compreender como era ser um prisioneiro, um guarda, ou um superintendente da prisão, naquele tempo e lugar específicos. Embora a pesquisa seja amplamente conhecida por meio de pequenas matérias da mídia, e por algumas de nossas publicações de pesquisa, a história nunca foi inteiramente contada. Narrarei os acontecimentos à medida que se desenrolam, na primeira pessoa do presente do indicativo, recriando os pontos altos de cada dia e noite em sequência cronológica. Após refletirmos sobre as implicações éticas, teóricas e práticas do Experimento da Prisão de Stanford, expandiremos as bases do estudo psicológico do mal, explorando o alcance da pesquisa experimental e de campo por psicólogos que ilustram o poder das forças das circunstâncias sobre o comportamento individual. Examinaremos com certo detalhe a pesquisa sobre conformidade, obediência, desindividuação, desumanização, desligamento moral, e o mal da inação.

"Os homens não são prisioneiros do destino, mas prisioneiros de suas mentes", afirmou o presidente Franklin Roosevelt. As prisões são metáforas da repressão da liberdade, do ponto de vista literal e simbólico. O Experimento da Prisão de Stanford começou como uma prisão simbólica e tornou-se uma prisão demasiado real nas mentes dos prisioneiros e dos guardas. Quais seriam as outras prisões autoimpostas que limitam nossa liberdade básica? Transtornos neuróticos, baixa autoestima, timidez, preconceito, vergonha e o medo excessivo do terrorismo são apenas algumas das quimeras que limitam nosso potencial para a liberdade e a felicidade, turvando-nos para a completa apreciação do mundo à nossa volta.[21]

Com isso em mente, Abu Ghraib volta a capturar nossa atenção. Mas, agora, avancemos além das manchetes e das imagens da TV para avaliar mais completamente como era ser um guarda ou prisioneiro naquela horrenda prisão na época dos abusos. A tortura abre caminho à força em nossa investigação, nas novas formas que assumiu desde a Inquisição. Irei conduzi-lo à corte marcial de um daqueles policiais militares, e testemunharemos algumas das consequências negativas das ações dos soldados. Do começo ao fim, traremos à baila a tríade de componentes de nossa compreensão em psicologia social, centrando-nos na ação de pessoas em situações particulares, criada e mantida por forças sistêmicas. Colocaremos em julgamento a estrutura de comando do Exército dos EUA, dos oficiais da CIA, e os altos líderes do governo, pela cumplicidade combinada em criar um sistema disfuncional que gerou a tortura e o abuso de Abu Ghraib.

A primeira parte de nosso capítulo final oferecerá algumas linhas norteadoras sobre como resistir à influência social indesejada, como criar resistência às atrações sedutoras de profissionais de influência. Queremos saber como combater as táticas de controle mental que fazem com que abdiquemos de nossa liberdade de escolha em prol da tirania da conformidade, subserviência, obediência e temores decorrentes da insegurança. Embora eu pregue o poder da situação, eu também endosso o poder das pessoas de agirem consciente e criticamente como agentes informados, direcionando os próprios comportamentos em caminhos intencionais. Ao entender como opera a influência social, e ao perceber como qualquer um de nós pode ser vulnerável a seus poderes sutis e penetrantes, podemos nos tornar consumidores sábios e criteriosos, em vez de facilmente influenciados pelas autoridades, dinâmicas de grupo, apelos persuasivos, e estratégias de obediência.

Quero concluir invertendo a questão com a qual começamos. Em vez de saber se somos capazes do mal, quero que leve em conta se você é capaz de se tornar um herói. Meu argumento final introduz o conceito da "banalidade do heroísmo". Acredito que qualquer um de nós seja um herói em potencial, esperando pelo momento certo para escolher ajudar os outros, a despeito do risco pessoal e do sacrifício. Mas temos muito a viajar antes de chegar a essa feliz conclusão. Portanto, *andiamo!*

O poder disse ao mundo,
"Você é meu."
O mundo o manteve preso a seu trono.
O amor disse ao mundo, "Eu sou seu".
O mundo concedeu-lhe a liberdade de sua morada.*

— Rabindranath Tagore, *Pássaros Errantes*[22]

---

* *Power said to the world,/"You're mine."/The world kept it prisoner to her throne./Love said to the world,/ "I am thine."/ The world gave it the freedom of her house.*

CAPÍTULO 2

As detenções-surpresa de domingo

MAL SABIA AQUELE GRUPO DE JOVENS DESCONHECIDOS QUE O sino da igreja de Palo Alto dobrava por eles, que suas vidas em breve seriam transformadas de modos totalmente inesperados.

É domingo, 14 de agosto de 1971, 9h55. A temperatura se encontra na faixa dos 23°C, a umidade é baixa, como de costume, e a visibilidade, ilimitada; acima, há um céu azul-celeste sem nuvens. Mais um perfeito dia de verão, desses de cartão-postal, se inicia em Palo Alto, Califórnia. Para a Câmara do Comércio, não seria de outro modo. Imperfeição e irregularidade são tão pouco toleradas nesse paraíso do Oeste, assim como o lixo nas ruas ou as ervas daninhas no jardim do vizinho. É bom estar vivo em um dia como este, em um lugar como esse.

Esse é o éden onde se esgota o sonho norte-americano, a sua última fronteira. A população de Palo Alto se aproxima dos 60 mil habitantes, mas sua principal distinção deriva dos 11 mil estudantes morando e estudando a cerca de 1,5 quilômetro seguindo pela Palm Drive, com suas centenas de palmeiras a delinear a entrada da Universidade de Stanford. Stanford é como uma minicidade esparramada, cobrindo mais de 8 mil acres, com sua própria polícia, brigada de fogo e correio. A apenas uma hora de estrada ao Norte está São

Francisco. Palo Alto, por contraste, é mais segura, mais limpa, mais quieta e mais branca. A maioria dos negros vive do outro lado das marcas de pneu da autoestrada 101, no extremo leste da cidade, em East Palo Alto. Em comparação com os prédios residenciais altos desmantelados a que estava acostumado, as casas para uma e para duas famílias em East Palo Alto lembram mais o subúrbio com o qual meu professor de colegial deve ter sonhado em morar, se tivesse conseguido guardar dinheiro suficiente em sua segunda jornada como motorista de táxi.

E, no entanto, ao redor de todo este oásis, a encrenca começava tarde a se formar. Em Oakland, o "Partido dos Panteras Negras" está promovendo o orgulho negro, sustentado pelo *black power* (poder negro), com vistas a resistir a práticas racistas "sem dúvida, necessárias". Prisões estão se tornando centros de recrutamento de um novo tipo de prisioneiros políticos, inspirados em George Jackson, que está prestes a ir a julgamento com os "Soledad Brothers", pelo suposto assassinato de um guarda da prisão. A liberação das mulheres está a todo vapor, dedicada a abolir sua cidadania secundária, e a dar-lhes novas oportunidades. A impopular guerra do Vietnã se prolonga cansativamente, enquanto paira no ar diariamente a contagem dos mortos. A tragédia se agrava quando a administração Nixon-Kissinger reage aos ativistas antiguerra com bombardeios ainda maiores, em reação às manifestações das massa contra a guerra. O "complexo industrial-militar" é o inimigo desta nova geração de pessoas, que questiona abertamente seus valores agressivos-comerciais-exploradores. Para qualquer um que gosta de viver em uma era verdadeiramente dinâmica, este *Zeitgeist* não tem par na história recente.

MAL COMUNAL, BEM COMUNAL

Intrigado pelos contrastes entre a sensação de anonimato do ambiente em que vivi na cidade de Nova York e a sensação de comunidade e de identidade pessoal sentida em Palo Alto, decidi conduzir um pequeno experimento de campo para testar a validade dessa diferença. Fiquei interessado nos efeitos antissociais desse anonimato induzido, quando as pessoas sentiam que ninguém poderia reconhecê-las, em um ambiente que encorajava a agressão. A partir da concepção de *O senhor das moscas*, das máscaras liberando impulsos hostis, conduzi uma pesquisa que mostrava que os participantes "desindividuados" estavam mais propensos a infligir dor aos outros do que os que se sentiam mais individuados.[1] Agora, queria ver como os bons cidadãos de Palo Alto reagiriam em resposta à tentação oferecida por um convite ao vandalismo. Planejei um estudo de campo do tipo *Câmera Oculta*, e que envolvia abandonar automóveis em Palo Alto e, por comparação, a 5 mil quilômetros dali, no Bronx. Carros bonitos eram colocados nas ruas a caminho dos *campi*, da Universidade de Nova York no Bronx e da Universidade de Stanford, com os capôs levantados e as placas removidas — claros sinais "autorizadores", para atrair cidadãos a se tornarem vândalos. De pontos estratégicos, minha equipe de pesquisa assistiu e fotografou a ação no Bronx, e filmou a cena em Palo Alto.[2]

Ainda não havíamos posicionado o equipamento de gravação no Bronx quando os primeiros vândalos apareceram desmantelando o carro — o pai gritando ordens para que a mãe esvaziasse o porta-malas, e para o filho verificar o porta-luvas, enquanto ele próprio retirava a bateria. Os passantes, caminhando e dirigindo, paravam para esvaziar nosso indefeso veículo de todos e cada um de seus itens de valor antes de a corrida demolidora começar. Esse episódio foi seguido por uma procissão de vândalos que sistematicamente desmantelaram e depois demoliram aquele vulnerável carro da cidade de Nova York.

A revista *Time* transmitiu esse triste caso de anonimato urbano em funcionamento sob o título de *Diary of an Abandoned Automobile* ("Diário de um Automóvel Abandonado").[3] Em questão de dias, registramos 23 incidentes destrutivos isolados àquele desafortunado calhambeque no Bronx. Descobriu-se que os vândalos não passavam de cidadãos comuns. Eram todos adultos, brancos, bem-vestidos, e que, em outras circunstâncias, demandariam mais proteção policial e menos permissividade aos criminosos e "concordariam sem titubear" com o item da pesquisa de opinião sobre a necessidade de mais lei e ordem. Contrário ao esperado, apenas um desses atos foi praticado por garotos que simplesmente se deleitaram com a alegria da destruição. E mais surpreendente, não precisamos utilizar nosso filme infravermelho, pois toda a destruição se deu em plena luz do dia. O anonimato internalizado não necessita da escuridão para se expressar.

Mas qual foi o destino de nosso carro abandonado em Palo Alto, que também foi preparado para parecer obviamente vulnerável a um ataque? Após uma semana inteira, não houve um único ato de vandalismo contra ele! As pessoas caminhavam ao lado, passavam de carro, olhavam-no, mas nenhuma delas sequer chegou a tocá-lo. Bem, não exatamente. Choveu um dia, e um cavalheiro gentilmente fechou o capô. (Deus não permita que o motor fique molhado!) Quando dirigi o carro de volta para o *campus* de Stanford, três vizinhos chamaram a polícia para reportar o possível roubo de um carro abandonado.[4] Essa é minha definição operacional de "comunidade": pessoas que se importam o suficiente para agir perante um evento incomum ou possivelmente ilegal em seu território. Acredito que tal comportamento sociável provenha da presunção de um altruísmo recíproco, que os outros fariam o mesmo para proteger sua propriedade ou sua pessoa.

A mensagem dessa pequena demonstração é que as condições que fazem com que nos sintamos anônimos, quando pensamos que os outros não nos conhecem ou não se importam, podem incentivar comportamentos antissociais e egoístas. Minha pesquisa anterior destacou o poder de mascarar a própria identidade para desencadear atos agressivos contra outras pessoas, em situações que permitiam violar os tabus usuais contra violência interpessoal. A demonstração dos carros abandonados ampliou essa noção para incluir o ambiente de anonimato como precursor das violações do contrato social.

Curiosamente, essa demonstração se tornou a pequena evidência empírica para embasar a "Teoria da Vidraça Quebrada", que pressupõe a *desordem pública* como um estímulo situacional para o crime, assim como para a presença de criminosos.[5] Qualquer ambiente que acoberte as pessoas no anonimato reduz sua sensação de responsabilidade social e cívica por suas ações. Vemos isto em muitos quadros institucionais, tais como nossas escolas e empregos, o Exército e as prisões. A Teoria da Vidraça advoga o argumento de que minimizar a desordem física — retirar os carros abandonados das ruas, remover os grafites e consertar vidraças quebradas — pode diminuir a desordem nas ruas da cidade. Há evidências de que estas medidas preventivas funcionam bem em algumas cidades, como Nova York, mas não tão bem em outras.

O espírito de comunidade prospera de um modo calmo e ordenado em lugares como Palo Alto, onde as pessoas se importam com a qualidade física e social de suas vidas, e possuem os recursos para melhorá-las. Ali, há uma sensação de justiça e confiança que contrasta com outros lugares onde prevalecem os irritantes movimentos de iniquidade e cinismo que abalam a população. Aqui, por exemplo, as pessoas confiam que o departamento de polícia irá controlar o crime e fazer a contenção do mal — e têm razão, porque a polícia é bem-educada, bem-treinada, cordial e honesta. A polícia age de acordo com as regras, o que a faz atuar com justiça, até mesmo nas raras circunstâncias em que as pessoas se esquecem de que a polícia é constituída por operários, que por acaso vestem uniformes azuis e podem ser demitidos quando o orçamento da prefeitura entra no vermelho. Em raras ocasiões, entretanto, até mesmo o melhor policial pode deixar a autoridade se sobrepor à humanidade. Isso não acontece com frequência em um lugar como Palo Alto, mas ocorreu certa vez de modo curioso, e se constituiu no cenário Experimento da Prisão de Stanford começar com um grande alarde.

Confrontos universitários em Stanford e além

A única mácula na em geral excelente polícia de Palo Alto — conhecida pelo impecável trabalho e serviço à cidadania — deu-se com a perda da compostura durante um confronto com estudantes radicais de Stanford durante a greve de 1970 contra o envolvimento dos Estados Unidos na Indochina. Quando os estudantes começaram a depredar os prédios do *campus*, ajudei a organizar milhares de outros estudantes em atividades antiguerra construtivas, para mostrar que a violência e o vandalismo só conseguem atenção negativa da mídia e nenhum impacto na condução da guerra, enquanto nossas táticas em favor da paz poderiam.[6] Desafortunadamente, o novo reitor da universidade, Kenneth Pitzer, entrou em pânico e pediu a ajuda da polícia, e, como em muitos confrontos desse tipo que acontecem em todo o país, muitos policiais perderam a compostura profissional e surraram os garotos que, anteriormente, sentiam que deveriam proteger. Houve confrontos ainda mais violentos com a polícia dos *campi* — na Universidade de Wisconsin (outubro de 1967), na Universidade Estadual de Kent, em Ohio (maio de 1970) e na Universidade Estadual de Jackson, no Mississippi (também em maio de 1970). Universitários foram baleados, feridos e mortos pela polícia local e pela Guarda Nacional, que, em outros tempos, eram considerados seus protetores. (Veja as notas para mais detalhes.)[7]

Do *The New York Times*:

Tendo os acontecimentos no Camboja como questão central, a ressurgência do sentimento antiguerra tomou ontem uma variedade de expressões, e incluiu os seguintes incidentes:

Duas unidades da Guarda Nacional foram postas em alerta pelo governador de Maryland, Marvin Mandel, após estudantes da Universidade de Maryland entrarem em confronto com a polícia estadual, que acompanhava um enorme comício e um ataque seguido de fuga no quartel da ROTC,* no *campus* de College Park.

Cerca de 2.300 estudantes e professores da Universidade de Princeton votaram pela greve, pelo menos até a tarde de segunda-feira, para quando uma assembleia foi agendada: ela irá discutir um possível boicote de todos os cargos sociais [...]. Uma greve de estudantes na Universidade de Stanford culminou em confusão no *campus* da Califórnia, com estudantes arremessando pedras na polícia, que, por sua vez, utilizou gás lacrimogêneo para dispersar os manifestantes. (p. 1-9, 2 maio 1970)

Um relatório de Stanford descreveu um nível de violência nunca antes visto no bucólico *campus*. A polícia foi chamada pelo menos 13 vezes e efetuou mais de quarenta prisões. As manifestações mais graves ocorreram nos dias 29 e 30 de abril de 1970, após as notícias da invasão do Camboja pelos EUA. A polícia de lugares tão distantes quanto São Francisco fora convocada, pedras foram atiradas, e gás lacrimogêneo foi utilizado pela primeira vez em um *campus*, durante essas duas noites, descritas pelo reitor Pitzer como "trágicas". Aproximadamente 65 pessoas, incluindo muitos policiais, foram feridas.

Desafetos emergiram entre a comunidade universitária de Stanford, de um lado, e a polícia de Palo Alto e os ferozes cidadãos linha-dura, do outro lado. Foi um estranho conflito, pois nunca houvera ali esse tipo de relação amor—ódio com relação aos universitários, como havia, nas Universidades de Yale e New Haven, entre universitários e moradores destas cidades, que vivenciei como estudante da graduação.

---

* *Reserve Officers Training Corps* (Curso de Preparação dos Oficiais da Reserva). [*N. do T.*]

O novo chefe de polícia, o capitão James Zurcher, que comandava o departamento desde fevereiro de 1971, estava ávido para dissolver essa animosidade remanescente dos dias tumultuados de seu predecessor, e foi, assim, receptivo a meu pedido de colaborar em um programa de "despolarização" entre a polícia da cidade e os estudantes de Stanford.[8] Oficiais jovens e articulados conduziram visitas monitoradas dos estudantes pelo novo e reluzente prédio do Departamento de Polícia, enquanto, reciprocamente, os estudantes convidaram os policiais para compartilharem as refeições nos dormitórios estudantis e participarem de aulas. Sugeri, depois, que os policiais novatos interessados pudessem até mesmo participar de algumas de nossas pesquisas. Foi outra prova de que pessoas razoáveis poderiam encontrar soluções razoáveis para o que pareciam problemas sociais insolúveis. No entanto, foi nesse contexto que eu, ingenuamente, contribuí para criar um novo bolsão do mal em Palo Alto.

O comandante Zurcher concordou que seria interessante estudar como os homens se socializam no papel de oficiais da polícia, e como se dava a transformação de um recruta em um "bom policial". Ótima ideia, respondi, mas isso exigiria uma grande verba, que eu não possuía. Mas eu tinha uma pequena verba para estudar o que se passava durante a formação de um guarda de prisão, visto tratar-se de um papel com funções e território mais restrito. Que tal criar uma prisão na qual policiais novatos e universitários fossem falsos guardas e falsos prisioneiros? Isso pareceu ao comandante uma boa ideia. Além do que eu poderia aprender, o comandante sentiu que poderia ser uma boa experiência de treinamento pessoal para alguns de seus homens. Então, concordou em designar vários de seus novatos para o novo experimento da falsa prisão. Eu estava contente, sabendo que, com esse primeiro passo, poderia pedir, então, para alguns de seus oficiais conduzirem as falsas detenções dos estudantes, que logo se tornariam nossos prisioneiros.

Pouco depois de estarmos prontos para começar, o comandante descumpriu sua promessa de usar os próprios homens como falsos prisioneiros ou guardas, dizendo que não poderia cedê-los pelas duas semanas seguintes. Todavia, o espírito de abertura foi preservado, e ele se prontificou a auxiliar meu estudo de prisão no que fosse possível.

Sugeri que o modo ideal de começar o estudo de modo mais realista, e com um veio dramático, seria se seus oficiais simulassem as detenções dos futuros prisioneiros. Isso não tomaria mais do que algumas horas de uma folga, na manhã de domingo, e certamente faria uma grande diferença no sucesso da pesquisa se os futuros prisioneiros tivessem a liberdade subitamente restringida, como acontece em detenções reais, em vez de irem voluntariamente a Stanford para abrir mão de sua liberdade como sujeitos de pesquisa. O comandante concordou com indiferença e prometeu que o sargento responsável iria designar um carro patrulha para esse fim na manhã de domingo.

DESASTRE: MISSÃO PRESTES A ABORTAR ANTES DA DECOLAGEM

Meu erro foi não ter tomado essa confirmação por escrito. Testes de realidade recomendam documentos escritos (isso quando um acordo não é filmado ou gravado). Quando me dei conta desta verdade no sábado e telefonei para o posto para pedir uma confirmação, o comandante Zurcher já estava na folga do fim de semana. Mal sinal.

Como esperado, o sargento responsável não pretendia destinar o Departamento de Polícia de Palo Alto para a detenção-surpresa de um grupo de universitários por supostas violações do código penal, certamente não sem uma autorização escrita de seu chefe. De jeito nenhum este sujeito antiquado iria se envolver em qualquer experimento conduzido por alguém como eu, a quem o seu vice-presidente, Spiro Agnew, havia dispensado por ser "intelectual esnobe e combalido". Havia, obviamente, coisas mais importantes para seus oficiais fazerem do que brincar de polícia e ladrão como parte de um experimento imbecil. Em sua perspectiva, experimentos de psicologia se intrometiam na vida dos outros e revelavam coisas que estariam melhor se mantidas em segredo. Ele deve ter pensado que psicólogos conseguem ler a mente das pessoas se elas olham em seus olhos, e, portanto, evitou olhar-me nos olhos quando disse: "Sinto muito, professor. Eu gostaria de ajudá-lo, mas regras são regras. Não posso realocar os homens para uma nova tarefa sem autorização formal."

Antes que pudesse dizer, "Volte na segunda, quando o comandante estará aqui", tive um *flash* de meu bem planejado estudo caindo por terra antes mesmo de decolar. Todos os sistemas estavam prontos: nossa falsa prisão fora cuidadosamente construída no porão do Departamento de Psicologia de Stanford; os guardas selecionaram seus uniformes e estavam aguardando ansiosamente para receber os primeiros prisioneiros; a comida do primeiro dia já havia sido comprada; os uniformes dos prisioneiros foram costurados à mão pela filha da minha secretária; dispositivos de gravação e os grampos das celas dos prisioneiros estavam prontos, e em Stanford, o Departamento de Saúde, o Departamento Jurídico, o Corpo de Bombeiros e a polícia do *campus* já haviam sido alertados; e os acertos para alugar as camas e os lençóis estavam completos. Muito mais foi feito para acomodar a assustadora logística de lidar com pelo menos duas dúzias de voluntários por duas semanas, metade vivendo em nossa prisão dia e noite, a outra metade trabalhando em turnos de oito horas. Nunca havia conduzido um experimento que durasse mais de uma hora por indivíduo e por sessão. Com um simples "não", tudo poderia vir abaixo.

Tendo aprendido que a precaução é a melhor parte da sabedoria científica, e que uma carta na manga é o melhor atributo de um sujeito esperto do Bronx, antecipei este cenário assim que percebi que o capitão Zurcher havia se afastado da cena. Então, persuadi um diretor de TV de São Francisco, do canal KRON, a filmar as emocionantes detenções-surpresa da polícia como uma atração especial do jornal da noite. Contava com o poder da mídia para abrandar a resistência institucional, e, mais ainda, com a sedução do *showbiz* para atrair para o meu lado os oficiais que iriam fazer as detenções — diante das câmeras.

— É mesmo uma pena, sargento, que não possamos proceder hoje como o comandante esperava que fizéssemos. Temos um câmera do *Channel 4* aqui fora pronto para filmar as detenções para o jornal da noite de hoje. Seria bom para as relações públicas do departamento, mas talvez o comandante não fique tão chateado por você ter decidido não permitir levarmos tudo adiante como planejado.

— Veja, eu não disse que era contra, apenas não sei se algum de nossos homens estará disposto a fazer isso. Você sabe, não podemos simplesmente tirá-los de seus afazeres.

Vaidade, teu nome é "Hora do Noticiário da TV"

— Por que não deixamos os dois policiais aqui presentes decidirem? Se eles não se importarem em serem filmados pela TV enquanto executam algumas detenções de rotina, então, quem sabe, possamos prosseguir com o que o comandante permitiu.

— Não é nada de mais, sargento — disse o policial mais jovem, Joe Sparaco, penteando seu cabelo preto ondulado, enquanto fitava o câmera com sua grande câmera pousada confortavelmente sobre o ombro. — É uma manhã devagar de domingo, e acho que isso vai ser interessante.

— Está bem, o comandante deve saber o que está fazendo: não quero atrapalhar, se tudo já está preparado. Mas escute: é melhor estarem prontos para responder a qualquer chamado e abreviar o experimento, caso precise de vocês.

— Srs. Policiais — concordei —, vocês poderiam soletrar os seus nomes para o homem da TV, para que ele possa pronunciá-los corretamente quando a matéria for ao ar esta noite? — Precisava assegurar a cooperação deles, não importa o que aparecesse em Palo Alto antes de nossos prisioneiros terem sido presos e passarem pelo processo de fichamento no quartel-general.

— Deve ser um experimento bem importante, para ter cobertura na TV e tudo mais, hein, professor? — perguntou o oficial Bob, endireitando a gravata, e dedilhando distraidamente o cabo da arma.

— Acho que o pessoal da TV deve achar que sim — disse, com total consciência da precariedade da minha posição —, com as detenções-surpresa feitas pela polícia e tudo. É um experimento bastante incomum, que deve ter uns efeitos interessantes; é provavelmente por isso que o comandante nos deu permissão para prosseguir. Aqui está uma lista de nomes e endereços de cada um dos nove suspeitos que serão detidos. Estarei no carro com Craig Haney, meu assistente de pesquisa da pós-graduação, dirigindo logo atrás da viatura de vocês. Dirijam devagar, para que o câmera possa filmar seus movimentos. Prendam um por vez usando o procedimento padrão, leiam para eles seus direitos, façam a revista, algemem, como o fariam com um suspeito perigoso. A acusação é por invasão e roubo domiciliar para os cinco primeiros suspeitos, a violação do artigo 459 do Código Penal, e assalto à mão armada para as quatro detenções seguintes, Seção 211 do Código. Tragam-nos um a um para o quartel-general para o registro, impressões digitais, fichamento criminal, e o que mais costumam fazer.

— Então, ponham cada um em uma cela enquanto apanham o próximo suspeito da lista. Nós iremos transferir o prisioneiro de sua cela para a nossa cadeia. A única coisa irregular que gostaria que fizessem é vendar o prisioneiro

quando o levarem para a cela, usando uma destas vendas. Quando o retirar-
mos dali, não queremos que nos veja, ou saiba exatamente para onde está sendo encaminhado. Craig, e meu outro assistente, Curt Banks, além de um dos
seus guardas, Vandy, farão o transporte.

— Por mim, tudo bem, professor, Bob e eu damos conta numa boa. Sem
problemas.

COMEÇA A TRAMA PRINCIPAL[9]

Deixamos o escritório principal e descemos para verificar a sala de fichamento — Joe e Bob, Craig, o câmera, Bill, e eu. Tudo era formidavelmente novo;
a unidade acabara de ser construída no centro de negócios da cidade de Palo
Alto, a uma distância curta mas com uma diferença enorme da velha cadeia,
que se deteriorou não por excesso de uso, mas por ser muito antiga. Desejava
que os policiais e o câmera se envolvessem com os procedimentos, da primeira
à última detenção, para mantê-las o mais padronizadas possível. Anteriormente, havia resumido o propósito do estudo de modo superficial para o homem
da TV, porque minha preocupação era vencer a antecipada resistência do sargento em serviço. Ocorreu-me, então, que deveria expor para todos eles um
pouco dos detalhes do procedimento do estudo, assim como as razões para
fazer esse tipo de experimento. Isso ajudaria a criar um sentimento de equipe,
e a mostrar que eu me importava o suficiente para tomar um tempo em responder a suas perguntas.

— Estes garotos sabem que serão detidos? Nós contamos a eles que isto é
parte de um experimento ou o quê?

— Joe, eles são voluntários em um estudo da vida na prisão. Responderam
a um anúncio que pusemos nos jornais convocando universitários que quisessem ganhar 15 dólares por dia para participar de um experimento de duas
semanas sobre a psicologia do aprisionamento, e...

— Você quer dizer que esses garotos vão ganhar 15 dólares por dia para não
fazer nada além de ficarem sentados em uma cela por duas semanas? Talvez eu
e Joe pudéssemos ser voluntários. Parece dinheiro fácil.

— Talvez. Talvez seja dinheiro fácil, e talvez, se algo interessante aparecer,
façamos o estudo de novo, usando alguns policiais como prisioneiros e guardas, como disse a seu chefe.

— Bom, pode contar com a gente se o fizer.

— Como estava dizendo, os nove estudantes que vocês estão prestes a prender são parte de um grande grupo de cerca de cem homens que responderam aos anúncios, no *Palo Alto Times* e *The Stanford Daily*. Nós peneiramos e excluímos os mais esquisitões, os que já foram presos por algum motivo, e os que tinham problemas físicos ou mentais. Depois de avaliações psicológicas de uma hora e de entrevistas, feitas pelos meus assistentes, Craig Haney e Curt Banks, selecionamos 24 voluntários para serem os sujeitos de nossa pesquisa.

— Vinte e quatro vezes 15, vezes 14 dias, é muito dinheiro que vocês terão de gastar. Não é dinheiro do seu bolso, não é, doutor?

— Dá 5.040 dólares, mas a pesquisa é financiada por investimento governamental, do Gabinete de Pesquisa Naval, para estudar comportamentos antissociais, e, portanto, não tenho que pagar os salários eu mesmo.

— Todos os estudantes quiseram ser guardas da prisão?

— Bem, na verdade, nenhum deles quis ser um guarda; todos preferiram representar o prisioneiro.

— Como assim? Ser um guarda parece mais divertido e dar menos problemas do que ser um prisioneiro, pelo menos para mim. Outra coisa é que os 15 dólares por 24 horas de trabalho como prisioneiro é pouco. O pagamento para os guardas é melhor, já que eles só trabalham em turnos regulares.

— É verdade, os guardas estão escalados para trabalhar em turnos de oito horas, com três equipes de três guardas para as 24 horas cobrindo os nove prisioneiros. Mas a razão pela qual os estudantes preferiram estar no papel de prisioneiros é que eles podem vir a ser prisioneiros em algum momento, por evasão do recrutamento militar ou por dirigir embriagado, por exemplo, ou presos em algum protesto por direitos civis ou contra a guerra. A maioria deles disse que nunca imaginaria se tornar um guarda de prisão, eles não entraram na faculdade na esperança de se tornarem guardas de prisão. Portanto, embora estejam participando, a princípio, pelo dinheiro, alguns deles também esperam aprender algo sobre como lidariam com esta situação prisional nova.

— Como vocês escolheram os guardas? Aposto que selecionaram os maiores.

— Não, Joe, nós distribuímos aleatoriamente todos os voluntários para uma das duas condições, como num jogo de cara ou coroa. Se desse cara, o voluntário seria designado para ser um guarda; se fosse coroa, um prisioneiro. Os guardas foram avisados ontem que ficaram com a cara da moeda. Vieram para a nossa pequena cadeia no porão do Departamento de Psicologia de Stanford, para nos ajudar com os últimos detalhes, assim se familiarizaram com o lugar. Cada um pegou um uniforme no depósito de excedentes do Exército, e agora estão esperando a ação começar.

— Eles receberam algum treinamento para se tornarem guardas?

— Quem me dera eu tivesse tempo para isso, tudo o que fizemos foi dar a eles ontem uma breve orientação; nenhum treinamento específico sobre como atuar em seus novos papéis. O principal é que mantenham a lei e a ordem, não pratiquem nenhuma violência contra os prisioneiros, e não permitam nenhuma fuga. Também tentei transmitir-lhes o tipo de disposição mental de impotência dos prisioneiros que desejamos criar nesta prisão.

— Os garotos que vocês irão prender foram simplesmente solicitados a aguardar em casa, em um dormitório, ou em alguma residência específica, caso morassem muito longe, e receberiam notícias nossas pela manhã.

— E assim vai ser, hein, Joe? Nós vamos mostrar para eles como é.

— Estou um pouco confuso com algumas coisas.

— Claro, pode perguntar, Joe. Você também, Bill, se há alguma coisa que queira saber para poder compartilhar depois com seu produtor para o show de hoje à noite.

— Minha pergunta é: doutor, qual é o sentido de passar por toda a encrenca de montar uma prisão em Stanford, prender estes universitários, pagar todo este dinheiro, quando nós já temos prisões e criminosos suficientes? Por que não observar o que se passa na cadeia do município, ou o que acontece em San Quentin? Isso não mostraria o que você gostaria de saber sobre guardas e prisioneiros em uma prisão real?

Joe acertara na mosca. Encarnei instantaneamente meu papel de professor universitário, afoito para professar aos ouvintes curiosos: "Estou interessado em descobrir o que significa psicologicamente ser um prisioneiro ou um guarda da prisão. Por quais mudanças uma pessoa passa no processo de se adaptar a esse novo papel? É possível, no curto período de algumas semanas, assumir uma nova identidade, diferente do eu usual?"

— Houve estudos feitos por sociólogos e criminologistas sobre a vida em prisões reais, mas eles passaram por sérios empecilhos. Os pesquisadores nunca estão livres para observar todas as fases da vida na prisão. Suas observações normalmente têm a liberdade de ação limitada, sem muito acesso direto aos prisioneiros, e, ainda menos, aos guardas. Visto haver apenas duas classes de pessoas que povoam as prisões, os agentes e os internos, todos os pesquisadores são forasteiros, vistos com suspeita, ou pior, desconfiança, por todos os que fazem parte do sistema. Eles podem ver apenas o que são autorizados a ver, em visitas guiadas que raramente atravessam a superfície da vida na prisão. Nós gostaríamos de entender melhor a estrutura mais profunda do relacionamento prisioneiro—guarda, recriando o ambiente *psicológico* de uma prisão, para então poder observar, registrar e documentar todo o processo de doutrinação no estado mental dos prisioneiros e dos guardas.

— É, da forma como você diz, faz sentido — interrompeu Bill —, mas a grande diferença entre a cadeia de vocês em Stanford e as prisões de verdade é o tipo de presos e guardas com os quais estão lidando. Em uma prisão real, lidamos com tipos criminais, caras violentos que não pensam em nada a não ser descumprir a lei ou atacar os guardas. E você precisa de guardas durões para mantê-los na linha, prontos para arrebentar, se necessário. Seus queridos garotinhos de Stanford não são maus, violentos ou durões como os guardas e prisioneiros reais.

— Deixem-me levantar a bola — prossegue Bob. — Como espera que estes garotos da universidade, que sabem que ganharão 15 dólares para fazer coisa nenhuma, não irão relaxar por duas semanas, e só farrear à sua custa, professor?

— Primeiro, devo lembrar que nossos sujeitos não são todos estudantes de Stanford, apenas uns poucos. Os outros vieram de todo o país, e, até mesmo, do Canadá. Como vocês sabem, um monte de jovens vem para a região da baía de São Francisco no verão, e recrutamos um apanhado dos que estavam concluindo o curso de verão em Stanford ou em Berkeley. Mas você tem razão em dizer que a prisão municipal de Stanford não será povoada com os tipos comuns das prisões. Nós nos esforçamos muito para selecionar jovens que pareçam normais, sadios, e que ficaram na média em todas as dimensões psicológicas que medimos. Ao lado de Craig, que está aqui, e de outro pós-graduando adiantado, Curt Banks, selecionei cuidadosamente nossa amostra final dentre todos os que entrevistamos.

Craig, que estivera aguardando pacientemente por um sinal de anuência de seu mentor para achar uma brecha e tomar a palavra, estava pronto para acrescentar à tese que estava sendo formulada: "Em uma prisão real, quando observamos alguns acontecimentos — por exemplo, prisioneiros esfaqueando uns aos outros, ou um guarda arrebentando um detento — não podemos determinar em que medida o responsável é aquela pessoa em particular, ou aquela situação em particular. De fato, há alguns prisioneiros que são sociopatas violentos, e há alguns guardas que são sádicos. Mas será que suas personalidades chegam a explicar tudo, ou pelo menos a maior parte, do que acontece na prisão? Duvido. Temos de levar em conta a situação."

Sorri exultante com o eloquente argumento de Craig. Também compartilhava da mesma dúvida sobre os temperamentos, as personalidades, e me sentia tranquilizado por Craig ter apresentado tão bem a questão para os policiais. Prossegui, adentrando em meu melhor estilo de miniconferência:

— O argumento é o seguinte: nossa pesquisa tentará diferenciar o que as pessoas levam para a situação da prisão daquilo que a situação revela sobre pessoas que estão lá. Por pré-seleção, nossos sujeitos são geralmente representantes da juventude instruída da classe média. São um grupo homogêneo de estudantes, que, em vários aspectos, são muitos semelhantes entre si. Distribuindo-os aleatoriamente nos dois diferentes papéis, começamos com guardas e prisioneiros comparáveis entre si — e que, de fato, poderiam trocar de papéis. Os prisioneiros não são mais violentos, hostis ou rebeldes do que os guardas, e os guardas não são gente autoritária com sede de poder. Nesse momento, "prisioneiro" e "guarda" são a mesma coisa. Ninguém queria ser guarda. Ninguém chegou a cometer um crime que justificaria uma detenção ou uma punição. Em duas semanas, continuarão esses jovens tão indistinguíveis? Seus papéis mudarão suas personalidades? Veremos alguma transformação de caráter? É isso que planejamos descobrir.

Craig acrescentou: "Uma outra maneira de ver é: trata-se de colocar pessoas boas em situações más para ver quem ou o que sairá ganhando."

— Obrigado, Craig, gostei disso —, entusiasmou-se Bill, o câmera. — Meu diretor vai querer usar isso hoje à noite, como chamada para a matéria. A estação não tinha um apresentador disponível esta manhã, portanto, terei de filmar e bolar alguns pontos de vista para dar coesão às tomadas da detenção. Vamos, professor, o tempo está passando. Estou pronto, podemos começar?

— Claro, Bill. Mas Joe, eu não cheguei a responder a sua primeira pergunta sobre o experimento.

— Qual foi?

— Se os prisioneiros sabem que serão presos como parte do experimento. A resposta é não. Foram apenas avisados para estarem disponíveis para participação, esta manhã. Eles poderão supor que a detenção é parte da pesquisa, visto que sabem que não cometeram os crimes pelos quais são acusados. Se perguntarem a vocês sobre o experimento, sejam vagos, não digam nem sim nem não. Apenas digam algo sobre estarem cumprindo com seu dever, como se fosse uma prisão real; ignorem quaisquer questões ou protestos.

Craig não pôde resistir e acrescentou: "De alguma forma, a detenção, como tudo que estarão vivenciando, irá fundir realidade e ilusão, interpretação e identidade."

Um pouco floreado, pensei, mas, certamente, válido. Pouco antes de ligar a sirene da viatura, branca de ponta a ponta, Joe pôs seus óculos prata espelhados, do tipo que o guarda usava no filme *Rebeldia indomável* (*Cool Hand Luke*), daqueles que se usa para evitar que qualquer um o fite nos olhos. Eu e Craig demos um sorriso amarelo, ao saber que todos os nossos guardas estavam usando os mesmos óculos de proteção que induziam ao anonimato, como parte de nossa tentativa de criar uma sensação de desindividuação. Arte, vida e pesquisa começavam a se fundir.

Policiais realizando as detenções dos estudantes prisioneiros

"TEM UM POLICIAL BATENDO NA PORTA"[10]

— Mamãe, mamãe, tem um policial na porta, e ele vai prender o Hubbie! — berrou a mais nova dos Whittlow.

A sra. Dexter Whittlow não ouviu direito a mensagem, mas pelo som do berro de Nina, havia algum problema do qual o pai deveria se ocupar.

— Por favor, peça para seu pai dar uma olhada.

A sra. Whittlow estava ocupada em examinar sua consciência, pois tinha muitas preocupações com as mudanças que estavam ocorrendo nos serviços da igreja, de onde ela acabara de retornar. Também estivera pensando muito no Hubbie, ultimamente, preparando-se para uma vida de visitas semestrais de seu charmoso garoto de olhos azuis e cabelos louro-acinzentados. O efeito "longe dos olhos, longe do coração" era uma bênção provocada por sua entrada na faculdade, pela qual ela rezava em segredo, e que iria esfriar a paixão óbvia demais entre Hubbie e sua namorada da Escola Secundária de Palo Alto. Para os homens, dizia a ele com frequência, uma boa carreira tem de vir antes de planos apressados de casamento.

A única falha que poderia encontrar nessa amável criança era que, às vezes, era mal-influenciada quando estava com os amigos, como no mês anterior, quando, por travessura, pintaram as telhas do telhado do colégio, ou quando invertiam ou arrancavam as placas das ruas. "Isso é pura bobagem e imaturidade, Hubbie, e você pode ter problemas!"

— Mamãe, papai não está, ele foi jogar golfe com o sr. Marsden, e Hubbie está lá embaixo sendo preso por um policial!

— Hubbie Whittlow, você é procurado pela violação do artigo 459, do Código Penal, invasão e roubo domiciliar. Irei levá-lo para o quartel-general da polícia para fichamento. Antes de revistá-lo e de algemá-lo, devo informá-lo sobre seus direitos de cidadão. (Atento para a câmera de TV trabalhando em volta, registrando para a posteridade essa clássica prisão, Joe com uma postura de "Supertiras" — *Super Cop*, e um discurso bacana *a la* Joe Friday em *Dragnet*.) Quero deixar claros alguns fatos: Você tem o direito de ficar calado, e de não responder a nenhuma pergunta. Tudo o que disser poderá ser usado contra você no tribunal. Você tem o direito de consultar um advogado antes de responder a qualquer pergunta, e um advogado poderá estar presente durante o interrogatório. Se não puder contratar um advogado, um advogado da defensoria pública irá representá-lo em todas as etapas do procedimento. Está ciente de seus direitos? Bom. Sendo assim, vou levá-lo à delegacia para preencher o boletim criminal do qual você é acusado. Agora, aproxime-se lentamente da viatura.

A sra. Whittlow estava atordoada ao ver seu filho sendo revistado, algemado, pernas e braços abertos sobre a viatura como um criminoso qualquer que se vê no noticiário da TV. Recobrando-se, perguntou com cortesia: "O que está acontecendo, seu guarda?"

— Senhora, tenho ordens de prender Hubbie Whittlow sob acusação de roubo, ele...

— Eu sei, seu guarda, eu disse para ele não arrancar as placas das ruas, que ele não deveria se deixar influenciar por aqueles garotos, os Jennings.

— Mamãe, você não está entendendo, isto é parte de...

— Seu guarda, Hubbie é um bom garoto. Seu pai ficará feliz em pagar pelos custos da reposição de tudo que foi retirado. Foi apenas uma travessura, não houve nenhuma má intenção.

A essa altura, uma pequena multidão de vizinhos se avolumara a uma distância respeitável, atraídos pela conversa sobre uma ameaça à segurança e ao bem-estar de alguém. A sra. Whittlow fez um esforço especial para não se distrair com os presentes, não se distanciando, assim, da tarefa premente: precisava agradar o policial para que, assim, ele tratasse melhor o seu filho. "Se

George estivesse aqui, ele saberia lidar com a situação", pensou. "É isso que acontece quando o golfe vem antes de Deus no domingo."

— Muito bem, vamos andando, temos uma agenda cheia; há muitas outras detenções a fazer esta manhã — disse Joe, ao colocar o suspeito dentro da viatura.

— Mamãe, o pai sabe de tudo, pergunte a ele, ele assinou a autorização, está tudo bem, não se preocupe, é apenas parte de um...

O gemido da sirene da viatura e as luzes piscantes atraíram ainda mais vizinhos curiosos para consolar a pobre sra. Whittlow, cujo filho... quem diria, parecia um menino tão direito.

Hubbie se sentiu desconfortável pela primeira vez vendo a agonia da mãe, e culpado por estar no banco de trás de uma viatura policial, algemado, atrás da tela protetora reticulada. "Então, ser um criminoso é assim", pensava, enquanto as bochechas rosadas enrubesciam de embaraço quando a vizinha Palmer apontou para ele e exclamou para a filha, "Onde é que este mundo vai parar? Agora é o menino dos Whittlow que cometeu um crime!"

Na delegacia, o procedimento de fichamento criminal foi expedido com a eficiência de costume, dada a cooperação do suspeito. O policial Bob ficou com Hubbie, enquanto Joe discutia conosco como havia sido a primeira detenção. Achei que havia demorado um pouco demais, considerando que ainda teríamos oito detenções a realizar. No entanto, o câmera queria que fôssemos mais devagar, para que pudesse se posicionar melhor, visto que ele tinha que filmar apenas algumas boas sequências para cobrir a história. Concordamos que a detenção seguinte poderia ser vagarosa em suas sequências filmadas, mas, depois disso — com ou sem boas tomadas —, o experimento viria primeiro e as detenções teriam de ser agilizadas. Whittlow sozinho havia tomado 30 minutos; nesse ritmo, levaríamos a maior parte do dia para completar as detenções.

Estava ciente de que a cooperação da polícia dependia do poder da mídia, e, portanto, me preocupava que, terminada a filmagem, eles pudessem relutar em prosseguir com as prisões remanescentes da lista. Por mais interessante de observar que essa parte do estudo pudesse ser, sabia que o sucesso não dependia de mim. Tantas coisas poderiam dar errado, a maioria das quais antecipei e procurei pensar em alternativas, mas sempre havia o acontecimento inesperado que poderia acabar com os mais bem traçados planos. Há muitas variáveis incontroláveis no mundo real, ou no "campo", como chamam os cientistas sociais. Esse é o conforto da pesquisa em laboratório: o pesquisador está no comando. A ação está sob o mais primoroso controle. O sujeito está no território do pesquisador. É como alertam os manuais de interrogatório policial: "Nunca interrogue suspeitos ou testemunhas em suas casas; tragam-nos para a delegacia, onde se pode capitalizar com a não familiaridade, aproveitar-se da falta de apoio social, e, ademais, onde não é preciso preocupar-se com interrupções não planejadas."

Gentilmente, procurei apressar o policial, mas Bill continuou interrompendo com pedidos para filmar mais uma cena, mais um ângulo. Joe estava vendando Hubbie. O formulário C11-6, da Secretaria de Identificação e Investigação Criminal, foi preenchido com as informações necessárias e todas as impressões digitais colhidas, faltando apenas a fotografia do criminoso. Nós a faríamos com nossa Polaroid em nossa cadeia, para economizar tempo, depois de que todos estivessem em seus novos uniformes. Hubbie foi conduzido pelo processo de fichamento, sem manifestar emoções ou comentários após sua única tentativa de fazer uma piada ter sido recusada por Joe: "Você é o quê, um espertinho, ou coisa parecida?" Ele estava sentado em uma pequena cela na delegacia, vendado, sozinho e indefeso, imaginando por que fora entrar nessa, e se perguntando se valia a pena. Mas se consolou ao pensar que, se as coisas forem muito difíceis de lidar, poderiam contar com seu pai e seu primo, o defensor público, para anular o contrato que firmara.

"OINC, OINC, OS PORCOS ESTÃO AQUI"

A cena de detenção seguinte se passou em um pequeno apartamento em Palo Alto.

— Doug, acorda, droga, é a polícia. Um minuto, por favor, ele está vindo. Pegue suas calças, viu?

— O que quer dizer? Polícia? O que querem com a gente? Olha, Suzy, não fique nervosa, aja numa boa, não fizemos nada que eles possam provar. Deixe eu conversar com esses porcos. Eu conheço meus direitos. Esses fascistas não podem nos empurrar contra a parede.

Percebendo um encrenqueiro, o policial Bob utilizou a abordagem de persuasão amigável.

— É o sr. Doug Karlson?

— Sou, e daí?

— Sinto muito, mas o senhor é suspeito de violação do artigo 459 do Código Penal, invasão e furto domiciliar, e vou levá-lo ao centro da cidade, à delegacia, para acareações. Tem o direito de ficar calado, você tem...

— Corta essa, eu conheço meus direitos, eu não sou formado em uma universidade à toa. Onde está o mandado de prisão?

E enquanto Bob pensava em como lidar diplomaticamente com o problema, Doug ouviu dobrar o sino da igreja mais próxima. "É domingo!" Ele havia se esquecido de que era domingo!

Disse a si mesmo: "Prisioneiro, hein, é assim que o jogo funciona? Prefiro assim, não fui à faculdade para me tornar um porco, mas eu posso algum dia ser sacaneado pela polícia, como quase fui no ano passado, durante os tumultos antiguerra no Centro de Linguística Aplicada. Como disse ao entrevistador — Haney, acho que era este seu nome —, não estou nesta por dinheiro, nem pela experiência, porque a ideia toda me parece ridícula, e não acho que vá funcionar, mas quero ver como me saio ao ser oprimido como um prisioneiro político."

— Sinto vontade de rir ao lembrar da pergunta boba que me fizeram: "Calcule a probabilidade de você permanecer no experimento da prisão durante todas as duas semanas, em uma escala de porcentagem de 0 a 100." Para mim, 100%, sem drama. Não é uma prisão real, apenas uma prisão simulada. Se eu não aprovar, eu saio, simplesmente vou embora. E fico pensando em como reagiram à minha resposta para a pergunta: "O que você gostaria de estar fazendo daqui a dez anos?" "Minha ocupação ideal, que espero esteja vinculada a uma parte ativa do futuro do mundo — a revolução."

— Quem sou eu? O que é singular em mim? Que tal minha resposta, sincera e direta: Do ponto de vista religioso, sou ateu. Do ponto de vista "convencional", sou um fanático. Do ponto de vista político, sou socialista. Do ponto de vista médico, sou sadio. Do ponto de vista socioexistencial, sou cindido, desumanizado e desprendido... e não choro muito.

Doug estava refletindo sobre a opressão dos pobres e a necessidade de retomar o poder dos governantes militar-capitalistas do país, enquanto permanecia sentado desafiadoramente na parte de trás da viatura, em seu veloz percurso até a delegacia. "É bom ser um prisioneiro", pensou. "Todas as empolgantes ideias revolucionárias surgiram da experiência na prisão." Sentia uma afinidade pelo irmão *Soledad* George Jackson, gostava de suas cartas, e sabia que na solidariedade do povo oprimido reside a força para vencer a revolução. Talvez esse pequeno experimento fosse o primeiro passo para treinar mente e corpo para a eventual luta contra os fascistas que governam os Estados Unidos.

Enquanto registrava com diligência sua altura, peso e impressões digitais, o policial ignorou os comentários panfletários de Doug. Joe era todo eficiência: imprimiu facilmente cada dedo para tomar com precisão as impressões digitais, até mesmo quando Doug procurou enrijecer a mão nesse processo. Doug se surpreendeu com a força daquele porco, ou, talvez, ele mesmo só estivesse um pouco fraco por conta da fome, visto que ainda não tinha tomado o café da manhã. Por conta desses sombrios procedimentos, desenvolveu-se nele um pensamento levemente paranoico: "Ei, talvez esses dedos-duros de Stanford tenham me entregado para os policiais. Que ingenuidade a minha, dando a eles tantas informações pessoais que eles podem usar contra mim."

— Ei, policial — Doug gritou em sua voz estridente —, diga-me, de que mesmo estou sendo acusado?

— Roubo. Como réu primário, pode obter a liberdade condicional em uns dois anos.

"Estou pronto para ser preso, senhor"

O cenário seguinte era o local designado para apanhar Tom Thompson, na varanda de Rosanne, minha secretária. Tom é forte como um touro, 1,72 metro de altura, 77 quilos de puro músculo sob o cabelo à escovinha. Se há uma pessoa séria, era este jovem soldado de 18 anos. Quando fizemos, durante a entrevista, a pergunta "O que gostaria de estar fazendo daqui a dez anos?", sua réplica foi surpreendente: "O onde e o quê não importam, o tipo de trabalho envolveria produção organizada e eficiente em áreas do governo desorganizadas e ineficientes."

Planos maritais: "Penso em casar apenas quando tiver estabilidade financeira."

Algum tratamento, drogas, tranquilizantes ou experiência criminosa? "Jamais cometi um ato criminoso. Ainda me lembro da experiência, aos 5 ou 6 anos de idade, ao ver meu pai pegar e comer um pedaço de doce em uma loja enquanto fazíamos compras. Fiquei envergonhado."

Para poder economizar o dinheiro do aluguel, Tom Thompson dormia no banco de trás de seu carro, um lugar nada confortável ou apropriado para os estudos. Recentemente, tivera de "brigar com uma aranha que me picou duas vezes, uma vez no olho, a outra, no lábio". No entanto, havia acabado de concluir um curso de verão para conseguir mais créditos. Além disso, trabalhava 45 horas por semana em trabalhos variados, e comia sobras no refeitório estudantil para economizar dinheiro para a mensalidade do outono seguinte. Como resultado de sua tenacidade e sobriedade, Tom planejava formar-se seis meses mais cedo. Ele também estava se fortalecendo por meio de exercícios metódicos durante o tempo livre, coisa que não lhe parecia faltar, haja vista a total falta de namoradas ou amigos íntimos.

Ser um participante remunerado no estudo da prisão era o trabalho ideal para Tom, visto que seus estudos e trabalhos de verão haviam terminado, e ele necessitava de dinheiro. Três refeições honestas por dia, uma cama de verdade e, quem sabe, um chuveiro quente eram como ganhar na loteria. No entanto, mais do que qualquer outra coisa — ou do que qualquer outro —, ele considerava as duas semanas seguintes como férias pagas.

Fazia tempo que ele não se acomodava em um terreno que não era seu, como o fazia naquela varanda no número 450 da Kingsley Street, onde aguardava para começar sua tarefa em nosso experimento, antes de a viatura estacionar atrás de seu Chevrolet ano 65. A certa distância, encontrava-se o Fiat de Haney, com seu destemido câmera, filmando o que seria a última detenção ao ar livre. Após esta, ele faria mais tomadas interiores na delegacia, e, em seguida, na nossa falsa prisão. Bill estava ansioso para retornar ao KRON com uma matéria quente para o normalmente insípido noticiário de domingo.

— Eu sou Tom Thompson, senhor. Estou pronto para ser preso sem qualquer resistência.

Bob desconfiou deste; ele podia ser algum doido, querendo provar alguma coisa com suas lições de caratê. As algemas foram colocadas de imediato, mesmo antes da leitura dos direitos dele. E sua revista foi mais completa do que havia sido com os outros, porque ele sentia algo estranho em relação às pessoas que mostravam tal falta de resistência. Era convencido demais, por demais seguro de si para alguém que estava sendo preso; normalmente, isso era sinal de algum tipo de armadilha; o cara estava escondendo uma arma, uma falsa acusação estava em andamento, ou simplesmente havia algo fora do comum. "Não sou nenhum psicólogo", contou-me Joe, mais tarde, "mas há algo fora do comum nesse Thompson, ele parece um militar em ação, um sargento diante do inimigo."

Felizmente, não houve crimes nem gatos presos no alto de árvores, naquele domingo em Palo Alto, que afastassem Bob e Joe dos procedimentos de detenção cada vez mais eficientes. No começo da tarde, todos os nossos prisioneiros tinham sido fichados e levados para a nossa cadeia, caindo nas mãos de nossos guardas em formação, que esperavam ansiosos. Esses jovens deixavam Palo Alto, esse ensolarado paraíso, e, descendo por uma estreita escada de concreto, adentraram o porão modificado do Departamento de Psicologia, em Jordan Hall, em Serra Street. Para alguns, esta se tornaria uma descida ao inferno.

CAPÍTULO 3

Que se iniciem os rituais de degradação de domingo

À MEDIDA QUE CADA UM DOS PRISIONEIROS VENDADOS é escoltado do Jordan Hall às pressas escada abaixo para nossa pequena cadeia, nossos guardas ordenam que se dispam e permaneçam nus e de pé, de braços estendidos contra a parede e de pernas abertas. Eles permanecem nessa posição desconfortável por um longo período, enquanto os guardas os ignoram, ocupados com as tarefas de última hora, tais como o armazenamento, para proteção, dos pertences dos prisioneiros, a arrumação das dependências dos guardas, e a organização das camas nas três celas. Depois de distribuídos os uniformes, cada prisioneiro é pulverizado com talco, sob o pretexto de eliminar os piolhos, para livrá-lo de parasitas que podem ser trazidos para dentro e contaminar o espaço de nossa cadeia. Sem nenhum encorajamento da equipe de pesquisa, alguns guardas começam a zombar dos genitais dos prisioneiros, comentando sobre o tamanho pequeno dos pênis, ou gargalhando de seus testículos pendurados de modo desigual. Que brincadeira boba de homem!

Ainda vendados, cada prisioneiro recebe um uniforme, nada especial, apenas um guarda-pó, como um traje mulçumano surrado, com números na frente e atrás, para identificação. Os conjuntos de números foram comprados na loja para escoteiros e costurados. Uma meia-calça de nylon feminina faz as vezes de gorro, cobrindo o cabelo comprido dos prisioneiros. É um substituto para a raspagem dos cabelos, que faz parte de um ritual de iniciação no Exército e em algumas prisões. Cobrir a cabeça é também um método de apagar uma das marcas de individualidade e promover maior anonimato entre a casta dos prisioneiros. Em seguida, cada prisioneiro veste um par de tamancos de borracha, e uma corrente é atada a um dos tornozelos — um lembrete constante do aprisionamento. Até mesmo dormindo, o prisioneiro será lembrado de seu *status*, quando tocar a corrente ao se virar durante o sono. Aos prisioneiros não é permitido usar roupas de baixo, e assim, quando se abaixam, seus traseiros aparecem.

Quando terminam de vesti-los, os guardas removem as vendas, e, assim, os prisioneiros podem ver sua nova aparência no espelho de corpo inteiro apoiado contra a parede. Uma máquina Polaroid documenta a identificação de cada prisioneiro em um formulário de registro oficial, no qual um número de identidade substitui o "Nome" no formulário. É iniciada a humilhação de ser um prisioneiro, como costuma acontecer em muitas instituições, de campos de treinamento militar a prisões, hospitais, e trabalhos subalternos.

— Não mexam a cabeça; não mexam a boca; não mexam as mãos; não mexam as pernas; não mexam coisa alguma. Agora, calem a boca, e permaneçam onde estão —, grita o guarda Arnett, em sua primeira exibição de autoridade.[1]

Ele e os outros guardas do turno do dia, J. Landry e Markus, já começam a brandir cassetetes em posições ameaçadoras, enquanto despem e preparam os prisioneiros. Os primeiros quatro prisioneiros são colocados enfileirados e escutam algumas regras básicas, que os guardas e o diretor formularam durante as orientações aos guardas no dia anterior.

— Não gosto que o diretor corrija meu trabalho — diz Arnett —, então, tornarei desejável para vocês que tampouco façam. Ouçam atentamente as regras. Vocês devem se dirigir aos outros prisioneiros por seus números, e apenas por eles. Dirijam-se aos guardas chamando-os "senhor agente penitenciário".

Na medida em que mais prisioneiros são trazidos para o pátio, estes são igualmente higienizados, vestidos, e postos ao lado de seus pares, em pé contra a parede para a doutrinação. Os guardas se esforçam em se mostrar muito sérios.

— Alguns de vocês, prisioneiros, já conhecem as regras, mas outros deram mostra de que não sabem como agir, e por isso precisam aprendê-las.

Cada regra é lida de modo vagaroso, sério e autoritário. Os prisioneiros têm uma postura relaxada, sempre mudando de posição, olhando em volta para este estranho mundo novo.

— Fique ereto, número 7.258. Mãos ao lado do corpo, prisioneiros.

Guarda do Experimento da Prisão de Stanford com uniforme

Arnett começa a questionar os prisioneiros sobre as regras. Ele é exigente e crítico, trabalhando duro para encontrar o tom sério à maneira de um oficial militar. Seu estilo parece querer dizer que está apenas fazendo seu trabalho, nada pessoal. Mas os prisioneiros não parecem entender o recado; estão reprimindo risadas, sorrindo, e não estão levando-o a sério. Dificilmente conseguem encarnar o papel de prisioneiros. Por enquanto.

— Nada de risos! — ordena o guarda J. Landry. Troncudo, com longos e desgrenhados cabelos louros, Landry é cerca de 15 centímetros mais baixo do que Arnett, um rapaz delgado, com traços aquilinos, cabelos cacheados castanho-escuros, lábios firmemente enrugados.

Súbito, o diretor David Jaffe adentra a cadeia.

— Fiquem atentos, contra a parede, para a leitura completa das regras — diz Arnett.

73

Jaffe, que na verdade é um dos meus estudantes de pós-graduação em Stanford, é um sujeito pequeno, cerca de 1,65m de altura, mas ele agora parece mais alto do que de costume, em postura muito ereta, ombros para trás, cabeça erguida. Ele já está dentro do papel de diretor.

Assisto aos procedimentos através de uma pequena janela coberta por uma tela de tecido, atrás de uma divisória que esconde nossa câmera, um sistema de gravação Ampex, e uma pequena vista para o canto sul do pátio. Atrás do tecido, Curt Banks e outros integrantes de nossa equipe de pesquisa gravam uma série de acontecimentos especiais ao longo de duas semanas, como as refeições, chamadas dos prisioneiros, visitas dos pais, amigos, e de um capelão da prisão, além de quaisquer distúrbios. Não temos verba suficiente para filmar sem interrupção, e, portanto, o fazemos criteriosamente. É também o local onde nós, pesquisadores, e outros observadores, podemos ver a ação sem atrapalhar, e sem que saibam quando estamos gravando ou assistindo. Podemos observar e gravar apenas a ação que se passa bem na nossa frente, no pátio.

Embora não possamos enxergar dentro das celas, podemos escutar. As celas estão grampeadas com equipamentos de escuta que nos permitem ouvir às escondidas algumas das conversas dos prisioneiros. Os prisioneiros não estão cientes dos microfones ocultos atrás dos painéis de iluminação indireta. Essa informação será utilizada para que saibamos o que pensam e o que sentem quando sozinhos, e que tipo de coisas compartilham entre si. Também pode ser útil em identificar prisioneiros que necessitam de cuidados especiais, em razão de demasiada tensão.

Estou impressionado com a postura do diretor Jaffe, e surpreso em vê-lo vestindo pela primeira vez um blazer e uma gravata. Nesses tempos hippies, o traje é raro em estudantes. Nervosamente, ele enrola a ponta de seu grande bigode, ao modo de Sonny Bono, enquanto assume o novo papel. Eu disse a Jaffe que era esta a hora de ele se apresentar a este novo grupo de prisioneiros como o diretor. Ele está um tanto relutante, pois não é um tipo expansivo; ele é reservado e silenciosamente intenso. Por estar fora da cidade, não tomou parte de nosso extenso plano de preparação, e chegou apenas no dia anterior, a tempo para as orientações aos guardas. Jaffe sentiu-se meio deslocado, especialmente porque Craig e Curt eram graduados, enquanto ele era apenas um estudante. Talvez tenha também se sentido desconfortável por ser o mais baixo dentre os funcionários, que tinham no mínimo 1,80m de altura. Mas ele endireita a coluna e prossegue, firme e sério.

— Como vocês já devem saber, eu sou seu diretor. Todos vocês mostraram que são incapazes de funcionar no mundo real lá fora, por uma ou outra razão.

De alguma forma, falta a vocês a noção de responsabilidade como bons cidadãos deste país. Nós, nesta prisão, como sua equipe correcional, iremos ajudá-los a aprender quais são suas responsabilidades como cidadãos para com o país. Vocês ouviram as regras. Haverá, dentro em breve, uma cópia dessas regras pregada em cada cela. Esperamos que as conheçam e se tornem capazes de recitá-las uma por uma. Se seguirem todas essas regras, mantiverem-se limpos, arrependerem-se de suas más ações, e mostrarem uma atitude apropriada de penitência, então, nós nos daremos bem. Espero não precisar vê-los com frequência.

Foi uma improvisação incrível, seguida de uma ordem do guarda Markus, falando pela primeira vez, de modo entusiasmado:

— Agora, agradeçam ao diretor o belo discurso que fez a vocês. — Em uníssono, os nove prisioneiros gritam seus "obrigados" para o diretor, mas sem muita sinceridade.

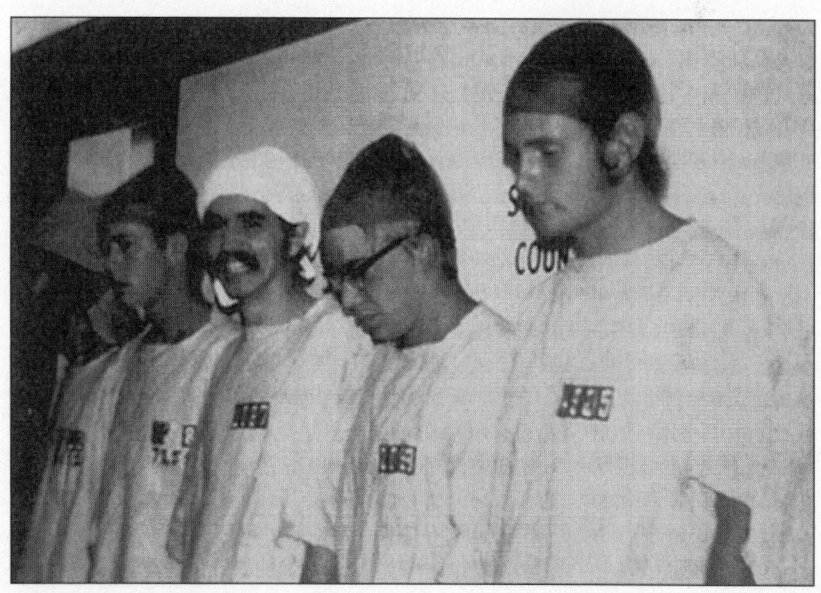

Prisioneiros do EPS em fila para as frequentes chamadas

Estas são as regras pelas quais viverão

É chegado o momento de impor alguma formalidade à situação, expondo aos novos prisioneiros o conjunto de regras que governarão seus comportamentos pelas próximas duas semanas. Com a ajuda dos guardas, Jaffe tinha elaborado essas regras no dia anterior, em uma sessão intensa ao final das orientações aos guardas.[2]

O guarda Arnett discute o assunto com o diretor Jaffe, e decide ler em voz alta o conjunto completo de regras — seu primeiro passo para se afirmar em seu turno do dia. Ele começa vagarosamente, e de modo articulado. As 17 regras são:

1. Os prisioneiros devem ficar em silêncio durante os períodos de descanso, após o apagar das luzes, durante as refeições, e sempre que estiverem fora do pátio da prisão.
2. Os prisioneiros devem comer no horário das refeições, e somente no horário das refeições.
3. Os prisioneiros devem participar de todas as atividades da prisão.
4. Os prisioneiros devem manter as celas limpas a todo o momento. Camas devem ser feitas, e objetos de uso pessoal devem estar limpos e ordenados. O assoalho deve estar impecável.
5. Os prisioneiros não podem forçar, desfigurar ou danificar paredes, tetos, janelas, portas ou qualquer dependência da prisão.
6. Os prisioneiros não podem operar a iluminação das celas.
7. Os prisioneiros devem se dirigir uns aos outros apenas por seus números.
8. Os prisioneiros devem sempre se dirigir aos guardas como "sr. agente penitenciário", e, ao diretor, como "sr. chefe penitenciário".
9. Os prisioneiros nunca podem se referir à sua condição como "experimento" ou "simulação". Eles estão encarcerados até a liberdade condicional.

— Estamos na metade. Espero que estejam prestando bastante atenção, porque vocês irão guardar cada uma dessas regras na memória, e nós os testaremos em intervalos aleatórios — o guarda adverte seus novos deveres.

10. Os prisioneiros têm permissão de permanecer cinco minutos no lavatório. Nenhum prisioneiro terá direito a retornar ao lavatório dentro de uma hora após um período agendado do lavatório. As idas ao lavatório são controladas pelos guardas.
11. Fumar é um privilégio. Só será permitido fumar após as refeições ou pela deliberação dos guardas. Os prisioneiros nunca podem fumar nas celas. O abuso do privilégio de fumar resultará em revogação permanente do privilégio.

12. Correspondências são um privilégio. Toda a correspondência enviada ou recebida será inspecionada e passará por censura.

13. Visitas são um privilégio. O prisioneiro ao qual for permitida uma visita deve encontrá-la à porta do pátio. A visita será supervisionada por um guarda, e o guarda pode abreviar a visita a seu critério.

14. Todos os prisioneiros em cada cela devem se levantar sempre que o diretor, o superintendente da prisão, ou qualquer outro visitante chegar ao local. Os prisioneiros deverão aguardar ordens para poder sentar ou concluir tarefas.

15. Os prisioneiros devem sempre obedecer a todas as ordens expedidas pelos guardas. Uma ordem do guarda substitui qualquer ordem escrita. Uma ordem do diretor substitui tanto a ordem do guarda quanto as ordens escritas. As ordens do superintendente da prisão são supremas.

16. Os prisioneiros devem relatar aos guardas toda e qualquer violação às regras.

— E, por fim, o mais importante, uma regra para vocês se recordarem a todo momento, a de número 17 — acrescenta o guarda Arnett, em um aviso ameaçador:

17. A falha em obedecer qualquer uma das regras acima resultará em punição.

Mais tarde, durante o turno, o guarda J. Landry decide que também quer participar, e relê as regras, acrescentando um adorno pessoal:

— Os prisioneiros fazem parte de uma comunidade corretiva. Para manter a comunidade funcionando pacificamente, vocês prisioneiros devem obedecer às regras.

Jaffe concorda com a cabeça; ele já gosta de pensar nessa prisão como uma comunidade, na qual pessoas sensatas, dando e seguindo regras, podem viver harmoniosamente.

A primeira chamada nesse estranho lugar

De acordo com o plano desenvolvido pelos guardas na reunião de orientação do dia anterior, o guarda J. Landry dá continuidade ao processo de firmar a autoridade dos guardas, dando instruções para a chamada. "Para familiarizá-los com seus números, faremos a chamada com vocês da esquerda para a direita, e rapidamente. — Os prisioneiros gritam seus números arbitrários de três a quatro algarismos estampados em seus guarda-pós. — Vocês foram muito bem, mas eu gostaria de escutar os números com vocês em posição de sentido. — Os prisioneiros se endireitam com relutância, e assumem a posição de sentido. — Vocês foram muito vagarosos em se posicionar. Quero dez flexões. — As flexões logo se tornaram a base das táticas de controle e punição dos guardas. — Isso foi um sorriso? —, pergunta Jaffe. — Posso ver daqui este sorriso. Não vejo graça nenhuma, vocês se meteram em coisa séria. — Jaffe logo se retira do pátio e dá a volta para conferir conosco se havia se saído bem em sua cena de abertura.

Quase em uníssono, Craig, Curt e eu alimentamos o seu ego:

— É isso aí, Dave, ótimo trabalho!

A princípio, o propósito das chamadas, como em todas as prisões, é uma necessidade administrativa, para garantir que todos os prisioneiros estejam presentes e contabilizados, que nenhum escapou ou ainda está na cela doente ou precisando de atenção. Nesse caso, o propósito secundário das chamadas é que os prisioneiros se familiarizem com suas novas identidades numeradas. Queremos que comecem a se pensar, e aos outros, como prisioneiros com números, não pessoas com nomes. É fascinante como a natureza das chamadas é transformada ao longo do tempo pela rotina: uma memorização e récita dos números passa a ser um fórum aberto para os guardas manifestarem sua total autoridade sobre os prisioneiros. Como ambos os grupos de estudantes participantes da pesquisa, a princípio intercambiáveis, encarnam seus papéis, as chamadas fornecem uma demonstração pública da transformação do caráter em guarda e prisioneiro.

Os prisioneiros são finalmente enviados às celas, para memorizar as regras e conhecer os novos companheiros de cela. As celas, projetadas para enfatizar um ambiente de anonimato das condições de vida na prisão, são, na verdade, pequenos escritórios reconstruídos, 3 metros por 3,5 metros de tamanho. A mobília do escritório foi substituída por três catres, postos lado a lado. As celas são totalmente desprovidas de qualquer outra mobília, exceto a cela 3, que possui pia e torneira, que foi desativada, mas que os guardas podem reativar à vontade para premiar bons prisioneiros eleitos como tal, postos em sua cela especial. As portas dos escritórios foram substituídas por portas pretas especialmente fabricadas, com uma série de grades de ferro em uma janela central, com cada um dos números das três celas à vista nas portas.

As celas juntas têm o mesmo comprimento do corredor, situado à direita do pátio, do modo como o vemos de nosso ponto estratégico atrás da tela de observação. O pátio é um longo corredor estreito, 2,7 metros de largura por 11 metros de comprimento. Não há janelas, apenas iluminação indireta das luzes neon. A única entrada e saída se situa na extremidade norte do corredor, do lado oposto a nossa parede de observação. Por existir apenas uma saída, temos vários extintores à mão, em caso de um incêndio, por ordem do Conselho de Pesquisa com Sujeitos Humanos da Universidade de Stanford, que revisou e aprovou nossa pesquisa. (No entanto, extintores de incêndio podem também se converter em armas.)

No dia anterior, os guardas pregaram cartazes nas paredes do pátio, especificando esta "Prisão do Município de Stanford". Outro cartaz proibia fumar sem permissão, e um terceiro indicava, ameaçadoramente, a localização da solitária, "o Buraco". A solitária consistia em um pequeno closet na parede oposta à das celas. Foi usado para armazenamento, e suas caixas de arquivo tomam quase todo o espaço, deixando livre cerca de um metro quadrado. É onde os prisioneiros desregrados passariam o tempo como punição por várias ofensas. Nesse espaço confinado, prisioneiros iriam ficar em pé, acocorar-se ou sentar-se no chão em total escuridão pelo tempo ordenado por um guarda. Seriam capazes de ouvir o que se passa no pátio, e ouviriam muito bem alguém esmurrando a porta do Buraco.

Os prisioneiros são enviados para suas celas distribuídas arbitrariamente: Cela 1 é para os 3.401, 5.704 e 7.258; Cela 2 é para os 819, 1.037 e 8.612; a Cela 3 abriga os 2.093, 4.325 e 5.486. De algum modo, esta é como uma situação de prisioneiros de guerra, na qual um número de inimigos é capturado e encarcerado como uma unidade, ao contrário de uma prisão civil, onde há uma comunidade prisional preexistente na qual cada interno é socializado, e na qual há sempre prisioneiros entrando e saindo para a condicional.

Trocando em miúdos, nossa prisão era uma dependência muito mais humana do que a maioria dos campos de prisioneiros de guerra — e, decerto, mais cômoda, limpa e ordenada do que a dura Prisão de Abu Ghraib (a qual, a propósito, Saddam Hussein tornou conhecida por suas torturas e assassinatos muito antes de os norte-americanos os cometerem mais recentemente). Contudo, a despeito de seu relativo "conforto", esta prisão em Stanford se tornaria o palco de abusos que sinistramente prenunciaram os abusos em Abu Ghraib pela Polícia Militar da Reserva do Exército, anos mais tarde.

Ajustes de papel

Leva um tempo para que os guardas assumam seus papéis. Dos relatórios de troca de guarda, feitos ao final de cada um dos três turnos, aprendemos que o guarda Vandy sente-se desconfortável, sem saber como ser um bom guarda, gostaria de ter recebido algum treinamento, mas pensa ser um erro ser tão bom com os prisioneiros. O guarda Geoff Landry, irmão mais novo de J. Landry, relata sentir-se culpado durante os rituais de degradação humilhante nos quais os prisioneiros tiveram de ficar em pé, nus, por um longo tempo, em posições desconfortáveis. Ele sente por não haver tentado impedir algumas coisas com as quais discordava. Em vez de se manifestar contra, ele apenas retirou-se do pátio o mais que pôde, e não continuou a presenciar as interações desagradáveis. O guarda Arnett, formado em Sociologia, alguns anos mais velho do que os outros, duvida que a indução dos prisioneiros esteja produzindo o efeito desejado. Pensa que a segurança em seu turno é ruim, e que os outros guardas estão sendo gentis demais. Mesmo após esses breves encontros no primeiro dia, Arnett é capaz de distinguir os prisioneiros encrenqueiros dos "aceitáveis". Ele também aponta algo que nos passou despercebido em nossas observações, mas que o oficial Joe advertia, durante a detenção de Tom Thompson — uma preocupação acerca do prisioneiro 2.093.

Desagrada a Arnett o fato de que Tom-2.093 seja "bom demais" em sua "rígida aderência a todas as ordens e regulamentos".[3] (De fato, o 2.093 seria, mais tarde, depreciativamente apelidado de "sargento" pelos outros prisioneiros, precisamente por conta de seu estilo militar de seguir as ordens obedientemente. Ele apontou alguns valores fortes em nossa situação que podem entrar em conflito com alguns guardas, algo a considerar à medida que prosseguimos. Lembrem-se de que isso foi apontado em Tom pelo policial que realizou a detenção.)

Em oposição, o prisioneiro 819 considera toda a situação bastante "interessante".[4] Ele acha as primeiras chamadas bem agradáveis, "pura piada", e sente que alguns dos guardas também acharam a mesma coisa. O prisioneiro 1.037 observou como todos os outros eram tratados do mesmo modo humilhante que ele. Entretanto, recusou-se a levar isso a sério. Estava mais preocupado com a fome que sentia, já que tinha comido pouco no café da manhã e esperado a chegada de um almoço, o que nunca ocorreu. Ele supôs que o fracasso em fornecerem o almoço tenha sido mais uma punição arbitrária infligida pelos guardas, a despeito do fato de a maioria dos prisioneiros ter se comportado bem. Na verdade, simplesmente nos esquecemos de apanhar o almoço porque as detenções tomaram tempo demais, e havia muitas coisas a resolver, dentre as quais o cancelamento de última hora de um de nossos estudantes designados para o papel de guarda. Felizmente, conseguimos uma reposição a partir do banco original de candidatos selecionados para o turno da noite, o guarda Burdan.

O turno da noite assume o comando

Os guardas do turno da noite chegam antes de seu horário de entrada, às seis horas da tarde, para vestir seus uniformes novos, provar os prateados óculos de sol espelhados, e se equiparem de apitos, algemas e cassetetes. Eles se apresentam ao Posto da Guarda, localizado alguns degraus abaixo da entrada do pátio, em um corredor que também abrigava os escritórios do diretor e do superintendente, cada um com sua placa afixada à porta. Lá, o turno do dia saúda seus novos colegas, conta-lhes que está tudo sob controle e no lugar, mas acrescenta que alguns prisioneiros não estão totalmente engajados no programa. Eles necessitam de vigilância, e deve ser feita pressão para que entrem na linha.

— Vamos fazer isso muito bem, vocês encontrarão tudo nos eixos quando retornarem amanhã — gaba-se um dos guardas recém-chegados.

A primeira refeição é, enfim, servida às sete horas. Ela é simples, como as servidas em refeitórios, disposta sobre uma mesa no pátio.[5] Há espaço à mesa para apenas seis internos, e portanto, quando estes concluem a refeição, os três remanescentes vêm para comer o que restou. No mesmo momento, o prisioneiro 8.612 tenta conversar com os outros sobre fazer uma greve, sentando-se e não saindo do lugar para protestar contra estas condições de prisão "inaceitáveis", mas todos estão famintos e cansados demais para segui-lo. O 8.612 é o espertinho Doug Karlson, o anarquista que falou de modo atrevido com os policiais que o detiveram.

De volta a suas celas, os guardas ordenam que os prisioneiros permaneçam em silêncio, mas o 819 e o 8.612 desobedecem, falam alto e gargalham, e não são repreendidos — por ora. O prisioneiro 5.704, o mais alto do grupo, esteve em silêncio até agora, mas seu vício em tabaco apodera-se dele, e ele exige que os cigarros lhe sejam devolvidos. Dizem-lhe que ele deve *merecer* o direito de fumar sendo um bom prisioneiro. O 5.704 contesta este princípio dizendo que ele representa uma desobediência às regras, em vão. De acordo com as regras do experimento, os participantes podem sair a qualquer momento, mas isso parece ter sido esquecido pelos desgostosos prisioneiros. Eles poderiam usar a ameaça de desistir como uma tática para melhorar suas condições ou reduzir a perturbação despropositada que tiveram de aguentar, mas eles nada fizeram, à medida que vagarosamente escorregavam mais profundamente para dentro de seus papéis.

A tarefa oficial final do diretor Jaffe no primeiro dia era informar aos prisioneiros sobre as noites de visita, que ocorreriam em breve. Quaisquer prisioneiros que tivessem amigos ou parentes na vizinhança deveriam escrever-lhes pedindo que os visitassem. Ele descreve os procedimentos para o envio da carta, e dá, a cada um que solicita, uma caneta, um papel de carta da Penitenciária do Município de Stanford e um envelope com selo. Eles devem terminar suas cartas e devolver os materiais ao final do breve "período de escrita". Ele deixa claro que os guardas têm liberdade de decidir se a alguém não será permitido escrever uma carta, por ter deixado de seguir as regras, por não saber o seu número de identificação ou qualquer outra razão que o guarda possa ter. Quando as cartas são escritas e entregues aos guardas, estes ordenam aos prisioneiros que voltem a sair de suas celas para a primeira chamada do turno da noite. Logicamente, a equipe lê cada carta por razões de segurança, e também fazemos cópias para registro antes de encaminhá-las. O atrativo das noites de visita e da correspondência, assim, tornam-se ferramentas que os guardas usam instintivamente e com eficiência para estreitar o controle sobre os prisioneiros.

O novo significado das chamadas

Oficialmente, pelo que me constava, as chamadas tinham duas funções: familiarizar os prisioneiros com seus números de identificação e determinar que todos os prisioneiros foram contabilizados para o início de cada turno da guarda. Em muitas prisões, as chamadas também servem como um meio para disciplinar os prisioneiros. Embora a primeira chamada tenha sido suficientemente inocente, nossas chamadas noturnas e suas contrapartes matutinas iriam se tornar, com o tempo, experiências tormentosas.

— Muito bem, garotos, agora teremos uma pequena chamada! Será bem divertida — anuncia-lhes o guarda Hellmann, com um sorriso largo e forçado.

O guarda Geoff Landry acrescenta rapidamente:

— Quanto mais cooperarem, mais rápido será.

Quando os cansados prisioneiros seguem em fila para o pátio, estão silenciosos e taciturnos, e não se entreolham. Já foi um longo dia, e quem sabe o que virá antes de que possam ter uma boa noite de sono.

Geoff Landry assume o comando:

— Meia volta, mãos contra a parede. Sem conversa! Querem que isto dure a noite inteira? Vamos continuar fazendo isto até que o façam corretamente. Comecem a chamada, um por um.

Hellmann dá uma pequena contribuição:

— Quero que façam com rapidez, e quero que o façam em voz alta.

Os prisioneiros obedecem.

— Eu não consegui ouvir direito, teremos de fazer novamente. Caras, foi terrivelmente devagar. Mais uma vez. É isso aí — concorda Landry —, teremos de repetir.

Assim que uns poucos números são gritados, Hellmann berra:

— Parem! Isto é alto? Talvez não tenham me ouvido direito, eu disse alto, eu disse claro. Vamos ver se conseguem contar de trás para a frente.

— Agora comecem a contar do final — Landry diz, jocosamente.

— Ei! Não quero ninguém dando risada! — diz Hellmann, com aspereza. — Ficaremos aqui a noite toda, até que consigam fazer isso direito.

Alguns dos prisioneiros ficam cientes de que está se passando uma luta pela dominação entre dois guardas, Hellmann, e o mais jovem, Landry. O prisioneiro 819, que não está levando nada disso a sério, começa a rir da competição entre Landry e Hellmann à custa dos prisioneiros.

— Ei, eu falei que você podia rir, 819? Talvez não tenha me ouvido direito. — Hellmann está ficando nervoso pela primeira vez.

Ele se posta bem à frente do rosto do prisioneiro, inclina-se sobre ele, empurra-o com seu cassetete. Agora, Landry deixa de lado o seu colega e ordena que o 819 faça vinte flexões, o que ele faz sem comentários.

Hellmann volta para o centro do palco:

— Agora, *cantem* os números. — Quando os prisioneiros começam a fazer a chamada novamente, ele interrompe. — Eu não falei para vocês cantarem? Talvez não estejam me ouvindo direito. — Ele passa a ficar mais criativo em técnicas e diálogos de controle. Volta-se para o prisioneiro 1.037, acusando-o de cantar seu número de modo desafinado, e exige-lhe que faça vinte polichinelos. Depois de concluído, Hellmann acrescenta:

— Você poderia fazer mais dez para mim? E não faça tanto estardalhaço desta vez. — Como não há como fazer polichinelos sem a corrente no tornozelo fazer barulho, as ordens vão se tornando arbitrárias, mas os guardas estão começando a se divertir em dar ordens e obrigar os prisioneiros a executá-las.

Mesmo que seja engraçado ter os prisioneiros cantando seus números, os dois guardas se alternam em dizer:

— Isso não tem nada de engraçado, e reclamando.

— Ah, está péssimo, muito ruim.

— Mais uma vez —, Hellmann lhes diz. — Quero que cantem, quero que cantem com *doçura*. Um prisioneiro depois do outro é obrigado fazer mais flexões por cantarem devagar ou azedo demais.

Quando Burdan, o guarda substituto, surge com o diretor, a dupla dinâmica Hellmann e Landry se altera, obrigando os prisioneiros a fazerem a chamada por seus números de identificação da prisão, e não apenas seus números em fila de um a nove, como estavam fazendo, o que, é claro, não fazia sentido oficial. Então, Hellmann insiste que eles não podem olhar para seus números quando contarem, pois, àquela altura, eles já devem tê-los memorizado. Se algum dos prisioneiros erra o número, a punição é uma dúzia de flexões para todos. Ainda competindo com Landry pela dominação com as ordens alfinetadas dos guardas, Hellmann se torna cada vez mais arbitrário: Não gosto do modo como você falam *descendo*. Quero que falem quando estão *subindo*. Faça mais dez flexões para mim, está bem, 5.486?

Os prisioneiros estão claramente cumprindo as ordens, dadas cada vez mais rapidamente. Mas isso só reforça o desejo dos guardas de exigir mais deles.

— Bem, está ótimo. Por que não canta o número desta vez? Vocês homens não cantam muito bem, isso simplesmente não me soa *doce*.

— Eu não acho que eles estejam sendo muito ritmados. Eu quero bonito e doce, quero que seja gostoso de ouvir — diz Landry.

O 819 e o 5.486 continuam a zombar do processo, mas, curiosamente, cumprem com as ordens dos guardas para realizar tantos polichinelos quantos foram exigidos como punição.

O novo guarda, Burdan, entra no papel mais rapidamente do que os outros guardas, mas ele obteve treinamento *in loco*, ao assistir aos dois guardas anteriores botando para quebrar.

— Ai, que bonito! Agora, é assim que quero que faça, 3.401, venha para cá e faça um solo, conte para nós qual é o seu número! — Burdan vai além de seus colegas, tirando os prisioneiros da fila para fazerem os seus solos na frente dos outros.

O prisioneiro Stew-819 ficou marcado. Ele é obrigado a fazer um solo com uma melodia, várias vezes seguidas, mas sua canção nunca é considerada "doce o suficiente". Os guardas caçoam a torto e a direito:

— Ele, com certeza, não tem nada de doce!

— Não, não parece nem um pouco doce.

— Mais dez.

Hellman admira Burdan, quando este começa a agir como um guarda, mas não está pronto para abdicar do controle em prol dele ou de Landry. Ele pede para que os prisioneiros recitem o número do prisioneiro que está atrás deles na fila. Quando não sabem, o que é comum, fazem ainda mais flexões.

— 5.486, você parece bem cansado. Você não pode melhorar? Mais cinco. — Hellmann surge com um novo e criativo plano para ensinar a Jerry-5.486 o seu número de modo inesquecível. — Primeiro, quero *cinco* flexões, depois *quatro* polichinelos, e, então, *oito* flexões, e *seis* polichinelos, e assim você vai lembrar exatamente qual é o seu número, 5.486.

Ele está se tornando mais habilmente criativo em elaborar punições, os primeiros sinais do mal criativo.

Landry se recolhe para o canto do pátio, aparentemente cedendo o domínio a Hellmann. Quando o faz, Burdan se aproxima para ocupar o lugar, mas, em vez de competir com Hellmann, ele o apoia, acrescentando coisas a seus comentários. Mas Landry ainda não está fora do páreo. Ele volta, e ordena mais uma chamada. Não satisfeito com a última, ele diz aos nove fatigados prisioneiros que façam a chamada de dois em dois, e então de três em três, e cada vez mais. Pode-se notar claramente como ele não é tão criativo quanto Hellmann, mas, mesmo assim, tenta competir com este. O 5.486 está confuso, e obrigam-no a fazer mais flexões.

— Quero que vocês façam de sete em sete, mas eu sei que vocês não são tão espertos, portanto, venham e apanhem seus cobertores — diz interrompendo Hellman.

— Espere, espere. Mãos contra a parede.

Mas Hellmann não vai aguentar isso, e, de um modo muito autoritário, ignora a última ordem de Landry e dispensa os prisioneiros para apanharem seus lençóis e cobertores, fazerem suas camas, e permanecerem em suas celas até segunda ordem. Hellmann, responsável pelas chaves, tranca os prisioneiros.

SURGE O PRIMEIRO SINAL DE REBELIÃO

Ao final de seu turno, quando está deixando o pátio, Hellmann grita aos prisioneiros:

— Muito bem, cavalheiros, vocês gostaram da chamada?

— Não, senhor!

— Quem disse isso?

O prisioneiro 8.612 assume francamente a observação, dizendo que fora educado para não mentir. Todos os três guardas se apressam para a Cela 2 e agarram o 8.612, que ostenta a saudação de punhos cerrados dos dissidentes radicais, enquanto grita:

— Todo o poder para o povo!

Ele é despejado no Buraco, com a notoriedade de ser seu primeiro ocupante. Os guardas mostram que estão unidos por um princípio: não tolerarão dissidentes. Landry acompanha a pergunta feita por Hellmann aos prisioneiros.

— Muito bem, vocês gostaram da chamada?

— Sim, senhor.

— Sim, senhor o quê?

— Sim, senhor agente penitenciário.

— Assim está melhor.

Como ninguém está disposto a contestar abertamente sua autoridade, os três cavaleiros descem o corredor em formação, como em uma parada militar. Antes de se retirarem para o alojamento dos guardas, Hellmann esquadrinha a Cela 2, e faz um lembrete aos ocupantes:

— Quero estas camas na mais perfeita ordem. — O prisioneiro 5.486 relatou depois ter se sentido deprimido quando o 8.612 foi posto no Buraco. Também se sentiu culpado por não ter feito nada para intervir. Mas explicou seu comportamento por não querer sacrificar o seu conforto ou ser igualmente atirado na solitária, visto que "trata-se apenas de um experimento".[6]

Antes de apagarem as luzes, às 10h da noite em ponto, os prisioneiros têm o privilégio de ir pela última vez ao banheiro durante a noite. É preciso autorização para isso, e um por um, ou dois por dois, são vendados e conduzidos até o banheiro — fora da entrada da prisão e seguindo por um corredor tortuoso que passa por uma sala de caldeira barulhenta, para confundi-los sobre a localização do toalete e de sua própria localização. Mais tarde, este ineficiente procedimento será simplificado, com todos os prisioneiros caminhando juntos, e talvez incluirá um passeio de elevador, para aumentar a desorientação.

Primeiro, o prisioneiro Tom-2.093 diz que precisa de mais tempo do que o curto período reservado, pois não consegue urinar por estar muito tenso. Os guardas se recusam, mas os outros prisioneiros se unem na insistência para que lhe concedam tempo suficiente. Era uma questão de estabelecer que "havia algumas coisas que queríamos", o 5.486 relatou depois, desafiadoramente.[7] Pequenas ocorrências como esta podem se combinar para dar uma nova identidade coletiva aos prisioneiros, como algo mais do que uma aglomeração de indivíduos, cada um por si, tentando sobreviver. O rebelde Doug-8.612 sente que os guardas estão nitidamente representando, que seus comportamentos são apenas uma piada, mas que estão "passando dos limites". Ele continua se esforçando para se organizar com os outros prisioneiros, para que obtenham mais poder. Em contraste, nosso garoto de cabelos fartos, Hubbie-7.258, relata que, "À medida que o dia prosseguia, eu desejava mais e mais ser um guarda".[8] Não é de se espantar que nenhum dos guardas desejasse ser um prisioneiro.

Outro prisioneiro rebelde, o 819, mostrou sua substância na carta à família, pedindo-lhes que o visitassem na noite de visita. Ele assinou: "Todo o poder para os irmãos oprimidos, a vitória é inevitável. Agora, sem brincadeira, estou tão feliz aqui quanto pode estar um prisioneiro!"[9] Enquanto jogam cartas no alojamento, os guardas do turno da noite, em companhia do diretor, decidem sobre um plano para a primeira chamada do turno da manhã para angustiar os prisioneiros. Pouco depois do começo do turno, os guardas se aproximarão das portas das celas e acordarão os prisioneiros com apitos altos e agudos. Isso iria, ao mesmo tempo, energizar rapidamente a guarda do turno da manhã e perturbar o sono dos prisioneiros. Landry, Burdan e Hellmann gostam do plano, e, à medida que continuam a discutir sobre como poderão ser melhores guardas na noite seguinte, Hellmann pensa que tudo não passa de "curtição". Ele decide agir como o "maioral" a partir de então, decide "representar um papel mais dominador", como em um trote pregado pelo grêmio ou em filmes sobre prisões, como *Rebeldia indomável*.[10]

Burdan, como pivô, está em uma posição crítica como o guarda do meio nesse turno da noite. Geoff Landry começou com força, mas, enquanto a noite prosseguia, deferiu as invenções criativas de Hellmann, e finalmente cedeu a seu estilo poderoso. Depois, Landry irá encarnar o papel do "bom guarda" — amigável com os reclusos e nada fazendo para degradá-los. Se Burdan se aproximar de Landry, poderão juntos toldar o brilho de Hellmann. Mas se Burdan se aproximar do sujeito durão, Landry ficará excluído, e o turno se voltará para uma direção sinistra. No diário retrospectivo, Burdan escreve que se sentiu ansioso quando foi subitamente chamado às seis horas da tarde para se apresentar assim que possível.

Colocar um uniforme militar o fez sentir-se bobo, considerando os seus fartos cabelos pretos na cabeça e no rosto, um contraste que poderia fazer com que os prisioneiros rissem dele. Conscientemente decidiu não olhar nos olhos deles, nem sorrir, nem tratar o cenário como um jogo. Comparado a Hellmann e a Landry, que pareciam seguros de si em seus papéis, ele não estava. Pensava neles como "os soldados de linha", mesmo que tenham assumido seus cargos poucas horas antes de sua chegada. O que ele mais gostava era de carregar seu grande cassetete, o que lhe confere um sentimento de poder e segurança quando o empunhava, chocando-o contra as grades das portas das celas, esmurrando-o na porta do Buraco, ou apenas batendo com ele na palma da mão, o que se tornou um gesto rotineiro. O papo ao final do turno com seus novos colegas o tornou mais parecido com seu antigo eu, e menos com um guarda embriagado de poder. Ele trava, no entanto, uma conversa vigorosa com Landry sobre a necessidade de todos eles trabalharem em equipe para manter os prisioneiros na linha e não tolerarem qualquer forma de rebeldia.

Apitos estridentes às 2h30

O turno da manhã começa no meio da noite, às duas horas, e termina às dez horas da manhã. O turno é composto por Andre Ceros, outro jovem de barba e cabelos longos, e por Karl Vandy. Lembre-se de que Vandy auxiliou o turno do dia a transportar os prisioneiros da cadeia municipal para a nossa cadeia, e portanto, começa um tanto cansado. Como Burdan, ele ostenta longos cabelos lisos. O terceiro guarda, Mike Varnish, tem a constituição de um atacante ofensivo, robusto e musculoso, ainda que mais baixo que os outros dois. Quando o diretor lhes conta que haverá um aviso-surpresa de despertar para anunciar que o turno deles está em ação, todos os três ficam encantados em começar com tamanho alarde.

Pode-se ouvir os prisioneiros ressonando. Alguns estão roncando na escuridão das celas apinhadas. Subitamente, o silêncio é quebrado. Altos ruídos de apito, vozes gritando:

— Sem moleza, levantando.

— Acordem e venham para fora, para a chamada!

— Muito bem, belas adormecidas, é o momento de ver se vocês aprenderam a contar.

Prisioneiros atordoados fazem fila contra a parede, e respondem à chamada distraídos, quando os três guardas se alternam em elaborar novas variações da contagem. A contagem, e as flexões e polichinelos que a acompanham quando os prisioneiros erram, prossegue por quase uma hora estafante. Finalmente, os prisioneiros são ordenados a voltarem para a cama — até o toque da alvorada, algumas horas depois. Alguns prisioneiros relataram que sentiram os primeiros sinais de distorção da noção do tempo, sentindo-se surpresos, exaustos e nervosos. Nesse ponto, alguns admitiram depois que cogitaram abandonar o experimento.

O guarda Ceros, a princípio desconfortável dentro do uniforme, passou a gostar de usar óculos prata espelhados. Eles fazem com que se sinta "seguramente autoritário". Mas os apitos altos ecoando através da câmara escura o assustam um pouco. Sente-se muito bonzinho para ser um bom guarda, então, comenta os seus esforços num "sorriso sádico".[11] Ele se esforça para lisonjear o diretor, cumprindo com suas sugestões constantes sobre formas sádicas de aprimorar a chamada. Varnish relatou, mais tarde, que seria difícil para ele ser um guarda forte, e, então, observou os outros para obter dicas de como se comportar naquele ambiente incomum, como a maioria de nós faz quando nos encontramos em uma situação estranha. Ele sentiu que a tarefa principal dos guardas era ajudar a criar um ambiente no qual os prisioneiros perderiam suas velhas identidades e assumiriam novas.

Algumas observações e preocupações iniciais

Minhas anotações, nesse momento, levantam as seguintes questões sobre as quais devemos concentrar nossa atenção ao longo dos dias e noites seguintes: a crueldade arbitrária dos guardas irá continuar a crescer, ou atingirá um ponto de equilíbrio? Quando voltarem para casa e refletirem sobre o que fizeram, podemos esperar que eles se arrependam, sintam-se, de algum modo, envergonhados pelos excessos que cometeram, e ajam com mais gentileza? É possível que a agressão verbal se agrave e até mesmo se converta em força física? A essa altura, o aborrecimento de passar tediosas oito horas em cada turno já levou os guardas a buscarem entretenimento, usando os prisioneiros como joguetes. Como lidarão com o aborrecimento na medida em que a pesquisa avançar? Quanto aos prisioneiros, como eles lidarão com o aborrecimento de viver como prisioneiros dia e noite? Serão capazes de manter alguma dignidade ou direitos para si, mobilizando uma oposição, ou se sujeitarão às demandas dos guardas? Quanto tempo levará até que o primeiro prisioneiro decida que já aguentou demais e largue o experimento? Isso levará a uma sucessão de desistências? Vimos estilos bem diferentes entre os turnos da noite e do dia. Como será o turno da manhã?

É evidente que levou um tempo para que os estudantes, com considerável hesitação e estranhamento, assumissem seus próprios papéis. Ainda há um sentimento claro de que se trata de um experimento sobre a vida na prisão, e não de uma prisão de verdade. Eles podem nunca transcender aquela barreira psicológica de se sentirem como se estivessem aprisionados em um lugar no qual perderam a liberdade de sair à vontade. Mas, como esperar este resultado, em algo que é obviamente um experimento, a despeito da realidade mundana das detenções pela polícia? Em minha orientação aos guardas, no sábado, tentei convidá-los a pensar no lugar como uma prisão que imite a funcionalidade psicológica das prisões reais. Descrevi os tipos de estados mentais que caracterizam as experiências guarda-prisioneiro que se dão nas prisões, que aprendi de meus contatos com nosso consultor em prisão, Carlo Prescott, ex-detento, e do curso de verão que havíamos recém-concluído. Temia ter dado instruções em demasia, solicitando comportamentos que estavam sendo simplesmente obedecidos, em vez de internalizados de maneira gradual por meio de suas experiências no trabalho. Até então, parecia que os guardas eram razoavelmente variados em comportamento, e não agiam segundo o roteiro pré-planejado. Vejamos o que ocorreu naquela primeira orientação aos guardas.

A ORIENTAÇÃO DE SÁBADO AOS GUARDAS

Na preparação do experimento, nossa equipe se reuniu com os 12 guardas para discutir o propósito do experimento, fornecer-lhes responsabilidades e sugerir meios de manter os prisioneiros sob controle, sem utilizar punições físicas. Nove dos guardas foram aleatoriamente distribuídos entre os três turnos, com os outros três como guardas de reserva, ou substitutos, à disposição para casos de emergência. Depois de um panorama sobre por que estávamos interessados em um estudo sobre a vida na prisão, o diretor David Jaffe descreveu alguns dos procedimentos e deveres dos guardas, enquanto Craig Haney e Curt Banks, no papel de conselheiros psicológicos, davam informações detalhadas sobre as características das detenções de domingo e a admissão dos novos prisioneiros em nossa cadeia.

Ao rever o propósito do experimento, disse-lhes que acreditava que todas as prisões eram metáforas materiais da perda de liberdade que todos sentimos de diferentes maneiras por diferentes razões. Como psicólogos sociais, queremos compreender as barreiras psicológicas e as prisões que criamos entre as pessoas. Logicamente, havia limites com relação ao que poderia ser realizado em um experimento em que se trabalha com uma "falsa prisão". Os prisioneiros sabiam que estariam encarcerados apenas por um período relativamente curto de duas semanas, diferentemente dos longos anos que a maioria dos detentos reais têm de cumprir. Também sabiam que haveria limites para o que poderia ser feito com eles em um ambiente experimental, diferentemente das prisões reais, onde os prisioneiros podem ser espancados, eletrocutados, estuprados por uma gangue, e, por vezes, até mesmo assassinados. Deixei claro que não poderíamos, de modo algum, abusar dos "prisioneiros".

Também tornei evidente que, a despeito das restrições, queríamos criar uma atmosfera psicológica que capturasse alguns dos atributos característicos essenciais de muitas prisões, os quais aprendera recentemente.

— Não podemos abusar deles ou torturá-los fisicamente — disse. — Podemos criar aborrecimentos. Podemos criar um sentimento de frustração. Podemos incutir-lhes medo, até certo ponto. Podemos criar uma noção de arbitrariedade que governa suas vidas, totalmente controlada por nós, pelo sistema, por você, por mim, por Jaffe. Eles não terão liberdade alguma, haverá vigilância constante, nada que fizerem passará despercebido. Não haverá liberdade de ação. Não poderão fazer coisa alguma, ou dizer coisa alguma sem a nossa permissão. Usurparemos deles suas individualidades em muitos aspectos. Eles utilizarão uniformes e, em nenhum momento, serão chamados pelos nomes; eles terão números e serão chamados apenas por seus números. Em geral, tudo isso deverá criar neles um sentimento de impotência. Nós temos todo o poder nesta situação. Eles, nenhum. A indagação da pesquisa é: o que farão para tentar obter o poder, de modo a recuperar algum grau de individualidade, obter alguma liberdade, alguma privacidade? Os prisioneiros trabalharão contra nós para recuperar algo que ainda possuem neste exato momento, enquanto se movem livremente fora de nossa prisão?[12]

Indiquei aos guardas neófitos que os prisioneiros possivelmente pensarão nisso como mera "curtição", mas dependia de toda a equipe da prisão produzir o estado psicológico necessário nos prisioneiros pelo tempo que durasse o estudo. Teríamos de fazê-los sentir como se estivessem presos; nunca deveríamos nos referir àquilo como um estudo ou um experimento. Após responder a várias questões dos guardas em formação, delineei o caminho pelo qual os três turnos seriam escolhidos por suas preferências, de modo a ter três deles em cada turno. Eu, então, deixei claro que o turno mais evitado, o da noite, seria provavelmente o mais fácil, visto que os prisioneiros estariam dormindo por pelo menos a metade do tempo.

— Haverá, em geral, pouco a fazer, embora vocês não possam dormir. Terão de estar de prontidão caso eles planejem alguma coisa.

Não obstante minha pressuposição de que haveria pouco trabalho para o turno da noite, este turno acabou rendendo a maior parte do trabalho — e no qual o tratamento dos prisioneiros foi mais abusivo.

Devo mencionar novamente que meu interesse inicial se concentrava mais nos prisioneiros e seus ajustes à situação prisional do que nos guardas. Os guardas eram apenas os jogadores de um time que ajudaria a criar uma disposição mental, incutindo o sentimento de aprisionamento. Creio que este ponto de vista adveio de minha origem da classe-baixa, o que me fez identificar-me mais com os prisioneiros do que com os guardas. Isso foi certamente moldado pelo meu longo contato pessoal com Prescott e com os outros antigos internos que conhecera recentemente. Assim, meu discurso de orientação estava planejado para fazer os guardas entrarem "no clima do xilindró" traçando alguns dos processos-chave circunstanciais e psicológicos em funcionamento em uma prisão típica. Ao longo do tempo, tornou-se evidente para nós que o comportamento dos guardas era tão, ou, por vezes, mais interessante do que o dos prisioneiros. Se tivéssemos tido o mesmo resultado com essa orientação, deixaríamos operar somente o contexto comportamental e a interpretação de papéis? Como verão, a despeito desta direção tendenciosa, os guardas fizeram pouco, de início, para promulgar as atitudes e comportamentos necessários para criar uma disposição mental tão negativa nos prisioneiros. Levou tempo para que seus novos papéis e as forças das circunstâncias operassem neles de modo que os transformasse gradualmente em perpetradores de abusos contra os prisioneiros — o mal pelo qual fui, no final das contas, responsável nesta Prisão Municipal de Stanford.

Visto de outro modo, os guardas não tinham treinamento formal algum, foram solicitados a, em primeiro lugar, manter a lei e a ordem, não permitir que prisioneiros escapassem, e nunca usar força física contra eles, e lhes foi dada uma orientação geral sobre os aspectos negativos da psicologia do aprisiona-mento. O procedimento é bem semelhante a muitos sistemas de recrutamento de guardas do serviço correcional, com treinamento limitado, com a exceção de que lhes é permitido utilizar qualquer força necessária sob circunstâncias ameaçadoras. O conjunto de regras dadas pelo diretor e pelos guardas aos prisioneiros e minhas instruções de orientação representam as contribuições do sistema para criar um conjunto de situações iniciais que desafiariam os valores, as atitudes e os temperamentos que os participantes do experimento trouxeram para este ambiente singular. Logo veremos qual foi o desfecho do conflito entre o poder da situação e o poder da pessoa.

Guardas	Prisioneiros
Turno do dia: 10h — 18h	Cela 1
Arnett, Markus, Landry (John)	3.401 — Glenn
Turno da Noite: 18h — 2h	5.704 — Paul
Hellmann, Burdan, Landry (Geoff)	7.258 — Hubbie
Turno da Manhã: 2h — 10h	Cela 2
Vandy, Ceros, Varnish	819 — Stewart
Guardas de Reserva	1.037 — Rich
Morismo, Peters	8.612 — Doug
	Cela 3
	2.093 — Tom "Sargento"
	4.325 — Jim
	5.486 — Jerry

CAPÍTULO 4

A rebelião de prisioneiros da segunda-feira

Segunda-feira, segunda-feira, lúgubre e exaustiva para nós todos, após um primeiro dia muito longo, e uma noite aparentemente interminável. Mas aí estão mais uma vez os apitos estridentes, despertando os prisioneiros do sono, pontualmente às seis da manhã. Eles são conduzidos para fora de suas celas, os olhos remelentos, ajustando seus gorros de meia, os guarda-pós e desembaraçando as correntes dos tornozelos. São um grupo taciturno. O 5.704 contou-nos, depois, que era deprimente encarar o novo dia, sabendo que teriam de passar "pela mesma porcaria de novo, e talvez até pior".[1]

O guarda Ceros passa erguendo as cabeças baixas — especialmente a do 1.037, que parece um sonâmbulo. Ele empurra os ombros dos prisioneiros para trás, em posições mais eretas, e corrige fisicamente as posturas desajeitadas dos internos. Parece-se com uma mãe preparando o filho sonolento para o primeiro dia de aula, só que um pouco mais rude. É tempo de mais aprendizado de regras e exercícios matutinos antes que o café da manhã seja servido. Vandy assume o comando: "Muito bem, nós iremos ensinar a vocês essas regras, até que memorizem todas elas."[2] Sua energia é contagiante, estimulando Ceros a percorrer de uma ponta a outra a fileira dos prisioneiros brandindo seu cassetete. Perdendo rapidamente a paciência, Ceros grita: "Vamos lá, vamos lá!", quando vê que os prisioneiros não repetem as regras rápido o suficiente. Ceros bate com seu cassetete contra a palma da mão — *tap, tap* — produzindo um som de agressão contida.

Vandy prossegue pelas instruções de ida ao banheiro por vários minutos, e as repete muitas vezes até que os prisioneiros cumprem as exigências, repetindo o que foi dito sobre como usar o banheiro, por quanto tempo, e em silêncio. "O 819 acha isso engraçado. Talvez tenhamos uma surpresa para o 819." O guarda Varnish se afasta para o lado, não tomando qualquer providência. Ceros e Vandy trocam de papéis. O prisioneiro 819 continua a sorrir, até mesmo gargalhar do absurdo de tudo aquilo. "Não tem graça, 819."

Do começo ao fim, o guarda Markus se reveza com Ceros na leitura das regras. Ceros:

— Mais alto esta regra! Os prisioneiros devem relatar para os guardas toda e qualquer violação às regras.

Os prisioneiros são obrigados a cantar as regras, e, após tantas repetições, eles obviamente as memorizaram. Em seguida, seguem-se as instruções referentes à manutenção dos catres em estilo militar apropriado.

— De agora em diante, suas toalhas serão enroladas e postas asseadamente ao pé de suas camas. Asseadamente, não jogadas por aí, entenderam? — afirma Vandy.

O prisioneiro 819 começa a aprontar. Ele para de se exercitar e se recusa a continuar. Os outros também se detêm, até que seu companheiro se una a eles. O guarda pede-lhe que continue, o que ele faz — para o bem de seus companheiros.

— Ótimo, 819, agora vá dar um passeio no Buraco — Vandy ordena, e o 819 se encaminha para a solitária com um ar desafiador de superioridade.

Quando passa a subir e descer o corredor de maneira metódica na frente dos prisioneiros, o alto guarda Karl Vandy começa a gostar da sensação de domínio.

— Certo, como está o dia de hoje?

Respostas murmuradas.

— Mais alto. Vocês estão todos felizes?

— Sim, sr. agente penitenciário.

Varnish, tentando entrar no papel e para parecer "legal", pergunta:

— Estão todos felizes? Não consegui ouvir vocês dois.

— Sim, sr. agente penitenciário.

— 4.325, como está o dia de hoje?

— Está um dia bonito, sr. agente peni...

— Não. Está um dia *maravilhoso*!

— Sim, sr. agente penitenciário.

Começam a cantar:

— Está um dia maravilhoso, sr. agente penitenciário."

— 4.325, como está o dia de hoje?

— Está um dia bonito.

— Errado. Está um dia *maravilhoso*! — corrige Vandy.

— Sim, sr., está um dia maravilhoso.

'— E você, 1.037?

O 1.037 dá uma resposta animada, com uma entonação sarcástica:

— Está um dia *maravilhoso*.

— Acho que passa — comenta Vandy. — Muito bem, retornem para as suas celas e as deixem asseadas e em ordem em três minutos. Depois, fiquem em posição de sentido aos pés de suas camas. — Ele dá instruções a Varnish sobre como inspecionar as celas. Três minutos depois, os guardas entram nas celas individuais enquanto os prisioneiros se postam aos pés das camas como numa inspeção militar.

A REBELIÃO COMEÇA A SE FORMAR

Não há dúvidas de que os prisioneiros estão ficando frustrados por terem de lidar com o que os guardas estão lhes impingindo. Além disso, estão com fome e ainda cansados pela falta de uma noite de sono profundo. Contudo, continuam a dançar conforme a música, e fazem um belo trabalho de arrumação nas camas, ainda que não esteja bom o suficiente para Vandy.

— Você chama isso de asseado, 8.612? Está uma bagunça, refaça direito — com isso, ele arranca o cobertor e os lençóis e os atira no chão. De modo instintivo, 8.612 investe sobre ele, aos gritos: "Você não pode fazer isso, eu acabei de arrumar a cama!"

Pego desprevenido, Vandy afasta o prisioneiro e o acerta no peito com o punho, enquanto clama por reforço:

— Guardas, emergência na cela 2!

Todos os guardas cercam o 8.612 e o atiram com brutalidade no Buraco, onde se junta ao 819, que se mantinha sentado e em silêncio. Nossos rebeldes começam a tramar uma revolução no escuro e apertado cubículo. Mas perdem a oportunidade de ir ao banheiro, para onde os prisioneiros são escoltados em duplas. Logo, torna-se doloroso segurar a vontade de urinar, e, então, decidem não criar problemas por enquanto. De maneira interessante, o guarda Ceros disse-nos depois ser difícil manter a personagem de guarda quando estava sozinho com um prisioneiro a caminho do banheiro, estando lá ou retornando de lá, porque não havia os suportes físicos externos do ambiente da prisão nos quais se apoiar. Ele e a maioria dos guardas relataram agir com mais aspereza e exigência nessas idas ao banheiro, de modo a contrabalançar a tendência de abrandar quando fora da prisão. Era simplesmente mais difícil permanecer no papel de guarda durão quando a sós, frente a frente, com um único prisioneiro. Sentiam, também, vergonha, por serem adultos, reduzidos à patrulha do banheiro.[3]

A dupla rebelde ocupando o Buraco também perde o café da manhã, servido pontualmente às oito horas da manhã, "ao ar livre", no pátio aberto. Alguns comem sentados no chão, enquanto outros ficam em pé. Eles violam a "regra de não falar", ao conversar e discutir uma greve de fome para mostrar solidariedade aos outros prisioneiros. Também concordam que devem começar a exigir um monte de coisas para testar seu poder, como pedir de volta óculos, medicamentos e livros, além de não fazer os exercícios. Prisioneiros anteriormente silenciosos, incluindo o 3.401, nosso único participante de ascendência asiática, torna-se agora eufórico com esse apoio manifesto.

Após o café da manhã, o 7.258 e o 5.486 testam o plano ao se recusarem a retornar para a cela. Isso obriga os três guardas a empurrá-los para suas respectivas celas. Normalmente, tal desobediência teria merecido um tempo no Buraco, mas o Buraco já se encontrava superlotado, sendo duas pessoas a sua capacidade máxima. Em meio à ascendente cacofonia, fico surpreso ao escutar prisioneiros da Cela 3 se prontificarem a lavar os pratos. Esse gesto está em consonância com a postura geralmente cooperativa do companheiro de cela Tom-2.093, mas em desacordo com seus companheiros, que estão em meio ao processo de planejar uma rebelião. Talvez tenham esperanças de esfriar a refrega, abrandar as tensões emergentes.

Com a curiosa exceção dos membros da Cela 3, os prisioneiros estão ficando fora de controle. O trio do turno da manhã conclui que os prisioneiros devem achar os guardas muito indulgentes, o que está encorajando as brincadeiras de mau gosto. Decidem que é hora de endurecer. Primeiro, instituem um período de trabalho matutino, que significa esfregar as paredes e os assoalhos. Em seguida, na primeira façanha de suas criativas vinganças coletivas, eles retiram os cobertores das camas dos prisioneiros das Celas 1 e 2, levam-nos para fora do prédio, e arrastam-nos pela vegetação rasteira até que estejam cobertos de espinhos e carrapichos. A não ser que não se incomodem em serem espetados, precisam passar uma hora ou mais retirando os espinhos e carrapichos, se quiserem utilizar os cobertores. O prisioneiro 5.704 se torna ofensivo, criticando aos gritos a estupidez sem sentido daquela tarefa. Mas é exatamente essa a questão. Tarefas arbitrárias, sem sentido e sem propósito são componentes necessários para o poder do guarda. Os guardas desejam punir os rebeldes, e, também, induzir à conformidade inquestionada. Após uma recusa inicial, o 5.704 reconsidera sua posição pensando que, se cair nas graças do guarda Ceros, será mais fácil obter um cigarro; então, ele começa a tirar e a procurar as centenas de espinhos em seu cobertor. A tarefa girava em torno das noções de ordem, controle e poder — quem as tinha e quem as desejava.

O guarda Ceros indaga:

— Tudo é da melhor qualidade, nesta prisão, vocês não concordam?

Os prisioneiros murmuram diferentes sons de aprovação.

— É realmente bom, sr. agente penitenciário — replica alguém na Cela 3.

No entanto, o 8.612, liberado pouco antes da solitária e de volta à Cela 2, tem uma resposta diferente:

— Ora, *vá se foder*, sr. agente penitenciário.

Ordenam que o 8.612 cale sua boca imunda.

Percebo que é a primeira obscenidade pronunciada naquele ambiente. Esperava que os guardas praguejassem muito, como parte do estabelecimento do papel de macho, mas ainda não tinha havido nada disso. Entretanto, Doug-8.612 não hesita em gritar obscenidades a sua volta.

— Era estranho estar no comando. Senti vontade de gritar que todas as pessoas eram iguais. Em vez disso, fiz com que os prisioneiros gritassem entre si. "Caras, vocês são um bando de cuzões!" Mal podia acreditar quando, sob meu comando, passaram a dizer isso muitas e muitas vezes — comentou o guarda Ceros.[4]

— Quando dei por mim, já estava aceitando o papel de guarda. Não me desculpei por isso; para falar a verdade, tornei-me um tanto mais mandão. Os prisioneiros estavam ficando bastante rebeldes, e eu queria puni-los por terem rompido o nosso sistema — acrescentou Vandy.[5]

O indício seguinte de rebelião surge de um pequeno grupo de prisioneiros: Stew-819, Paul-5.704 e, pela primeira vez, 7.258, o anteriormente dócil Hubbie. Arrancando os números de identidade da frente de seus uniformes, eles protestam ruidosamente contra as suas condições de vida inaceitáveis. Os guardas revidam imediatamente, deixando-os completamente nus até que seus números sejam repostos. Os guardas recuam para seus quartos com uma desconfortável sensação de superioridade, mas um lúgubre silêncio recai sobre o pátio, enquanto aguardam o fim do longo turno do primeiro dia de trabalho.

Bem-vindos à rebelião, turno do dia

Quando, às dez horas da manhã, o turno do dia chega e se prepara para o serviço, descobre que as coisas não estão sob controle, do modo como as deixaram no dia anterior. Os prisioneiros na Cela 1 fizeram uma barricada em seu interior. Eles se recusam a sair. O guarda Arnett assume o controle imediatamente e solicita que o turno da manhã permaneça até que o assunto esteja resolvido. Subentende-se pelo tom de sua afirmação que eles são, de algum modo, responsáveis por deixarem que as coisas saíssem do controle.

O cabeça da revolta é Paul-5.704, que convenceu seus camaradas da Cela 1, Hubbie-7.258 e Glenn-3.401, a concordarem com ele que é tempo de reagir contra a violação do contrato original que fizeram com as autoridades (eu). Eles empurram as camas contra a porta da cela, cobrem a abertura da porta com cobertores e apagam as luzes. Impossibilitados de abrir a porta, os guardas descontam a raiva na Cela 2, que está repleta dos habituais agitadores de alto nível, Doug-8.612 e Stew-819, veteranos do Buraco, além de Rich-1.037. Em um contra-ataque surpresa, os guardas invadem a cela, agarram os três catres e os arrastam até o pátio, enquanto 8.612 luta furiosamente para resistir. Há um empurra-empurra, encontrões, e gritaria no interior da cela, e o som do tumulto invade o pátio.

— Contra a parede!

— Tragam as algemas!

— Pegue tudo, tome tudo!

— Não, não, não! Isso é um experimento! Me deixe em paz! Merda, me solte, desgraçado! Vocês não vão levar a porcaria de nossas camas! — grita o 819, com selvageria.

— Uma porcaria de uma simulação. Isso é uma porcaria de um experimento simulado. Não é uma prisão. E que se foda o dr. *Zimbargo*! — grita o 8.612.

Arnett, com uma voz notavelmente calma, profere:

— Quando os prisioneiros da Cela 1 começarem a se comportar apropriadamente, suas camas serão devolvidas. Vocês poderão utilizar qualquer forma de persuasão para fazê-los se comportarem apropriadamente.

Uma voz ainda mais calma de um prisioneiro importuna os guardas:

— Estas são as *nossas* camas. Vocês não deveriam tomá-las.

— Eles apanharam nossas roupas, e pegaram nossas camas! Isso é inacreditável! Eles pegaram nossas roupas, e pegaram nossas camas. — Em total perplexidade, o prisioneiro despido 8.612 diz, em uma voz queixosa. — Eles não fazem isso em uma prisão *real*.

Curiosamente, outro prisioneiro replica:

— Fazem sim.[6]

Os guardas caem na gargalhada. O 8.612 enfia suas mãos entre as grades da porta da cela, as palmas voltadas para cima, em um gesto suplicante, uma inacreditável expressão no rosto, e uma nova e estranha tonalidade de voz. O guarda J. Landry lhe diz para tirar as mãos da porta, mas Ceros é mais direto e bate o cassetete contra as grades. O 8.612 tira as mãos bem a tempo de evitar que seus dedos sejam atingidos. Os guardas riem.

Os guardas se encaminham em direção à Cela 3, enquanto o 8.612 e o 1.037 gritam para seus companheiros da Cela 3 que façam uma barricada dentro da cela.

— Ponham as camas na frente da porta! Uma em horizontal e uma em vertical! Não deixem que eles entrem! Eles vão levar as suas camas! Eles levaram as nossas camas! Ah, merda!

O 1.037 parte para o ataque com sua convocação para a resistência violenta:

— Lutem contra eles! Resistam com violência! Chegou o tempo da revolução violenta!

O guarda Landry retorna armado com um grande extintor de incêndio e atira rajadas arrepiantes de dióxido de carbono dentro da Cela 2, forçando os prisioneiros a se afastarem.

— Calem a boca e se afastem da porta!

Ironicamente, esse é o mesmo extintor que o Conselho de Pesquisa com Sujeitos Humanos insistiu que tivéssemos à disposição para uma emergência!

Mas, na medida em que as camas da Cela 3 são puxadas para o corredor, os rebeldes na Cela 2 se sentem traídos.

— Cela 3, o que está acontecendo? Nós falamos para vocês barrarem a porta!

— Que tipo de solidariedade é essa? Foi o "Sargento"? "Sargento", se foi culpa sua, tudo bem, porque todos entendemos que você é impossível.

— Mas, olhe, Cela 1, deixem as camas do jeito em que estão. Não os deixem entrar.

Os guardas percebem que seis deles, naquele momento, podem subjugar uma rebelião de prisioneiros, mas, no futuro, terão de se virar com apenas três guardas contra nove prisioneiros, e isso pode resultar em problemas. Mas não há com o que se preocupar: Arnett formula a tática psicológica de dividir para conquistar, ao fazer da Cela 3 a cela privilegiada, oferecendo privilégios especiais aos seus integrantes e dando-lhes a possibilidade de se lavar, escovar os dentes, devolvendo-lhes as camas e os lençóis, e reativando a água da torneira em sua cela.

O guarda Arnett anuncia em voz alta que, porque a Cela 3 está se comportando bem, "suas camas não serão destruídas; elas serão devolvidas quando a ordem for restaurada na Cela 1".

Os guardas estão tentando aliciar os "bons prisioneiros" para que tentem persuadir os outros a se comportarem apropriadamente.

— Bem, se soubéssemos o que está errado, nós poderíamos falar com eles para se endireitarem!, exclama um dos "bons prisioneiros".

— Vocês não precisam saber o que está errado. Vocês podem apenas falar para eles se endireitarem — responde Vandy.

— Cela 1, estamos com vocês, nós três. — grita o 816. Então, ele faz uma vaga ameaça aos guardas enquanto estes o despejam de volta na solitária, vestindo apenas uma toalha. — O problema é que vocês acham que nós usamos todas as cartas que temos na manga.

Realizada essa tarefa, os guardas fazem um breve intervalo para fumar e para formular um plano de ação para lidar com a barricada da Cela 1.

Quando Rich-1.037 se recusa a sair da Cela 2, três guardas o agarram, atiram-no ao chão, algemam seus tornozelos, e o arrastam pelos pés para o pátio. Ele e o rebelde 8.612 vociferam, um do pátio, o outro do Buraco, sobre suas condições, implorando que todo o contingente de prisioneiros apoie a rebelião. Alguns guardas estão tentando abrir espaço no armário do corredor para mais uma vaga no Buraco expandido, para depositar 1.037. Enquanto movem caixas para abrir um pouco de espaço, eles o arrastam pelo chão com seus pés ainda acorrentados um ao outro, de volta para a cela.

Os guardas Arnett e Landry trocam ideias e concordam acerca de uma maneira simples de dar alguma ordem naquele hospício: começar a chamada. A chamada confere ordem ao caos. Mesmo que com apenas quatro prisioneiros em fila, todos em posição de sentido, os guardas começam fazendo os prisioneiros gritarem seus números.

— Meu número é 4.325, sr. agente penitenciário.

— Meu número é 2.093, sr. agente penitenciário.

A chamada ressoa de um canto ao outro, consistindo nos três "bonzinhos" da Cela 3 e 7.258, com apenas uma toalha ao redor da cintura. Notavelmente, o 8.612 grita de dentro do Buraco seu número, ainda que de modo zombeteiro.

Os guardas agora arrastam o 1.037 pelos pés para a solitária, colocando-o no canto oposto do closet do corredor, que se tornara um segundo Buraco improvisado. Enquanto isso, o 8.612 continua a gritar, chamando o superintendente da prisão.

— Ei, Zimbardo, venha aqui dar as caras! — Eu decido não intervir nesse ponto, mas assistir ao confronto e às tentativas de restaurar a lei e a ordem.

Alguns comentários interessantes são registrados nos diários retrospectivos dos prisioneiros (finalizados após o término do estudo).

Paul-5.704 fala sobre os primeiros efeitos da distorção do tempo, que começa a alterar o pensamento de todos.

— Após nos entrincheirarmos pela manhã, adormeci por algum tempo, ainda exausto pela falta de um sono completo na noite anterior. Quando acordei, pensei que já era a manhã seguinte, embora nem fosse ainda a hora do almoço!

Ele adormeceu de novo à tarde, pensando que era noite quando acordou, mas eram apenas cinco da tarde. A distorção do tempo também afetou o 3.401, que se sentiu faminto, e ficou com raiva por que o jantar ainda não tinha sido servido, pensando serem nove ou dez da noite, quando ainda não eram cinco da tarde.

Embora os guardas tenham, com o tempo, esmagado a rebelião e a utilizado para incrementar gradativamente o domínio e o controle sobre os agora "prisioneiros potencialmente perigosos", muitos dos prisioneiros se sentiram bem por haver tido a coragem de desafiar o sistema. O 5.486 apontou que seu "estado de espírito era bom, os caras reunidos, prontos para provocar desordem. Nós fizemos uma 'guerra dos cuecas'. Chega de piadas, chega de polichinelos, chega de mexerem com a nossa cabeça". Acrescentou ainda que estava limitado a praticar somente atos que tivessem o apoio dos colegas da Cela 1, a "cela boa". Estivesse ele nas Celas 1 ou 2, teria feito "como eles fizeram", e teria se rebelado mais violentamente. O estudante asiático Glenn-3.401, nosso fisicamente menor e mais frágil prisioneiro, parece ter tido uma epifania durante a rebelião:

— Eu sugeri que empurrassem as camas contra a porta para manterem os guardas do lado de fora. Embora eu seja normalmente quieto, não gosto de ser provocado desse jeito. Ter ajudado a organizar e participado da rebelião foi importante para mim. Mantive minha integridade com isso. Senti que foi a melhor parte de toda a minha experiência. Fazer valer meus direitos, depois da barricada, de algum modo fez com que eu me conhecesse melhor.[7]

Após o almoço, talvez uma fuga

Com a Cela 1 ainda barrada, e alguns rebeldes na solitária, o almoço é servido para alguns poucos. Os guardas prepararam um almoço especial para a "Boa Cela 3", para que comessem na frente de seus companheiros menos bem-comportados. Surpreendendo-nos, estes recusam a comida. Os guardas tentam persuadi-los a apenas provar a deliciosa comida, mas mesmo com fome, depois de um pequeno mingau de aveia como café da manhã, e do magro jantar da noite anterior, os reclusos da Cela 3 não concordam em agir de maneira tão traidora, como alcaguetes. Um estranho silêncio invade o pátio na hora seguinte. Entretanto, os homens da Cela 3 cooperam inteiramente durante as tarefas da hora de trabalho, dentre as quais, retirar mais espinhos de seus cobertores. É oferecido ao prisioneiro Rich-1.037 uma chance de deixar a solitária e se juntar à brigada de trabalho, mas este recusa a oferta. Ele passa a preferir a relativa quietude do lugar escuro. As regras ditam o máximo de uma hora no Buraco, mas, no momento, o período máximo está sendo esticado para duas horas para o 1.037, e também para o ocupante 8.612.

Enquanto isso, na Cela 1, dois prisioneiros silenciosamente executam a primeira etapa de seu plano de fuga. Paul-5.704 irá usar suas longas unhas, fortalecidas por dedilhar o violão, para afrouxar os parafusos do espelho da tomada de eletricidade. Eles planejam usar a ponta do espelho como chave de fenda para desparafusar a fechadura da porta da cela. Um deles fingirá que está passando mal, e, quando o guarda o levar para o banheiro, abrirá a entrada principal no fim do corredor. Avisado por um assobio, o outro companheiro de cela irá escapar. Eles deixarão o guarda desacordado e fugirão para a liberdade! Como em prisões reais, os prisioneiros podem mostrar uma criatividade notável para elaborar armas a partir de qualquer coisa e tramar planos engenhosos de fuga.

Mas a sorte não estaria a favor dos prisioneiros. O guarda Jonh Landry, em meio a suas rondas de rotina, gira a maçaneta da porta da Cela 1, e ela cai no chão com um baque bem audível. Sobrevém o pânico.

— Socorro! — grita Landry.

— Fuga!

Arnett e Markus se apressam, bloqueiam a porta e usam as algemas para acorrentar os possíveis fugitivos no chão da cela. Logicamente, o 8.612 é um dos encrenqueiros, sendo levado para uma de suas visitas frequentes ao Buraco.

Uma boa chamada para acalmar as massas incansáveis

Muitas horas angustiantes se passaram desde que o turno do dia começou a trabalhar. É tempo de acalmar as feras selvagens antes que mais problemas apareçam.

— Bom comportamento é recompensado, mau comportamento não é recompensado.

Esta voz calma e controladora é agora claramente reconhecida como a de Arnett. Ele e Landry mais uma vez reúnem forças para organizar seus papéis para uma nova chamada. Arnett assume o comando. Ele emergiu como o líder do turno do dia.

— Mãos contra a parede, nesta parede aqui. Agora vejamos quão bem todos estão aprendendo seus números. Como antes, falem seus números, começando deste canto.

O "sargento" dá início, dando o tom da chamada com uma resposta rápida e alta, seguido pelos outros prisioneiros, que repetem com algumas variações. O 4.325 e o 7.258 são ágeis e obedientes. Não ficamos sabendo muita coisa de Jim-4.325, um sujeito grande e robusto, de 1,80 metro de altura, e que daria muito trabalho se decidisse confrontar os guardas fisicamente. Em oposição, Glenn-3.401 e Stew-819 estão sempre mais vagarosos, nitidamente se recusando a obedecer de modo automático. Não satisfeito, e impondo a própria marca ao controle, Arnett os obriga a fazer a chamada de maneiras criativas. Eles a fazem de três em três, de trás para a frente, de todo modo que se possa imaginar para que a tarefa se torne desnecessariamente difícil. Arnett também está exibindo sua criatividade a todos os circunstantes, do mesmo modo que o guarda Hellmann, mas Arnett não parece sentir tanto prazer nesta execução quanto parecem os outros líderes de turno. Para ele, trata-se mais de um trabalho que precisa ser feito com eficiência.

Landry sugere que os prisioneiros cantem seus números; Arnett pergunta:

— Foi algo de que gostaram, na noite passada? As pessoas gostaram de cantar?

— Eu acho que gostaram da noite anterior. — replica Landry. Mas alguns prisioneiros respondem que não gostam de cantar.

— Bem, vocês precisam aprender a fazer coisas de que não gostam; faz parte da reintegração à sociedade — diz Arnett.

— As pessoas lá fora, nas ruas, não possuem números — reclama o 819.

— As pessoas lá fora, nas ruas, não precisam ter números! Vocês precisam de números por conta de seu *status* aqui! — retruca Arnett.

Landry dá instruções específicas sobre como cantar suas escalas: cante uma escala, como "dó, ré, mi". Todos os prisioneiros se conformam e fazem o melhor ao cantar a escala ascendente, exceto o 819, que não tenta fazer escala alguma.

— O 819 não canta por nada deste mundo; vamos ouvir novamente. — O 819 começa a explicar porque não consegue cantar. Arnett, entretanto, esclarece a proposta do exercício.

— Não perguntei a você *por que* você não poderia cantar, o objetivo é que você *aprenda* a cantar. — Arnett reclama da má qualidade do canto deles, mas os cansados prisioneiros apenas sorriem e dão risadas quando cometem erros.

Diferentemente dos companheiros de turno, o guarda John Markus parece desatento. Raramente se envolve com as atividades principais no pátio. Em vez disso, ele se prontifica a fazer tarefas fora do local de trabalho, como apanhar a comida na lanchonete da faculdade. Sua postura corporal dá a impressão de que ele não está desempenhando a imagem de guarda "macho"; anda encurvado, ombros caídos e cabeça inclinada. Peço ao diretor Jaffe que fale com ele sobre corresponder mais ao trabalho para o qual está sendo pago. O diretor o retira do pátio e o conduz a seu escritório, repreendendo-o.

— Os guardas têm de saber que cada um deles precisa ser o que chamamos de "durão". O sucesso deste experimento se apoia na conduta dos guardas, em fazer com que isto se pareça o mais realista possível.

A experiência da vida real me ensinou que o comportamento durão, agressivo, é contraproducente. — Jaffe fica na defensiva. Começa a dizer que a proposta do experimento não é modificar os prisioneiros, mas compreender como as prisões mudam as pessoas quando elas são defrontadas com uma situação em que os guardas são todo-poderosos.

— Mas *nós* também estamos sendo afetados por esta situação. O simples ato de colocar este uniforme já é uma coisa bem pesada para mim.

Jaffe passa a tranquilizá-lo.

— Eu entendo do que você está falando. Precisamos que aja de determinada forma. Por algum tempo, precisamos que interprete o papel de um "guarda durão". Precisamos que reaja como acredita que o fariam os "porcos". Estamos tentando reproduzir o estereótipo do guarda e seu estilo tem sido um tanto leve demais.

— Certo, vou tentar me ajustar de alguma forma.

— Ótimo, sabia que podíamos contar com você.[8]

Enquanto isso, 8.612 e 1.037 permanecem na solitária. Entretanto, agora estão bradando reclamações sobre a violação das regras. Ninguém está prestando atenção. Cada um, separadamente, diz que precisa ver o médico. O 8.612 diz que está se sentindo mal, sentindo-se estranho. Menciona uma sensação esquisita de o gorro de meia ainda parecer estar na sua cabeça, quando ele sabe que não está lá. Seu pedido para ver o diretor será atendido mais tarde naquele dia.

Às quatro horas, as camas são devolvidas à boa Cela 3, enquanto a atenção dos guardas se concentra nos prisioneiros ainda amotinados na Cela 1. Pede-se ao turno da noite que se apresente mais cedo, e, juntamente com o turno do dia, eles tomam a cela de assalto, atirando rajadas de extintor de incêndio na abertura da porta para manter os prisioneiros acuados. Eles despem os três prisioneiros, levam suas camas, e ameaçam privá-los do jantar se mostrarem mais algum sinal de desobediência. Já com fome, pela falta de almoço, os prisioneiros se desmancham em uma massa indiferenciada, calada e soturna.

O Conselho Reclamatório dos Prisioneiros da Prisão Municipal de Stanford

Ao perceber que a situação está ficando explosiva, faço com que o diretor anuncie no alto-falante que os prisioneiros deverão eleger três membros para integrar o recém-formado "Conselho Reclamatório dos Prisioneiros da Prisão Municipal de Stanford", que irá se reunir com o superintendente Zimbardo tão logo entrem em um consenso sobre quais reclamações desejam fazer e retificar.

Sabemos depois por uma carta que Paul-5.704 enviara à sua namorada que ele estava feliz por ter sido nomeado pelos companheiros para encabeçar esse conselho. Trata-se de uma declaração notável, e que mostra como os prisioneiros perderam sua noção temporal mais ampla, e estavam vivendo "o momento".

O Conselho Reclamatório, constituído pelos membros eleitos Paul-5.704, Jim-4.325 e Rich-1.037, me conta que seu contrato fora violado de muitas formas. A lista que prepararam inclui: os guardas têm cometido abusos físicos e verbais; há um nível desnecessário de importunações; a comida não é adequada; querem que sejam devolvidos seus livros, óculos, e diversas pílulas e medicamentos; querem mais do que uma noite de visitas; e alguns deles querem cerimônias religiosas. Argumentam que todas essas condições justificaram a necessidade de se rebelar abertamente, como o fizeram durante todo o dia.

O Comitê Reclamatório do EPS em reunião com o superintendente Zimbardo

Por trás de meus óculos espelhados, encaixo-me automaticamente no papel de superintendente. Começo dizendo que estou certo de que podemos resolver qualquer desacordo amigavelmente, para a satisfação de ambas as partes. Aponto que o Conselho Reclamatório é um primeiro passo excelente para atingir tal fim. Estou disposto a trabalhar diretamente com eles, caso eles representem a vontade de todos os outros.

— Mas vocês precisam compreender que muitas das perturbações e ações físicas dos guardas foram consequência do mau comportamento dos prisioneiros. Vocês mesmos atraíram essas coisas, ao atrapalharem o cronograma planejado, e ao criarem pânico entre os guardas, que são novos nesta linha de trabalho. Eles suprimiram muitos de seus privilégios em vez de acossarem fisicamente os prisioneiros rebeldes. — Os membros do Conselho Reclamatório aquiescem de maneira nítida. — Prometo levar a lista de reclamações para a minha equipe esta noite, e mudar o maior número possível de condições negativas, e instituir algumas das coisas positivas que vocês sugeriram. Trarei um capelão para a prisão amanhã e teremos uma segunda noite de visitas, esta semana, para começar.

— Isso é ótimo, obrigado — diz o líder dos prisioneiros, Paul-5.704, e os outros acenam, concordando que estão sendo feitos progressos rumo a uma prisão mais civilizada.

Levantamo-nos e apertamos as mãos, e eles se retiram pacificamente. Espero que digam aos seus camaradas que fiquem mais tranquilos a partir de agora, para, que assim, evitemos confrontos como estes.

O PRISIONEIRO 8.612 COMEÇA A PERDER A PACIÊNCIA

Doug-8.612 não está disposto a cooperar. Ele não engole a mensagem de boa vontade trazida pelos sujeitos do Conselho Reclamatório. Mais insubordinação resulta em mais tempo no Buraco, com as mãos algemadas continuamente. Ele diz estar se sentindo mal e pede para ver o diretor. Um tempo depois, o diretor Jaffe reúne-se com ele em seu escritório para ouvir as reclamações do prisioneiro sobre o comportamento arbitrário e "sádico" dos guardas. Jaffe lhe diz que é o comportamento *dele* que está disparando as reações dos guardas. Se ele passasse a cooperar mais, veria como os guardas iriam se acalmar com ele. O 8.612 diz que, a não ser que isso aconteça logo, ele deseja sair. Jaffe está preocupado com suas reclamações com relação à sua saúde e pergunta se ele deseja ver um médico, o que 8.612 dispensa naquele momento. O prisioneiro é escoltado de volta para sua cela, de onde começa a conversar aos gritos com o camarada Rich-1.037, que ainda se encontra sentado na solitária, reclamando sobre as condições intoleráveis e também pedindo para ver um médico.

Embora aparentemente confortado por este intercâmbio com o diretor, o prisioneiro 8.612 desembesta a gritar furiosamente, insistindo para ver o "idiota do Dr. Zimbardo, o superintendente". Concordo em vê-lo imediatamente.

Nosso Consultor de Prisão zomba da prisão de mentira

Naquela tarde, havia combinado uma primeira visita de meu consultor Carlo Prescott à prisão, que me ajudara a planejar muitas das características deste experimento de simulação de um equivalente funcional do aprisionamento em uma cadeia real. Carlo tinha recém-recebido a liberdade condicional da Prisão Municipal de San Quentin, cumprira pena lá por 17 anos, assim como nas Prisões de Folsom e Vacaville, principalmente por condenações de delitos graves como assalto à mão armada. Reunira-me com ele alguns meses antes, durante um dos projetos do curso que meus estudantes de Psicologia Social organizaram sobre o tema de indivíduos em ambientes institucionais. Carlo foi convidado por um dos estudantes a dar à turma uma visão do interior das realidades da vida na prisão.

Fazia apenas quatro meses que Carlo estava fora da prisão, e cheio de raiva pela injustiça do sistema prisional. Ele se atirou contra o capitalismo e o racismo norte-americanos, criticou os negros traidores que faziam o serviço sujo dos chefões contra os irmãos de pele, criticou os fomentadores de guerras, e muito mais. Ele era impressionantemente sensível e perspicaz com relação às interações sociais, assim como detinha uma eloquência excepcional, com uma voz de barítono ressonante, sem emendas ou interrupções. Fiquei intrigado pelas opiniões deste homem, em especial porque tínhamos quase a mesma idade — ele, 38, eu, 40 anos — e ambos havíamos crescido nos guetos da Costa Leste ou Oeste. Mas, enquanto eu ia para a faculdade, Carlo estava indo para a cadeia. Tornamo-nos amigos rapidamente, e passei a ser seu confidente, ouvinte paciente de seus extensos monólogos, conselheiro psicológico e "agente de emprego" para trabalhos e palestras. Seu primeiro trabalho foi dividir comigo as aulas do novo curso de verão na Universidade de Stanford sobre a psicologia do aprisionamento. Carlo não apenas contou à classe os detalhes íntimos de suas experiências pessoais na prisão, como também combinou com outros homens e mulheres anteriormente encarcerados para também compartilharem as suas experiências. Também trouxemos guardas da prisão, advogados, e outros versados sobre o sistema prisional dos Estados Unidos. Essa experiência, e o aconselhamento de Carlo, ajudou-nos a injetar nosso pequeno experimento com um tipo de entendimento das circunstâncias, jamais visto antes em qualquer pesquisa comparada de ciência social.

São por volta de sete horas da noite quando Carlo e eu assistimos a uma das chamadas pelo monitor da TV que está gravando os eventos especiais do dia. Então, recuamos para meu escritório de superintendente para discutirmos como as coisas estão caminhando e como devo lidar com a noite de visitas do dia seguinte. Subitamente, surge o diretor Jaffe para relatar que o 8.612 está mesmo perturbado, deseja sair, e insiste em me ver. Jaffe não sabe me dizer se ele está fingindo para poder escapar e aprontar alguma confusão conosco, ou se está mesmo se sentindo mal. Ele insiste que sou eu a pessoa para resolver o problema, não ele.

— Claro, pode trazê-lo, para que eu possa avaliar a magnitude do problema — digo.

Um jovem hostil, raivoso e confuso entra no escritório.

— Qual é o problema, meu jovem?

— Eu não aguento mais, os guardas estão me atormentando, estão mexendo comigo, me colocando no Buraco o tempo todo, e...

— Bem, pelo que vi, e eu vi tudo o que aconteceu, você mesmo provocou tudo isso; você é o prisioneiro mais rebelde e insubordinado de toda a prisão.

— Não me importo, vocês violaram o contrato, eu não esperava ser tratado deste jeito, você...[9]

— Pode parar, cara! — impetuosamente, Carlo parte para o ataque contra o 8.612. — O que é que você não aguenta? Flexões, polichinelos, guardas chamando vocês e gritando com vocês? É isso que chama de "atormentar"? Não me interrompa. E você está chorando por ter ficado trancado naquele armário por algumas horas? Deixa eu te endireitar, branquelo. Você não sobreviveria um dia em San Quentin. Todos nós iríamos farejar o seu medo e sua fraqueza. Os guardas esmurrariam a sua cabeça, e, antes de te colocarem em uma solitária de verdade, um fosso de concreto batido, onde fiquei por semanas, certa vez, eles te passariam para a gente. O "Irado", ou algum outro líder de gangue bem cruel, compraria você por dois, talvez três maços de cigarro, e seu cu sangraria vermelho vivo, branco e azul. E isso seria só a primeira coisa que fariam para te transformar em uma mulherzinha.

O 8.612 ficou congelado pela fúria do sermão de Carlo. Precisava resgatá-lo, pois senti que Carlo estava prestes a explodir. Ao assistir ao ambiente prisional que recriamos, vieram-lhe à mente os anos de tormento que tinham terminado há apenas poucos meses.

— Carlo, obrigado por nos trazer de volta à validade. Mas preciso saber algumas coisas deste prisioneiro para que possamos proceder apropriadamente. 8.612, você está ciente de que eu tenho poder de fazer com que os guardas não te atormentem, se escolher ficar e cooperar. Você precisa do dinheiro — o resto da soma que perderá saindo mais cedo?

— Sim, claro, mas...

— Está bem, então vamos fazer assim: nenhum guarda te atormenta, você permanece e recebe seu dinheiro, e, em troca, tudo o que precisa fazer é colaborar de vez em quando, compartilhando comigo algumas informações de tempos em tempos, e que podem ser úteis para mim na administração desta prisão.

— Eu não sei não...

— Olhe, pense um pouco em minha oferta, e, se, mais tarde, depois de um bom jantar, você ainda quiser sair, então, tudo bem, será pago pelo período que cumpriu. No entanto, se escolher continuar, ganhar todo o dinheiro, não ser atormentado, e cooperar comigo, então deixaremos para trás os problemas do primeiro dia, e começaremos do zero. Fechado?

— Talvez, mas...

— Não precisa decidir o que fazer agora, pense na minha oferta e faça sua escolha mais tarde, à noite, está bem?

Quando o 8.612 silenciosamente murmura, "Bem, tudo bem", eu o escolto para o escritório do diretor, contíguo ao meu, para ser devolvido ao pátio. Digo a Jaffe que ele está ainda decidindo sobre ficar ou não, e tomará sua decisão mais tarde.

Pensei imediatamente na barganha faustiana. Agi como um cruel administrador de prisão, não do modo como gostaria de me imaginar, um professor de bom coração. Como superintendente, não quero que o 8.612 saia, porque teria um impacto negativo nos outros internos, e porque penso que possamos ser capazes de fazer com que ele coopere mais se eu fizer com que os guardas voltem atrás no comportamento abusivo com que o tratam. Mas eu convidara o 8.612, o líder rebelde, a se tornar um "delator", um informante, compartilhando informações comigo em troca de privilégios especiais. Nas regras dos prisioneiros, um delator é a forma mais inferior de vida animal, e, normalmente, é mantido na solitária pelas autoridades porque se descobrem que é um informante, ele é assassinado. Mais tarde, Carlo e eu escapamos para o restaurante de Ricky, onde tento deixar para trás por um tempo essa desagradável imagem enquanto, sobre um prato de lasanha, me divirto com as novas histórias de Carlo.

O prisioneiro diz a todos que ninguém pode sair

De volta ao pátio, os guardas Arnett e J. Landry põem os presos em fila contra a parede fazendo mais uma chamada antes do fim de seu extenso turno do dia. Mais uma vez, Stew-819 está sendo ridicularizado pelos guardas por ser tão apático em se unir aos pares, que gritam em uníssono:

— Obrigado, sr. agente penitenciário, por um ótimo dia!

A porta de entrada da prisão guincha quando se abre. Toda a fila de prisioneiros se volta para o corredor e ver o 8.612 retornando de sua reunião com as autoridades da prisão. Ele tinha anunciado antes de me ver que iria para sua reunião de despedida, seu *bon voyage*. Ele estava indo embora, e não havia nada que pudessem fazer para mantê-lo ali por mais tempo. Doug-8.612 abriu caminho através da fila dos companheiros da Cela 2, jogando-se sobre seu catre.

— 8.612, para fora, contra a parede! — ordena Arnett.

— Vá se foder — replica, desafiador.

— Contra a parede, 8.612.

— Vá se foder! — responde 8.612.

— Alguém o ajude!

J. Landry pergunta a Arnett:

— Está com a chave das algemas, senhor?

Ainda em sua cela, o 8.612 grita:

— Se tenho que ficar aqui, eu não vou aturar nenhuma dessas merdas de vocês.

Quando ele volta para o pátio, com a metade dos prisioneiros em fila de cada lado da Cela 2, Doug-8.612 brinda-lhes com uma nova terrível realidade:

— Quero dizer, você sabe, é sério. Quero dizer, *eu não pude sair!* Passei o tempo todo conversando com médicos e advogados, e...

Sua voz desaparece, e não está claro o que aquilo significa. Os outros prisioneiros estão dando risadinhas. Parado na frente dos outros prisioneiros, desacatando ordens de ficar contra a parede, o 8.612 lança um gancho de direita contra os companheiros. Destrincha sua arenga, com sua voz fina e lamuriante: *"Eu não pude sair! Eles não me deixaram sair! Não dá para sair daqui!"*

As risadinhas iniciais dos internos dão lugar a risos nervosos. Os guardas ignoram o 8.612, enquanto continuam a tentar descobrir onde estão as chaves das algemas, supondo que irão algemar o 8.612 e depositá-lo novamente no Buraco se continuar com aquilo.

— Quer dizer que você não pôde rescindir o contrato? — pergunta um dos prisioneiros ao 8.612.

Outro prisioneiro indaga desesperadamente, mas para ninguém em particular:

— Posso cancelar o meu contrato?

— Sem conversa na fila, 8.612 estará por aí mais tarde, e todos poderão conversar com ele — endurece Arnett.

Essa revelação provinda de um dos seus respeitados líderes é um golpe poderoso na resolução e insubordinação dos prisioneiros. Glenn-3.401 relatou acerca do impacto da declaração do 8.612:

— Ele disse que não é possível sair. Você se sente como se fosse mesmo um prisioneiro. Talvez você fosse um prisioneiro apenas no experimento de Zimbardo, talvez estivesse sendo pago por isso, mas, puxa, você era um prisioneiro. Você era mesmo um prisioneiro.[10]

Ele começa a fantasiar as piores situações:

— A ideia de tomarem sua vida emprestada por duas semanas, corpo e alma, foi excepcionalmente assustadora. A crença real de que "éramos mesmo prisioneiros" era verdadeira, não se podia escapar sem uma ação verdadeiramente drástica seguida de uma série de consequências desconhecidas. A polícia de Palo Alto tentaria nos apanhar novamente? Seríamos pagos? Como reaveria minha carteira?[11]

Rich-1.037, que representara um problema para os guardas durante todo o dia, também estava estupefato com a nova descoberta. Mais tarde, relatou:

— Disseram-me que não poderia sair. Àquela altura, senti que aquilo era mesmo uma prisão. Não há maneira de descrever como me senti naquele momento. Senti-me totalmente impotente. Impotente como nunca havia me sentido antes.

Estava claro para mim que o 8.612 havia se colocado em uma armadilha com múltiplos dilemas. Foi pego entre querer ser o líder rebelde durão, mas que não queria lidar com os tormentos dos guardas, queria ficar e ganhar o dinheiro de que precisava, mas não queria ser meu informante. Estava provavelmente pensando em se tornar um agente duplo, mentindo para mim ou me enganando sobre as atividades dos prisioneiros, mas incerto de que seria capaz de levar adiante aquela farsa. Ele deveria ter recusado imediatamente a minha oferta de trocar algum conforto por se tornar o "delator" oficial, mas não o fez. Naquele momento, se tivesse insistido em ser libertado, eu seria obrigado a permiti-lo. Mais uma vez, ele talvez estivesse envergonhado demais por Carlo ter escarnecido e berrado com ele de modo abrupto. Tudo isso eram possíveis jogos psicológicos que formulara ao insistir com os outros que era nossa decisão oficial não libertá-lo, culpabilizando o sistema.

Nada poderia ter um impacto mais transformador nos prisioneiros do que as novas notícias de que no experimento eles haviam perdido sua liberdade de sair quando pedissem, perderam o poder de sair andando quando quisessem. Naquele momento, o Experimento da Prisão de Stanford transformou-se em Prisão de Stanford, não por uma declaração formal da equipe, do alto escalão, mas pela declaração de baixo para cima de um dos próprios prisioneiros. Bem no momento em que a rebelião de prisioneiros mudava a opinião dos guardas sobre eles, agora considerados perigosos, a declaração de um prisioneiro sobre a impossibilidade de sair mudou a forma como todos os falsos prisioneiros viam sua condição de prisioneiros impotentes.

ESTAMOS DE VOLTA, É A HORA DO TURNO DA NOITE

Como se já não bastasse, chegara a hora do turno da noite, mais uma vez. Hellmann e Burdan ficaram caminhando pelo pátio, à espera da retirada do turno do dia. Estavam brandindo seus cassetetes, gritando algo para a Cela 2, ameaçando o 8.612, insistindo para que um prisioneiro se afastasse da porta, apontando o extintor de incêndio para a cela, perguntando aos gritos se queriam mais um jato de dióxido de carbono gelado na cara.

Um prisioneiro perguntou ao guarda Geoff Landry:

— Sr. Agente penitenciário, eu tenho um pedido. É o aniversário de alguém esta noite. Podemos cantar "Feliz Aniversário"?

Antes que Landry pudesse responder, Hellmann respondeu ao fundo:

— Nós cantaremos "Feliz Aniversário" na fila. Agora é a hora do jantar, três por vez.

Os prisioneiros se sentam ao redor de uma mesa posta no centro do pátio, para comer o minguado jantar. Nenhuma conversa é permitida.

Revendo as fitas desse turno, posso ver um prisioneiro sendo trazido por Burdan através das portas principais. O prisioneiro, que acaba de tentar fugir, fica de pé em posição de sentido no centro do corredor, um pouco além da mesa de jantar. Ele está vendado. Landry pergunta ao prisioneiro como ele retirara a fechadura da porta. Ele se recusa a abrir o bico. Quando a venda é retirada do fugitivo, Geoff o avisa ameaçadoramente:

— Se virmos sua mão perto da fechadura, 8.612, teremos algo bom de verdade para você.

Doug-8.612 havia tentado o plano de fuga! Landry o empurrou de volta para sua cela, onde o 8.612 começou a gritar obscenidades mais uma vez, mais alto do que antes, e uma torrente de "Vão se foder" invadiu o pátio. Hellmann diz, cansado, para a Cela 2:

— 8.612, seu jogo já está ficando velho. Bem velho. Nem divertido ele é mais.

Os guardas se apressam para a mesa de jantar, para impedir o 5.486 de conferenciar com seus colegas de cela, que estavam proibidos de se comunicar. Geoff Landry grita para 5.486:

— Ei, ei! Nós não podemos privá-lo de uma refeição, mas podemos levar embora o resto da comida. Você já comeu um pouco. O diretor diz que não podemos privá-los das refeições, mas vocês já tiveram suas refeições, pelo menos uma parte delas. Então, saiba que podemos retirar o resto.

Ele, então, passa a fazer um pronunciamento geral a todos:

— Vocês, caras, parecem ter se esquecido de todos os privilégios que podemos dar a vocês.

Ele os relembra do horário de visitas no dia seguinte, que, logicamente, poderá ser cancelado se houver um toque de recolher às celas. Alguns prisioneiros que ainda estão comendo dizem que não se esqueceram da hora de visita da terça-feira às sete da noite, e aguardam ansiosamente por ela.

Geoff Landry insiste que o 8.612 ponha de volta seu gorro de meia, que ele havia retirado durante o jantar.

— Não queremos que alguma coisa caia do seu cabelo na sua comida e que você fique doente por isso.

O 8.612 responde de modo estranho, como se estivesse perdendo contato com a realidade:

— Eu não posso colocar isto na minha cabeça, é apertado demais. Vou ter uma dor de cabeça. O quê? Eu sei que é realmente esquisito. É por isso que estou tentando sair daqui... eles continuam falando "Não, você não vai ter uma dor de cabeça", mas eu sei que vou ter uma dor de cabeça.

Chegara a vez de Rich-1.037 ficar desanimado e desligado. Ele tinha os olhos vidrados, e falava devagar em um tom uniforme. Continuava tossindo, deitado no chão de sua cela, e insistia em ver o superintendente. Eu o vejo quando retorno do jantar, dou-lhe alguns comprimidos para a tosse, e digo a ele que pode sair se achar que não aguenta mais, mas que as coisas irão melhorar se ele parar de gastar tanto tempo e energia se rebelando. Ele relata se sentir melhor, e promete tentar fazer o possível.

Os guardas, em seguida, voltam a sua atenção para Paul-5.704, que estava sendo mais assertivo, como que tentando se equiparar ao antigo líder rebelde, Doug-8.612.

— Você não parece estar muito feliz, 5.704 afirma Landry, enquanto Hellmann começa a correr seu cassetete pelas grades da porta da cela, produzindo um som alto e ressoante.

— Você acha que eles vão gostar disso [o som alto da grade ressoando] depois das luzes apagadas, hoje à noite, talvez? — pergunta Burdan.

O 5.704 tenta fazer uma piada, mas os guardas não acham graça, embora alguns dos prisioneiros tivessem rido.

— Puxa, essa foi boa, foi muito boa. Continue assim, de verdade. Nós estamos começando a nos divertir agora. Não ouvia essa brincadeira de criança faz uns dez anos.

Em posição firme, os guardas, um após o outro, encaram o 8.612, que come sozinho vagarosamente. Com uma das mãos nos quadris e a outra girando o cassetete de modo ameaçador, os guardas ostentam a mesma expressão.

— Temos uma cambada de resistentes e revolucionários por aqui! — exclama Geoff Landry.

O 8.612 levanta-se de um salto da mesa de jantar e corre em disparada rumo à parede de trás, onde arranca a tela de tecido que ocultava a câmera. Os guardas o agarram e o arrastam de volta para o Buraco mais uma vez. Ele diz, com sarcasmo:

— Sinto muito, caras!

— Sente muito, é? Você vai ter mais tarde um motivo para sentir muito — responde um deles.

Quando Hellmann e Burdan começam a bater na porta do Buraco com seus cassetetes, o 8.612 começa a gritar que está ficando surdo e que sua dor de cabeça está piorando.

— Porra, não faz isso, cara, isso machuca meus ouvidos! — grita o Doug-8.612.

— Talvez você deva pensar nisso antes de querer fazer alguma coisa que te leve para o Buraco, 8.612.

— Não, você pode simplesmente cair fora daí, meu chapa! Da próxima vez, a porta cede, e estou falando sério! — Ele pode estar ameaçando derrubar a porta de sua cela, a entrada da prisão, ou talvez a parede atrás da qual se encontra a câmera de observação.

Um prisioneiro pergunta se eles assistirão a um filme naquela noite, como esperado, em razão dos detalhes iniciais da prisão que foram descritos a eles.

— Eu não sei se vocês *alguma vez* terão um filme. — replica um guarda.

Os guardas discutem abertamente as consequências de danificar as dependências da prisão, e Hellmann apanha uma cópia das regras, lendo em voz alta a que fala sobre danificar as dependências do cárcere. Enquanto se inclina sobre a verga da porta e gira seu cassetete, parece inalar, pouco a pouco, confiança e dominação. Em vez da sessão de cinema, Hellmann diz a seus companheiros que dará aos prisioneiros uma hora de trabalho ou de descanso e recreação.

— Muito bem, atenção, por favor. Temos alguma diversão reservada para todos esta noite. Cela 3, vocês se mantenham em descanso e recreação, façam o que quiserem, porque vocês lavaram seus pratos e fizeram bem as suas tarefas. Cela 2, vocês ainda têm um tanto de trabalho a fazer. E Cela 1, temos um grande cobertor para vocês arrancarem os espinhos. Tragam-nos aqui, oficial, deixe que eles vejam, os cobertores são ótimos para que a Cela 1 se ocupe esta noite, se quiserem dormir sem espinhos — diz Hellmann.

Landry entrega a Hellmann alguns cobertores forrados de uma nova coleção de espinhos.

— Puxa, isso não é uma beleza? — Prossegue em seu monólogo. — Deem uma olhada neste cobertor, senhoras e senhores! Vejam este cobertor! Não é uma obra de arte? Eu quero que retirem cada um destes espinhos do cobertor, porque é com ele que vocês terão de dormir.

— Nós vamos simplesmente dormir no chão? — pergunta um prisioneiro.

— Fique à vontade, fique à vontade.

É interessante ver como Geoff Landry vacila entre os papéis de guarda durão e de guarda bom. Ele ainda não abriu mão do controle para Hellmann, cujo domínio ele aspira em certa medida, enquanto sente maior simpatia pelos prisioneiros do que Hellmann parece ser capaz de sentir. (Em uma entrevista posterior, o atento prisioneiro Jim-4.325 descreve Hellmann como um dos guardas maus, alcunhando-o de "John Wayne". Ele descreve os irmãos Landry como os dois "guardas bons", enquanto a maioria dos outros prisioneiros concorda que Geoff Landry era frequentemente mais bom do que mau.)

Um prisioneiro na Cela 3 pergunta se é possível que eles tenham alguns livros para ler. Hellmann sugere dar-lhes "algumas cópias das regras" como leitura para antes de dormir. Chega a hora de uma nova chamada.

— Não quero ver erros crassos dessa vez, está bem? Vamos começar a chamada com o 2.093, para nos mantermos em forma — diz.

Burdan, só para imitar, caminha em direção aos prisioneiros, aproxima-se de seus rostos, e grita:

— Não ensinamos vocês a contar dessa maneira. Alto, claro, e rápido! 5.704, você é mesmo muito devagar! Pode começar os polichinelos.

A punição dos guardas estava ficando indiscriminada; não estava mais punindo prisioneiros por alguma razão específica. O 5.704 não estava tolerando isso:

— Eu não vou fazer!

Burdan força-o, e, então, ele se abaixa, mas não rápido o suficiente, pelo visto.

— Para o chão, homem, para o chão! — grita, empurrando-o para o chão pelas costas com o seu cassetete.

— Não empurra, cara.

— O que quer dizer com "Não empurra"? — pergunta ele em um tom ridicularizante.

— É o que eu disse, não empurra!

— Apenas continue e faça suas flexões — ordena Burdan. — Agora, volte para a fila.

Burdan está definitivamente mais falante e envolvido do que antes, mas Hellmann é ainda claramente o "macho alfa". Entretanto, quando Burdan e

Hellmann se transformam na dupla dinâmica, Geoff Landry subitamente recua para o fundo, ou simplesmente sai da cena do pátio.

Até mesmo o 2.093, o melhor prisioneiro, o "sargento", é forçado a fazer flexões e polichinelos por nenhuma razão aparente.

— Ah, que ótimo! Estão vendo como ele está fazendo? Ele está com *muita* energia esta noite — afirma Hellmann. Então, volta-se para o 3.401. — *Você está rindo? Do que você está rindo?*

Ao seu lado, Burdan concorda:

— Você está rindo, 3.401? Acha que isso é engraçado? Quer dormir esta noite?

— Não quero ver ninguém rindo! Isto aqui não é vestiário. Se eu vir alguém rindo, todo mundo irá fazer polichinelos por bastante tempo! — Hellmann assegura-lhes.

Percebendo a necessidade de os prisioneiros iluminarem o entorno sombrio onde se encontram, Hellmann diz a Burdan uma piada para o benefício dos sombrios prisioneiros:

— Já ouviu aquela do cachorro *sem* pernas? Toda noite, seu dono o levava para se arrastar por aí. — Ele e Burdan riem, mas reparam que os prisioneiros não o fazem.

Burdan o provoca:

— Eles não gostam de sua piada.

— Você gostou da minha piada, 5.486?

— Não — responde Jerry-5.486 com sinceridade.

— Venha para cá e faça dez flexões por não gostar de minha piada. E mais cinco por sorrir. Quinze, ao todo.

Hellmann está inspirado. Faz todos os prisioneiros ficarem de frente para a parede; em seguida, quando se viram, ele lhes mostra o "vendedor de lápis de um braço só". Põe uma das mãos dentro das calças, e o dedo entre suas pernas, esticando as calças para a frente como se estivesse com uma ereção. Os prisioneiros são obrigados a *não* rir. Alguns riem e são então obrigados a fazer flexões ou abdominais. O 3.401 diz não ter achado engraçado, mas precisa fazer flexões por ter sido franco. Em seguida, vêm os números cantados. Hellmann pergunta ao Sargento-2.093 se aquilo se parece com uma canção.

— Para mim pareceu, sr. agente penitenciário.

Hellmann o obriga a fazer dez flexões por discordar de sua opinião.

Inesperadamente, o sargento pergunta:

— Posso fazer *mais*, senhor?

— Pode fazer dez, se quiser.

Então, o sargento o desafia de modo ainda mais dramático:

— Eu poderia fazer flexões até *cair*?

— Claro, tanto faz — Hellmann e Burdan não estão certos de como reagir a esse escárnio, enquanto os prisioneiros se entreolham com consternação, sabendo que o sargento pode determinar novos critérios para a punição autoinfligida, e que será imposta a todos. Ele está virando uma piada de mau gosto para todo mundo.

Quando, em seguida, é dito aos prisioneiros que façam a chamada em uma ordem complicada, Burdan acrescenta, jocoso:

— Isso não deveria ser tão difícil para meninos com tanto estudo! — Em certo sentido, ele está usando a zombaria conservadora corrente, que toma universitários cultos por "intelectuais esnobes e degenerados", ainda que, obviamente, ele mesmo seja um estudante universitário.

Perguntam aos prisioneiros se eles precisam de suas camas e cobertores. Todos dizem que sim.

— E o que vocês fizeram — acrescenta Hellmann — para merecer as camas e os cobertores?

— Nós tiramos os raminhos de nossos cobertores — afirma um deles.

Ele lhes diz para nunca usar a palavra "raminhos". Ele deve chamá-los de "espinhos". Eis um exemplo simples do poder determinando o uso da linguagem, o que, por sua vez, constitui a realidade. Depois que o prisioneiro os chama de "espinhos", Burdan diz que devem apanhar seus travesseiros e camas. Hellmann retorna com cobertores e travesseiros sob os braços. Ele então entrega-os a todos, exceto ao prisioneiro 5.704. Pergunta-lhe por que levara tanto tempo para começar a trabalhar.

— Você está com vontade de apanhar um travesseiro? Por que eu deveria te dar um travesseiro, se você não estava com vontade de trabalhar?

— Tenho um bom carma — responde o 5.704, se sentindo um pouco brincalhão.

— Vou perguntar mais uma vez, por que eu deveria te dar um travesseiro?

— Porque estou pedindo que o faça, sr. agente penitenciário.

— Mas você não começou a trabalhar senão dez minutos depois de todos terem começado — diz Hellmann, e acrescenta: — assegure-se de que, no futuro, você irá trabalhar no momento em que ordenarem. — Apesar do mau comportamento, Hellmann finalmente cede e dá a ele o travesseiro.

Para não ter a cena totalmente roubada por Hellmann, Burdan diz ao 5.704:

— Agradeça-lhe com bastante doçura.

— Obrigado.

— Diga novamente. Diga "Deus te abençoe, sr. agente penitenciário". — O sarcasmo se dissemina com gravidade.

Hellmann isola com êxito o 5.704 de seus companheiros revolucionários por fazê-lo implorar por um travesseiro. O mero interesse próprio está começando a vencer a solidariedade entre os prisioneiros.

Feliz aniversário, prisioneiro 5.704

O prisioneiro Jerry-5.486 relembra os guardas de seu pedido para cantar "Feliz Aniversário" para o 5.704. A essa altura, não deixa de ser um pedido curioso, visto que os prisioneiros estão cansados e os guardas estão prestes a permitir que retornem para suas celas para dormir. Talvez seja uma medida para se conectarem com os rituais normais do mundo exterior, ou uma pequena maneira de normalizar o que está se aproximando rapidamente da anormalidade.

Burdan diz a Hellmann:

— Temos uma questão do prisioneiro 5.486 a ser discutida, sr. agente; ele quer cantar "Feliz aniversário". — Hellmann fica chateado quando sabe que a canção é para o 5.704. — É seu aniversário, e você não trabalhou!

O prisioneiro replica que não deveria ter de trabalhar em seu aniversário. Os guardas pedem que cada um diga em voz alta se quer ou não cantar "Feliz aniversário". Todos concordam que é certo cantar a canção para o 5.704 aquela noite. O prisioneiro Hubbie-7.258 é ordenado a reger os outros cantando "Feliz Aniversário" — o único som agradável naquele lugar por todo o dia e noite. Da primeira vez, referem-se ao aniversariante durante a música de várias maneiras — alguns cantam parabéns para o "camarada", outros cantam para o "5.704". Assim que isso acontece, Hellmann e Burdan gritam para eles.

— O nome deste cavalheiro é 5.704. Agora, comecem novamente — Burdan os relembra.

Hellmann cumprimenta o 7.258 por seu canto:

— Você dá a eles um andamento ritmado, e por isso cantam direito. — Ele fala sobre os tempos da música, revelando um pouco de seu conhecimento musical. Mas, depois, pede que cantem a canção novamente de uma forma mais familiar, e eles o fazem. Mas a execução não está boa o suficiente, e eles escutam novamente. — Quero ver mais entusiasmo! O aniversário de um garoto só acontece uma vez por ano. — A quebra na rotina sugerida pelos prisioneiros para compartilharem alguns sentimentos positivos entre si é convertida em mais uma ocasião de submissão e dominação pela aprendizagem rotineira.

O colapso final e a soltura do 8.612

Depois que as luzes se apagam, e depois de Doug-8.612 ser finalmente retirado da solitária pela enésima vez, ele se torna agressivo:

— Estou falando sério, meu Deus, estou queimando por dentro! Vocês não acreditam?

O prisioneiro está aos berros, manifestando sua raivosa confusão e angústia ao diretor, durante sua segunda entrevista com Jaffe.

— Eu quero sair! Aqui dentro é uma loucura! Não vou aguentar mais uma noite! Eu simplesmente não aguento mais! Preciso de um advogado! Eu tenho direito a ter um advogado? Entre em contato com a minha mãe!

Tentando se lembrar de que aquilo não passa de um experimento, ele continua a vociferar:

— Vocês estão confundindo minha cabeça, cara, minha cabeça! Isto é um experimento; aquele contrato não é de servidão! Vocês não têm direito de ferrar com a minha cabeça!

Ele ameaça fazer o que for necessário para sair dali, até mesmo cortar os pulsos!

— Vou fazer tudo para sair! Vou arrebentar as câmeras e vou machucar os guardas!

O diretor faz o melhor que pode para tentar confortá-lo, mas o 8.612 não está comprando nada do que lhe é dito; ele chora e grita cada vez mais alto. Jaffe assegura ao 8.612 que, tão logo contatarem um dos orientadores psicológicos, seu pedido será seriamente considerado.

Pouco depois, Craig Haney retorna de seu jantar, tarde da noite, e, após escutar a gravação de Jaffe daquela cena dramática, entrevista o 8.612 para determinar se ele deve ser solto imediatamente naquele estado de sofrimento emocional. Naquele momento, não estávamos seguros da legitimidade das reações do 8.612; ele poderia estar apenas fazendo uma cena. Após verificar informações de seu passado, vimos que ele também havia sido um líder ativista antiguerra na universidade, apenas um ano antes. Como ele poderia estar tendo um "colapso" depois de apenas 36 horas?

O 8.612 estava realmente confuso, como nos revelou mais tarde:

— Não sabia dizer se a experiência na prisão havia me assustado, ou se induzi aquelas reações [de propósito].

O conflito que Craig Haney estava vivendo ao ser forçado a tomar aquela decisão sozinho, enquanto eu jantava fora, é vividamente expresso em sua análise posterior:

Apesar de ter parecido uma decisão fácil em retrospecto, naquele momento foi uma decisão assustadora. Eu era um pós-graduando do segundo ano, havíamos investido uma boa quantidade de tempo, esforço e dinheiro neste projeto, e eu sabia que a soltura prematura de um participante iria comprometer o planejamento experimental que havíamos cuidadosamente esboçado e implementado. Como experimentadores, nenhum de nós previu um acontecimento como este, e, é claro, não havíamos planejado um plano alternativo para cobri-lo. Por outro lado, era óbvio que o jovem estava mais perturbado por esta breve experiência na Prisão de Stanford do que qualquer um de nós poderia esperar que um participante estivesse ao final das duas semanas. Portanto, decidi liberar o prisioneiro 8.612, de acordo com o predomínio da escolha ética/humanitária sobre a escolha experimental.[13]

Craig entrou em contato com a namorada do 8.612, que rapidamente apareceu, recolheu-o e a seus pertences. Craig relembrou aos dois que, se a agonia persistisse, ele poderia se consultar no Hospital Universitário pela manhã, pois havíamos combinado com alguns dos atendentes para que ajudassem a lidar com algumas destas reações.

Felizmente, Craig tomou a decisão correta, baseando-se tanto em considerações humanas quanto legais. Também foi a decisão correta se levarmos em consideração o possível efeito negativo sobre a equipe e os internos de manter 8.612 aprisionado no estado de desordem emocional em que se encontrava. No entanto, quando Craig contou mais tarde a Curt e a mim sobre a decisão de liberar o 8.612, ficamos descrentes, e achamos que ele havia engolido uma mentira e sido enganado por uma boa encenação. Entretanto, após uma longa discussão sobre todos os indícios, concordamos que havia feito a coisa certa. Mas, então, teríamos de explicar por que essa reação extrema ocorrera tão de repente, quase no início de nossa aventura de duas semanas. Ainda que os testes de personalidade não tenham revelado indício de instabilidade mental, nós nos convencemos de que o abalo emocional revelado pelo 8.612 era produto de uma personalidade excessivamente sensível, assim como de sua reação exagerada às condições de nossa prisão simulada. Juntos, Craig, Curt e eu nos envolvemos em uma pequena "reação grupal", prosseguindo na reflexão do acontecido, e pensando que deveria ter havido alguma falha em nosso processo de seleção que permitira a uma pessoa tão "danificada" passar por nossa filtragem — enquanto ignorávamos a outra possibilidade, a saber, de que as forças das circunstâncias operantes nesta simulação de prisão se tornaram devastadoras para ele.

Reflita um momento no significado deste parecer. Lá estávamos, em meio a um estudo elaborado para demonstrar o poder das forças das circunstâncias sobre as tendências de temperamento, e ainda assim, estávamos conferindo uma atribuição constitucional!

Em retrospecto, Craig expressou adequadamente a falácia de nosso pensamento: "Foi somente depois que pudemos reconhecer esta óbvia ironia, a de que havíamos 'explicado pelo temperamento' a primeira demonstração verdadeiramente inesperada e extraordinária do poder das circunstâncias em nosso estudo, ao recorrer precisamente ao mesmo tipo de pensamento que, com o estudo que havíamos criado, pretendíamos desafiar e criticar."[14]

A indefinição permaneceu com relação aos motivos inconfessos do 8.612. Por um lado, imaginamos, estaria mesmo fora de controle, sofrendo de uma reação de tensão emocional extrema, e, assim, logicamente, teria de ser liberado? Alternativamente, não teria ele começado fingindo-se de "louco", sabendo que, se fizesse um bom trabalho, teríamos de libertá-lo? Pode ser que, ao contrário do que pretendia, ele tenha acabado temporariamente "enlouquecido" por sua atuação exagerada. Em um relato posterior, o 8.612 complica qualquer compreensão fácil de suas reações: "Saí quando deveria ter ficado. Isso foi muito ruim. A revolução não será uma coisa divertida, e eu preciso enxergar isso. Eu deveria ter persistido porque é uma ajuda aos fascistas pensarem que os líderes [revolucionários] irão desertar quando as coisas apertarem, e que nós somos meros manipuladores. Eu deveria ter lutado pelo que era certo, e não em benefício próprio."[15]

Pouco depois do 8.612 ter se retirado, um dos guardas ouviu por acaso os prisioneiros da Cela 2 discutindo um plano no qual Doug retornaria no dia seguinte com um bando de amigos seus para destruir nossa prisão e liberar os prisioneiros. Pareceu-me um rumor infundado, até que um guarda relatou ver o 8.612 se esgueirando pelos corredores do Departamento de Psicologia, na manhã seguinte. Ordenei que, se voltassem a vê-lo, que o capturassem e o devolvessem para a prisão, uma vez que tenha, provavelmente, sido solto sob falsas alegações: não estava doente, queria apenas trapacear. Agora, sabia que deveria me preparar para um ataque total a minha prisão. Como poderíamos evitar um grande confronto violento? O que poderíamos fazer para manter a prisão funcionando — e, ah, sim, nosso experimento também prosseguindo?

CAPÍTULO 5

A dupla confusão da terça-feira: visitantes e desordeiros

Nossos prisioneiros estavam maltrapilhos e com os olhos remelentos, e nossa pequena prisão começando a cheirar ao sanitário masculino de uma estação de metrô de Nova York. Ao que parece, alguns guardas fizeram das idas ao banheiro um privilégio a ser premiado eventualmente, e jamais depois do apagar das luzes. Durante a noite, os prisioneiros precisavam urinar e defecar em baldes dentro de suas celas, e alguns guardas se recusavam a permitir que fossem esvaziados até a manhã seguinte. Reclamações estavam surgindo aos montes, furiosamente, da boca de vários dos prisioneiros. O colapso do 8.612 durante a noite anterior parece ter criado um efeito de ressonância entre os colegas, que falaram sobre não conseguirem mais aguentar aquilo — segundo o que ouvíamos a partir das escutas dentro das celas.

Tendo isso como quadro, teríamos de pintar uma figura mais alegre para os pais, amigos e namoradas dos prisioneiros, que apareceriam para a visita daquela noite. Como pai, eu certamente não permitiria que meu filho continuasse em um lugar assim, caso testemunhasse tamanho esgotamento e claros sinais de tensão depois de apenas três dias. Pensar nas maneiras de enfrentar esse desafio iminente era algo que precisava ficar em segundo plano, devido ao assunto mais urgente dos boatos de invasão por agitadores levados pelo 8.612, que poderiam aparecer a qualquer momento. Talvez viessem naquele dia, talvez até em sincronia com as horas de visita, quando estaríamos mais vulneráveis.

O dia estava apenas começando para o turno da manhã às duas da madrugada. Pelo visto, o turno da noite decidiu se demorar, e todos os seis guardas estavam no pátio ao mesmo tempo depois de se reunirem no alojamento dos guardas sobre a necessidade de regras mais estritas para controlar os prisioneiros e prevenir outras rebeliões.

Vendo-os juntos, ficava claro que, na hora de decidir quem emergia como líder do turno, tamanho é documento. O mais alto dos guardas era Hellmann, líder do turno da noite; Vandy, que avança para a liderança do turno da manhã; e Arnett, o mordomo do turno da manhã. Os guardas mais baixos, Burdan e Ceros, tornaram-se ajudantes dos líderes de turno. Ambos são muito mandões, bastante agressivos verbalmente — gritam no rosto dos prisioneiros — e, definitivamente, entram em maior contato físico com eles. Eles os empurram, cutucam-nos, puxam-nos da fila, e são os que arrastam os prisioneiros relutantes para a solitária. Estamos recebendo relatos de que, às vezes, empurram os prisioneiros escada abaixo, quando os conduzem até o banheiro, ou os empurram contra a parede do mictório quando estão sozinhos com eles. É evidente que adoram usar os cassetetes. Estão sempre empunhando-os próximo ao peito, batendo-os contra as grades, portas, ou contra a mesa, para se fazerem notar. Alguns analistas podem alegar que estavam usando suas armas para compensar as estaturas menores. Mas, seja lá qual for a dinâmica envolvida, está claro que estavam se tornando os guardas mais cruéis.

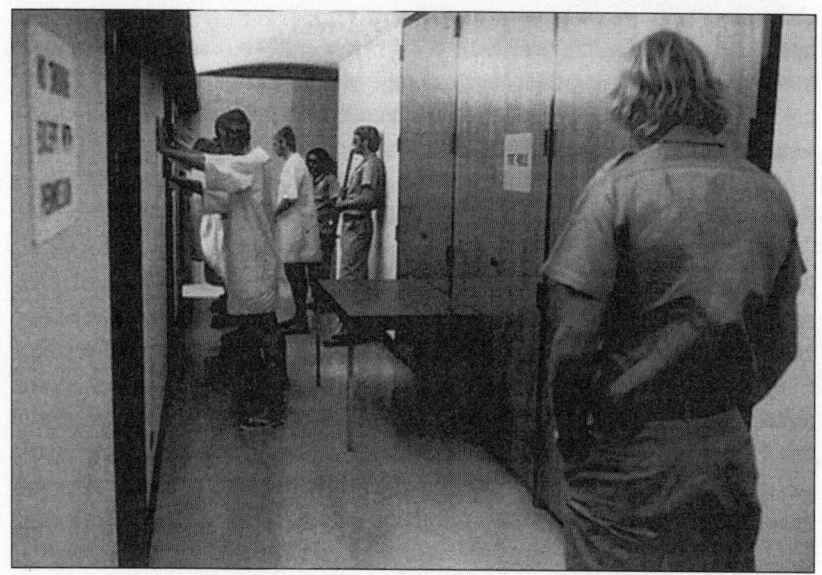

O pátio do EPS em ação

Entretanto, Markus e Varnish, que também estavam entre os mais baixos, tinham sido relativamente passivos, mais silenciosos, menos falantes e menos ativos do que o restante dos guardas. Pedi ao diretor que os fizesse mais assertivos. Os irmãos Landry são um par interessante. Geoff Landry, um pouco mais alto do que Hellmann, rivalizou com ele pelo domínio do turno da noite, mas não conseguiu se manter à altura dos exercícios criativos preparados por nosso amigo "John Wayne". Em vez disso, ele entrava para dar ordens e para exercitar o controle, e, então, recuava e saía de cena muitas e muitas vezes, numa espécie de vacilação não vista em nenhum outro guarda. Naquela noite, ele tampouco carregava seu cassetete; mais tarde, até mesmo tirava os óculos espelhados, algo bem contrário ao nosso protocolo experimental. Seu irmão mais novo, John, foi rígido com os prisioneiros, mas como quem estava apenas cumprindo com o combinado. Ele não é excessivamente agressivo, como Arnett, mas comumente dava cobertura ao chefe, com ordens firmes e sensatas.

Os prisioneiros têm todos mais ou menos a mesma altura, de 1,72 a 1,77 metro de altura, exceto por Glenn-3.401, o mais baixo de todos, com cerca de 1,58 metro de altura, e o alto Paul-5.704, com cerca de 1,87 metro. Curiosamente, o 5.704 estava na posição de liderança entre os prisioneiros. Ultimamente, parecia mais autoconfiante e seguro de sua rebeldia. Seus companheiros repararam na mudança, como evidenciado quando o elegeram porta-voz do Conselho Reclamatório da Prisão Municipal de Stanford, que pouco antes negociara comigo uma série de concessões e direitos.

NOVAS REGRAS, MAS AS VELHAS CHAMADAS CONTINUAM

Para mais uma chamada às duas e trinta da madrugada, o pátio estava um tanto cheio, com seis guardas presentes e sete prisioneiros alinhados contra a parede. Ainda que não tivesse motivo para o turno da noite continuar ali, este o fez por conta própria. Talvez quisesse verificar como o turno da manhã manejava sua rotina. O 8.612 se foi, e mais alguém está faltando. Vandy arrastou o relutante e sonolento 819 para fora da Cela 2 para completar a fila. Os guardas estavam repreendendo alguns prisioneiros por não usarem seus gorros de meia, lembrando-os de que eram parte essencial do uniforme da prisão.

— Aqui está, hora da chamada. O que vocês acham? — pergunta Vandy.

— Agradável, sr. agente penitenciário — responde um prisioneiro.

— E o restante de vocês?

— Maravilhoso, sr. agente penitenciário — responde o Sargento.

— Quero ouvir de todos, vamos lá. Vocês conseguem fazer melhor do que isso! Mais alto!

— Muito agradável, sr. agente penitenciário!

— Mais alto!

— Que horas são?

— Hora da chamada, sr. agente penitenciário — um prisioneiro responde com a voz fraca.[1] Os prisioneiros estão todos em fila, as mãos contra a parede, pernas separadas. Por terem dormido apenas algumas poucas horas, estão nitidamente sem energia durante a chamada.

Mesmo tendo concluído seu turno, Burdan ainda se mantêm bastante assertivo, gritando ordens enquanto caminha agitando seu cassetete com arrogância. Ele puxa alguém aleatoriamente para fora da fila.

— Vamos, jovem, você vai fazer algumas flexões para mim! — grita.

E Varnish passa a falar pela primeira vez:

— Vamos escutar o número de vocês. Começando pelo lado direito. Agora! Talvez se sinta mais confiante em um grupo maior de guardas.

Então, Geoff Landry começa a participar:

— Espere um pouco, este cara aqui, o 7.258, nem sabe dizer seu número de trás para frente! — Mas por que Geoff ainda está na ativa durante o turno seguinte? Ele caminha de um lado para o outro com as mãos nos bolsos, mais como um turista desinteressado do que como um guarda de prisão. Mas, afinal, por que será que todo o turno da noite continua a se demorar ali após uma longa e tediosa noite? Eles deveriam estar indo para a cama aquela hora. Suas presenças estão causando confusão e incerteza sobre quem deveria dar as ordens. As chamadas seguem as mesmas rotinas, anteriormente inteligentes, mas que agora estão se tornando tediosas: de dois em dois, pelos números de identidade, de trás para a frente, e em variações melódicas. Hellmann, tendo decidido que aquilo não é sua atividade preferida, mantém-se calado, observa um pouco, e se retira em silêncio.

As velhas regras tinham sido retomadas, e, em seguida, também cantadas. Na medida em que avançava a leitura das regras, Vandy exortava os internos a repeti-las mais alto, mais rápido e mais firme. Os exaustos prisioneiros obedeciam, as vozes misturadas em dissonante sincronia. Era, então, o momento de acrescentar novas regras. Dessa maneira, os guardas, por conta própria, acrescentam algumas:

— Os prisioneiros devem participar de todas as atividades da prisão. Inclusive das chamadas!

— Camas devem ser feitas, e objetos de uso pessoal devem estar limpos e ordenados!

— O assoalho deve estar impecável!

— Os prisioneiros não podem forçar, desfigurar ou danificar paredes, tetos, janelas, portas ou qualquer dependência da prisão!

Foi Varnish que planejou o treinamento sobre regras que os prisioneiros já deveriam saber mais do que bem, tanto da forma quanto do conteúdo. Se eles repetiam as regras sem determinação, ele simplesmente os forçava a repetirem continuamente em variações entorpecedoras.

— Os prisioneiros nunca devem operar a iluminação das celas! — continua Varnish.

— Os prisioneiros nunca devem operar a iluminação das celas! — repetem os prisioneiros.

— Quando os prisioneiros devem operar a iluminação das celas? — pergunta Varnish.

— Nunca — respondem os prisioneiros (agora em perfeito uníssono).

Todos parecem esgotados, mas suas respostas estão mais firmes e altas do que na noite anterior. De uma hora para outra, Varnish passa a líder. Ele rege esta récita de números, insistindo na perfeição com os prisioneiros, exercendo seu domínio sobre eles, e os protegendo. Uma nova regra é proclamada, obviamente forjada para escarnecer de Paul-5.704, nosso viciado em nicotina.

— Fumar é um privilégio! — ressalta Varnish.

— Fumar é um privilégio. — repentem os prisioneiros.

— Fumar é o quê?

— Um privilégio.

— O quê?

— Um privilégio.

— Só será permitido fumar após as refeições ou com a permissão dos guardas.

— Não gosto desta monotonia, vamos repetir uma oitava acima.

Os prisioneiros obedecem, repetindo as palavras em um tom mais alto.

— Sugiro que comecem um pouco mais grave, vocês não poderão subir se começarem de uma escala tão alta.

Ele quer que os prisioneiros subam na escala enquanto falam. Vandy faz uma demonstração.

— Está lindo! — comenta Varnish.

Varnish está lendo as novas regras de uma folha que segura com uma das mãos, enquanto, na outra, sustenta seu cassetete. Os outros guardas também estão afagando seus cassetetes, com exceção de Geoff L., cuja permanência não faz o menor sentido. Enquanto Varnish conduz os prisioneiros na récita das regras, Vandy, Ceros e Burdan entram e saem das celas, entre os prisioneiros, procurando as chaves perdidas da algema, armas, ou algo de suspeito.

Ceros puxa à força o Sargento para fora da fila, e o obriga a ficar com as mãos contra a parede oposta, pernas separadas, enquanto venda seus olhos. Algema o Sargento, ordena-lhe que apanhe o balde de dejetos, e, depois, o conduz ao banheiro fora da prisão para despejá-lo.

Um após o outro, cada prisioneiro grita: "Do superintendente!", como resposta para a pergunta colocada por Varnish: "A ordem de quem é suprema?" É minha vez de ligar o equipamento de gravação para os acontecimentos principais da manhã, enquanto Curt e Craig tiram uma soneca. Soa estranha esta afirmação de que minhas ordens são "supremas". Em minha outra vida, fiz questão de nunca dar ordens, apenas sugestões e dicas sobre o que quero ou preciso.

Varnish atiça-os, forçando-os a cantar alto "Punição" como a última palavra da regra sobre o que acontece se alguma das regras não for obedecida. Eles devem cantar a palavra temida no tom mais alto possível, inúmeras vezes, para que se sintam ridículos e humilhados.

Isso dura quase 40 minutos, e os prisioneiros estão inquietos; as pernas ficando tesas, as costas doem, mas ninguém reclama. Burdan ordena que os prisioneiros dêem uma volta para a inspeção dos uniformes.

Em seguida, Vandy pergunta ao 1.037 por que não estava usando seu gorro de meia.

— Um dos guardas o levou, senhor.

— Não estou sabendo de nenhum agente penitenciário que o tenha apanhado. Você está dizendo que os agentes penitenciários não sabem, na verdade, do que está acontecendo?

— Não, eu não estou dizendo isso, sr. agente penitenciário.

— Então foi você que perdeu seu gorro — pergunta Vandy.

— Sim, fui eu, sr. agente penitenciário — responde o 1.037.

— Quinze flexões — ordena Vandy.

— Você quer que eu conte?

Vandy torna público que o prisioneiro 3.401 esteve reclamando de se sentir doente.

— Não gostamos de prisioneiros doentes. Por que não faz vinte abdominais, agora mesmo, para se sentir melhor? — diz Varnish, e em seguida, acusa o 3.401 de ser um chorão, e toma dele o travesseiro.

— Muito bem, todos que estão de gorro de meia, voltem para suas celas. Aqueles que não estiverem, esperem aqui. Vocês podem se *sentar* em suas camas, mas não podem se deitar. Ou melhor, quero que façam suas camas, sem qualquer sinal de vincos.

Então, Varnish dá ordem de flexões sincronizadas para os três internos sem gorro. Ele se levanta da mesa onde estava sentado enquanto golpeia seu cassetete, para dar maior ênfase. Fica defronte dos prisioneiros, gritando "Para cima, para baixo!", enquanto fazem seu ritual de punição. Paul-5.704 se detém, protestando que simplesmente não consegue mais continuar. Varnish cede, e permite aos prisioneiros ficarem em pé contra a parede.

— Todos de pé ao lado da cama até que encontrem os três gorros. Se não conseguirem encontrar seus gorros, ponham uma toalha ao redor da cabeça.

— 819, como foi o dia hoje?

— Foi um dia maravilhoso, sr. agente penitenciário.

— Isso mesmo, façam sùas camas, sem sinal de vincos, e sentem-se sobre elas.

A essa altura, os outros guardas já tinham ido, e apenas os guardas do turno da manhã estavam presentes, incluindo o guarda de apoio, Morison, que observava silenciosamente todo aquele abuso autoritário. Ele diz aos prisioneiros que podem se deitar, se quiserem, e eles imediatamente adormecem, e quase instantaneamente adentram a terra dos sonhos.

Mais ou menos uma hora depois, o diretor aparece, muito garboso com um paletó de tweed e gravata. Ele parece estar mais alto a cada dia que passa, ou talvez esteja endireitando mais e mais a sua postura, se comparado à lembrança que eu tinha dele.

— Atenção, atenção — entoa. — Quando os prisioneiros estiverem apropriadamente vestidos, deverão se apresentar em fila para inspeção.

Saem novamente os ocupantes das celas 2 e 3. Stew-819 encontrou seu gorro; Rich-1.037 tem a toalha ao redor da cabeça, à maneira de um turbante, enquanto Paul-5.704 veste sua toalha ao modo de Chapeuzinho Vermelho, colada aos seus longos cachos escuros.

— Dormiu bem? — indaga Varnish ao Sargento.

— Maravilhosamente, sr. agente penitenciário.

O 5.704 não vai tão longe, e diz apenas:

— Bem.

Varnish volta seu rosto para a parede enquanto outro guarda grita uma regra primária:

— Os prisioneiros devem sempre se dirigir aos guardas como "sr. agente penitenciário".

O 5.704 faz flexões por não ter acrescentado este sinal de respeito à sua mentira desanimada, "Bem".

O diretor caminha vagarosamente ao lado da fila de prisioneiros, como um general inspecionando suas tropas.

— Este prisioneiro parece estar com um problema no cabelo, e também parece estar com problema com a identificação apropriada. Antes de qualquer outra atividade ele precisa estar devidamente identificado. — O diretor percorre a fila, avaliando os prisioneiros problemáticos, e pede aos guardas que tomem as precauções necessárias. — O cabelo deste prisioneiro está escapando para fora da toalha. — Insiste que os números de identificação sejam costurados de volta ou substituídos por números pintados com uma caneta hidrográfica.

— Amanhã é o dia de visitas. Isso significa que queremos mostrar a todos os nossos visitantes os asseados prisioneiros que temos aqui. Correto? Isso significa que o 819 precisa aprender a usar seu gorro de meia. Eu sugeriria que, em algum momento futuro, os prisioneiros 3.401 e 5.704 sejam ensinados a usar suas toalhas da maneira que o 1.037 está usando. Agora, voltem para as celas.

Os prisioneiros voltam a dormir até a hora de despertar para o café da manhã. É um novo dia, e o turno do dia assume seu cargo. Uma nova chamada é realizada, dessa vez ao modo das líderes de torcida, com cada prisioneiro cantando animadamente seu número:

— Me dá um 5, me dá um 7, me dá um 0, me dá um 4. Como é que se diz? 5.704! — Arnett, John Landry e Markus estão de volta com esse novo tormento. De uma ponta a outra da fila, cada prisioneiro dá um passo à frente para fazer a execução de seu número como líder de torcida. E mais uma vez, e mais outra...

As fronteiras entre identidade e papel tornam-se permeáveis

Depois de menos de três dias imersos nessa situação bizarra, alguns dos estudantes que representam os guardas da prisão avançaram muito além da mera encenação. Internalizaram a hostilidade, a influência negativa e as características mentais de guardas de prisões de verdade, como se evidencia pelos relatórios de turno, diários retrospectivos e algumas reflexões pessoais.

Ceros está orgulhoso do modo como os guardas "se recompuseram hoje", dizendo: "Estivemos mais ordenados, e recebemos excelentes resultados dos prisioneiros". Mesmo assim, está preocupado sobre o possível perigo: "Preocupado que a quietude possa ser ilusória, e que planos de fuga estejam em andamento."[2]

Varnish revela sua relutância inicial para entrar no papel de guarda, relutância tão visível que precisei fazer com que o diretor o pusesse nos trilhos. "Foi apenas no segundo dia que decidi que deveria me forçar a fazer isso direito. Tive de desligar intencionalmente todos os sentimentos com relação aos prisioneiros, perder a simpatia e qualquer respeito que tinha por eles. Comecei a tratá-los, verbalmente, o mais frio e rigidamente possível. Procurei não demonstrar quaisquer sentimentos que eles gostariam de ver em mim, como raiva e desespero." A identificação com o grupo também se fortaleceu: "Comecei a ver os guardas como um grupo de sujeitos agradáveis, encarregados da necessidade de manter a ordem entre um grupo de pessoas desmerecedoras de confiança e simpatia — os prisioneiros." Depois, irá apontar que a firmeza dos guardas atingira o topo durante a chamada daquela noite, às duas e meia da madrugada, e que ele se deleitara com isso.[3]

Vandy, que começara a dividir o papel dominante com Varnish no turno da manhã, não estava tão ativo quanto antes, por estar muito cansado, esgotado pela falta de sono. Mas fica contente de ver os prisioneiros tão imersos em seus papéis: "Eles não estão considerando isso aqui como um experimento. É real, e eles estão lutando para manter a dignidade. Mas sempre estaremos lá para mostrar quem manda."

Relata sentir-se cada vez mais mandão e esquecer-se de que se trata apenas de um experimento. Descobre-se querendo apenas "punir aqueles que não obedecerem, para que sirva de exemplo de como os outros prisioneiros devem se comportar".

A despersonalização dos prisioneiros e a extensão crescente de desumanização começam a afetá-lo também: "À medida que ficava cada vez mais raivoso, não parei para questionar esse comportamento o suficiente. Não poderia permitir que isso me afetasse, e, para tal, mergulhei cada vez mais fundo em meu personagem. Era a única maneira de não me machucar. Fiquei realmente desorientado sobre o que estava se passando, mas em nenhum momento pensei em sair".

Culpabilizar as vítimas por suas condições lastimáveis — provocadas por nosso fracasso em prover instalações adequadas de banho e saneamento — tornou-se comum entre a equipe. Vê-se esta culpabilização da vítima na reclamação de Vandy: "Cansei-me de ver os prisioneiros maltrapilhos, cheirando mal, e de sentir o fedor da prisão."[4]

RESGUARDANDO A SEGURANÇA DE MINHA INSTITUIÇÃO

Em meu papel de superintendente, minha mente concentrou-se no assunto mais importante que tem de enfrentar o chefe de qualquer instituição: O que preciso fazer para garantir a tranquilidade e a segurança da instituição sob minha administração? A ameaça à nossa prisão pelo possível ataque forçou-me a deixar em segundo plano o meu papel de pesquisador. Como lidar, aqui e agora, com o ataque iminente do grupo de invasores do 8.612?

Nossa reunião com o turno da manhã examinou muitas opções e decidiu transferir o experimento para a velha cadeia da cidade, desativada depois da inauguração da delegacia central, onde nossos prisioneiros foram fichados no domingo. Lembrei-me de que o tenente da polícia me perguntara aquela manhã por que não quisemos utilizar a velha cadeia para nosso estudo, uma vez que estava desocupada e tinha grandes celas à disposição. Tivesse pensado nisto antes, eu o teria feito, mas já havíamos instalado os equipamentos de gravação, combinado na universidade o serviço de alimentação, e outros detalhes logísticos mais fáceis de lidar a partir do prédio do Departamento de Psicologia. Essa nova alternativa era tudo o que precisávamos.

Enquanto estou fora, fazendo acertos para novas instalações, Curt Banks irá lidar com a segunda reunião do Conselho Reclamatório de Prisioneiros.

Craig Haney inspecionará os preparativos para a hora de visita, e Dave Jaffe irá supervisionar as atividades corriqueiras dos oficiais de correção, neste dia.

Fico contente que o tenente de polícia tenha aceitado me encontrar com tanta presteza. Encontramo-nos na velha cadeia no centro da cidade, em Ramona Street. Explicito minha difícil situação, assim como a necessidade de evitar confrontos físicos, como os ocorridos no ano anterior, durante o embate entre policiais e estudantes no *campus*. Insisto para que coopere. Juntos inspecionamos o local, como se eu fosse um possível comprador. É perfeita para uma transferência do restante do estudo, e acrescentará ainda mais realismo ao experimento.

De volta ao quartel de polícia, preencho uma série de formulários oficiais, e solicito que a cadeia esteja pronta para o uso às nove da noite (logo após a hora de visitas). Também prometo que pelos dez dias seguintes deixaremos a cadeia impecável, os prisioneiros trabalharão para isso, e arcarei com qualquer estrago que possa ocorrer. Fazemos questão de um aperto de mãos com a firmeza que separa dois maricas de dois homens de verdade. Agradeço-lhe copiosamente por ter salvado o meu dia. Que alívio; foi mais fácil do que eu imaginava.

Aliviado pelo golpe de sorte, e orgulhoso por ter pensado rápido, entretenho-me com um café expresso e um *cannoli*, sorvendo a bebida em pequenas bebericadas no café ao ar livre, em mais um dia agradável de verão. Em Palo Alto, o paraíso continua. Nada mudara desde domingo.

Pouco depois de meu informe comemorativo à equipe sobre os planos de transferência, uma ligação desoladora é feita do Departamento de Polícia: parem a transferência! O prefeito está preocupado em ser processado caso alguém se fira enquanto estiver nas dependências municipais. Questões problemáticas sobre falso aprisionamento também foram levantadas. Imploro ao tenente de polícia que me permita tentar persuadir o prefeito de que seus temores são infundados. Insisto pela cooperação institucional, relembrando-o de meu contato com o comandante Zurcher. Suplico pela sua compreensão de que é mais provável que alguém se fira no caso de uma invasão em nossas dependências de segurança-mínima. "Por favor, não podemos dar um jeito?" "Sinto, mas a resposta é não; odeio desapontá-lo, mas é simplesmente uma questão administrativa." Perdi meu golpe de sorte, esta justificada transferência de prisioneiros, e, nitidamente, estou também perdendo o foco.

O que deveria estar pensando o oficial de polícia de um professor de Psicologia que pensa ser um superintendente, imensamente preocupado com uma invasão a "sua prisão"? "Louco", talvez? "Passou dos limites", mais provavelmente. "Psicólogo psicopata", possivelmente.

Quer saber? Pensei comigo mesmo, o que importa o que ele pensa? Preciso tocar o barco, o tempo está passando. Deixe o plano para lá, parta para outra: Primeiro, ponha um informante misturado entre os prisioneiros para conseguir melhores informações sobre a agitação iminente. Em seguida, faça com que os agitadores se frustrem, pensando que o estudo terminou, quando invadirem o local. Desmontaremos as celas da prisão para parecer que todos foram para casa, e direi a eles que decidimos interromper a pesquisa e que portanto, não venham com atos heroicos, podem retornar para onde vieram.

Depois de irem embora, teremos tempo para fortificar a cadeia e elaborar opções melhores. Encontramos um grande depósito no último andar do edifício, para onde levaremos os reclusos assim que forem concluídas as horas de visita — pressupondo que a invasão não vá ocorrer durante esse período. Mais tarde, naquela noite, deslocaremos os internos de volta, e aprimoraremos a prisão para que se torne mais resistente a ataques. Nosso técnico já está trabalhando em modos de fortificar as portas da entrada, instalando uma câmera de vigilância externa e aprimorando a segurança da prisão de outras maneiras. Parece um plano alternativo sensato, não?

Infiltrando um informante

Necessitamos de informações mais precisas sobre o ataque iminente, e, portanto, decido colocar um informante dentro da cadeia, um suposto substituto do prisioneiro liberto. David G. é um aluno meu, possuidor da mente analítica que precisávamos. Certamente, sua espessa barba e aparência descuidada granjearia a estima dos prisioneiros, que o considerariam um dos seus. Ele havia ajudado antes com a gravação em vídeo durante os estágios iniciais do estudo, para aliviar Curt dessa tarefa, e, portanto, tinha uma noção do lugar e de sua atividade. David aceita participar por alguns dias, e fornecer quaisquer informações obtidas que possam ser úteis. Faremos com que seja enviado ao escritório da equipe, com algum pretexto, para que possa abrir o bico.

David rapidamente descobre a nova doutrina dos guardas, a qual um deles deixa explícito: "Bons prisioneiros não terão preocupações, encrenqueiros não terão paz." A maioria dos prisioneiros está se dando conta de que não faz sentido aceitar o papel de prisioneiro na sua forma mais contenciosa, opondo-se constantemente aos guardas. Estão começando a aceitar o destino que lhes cabe, e a aguentar, dia após dia, o que se lhes é impingido, pois "a perspectiva de duas semanas de tormento com o sono, as comidas, as camas e cobertores era demais". Mas David repara em um novo clima que não estava presente antes. "A paranoia tomou conta do lugar", afirmou depois, sobre os rumores de uma fuga.[5]

Ninguém questiona a entrada de David no estudo. De qualquer modo, ele sente que os guardas percebem que ele é diferente dos outros — ainda que não estejam certos de o que ele está fazendo ali. Eles não sabem sua identidade, e o tratam como os outros: mal. David logo se torna angustiado com a rotina do banheiro:

— Eu tinha que cagar em cinco minutos, mijar com um saco na cabeça enquanto alguém me dizia onde ficava o mictório. Eu não conseguia, para falar a verdade, eu não conseguia sequer mijar no mictório, eu tinha que ir à cabine e trancá-la, e estar seguro de que ninguém iria pular sobre mim![6]

Ele se torna amigo de Rich-1037, seu colega da Cela 2; rapidamente se aproximam. Mas rápido demais. Vestindo o velho uniforme de Doug-8.612, em uma questão de horas, nosso fiel informante, David G., se transforma. Dave relata "sentir culpa por ser enviado para espionar estes grandes sujeitos, e aliviado quando não havia nada a dizer".[7] Mas não havia, mesmo, nada a dizer?

O 1.037 conta a David que os prisioneiros não podem sair a qualquer momento. Ele prossegue, aconselhando-o a não ser tão rebelde quanto ele próprio foi durante as primeiras chamadas. Não é a melhor coisa a fazer no momento. A maneira de planejar uma fuga, confidencia 1.037, é fazer "os prisioneiros conviverem com os guardas de modo que possamos apanhá-los em seus pontos fracos".

Na verdade, David nos conta mais tarde que o 8.612 não havia organizado nenhuma conspiração de resgate! Entretanto, já havíamos despendido um bocado de tempo e energia na expectativa de mitigar o ataque. "Logicamente, alguns desses caras, de alguma forma, sonhavam com os amigos aparecendo durante a hora de visitas para resgatá-los dali", disse, "ou sonhavam em escapar durante os intervalos para o banheiro, mas estava claro de que tudo se tratava de um sonho" — um fio de esperança a que se apegar.[8]

Gradualmente percebemos que David violara seu contrato verbal conosco, no qual se prontificava a desempenhar o papel de informante, nesse momento crítico. Dessa maneira, quando alguém furta as chaves das algemas, mais tarde, naquele dia, David nos diz que não faz ideia de onde estão. Era mentira, como viemos a saber por seu relato diário ao final do experimento: "Eu fiquei sabendo onde se encontravam as chaves da algema um tempo depois, mas não contei, ao menos até o momento em que não mais importava. Eu teria contado, mas não iria trair estes caras bem na frente deles."

Essa transformação bastante repentina e impressionante para dentro da mentalidade de prisioneiro foi ainda mais nítida em parte do *feedback* fornecido por David. Ele sentiu que, durante os dois dias em nossa cadeia, ele não era diferente dos outros, "com exceção de que sabia quando iria sair, mas mesmo isso se tornara cada vez menos claro para mim, uma vez que dependia de pessoas do lado de fora para me soltarem. Eu já estava odiando a situação". E, ao final de seu primeiro dia na Prisão Municipal de Stanford, David, o informante, nos conta: "Fui para a cama naquela noite me sentindo sujo, culpado e assustado."

As reclamações são apresentadas

O mesmo conselho de três prisioneiros com o qual me encontrara anteriormente surgiu armado de uma longa lista de reclamações, encaminhadas a Curt Banks enquanto eu estava fora lidando com a polícia da cidade. O mesmo time liderado pelo 5.704, além do 4.325 e do 1.037 foi eleito por todos os prisioneiros. Curt ouviu respeitosamente as reclamações, entre elas, condições precárias de saneamento, devido a restrições ao banheiro; falta de água limpa para lavar as mãos antes das refeições; ausência de banhos; temor de doenças contagiosas; algemas e correntes dos tornozelos apertadas demais, causando contusões e esfoladuras. Também queriam serviço religioso aos domingos. Em acréscimo, solicitaram a opção de alternar a corrente de uma perna para a outra, oportunidade de se exercitar, tempo de recreação, uniformes limpos, permissão para os prisioneiros conversarem entre as celas, pagamento pela hora extra do trabalho de domingo, e, em geral, a oportunidade de fazer outras coisas de valor além de apenas ficar deitado.

Curt ouviu impassível, como normalmente o fazia, sem expressar qualquer reação. William Curtis Banks, um afro-americano moreno-claro de quase 30 anos, pai de duas crianças, no segundo ano da pós-graduação, orgulhoso por ter conseguido entrar em um dos melhores departamentos de Psicologia do mundo, trabalhava com tanto afinco e com um rendimento tão bom quanto qualquer aluno com que eu trabalhara. Ele não perdia tempo com frivolidades, excessos, fraquezas, desculpas ou tolices. Curt guardava para si suas emoções, atrás de uma fachada estoica.

Jim-4.325, que também era uma pessoa reservada, deve ter interpretado os modos impávidos de Curt como descontentamento. Apressou-se a acrescentar que não se tratava tanto de "reclamações", e mais, de "sugestões". Curt agradeceu-lhes com cordialidade pelas sugestões, e prometeu compartilhá-las com seus superiores para que as considerassem. Tenho curiosidade de saber se repararam que ele não tomou notas, e que deixaram de lhe passar a lista anotada a lápis para registro. O mais importante para o nosso sistema era fornecer uma aparência democrática a um ambiente autoritário.

Contudo, as dissidências entre os cidadãos demandam mudanças no sistema. Se feitas sabiamente, tais mudanças previnem a desobediência aberta e a rebelião. Mas, quando a dissidência é cooptada pelo sistema, a desobediência é restringida, e a rebelião, arquivada. Na verdade, sem ter qualquer certeza de que seriam feitas tentativas honestas de abordar qualquer uma das exigências, estes representantes eleitos estão pouco propensos a conseguir qualquer um de seus objetivos. O Conselho Reclamatório dos Prisioneiros da Prisão Municipal de Stanford falhou em sua missão principal de abrir uma fissura na blindagem do sistema. Contudo, eles saem se sentindo bem por terem apresentado abertamente suas reclamações, e por algum superior tê-las ouvido, mesmo que alguém de menor escalão.

Os prisioneiros fazem contato com o mundo exterior

As primeiras cartas dos prisioneiros foram convites a possíveis visitantes, alguns dos quais apareceriam esta noite, neste terceiro dia do experimento. A segunda rodada de cartas poderia ser para visitantes convidados para a noite de visitas seguinte, ou para qualquer amigo ou membro da família que morava muito longe para uma visita. Depois de escritas em nossos papéis de carta, os guardas as apanhavam para que fossem despachadas, e, é claro, como devidamente afirmado em uma de nossas regras, copiá-las por segurança. Os exemplos seguintes dão uma ideia de como os prisioneiros estavam se sentindo, e, pelo menos um dos casos foi enorme surpresa para nós.

O simpático jovem americano Hubbie-7.258 sugere à namorada que "traga algumas fotos ou pôsteres interessantes para quebrar o tédio de se sentar na cama e ficar encarando as paredes nuas".

O durão, com o bigode zapatista, Rich-1.037 transmite sua raiva a um camarada: "Isto não é mais um trabalho. Estou fodido porque ninguém pode sair daqui."

Stew-819, cujas reclamações crescem continuamente, envia mensagens cifradas a um amigo: "A comida daqui é tão boa e abundante quanto a do terceiro dia da segunda viagem de Ebenezer à Tailândia. Nada de muito interessante acontece por aqui, tudo o que faço é dormir, gritar meu número, e ser atormentado. Será ótimo cair fora."

O pequeno prisioneiro nipo-americano, Glenn-3.401, deixa claro seu desdém pelo lugar: "Estou passando um momento horrível. Por favor, bombardeie Jordan Hall como tática dispersiva. Meus companheiros e eu estamos muito frustrados. Estamos planejando sair correndo daqui o mais rápido possível, mas antes prometi quebrar alguns crânios na saída." E, então, acrescenta um P.S. enigmático: "Tenha cuidado para que os patetas não saibam que você é real..." Real?

A surpresa veio de uma carta do viciado em nicotina Paul-5.704, o novo líder dos prisioneiros. Nessa carta, o 5.704 comete uma tolice, para alguém com modos revolucionários. Ele avisa a sua namorada — em uma carta desprotegida — que planeja escrever uma história sobre sua experiência para um jornal alternativo local quando sair. Ele descobriu que o Gabinete de Pesquisa Naval, do Departamento de Defesa, está financiando minha pesquisa.[9] Consequentemente, ele fabricou uma teoria conspiratória, alegando que estávamos tentando descobrir como melhor aprisionar estudantes que estejam protestando contra a Guerra do Vietnã! Obviamente, ele não é um revolucionário experiente, pois não foi esperto ao discutir seus planos subversivos em uma carta que seria muito provavelmente examinada.

Mal sabia ele que eu também era um professor radical e ativista, contra a Guerra do Vietnã desde 1966, quando organizei um boicote de grandes proporções à cerimônia de formatura da Universidade de Nova York, para protestar contra o diploma honorário concedido pela universidade ao secretário de Defesa Robert McNamara; no ano anterior, em Stanford, organizei milhares de estudantes em desafios construtivos à guerra em andamento. Eu e o 5.704

tínhamos afinidades políticas, mas eu não tinha afinidade com um revolucionário negligente.

Sua carta começa: "Fiz acertos com *The Tribe* e *The Berkeley Barb* [jornais da imprensa alternativa radical] para escrever a história quando sair." O 5.704, então, se gaba de seu novo *status* em nossa pequena comunidade prisional: "Hoje, reuni um Conselho Reclamatório do qual eu sou o líder. Amanhã, estou organizando uma Cooperativa de Crédito para nossa remuneração coletiva." Ele prossegue, descrevendo que está aproveitando a experiência: "Estou aprendendo muito sobre táticas revolucionárias de encarceramento. Guardas não conseguem nada, porque não é possível manter baixo o velho e singular estado de espírito. A maioria de nós é singular, e não acredito que alguém irá se entregar antes do fim. Alguns estão começando a ficar servis, mas estes não exercem influência alguma sobre o resto de nós." Por fim, assina com um grande e ousado "Seu prisioneiro, 5.704".

Decido não compartilhar essa informação com os guardas, que poderão atormentá-lo de verdade em retaliação. Mas é aborrecedor pensar que o financiamento concedido para minha pesquisa esteja sendo acusado de ser uma ferramenta da máquina de guerra da administração, especialmente porque trabalhei para encorajar a dissidência eficaz de estudantes ativistas. O financiamento foi dado para custear pesquisa empírica e conceitual sobre os efeitos do anonimato, das condições de desindividuação, e sobre agressão interpessoal. Quando surgiu a ideia do experimento da prisão, consegui da agência financiadora que abarcasse a subvenção também a esta pesquisa, sem qualquer investimento adicional. Fico com raiva que Paul, e, provavelmente, seus colegas de Berkeley estejam espalhando essa falsidade.

Seja movido pelas mudanças de humor esporádicas, pela ânsia por nicotina, ou por seu desejo de apresentar um material emocionante para seu furo de reportagem, o 5.704 criou muitas dificuldades para todos nós hoje — um dia em que já tínhamos muito com que lidar. Com a ajuda de seus companheiros de cela, ele também entortou as barras da porta da Cela 1 — pelo qual lhe foi dado um tempo no Buraco —, arrebentou a divisão entre os dois compartimentos, por cuja ação lhe foi negado o almoço, e também lhe rendeu tempo adicional na solitária. Ele continua a não cooperar durante o jantar, e fica nitidamente chateado de ninguém vir para visitá-lo. Afortunadamente, depois de uma reunião com o diretor após o jantar, que o censura com severidade, notamos que o comportamento do 5.704 muda para melhor.

PREPARANDO-SE PARA OS VISITANTES:
O BAILE DE MÁSCARAS HIPÓCRITA

Esperava que Carlo conseguisse vir de Oakland para trabalhar comigo na melhoria dos preparativos para a investida violenta dos pais. Mas, como de costume, seu calhambeque quebrou e está sendo consertado, espero que a tempo para seu comparecimento agendado no dia seguinte como chefe de nossa Comissão de Liberdade Condicional. Depois de uma longa conversa ao telefone, o plano estratégico está montado. Nós faremos apenas o que todas as prisões fazem quando visitantes que não são bem-vindos caem sobre nós, prontos para documentar abusos e confrontar o sistema com solicitações de melhorias: os agentes penitenciários cobrem as manchas de sangue com panos, escondem os corpos, levam os encrenqueiros para fora de vista, e embelezam a cena.

Carlo oferece sábios conselhos sobre o que devo fazer neste pequeno tempo disponível para transmitir aos pais a aparência de um sistema bem azeitado e benevolente, que está olhando pelos seus filhos enquanto estamos responsáveis por eles. Ele deixa claro, entretanto, que precisamos persuadir estes pais brancos de classe média a acreditarem no bem que estamos fazendo com este estudo e, como a seus filhos, fazê-los cumprir as exigências das autoridades. Carlo ri quando diz: "Vocês branquelos gostam de obedecer ao Grande Irmão, assim, sentem que estão fazendo a coisa certa, fazendo o que todo mundo faz."

De volta à ação central: os prisioneiros lavam o assoalho e suas celas, a placa da porta do Buraco é removida, e um desinfetante com aroma fresco de eucalipto é pulverizado em todo o espaço para amenizar o odor de urina. Os prisioneiros fazem a barba, são lavados com esponja, e ficam o mais arrumados possível. Os gorros de meia são retirados. Por fim, o diretor alerta a todos que qualquer reclamação resultará em término prematuro da visita. Pedimos ao turno do dia que faça hora extra até às nove da noite, para que ambos os turnos cuidem tanto dos visitantes quanto da possível materialização de um levante antecipado. Como medida preventiva, convido a todo o grupo de guardas de apoio a também comparecer.

Em seguida, alimentamos nossos prisioneiros com uma boa refeição quente de empadão de frango, com porção dupla de sobremsa para os comilões. Delicadamente, uma música se espalha pelo pátio enquanto os homens fazem a refeição. Os guardas do dia estão servindo o jantar, enquanto o turno da noite observa. Sem as gargalhadas ou as risadinhas abafadas que comumente acompanham este momento, a atmosfera é curiosamente civilizada e bastante comum.

Hellmann está sentado na ponta da mesa, inclinado para trás, mas, ainda assim mostra seu cassetete, girando-o ostensivamente:

— 2.093, você nunca comeu tão bem, não é?

— Não, sr. agente penitenciário — replica 2.093.

— Sua mãe nunca te deixou repetir, não é?

— Nunca, sr. agente penitenciário — responde o Sargento, com obediência.

— Está vendo como é boa a comida daqui, 2.093?

— Estou vendo, sr. agente penitenciário — Hellmann apanha um pouco da comida do prato do Sargento e se afasta, zombando dele. Uma antipatia mútua está crescendo entre eles.

Enquanto isso, no corredor fora da entrada principal da prisão, estamos ocupados com os preparativos finais para os visitantes, cujo potencial para criar confusão representa um temor realista. Contra a parede onde se situam os três escritórios dos guardas, do diretor e do superintendente, encontra-se uma dúzia de cadeiras dobráveis para os visitantes, enquanto aguardam a entrada. Enquanto descem para o sótão, cheios de entusiasmo em relação ao que parece um experimento original e divertido, nós induzimos sistematicamente seus comportamentos sob controle situacional, de acordo com o planejado. Eles precisam ser ensinados que são nossos convidados, a quem estamos concedendo o privilégio de visitar seus filhos, irmãos, amigos e amados.

Susie Philips, nossa atraente recepcionista, dá as calorosas boas-vindas aos nossos visitantes. Ela está sentada atrás de uma mesa comprida sobre a qual repousa uma dúzia de rosas vermelhas perfumadas. Susie é outra aluna minha, uma especialista em Psicologia, assim como uma beldade de Stanford, escolhida para o time de líderes de torcida por sua boa aparência e habilidades acrobáticas. Ela registra a entrada dos visitantes, anotando a hora da chegada, número de pessoas por grupo, nome e número do interno que ele ou ela irão visitar. Susie os informa do procedimento que *precisa* ser seguido naquela noite. Primeiro, cada visitante ou grupo encontra o diretor para uma reunião informativa, depois da qual poderá adentrar a prisão quando seu parente ou amigo terminar de jantar. No caminho de volta, irão encontrar o superintendente para discutir qualquer preocupação possível ou para compartilhar suas impressões. Eles concordam com essas condições, e, então, se sentam e esperam enquanto escutam a música pelo sistema de comunicação interna.

Susie se desculpa por terem de esperar tanto, mas parece que os prisioneiros estão levando mais tempo do que de costume por estarem repetindo as sobremesas. Isso não é bem-visto por alguns visitantes, que têm outras coisas a fazer e ficam impacientes para visitar os prisioneiros e aquele ambiente prisional incomum.

Após conversar com o diretor, nossa recepcionista informa aos visitantes que, por conta da demora na comida, teremos de limitar o tempo de visita a 10 minutos e admitir apenas dois visitantes por interno. Os visitantes resmungam: estão chateados com seus filhos e amigos por serem tão desatenciosos. "Por que só dois?", perguntam.

Susie responde que o espaço interno é muito restrito, e que existe uma lei de incêndio sobre ocupação máxima. Acrescenta, como um aparte: "O filho ou amigo de vocês não avisou sobre o limite de dois visitantes quando os convidou?"

— Droga! Ele não avisou!

— Sinto muito, imagino que ele deve ter se esquecido, mas agora vocês sabem, para a próxima vez que vierem.

Os visitantes estão tentando se contentar com a situação, papeando entre eles sobre este interessante estudo. Alguns reclamam das regras arbitrárias, mas, curiosamente, obedecem a elas com docilidade, como o fazem convidados bem-comportados. Temos de armar o palco de tal modo que acreditem que o que estão vendo naquele adorável lugar é comum, para desacreditar o que poderão ouvir de seus filhos e amigos irresponsáveis e egoístas, propensos à reclamação. E, assim, também, de forma inconsciente, passam a fazer parte da peça de prisão que estávamos encenando.

Visitas íntimas e impessoais

Os pais do prisioneiro 819 são os primeiros a entrarem no pátio, olhando em volta com curiosidade quando notam seu filho sentado na ponta da mesa comprida, situada no meio do corredor.

O pai pergunta ao guarda:

— Posso apertar as mãos dele?

— Mas é claro, por que não? — Responde, surpreso pelo pedido.

Em seguida, a mãe também aperta a mão do filho! Aperto de mãos? Nenhum abraço automático entre os pais e o filho?

(Este tipo de troca embaraçosa envolvendo um mínimo de contato corporal é o que acontece quando se está visitando uma prisão real de segurança máxima, mas nós jamais fizemos desta uma condição para visitas em nossa prisão. Foi o momento antes da visita, quando manipulamos as expectativas dos visitantes, que serviu para criar confusão sobre quais comportamentos eram apropriados neste estranho lugar. Quando na dúvida, há quem faça o mínimo.)

Burdan está de pé ao lado do prisioneiro e de seus pais. Hellmann vem e vai à vontade, invadindo a privacidade da interação do 819 com sua família. Ele avulta sobre 819, enquanto o trio familiar finge ignorá-lo e prosseguir com uma conversa normal. Entretanto, o 819 sabe que não tem a mínima chance de dizer qualquer coisa de ruim da prisão, pois sofrerá depois. Seus pais abreviam sua visita para 5 minutos, para que o irmão e a irmã do 819 possam compartilhar um pouco da visita limitada. Apertam novamente as mãos enquanto se despedem.

— É, as coisas são bem boas por aqui — Stew-819 diz aos irmãos.

Eles e outros amigos dos prisioneiros agem bem diferente do modo contido dos pais, mais geralmente intensos. São mais despreocupados, mais encantados, e não tão intimidados pelas restrições das cirucnstâncias quanto aqueles. Mas os guardas pairam sobre todo mundo.

— Temos uma conversa agradável com os agentes penitenciários — prossegue o 819. Ele descreve o "Buraco para punição". Quando aponta para ele, Burdan interrompe: "Chega de falar do Buraco, 819."

A irmã pergunta sobre o número em seu guarda-pó, e quer saber o que fazem o dia todo. O 819 responde sua pergunta, e também descreve o impacto da detenção pela polícia. Tão logo começa a falar sobre os problemas que tem com os guardas do turno da noite, Burdan novamente o interrompe com frieza.

— Eles nos acordam pela manhã... alguns guardas são muito bons, excelentes agentes penitenciários. Não há, na verdade, nenhum abuso físico; eles têm cassetetes, mas... — continua o 819.

Seu irmão pergunta-lhe o que ele faria se pudesse sair, ao que 819 responde, como um bom prisioneiro:

— Eu não posso sair daqui, eu estou em um lugar maravilhoso.

Burdan conclui a visita depois de exatos 5 minutos. Ceros esteve sentado à mesa durante todo o tempo, e Varnish, de pé atrás da mesa. Os guardas excedem numericamente os convidados! A face do 819 se torna soturna quando seus entes queridos acenam, sorridentes, em despedida.

Na chegada da mãe e do pai do prisioneiro Rich-1.037, Burdan imediatamente se senta na mesa, olhando ameaçadoramente para eles. (Reparo pela primeira vez que Burdan se parece com uma versão sinistra de Che Guevara.)

— Ontem foi bem estranho. Hoje, nós lavamos todas as paredes daqui, e limpamos nossas celas... perdemos a noção do tempo. Nós não saímos para ver o sol — relata o 1.037.

Seu pai pergunta se eles vão ficar sem sair pelas duas semanas inteiras. O filho não tem certeza, mas imagina que sim. A visita parece caminhar bem, a conversa é animada, mas a mãe mostra-se preocupada com a aparência do filho. John Landry dá uma volta para conversar com Burdan, enquanto ambos escutam a conversa dos visitantes. O 1.037 não menciona que os guardas levaram embora sua cama, e que ele está dormindo no chão.

— Obrigado por virem — diz o 1.037 com sinceridade. — Estou contente por terem vindo... até logo, nos vemos depois de amanhã com certeza — a mãe volta quando o 1.037 pede para que ela ligue para alguém em seu nome.

— Agora, seja bom e siga as regras — insiste com o filho.

O pai gentilmente a apressa para a porta, preocupado que eles possam ter ultrapassado o tempo permitido, impedindo os outros de aproveitarem os privilégios de uma visita.

Os guardas todos se animam quando espiam a atraente namorada de Hubbie-7.258 entrando no pátio. Ela carrega uma caixa de bolinhos, que sabiamente compartilha com eles. Os guardas os mastigam avidamente, provocando ruídos vorazes para o bem de seus detentos. É permitido ao 7.258 comer um bolinho, enquanto ele e sua garota começam uma conversa animada. Eles parecem tentar com afinco esquecer dos guardas bafejando em suas nucas; durante todo o tempo, Burdan paira próximo a eles, dando pancadas na mesa, em *staccato*, secas e rápidas com o cassetete.

A música de fundo no sistema de comunicação interna é um sucesso dos Rolling Stones, *Time is on My Side* (O tempo está do meu lado). Ninguém repara na ironia, enquanto os visitantes chegam e partem de suas visitas demasiado breves.

A mãe não acredita, mas o pai e eu a enganamos

Agradeço a cada um dos visitantes por tomarem tempo de suas agendas ocupadas para fazerem esta visita. Como superintendente, esforço-me em ser o mais afável e adequado possível. Acrescento que espero que tenham gostado do que estamos fazendo, estudando a vida na prisão da forma mais realista possível, dentro dos limites de um experimento. Respondo às suas questões sobre visitas futuras, sobre o envio de caixas de presente, e rebato os seus apartes pessoais, dizendo que eu cuido de modo especial de seus filhos. Tudo está se encaminhando com regularidade e precisão, só falta saírem alguns visitantes para que eu possa voltar minha total atenção para o perigo anunciado a nossa masmorra. Entretanto, pensando no próximo passo, sou pego de surpresa pela mãe do 1.037. Não estou preparado para a intensidade de sua angústia.

Assim que ela e o pai entram em meu escritório, ela diz em uma voz trêmula:

— Eu não quero incomodar, senhor, mas estou preocupada com meu filho. Eu nunca o vi com aparência tão cansada.

Alerta vermelho! Ela poderia provocar problemas em nossa prisão! E está certa, o 1.037 está péssimo, não apenas fisicamente exausto, mas também, deprimido. Ele é um dos garotos mais maltrapilhos de todo o grupo.

— Qual parece ser o *problema de seu filho*?

Esta reação é imediata, automática, e semelhante a toda autoridade quando confrontada por uma provocação aos procedimentos operativos do sistema que representa. Como todos os outros perpetradores de abuso institucional, considero o problema de seu filho como constitucional, como problema dele — como algo errado *nele*.

Ela não está engolindo nada desta tática distrativa. A mãe continua a dizer que ele parece abatido, não tem dormido à noite, e...

— Ele tem algum distúrbio de sono?

— Não, ele diz que os guardas os acordam para algum tipo de "chamada".

— Sim, é claro, as chamadas. Quando cada novo turno de guardas assume o trabalho, eles precisam estar seguros que os homens estão todos presentes e portanto, contados; eles fazem a chamada de seus números.

— Mas no meio da noite?

— Nossos guardas trabalham em turnos de oito horas, e, visto que um dos grupos começa às duas da madrugada, eles precisam acordar os prisioneiros para se assegurarem de que todos estão lá, e de que nenhum fugiu. Isso não faz sentido para você?

— Sim, mas não tenho certeza de que...

Ela ainda está disposta a provocar confusão, então, passo a uma outra tática, mais potente, engajando o pai, que se mantivera silencioso até o momento. Olhando-o diretamente nos olhos, eu ponho em risco seu orgulho masculino.

— Com licença, senhor. O senhor acredita que *seu filho* pode dar conta?

— Mas é claro que pode, ele é um verdadeiro líder, você sabe, capitão de... e de...

Escutando apenas a metade de suas palavras, mas compreendendo seu tom e os gestos que o acompanham, eu me alio ao pai.

— Estou com o senhor. Seu filho parece ter estrutura para lidar com esta situação difícil. — Voltando-me para a mãe, digo para reassegurá-la. — Fique descansada, ficarei de olho no seu garoto. Muito obrigado por terem vindo: espero revê-los em breve.

O pai aperta minha mão com firmeza em cumprimento bem masculino, e me dirige um sinal de cumplicidade e descaso pela mulher, com a segurança de que o chefe está ao seu lado. Nós tacitamente concordamos que iremos "Tolerar o exagero da mocinha". Como fomos grosseiros! E o fizemos no piloto automático masculino!

Como um adendo a este falsamente fervoroso episódio, recebo uma terna carta da sra. Y., escrita na mesma noite. Suas observações e intuição sobre nossa situação prisional e a condição de seu filho estão totalmente corretas.

Meu marido e eu visitamos nosso filho na "Prisão Municipal de Stanford". Pareceu muito real para mim. Jamais imaginei algo tão severo, e estou certa de que meu filho tampouco o imaginou, quando se candidatou para participar. Isso me deixou desanimada quando o vi. Ele parecia muito abatido, e sua maior reclamação parece ter sido a de ele não ter visto o sol há tempo demais. Perguntei se estava arrependido de ter se candidatado, e ele me respondeu que, a princípio, sim. Entretanto, havia passado por humores bem diferentes, e que agora estava mais resignado. Estou certa de que este será o dinheiro mais difícil que ganhará na vida.

Mãe do 1.037.

P.S.: Esperamos que o projeto seja um grande sucesso.

Embora esteja me adiantando em nossa história, devo acrescentar aqui que seu filho, Rich-1.037, um dos primeiros membros do grupo de rebeldes desordeiros, teve de ser liberado de nossa prisão poucos dias depois, por estar sofrendo de reações agudas de tensão emocional, que o estavam esmagando. Sua mãe havia percebido essa mudança sobrevindo.

Abandono simulado para despistar os agitadores

Quando o último visitante deixou o local, pudemos todos ouvir um suspiro coletivo de alívio pelos agitadores não terem aparecido em nossa festa quando estávamos mais vulneráveis. Mas a ameaça não havia acabado! Agora era a hora de passar para a etapa de contrainsurgência. Nosso plano era que alguns dos guardas desmantelassem os equipamentos da cadeia, para dar a aparência de desordem. Outros guardas iriam acorrentar as pernas dos prisioneiros umas às outras, pôr sacos em suas cabeças, e escoltá-los pelo elevador de nosso sótão até o grande depósito do quinto andar, raramente utilizado e seguro de invasões. Quando os conspiradores se lançassem para liberar nossa cadeia, eu estaria ali sentado, completamente sozinho, e contaria a eles que o experimento havia acabado. Nós o havíamos terminado mais cedo e enviado todos para casa, então, eles estavam atrasados demais para liberar qualquer coisa. Depois de passarem e saírem do lugar, nós traríamos os prisioneiros de volta e teríamos tempo de redobrar a segurança de nossa prisão. Pensamos até mesmo em maneiras de capturar o 8.612 e aprisioná-lo novamente se estivesse entre os conspiradores, porque ele havia saído sob falsas justificativas.

Imagine a cena. Estou sentado sozinho em um corredor vazio, anteriormente conhecido como "o pátio". Os resquícios da Prisão Municipal de Stanford estão espalhados em desordem, as portas das celas tombando sem dobradiças, placas caídas, a porta da frente escancarada. Estava preparado psicologicamente para disparar o que acreditávamos ser uma genial e maquiavélica contra-armação. Em vez dos agitadores, surge um dos meus colegas da Psicologia — um velho amigo, um acadêmico muito sério, e meu colega de quarto nos tempos de graduação. Gordon pergunta o que está se passando. Ele e sua esposa avistaram um grupo de prisioneiros no quinto andar e se apiedaram deles. Eles saíram e compraram para os prisioneiros uma caixa de rosquinhas porque eles todos pareciam tão infelizes.

Eu descrevo a pesquisa o mais rápido e simplesmente possível, sempre alerta para a súbita intrusão dos invasores. O invasor acadêmico faz, então, uma pergunta simples:

— Diga-me, qual é a variável independente em seu estudo?

Eu deveria ter respondido que era o deslocamento de sujeitos voluntários selecionados para os papéis de prisioneiro ou guarda, e que foram, é claro, randomicamente distribuídos. Em vez disso, eu fico furioso.

Ali estava eu com um princípio de tumulto prisional em minhas mãos. A segurança dos meus homens e a estabilidade de minha prisão estavam por um fio, e eu tinha que argumentar com este professor de bom coração, liberal, acadêmico e fraco, cuja única preocupação era uma coisa ridícula chamada variável independente! Pensei comigo: a próxima coisa que ele vai perguntar é se eu tenho um programa de reabilitação! O idiota... Eu habilmente o dispenso, e volto para a tarefa de aguardar o ataque por vir. Aguardo. E aguardo.

Finalmente, percebo que tudo não passa de rumores. Não há qualquer fundamento para isso. Nós desperdiçamos muitas horas e gastamos uma enorme quantidade de energia em arquitetar uma forma de despistar o ataque aventado. Fui tolamente implorar a ajuda da polícia; limpamos um depósito imundo no quinto andar, desmantelamos nossa prisão, e deslocamos os prisioneiros até lá. Mais importante, desperdiçamos tempo valioso. E, nosso maior pecado como pesquisadores, não coletamos nenhum dado sistemático durante todo o dia. Tudo isso proveio de alguém que tem um interesse profissional em transmissão de rumores e distorção, e que faz regularmente demonstrações em classe desse fenômeno. Nós mortais podemos ser tolos, especialmente quando as emoções mortais governam a fria razão.

Ressuscitamos então os equipamentos da prisão, e, em seguida, deslocamos os prisioneiros do depósito quente, abafado e sem janelas onde tiveram de ficar armazenados por três horas sem propósito. Que humilhação... Craig, Curt, Dave e eu mal nos olhamos pelo resto da noite. Nós tacitamente concordamos em guardar tudo para nós mesmos e não chamar isto de "a besteira do dr. Z".

Nós bancamos os bobos, mas quem pagará o pato?

Obviamente, reagimos com considerável frustração. Também sofremos a tensão de dissonância cognitiva por termos acreditado tão prontamente e piamente em uma mentira, e comprometermo-nos com muitas ações inúteis sem justificativas suficientes.[10] Também havíamos experimentado uma "reação grupal". Uma vez que eu, como líder, acreditei na validade de um boato, todos os outros também o tomaram como verdadeiro. Ninguém representou o advogado do diabo, uma figura necessária a todo grupo para que se possam evitar decisões imprudentes como esta, ou, até mesmo, desastrosas. Fazia lembrar a "desastrosa" decisão do presidente John Kennedy de invadir Cuba, no fiasco da Baía dos Porcos.[11]

Também deveria ter ficado claro para mim que estávamos perdendo a dissociação científica essencial para conduzir qualquer pesquisa com objetividade não tendenciosa. Estava mergulhado no processo de me tornar um superintendente da prisão em vez de um chefe de pesquisa. Também deveria ser óbvio para mim que isso provinha de meu encontro com a sra. Y. e seu marido, sem mencionar meus acessos de raiva por causa do sargento da polícia. Contudo, até os psicólogos são pessoas, sujeitas, em um nível pessoal, aos mesmos processos dinâmicos que estudam em um nível profissional.

Nosso sentimento generalizado de frustração e constrangimento se espalhou silenciosamente pelo pátio da prisão. Em retrospecto, deveríamos ter simplesmente admitido nosso erro e seguido em frente, mas essa é uma das coisas mais difíceis que alguém pode fazer. Apenas dizer: "Eu me enganei. Desculpe." Em vez disso, procuramos inconscientemente os bodes expiatórios para projetar a culpa que sentíamos. E não tivemos de procurar muito longe. A nossa volta estavam prisioneiros, que iriam pagar o preço por nosso fracasso e constrangimento.

CAPÍTULO 6

A quarta-feira está fugindo ao controle

ALMEJO, NESTE QUARTO DIA DO EXPERIMENTO, UM TEMPO MENOS frenético do que os criados pelos problemas intermináveis ocorridos na terça-feira. O cronograma deste dia parece cheio de eventos interessantes, suficientes para conter esta inconstância responsável por arrebentar as costuras de nossa prisão. Um padre que já foi um capelão de prisão está vindo nos visitar esta manhã para me dar uma noção de quão realista é a nossa simulação, e para fornecer-nos uma avaliação comparativa com a real experiência na prisão, a partir da qual nos norteamos. Ele está retribuindo um favor anterior que lhe fiz, quando ofereci algumas referências bibliográficas para um artigo que redigia sobre prisões para um curso de verão. Embora sua visita estivesse agendada desde antes do começo de nosso estudo, ela nos será duplamente favorável por satisfazer parcialmente, de alguma forma, o pedido do Conselho Reclamatório por serviços religiosos. Em seguida, haverá a primeira audiência da Comissão da Liberdade Condicional para os prisioneiros que solicitarem tal concessão. A Comissão será encabeçada por nosso consultor de prisão neste projeto, Carlo Prescott. Será interessante ver como ele lida com essa inversão total de papéis: de um antigo prisioneiro que solicitou em vão a liberação condicional inúmeras vezes, ao chefe de uma comissão de condicional.

A promessa de uma outra noite de visitas após o jantar deve ajudar a conter a agonia de alguns prisioneiros. Também planejo admitir um novo prisioneiro, no uniforme número 416, para preencher o espaço vago deixado pelo problemático Doug-8.612. Há muitas atividades na agenda de hoje, mas tudo corre de acordo com um bom dia de trabalho para o superintendente da Prisão Municipal de Stanford e sua equipe.

UMA CHARADA CLERICAL

O padre McDermott é um sujeito grande de cerca de 1,87 metro de altura. Delgado e aprumado, parece frequentar regularmente a academia de ginástica. As entradas em seu cabelo dão destaque a seu grande sorriso, ao nariz bem esculpido e sua compleição avermelhada. Ele ostenta uma postura firme, sentando-se ereto, além de um bom-senso de humor. McDermott é um padre católico irlandês no final da casa dos 40 anos, e que possui experiência como conselheiro pastoral em uma prisão da Costa Leste.[1] Com seu colarinho engomado e um terno negro passado com asseio, ele é a versão cinematográfica do jovial ainda que firme pároco. Fico impressionado com a fluidez com que escorrega para dentro e para fora do papel clerical. Em alguns momentos ele é um estudante sério, em outros ele é um padre preocupado, para em seguida mostrar-se alguém fazendo um contato profissional, mas sempre retornando a seu papel principal como padre.

No escritório do superintendente, prosseguimos com a longa lista de referências com anotações que preparei para ajudá-lo com um trabalho que ele está realizando sobre violência interpessoal. Ele fica nitidamente impressionado que eu esteja lhe concedendo tanto tempo, e agradecido pela lista de referências bibliográficas. Então, pergunta:

— Que posso fazer para ajudá-lo?

— Tudo o que gostaria é que o senhor converse com o maior número possível de sujeitos de nosso experimento no tempo que tiver disponível; então, a partir daquilo que disserem a você, e do que puder observar, quero que me dê sua sincera avaliação sobre o quão realista parece a experiência prisional que eles estão tendo.

— Mas é claro, fico grato em poder retribuir. Usarei como base de comparação os prisioneiros com quem trabalhei em uma instituição penitenciária em Washington, D.C., para a qual fui designado durante vários anos.

— Ótimo — fico muito grato por seu auxílio.

É hora de inverter os papéis.

— O diretor da prisão lançou convite a todos os internos que quiserem conversar com um pastor a se inscreverem para a regalia. A maior parte deles quer falar com o senhor, e alguns solicitam a realização de serviços religiosos neste fim de semana. Apenas um prisioneiro, o número 819, sente-se mal e quer mais tempo de sono, e, portanto, não virá conversar.

— Está certo, vamos lá, deverá ser interessante — diz o padre McDermott.

O diretor havia posicionado um par de cadeiras contra a parede entre as Celas 2 e 3 para o padre e cada interno que viesse a ele. Eu trago mais uma, para que eu me sente próximo do padre. Jaffe está do meu lado, aparentemente muito sério enquanto escolta pessoalmente cada recluso de sua cela para a entrevista. É nítido que Jaffe está apreciando a falsa realidade deste cenário com um pároco real interpretando seu papel pastoral com nossos falsos prisioneiros. Ele encarna o papel. Estou mais preocupado com as prováveis reclamações dos prisioneiros e o que de bom o padre provavelmente fará para saná-las. Peço a Jaffe que se assegure de que Curt Banks está filmando a cena com a maior aproximação possível, mas a péssima qualidade de nossa videocâmara não permite *zooms* tão próximos quanto eu gostaria.

A maior parte das interações assume a mesma forma.

O padre se apresenta.

— Padre McDermott, filho, e você?

— Eu sou o 5.486, senhor.

— Eu sou o 7.258, padre.

Apenas uns poucos respondem com seus nomes; o restante apenas dá seu número em vez do nome. Curiosamente, o padre não recua; fico surpreso. A socialização a partir do papel de prisioneiro está claramente fazendo efeito.

— Do que está sendo acusado?

"Roubo a domicílios", ou "assalto à mão armada" ou "arrombamento e invasão de domicílio" ou "violação do artigo 459" são as respostas mais comuns.

Alguns acrescentam: "Mas eu sou inocente" ou "Sou acusado de... mas eu não fiz isso, senhor."

O padre responde em seguida: "É bom vê-lo, meu jovem", ou diz o primeiro nome do prisioneiro. Pergunta sobre onde vive, sobre sua família, sobre as visitas.

— Por que você está com essa corrente em sua perna? — pergunta o padre McDermott a um dos prisioneiros.

— Acho que é para nos impedir de nos movermos por aí muito livremente — é a resposta.

Para alguns, ele pergunta como estão sendo tratados, como estão se sentindo, se eles têm alguma reclamação, e se ele pode oferecer algum auxílio. Então, nosso padre vai além das minhas expectativas das perguntas básicas sobre aspectos legais de seu confinamento.

— Alguém divulgou o valor da sua fiança? — Ele pergunta a um deles. Diferentemente, ao 4.325 ele pergunta seriamente:

— O que seu advogado acha de seu caso?

Para variar, ele pergunta a outros:

— Você falou com sua família sobre as acusações contra você?

— Você já foi ver um defensor público?

Subitamente, estamos todos nesta zona limite entre imaginação e realidade. O próprio padre McDermott deslizou profundamente dentro do papel de capelão. Aparentemente, nossa falsa prisão criou uma situação bem realista que arrastou o padre para o seu interior, assim como o fez com os guardas, os prisioneiros e comigo.

— Não nos foi permitido dar um telefonema, e ainda não fomos levados a julgamento; nenhuma data foi sequer mencionada, senhor.

— Bem, alguém tem que assumir o seu caso. Quero dizer, você pode lutar daí de dentro, mas que vantagem pode trazer simplesmente escrever para o presidente do Supremo Tribunal da vara criminal? Vai demorar muito para receber uma resposta. É melhor a sua família fazer contato com um advogado, porque você não tem muito o que fazer na condição em que se encontra — diz o padre.

O prisioneiro Rich-1.037 diz que planeja "ser meu próprio advogado, porque serei um advogado em breve, depois de concluir a faculdade de direito em alguns anos".

O padre sorri, sardonicamente:

— É minha opinião geral que o advogado que advoga em causa própria tende a estar muito envolvido emocionalmente. Você conhece o ditado "Qualquer um que representa a si mesmo na corte tem um tolo por advogado"?

Digo ao 1.037 que o tempo acabou e gesticulo para o diretor que o substitua pelo próximo prisioneiro.

O padre é pego de surpresa pela formalidade excessiva do Sargento e sua recusa em aceitar aconselhamento legal porque "é justo que eu cumpra o tempo necessário pelo crime de que sou acusado".

— Há outros como você, ou se trata de um caso especial? — pergunta McDermott.

— Ele é nosso caso especial, padre. — É difícil gostar do Sargento; até o padre o trata de uma forma apenas condescendente.

O prisioneiro Paul-5.704 astutamente aproveita esta oportunidade para filar um cigarro do padre, sabendo que não lhe é permitido fumar. Quando acende o cigarro e dá uma tragada profunda, ele me dirige um sorriso de cumplicidade e um grande sinal de "vitória" — seu não verbal: "Te peguei!". O líder do Conselho Reclamatório está aproveitando enormemente a suspensão temporária de sua rotina prisional. Espero ele pedir outro cigarro para fumar depois. Entretanto, reparo que o guarda Arnett está registrando devidamente sua afronta, e sei que fará o prisioneiro pagar caro pelo contrabando de cigarro e pelo sorriso espertinho.

Na medida em que as entrevistas se sucedem, abordando trivialidades, reclamações de maus-tratos e violação das regras, passo a ficar mais e mais agitado e confuso.

Apenas o prisioneiro 5.486 se nega a ser tragado para este cenário, isto é, a fingir que esta é uma prisão real e que ele é um prisioneiro de verdade que precisa da ajuda de um padre de verdade para recobrar sua liberdade. Ele é o único que descreve a situação como um "experimento" — experimento este que está fugindo ao controle. Jerry-5.486 é o cara mais equilibrado de todos, mas o menos expansivo. Dou-me conta de que, até o presente momento, ele não passou de uma sombra, raramente repreendido pelos guardas de qualquer turno, e pouquíssimo percebido em uma chamada, rebelião ou distúrbio até agora. Ficarei de olho nele daqui em diante.

O prisioneiro seguinte, pelo contrário, está ansioso para que o padre o ajude a conseguir assistência legal. Entretanto, está assombrado pela consciência de que custa muito dinheiro.

— Bem, suponha que seu advogado quisesse 500 dólares como adiantamento agora mesmo. Você tem 500 dólares com você? Se não, seus pais terão de aparecer com essa quantia, ou mais, e desembolsá-la no mesmo momento.

O prisioneiro Hubbie-7.258 aceita a oferta de ajuda do padre e dá a ele o nome de sua mãe e o seu número de telefone para que ela possa providenciar a ajuda legal. Ele diz que seu primo está na defensoria pública, e ele pode se dispor a arcar com a fiança para liberá-lo. O padre McDermott promete ir adiante com o pedido, e Hubbie se ilumina como se o Papai Noel o estivesse presenteando com um carro.

A encenação toda fica ainda mais insólita.

Antes de partir, e depois de ter conversado a sério com sete de nossos internos, o padre, de um jeito bem clerical, pergunta sobre o prisioneiro relutante, que pode precisar de sua ajuda. Peço ao guarda Arnett que encoraje o 819 a passar alguns minutos conversando com o padre; isso pode ajudá-lo a se sentir melhor.

Durante uma calmaria, enquanto o prisioneiro 819 está se preparando para esse encontro com o conselheiro pastoral, o padre McDermott me confidencia:

— Eles são todos do tipo inocente de prisioneiro. Eles não sabem nada sobre a prisão ou para que serve. Típico do que vejo em pessoas instruídas. São as pessoas que você quer que tentem mudar o sistema prisional, os líderes de amanhã e os eleitores de hoje, e são aquelas que irão moldar a educação da comunidade. Eles simplesmente não sabem o que é uma prisão, ou o que ela pode fazer com uma pessoa. Mas o que você está fazendo aqui é importante, isso irá ensiná-los.

Tomo isso como um voto de confiança, registro sua homilia do dia, mas não fico menos confuso.

O prisioneiro Stew-819 tem uma aparência no mínimo terrível: negras olheiras, cabelos despenteados, espetados para todas as direções. Esta manhã, Stew-819 fez uma coisa ruim: em um acesso de fúria, ele emporcalhou sua cela, arrebentando o travesseiro e atirando as penas para todo lado. Foi atirado ao Buraco, e seus colegas de cela tiveram de limpar a bagunça. Ficara deprimido depois da visita dos pais na noite anterior. Um dos seus amigos contou ao guarda que, enquanto seus pais acharam que tiveram um bom papo com ele, sua opinião era outra. Eles não deram ouvidos a suas reclamações, e não se importaram com sua situação, que ele tentou explicar a eles; apenas falaram sem parar sobre uma porcaria de uma peça que tinham acabado de assistir.

— Fico pensando se você conversou sobre a ideia de sua família contatar um advogado para você — comenta o padre.

— Eles sabiam que eu era um prisioneiro. Contei-lhes sobre o que eu estava fazendo aqui, sobre os números, as regras, os tormentos — responde o 819.

— Como você se sente agora? — pergunta o padre.

— Estou com uma dor de cabeça forte; preciso de um médico — responde o 819.

Intervenho nesse ponto, tentando descobrir o motivo de sua dor de cabeça. Pergunto-lhe se é uma enxaqueca típica, ou talvez tenha sido causada pela exaustão, fome, calor, tensão emocional, constipação ou problemas de visão.

— Eu só estou me sentindo esgotado. Nervoso — responde o 819.

Nesse momento, ele sucumbe e começa a chorar. Lágrimas abundantes e soluços fazem seu corpo saltar. O padre calmamente lhe estende seu lenço para que enxugue as lágrimas.

— Ei, veja, não pode ser tão ruim assim. Faz quanto tempo que você está neste lugar?

— Apenas três dias!

— Você precisa ser menos emotivo.

Tento confortar o 819, dando-lhe um descanso no banheiro fora do pátio, na verdade aquele atrás da divisória, onde se encontra nosso equipamento de gravação. Digo a ele que lá poderá descansar confortavelmente, e que irei apanhar boa comida para ele. Então, veremos se a dor de cabeça desaparece durante esta tarde. Se não for o caso, irei levá-lo ao Hospital Universitário para um exame de saúde completo. Eu concluo fazendo com que prometa não tentar fugir, porque o estou levando para uma área de segurança mínima. Pergunto se ele está mesmo se sentindo mal a ponto de ser liberado imediatamente. Ele insiste que quer continuar e concorda em não tentar trapacear.

— Talvez esteja reagindo ao cheiro deste lugar. O ar daqui é opressivo. Há um cheiro desagradável, leva tempo para se acostumar. Mas, mesmo assim, ele continua ali, tem um caráter tóxico, talvez seja forte demais. Mas o fedor traz a realidade da prisão. [McDermott está sentindo o cheiro de urina e fezes já impregnado à nossa prisão, ao qual estamos habituados e não notamos até que seja apontado.] Você precisa tentar se equilibrar, um monte de prisioneiros aprende a lidar com isso — o padre diz para o 819.

Enquanto caminhamos para fora do pátio, descendo o corredor até meu escritório, o padre me diz que o estudo está funcionando como uma prisão real, e que, mais precisamente, ele está observando a típica "síndrome do réu primário" — caracterizada por muita confusão, irritabilidade, fúria, depressão e sentimentalismo exagerado. Ele garante que essas reações mudam após cerca de uma semana, porque ficar tão efeminado não é bom para a sobrevivência de um prisioneiro. Ele acrescenta que julga ser a situação mais real para o garoto 819 do que ele está disposto a admitir. Concordamos que ele precisa de atendimento. Comento que, embora seus lábios e mãos estivessem trêmulos e os olhos, marejados, ainda assim, ele não conseguia admitir que não estava mais suportando e que desejava sair. Penso que ele não aceita a ideia de estar amarelando, de que sua masculinidade está ameaçada, e, portanto, deseja que nós — deseja que *eu* — insistamos que ele saia, pois, assim, irá se eximir da escolha.

— Pode ser que sim. É uma possibilidade interessante — acrescenta McDermott, refletindo sobre tudo o que se passou.

Enquanto me despedia dele, mencionei de passagem que:

— O bom padre não irá mesmo chamar os pais, certo?

— É claro que vou. Eu preciso. É meu dever.

— Claro, bobagem minha, é seu dever, está certo. (Era só o que me faltava, ter de lidar com pais e advogados porque um padre fez uma promessa e é obrigado a permanecer no papel de um padre de verdade, mesmo sabendo que não se trata de uma prisão real, e que eles não são prisioneiros de verdade. Mas deixa pra lá, a encenação deve continuar.)

A visita do padre lança luz sobre a crescente confusão entre realidade e ilusão, entre atuação e autorrepresentação. Ele é um padre de verdade em um mundo de verdade com experiência pessoal em prisões de verdade, e, embora esteja totalmente consciente de que nossa prisão é falsa, ele interpreta tão inteira e profundamente o seu papel que acaba contribuindo para transformar o nosso show em realidade. Ele se senta ereto, segura as próprias mãos de uma forma peculiar, gesticula da mesma maneira, inclina-se para a frente para dar um conselho pessoal, aquiesce com determinação, dá tapinhas nos ombros, franze as sobrancelhas ante as tolices dos prisioneiros, e fala em tons e cadências que me remetem à infância na escola dominical da Igreja Católica de Saint Anselm. Ele não apresentaria imagem mais perfeita de um padre se o tivessem enviado da melhor escola de atores. Enquanto agia como padre, era como se estivéssemos em um *set* de filmagem bizarro, e eu admirava o quão bem este ator interpretava seu papel. No mínimo, essa visita religiosa transformou, em seguida, nosso experimento simulado em uma prisão cada vez mais realista. Isso se aplicou especialmente àqueles prisioneiros que conseguiram sustentar a percepção de que isso tudo é "apenas um experimento". O padre fez de sua mensagem um novo veículo. Nosso cenário, agora, está nas mãos de Franz Kafka ou de Luigi Pirandello?

Neste momento, o pátio entra em erupção. Os prisioneiros estão gritando. Cantam em voz alta algo sobre o prisioneiro 819.

— O prisioneiro 819 fez uma coisa ruim. Digam dez vezes, e alto — diz Arnett.

— O prisioneiro 819 fez uma coisa ruim — repetem os prisioneiros várias vezes seguidas.

— O que está acontecendo com o prisioneiro 819 por ter feito esta coisa ruim, prisioneiro 3.401? — pergunta Arnett.

— O prisioneiro 819 está sendo punido — responde o 3.401.

— O que está acontecendo com o prisioneiro 819, 1.037? — pergunta Arnett.

— Eu não sei bem, sr. agente penitenciário — responde o 1.037.

— Ele está sendo punido. Do começo, 3.401 — ordena Arnett.

O 3.401 repete o mantra, enquanto o 1.037 acrescenta ainda mais alto:

— O prisioneiro 819 está sendo punido, sr. agente penitenciário.

1.037 e cada um dos outros prisioneiros são interrogados com a mesma pergunta, um por vez, e todos respondem de forma idêntica, sozinhos, e, em seguida, coletivamente.

— Vamos ouvir cinco vezes para ter certeza de que vocês vão lembrar. Por conta das coisas ruins que o prisioneiro 819 fez, a cela de vocês está uma bagunça. Vamos ouvir dez vezes — continua Arnett.

— Por conta do que o prisioneiro 819 fez, minha cela está uma bagunça.

Os prisioneiros entoam a frase repetidamente, mas o 1.037, o que planeja se tornar um advogado, não está mais aderindo. O guarda John Landry gesticula ameaçadoramente em sua direção, com seu cassetete, para que faça parte do programa. Arnett interrompe a repetição para perguntar o que há de errado; Landry o informa da desobediência do 1.037.

O prisioneiro 1.037 desafia Arnett:

— Tenho uma pergunta, sr. agente penitenciário. Devemos nunca mentir?

Arnett, no seu jeito formal, imperturbável e totalmente autêntico, replica:

— Agora não estamos interessados em suas perguntas. A tarefa já foi explicitada, e eu quero escutá-la. "Por conta do que o prisioneiro 819 fez, minha cela está uma bagunça", dez vezes.

Os prisioneiros repetem a frase, mas perdem a conta e o fazem 11 vezes.

— Quantas vezes eu disse que era para fazer, prisioneiro 3.401?

— Dez vezes — responde o 3.401.

— Quantas vezes vocês fizeram, sr. 3.401? — pergunta Arnett.

— Dez vezes, sr. agente penitenciário — responde o 3.401.

— Errado, vocês fizeram 11 vezes. Façam de novo, façam direito, façam dez vezes, como eu *ordenei* que fizessem: "Por conta do que o prisioneiro 819 fez, minha cela está uma bagunça", dez vezes — diz Arnett.

Eles gritam com precisão exatas dez vezes mais.

— Agora, em posição — ordena Arnett.

Sem um momento de hesitação, todos se jogam para o chão para fazer as flexões.

— Desce, sobe, desce, sobe. 5.486, não é para encostar a barriga no chão, você está fazendo flexão, fique com as costas retas. Desce, sobe, desce, sobe, desce, e fiquem embaixo. Rolem sobre as costas para levantamento de perna.

— Quinze centímetros é o que queremos, homens. Todos levantem a perna 15 centímetros, e fiquem lá até que todos estejam com a perna levantada na mesma altura.

O guarda J. Landry mede a altura para saber se a perna de cada prisioneiro está erguida a exatos 15 centímetros do chão.

— Todos juntos, dez vezes: "Eu não cometerei erro nenhum, sr. agente penitenciário!" — comanda Arnett.

Todos obedecem em perfeito uníssono. O prisioneiro 1.037 se recusa a gritar, mas, mesmo assim, continua a repetir em voz baixa, ao passo que o Sargento está se deleitando com a oportunidade de gritar sua obediência à autoridade. Enfim, todos cantam em voz alta muito educadamente em resposta ao comando final do guarda.

— Muito obrigado por esta agradável chamada, sr. agente penitenciário.

Penso comigo que o uníssono preciso dos prisioneiros daria inveja a qualquer maestro de coro ou líder de comício da Juventude Hitlerista. Além do mais, penso quão longe eles — ou nós — não chegamos desde as risadinhas da chamada de domingo e as palhaçadas brincalhonas dos novos prisioneiros.

VOCÊ NÃO É O 819: HORA DE VOLTAR PARA CASA, STEWART

Quando percebo que o 819 está escutando tudo isso do quarto onde descansa, de trás do fino tapume, corro para ver como ele está. O que encontro é um 819 recurvado em um corpo trêmulo e histérico. Ponho meu braço sobre ele, tentando confortá-lo, garantindo que ficará bem assim que sair e voltar para casa. Para minha surpresa, ele se recusa a sair comigo para ver um médico e em seguida retornar para casa. "Não, eu não posso sair, tenho de voltar para lá", insiste, entre lágrimas. Não pode sair sabendo que os outros prisioneiros o rotularam de "mau prisioneiro", e que aquela bagunça em sua cela fez com que todo aquele tormento recaísse sobre eles. Mesmo estando claramente angustiado, ele pretende voltar para a prisão para provar que ele na verdade não é um cara mau.

— Escute-me com atenção, agora, você *não é* 819. Você é o Stewart, e meu nome é dr. Zimbardo. Sou um psicólogo, não um superintendente de prisão, e esta não é uma prisão de verdade. Isso é apenas um experimento, e aqueles caras ali são apenas estudantes, como você. Portanto, é hora de voltar para casa, Stewart. Agora venha comigo. Vamos embora.

Ele para de soluçar, enxuga as lágrimas, endireita-se, e olha em meus olhos. Parece-se com uma criancinha acordando de um pesadelo, assegurado pelo pai de que não se tratava de um monstro de verdade, e que tudo vai ficar bem assim que ele aceitar esta verdade. "Certo, Stew, vamos embora." (Eu havia acabado com a sua ilusão, embora eu ainda continuasse com a minha.)

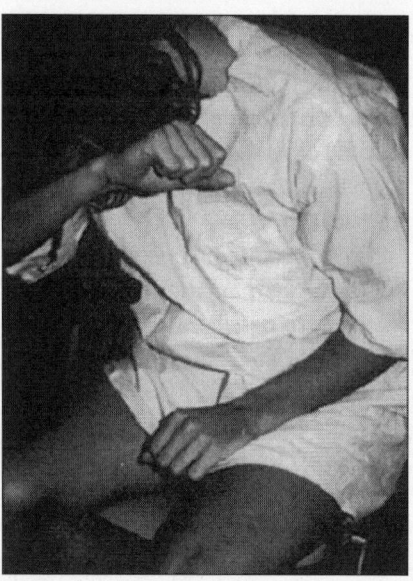

Prisioneiro do EPS sofre um colapso nervoso

No processo de apanhar suas roupas e de dar baixa em Stew, recordo-me de que este dia começara com muita confusão, o que armou a cena para este colapso emocional.

819 faz confusão desde cedo

O diário do diretor relata que o 819 se recusou a se levantar às 6h10. Ele foi colocado no Buraco e, em seguida, foi-lhe concedida apenas metade do tempo que os outros tiveram de permanência no banheiro. Todos, incluindo o 819, estiveram presentes durante a chamada de 15 minutos às sete e meia da manhã, recitando os números de trás para a frente e de frente para trás repetidamente. Entretanto, durante o período de exercícios, o 819 se recusou a participar. Um guarda teve a ideia de aplicar uma pena coletiva, forçando os outros prisioneiros a ficarem com os braços esticados até que o 819 se rendesse.

O 819 não se rendeu, a força dos outros prisioneiros esmoreceu, e seus braços desceram novamente. O 819 foi metido novamente no Buraco, onde comeu seu café da manhã na escuridão, mas recusou-se a comer seu ovo. Foi liberado para trabalhar e levado para limpar os vasos sanitários com as próprias mãos, e deslocar caixas para cá e para lá indefinida e descuidadamente junto com os outros prisioneiros. Quando retornou à sua cela, o 819 se trancou do lado de dentro. Recusou-se a retirar os espinhos de um cobertor atirado em sua cela. Seus colegas de cela, o 4.325, e o substituto, o 8.612, foram forçados a fazer trabalho extra, até que ele obedecesse. Eles transportaram caixas de um lado para o outro de um armário para o outro. Ele não afrouxou, mas exigiu ver um médico. Eles começaram a ficar com raiva de sua obstinação, por conta da qual estavam padecendo.

O relato de turno do guarda Ceros aponta: "Um dos prisioneiros se trancou dentro de sua cela. Pegamos nossos cassetetes e partimos para retirá-lo dali. Ele não saía. Fizemos todos se levantarem contra a parede com os braços esticados. Desistimos. O restante dos prisioneiros nos odiou. Eu simplesmente sorri, e fiz meu trabalho."

O guarda Varnish, em seu relatório, comenta a importância psicológica do comportamento do prisioneiro: "A aparente indiferença do 819 pelos problemas dos companheiros os incomoda." Varnish prossegue, reclamando, em seu relato, sobre a falta de linhas claras de conduta sobre o que poderia fazer com os prisioneiros. "Percebi que não tinha certeza sobre a quantidade de força que poderia de fato utilizar, e isso me incomodou, ao sentir que os limites deste caso não estavam claramente definidos."[2]

Vandy relata uma reação diferente: "Continuei a ficar mais envolvido do que no dia anterior. Eu gostei de importunar os prisioneiros às duas e meia da manhã. Meu lado sádico gostou de suscitar a amargura entre nós." Esta é uma declaração bastante notável, que ele certamente não faria quatro dias antes.

O severo guarda Arnett afirma em seu relato: "Os únicos momentos em que senti que não conseguia interpretar meu papel adequadamente foram com o 819 e o 1.037, quando estiveram em nítidas dificuldades em algumas ocasiões. Nestes momentos, eu não fui tão durão quanto deveria ser."[3]

— Basicamente, a coisa verdadeiramente opressiva acerca do experimento de prisão é estar totalmente à mercê de outras pessoas que estão se esforçando para fazer as coisas o mais difícil e desagradável possível para você — disse-me Stewart mais tarde. — Eu simplesmente não consigo aguentar os abusos dos outros. Desenvolvi uma forte indignação em relação aos guardas fascistas, e uma forte simpatia pelos guardas compassivos. Fiquei contente com a rebeldia de alguns prisioneiros, e furioso pela complacência e total obediência de outros. Minha noção de tempo também foi afetada, visto que os momentos tormentosos de cada dia pareciam um tanto mais compridos do que se estivéssemos nos divertindo. A pior coisa deste experimento foi a depressão total que surgiu por ser constantemente atormentado, e o fato de que não havia maneira de sair. A melhor coisa foi finalmente estar livre.[4]

Traído por nosso próprio espião

Lembrem-se de David, que assumiu o uniforme do 8.612 e foi trazido para nossa prisão como espião. Infelizmente, para nós, ele não estava fornecendo nenhuma informação útil, porque se tornara solidário às causas dos prisioneiros, e transferira sua fidelidade em um piscar de olhos. Eu o liberei naquela manhã para interrogatório e para tomar sua contribuição do que estava se passando. Em sua entrevista comigo e com o diretor, nosso fracassado informante tornou claro seu desdém pelos guardas e sua frustração por não ser capaz de mobilizar os prisioneiros a desobedecerem a ordens. Ele disse que, naquela manhã, um dos guardas pedira que enchesse a cafeteira com água quente no banheiro, mas então outro guarda jogara a água fora e o fizera encher a cafeteira com água fria, admoestando-o por desobedecer a ordens. Ele ficou furioso com estes trotes "de merda". Ele também nos contou da distorção do tempo, que expandia e contraía acontecimentos e o confundiu quando despertou diversas vezes durante a noite para a realização de chamadas intermináveis. Relatou um entorpecimento mental parecido com uma névoa rodeando todas as coisas.

— O trabalho arbitrário e idiota que os guardas passam irrita você. — Em seu novo papel de "informante que virou prisioneiro revolucionário", ele nos contou seu plano de incitar os companheiros para a ação. — Hoje, resolvi ser um prisioneiro de merda. Eu queria conseguir alguma espécie de espírito de resistência entre os prisioneiros. A punição de obrigar os outros a fazerem mais se algum prisioneiro se recusa a trabalhar ou sair de sua cela só funciona se os outros estiverem dispostos a fazer mais. Tentei fazer com que resistissem. Mas todo mundo estava disposto a fazer o que lhes foi dito, até mesmo a tarefa humilhante de transferir o conteúdo de um armário para outro, e deste de volta para o primeiro, ou limpar os vasos sanitários com nossas próprias mãos.

David relatou que ninguém está com raiva de mim ou do diretor, que não passam de uma voz entrecortada no alto-falante, mas ele e os outros estão furiosos com os guardas. Ele disse a um deles esta manhã:

— Sr. agente penitenciário, o senhor acredita que, quando este trabalho terminar, você terá tempo suficiente de se tornar um ser humano novamente? — Por isto, é claro, recebeu um tempo no Buraco.

Ele estava chateado por ter falhado na tentativa de fazer os outros prisioneiros se recusarem a manter os braços levantados como punição coletiva pela bagunça feita pelo 819. No fim, seus braços caíram, mas por fadiga, e não em desobediência. As frustrações de David por não ser um eficiente mobilizador dos proletários ficam evidentes no relato que nos fez:

A comunicação fica intensamente restrita quando todos estão gritando dessa maneira, e você não pode mudar isso. Mas, durante os períodos de silêncio, tentei conversar com meus colegas de cela, mas o 819 sempre está no Buraco, e o outro cara, o 4.325 [Jim], é um travado, e tem um papo chato. E, durante as refeições, quando seria um bom momento para conversar com todos sobre não ceder tão facilmente aos guardas, não se pode conversar. É como se a energia ficasse dentro de você, e não pudesse de fato chegar a se organizar em ato. Fiquei deprimido quando um sujeito me disse: "Eu quero sair para a condicional. Não me incomode. Se você quer dar a cara à tapa, tudo bem, mas eu estou fora!".[5]

David não nos forneceu "informações significativas", tais como alguma coisa sobre planos de fuga ou o paradeiro das chaves da algema. Suas reflexões pessoais tornaram evidente, entretanto, que uma força poderosa operava na mente dos prisioneiros para suprimir a ação em grupo contra a opressão. Eles tinham começado a se voltar para dentro, para considerarem egoisticamente o que tinham de fazer por si só para sobreviver, ou, talvez, conquistar uma condicional antecipada.

RECEBAM O NOVO PRISIONEIRO NO PEDAÇO

Para reabastecer o estoque esvaziado de prisioneiros, recebemos um substituto, o novo prisioneiro 416. Este retardatário cumprirá em breve um papel notável. Nós o vemos pela primeira vez no vídeo em um canto do pátio. Ele entra na prisão usando um saco de papel sobre a cabeça; é cuidadosamente despido pelo guarda Arnett. Ele é bastante magro, "todo pele e osso", como dizia minha mãe; era possível contar cada uma de suas costelas a 3 metros de distância. Ele parece um tanto patético e ainda não suspeita do que o aguarda.

Arnett borrifa o 416, lenta e sistematicamente, por todo o seu corpo com o pretenso talco para retirar os piolhos. Durante o primeiro dia, essa tarefa foi apressada, porque os guardas tinham de lidar com muitos prisioneiros que chegavam. Agora, dado o excesso de tempo, Arnett faz disso um ritual especial de limpeza. Ele puxa o guarda-pó de número 416 sobre sua cabeça, acorrenta seus tornozelos, e o cobre com um novo gorro de meia. *Voilá!* O novo prisioneiro está pronto. Diferente dos outros, que se aclimataram gradualmente à escalada diária de comportamento arbitrário e hostil dos guardas, o 416 é atirado de cabeça neste cadinho de loucura, sem tempo de adaptação.

Fiquei pasmo com o procedimento de detenção. Para se ter uma ideia, não cheguei a ser fichado pela polícia como os outros. Recebi uma ligação de uma secretária, pedindo que trouxesse meus documentos e viesse ao saguão do Departamento de Psicologia antes do meio-dia. Eu estava de fato contente por ter conseguido este trabalho, feliz por ter obtido esta oportunidade. [Lembrem-se, os voluntários estavam sendo pagos para trabalhar por duas semanas.] Enquanto esperava, um guarda saiu, e depois de dizer-lhe meu nome, ele imediatamente me algemou, pôs um saco de papel sobre a minha cabeça, trouxe-me às pressas escada abaixo, e tive de ficar um momento com minhas mãos contra a parede, de pernas abertas. Não fazia ideia do que estava acontecendo. Penso que aceitei ficar em um estado miserável, mas era muito pior do que imaginava. Eu não esperava vir e, de cara, ser despido e despiolhado, e golpeado nas pernas com um bastão. Resolvi que afastaria minha mente dos guardas o máximo que pudesse, enquanto assistia aos outros prisioneiros jogarem estes joguinhos. Disse a mim mesmo que faria o melhor para me manter fora disso, mas, à medida que o tempo passava, esqueci as razões que me levaram a estar ali. Eu cheguei com motivos, como ganhar algum dinheiro. Subitamente, o 416 foi transformado em um prisioneiro — e um prisioneiro extremamente entorpecido e chateado.[6]

Amazing Grace: no cerne da ironia

O novo prisioneiro chega bem a tempo de ouvir Arnett ditando uma carta que os prisioneiros precisam enviar para seus possíveis visitantes para a próxima noite de visitas. Enquanto o guarda lê o texto em voz alta, eles o escrevem no papel de carta da prisão que foi fornecido. Então, ele pede a cada um que repita partes da carta em voz alta. Um modelo de carta ditada diz:

Querida Mãe,

Estou passando um momento maravilhoso. A comida é ótima e tem sempre muita diversão por aqui. Os agentes me tratam muito bem. Eles são todos formidáveis. Você iria gostar deles, mãe. Não precisa me visitar, estou no sétimo céu. E ponha aí o nome que sua mãe te deu, seja qual for.

Do seu,
Filho que te ama

O guarda Markus apanha todas as cartas para enviá-las mais tarde — depois, é claro, de vasculhá-las primeiro para verificar informações proibidas ou reclamações incendiárias. Os prisioneiros se opõem a esse absurdo, pois as visitas se tornaram muito importantes para eles — após terem passado relativamente poucos dias sem ver a família e os amigos. Este elo com o outro mundo precisa ser mantido como garantia de que este mundo no porão não é tudo o que existe.

Um novo conflito começa a tomar forma lentamente com relação a um problema com a tranca da Cela 1. O 5.704, o espertinho que desavergonhadamente havia filado um cigarro do padre naquele dia, fica abrindo a porta para mostrar que ele está livre para ir e vir a qualquer momento. Malandramente, o guarda Arnett apanha uma corda e a amarra nas barras e ao lado da parede para atá-la à Cela 2. Ele o faz metodicamente, como se fosse para receber uma medalha de honra de escoteiros por dar nós. Ele assobia o *Danúbio Azul* enquanto envolve a corda nas grades de uma cela e de volta à outra cela, para prevenir que ambas sejam abertas por dentro. Arnett assobia bem. John Landry aparece em nosso campo de visão, usando seu cassetete para girar a corda e retesá-la. Os dois guardas sorriem, satisfeitos com o trabalho bem-feito. Agora, ninguém poderá sair ou entrar de qualquer uma das duas celas até que os guardas descubram como consertar a fechadura defeituosa, provavelmente quebrada pelo 5.704.

— Você não terá nenhum cigarro, 5.704, enquanto a porta da cela estiver bloqueada. Você será enviado para a solitária quando sair daí.

Rich-1.037 grita ameaçadoramente da Cela 2:

— Eu estou armado!

Arnett o desafia:

— Você não está armado. Nós podemos abrir esta cela a qualquer momento.

Alguém grita:

— Ele tem uma agulha!

— Não é uma coisa boa de ele ter. Teremos de confiscá-la e puni-lo apropriadamente — Landry bate forte seu cassetete contra as portas de todas as celas para relembrá-los de quem está no comando. Arnett acrescenta a isso um estrondo nas grades da Cela 2, quase atingindo as mãos de um dos prisioneiros, que as puxa de volta bem a tempo. Em seguida, como na rebelião da manhã do dia 2, John Landry começa a pulverizar a Cela 2 com o extintor de incêndio, com sua descarga gelada de dióxido de carbono. Landry e Markus empurram seus cassetetes por entre as grades da cela para manter os internos afastados da porta bloqueada, mas um prisioneiro na Cela 2 arranca deles um dos cassetetes. Todos começam a zombar dos guardas. Está para irromper uma nova confusão agora que os prisioneiros têm uma arma.

Arnett mantém seu ar impassível, e, após um pouco de discussão, os guardas decidem pegar uma fechadura de um escritório vago e instalá-la na Cela 1. "Em última análise, homens, é uma rua de mão única, é só uma questão de quanto tempo isso leva", diz a eles pacientemente.

Ao final, os guardas novamente triunfam: forçam a entrada em ambas as celas e arrastam o grande garoto malvado 5.704 de volta para a solitária. Nesse momento, eles não se arriscam. Amarram seus pés e mãos, utilizando a corda retirada das portas das celas, antes de atirá-lo dentro do Buraco.

O levante suprime o privilégio do almoço para todos os prisioneiros. É algo péssimo para o 416, o novato. Ele tomou apenas uma xícara de café e um biscoito de café da manhã. Está faminto, e nada fez senão olhar com espanto ante os acontecimentos bizarros que se desenrolam à sua volta. Seria ótimo comer algo quente, pensa. Em vez do almoço, os prisioneiros são colocados em fila contra a parede. Paul-5.704 é arrastado para fora da solitária, mas permanece deitado no chão do pátio, amarrado e indefeso. Ele é exibido como exemplo contra futuros pensamentos de rebelião.

O guarda Markus ordena que todos cantem enquanto fazem polichinelos, ao som de *Row, Row, Row Your Boat*.

— Já que vocês estão com bastante fôlego, nós iremos cantar *Amazing Grace* — desafia Arnett. — Cantaremos apenas um verso, eu não vou provocar a credulidade de Deus. — Quando o restante dos prisioneiros assume a posição no chão para as flexões, 416 é obrigado a cantar em voz alta sua primeira exposição pública. — É isso aí. É bom você memorizar, 416, *Amazing Grace, How sweet the sound, that saved a wretch like me, I once was lost, but now I'm found, in the first hour since God, I'm free.**

Arnett resiste à correção de *in the first hour since God* oferecida do chão por Paul-5.705.

— É assim que você vai fazer. Esse verso pode não ser exato, mas é assim que você vai cantar. — Então, ele inexplicavelmente muda o último verso para *since the first hour I've seen God, I'm free.***

Arnett, que evidentemente sabe que é um bom assobiador, passa a assobiar *Amazing Grace* do começo ao fim, e assobia mais uma vez com afinação perfeita. Os prisioneiros o aplaudem em um gesto bonito e espontâneo de apreciação

---

* "Maravilhosa Graça Divina, quão doce é o som que salvou um miserável como eu, que já esteve perdido, mas agora me encontro, desde o primeiro instante com Deus, estou livre."

** "Desde o primeiro instante em que vi Deus, estou livre."

de seu talento. Enquanto os guardas Landry e Markus se afastam para descansar sobre a mesa, os prisioneiros cantam a música, mas estão obviamente desafinados e fora de sincronia. Arnett fica chateado.

— Por acaso nós arrancamos esse pessoal do gueto da Sexta Avenida em São Francisco, ou algo assim? Vamos ouvir mais uma vez. — O agitador 5.704 faz mais uma tentativa de corrigir a letra errada, e Arnett aproveita essa oportunidade para se fazer escutar, alto e claro. — Mas é claro que há uma discrepância aqui; vocês devem fazer a *versão da prisão de Amazing Grace*. Não importa se está errada, porque os guardas estão sempre certos. 416, levante-se, todos os outros em posição de flexão. 416, enquanto eles fazem flexões, você canta *Amazing Grace* da forma como a ditei.

Apenas poucas horas depois de ser aprisionado, o 416 é deslocado por Arnett para o palco central, isolado dos outros prisioneiros, e forçado a realizar uma tarefa estúpida. O vídeo captura esse momento, um dos mais tristes, quando o esquelético novo prisioneiro canta em uma voz fina a canção de libertação espiritual. Seus ombros caídos e o olhar para baixo tornam evidente este extremo desconforto, que piora quando é corrigido e obrigado a repetir a canção enquanto os outros são forçados a continuar as flexões para cima e para baixo, e... a ironia de ser obrigado a cantar uma canção de liberdade naquela atmosfera opressiva, onde a música fornece a cadência de flexões estúpidas, não passa despercebida a 416. Ele promete a si mesmo que não será derrubado por Arnett ou por qualquer um dos guardas.

Não está claro porque Arnett o obrigou a cantar dessa forma. Talvez seja apenas uma tática para jogá-lo mais depressa na panela de pressão. Ou, talvez, haja algo na aparência decadente e esquelética do 416 que o torna ofensivo a um guarda que tende a ser meticuloso e sempre bem-cuidado.

— Agora que vocês estão no clima para cantar, o 416 irá cantar *Row, Row, Row Your Boat*, enquanto todos ficam de costas com as pernas erguidas. Quero ouvir tão alto que o queridinho do 5.704, Richard Nixon, possa escutar também, esteja ele onde estiver. Pernas para cima! Para cima! Para cima! Vamos ouvir mais algumas vezes, enfatizando principalmente o último verso, *Life is but a dream.**

O prisioneiro Hubbie-7.258, ainda no clima de ironia, pergunta se eles podem cantar "A vida *na prisão* não passa de um sonho". Os prisioneiros estão

---

* "A vida não passa de um sonho."

literalmente gritando a canção neste momento, a garganta proferindo cada palavra. A vida aqui é cada vez mais estranha.

O retorno do câmera de TV

Em dado momento desta tarde, recebemos a visita do câmera de TV da estação local de São Francisco, KRON. Ele foi enviado para fazer uma breve continuação da filmagem de domingo, que despertara algum interesse na estação. Eu limitei sua liberdade para que filmasse por detrás de nossa janela de observação e conversasse apenas com o diretor e comigo sobre o progresso do estudo. Não quis que interferências externas incomodassem a dinâmica emergente entre os prisioneiros e os guardas. Não pude assistir à cobertura da TV que ele exibiu àquela noite, pois estávamos todos enredados em questões muito mais urgentes e que tomavam toda nossa atenção — e mais um pouco.[7]

ADEUS, TURNO DO DIA, BOA NOITE, TURNO DA NOITE

— É hora de se prepararem para os serviços dominicais. — Arnett diz aos prisioneiros, mesmo que ainda seja quarta-feira. — Quero que todos formem um círculo, e segurem as mãos, como numa cerimônia religiosa. Digam "Olá, 416, sou seu amigo, 5.704". Então cada um de vocês dê as boas-vindas ao novo companheiro.

Eles prosseguem com estas saudações ao redor do círculo, o que resulta em uma cerimônia bastante terna. Fico surpreso que Arnett tenha pensado em realizar esta sensível atividade comunitária. Mas, então, ele desmancha o que fez, obrigando-os a saltitarem em círculo enquanto cantam *Ring Around the Rosy*, com o 416 de pé, sozinho, no centro do círculo pesaroso.

Antes de concluído o seu turno, Arnett faz mais uma chamada, com John Landry ditando como ela será cantada. É a primeira chamada do 416, e ele balança a cabeça, descrente de como os outros cumprem cada ordem em assombrosa sincronia. Arnett continua o tratamento desumanizador até o último minuto de seu turno.

— Estou farto disso, voltem para suas *jaulas*. Limpem suas celas para que, quando os visitantes chegarem, não fiquem nauseados com o que virem. — Ele parte, assobiando *Amazing Grace*. Como aceno de partida, acrescenta. — Até mais, amigos. Até amanhã, meus fãs.

Landry faz um adendo.

— Eu quero que vocês agradeçam a seus agentes penitenciários pelo tempo que passaram com vocês hoje.

Eles respondem com um relutante "Obrigado, srs. agentes penitenciários". John Landry não engole este "obrigado de merda", e os faz gritarem mais alto, enquanto ele dá passadas largas pelo pátio ao lado de Markus e Arnett. Quando saem do palco, adentra o turno da noite, com a participação especial de "John Wayne" e sua impávida equipe.

O novo prisioneiro, o 416, contou-nos mais tarde sobre seu temor dos guardas:

Eu estava apavorado com cada novo turno de guardas. Logo no começo da noite, percebi a tolice que fizera em me prontificar para este estudo. Minha primeira prioridade foi sair assim que possível. É isso que você faria em uma prisão se houvesse a mais vaga possibilidade de isso acontecer. E essa era uma prisão real, dirigida por psicólogos e não pelo Estado. Fiz frente a este desafio iniciando uma greve de fome, recusando-me a comer o que quer que fosse, para ficar doente, e, então eles teriam de liberar o 416. Este é o plano a que me ative, independentemente das consequências.[8]

No jantar, embora já estivesse com muita fome, o 416 deu prosseguimento ao plano de se recusar a comer o que fosse.

— Ei, caras, hoje nós temos ótimas salsichas quentes para o jantar. — anunciou Hellmann.

O 416 declara (com eloquência):

— Para mim não, senhor. Recuso-me a comer qualquer comida que vocês me derem.

— Essa é uma violação das regras, pela qual será devidamente punido — diz Hellman.

— Não me importa, não comerei suas salsichas — retruca o 416.

Como punição, Hellmann coloca o 416 no Buraco, a primeira de suas muitas idas até lá, e Burdan insiste que ele segure uma salsicha em cada mão. Depois que os outros terminam de jantar, o 416 precisa se sentar e encarar sua comida, um prato com duas salsichas frias. Esse inesperado ato de rebeldia deixa furiosos os guardas do turno da noite, e Hellmann em particular, que havia pensado que naquela noite tudo estaria sob total controle, e que ela fluiria suavemente depois de resolvidos os problemas da noite anterior. Mas agora aquele "mala" estava armando confusão e poderia incitar os outros a se rebelarem, justo quando parecia que todos estavam dominados e submissos.

— Você não vai querer comer duas salsichas fedorentas? Você vai querer que eu pegue essas salsichas e as enfie no seu rabo? É isso que quer? Que eu pegue isso e enfie no seu rabo? — pergunta Hellmann.

O 416 permanece impávido, encarando sem expressão o prato de salsichas.

Hellmann percebe que é hora de colocar em operação a tática de dividir para dominar:

— Agora me escute, 416, se você não comer essas salsichas, isso será um ato de insubordinação e irá resultar no cancelamento das visitas aos prisioneiros hoje à noite. Ouviu?

— Sinto muito em saber disso. Minhas ações pessoais não deveriam ter consequências para os outros — 416 replica de um modo imperioso.

— Não são ações pessoais, mas reações de prisioneiros, e sou eu que decido quais serão as consequências! — grita Hellman.

Burdan traz Hubbie-7.258 para persuadir o 416 a comer suas salsichas.

— Apenas coma suas salsichas, está bem? — diz Burdan e acrescenta: — Diga a ele por quê. — E o 7.258 continua, alegando que os prisioneiros não receberão visitas se ele não comer as salsichas.

— Você não liga para isso? Só porque não fez amigos... Coma pelos prisioneiros, não pelos guardas, está bem? — Burdan dá esse soco no estômago do 416, esforçando-se para que este se apiede dos prisioneiros.

O prisioneiro Hubbie-7.258 continua a conversar com o 416, tentando gentilmente fazê-lo comer as salsichas, porque sua namorada, Mary Ann, logo virá visitá-lo, e ele odiaria ter esse privilégio negado por conta da porcaria de umas salsichas. Burdan continua a assumir mais da postura de Hellmann, em sua forma e conteúdo dominadores:

— 416, qual é o seu problema? Responda-me, *garoto*! Hein, qual o seu problema?

O 416 começa a explicar que ele está fazendo uma greve de fome para protestar contra tratamento abusivo e violações de contrato.

— E que diabo isso tem a ver com as salsichas? Diga, o quê? — Burdan está furioso, e bate seu cassetete na mesa com um baque surdo tão forte que ecoa pelas paredes do pátio em reverberações ameaçadoras.

— Responda minha pergunta, por que você não come suas salsichas?

Em uma voz quase inaudível, o 416 continua a fazer uma declaração aos modos do protesto não violento de Gandhi. Burdan nunca tinha ouvido falar de Mahatma Gandhi, e insiste em um motivo melhor.

— Você me fala da relação entre as duas coisas, e não consigo enxergá-la.

Então, o 416 rompe a ilusão, relembrando àqueles ao alcance de sua voz que os guardas estão violando o contrato que ele assinara para ser voluntário deste *experimento*. (Fico espantado como este lembrete é ignorado por todos. Os guardas estão totalmente absorvidos em sua prisão ilusória.)

— Eu não dou a mínima para o contrato! — vocifera Burdan. — Você está aqui porque merece, 416. É o motivo pelo qual está aqui; para começar, você descumpriu a lei. Isto aqui não é nenhuma escola maternal. Eu ainda não entendo por que você não come essas malditas salsichas. Você esperava que isto aqui fosse uma escola maternal, 416? Você esperava sair por aí descumprindo a lei e terminar em uma escola maternal? — Burdan, em sua arenga, diz que o 416 não será um garoto feliz quando seus colegas de cela tiverem de dormir no chão, sem uma cama esta noite. Contudo, bem no momento em que parece que Burdan irá bater em 416 com o cassetete, ele dá as costas, furioso. Estapeia a palma da própria mão com o cassetete e ordena ao 416. — Volte para o Buraco! — 416 agora sabe o caminho.

Burdan esmurra a porta do Buraco com os punhos, produzindo um som ensurdecedor que reverbera dentro do armário às escuras.

— Agora, cada um agradeça ao 416 por ele anular o horário de visitas, batendo na porta e dizendo "Obrigado".

Os prisioneiros, um a um, batem na porta do armário "com satisfação", exceto o 5.486, Jerry, que o faz sem vontade. Hubbie-7.258, por sua vez, está extremamente raivoso por essa inesperada virada do destino.

Para enfatizar a questão, Hellmann puxa o 416 para fora do Buraco, ainda agarrando as duas salsichas. Ele então coordena sozinho outra chamada torturante, não dando sequer oportunidade a Burdan de participar. O bom guarda Landry está fora de vista.

Eis a oportunidade de Hellmann romper qualquer possibilidade de solidariedade entre os presos e de neutralizar a emergência potencial do 416 como herói rebelde.

— Agora vocês todos vão sofrer porque este prisioneiro se recusa a fazer uma coisa simples como jantar, por nenhuma razão sensata. Seria diferente se ele fosse vegetariano. Digam na cara dele o que pensam dele.

Alguns dizem:

— Não seja tão besta — outros o acusam de ser infantil.

Não é o suficiente para "John Wayne":

— Digam que ele é um "maricas".

Alguns poucos obedecem, mas o Sargento se recusa. Por uma questão de princípios, o Sargento se nega a dizer essa obscenidade. Agora, com dois desafiando Hellmann ao mesmo tempo, Hellmann dirige sua fúria para o Sargento, atormentando-o sem piedade, chamando-o de "cuzão" e, pior, insistindo que chame o 416 de "sacana".

A severa chamada prossegue intensa por uma hora, interrompida apenas quando os visitantes estão do lado de fora. Eu vou para o pátio e deixo claro para os guardas que as horas de visita precisam ser honradas. Eles não ficam satisfeitos com essa intrusão em seu domínio de poder, mas aquiescem com relutância. Haverá sempre o momento após a visita para que continuem a dobrar a resistência do detento.

Apenas prisioneiros obedientes recebem visitantes

Dois dos prisioneiros mais obedientes, Hubbie-7.258 e o Sargento-2.093, que possuem amigos ou parentes na vizinhança, recebem permissão para que estes os visitem por um período breve à noite. O 7.258 está extremamente feliz quando sua bela namorada chega para vê-lo. Ela conta a ele novidades sobre seus outros amigos, e ele escuta com atenção, apoiando a cabeça nas mãos. Enquanto isso, Burdan está postado sobre eles, como de costume, batendo seu pequeno cassetete branco sobre a mesa. (Tivemos de devolver os cassetetes grandes e pretos que o departamento de polícia local havia nos emprestado.) Burdan está nitidamente tomado por sua beleza, e, frequentemente, interrompe a conversa com perguntas e comentários.

Hubbie diz a Mary Ann que é importante tentar se segurar, não é tão ruim se você simplesmente colabora.

— E você está colaborando? — pergunta a namorada.

— Sim, eles me fazem colaborar — responde o 7.258 rindo.

— Bem, eles fizeram uma pequena tentativa de fuga — diz Burdan se intrometendo.

— Ouvi falar — comenta a namorada.

— Não gostei nem um pouco do resto deste dia. Nós não temos nada; nem cama, nem nada — diz o 7.258. — Ele conta a ela sobre ter de retirar espinhos de cobertores sujos e sobre outras tarefas detestáveis. Mesmo assim, ele permanece contente e segura as mãos da namorada durante os 10 minutos da visita. Burdan a escolta para fora, e o prisioneiro retorna para sua solitária cela.

O outro preso premiado por uma visita foi o Sargento, que recebe a visita do pai. O Sargento se vangloria de sua total obediência às regras:

— São regras... eu tenho todas memorizadas. A regra mais básica é obedecer aos guardas.

— Eles podem te obrigar a fazer *qualquer coisa*? — pergunta o pai.

— Sim. Bem, quase qualquer coisa — diz o Sargento.

— E que direito eles têm de fazer isso? — Ele esfrega a testa em visível angústia pelo empenho do filho. Ele é o segundo visitante a ficar nitidamente chateado. Parece-se bastante com a mãe do detento Rich-1.037 que estava certa de ficar preocupada, dado o colapso dele no dia seguinte. Todavia, o Sargento parece ser feito de material mais sólido.

— Eles estão no comando da administração da prisão — ressalta o Sargento.

O pai pergunta sobre direitos civis, então, Burdan interrompe com grosseria:

— Ele não possui direitos civis.

— *Bem, acredito que eles têm, talvez...* — (Não se escuta com clareza o argumento dirigido pelo pai do Sargento a Burdan, que não está com medo daquele paisano.)

— As pessoas na prisão não têm direitos civis — retruca Burdan.

— Enfim, quanto tempo temos para conversar? — pergunta o pai, exasperado.

— Apenas dez minutos.

O pai negocia a quantidade de tempo restante. Burdan concede mais cinco minutos. O pai gostaria de mais privacidade. Isso não é permitido a visitantes na prisão, Burdan responde. O pai fica ainda mais chateado, mas, notavelmente, também segue os procedimentos e aceita essa infração dos direitos feita por um garoto que se passa por guarda!

O pai faz mais perguntas acerca das regras, o Sargento fala das chamadas, das tarefas "para exercitar-se", e do apagar das luzes.

— Você imaginava que seria assim? — pergunta o pai.

— Eu esperava que fosse pior — responde o Sargento.

Descrente, o pai exclama:

— Pior? Pior por quê?

Burdan se interpõe novamente. O pai está nitidamente irritado por aquela presença indesejada. O guarda conta a ele que eram inicialmente nove prisioneiros, mas que agora são apenas cinco. O pai pergunta por quê.

— Dois entraram em liberdade condicional, e dois estão na segurança máxima — responde o Sargento.[9]

— Segurança máxima, aonde? — pergunta o pai.

Ele não sabe dizer. O pai pergunta por que eles estão na segurança máxima.

— Tiveram problemas com a disciplina. Bastante *constitucionais* — responde o Sargento.

Burdan responde ao mesmo tempo:

— Porque eles eram maus.

— Você sente que está em uma prisão?

O Sargento (rindo, contornando uma resposta direta):

— Bem, eu nunca estive *antes* em uma prisão. — O pai passa a rir.

Ficam sozinhos depois que Burdan corre em resposta a um ruído alto fora dali.

Enquanto o guarda está fora, eles conversam sobre a possibilidade de o Sargento receber a liberdade condicional, que ele tem certeza de receber porque tem sido o prisioneiro mais obediente até então. Entretanto, ele ainda está com uma grande preocupação:

— Eu não sei quais são os critérios para poder sair em condicional.

— Acabou o tempo — anuncia Geoff Landry. Pai e filho ficam de pé, prestes a se abraçarem, mas decidem por um aperto de mãos firme e másculo e um "Até logo".

A homofobia mostra sua cara feia

Quando retorno de um rápido jantar no refeitório estudantil, vejo o encrenqueiro 5.704 de pé no centro do pátio, equilibrando uma cadeira sobre a cabeça. Uma cadeira sobre a cabeça! Hellmann está gritando com o Sargento, e Burdan faz o mesmo. O bom detento Jerry-5.486, que se manteve quase invisível, está parado passivamente contra a parede, enquanto o 7.258 faz flexões. Aparentemente, o 416 voltou para a solitária. Hellmann pergunta ao 5.704 por que ele está com uma cadeira sobre a cabeça — ele lhe mandara usar como um chapéu.

O prisioneiro responde docilmente que está simplesmente cumprindo ordens. Parece desalentado; todo o antigo brio se esvaiu do 5.704. Burdan lhe diz que pare de se portar como um estúpido e deixe a cadeira de lado. Depois, Burdan bate na porta do Buraco com seu cassetete:

— Está se divertindo aí, 416?

É a hora de Hellmann passar a diretor da peça de hoje à noite. Ele literalmente dá um "chega pra lá" em Burdan. (O bom guarda Geoff Landry não está à vista no pátio desde as visitas.)

— Já que você está com as mãos no ar, 7.258, porque você não imita o Frankenstein. 2.093, você pode ser a noiva do Frankenstein, você fica bem aqui.

— E você vem para cá — diz ao Sargento.

O Sargento pergunta se deve representar.

— É claro que deve representar. Você é a noiva do Frankenstein, e 7.258, você é o Frankenstein. Eu quero que caminhe até lá do jeito que faz o Frankenstein, e diga que você *ama o* 2.093.

Quando o 7.258 começa a caminhar em direção à noiva, Burdan o interrompe no meio do caminho.

— O Frankenstein não caminha desse jeito. Nós não falamos para você caminhar *do seu jeito*.

Hellmann agarra Hubbie-7.258 pelo braço de modo bem agressivo, puxa-o para trás, e o faz caminhar do jeito certo.

— Eu te amo, 2.093 — diz o 7.258.

— Chegue mais perto! Chegue mais perto! — Burdan grita.

O 7.258 está agora a poucos centímetros de distância do Sargento.

— Eu te amo, 2.093.

Hellmann empurra-os um para perto do outro, suas mãos nas costas dos dois até que seus corpos se toquem.

Mais uma vez, Hubbie-Frankenstein-7.258 diz:

— Eu te amo, 2.093.

Hellmann repreende o Sargento por sorrir.

— Eu falei que você podia sorrir? Isso não é engraçado. Abaixe aí e faça dez flexões!

Com os braços do prisioneiro 7.258 ainda esticados para a frente, de costas para a parede, seu guarda-pó se ergue, revelando parte de sua genitália. O Sargento é obrigado a dizer ao outro preso, Jerry-5.486, que ele o ama; ele obedece com relutância.

— Puxa, isso não é lindo? Isso não é lindo? — Burdan escarnece.

Hellmann agora fala na cara do 5.486.

— Você está sorrindo? Quem sabe você também o ame. Você iria até lá e diria isso a ele?

Jerry-5.486 não hesita, mas diz em voz baixa:

— 2.093, eu te amo.

Hellmann se dirige violentamente, de prisioneiro a prisioneiro, com seus ataques verbais.

— Abaixe os braços, 7.258. É por isso que você fede tanto.

— Agora, todos vocês, prisioneiros fedorentos, abaixem, vocês vão brincar de pular carniça.

Eles começam a brincar, mas passam a ter dificuldades porque seus tamancos ficam caindo dos pés e seus guarda-pós sobem pelo corpo, expondo as genitálias quando saltam sobre os corpos dobrados dos companheiros. Eles não conseguem fazer direito, e Burdan parece um pouco desconfortável com essa brincadeira. Talvez ache a ação muito sexual, ou muito gay para o seu gosto. Hellmann simplifica o jogo, fazendo com que apenas o 2.093 e o 5.704 brinquem juntos. Eles continuam a tentar pular carniça, enquanto Burdan emite pequenos escárnios.

O jogo homoerótico está exercendo um impacto perverso em Hellmann.

— É assim que os cachorros fazem, não é? Não é assim que os cachorros fazem? Ele está pronto, não está, bem atrás de você e em posição de cachorrinho? Por que você não faz como um cachorro?

Quando o alto detento Paul-5.704 trouxe reclamações de guardas atormentando os prisioneiros, aposto que o líder do Comitê Reclamatório da Prisão Municipal de Stanford jamais imaginou que os abusos ofensivos dos guardas desceriam a tal ponto. Ele está nitidamente chateado, e diz a "John Wayne" que o que estão pedindo para ele fazer é "um pouco obsceno".

Hellmann considera esse comentário um tapa na cara:

— Eu acho que sua cara também é um pouco obscena. Por que não continua pulando carniça e cala a boca?

Geoff Landry retorna à cena, postando-se bem atrás do 5.704 e observando tudo o que se passa. Ele está obviamente interessado na virada dos acontecimentos, mas mantém as mãos nos bolsos para conservar a neutralidade e fazer uma pose de indiferença. Além disso, ele não está usando os óculos escuros que lhe conferem anonimato, ainda que o diretor tenha falado para que os use.

— Sinto ter ofendido o virtuoso caráter do sensível prisioneiro — escarnece Hellmann.

Burdan consegue acabar com a brincadeira, que ele achou desagradável desde o começo:

— Estou cansado desse jogo, isso é ridículo. — Eles passam à brincadeira mais tradicional, as chamadas.

O SARGENTO REVELA UMA NOVA IDENTIDADE MORAL

Hellmann está enfadado. Ele anda de uma ponta à outra da fila dos exauridos detentos. Subitamente, dá meia-volta e desconta sua fúria no Sargento:

— Por que você é tão puxa-saco?

— Eu não sei, senhor.

— Por que você tenta tanto ser obediente?

O Sargento não está com medo e joga o seu jogo:

— É de minha natureza ser obediente, sr. agente penitenciário.

— Você é um mentiroso. Você é um mentiroso nojento.

— Se você está dizendo, sr. agente penitenciário.

Hellmann torna-se ainda mais obsceno, quem sabe incitado pela brincadeira sexual anterior:

— E se eu dissesse para você abaixar e *foder* o chão, você o faria?

— Eu diria que não saberia como fazê-lo, sr. agente penitenciário.

— E se eu dissesse para você vir aqui e acertar um soco em seu amigo 5.704 o mais forte que puder?

O Sargento se segura:

— Eu sinto muito, mas não poderia fazer isso, sr. agente penitenciário.

Hellmann zomba e se afasta, apenas para voltar-se e investir em uma nova vítima. Quando abre a porta do Buraco, Hellmann, como um vendedor de parque de diversões, grita:

— Vejam só, todo mundo, eu tenho algo que irá agradar a todos. Por que não vêm dar uma olhada neste homem? 416, não vá a lugar algum!

O 416 pisca os olhos ao sair da escuridão, entre os prisioneiros e guardas reunidos que o encaram. Ele está segurando uma salsicha em cada mão!

— Como está sendo segurar suas salsichas, 416? — pergunta Burdan.

— Ele nem ainda comeu nenhuma salsicha — comenta Hellmann, sua boa gramática se desmoronando à medida que fica mais emotivo. — E sabe o que isso significa para o resto de vocês?

Os presos respondem sabendo a resposta:

— Nada de cobertor esta noite.

— Isso mesmo, significa nada de cobertores esta noite para todos vocês! Venham aqui, um por vez, e tentem dizer alguma coisa ao 416 para fazê-lo comer essas salsichas. Vamos começar com você, 5.486.

O preso vai até a porta, fita os olhos do 416 e diz a ele gentilmente:

— Coma suas salsichas se quiser, 416.

— Esse é mesmo um jeito bem idiota de pedir para que uma pessoa faça algo, 5.486 — desaprova Burdan. — Acredito que não vá querer cobertor esta noite. O próximo, 7.258, diga a ele.

Em agudo contraste com o primeiro detento da fila, o 7.258 grita para o interno rebelde: Coma suas salsichas, ou eu vou te encher de porrada!

Hellmann fica contente com a expressão de inimizade entre detentos e sorri de orelha a orelha.

— Agora sim! 5.486, venha aqui e faça de novo. Diga a ele que ele vai enchê-lo de porrada se não comer essas salsichas.

Dessa vez, ele obedece docilmente.

— 2.093, venha cá e diga que vai enchê-lo de porrada.

O Sargento faz uma declaração tocante:

— Sinto muito, senhor. Não vou dirigir uma palavra profana a outro ser humano.

— Mas o que você desaprova?

— Eu desaprovo a palavra que usou.

Hellmann tenta fazer com que ele diga "porrada", mas seu truque não funciona.

— Qual palavra? "Encher"? Você não quer dizer "encher", é isso? Então que porcaria você está falando?

O Sargento tenta ser mais claro, mas Hellmann o interrompe:

— *Eu dei uma ordem!*

Hellmann está ficando frustrado pela recusa em cumprir suas ordens. Pela primeira vez, o aparente robô automático mostra que tem corpo e alma.

— Agora, venha já para cá e diga a ele o que eu mandei você dizer.

O Sargento continua a se desculpar, mas permanece firme:

— Sinto muito, sr. agente penitenciário. Não sou capaz de fazer isto.

— Bem, você não é capaz de dormir numa cama esta noite, é isso que quer dizer?

Permanecendo dentro de seus limites, o Sargento torna claros os seus valores:

— Eu preferiria ficar sem cama a dizer isso, sr. agente penitenciário.

Hellmann está soltando fogo pelas ventas. Ele se afasta alguns passos, e volta em direção ao Sargento como se fosse espancá-lo por insubordinação na frente de todo o público.

O bom guarda Geoff Landry, percebendo a explosão, oferece um meio-termo:

— Vá lá e diga que vai bater nele.

— Sim, sr. agente penitenciário — diz o Sargento. Ele vai em direção ao 416 e diz — Coma suas salsichas, ou vou te bater.

Landry pergunta:

— Você fala sério?

— Sim... não, sr. agente penitenciário. Sinto muito, eu não falo sério.

Burdan pergunta por que ele está mentindo.

— Eu fiz o que o agente penitenciário me disse para fazer, senhor.

Hellmann fala em defesa de seu colega oficial:

— Ele não disse para você mentir.

Burdan percebe que o Sargento está dominando a situação ao se ater à sua sólida base moral, e isso poderá influenciar os outros. Portanto, ele habilmente muda a situação e diz:

— Ninguém quer que você seja *baixo* por aqui, 2.093. Então por que não se *abaixa* e deita no chão?

Ele faz o Sargento deitar-se no chão com o rosto para baixo e os braços esticados.

— Agora comece a fazer flexões do jeito que está.

Hellmann dá sua contribuição:

— 5.704, por que não vai até lá e se senta nas costas dele?

Após mais instruções de Hellmann sobre como ele deveria fazer as flexões da maneira em que está, o Sargento é forte o suficiente para conseguir fazê-las.

— E não o ajude. Agora, faça uma flexão. Você também, 5.486, sente-se nas costas dele, virado para o outro lado. — Ele hesita. — Vamos lá, em cima das costas dele, agora! — Ele obedece.

Juntos, os guardas forçam o Sargento a fazer uma flexão com ambos os prisioneiros. O 5.486 e o 5.704 sentados sobre suas costas (eles o fazem sem hesitar). O Sargento luta com toda a força e orgulho para completar o ciclo de flexões.

Esforça-se para se elevar do chão, mas desaba sob o peso daquele fardo humano. A dupla maligna rompe em gargalhadas, zombando do Sargento. Apesar de não terem terminado de humilhá-lo, a resistência obstinada do 416 em comer suas salsichas surge como algo mais premente para os guardas. Hellmann entoa:

— Eu simplesmente não entendo essas salsichas, 416. Não entendo como pudemos fazer tantas chamadas e passar momentos tão divertidos, sermos tão gentis, e, esta noite, foder com tudo. Por que isso?

Enquanto Hellmann procura uma resposta simples, Burdan está falando em voz baixa com o 416 sobre as salsichas, tentando a tática da persuasão gentil:

— Qual é o gosto que elas têm? Hummmm; tenho certeza de que você iria gostar depois de provar.

Hellmann repete mais alto sua pergunta, no caso de ninguém tê-la escutado:

— Por que fazemos chamadas tão boas, e esta noite você tenta *foder com tudo*?

Enquanto Hellmann vai até as últimas consequências para conseguir respostas claras, o 7.258 responde:

— Eu não sei; creio que somos todos uns sacanas, sr. agente penitenciário.

O Sargento responde:

— Eu não saberia dizer, sr. agente penitenciário.

Hellmann aproveita a oportunidade para descontar no Sargento por sua subordinação vitoriosa:

— *Você* é um sacana?

— Se o senhor está dizendo, sr. agente penitenciário.

— Se eu estou dizendo? Eu quero que *você* o diga.

Inabalável, o Sargento responde:

— Sinto muito, senhor. Eu não concordo em usar essa linguagem, senhor. Não posso dizer isso.

Burdan se intromete:

— Você disse apenas que não poderia dizer isso para outros seres humanos, 2.093. Mas essa é uma outra questão. Você não pode dizer isso de si mesmo?

— Eu me considero um ser humano, senhor — reage.

— Você se considera *outro* ser humano? — pergunta Burdan.

— Eu declarei que não diria isso a outro ser humano — responde o Sargento.

— E isso inclui *você*? — pergunta Burdan.

O Sargento responde de um modo impassível, medido e cuidadosamente construído, como se estivesse em um debate estudantil, e, nessa situação, na qual ele já foi alvo de tal abuso, diz:

— A declaração não incluía a mim, inicialmente, senhor. Eu não pensaria em dizer isso a mim mesmo. A razão é porque eu seria... — Suspira, e, então, sua voz some em um murmúrio, ferido emocionalmente.

— Então isso faria de *você* um sacana, não é?

— Não, senhor — responde o Sargento.

— Você é, sim! — retruca Hellman.

— Sim, se o senhor está dizendo, sr. agente penitenciário.

— Você estaria dizendo coisas muito feias sobre sua mãe, é isso que você estaria fazendo, 2.093. — Intervém Burdan.

Burdan obviamente quer ver confusão, mas Hellmann quer jogar o jogo sozinho, e não aprecia a intrusão de seu auxiliar.

— Você seria o quê? Você seria o quê? Você seria um *sacana*? — pergunta Hellmann.

— Sim, sr. agente penitenciário — responde o Sargento.

— Quero ouvir isso da sua boca — diz Hellmann.

— Sinto, senhor. Não o direi — responde o Sargento.

— Porcaria, e por que você não o diria? — pergunta Hellmann.

— Porque não uso linguagem imprópria — responde o Sargento.

— Bem, e por que você aplica isso a você? O que você é? — pergunta Hellmann.

— Eu sou o que você quer que eu seja, sr. agente penitenciário. — responde o Sargento.

— Bem, já que você está dizendo, já que diz que você é um sacana — você quer saber algo — apenas provou o que estou dizendo. Que você é um sacana. É você que está dizendo. Então, por que não o diz? — pergunta Hellmann.

— Sinto, senhor. Não o direi.

Hellmann percebe que perdeu outra disputa, e passa para a tática de dividir para dominar, que já se provou bastante eficiente:

— Agora, garotos, vocês querem ter uma boa noite de sono, não querem?

— Sim, senhor! — respondem todos.

— Bem, acredito que teremos de aguardar um pouco, para que o 2.093 possa pensar em como ele é um sacana. Então, ele talvez diga para nós que ele concorda com isso.

(Começa uma luta de forças inesperada entre o guarda mais controlador e mais sedento por poder e o prisioneiro que foi até agora totalmente obediente, a ponto de ser ridiculamente chamado de "Sargento", desdenhado pela maioria dos guardas e prisioneiros por não ser considerado mais do que um robô militar. Ele está provando ter outra faceta, essa admirável: ele é um homem de princípios.)

— Acredito que você está agindo com perfeição ao me condenar, sr. agente penitenciário — diz o Sargento.

— Ah, eu sei disso — diz Hellmann.

— Mas não posso dizer a palavra, sr. agente penitenciário — continua o Sargento.

— Dizer o quê? — pergunta Hellmann.

— Eu não devo dizer, em sentido algum, a palavra "sacana" — continua o Sargento.

Tocam sinos, apitos, canhões, música de parada militar.

Burdan grita com alegria incontida.

— Ele disse.

— Bem, *louvado seja*! Sim, de fato! Ele disse, 5.704?

— Sim, ele disse, sr. agente penitenciário — diz o 5.704.

— Temos um vencedor — declara Hellmann.

— Esses garotos podem até ir para cama hoje, quem sabe? — continua Burdan.

Não satisfeito com a vitória parcial, Hellmann precisa demonstrar o poder arbitrário, e ordena:

— Apenas por ter praguejado, 2.093, deite no chão e faça dez flexões.

— Obrigado, sr. agente penitenciário — diz o Sargento e executa dez flexões com perfeição, a despeito de seu cansaço evidente.

Burdan, irritado por Sargento ainda fazer o exercício tão bem, ridiculariza:

— 2.093, onde você pensa que está? Em um campo de treinamento militar?

Nesse momento, o recuado Geoff Landry se junta aos guardas, depois de ter passado a última hora descansando em uma cadeira:

— Faça mais dez. — Para os espectadores, ele acrescenta: — O restante de vocês acha boas estas flexões?

Eles respondem:

— Sim, elas são — o grande Landry mostra uma estranha disposição para a autoridade, talvez para se assegurar de que ainda possui alguma aos olhos dos prisioneiros.

— Bem, vocês estão errados. 2.093, faça mais cinco.

O relato do confronto feito pelo Sargento é traçado de uma forma curiosamente impessoal:

Os guardas me obrigaram a chamar outro prisioneiro de "sacana", e a me xingar com o mesmo nome. A primeira coisa, eu jamais faria, a última, produziria um paradoxo lógico que negaria sua validade. Como sempre faz antes das "punições", ele começou a dar a entender por sua entonação que os outros seriam punidos por minhas ações. Com o fim de evitar essa punição sobre eles, e de evitar obedecer à ordem, eu produzi uma reação que resolveria ambas as coisas ao dizer: "Eu jamais usaria a palavra 'sacana' de modo significativo" — dando a ele e a mim uma saída ao impasse.[10]

O Sargento está emergindo como um homem de princípios considerável, não o bajulador cegamente obediente que parecia inicialmente. Mais tarde, ele nos conta algo interessante sobre a disposição mental que adotou como prisioneiro neste ambiente:

Quando entrei na prisão, obriguei-me a ser eu mesmo, o mais próximo do que eu conheço de mim. Minha filosofia na prisão não era causar ou contribuir para a deterioração de meu caráter ou o dos prisioneiros, e procurava evitar causar punições a alguém em decorrência de minhas ações.

O PODER DO SIMBOLISMO DA SALSICHA

Por que aquelas duas salsichas imundas e enrugadas se tornaram tão importantes? Para o 416, as salsichas significam desafiar um sistema cruel fazendo algo que ele podia controlar, que não pudessem obrigá-lo a fazer. Ao fazer isso, ele frustra o domínio dos guardas. Para os guardas, a recusa do 416 em comer as salsichas representa uma enorme violação da regra que obriga os detentos a comerem nas horas da refeição, e apenas nessas horas. Essa regra foi instituída para que os prisioneiros não ficassem pedindo ou recebendo comida em nenhum outro momento além das três refeições agendadas. Entretanto, essa regra foi agora estendida para encobrir o poder dos guardas de forçar os prisioneiros a comer a comida sempre que ela for servida. A recusa em comer se tornou um ato de desobediência que eles não podem tolerar, pois tal recusa poderia disparar mais afrontas à autoridade dos guardas da parte dos outros presos, que, até então, trocaram a rebelião pela docilidade.

Para os outros prisioneiros, a recusa do 416 em dar-se por vencido deveria ter sido vista como um gesto heroico. Ele poderia ter animado aqueles a seu redor a tomar uma postura coletiva contra o contínuo agravamento do tratamento abusivo pelos guardas. O problema estratégico é que o 416 não compartilhou seu plano com os outros para fazê-los ficar do seu lado, ao compreender a importância de sua dissidência. A decisão de levar adiante uma greve de fome era particular, e ele não conseguiu agregar os seus pares. Percebendo a tênue posição social do 416 na cadeia, como o cara novo que não sofrera tanto quanto os outros, os guardas intuitivamente começam a enquadrá-lo como "encrenqueiro", cuja obstinação só resultará em punição e perda de privilégios para todos. Eles também caracterizam sua greve de fome como um ato egoísta, porque ele não se importava em tirar os privilégios de visita dos prisioneiros. Entretanto, os prisioneiros deveriam ver que são os guardas que estabelecem essa ilógica arbitrariedade entre ele comer as salsichas e eles receberem visitantes.

Tendo descartado a oposição do Sargento, Hellmann se volta para seu magrelo inimigo, o preso 416. Ele ordena que saia da solitária para fazer 15 flexões:

— Só para mim, e bem rápido.

O 416 deita no chão e começa a fazer as flexões. Contudo, ele está tão fraco e tão desorientado que aquilo mal pode ser considerado uma flexão. Ele está, pode-se dizer, apenas levantando o traseiro.

Hellmann não acredita no que vê.

— O que ele está fazendo? — grita com uma voz de incredulidade.

— Arrastando a bunda por aí — responde Burdan.

Landry, despertando de seu estado sonolento, acrescenta:

— Nós ordenamos que faça flexões.

Hellmann está gritando:

— Isso é uma flexão, 5.486?

— Imagino que sim, sr. agente penitenciário — responde o preso.

— De jeito algum. Isso não é uma flexão.

Jerry-5.486 concorda:

— Se você está dizendo, isso não é uma flexão, sr. agente penitenciário.

Burdan entra na conversa:

— Ele está rebolando, não está, 2.093?

O Sargento aquiesce, obediente:

— Se o senhor está dizendo, agente penitenciário.

— O que ele está fazendo? — pergunta Burdan.

— Ele está rebolando — afirma o 5.486.

Hellmann faz com que Paul-5.704 mostre como se faz uma boa flexão, para instruir 416.

— Está vendo, 416? Ele não está erguendo a bunda. Ele não está fodendo um buraco no chão. Agora faça direito!

O 416 tenta imitar o 5.704, mas não consegue fazê-lo pelo simples fato de não ter força o suficiente. Burdan acrescenta uma observação cruel:

— Você não consegue manter o corpo reto enquanto está se exercitando, 416? Você parece estar em uma montanha-russa, ou coisa parecida.

Hellmann raramente faz uso da agressão física. Em vez disso, prefere dominar verbal e sarcasticamente, e por meio de inventivos jogos de sadismo. Ele está sempre ciente da liberdade exata permitida pelos limites de seu papel como guarda — ele tem direito de improvisar, mas, jamais, de perder o controle de si. Ele se posta ao lado do 416, que está deitado no chão na posição do exercício, e ordena que faça flexões lentas. Então, Hellmann põe o pé sobre as costas do 416 enquanto este está subindo, e, em um contragolpe, empurra-o para baixo com força. Todos os outros parecem surpresos com o abuso físico. Após um par de flexões, o guarda truculento tira o pé das costas do detento, e ordena que volte para o Buraco, batendo a porta com um baque forte, trancando-a em seguida.

Quando assisto a essa cena, recordo-me dos desenhos feitos pelos prisioneiros em Auschwitz dos guardas nazistas fazendo a mesma coisa, pisando nas costas dos presos enquanto fazem flexões.

"Um babaca submisso e hipócrita"

Burdan berra para 416 através da porta de seu cárcere:

— Se você não comer, não terá muita energia, 416.

Suspeito que Burdan esteja começando a sentir pesar pelo sofrimento do garotinho franzino.

Chega o momento de superioridade do guarda Hellmann. Ele profere seu pequeno sermão:

— Espero que vocês estejam aprendendo com o exemplo. Não há razão para desobedecerem às ordens. Eu não ordenei a vocês nada que não pudessem obedecer. Não há motivos para ofender quem quer que seja. Vocês não estão aqui por serem cidadãos íntegros, sabem. Toda esta bobagem hipócrita me dá enjoo. E vocês podem parar com isso agora mesmo.

Pede então ao Sargento uma avaliação de seu pequeno discurso, e este responde:

— Penso que fez um belo discurso, sr. agente penitenciário.

Aproximando-se de seu rosto, Hellmann volta a atacar o Sargento:

— Você pensa que é um babaca submisso e hipócrita?

O Sargento responde:

— Se desejar pensar deste modo.

— Bem, pense nisso. Você é um babaca submisso e hipócrita.

Estamos de volta à enfadonha diversão, com o Sargento respondendo:

— Eu serei se desejar que eu o seja, sr. agente penitenciário.

— Eu não quero que você o seja, você simplesmente é.

— Como quiser, sr. agente penitenciário.

Hellmann vai de uma ponta à outra da fila à procura de aprovação, e cada prisioneiro concorda com ele.

— Ele é um babaca submisso e hipócrita.

— Um babaca submisso e hipócrita, sr. agente penitenciário.

— Sim, um babaca submisso e hipócrita.

Encantado que ao menos o seu mundinho veja as coisas a seu modo, Hellmann diz ao Sargento:

— Sinto muito, são quatro contra um. Você perdeu.

O Sargento responde que o que importa é o que ele pensa de si mesmo.

— Bem, se você pensar de outro modo, eu penso que você está com grandes problemas. Porque não está em contato com o que é real, com a realidade. Você vive uma vida que não passa de uma *mentira*, é isso que está fazendo. Estou farto de você, 2.093.

— Sinto muito, sr. agente penitenciário.

— Você é um sacana tão submisso e hipócrita que me dá vontade de vomitar.

— Sinto fazê-lo sentir-se dessa maneira, sr. agente penitenciário.

Burdan faz o Sargento se recurvar em uma posição em que toca os dedos dos pés, para que ele não precise mais olhar para a sua cara.

"Diga 'Obrigado, 416!'"

A última coisa que Hellmann precisa obter nessa batalha contra os beligerantes é pôr abaixo qualquer simpatia que possa estar se desenvolvendo entre os prisioneiros pela infeliz situação do 416.

— É uma pena que precisemos sofrer porque algumas pessoas simplesmente não funcionam bem da cabeça. Vocês têm um bom amigo aqui [enquanto esmurra a porta do Buraco]. Ele vai fazer com que vocês não tenham cobertores esta noite.

Hellmann alinha seu empenho com o dos prisioneiros, contra o inimigo *comum*, o número 416, que está prestes a prejudicar a todos por sua tola greve de fome.

Burdan e Hellmann enfileiram os quatro prisioneiros e os encorajam a dizer "Obrigado" a seu companheiro 416, que está sentado no escuro e apinhado Buraco. Todos o fazem, cada um de uma vez.

— Por que todos vocês não agradecem ao 416 por isso?

Todos repetem:

— Obrigado, 416.

Mas nem isso é suficiente para a dupla diabólica. Hellmann ordena:

— Agora vão até lá, próximo à porta. Quero que vocês o agradeçam com *os punhos* na porta.

Um por um, eles obedecem, esmurrando a porta enquanto repetem:

— Obrigado, 416!

Quando o fazem, um som alto e ressonante reverbera no Buraco, para a desgraça do miserável 416, sozinho ali dentro.

— Isso mesmo, com vontade — instiga Burdan.

(É difícil saber em que medida os outros prisioneiros estão com raiva do 416 por ter causado esse revés desnecessário, ou apenas cumprindo ordens, ou descontando indiretamente algumas de suas frustrações e fúria contra o abuso dos guardas.)

Hellmann mostra a eles como esmurrar a porta com bastante força, várias vezes por precaução. O Sargento é o último, e obedece com docilidade. Quando termina, Burdan agarra o Sargento pelos ombros e o atira contra a parede dos fundos. Então, obriga os detentos a voltarem para suas celas e diz ao seu chefe, Hellmann:

— Eles estão prontos para o apagar das luzes, chefe.

A SUJA BARGANHA DO COBERTOR

Lembrem-se do clássico filme sobre a prisão sulista, *Rebeldia indomável*, da qual tomei emprestada a ideia de que os guardas e os outros funcionários devem usar óculos de sol espelhados para criar uma sensação de anonimato. Naquela noite, o guarda Hellmann improvisaria um roteiro que rivalizaria com o melhor que o roteirista poderia ter criado ao moldar a natureza da autoridade prisional. Ele arma uma cena criativamente cruel, que demonstra que seu poder é capaz de criar uma realidade arbitrária, ao dar aos reclusos a ilusão de que podiam escolher punir um dos companheiros.

Luzes apagadas, prisioneiros em suas celas, 416 na solitária. Um silêncio estranho paira sobre o pátio. Hellmann sobe e resvala na mesa que está entre o Buraco e nosso ponto de observação, atrás do qual estamos registrando esses acontecimentos, permitindo que vejamos mais de perto o teatro que se descortina. Quando o chefe do turno da noite se encosta contra a parede, pernas cruzadas como um Buda em posição de lótus, um braço pendurado sobre suas pernas, o outro pousado sobre a mesa, Hellmann se torna o retrato do poder em repouso. Ele move a cabeça devagar de um lado a outro. Reparamos em suas costeletas compridas, as suíças, que descem até a bochecha. Ele umedece os lábios grossos enquanto escolhe suas palavras com cuidado, e as articula em uma acentuada fala sulista arrastada.

O chefão surge com um plano maquiavélico. Apresenta as condições para a soltura do 416 da solitária. Não depende dele decidir manter o agitador no Buraco durante toda a noite; em vez disso, convida a todos, os companheiros detentos, a tomarem essa decisão: deveria o 416 ser libertado agora, ou deveria apodrecer no Buraco a noite toda?

Nesse momento, o gentil guarda Geoff Landry irrompe no pátio. Com 1,90 metro de altura e 82 quilos, ele é o mais alto dentre guardas e prisioneiros. Como de costume, segura um cigarro em uma das mãos, a outra no bolso, óculos escuros notadamente ausentes. Caminha para o centro da ação, para, olha com angústia, franze o cenho, parece prestes a intervir, e nada faz além de observar passivamente "John Wayne" continuar com o seu show.

— Bem, há muitas maneiras de fazer isso, dependendo do que *vocês* querem fazer. Agora, se o 416 não quer comer suas salsichas, então vocês poderão me dar os cobertores e dormir diretamente sobre o colchão. Ou poderão ficar com os cobertores e o 416 ficará lá dentro por mais um dia. O que vai ser?

— Vou ficar com meu cobertor, sr. agente penitenciário — o 7.258 grita imediatamente. (Hubbie não quer saber do 416.)

— E o que vai ser aí?

— Fico com meu cobertor — diz Paul-5.704, nosso antigo líder rebelde.

— E o 5.486?

Recusando-se a ceder ante essa pressão social, o 5.486 mostra simpatia pelo triste 416, oferecendo-lhe seu cobertor para que o 416 não precise ficar na solitária por mais um dia.

Burdan grita:

— Nós não queremos seu cobertor!

— Bem, garotos, vocês precisam tomar uma decisão.

Burdan, que vem assumindo a postura de arrogante pequeno representante da autoridade, põe as mãos nos quadris, girando seu cassetete tanto quanto possível, caminha de um canto a outro voltado para cada uma das celas. Vira-se para o Sargento em sua cela e pergunta:

— E o que você acha disso?

Surpreendentemente, o Sargento desce de sua estatura moral, parecendo agora limitada apenas a não proferir obscenidades, e declara:

— Se os outros dois desejam ficar com seus cobertores, eu fico com meu cobertor. — Esse parece ser o voto decisivo.

— Temos três contra um — exclama Burdan.

Hellmann repete a mensagem alto e claro, para que todos a ouçam.

— Temos três contra um. — Depois de deslizar para fora da mesa, o chefe grita para o Buraco: — 416, você ficará aí por um tempo, portanto, se acostume![11]

Hellmann pavoneia para fora do pátio, seguido obedientemente por Burdan e Landry na retaguarda relutante. Uma vitória aparente foi conquistada na interminável luta do poder do guarda contra a resistência organizada do prisioneiro. Chegava a noite de um árduo dia para aqueles guardas, mas agora eles poderiam desfrutar o doce sabor da vitória nessa batalha de vontades e astúcias.

CAPÍTULO 7

O poder da liberdade condicional

Teoricamente falando, nossa Prisão de Stanford estava mais para uma cadeia municipal, repleta de adolescentes em prisão preventiva e aguardando o julgamento, após as detenções em massa da manhã de domingo pela Polícia Civil de Palo Alto. Obviamente, nenhuma data de julgamento fora marcada para estes falsos delinquentes, e nenhum deles tinha um advogado. Todavia, seguindo o conselho do padre McDermott, nosso capelão, a mãe de um dos detentos vai procurar um advogado de defesa para seu filho. Após uma reunião com toda a equipe, o diretor Jaffe e os "orientadores psicológicos" — os assistentes graduados Craig Haney e Curt Banks —, decidimos incluir uma audiência com a Comissão de Liberdade Condicional, mesmo sabendo que ela não seria realizada neste estágio inicial do processo da justiça criminal.

Isso nos daria uma oportunidade de observar cada prisioneiro lidando com a inesperada oportunidade de ser libertado da prisão. Até agora, eles apareceram apenas como atores isolados dentre um conjunto de personagens. Ao realizar a audiência em uma sala fora do ambiente prisional, os detentos teriam uma trégua do confinamento estreito e opressivo no porão. Poderiam se sentir mais livres para expressar suas atitudes e sentimentos nesse novo ambiente, no qual estaria presente uma equipe não ligada diretamente à equipe da prisão.

O procedimento também adicionou certa formalidade ao nosso experimento. A audiência da Comissão de Condicional, assim como as noites de visita, a visita do capelão e uma visita antecipada de um defensor público, contribuíram para conferir-lhe credibilidade. Por fim, eu tinha o intuito de observar como o nosso consultor prisional, Carlo Prescott, atuaria no papel de líder da Comissão de Condicional da Prisão Municipal de Stanford. Como disse, Carlo fracassou em muitas audiências com o Conselho nos últimos 17 anos, e apenas recentemente tinha conquistado sua condicional por "bom comportamento" em suas condenações por roubo à mão armada. Seria ele misericordioso, e um aliado das solicitações dos prisioneiros, como alguém que esteve no lugar deles implorando por uma condicional?

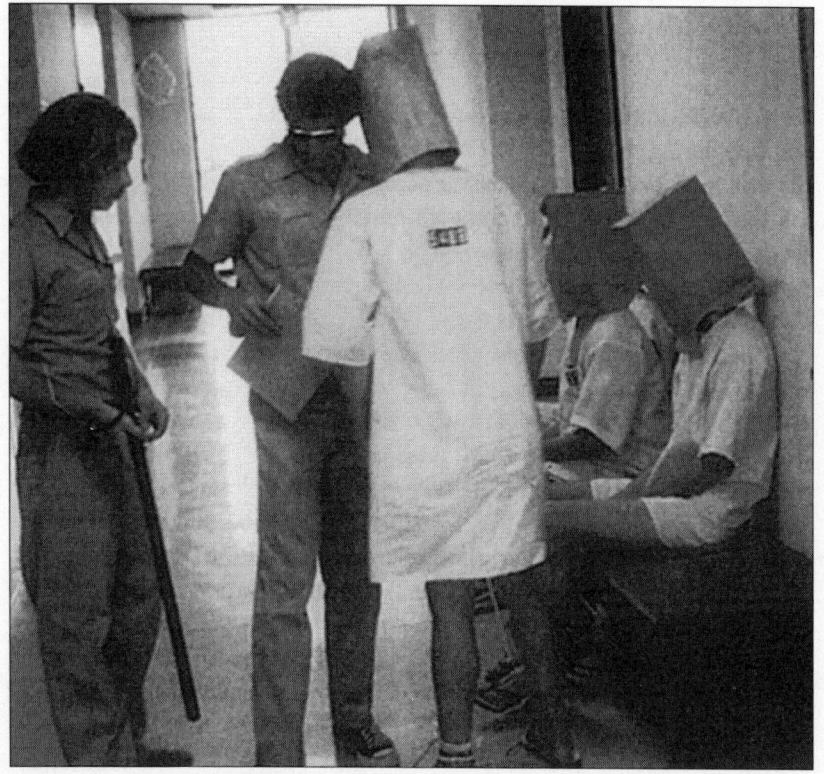

Prisioneiros do EPS encapuzados e acorrentados, aguardando
audiência do Conselho de Liberdade Condicional

A audiência foi realizada no primeiro piso do Departamento de Psicologia de Stanford, em meu laboratório, uma espaçosa sala acarpetada munida de condições para gravação oculta e observação, através de um vidro espelhado especialmente construído. Os quatro membros do Conselho sentaram-se ao redor de uma mesa de seis lados. Carlo sentou-se no lugar principal, ao lado de Craig Haney, e, do seu outro lado, encontravam-se um estudante da graduação e uma secretária, ambos com pouco conhecimento sobre nosso estudo, e que, de boa vontade, nos ofereceriam sua ajuda. Curt Banks cumpria a função de oficial de justiça do tribunal, e faria a transferência de cada requerente do comando dos guardas para o comando da audiência da condicional. Eu filmaria o processo da sala adjacente.

Dos oito prisioneiros remanescentes na manhã de quarta-feira, depois da soltura do 8.612, quatro foram considerados pela equipe candidatos potencialmente qualificadas para o livramento, segundo o critério do bom comportamento. Foi dada a eles a oportunidade de solicitar uma audiência sobre seu caso, e eles escreveram solicitações formais explicando por que pensam que mereceriam a condicional. Os outros teriam uma audiência em outro dia. Contudo, os guardas insistiram que não fosse concedida tal oportunidade ao prisioneiro 416, devido a sua violação persistente da regra 2: "Os prisioneiros devem comer no horário das refeições, e somente no horário das refeições."

UMA CHANCE DE RECUPERAR A LIBERDADE

O turno do dia faz uma fila no pátio com o grupo de quatro detentos, da forma como se costuma fazer para levá-los ao banheiro, durante a noite. A corrente na perna de cada um é atada à do prisioneiro seguinte, e grandes sacos de papel são colocados sobre suas cabeças para que não saibam como chegaram do pátio da cadeia ao espaço da condicional, ou em que lugar do edifício ela se encontra. Ficam sentados em um banco no corredor do lado de fora da sala de audiência. A corrente em suas pernas é removida, mas continuam algemados e com as cabeças cobertas, até que Curt Banks saia da sala para chamá-los, um a um, pelo número.

Curt, o oficial de justiça, lê o pedido de condicional escrito pelo prisioneiro, seguido da declaração de algum dos guardas negando o pedido. Ele escolta cada detento para o assento à direita de Carlo, que assume o procedimento dali por diante. Por ordem de aparição, são entrevistados os prisioneiros Jim-4.325, Glenn-3.401, Rich-1.037 e, finalmente, Hubbie-7.258. Depois de cada encontro com o Conselho, o preso é levado para o balcão do corredor, algemado, acorrentado e encapuzado com o saco de papel, até que a sessão seja concluída e todos os prisioneiros possam voltar para a prisão, no porão.

Antes da vinda dos prisioneiros, enquanto verifico a qualidade da filmadora, o experiente Carlo começa a educar os neófitos do Conselho sobre algumas realidades básicas daquela instituição. (Para o seu solilóquio, ver as Notas.)[1] Curt Banks, percebendo que Carlo está se preparando para um de seus longos discursos tão frequentemente escutados durante o curso de verão, diz autoritariamente: "Temos de prosseguir, o tempo está passando."

O prisioneiro 4.325 alega inocência

O prisioneiro Jim-4.325 é escoltado para a câmara: suas algemas são removidas, e pedem-lhe que se sente. É um sujeito alto e robusto. Carlo o desafia logo na entrada:

— Você está na cadeia? O que você alega?

O preso responde com a seriedade devida:

— Senhor, fui acusado de assalto com uso de arma letal. Mas desejo alegar que sou inocente da acusação.[2]

— Inocência? — Carlo finge uma surpresa completa. — Então, você está querendo dizer que os policiais que o detiveram não sabiam o que estavam fazendo, que houve algum engano, alguma confusão? Que as pessoas treinadas como defensoras da lei, e que, presumidamente, possuem anos de experiência, estão propensas a apanhar justamente *você* dentre toda a população de Palo Alto, e que elas não sabem do que estão falando, que estão com a mente confusa sobre o que fizeram? Em outras palavras, são mentirosas. Você está dizendo que são mentirosas?

— Não estou dizendo que sejam mentirosas, deve haver provas muito boas e tudo o mais. Eu, sem dúvida, respeito o conhecimento profissional delas, e tudo o mais... Eu não vi nenhuma prova, mas acredito que seja muito boa para que tenham me apanhado — responde o 4.325. (O prisioneiro está se entregando à grande autoridade; sua assertividade inicial esmorece perante o despertar da conduta dominadora de Carlo.)

— Nesse caso, você confirma que deve haver algo válido no que dizem? — pergunta Carlo Prescott.

— Sim, obviamente deverá haver algo válido no que dizem para terem me prendido — responde o 4.325.

Prescott começa com perguntas para explorar o passado do prisioneiro e seus planos futuros, mas está ansioso para saber mais acerca do crime:

— Que tipo de associações, que tipo de coisas você faz em seu tempo livre que o colocaram nesta situação? É uma acusação séria... você poderia matar alguém quando assaltou. O que você fez? Você atirou neles, esfaqueou-os, ou...?

— Não estou certo, senhor. O policial Williams disse...

— O que *você* fez? Você atirou, esfaqueou ou explodiu as vítimas? Você usou um daqueles fuzis? — pergunta Prescott.

Craig Haney e outros membros do Conselho tentam aliviar a tensão perguntando ao prisioneiro sobre como está lidando com a vida da prisão.

— Bem, sou um tanto introvertido por natureza... e acho que nestes primeiros dias em que pensei sobre isso, imaginei que a melhor coisa a fazer era me comportar... — responde o 4.325.

Prescott assume novamente.

— Responda sua pergunta, não queremos esse monte de baboseira intelectual. Ele fez uma pergunta direta, agora responda à pergunta!

Craig interrompe com uma questão sobre os aspectos de reabilitação prisional, ao qual o prisioneiro responde:

— Bem, sim, deve-se dar algum mérito a isso. Eu certamente aprendi a ser obediente, e, em momentos de tensão, fui um tanto amargo, mas os agentes penitenciários estão fazendo o trabalho deles.

— Este Conselho de Condicional não poderá proteger você lá fora. Você diz que lhe ensinaram uma dose de obediência, lhe ensinaram a cooperar, mas você não terá ninguém olhando por você lá fora, você estará por conta própria. Que tipo de cidadão você poderá se tornar, com esses tipos de acusações contra você? Estou olhando suas acusações aqui. É uma lista e tanto! — Com total segurança e domínio, Carlo fita um bloco de notas inteiramente em branco como se fosse a "folha corrida" cheia de condenações, e aponta a recorrência de prisões e solturas. E continua. — Você sabe, você diz que poderá ficar solto, como resultado da disciplina aprendida aqui. Não poderemos amparar você lá fora... o que o faz pensar que poderá ser solto *agora*?

— Agora tenho uma expectativa na vida. Eu vou para a Universidade da Califórnia, para Berkeley, e vou fazer a graduação. Quero tentar entrar em Física, espero ansiosamente por essa experiência — responde o 4325.

Prescott o interrompe e passa a interrogá-lo sobre suas crenças religiosas; em seguida, sobre se aproveitou os programas da prisão, a terapia em grupo e a terapia vocacional. O prisioneiro parece realmente confuso, dizendo que o faria, mas que ninguém lhe oferecera tal oportunidade. Carlo pede a Curt Banks que verifique a verdade dessa asserção, da qual, afirma, ele pessoalmente duvida. (Logicamente, ele sabe que não temos tais programas neste experimento, mas é o que os membros do seu Conselho de Condicional sempre lhe perguntaram no passado.)

Depois de mais algumas poucas perguntas dos membros do Conselho, Prescott pede ao agente penitenciário que leve o interno de volta à sua cela. O prisioneiro se levanta e agradece ao conselho. Em seguida, estende automaticamente os braços, as palmas para dentro, para que o guarda ali presente possa algemá-lo. Jim-4.325 é escoltado para fora, reencapuzado, e aguarda sentado em silêncio no corredor, enquanto o próximo prisioneiro passa pelo Conselho.

Depois da saída do 4.325, Prescott diz, para constar:

— Bem, este sujeito tem uma conversa mole terrível.

Meus apontamentos relembram-me que "O prisioneiro 4.325 parece bem composto e, em geral, possui domínio de si mesmo — ele tem sido nosso 'prisioneiro modelo' até agora. Parece ter ficado confuso com o interrogatório agressivo de Prescott sobre o crime pelo qual fora detido, e foi facilmente levado a admitir que é provavelmente culpado, a despeito do fato de ser um crime completamente fictício. Ao longo de toda a audiência, ele foi obediente e cordato, conduta esta que contribui para seu relativo sucesso e provável longevidade como um sobrevivente neste ambiente prisional".

Um exemplo brilhante é ofuscado

Em seguida, Curt anuncia que o prisioneiro 3.401 está pronto para a audiência, e lê em voz alta seu pedido:

Eu quero a liberdade condicional para que possa, com minha nova vida neste mundo desesperador, mostrar às almas perdidas que o bom comportamento é recompensado por bons corações; que os porcos materialistas não têm mais do que os homens pobres; que o criminoso comum pode ser totalmente reabilitado em menos de uma semana, e que Deus, a fé e a fraternidade ainda são fortes em todos nós. Eu mereço a condicional porque acredito que minha conduta ao longo de toda a minha permanência tem estado indubitavelmente acima de qualquer acusação. Eu desfrutei dos confortos e acredito que seria melhor passar para lugares mais altos e sagrados. Ademais, sendo um produto querido de nosso ambiente, podemos todos estar certos de que minha completa reabilitação é permanente. Que Deus os abençoe. Atenciosamente, 3.401. Lembrem-se de mim, por favor, como um exemplo brilhante.

As contrarrecomendações dos guardas apresentam um completo contraste:

O prisioneiro 3.401 tem sido um encrenqueiro barato. Não apenas isso, ele é um seguidor, não encontrando nada de bom dentro de si para desenvolver. Ele imita docilmente os maus comportamentos. Não recomendo a condicional. Assinado pelo guarda Arnett.

Não vejo por que 3.401 deva merecer a condicional, e tampouco faço a ligação entre o 3.401 que conheço e a pessoa descrita em seu pedido de condicional. Assinado pelo guarda Markus.

O 3.401 não merece a condicional, e o sarcasmo de seu próprio pedido já indica isso. Assinado pelo guarda John Landry.

O prisioneiro é, em seguida, trazido com o saco de papel ainda sobre a cabeça. Carlo pede para retirarem o saco, para que assim possa enxergar a cara desse "marginalzinho". Ele e outros membros do conselho reagem com surpresa quando descobrem que o 3.401, Glenn, é nipo-americano, o único não caucasiano do grupo. Glenn está jogando contra esse estereótipo, com seu estilo rebelde e panfletário. Encaixa-se, contudo, no estereótipo físico: 1,57 metro de altura, magro porém resistente, rosto delicado e cabelos pretos lisos e brilhantes.

Craig começa inquirindo sobre o papel do prisioneiro no levante que começou quando bloquearam a entrada de sua cela.

— O que fez para impedir?

O 3.401 responde com surpreendente aspereza:

— Eu não impedi, eu encorajei!

Depois das perguntas que se seguiram sobre essa situação feitas pelos membros do conselho, o 3.401 continua com seu sarcasmo, tão distinto da aparente humildade do 4.325: Eu penso que o propósito de nossa instituição é reabilitar os prisioneiros, e não se opor a eles, e eu senti isso como resultado de nossas ações...

O diretor Jaffe, sentado do outro lado da sala, e não na mesa da condicional, não resiste em pegar no seu pé:

— Talvez você não conheça a noção correta de reabilitação. Nós estamos tentando ensiná-lo a ser um bom membro da sociedade, e não a fazer uma barricada dentro de sua cela!

Prescott está farto dessas digressões. Ele reafirma seu lugar de chefe do conselho:

— Pelo menos dois cidadãos disseram tê-lo visto saindo do local do crime. — (Ele inventou isso de uma hora para outra.) — Desafiar a visão de três pessoas é dizer que toda a humanidade é cega! Agora, você escreveu que "Deus, a fé e a fraternidade ainda são fortes"? E por acaso fraternidade é você se apoderar da propriedade de outra pessoa?

Em seguida, Carlo coloca na mesa a evidente questão racial.

— Pouquíssimos orientais estão em prisões... na verdade, eles costumam ser bons cidadãos... Você tem sido um constante encrenqueiro, você zombou de uma situação prisional, você vem aqui e fala sobre reabilitação como se estivesse no direito de dirigir uma prisão. Você se senta a esta mesa e interrompe o diretor, indicando que acredita que o que diz é muito mais importante do que o que qualquer um poderia dizer. Francamente, eu não concederia a condicional nem se você fosse o último homem da prisão, e acredito que você seja, dos que temos, o que menor chance tem de consegui-la. O que acha disso?

— Está habilitado a opinar, senhor — responde o 3.401.

— *Minha opinião* significa alguma coisa neste lugar! — Carlo retruca raivosamente.

Prescott faz mais perguntas, não permitindo que o detento responda, e conclui a entrevista denunciando e dispensando o 3.401:

— Eu não acho que precisemos perder mais tempo. Sou da opinião de que seu pedido e sua postura na sala do conselho indicam claramente qual é sua atitude... temos um cronograma, e não vejo razão nenhuma para sequer discutir a questão. O que temos aqui é um recalcitrante que escreve belos discursos.

Antes de sair, o prisioneiro diz ao conselho que está com uma brotoeja prestes a estourar, e que isso o está preocupando. Prescott pergunta se ele foi ver um médico, apresentou-se durante a chamada para enfermos ou fez algo construtivo para cuidar do problema. Quando o prisioneiro diz que não, Carlo recorda que aquilo é um conselho de condicional, não um conselho de saúde, e, então, descarta sua preocupação:

— Tentamos encontrar algum motivo para conceder a condicional a qualquer homem que entra aqui, e, uma vez dentro desta prisão em particular, cabe a você manter um registro, uma espécie de conduta que indique para nós que poderá se ajustar de algum modo à sociedade... Eu quero que reflita sobre algumas coisas que escreveu; você é um homem inteligente e conhece muito bem o idioma, acredito que provavelmente possa mudar, sim, você pode ter uma chance de se modificar no futuro.

Carlo volta-se para o guarda e indica que levem embora o prisioneiro. Agora contrito, o garotinho ergue lentamente os braços esticados enquanto lhe aplicam as algemas, e é retirado dali. Ele pode estar se dando conta de que sua atitude panfletária lhe custou muito, e que não imaginava que este evento fosse tão sério, e o Conselho de Condicional, tão intenso.

Meus apontamentos indicam que o 3.401 é mais complexo do que aparenta em um primeiro momento. Revela uma interessante mescla de traços. É habitualmente sério e polido no trato com os guardas na prisão, mas, nesta ocasião, escreveu uma carta sarcástica e cômica solicitando a condicional, referindo-se à inexistência da reabilitação, mencionando sua espiritualidade, se conclamando um prisioneiro modelo. Os guardas parecem não gostar dele, como se vê pelas fortes cartas sugerindo que não se conceda a condicional a ele. Sua carta de solicitação de condicional se encontra em enorme contraste com sua conduta — o jovem que vemos na sala, subjugado, até mesmo intimidado, pela experiência. "Não é permitido fazer piadas aqui." O Conselho, e principalmente Prescott, investe contra ele com ferocidade, e isso basta para que recue. À medida que a audiência se desenrola, ele fica progressivamente recolhido e silencioso. Fico pensando se sobreviverá às duas semanas.

O abrandamento de um rebelde

O próximo é o 1.037, Rich, cuja mãe estava muito preocupada na noite anterior, depois de tê-lo visto com a aparência tão terrível. É o mesmo que se trancou pela manhã dentro da Cela 2. É também um assíduo ocupante do Buraco. O pedido do 1.037 é interessante, mas perde algo quando lido rapidamente, com o tom monocórdio e frio de Curt Banks:

> Eu gostaria de receber a condicional para que possa passar os últimos momentos de meus anos de adolescência com velhos amigos. Farei 20 anos na segunda-feira. Acredito que a equipe correcional tenha me convencido de minhas muitas

fraquezas. Na segunda-feira, rebelei-me, pensando que estava sendo tratado injustamente. Contudo, naquela noite percebi finalmente que era indigno de melhor tratamento. Desde então, fiz o meu melhor para colaborar, e agora sei que cada membro da equipe correcional está apenas interessado em meu bem-estar e no dos outros prisioneiros. A despeito de meu horrível desrespeito para com eles e suas intenções, a equipe da prisão me tratou e me trata bem. Respeito profundamente sua habilidade de dar a outra face, e acredito que em virtude de sua própria bondade eu estou reabilitado e transformado em um ser humano melhor. Sinceramente, 1.037.

Três guardas forneceram uma recomendação coletiva, que Curt lê em voz alta:

Embora o 1.037 esteja melhorando desde sua fase rebelde, acredito que tenha ainda um tanto a desenvolver antes de se expor em público como um de nossos produtos corrigidos. Concordo com a avaliação dos outros policiais acerca do 1.037, e também com o 1.037, de que este melhorou bastante, mas ele ainda não atingiu um nível perfeitamente aceitável. O 1.037 tem um longo caminho antes da liberdade condicional, e está melhorando. Não recomendo a condicional.

Quando Rich-1.037 adentra a sala, revela uma estranha mistura de energia juvenil com um princípio de depressão. Imediatamente fala sobre seu aniversário, sua única razão para solicitar a condicional; parece algo muito importante para ele, algo de que se esquecera quando se inscreveu. O preso está envolvido no que fala, quando o diretor faz uma pergunta que ele não pode responder sem criar problemas ou desfazer sua justificativa para sair:

— Você acha que nossa prisão não é capaz de dar a você uma festa de aniversário?

Prescott aproveita a oportunidade:

— Você convive na sociedade há algum tempo, apesar de sua idade. Você conhece as normas. Precisa reconhecer que as prisões são feitas para pessoas que descumprem as normas, e você as ameaça quando faz exatamente o que fez. Filho, reconheço que esteja mudando, está registrado aqui, e penso seriamente que você melhorou. Mas, aqui, em sua própria redação: "a despeito de meu horrível desrespeito para com eles e suas intenções." *Horrível desrespeito!* Você não pode desrespeitar as pessoas e suas propriedades. O que aconteceria se todo mundo neste país desrespeitasse a propriedade dos outros? Você provavelmente mataria se fosse descoberto.

Enquanto Carlo continua a fingir que examina a ficha criminal do prisioneiro no bloco de notas *em branco*, ele para em um dado momento, quando parece descobrir algo vital:

— Vejo aqui em seus relatórios de prisão que você foi bastante intratável. Na verdade, você teve de ser reprimido, e poderia muito bem ter ferido ou feito coisa pior a algum dos oficiais que o prenderam. Fico muito impressionado com seu progresso, e penso que esteja começando a reconhecer que seu comportamento tem sido imaturo e, de muitas maneiras, está inteiramente desprovido de juízo e de preocupação com as outras pessoas. Você transforma as pessoas em peças; você faz com que pensem que são objetos para seu proveito. Você manipulou as pessoas! Durante toda sua vida, você parece ter manipulado as pessoas, e os relatórios sobre você falam de sua indiferença perante a lei e a ordem. Há momentos em que não mostra conseguir controlar seu comportamento. O que o faz pensar que pode ser um bom candidato à condicional?

O prisioneiro 1.037 não está preparado para este ataque pessoal a seu caráter. Ele murmura uma explicação incoerente sobre ser capaz de "afastar-se" de uma situação que pode tentá-lo a se comportar violentamente. Ele prossegue dizendo que esta experiência na prisão o ajudou:

— Bem, pude ver as diferentes reações das pessoas a diferentes situações, como elas lidavam com as outras pessoas, como quando conversavam com os variados colegas de cela, suas reações à mesma situação. Nos três turnos diferentes de guardas, percebi que os guardas apresentavam pequenas diferenças em relação às mesmas situações.

Então, curiosamente, o 1.037 discorre sobre suas "fraquezas", a saber, sua parte como agitador na rebelião da segunda-feira. Tornou-se inteiramente submisso, culpando-se por ter desafiado os guardas e, em momento algum, os critica por seu comportamento abusivo e pelas perturbações infindáveis. (Estamos diante de um exemplo perfeito de sujeição mental em ação. O processo lembra exatamente os prisioneiros de guerra norte-americanos na Guerra da Coreia confessando publicamente o uso de guerra biológica e outras coisas erradas aos comunistas chineses, seus captores.)

Inesperadamente, Prescott interrompe a discussão sobre suas fraquezas, e pergunta assertivamente:

— Você usa drogas?

Quando o 1.037 responde negativamente, permitem-lhe que continue a se desculpar, até o momento em que é novamente interrompido. Prescott nota uma contusão negro-azulada no braço do detento, e pergunta como ele conseguira aquela grande contusão. Embora ela fosse proveniente de um ou mais tumultos entre ele e os guardas, o prisioneiro 1.037 nega a culpa dos guardas por terem-no contido ou arrastado até a solitária, dizendo que os guardas não poderiam ser mais gentis. Ao desobedecer continuadamente às suas ordens, diz, foi ele mesmo que provocara aquela contusão.

Carlo gosta deste *mea culpa*.

— Continue com o bom trabalho, hein?

O 1.037 diz que gostaria de receber a condicional mesmo que isso implicasse o confisco de todo o seu salário. (Isso nos parece bastante exagerado, não levar nada depois de tudo que ele já teve de passar.) Do início ao fim, responde competentemente às perguntas do conselho, mas sua depressão paira sobre ele, como apontado por Prescott depois da audiência. Seu estado de espírito se assemelha ao percebido de imediato por sua mãe quando foi visitá-lo, em suas queixas a mim durante a entrevista no escritório do superintendente. É como se estivesse tentando aguentar o máximo possível para provar sua masculinidade — para o pai, talvez? Ele fornece respostas interessantes a perguntas sobre o que ganhou com a experiência na prisão, mas a maior parte delas soa como falas superficiais inventadas apenas para agradar o Conselho.

O garoto bonitinho é destroçado

O último da fila é o bonitão Hubbie-7.258, cuja apelação é lida por Curt com um certo desdém:

> Meu primeiro motivo para receber a condicional é que minha namorada está saindo de férias muito em breve, e eu gostaria de vê-la um pouco mais antes de ela viajar, visto que seu regresso acontecerá no mesmo momento em que irei para a faculdade. Se eu voltar somente depois das duas semanas inteiras, aqui, eu a terei visto apenas por uma hora e meia. Aqui, não podemos nos despedir e conversar do modo como gostaríamos, com o agente penitenciário e acompanhante. Outra razão é que, como devem ter visto, eu sei que não mudarei.

Por mudança, quero dizer quebrar qualquer uma das regras impostas a nós, os prisioneiros, e, portanto, libertar-me para a condicional pouparia o meu tempo e as despesas de vocês. É verdade que fiz uma tentativa de fuga com o antigo colega de cela 8.612, mas, desde então, desde que me sentei sem roupa em minha cela vazia, aprendi que não deveria me opor aos agentes penitenciários, e, desde então, segui quase à risca todas as regras. Vocês repararão, também, que possuo a melhor cela da prisão.

De novo, as recomendações do guarda Arnett estão em desavença com a declaração do prisioneiro: "O 7.258 é um rebelde astuto", é a apreciação geral de Arnett, à qual acrescenta uma cínica condenação: "Ele deveria ficar aqui durante toda a pena ou até apodrecer, o que vier por último."

O guarda Markus é mais confiante: "Gosto do 7.258, e ele é um prisioneiro correto, mas não sinto que esteja mais habilitado à condicional do que qualquer outro prisioneiro, e estou confiante de que a experiência como detento terá um efeito saudável em seu caráter naturalmente desregrado."

"Eu também gosto do 7.258, quase tanto quanto do 8.612 [David, nosso espião], mas não acho que deveria receber a condicional. Não iria tão longe quanto Arnett, mas a condicional não deveria ser concedida", escreve John Landry.

Assim que a cabeça do prisioneiro é descoberta, ele dá a todos um sorriso exultante e cheio de dentes, o que irrita Carlo o suficiente para censurá-lo violentamente.

— Sejamos práticos, você está achando tudo isto muito divertido. Você é um "rebelde astuto", como descrito com exatidão no relatório do guarda. Você é o tipo de pessoa que não se importa nem um pouco com a vida?

Tão logo começa ele a responder, Prescott muda de rumo e pergunta sobre a sua educação.

— Penso em começar a faculdade no outono na Universidade Estadual de Oregon.

Prescott vira-se para os outros membros do Conselho.

— Escute o que eu digo: educar certas pessoas é um desperdício. Algumas pessoas não deveriam ser obrigadas a ir para a faculdade. Elas provavelmente seriam mais felizes como mecânicos ou vendedores de farmácia. — Agita a mão com desdém para o prisioneiro. — Está bem, vamos prosseguir. O que você fez para estar aqui?

— Nada, senhor, além de me inscrever para *um experimento*.

Esta apresentação da realidade dos fatos poderia desenredar o processo, mas não com o capitão Prescott no leme:

— Então, espertinho, você pensa que isto é apenas um *experimento*? — Pergunta, assumindo novamente a roda do leme, e fingindo examinar o dossiê sobre o prisioneiro. Prescott comenta com objetividade: — Você está envolvido em invasão e roubo domiciliar.

Prescott volta-se para perguntar a Curt Banks se é roubo em primeiro ou segundo grau.

— Primeiro — comenta Curt.

— Primeiro, hein, como eu pensava. — É hora de ensinar a este extremista algumas das lições da vida, começando por lembrar-lhe o que acontece com prisioneiros pegos em uma tentativa de fuga. — Você tem 18 anos, e veja o que fez com sua vida! Você vem aqui, e nos diz que está disposto a ter a retribuição confiscada para sair da prisão. Para onde quer que olhe para este relatório, vejo a mesma coisa: "astuto", "orgulhoso arrogante", "intransigente a qualquer forma de autoridade"! Onde foi que você errou?

Após perguntar sobre o ofício de seus pais, sua origem religiosa, e se ele vai à igreja regularmente, Prescott fica enervado com a declaração do prisioneiro de que sua religião é "não sectária". Ele replica:

— Você nem decidiu algo importante como isso, ainda.

O furioso Prescott levanta-se e sai furioso da sala por alguns minutos, enquanto outros membros do conselho fazem algumas perguntas-padrão sobre como pretende se comportar na semana seguinte, se seu pedido de condicional não for concedido.

Abdicando do pagamento em troca da liberdade

Um intervalo nestas situações bastante tensas me dá tempo para perceber a importância da asserção do 1.037 sobre preferir o confisco de seu pagamento em troca do livramento. Precisamos formalizar isto como uma questão final crítica a ser colocada a cada um dos prisioneiros. Digo a Carlo para perguntar-lhes:

— Você está disposto a abrir mão de todo o dinheiro que recebeu como prisioneiro se nós lhe dermos a condicional?

A princípio, Carlos postula uma maneira mais radical de perguntar:

— Quanto está disposto a nos pagar para cair fora daqui? — Confuso, o prisioneiro 7.258 diz que não pagará para ser libertado. Carlo reformula a questão, perguntando se o prisioneiro abdicaria do dinheiro que receberia pelo que já cumpriu.

— Sim, certamente, senhor, eu abdicaria.

O prisioneiro 7.258 não é considerado exatamente inteligente ou autoconsciente. Ele também não parece encarar toda a sua situação com a mesma seriedade dos outros prisioneiros. É o mais jovem, com 18 anos recém-concluídos, e um tanto imaturo em suas atitudes e respostas. Mesmo assim, seu desapego e senso de humor serão de boa serventia para que dê conta do que ele e seus semelhantes terão de enfrentar na semana seguinte.

Em seguida, fazemos com que cada um dos prisioneiros retorne para a câmara de condicional para que responda à mesma questão final sobre abdicar do pagamento em troca da condicional. O prisioneiro 1.037, o aniversariante rebelde, diz "sim" a abdicar de seu dinheiro caso ganhe a condicional. O cooperativo 4.325 também responde afirmativamente. Apenas o 3.401, o desafiador asiático, não gostaria de ser libertado se isso implicasse abrir mão de seu dinheiro, uma vez que necessita muito dele.

Em outras palavras, três destes quatro jovens querem tanto ser libertados que estariam dispostos a abrir mão do dinheiro tão arduamente conquistado em seus trabalhos de 24 horas por dia como prisioneiros. A meu ver, o impressionante está no poder do quadro retórico no qual a pergunta é colocada. Lembrem-se de que a motivação primeira de todos os voluntários era financeira, a oportunidade de lucrar 15 dólares por dia por duas semanas seguidas, quando não tinham outra fonte de recursos, pouco antes de as aulas começarem, no outono. Agora, a despeito de tudo o que sofreram como prisioneiros, apesar do abuso físico e psicológico pelo qual passaram — as infindáveis chamadas; ter de despertar no meio da noite; a crueldade arbitrária e criativa de alguns guardas; a falta de privacidade; o tempo passado na solitária; o fato de terem sido obrigados a ficar nus; as correntes; os sacos de papel sobre a cabeça; a comida de má qualidade e o péssimo alojamento —, a maioria dos prisioneiros está disposta a sair sem pagamento para cair fora deste lugar.

Talvez ainda mais impressionante seja o fato de que após dizer que o dinheiro era menos importante do que a liberdade, cada prisioneiro se submeteu passivamente ao sistema, esticando as mãos para que fossem algemadas, submetendo-se ao saco de papel sendo mais uma vez colocado sobre sua cabeça, aceitando a corrente em sua perna, e, como um cordeiro, seguindo o guarda de volta para o apavorante porão onde se encontra a prisão. Durante a audiência do Conselho de Condicional, eles estavam fisicamente fora da prisão, na presença de alguns "civis" não associados diretamente aos opressores do andar de baixo. Por que nenhum deles disse: "Já que não quero seu dinheiro, estou livre para largar este experimento e exijo ser libertado agora." Nós teríamos de obedecer ao pedido e liberá-los no mesmo momento.

No entanto, ninguém o fez. Nenhum prisioneiro relatou mais tarde ter sequer cogitado que poderia abandonar o experimento, porque, na prática, todos eles pararam de pensar em suas experiências como apenas um experimento. Sentiram-se imobilizados em uma prisão administrada por psicólogos, não pelo Estado, tal como nos disse o 416. O que concordaram em fazer foi abdicar do dinheiro merecido como prisioneiros — *se nós lhes concedêssemos a liberdade condicional*. O poder de libertar ou prender estava com o Conselho de Condicional, não em suas decisões pessoais de deixarem de ser prisioneiros. Se fossem de fato prisioneiros, apenas o Conselho de Condicional teria o poder de liberá-los, mas, sendo *cobaias de um experimento*, todos os estudantes sempre detiveram o poder de ficar ou sair a qualquer momento. Ao que parece, uma alteração mental foi acionada, de "agora eu sou o voluntário remunerado de um experimento, com todos os meus direitos civis garantidos" para "agora sou um prisioneiro indefeso à mercê de um sistema injusto e autoritário".

Durante a avaliação, o conselho discutiu os casos individuais e as reações globais deste primeiro grupo de detentos. Houve unanimidade de que todos os prisioneiros pareciam nervosos, irascíveis e totalmente consumidos pelo papel de prisioneiro.

Prescott sensivelmente compartilha suas preocupações reais com 1.037. Ele detecta com precisão uma profunda depressão em crescimento neste que já foi um destemido líder rebelde:

— É apenas uma sensação que se tem, por conviver com pessoas que já saltaram do alto de pavilhões da prisão para encontrar a morte, ou que cortaram os pulsos. Eis um sujeito que se recompôs o suficiente para se apresentar para nós, mas que apresentava atrasos entre suas respostas. Mas o último sujeito que veio, ele é coerente, ele sabe o que aconteceu, ele ainda fala "do experimento", mas, ao mesmo tempo, ele está disposto a se sentar e falar sobre seu pai, ele está disposto a se sentar e a falar sobre seus sentimentos. Ele me pareceu irreal, e estou me baseando, ao falar disso, apenas no sentimento que tive. O segundo sujeito, o oriental [asiático], ele é uma pedra. Para mim, ele era como uma pedra.

Em resumo, Prescott dá o seguinte conselho:

— Eu concordo com o resto do grupo e proponho que dois prisioneiros saiam em momentos diferentes, para tentar fazer com que os presos restantes comecem a imaginar o que precisam começar a fazer para conseguirem sair. Ademais, libertar logo alguns poucos prisioneiros daria aos que ficam alguma esperança, e aliviaria alguns dos sentimentos de desespero.

O consenso parece ser libertar o primeiro prisioneiro logo, o grande Jim-4.325, e o número três, Rich-1.037, em seguida, talvez substituindo estes por outros prisioneiros de reserva. Há sentimentos controversos no que se refere a soltar em seguida o 3.401 ou o 7.258.

O que testemunhamos aqui?

Três temas gerais emergem da primeira audiência do Conselho de Liberdade Condicional: os limites entre simulação e realidade foram distorcidos; a subserviência e a seriedade aumentaram consideravelmente em resposta à crescente dominação dos guardas, e houve uma transformação de caráter dramática na atuação do chefe do Conselho, Carlo Prescott.

Distorcendo o limite entre o
experimento prisional e a realidade do aprisionamento

Observadores imparciais que não sabiam o que antecedera neste evento podem presumir seguramente que estavam presenciando uma audiência real em andamento de um Conselho de Condicional de uma prisão da região. A força e a realidade manifesta da dialética em ação entre os detentos e os membros da sociedade, considerados seus guardiões, refletiram-se de muitas maneiras, dentre elas, na seriedade geral da situação, na formalidade dos pedidos de condicional feitos pelos reclusos, na oposição desafiadora dos guardas, na composição diversa dos membros do Conselho, na natureza das perguntas pessoais colocadas aos reclusos, e nas acusações feitas contra eles — em suma, na qualidade intensamente afetiva de todo o processo. A base desta interação torna-se óbvia nas perguntas do Conselho e nas respostas dos prisioneiros concernentes às "acusações anteriores", às atividades de reabilitação, como assistir a aulas, participar de sessões terapêuticas ou de orientação vocacional, a procura de um advogado, a condição de seu julgamento, e os planos futuros para se tornarem bons cidadãos.

É tão difícil imaginar que apenas quatro dias se passaram na vida destes estudantes voluntários quanto o é imaginar que seus futuros como prisioneiros não durarão mais do que uma semana na Prisão Municipal de Stanford. A pena dos detentos não durará os muitos meses ou longos anos que o falso Conselho parece sugerir em seu julgamento. A atuação foi substituída pela internalização dos papéis: os atores encarnaram o caráter e a identidade de seus papéis fictícios.

A subserviência e a seriedade dos presos

A essa altura, em sua maioria, os prisioneiros encarnaram seus papéis altamente estruturados com relutância, e ao final, com complacência. Referem-se a si mesmos pelos seus números de identificação, e respondem imediatamente a questões colocadas a suas identidades anônimas. Respondem com total seriedade a perguntas supostamente ridículas, como a investigação sobre a natureza de seus crimes e seus esforços para reabilitação. Com poucas exceções, tornam-se completamente subservientes à autoridade do Conselho de Condicional, assim como à dominação dos agentes penitenciários e ao sistema em geral. Apenas o detento 7.258 teve a audácia de mencionar que estava ali porque se havia inscrito em um "experimento", mas rapidamente recuou com os ataques verbais de Prescott.

O estilo panfletário de alguns dos pedidos originais de condicional, notadamente o do prisioneiro 3.401, o estudante asiático, esmorece sob o julgamento negativo do conselho de que este comportamento inaceitável não garante a liberdade. A maioria dos prisioneiros parece ter aceitado completamente as premissas da situação. Eles não mais contestam ou se rebelam contra o que lhes é dito ou ordenado. Eles parecem atores que continuam a interpretar seus papéis quando fora do palco ou longe das câmeras, e seus papéis passam a consumir suas identidades. Deve ser angustiante para os que argumentam a favor da dignidade humana inata perceber o servilismo dos presos anteriormente rebeldes, os heróis dos levantes reduzidos em seguida a mendigos. Nenhum herói se sobressai nesta aglutinação.

Aquele preso asiático mal-humorado, Glenn-3.401, teve de ser libertado algumas horas depois de sua angustiante experiência com o Conselho de Condicional, após ter ficado com o corpo cheio de brotoejas. O Serviço de Saúde Universitário forneceu a medicação apropriada, e ele foi enviado para casa para consultar o próprio médico. A brotoeja foi a maneira que seu corpo encontrou para ser libertado, assim como o foi para Doug-8.612 a violenta perda de controle emocional.

A dramática transformação do chefe do conselho de condicional

Eu conheci Carlo Prescott mais de três meses antes desse acontecimento, e interagi diretamente com ele quase diariamente, em longas e frequentes ligações telefônicas. Quando ministramos em parceria um curso de seis semanas de duração sobre a psicologia do aprisionamento, eu o vi em ação como um crítico eloquente e veemente do sistema carcerário, que ele considerava uma ferramenta fascista projetada para oprimir pessoas negras. Ele era notavelmente perspicaz acerca das formas pelas quais as prisões e todos os outros sistemas de controle autoritários podem mudar aqueles que estão sob seu jugo, tanto o encarcerado quanto o carcereiro. Aliás, durante um debate na estação de rádio local, a KGO, em um sábado à noite, Carlo salientou com veemência para os ouvintes o fracasso desta instituição antiquada e onerosa, que os dólares pagos de imposto continuavam a financiar.

Ele me contou dos pesadelos que precediam as audiências anuais do Conselho de Condicional, nas quais um interno tinha apenas alguns minutos para apresentar seu pedido a vários membros do Conselho, que não pareciam prestar atenção a ele enquanto folheavam pesados arquivos e ele defendia o seu caso. É possível que alguns dos arquivos não fossem nem mesmo os dele, mas do prisioneiro seguinte, e eles o liam para economizar tempo. Se perguntassem a você sobre sua condenação, ou algo negativo em sua folha corrida de acusações, você sabia imediatamente que a condicional seria adiada por pelo menos um ano, porque defender o passado o impede de vislumbrar algo positivo em seu futuro. As histórias de Carlo me iluminaram acerca da intensidade da cólera que essa indiferença arbitrária pode gerar na vasta maioria dos prisioneiros a quem a condicional é recusada, ano após ano, como foi o seu caso.[3]

Contudo, quais são as lições mais profundas a aprender dessas situações? Admire o poder, deteste a fraqueza. Domine, não negocie. Acerte primeiro quando oferecerem a outra face. A regra de ouro se aplica a eles, não nós. A autoridade é a lei, as leis são a autoridade.

Há também algumas lições aprendidas por filhos de pais violentos, metade dos quais são transformados também em pais violentos, que violentam seus filhos, esposas e pais. Talvez, essa metade se identifique com o agressor e perpetue a violência, enquanto os outros aprendem a se identificar com o abusado e troquem a agressão pela compaixão. Entretanto, pesquisas não nos ajudam a prever quais vítimas de abuso se tornarão perpetradores e quais irão se transformar em adultos compassivos.

Intervalo para Demonstração do Poder Sem Compaixão

Recordo-me da clássica demonstração de uma professora do ensino fundamental, Jane Elliot, que ensinou a seus alunos a natureza do preconceito e da discriminação, ao dar arbitrariamente a cor dos olhos das crianças de sua turma um *status* mais ou menos elevado. Quando os que possuíam olhos azuis eram associados a um privilégio, eles prontamente assumiam um papel dominante sobre seus semelhantes de olhos castanhos, passando até mesmo a abusarem destes verbal e fisicamente. Além disso, o *status* recém-adquirido parecia aprimorar sua capacidade cognitiva. Quando estavam no topo, os de olhos azuis melhoravam dia a dia seu desempenho em matemática e morfologia (dado significativo estatisticamente, como documentado pelas informações originais da turma de Elliot). E, igualmente dramático, os testes de eficiência das crianças "inferiores" de olhos castanhos pioravam.

Entretanto, o aspecto mais brilhante da demonstração de Elliot, desta sala de aula de alunos da terceira série de Riceville, Iowa, foi a inversão de *status* provocada pela professora no dia seguinte. A sra. Elliot disse à classe que havia se enganado. Na verdade, o oposto era a verdade: olhos castanhos eram melhores do que os olhos azuis! Apresentava-se aí uma chance para as crianças de olhos castanhos, que haviam vivido o impacto negativo de serem discriminadas, de mostrarem compaixão, agora que estavam no topo do grupo. Os resultados dos novos testes reverteram o desempenho superior dos favorecidos e pioraram o desempenho dos desfavorecidos. Mas e quanto às lições de compaixão? Os recém-prestigiosos olhos castanhos compreenderam a dor dos perdedores, dos menos afortunados, daqueles em posição de inferioridade, posição em que estiveram no dia anterior?

Não houve condescendência! Os castanhos pagaram na mesma moeda. Dominaram, discriminaram, abusaram dos antigos dominadores de olhos azuis.[4] Da mesma maneira, a história está repleta de relatos que mostram que muitos dos perseguidos por crenças religiosas demonstram intolerância às pessoas de outras religiões uma vez que estejam sãos e salvos no poder.

De Volta a Carlo de Olhos Castanhos

Este foi um longo parêntese concernente à questão que envolve a transformação dramática de meu colega, quando colocado na poderosa posição de líder do Conselho de Condicional. Em primeiro lugar, ele desempenhou-se de improviso de modo verdadeiramente extraordinário, à maneira de um solo de Charlie Parker. Improvisou rapidamente do nada detalhes dos crimes e histórias pregressas dos prisioneiros. Ele o fez sem titubear, com uma segurança fluente. Contudo, à medida que o tempo passava, parecia abraçar este novo papel autoritário com mais e mais intensidade e convicção. Ele era o chefe do Conselho de Liberdade Condicional da Prisão Municipal de Stanford, a autoridade subitamente temida pelos encarcerados, acatada pelos seus semelhantes. Esquecidos foram os anos de sofrimento que teve de passar como um encarcerado de olhos castanhos, uma vez que lhe foi concedida a posição privilegiada de enxergar o mundo pelos olhos do todo poderoso líder deste Conselho. A declaração de Carlo a seus colegas ao final da reunião mostrou a agonia e a repulsa que sua transformação inculcara nele. Ele se tornara o opressor. Mais tarde, naquela noite, durante o jantar, ele me confessou que ficara enjoado ao ouvir o que ele mesmo dissera e sentira quando estava disfarçado em seu novo papel.

Fiquei imaginando se, quando encabeçasse a próxima reunião do Conselho na quinta-feira, suas reflexões e seu autoconhecimento adquirido provocariam efeitos positivos. Mostraria maior consideração ou compaixão pelo novo grupo de prisioneiros que requisitariam a condicional? Ou o papel transformaria o homem?

A REUNIÃO DO CONSELHO DE CONDICIONAL E DISCIPLINAR DA QUINTA-FEIRA

O dia seguinte trouxe outros quatro prisioneiros perante um Conselho de Condicional remodelado. Exceto por Carlo, todos os outros membros do Conselho eram novos. Craig Haney, que teve de sair da cidade por conta de assuntos familiares urgentes na Filadélfia, foi substituído por outra psicóloga social, Christina Maslach, que observa silenciosamente o processo com pouco envolvimento direto aparente — por ora. Uma secretária e dois estudantes de graduação preenchem o restante do Conselho de cinco pessoas. Não obstante, solicitado pelos guardas, o Conselho irá considerar, além dos pedidos de condicional, ações variadas contra os piores encrenqueiros. Curt Banks continua em seu papel de oficial de justiça, e o diretor David Jaffe se senta a um canto para observar e comentar algo quando achar apropriado. De novo, eu os observo por trás de uma tela que me impede de ser visto, mas me permite observar e filmar com nossa filmadora Ampex todo o processo para análise subsequente. Outra variante em relação ao dia anterior é que os prisioneiros não se sentam mais ao redor da mesma mesa em que se encontra o Conselho, mas separadamente em cadeiras altas, sobre um pedestal, pode-se dizer — a melhor maneira de observá-los, como em um interrogatório de polícia.

Um grevista de fome se rende

O primeiro da lista é o prisioneiro 416, recém-admitido, que continua em greve de fome. Curt Banks lê as acusações disciplinares que diversos guardas produziram contra ele. O guarda Arnett está especialmente furioso com o 416; ele e os outros guardas não sabem o que fazer com o prisioneiro:

— Aqui há tão pouco tempo, e já totalmente recalcitrante, atrapalhando toda ordem e nossa rotina.

O prisioneiro concorda de imediato que estão certos; ele não irá contestar nenhuma das acusações. Insiste em garantir um advogado antes de consentir em comer qualquer coisa que lhe derem na prisão. Prescott pergunta sobre o "auxílio legal", forçando um esclarecimento.

O prisioneiro 416 replica de um modo estranho:

— Eu estou na prisão, para todos os efeitos, porque assinei um contrato que não tenho idade legal para assinar.

Em outras palavras, ou providenciamos um advogado que assuma o seu caso e o libere, ou continuará a greve de fome e ficará doente. Desse modo, argumenta, as autoridades da prisão serão obrigadas a libertá-lo.

Esse jovem mirrado mostra a mesma postura perante o Conselho e os guardas: inteligente, independente, e convicto de suas opiniões. Contudo, sua justificativa para se opor ao confinamento — que ele não tinha idade legal para assinar o contrato — parece estranhamente legalista e circunstancial para alguém que agiu tipicamente por princípios ideológicos. A despeito de sua aparência desgrenhada e lúgubre, há alguma coisa na conduta do 416 que não transmitiu simpatia a ninguém com quem interagiu — nem aos guardas, nem aos outros presos, e muito menos ao conselho. Ele parece um morador de rua que provoca nos passantes um sentimento de culpa, em vez de simpatia.

Quando Prescott pergunta sob que acusação 416 foi enviado à cadeia, o prisioneiro responde:

— Não há acusação, eu não fui acusado. Eu não fui detido pela polícia de Palo Alto.

Inflamado, Prescott pergunta se 416 está preso por engano, então.

— Eu era um voluntário reserva, eu... — Prescott está agora enfurecido e confuso. Percebo que não relatei a ele quanto o 416 é diferente de todos os outros, como um recém-admitido prisioneiro substituto.

— Você é o que, afinal, um graduando de filosofia? — Carlo ganha tempo para acender um cigarro e talvez planejar uma nova linha de ataque. — Você está filosofando desde que chegou aqui.

Quando uma das secretárias do Conselho de hoje recomenda exercício físico como forma de ação disciplinar, e o 416 reclama que ele tem sido forçado a realizar muitos exercícios, Prescott replica de modo rude:

— Ele parece um sujeito forte, acredito que exercício físico seja ideal para ele. — Ele indica a Curt e Jaffe que ponham isso na sua lista de ações.

E, finalmente, quando formula a questão pronta.

— Ele estaria disposto a abdicar de todo o dinheiro que já merece como prisioneiro se lhe fosse concedida a condicional?

O 416 responde de imediato, em tom desafiador:

— Sim, é claro. Porque não creio que esse dinheiro valha o tempo perdido.

Para Carlo, é o suficiente:

— Leve-o daqui.

Então, o 416 faz exatamente o que os outros fizeram antes dele como autômatos: sem instruções, ele se levanta, braços esticados para ser algemado, a cabeça encapuzada, e, assim, é escoltado para fora.

Curiosamente, ele não exige que o Conselho aja imediatamente para acabar com seu papel como um relutante estudante voluntário de pesquisa. Ele não quer saber de dinheiro, então, por que simplesmente não diz: "Eu estou largando este experimento. Deem-me minhas roupas e pertences, e caio fora daqui!"

O primeiro nome desse prisioneiro é Clay (do inglês barro, argila), mas ele não será moldado tão facilmente; mantém-se firme sobre seus princípios, e obstinado na estratégia que escolheu. Mesmo assim, já está suficientemente atado à identidade de prisioneiro para fazer a macroanálise que lhe indicaria que as chaves da liberdade estavam na insistência com o Conselho de Condicional, que tinha a obrigação de liberá-lo aqui e agora enquanto ele está fisicamente fora do espaço da prisão. Agora, ele já carrega este espaço dentro de si.

Viciados são presas fáceis

O detento Paul-5.704, o próximo a se apresentar, imediatamente reclama de como sente falta de sua cota de cigarros, prometida a ele por bom comportamento. Suas acusações disciplinares feitas pelos guardas incluem: "Insubordinação constante e evidente, surtos violentos e soturnos, e tentativa sistemática de incitar os outros detentos à insubordinação e à falta de cooperação geral."

Prescott questiona seu suposto "bom comportamento", que nunca fará com que ele consiga outro cigarro. O prisioneiro responde em uma voz tão baixa que os membros do conselho precisam pedir que fale mais alto. Quando lhe é dito que ele age mal mesmo sabendo que isso resultará em punição para os outros prisioneiros, ele novamente murmura, olhando para o centro da mesa.

— Nós já discutimos isso... bem, se algo acontece, nós simplesmente levamos adiante... se outra pessoa estivesse fazendo alguma coisa. Eu levaria adiante a punição a eles.

Um membro do conselho interrompe:

— Você foi punido pelas ações de qualquer um dos outros prisioneiros?

Paul-5.704 responde que sim, ele sofreu pelos atos de seus camaradas.

Prescott mofa em voz alta:

— Você é um mártir, então, hein?

— Bem, imagino que sejamos todos... — responde, de novo em volume quase inaudível.

— O que diz em sua defesa? — demanda Prescott. O 5.704 responde, mas o que diz não é possível ouvir.

Lembrem-se de que o 5.704, o mais alto dos detentos, desafiou abertamente muitos dos guardas, e esteve envolvido em variadas tentativas de fuga, rumores e barricadas. Foi ele também que escreveu a sua namorada expressando seu orgulho por ser eleito líder do Conselho Reclamatório dos Prisioneiros da Prisão Municipal de Stanford. Mais tarde, foi o mesmo 5.704 que se inscreveu neste experimento sob falsas intenções. Ele se candidatou com a intenção de ser um espião que exporia nossa pesquisa em artigos que planejava escrever para diversos jornais "subversivos", alternativos e liberais, com a suposição de que este experimento não passava de um projeto apoiado pelo governo para aprender como lidar com dissidentes políticos. Para onde foi a antiga bravata? Por que se tornou subitamente incoerente?

Perante nós nesta sala está um jovem subjugado e deprimido. O preso 5.704 simplesmente olha para baixo, aquiescendo respostas a perguntas postuladas pelo Conselho de Condicional, nunca olhando diretamente nos olhos.

— Sim, estaria disposto a abdicar de qualquer pagamento para receber a condicional agora, senhor — responde, usando o máximo de força que ainda lhe resta. (Este preso é o quinto de seis a dizer sim para a proposta.)

Imagino como o espírito dinâmico, apaixonado e revolucionário, tão admirável neste jovem, pode ter desaparecido tão radicalmente em tão pouco tempo?

Como um parêntese, ficamos sabendo depois que foi Paul-5.704 que, por ter adentrado tão profundamente no papel de detento, utilizou na primeira etapa do plano de fuga suas próprias unhas de violonista para desparafusar um dos espelhos da tomada da parede. Ele, então, usou o espelho para ajudar a remover a maçaneta da porta da cela. Usou também as grossas unhas para marcar na parede de sua cela a passagem dos dias de seu confinamento com entalhes parecidos com 2ªf/3ªf/4ªf/5ªf, e assim por diante.

Um preso poderoso e enigmático

O pedido de condicional seguinte parte de Jerry-5.486. Ele é ainda mais enigmático do que os que apareceram antes. Tem um jeito otimista e uma expressão de quem pode dar conta do que está por vir. Sua robustez está em agudo contraste com a compleição do 416 e de outros prisioneiros magros, como Glenn-3.401. Há, certamente, a sensação de que ele irá suportar todas as duas semanas sem reclamar. Contudo, há insinceridade em suas afirmações, e ele expressou pouco apoio aos colegas que sofriam. Em poucos minutos, o 5.486 consegue rivalizar com Prescott mais do que qualquer outro prisioneiro. Responde imediatamente que não estaria disposto a abrir mão do que já faturou até então em troca da condicional.

Os guardas relatam que o 5.486 não merece a condicional porque "ele fez uma piada sobre a redação das cartas, e por sua falta de cooperação geral". Quando obrigado a explicar sua ação, o 5.486 responde que "Eu sabia que não era uma carta legítima... não parecia ser...".

O guarda Arnett, que se manteve em silêncio e de pé em um canto até então, observando o processo, não consegue deixar de interromper:

— Os agentes penitenciários lhe mandaram escrever a carta? — O 5.486 responde afirmativamente, Arnett pergunta:

— E você está afirmando que os agentes penitenciários o obrigaram a escrever uma carta que não era legítima?

— Bem, talvez a palavra seja ruim... — retrocede o 5.486.

Mas Arnett não dá trégua. Ele lê o relato ao Conselho:

— O 5.486 está em meio a um declínio constante [...] ele se transformou em um piadista e em um pequeno exibicionista.

— E você acha isso divertido? — provoca Carlo.

— Todo mundo [na sala] estava sorrindo. Eu não sorri até que todos estivessem sorrindo — replica o 5.486 em defesa.

Carlo interpõe-se ameaçadoramente:

— Qualquer um aqui está em condições de sorrir, nós vamos *para casa* esta noite. — Ainda assim, ele tenta ser menos ofensivo do que no dia anterior, e passa a perguntar uma série de questões provocativas. — Se você estivesse no meu lugar, com as provas que tenho, somadas ao relatório da equipe, o que você faria? Como agiria? O que acha que seria certo para você?

O preso responde com evasivas, mas nunca responde diretamente a essas perguntas difíceis. Após algumas perguntas dos outros membros do conselho, um Prescott exasperado o dispensa:

— Acredito que vimos o suficiente, penso que já sabemos o que precisamos fazer. Não vejo por que perder mais tempo.

O prisioneiro fica surpreso em ser dispensado tão abruptamente. Fica evidente que criou uma má impressão naqueles a quem deveria persuadir a apoiar a sua causa — se não para esta condicional, ao menos para a próxima vez que o Conselho se reunir. Ele não agiu em seu proveito desta vez. Curt faz com que o guarda o algeme, ponha o saco sobre a sua cabeça, e o conduza ao banco no corredor, aguardando a solução do próximo e último caso, antes de os prisioneiros serem transportados de volta para a vida da prisão, escada abaixo.

A tensão manifesta do Sargento

O último interno a ser avaliado pelo Conselho é o "Sargento", prisioneiro 2.093, que, fiel a si, senta-se ereto na alta cadeira, o tórax erguido, cabeça para trás, o queixo para baixo — a perfeita postura militar, se já a houvesse visto. Ele solicita a condicional para que possa dar a seu tempo "um uso mais produtivo", e comenta em seguida que "seguiu todas as regras desde o primeiro dia". Diferentemente dos seus colegas, o 2.093 não abriria mão de seu pagamento em troca da condicional.

— Se abrisse mão do pagamento que mereço até agora, seria uma perda ainda maior do que os cinco dias que já perdi aqui — e acrescenta que a pouca remuneração mal compensa o tempo que cumpriu.

Prescott parte para cima dele por não soar "genuíno", por ter pensado tudo isto de antemão, por não ser espontâneo, por usar as palavras para disfarçar seus sentimentos. O Sargento se desculpa por ter dado essa impressão, pois sempre fala sério e se esforça bastante para articular com clareza o que quer dizer. Isso abranda Carlo, que assegura ao Sargento que ele e o Conselho irão considerar o seu caso muito seriamente, e, em seguida, o elogia por seu bom trabalho na prisão.

Antes de concluir a entrevista, Carlo pergunta ao Sargento porque não solicitou a condicional da primeira vez em que ela foi oferecida a todos os prisioneiros. O Sargento explica:

— Eu teria solicitado a condicional na primeira vez apenas se o número de pleiteantes não fosse o suficiente. — Ele sentiu que os outros prisioneiros estavam sofrendo mais na prisão do que ele, e não queria que seu pedido fosse colocado acima do pedido dos outros. Carlo o censura brandamente por esta exposição de brilhante nobreza, que considera uma tentativa crassa de influenciar o juízo do Conselho. A expressão de surpresa do Sargento deixa claro que ele foi sincero no que disse, e não estava tentando impressionar o Conselho ou quem quer que seja.

Carlo fica aparentemente intrigado, e procura saber algo sobre a vida privada do jovem. Pergunta sobre sua família, sua namorada, de que tipo de filmes ele gosta, se ele tem tempo de comprar uma casquinha de sorvete — todas estas pequenas coisas que, reunidas, constituem uma identidade única.

O Sargento responde pragmaticamente que não tem namorada, raramente vai ao cinema, e que gosta de sorvete, mas que, recentemente, não anda com dinheiro suficiente para comprar um.

— Tudo o que posso dizer é que, depois de passar o trimestre de verão em Stanford e de morar no banco de trás do meu carro, eu tive pouca dificuldade em dormir aqui na prisão, na primeira noite, porque a cama era muito macia, e também porque tenho comido melhor na prisão do que nos últimos dois meses. Obrigado, senhor.

Uau! Que coisa surpreendente este jovem nos oferece. Seu sentimento de orgulho pessoal e sua forte constituição desmentem que tenha passado fome durante todo o verão, e não tenha dormido bem enquanto comparecia ao curso de verão. Que as horríveis condições de vida de nossa prisão pudessem ser um estilo de vida melhor para algum universitário é algo chocante para nós todos.

Em certo sentido, o Sargento parece ser o detento mais unidimensional e mecanicamente submisso de todos, ainda que seja o mais lógico, ponderado, e moralmente consistente. Ocorre-me que este jovem poderá ter problemas derivados de seu compromisso em viver de princípios abstratos, e não saber viver efetivamente com outras pessoas ou como pedir aos outros o apoio de que precisa, seja financeiro, pessoal ou emocional. Ele parece estar tão fortemente amarrado a sua determinação interior e a sua postura militar exterior que ninguém pode de verdade ter acesso a seus sentimentos. Ele poderá acabar tendo uma vida pior do que a de seus companheiros.

Arrepender-se não adianta

Quando o Conselho está prestes a finalizar a sessão, Curt anuncia que o prisioneiro 5.486, o panfletário, quer fazer uma declaração adicional ao conselho. Carlo aquiesce.

O 5.486, arrependido, diz que não conseguiu expressar o que queria dizer, porque não teve chance de pensar no assunto por completo. Ele experimentou um declínio pessoal na prisão, porque, a princípio, esperava ir a julgamento, e agora abandonou sua esperança por justiça.

Arnett, sentado atrás dele, refere-se a uma conversa que tiveram durante o almoço daquele dia, na qual o 5.486 afirmou que seu declínio deve ter ocorrido porque "ele foi influenciado por más companhias".

Carlo Prescott e o Conselho estão nitidamente confusos com esse discurso. Como essa declaração defende a sua causa?

Prescott fica claramente chateado com a exposição e diz ao 5.486: Se o Conselho for fazer alguma recomendação, eu cuidarei pessoalmente para que você fique aqui até o último dia. Nada pessoal, mas estamos aqui para proteger a sociedade. E não penso que você possa sair e fazer um trabalho construtivo, fazer o tipo de coisa que acrescentará algo à comunidade. Você saiu por aquela porta e percebeu que falou conosco como se fôssemos um bando de idiotas, e você estava lidando com tiras ou figuras de autoridade. Você não se dá bem com figuras de autoridade, não é? Como irá lidar bem com seus companheiros? Mas o que quero dizer é que você saiu por aquela porta e teve um tempinho para pensar; agora está aqui de volta e tenta nos iludir para que o vejamos de uma forma diferente. Que consciência social real você tem? O que acha que deve à sociedade, verdadeiramente? Quero ouvir algo verdadeiro de você. — Carlo está de volta à forma do dia anterior!

O preso fica perplexo com o ataque frontal a seu caráter e se apressa a fazer uma retificação:

— Eu tenho um novo trabalho como professor. Sinto que é um trabalho que vale a pena.

Prescott não está caindo nessa história:

— Isso o torna ainda mais suspeito. Eu não acho que gostaria de ver você dando aulas a qualquer um de meus meninos. Não com sua atitude, sua imaturidade grosseira, sua indiferença à responsabilidade. Você nem consegue dar conta de quatro dias na prisão sem se tornar um estorvo. E agora me diz que gostaria de trabalhar como professor, e fazer algo que é um grande privilégio. É um privilégio entrar em contato com pessoas decentes e ter algo a dizer a elas. Não sei, você não me convenceu. Acabo de ler seus antecedentes pela primeira vez, e você não teve nada a mostrar. Policial, leve-o daqui.

Acorrentado, encapuzado e transportado de volta para a prisão subterrânea, o prisioneiro terá de fazer melhor na próxima audiência — caso o privilégio de uma audiência lhe seja concedido.

Quando alguém em condicional se torna chefe de um Conselho de Condicional

Antes de retornarmos aos acontecimentos no pátio em nossa ausência durante as reuniões do Conselho, é válido notar o efeito que esta interpretação de papéis teve em nosso severo chefe desta "Audiência para Maiores". Um mês depois, Carlo Prescott nos ofereceu uma terna declaração pessoal do impacto dessa experiência:

— Sempre que vinha para o experimento, fatalmente saía com um sentimento de depressão, para se ver como foi algo autêntico. O experimento deixou de sê-lo quando pessoas começaram a reagir a vários tipos de coisas que aconteceram durante o seu percurso. Reparei que, na prisão, por exemplo, as pessoas que se consideravam guardas *tinham* de se portar de determinada maneira. Tinham de transmitir claramente certas impressões, certas atitudes. Os prisioneiros, de outras maneiras, tinham certas atitudes, certas impressões que extravasavam, o mesmo que ocorreu aqui. Não posso sequer acreditar que um experimento permitiu que *eu*, representando um membro do Conselho, o chefe do Conselho, o Conselho para Maiores, tenha dito a um dos prisioneiros,

"Como é", em face a sua atitude arrogante e desafiadora, "como é que os orientais raramente são presos, raramente se encontram neste tipo de situação? O que você fez?" A determinada altura do estudo, toda a sua orientação mudou. Ele começou a me responder como um indivíduo, começou a falar sobre seus sentimentos íntimos. Um homem estava tão envolvido que retornou para falar-nos, como se voltar à sala do Conselho para Maiores fosse resultar em um adiantamento de sua liberdade condicional.

Carlo prossegue nessa autorrevelação:

— Bem, como um antigo prisioneiro, devo admitir que toda vez que vinha até aqui, os atritos, a desconfiança, os antagonismos expressos quando os homens entraram em seus papéis [...] me fizeram reconhecer o tipo de impressão ridicularizante que surgiu como resultado do confinamento. Foi exatamente isso que me induziu a um profundo sentimento de depressão, como se estivesse de volta à atmosfera da prisão. A coisa toda era autêntica, não um fingimento qualquer. [Os prisioneiros] estavam reagindo como seres humanos em uma situação, ainda que de modo improvisado, e que se tornou parte do que experimentavam em um momento específico. Imagino que isso reflete o tipo de metamorfose que se dá no pensamento de um preso. Embora ele esteja completamente ciente do que acontece no mundo exterior, como a construção da ponte, o nascimento dos filhos, nada disso tem a ver com ele. Pela primeira vez, ele está totalmente alienado do resto da sociedade, da humanidade, pode-se dizer. Seus colegas, ainda que medrosos, malcheirosos e amargos, tornam-se seus companheiros, e todo o resto, com exceções, como o resultado de uma visita, de algum acontecimento, como ir ao Conselho de Condicional, não dará nenhuma razão para se identificar com sua origem. Há apenas aquele momento, aquele instante. Não foi uma surpresa, e nem uma grande alegria, ter minha crença confirmada de que "as pessoas se tornam o papel que representam"; os guardas se tornam símbolos de autoridade, e não podem ser desafiados; e não há regras ou direitos em favor dos prisioneiros. Isso acontece com guardas de prisão, e acontece com universitários representando guardas de prisão. O prisioneiro, por outro lado, deixado a refletir sobre a própria situação no que se refere a quão rebelde ele é, quão capaz é de manter a experiência à distância, fica face a face com o próprio desamparo. Ele precisa encontrar a correlação entre, de um lado, seu ódio e a eficiência de sua rebeldia com, do outro, a realidade de que, não importa quão heroico ou quão corajoso se veja em determinado momento, ele ainda assim responderá às chamadas e estará sujeito às regras e regulamentos da prisão.[5]

Acredito que seja apropriado concluir essas reflexões com uma passagem igualmente perspicaz das cartas do prisioneiro político George Jackson, escrita pouco antes da declaração de Carlo. Lembrem-se de que seu advogado desejava que eu fosse a testemunha especialista em sua defesa, no julgamento vindouro dos *Soledad Brothers*; contudo, Jackson foi assassinado antes disso, no dia seguinte ao término de nosso estudo.

É de fato estranho que um homem encontre motivo para rir aqui dentro. Todos estão confinados 24 horas por dia. Eles não têm passado ou futuro, nenhum objetivo que não seja a próxima refeição. Estão assustados, confusos e destruídos por um mundo que, bem sabem, não criaram, e que não podem transformar. E, por isso, eles emitem estes ruídos altos, para que não possam ouvir o que suas mentes estão tentando lhes dizer. Eles riem para assegurar a si e aos outros em volta que não estão com medo, como o indivíduo supersticioso que assobia ou canta algo alegre enquanto passa ao lado do cemitério.[6]

CAPÍTULO 8

Os confrontos com a realidade na quinta-feira

Q̲ᴜɪɴᴛᴀ-ꜰᴇɪʀᴀ, ᴀ ᴘʀɪꜱão ᴇꜱᴛá ʀᴇᴘʟᴇᴛᴀ ᴅᴇ ᴀɴɢúꜱᴛɪᴀ, ᴀɪɴᴅᴀ ǫᴜᴇ tenhamos muitos quilômetros a percorrer antes de que nossa exploração esteja completa.

No meio da noite, acordo de um pesadelo terrível no qual fui hospitalizado em uma cidade estranha depois de um acidente de carro. Nele, estou lutando para comunicar à enfermeira que eu tenho de voltar ao meu trabalho, mas ela não consegue me compreender. É como se eu estivesse falando em uma língua estrangeira. Eu grito para que soltem minhas pernas: "Eu preciso sair daqui." Em vez disso, ela me mantém preso e tapa minha boca com uma fita adesiva. Em uma espécie de "sonho lúcido", em que se está ciente de ser um ator dentro do sonho, eu antevejo a notícia do meu incidente chegando aos guardas.[1] Estes ficam encantados com o fato de que seu superintendente liberal e indulgente esteja fora do caminho, pois agora estarão totalmente livres para lidar com seus "perigosos prisioneiros" da maneira que acharem necessária para manter a lei e a ordem.

É mesmo um pensamento assustador. Imagine o que poderia acontecer em uma masmorra subterrânea se os guardas pudessem fazer o que quisessem com os prisioneiros. Imagine o que fariam se soubessem que não há ninguém no comando, ninguém observando seus jogos secretos de dominação e submissão, ninguém para interferir nos próprios pequenos "experimentos psicológicos", que poderiam pôr em prática ditados pelo próprio juízo e capricho.

Salto de meu sofá-cama no escritório, lavo-me, visto-me, e desço até o porão, feliz por ter sobrevivido ao pesadelo e por ter minha liberdade restaurada.

A chamada das duas e meia da madrugada está mais uma vez em pleno curso. Os sete cansados prisioneiros despertaram mais uma vez com apitos altos e estridentes e com estrondos dos cassetetes contra as grades de suas celas fétidas e áridas. São colocados em fila contra a parede. O guarda Vandy está recitando uma seleção de regras e testando a memória dos prisioneiros ao prescrever punições sortidas pelos lapsos que cometem.

Ceros gostaria que a experiência fosse como nas prisões militares, administradas com pulso firme, e, assim, faz com que os prisioneiros marchem no lugar repetidamente, como se estivessem no Exército. Depois de uma breve discussão, os dois camaradas decidem que estes jovens devem ser mais disciplinados e precisam compreender a importância de arrumar as camas no melhor estilo militar. Os detentos são obrigados a desarrumarem a cama completamente, e, então, rearrumá-la com precisão e ficar em pé ao lado para inspeção. Naturalmente, como em um bom campo de treinamento militar, todos fracassam na inspeção, precisam desarrumar suas camas, rearrumá-las, falhar novamente na inspeção, e, então, repetir esse processo vazio até que os guardas fiquem enjoados desse jogo. Varnish dá sua contribuição:

— Está bem, homens, agora que arrumaram suas camas, podem dormir sobre elas — até a próxima chamada.

Lembrem-se, este é apenas o quinto dia de experimento.

Prisioneiro do EPS nu em sua cela 3

A VIOLÊNCIA IRROMPE NO PÁTIO

No meio da chamada das sete da manhã, e de uma canção mais alegre exigida dos prisioneiros, a violência irrompe subitamente. Paul-5.704, exausto pela falta de sono e irritado por ter de cantar sozinho, como punição, em quase todos os turnos, dá o revide. Recusa-se a fazer as abdominais exigidas. Ceros insiste para os outros continuarem a fazer abdominais até que o 5.704 concorde em participar; apenas a sua submissão poderá deter o doloroso exercício dos outros. O preso 5.704 não morde a isca.

Em uma extensa entrevista a Curt Banks, Paul-5.704 descreve sua versão desse incidente e a hostilidade supurando dentro dele:

— Meus músculos da coxa não são bons, e não deveria esticá-los. Eu disse isso a eles, mas me disseram "cale a boca e faça mesmo assim". "Vá se foder, seu idiota", respondi, ainda deitado no chão. Enquanto me levantava para ser colocado novamente no Buraco, ele [Ceros] me empurrou contra a parede. Nós brigamos, empurrando forte um ao outro e gritando. Eu tinha vontade de pular sobre ele e acertá-lo na cara, mas, para mim, isso seria brigar. [...] Eu sou um pacifista, sabe, não é algo que carregue em mim. Mas eu feri meu pé quando fui provocado, e insisti que precisava de um médico, mas, em vez disso, fui enviado para o Buraco. Eu o ameacei, dizendo que iria "esmagá-lo" quando saísse do Buraco; então, eles me deixaram lá até que todos tivessem terminado o café da manhã. Quando finalmente me deixaram sair da solitária, eu estava furioso e tentei acertar o guarda [Ceros]. Foram necessários dois guardas para me conter. Enquanto me levavam para uma sala separada para meu café da manhã solitário, reclamei da dor no meu pé e pedi para ver um médico. Não deixei que os guardas o examinassem, o que eles entendem disso? Comi sozinho, mas me desculpei com [Varnish], que foi o menos hostil comigo. Mas o sujeito que eu queria mesmo arrebentar era o "John Wayne", aquele cara de Atlanta. Eu sou budista, e ele ficava me chamando de comunista apenas para me provocar, e conseguiu. Agora penso que o bom tratamento de alguns guardas, como o grande Landry [Geoff], só é assim porque mandaram que agisse dessa forma.[2]

John Landry anota em seu relato diário que o 5.704 tem sido o prisioneiro que mais se mete em confusões, ou "ao menos, é o que mais foi punido":

Após cada um dos episódios, [5.704] se mostrava consideravelmente deprimido, mas seu espírito, chamado por ele de sua "personalidade esquisita", continua a aumentar. Ele é um dos presos com mais força de vontade. Ele também se recusou a lavar os pratos do almoço, e, então, sugeri que dessem a ele jantares ruins e suspendessem seu privilégio de fumar — ele é bastante viciado.

Atente para a perspicaz e peculiar perspectiva de Ceros acerca desse incidente crítico e da psicologia do aprisionamento de modo geral:

Um dos prisioneiros, o 5.704, não estava cooperando de modo algum. Assim, decidi colocá-lo no Buraco. A essa altura, tratava-se de algo habitual. Ele reagiu com violência e tive de me defender, não como eu mesmo, mas como guarda. Ele *me* odiava como guarda. Estava reagindo ao uniforme; acredito que tenha sido a imagem que construiu de mim. Não tive alternativa a não ser me defender como guarda. Fiquei imaginando por que os outros guardas não estavam se apressando para me ajudar. Todos estavam estupefatos.

Percebi, então, que era tão prisioneiro quanto eles. Eu era apenas uma reação do que eles sentiam. Eles tinham mais alternativas de ação. Eu não acho que esse era o meu caso. Estávamos todos esmagados pela situação de opressão, mas nós guardas tínhamos a ilusão da liberdade. Eu não percebi isso na época, ou teria saído. Todos entramos como escravos do dinheiro. Os prisioneiros logo se tornaram nossos escravos; nós ainda éramos escravos do dinheiro. Percebi, mais tarde, que éramos todos escravos de algo naquele ambiente. Pensar naquilo como "apenas um experimento" significava que ele não poderia infringir nenhuma agressão contra a realidade. Esta era a ilusão de liberdade. Eu sabia que podia sair, mas não o fiz, porque não podia, por estar escravo de algo aqui.[3]

O prisioneiro Jim-4.325 concorda com a natureza escravagista de sua condição: "O pior do experimento é a vida superestruturada e a obediência absoluta que se deve aos guardas. A humilhação de ser quase um escravo dos guardas é o pior."[4]

Contudo, Ceros não deixou que o sentimento de ser capturado pelo próprio papel interferisse em exercer o poder que sua posição conferia. Afirma: "Eu gostava de atormentá-los. Incomodava-me que o 'Sargento', o 2.093, fosse tão servil. Eu o fiz engraxar e polir minhas botas sete vezes, e ele nunca reclamou."[5]

Em suas reflexões, Vandy revela a percepção desumanizadora dos detentos que se aderiu a seu pensamento acerca deles: "Os presos já estavam bastante servis na quinta-feira, exceto pela breve rixa entre Ceros e o 5.704, um pequeno incidente violento que, o que quer que tenha sido, não gostei. Pensava neles como carneiros, e não dava a mínima para sua condição."[6]

No relatório final de avaliação de Ceros, ele oferece uma visão diferente do sentimento emergente de desumanização dos prisioneiros pelos guardas:

Houve alguns momentos em que me esquecia que os presos eram pessoas, mas eu sempre me recompunha e percebia que eram. Pensava que eram apenas "prisioneiros" perdendo o contato com a própria humanidade. Isso aconteceu em momentos breves, normalmente quando estava dando ordens. Fico cansado e enojado algumas vezes, costuma ser este meu estado de espírito. Também faço uma tentativa real de forçar minha consciência a desumanizá-los para que tudo fique mais fácil para mim.[7]

Nossa equipe concorda que, de todos os guardas, aquele que "cumpre as normas" de modo mais consistente é Varnish. Ele é um dos guardas mais velhos, com 24 anos e a mesma idade de Arnett. Ambos são estudantes da pós-graduação, e devem, portanto, ter mais maturidade do que os outros guardas, cujas idades chegam a 18, como Ceros, Vandy e J. Landry.

Os relatórios de turno diários de Varnish são os mais detalhados e extensos, incluindo descrições de incidentes individuais de subordinação de prisioneiros, ainda que nesses relatórios ele raramente teça comentários sobre o que os guardas estavam fazendo, e não haja percepção das forças psicológicas em funcionamento. Ele pune os prisioneiros apenas pela violação das regras, jamais arbitrariamente. A interpretação de Varnish tornou-se tão internalizada que ele é um guarda sempre que está no ambiente prisional. Ele não é dramático e abusivo como outros, tais como Arnett e Hellmann. Por outro lado, ele não se esforça em fazer os prisioneiros gostarem dele, como é o caso de Geoff Landry. Ele simplesmente faz o seu trabalho, do modo mais rotineiro e eficiente possível. Vejo por seus dados históricos que Varnish se considera narcisista às vezes, com uma tendência ao dogmatismo.

— Houve, de vez em quando, uma tendência singular a minimizar o esforço, não atormentando os prisioneiros *tanto quanto podíamos* — relata.

O modo como os papéis passam a governar, não apenas as emoções de alguém, mas também, as suas razões, é revelado por Varnish em uma interessante análise autorreflexiva, após o estudo:

Eu comecei o experimento acreditando que provavelmente teria condições de agir de modo correto, mas, à medida que o experimento progredia, fiquei bastante surpreso ao descobrir que os sentimentos que tentei impor a mim mesmo começavam a me dominar. Eu estava mesmo começando a me sentir como um guarda, e, de fato, pensei que era incapaz de tal comportamento. Fiquei surpreso — não, fiquei desalentado — ao descobrir que eu poderia ser mesmo um — hum — que eu poderia agir de uma maneira tão absolutamente desacostumada a qualquer coisa que sonho em fazer. E, enquanto o fazia, não senti qualquer arrependimento, nenhuma culpa. Foi apenas mais tarde, quando comecei a refletir sobre o que havia feito, que este comportamento começou a despontar em mim, e percebi que isso era uma parte de mim que nunca havia notado antes.[8]

O prisioneiro 5.704 merece mais tormentos

O ataque de Paul-5.704 a Ceros foi o assunto principal da conversa no posto de guarda, às dez da manhã, durante a troca de turnos da manhã para o turno do dia, quando tiravam e punham seus uniformes ao fim de um turno e no início do outro. Eles concordaram que ele necessitava de atenção e disciplina especiais, visto que tal tipo de ataque contra os guardas não poderia ser tolerado.

O prisioneiro 5.704 não foi incluído na chamada das onze e meia da manhã porque estava *acorrentado* a sua cama na Cela 1. O guarda Arnett ordenou a todos os outros que fizessem setenta flexões como punição em grupo pela insubordinação do 5.704. Embora os prisioneiros estivessem cada vez mais fracos pela dieta mínima, e exaustos pela falta de sono, eles estavam, mesmo assim, aptos a realizar esse enorme número de flexões — que eu mesmo não poderia fazer, mesmo bem alimentado e descansado. Mesmo que de modo relutante e miserável, eles estavam adquirindo uma condição atlética.

Dando continuidade ao tema musical irônico do dia anterior, os prisioneiros foram obrigados a cantar, alto e claro, *Oh, What a Beautiful Morning* (Ah,

Que Bela Manhã), e *Amazing Grace*, misturados a um coral em círculo cantando *Row, Row, Row Your Boat*. Pouco depois de ter se juntado a seus companheiros para o coro, Paul-5.704 continuou sua insubordinação verbal, e, mais uma vez, foi atirado ao Buraco. Gritando e praguejando a plenos pulmões, ele novamente derrubou com um chute o tapume de madeira que separava os dois compartimentos do Buraco. Os guardas o arrastaram para fora, algemaram-no, acorrentaram os tornozelos dele, um ao outro, e ele foi colocado de volta na Cela 2 enquanto consertavam o estrago no Buraco. A solitária agora precisaria ter duas unidades de celas separadas para o caso de dois prisioneiros precisarem ser disciplinados simultaneamente.

Criativamente determinado como qualquer prisioneiro, o 5.704 foi capaz de, de alguma maneira, dobrar os parafusos para fora da porta de sua cela, trancando-se, assim, pelo lado de dentro, e zombando dos guardas. Mais uma vez, os guardas invadiram a cela, e o arrastaram de volta para o já consertado Buraco, até que ele fosse levado para o Conselho de Condicional mais tarde naquele dia, para uma audiência disciplinar.

Os atos revoltosos do 5.704 quebram a aparência cuidadosamente cultivada de tranquilidade de Arnett. Como um dos guardas mais velhos, pós-graduando em Sociologia, que já lecionou em três instituições para menores infratores e que já foi acusado (e absolvido) de "assembleia ilegal" em um protesto pelos direitos civis, Arnett tem a experiencia mais relevante para ser um guarda consciencioso. E ele o é, ainda que sem compaixão pelos prisioneiros, por se comportar com uma postura completamente profissional, sempre que está no pátio. Ele é tão preciso em seus movimentos físicos controlados quanto o é dando ordens verbais. Tornou-se uma figura de autoridade de grande prestígio, como um âncora de TV, com movimentos uniformes de cabeça, pescoço e ombros, e gestos sincronizados de braço, punho e mão. Ponderado em palavras e ações, Arnett transmite um sentido de economia de envolvimento com a cena à sua volta. É difícil imaginá-lo irritado com alguma coisa, assim como é difícil imaginar alguém o desafiando.

> Eu estou um tanto surpreso com a tranquilidade que senti do início ao fim. Senti raiva apenas uma vez, por um instante, quando o 5.704 retirou a fechadura da porta e cutucou meu estômago com meu próprio bastão (com o qual eu acabara de cutucá-lo). Em todos os outros momentos, senti-me bastante relaxado. Nunca experimentei sensação igual de poder e alegria do que quando empurrava as pessoas ou ordenava isso ou aquilo.[9]

No ambiente carcerário, Arnett utilizou seu conhecimento de algumas pesquisas em ciências sociais para seu proveito:

Tomei conhecimento, por minhas leituras, de que o tédio e outros aspectos da vida prisional poderiam ser explorados para fazer as pessoas se sentirem desorientadas por meio da impessoalidade, do trabalho estafante, punindo individualmente todos os prisioneiros por mau comportamento, conduzindo execuções perfeitas de tarefas triviais em sessões de exercício. Eu tinha percepção do poder daqueles que controlam os ambientes sociais, e tentei intensificar a alienação [dos presos] usando algumas dessas técnicas. Eu podia utilizá-las somente de modo bastante limitado, porque não queria ser brutal.[10]

Opondo-se à liberação precoce da condicional, Arnett escreveu ao Conselho: "Mal posso listar todas as infrações do 5.704. Insubordinação constante e evidente, tem surtos de violência e mudanças de humor extremas, e constantemente tenta incitar os outros detentos à insubordinação e à falta de cooperação geral. Age erradamente até quando sabe que isso resultará em punições para os outros. Deve ser tratado com dureza pelo comitê disciplinar."

O prisioneiro 416 confronta o sistema com uma greve de fome

O preso 5.704 não era a única preocupação disciplinar. A loucura do lugar, à qual passamos a nos acostumar ao longo dos poucos dias desde que começamos no domingo último, também atingira o 416 quando chegou no dia anterior como uma substituição do primeiro prisioneiro a ser solto, o Doug-8.612. Ele não podia acreditar no que estava presenciando e quis sair imediatamente. Contudo, seus colegas de cela contaram-lhe que não era possível sair. Seus colegas passaram adiante a falsa declaração do detento 8.612, de que não era possível sair, que "Eles" não deixariam ninguém sair até que o tempo tenha se esgotado. Sou lembrado do famoso verso da música *Hotel California*: "You can check out anytime you like, but you can never leave" (Você pode fechar a conta quando quiser, mas nunca poderá sair).

Em vez de reclamar sobre essa falsa asserção, o 416 se utiliza de meios passivos para escapar. "Elaborei um plano", dissera depois, "Eu insistiria em uma brecha no contrato, preparado com afobação. Mas que força, além do argumento, eu poderia exercer no sistema? Eu poderia me rebelar, como o Paul-5.704 fez. Mas, ao usar táticas legais para sair, meus sentimentos teriam importância secundária, embora eu os tenha seguido para atingir meu objetivo. Em vez disso, escolhi exaurir os recursos dessa simulação, tornando-me impossível, recusando todas as recompensas e aceitando suas punições". (É improvável que o 416 tenha percebido que estava adotando uma estratégia que as organizações sindicais usaram em lutas contra a gerência, "seguir as regras", formalmente conhecido como "operação-padrão", independentemente das circunstâncias, para expor fraquezas inerentes ao sistema.)[11]

O 416 decidiu começar um jejum porque, recusando a comida oferecida pelos guardas, ele retiraria uma fonte de seu poder sobre os prisioneiros. Contemplar o seu corpo fino e sem músculos, 61 quilos dentro de um corpo de 1,72 metro de altura, me fazia pensar que ele já parecia uma vítima da inanição.

De algumas maneiras, Clay-416 se impactou mais do que qualquer outro com o primeiro dia como prisioneiro da Prisão Municipal de Stanford, como nos contou em sua análise pessoal, ainda que despersonalizada:

"Comecei a sentir que estava perdendo minha identidade. A pessoa que chamo de 'Clay', a pessoa que me colocou neste lugar, a pessoa que se candidatou a entrar nesta prisão — pois, para mim, isto era uma prisão, ainda é uma prisão para mim, não vejo como um experimento ou simulação, é uma prisão administrada por psicólogos, e não pelo Estado. Comecei a sentir esta identidade, a pessoa que eu era, que resolveu ir à prisão, como alguém distante de mim, uma pessoa remota, até que, finalmente, não era mais eu. Eu era o 416. Eu era mesmo o meu número, e 416 teria de decidir o que fazer, e foi quando decidi que deveria jejuar. Decidi jejuar porque era uma recompensa que os guardas lhe davam. Eles sempre ameaçam não deixar você comer, mas precisam lhe dar de comer. Assim, parei de comer. Desse modo, teria um tipo de poder sobre algo, porque descobri a única coisa que não me poderiam privar. Mais cedo ou mais tarde, eles iriam se dar mal se não me fizessem comer. E, de algum modo, eu estava humilhando os guardas por conseguir jejuar."[12]

Começou recusando-se a tocar em seu almoço. Arnett relatou ouvir acidentalmente o 416 dizer a seus colegas que pretendia não comer até que conseguisse a assistência legal que estava solicitando. Disse que "depois de mais ou menos 12 horas, eu provavelmente irei desabar, e, então, o que poderão fazer? Eles terão de desistir." Arnett pensou que não passava de um prisioneiro "falastrão e atrevido". Não enxergando nada de nobre em sua greve de fome.

Aí estava um novo detento embarcando em um ousado plano de desobediência, confrontando diretamente o poder dos guardas. Seu ato poderia, potencialmente, fazer dele um herói da não violência, ao redor do qual os prisioneiros se refariam, alguém que os despertasse deste estupor de obediência e automatismo — do modo como o fez Mahatma Gandhi. Por contraste, é evidente que a violência usada pelo 5.407 não funcionou em um lugar onde os recursos de poder são tão desproporcionalmente a favor do sistema. Esperava que o 416 surgisse com outro plano que envolvesse seus colegas de cela e os outros, em uma desobediência coletiva, usando uma greve de fome em massa como tática para retificar o severo tratamento exercido sobre eles. Todavia, preocupou-me estar ele tão introspectivamente focado que possuía pouca consciência da necessidade de engajar os companheiros em uma oposição coletiva completa.

O colapso de mais dois prisioneiros

Aparentemente, os problemas causados pelo 5.407 e o 416 foram o começo de um efeito dominó de confrontos. A mãe do 1.037 estava certa. Seu filho, Rich, não parecia bem, em sua opinião; agora, eu também tinha a mesma opinião. Parecia mais e mais deprimido depois que seus entes queridos saíram, nas horas de visita; ele provavelmente desejou que tivessem insistido em levá-lo para casa. Em vez de aceitar a acurada avaliação de seu estado, Rich provavelmente passou a acreditar que sua masculinidade estava em jogo. Ele queria provar que conseguiria aguentar, "feito homem". Não conseguiu. Assim como seus colegas 8.612 e 819, da Cela 2, a cela inicialmente rebelde, 1.037 manifestou sintomas de angústia extrema, em tal medida que tive de levá-lo para a sala silenciosa, fora do pátio da prisão, e dizer a ele que seria melhor que recebesse a condicional. Ele ficou agradecido e surpreso com a boa notícia. Enquanto estendia-lhe suas roupas civis, ele ainda tremia. Disse a ele que receberia o pagamento completo por todo o experimento, e que entraríamos em contato com ele e com todos os outros estudantes em breve para examinar os resultados do estudo, completar a análise final, e dar-lhes o pagamento.

O prisioneiro 1.037 contou-nos, mais tarde, que a pior parte do experimento foi a "hora em que os guardas pareciam expressar seus verdadeiros sentimentos interiores, e não apenas representar o papel de guarda. Por exemplo, houve momentos durante os períodos de exercício em que os prisioneiros foram forçados ao limite do sofrimento real. Alguns guardas pareciam se deleitar de verdade com nossa agonia".[13]

Quando seus pais vieram visitá-lo durante a Hora de Visita, as notícias da condicional iminente do 1.037 não caíram bem para o 4.325, que estava mais angustiado do que qualquer um de nós pôde perceber. O "grande Jim", como nosso grupo de pesquisa se referia ao 4.325, parecia um jovem seguro de si, cuja avaliação seletiva indicou que ele se encontrava dentro da faixa normal em todos os índices. Contudo, naquela tarde, ele subitamente sucumbiu.

"Quando chegou a hora do comparecimento ao Conselho de Condicional, imediatamente passei a ficar esperançoso de que seria liberado. Mas desabei quando Rich [1.037] recebeu a liberdade condicional, e eu não. Aquele acontecimento mexeu muito comigo e me trouxe um sentimento ainda maior de desespero. Como consequência, 'desabei'. Aprendi que minhas emoções estão muito mais presentes do que imaginava, e percebi que ótima vida eu tenho afinal. Se a prisão é minimamente parecida com o que passei aqui, não vejo como ela auxiliaria alguém."[14]

Eu disse a ele o mesmo que ao 1.037, que concederíamos de qualquer maneira sua condicional em breve por bom comportamento, e não haveria problema de ele sair antes. Agradeci por sua participação, disse que sentia muito pela experiência ter sido tão difícil para ele, e o convidei para que viesse conversar conosco em breve. Eu queria que todos os estudantes viessem, e que juntos compartilhassem suas reações depois de se afastarem um pouco dessa experiência incomum. Ele reuniu seus pertences e saiu silenciosamente após indicar que não precisava de atendimento psicológico no Hospital Universitário.

O diário do diretor sublinha: "O 4.325 reage mal e precisa ser liberado às cinco e meia da tarde, em detrimento de reações severas semelhantes às do 819 [Stew] e do 8.612 [Doug] antes dele." O diário acrescenta também o curioso fato de que não há menção da soltura do 4.325 por qualquer um dos prisioneiros ou guardas. Fora esquecido tão logo partiu. Descanse em paz. Aparentemente, a esta altura do cansativo teste de resistência, tudo o que importa é quem está presente e contabilizado, e não quem costumava estar. O que os olhos não veem, o coração, definitivamente, não sente.

Cartas para o lar da cadeia de Stanford

"Hoje, quando os prisioneiros escreviam as cartas contando a temporada excelente que estão passando, como fizeram antes, o 5.486 [Jerry] só conseguiu escrever direito na terceira tentativa", relatou o guarda Markus. "O comportamento deste prisioneiro e o seu respeito pela autoridade passaram a se deteriorar constantemente desde que esteve na cela modelo 3. Desde a redistribuição nas celas, o 5.486 tem sido adversamente afetado por seus novos companheiros de cela, e seu comportamento agora é caracterizado por suas novas tiradas geniosas, especialmente durante as chamadas. Todos os seus comportamentos têm o único propósito de minar a autoridade da prisão."

O relato de Arnett aponta que o detento anteriormente exemplar é um novo problema: "O 5.486 está em meio a um declínio constante desde que se separou do 4.325 e do 2.093 na cela 3. Ele se transformou em um piadista e uma pessoa espalhafatosa que busca ser o centro das atenções. Esta conduta precisa ser retificada antes que possa conduzi-lo a cometer algo sério."

O terceiro guarda do turno do dia, John Landry, ficou igualmente chateado quando "O 5.486 fez uma piada sobre a redação das cartas, como sinal de sua não cooperação geral. Recomendo, como punição, que ele tenha de escrever 15 cartas deste tipo."

Christina se junta à festa do Chapeleiro Louco

Depois que os Conselhos de Condicional e Disciplinar da quinta-feira concluíram seus debates, Carlo teve de voltar para a cidade para resolver assuntos urgentes. Fiquei feliz de não ter de levá-lo para jantar, pois queria estar presente no começo das horas de visita, agendadas para logo após o jantar dos prisioneiros. Tive de me desculpar com a sra. Y., mãe do prisioneiro 1.037, pelo meu comportamento insensível da outra noite. Contudo, também queria um jantar mais tranquilo com a recém-chegada aos referidos debates, Christina Maslach.

Christina havia acabado de receber o seu Ph.D. em Psicologia Social em Stanford, e estava prestes a começar sua carreira como professora-assistente em Berkeley, uma das primeiras mulheres a serem contratadas em décadas para o corpo docente da Psicologia. Ela era um diamante lapidado — esperta, serena e ponderada. Laboriosa e comprometida com uma carreira de pesquisadora e de educadora, Christina havia trabalhado comigo antes como assistente e como valiosa colaboradora de pesquisa, assim como editora informal de muitos dos meus livros.

Creio que me apaixonaria por ela ainda que não fosse impressionantemente bonita. Para um garoto pobre do Bronx, esta elegante "garota da Califórnia" era um sonho tornado realidade. Entretanto, tinha de manter uma distância respeitosa, de modo que minhas indicações para que fosse empregada não fossem manchadas pelo meu envolvimento pessoal. Agora que ela possuía, por seus próprios méritos, um dos melhores empregos do país, podíamos conduzir abertamente nosso relacionamento.

Não contei-lhe muito acerca deste estudo da prisão, pois, juntamente com outros colegas e estudantes de pós-graduação, ela havia agendado conosco uma avaliação completa da equipe, dos prisioneiros e guardas para o dia seguinte, sexta-feira, a meio caminho de nossas duas semanas. Tive uma sensação de que ela não ficou satisfeita com o que vira e ouvira durante a tarde das resoluções disciplinares. O que me perturbou não foi algo que ela disse, mas o fato de não ter dito coisa alguma. Nós discutiríamos sobre suas reações perante Carlo e este cenário em nosso jantar, mais tarde, assim como o tipo de informação que esperava que obtivesse de suas entrevistas na sexta-feira.

O padre cumpre sua promessa de auxílio pastoral

O padre, que sabe se tratar apenas de uma prisão simulada, já cumpriu sua parte em acrescentar verossimilhança a esta falsa prisão com sua atuação verdadeiramente intensa no outro dia. Agora, é forçado a cumprir sua promessa como religioso, e dar auxílio a alguém que o solicite. Muito provavelmente, o padre McDermott liga para a mãe de Hubbie-7.258 e conta à sra. Whittlow que seu filho precisa de representação legal se quiser sair da Prisão Municipal de Stanford. Em vez de dizer que, se seu filho quiser muito sair de lá, ela simplesmente o levará para casa consigo quando o encontrar na próxima Noite de Visitas, a sra. W. faz o que lhe é sugerido. Ela liga para o sobrinho Tim, um advogado do escritório da defensoria pública. Ele, por conseguinte, liga para mim, e seguimos à risca o roteiro, combinando de agendar sua visita legal oficial para a manhã da sexta-feira, o que passa a ser mais um elemento realista neste experimento cada vez mais irreal. Nossa pequena peça, ao que parece, está sendo agora reescrita por Franz Kafka, como acréscimo surreal de *O Processo*, ou talvez por Luigi Pirandello, como atualização de seu *O Falecido Mattia Pascal*, ou sua peça mais famosa, *Seis Personagens à Procura de um Autor*.

Um herói no espelho retrovisor

Às vezes, é preciso tempo e distanciamento para percebermos o valor das lições importantes da vida. Clay-416 pode fornecer uma contraparte da clássica afirmação de Marlon Brando, em *Sindicato dos Ladrões* (*On the waterfront*): "Eu poderia ter sido um competidor." Clay-416 bem poderia ter dito: "Eu poderia ter sido um herói." Contudo, no calor do momento, ele era visto apenas como um "encrenqueiro" que provocou sofrimento em seus camaradas, o rebelde sem causa conhecida.

O heroísmo frequentemente exige um apoio social. Costumamos celebrar os feitos heroicos de indivíduos corajosos, mas não o fazemos se suas ações têm um custo imediato palpável para o resto de nós e não podemos compreender suas razões. Tais sementes heroicas de resistência são mais bem observadas se todos os membros da comunidade compartilham uma disposição para sofrer por objetivos e valores comuns. Pudemos reconhecer isso, por exemplo, na resistência de Nelson Mandela ao *apartheid*, quando foi preso na África do Sul. Redes de pessoas em muitas nações europeias organizaram fugas e esconderijos para que judeus sobrevivessem ao Holocausto nazista. Greves de fome foram empregadas com propósitos políticos no jejum mortífero dos líderes do IRA durante a detenção na prisão de Long Kesh, em Belfast. Eles e outros do Exército Republicano Irlandês usaram a greve de fome para obter atenção para sua condição de prisioneiros políticos, em vez de serem designados como criminosos comuns.[15] Mais recentemente, centenas de detentos mantidos na base militar norte-americana de Guantánamo, Cuba, levaram adiante uma prolongada greve de fome para protestar contra a natureza ilegal e desumana de seu cativeiro e receber a atenção da mídia para esta causa.

Quanto a Clay-416, embora tenha um plano pessoal de resistência eficaz, não se dedicou a compartilhar isso com os companheiros de cela ou os outros prisioneiros, para que, assim, decidissem reunir forças. Tivesse feito isso, seu plano poderia ter representado um princípio unificador, em vez de ser rejeitado como uma patologia pessoal. Ele teria se tornado um desafio coletivo ao sistema cruel em vez de um cacoete temperamental constitutivo. Quem sabe por ter chegado à cena mais tarde, os outros prisioneiros não o conhecessem o suficiente, ou sentissem que ele não havia pagado o que deve como eles o fizeram durante os primeiros e árduos dias e noites. De qualquer modo, ele era um "forasteiro", como Dave, nosso informante (substituto do 8.612). Dave, contudo, rapidamente passou para o lado dos prisioneiros e se aliou à causa contra o sistema que o contratou como espião. Penso também que foi o jeito introvertido do 416 que o alienava de seus companheiros. Ele estava acostumado a agir sozinho, vivendo sua vida dentro de sua mente complexa, e não na esfera das conexões interpessoais. Ainda assim, sua contestação teve um impacto poderoso no pensamento de ao menos um prisioneiro, ainda que após o término do experimento.

Jerry-5.486, o detento recentemente intitulado de "exibicionista" pelo Conselho de Condicional, foi claramente influenciado pelo heroísmo do 416 em face da severidade dos abusos: "Fiquei impressionado pela determinação estoica de Clay, e queria que ele estivesse lá desde o começo. Ele teria exercido um efeito definitivo nos acontecimentos que se seguiram."

Em suas reflexões posteriores, o 5.486 acrescentou:

Foi interessante que, quando Clay-416, o primeiro exemplo real de pessoa obstinada, tomou a decisão de se recusar de modo absoluto a comer suas salsichas, as pessoas se opuseram a ele. Fosse no começo do estudo, ele seria o ideal delas. Porque várias pessoas disseram que seriam imutáveis, resistentes e tudo o mais, mas quando alguém teve coragem de ser assim, elas se opuseram. Preferiram as pequenas mesquinharias confortáveis a vê-lo se ater à sua integridade.

Jerry-5.486 foi além, observando quão desagradável foi testemunhar o choque entre o 416 e o 7.258, "entre Hubbie e Clay, sobre as salsichas e a namorada". Mais tarde, ele obteve uma perspectiva melhor do real significado desse confronto, mas não conseguiu enxergar a natureza concreta do acontecimento enquanto ele se desenrolava, ou poderia ter reagido para intervir e acalmar o choque:

Percebi que todos estavam demasiadamente envolvidos com aquela situação, e, por isso, sofriam e faziam os outros sofrerem. Era muito triste vê-los passando por isso, especialmente porque [Hubbie] não se dava conta de que, se não pôde ver sua garota, a culpa era de "John Wayne", não de Clay. [Hubbie] mordeu a isca e deixou-a destruí-lo.[16]

Enquanto isso, de volta ao confinamento na solitária, Clay-416 enfrentava a situação com uma espécie de postura budista que deixaria Paul-5.704 orgulhoso, caso soubesse que Clay utilizava uma tática zen de sobrevivência mental.

"Eu meditava constantemente. Por exemplo, quando recusei o jantar, o guarda [Burdan] retirou todos os presos das celas para tentarem me convencer de que o dia de visitas seria cancelado e essa merda toda, o que imaginei que não aconteceria. Mas não tinha certeza; simplesmente calculei a probabilidade. Passei, então, a fitar ininterruptamente a gotinha de água da salsicha que cintilava sobre meu prato de lata. Fixei-me na gotinha e concentrei-me em mim mesmo, a princípio horizontalmente, e, então, verticalmente. Ninguém conseguiria me incomodar. Tive uma experiência religiosa no Buraco."[17]

O esquálido garoto encontrou a paz interior por meio de sua resistência passiva, controlando o próprio corpo e se afastando dos guardas. Clay-416 nos forneceu este tocante relato de como acreditou que venceria a competição entre a força de vontade pessoal e o poder institucional:

"Quando recusei a comida perante a opressiva guarda noturna, pela primeira vez fiquei contente neste lugar. Foi agradável deixar [o guarda Hellmann] furioso. Quando fui jogado no Buraco para passar a noite, fiquei jubiloso. Jubiloso porque tinha quase certeza de que ele havia exaurido seus recursos (a serem usados contra mim). Fiquei espantado em perceber que tinha privacidade no confinamento da solitária — o que era um luxo. A punição dos outros não dizia respeito a mim. Estava apostando com os limites da situação. Sabia, pensei, que os privilégios de receber visitas não poderiam ser retirados. Preparei-me para ficar no Buraco até às dez da manhã do dia seguinte. No Buraco, eu estava o mais longe de me ver como 'Clay'. Eu era o '416', determinado e orgulhoso até passível mesmo de ser o '416'. O número tinha uma identidade para mim porque o 416 encontrara a própria resposta àquela situação. Não tinha necessidade de me agarrar à antiga hombridade que possuía sob meu velho nome. No Buraco, há um filete de luz vertical de 10 centímetros de comprimento que atravessa a fissura entre as portas do closet. Depois de aproximadamente três horas ali, enchi-me de calma ao contemplar aquele filete de luz. É a coisa mais bonita da prisão. E não digo apenas subjetivamente. É bonita de fato, vá ver. Quando fui solto por volta das 11 da noite e levado para a cama, senti que havia vencido, que minha força de vontade, até então, fora mais forte do que a vontade da situação como um todo. Dormi bem naquela noite.

O sombra mostra que tem alma

Curt Banks conta que, de todos os guardas, o de que menos gosta e respeita é Burdan, pois ele é muito bajulador, adulando Hellmann e vivendo no rastro do manda-chuva. Sinto o mesmo, embora saiba que, do ponto de vista de um detento, há outros que representam ameaças piores à sobrevivência e à sanidade. Um membro da equipe ouviu por alto Burdan se gabar de ter seduzido a esposa de um amigo na noite anterior. Os três eram jogadores assíduos de *bridge*, e, embora ele sempre se sentisse atraído pela moça de 28 anos, e mãe de duas crianças, ele nunca tivera coragem de partir para cima dela — até aquele momento. Talvez tenha sido o sentimento de autoridade recém-descoberto que lhe dera coragem de enganar e pôr chifres em seu velho amigo. Se isso era verdade, tínhamos outra razão para não gostar dele. Então, encontramos em seu histórico que sua mãe escapara da Alemanha nazista, e, dessa forma, acrescentamos algum peso positivo à avaliação desse complexo jovem.

O relatório de turno de Burdan é uma fantástica descrição do comportamento da equipe de agentes penitenciários:

> Tivemos uma crise de autoridade, esta conduta rebelde [o jejum do 416] mina potencialmente o controle total que temos sobre os outros. Acabei conhecendo as idiossincrasias de vários números [interessante que ele os chame de "números": uma flagrante desindividuação dos prisioneiros]; tento utilizar esta informação apenas para atormentá-los enquanto estou dentro do bloco das celas.

Ele também ressalta a falta de apoio que ele e outros guardas estão obtendo da nossa equipe: "A encrenca de verdade começou no jantar — procuramos a autoridade da prisão para descobrir como lidar com essa última revolta, pois todos estamos preocupados por ele não estar comendo [...] estranhamente, eles estão ausentes." (Nós admitimos a culpa por não termos fornecido supervisão e treinamento.)

Minha visão negativa de Burdan é abrandada pelo que fez em seguida. "Não aguento a ideia de ele [416] ficar no Buraco mais um minuto sequer", diz, "parece perigoso [visto que as regras limitam o confinamento na solitária em uma hora]. Discuto com Dave, e silenciosamente devolvo o novo prisioneiro, o 416, à sua cela." Acrescenta: "mas com um toque de malícia, ordeno que leve suas salsichas consigo para a cama."[18]

Uma validação dessa visão positiva acerca de Burdan surge de um comentário de Jerry-5.486, o único prisioneiro a se prontificar a abdicar de seu cobertor por Clay-416: "Estava irritado com a fala descontrolada e endoidecida de 'John Wayne'. Sabendo que eu simpatizava com Clay, [Burdan] veio a minha cela, e me disse que não o manteriam preso durante toda a noite. 'Nós o soltaremos assim que todos estiverem dormindo', confidenciou-me, e, então, se afastou, fingindo ser um cara durão. É como se, no meio daquela confusão, precisasse travar alguma comunicação honesta e sincera."[19]

Não apenas Jerry-5.486 estava do lado do 416, como também sentira que a melhor parte de todo o experimento foi ter conhecido Clay: "Ver alguém que sabia o que queria e estava disposto a passar pelo que fosse necessário para consegui-lo. Ele era o único sujeito com algo a perder que não se vendeu, se rendeu, ou sucumbiu."[20]

No relatório do turno da noite, Burdan escreve: "Não há solidariedade entre os presos remanescentes, com exceção do 5.486, que sempre exigiu privilégios iguais para todos." (Concordo; esta é a maior razão para respeitar o Jerry-5.486, mais do que qualquer outro prisioneiro.)

Este intenso e prolongado experimento enriquece minha apreciação da complexidade da natureza humana, pois quando achamos que compreendemos alguém, percebemos que conhecemos apenas uma pequena fatia de sua natureza interior, a partir de uma série limitada de contatos pessoais ou mediados. Como também passei a respeitar o Clay-416 por sua força de vontade frente a tamanha oposição, descubro que ele não é exatamente um Buda. Ele nos conta em sua entrevista final o que pensa acerca do sofrimento causado aos outros prisioneiros por sua greve de fome: "Se estou tentando escapar, e os guardas criam uma situação árdua para os outros por causa disso, *não dou a mínima*."

Seu amigo, Jerry-5.486, fornece uma perspectiva fascinante sobre os complexos jogos psicológicos que ele estava jogando — e perdendo — na prisão.

À medida que o experimento prosseguia, eu podia justificar minhas ações dizendo: "É apenas um jogo, sei disso, posso suportá-lo facilmente, eles não podem mexer com minha mente, portanto, seguirei adiante." Para mim, isso estava bom. Estava gostando de determinadas coisas, contando meu dinheiro, e planejando a minha fuga. Achei que minha cabeça estivesse no lugar, e que não poderiam me desanimar, porque estava longe de tudo aquilo, observando de longe. Mas percebo agora que, apesar de minha crença de que as coisas em minha mente estivessem ordenadas, eu controlava meu comportamento na prisão com menos frequência do que imaginava. Não importa quão aberto, amigável e prestativo fosse com os outros prisioneiros, ainda assim agia como uma pessoa isolada e autocentrada, sendo racional em vez de compassivo. Eu me virei bem em meu jeito isolado de ser, mas agora estou ciente de que minhas ações frequentemente feriam os outros. Em vez de responder a suas necessidades, eu os considerava tão isolados quanto eu, e com isso, racionalizava minha postura egoísta.

O melhor exemplo disso foi quando Clay [416] estava no armário com suas salsichas [...] Clay e eu éramos amigos, ele sabia que eu estava do seu lado durante o incidente do jejum, e senti que o tinha ajudado um pouco na mesa do jantar, quando os outros prisioneiros tentavam fazer com que eu comesse. Mas quando ele foi para o armário, e disseram que deveríamos gritar coisas e esmurrar a porta, eu o fiz como todos os outros. Justifiquei tal atitude dizendo: "É apenas um jogo. Clay sabe que estou do seu lado. Minhas ações não fazem diferença, e, portanto, continuarei a fazer a vontade do guarda." Mais tarde, percebi que gritar e esmurrar era algo difícil para Clay. Fazendo isso, atormentei o sujeito que mais gostava. E justifiquei isso ao dizer: "Cumprirei o protocolo, mas eles não assumiram o controle de minha mente", quando o mais importante era a mente de outra pessoa. O que *ele* estava pensando? Como minhas ações o afetavam? Estava cego para as consequências das minhas ações, e delegava aos guardas a responsabilidade por elas. Separei minha mente de minhas ações. Eu provavelmente teria cometido algum dano físico a um prisioneiro, contanto que pudesse transferir a responsabilidade para os guardas.

E agora penso que talvez não possa separar tão claramente a mente das ações quanto o fiz durante o experimento. Eu me gabei de ter tornado minha mente inacessível — não ficava chateado, não deixava que a controlassem. Mas quando olhei para trás, reconheci que tiveram um controle bastante forte, ainda que sutil, sobre minha mente.[21]

"VOCÊ ESTÁ FAZENDO ALGO TERRÍVEL COM ESSES GAROTOS!"

A última ida ao banheiro na noite de quinta-feira começou às dez horas. Christina havia trabalho na biblioteca após sua silenciosa participação no Conselho de Condicional e Disciplinar. Ela descera à prisão pela primeira vez para me apanhar para jantar no *Stickney's*, um restaurante no shopping *Town and Country*, próximo ao *campus*. Eu estava no escritório do superintendente, arquitetando a logística para as entrevistas em massa do dia seguinte. Eu a vi conversando com um dos guardas, e, quando terminou, trouxe-a para que se sentasse perto de minha mesa. Depois, ela descreveu seu encontro incomum com este guarda em especial:

Em agosto de 1971, havia acabado de concluir meu doutorado na Universidade de Stanford, na companhia de meu colega de escritório Craig Haney, e preparava-me para começar meu novo emprego como assistente de professor de Psicologia na Universidade da Califórnia, em Berkeley. Devo também incluir, como informação importante, que comecei a me envolver romanticamente com Phil Zimbardo, e estávamos considerando a possibilidade de nos casarmos. Embora já tivesse ouvido falar, por Phil e outros colegas, dos planos para o estudo da simulação da prisão, não havia participado nem do trabalho preliminar, nem dos dias iniciais da simulação. Habitualmente, teria me interessado mais, e talvez participasse de alguma maneira, mas estava me mudando, e encontrava-me concentrada na preparação de meu primeiro trabalho como professora. Entretanto, quando Phil me pediu, concordei em ajudar na condução de algumas entrevistas com os participantes do estudo.

Quando desci para o porão onde se situava a prisão, [...] encaminhei-me até a outra ponta do corredor, por onde os guardas entravam no pátio; havia uma sala fora da entrada do pátio, onde costumavam descansar e relaxar enquanto não estavam em serviço, ou a usavam para trocar de uniforme no começo e no final de seus turnos. Conversei com um dos guardas dali, que aguardava o começo de seu turno. Ele era muito agradável, educado e amigável, sem dúvida alguém que qualquer um consideraria um sujeito muito bom.

Mais tarde, um dos membros da pesquisa disse-me que eu deveria dar uma olhada no pátio novamente, porque o novo guarda da madrugada havia entrado, e este era o turno do notório "John Wayne". Este era o apelido do guarda mais durão e cruel de todos; sua reputação o precedera em vários relatos que ouvira. É claro, estava ansiosa para ver quem ele era, e o que fazia para atrair tanta atenção. Quando olhei pelo local de observação, fiquei absolutamente estupefata de ver que aquele a quem chamavam de John Wayne era o "sujeito muito bom" com quem conversara há pouco. Só que agora ele era outra pessoa. Não apenas se movia mas falava diferentemente, com um sotaque sulista [...] Ele gritava e praguejava com os prisioneiros enquanto os fazia percorrer a "chamada", fora de si, de maneira rude e beligerante. Era uma transformação impressionante de alguém com quem acabara de conversar — uma transformação que se dera em minutos, apenas atravessada a linha que divide o mundo externo e o pátio da prisão. Com seu uniforme militar, cassetete na mão, e óculos de sol prateados para ocultar os olhos [...], este sujeito era um eficiente guarda de prisão, decidido e realmente cruel.[22]

Nesse momento, eu observava a última ida à toalete, a comitiva acorrentada atravessava o escritório do superintendente. Como de costume, seus calcanhares estavam atados de detento a detento; grandes sacos de papel cobriam suas cabeças, o braço de cada um se apoiava no ombro do preso à sua frente. Um guarda, o grande Geoff Landry, conduzia a procissão.

— Chris, venha ver! — Exclamei. Ela olhou, e depois desviou o olhar.

— Você viu isso? O que acha?

— Eu já vi. — E desviou o olhar mais uma vez.

Estava chocado com sua aparente indiferença.

— O que você quer dizer? Você não vê que este é um comportamento humano crucial, estamos vendo coisas que ninguém testemunhou antes nesta situação. Qual o seu problema? — Curt e Jaffe também se uniram a mim contra ela.

Ela não podia responder, pois estava emocionalmente abalada. Lágrimas corriam pelo seu rosto.

— Vou embora. Esqueça o jantar. Vou para casa.

Corri atrás dela, e discutimos nos primeiros degraus de Jordan Hall, onde se situa o Departamento de Psicologia. Cheguei até mesmo a desafiá-la, se ela poderia ser uma boa pesquisadora, sendo tão emotiva em um procedimento de pesquisa. Disse-lhe que dezenas de pessoas haviam descido a esta prisão, e nenhuma delas reagira como ela. Ela ficou furiosa. Não importava se todas as pessoas do mundo achassem que o que ele estava fazendo era bom. Aquilo era simplesmente errado. Os garotos estavam sofrendo. Como investigador-chefe, eu era pessoalmente responsável pelo seu sofrimento. Eles não eram prisioneiros, nem sujeitos de experimento, mas garotos, jovens, que estavam sendo desumanizados e humilhados por outros garotos que haviam perdido seu compasso moral nesta situação.

Sua reminiscência deste intenso confronto é repleta de joias de sabedoria e compaixão, mas, naquele momento, era um tapa em minha cara, um apelo para despertar do pesadelo que sonhava noite e dia durante a última semana.

Christina se recorda:

Por volta das 11 da noite, os prisioneiros estavam sendo levados ao banheiro antes de se deitarem. O banheiro ficava fora das dependências do pátio da prisão, e isso era um problema para os pesquisadores, que desejavam que os prisioneiros estivessem "presos" 24 horas por dia (tal como em uma prisão real). Eles não quiseram que os prisioneiros vissem pessoas e lugares do mundo exterior, o que quebraria o envolvimento total que se esforçavam para criar. Assim, a rotina de ida ao banheiro consistia em colocar sacos de papel sobre a cabeça dos prisioneiros, para que não pudessem enxergar, acorrentá-los em fila, e conduzi-los corredor adentro, entrando e saindo da sala das caldeiras, e, em seguida, para o banheiro. Isso também dava aos prisioneiros a ilusão de uma grande distância entre o pátio e o banheiro, que ficava, na verdade, depois de um corredor, dobrando uma curva.

Christina prossegue em sua narrativa deste confronto com a realidade naquela noite decisiva:

Quando se deu a ida ao banheiro naquela noite de quinta-feira, Phil, animado, disse-me para desviar os olhos de um relatório que estava lendo: "Rápido, rápido, veja o que está acontecendo!" Voltei-me para a fila de prisioneiros encapuzados, arrastando os pés acorrentados, com guardas gritando ordens para eles — e, então, rapidamente desviei o olhar. Fui acometida de uma sensação arrepiante e nauseante. "Você está vendo? Vamos lá, dê uma olhada, é algo incrível!" Eu não conseguia aguentar olhar novamente, e, portanto, desconversei: "Eu já vi!". Isso fez com que Phil (e outros membros da equipe presentes) dessem início a uma discussão, perguntando qual era o meu problema. Ali se desvelava um comportamento humano fascinante, e eu, uma psicóloga, mal podia olhar para ele? Eles não podiam acreditar em minha reação, que podia ser considerada uma falta de interesse. Seus comentários e provocações fizeram com que me sentisse fraca e estúpida — a mulher deslocada em um mundo masculino —, além da sensação nauseante que já sentia ao ver aqueles garotos tristes, tão completamente desumanizados.

Ela rememora nossa briga e seu desfecho:

Pouco depois, após termos saído do ambiente da prisão, Phil me perguntou o que pensava de todo o estudo. Estou certa de que esperava algum tipo de grande discussão intelectual sobre a pesquisa e os acontecimentos que acabáramos de testemunhar. Em vez disso, o que obteve de minha parte foi uma explosão incrivelmente emotiva (sou usualmente uma pessoa contida). Tinha raiva, medo, e estava aos prantos. Disse algo como:

O que você está fazendo com esses garotos é uma coisa terrível!

O que se seguiu foi uma acalorada discussão entre nós. Foi, para mim, algo especialmente assustador, porque Phil parecia muito diferente do homem que pensei que fosse, alguém que ama estudantes, importa-se com eles de maneiras que ficaram consagradas na universidade. Não era o mesmo homem que eu passara a amar, uma pessoa gentil e sensível às necessidades dos outros, e, sem dúvida, às minhas. Jamais havíamos discutido com esta intensidade. Em vez de estarmos em harmonia um com o outro, parecíamos em lados diferentes de um grande penhasco. De algum modo, a transformação em Phil (assim como em mim) e a ameaça a nosso relacionamento foi inesperada e chocante. Não me recordo por quanto tempo ficamos discutindo, mas senti que a discussão foi demasiado comprida e traumática.

O que sei é que, ao final, Phil compreendeu o que eu dizia, desculpou-se por ter me tratado daquela maneira, e percebeu o que estivera ocorrendo com ele e todo o resto, de modo gradual, neste estudo: que todos haviam internalizado uma série de valores prisionais destrutivos que os distanciavam dos valores humanitários. A essa altura, ele assumiu sua responsabilidade como criador daquela prisão, e tomou a decisão de interromper o experimento. Àquela altura, já havíamos passado da meia-noite, e, portanto, decidiu fazê-lo na manhã seguinte, após entrar em contato com todos os prisioneiros anteriormente libertados, e chamar todos os turnos de guarda para uma rodada completa de perguntas, em seguida aos prisioneiros, e depois com todos reunidos. Um grande fardo foi retirado das minhas costas, das dele, e de nosso relacionamento pessoal.[23]

Vocês são camelos machos, agora montem sobre elas

Retornei para a masmorra, aliviado, e até mesmo feliz pela decisão de abortar a missão. Mal podia esperar para dividir a novidade com Curt Banks, que fora leal e prestativo filmando o experimento durante diversos momentos do dia e da noite, a despeito de ter também uma família para cuidar. Ele também ficou contente e me disse que iria mesmo recomendar terminarmos o estudo assim que possível, depois do que testemunhou enquanto eu estava fora. Sentimos por Craig não estar ali naquela noite para compartilhar nossa alegria de fim de jogo.

A conduta calma exibida por Clay-416, depois do que deveria ter sido uma provação angustiante, enraiveceu Hellmann. Ele extravasa em uma chamada, à uma da madrugada, que poria fim a todas as outras. A minguante e desolada tropa de apenas cinco detentos remanescentes (416, 2.093, 5.486, 5.704 e 7.258), se alinha contra a parede para falar seus números, regras e canções. Não importa que tenham feito bem suas tarefas, alguém é sempre punido de diversas maneiras. São alvo de gritos e xingamentos, além de serem forçados a dizer coisas abusivas uns para os outros. "Chame-o de idiota!", grita Hellmann, e um prisioneiro diz isso ao seguinte. Então, a tortura sexual que começou a borbulhar na noite anterior resulta em testosterona fluindo para todas as direções.

Hellmann grita para todos: "Estão vendo este buraco no chão? Façam vinte e cinco flexões, *fodendo* este buraco! Vocês me ouviram!" Os presos, um a um, empurrados por Burdan, obedecem.

Após uma breve consulta entre John Wayne e Burdan, seu assistente, um novo jogo sexual é elaborado. "Está bem, prestem atenção. Vocês três serão camelos fêmeas. Venham aqui e se inclinem até tocarem as mãos no chão." (Quando o fazem, seus traseiros nus ficam expostos, já que não usam roupas de baixo sob os guarda-pós.) Hellmann dá continuidade, com incontida alegria: "Agora, vocês dois, vocês são camelos machos. Fiquem atrás dos camelos fêmeas e montem sobre elas."

Burdan acha graça do duplo sentido. Embora seus corpos não se toquem, os prisioneiros indefesos estão simulando sodomia ao fazer movimentos de estocadas sexuais. São depois dispensados de volta para suas celas, e os guardas retornam para seu alojamento, sentindo que fizeram por merecer o salário daquela noite. Meu pesadelo da noite anterior está se tornando realidade. Fico feliz que agora assumirei o controle, ao terminar com tudo, amanhã.

É difícil imaginar que tal humilhação sexual poderia ocorrer depois de apenas cinco dias, quando todos sabem que se trata de um experimento de prisão simulada. Ademais, todos reconheceram inicialmente que os "outros" também eram universitários como eles. Dado que foram aleatoriamente distribuídos para interpretar seus contrastantes papéis, não havia diferença inerente entre as duas categorias. No começo do experimento, todos eram aparentemente bons. Os que eram guardas sabiam que, pelo acaso de uma moeda jogada para o alto, eles poderiam estar vestindo os guarda-pós dos prisioneiros, e sendo controlados por aqueles que agora abusavam. Também sabiam que os prisioneiros nada fizeram de criminoso para merecer estar naquela condição inferior. Ainda assim, alguns guardas se transformaram em perpetradores do mal, e outros guardas se tornaram contribuintes passivos do mal, por meio da inação. Além do mais, outros jovens normais e sadios sucumbiram ante as pressões da situação, enquanto os prisioneiros sobreviventes que perduraram se converteram em seguidores parecidos com zumbis.[24]

O poder da situação percorreu rápida e profundamente a maioria dos tripulantes daquele navio exploratório da natureza humana. Poucos foram capazes de resistir às tentações proporcionadas pelas circunstâncias, de ascender ao poder e à dominação, e, ao mesmo tempo, manter alguma moralidade e decência. Obviamente, eu não pertencia a essa nobre estirpe.

CAPÍTULO 9

A dissipação da sexta-feira

TEMOS MUITO A FAZER PARA, EM QUESTÃO DE HORAS, desmontarmos nossa prisão. Eu, Curt e Jaffe já estamos exaustos pelo dia e noite frenéticos que passamos. Além disso, no meio da noite já temos de tomar todas as providências para as sessões de questionários, avaliações finais e a distribuição do pagamento e pertences, além do cancelamento das visitas à tarde dos colegas, que combinaram de nos ajudar a entrevistar todos que tivessem conexão com o estudo. Precisamos cancelar também diversos acertos com o refeitório, devolver os catres e as algemas alugados à polícia do *campus*, dentre outras coisas.

Sabemos que todos precisamos fazer jornada dupla, monitorando a ação no pátio, tirando algumas sonecas, e planejando a logística do último dia. Anunciaremos o fim do estudo logo após a visita do defensor público, que já estava agendada para aquela manhã, e seria um acontecimento apropriado para encerrar completamente o experimento. Decidimos não avisar os guardas que eu mesmo informaria aos prisioneiros as boas notícias. Antecipara que os guardas ficariam irritados em saber que o estudo havia terminado prematuramente, especialmente agora, quando acreditam estar com o controle total, e preveem uma semana tranquila à frente, com algumas substituições. Eles aprenderam a ser "guardas". Obviamente, a curva de aprendizado atingiu o seu ponto mais alto.

Jaffe entrará em contato com os cinco prisioneiros já libertados e os convidará a comparecerem por volta do meio-dia para que participem das entrevistas e recebam o pagamento de toda a semana. Preciso pedir a todos os turnos de guardas que venham ao meio-dia, ou que continuem ali até então, no aguardo de um "acontecimento especial". Sabendo que todos serão entrevistados por pessoas de fora durante a sexta-feira, os guardas esperam algo novo, mas certamente não esta súbita interrupção dos trabalhos.

Se tudo sair como planejado, haverá uma hora de entrevistas com os prisioneiros por volta da uma da tarde, depois, uma com os guardas, e, finalmente, guardas e prisioneiros se reunirão para um encontro completo. Enquanto cada grupo estiver ocupado, o outro grupo preencherá nossos formulários de avaliação final, receberá o pagamento, e terá a oportunidade de ficar com os uniformes como lembrança ou devolvê-los. Se desejarem, também poderão levar os diversos avisos que pregamos no pátio e no Buraco. Também precisamos montar um grande almoço de despedida para todos, e tomar providências para que retornem em breve para assistir a uma edição dos vídeos e discutir suas reações sob uma perspectiva mais distanciada.

Antes de tirar um cochilo no sofá-cama de meu escritório, onde estive dormindo irregularmente por quase uma semana, digo aos guardas do turno da manhã para que deixem os prisioneiros dormirem durante toda a noite, e que minimizem qualquer hostilidade contra eles. Eles encolhem os ombros e aquiescem, como se papai estivesse dizendo a eles que não poderiam brincar no parque.

A ÚLTIMA CHAMADA DE SEXTA-FEIRA

Pela primeira vez em uma semana, os prisioneiros puderam dormir por quase seis horas ininterruptas. O déficit de sono acumulado deve ter sido enorme. É difícil identificar os efeitos no ânimo e no pensamento causados pela interrupção frequente do sono e do sonho. É provável que sejam consideráveis. O colapso emocional de alguns prisioneiros já liberados pode ter sido amplificado pelas perturbações do sono.

A chamada das 7h05 dura apenas dez minutos. Os números são ditos em voz alta, e outros rituais inócuos são observados. Um bom e quente café da manhã é servido aos cinco sobreviventes. Como imaginávamos, Clay-416 recusa-se a comer, mesmo quando outros prisioneiros delicadamente o encorajam.

Contrariando minhas instruções de abrandar com os prisioneiros, os guardas se tornam ofensivos com a contínua insubordinação de Clay. "Todos para o chão, façam cinquenta flexões se 416 não comer seu café da manhã." Clay-416 não amolece, e permanece fitando a comida em seu prato. Vandy e Ceros tentam forçá-lo a comer, enfiando comida dentro de sua boca, e que é cuspida em seguida. Os dois escalam o 5.704 e o 2.093 para ajudá-los, mas sem resultado. Clay-416 é enviado de volta à cela e obrigado a "fazer amor" com as salsichas da noite anterior. Ceros ordena-lhe que acaricie, abrace e beije as salsichas. Clay-416 faz tudo o que ordenam. Contudo, é fiel à própria palavra, e não come um pedaço sequer da comida.

O guarda Vandy fica irritado com a teimosia do 416 e com a vileza de seu colega. Em seu diário retrospectivo, ele afirma: "Quando o 416 se recusou a comer, fiquei bastante nervoso com aquilo, já que não havia maneira de empurrar sua comida goela abaixo, ainda que tenhamos deixado que outros prisioneiros o tentassem. Andre [Ceros] fez o preso abraçar, beijar e acariciar uma salsicha velha, depois de ser obrigado a dormir com ela. Achei isso desnecessário. Eu jamais obrigaria um prisioneiro a fazê-lo."[1]

O que Ceros tem a dizer sobre o próprio comportamento? Está anotado em seu diário retrospectivo: "Decidi forçá-lo a comer, mas ele não deixou. Deixei que a comida escorresse pelo seu rosto. Não podia acreditar que era eu que estava fazendo isso. Odiei a mim mesmo por obrigá-lo a comer, e o odiei por não ter comido. Odiei a realidade do comportamento humano."[2]

O turno do dia chegou às dez, como de costume. Disse ao líder dos guardas, Arnett, que fossem moderados, pois um representante legal estava para chegar. O relato do incidente mais crítico do turno do dia indicou que Clay-416 estava passando por mudanças estranhas, apesar de sua meditação zen, e de sua expressão calma de antes. O relato do incidente apontou:

O 416 está muito irrequieto. Ele estremeceu quando retirei o saco de sua cabeça para que utilizasse o banheiro. Tive de arrastá-lo no momento de levá-lo e trazê-lo de lá, mesmo dizendo a ele que eu não deixaria que se chocasse contra nenhuma parede [algo que os guardas costumavam fazer com os presos, por maldade]. Ele estava muito nervoso com relação às punições. Segurei suas salsichas enquanto ele usava o banheiro. Ele tentou tomá-las de volta, porque o outro guarda havia ordenado que sempre ficasse com elas.[3]

O DEFENSOR PÚBLICO DOS DIREITOS
E ERROS DO PRISIONEIRO

Reuni-me brevemente com Tim B., um advogado da região que trabalhava no escritório da defensoria pública. Ele estava curioso e cético em relação a tudo isso. Com relutância abriu mão de seu tempo valioso, apenas porque sua tia pediu que o fizesse como um favor pessoal para ver como estava seu primo. Descrevo os atributos principais do estudo e quão sério se tornou. Convido-o a abordar a questão exatamente como o faria se fosse chamado a representar um grupo de reclusos de verdade. Ele aceita, e primeiro se reúne a sós com o primo Hubbie-7.258, e, depois, com todos os prisioneiros. Permite-me que filme secretamente o encontro, na mesma sala do laboratório em que se deu o Conselho de Condicional.

O nível de formalidade entre estes dois parentes me surpreende. Não há sinal de relacionamento anterior, caso haja. Talvez seja um traço britânico, mas eu imaginava ao menos um abraço, e não um aperto de mãos formal, e um "Fico contente em revê-lo." O advogado Tim percorre, de um modo profissional, uma lista-padrão de itens. Ele pergunta a partir de uma lista pronta de categorias de interesse, parando após cada uma para ouvir as respostas dos prisioneiros, registrá-las, e, sem tecer muitos comentários, passar para a pergunta seguinte:

Foi informado de seus direitos quando foi preso?

É atormentado pelos guardas?

Natureza de eventual abuso dos guardas?

Sob pressão, fica perturbado mentalmente?

Tamanho e situação da cela?

Pedidos que foram negados?

Conduta do diretor que foi inaceitável?

Questões sobre fiança?

Hubbie-7.258 responde às perguntas de forma bem-humorada. Acredito que esteja supondo que após o primo percorrer essa rotina padrão, conseguirá retirá-lo da cadeia. O detento diz ao defensor público que lhes disseram que não há como sair da prisão ou rescindir o contrato. O defensor público relembra-o que se o contrato original foi baseado em retorno financeiro em troca de prestação de serviço, abdicar do pagamento torna o contrato nulo e vazio.

— Sim, eu disse isso a eles durante a audiência do Conselho de Condicional, mas não resultou em nada. Ainda estou aqui.[4] — Ao listar suas reclamações, Hubbie-7.258 ressalta que a conduta problemática do 416 deixou loucos a todos.

Os guardas escoltam os prisioneiros remanescentes para a sala de entrevista, com os sacos sobre as cabeças, como de costume. Estão fazendo piadas quando removem os capuzes. Depois, eles se retiram, e eu permaneço sentado ao fundo. O defensor público faz as mesmas perguntas que fez a Hubbie, convidando os prisioneiros a responderem colocando suas reclamações, se acharem que é o caso.

Clay-416 começa, reclamando primeiro do Conselho de Condicional, que o pressionou para se declarar culpado pelas acusações de sua detenção, o que ele se recusou a fazer, pois nunca foi acusado oficialmente. Seu jejum era, em parte, uma maneira de chamar a atenção para seu aprisionamento ilegal, visto que fora detido sem acusações.

(Mais uma vez, este jovem continua a me confundir; parece nítido que esteja atuando a partir de níveis múltiplos e incompatíveis. Referia-se à experiência em termos puramente legais, misturando um contrato de serviços para experimento com direitos de prisioneiro e formalidades de correção, sem mencionar uma certa meditação mística *new age*.)

Clay parece desesperado para conversar com alguém que o ouça de verdade.

— Certos guardas, cujos nomes não menciono — prossegue —, comportaram-se mal comigo a ponto de serem injuriosos. — Ele está disposto a fazer uma queixa oficial contra eles, se necessário. — Aqueles guardas também fizeram com que os outros prisioneiros se pusessem contra mim, ao alegarem que meu jejum era a causa de eles não receberem visitas. — Ele acena para Hubbie-7.258, que, encabuladamente, desvia o olhar. — E fiquei assustado quando fui jogado no Buraco, e fizeram com que os outros prisioneiros esmurrassem a porta. Eles tinham estabelecido uma regra contra a violência, mas temia que em breve ela fosse transgredida.

O Sargento-2.093 é o próximo a falar, descrevendo algumas tentativas que diversos guardas fizeram para atormentá-lo, mas ele está orgulhoso em declarar que não obtiveram sucesso. Em seguida, fornece uma precisa descrição clínica e uma demonstração de quando um guarda em especial ordenou-lhe que fizesse muitas flexões — com dois outros prisioneiros sentados sobre suas costas.

O defensor público está estarrecido com o relato, anotando-o devidamente com uma expressão de desagrado. Em seguida, Paul-5.704 reclama que o manipulam, utilizando seu vício pelo cigarro contra ele. O bom Jerry-5.486 se queixa de modo menos pessoal e mais geral da dieta inadequada e das refeições perdidas, da exaustão pelas chamadas intermináveis no meio da noite, do comportamento descontrolado de alguns guardas, e da falta de supervisão pela equipe de superiores. Estremeço quando ele se volta para olhar diretamente para mim, com razão: eu era culpado.

Quando o defensor público termina de tomar nota, agradece a todos pelas informações, e diz que irá processar um relatório formal na segunda-feira, e tentará providenciar a fiança. Ao levantar-se para sair, Hubbie-7.258 perde o controle:

— O senhor não pode ir embora e nos deixar aqui! Queremos sair agora com o senhor. Não podemos aguentar mais uma semana, e nem mesmo um fim de semana. Pensei que fosse providenciar para mim, para nós, a saída para agora. Por favor! — Tim B. é surpreendido por esse desabafo emotivo. Ele explica de modo bastante formal as exigências de seu trabalho, seus limites, como poderia ajudá-los, e como é inútil agir intempestivamente. Os cinco sobreviventes parecem chegar ao fundo do poço nesse momento; suas grandes esperanças, despedaçadas pelo absurdo da legalidade.

As reações de Tim B. a essa experiência única, passadas a mim por uma carta pouco depois, são elucidativas:

Sobre o fracasso dos prisioneiros em exigir seus direitos legais

[O]utra explicação possível para os prisioneiros terem fracassado em solicitar aconselhamento legal é que, como cidadãos brancos de classe média, podem nunca ter imaginado a possibilidade de serem atirados à contenda criminal, na qual os direitos seriam de suprema importância. Encontrando-se nessa condição, ficaram desarmados da habilidade de avaliar a situação com objetividade, e de agir como o fariam em outras circunstâncias.

Sobre o poder desta situação de distorcer a realidade

A clássica desvalorização do dinheiro, se comparada a coisas como a liberdade e a locomoção, era claramente evidente (nas ações que presenciei). Você lembrará da enorme expectativa de soltura causada pela minha explicação da oferta de fiança. A realidade da detenção me pareceu muito penetrante, mesmo que estivessem intelectualmente cientes de que estavam apenas envolvidos em um experimento. É nítido que o confinamento em si parece ser doloroso, não importa se por razões legais ou se por outras circunstâncias.[5]

OUÇAM ATENTAMENTE:
O EXPERIMENTO ACABOU. VOCÊS ESTÃO LIVRES

As palavras do defensor público obscurecem as esperanças dos presos. Um palpável manto de melancolia paira sobre os reclusos taciturnos. Em retorno, o defensor público aperta suas mãos vacilantes quando se retira da sala. Peço a ele que me espere lá fora. Então, caminho até a ponta da mesa e peço aos presos que prestem atenção ao que vou dizer. É difícil que tenha restado alguma motivação para prestarem atenção ao que quer que seja, agora que suas esperanças por uma dispensa rápida foram estilhaçadas pela reação oficiosa do advogado à má situação deles.

— Tenho algo importante a dizer a vocês, portanto, por favor, ouçam atentamente: *O experimento acabou. Vocês estão livres para sair hoje.*

Não há uma reação imediata, nenhuma mudança em suas expressões faciais ou linguagem corporal. Tenho a sensação de que estão confusos, descrentes, e até mesmo desconfiados, e acreditam que se trata de mais um teste a suas reações. Eu continuo, o mais devagar e claro possível:

— Eu e o resto da equipe de pesquisa decidimos encerrar o experimento neste instante. O estudo está oficialmente concluído, e a Prisão Municipal de Stanford está desativada. Somos todos gratos a vocês pelo importante papel neste estudo, e...

O júbilo toma o lugar da melancolia. Abraços, tapas nas costas, e sorrisos largos irrompem das faces antes demasiado soturnas. A euforia reverbera em Jordan Hall. É um alegre momento também para mim, poder libertar estes sobreviventes de seus confinamentos, e abdicar do meu papel de superintendente de uma vez por todas.

O VELHO PODER FRACASSADO, O NOVO PODER DESCOBERTO

São poucos os momentos de minha vida que me deram mais prazer pessoal do que poder dizer estas poucas palavras de libertação e de compartilhar tamanho entusiasmo. Estava tomado pela face afrodisíaca desse poder positivo, de poder fazer algo, dizer algo, que teve um impacto de alegria incondicional em outras pessoas. De súbito, fiz a promessa de poder usar o poder que tinha para o bem, e contra o mal, de suscitar o melhor nas pessoas, de trabalhar para libertá-las de suas prisões autoimpostas, e de operar contra sistemas que pervertem o compromisso de felicidade humana e de justiça.

O poder negativo no qual estive operando na semana passada, como superintendente da falsa prisão, cegou-me para a realidade do impacto destrutivo do sistema que estava sustentando. Além disso, a visão míope de um investigador responsável de pesquisa igualmente distorceu meu juízo em relação à necessidade de ter concluído bem mais cedo o experimento, possivelmente no momento em que o segundo participante, normal e sadio, sofreu um colapso emocional. Enquanto me atinha à questão conceitual abstrata referente ao poder da situação comportamental *versus* o poder dos temperamentos individuais, deixei de enxergar o poder do *sistema*, que tudo englobava, e que eu ajudara a criar e a manter.

Sim, Christina Maslach, de fato era horrível o que eu permitia que fizessem com aqueles garotos inocentes, não por meio de um abuso direto, mas por meu fracasso em impedir o abuso, e por meu apoio a um sistema de regras arbitrárias, regulamentos e procedimentos que incentivavam o abuso. Eu era o "criminoso frio" na quente morada da desumanidade.

O sistema abarca a situação, mas é mais duradouro, mais difundido, envolvendo extensas redes de relações humanas, suas expectativas, normas, políticas e, possivelmente, leis. Ao longo do tempo, os sistemas chegaram a ter um alicerce histórico, e, às vezes, também uma estrutura de poder política e econômica, que governa e dirige o comportamento de muitas pessoas dentro de sua esfera de influência. Os sistemas são as engrenagens que engendram as situações, que criam contextos comportamentais, que influenciam a ação humana daqueles sob seu controle. A certa altura, o sistema pode se tornar uma entidade autônoma, independente daqueles que a criaram inicialmente, ou até mesmo daqueles com aparente autoridade dentro de sua estrutura de poder. Cada sistema passa a desenvolver uma cultura própria, assim como muitos sistemas coletivamente passam a contribuir para a cultura de uma sociedade.

Se a situação certamente fez aflorar o pior de muitos destes estudantes voluntários, transformando alguns em perpetradores do mal, e outros em vítimas patológicas, eu fui o que ficou ainda mais transformado pelo sistema de dominação. Os outros eram garotos, jovens, sem muita experiência real. Eu era um pesquisador experiente, um adulto maduro, vivido, cheio da sagacidade do garoto do Bronx que tem de avaliar situações e descobrir o que fazer para sobreviver no gueto.

Entretanto, na semana que passara, fui gradualmente metamorfoseado em uma figura de autoridade prisional. Caminhei e conversei como uma. Todos a minha volta se dirigiam a mim como se o fosse. Consequentemente, me tornei um *deles*. O nexo mesmo dessa figura de autoridade — o chefe de *status* elevado, autoritário e arrogante — foi alvo de minha oposição, até mesmo de ódio, durante toda minha vida. Ainda assim, encarnei essa abstração. Poderia amenizar minha consciência salientando que uma das minhas atividades como superintendente bom e simpático era impedir que os ávidos guardas cometessem violência física. Essa proibição permitiu que desviassem suas energias para que praticassem abusos psicológicos ainda mais criativos contra os prisioneiros que padeciam.

Foi certamente um erro abraçar a dupla função de pesquisador e superintendente, porque suas pautas distintas, às vezes conflitantes, me provocavam confusão. Ao mesmo tempo, essa dupla função aumentou meu poder, que, por sua vez, influenciou os muitos "forasteiros" que vieram a nosso ambiente mas não contestaram o sistema — pais, amigos, colegas, polícia, o padre, a mídia e o advogado. É evidente que o poder das situações de transformar o pensamento, o sentimento e a ação, quando flagrado, não é digno de admiração. Alguém que esteja nas garras do sistema apenas vai levando, considerando o que foi surgindo como um modo natural de responder naquele tempo e lugar.

Caso fosse colocado em uma nova situação, estranha e cruel, inserido dentro de um sistema poderoso, você provavelmente não emergiria como o mesmo sujeito que adentrou essa provação da natureza humana. Você não reconheceria sua imagem familiar se ela estivesse ao lado do espelho que revele a imagem do que se tornou. Todos queremos acreditar em nosso poder interior, nossa capacidade de influência pessoal, em resistir às forças externas das circunstâncias que operam neste Experimento da Prisão de Stanford. Para alguns, a crença é válida. São, normalmente, uma minoria, aves raras, aqueles que serão tomados como heróis, mais tarde, em nossa jornada. Para muitos, a crença no poder pessoal de resistir a poderosas forças situacionais e sistêmicas é mais uma ilusão tranquilizadora de invulnerabilidade. Paradoxalmente, manter essa ilusão serve apenas para nos fazer *mais* vulneráveis à manipulação, fracassando em ser suficientemente vigilante contra atentados de influência indesejada exercidos sutilmente sobre nós.

TODA A TRIPULAÇÃO NO CONVÉS PARA PRESTAÇÃO DE CONTAS

Era evidente que, por várias razões, precisávamos utilizar o curto porém vital espaço de prestação de contas. Primeiro, precisávamos permitir que todos os participantes expressassem abertamente suas emoções e reações a essa experiência única dentro de uma situação não ameaçadora.[6] Em seguida, era importante para mim deixar claro tanto para prisioneiros quanto para guardas que qualquer comportamento extremo que exibiram era diagnosticado como força das circunstâncias, e não como alguma patologia pessoal presente neles. Precisavam ser relembrados de que foram, para começar, escolhidos precisamente porque eram normais e saudáveis. Eles não trouxeram nenhum tipo de deficiência pessoal para este ambiente prisional; foi o ambiente que suscitou o excesso que há neles, e que todos testemunhamos. Eles não eram as notórias "maçãs podres" — antes, foi o "barril podre" da prisão de Stanford o implicado nas transformações demonstradas de modo tão vívido. Por fim, era crucial utilizar essa oportunidade como um momento para a reeducação moral. A prestação de contas era um meio de explorar as escolhas morais que estiveram disponíveis para cada um dos participantes, e de que forma lidaram com elas. Discutimos o que os guardas poderiam ter feito de diferente para que fossem menos abusivos com os prisioneiros, e o que os prisioneiros poderiam ter feito para rechaçar esse abuso. Deixei claro que me sentia pessoalmente responsável por não ter intercedido em uma série de momentos em que o abuso foi demasiado durante o estudo. Procurei conter a agressão física, mas não agi para modificar ou interromper, quando deveria, as outras formas de humilhação. Fui culpado do pecado da omissão — o mal da inação — ao não fornecer supervisão adequada e vigilância quando necessárias.

Os ex-detentos desabafam

Os ex-prisioneiros demonstraram uma curiosa mistura de alívio e ressentimento. Estavam todos agradecidos que o pesadelo havia finalmente terminado. Os que sobreviveram à semana não mostraram nenhum orgulho aparente nessa proeza perante seus pares que foram liberados mais cedo. Sabiam que tinham se comportado como zumbis em sua obediência maquinal, cumprindo ordens absurdas e totalmente conformadas em canções contra o Stewart-819, no engajamento em ações hostis contra o Clay-416, e ao ridicularizar o Tom-2.093, nosso prisioneiro mais ético, o "Sargento".

Os cinco prisioneiros liberados anteriormente não mostraram os sinais negativos da sobrecarga emocional que sofreram. Isso se deu, em parte, porque já tinham um nível básico de estabilidade e normalidade para o qual se remeter, e, em parte, porque a fonte de seus sofrimentos estava centrada neste ambiente tão atípico, a cadeia no porão, e em seus estranhos acontecimentos. Estar despido de seus estranhos uniformes e de outros trajes da prisão também ajudou a distanciá-los daquela sórdida situação. Para os detentos, a questão principal era lidar com a vergonha inerente ao papel submisso que representaram. Eles precisavam estabelecer um sentimento de dignidade pessoal, elevarem-se acima das restrições de sua posição de submissão, imposta por agentes externos a eles.

No entanto, Doug-8.612, o primeiro a ser detido e o primeiro a ser liberado em detrimento de sua deteriorante condição mental, ainda tinha raiva de mim em particular por ter criado uma situação na qual ele perdera controle de sua mente e de seu comportamento. De fato pensou em liderar uma invasão com seus amigos para libertar os prisioneiros, e, igualmente verdadeiro, voltara a Jordan Hall no dia seguinte de sua libertação para planejá-la. Felizmente, por várias razões, decidiu não fazê-lo. Ficou contente em saber quão a sério levamos o rumor de seus planos de libertação, e duplamente agradecido em saber quão longe fomos, eu em especial, para salvaguardar nossa instituição contra seu ataque.

Como imaginado, os ex-presidiários criticaram os guardas, que, a seu ver, foram muito além das exigências de seus papéis, ao abusarem com criatividade e ao destacarem um ou outro para atormentá-los. Liderando as paradas negativas, estavam Hellmann, Arnett e Burdan, seguidos daqueles que foram "maus" de modo menos consistente, Varnish e Ceros.

Contudo, foram igualmente rápidos em apontar aqueles identificados como os "bons guardas", que fizeram pequenos favores ou que não chegaram a estar suficientemente imersos em seus papéis a ponto de esquecer que os presos eram seres humanos. Nessa categoria, os destaques são para Geoff Landry e Markus. Geoff realizou pequenos favores em prol dos prisioneiros, afastando-se constantemente das ações abusivas dos seus colegas do turno da noite, chegando até mesmo a parar de usar os óculos espelhados e a camisa de seu uniforme. Chegou mesmo a dizer, mais tarde, que pensara em pedir para se tornar um preso, porque odiava fazer parte de um sistema que tiranizava tanto outras pessoas.

Markus não estava tão nitidamente "ligado" ao sofrimento dos prisioneiros, mas ficamos sabendo que, em algumas ocasiões, no começo, trouxe fruta fresca para complementar as refeições magras dos presos. Após a admoestação do diretor por não participar suficientemente de seu turno, Markus, que permanecera de fora durante a rebelião de presos, começou a gritar e a emitir relatórios mordazes de condicional contra eles. Para constar, a grafia de Markus é bastante bonita, quase a de um calígrafo, e ele a mostrava um pouco, utilizando-a para contestar os pedidos de condicional dos presos. Ele ama o ar livre, caminhar, acampar e fazer ioga; portanto, nutria um ódio especial por ficar confinado em nossa masmorra.

Entre os "bons" e os "maus" guardas, havia aqueles que "seguiam à risca", faziam o seu dever, representavam o papel e puniam infrações, mas raramente eram particularmente ofensivos com prisioneiros isolados. Aí, encontramos Varnish, os guardas substitutos Morison e Peters e, às vezes, o mais novo dos irmãos Landry. A apatia inicial e o distanciamento da ação no pátio mostrados por Varnish podem ser decorrentes, em parte, de sua timidez, como revelada no histórico que escreveu, ao dizer "ter poucos amigos íntimos".

John Landry cumpriu um papel titubeante, às vezes como o ajudante durão de Arnett, e sempre aquele que atacou os amotinados com o jato gelado de monóxido de carbono do extintor de incêndio. Em outros momentos, seguia as regras à risca, e a maioria dos presos relatou ter gostado dele. John, um jovem maduro de 18 anos, tinha uma beleza crua, e aspirava à escrita literária. Queria viver na praia da Califórnia, e continuar a sair bastante com as garotas.

Um modo de inação que caracterizou os "guardas bons" foi sua relutância em desafiar as ações abusivas dos "guardas maus" de seus turnos. Pelo que se sabe, não apenas não chegaram a enfrentá-los no pátio, como também Geoff Landry e Markus não o fizeram em particular quando estavam no alojamento dos guardas. Mais para a frente, examinaremos se essa incapacidade em intervir como observadores do abuso constituiu um "mal da inação".

Um dos prisioneiros constantemente rebeldes, Paul-5.704, relatou sua reação ao descobrir que o experimento chegara ao fim:

Quando fomos notificados de que o experimento terminara, senti uma onda de alívio e uma onda de melancolia quebrarem dentro de mim ao mesmo tempo. Estava bastante feliz que o estudo tinha terminado, mas estaria ainda mais feliz se ele durasse duas semanas. O dinheiro era a única razão para estar no experimento. Ainda assim, venceu o sentimento de estar feliz por ir embora, e até chegar a Berkeley, não consegui parar de sorrir. Uma vez lá, esqueci a coisa toda, e não falei sobre isso com ninguém.[7]

Você irá se lembrar de que Paul foi o prisioneiro que se sentiu orgulhoso em ser o líder do Conselho Reclamatório dos Prisioneiros, e o que planejava escrever um artigo sobre o estudo para vários jornais alternativos em Berkeley, revelando como essa pesquisa, financiada pelo governo, estava focada em maneiras de lidar com estudantes dissidentes. Seu plano foi totalmente esquecido; ele jamais aconteceu.

Os ex-guardas se ressentem

Na segunda hora de prestação de contas, os ex-guardas apresentaram um retrato grupal um tanto diferente. Enquanto alguns poucos, os "bons guardas", na avaliação dos prisioneiros, também estavam felizes com o fim do suplício, a maioria se mostrava abalada em ver o estudo concluído prematuramente. Alguns ressaltaram o dinheiro fácil que estavam esperando receber por mais uma semana de trabalho, agora que tinham a situação claramente sob controle. (Não mencionaram os problemas contínuos colocados pelo jejum de Clay-416, e a vantagem moral obtida pelo Sargento em seu

263

confronto com Hellmann.) Alguns guardas estavam prontos para se desculpar abertamente por terem ido longe demais e por terem abusado do poder. Outros se sentiram justificados no que fizeram, enxergando as ações como necessárias para preencher o papel a eles atribuído. Meu principal problema na lida com os guardas foi ajudá-los a reconhecer que deveriam sentir alguma culpa, visto que fizeram outras pessoas sofrerem, independentemente do entendimento das exigências do papel que estavam representando. Deixei claro minha forte culpa por ter falhado em intervir com mais frequência, o que lhes conferiu permissão tácita de chegar ao extremo que chegaram. Eles poderiam ter evitado o abuso se tivessem uma vigilância hierárquica melhor.

Foi fácil, para a maioria dos guardas, apontar a rebelião do segundo dia como o momento decisivo em relação à imagem que faziam dos prisioneiros, de súbito convertidos em "perigosos" e necessitando de contenção. Eles também se ressentiram pelas menções pessoais negativas e blasfêmias que alguns presos dirigiram a eles durante a rebelião, que consideraram aviltantes, e que suscitaram uma retaliação à altura.

Um difícil elemento na prestação de contas foi permitir que os guardas explicassem por que fizeram o que fizeram, sem sancionar suas justificativas, já que estas eram simplesmente desculpas por comportamentos abusivos, hostis, e até mesmo sádicos. O fim do experimento também significou o fim da alegria de ter nas mãos o recém-descoberto poder de um guarda. Como aponta o guarda Burdan em seu diário: "Quando Phil me confidenciou que o experimento havia acabado, fiquei alegre, mas chocado em ver alguns guardas desapontados, em parte pela perda do dinheiro, e em parte porque estavam se divertindo."[8]

Uma mistura final das classes

Na terceira hora de prestação de contas, o laboratório se encheu de risadas nervosas quando trouxemos os ex-prisioneiros para encontrarem seus algozes, indistinguíveis em suas roupas civis. Sem os uniformes, números e acessórios característicos, eles eram intercambiáveis, era difícil até mesmo para mim reconhecê-los, tão acostumado que estava em vê-los no traje da prisão. (Lembrem-se que, em 1971, havia cabelo por toda parte, cabelos descendo até os ombros e compridas costeletas na maioria dos estudantes de ambas as classes, alguns deles com enormes bigodes.)

A sessão mista foi, nas palavras de um ex-prisioneiro, "rigidamente polida", se comparada à sessão dos prisioneiros, mais descontraída e amigável. Enquanto se examinavam, um dos presos perguntou se alguns recrutas foram convertidos em guardas por serem mais altos. Jerry-5.486 afirmou: "Em algum momento do estudo, tive a impressão de que os guardas eram maiores do que os prisioneiros, e fiquei imaginando se a altura média dos guardas é maior do que a dos prisioneiros. Não sei se isso é ou não verdade, ou se tive essa impressão por conta dos uniformes." Antes de responder "não", pedi que todos os estudantes ficassem em fila por ordem de tamanho, do mais alto para o mais baixo. Houve uma quase equivalência perfeita entre os guardas de um lado, e os prisioneiros do outro. O que se torna evidente é que os prisioneiros passaram a perceber os guardas como mais altos do que eram de fato, como se seu poder lhes brindasse com sapatos de 5 centímetros de sola.

Ao contrário do que imaginei, não houve confrontos diretos entre os prisioneiros ofendidos e os guardas ofensores. Em parte, porque protestos pessoais teriam soado estranhos em um grupo de mais de vinte pessoas. É provável, no entanto, que o remanescente das fortes emoções sentidas pelos ex-presos precisou ser deliberadamente reprimido, agora que a grade de poder fora desativada. Também contribuiu o pedido aberto de desculpas de alguns guardas, por terem mergulhado tão fundo em seus papéis, e por terem levado tudo demasiado a sério. Suas desculpas diminuíram a tensão e funcionaram como compensação perante os guardas mais firmes que não se descularam abertamente, tais como Hellmann.

Nessa sessão, o ex-guarda durão Arnett, nosso pós-graduando em Sociologia, narrou dois acontecimentos que o impressionaram:

Um deles foi a observação de Zimbardo sobre a imersão dos "prisioneiros" em seus papéis [...], manifesta ao permanecerem presidiários até mesmo quando disseram que abdicariam do pagamento se pudessem ser libertados [sob condicional]. A outra impressão foi a aparente inabilidade dos ex-"presos" na reunião de acreditar que eu e "John Wayne", e, talvez, outros guardas (senti que éramos os dois mais impopulares), estivéssemos nos esforçando em nossos papéis. Alguns dos "presos" pareciam sentir que nossa profissão era um disfarce, para ocultar deles, de nós mesmos, ou de ambos, a real natureza de nosso comportamento. Estou absolutamente certo, pelo menos no que se refere a mim, de que *não* foi o caso.[9]

Fiz uma observação psicológica referente à falta de humor em nossa prisão, e ao fracasso em utilizar o humor para acalmar a tensão, ou até mesmo para trazer alguma realidade a uma situação irreal. Por exemplo, guardas que não estivessem satisfeitos com o comportamento extremado de seus colegas de turno poderiam zombar deles no alojamento dos guardas, dizendo que deveriam receber dobrado por fazerem uma atuação tão exagerada. Ou os prisioneiros poderiam ter usado o humor para se retirarem da irreal cadeia no porão perguntando aos guardas para que foi utilizado aquele lugar antes de se tornar uma cadeia: um chiqueiro? Ou quem sabe um grêmio estudantil? O humor desconstrói as pretensões da pessoa e do lugar. Entretanto, na última semana, nada disso foi visto naquele triste local.

Antes de finalizarmos a reunião, perguntei se todos tinham concluído sua avaliação final da experiência, e pedi que preenchessem alguns formulários que Curt Banks tinha em mãos. Também convidei-os a escrever um pequeno diário retrospectivo dos acontecimentos que ficassem na memória durante o mês seguinte. Receberiam um pagamento por isso. Por fim, estavam todos convidados a retornarem dali a algumas semanas para uma reunião dos "formandos de 1971", para examinarem algumas das informações colhidas. Uma exibição de *slides* e um vídeo editado também estariam disponíveis.

Deve-se acrescentar que mantive contato com muitos dos participantes durante muitos anos, todos por meio de correspondência, sempre que havia uma publicação ou matéria na imprensa sobre o estudo. Além disso, alguns deles participaram de vários programas de TV que cobriram nosso estudo por décadas após a experiência, alguns até hoje. Discutiremos mais adiante os efeitos subsequentes do experimento nos voluntários.

Que significa ser um guarda ou um prisioneiro?

Antes de passarmos ao capítulo seguinte para avaliarmos alguns dados objetivos que coletamos ao longo dos seis dias de estudo e refletirmos sobre as sérias questões éticas levantadas pelo experimento, penso que seria útil rever algumas das ideias que reunimos a partir de uma seleção de nossos participantes.

Sobre estar no papel de prisioneiro

Clay-416: "Um bom prisioneiro é aquele que sabe como se unir estrategicamente aos outros prisioneiros sem ser posto para fora da ação. Meu colega de cela, Jerry [5.486], é um bom prisioneiro. Há sempre uma região fronteiriça entre alguns presos que lutam para sair e outros que não estão nesse ponto. Aqueles que não estão lutando no momento devem aprender a cuidar de seus interesses sem representar um obstáculo real àqueles que estão lutando. Um prisioneiro ruim é alguém que não consegue fazer isso, que só olha para si."[10]

Jerry-5.486: "A coisa mais clara que percebi foi como as pessoas neste estudo derivam seu sentimento de identidade e bem-estar do entorno imediato, e não de si mesmas, e foi por isso que sucumbiram — simplesmente não suportaram a pressão —, não tinham nada dentro delas a que se agarrar contra isto tudo."[11]

Paul-5.704: "O modo como tivemos de nos degradar me deixou bastante deprimido, e é por isso que ficamos dóceis perto do final do experimento. Desisti de reagir porque pude ver que nada estava mudando em decorrência de minha atitude e comportamento. Depois que Stew e Rich [819 e 1.037] saíram, descobri-me pensando que não poderia mudar tudo, que precisava mudar a mim mesmo [...]. Esta foi outra razão para ter me acomodado depois que eles saíram: para conseguir o que queria, precisava de outras pessoas trabalhando comigo. Tentei falar com outros prisioneiros sobre uma greve ou coisa parecida, mas eles não quiseram tomar parte disso, depois da punição que receberam pela primeira greve."[12]

Guarda Arnett: "Fiquei profundamente surpreso e impressionado com as reações da maioria dos presos a esta situação experimental [...], particularmente os colapsos individuais que ocorreram, e aqueles que teriam certamente acontecido caso o experimento não fosse concluído naquele momento."[13]

Doug-8.612: "As condições materiais, tais como guardas, celas e coisas assim, nada disso importava para mim — como quando fui despido e acorrentado, isso não me incomodou. O pior mesmo foi a parte da cabeça, a parte psicológica. Saber que não poderia sair quando quisesse [...], não gostava de estar impedido de ir ao banheiro sempre que quisesse [...]. Não ter escolhas é o que é mais arrebatador."[14]

O prisioneiro substituto Dave-8.612, nosso espião, que sabia ter sido enviado para nossa cadeia por apenas um dia para investigar a natureza dos planos de fuga, revela quão rapidamente e por inteiro é possível adentrar o papel de prisioneiro: "Os papéis se impregnaram em todos, do mais baixo prisioneiro ao próprio diretor."

Muito prontamente, ele se identificou com os presos, e, em um único dia, a prisão simulada passou a ter um enorme impacto em Dave:

Algumas vezes senti alguma culpa por ter entrado como delator destes grandes sujeitos — fiquei, de algum modo, aliviado por não ter nada para contar sobre a fuga [...]. E quando a chance de delatar surgiu — depois de certo tempo, eu sabia onde estava a chave da algema —, não contei. [...] Fui para a cama naquela noite me sentindo sujo, culpado e assustado. Quando fomos levados para a sala da caldeira (em antecipação à invasão), retirei as algemas dos pés, e considerei seriamente a possibilidade de fugir (sozinho, devo dizer), mas não o fiz por medo de ser apanhado. A experiência de um dia inteiro como prisioneiro suscitara em mim ansiedade suficiente para me manter longe da prisão pelo resto da semana. Mesmo quando voltei para a sessão de "prestação de contas", eu ainda me sentia extremamente ansioso — não comia direito, sentia-me um pouco enjoado o tempo todo, e ao que me lembro, jamais ficara tão nervoso. A experiência toda foi tão perturbadora que fui incapaz de empreender um debate sobre minhas experiências com alguém em profundidade, nem mesmo com minha mulher.[15]

Devo acrescentar que descobrimos depois que as chaves da algema foram furtadas de um dos guardas por um preso. Após o incidente da quarta-feira à noite, em que todos os prisioneiros foram transferidos para o depósito no quinto piso, dois dos prisioneiros foram algemados juntos para prevenir uma tentativa de fuga, após voltarem para o pátio, à meia-noite e meia. Sem as chaves para separá-los, tive de chamar a Polícia de Stanford para retirar as algemas, um embaraço, para dizer o mínimo. Um dos detentos atirara a chave dentro de um duto de ventilação. David sabia dessa informação e não a compartilhou com o resto da equipe.

Sobre o poder do papel de guarda

Geoff Landry: "É quase como uma prisão que se cria em si — você a adentra, e ela se converte nas definições que você faz de si, quase transformadas em paredes, e você quer escapar, e quer ser capaz de dizer a todos que 'isso não sou Eu em absoluto, eu sou alguém que quer escapar e mostrar que sou livre e que faço minha própria vontade, e não sou a espécie de pessoa sádica que gosta deste tipo de coisa.'"[16]

Varnish: "Essa experiência valeu a pena, completamente. A ideia de dois grupos de universitários, praticamente idênticos, no espaço de apenas uma semana, envolvidos em dois grupos sociais totalmente díspares, com um dos grupos portando e utilizando um poder total em prejuízo do outro grupo, é arrepiante."

"Fiquei surpreso comigo mesmo. [...] Fiz com que chamassem o nome um do outro e limpassem o vaso sanitário com as próprias mãos. Considerava os presos como "gado", e continuei pensando que deveria vigiá-los para o caso de tentarem alguma coisa."[17]

Vandy: "Meu prazer em atormentar e punir os presos era bastante estranho, porque costumo pensar-me como alguém solidário com os prejudicados, principalmente os animais. Penso que foi em decorrência de minha total liberdade para mandar nos presos que comecei a abusar de minha autoridade."[18]

(Um prolongamento, ou desdobramento, desse poder de guarda recém-descoberto é revelado no diário do diretor Jaffe. Vandy relatou aos outros em seu turno "que me peguei dando ordens a minha mãe, em casa.")

Arnett: "Ser superficialmente durão foi fácil. Por uma razão: sou, em certo sentido, uma pessoa autoritária (mesmo que desgoste imensamente quando tratam a mim e aos outros assim). Depois, senti que o experimento era importante, e minha conduta 'como guarda' fazia parte de procurar saber como as pessoas reagiam à opressão real. [...] A principal influência sobre meu comportamento foi o sentimento, mesmo que vago, de que a prisão real é brutal, e portanto, desumanizadora. Tentei agir de acordo, dentro dos limites de minha indiferença e do compromisso controlado. [...] Em primeiro lugar, tentei evitar ser pessoal ou amigável. [...] Tentei ser neutro e profissional. Além disso, estava ciente, por meio de minhas leituras, de que o tédio e outros aspectos da vida na prisão podem ser explorados para fazer as pessoas se sentirem desorientadas por uma postura impessoal; dar trabalhos enfadonhos; punir individualmente todos os prisioneiros por 'mau' comportamento; exigir execução perfeita de tarefas banais durante o exercício e em outros momentos; falar com rudeza e automatismo nas sessões de exercício [...]. No interior de um quadro social e tão atento aos que controlam este quadro, tentei elevar a alienação dos presos utilizando algumas dessas técnicas. Eu podia fazer isso apenas de maneira limitada, porque não desejava ser brutal."[19]

Sobre bons e maus guardas

Paul-5.704: "Fui grato a John e Geoff [Landry]. Eles não entraram no lance do guarda tanto quanto os outros. Sempre permaneceram seres humanos, mesmo quando puniam alguém. Fiquei surpreso que, em geral, os guardas tenham vestido seus papéis da maneira como o fizeram, mesmo tendo a possibilidade de voltar para casa a cada dia ou noite."[20]

John Landry: "Depois de conversar com os outros presos, disseram-me que eu era um guarda bom, e me agradeceram por ser dessa forma. Dentro de mim, sabia que era um merda. Curt [Banks] olhava-me e sabia disso. Sabia também que, enquanto era bom e justo com os presos, fracassei comigo mesmo. Permiti que a crueldade acontecesse, e nada fiz exceto sentir-me culpado e ser um bom sujeito. Sinceramente, não pensava que podia fazer alguma coisa. Nem ao menos tentei, e mantive-me como a maioria. Sentei-me no posto da guarda e tentei esquecer dos prisioneiros."[21]

Um depoimento ainda mais notável sobre o poder deste experimento de prisão simulada e seu impacto em um dos guardas cujos prisioneiros viram como o mais íntegro e justo, Geoff Landry, o irmão mais velho de John Landry, surgiu em uma entrevista gravada ao final do estudo. Ele nos surpreendeu a todos ao mencionar que estava pensando em trocar de papel.

Geoff Landry: "A experiência tornou-se mais do que simplesmente participar de um experimento. O que quero dizer é que, se isto foi um experimento, os resultados e produtos foram excessivamente reais. Quando um detento lhe dirige um olhar vidrado, e murmura de modo inaudível, você simplesmente imagina o pior. É quase porque teme que o pior irá acontecer. É quase como se aceitasse que isso iria acontecer, e o menor sinal de ansiedade e colapso é o começo dos piores efeitos possíveis. De modo especial, a experiência tornou-se mais do que apenas um experimento quando o 1.037 começou a agir como se estivesse entrando em colapso. Nesse momento, fiquei com medo e apreensão, e pensei em sair. E quase pensei em me tornar um prisioneiro. Senti que não queria fazer parte desta máquina que abate outros homens e força-os a se conformarem, e continuamente os atormenta. Quase desejei ser atormentado ao invés de ter de atormentar."[22]

Nesse contexto, é interessante notar que, na noite de quarta-feira, este guarda relatou ao diretor que sua camisa estava apertada demais e irritava sua pele, e, por isso, retirou-a. Obviamente, visto que a escolhera, que a provara para ver se cabia no dia antes de começarmos, e vestiu-a sem reclamações por quatro dias, seu problema era mais mental do que material. Providenciamos uma maior, a qual ele vestiu com relutância. Ele também continuava a tirar os óculos de sol, e a não se lembrar onde os havia colocado quando a equipe perguntava-lhe por que não seguia o protocolo padrão dos guardas.

Ceros: "Odiei esta merda toda de experimento. Saí pela porta quando o experimento acabou. Era real demais para mim."[23]

Sobre a fúria silenciosa ante o sadismo dos guardas

Doug-8.612, em uma entrevista concedida mais tarde para um filme feito por estudantes sobre nosso estudo, comparou com eloquência o Experimento da Prisão de Stanford com as prisões reais que veio a conhecer como membro do quadro de funcionários da prisão da Califórnia:

"A Prisão de Stanford era uma situação prisional bastante benigna, e, ainda assim, fez com que os guardas se tornassem sádicos, os prisioneiros se tornassem histéricos, e outros presos desabassem um a um. Aqui, você tem uma prisão benigna, e que não funcionou. Ela promoveu tudo que promove uma prisão regular. O papel de guarda promove o sadismo. O papel de prisioneiro promove confusão e vergonha. Qualquer um pode ser um guarda. O difícil é estar em guarda contra o impulso de ser sádico. É uma *fúria silenciosa*, malévola, pode-se reprimi-la, mas não há para onde ir; ela surge pelas beiradas, sadicamente. Penso que tem-se mais controle como prisioneiro. Todos precisam [experimentar] ser um prisioneiro. Há prisioneiros reais que conheci na cadeia que são pessoas de excepcional dignidade, que não baixaram a guarda, que sempre foram respeitosos com os guardas, que não provocaram neles um impulso sádico, que se elevaram acima da vergonha de seu papel. Eles sabiam como preservar a própria dignidade naquela situação."[24]

Sobre a natureza das prisões

Clay-416: "Os guardas estão tão presos quanto os presidiários. Ambos possuem apenas a extensão de um bloco de celas, mas eles têm uma porta trancada atrás deles que não podem abrir, e, na verdade, estão todos juntos, e o que você cria, você cria junto. Presos não possuem uma sociedade própria, e os guardas também não. É uma coisa e tanto, e é terrível."[25]

Ceros: "[Quando] um prisioneiro reagia a mim com violência, descobri que precisava me defender, não como eu o faço, mas como um guarda. [...] Ele odiava o guarda em mim. Reagia ao uniforme, e não tive escolha a não ser me defender como um guarda. [...] Percebi que era tão prisioneiro quanto eles. Eu era apenas uma reação a seus sentimentos. [...] Ambos fomos esmagados pela opressão, mas nós guardas tínhamos uma ilusão de liberdade. Não passava disso, de uma ilusão. [...] Todos nos tornamos escravos do dinheiro. Os presos logo se tornaram nossos escravos."[26] Como canta Bob Dylan na música *George Jackson*, às vezes o mundo parece um grande pátio da prisão:

> Alguns de nós somos prisioneiros,
> E o resto de nós é guarda.*

SOBRE A TRANSFORMAÇÃO DO CARÁTER EM SEIS DIAS

Ao examinar algumas declarações feitas antes do começo do experimento, e, em seguida, em vários registros diários, podemos enxergar algumas transições fundamentais ocorrendo na mentalidade dos guardas. Um dos casos é o do guarda Chuck Burdan, em suas próprias palavras, antes, durante, e depois desta experiência.

---

* *Some of us are prisoners,/ The rest of us are guards.*

Antes do Experimento: "Como sou um pacifista e um indivíduo não agressivo, não antevejo a possibilidade de guardar e/ou maltratar outros seres humanos. Espero ser escolhido como prisioneiro em vez de guarda. Por ser contra as autoridades estabelecidas, estar sempre envolvido em comportamento político e social de inconformidade, posso antever que um dia estarei no papel de prisioneiro — e fico curioso para ver minhas capacidades nesta direção."

Após a Reunião de Orientação dos Guardas: "Comprar uniformes ao final da reunião confirma a atmosfera lúdica disso aqui. Duvido que muitos de nós compartilhem as expectativas de 'seriedade' que os experimentadores parecem ter. Sinto um pouco de alívio em ser apenas um substituto."

Primeiro dia: "Meu maior temor no princípio do experimento era que os presos me vissem como um verdadeiro canalha, com cara de guarda, como tudo o que não sou, e não da forma como me vejo. [...] Uma das razões pelas quais tenho cabelos compridos é que não gostaria que as pessoas me vissem de uma maneira que não é a minha. [...] Tenho certeza de que os presos zombarão de minha aparência e deduzirão minha primeira estratégia básica — em linhas gerais, não sorrir para nada que digam ou façam, o que seria reconhecer que é tudo apenas um jogo. Fico do lado de fora da jaula (enquanto Hellmann e o guarda alto e loiro terminam de servir o jantar, eles parecem muito mais seguros no papel do que eu). Enquanto me endireito para entrar, verifico meus óculos de sol, apanho meu cassetete — que fornece algum poder e segurança —, e entro. Deixo minha boca rígida, em uma quase carranca, determinado a mantê-la assim não importa o que disserem. Na Cela 3, paro, e, deixando minha voz dura e vagarosa, pergunto ao 5.486, 'Do que você está rindo?'. 'De nada, sr. agente penitenciário.' 'Você não terá motivo para rir.' Enquanto me afasto, sinto-me um idiota."

Segundo dia: "Saindo de meu carro, subitamente desejei que as pessoas reparassem em meu uniforme, 'ei, vejam o que estou fazendo'. [...] o 5.704 pediu um cigarro, e eu o ignorei, pois não sou um fumante, e não poderia simpatizar com ele. [...] Enquanto sentia empatia pelo 1.037, determinei-me a NÃO falar com ele. Mais tarde, adquiro o hábito de golpear as paredes, cadeiras e grades [com o cassetete] para mostrar o meu poder. [...] Após a chamada e o apagar das luzes, [o guarda Hellmann] e eu tivemos uma conversa em voz alta sobre ir para casa, encontrar as namoradas, e o que faríamos com elas (para irritar os prisioneiros)."

Terceiro dia (Preparando-se para a primeira noite de visitas): "Depois de avisarmos aos prisioneiros para não reclamarem, a não ser que desejassem que as visitas terminassem logo, nós finalmente trouxemos para dentro os primeiros pais. Deixei bem claro que era um dos guardas do pátio, porque era a primeira chance para o tipo de poder manipulador que desejava — ser uma figura notada, com controle quase total sobre o que é dito ou não. Enquanto os pais e os prisioneiros se sentavam nas cadeiras, eu me sentava ao final da mesa, balançando os pés e contradizendo tudo o que achava necessário. Foi o primeiro momento do experimento em que achei que estava mesmo gostando. O prisioneiro 819 estava sendo irritante e ficava observando. [...] [Hellmann] e eu mostramos admiração e reprovação. Como guarda (ator), ele é fantástico, entrando de fato no lado sádico da coisa, e isso me aborrece."

Quarto dia: "O psicólogo [Craig Haney] me censura por algemar e vendar um prisioneiro antes de deixar o escritório [de atendimento], e, ressentido, respondo que é uma medida de segurança necessária, e, afinal de contas, é assunto meu. [...] Em casa, tive mais e mais dificuldade de descrever a realidade da situação."

Quinto dia: "Atormento o 'Sargento', que insiste em corresponder exageradamente a todos os comandos. Eu o selecionei para um abuso especial, tanto porque ele pede por isso, e simplesmente porque não gosto dele. O verdadeiro problema começa no jantar. O novo detento [416] recusa-se a comer suas salsichas. Atiramos ele no Buraco, obrigando-o a segurar uma salsicha em cada mão. Temos uma crise de autoridade; a conduta rebelde mina potencialmente o controle completo que temos sobre os outros. Decidimos manipular a solidariedade dos prisioneiros, e dizemos ao novato que todos os outros serão privados de visitas se ele não comer seu jantar. Eu me afasto e bato o cassetete na porta do Buraco. [...] Fico com muita raiva deste prisioneiro por causar desconforto e problemas para os outros. Decido forçá-lo a comer, mas não adianta. Deixo que a comida escorra pelo seu rosto. Não acredito que fiz isto. Odiei-me por obrigá-lo a comer, mas o odiei mais ainda por não ter comido."

Sexto dia: "O experimento terminou. Fiquei alegre, mas chocado em ver alguns guardas desapontados, em parte pela perda do dinheiro, e em parte porque estavam se divertindo. [...] Falar durante a sessão de desintoxicação foi muito difícil; tudo me parece tenso e desconfortável [...]. Subo em minha bicicleta, e vou para casa sob a luz do sol. Sinto-me muito bem em cair fora dali."

Semanas depois: "A crueldade absoluta deste acontecimento (a decisão de Hellmann de deixar o 416 no Buraco a noite toda) não me atinge senão semanas depois, mas deve ter atingido Phil [Zimbardo] fortemente, além de muitas outras coisas, naquele momento [em que decidiu terminar o estudo]."[27]

Outra transformação curiosa do caráter de alguém apenas tangencialmente associado ao nosso estudo é encontrada em meio às "anedotas adicionais" no diário do diretor. Recordem meu sério colega psicólogo que me desafiou no meio de meus frenéticos esforços para enganar os possíveis intrusos dizendo que o estudo havia terminado. Ele quis saber "Qual é a variável independente?"

As anotações de Jaffe indicam que "o dr. B. fez uma visita na noite de terça-feira quando os presos foram deslocados para a despensa do quinto piso. Ele e a esposa subiram as escadas para ver os presos. A sra. B. distribuiu bolinhos, enquanto o dr. B fez ao menos dois comentários ridicularizando os presos, um, dizendo respeito ao jeito que se vestiam, e o outro, em relação ao fedor do lugar. Este exemplo de como "se entrava no jogo" ocorreu com quase todos os visitantes externos."

Enquanto sua esposa deu aos participantes um pouco de "chá e simpatia", meu colega, comumente reservado, tratou-os inesperadamente de modo desumanizado, o que provavelmente deve tê-los envergonhado.

Sobre os "pequenos experimentos" de Hellmann[28]

Voltemos ao Formulário do Histórico do Voluntário que Hellmann preencheu uma semana antes do começo do experimento, para que possamos ter uma noção de como ele era antes de se tornar guarda. Fico espantado em saber que era apenas um estudante do segundo ano da faculdade que tinha 18 anos, e estava entre os participantes mais jovens. Sua contraparte, Arnett, era um dos mais velhos. Hellmann veio de uma família de professores de classe média, o irmão mais novo de quatro irmãs e um irmão. Com 1,87 metro de altura, 80 quilos, olhos verdes e cabelos loiros, tratava-se de uma figura imponente. Este jovem se identificava como músico, e "fundamentalmente, como cientista". Sua autodescrição indicava: "Vivo uma vida natural, amo música, comida e as outras pessoas." E acrescentou: "Tenho um grande amor pelos seres humanos, meus companheiros."

Em resposta à pergunta "Do que as pessoas mais gostam em você?", Hellmann, radiante, confidenciou: "As pessoas gostam de mim, a princípio, em virtude de meu talento e personalidade expansiva. Poucos conhecem minhas reais capacidades de relacionamento humano."

Em resposta à versão negativa, "De que as pessoas menos gostam em você?" Hellmann nos deu uma ideia do seu caráter complexo, e um sinal do que estava por vir quando se tem um poder absoluto. Ele escreveu: "Minha impaciência com a estupidez, um descaso completo por pessoas cujo estilo não concordo. Minha exploração de algumas pessoas, minha franqueza, minha confiança." Finalmente, adicionemos à mistura que este voluntário disse preferir ser escolhido para o papel de prisioneiro, em vez de guarda, "porque as pessoas ofendem-se com os guardas".

Com esta referência de caráter em mente, é agora instrutivo rever suas reflexões pós-experimento acerca de como compreendeu o próprio papel neste estudo.

Hellmann: "Sim, foi mais do que um experimento. Tive oportunidade de testar as capacidades das pessoas, empurrá-las ao limite sob o disfarce de um agente penitenciário. Não foi agradável, mas me senti compelido pelo meu próprio fascínio por testar suas reações. Eu conduzia experimentos próprios, em muitas ocasiões."[29]

"A melhor coisa do experimento foi que eu parecia ser o catalisador que obteve alguns resultados surpreendentes que receberam o interesse da TV e da imprensa [...] Sinto por ter causado mais problemas do que queriam — foi um experimento próprio.[30]

"A pior parte do experimento foi ter sido levado tão a sério por tantas pessoas, e por ter feito delas minhas inimigas. Minhas palavras as afetaram, [os presos] pareciam perder o contato com a realidade do experimento.[31]

Um mês depois do término do estudo, este ex-guarda foi entrevistado com o ex-prisioneiro Clay-416, seu inimigo. Eles interagiram como parte de um documentário da TV sobre nosso estudo no *Chronolog* da NBC, um precursor do *60 minutes*. O programa foi intitulado "819 Fez Algo Ruim".

Depois de Hellmann ter descrito sua transformação no papel de guarda, Clay tornou-se agressivo, sendo finalmente capaz de acrescentar o adágio daquela era: "Nós colhemos o que plantamos."

— Uma vez vestindo o uniforme de um dado papel, quero dizer, um emprego, dizendo "Seu trabalho é manter estas pessoas na linha", então você certamente não é a mesma pessoa que estivesse com roupas comuns e em um papel diferente. Você se torna mesmo aquela pessoa quando veste aquele uniforme cáqui, os óculos, apanha o cassetete, e faz a sua parte. É o seu hábito, e terá de agir de acordo quando o veste — diz Hellmann.

— Isto me fere, e quero dizer *fere*, no presente do indicativo, isto me fere. — responde Clay.

— Como isto te feriu? Como isto te fere? Apenas em pensar que as pessoas podem ser assim? — pergunta Hellmann.

— É, isto me deu um conhecimento que nunca experimentara na pele. Já li sobre isto, li muito sobre isto. Mas nunca havia sentido na pele. Nunca vi alguém mudar deste jeito. E sei que você é um *bom sujeito*, sabe? Entende? — responde Clay.

— Você não sabe disso. — diz Hellmann sorrindo e balançando a cabeça.

— Eu sei, eu sei que você é um bom sujeito. Eu não fico mal... — responde Clay.

— Então por que você me *odeia*? — pergunta Hellmann.

— Porque sei no que você pode se transformar. Eu sei o que está querendo fazer quando diz "Oh, bem, não irei machucar ninguém", "Oh, bem, é uma situação controlada, ela irá terminar em duas semanas" — responde Clay.

— O que você teria feito no meu lugar? — pergunta Hellmann. Pronunciando cada palavra devagar e com cuidado.

— Não sei. Não posso dizer que sei o que faria.

— Você...

Clay — interrompendo Hellmann — diz:

— Eu não acho, eu não creio que eu teria sido tão *inventivo* quanto você. Não penso que teria aplicado tanta *imaginação* no que estivesse fazendo. Você entende?

— Sim, eu...

Clay, interrompendo, e parecendo gostar desse novo sentimento de poder:

— Acho que, se fosse um guarda, não seria tamanha *obra-prima*! — Clay responde:

— Não vejo por que isso foi realmente ofensivo. Foi degradante, e isso fez parte de meu pequeno experimento particular para ver como eu poderia, bem...

— Seu *pequeno experimento* particular? Por que não me falou disso? — pergunta Clay, descrente.

— Eu estava conduzindo pequenos experimentos por conta própria.

— Conte-me de seus pequenos experimentos, estou curioso.

— Está bem, eu queria ver exatamente que tipo de abuso verbal as pessoas podem aguentar antes de começarem a objetar, de começarem a contra-atacar, dentro da situação. E fiquei surpreso que ninguém tenha dito algo para me deter. Ninguém disse: "Puxa, você não pode dizer coisas assim para mim, essas coisas são doentias". Ninguém disse isso, eles apenas aceitaram o que eu dizia. Eu dizia: "Vá dizer àquele homem que ele é a escória do mundo, bem na sua cara", e eles o faziam sem questionar. Eles fariam flexões sem titubeio, ficariam no Buraco, abusariam um do outro, e quando se supõe que se uniriam na cadeia, eles abusam uns dos outros, apenas porque pedi que o fizessem. E ninguém, em absoluto, questionou minha autoridade. E isso realmente me deixou chocado. — Seus olhos ficam marejados. — Por que as pessoas não disseram alguma coisa quando comecei a abusar delas? Comecei a blasfemar tanto, e, ainda assim, as pessoas não disseram nada. Por quê? — desabafa Hellmann.

De fato, por quê?

Significados e mensagens do EPS: a alquimia das transformações de caráter

Somos todos cobaias no laboratório de Deus
A Humanidade não passa de um trabalho em andamento.

Tennessee Williams, Camino Real (1953)

O Experimento da Prisão de Stanford começou como uma simples demonstração dos efeitos que possui um composto de variáveis situacionais sobre o comportamento de indivíduos interpretando os papéis de prisioneiros e guardas em um ambiente de prisão simulada. Para esta investigação exploratória, não testamos hipóteses específicas, mas avaliamos em que medida os atributos externos de um ambiente institucional poderiam se sobrepor aos temperamentos dos atores neste ambiente. Bons temperamentos foram corroídos pelas más situações.

Contudo, ao longo do tempo, esse experimento emergiu como uma poderosa ilustração do impacto potencialmente tóxico de sistemas e situações cruéis fazendo com que boas pessoas se comportassem de maneiras patológicas estranhas às suas naturezas. A narrativa cronológica deste estudo, que procurei aqui recriar com fidelidade, revela vividamente em que medida jovens comuns, normais e sadios, sucumbiram, ou foram seduzidos, pelas forças sociais inerentes àquele contexto comportamental — assim como eu e muitos dos adultos e profissionais que atravessaram suas fronteiras abrangentes. A divisa entre o Bem e o Mal, já pensada como impermeável, revelou-se, pelo contrário, bastante permeável.

É chegado o momento de rever outras evidências coletadas durante o curso de nossa pesquisa. Muitas fontes quantitativas de informações lançam nova luz sobre o que ocorreu nesta escura prisão subterrânea. Assim, precisamos utilizar todas as evidências disponíveis para extrair os significados que emergiram deste experimento único, e estabelecer os caminhos pelos quais a humanidade pode ser transformada pelo poder e pela impotência. Subjacentes a estes significados, encontram-se mensagens significativas sobre a natureza da natureza humana, e as condições que podem definhá-la ou enriquecê-la.

UM RESUMO ANTES DE SE APROFUNDAR NOS DADOS

Como viram, nosso ambiente prisional psicologicamente coercitivo produziu reações intensas, realistas, e, frequentemente, patológicas nos participantes. Ficamos surpresos tanto pela intensidade de dominação dos guardas quanto pela velocidade na qual esta apareceu com o surgimento da rebelião dos prisioneiros. Como no caso do Doug-8.612, ficamos espantados como as pressões situacionais podem se sobrepor quase por inteiro, e de forma tão rápida e extremada, sobre um jovem normal e sadio.

Experimentar perda da identidade pessoal, sujeitar-se ao controle arbitrário contínuo, e ser privado de sono e de privacidade geraram neles uma síndrome de passividade, dependência e depressão, semelhantes ao chamado "desamparo aprendido".[1] (Desamparo aprendido é a experiência de passiva resignação e depressão que se segue a fracassos e punições recorrentes, especialmente quando estas parecem arbitrárias e não contingentes à ação de alguém.)

Metade de nossos estudantes prisioneiros teve de ser libertada mais cedo devido a desordens emocionais e cognitivas severas, transitórias mas intensas. A maioria dos que permaneceram tornaram-se, em geral, negligentemente obedientes às exigências dos guardas, e pareciam "zumbis" com seus movimentos indiferentes, submetendo-se aos caprichos do sempre ascendente poder dos guardas.

Assim como os raros "bons guardas", alguns poucos prisioneiros foram capazes de fincar os pés ante a dominação dos guardas. Como vimos, Clay-416, que deveria ter sido apoiado por sua heroica resistência pacífica, mas que, em vez disso, foi atormentado pelos colegas por ser um "encrenqueiro". Adotaram a estreita perspectiva constitucional fornecida pelos guardas, em vez de criarem a própria meta-perspectiva sobre a greve de fome de Clay, como emblemática de um caminho para a resistência comunitária em oposição à cega obediência à autoridade.

O Sargento também se comportou heroicamente, algumas vezes, recusando-se a praguejar ou abusar verbalmente de um companheiro quando lhe era exigido, ainda que em todos os outros momentos tenha sido o modelo de prisioneiro obediente. Jerry-5.486 revelou-se nosso preso mais equilibrado; contudo, como indica em suas reflexões pessoais, sobreviveu apenas ao voltar-se para dentro e ao não ajudar os outros prisioneiros o tanto quanto poderia, e que se beneficiariam de seu apoio.

Quando iniciamos o experimento, tínhamos uma amostra de indivíduos que não divergia da faixa normal da população instruída em qualquer uma das dimensões pré-mensuradas. Aqueles que foram aleatoriamente designados como "prisioneiros" poderiam ter sido designados como "guardas". Nenhum dos grupos tinha qualquer histórico criminal, debilidade física ou emocional, ou déficit intelectual ou social que pudessem diferenciar tipicamente os prisioneiros dos guardas, ou os prisioneiros do resto da sociedade.

Em virtude dessa distribuição aleatória e das pré-mensurações comparativas, sou capaz de afirmar que estes jovens não importaram para nossa cadeia qualquer uma das patologias que subsequentemente emergiram entre eles, enquanto representavam guardas e prisioneiros. No início do experimento, não havia diferença entre os dois grupos; menos de uma semana depois, não havia semelhanças entre eles. É razoável, portanto, concluir que as patologias foram provocadas pelo conjunto de forças das circunstâncias que invadiam constantemente este ambiente de moldes prisionais. Além disso, a situação foi aprovada e mantida por um Sistema de fundo que ajudei a criar. Em primeiro lugar, quando dei aos novos guardas sua orientação psicológica, e, depois, com o desenvolvimento de várias políticas e procedimentos que eu e minha equipe ajudamos a pôr em ação.

Nem guardas, nem prisioneiros poderiam ser considerados "maçãs podres" antes do momento em que foram pressionados tão poderosamente ao serem inseridos em um "barril podre". O complexo de características deste barril constitui as forças das circunstâncias em ação neste contexto comportamental — os papéis, as regras, as normas, o anonimato de pessoas e de lugar, os processos de desumanização, as pressões adaptativas, a identidade de grupo, dentre outras.

O QUE APRENDEMOS COM NOSSOS DADOS?

As observações diretas ininterruptas que fizemos das interações comportamentais entre prisioneiros e guardas, e de acontecimentos especiais, foram complementadas pelas gravações em vídeo (cerca de 12 horas), gravações de escutas escondidas (cerca de trinta horas), questionários, escalas de diferenças individuais de personalidade espontaneamente relatadas, e diversas entrevistas. Algumas dessas medidas foram codificadas para análise quantitativa, e algumas foram correlacionadas com escalas de resultados.

A análise dos dados apresenta uma série de problemas de interpretação: o tamanho da amostra era relativamente pequeno; as gravações eram seletivas e incompreensíveis, em decorrência de equipe e orçamento limitados, além de nossa decisão estratégica de nos concentrarmos nos acontecimentos diários de maior interesse (tais como chamadas, refeições, visitantes, e audiências de condicional). Em acréscimo, as orientações causais são incertas por causa do jogo dinâmico entre guardas e prisioneiros dentro dos turnos e na troca da guarda. A análise quantitativa dos dados de comportamento individual é confundida com as evidentes interações complexas de pessoas, grupos e de efeitos temporais. Ademais, ao contrário de experimentos tradicionais, não tivemos um grupo de controle de voluntários comparáveis que não passaram pelo tratamento experimental de ser um falso preso ou um falso guarda, mas que seriam avaliados antes e depois. Não o fizemos porque pensamos em nosso plano mais como uma demonstração de um fenômeno, tal como o original estudo de Milgram sobre obediência, e, então, como um experimento que estabeleceria associações causais. Planejávamos fazer em pesquisas futuras estas tão controversas comparações de grupo experimentais, caso obtivéssemos quaisquer descobertas interessantes nessa primeira investigação exploratória. Desse modo, nossa simples variável independente foi apenas o principal efeito no relacionamento entre as posições sociais de prisioneiros *versus* guardas.

Todavia, alguns padrões claros emergiram, que amplificam a narrativa qualitativa apresentada até agora. As descobertas esclarecem um pouco a natureza deste ambiente psicologicamente coercitivo, e dos jovens que foram testados pelas exigências deste ambiente. Detalhes completos sobre os índices operacionais dessas escalas, e de sua significância estatística, encontram-se à disposição no artigo científico publicado no *International Journal of Criminology and Penology*,[2] e no *site* www.prisonexp.org.

Escalas de Personalidade

Foram aplicados três tipos de escalas de diferenças individuais nos participantes quando apareceram para a avaliação pré-experimental, poucos dias antes do começo de nosso estudo. Estas escalas foram a Escala-F sobre autoritarismo, a Escala Maquiavélica sobre manipulação de estratégias interpessoais e a Escala de Personalidade de Comrey.

A Escala-F.[3] Sobre esta medida de rígida aderência aos valores convencionais e uma atitude submissa e acrítica frente à autoridade, não houve diferença estatisticamente relevante entre o resultado médio dos guardas (4,8) e dos prisioneiros (4,4) — antes de divididos nestes dois papéis. Contudo, uma descoberta fascinante emerge quando comparamos os resultados da Escala F dos cinco presos que permaneceram por toda a duração do estudo, e os cinco liberados mais cedo. Aqueles que permaneceram no ambiente autoritário do EPS tiveram um índice mais de duas vezes maior (média = 7,8) em convencionalismo e autoritarismo do que seus pares libertados antes (média = 3,2). Espantosamente, quando estes resultados são distribuídos em ordem crescente nos valores da Escala F, uma correlação altamente significativa é encontrada com o número de dias de permanência (coeficiente de correlação = 0,90). Um prisioneiro tinha mais chance de permanecer mais tempo e se ajustar de forma mais eficiente ao ambiente autoritário prisional quanto maior fosse sua rigidez, aderência a valores convencionais, e aceitação da autoridade — os traços que caracterizavam nosso ambiente prisional. Inversamente, os prisioneiros que pior lidavam com as pressões foram os jovens que mostravam menos traços da Escala F — e que alguns diriam tratar-se de algo louvável.

A Escala Maquiavélica.[4] Esta medida, como o nome indica, avalia a defesa de estratégias de conquista de vantagem eficaz em encontros interpessoais. Entretanto, nenhuma diferença significativa foi encontrada entre a média dos guardas (7,7) e a levemente superior média dos prisioneiros (8,8), nem esta medida previu a duração da permanência na prisão. Esperávamos que a habilidade dos que tivessem um índice maior no traço de manipulação dos outros pudesse ser relevante nas interações diárias neste ambiente, mas enquanto dois dos prisioneiros com os índices maquiavélicos mais elevados foram considerados os que melhor se ajustaram à prisão, outros dois que se ajustaram bem obtiveram os índices mais baixos.

Escala de Personalidade de Comrey.[5] Este inventário autodeclarado consiste em oito subescalas que utilizamos para prever variações de temperamento nos guardas e nos prisioneiros. Essas medidas de personalidade são: Confiança, Ordem, Conformidade, Atividade, Estabilidade, Extroversão, Masculinidade e Empatia. Nesta escala, as pontuações médias dos guardas e dos prisioneiros foram realmente iguais; nenhuma sequer chegou a ser estatisticamente significativa. Além disso, em cada subescala, a média do grupo esteve na faixa de percentil entre o quadragésimo e o sexagésimo da população masculina padrão registrada por Comrey. Essa descoberta corrobora a afirmação de que as personalidades dos estudantes nestes dois diferentes grupos poderia ser definida como "normal" e "média". Craig Haney e Curt Banks de fato cumpriram sua tarefa de pré-seleção, escolhendo uma amostra de voluntários que fossem "homens comuns". Ademais, não havia nenhuma tendência prévia de temperamento que pudesse distinguir os indivíduos que representaram os guardas daqueles que atuaram no papel de prisioneiros.

Algumas diferenças interessantes, ainda que insignificantes, foram encontradas entre os prisioneiros libertados antes e aqueles que suportaram toda a catástrofe. Os "resistentes" tiveram índices mais altos em Conformidade ("aceitação da sociedade tal como ela é") e em Extroversão e Empatia (solicitude, simpatia, generosidade) do que aqueles que tiveram de ser liberados devido às reações de angústia extrema.

Se examinarmos os índices dos guardas e dos prisioneiros que mais desviaram da média do grupo (variações-padrão de 1,5 ou mais), surgem alguns padrões curiosos.

Em primeiro lugar, vejamos algumas características de personalidade de alguns prisioneiros individualmente. Minha impressão de Jerry-5.486 como o "mais bem resolvido" está claramente confirmada pelo fato de ele ter obtido o maior resultado, dentre os presos, em Estabilidade, sendo que quase todos os seus outros índices ficaram muito próximos da média da população. Quando diverge dos outros, é sempre na direção positiva. Ele também teve o melhor índice em Masculinidade ("não chora facilmente, não se interessa por histórias de amor"). Stewart-819, que arrebentou sua cela e causou pesar aos colegas que tiveram de limpar a sujeira, teve menor índice em Ordem (a extensão da meticulosidade e preocupação com a limpeza e a ordem). Salvo engano, ele não se importou. Adivinhem quem teve maior resultado na escala de Atividade (gosto pela atividade física, pelo trabalho árduo, e pelo exercício)? Sim, certamente, foi o Sargento-2.093. Confiança é a crença na honestidade elementar e nas boas intenções dos outros, e Clay-416 ganhou o troféu nessa dimensão. Finalmente, dos perfis dos presos, quem vocês suspeitam que recebeu o maior índice em "Conformidade" (crença na imposição da lei, aceitação da sociedade como ela é, e ressentimento pela inconformidade dos outros)? Quem reagiu mais fortemente contra a resistência de Clay-416 às ordens dos guardas? Não outro que não nosso simpático jovem, Hubbie-7.258!

Entre os guardas, houve apenas alguns poucos índices individuais interessantes por serem "atípicos", se comparados aos de seus pares. Em primeiro lugar, vemos que os do "bom guarda" John Landry, e não seu irmão Geoff, teve o maior índice em Empatia. O guarda Varnish foi o pior em Empatia e Confiança, mas o melhor em preocupações com limpeza e ordem. Ele também foi o guarda que obteve o maior índice Maquiavélico. Em conjunto, esta síndrome caracteriza o comportamento eficiente, frio, mecânico e distante que mostrou em todo o estudo.

Embora estas descobertas sugiram que as medidas de personalidade podem prever diferenças comportamentais em alguns casos individuais, precisamos ser cautelosos em generalizar excessivamente sua função de compreender padrões de comportamento individual em ambientes inéditos como o nosso. Por exemplo, baseando-se em todas as medidas examinadas, Jerry-5.486 foi o mais "supranormal" dos prisioneiros. Contudo, o segundo na ordem dos resultados do inventário de personalidade que o qualificariam como o "mais normal" é Doug-8.612. Seu relato perturbado sobre primeiro ter fingido, e, depois, ter ficado "louco" é dificilmente previsível tomando-se em conta sua posição pré-experimental de "mais normal". Além do mais, não poderemos encontrar precursores de personalidade para a diferença entre os quatro guardas mais cruéis e os outros que foram menos abusivos. Nenhuma predisposição de personalidade poderia esclarecer essa variação comportamental extremada.

Agora, se olharmos para os índices de personalidade dos dois guardas que foram claramente os mais cruéis e sádicos com os prisioneiros, Hellmann e Arnett, ambos se revelaram comuns e medianos em tudo, exceto numa das dimensões da personalidade. Divergiram apenas em Masculinidade. Um teórico da personalidade intuitiva acharia justificado supor que Hellmann, nosso mal-humorado "John Wayne", estaria no topo da escala da Masculinidade. Não é senão o contrário: seu índice foi o menor até mesmo entre os prisioneiros. Em contraposição, Arnett obteve o maior resultado de masculinidade entre os guardas. Analistas psicodinâmicos suporiam, certamente, que o comportamento cruel e dominador de Hellmann e o fato de ter inventado exercícios homofóbicos seriam motivados por uma estrutura de reação contra sua natureza não masculina, possivelmente homossexual latente. Entretanto, antes de nos desfazermos em elogios analíticos a ele, apresso-me em acrescentar que não houve nada em seu estilo de vida posterior nos últimos 35 anos que caracterizaram este jovem como algo mais do que um marido, pai e executivo normal e adequado, além de cidadão consciente.

Adjetivos de Humor Autodeclarador: Em duas vezes ao longo do estudo, e imediatamente após a sessão de prestação de contas, cada estudante preencheu uma lista de verificação de adjetivos que, a seu ver, melhor descreviam seu atual estado de ânimo. Combinamos os adjetivos que refletiam humores positivos *versus* negativos, e, separadamente, aqueles que retratavam atividade *versus* passividade. Como era de se esperar por tudo que vimos do estado dos presos, estes expressaram três vezes mais afetos negativos do que positivos, e uma avaliação geral muito mais negativa do que a dos guardas. Os guardas expressaram afeto levemente mais negativo do que positivo. Outra diferença interessante entre os dois grupos é a grande flutuação dos estados de ânimo dos presos. Ao longo do curso do estudo, mostraram de duas a três vezes mais variações de humor do que os guardas, relativamente estáveis. Sobre a dimensão da atividade—passividade, os presos tenderam a um resultado duas vezes mais alto, indicando o dobro de "agitação" interna se comparados aos guardas. Ainda que a experiência da prisão tenha exercido um impacto emocional negativo tanto nos guardas quanto nos presos, os efeitos adversos nos prisioneiros foram mais profundos e instáveis.

Comparando os prisioneiros que ficaram com os que foram liberados mais cedo, o ânimo daqueles que tiveram de ser eliminados do experimento estava marcado por um tom definitivamente mais negativo: depressão e infelicidade. Quando as escalas de humor foram administradas pela terceira vez, logo *depois* de dizerem aos sujeitos que o estudo havia terminado (os sujeitos liberados mais cedo retornaram para a sessão de prestação de contas), mudanças elevadas nos humores positivos foram evidentes. Todos os agora "ex-detentos" selecionaram adjetivos autodescritivos que caracterizaram seu humor como menos negativo e muito mais positivo — uma diminuição na negatividade, do inicialmente forte 15 para um reduzido 5, enquanto sua positividade decolou do baixo 6 inicial para 17. Ademais, sentiam-se, agora, menos passivos que antes.

Em geral, não houve quaisquer outras diferenças nessas subescalas de humor entre prisioneiros liberados mais cedo e aqueles que persistiram durante os seis dias. Estou feliz em poder relatar a vital conclusão de que, ao final do estudo, ambos os grupos de estudantes retornaram aos seus parâmetros pré-experimentais de reação emocional. Esse retorno à normalidade parece refletir a "especificidade situacional" da depressão e das reações de estresse, experimentadas pelos estudantes enquanto interpretavam seus papéis incomuns.

Essa última descoberta pode ser interpretada de muitas maneiras. O impacto emocional da experiência na prisão foi transitório, uma vez que os sofridos prisioneiros melhoraram rapidamente para uma base normal de humor assim que o estudo terminou. O que também corrobora a "normalidade" dos participantes selecionados cuidadosamente, e essa melhoria atesta sua capacidade rápida de recuperação. Contudo, a mesma reação global entre os presos pode ter surgido de fontes bem diferentes. Aqueles que permaneceram ficaram exaltados pela liberdade recém-descoberta, e por saberem que sobreviveram à prova. Os que foram liberados mais cedo não mais sentiam a angústia emocional, tendo se reajustado uma vez afastados da situação negativa. Ademais, talvez possamos atribuir algumas das novas reações positivas por terem contemplado os seus colegas libertados, aliviando-os, assim, do fardo da culpa que podem ter sentido por haverem saído antes, enquanto seus colegas tiveram de permanecer suportando a provação.

Embora alguns guardas tenham indicado que desejaram que o estudo continuasse como planejado por mais uma semana, como grupo também ficaram contentes em vê-lo terminar. Seu índice médio de positividade mais do que duplicou (de 4 para 10,2), e seus baixos índices de negatividade (6) atingiram um resultado ainda mais baixo (2). Consequentemente, como grupo, também conseguiram recuperar sua compostura e equilíbrio emocional, a despeito de seus papéis em criar as terríveis condições deste ambiente prisional. Os reajustes de humor não significam, entretanto, que alguns destes jovens não tenham ficado perturbados pelo que fizeram ou por seu fracasso em deter o abuso, como já observado pelas reações pós-experimentais e pelos diários retrospectivos.

Análise do Vídeo: Houve 25 incidentes mais ou menos distintos identificados nas fitas, referentes às interações prisioneiro—guarda. Cada cena ou incidente foi pontuado de acordo com dez categorias comportamentais (e verbais). Dois avaliadores, que não participaram do estudo, pontuaram independentemente essas fitas, e seu nível de concordância foi satisfatório. Estas categorias foram: Fazer Perguntas, Dar Ordens, Oferecer Informação, Usar Referência Individualizante (positiva) ou Desindividualizante (negativa), Fazer Ameaças, Oferecer Resistência, Ajudar os Outros, Usar Instrumentos (para algum objetivo), e Manifestar Agressão.

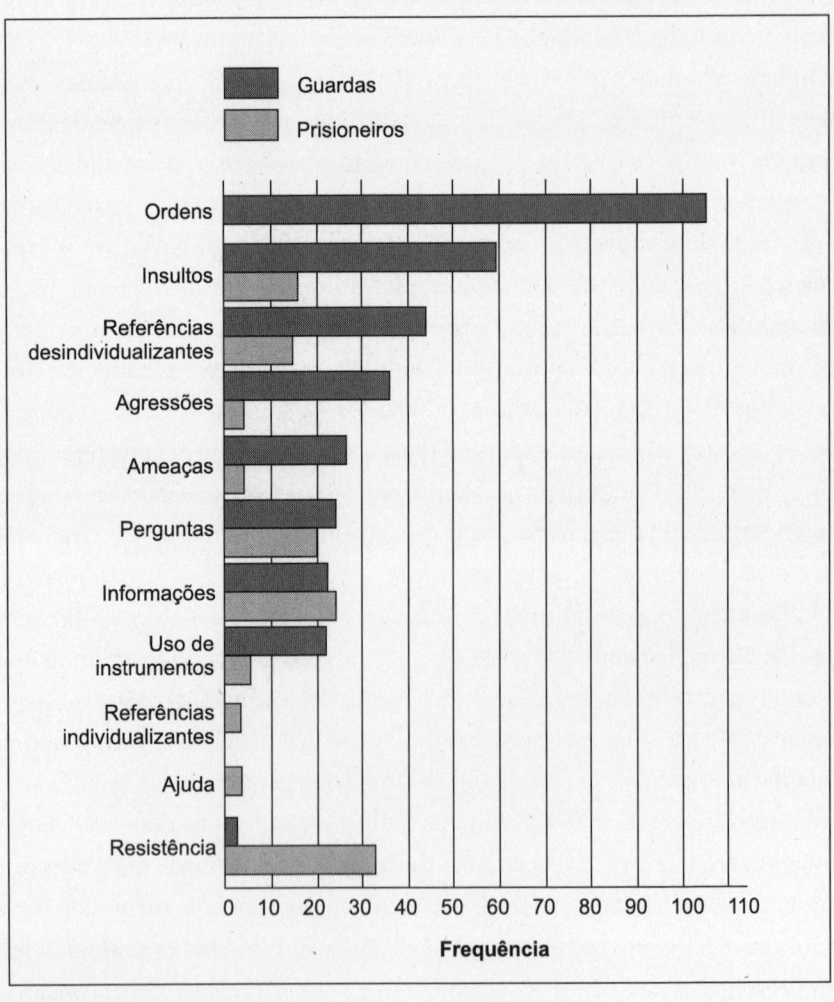

Comportamento dos Guardas e Prisioneiros

Como mostrado na tabela que sintetiza esses resultados, houve, em geral, um excesso de interações hostis e negativas entre guardas e prisioneiros. A atividade assertiva foi em grande medida a prerrogativa dos guardas, enquanto os presos geralmente assumiam uma postura relativamente passiva. As reações mais características nos guardas ao longo das situações gravadas foram as seguintes: dar ordens, insultar prisioneiros, desindividualizar prisioneiros, manifestar agressão aos prisioneiros, ameaçar e utilizar instrumentos contra eles.

A princípio, os prisioneiros resistiram aos guardas, notadamente nos primeiros dias do estudo, e, depois, quando Clay-416 levou adiante sua greve de fome. Os presos costumavam singularizar os outros de modo pessoal, faziam-lhes perguntas, forneciam informações, e raramente manifestavam comportamento negativo perante os outros, algo típico dos guardas dominadores. Novamente, isso ocorreu apenas nos primeiros dias do estudo. Por outro lado, os dois comportamentos mais *raros* que observamos ao longo dos seis dias de estudo foi individualizar os outros e ajudar os outros. Apenas um incidente de ajuda foi registrado — um sinal solitário de preocupação humana por um colega ocorreu entre dois prisioneiros.

As gravações também enfatizam quantitativamente o que observamos no curso do estudo: os guardas aumentaram continuamente o acesso aos prisioneiros. Se compararmos duas das *primeiras* interações prisioneiro-guarda durante a chamada com as duas *últimas*, notamos que em uma unidade de tempo equivalente, nenhuma referência desindividualizante ocorreu de início, mas uma média significativa de 5,4 ocorreu durante as últimas chamadas. De modo similar, os guardas disseram poucos insultos depreciativos inicialmente, média de apenas 0,3, mas, no último dia, degradaram os prisioneiros em média de 5,7 vezes, no mesmo período de tempo.

De acordo com a análise temporal dos dados de vídeo, o que os prisioneiros fizeram foi simplesmente se comportar cada vez menos ao longo do tempo. Houve um decréscimo geral em todas as categorias comportamentais com o passar do estudo. Passaram a tomar pouca iniciativa, tornando-se apenas mais passivos à medida que os dias e noites se sucediam, desnorteantes.

A análise do vídeo também mostrou claramente que o turno da noite de "John Wayne" era mais severo com os prisioneiros se comparado aos outros dois turnos. O comportamento dos guardas neste turno cruel e violento diferiu significativamente daqueles que o precediam e sucediam, nos seguintes sentidos: distribuíam mais ordens (uma média de 9,3 contra 4, respectivamente, por unidades de tempo padronizadas); dirigiam mais do que o dobro de insultos aos presos (5,2 contra 2,3, respectivamente). Eles também recorreram com mais frequência à punição agressiva aos prisioneiros do que fizeram os guardas dos outros turnos. A agressão verbal no turno de Arnett, mais sutil, não é detectada nestas análises.

Análise de Áudio: De tempos em tempos, gravações em áudio por microfones ocultos foram feitas de entrevistas entre alguém de nossa equipe e presos ou guardas, e de conversas entre presos em suas celas. Nove categorias foram criadas para capturar a natureza geral desse comportamento verbal. Novamente, as gravações foram classificadas nessas categorias por dois juízes independentes, que o fizeram confiavelmente.

Além de fazer perguntas, dar informação, fazer pedidos, exigências e dirigir ordens, outras categorias focaram a apreciação desfavorável; o ponto de vista positivo/negativo; a autoavaliação positiva/negativa; as referências de individuação/desindividuação; o desejo de continuar o estudo ou de abortá-lo; e o desejo de agir no futuro de modos positivos ou negativos.

Ficamos surpresos em descobrir que os guardas tendiam a ter quase o mesmo ponto de vista negativo e índices baixos de respeito próprio que a maioria dos prisioneiros. Inclusive, o "bom guarda" Geoff Landry expressou um índice de respeito próprio mais baixo do que qualquer prisioneiro, e um afeto negativo mais geral do que todos, exceto por um participante, a saber, Doug-8.612. Nossas entrevistas com prisioneiros foram marcadas por sua negatividade geral em expressar afetos e em sua autoavaliação e intenções (intenção primária de ser agressivo e ter um ponto de vista negativo da situação).

Essas entrevistas mostram claras diferenças no impacto emocional da experiência entre os prisioneiros que permaneceram e aqueles que foram liberados antes. Comparamos o número médio de expressões de ponto de vista negativo, afeto negativo, baixo respeito próprio, e intenção de agredir feitas pelos prisioneiros remanescentes *versus* liberados (por entrevista). Os libertados antes expressavam expectativas mais negativas e que tinham mais afeto negativo, menos respeito próprio, e quatro vezes mais intenções de agredir do que o fizeram os companheiros que ficaram. Essas tendências interessantes estão próximas de ser estatisticamente significativas.

Os grampos nas celas nos forneceram informações sobre o que os prisioneiros discutiam em particular durante as tréguas temporárias das chamadas, tarefas subalternas e outros acontecimentos públicos. Lembrem que os três reclusos de cada cela eram, inicialmente, completos estranhos. Foi apenas quando estavam a sós em suas celas que puderam conhecer uns aos outros, visto que "conversa fiada" não era permitida em momentos públicos. Nós supusemos que procurariam afinidades para se relacionarem, dada a estreiteza de seus alojamentos e a expectativa de interagir por duas semanas. Esperávamos ouvi-los conversando sobre suas vidas de universitário, especializações, vocações, namoradas, times favoritos, preferências musicais, atividades de lazer, o que fariam com o fim do verão depois de terminado o experimento, ou, talvez, o que fariam com o dinheiro que receberiam.

De modo algum! Quase nenhuma dessas expectativas foi confirmada. Noventa por cento de todas as conversas entre os prisioneiros eram relacionadas a questões da prisão. Apenas 10% concentravam-se em trocas pessoais ou autobiográficas não relacionadas à experiência na prisão. Os prisioneiros estavam, na maioria das vezes, preocupados com a comida, a importunação dos guardas, estabelecer um comitê reclamatório, forjar planos de fuga, visitantes, e com o comportamento dos prisioneiros nas outras celas e com os que estavam na solitária.

Quando tinham a oportunidade de se distanciar temporariamente da importunação dos guardas e do tédio da tabela de horários, de transcender o papel de prisioneiro e estabelecer sua identidade pessoal em uma interação social, não o fizeram. O papel de detento dominou todas as expressões do caráter individual. O ambiente prisional dominou seus pontos de vista e suas preocupações — forçando-os a uma orientação temporal do presente expandido. Não importava se a apresentação de si estava sob vigilância ou livre de seu olhar.

Ao não compartilharem seus passados e expectativas futuras, a única coisa que cada prisioneiro sabia sobre o outro prisioneiro era baseada em observações de como se comportavam no presente. Sabemos que ao que tiveram de assistir durante as chamadas e em outras atividades desprezíveis era, geralmente, uma imagem negativa do semelhante. Tal imagem era tudo o que tinham para formar uma impressão da personalidade de seus pares. Por se concentrarem na situação imediata, os presos também contribuíram para estimular uma mentalidade que intensificava a negatividade de suas experiências. Geralmente, conseguimos suportar as más situações, compartimentalizando estas situações dentro de uma perspectiva temporal que imagina um futuro melhor e distinto, combinado à lembrança de um passado tranquilizador.

A intensificação autoimposta da mentalidade de prisioneiro teve uma consequência ainda mais nociva: os presos começaram a adotar e a aceitar as imagens negativas que os guardas construíam deles. Metade de todas as interações privadas relatadas entre presos puderam ser classificadas como não apoiadoras e não cooperativas. E pior, sempre que os presos faziam declarações de avaliação ou expressavam consideração por seus colegas, em 85% das vezes elas eram desdenhosas e depreciativas! Essas frequências são estatisticamente válidas: o foco maior nos tópicos da prisão, comparado aos outros tópicos, ocorreria apenas uma vez em cem, por acaso, enquanto o foco em atribuições negativas dos companheiros em oposição a termos positivos ou neutros ocorreria por acaso em apenas cinco vezes em cem. Isso significa que os efeitos comportamentais emergentes são "reais" e não podem ser atribuídos a flutuações no que os presos discutiam em suas celas.

Ao internalizarem, desta forma, a opressão do ambiente prisional, os presos formavam impressões de seus colegas principalmente ao vê-los humilhados, agindo como ovelhas servis, ou cumprindo mecanicamente ordens degradantes. Sem desenvolver respeito algum pelos outros, como poderiam vir a ter um autorrespeito nesta prisão? Essa última descoberta lembra-me do fenômeno de "identificação com o agressor". O psicólogo Bruno Bettelheim[7] utilizou este termo para caracterizar modos pelos quais os prisioneiros dos campos de concentração nazistas internalizaram o poder inerente a seus opressores (ele foi utilizado primeiramente por Anna Freud). Bettelheim observou que alguns reclusos agiam como os guardas nazistas, não apenas abusando de outros presos, mas até mesmo vestindo partes de uniformes da SS jogadas fora. Esperando desesperadamente sobreviver a uma existência hostil e imprevisível, a vítima sente o que o agressor deseja, em vez de se opor a ele, abraça sua imagem e se torna um agressor. O diferencial assustador de poder entre os poderosos guardas e os presos impotentes é psicologicamente minimizado por tais acrobacias mentais. No interior de sua mente, um sujeito se torna um com o seu inimigo. Esse autoengano previne uma avaliação realista de uma dada situação, inibe ações efetivas de confrontar estratégias ou rebelar-se e não permite a empatia pelos companheiros que sofrem.[8]

A vida é a arte de ser bem enganado; e, para que
o engano possa vicejar, ele deve ser habitual e ininterrupto.
— Willam Hazlitt, "On Pedantry", *The Round Table*, 1817

As lições e mensagens do EPS

Passemos, agora, das reações comportamentais específicas e atributos pessoais desses jovens, para considerar questões conceituais mais amplas levantadas pela pesquisa, além de suas lições, significado e mensagens.

A virtude da ciência

De um ponto de vista, o EPS não nos diz mais do que os sociólogos, criminólogos e as narrativas dos prisioneiros já não tenham revelado acerca dos males da vida na prisão. As prisões podem ser lugares brutalizantes que invocam o pior da natureza humana. Elas produzem mais violência e crime do que fomentam reabilitação construtiva. A reincidência mínima de 60% indica que as prisões estão mais para portas giratórias para aqueles que são sentenciados por delitos criminosos. O que o EPS acrescenta à nossa compreensão do *experimento fracassado da sociedade* das prisões como instrumentos de controle do crime? Penso que a resposta resida no protocolo básico do experimento.

Em prisões reais, as falhas da situação carcerária e as falhas das pessoas que a habitam são misturadas, entrelaçadas inextricavelmente. Lembrem-se de minha primeira conversa com o sargento na delegacia de Palo Alto, em que expliquei a razão pela qual conduzi esta pesquisa, em vez de ir a uma prisão local para observar o que se passava. O experimento foi planejado para avaliar o impacto de uma situação de prisão simulada naqueles que nela viviam, tanto guardas quanto prisioneiros. Por meio de vários controles experimentais, fomos capazes de realizar uma série de coisas, e esboçar conclusões que não teriam sido possíveis em ambientes do "mundo real".

Procedimentos de seleção sistemática garantiram que todos os que adentrassem nossa prisão fossem o mais normais, medianos e sadios possível, e não tivessem antecedentes de comportamento antissocial, crimes ou violência. Além do mais, por serem universitários, estavam geralmente acima da média de inteligência, abaixo na média de preconceito, e mais confiantes acerca de seus futuros do que seus semelhantes menos instruídos. Em seguida, em virtude de uma distribuição randômica, a chave da pesquisa experimental, essas boas pessoas foram aleatoriamente designadas para os papéis de guarda ou prisioneiro, independentemente de suas preferências. O acaso deliberou.

Um controle experimental posterior implicou observação sistemática, coleta de múltiplas formas de evidência, e análise de dados estatísticos que, juntos, puderam ser utilizados para determinar o impacto da experiência dentro dos parâmetros do planejamento da pesquisa. O protocolo do EPS desembaraçou a pessoa do lugar, o temperamento da situação, as "maçãs podres" dos "barris podres".

Precisamos reconhecer, entretanto, que toda pesquisa é "artificial", sendo apenas uma imitação do que lhe é análogo no mundo real. Não obstante, a despeito da artificialidade de pesquisas experimentais controladas como o EPS, ou como os estudos em Psicologia Social que veremos nos capítulos seguintes, quando tal pesquisa é conduzida de maneiras sensíveis e que capturem atributos essenciais de "realismo mundano", os resultados podem ser passíveis de uma considerável generalização.[9]

Nossa prisão não era, obviamente, uma "prisão real" em muitas de suas características tangíveis, mas ela certamente capturou as características psicológicas centrais do aprisionamento que penso serem centrais para a "experiência na prisão". Para ter certeza, qualquer descoberta que seja fruto de um experimento deve levantar duas questões. Primeira, "Comparado a quê?" E, depois, "Qual é sua validade externa (os paralelos no mundo real que ela pode ajudar a explicar)?" A validade de uma tal pesquisa costuma se apoiar em sua habilidade de iluminar processos implícitos, identificar sequências de causas, e estabelecer as variáveis que mediam um efeito observado. Além disso, experimentos podem estabelecer relacionamentos causais que, se tiverem validade estatística, não podem ser descartados como conexões casuais.

O pioneiro Kurt Lewin, teórico e pesquisador em Psicologia Social, defendeu, há décadas, uma ciência de Psicologia Social Experimental. Lewin afirmou ser possível abstrair questões significativas do mundo real, tanto conceitual quanto praticamente, e testá-las no laboratório. Com estudos bem elaborados e manipulações de variáveis independentes cuidadosamente executadas (os fatores antecedentes usados como indicadores comportamentais), pensou, era possível estabelecer certos relacionamentos causais, de modos que não eram possíveis no campo dos estudos de observação. Além disso, Lewin passou, em seguida, a defender a utilização deste conhecimento para provocar uma mudança social, utilizando evidências empíricas para compreender e tentar modificar e aprimorar a sociedade e a atuação humana.[10] Procurei seguir sua inspiradora orientação.

As transformações do poder do guarda

Nossa sensação de poder é mais vívida quando dobramos o espírito de um homem
Do que quando conquistamos seu coração.
— Eric Hoffer, *The Passionate State of Mind* (1954)

Alguns de nossos voluntários designados como guardas logo passaram a abusar de seu poder recém-descoberto, comportando-se, dia e noite, de maneira sádica — depreciativa, degradante, e danosa para os "prisioneiros". Suas ações se encaixam na definição psicológica do mal, proposta no primeiro capítulo. Outros guardas representaram seus papéis de modos rígidos e exigentes, e que não eram particularmente abusivos, mas mostravam pouca simpatia pelo sufoco dos atormentados reclusos. Poucos guardas, que puderam ser classificados de "bons guardas", resistiram à tentação do poder, e se compadeceram, às vezes, da condição dos prisioneiros, fazendo pequenas coisas como dar uma maçã a um, a outro um cigarro, e assim por diante.

Embora vastamente diferente do EPS no que se refere à extensão de seu horror e complexidade do sistema que o semeou e sustentou, há um paralelo interessante entre os médicos da SS nazista envolvidos no campo da morte de Auschwitz e nossos guardas do EPS. Como nossos guardas, aqueles médicos puderam ser caracterizados em três grupos. De acordo com Robert Jay Lifton em *Nazi Doctors*, havia "fanáticos que participaram avidamente do processo de extermínio, e ainda faziam 'trabalho extra' em prol da matança; aqueles que participavam do processo de modo mais ou menos metódico, e não faziam nem mais nem menos do que acreditavam que deveriam fazer; e aqueles que participaram do processo de extermínio com relutância".[11]

Em nosso estudo, ser um bom guarda trabalhando com relutância significava a "bondade por omissão". Realizar pequenos atos gentis para os prisioneiros apenas contrastava com as ações demoníacas dos colegas de turno. Como apontado anteriormente, nenhum deles jamais interveio para impedir que os "maus guardas" abusassem dos prisioneiros; nenhum reclamou com a equipe, deixou seu turno mais cedo, chegou tarde ao trabalho ou se recusou a fazer hora extra em emergências. Além do mais, nenhum deles demandou a remuneração das horas extras, em que fizeram tarefas que devem ter achado detestáveis. Eles eram parte da "Síndrome do Mal da Inação", que discutiremos com mais profundidade depois.

Lembrem-se do melhor dos guardas, Geoff Landry, que compartilhou o turno da noite com o pior dos guardas, Hellmann, e jamais realizou uma tentativa de fazê-lo "sossegar", nunca o lembrou de que aquilo era "apenas um experimento", de que não havia necessidade de infligir tanto sofrimento em garotos que apenas fingiam-se de prisioneiros. Em vez disso, como visto em seus relatos pessoais, Geoff simplesmente sofreu calado — ao lado dos prisioneiros. Tivesse energizado sua consciência para uma ação construtiva, esse bom guarda poderia ter tido um impacto significativo em mitigar a escalada de abusos aos prisioneiros durante o turno.

Em muitos anos de experiência de ensino em uma série de universidades, descobri que a maioria dos estudantes não está preocupada com questões sobre poder porque tem coisas suficientes a enfrentar em seus mundos, nos quais a inteligência e o trabalho duro os levam a seus objetivos. O poder é uma preocupação quando as pessoas já o têm em abundância e precisam mantê-lo, ou quando não possuem poder suficiente e querem obter mais. Contudo, o poder em si torna-se um objetivo para muitos em virtude de todos os recursos à disposição do poderoso. O antigo chefe de estado Henry Kissinger descreveu este chamariz como "o afrodisíaco do poder". Este chamariz faz com que belas jovens se sintam atraídas por velhos feios, porém poderosos.

As patologias dos prisioneiros

Qualquer lugar em que se esteja contra a própria vontade constitui-se uma prisão.

— Epíteto, *Discourses,* II d.C.

Nosso interesse inicial não estava tanto nos guardas, mas em como aqueles que foram designados para o papel de prisioneiro se adaptariam à sua condição social inferior e impotente. Tendo passado o verão enredado no curso de psicologia do aprisionamento que havia acabado de colecionar em Stanford, encontrava-me aparelhado para estar do lado desses. Carlo Prescott nos encheu de histórias vívidas de abusos e degradação nas mãos dos guardas. De outros ex-prisioneiros, ouvimos em primeira mão as histórias de horror de prisioneiros abusando sexualmente de outros em guerras de gangue. Desse modo, Craig, Curt e eu estávamos, secretamente, torcendo pelos prisioneiros, esperando que resistissem a quaisquer pressões que os guardas pudessem reunir contra eles, e que mantivessem a dignidade pessoal a despeito dos sinais externos de inferioridade que eram forçados a vestir. Eu me imaginava uma espécie de Paul Newman, um prisioneiro sabiamente resistente, como retratado no filme *Rebeldia Indomável*. Eu jamais me imaginaria como o seu carcereiro.[12]

Ficamos felizes quando os prisioneiros se rebelaram tão rapidamente, opondo-se às perturbações e às tarefas subalternas que os guardas encarregavam-lhes, à imposição arbitrária das regras e às exaustivas chamadas em fila. Suas expectativas sobre o que fariam no "estudo da vida na prisão" para o qual nosso anúncio no jornal os havia recrutado foram frustradas. Eles previam um pouco de trabalho subalterno por algumas horas, misturado a um tempo para ler, relaxar, jogar alguns jogos e encontrar novas pessoas. Era isso, na verdade, o que preconizava nossa pauta preliminar — antes da rebelião dos prisioneiros, e antes de os guardas tomarem o controle dos assuntos. Planejamos até mesmo sessões noturnas de cinema para eles.

Os prisioneiros ficaram particularmente chateados pelo abuso constante que recaía dia e noite, pela falta de privacidade e de abrandamento da equipe de vigilância, pela imposição arbitrária das regras e as punições aleatórias, e por serem forçados a dividir espaços áridos e espremidos. Quando os guardas vieram a nós pedir ajuda após o início da rebelião, nós recuamos e deixamos claro que a decisão deles iria prevalecer. Éramos observadores que não queriam se intrometer. Eu ainda não estava completamente submerso na mentalidade de superintendente nesse estágio inicial; antes, agia como o chefe de pesquisa, interessado em dados sobre como os falsos guardas reagiriam a esse imprevisto.

O colapso de Doug-8.612, surgido tão pouco depois de ele ter ajudado a arquitetar uma rebelião, com o perdão do trocadilho, pegou-nos desarmados. Ficamos todos abalados com a voz estridente clamando sua oposição a tudo o que estava errado na forma como os presos estavam sendo tratados. Até mesmo quando gritou "Isto é uma porcaria de uma simulação, não uma prisão, e que se foda o dr. *Zimbargo*!", não pude deixar de admirar tal bravura. Ele não conseguia nos convencer de que estivesse mesmo sofrendo tanto quanto parecia. Lembrem-se de minha conversa com ele, quando ele quis ser libertado pela primeira vez, e convidei-o a considerar a opção de se tornar um "delator", em troca de um tempo sem importunações como prisioneiro.

Lembrem-se ainda de que Craig Haney deparou-se com a difícil decisão, ao lidar com o súbito colapso de Doug-8.612, de libertá-lo depois de apenas 36 horas de experimento.

Como experimentadores, nenhum de nós previu um acontecimento como este, e, é claro, não tínhamos um plano alternativo para cobri-lo. Por outro lado, era óbvio que este jovem estava mais perturbado por esta breve experiência na Prisão de Stanford do que qualquer um de nós poderia esperar [...]. Portanto, decidi liberar o prisioneiro 8.612, de acordo com o predomínio da escolha ética/humanitária sobre a escolha experimental.

Como explicar essa frustração de nossas expectativas de que ninguém poderia ter uma tamanha reação de angústia tão rapidamente? Craig lembra de nossa equivocada suposição causal:

Rapidamente procuramos uma explicação que fosse tão natural quanto confortante — ele deve ter tido um colapso porque era fraco ou tinha algum tipo de defeito em sua personalidade que explicasse sua sensibilidade exacerbada e reação exagerada às condições da prisão simulada! Na verdade, ficamos preocupados que houvesse uma falha em nosso processo de seleção que tivesse permitido que uma pessoa "avariada" de alguma forma houvesse passado despercebida. Foi somente depois que pudemos reconhecer esta óbvia ironia, a de que havíamos "explicado pelo temperamento" a primeira demonstração verdadeiramente inesperada e extraordinária do poder das circunstâncias em nosso estudo ao recorrer precisamente ao mesmo tipo de pensamento que, com o estudo que havíamos criado, pretendíamos desafiar e criticar.[13]

Voltemos a ver as reações finais do Doug-8.612 a esta experiência, para compreender seu grau de confusão naquele momento:

"Decidi que queria sair, e, então, voltei a falar com vocês, e me disseram 'Não', e mentiram para mim, e voltei e percebi que vocês estavam mentindo, e isso me deixou louco; então, decidi que ia cair fora e que faria qualquer coisa, e pensei em vários esquemas para poder sair. O mais fácil, e que não machucaria ninguém ou danificaria qualquer equipamento era apenas fingir que estava louco ou chateado, e, por isso, escolhi este. Quando estava no Buraco, eu meio que construí isto, e sabia disso quando quis sair na frente de Jaffe, não quis liberar aquela energia no Buraco, queria liberar na frente de Jaffe; então eu soube que cairia fora, e, mesmo quando estava chateado, estava fingindo e estava mesmo chateado, sabe — como fingir que estou chateado se não estou chateado... é como um louco que não pode se fingir de louco a não ser que realmente esteja louco, sabe? Não sei se estava chateado ou se tinha sido induzido [...] Fiquei furioso com aquele negro, qual era o nome dele, Carter? Algo assim, e com o senhor, dr. Zimbardo, por fazer o contrato como se eu fosse um servo ou algo assim... e como vocês brincaram comigo depois, mas o que podiam fazer, vocês tinham que fazer isso, seu pessoal tinha de agir assim no experimento."[14]

POR QUE AS SITUAÇÕES IMPORTAM

Dentro de ambientes sociais poderosos, a natureza humana pode ser transformada de maneiras tão dramáticas quanto a transformação química na cativante fábula de Robert Louis Stevenson, *O médico e o monstro*. O prolongado interesse no EPS ao longo de muitas décadas advém, penso eu, da impressionante revelação do experimento sobre a "transformação de caráter" — de boas pessoas subitamente se tornando perpetradoras do mal, como guardas, ou vítimas patologicamente passivas, como prisioneiros, em resposta às forças das circunstâncias que agem sobre elas.

Boas pessoas podem ser induzidas, seduzidas e instigadas a se comportarem de modos cruéis. Elas também podem ser levadas a agir de maneiras irracionais, estúpidas, autodestrutivas, antissociais e automáticas, quando imersas em "situações totais" que abalam a natureza humana de modos que desafiam nosso sentimento de estabilidade e consistência de personalidade, caráter e moralidade individuais.[15]

Queremos acreditar na essencial e imutável bondade das pessoas, em seu poder de resistir a pressões externas, em sua avaliação racional e posterior rejeição de tentações que emergem em determinadas situações. Investimos a natureza humana de qualidades divinas, com faculdades morais e racionais que nos tornam justos e sábios. Simplificamos a complexidade da experiência humana ao erigir uma divisa aparentemente impermeável entre o Bem e o Mal. De um lado estamos nós, nossa família, nossa classe; do outro lado da linha nós jogamos os outros a outra família, a outra classe. Paradoxalmente, ao criar esse mito de invulnerabilidade às forças das circunstâncias, nós nos preparamos para uma queda, por não estarmos suficientemente vigilantes diante das forças das circunstâncias.

O EPS, ao lado de muitas outras pesquisas em Ciências Sociais (apresentadas nos capítulos 12 e 13), revela uma mensagem que não queremos aceitar: a maioria de nós pode passar por transformações de caráter significativas quando apanhados no cadinho das forças sociais. Aquilo que imaginamos que faríamos quando fora deste reduto pode mostrar pouca semelhança com quem nos transformamos e com o que somos capazes de fazer, uma vez dentro desta rede. O EPS é uma convocatória para a ação de abandonar noções simplistas do Eu Bom dominando Más Situações. Só teremos maior capacidade de evitar, impedir, desafiar e mudar tais forças negativas das circunstâncias se reconhecermos seu potencial de "nos infectar", como o fizeram com outros que estiveram em situações semelhantes. É aconselhável internalizar o significado do reconhecimento feito pelo autor de comédias da Roma Antiga, Terêncio, quando disse: "Nada do que é humano me é estranho."

Essa lição deveria ter sido ensinada repetidamente pela transformação comportamental dos guardas dos campos de concentração nazistas, e daqueles em seitas destrutivas, como o Templo do Povo de Jim Jones, e, mais recentemente, pela seita japonesa Aum Shinrikyo. O genocídio e atrocidades cometidos na Bósnia, Kosovo, Ruanda, Burundi, e, recentemente, na região de Darfur, no Sudão, também fornecem fortes evidências de pessoas que abrem mão de sua humanidade e compaixão pelo poder social e ideologias abstratas de conquista e segurança nacional.

Qualquer ato que tenha sido cometido por um ser humano, não importa quão terrível, pode ser cometido por qualquer um de nós — sob circunstâncias situacionais certas ou erradas. Este conhecimento não desculpa o mal; antes, ele o democratiza, compartilhando sua culpa entre atores comuns, em vez de declará-lo esfera de ação de alguns desviados e déspotas — Deles, mas não de Nós.

A primeira e simples lição que o Experimento da Prisão de Stanford ensina é que *a situação importa*. Situações sociais podem ter efeitos mais profundos no funcionamento comportamental e mental de indivíduos, grupos e líderes nacionais do que acreditamos ser possível. Algumas situações podem exercer influência tão poderosa em nós que podemos ser levados a nos comportarmos de maneiras imprevisíveis, e impossíveis de prever com antecedência.[16]

O poder das circunstâncias é mais visível em ambientes novos, nos quais as pessoas não podem recorrer a diretrizes anteriores para as novas opções comportamentais. Em tais situações, as estruturas recompensatórias usuais são diferentes, e as expectativas são frustradas. Sob tais circunstâncias, as variáveis de personalidade têm pouca utilidade profética, porque dependem de estimativas das ações de um futuro imaginado, baseadas em reações características do passado em situações familiares — mas raramente semelhantes à nova situação em que alguém se encontra, como, por exemplo, um novo guarda ou prisioneiro.

Portanto, sempre que tentamos compreender a causa de qualquer comportamento enigmático e incomum, seja nosso ou de outros, devemos começar pela análise das circunstâncias. Devemos nos render à análise dos temperamentos (genes, traços de personalidade, patologias pessoais, e assim por diante) apenas quando o trabalho de detecção das circunstâncias falhar em elucidar o enigma. Meu colega Lee Ross acrescenta a tal abordagem um convite a praticarmos a "caridade deliberativa". Isso significa começar não culpando o ator pelo ato, mas antes, sendo caridoso, investigando primeiro a cena por detrás dos determinantes das circunstâncias do ato.

Contudo, é mais fácil falar da caridade deliberativa do que praticá-la, porque a maioria de nós possuiu uma predisposição mental poderosa — o "erro fundamental de prerrogativa" — que impede que tenhamos tal pensamento racional.[17] Nas sociedades que promovem o individualismo, como nos Estados Unidos e muitas outras nações ocidentais, passamos a acreditar que os temperamentos importam mais do que as situações. Nós superestimamos a personalidade ao explicar qualquer comportamento, enquanto, ao mesmo tempo, subestimamos as influências das circunstâncias. Após a leitura deste livro, espero que comecem a notar qual a frequência com que enxergam este princípio dual em ação, nos próprios pensamentos e nas decisões dos outros. Passemos a considerar, agora, alguns dos atributos que fazem a situação importar, como ilustrado em nosso estudo da prisão.

O poder das regras de moldar a realidade

As forças das circunstâncias do EPS combinavam uma série de fatores, nenhum dos quais muito dramático se tomado separadamente, mas poderosos quando agregados. Um dos atributos-chave foi o poder das regras. A regras são modos formais e simplificados de controlar comportamentos complexos e informais. Elas funcionam externalizando os regulamentos, estabelecendo o que é necessário, aceitável, e recompensado, e o que é inaceitável, e, portanto, punível. Ao longo do tempo, as regras passam a ter vida própria e arbitrária, e são a força da autoridade legal até mesmo quando não são mais relevantes, são vagas, ou mudam com o capricho dos mandantes.

Nossos guardas poderiam justificar a maior parte do mal que cometeram referindo-se "às regras". Lembrem-se, por exemplo, da agonia que os prisioneiros aguentaram para memorizar a série de 17 regras arbitrárias que os guardas e o diretor inventaram. Considerem o uso impróprio da regra 2, sobre comer nas horas das refeições, para punir Clay-416 por se recusar a comer suas salsichas imundas.

Algumas regras são essenciais para a efetiva coordenação do comportamento social, tais como um público prestando atenção quando um ator fala, motoristas parando no sinal vermelho, e pessoas não furando filas. Contudo, muitas regras são apenas projeções da dominação daqueles que as criam, ou daqueles encarregados de seu cumprimento. Naturalmente, a última regra, assim como as regras do EPS, sempre incluem punição para a transgressão das outras regras. Portanto, deve haver alguém ou alguma agência desejosa e capaz de administrar tal punição, fazendo-o, de preferência, na arena pública, o que servirá para dissuadir outros potenciais transgressores. O comediante Lenny Bruce apresentava um número divertido em que descrevia o desenvolvimento das regras, para legislar quem podia e quem não podia atirar porcaria por cima da cerca do vizinho. Ele descreveu a criação da polícia como os guardiões da regra "não emporcalhem o meu quintal". As regras e seus guardiões são inerentes ao poder das circunstâncias. Entretanto, é o sistema que contrata a polícia e cria as prisões para os transgressores condenados.

Quando os papéis se tornam reais

Uma vez que se veste um uniforme e se ganha um papel, quero dizer, um emprego, cuja descrição é "Seu trabalho é manter estas pessoas na linha", então, você certamente não é a mesma pessoa do que se estivesse com roupas comuns e em papel diferente. Você se torna mesmo aquela pessoa quando veste aquele unifor-me cáqui, os óculos, apanha o cassetete, e faz a sua parte. É o seu hábito, e terá de agir de acordo com ele quando o veste.

— Guarda Hellmann

Quando atores interpretam um personagem fictício, eles comumente precisam encarnar papéis diferentes de seu sentimento de identidade pessoal. Apren-dem a falar, caminhar, comer, e até mesmo a pensar e a sentir da forma exigi-da pelo papel que estão encenando. Seu treinamento profissional permite que mantenham a separação entre personagem e identidade, para que o Eu recue enquanto se representa um papel que pode ser dramaticamente distinto de si próprio. Contudo, há momentos em que até mesmo para profissionais treina-dos estas fronteiras se embaraçam, e o personagem assume o comando, mes-mo depois de descidas as cortinas, ou de apagada a luz vermelha da câmera. Eles se tornam absorvidos pela intensidade do papel, e esta intensidade extra-vasa e passa a dirigir a vida fora do palco. A plateia da peça deixa de importar, porque o personagem está, agora, dentro da mente do ator.

Um exemplo fascinante do efeito de um papel dramático se tornar "um pouquinho real demais" advém da série britânica de televisão *The Edwardian Country House*. Dezenove pessoas, escolhidas entre 8 mil inscritos, vivem a vida de serventes britânicos, trabalhando em uma alinhada propriedade rural neste *reality show*. Embora a pessoa escolhida para interpretar o chefe dos serviçais encarregado da equipe já esperasse seguir os rígidos padrões hierárquicos de comportamento, ele ficou "assustado" pela facilidade com que se tornou um mestre autocrático. Este arquiteto de 65 anos não estava preparado para escor-regar tão prontamente para dentro de um personagem que lhe permitia exercer poder absoluto sobre uma casa de subordinados, a quem chefiava: "De repente, você percebe que não precisa falar. Tudo o que tinha de fazer era apontar o meu dedo para cima, e eles ficavam em silêncio. É um pensamento assustador — é apavorante." Uma jovem que interpretava o papel de arrumadeira, mas que na vida real trabalhava em um posto de informações turísticas, começou a se sentir como uma pessoa invisível. Descreve como ela e outras pessoas rapidamente se adaptaram a seus personagens subservientes: "Fiquei surpresa, e, depois, as-sustada com a maneira como nós todos fomos esmagados. Aprendemos muito rapidamente que não deveríamos retrucar, e você se sente subserviente."[18]

Normalmente, os papéis estão vinculados a trabalhos, funções e situações específicas, tais como o professor, o porteiro, o taxista, o pastor, o assistente social ou o ator pornô. Eles representam quando se encontram nessa situação — em casa, na escola, na igreja, na fábrica ou no palco. Os personagens podem ser facilmente colocados de lado quando se retorna para a vida "normal". Contudo, alguns são traiçoeiros, não sendo meros roteiros que representamos de tempos em tempos; podem se tornar o que somos na maior parte do tempo. Eles são internalizados até mesmo quando os reconhecemos como artificiais, temporários ou atados a uma situação. Tornamo-nos pai, mãe, filho, filha, vizinho, chefe, trabalhador, auxiliar, curandeiro, prostituta, soldado, mendigo, ladrão, e muito mais.

Para complicar mais as coisas, todos precisamos desempenhar múltiplos papéis, alguns contraditórios, outros que podem desafiar nossos valores e crenças elementares. Como no EPS, o que começa como "simples interpretação de um papel", o que distingue a "ficção" do indivíduo real, pode ter um impacto profundo quando o comportamento exigido pelo papel é recompensado. O "palhaço da turma" recebe a atenção que não tem quando exibe talentos acadêmicos especiais, mas, depois, nunca mais é levado a sério. Até a timidez pode ser um papel inicialmente desempenhado para evitar encontros sociais embaraçosos, um embaraço situacional, e quando praticado o suficiente, o papel se metamorfoseia no sujeito tímido.

Igualmente frustrante, as pessoas podem fazer coisas terríveis quando permitem que o papel que representam tenha divisas rígidas que circunscrevem o que é apropriado, esperado e reforçado em um dado ambiente. Tal rigidez do papel anula a moralidade e os valores tradicionais que governam suas vidas quando estão operando no "modo normal". Um mecanismo de defesa do ego, a *compartimentalização*, permite-nos separar mentalmente os aspectos conflituosos de nossas crenças e experiências em câmaras separadas, para prevenir a interpretação ou a linha cruzada. Um bom marido pode ser um adúltero sem culpa; um santo padre pode ser um pederasta durante toda a vida; um gentil fazendeiro pode ser um insensível escravagista. Precisamos avaliar o poder que a atuação pode ter em modelar nossas perspectivas, tanto para o melhor quanto para o pior; como quando se adota o papel de professor ou de enfermeira, e isto se traduz em uma vida de sacrifício pelo bem dos pacientes ou dos alunos.

A transição do papel que cura para um que mata

O pior cenário que se pode imaginar é o dos médicos da SS nazista designados para selecionar os presos em campos de concentração para extermínio ou para "experimentos". Eles eram dessocializados do papel usual daquele que cura, para um novo papel, o daquele que ajuda a matar, por meio de um consenso grupal de que seus comportamentos eram necessários para o bem comum, o que os levou a adotarem diversas defesas psicológicas extremas contra a visão da realidade: a cumplicidade no genocídio dos judeus. Novamente, voltamo-nos para o relato detalhado desses processos, pelo psiquiatra social Robert Jay Lifton.

Quando um novo médico aparecesse no local, e ficasse inicialmente horrorizado pelo que testemunhara, ele se perguntaria:

"Como estas coisas podem acontecer aqui?" E, depois, vinha algo como uma resposta vaga [...] que esclarecia tudo. O que é melhor para ele [o prisioneiro] — viver [*verreckt*)] na merda ou ir para o céu por [uma nuvem de] gás? E isto resolvia toda a questão para os iniciados [*Eingeweihten*].

Os assassinatos em massa eram as inflexíveis *coisas da vida* às quais se esperava que todos se adaptassem.

Conceber o genocídio dos judeus como a "Solução Final" (*Endlösung*) serviu a um duplo propósito psicológico: "ele sustentou o assassinato em massa sem soar ou parecer com um; e manteve o foco primariamente na solução de um problema". Isso transformou toda a questão em um difícil problema que precisava ser solucionado pelos meios que fossem necessários para atingir um objetivo prático. O exercício intelectual apagou as emoções e a compaixão da rotina diária do médico.

Contudo, o trabalho de eleger reclusos para o aniquilamento era tão "oneroso, tão associado a uma crueldade extraordinária", que estes médicos altamente educados tinham de utilizar toda e qualquer defesa psicológica possível, para evitar a realidade de suas cumplicidades nestes assassinatos. Para alguns, o "torpor psíquico", cindir o afeto da cognição, tornou-se a norma; para outros, havia a solução esquizofrênica de se "duplicar". As polaridades de crueldade e decência no mesmo médico em diferentes momentos "invocaria duas constelações psicológicas radicalmente diferentes em seu íntimo:

uma baseada em 'valores geralmente aceitos' e na educação de uma 'pessoa normal'; a outra, baseada 'nesta ideologia [nazi-Auschwitz] cujos valores difeririam bastante dos geralmente aceitos'. Essas tendências gêmeas iam e vinham todos os dias".[19]

Papéis recíprocos e seus roteiros

É também o caso de alguns papéis que exigem parceria; para que o papel de guarda faça sentido, alguém precisa exercer o de prisioneiro. Não se pode ser um preso se não há alguém disposto a ser um guarda. No EPS, não era exigido nenhum treinamento específico para a interpretação dos papéis, não havia nenhum manual de boa conduta. Lembrem-se do Dia 1, da estranheza dos guardas e da frivolidade dos presos, enquanto todos sondavam seus novos e estranhos lugares. Contudo, muito brevemente, nossos participantes se tornaram capazes de deslizar facilmente para dentro de seus papéis, quando a natureza do poder diferencial, com base na simbiose guarda—prisioneiro, tornou-se mais clara.

O roteiro inicial da interpretação de guarda ou prisioneiro adveio das próprias experiências dos participantes com o poder e a impotência, pela observação das interações de seus pais (tradicionalmente, o pai é o guarda, a mãe é a prisioneira), de suas respostas à autoridade dos médicos, professores e patrões, e finalmente, pelas referências culturais advindas de filmes sobre a vida na prisão. A sociedade fez o treinamento por nós. Precisamos apenas registrar o alcance de sua improvisação com os papéis que interpretaram — assim como os nossos dados.

Há fartas evidências de que praticamente todos os nossos participantes, em um momento ou outro, experimentaram reações que foram muito além das exigências superficiais da encenação, e penetraram na estrutura profunda da psicologia do aprisionamento. De início, algumas das reações dos guardas foram provavelmente influenciadas pela orientação que receberam, e que circunscreveram o tipo de atmosfera que desejávamos criar para simular a realidade do aprisionamento. Mas, independentemente das demandas gerais que aquelas configurações interpretativas podem ter instaurado para que fossem "bons atores", elas não deveriam operar nos momentos em que os guardas estavam sozinhos, ou quando acreditavam que ninguém os observava.

Relatos pós-experimento nos informam que alguns guardas foram particularmente brutais quando estavam sozinhos com um preso em uma ida ao banheiro fora do pátio, empurrando-o contra o mictório ou contra a parede. Os comportamentos mais sádicos que observamos aconteceram durante os turnos que se davam tarde da noite, ou bem cedo pela manhã, quando, como viemos a saber, os guardas não imaginavam que estavam sendo observados ou filmados; em certo sentido, quando acreditavam que o experimento estava "desligado". Ademais, vimos os abusos dos guardas aumentarem, para novos e mais elevados níveis a cada dia, a despeito da não resistência dos presos e dos óbvios sinais de deterioração, quando a catástrofe completa do aprisionamento foi atingida. Em uma entrevista gravada, um guarda, rindo, lembra ter pedido desculpas por empurrar um prisioneiro no primeiro dia, mas, no dia 4, não hesitou em arrastá-los para todo o canto e humilhá-los.

A perspicaz análise de Craig Haney revela a transformação do poder se infundindo nos guardas. Observem este encontro com um deles, que se deu com apenas poucos dias de estudo:

Assim como com os presos, entrevistei todos os [guardas] antes do início do experimento, e senti que os conhecia individualmente, ainda que apenas brevemente. Por conta disso, talvez, não senti hostilidade por eles enquanto o estudo prosseguia, e seus comportamentos se tornaram crescentemente extremados e abusivos. Mas era óbvio para mim que, por ter insistido em conversar a sós com os prisioneiros — "aconselhando-os" ostensivamente, e, ocasionalmente, instruindo os guardas a refrearem os maus-tratos severos e gratuitos, eles agora me viam como uma espécie de traidor. Assim, descrevendo uma interação comigo, um dos guardas escreveu em seu diário: "O psicólogo [Craig Haney] me censura por algemar e vendar um prisioneiro antes de deixar o escritório [de atendimento], e, ressentido, respondo que é uma segurança necessária, e que, de qualquer maneira, era problema meu." Na verdade, ele estava me dizendo para cair fora. Em uma bizarra virada nos acontecimentos, fui colocado no meu lugar por alguém aleatoriamente designado para o papel, por eu ter falhado em sustentar as normas emergentes de um ambiente simulado que ajudara a criar.[20]

Ao considerar as influências possíveis exercidas pela orientação que fornecemos aos guardas, somos lembrados de que os presos não tiveram nenhuma

307

orientação. O que fizeram quando estavam a sós e podiam escapar da opressão que viviam repetidamente no pátio? Em vez de conhecerem mais uns dos outros, e de conversarem sobre realidades fora da prisão, vimos que estavam obcecados pelas vicissitudes da situação corrente. Eles embelezaram seus papéis de presos em vez de se afastarem deles. Do mesmo modo, também, com os nossos guardas: as informações recolhidas sobre eles quando iam para o alojamento, preparando-se para sair ou entrar em um turno, revelam que raramente trocavam informação pessoal de fora da prisão. Em vez disso, conversavam sobre "prisioneiros problema", questões emergentes da prisão e reações de nossa equipe — jamais as coisas que se espera que universitários possam compartilhar durante um intervalo. Eles não contavam piadas, gargalhavam, ou revelavam qualquer emoção pessoal com relação a seus pares, o que poderiam facilmente fazer para tornar a situação mais leve, ou para se distanciarem do papel. Lembrem-se da descrição anterior de Christina Maslach, da transformação do jovem doce e sensível que havia acabado de conhecer no brutal John Wayne, depois de vestir o uniforme e em seu local de poder, o pátio.

A representação adulta no EPS

Quero acrescentar ainda dois tópicos finais acerca do poder dos papéis e de seu uso como justificativa para a transgressão, antes de passarmos para nossas lições finais. Passemos adiante dos papéis que nossos voluntários representaram para relembrar os papéis interpretados plenamente pelo padre católico que nos visitou, pelo chefe do Conselho de Condicional, pelo defensor público e pelos pais durante as noites de visita. Os pais não apenas consideraram o espetáculo da situação prisional benigno e interessante, em vez de hostil e destrutivo, como também permitiram que lhes impuséssemos uma série de regras arbitrárias, tal como fizéramos com seus filhos de modo a tolher seus comportamentos. Contávamos com os papéis neles incrustados de cidadãos de classe média conformados e cumpridores da lei, que respeitam a autoridade e raramente se contrapõem diretamente ao sistema. Do mesmo modo, sabíamos que nossos prisioneiros de classe média tinham pouca chance de confrontarem os guardas diretamente, mesmo quando desesperados, e nos superavam em quantidade, chegando a nove para dois, no momento em que um guarda esteve fora do pátio. Tal violência não fazia parte do comportamento de seu papel aprendido, como poderia ter sido com participantes da classe baixa, que teriam mais chance de resolverem o assunto com as próprias mãos. Não há sequer evidência de que os prisioneiros chegaram ao menos a fantasiar tais ataques físicos.

A realidade de qualquer papel depende do sistema de apoio que a demanda e a mantém dentro de limites, não permitindo que uma realidade alternativa se intrometa. Lembrem-se que quando a mãe de Rich-1.037 reclamou de seu triste estado, eu espontaneamente ativei meu papel de autoridade institucional e desafiei sua observação, alegando que devia haver um problema pessoal com o 1.037, e não um problema operacional com nossa prisão.

Em retrospecto, a minha transformação de papéis, de um professor normalmente compassivo para um pesquisador focado nos dados, e deste para um superintendente insensível, foi muito angustiante. Fiz coisas impróprias e bizarras neste novo e estranho papel, tais como solapar as justificadas reclamações desta mãe, e ficar agitado quando o oficial de polícia de Palo Alto recusou meu pedido de deslocar nossos presos para a cadeia da cidade. Penso que, por ter adotado tão inteiramente meu papel, focando-me na segurança e manutenção de "minha prisão", fracassei em avaliar a necessidade de interromper o experimento assim que o segundo detento extrapolou os próprios limites.

Papéis e a responsabilidade pelas transgressões

Na medida em que podemos viver na pele de um personagem, e ainda sermos capazes de nos separar dele quando necessário, estamos em posição de nos "eximirmos" de nossa responsabilidade pessoal pelo dano que causamos por nossas ações dentro dele. Nós abdicamos dessa responsabilidade por nossas ações, culpabilizando o papel, convencendo-nos de que trata-se de estranho à nossa natureza habitual. Trata-se de uma variante interessante da defesa dos líderes nazistas no julgamento de Nuremberg: "Estava apenas cumprindo ordens." Em vez disso, a defesa se torna: "Não me culpe, eu estava apenas representando meu papel naquele tempo e naquele lugar — este não é meu verdadeiro eu."

Lembrem-se da justificativa de Hellmann pelo comportamento abusivo para com Clay-416, descrita em entrevista na televisão. Ele argumentou que estava conduzindo "pequenos experimentos por conta própria" para ver quão

O EFEITO LÚCIFER

longe conseguiria pressionar os presos até que se rebelassem ou defendessem seus direitos. Com efeito, o que ele propunha é que estava sendo mau para estimular que os presos fossem bons; uma rebelião seria a primeira recompensa por ele haver sido tão cruel. Qual é a falácia dessa justificativa *a posteriori*? Ela pode ser facilmente descoberta em como ele conduziu a rebelião da salsicha de Clay-416, e a rebelião "sacana" do Sargento; não foi com admiração por terem defendido seus direitos ou princípios, mas, ao contrário, com fúria e abuso ainda mais radicais. Hellmann usava o poder total de ser o guarda supremo, capaz de ir além das demandas da situação para criar os próprios "pequenos experimentos" para satisfazer sua curiosidade e divertimento pessoais.

Em uma entrevista recente a um repórter do *Los Angeles Times*, em uma investigação retrospectiva sobre as sequelas do EPS, Hellmann e Doug-8.612 ofereceram a mesma razão para terem agido como agiram, um sendo "cruel", o outro, "maluco" — estavam apenas *atuando* naqueles papéis para agradar Zimbardo.[21] É possível? Talvez estivessem representando novas partes do filme japonês *Rashomon*, no qual cada um possui uma visão diferente sobre o que de fato aconteceu.

Anonimato e desindividuação

Adicionadas ao poder das regras e personagens, as forças das circunstâncias são acrescidas de poder com a introdução de uniformes, trajes e máscaras, todos disfarces da aparência comum, e que promovem o anonimato e reduzem a sensação de responsabilidade pessoal. Quando as pessoas se sentem anônimas em uma situação, como se ninguém soubesse sua verdadeira identidade (e, portanto, ninguém provavelmente se importasse), elas podem ser mais facilmente induzidas a tomar posturas antissociais. Isso ocorre principalmente se o ambiente permite que se sigam os impulsos ou ordens ou diretrizes normalmente desdenhados. Nossos óculos de sol espelhados foram uma das ferramentas para tornar os guardas, o diretor e eu mais remotos e impessoais quando lidávamos com os presos. Os uniformes, assim como a necessidade de se referir a eles por meio de algo tão abstrato como "sr. agente penitenciário" deram aos guardas uma identidade comum.

Um conjunto de pesquisas (a ser explorado em capítulo posterior) documenta os excessos pelos quais a desindividuação facilita a violência, o vandalismo e o roubo, tanto em adultos quanto em crianças — quando a situação apoia tais ações antissociais. Pode-se reconhecer esse processo na literatura, em *O Senhor das Moscas*, de William Golding. Quando todos os membros de um grupo de indivíduos estão em um estado desindividuado, seu funcionamento mental se altera: eles passam a viver em um momento de presente expandido, que torna o passado e o futuro distantes e irrelevantes. Os sentimentos dominam a razão, e a ação domina a reflexão. Em tal estado, os processos cognitivos e motivacionais usuais que dirigem o comportamento em caminhos socialmente desejáveis passam a não mais guiar as pessoas. Em vez disso, a racionalidade apolínea e a noção de ordem dão lugar ao caos e ao excesso dionisíaco. Assim, torna-se tão fácil fazer guerra quanto fazer amor, sem levar em conta as consequências.

Isso me lembra um ditado vietnamita, atribuído ao monge budista Thich Nhat Hanh: "para que lutem entre si, pintam os rostos de filhotes da mesma galinha de cores diferentes." É uma maneira singular de descrever o papel da desindividuação para facilitar a violência. Vale a pena apontar, como veremos, que um dos guardas do infame Pavilhão 1A, o centro da tortura em Abu Ghraib, pintou o rosto de prateado e preto como os integrantes do grupo de rock *Insane Clown Posse*, enquanto estava no posto, e posou para uma das muitas fotos que documentam o abuso de prisioneiros. Teremos muito mais a dizer posteriormente sobre os processos de desindividuação, como contribuíram para os abusos em Abu Ghraib.

A dissonância cognitiva que racionaliza o mal

Uma consequência interessante de interpretar publicamente um papel contrário às crenças pessoais privadas é a criação de uma *dissonância cognitiva*. Quando há uma discrepância entre nossos comportamentos e crenças, e quando as ações não partem de atitudes relevantes, cria-se uma condição para a dissonância cognitiva. A dissonância é um estado de tensão que pode motivar fortemente a mudança tanto no comportamento público das pessoas quanto em suas visões privadas, num esforço para minimizar tal dissonância. As pessoas chegam a extremos para dar coerência funcional a crenças e comportamentos discrepantes. Quanto maior a discrepância, mais forte é a motivação em obter uma consonância, e mais extremadas são as mudanças que podemos encontrar. Há pouca dissonância se você fere alguém mas está amparado por um bocado de bons motivos — sua vida estava sendo ameaçada, fazia parte de seu trabalho de soldado, você foi ordenado a agir por uma autoridade poderosa, ou lhe foram dadas amplas recompensas por uma ação contrária às suas crenças pacifistas.

Curiosamente, a dissonância se *eleva* quando a justificativa para tal comportamento *decresce*, por exemplo, quando uma ação repugnante é levada a cabo por um pouco de dinheiro, sem ameaça, e com apenas uma justificativa minimamente suficiente ou um argumento inadequado para o ato. A dissonância se acumula, e as tentativas de reduzi-la, são maiores quando a pessoa tem uma sensação de livre-arbítrio, ou quando ela não percebe ou avalia inteiramente as pressões das circunstâncias que impelem a atuação de ações discrepantes. Quando a ação discrepante é pública, ela não pode ser negada ou modificada. Dessa forma, a pressão para mudar é exercida nos elementos mais brandos da equação dissonante, nos elementos internos e privados — valores, atitudes, crenças, e até mesmo percepções. Um enorme conjunto de pesquisas embasa tais previsões.[22]

Como a dissonância pode ter motivado as mudanças observadas nos guardas do EPS? Eles se candidataram livremente para trabalhar por longos e difíceis turnos por um pequeno salário de menos de 2 dólares a hora. Foram dadas a eles orientações mínimas sobre como interpretar seu difícil papel. Tiveram de sustentar o papel com consistência por turnos de trabalho de oito horas por dias e noites, sempre que estavam de uniforme, no pátio, ou na presença de outros, fossem presos, pais ou outros visitantes. Tinham que retornar àquele papel depois de intervalos de 16 horas da rotina do EPS, quando se encontravam fora do trabalho. Essa fonte tão poderosa de dissonância foi provavelmente a principal causa da internalização dos comportamentos públicos de seu papel, e dos tipos de reação cognitiva e afetiva privados que acarretaram no comportamento abusivo e assertivo crescente.

Há mais. Tendo se comprometido com algumas ações dissonantes de suas crenças pessoais, os guardas sentiram uma grande pressão para dar-lhes um sentido, encontrar razões que explicassem por que estavam fazendo algo contrário ao que realmente acreditavam moralmente. Seres humanos sensatos podem ser enganados ao se engajarem em ações irracionais em cenários de compromisso com dissonâncias disfarçadas. A Psicologia Social oferece ampla evidência de que, quando isso acontece, pessoas espertas fazem coisas estúpidas, pessoas sãs fazem coisas insanas, e pessoas morais fazem coisas imorais. Depois de realizados os atos, elas oferecem "boas" racionalizações de porque fizeram o que não podem negar que fizeram. As pessoas são menos racionais do que adeptas à *racionalização* — dando desculpas para as discrepâncias entre sua moralidade privada e as ações contrárias a ela. Fazê-lo permite que se convençam e a outros de que considerações racionais guiaram suas decisões. São insensíveis à própria forte motivação de manterem a consistência em face de tal dissonância.

O poder da aprovação social

Normalmente, as pessoas também não têm consciência de uma força ainda mais intensa, que incide sobre seus repertórios comportamentais: a *necessidade de aprovação social*. A necessidade de ser aceito, querido e respeitado — de parecer normal e apropriado, de adaptar-se — é tão poderosa que somos preparados para nos conformarmos com os comportamentos mais tolos e bizarros, que os estranhos nos dizem tratar-se da melhor forma de agir. Rimos de alguns episódios de *Câmera Oculta* que revelam esta verdade, mas raramente percebemos as vezes em que nós somos as "estrelas" do *Câmera Oculta* em nossas vidas.

Somadas aos efeitos dissonantes, as pressões para se conformar também operaram sobre nossos guardas. A pressão do grupo, da parte de outros guardas, reforçava a importância significativa do trabalho em equipe, forçando os guardas a se adaptarem a uma norma emergente que demandava a desumanização dos prisioneiros de diversas maneiras. O bom guarda era aquele desviado do grupo, que sofreu em silêncio por estar fora do círculo socialmente recompensador dos outros guardas de seu turno. Pelo menos um guarda em cada turno tentava se igualar àquele guarda mais durão do mesmo turno.

A CONSTRUÇÃO SOCIAL DA REALIDADE

O poder que os guardas obtinham toda vez que vestiam seus uniformes militares foi comparado com a impotência que os presos sentiram quando vestiram seus guarda-pós amarrotados, com os números de identidade costurados na frente. Os guardas tinham cassetetes, apitos e óculos de sol que ocultavam seus olhos; os presos tinham o tornozelo acorrentado e um gorro de meia para conter os cabelos compridos. As diferenças de circunstâncias não eram inerentes à roupa ou aos apetrechos; antes, a fonte de seu poder deve ser encontrada no material psicológico que se infiltrou na construção subjetiva grupal dos significados dos uniformes.

Para compreender o quanto a situação importa, precisamos descobrir as formas pelas quais um dado ambiente comportamental é compreendido e interpretado pelas pessoas que agem dentro dele. É o *sentido* que as pessoas conferem a vários componentes da situação o que cria sua realidade social. A realidade social é mais do que os atributos físicos de uma situação. O modo como os atores enxergam a situação, seu estado comportamental atual, implica uma variedade de processos psicológicos. Tais representações mentais são crenças que podem modificar o modo como a situação é compreendida, normalmente para se adequar ou ser assimilada dentro das expectativas e valores pessoais do ator.

Tais crenças geram expectativas, que, por sua vez, podem obter força quando se tornam profecias autorrealizadoras. Por exemplo, em um famoso experimento (do psicólogo Roberto Rosenthal e do diretor de colégio Lenore Jacobson), quando os professores foram levados a acreditar que certas crianças em suas classes de ensino fundamental eram "adiantadas", estas realmente passaram a se sobressair academicamente — mesmo que os pesquisadores tenham escolhido seus nomes aleatoriamente.[23] As concepções positivas dos professores do talento latente desses alunos passaram a modificar seus comportamentos com relação a eles de modos que estimularam a melhora de seu desempenho acadêmico. Dessa forma, esse grupo de estudantes comuns comprovou o "Efeito Pigmaleão", tornando-se o que se esperava que fossem: academicamente notáveis. Infelizmente, é provável que o oposto aconteça com ainda mais frequência, quando professores esperam um desempenho pobre de certos tipos de aluno — originárias de minorias étnicas ou sociais, ou, em algumas classes, até mesmo de alunos do sexo masculino. Os professores os tratam inconscientemente de maneiras que validam esses estereótipos negativos, e os estudantes têm um desempenho pior do que são capazes.

No EPS, os estudantes voluntários poderiam ter escolhido sair a qualquer momento. Nenhuma arma ou estatuto legal os amarrava ao aprisionamento, apenas um formulário de seleção subjetiva no qual prometiam fazer o melhor para ficar todas as duas semanas. O contrato era meramente um contrato de pesquisa entre pesquisadores de universidade, um comitê universitário de pesquisa com cobaias humanas e estudantes universitários — todos supuseram inicialmente que poderiam exercitar o livre-arbítrio e sair quando quisessem. Contudo, como ficou claro pelos acontecimentos que se desdobraram no segundo dia, os detentos passaram a acreditar que aquela era uma prisão dirigida por psicólogos, em vez do Estado. Eles se convenceram, baseados no dito espirituoso de Doug-8.612, que ninguém poderia sair por conta própria. Desse modo, ninguém jamais chegou a dizer: "Estou saindo deste experimento." Em vez disso, a estratégia de saída para muitos foi forçar-nos passivamente a deixá-los sair em decorrência de uma tensão psicológica aguda. Sua construção social desta nova realidade prendeu-os à situação opressiva criada pelas ações caprichosas e hostis dos guardas. Os próprios detentos se converteram em seus próprios guardas.

Outro aspecto do modo como a realidade social foi construída nesta pesquisa reside no "acordo de libertação" oferecido aos presos no Conselho de Condicional, para conceder a condicional se eles estivessem dispostos a abdicar de todo o dinheiro que receberiam como "prisioneiros". Mesmo que a maioria tenha aceitado o acordo, dispostos a sair sem qualquer remuneração pelos dias que de fato trabalharam como "cobaias da pesquisa", nenhum deles naquele momento fez a menor tentativa de sair — de desistir do experimento. Em vez disso, aceitaram a realidade social da liberdade condicional em detrimento da liberdade pessoal de defender os próprios interesses. Um a um, permitiram-se ser algemados, encapuzados, e conduzidos desta quase liberdade de volta à prisão na masmorra.

Desumanização: o outro como indigno de valor

Mate um Asiático, Por Deus
— Escrito no capacete de um soldado dos Estados Unidos no Vietnã

Uma das piores coisas que podemos fazer a nossos companheiros seres humanos é privá-los de sua humanidade, considerá-los sem valor, ao exercitar o processo psicológico de desumanização. Ocorre quando os "outros" são pensados como desprovidos dos mesmos sentimentos, pensamentos, valores e propósitos de vida que possuímos. Quaisquer qualidades humanas que esses "outros" compartilhem conosco são diminuídas ou apagadas de nossa consciência. Isso é realizado pelos mecanismos psicológicos de intelectualização, recusa e isolamento do afeto. Em contraste com os relacionamentos humanos, subjetivos, pessoais e emocionais, os relacionamentos desumanizados são objetivantes, analíticos, e vazios de conteúdo emocional ou empático.

Para usar os termos de Martin Buber, os relacionamentos humanizados são "Eu — Vós", enquanto os relacionamentos desumanizados são "Eu — Isto". Com o tempo, o agente desumanizador é comumente sugado pela negatividade da experiência, e, então, o próprio "Eu" se altera, para produzir um relacionamento "Isto — Isto" entre objetos, ou entre ação e vítima. A impressão equivocada de alguns outros como sub-humanos, maus humanos, desumanos, infra-humanos, dispensáveis ou "animais" é facilitada por meio de rótulos, estereótipos, palavras de ordem e imagens de propaganda.[24]

Às vezes, a desumanização tem uma função adaptativa para um agente que precisa suspender sua resposta emocional habitual em uma emergência, uma crise, ou em uma situação de trabalho que exija a invasão da privacidade dos outros. Cirurgiões precisam fazê-lo para executar operações que invadem o corpo de outra pessoa, assim como aqueles que são os primeiros a reagirem a um desastre. O mesmo costuma ser válido quando um trabalho requer lidar com um grande número de pessoas na mesma agenda diária. Dentro de algumas profissões, tais como a clínica psicológica, o serviço social e a medicina, esse processo é chamado de "dissociação instrumental". O ator é colocado em uma posição paradoxal de ter de desumanizar clientes para melhor ajudá-los ou curá-los.[25]

A desumanização normalmente facilita as ações abusivas e destrutivas para com aqueles que são objetivados. É difícil imaginar que as seguintes caracterizações feitas por nossos guardas foram dirigidas aos prisioneiros — outros universitários que, pelo acaso do girar de uma moeda, estariam utilizando seus uniformes: "Fiz com que chamassem o nome um do outro e limpassem o vaso sanitário com as próprias mãos. Considerava os presos como *gado*, e continuei pensando que deveria vigiá-los para o caso de tentarem alguma coisa."

Ou, de outro dos guardas do EPS: "Estava cansado de ver os prisioneiros maltrapilhos, e de sentir o cheiro do odor forte de seus corpos que impregnava as celas. Eu os vi furiosos uns com os outros devido às ordens dadas por nós."

O Experimento da Prisão Stanford criou uma ecologia da desumanização, tal como fazem as prisões reais, em uma série de mensagens diretas e constantemente repetidas. Começou com a perda da liberdade e se estendeu para a perda da privacidade, e, finalmente, para a perda da identidade pessoal. É o que separa os reclusos de seu passado, de sua comunidade e de suas famílias, e substitui sua realidade normal por uma realidade corrente que os obrigou a viver com outros presos em uma cela anônima com praticamente nenhum espaço pessoal. Regras externas e coercitivas e decisões arbitrárias dos guardas ditaram seus comportamentos. Mais sutilmente, em nossa prisão, como em todas as prisões que conheço, as emoções foram suprimidas, inibidas e distorcidas. Emoções ternas e de cuidado entre guardas e prisioneiros deixaram de existir em poucos dias.

Nos ambientes institucionais, a expressão de emoções humanas fica contida, na medida em que representa reações individuais impulsivas e frequentemente imprevisíveis, quando a norma esperada é a uniformidade das reações em massa. Nossos prisioneiros foram desumanizados de muitas formas pelo tratamento dos guardas e pelos degradantes procedimentos institucionais. No entanto, eles logo contribuíram para a própria desumanização, ao suprimirem suas respostas emocionais, com exceção do momento em que tiveram o "colapso". Emoções são essenciais à humanidade. Mantê-las sob controle é essencial em prisões, pois são um sinal de fraqueza que revela a vulnerabilidade tanto dos guardas quanto dos presos. Exploraremos mais inteiramente, no capítulo 13, os efeitos destrutivos da desumanização, no que ela se relaciona ao desengajamento moral.

O ACASO BRILHA SOBRE O EPS

O que transformou nosso experimento em um grande exemplo da psicologia do mal foi uma série de eventos dramáticos e inesperados, ocorridos logo depois de terminado o nosso estudo — um massacre na Prisão Estadual de San Quentin, na Califórnia, e um massacre na Penitenciária Estadual de Attica, em Nova York. Esses dois acontecimentos ajudaram a dar fama nacional a um pequeno experimento acadêmico planejado para testar uma teoria sobre o poder das circunstâncias. Aqui, apenas sublinharei aspectos-chave desses acontecimentos, e suas consequências para o EPS e para mim. Por favor, vejam www. lucifereffect.com.br para uma abordagem mais completa dos detalhes, além da ascensão concomitante do Partido dos Panteras Negras e do grupo estudantil radical *Weather Underground*.

No dia seguinte ao término do EPS, um grupo de guardas e presos foi morto na Prisão San Quentin, em uma suposta tentativa de fuga liderada pelo ativista político negro George Jackson. Três semanas depois, do outro lado do país, ao norte do estado de Nova York, detentos tumultuaram a Prisão Attica. Eles tomaram o controle da prisão e mantiveram quase quarenta guardas e funcionários civis como reféns por cinco dias. Em vez de negociar as exigências dos presos, de mudança da condição de opressão e de desumanização que estavam vivendo, o governador de Nova York, Nelson Rockefeller, ordenou que soldados da força pública estadual retomassem a prisão a todo custo. Eles atiraram e mataram mais de quarenta internos e reféns que estavam no pátio, e feriram muitos outros. A proximidade temporal dos dois eventos colocou as condições da prisão no centro das atenções. Fui convidado a dar depoimentos a vários comitês no Congresso baseados na generalização do que aprendera no EPS para as prisões em geral. Também me tornei uma testemunha especialista de um dos seis presos envolvidos no massacre da Prisão Estadual de San Quentin. Nessa época, um correspondente que me viu em um debate televisionado com o diretor associado de San Quentin decidiu fazer um documentário sobre o EPS para uma rede nacional de televisão (*Chronolog*, da NBC, em novembro de 1971). Um destaque na revista *Life* logo o acompanhou, e o EPS decolou.

INSERINDO O EPS NO ESPÍRITO DE SUA ÉPOCA

Para apreciar mais inteiramente a extensão das transformações de caráter em nossos presos e guardas universitários, induzidas por sua experiência em nossa falsa prisão, é bom considerar o espírito da época na virada da década de 1960 para a de 1970. Era um tempo de contestação da autoridade, de "não confiar em ninguém com mais de 30", de se opor às autoridades estabelecidas industriais/militares, de participar de comícios contra a guerra, de se unir às lutas pelos direitos civis e pelos direitos das mulheres. Era um tempo em que os jovens se rebelavam contra a rígida conformidade social e paternal que tanto restringira seus pais na década de 1950. Era o tempo das experiências com sexo, drogas e *rock and roll,* e de deixar o cabelo crescer, de "deixar tudo rolar". Era o momento de ser um *hippie,* de ir aos *Be-ins,* aos *Love-ins,** de ser uma *flower child*** de São Francisco, com flores no cabelo, de ser um pacifista, e, especialmente, de ser um individualista. O psicólogo de Harvard Timothy Leary, o guru intelectual do ácido dessa geração, deixou três preceitos para os jovens de todos os lugares: "saia de sintonia" com a sociedade tradicional; "fique ligado" nas drogas que alteram a mente, e "sintonize-se" com a própria natureza interior.

A ascensão da cultura jovem, com sua rebelião dramática contra a injustiça e a opressão, foi centrada na imoralidade da Guerra do Vietnã, nas obscenas baixas diárias, e em um governo que, por sete anos sangrentos, não se dispôs a admitir seus erros e se retirar. Esses valores pairavam no ar, chegando até os movimentos jovens europeus e asiáticos. Os europeus eram ainda mais militantes do que sua contraparte norte-americana, em oposição vigorosa às autoridades estabelecidas. Eles se rebelaram abertamente contra a ortodoxia política e acadêmica. Em oposição direta ao que consideravam regimes reacionários e repressivos, estudantes em Paris, Berlim e Milão "prepararam as barricadas". Muitos eram socialistas que desafiaram o totalitarismo fascista e comunista, e eram contra as restrições financeiras para obter uma educação mais elevada.

Os estudantes voluntários em nosso estudo, como grupo, emergiram dessa cultura jovem de rebeldia, de experimentação pessoal, e de rejeição à autoridade e à conformidade. Poderíamos esperar que as cobaias de nosso experimento fossem mais resistentes às forças institucionais do que de fato foram, que resistiriam com insistência à dominação do "sistema" que impus a eles. Nós não pensávamos que adotariam uma mentalidade tão propensa ao poder quando se tornaram guardas, pois nenhum dos voluntários preferiu ser um guarda quando lhes foi concedida essa opção. Mesmo o severo Hellmann preferiu ser um prisioneiro, porque, como nos contou, "a maioria das pessoas se ressente dos guardas".

Praticamente todos os voluntários sentiam que teriam mais chances de serem presos no futuro; eles não iam à faculdade para trabalhar como guardas, e poderiam ser presos, algum dia, por qualquer infração menor. Digo com isso que não havia uma predisposição entre os designados para serem guar-

---

* Festivais da contracultura e precursores do movimento *hippie.* [N. do T.]
** Outra designação para *hippie.* [N. do T.]

das a serem abusivos ou dominadores das formas como foram. Não trouxeram ao Experimento da Prisão de Stanford quaisquer tendências a ferir, abusar ou dominar os outros. Se muito, podemos dizer que trouxeram as tendências de cuidar das outras pessoas, de acordo com as condições sociais contemporâneas de sua era. Do mesmo modo, não havia razão para esperar que os estudantes prisioneiros sucumbissem tão cedo, ou que isso sequer acontecesse, dada a saúde física e mental positiva com que iniciaram. É importante manter o contexto temporal e cultural em mente quando considerarmos, mais tarde, tentativas de pesquisadores de replicar nosso estudo em eras totalmente diferentes.

POR QUE O SISTEMA É O QUE MAIS IMPORTA

A lição mais importante derivada do EPS é que as situações são criadas por *sistemas*. Os sistemas fornecem o apoio institucional, a autoridade e os recursos que permitem que as situações operem do modo como o fazem. Após sublinharmos todas as características das circunstâncias do EPS, descobrimos uma questão-chave raramente postulada: Quem ou o que fez isso acontecer dessa forma? Quem tinha o poder de elaborar o ambiente comportamental e de mantê-lo funcionando de modos específicos? Consequentemente, quem deve ser responsabilizado pelas consequências e resultados? Quem obtém o crédito pelos seus sucessos, e quem é culpado pelos fracassos? A resposta simples no caso do EPS é: eu! No entanto, encontrar esta resposta não é uma questão tão fácil quando lidamos com organizações complexas, tais como o fracasso do sistema educacional ou sistemas penitenciários, megacorporações corruptas, ou o sistema criado na prisão de Abu Ghraib.

O poder do sistema envolve a autorização ou a permissão institucionalizada de se comportar das formas prescritas ou de proibir e punir ações contrárias a elas. Ele fornece a "autoridade maior" que dá legitimidade ao cumprimento de papéis, obediência às regras, e tomada de ações que seriam ordinariamente inibidas por leis, normas, morais e éticas preexistentes. Tal legitimação normalmente surge mascarada sob o manto da *ideologia*. Ideologia é uma palavra de ordem ou proposta que normalmente legitima, não importa como, a obtenção de um objetivo maior. A ideologia é o "Grande Líder", que não é confrontado, nem ao menos questionado, por estar tão aparentemente "certo" para a maioria das pessoas em um tempo e lugar específicos. Os detentores da autoridade apresentam o programa como bom e virtuoso, como um imperativo moral de alto valor.

Os programas, políticas e procedimentos operacionais-padrão desenvolvidos para sustentar uma ideologia tornam-se um componente essencial do sistema. Os procedimentos do sistema são considerados razoáveis e apropriados, visto que a ideologia passa a ser vista como sagrada.

Durante a era em que as juntas militares fascistas governaram parte do mundo, do Mediterrâneo à América Latina, dos anos 1960 aos 1970, os ditadores sempre faziam soar sua convocação às armas como a defesa necessária contra uma "ameaça à segurança nacional", supostamente infringida pelos socialistas ou comunistas. Eliminar tal ameaça necessitava da tortura aprovada pelo Estado, praticada pelos militares e pela polícia civil. O dever de eliminar a ameaça também legitimou assassinatos pelos esquadrões da morte de todos os suspeitos de serem "inimigos do Estado".

No momento atual, nos Estados Unidos, as mesmas supostas ameaças à segurança nacional faz com que os cidadãos sacrifiquem de boa vontade seus direitos civis básicos para receberem uma ilusão de segurança. Essa ideologia, por sua vez, foi a justificativa central de uma guerra agressiva e preventiva contra o Iraque. Essa ideologia foi criada pelo sistema que detinha o poder, que, por sua vez, criou novos sistemas subordinados de administração da guerra, administração da segurança da pátria, e administração da prisão militar — ou a ausência disso, na falta de um sério planejamento do pós-guerra.

Minha fascinação acadêmica pelas táticas e estratégias de controle mental delineadas no clássico romance de George Orwell, *1984*,[26] deveria ter me deixado ciente acerca do poder do sistema mais cedo, em minha vida profissional. O "Grande Irmão" é o sistema que, ao final, esmaga a iniciativa individual e a vontade de resistir a suas intrusões. Por muitos anos, a discussão do EPS não chegou a incluir uma análise em nível sistêmico porque o diálogo original estava enquadrado como a disputa entre os meios constitutivos ou situacionais de compreender o comportamento humano. Ignorei o problema maior de considerar o enquadramento fornecido pelo sistema. Foi somente depois que me ocupei da compreensão das dinâmicas dos abusos difundidos em muitas prisões no Iraque, Afeganistão e Cuba que a análise em nível sistêmico tornou-se nitidamente visível.

O físico Richard Feynman, vencedor do Nobel, mostrou que o trágico desastre da nave espacial *Challenger* não ocorreu devido ao erro humano, mas a um problema sistêmico com a "administração oficial". Os chefões da NASA insistiram na decolagem a despeito das dúvidas dos engenheiros e das preocupações expressadas pelo fabricante, de uma peça crítica (o anel de vedação defeituoso que acabou provocando o desastre). Feynman argumenta que a motivação da NASA pode muito bem ter sido "assegurar ao governo a perfeição e o sucesso da NASA para garantir o envio de verba".[27] Nos capítulos posteriores, adotaremos o ponto de vista de que os sistemas e as situações contribuem para ajudar em nossa compreensão do que deu errado nas prisões de Stanford e Abu Ghraib.

Em contraste com o sistema da NASA, que falhou quando tentou pôr em prática seu lema de motivações políticas "mais rápido, melhor e mais barato", está o terrível sucesso do sistema nazista de extermínio. Tratava-se de um sistema vertical estreitamente integrado, desde o gabinete de Hitler, os políticos do Nacional Socialismo, os banqueiros, os oficiais da Gestapo, as tropas da SS, engenheiros, médicos, arquitetos, químicos, educadores, maquinistas, dentre outros, cada um fazendo sua parte nessa tentativa de genocídio de todos os judeus europeus e de outros inimigos do Estado.

Os campos de concentração precisaram ser construídos, além dos campos de extermínio e seus crematórios, e novos gases de efeito letal precisaram ser aperfeiçoados. Especialistas em propaganda precisaram elaborar campanhas em filme, jornais, revistas e cartazes, que denegriam e desumanizavam os judeus como uma ameaça. Professores e pregadores tiveram de preparar a juventude para que se tornassem nazistas cegamente obedientes, que poderiam justificar seu compromisso com a "solução final da questão judaica".[28]

Uma nova linguagem precisou ser desenvolvida, carregada de eufemismos que encerravam a verdade da crueldade humana e da destruição, tais como *Sonderbehandlung* (tratamento especial), *Sonderaktion* (ação especial), *Umsiedlung* (restabelecimento) e *Evakuierrung* (evacuação). "Tratamento especial" era o código para exterminação física de pessoas, às vezes abreviado para SB, por questão de eficiência. O líder da SS Reinhard Heydrich delineou os princípios básicos para a segurança durante a guerra, em uma declaração de 1939: "Deve ser feita uma distinção entre aqueles que podem ser tratados pela via usual e aqueles a quem deve ser dado um tratamento especial [*Sonderbehandlung*]. O último caso cobre sujeitos que, devido a sua natureza mais questionável, sua periculosidade, ou sua habilidade em servir como instrumentos de propaganda para o inimigo, são passíveis de eliminação por um tratamento impiedoso (normalmente pela execução), independentemente de quem são."[29]

Para os médicos nazistas alistados para fazer as seleções dos reclusos para o extermínio ou para os experimentos médicos, havia normalmente uma questão de lealdade dividida — "de juramentos conflituosos, de contradições entre crueldade homicida e gentileza momentânea, as quais os médicos da SS pareciam manifestar continuamente durante seu tempo em Auschwitz. Porque a cisma parecia não se resolver. Sua persistência era parte de um equilíbrio psicológico global que permitia ao médico realizar seu trabalho mortal. Ele tornou-se integrado em um sistema brutal, amplo e altamente funcional. [...] Auschwitz foi um esforço coletivo."[30]

CAPÍTULO 11

O EPS: ética e extensão

Viajamos para muito longe, e nosso ímpeto assumiu o controle: move-mo-nos em vão rumo à eternidade, sem possibilidade de alívio ou esperança de esclarecimento. *

— Tom Stoppard,
Rosencrantz and Guildenstern Are Dead,
Terceiro Ato (1967)

Vimos como o ímpeto da simulada Prisão de Stanford assumiu o controle sobre a vida daqueles entre suas paredes — e, em geral, para pior. No capítulo anterior, esbocei uma resposta preliminar para a pergunta de como as pessoas poderiam ser rápida e radicalmente transformadas. Em particular, apontei caminhos pelos quais as forças das circunstâncias e do sistema operaram em conjunto para estragar os frutos da natureza humana.

Nossos jovens participantes da pesquisa não eram as proverbiais "maçãs podres" em um barril normalmente bom. Ao contrário, nosso planejamento experimental garantiu que fossem maçãs boas, inicialmente, e que depois se corrompessem pelo poder insidioso do barril ruim, a prisão. Logicamente, comparada à natureza tóxica e letal das prisões reais civis e militares, nossa Prisão de Stanford era relativamente benigna. As mudanças nas formas como

---

* *We've traveled too far, and our momentum has taken over: We move idly towards eternity, without possibility of reprieve or hope of explanation.*

nossos voluntários pensavam, sentiam e se comportavam nesse ambiente eram as consequências dos conhecidos processos psicológicos que operam em todos nós, de variadas maneiras, em muitas situações — ainda que não tão intensamente, generalizadamente, e incessantemente. Eles foram capturados em uma "situação total", cujo impacto foi maior do que a maioria das situações ordinárias nas quais costumamos entrar e sair à vontade.[1]

Considerem a possibilidade de que cada um de nós tenha o potencial, ou os modelos mentais, para ser santo ou pecador, altruísta ou egoísta, simpático ou cruel, submisso ou dominador, são ou louco, bom ou mal. Talvez nasçamos com variadas capacidades, e cada uma é ativada e desenvolvida dependendo das circunstâncias sociais e culturais que governam nossas vidas. Afirmarei que o potencial para a perversão é inerente aos processos que capacitam os seres humanos a fazer todas as coisas maravilhosas que fazemos. Cada um de nós é o produto final de um complexo desenvolvimento e especialização originado de milhões de anos de evolução, crescimento, adaptação e competição. Nossa espécie atingiu seu lugar especial na Terra em virtude de nossa notável capacidade de aprendizado, linguagem, raciocínio, inventividade e imaginar futuros novos e promissores. Cada ser humano tem o potencial da aperfeiçoar habilidades, talentos e características de que precisamos para ir além de sobrevivência, para prosperar e aprimorar nossa condição humana.

A Perversão da Perfectibilidade Humana

Poderia parte do mal do mundo ser resultado da natureza das pessoas comuns operando em circunstâncias que seletivamente trariam à tona maus comportamentos? Respondamos tal pergunta com alguns exemplos gerais, e, então, concentremo-nos novamente nos processos humanos normais que se degradaram no EPS. A memória nos permite aprender com os erros e aproveitar o que é sabido para criar um futuro melhor. Contudo, com a memória surgem rancores, vingança, desamparo instruído, e a ruminação do trauma que alimenta a depressão. Do mesmo modo, nossa extraordinária habilidade de utilizar a linguagem e os símbolos permite-nos comunicar com os outros pessoal e abstratamente, através do tempo e do espaço. A linguagem embasa a história, o planejamento e o controle social. Entretanto, com a linguagem surgem os rumores, mentiras, propaganda, estereótipos e regras coercitivas.

Nosso notável gênio criativo nos leva à alta literatura, teatro, música, ciência e a invenções como o computador e a internet. E, ainda, esta mesma criatividade pode ser traduzida em inventivas câmaras de tortura e técnicas de tortura, em ideologias paranoicas, e no eficiente sistema de assassinatos em massa dos nazistas. Qualquer um de nossos atributos especiais contém a possibilidade de seu oposto negativo, como nas dicotomias amor—ódio; orgulho—arrogância; autoestima—autodepreciação.[2]

A necessidade humana fundamental de fazer parte de alguma coisa surge do desejo de se associar aos outros, de cooperar, de aceitar as normas do grupo. Entretanto, o EPS mostra que a necessidade de fazer parte de alguma coisa também pode ser pervertida em excessiva conformidade, resignação e hostilidade de membros do grupo contra forasteiros. A necessidade por autonomia e controle, as forças centrais que levam à autodireção e ao bom planejamento, podem ser pervertidas no exercício excessivo de domínio sobre os outros ou no desamparo instruído.

Considerem mais três destas necessidades que podem tomar ambos os rumos. Primeiro, as *necessidades de consistência e racionalidade* dão uma direção significativa e sábia a nossas vidas. No entanto, comprometimentos dissonantes nos forçam a honrar e racionalizar decisões mal tomadas, tais como o prisioneiro que permanece quando deveria sair, e a justificação dos abusos feita pelos guardas. Segundo, as *necessidades de conhecer e compreender nosso ambiente e nossa relação com ele* levam à curiosidade, à descoberta científica, à filosofia, às humanidades e à arte. Mas um ambiente caprichoso e arbitrário que não faz sentido pode perverter as necessidades básicas que conduzem à frustração e ao autoisolamento (como o fez com nossos prisioneiros). E, finalmente, nossa *necessidade de estimulação* aciona nosso ímpeto explorador e faz com que assumamos riscos audazes, mas também pode nos tornar vulneráveis ao tédio quando somos inseridos em um ambiente estático. O tédio, por sua vez, pode se tornar um motivador poderoso de ações tais como as que vimos com os guardas do turno da noite do EPS que se divertiam com seus "joguetes".

Entretanto, permitam-me que deixe claro um ponto crítico: compreender o "porquê" do que foi feito não desculpa "o que" foi feito. A análise psicológica não é uma "desculpologia". Indivíduos e grupos que se comportam imoralmente ou ilegalmente ainda precisam assumir a responsabilidade e responder legalmente por sua cumplicidade e por seus crimes. Contudo, ao determinar a severidade de sua sentença, os fatores situacional e sistêmico que causaram seu comportamento devem ser levados em conta.[3]

Nos dois capítulos seguintes, iremos além do EPS para revelar um amplo acervo de pesquisa psicológica que complementa e estende os argumentos feitos até então sobre o poder das forças das circunstâncias de modelar a ação e pensamento humanos. Antes de prosseguirmos, temos de retroceder, para lidar com alguns assuntos finais críticos que foram levantados por este experimento. Primeiro, e mais importante, o sofrimento valeu a pena? Não há dúvidas de que as pessoas sofreram durante este experimento. Aqueles que os fizeram sofrer também tiveram de lidar com o reconhecimento de que foram além das exigências de seus personagens para infligir dor e humilhação em outros por horas a fio. Dessa maneira, a ética nesta e em outra pesquisa similar requer consideração especial.

A virtude, como Dante mostrou em seu *Inferno*, não é simplesmente abster-se do pecado; ela requer ação. Aqui, discutiremos como a inação operou no EPS. No próximo capítulo, considerarei implicações mais amplas do fracasso em agir pela sociedade, como quando espectadores passivos fracassam em intervir quando sua ajuda é necessária.

Além de lidar com os erros éticos de omissão e com a ética absoluta, precisamos nos concentrar em profundidade na ética relativa que guia a maior parte da pesquisa científica. Um equilíbrio central na equação da ética relativa exige que contrabalancemos a dor e o ganho. A dor sofrida pelos participantes neste experimento foi compensada pelos ganhos para a ciência e a sociedade gerada pela pesquisa? Em outras palavras, os fins científicos justificam os meios experimentais? Embora tenha havido muitas consequências positivas que resultaram do presente estudo, o leitor terá de decidir por si mesmo se o estudo deveria ter sido feito.

A pesquisa que incita o pensamento gera outras pesquisas e convida a extensões, como o fez o EPS. Após refletir sobre a ética do EPS, teremos de rever brevemente algumas das reproduções e os usos deste estudo que oferecem um contexto mais vasto para apreciar sua importância.

REFLEXÕES ÉTICAS SOBRE O EPS

O estudo do EPS foi antiético? Sob muitos aspectos, a resposta deve certamente ser "Sim". Entretanto, há outras maneiras de enxergar esta pesquisa que fornecem um razoável "Não". Antes de olharmos para as evidências nesta análise retrospectiva que apoiam cada uma destas alternativas, precisamos deixar claro por que mesmo estou discutindo estas questões, décadas depois de o estudo ter sido concluído e realizado. Tendo concentrado muita atenção nestas questões éticas, acredito que possa trazer a esta discussão uma perspectiva mais ampla do que de costume. Outros pesquisadores podem evitar cair em ciladas similares, se estiverem a par de alguns alertas sutis, e também ao se comprometerem com uma sensibilidade maior às salvaguardas éticas que o EPS destacou. Sem ser defensivo ou querer racionalizar meu papel neste estudo, usarei esta pesquisa como veículo para delinear a complexidade dos juízos éticos envolvidos na pesquisa em face das intervenções no funcionamento humano. Primeiro, consideremos a categoria ética da intervenção. Ela fornecerá um embasamento para comparar à ética absoluta e à ética relativa que guiam a pesquisa experimental.

A ética da intervenção

Cada ato de intervenção na vida de um indivíduo, grupo ou ambiente, é uma questão ética (o terapeuta radical R. D. Laing chamaria isso de "decisão política"). Os diferentes grupos que se seguem compartilham objetivos comuns: terapeutas, cirurgiões, orientadores, experimentalistas, educadores, planejadores urbanos, arquitetos, reformadores sociais, agentes de saúde pública, líderes religiosos, vendedores de carros usados, e nossos pais. Todos eles se identificam com um desses objetivos: cura, modificação de comportamento, recomendações práticas, treinamento, ensino, alteração mental, controle, mudança, alocação monetária, construção ou disciplina — em suma, variadas formas de intervenção que afetam diretamente nossas vidas, ou o fazem indiretamente ao alterar os ambientes humanos.

A maioria dos agentes de intervenção pretende, inicialmente, beneficiar o alvo da mudança e/ou a sociedade. Entretanto, seus valores subjetivos determinam a relação custo—benefício e levantam questões éticas críticas para nossa consideração. Tomamos por certo o valor das poderosas influências socializantes que os pais exercem sobre seus filhos ao moldá-los à sua imagem e rumo a um ideal social, política e religiosamente imposto. Deveríamos nos importar de os pais o fazerem sem obter o consentimento de seus filhos? Parece uma questão fútil até que se leve em conta os pais que ajudam a doutrinar os filhos em grupos de ódio como a Ku Klux Klan, as seitas destrutivas, as células terroristas ou a prostituição.

Para refinar a questão, "os direitos paternais de domínio" não são normalmente questionados — mesmo quando os pais ensinam aos filhos a intolerância e o preconceito —, exceto quando os pais são excessivamente abusivos quando tentam conseguir o que querem. Mas o que dizer do caso de um pai que quisesse que o filho fosse mais patriótico, uma meta nitidamente razoável para quase todas as culturas? O pai em questão escreveu a um médico cuja coluna de conselhos no jornal circulava para todo o país em uma revista: "Eu amo meu país, e quero que meu filho o ame também. Está certo exortá-lo enquanto está dormindo; nada demais, apenas falar umas coisinhas patrióticas?"

Em certo nível, o pai está perguntando se esta tática irá funcionar; há evidência de que o aprendizado enquanto se dorme pode ser eficiente em transmitir tais mensagens persuasivas subconscientes? (A resposta é que não há evidência que o sustente.) Em outro nível, o pai está levantando uma questão ética: é ético doutrinar seu indefeso filho desta forma? Seria ético se o fizesse quando o filho estivesse acordado ou se usasse reforços monetários ou aprovação social no lugar desta técnica duvidosa? Seria sua meta considerada eticamente ofensiva? Seria preferível, antes, que o ansioso pai confiasse em aparelhos doutrinários mais sutis disfarçados de "educação" formal: bandeiras nacionalistas, retratos de líderes nacionais; hinos nacionais; orações; forçar o filho a ler narrativas históricas, geografia e textos cívicos, tais como propaganda para manter o *status quo*? A questão aqui é que precisamos aprimorar nossa sensibilidade coletiva para o vasto alcance das situações diárias em que as intervenções são consideradas um processo "natural" da vida social, e quando uma violação da ética passa desapercebida devido a sua presença insidiosa prevalente.

ÉTICA ABSOLUTA

Em linhas gerais, digamos que a ética pode ser categorizada em "absoluta" ou "relativa". Quando o comportamento é guiado por padrões éticos absolutos, um princípio moral de ordem elevada pode ser postulado, invariável em relação às condições de sua aplicabilidade — através do tempo, das situações, pessoas ou conveniência. Tais éticas absolutas são incorporadas em códigos sociais de conduta. Tais códigos são normalmente baseados na aderência a um conjunto de princípios explícitos, tais como os Dez Mandamentos ou a Declaração dos Direitos do Cidadão. Tais éticas absolutas não permitem um grau de liberdade, que pode justificar meios para um fim ou circunstâncias que podem qualificar casos onde o princípio é suspenso ou aplicado de uma forma alterada ou atenuada. Em últimas consequências, nenhuma circunstância atenuante pode justificar uma ab-rogação do padrão ético.

Um padrão de ética absoluta postula que, visto que a vida humana é sagrada, ela não pode ser rebaixada, ainda que não intencionalmente. No caso da pesquisa, não há qualquer justificativa para um experimento que induz ao sofrimento humano. A partir desse ponto de vista, é até mesmo razoável sustentar que nenhuma pesquisa deveria ser conduzida em Psicologia ou Medicina que viole a integridade biológica ou psíquica de qualquer ser humano, independentemente do benefício que pode, ou até mesmo resulta para a sociedade em geral.

Aqueles que adotam essa perspectiva argumentam que mesmo se as ações que causam sofrimento são conduzidas em nome da ciência, pelo bem do conhecimento, da "segurança nacional" ou de qualquer outra abstração ambiciosa — elas são antiéticas. Dentro da Psicologia, aqueles claramente identificados pela tradição humanista foram os mais enfáticos em atentar para a preocupação básica da dignidade humana, que precisa ser anterior às metas postuladas da disciplina, a saber, de prever e controlar o comportamento.

O EPS foi absolutamente antiético

Com base na ética absoluta, o Experimento da Prisão de Stanford deve certamente ser julgado como antiético, pois seres humanos sofreram angústia considerável. As pessoas sofreram muito mais do que poderiam imaginar quando se voluntariaram para um estudo acadêmico sobre a "vida na prisão", conduzido em uma prestigiosa universidade. Além do mais, tal sofrimento aumentou ao longo do tempo, e resultou em tamanha tensão e confusão emocional que cinco membros da amostra dos anteriormente sadios jovens prisioneiros tiveram de ser liberados mais cedo.

Os guardas também sofreram com a realização do que fizeram sob o véu de seu papel e por detrás do anonimato dos óculos de sol. Eles podiam ver e ouvir a dor e a humilhação que estavam causando aos colegas estudantes, que nada fizeram para merecer tal brutalidade. Sua perpetração do inegável abuso excessivo dos prisioneiros foi muito maior do que o sofrimento vivido pelos participantes da clássica pesquisa de Stanley Milgram sobre a "obediência cega à autoridade", e que examinaremos em profundidade no próximo capítulo.[4] Essa pesquisa foi contestada como antiética porque os participantes podiam *imaginar* a dor que supostamente infligiam ao eletrocutar uma vítima remota, o "aprendiz".[5] Mas, tão logo o estudo terminou, descobriram que a "vítima" era na verdade um cúmplice experimental, que jamais se feriu, mas apenas fingia. Seu sofrimento adveio do conhecimento do que *poderiam ter feito,* fossem os choques reais. Em contraste, o sofrimento de nossos guardas adveio de saberem que seus "choques" nos prisioneiros eram todos reais, diretos e contínuos.

Um elemento adicional do estudo que o poderia qualificar como antiético foi não revelar de antemão a natureza das detenções e do fichamento formal no quartel-general da polícia aos estudantes que foram designados para o papel de prisioneiros, ou para seus pais, que foram pegos desprevenidos pela inesperada intrusão de domingo em suas vidas. Também fomos culpados de manipular os pais para que pensassem que a situação de seus filhos não era tão ruim quanto de fato era, por meio de variados procedimentos de controle enganadores que inauguramos nas noites de visita. Se acaso se lembram, estávamos preocupados que os pais levassem seus filhos para casa se percebessem inteiramente a natureza abusiva da falsa prisão. Para evitar tal ação, que culminaria no fim do estudo, nós simulamos um "espetáculo" para eles. Fizemos isso não apenas para manter nossa prisão intacta, mas também como um ingrediente básico de nossa prisão simulada, pois essas trapaças são comuns em muitos sistemas sob investigação de comitês supervisores. Ao estender um tapete vermelho, os administradores do sistema rebatem reclamações e preocupações sobre os aspectos negativos de sua situação.

Outra razão para considerar o EPS antiético é o fracasso em concluir o estudo mais cedo do que o fizemos. Eu deveria tê-lo encurtado depois que o segundo prisioneiro sofreu um transtorno grave de angústia no Dia 3. Esta deveria ter sido a prova suficiente de que Doug-8.612 não estava fingindo sua reação emocional e seu colapso no dia anterior. Deveríamos ter parado depois que o próximo, e o próximo, e o próximo prisioneiro sofreram transtornos agudos. Mas não o fizemos. É provável, contudo, que eu tivesse terminado o estudo no domingo, ao final de uma semana completa, como um "fim natural", não tivesse a intervenção de Christina Maslach forçado uma interrupção prematura. Eu poderia ter terminado o estudo depois de uma semana porque eu e a pequena equipe, constituída por Curt Banks e David Jaffe, estávamos exaustos em lidar com as logísticas ininterruptas, e pela necessidade de refrear o abuso crescente dos guardas.

Em retrospecto, acredito que a principal razão de não ter concluído o estudo mais cedo, quando este começou a sair do controle, foi resultado do conflito criado em mim por meu duplo papel de investigador chefe, e, portanto, do guardião da ética de pesquisa do experimento, e de superintendente da prisão, ansioso por manter a todo custo a integridade e a estabilidade de minha cadeia. Gostaria de acreditar que, tivesse outra pessoa interpretado o papel de superintendente, eu teria percebido a verdade e apitado mais cedo o fim do jogo. Agora percebo que deveria ter havido alguém com maior autoridade do que eu, alguém encarregado da supervisão do experimento.

No entanto, nenhum dos membros do Comitê de Pesquisa com Cobaias Humanas, e nem eu, imaginamos com antecedência que essa autoridade externa era necessária em um experimento no qual universitários tinham a liberdade de ir e vir a qualquer hora em que sentissem que não poderiam suportá-lo mais. Antes do experimento, não passavam de "garotos indo brincar de polícia e ladrão", e foi difícil imaginar o que aconteceria dentro de poucos dias. Teria sido bom se tivéssemos uma visão retrospectiva de antemão em funcionamento.

Estou seguro de que, fosse o experimento conduzido em tempos mais recentes, os estudantes e seus pais processariam a universidade e a mim. Mas os anos 1970 eram um tempo menos litigioso nos Estados Unidos do que os atuais. Nenhuma acusação legal foi sequer feita, e houve apenas alguns poucos ataques à ética dessa pesquisa por colegas de profissão.[6] Na verdade, fui eu que solicitei uma avaliação ética pós-experimento à American Psychological Association em julho de 1973, que determinou que as diretrizes éticas existentes foram cumpridas.

Todavia, sinto-me de fato responsável por ter criado uma instituição que deu permissão para que tais abusos ocorressem dentro do contexto da "psicologia do aprisionamento". O experimento foi mais do que bem-sucedido em criar parte do que há de pior nas prisões reais, mas as descobertas vieram à custa do sofrimento humano. Sinto por isso, e até hoje peço desculpas por contribuir para a sua desumanidade.

ÉTICA RELATIVA

A maior parte das pesquisas segue um modelo ético utilitário. Quando um princípio ético admite um contingente de aplicações, seus padrões são relativos e ele deve ser julgado sob critérios pragmáticos, pesados de acordo com princípios utilitários. Obviamente, tal modelo guiou esta pesquisa, como o faz com a maioria da experimentação psicológica. Mas quais elementos são considerados na equação custo-benefício? Como a perda e o ganho devem ser pesados proporcionalmente? Quem deve julgar se o benefício compensa a perda? Estas são algumas das questões que precisam ser encaradas para que uma postura de ética relativa seja considerada ética.

Algumas soluções são resolvidas com base na sabedoria convencional, ou seja, no presente estado do conhecimento relevante, nos antecedentes em casos similares, no consenso social, nos valores e na sensibilidade do pesquisador em particular, e no nível de consciência que prevalece em uma dada sociedade em um determinado momento. Instituições de pesquisa, agências financiadoras e governos também estabelecem diretrizes estritas e restrições a todas as pesquisas humanas, médicas ou não.

Para os cientistas sociais, no coração do dilema ético está: Poderia um pesquisador criar um equilíbrio entre o que ele acredita ser necessário para a condução de uma pesquisa social e teoricamente útil, e o que se acredita ser necessário para garantir o bem-estar e a dignidade dos participantes da pesquisa? Visto que os interesses de um pesquisador podem se inclinar mais para o primeiro do que para o último, inspetores externos, se particularmente aqueles que revisam os pedidos de patrocínio para pesquisas e Comissões Institucionais de Inspeção (CIIs), precisam servir como o ombudsman para os relativamente impotentes participantes. Contudo, estes inspetores externos também precisam atuar em interesse da "ciência" e da "sociedade", ao determinarem se, e até que ponto, algum engano, perturbação emocional, ou outros estados aversivos podem ser permitidos em um dado experimento. Eles operam com a hipótese de que qualquer impacto negativo de tais procedimentos é transitório, e, provavelmente, não irá persistir além dos limites do experimento. Consideremos agora como tais interesses contraditórios foram atendidos no EPS.

Pelo lado relativista do argumento ético, pode-se sustentar que o EPS não foi antiético, pelo seguinte: o consultor jurídico da Universidade de Stanford foi consultado, preparou uma declaração formal de "consentimento esclarecido", e nos informou dos requerimentos de trabalho, segurança e seguro que teríamos de entregar-lhes para que aprovassem o experimento. A declaração de "consentimento esclarecido", assinada por cada participante especificou que, durante o experimento, haveria invasão de sua privacidade; os prisioneiros teriam uma dieta mínima, perderiam alguns de seus direitos civis, e seriam atormentados. Esperava-se que todos completassem as duas semanas do contrato da melhor maneira que pudessem. O Departamento de Saúde Estudantil foi alertado de nosso estudo, e providências preliminares foram feitas para quaisquer cuidados médicos que os sujeitos pudessem precisar. A aprovação foi liberada oficialmente por escrito pela agência que patrocinava a pesquisa, a Sessão de Eficácia Grupal do Gabinete de Pesquisa Naval (ONR), além do Departamento de Psicologia de Stanford, e pela Comissão de Inspeção Institucional de Stanford (CII).[7]

Afora terem sido os sujeitos detidos pela polícia, os participantes não foram enganados. Além do mais, minha equipe e eu repetidamente lembrávamos aos guardas que não podiam abusar fisicamente dos presos, nem individualmente, nem coletivamente. Contudo, não estendemos o comando aos abusos psicológicos.

Outro fator que complica a estimativa ética deste estudo é que nossa prisão estava aberta para inspeção por pessoas de fora, que deveriam ter protegido os direitos dos participantes. Imaginem que são um prisioneiro sofrendo neste ambiente. Se fossem um prisioneiro em nossa cadeia, quem vocês gostariam que os apoiasse? Quem poderia ter apertado o botão de "saída" para você, caso não fosse capaz de apertá-lo por si mesmo? Teria sido um padre católico/capelão da cadeia quando ele o viu chorando? Sem chance. Que tal a mamãe e o papai, amigos, família? Eles não interviriam depois de repararem que sua condição se deteriorava? Nenhum deles o fez. Talvez a ajuda viesse de algum dos muitos profissionais psicólogos, pós-graduandos, secretárias, ou da equipe do Departamento de Psicologia, alguns dos quais observaram os vídeos do processo, de partes do estudo, fizeram parte de audiências do Comitê de Liberdade Condicional, ou conversaram com os participantes durante as entrevistas, ou quando estavam na despensa durante o fiasco da "invasão". Nenhuma ajuda adveio de qualquer uma destas fontes.

Como observado, cada um desses espectadores sucumbiu a um papel passivo. Todos aceitaram o enquadramento da situação, que os cegou para o que realmente se passava. Eles também racionalizaram, porque a simulação pareceu real; ou devido ao realismo da interpretação; ou porque se concentraram somente nas minúcias do planejamento experimental. Além do mais, os passantes não viram os abusos mais severos enquanto eles estavam acontecendo, e nem os participantes estavam dispostos a se exporem completamente a forasteiros, até mesmo amigos íntimos e familiares. Foram conduzidos, talvez, pelo embaraço, pelo orgulho, por um sentimento de "masculinidade". Muitos foram os que vieram, olharam sem enxergar, e simplesmente seguiram em frente.

Finalmente, acertamos ao fazer extensos interrogatórios com as pessoas envolvidas no EPS, não apenas durante três horas depois do término do experimento, mas também em várias ocasiões subsequentes, quando a maioria dos participantes retornou para rever os vídeos e assistir a uma exibição de *slides* do estudo. Mantive contato com a maior parte dos voluntários por vários anos depois da conclusão do experimento, enviando cópias de artigos, meu depoimento no Congresso, matérias de jornal, e notícias da TV com programas sobre o EPS. Ao longo dos anos, cerca de meia dúzia de participantes se uniu a mim em algumas dessas transmissões nacionais. Ainda mantenho contato com alguns deles, mais de três décadas depois.

O mais importante dessas extensas sessões devolutivas foi que elas deram aos participantes a oportunidade de expressarem abertamente seus fortes sentimentos e de obter uma nova compreensão deles mesmos e de seu comportamento incomum em um novo e estranho ambiente. Nosso método foi uma forma de "avaliação do processo",[8] no qual deixamos explícito que alguns efeitos e crenças desenvolvidos em um experimento podem durar para além dos limites desse experimento. Explicamos as razões pelas quais isso não deveria acontecer neste caso em especial. Enfatizei que o que fizeram foi sintomático da natureza negativa da situação da prisão que havíamos criado para eles, e não sintomático de suas personalidades. Relembrei-os de que foram cuidadosamente selecionados, precisamente por serem normais e sadios, e que foram aleatoriamente distribuídos em um ou outro dos dois papéis. Eles não trouxeram nenhuma patologia a este lugar; antes, o lugar eliciou neles patologias de variados tipos. Além disso, informei-lhes que seus pares fizeram, da mesma maneira, o que qualquer prisioneiro faz de aviltante e perturbado. O mesmo era verdade para a maioria dos guardas, às vezes eram abusivos com os prisioneiros. Comportaram-se dessa forma no papel exatamente como seus colegas de turno o fizeram.

Também tentei fazer dessa avaliação uma lição de "educação moral", ao discutir explicitamente os conflitos morais que todos encaramos durante todo o estudo. Um teórico pioneiro em desenvolvimento moral, Larry Kohlberg, argumentou que as discussões dentro do contexto de conflito moral eram fundamentais, talvez a única forma de aprimorar um nível individual de desenvolvimento moral.[9]

Lembrem-se de que o dado da lista de verificação de estados de ânimo mostrou que prisioneiros e guardas retornaram a um estado emocional mais equilibrado após a sessão de prestação de contas, alcançando níveis comparáveis a suas condições emocionais no começo do estudo. A duração relativamente pequena do impacto negativo desta intensa experiência sobre os participantes pode ser atribuída a três fatores: primeiro, todos estes jovens tinham uma sólida base psicológica e pessoal para a qual voltar depois de concluído o estudo. Segundo, a experiência foi restrita aos, e contida nos, tempo, ambiente, trajes e roteiro, e tudo isso poderia ser deixado para trás no pacote da "aventura do EPS", e não ser reativado no futuro. Terceiro, nossa detalhada avaliação eximiu de culpa os guardas e os prisioneiros por terem se comportado mal e permitiu que identificassem as características da situação que os influenciou.

Consequências positivas para os participantes

Em avaliações tradicionais sobre a ética relativa da pesquisa, para que alguma pesquisa seja aprovada, é necessário que o benefício para a ciência, medicina, e/ou a sociedade compense o custo para os participantes. Apesar da proporção custo/benefício parecer apropriada, gostaria agora de contestar esse método de avaliação. Os custos para os participantes ("cobaias", durante os dias do EPS) foram reais, imediatos e muitas vezes tangíveis. Em contraste, não importa os benefícios que tenham sido antecipados quando o estudo foi planejado ou a aprovação concedida, eles eram meramente prováveis e distantes, e talvez nunca fossem concretizados. Muitas pesquisas promissoras não rendem resultados significativos, e, assim, não são sequer publicadas ou circulam na comunidade científica. Mesmo descobertas significativas publicadas podem não ser traduzíveis na prática, e a prática pode não prová-las factíveis ou praticáveis quando ampliadas à escala dos benefícios sociais. Por outro lado, algumas pesquisas elementares que não continham aplicação óbvia quando concebidas originalmente mostraram render aplicações importantes. Por exemplo, a pesquisa elementar sobre o condicionamento do sistema nervoso autônomo conduziu diretamente ao uso do *biofeedback** como uma ajuda terapêutica ao serviço de saúde.[10] Além disso, a maioria dos pesquisadores demonstrou pouco interesse ou dedicação nas aplicações de "engenharia social", de suas descobertas de problemas sociais e pessoais. Tomadas em conjunto, tais críticas afirmam que o elevado lado do "benefício" da equação ética de pesquisa pode não compensar em princípio ou na prática, enquanto a parte do custo permanece tanto um prejuízo líquido quanto um prejuízo bruto para participantes e a sociedade.

Notavelmente ausente desta equação ética está também a preocupação com o *lucro* líquido para os participantes. Eles se beneficiam de algum modo por fazerem parte de um dado projeto de pesquisa? Por exemplo, a remuneração financeira compensa o sofrimento que viveram ao se tornarem parte de uma pesquisa médica que avalia aspectos da dor? As pessoas valorizam o conhecimento que acumulam como participantes da pesquisa? Eles aprendem algo de especial sobre si mesmos na experiência da pesquisa? Entrevistas detalhadas são essenciais para estimar esse objetivo secundário em pesquisa com sujeitos humanos. (Para um exemplo de como isso pode ser obtido em um dos meus experimentos sobre psicopatologia induzida, ver notas.)[11] Mas tais benefícios não podem ser supostos ou esperados: eles devem ser demonstrados empiricamente em medidas de resultado de qualquer estudo que seja realizado com uma noção prévia da própria "ética questionável". Ausente também da maioria das considerações da ética relativa está a obrigação dos pesquisadores de se dedicar a um tipo especial de ativismo social que torna sua pesquisa útil para o campo do conhecimento e para a melhoria da sua sociedade.

Eu gostaria de equilibrar um pouco a ética acinzentada do EPS, primeiramente ressaltando alguns lucros notáveis, rendidos aos participantes e à equipe. Em seguida, irei sublinhar alguns dos ativismos sociais aos quais me dediquei ao longo das últimas três décadas ou mais, para garantir que o valor deste experimento tenha sido cumprido o mais plenamente possível.

Ganhos pessoais inesperados aos participantes e equipe do EPS

Uma série de efeitos positivos inesperados emergiu deste estudo e teve um impacto duradouro em alguns dos participantes e equipe. Em geral, a maioria dos

---

* Método de tratamento de depressão e fobias, por meio do controle, com aparelhagem eletrônica, de processos físicos diversos. [*N. do T.*]

participantes indicou em suas avaliações de acompanhamento finais (enviadas de suas casas em variados momentos depois do estudo) que foi uma experiência valiosa de aprendizado pessoal. Essas vantagens ajudam a equilibrar, em alguma medida, as óbvias desvantagens da experiência da prisão, como indica o fato de que nenhum dos participantes se candidataria novamente a um estudo semelhante. Examinemos alguns abalos secundários positivos do EPS, tomados de suas avaliações.

Doug, prisioneiro 8.612, um líder da rebelião de presos, foi o primeiro prisioneiro a sofrer uma reação de tensão emocional. Sua resposta nos forçou a liberá-lo após 36 horas apenas. A experiência foi realmente perturbadora para ele, como contou em uma entrevista durante a filmagem de nosso documentário, *Quiet Rage: The Stanford Prison Experiment* (Fúria Silenciosa: O Experimento da Prisão de Stanford): "Como experiência, foi única, jamais gritei tão alto em minha vida; jamais fiquei tão irritado em minha vida. Foi uma experiência de sair do controle, tanto da situação quanto de meus sentimentos. Eu sempre tive dificuldades em perder o controle. Eu queria me compreender, e portanto entrei na Psicologia [após o EPS]. Eu farei Psicologia e compreenderei o que faz uma pessoa tremer, para que assim não mais sinta tanto medo do desconhecido."[12]

Em uma avaliação de acompanhamento, feita cinco anos depois do estudo, Doug revelou que ele começou a simular um sofrimento extremo para poder ser libertado, mas, então, este papel tomou conta dele. "Percebi que a única maneira de sair do experimento seria fingir que estava doente, primeiro fisicamente. Então, quando isso não funcionou, eu fingi uma fadiga mental. Contudo, a energia que levou para assumir este lugar, e o mero fato de que eu *poderia* estar irritado, me irritou." Como irritou? Relatou que sua namorada disse a ele que estava tão irritado e nervoso que ele falava do experimento constantemente durante os dois meses seguintes.

Doug avançou, até se tornar Ph.D. em Psicologia Clínica, em parte para aprender como obter controle maior sobre as próprias emoções e comportamentos. Ele fez sua dissertação sobre a vergonha (da condição de preso) e a culpa (da condição de guarda), completando o estágio na Prisão Estadual de San Quentin, em vez de no habitual ambiente médico/clínico, e é psicólogo forense nas penitenciárias de São Francisco e Califórnia há mais de vinte anos. Foi seu tocante depoimento que nos deu o título para nosso vídeo, *Fúria Silen-*

ciosa, enquanto ele falava sobre o impulso sádico dos guardas contra os quais foi preciso se defender, pois este estava sempre presente nas situações de poder desigual — pronto para extravasar, explodir, como uma espécie de "fúria silenciosa". Doug centrou parte de sua carreira em ajudar os reclusos a manter um sentimento de dignidade, a despeito do que está a seu redor, e de permitir que guardas e prisioneiros coexistam mais amigavelmente. Este é um caso de efeito inicial fortemente negativo do EPS transformando-se em um discernimento que teve consequências duradouras para o indivíduo e para a sociedade. Houve muito custo e muito benefício para o mesmo sujeito de pesquisa.

Guarda Hellmann, o guarda machão e austero "John Wayne", obteve destaque em todos os retratos televisionados do estudo, por seu papel dominante, pelas tarefas "criativamente más", e pelos jogos que inventou para os presos. Nós nos encontramos recentemente em uma palestra que dei, e ele me confidenciou que, ao contrário dos 15 minutos de fama de Andy Warhol, que todos recebem ao longo da vida, o Experimento da Prisão de Stanford forneceu-lhe "15 minutos de infâmia, permanentemente". Em resposta à minha pergunta sobre se ele acha que sua participação teve alguma consequência positiva em sua vida, ele me enviou este bilhete:

Décadas carregando a bagagem da vida abrandaram o arrogante e insensível adolescente que fui em 1971. Se alguém me dizia que minhas ações molestaram qualquer um dos prisioneiros, minha resposta provável teria sido "eles eram uns fracos e uns maricas". Mas a memória de como me senti tão profundamente inserido em meu personagem a ponto de estar cego para o sofrimento dos outros serve hoje como uma anedota admonitória, e penso cuidadosamente sobre como trato as pessoas. Na verdade, algumas pessoas podem me achar excessivamente sensível em meu papel de dono de um negócio, pois às vezes hesito em tomar decisões como, por exemplo, despedir empregados ociosos, por temor de que causaria infortúnios a eles.[13]

Guarda Vandy explicou alguns dos discernimentos pessoais que obteve desta experiência como o líder durão de seu turno. Durante uma avaliação de acompanhamento, poucos meses depois, ele nos contou: "Meu prazer em atormentar e punir presos era bastante estranho, porque costumo pensar em mim como alguém solidário com os prejudicados, principalmente os animais. Penso que foi em decorrência de minha total liberdade para mandar nos presos que comecei a abusar de minha autoridade. Em vista disso, procuro perceber quando estou sendo controlador ou autoritário e então me corrijo. Acho muito mais fácil examinar e perceber quando estou me comportando dessa maneira. Sinto que agora, em virtude de minha habilidade de compreender isso melhor, estou menos mandão do que era antes do experimento."

Carlo Prescott, nosso consultor da prisão, foi libertado da Prisão Estadual de San Quentin apenas seis meses antes do envolvimento no EPS. Havia sido encarcerado em diversas prisões da Califórnia, assim como nas dependências do Órgão para Jovens da Califórnia por mais de 17 anos de sua vida. As mudanças em sua condição profissional e a melhoria em sua autoestima que acompanharam seu ensino em Stanford comigo sobre o tema da psicologia do aprisionamento, e suas contribuições para o EPS, tiveram consequências salutares nele. Ele conseguiu um bom trabalho como anfitrião em um programa de entrevistas, *Carlo's Corner* (O Canto de Carlo) na estação de rádio KGO, de São Francisco, onde ele falava aos ouvintes de consciência social e oferecia compreensões penetrantes sobre as tendências racistas e fascistas nos Estados Unidos. Ele também ensinou em outros cursos universitários, deu palestras em comunidades, fez serviço comunitário, deu testemunho no Congresso em minha companhia, e tem sido um cidadão exemplar por todos estes anos.

Craig Haney formou-se na Escola de Direito da Universidade de Stanford, recebeu seu J.D., além de tornar-se Ph.D. por nosso Departamento de Psicologia. É professor na Universidade da Califórnia, em Santa Cruz, onde ministra cursos disputados de Psicologia e Direito, e sobre a psicologia das instituições. Craig se tornou um dos maiores consultores do país sobre as condições das prisões, e um dos poucos especialistas em psicologia com advogados que defendem ações conjuntas dos prisioneiros nos Estados Unidos. Ele escreveu muito, e brilhantemente, sobre vários aspectos diferentes do crime, punição, execução e correção. Nós assinamos juntos uma série de artigos em periódicos especializados, livros, e em revistas de economia.[14] Sua declaração sobre o impacto que o EPS teve sobre ele mostra claramente o valor deste experimento:

Para mim, o Experimento da Prisão de Stanford foi uma experiência formadora e modificadora de minha carreira. Havia acabado de concluir meu segundo ano como aluno da pós-graduação em Psicologia, em Stanford, quando Phil Zimbardo, Curtis Banks e eu começamos a planejar esta pesquisa. Meus interesses em aplicar a Psicologia Social a questões sobre o crime e o castigo haviam acabado de se cristalizar, com a bênção e o apoio de Phil Zimbardo. [...] Não muito depois de concluído meu trabalho no EPS, comecei a estudar as prisões reais, e ocasionalmente me concentrei também nas histórias sociais que ajudaram a modelar as vidas das pessoas confinadas em seu interior. Mas nunca perdi de vista a perspectiva que colhi da instituição, ao observar e avaliar os resultados de seis curtos dias no interior de nossa prisão simulada.[15]

Christina Maslach, a heroína do EPS, é hoje professora de Psicologia na Universidade da Califórnia, Berkeley, vice-diretora da graduação, reitora de ciências e letras, e Professora Emérita do Ano da *Carniege Foundation.* Sua breve, ainda que poderosa experiência no EPS também teve um impacto positivo em suas decisões de carreira, como conta em um relato retrospectivo:[16]

Para mim, o importante legado do experimento da prisão é o que aprendi por minha experiência profissional, e como isso ajudou a moldar minhas contribuições profissionais subsequentes em Psicologia. O que mais aprendi diretamente foi a psicologia da desumanização — como pessoas basicamente boas podem passar a perceber e tratar os outros de formas tão más; quão fácil é para as pessoas tratarem aqueles que confiam em sua ajuda ou boa vontade como se fossem algo menor do que humanos, como animais, inferiores, indignos de respeito ou igualdade. Esta experiência no EPS levou-me a fazer a pesquisa pioneira sobre o esgotamento — os riscos psicológicos de trabalhos humanos emotivamente demandantes que podem levar indivíduos a princípio cuidadosos e dedicados a desumanizar e maltratar as mesmas pessoas a quem supostamente deveriam servir. Minha pesquisa procurou elucidar as causas e consequências do esgotamento em uma variedade de ambientes ocupacionais; tentou também aplicar tais descobertas a soluções práticas. Também encorajo a análise e a mudança dos determinantes circunstanciais do esgotamento, em vez de me concentrar nas personalidades individuais dos profissionais de saúde. Desse modo, minha própria história no Experimento da Prisão de Stanford não se resume ao papel que cumpri em terminar o estudo mais cedo do que planejado, mas meu papel em começar um novo programa de pesquisa, inspirado em minha experiência pessoal neste estudo singular.[17]

Devo acrescentar que, como o verso da questão dos processos de desindividuação, que foram tão poderosos no EPS, Christina também realizou pesquisa pioneira sobre o seu oposto, a *individuação*, as maneiras pelas quais as pessoas aspiram à singularidade.[18]

Phil Zimbardo. E, então, havia eu. (Ver notas sobre as posições de Curtis Banks e David Jaffe.)[19] A semana no EPS mudou minha vida de muitas maneiras, tanto profissional quanto pessoalmente. Os resultados que podem ser rastreados a partir das consequências inesperadamente positivas que esta experiência criou para mim são vastos. Minha pesquisa foi afetada, assim como minha docência e minha vida pessoal, e tornei-me um agente de mudança social, para melhorar as condições das prisões e destacar outras formas de abusos de poder institucionais.

Minha área de pesquisa pelas três décadas seguintes foi estimulada por uma variedade de ideias que extraí da simulação da prisão. Elas me levaram a estudar a timidez, a noção de tempo e a loucura. Elas também mudaram minha maneira de lecionar. Permitam que, neste ponto, amplifique essas três linhas de pesquisa que se entrecruzam, e as mudanças em meu estilo de ensinar que foram estimulados pelo EPS. Em seguida, revelarei com um pouco mais de detalhe como o experimento também ajudou a mudar minha vida pessoal.

A timidez e a prisão autoimposta

> Que outra masmorra é tão escura quanto o próprio coração! Que carrasco tão inexorável quanto si mesmo?*
>
> — Nathaniel Hawthorne

Em nossa cadeia no porão, prisioneiros entregaram suas liberdades básicas como resposta ao controle coercitivo dos guardas. Na vida real fora do laboratório, porém, muitas pessoas abrem mão voluntariamente de suas liberdades de fala, ação e de cooperação sem que guardas externos as forcem a fazê-lo. Eles internalizaram o guarda exigente como parte de sua autoimagem; o guar-

---

* *What other dungeoun is so dark as one's own heart! What jailer so inexorable as one's self?*

da que restringe suas opções de espontaneidade, liberdade e alegria de viver. Paradoxalmente, estas mesmas pessoas também internalizaram a imagem do preso passivo que relutantemente aquiesce a estas restrições autoimpostas a todas as suas ações. Qualquer ação que chame atenção para essa pessoa é uma ameaça de potencial humilhação, vergonha, rejeição social para ela, e, desse modo, precisa ser evitada. Em resposta a esse guardião interno, o prisioneiro se encolhe da vida, recua para uma concha, e opta pela segurança da silenciosa prisão da timidez.

Elaborar essa metáfora a partir do EPS me levou a pensar sobre a timidez como uma fobia social que rompe os laços da conexão humana ao fazer das outras pessoas seres ameaçadores em vez de convidativos. No ano seguinte ao término do estudo da prisão, dei partida a uma grande iniciativa de pesquisa, O Projeto de Stanford sobre Timidez, para investigar as causas, correlatos, e consequências da timidez em adultos e adolescentes. Foi o primeiro estudo sistemático sobre a timidez adulta; quando aprendemos o suficiente, passamos a desenvolver um programa para tratar a timidez em uma inédita Clínica da Timidez (1977). A clínica, que esteve em funcionamento contínuo ao longo de todo este tempo na comunidade de Palo Alto, foi dirigida pelo Dr. Lynne Henderson, e faz parte hoje da Escola de Graduação em Psicologia de Pacific. Meu principal objetivo no tratamento e prevenção da timidez foi desenvolver meios de ajudar pessoas tímidas a se liberarem de suas prisões silenciosas e autoimpostas. Fiz isso em parte por meio da escrita de livros populares para o público leigo, acerca de como lidar com a timidez em adultos e crianças.[20] Tais atividades são um contraponto ao aprisionamento ao qual sujeitei os participantes do EPS.

Tendências da noção de tempo

As pessoas do lado de fora tendem a viver olhando em direção ao futuro. O futuro para um condenado é vago e indefinido. Seu passado se foi; as pessoas param de escrever após algum tempo. O presente se amplifica.*

— Ken Whalen, ex-condenado e dramaturgo.[21]

---

* *People on the outside tend to live looking toward the future. The future for a convict is vague and sketchy. His past is gone; people stop writing after a while. The present becomes magnified.*

No EPS, a noção de tempo ficou distorcida de muitas maneiras. Para os presos, o ciclo de sono foi perturbado pelos despertares forçados para as chamadas; estavam sempre cansados, e esta exaustão amplificou o regime de tediosos exercícios e trabalhos subalternos que lhes foi designado. Sua noção de tempo também foi afetada pela ausência de sinais externos de dia e de noite, e pela falta de relógios. (A ausência de relógios é parte da estratégia de planejamento dos cassinos, para afixar os apostadores em um presente expandido, retirando quaisquer referências temporais.) Como observado no último capítulo, os presos ampliaram sua concentração sobre o terrível presente, ao falarem sobre a situação imediata, e raramente sobre o passado e futuro de suas vidas. Curiosamente, depois que cada um dos presos que foram liberados mais cedo saiu, os remanescentes não fizeram praticamente nenhuma referência a eles. Eles sumiram e foram esquecidos, afastados do foco da memória imediata.

Quanto à equipe, nossa noção de tempo também ficou distorcida pelos longos turnos que tivemos de aguentar, os curtos momentos de sono, e as muitas questões diferentes, tanto logísticas quanto táticas, que tínhamos de tratar dia e noite. Acredito que alguns dos nossos enganos e indecisões podem se dever, em parte, à distorção da noção de tempo. Tais experiências conduziram minha necessidade de compreender como o comportamento humano é influenciado por nossa noção de tempo, o modo como compartimos o curso de nossas experiências em categorias temporais de passado, presente e futuro. Por meio de coleta de dados, entrevistas, experimentos e estudos culturais comparativos, aprendi muitas coisas novas sobre a noção de tempo, que permitiram desenvolver um indicador válido e confiável para avaliar as diferenças individuais na noção de tempo.[22] O *Zimbardo Time Perspective Inventory* — ZTPI (Inventário Zimbardo de Noção de Tempo) é utilizado por pesquisadores em todo o mundo para estudar uma série de fenômenos importantes, tais como tendências de tomada de decisão, questões de saúde, tensão, vício, resolução de problemas, sustentabilidade ambiental, e muitos outros fenômenos "ligados ao tempo".

A maior parte da vida das pessoas é controlada pelo uso excessivo de um sistema temporal — passado, presente ou futuro — e pela subestimação dos outros sistemas, que deveriam ser usados de modo mais flexível e equilibrado, dependendo das demandas de uma dada situação. Quando há trabalho a ser feito, a disciplina associada à orientação futura é necessária. Quando precisamos nos ligar a nossa família e amigos, as raízes positivas no passado precisam ser invocadas. Quando queremos desfrutar dos prazeres sensuais da vida e buscar novas aventuras, orientar-se para o presente nos ajuda a fazê-lo. Muitos fatores contribuem para inclinar as pessoas em direção à orientação do presente excessiva — seja fatalista ou hedonista —, orientação do futuro ou do passado excessivas, seja sob um olhar positivo ou negativo. Dentre os fatores estão influências culturais, a educação, a religião, a classe social, a estrutura familiar, e as experiências pessoais. O EPS deixou claro que a noção do tempo não foi meramente um traço pessoal ou uma medida de resultado, mas poderia ser alterada por experiências em situações que a expandiam ou contraíam.

Ao estudar as instituições, fica evidente também que a noção de tempo exerce um papel poderoso e oculto em modelar as mentes daqueles que se "institucionalizam", seja em prisões, em lares para idosos, ou hospitais para doentes que necessitam de cuidados crônicos. Rotinas intermináveis e atividades diárias indiferenciadas criam uma aparente circularidade no tempo — ele apenas escorre, não dividido em unidades de sentido significativas, mas se arrasta progressivamente como se fosse a jornada de uma formiga na fita da vida de Möbius. Dentre os discernimentos sobre o sentido do aprisionamento em *Soledad Brothers*, George Jackson reflete sobre o tempo e sua distorção:

O Tempo escorre de mim [...] Nada resta dele, nem mesmo à noite [...] Os dias, até mesmo as semanas deslizam umas nas outras, interminavelmente umas nas outras. Cada dia que vem e vai é exatamente igual ao que passou.[23]

A loucura em pessoas normais

Sabe o que você fez? [Sherlock Holmes perguntou a Sigmund Freud] Você conseguiu tomar meus métodos — de observação e inferência — e aplicá-los no interior da cabeça de um sujeito.*

— Nicholas Meyer, *The Seven Percent Solution*

Um dos resultados mais dramáticos do EPS foi a forma na qual muitos jovens sadios e normais se comportaram patologicamente em um curto espaço de tempo. Visto que nossos procedimentos de seleção excluíram como fatores causais os temperamentos preexistentes, conhecidos como pré-mórbidos, quis

---

* *Do you know what you have done? [Sherlock Holmes asked Sigmund Freud] You have succeeded in taking my methods — observation and inference — and applying them to the inside of a subject's mind.*

compreender os processos pelos quais os sintomas psicopatológicos se desenvolvem primeiro em pessoas comuns. Assim, além de me estimular a estudar a timidez e a noção do tempo, minhas experiências no EPS estimularam uma nova linha de teorização e pesquisa experimental, sobre como pessoas normais começam a "enlouquecer".

A maioria do que se entende por funcionamento anormal advém da análise retrospectiva que procura descobrir quais fatores podem ter causado a perturbação mental atual em um certo indivíduo — muito parecido com as estratégias de Sherlock Holmes de raciocínio inferencial, que parte dos feitos para descobrir as causas. Em vez disso, tentei desenvolver um modelo que se concentra nos processos relacionados ao desenvolvimento dos sintomas dos transtornos mentais, tais como a fobia e a paranoia. As pessoas são estimuladas a criar explicações quando percebem que alguma expectativa de seu funcionamento foi frustrada. Tentam criar um sentido para o que não deu certo quando fracassam em situações acadêmicas, sociais, profissionais, atléticas ou sexuais — dependendo do quão importante tal discrepância é para sua autointegridade. O processo racional de busca de sentido é distorcido por tendências cognitivas que concentram a atenção em classes de explicação que não são apropriadas em nossa análise atual. Assim, o uso excessivo de explicações que se concentram nas "pessoas" como a causa para uma reação pode levar à busca por sentido no desenvolvimento de sintomas característicos do pensamento paranoico. Paralelamente, as explicações concentradas nos "ambientes" como as causas de uma dada reação podem convergir na busca para o desenvolvimento de um sintoma típico característico do pensamento fóbico.

Esse novo modelo das tendências cognitivas e sociais da "loucura" em pessoas normais e sadias foi validada em nossos experimentos controlados de laboratório. Descobrimos, por exemplo, que sintomas patológicos podem se desenvolver em até um terço dos participantes normais, no processo racional de tentar dar um sentido a fontes inexplicadas de excitação.[24] Também demonstramos que universitários com audição normal, que passaram por um processo temporário de surdez parcial por meio de sugestão hipnótica, logo começaram a pensar e a agir de maneiras paranoicas, acreditando que os outros eram hostis para com eles. Assim, a debilidade não detectada na audição de idosos pode contribuir para o desenvolvimento de transtornos paranoicos — que, dessa forma, podem ser prevenidos ou tratados com aparelhos auditivos em vez de psicoterapia ou institucionalização.

Portanto, afirmei que as sementes da loucura podem ser plantadas no quintal de qualquer pessoa, e crescerão em resposta a perturbações psicológicas transitórias, no curso de toda uma vida de experiências comuns. Passamos de um modelo médico restritivo de transtornos para um modelo de saúde pública que encoraja a busca de vetores das circunstâncias em jogo em perturbações individuais e sociais, em vez de restringir a busca para o interior da cabeça do sujeito que sofre. Estamos em melhor posição de prevenir, assim como de tratar a loucura e a psicopatologia, quando trazemos um conhecimento fundamental dos processos culturais, cognitivos e sociais, para se relacionarem com uma apreciação mais completa dos mecanismos envolvidos na transformação do comportamento normal em anormal.

O ensino por desativação

Meu conhecimento da facilidade com que me tornei uma figura de poder dominadora no EPS me levou a reestruturar meus métodos de ensino, dando aos estudantes mais poder, e limitando o papel de professor a sua especialidade no campo, em vez de no controle social. Institui períodos de "espaço aberto" no começo da aula quando os estudantes, em grandes conferências, podiam criticar qualquer coisa sobre o curso, ou fazer declarações pessoais acerca dele. Isso evoluiu para quadros de boletins on-line nos quais os estudantes foram encorajados a falar abertamente sobre aspectos positivos e negativos do curso todos os dias durante toda a sua duração. Também reduzi a competição por notas altas entre os alunos ao não dar notas comparativas, desenvolvendo padrões absolutos derivados do domínio de cada estudante acerca de critérios essenciais, realizando provas com um parceiro de aprendizado, e até mesmo eliminando a avaliação em alguns cursos.[25]

O impacto pessoal do EPS

No ano seguinte ao término do EPS (10 de agosto de 1972), casei-me com Christina Maslach, na Igreja de Stanford, onde também renovamos nossos votos maritais em nosso aniversário de 25 anos, na presença de nossos filhos. Essa heroína afetou profundamente tudo o que faço das melhores maneiras imagináveis. Nesse relacionamento, fui capaz de recuperar mais um pouco do paraíso, em oposição ao inferno daquela experiência da prisão.

Outro impacto pessoal que este pequeno estudo de uma semana teve em mim foi que comecei a defender mudanças sociais baseadas nas evidências da pesquisa, promovendo reformas na prisão, e concentrei meus esforços para maximizar o alcance das mensagens significativas do EPS. Passemos a revê-los em mais detalhe.

Maximizando os benefícios: pregando o evangelho social

Embora o EPS tenha modificado minha vida de muitas maneiras, uma das mudanças mais abruptas ocorreu como resultado de minha presença, a convite, para aparecer perante o subcomitê da Câmara dos Representantes dos EUA: fui subitamente transformado de um pesquisador acadêmico em um defensor da mudança social. Em suas audiências sobre a reforma prisional em outubro de 1971, o subcomitê não quis apenas uma análise, mas sugestões para a reforma. Em minha declaração no *Registro Congressional*, defendi claramente a intervenção do Congresso na estrutura prisional, para trazer melhoras para as condições dos reclusos, assim como para os agentes penitenciários.[26]

Minha defesa assumiu amplamente a forma de uma tomada de consciência sobre a necessidade de concluir o "experimento social" das prisões porque, como demonstrado pelos altos índices de reincidência, o experimento fracassou. Precisamos encontrar o motivo disso por meio de exaustivas análises do sistema, e propor soluções alternativas ao encarceramento. Precisamos também quebrar as resistências às reformas prisionais significativas. Em meu segundo depoimento perante o subcomitê congressional, focado na detenção juvenil (setembro de 1973), fui além no processo de me tornar um defensor social. Delineei 19 recomendações para a melhoria no tratamento dos jovens detentos.[27] Fiquei feliz em saber que algumas leis federais foram aprovadas, e que foram em parte estimuladas pelo meu depoimento. O senador Birch Bayh, que encabeçou a investigação, ajudou a regulamentar a lei que afirma que, para evitar que sofram abusos, os jovens em prisão preventiva não podem residir com adultos em prisões federais. O EPS tratava do abuso de jovens em prisão preventiva. (Logicamente, fizemos confusão ao realizar audiências de Livramento Condicional, que, na vida real, não ocorreriam até que o réu recebesse a sentença e fosse condenado.)

Um importante impacto legal no EPS para mim adveio de minha participação no julgamento da Suprema Corte de Spain et al. *versus* Procunier et al. (1973). Os "Seis de San Quentin" foram isolados em reclusão na solitária durante mais de três anos por seu suposto envolvimento no assassinato dos guardas e detentos informantes durante a tentativa de fuga de George Jackson, em 21 de agosto de 1971. Como testemunha especialista, percorri as dependências do centro de segurança máxima de San Quentin e entrevistei uma série de vezes cada um dos seis presos. Minha declaração escrita e depoimentos em dois dias de julgamento foram concluídos com a opinião de que todas as condições da prisão, de confinamentos involuntários, prolongados e indefinidos, sob condições desumanizadoras, constituíram "punição cruel e incomum", e deveriam, portanto, ser alteradas. A corte chegou a uma conclusão semelhante. Além disso, exerci o papel, durante todo o julgamento, de consultor psicológico da equipe de advogados querelantes.

Essas e outras atividades nas quais me engajei depois do EPS foram empreendidas com um sentimento de missão ética. Para equilibrar a equação da ética relativa, senti que era necessário compensar a dor vivida por nossos participantes do EPS, maximizando os benefícios desta pesquisa para a ciência e a sociedade. Meus primeiros esforços estão sintetizados em um capítulo de livro escrito em 1983, *Transforming Experimental Research into Advocacy for Social Change* (Transformando a Pesquisa Experimental em uma Defesa da Mudança Social).[28]

O poder da mídia e das imagens visuais

Em virtude de ser o EPS um experimento tão visual, utilizamos suas imagens para espalhar a mensagem do poder das circunstâncias. Primeiro, criei uma apresentação de *slides* com oitenta imagens que foram sincronizadas à minha narração gravada, com a ajuda de Gregory White, em 1972; em sua maioria, foram distribuídas a professores universitários como um complemento para palestras. O advento do vídeo permitiu transferir tais imagens e incluir na apresentação tanto as filmagens de arquivo do estudo quanto novas filmagens, entrevistas e minha narração gravada. Esse projeto foi desenvolvido com uma equipe de estudantes de Stanford, coordenados por Ken Musen, o diretor de *Fúria silenciosa: o Experimento da Prisão de Stanford* (1985). Recentemente, ele foi aprimorado para o formato em DVD, com a ajuda de Scott Plous, em 2004. Essa apresentação de cinquenta minutos garantiu uma melhor qualidade, além de disponibilidade mundial de acesso. Suas muitas imagens e fotos dramáticas tornaram possível aumentar o alcance do EPS, quando incluí um bloco sobre elas no *Program 19* da série de TV pública que ajudei a desenvolver, *Discovering Psychology* (Descobrindo a Psicologia), *The Power of the Situation* (O Poder da Situação). Também fui capaz de destacar imagens do EPS em muitos textos introdutórios de psicologia, *Psychology of Life* (Psicologia da Vida) e *Psychology: Core Concepts* (Psicologia: Conceitos Centrais). Tais imagens também foram incorporadas em minhas palestras sobre a psicologia do mal, para um público de estudantes, profissionais, e leigos.

A primeira publicação do EPS foi no artigo *The Mind Is a Formidable Jailer: A Pirandellian Prison* (A Mente é um Carcereiro Terrível: uma Prisão Pirandelliana), para a revista *do New York Times* (8 de abril de 1973). A apresentação foi elaborada para alcançar mais do que o limitado público acadêmico usual para uma pesquisa experimental. Nessa publicação, o poder da matéria foi ampliado pela inclusão de muitas imagens ilustrativas. Uma matéria na *Life* (15 de outubro de 1971), intitulada *I Almost Considered the Prisoners as Cattle* (Quase Considerei os Prisioneiros Como Gado), atraiu mais atenção da mídia.

A natureza visual do EPS tornou-o perfeito para a televisão e outras coberturas da mídia. Mencionei anteriormente que ele recebeu destaque apenas poucos meses após sua finalização nas séries da *Chronolog*, da NBC-TV.[29] A história ilustrada do EPS também entrou no ar nos programas de TV *60 Minutes* e *National Geographic*.[30] Mais recentemente, ele obteve destaque em um bem-feito programa de televisão, *The Human Behavior Experiments* (Os Experimentos do Comportamento Humano).[31]

Outros modos pelos quais tentei ampliar ativamente o impacto de nosso estudo incluem:

• Apresentar o estudo a grupos cívicos, judiciais, militares, de oficiais da lei e de psicólogos para despertar o interesse sobre a situação da vida nas prisões.

• Organizar conferências sobre correção no Exército norte-americano (1972, 1973 e 1974) que examinaram o relacionamento dos programas de pesquisa com as decisões políticas, e mediram seu impacto em centros de detenção militares. Um foco foram os problemas sistêmicos, tais como discriminação racial e as frustrações fomentadas pelos recrutas.[32]

- Ajudar uma comunidade local a verificar na prática sua nova cadeia e sua equipe recém-contratada, ao criar uma falsa prisão na qual 132 cidadãos se voluntariaram para representarem presos por três dias: o poder da representação de papéis que testemunhamos no EPS foi ainda mais dramático neste ambiente prisional real — dado que os guardas perceberam que estavam sob o escrutínio público, comportaram-se com bastante delicadeza. Um repórter notou algumas reações extremas: "Uma dona de casa apresentou sintomas de colapso nervoso e teve de ser libertada." "Uma reclusa fez uma refém, segurou uma faca em sua garganta, cortou sua pele e se recusou a continuar cumprindo o papel que deveria representar. Os guardas tiveram de contê-la." "Muitos se recordariam depois que dentro de um dia suas mentes ficaram nebulosas e não conseguiam se concentrar. Tornaram-se irritadiços pela falta de privacidade, especialmente nos banheiros comunitários. Alguns se sentiram abandonados e desumanizados. Outros disseram que começaram a recuar, e quiseram se rebelar. Outros perderam a noção do tempo." Essa demonstração deixou a equipe alerta para vários problemas técnicos e operacionais que foram solucionados antes que se abrisse a cadeia para os criminosos locais. Um dos falsos prisioneiros era um advogado que concluiu que, a despeito da boa aparência do lugar e da cordialidade da equipe, a "prisão é realmente um lugar deprimente para se estar".[33] Como resultado dessa tentativa de falsa prisão, os oficiais puseram em ação práticas corretivas para conter reações extremadas como essas nos futuros reclusos.
- A troca de cartas (todas *escritas à mão*, naqueles dias pré-computador!) com mais de duzentos prisioneiros, sendo que uma dúzia deles se tornou correspondentes regulares. Até hoje, respondo diariamente a muitas dúvidas de estudantes por e-mail, particularmente estudantes britânicos do ensino médio, para os quais o aprendizado do EPS é exigido na seção de Psicologia Social e Cognitiva em seus cursos de alto nível (ver www.revision-notes.co.uk).

Duas das mais poderosas cartas estimuladas pelo EPS vieram de um colega psicólogo, recentemente, e de um prisioneiro, logo após o estudo. Gostaria de compartilhá-las antes de passarmos para o exame de mais extensões de nosso experimento em outras áreas. O psicólogo descreveu os paralelos entre o EPS e a doutrinação militar que vivenciou:

Meu interesse pela Psicologia Social começou quando era um cadete na Academia da Força Aérea Americana e li sobre (ou assisti a um vídeo do) estudo do EPS em minha aula introdutória de Psicologia. Ela correspondeu ao que via acontecendo a minha volta na doutrinação de jovens mentes promissoras em máquinas de matar, desumanizar e abusar. Sua análise é direta: não se trata de criar soldados morais. Antes, trata-se de reconhecer como a situação da guerra (e das instituições/práticas culturais do Exército pensadas para "preparar" pessoas para esta situação) faz monstros de todos nós.[34]

Um detento da prisão estadual de Ohio descreveu os abusos que vivenciou e a fúria que eles lhe instilaram:

Fui libertado recentemente da "reclusão na solitária" após ser mantido nesse lugar por 37 meses [meses!]. Um sistema silencioso foi imposto sobre mim, e até mesmo sussurrar para o homem na cela ao lado resultou em ser surrado pelos guardas, atingido por um *spray* químico e por cassetetes, pisoteado e atirado em uma "cela-nua", despido para dormir sobre um chão de concreto, sem cama, coberta, pia para se lavar, ou até mesmo uma privada. O chão serviu como privada e cama, e, ainda assim, o "sistema silencioso" foi imposto. Ter deixado que um "lamento" escapasse de meus lábios por causa da dor e do desconforto resultou em mais espancamento. Passei não dias, mas meses lá, durante meus 37 meses na solitária.

Fiz o que podia legalmente para lutar contra os atos administrativos de brutalidade. Todos os Tribunais do Estado indeferiram minhas petições. Devido à minha recusa em deixar "as coisas arrefecerem" e em "esquecer" tudo que acontecera durante meus 37 meses na solitária, sou o detento mais odiado da Penitenciária de Ohio, e chamado de "Absolutamente Incorrigível".

Professor Zimbardo, talvez eu seja um incorrigível, mas, se isso é verdade, é porque preferiria morrer a aceitar ser tratado como algo inferior a um ser humano. Jamais reclamei de minha sentença à prisão como sendo infundada, exceto por meios legais de apelação. Jamais pus uma faca na garganta de um guarda e exigi minha libertação. Sei que ladrões precisam ser punidos, e não justifico o roubo, mesmo que seja um ladrão. Mas agora não penso que serei um ladrão quando for solto.

Não, não estou reabilitado. Simplesmente não acredito que ficarei rico roubando. Agora, penso apenas em "matar". Matar aqueles que me espancaram e me trataram como se eu fosse um cão. Espero e rezo por minha alma e por minha vida futura em liberdade, e que eu possa superar a amargura e ódio que devoram diariamente a minha alma, mas sei que superar isso não será fácil.

REPLICAÇÕES E EXTENSÕES

Chegamos ao fim de nossa investigação do Experimento da Prisão de Stanford como um fenômeno social com uma breve visão geral dos meios pelos quais seus resultados foram replicados e reproduzidos, e foram estendidos a vários domínios. Além de sua utilidade para as Ciências Sociais, o EPS migrou para outras áreas, para a arena pública dos programas de TV, filmes comerciais, e até mesmo para produções artísticas. Suas descobertas essenciais sobre a facilidade com que boas pessoas podem se transformar em perpetradoras do mal, caso o poder institucional não seja restringido, conduziram a algumas aplicações sociais e militares elaboradas para impedir tais resultados.

Em vista da importância de passarmos a considerar o alcance completo da pesquisa psicológica que valida e amplia as conclusões do EPS, é suficiente, neste ponto, simplesmente delinearmos as replicações e as extensões. Uma apresentação mais completa desse material, com referências e comentários detalhados, encontra-se disponível em www.lucifereffect.com.

Uma replicação sólida em outra cultura

Uma equipe de pesquisadores da Universidade de New South Wales, na Austrália, estendeu o EPS, ao criar uma condição similar à nossa, e várias diferentes variantes experimentais, para explorar como as organizações sociais influenciam o relacionamento entre prisioneiros e guardas.[35] Seu regime de "Custódia Padrão" foi inspirado nas prisões de segurança média na Austrália, e estava próximo, neste procedimento, do EPS. A conclusão central dos pesquisadores do rigoroso protocolo experimental aponta: "Nossos resultados, portanto, apoiam a principal conclusão de Zimbardo et al., de que relações hostis de confronto resultam primariamente da natureza do regime prisional, e não das características pessoais dos reclusos e agentes" (p. 283). Esses resultados, dentro do planejamento da pesquisa, também ajudam a compensar o ceticismo ante a validade de tais experimentos de simulação, fornecendo parâmetros para avaliar mudanças comportamentais a partir de características estruturais objetivamente definidas das prisões da vida real.[36]

O experimento da falsa ala psiquiátrica

Por três dias, 29 membros da equipe do Hospital Estadual de Elgin, em Illinois, foram encerrados em uma ala própria, uma ala psiquiátrica na qual representaram o papel de "pacientes". Vinte e dois membros da equipe regular representaram seus papéis usuais, enquanto observadores treinados e videocâmaras registravam o que acontecia. "As coisas que aconteceram aqui foram realmente fantásticas", registrou a diretora da pesquisa, Norma Jean Orlando. Em pouco tempo, os falsos pacientes começaram a agir de formas indistinguíveis dos pacientes reais: seis tentaram fugir, dois se recolheram para dentro de si, dois choravam descontroladamente, um deles quase teve uma crise nervosa. A maioria experimentou um aumento geral de tensão, ansiedade, frustração e desespero. A grande maioria dos profissionais-pacientes (mais de 75%) registrou o seguinte: "encarcerados se sentiam", sem identidade, como se seus sentimentos não fossem importantes, como se ninguém os estivesse ouvindo, que não eram tratados como pessoas, ninguém se importava com eles; esqueciam-se de que se tratava de um experimento e sentiam-se como verdadeiros pacientes. Um dos profissionais que viraram pacientes, e que sofreu durante sua provação do fim de semana, teve suficiente discernimento para declarar: "Costumava olhar os pacientes como se fossem um bando de animais antes; nunca imaginei pelo que estavam passando." [37]

O resultado positivo desse estudo, que foi concebido como uma continuação do Experimento da Prisão de Stanford, foi a formação de uma organização de membros da equipe que trabalharam cooperativamente com atuais e antigos pacientes. Passaram a se dedicar a elevar a consciência dos funcionários do hospital sobre o modo como os pacientes estavam sendo maltratados, assim como a trabalhar para promover pessoalmente o próprio relacionamento com os pacientes e o relacionamento dos pacientes com os funcionários. Passaram a perceber o poder da "situação total" de transformar o comportamento dos pacientes e da equipe de formas indesejadas, e, depois, de formas mais construtivas.

Um aparente fracasso na replicação em um pseudoexperimento na TV

Um experimento baseado no modelo do EPS foi conduzido em um programa da BBC. Seus resultados desafiaram os do EPS porque os guardas mostraram pouca violência e crueldade. Avancemos para o fim do estudo e sua notável conclusão: os prisioneiros dominaram os guardas! Os *guardas* ficaram "cada vez mais paranoicos, deprimidos e tensos, e reclamaram principalmente por serem ameaçados".[38] Repetindo, não os presos, mas os guardas ficaram tensos com suas experiências neste *reality show* da TV. Vários guardas não aguentaram mais e desistiram; nenhum dos prisioneiros o fez. Os presos logo obtiveram o controle, trabalhando em equipe para subjugar os guardas; então, todos se juntaram e decidiram formar uma pacífica "comunidade" — com a ajuda do organizador da união sindical! Nosso *website* contém uma análise crítica desse pseudoexperimento.

O EPS como alerta contra abusos de poder

Duas utilizações inesperadas de nossa pesquisa se deram nos abrigos para mulheres e no Programa da Marinha de Sobrevivência, Evasão, Resistência e Fuga (Sere). Diretores de uma série de abrigos para mulheres violentadas me informaram que utilizaram nosso vídeo, *Fúria Silenciosa*, para ilustrar a facilidade com que o poder masculino pode se tornar abusivo e destrutivo. Assistir ao filme e discutir suas implicações ajudou as mulheres violentadas a não se culparem pela violência contra elas, mas compreender melhor os fatores das circunstâncias que transformaram seus amados em criminosos. O experimento também foi absorvido em algumas versões da teoria feminista de relações de gênero baseadas no poder.

Todas as forças armadas têm uma versão do programa Sere. Ele foi desenvolvido após a Guerra da Coreia para ensinar como os capturados pelo inimigo podem suportar e resistir a formas extremas de interrogatório e abusos coercitivos. Central no treinamento são as experiências preparatórias de provações psíquicas e físicas, por vários dias dentro de um falso campo de prisioneiros de guerra. Esta dura e intensa simulação prepara-os para suportar melhor os terrores que poderão encarar caso sejam capturados ou torturados.

Fui informado por várias fontes da Marinha de que a mensagem do EPS sobre a facilidade com que o poder no comando se torna excessivo foi explicitada durante o treinamento por meio do uso do vídeo e de nosso *website*. Eles serviram para alertar os captores-treinadores do Sere a conterem o impulso de "extravasar", ao abusar dos "cativos". Portanto, um uso do EPS é guiar o treinamento para conter os "guardas" em um ambiente que dá permissão a eles de abusar dos outros "para seu próprio bem".

Por outro lado, o programa Sere, como praticado pelo Exército em Fort Bragg, na Carolina do Norte, foi acusado por uma série de críticos de ter sido usado inapropriadamente pelo Pentágono. Argumentam que oficiais de altas patentes "mudaram o rumo": em vez de se concentrarem em formas de aumentar a resistência de soldados norte-americanos capturados, passaram a desenvolver técnicas de interrogatório eficientes para usar contra "combatentes inimigos" capturados e outros supostos inimigos dos Estados Unidos. De acordo com vários relatos, tais técnicas migraram dos programas militares Sere para a Prisão da Baía de Guantánamo, conhecida por "Gitmo".

Um professor de Direito americano, M. Gregg Bloche, e Jonathan H. Marks, um advogado britânico e defensor da bioética, condenaram o uso desses procedimentos de interrogatório, que foram desenvolvidos em parte por médicos e cientistas comportamentais. Argumentam que "ao trazer as táticas do Sere e do modelo de Guantánamo para o campo de batalha, o Pentágono abriu uma caixa de Pandora para um potencial abuso [...] a adesão ao modelo do Sere pelos líderes civis do Pentágono é mais uma evidência de que o abuso e a tortura eram uma política nacional, e não meramente o produto de pessoas malévolas isoladas."[39] A repórter investigativa Jane Mayer, em um ensaio para a *New Yorker* chamado "The Experiment" (O Experimento), expressou preocupações similares.[40] Abordarei a questão do uso impróprio do EPS pelo Pentágono no capítulo 15.

As táticas desenvolvidas pelos programas Sere fizeram parte do protocolo de treinamento de defesa do pessoal do Exército no caso de captura inimiga; contudo, após os ataques terroristas de 11 de setembro de 2001, eles foram aperfeiçoados e passaram a fazer parte do arsenal de táticas ofensivas para extrair informação dos militares ou civis considerados inimigos. Seu objetivo era fazer os interrogados se sentirem vulneráveis, ficarem flexíveis, e cooperarem para revelar a informação desejada. Suas técnicas foram desenvolvidas com a ajuda de cientistas comportamentais, e foram refinadas pelo campo prático de tentativa e erro nos exercícios do Sere, em Fort Bragg, na Carolina do Norte, e outras instalações de treinamento militar. Em geral, tais táticas minimizaram o uso da tortura física, substituindo-a pela "tortura branda" mental. Cinco táticas principais do programa Sere para transformar detentos ou outros sob interrogatório em pessoas suscetíveis a fornecer informação e confissões são:

- Degradação e humilhação sexual.
- Humilhação voltada para as práticas religiosas e culturais.
- Privação de sono.
- Privação e sobrecarga de estímulos.
- Tormento físico para obter vantagens psicológicas de temor e ansiedade, tais como "mergulhar a cabeça" ou hipotermia (exposição a temperaturas congelantes).

Tais táticas podem ser detectadas especialmente em memorandos do secretário Rumsfeld para uso em Guantánamo, e do general Sanchez em Abu Ghraib, e foram postas em operação naquelas prisões e em outros lugares. Também há provas documentadas de que uma equipe de interrogadores e outros membros do Exército de Guantánamo visitou o programa de treinamento Sere, em Fort Bragg, em agosto de 2002. Dada a natureza confidencial dessa informação, tais declarações são, certamente, apenas inferências lógicas baseadas em relatos de várias fontes.

É possível que a mensagem principal do EPS do poder das circunstâncias tenha sido cooptada pelo Pentágono e utilizada em seus programas de treinamento de tortura? Não gostaria de acreditar nisso; contudo, uma crítica recente faz esta alegação de modo bem enfático.

"Esse parece ser o experimento que denuncia a tortura no Iraque [...] Uma situação é criada — e deteriorada pela falta de pessoal, pela periculosidade, e pela falta de controle externo independente —, e, com um pouco de encorajamento (jamais instruções específicas de tortura), os guardas torturam. Tal situação e tal tortura são agora amplamente reconhecidas nas prisões norte-americanas no Iraque. [...] A vantagem da administração dos EUA em relação à circunstância do experimento de Stanford é que ela fornece descomprometimento — não há ordem para torturar, mas a situação pode ser armada para causá-la."⁴¹

Os autores dessa opinião vão adiante, especificando que se trata de mais do que mera especulação, pois o Experimento da Prisão de Stanford se destaca no Relato do Comitê de Schlesinger, que investiga os abusos de Abu Ghraib. Argumentam que "a publicação da informação desse experimento em um documento oficial, ligando-o a condições nas prisões do Exército dos EUA, também revela uma hierarquia que responsabiliza sua política." O elo-chave para o EPS no relato de Schlesinger está em como este destacava o poder da situação patológica criada em nossa prisão experimental.

"As reações negativas e antissociais observadas não foram produto de um ambiente criado ao combinar uma porção de personalidades depravadas, mas, antes, o resultado de uma situação intrinsecamente patológica que poderia distorcer e mudar o comportamento de indivíduos essencialmente normais. A anormalidade, aqui, residiu na natureza patológica da situação, e não naqueles que passaram por ela."⁴²

Estudos comparados na cultura popular

Três exemplos de como nosso experimento cruzou a fronteira da torre de marfim para os campos da música, teatro e da arte vem de um grupo de rock, um filme alemão e a arte de um polonês cujo "suporte artístico" foi exibido na Bienal de Veneza de 2005. A *Stanford Prison Experiment* (Experimento da Prisão de Stanford, sem o "O") é o nome de uma banda de rock de Los Angeles cuja música intensa é "uma fusão do punk com barulho", segundo seu líder, que ficou sabendo do EPS quando era estudante da UCLA (Universidade da Califórnia em Los Angeles).⁴³ *Das Experiment* (A Experiência) é um filme alemão baseado no EPS, amplamente veiculado pelo mundo. Essa característica de *Das Experiment*, de algo inspirado pelo EPS, dá legitimidade e uma dimensão real a essa "fantasia", nas palavras do roteirista. Ela confunde propositalmente os espectadores sobre o que aconteceu em nosso estudo com as liberdades que foram tomadas em prol do sensacionalismo. Termina por ser uma mostra vulgar de sexismo, de sexualidade e violência gratuitas sem nenhum valor redentor.

Embora alguns espectadores tenham achado o filme emocionante, ele foi debulhado em resenhas críticas, tais como as de dois conhecidos críticos britânicos. O crítico do *Observer* concluiu: "*A Experiência* é um *thriller* improvável sem nenhuma grande originalidade, que se oferece como uma fábula da inclinação nacional (possivelmente universal) ao fascismo autoritário."[44] Harsher foi o crítico do *The Guardian*: "Qualquer episódio de 'Big Brother' teria mais inteligência do que este contrassenso tolo e obtuso."[45] Um crítico norte-americano de cinema, Roger Erbert, extraiu uma valiosa lição deste filme, que se aplica também ao EPS: "Uniformes talvez nos transformem em matilhas, conduzidas pelo cão líder. Poucos são os desgarrados."[46]

Um artista polonês, Artur Zmijewski, fez um filme de 46 minutos, *Repetition* (Repetição), que dá destaque aos voluntários pagos por sete dias em sua falsa prisão. O filme foi exibido de hora em hora para grandes públicos no Pavilhão Polonês, em junho de 2005, na Bienal de Veneza, a mais antiga celebração de arte contemporânea do mundo, e também em eventos em Varsóvia e em São Francisco.

De acordo com um resenhista, este filme "sugere que o experimento de Zimbardo, que possui tanta intuição quanto método estritamente científico em seu planejamento, pode ter as características de uma obra de arte. [...] Nesta prisão simulada, contudo, o decoro artístico é logo deixado para trás. O 'jogo' atinge um momento próprio, envolvendo tanto os jogadores em sua dinâmica, que ela começa a tocá-los em sua essência. Os guardas ficam mais brutais e controladores. Os desobedientes são colocados na solitária; todas as cabeças são raspadas. A essa altura, alguns poucos prisioneiros, em vez de apenas ver tudo isso como um jogo irritante que poderão suportar (por 40 dólares por dia), observam-no como uma situação genuinamente má, e largam o 'experimento' para sempre".[47]

O *WEBSITE* DO EXPERIMENTO DA PRISÃO DE STANFORD:
O PODER DA INTERNET

Utilizando cenas de arquivo e uma apresentação de *slides* de 42 páginas, www. prisonexp.org conta a história do que ocorreu durante os funestos seis dias do experimento; ele inclui documentos históricos, questões para debate, artigos, entrevistas, e uma profusão de outros materiais para professores, estudantes, e qualquer pessoa interessada em aprender mais sobre o experimento e penitenciárias, em cinco idiomas diferentes. Ele foi lançado em 1999, com o auxílio de Scott Plous e Mike Lestik.

Ao se entrar em google.com e digitar a palavra-chave "Experiment", é provável que descubra que o EPS é um *website* de alta classificação em toda a rede, dentre 291 milhões de resultados, como em agosto de 2006. Paralelamente, uma busca no Google por "Prison" (Prisão) põe o *website* do Experimento da Prisão de Stanford depois apenas do *Federal Bureau of Prisons* (Departamento Federal de Prisões) dos Estados Unidos, dentre mais de 192 milhões de resultados.

Em um dia típico, as páginas de www.prisonexp.org são visitadas mais de 25 mil vezes, e mais de 38 milhões de vezes desde que o *site* foi inaugurado. Na época das novas coberturas sobre os abusos na Prisão de Abu Ghraib, em maio e junho de 2004, o tráfego na *web* no *site* do Experimento da Prisão de Stanford (e seu site relacionado, www.socialpsychology.org) excedeu as 250 mil visitas por dia. Esse nível de tráfego atesta não apenas o interesse público pela pesquisa psicológica, mas a necessidade que muitas pessoas sentem de compreender as dinâmicas do aprisionamento, ou, mais amplamente, a dinâmica do poder e da opressão. Este dado também reflete a condição hoje lendária que o experimento atingiu em muitos países do mundo.

Uma consequência vívida e muito pessoal de visitar o *website* do EPS pode ser vista na carta que se segue, de um estudante de Psicologia de 19 anos, que descreve o valor pessoal que obteve pelo contato com ele. O *site* lhe permitiu compreender melhor uma experiência terrível que teve em um campo de treinamento militar:

Logo no começo [quando assisti ao Experimento da Prisão de Stanford], quase chorei. Em novembro de 2001, me alistei nos Fuzileiros Navais dos Estados Unidos, atrás de um sonho de infância. Para abreviar uma longa história, tornei-me vítima de repetidos abusos ilegais, físicos e mentais. Uma investigação revelou que eu mostrava ter sofrido mais de quarenta espancamentos gratuitos. No fim, por mais que tenha lutado contra, adquiri comportamentos suicidas, e, por isso, recebi a dispensa do campo de treinamento dos Fuzileiros Navais, tendo estado na base por apenas três meses, aproximadamente.

O que quero dizer é que a maneira como os guardas conduziram seus deveres e o modo como o fazem os Instrutores de Treinamento do Exército é inacreditável. Fiquei pasmo com todos os paralelos entre seus guardas e um instrutor em particular que me vêm à mente. Fui tratado da mesma forma, e até pior, em alguns casos.

Um incidente que se destaca foi um esforço de quebrar a solidariedade do pelotão. Fui forçado a me sentar no meio do vão de trincheiras de meu pelotão [alojamento] e a gritar para os outros recrutas "se vocês tivessem se movido mais rápido, não estaríamos fazendo isso há horas", referindo-me a cada um dos recrutas, que seguravam correntes muito pesadas sobre as cabeças. O acontecimento foi muito parecido com os prisioneiros dizendo que o "819 foi um mal prisioneiro". Após o meu incidente e depois de estar a salvo em casa, alguns meses depois, tudo o que conseguia pensar era o quanto gostaria de voltar para mostrar aos outros recrutas que, por mais que o instrutor tenha dito ao pelotão que eu era um mau recruta, isto não era verdade. [Tal como o prisioneiro Stew-819 queria fazer.] Outros comportamentos vieram à mente, como punições por flexões, raspar a cabeça, não ter qualquer identidade além de ser dirigido e se referir aos outros como "recruta Fulano", o que replica o seu estudo.

A questão disso tudo é que, mesmo que seu experimento tenha sido conduzido há 31 anos, a leitura do estudo me ajudou a obter uma compreensão que era incapaz de ter antes, mesmo depois de terapia e de aconselhamento. O que o senhor demonstrou realmente me deu o discernimento acerca de algo com o qual ainda estou lidando, faz mais de um ano. Contudo, não se trata certamente de uma desculpa pelo que fizeram. Compreendo agora o raciocínio por trás das ações do instrutor, quando era sádico e sedento de poder.

Em suma, Dr. Zimbardo, obrigado.

Um vívido retrato da formação de um fuzileiro naval pode ser encontrado em *The Marine Machine*, de William Mares.[48]

É lícito concluir que há algo neste pequeno experimento que possui um valor duradouro não apenas entre os cientistas sociais, mas até mais fortemente entre o público em geral. Acredito agora que esta coisa especial seja a transformação dramática da natureza humana, não pelas substâncias químicas misteriosas de dr. Jekyll, que o transformaram no maligno Mr. Hyde, mas, antes, pelo poder das situações e circunstâncias sociais, assim como do sistema que as cria e sustenta. Meus colegas e eu ficamos contentes em poder "fazer da psicologia um meio para atingir a consciência do público", de uma maneira informativa, interessante e divertida, e que permite que todos compreendamos algo tão elementar e perturbador sobre a natureza humana.

Ampliemos agora nossa base empírica para além desse experimento, enquanto passamos para os vários capítulos seguintes para examinar uma variedade de pesquisas a partir de muitas fontes que nos informam mais completamente sobre como as situações influenciam na transformação de boas pessoas em perpetradoras do mal.

CAPÍTULO 12

Investigando a dinâmica social: poder, conformidade e obediência

Acredito que na vida de todos os homens, em certos períodos, e na vida de muitos homens em todos os períodos entre a infância e a velhice extrema, um dos elementos mais dominantes é o desejo de estar dentro do Círculo local e o terror de ser deixado de fora. [...] De todas as paixões, a paixão pelo Círculo Interno é a mais hábil em fazer de um homem que ainda não é um homem muito mau a cometer coisas más.

— C. S. Lewis, *The Inner Ring* (1944)[1]

Motivos e necessidades que normalmente nos servem bem podem nos desencaminhar quando são atiçados, amplificados ou manipulados por forças das circunstâncias que falhamos em reconhecer como potentes. É por isso que o mal é tão penetrante. Sua tentação está na próxima esquina, um leve desvio do caminho da vida, um borrão em nosso espelho retrovisor, que conduz ao desastre.

Ao tentar compreender as transformações de caráter de bons jovens no Experimento da Prisão de Stanford, esbocei anteriormente uma série de processos psicológicos que eram centrais para perverter seus pensamentos, sentimentos, percepções e ações. Vimos como a necessidade básica de pertença, associada e aceita por outros, tão central para a constituição da comunidade e dos laços familiares, foi distorcida no EPS em conformidade às normas recém-emergentes que permitiram que os guardas abusassem dos prisioneiros.[2] Vimos, depois, que a necessidade básica de consistência entre nossas atitudes privadas e o comportamento público permitiu que compromissos dissonantes fossem resolvidos e racionalizados em violência contra os companheiros.[3]

Argumentarei que os exemplos mais dramáticos de mudança comportamental direta e de "controle mental" não são consequência de formas exóticas de influência, tais como hipnose, drogas psicotrópicas ou "lavagem cerebral", mas, antes, da manipulação sistemática dos aspectos mais mundanos da natureza humana, ao longo do tempo em ambientes de confinamento.[4]

Nesse sentido, acredito no que o acadêmico inglês C. S. Lewis propôs — que uma poderosa força de transformar o comportamento humano, empurrando pessoas para além dos limites entre o bem e o mal, advém do desejo básico de estar "dentro" e não "fora". Se pensarmos no poder social como disposto em uma série de círculos concêntricos, do círculo mais poderoso ou interno, movendo-se para fora até o círculo externo socialmente menos significativo, podemos apreciar seu foco na força centrípeta do círculo central. *Inner Ring*, de Lewis, é a enganosa Camelot da aceitação em alguns grupos especiais, algumas associações privilegiadas, que conferem status instantâneo e aprimoramento da identidade. Seu encanto é óbvio para a maioria de nós — quem não quer ser um membro do "grupo interno"? Quem não quer saber o que ela ou ele procurou e achou digno de inclusão ou de ascendência, em um novo e refinado reino da aceitação social?

A pressão dos companheiros foi identificada como uma força social que conduz as pessoas, especialmente os adolescentes, a fazer coisas estranhas — qualquer coisa — para serem aceitas. Contudo, a jornada até o Círculo Interno é cultivada de dentro. Não há poder de pressão dos companheiros sem aquele empurrão da autopressão para Eles quererem Você. Ela faz com que as pessoas fiquem dispostas a sofrer dolorosos e humilhantes ritos de iniciação em fraternidades, cultos, clubes sociais ou Exército. Ela justifica, para muitos, o sofrimento de toda uma vida escalando a escada corporativa.

Essa força motivacional é duplamente energizada pelo que Lewis chamou de "o terror de ser deixado de fora". Esse medo de rejeição, quando se deseja a aceitação, pode debilitar iniciativas e negar a autonomia pessoal. Ele pode transformar animais sociais em tímidos introvertidos. A ameaça imaginada de ser atirado para fora do grupo pode levar algumas pessoas a fazer praticamente qualquer coisa para evitar esta terrível rejeição. As autoridades podem ordenar obediência total, não por meio de punições ou recompensas, mas por meio dessa arma de dois gumes: o encanto da aceitação unido à ameaça da rejeição. Tão forte é essa motivação humana, que até pessoas desconhecidas são fortalecidas quando nos prometem um lugar especial na mesa dos segredos compartilhados — "cá entre nós".[5]

Um exemplo sórdido dessa dinâmica social veio à luz recentemente quando uma mulher de 42 anos foi acusada de fazer sexo com cinco garotos do ensino médio e de fornecer-lhes drogas e bebidas alcoólicas em bacanais semanais em sua casa, durante um ano inteiro. Ela contou à polícia que fez isso porque queria ser uma "mãe bacana". Em seu depoimento, essa nova mãe bacana disse aos investigadores que nunca fora popular com seus colegas do colegial, mas montar essas festas permitia-lhe começar a "sentir-se parte do grupo".[6] Tristemente, ela capturou o Círculo Interno errado.

Lewis prossegue na descrição do sutil processo de iniciação, da doutrinação de pessoas boas dentro de um Círculo Interno privado, o que pode ter consequências malévolas, transformando-as em "canalhas". Cito essa passagem inteira pois trata-se de uma explanação eloquente de como este impulso humano elementar pode ser imperceptivelmente pervertido por aqueles com o poder de admitir ou negar o acesso ao Círculo Interno. A vontade arma o cenário para nossa excursão nos laboratórios experimentais e ambientes do campo dos cientistas sociais que investigaram tais fenômenos em considerável profundidade.

A nove dentre dez de vocês será dada a escolha que poderá levar à canalhice, e, quando ela vier, virá sem cores dramáticas. Os homens maus, obviamente ameaçando ou chantageando, quase certo não aparecerão. Durante um drinque ou uma xícara de café, disfarçado como trivialidade e comprimido entre duas piadas, dos lábios de um homem ou mulher, a quem você passou a conhecer melhor recentemente, e a quem deseja conhecer ainda mais — bem no momento em que você está mais ansioso para não parecer rude, ou ingênuo, ou pedante —, o palpite virá. Será o palpite de algo, que não está bem de acordo com as regras técnicas do jogo honesto, algo que o público, o ignorante e romântico público, jamais compreenderia. Algo ante o qual até os de fora da própria profissão estariam propensos a fazer um rebuliço, mas é algo, diz seu novo amigo, que "nós" — e com a palavra "nós" você tenta não corar de puro prazer —, algo que "sempre fazemos". E você tentará ser atraído, e será atraído, não pelo desejo de benefícios ou facilidades, mas simplesmente porque naquele momento, quando a xícara estava próxima de seus lábios, você não poderia suportar ser atirado de volta ao frio mundo exterior. Seria terrível ver o rosto de outro homem — aquele rosto genial, confidencial, prazeroso e sofisticado — ficar subitamente frio e desdenhoso, saber que você foi testado para o Círculo Interno e rejeitado. Então, se você for atraído, na semana seguinte fará algo que foge às regras, e, no ano seguinte irá um pouco além, mas tudo no espírito mais alegre e amigável. Poderá terminar em um estrondo, um escândalo, em trabalhos forçados; pode terminar em milhões, um título de nobreza e prêmios conferidos em seu antigo colégio. Mas você será um canalha.

As Revelações de pesquisa sobre o poder das circunstâncias

O Experimento da Prisão de Stanford é uma faceta do mosaico mais amplo das pesquisas que revelam o poder das situações sociais e da construção social da realidade. Vimos como ele se focou nas relações de poder entre indivíduos dentro de um ambiente institucional. Uma gama de estudos que o precederam e sucederam iluminaram muitos outros aspectos do comportamento humano, moldados de maneiras inesperadas pelas forças das circunstâncias.

Grupos podem nos levar a fazer coisas que normalmente não faríamos por conta própria; mas as influências são normalmente indiretas, simplesmente modelando o comportamento normativo que o grupo quer que imitemos e pratiquemos. Em contraste, a influência da autoridade é normalmente mais direta e sem sutileza: "Você faz o que eu mandar." Mas, por ser a exigência tão aberta e insolente, pode-se decidir desobedecer e não seguir o líder. Para que entendam o que quero dizer, considerem a questão: Até que ponto uma pessoa boa e comum resistiria ou obedeceria às ordens de uma figura de autoridade para ferir, ou até matar, um total desconhecido? Essa provocadora questão foi colocada em um teste experimental, em um estudo controverso sobre a obediência cega à autoridade. É um experimento clássico do qual você provavelmente já terá ouvido falar devido aos seus efeitos "chocantes", mas há muito mais coisas de valor incrustadas em seus procedimentos, que extrairemos para que nos auxilie em nossa procura para entender por que pessoas boas podem ser induzidas a se comportar com crueldade. Mostraremos as implicações e extensões desse estudo clássico e perguntaremos novamente a questão postulada em toda pesquisa desta natureza: Qual é a validade externa, quais os paralelos no mundo real dessa demonstração em laboratório do poder da autoridade?

Atenção: tendências egoístas podem estar em funcionamento

Antes de entrarmos nos detalhes dessa pesquisa, preciso adverti-lo de uma tendência que você provavelmente possui, e que poderá defendê-lo de tirar as conclusões corretas de tudo o que está prestes a ler. A maioria de nós constrói tendências autopromocionais, egoístas e egocêntricas, que nos fazem sentir especiais — nunca comuns, e, certamente, "acima da média".[7] Tais tendências cognitivas exercem a importante função de impulsionar nossa autoestima e proteger-nos contra os golpes duros da vida. Elas nos permitem delegar os fracassos, tomar o crédito pelos sucessos, e nos eximir da responsabilidade por más decisões, interpretando nosso mundo subjetivo por meio de prismas coloridos. Por exemplo, pesquisas mostram que 86% dos australianos classificam seu desempenho no trabalho como "acima da média", e 90% dos gerentes de negócio dos Estados Unidos avaliam seu desempenho como superior ao do colega comum. (Pobre do amigo comum.)

Entretanto, essas tendências podem ser não adaptáveis, e nos cegar sobre nossas semelhanças com os outros, afastando-nos da realidade das pessoas que, como nós, se comportam mal em certas situações nocivas. Tais tendências também significam que não tomamos as precauções básicas para evitar as consequências indesejadas de nossos comportamentos, supondo que não acontecerão conosco. Assim, corremos riscos no sexo, ao volante, no jogo, na saúde, e muitos outros. Na versão mais extrema dessas tendências, a maior parte das pessoas acredita que são menos vulneráveis do que os outros a estas inclinações egoístas, mesmo depois de ouvir falar delas.[8]

Isso significa que quando você ler sobre o EPS e os muitos estudos no próximo tópico, poderá bem concluir que *você* não faria o que a maioria fez, que você seria, é claro, a exceção à regra. Essa crença estatisticamente irracional (visto que a maioria de nós a compartilha) torna-o ainda mais vulnerável às forças das circunstâncias, precisamente porque você subestima o poder dos outros e superestima o seu. Está convencido de que seria um bom guarda, um prisioneiro desafiador, o resistente, o dissidente, o não conformista, e, principalmente, o Herói. Antes fosse, mas os heróis são uma estirpe rara — da qual encontraremos exemplares no último capítulo.

Portanto, convido-o a suspender essa tendência a partir de agora, e a imaginar que o que a maioria fez nestes experimentos é uma base justa para você também. No mínimo, por favor, considere que você não pode ter certeza se seria ou não tão prontamente seduzido a fazer o que o participante mediano da pesquisa fez nestes estudos — se você estivesse em seus lugares e nas mesmas circunstâncias. Peço que se recorde do que disse o prisioneiro Clay-416, o que resistiu às salsichas, em sua entrevista pós-experimento com seu carrasco, o guarda "John Wayne". Quando provocado com a pergunta: "Que tipo de guarda você seria se estivesse no meu lugar?", ele modestamente respondeu: "Eu realmente não sei."

É apenas por meio do reconhecimento de que estamos todos sujeitos às mesmas forças dinâmicas da condição humana que a humildade prevalece ao orgulho infundado, e que podemos começar a reconhecer nossa vulnerabilidade às forças das circunstâncias. Com esse espírito, recorde-se do eloquente enquadramento feito por John Donne de nossa interrelação e interdependência comuns:

> Toda a humanidade é de um autor, e é um volume; quando um homem morre, não é arrancado um capítulo do livro, mas traduzido em um idioma melhor; e todo capítulo precisa ser traduzido. [...] Assim como o sino que toca para um sermão não convoca apenas o pregador, mas toda a congregação a vir: destarte, tal sino nos convoca a todos. [...] Nenhum homem é uma ilha, completa em si mesma [...] a morte de qualquer homem me diminui, porque na humanidade estou envolvido; e, portanto, não perguntes por quem os sinos dobram; eles dobram por ti.

> (*Meditations 27*)

Pesquisa clássica sobre a conformidade às normas do grupo

Um dos primeiros estudos sobre conformidade, em 1935, foi elaborado por um psicólogo social da Turquia, Muzafer Sherif.[9] Sherif, recém-imigrado para os Estados Unidos, acreditava que os norte-americanos normalmente tendiam a se conformar porque sua democracia enfatizava as concordâncias mutuamente compartilhadas. Ele vislumbrou um modo incomum de demonstrar a conformidade de indivíduos aos padrões do grupo em um novo ambiente.

Universitários do sexo masculino foram conduzidos a uma sala totalmente escura na qual havia um ponto de luz imóvel. Sherif sabia que sem qualquer sistema de referência, essa luz parece se mover erraticamente, uma ilusão chamada de "efeito autocinético". A princípio, cada um dos sujeitos foi questionado individualmente sobre o movimento da luz. Seus julgamentos variaram amplamente; alguns viram movimentos de uns poucos centímetros, enquanto outros reportaram que o ponto se moveu dezenas de centímetros. Cada pessoa logo estabeleceu uma faixa dentro da qual a maioria dos registros apontaria. Em seguida, colocou-se cada pessoa em um grupo com várias outras. Elas fizeram estimativas que variavam amplamente, mas, em cada grupo, uma norma se "cristalizou", na qual uma faixa e uma norma de julgamento mediano emergiram. Após muitas tentativas, os outros participantes saíram, e o indivíduo, agora sozinho, era solicitado novamente a fazer estimativas do movimento da luz — para verificar sua conformidade à nova norma estabelecida naquele grupo. Seus julgamentos agora recaíam na nova faixa decretada pelo grupo, "afastando-se significativamente da faixa pessoal anterior".

Sherif também usou um cúmplice treinado para dar estimativas que variavam em sua latitude de uma pequena até uma faixa muito larga. Como era de se esperar, a experiência autocinética do sujeito ingênuo espelhou o julgamento desse desonesto cúmplice, em vez de se ater ao padrão pessoal perceptivo previamente estabelecido.

A pesquisa de conformidade de Asch: entrando na linha

O efeito de conformidade de Sherif foi contestado em 1955 por outro psicólogo social, Solomon Asch,[10] que acreditava que os norte-americanos eram, na verdade, mais independentes do que o trabalho de Sherif sugeria. Asch acreditava que os norte-americanos podiam agir de modo autônomo, mesmo quando deparados com uma maioria que via o mundo diferentemente deles. O problema com a situação de Sherif, argumentou, é que era ambígua demais, sem nenhuma estrutura significativa de referência ou padrão pessoal. Quando confrontado pela percepção alternativa do grupo, o indivíduo não tinha nenhum engajamento real com suas estimativas originais, e, portanto, apenas concordava. A conformidade real exigia que o grupo desafiasse a percepção básica e as crenças do indivíduo — dizer que X era Y, quando isso claramente não era verdade. Sob tais circunstâncias, previu Asch, seriam relativamente poucos os que se conformariam; a maioria resistiria com firmeza a esta pressão grupal extrema, tão nitidamente errada.

O que de fato aconteceu quando as pessoas foram confrontadas com uma realidade social em conflito com suas percepções básicas do mundo? Para descobrir, deixe-me colocá-lo no lugar de um típico participante de pesquisa.

Você é recrutado para um estudo de percepção visual que começa julgando o tamanho relativo de linhas. São exibidas a você cartas com três linhas de diferentes comprimentos, e, então, pedem que fale em voz alta qual das linhas tem o mesmo comprimento se comparada à linha em outro cartão. Uma é mais curta, outra mais longa, e uma é exatamente do mesmo tamanho da linha de comparação. A tarefa é fácil para você. Você comete poucos erros, como a maioria das pessoas (menos de 1% das vezes). Mas você não está sozinho neste estudo; é ladeado por um bando de participantes, sete deles, e você é o número oito. A princípio, sua resposta é a mesma da deles — até aí tudo bem. Mas, então, coisas incomuns começam a acontecer. Em algumas tentativas, cada um deles relata ver a linha longa como tendo o mesmo comprimento que a linha média, ou a linha curta, o mesmo que a média. (Você o desconhece, mas os outros sete são membros do grupo de pesquisa de Asch, que foram instruídos a dar respostas incorretas de modo unânime em tentativas "críticas" específicas.) Quando é a sua vez, todos olham para você quando você fita a carta com as três linhas. Você claramente vê algo diferente, mas será que afirma isto? Você confia no seu taco e diz o que acha que é o certo, ou concorda com o que todos os outros disseram que é certo? Você se depara com a mesma pressão do grupo em 12 do total de 18 tentativas nas quais o grupo dá respostas que são erradas, mas o grupo é preciso nas outras seis tentativas entremeadas ao conjunto.

Se você é como a maioria dos 123 verdadeiros participantes da pesquisa no estudo de Asch, você se ateria ao grupo em cerca de 70% das vezes em algumas das "críticas" tentativas erradas. Trinta por cento dos sujeitos originais se conformaram na maior parte das tentativas, e apenas um quarto deles foi capaz de manter sua independência do começo ao fim do teste. Alguns relataram perceber as diferenças entre o que viam e o consenso do grupo, mas sentiram que era mais fácil concordar com os outros. Para outros, a discrepância criou um conflito que foi resolvido passando a acreditar que o grupo estava certo e sua percepção estava errada! Todos os que se renderam subestimaram o quanto tiveram de se conformar, pensando que se renderam muito menos à pressão do grupo do que foi realmente o caso. Permaneceram independentes — em suas mentes, mas não em suas ações.

Estudos de replicação mostraram que, quando contraposto a apenas uma pessoa dando um julgamento incorreto, um participante mostra certo embaraço, mas mantém a independência. Contudo, com uma maioria de três pessoas opostas a ele, os erros subiram para 32%. Sob uma visão mais otimista, contudo, Asch encontrou um modo poderoso de manter a independência. Ao dar ao sujeito um parceiro cujas visões estavam alinhadas às dele, o poder da maioria ficava enormemente reduzido. O apoio de pares diminuiu os erros para um quarto do que teria sido quando não havia parceiro — e este efeito de resistência durou até mesmo depois que o parceiro saiu.

Um dos valiosos acréscimos à nossa compreensão de por que as pessoas se conformam advém de uma pesquisa que destaca dois mecanismos básicos que contribuem para a conformidade ao grupo.[11] Nós nos conformamos primeiro a *necessidades de informação*: outras pessoas normalmente têm ideias, pontos de vista, perspectivas e conhecimento que nos ajudam a melhor navegar em nosso mundo, especialmente através de praias estrangeiras e novos portos. O segundo mecanismo envolve *necessidades normativas*: outras pessoas estão mais aptas a nos aceitar quando concordamos com elas do que quando discordamos, portanto, nos atemos às suas visões sobre o mundo, tomados por uma poderosa necessidade de pertença, para substituir diferenças por semelhanças.

Conformidade e independência iluminam o cérebro diferentemente

Novas tecnologias, não disponíveis no tempo de Asch, oferecem descobertas intrigantes do papel do cérebro na conformidade social. Quando as pessoas se conformam, estariam racionalmente decidindo concordar com o grupo pelas necessidades normativas, ou estariam na verdade alterando suas percepções e aceitando a validade da nova, ainda que errônea, informação fornecida pelo grupo? Um estudo recente utilizou a avançada tecnologia de varredura cerebral para responder essa questão.[12] Pesquisadores podem agora examinar a atividade do cérebro enquanto uma pessoa se ocupa de diversas tarefas, por meio de aparelhos de varredura que detectam quais regiões específicas do cérebro são energizadas enquanto se ocupam de tarefas mentais distintas. O processo é conhecido por FMRI (em português, Ressonância Magnética Funcional). Compreender quais funções mentais diferentes regiões do cérebro controlam nos diz o que significa quando são ativadas por qualquer tarefa experimental dada.

Eis como o estudo funcionou. Imagine que você é um voluntário de 32 anos, recrutado para um estudo sobre percepção. Você terá de girar mentalmente imagens de objetos tridimensionais para determinar se os objetos são iguais ou diferentes de um objeto-padrão. Na sala de espera, você encontra outros quatro voluntários, com quem começa a se ligar jogando juntos em *laptops*, tirando fotos um do outro e papeando. (Na verdade, eles são atores — "cúmplices", como são chamados na Psicologia — que logo estarão fingindo suas respostas nas tentativas do teste, de modo a concordarem uns com os outros, mas não com as respostas corretas que você der.) Você foi o primeiro selecionado a ir para uma varredura, enquanto os outros, do lado de fora, olham para os objetos primeiro como grupo, e, então, decidem se os acham iguais ou diferentes. Como no experimento original de Asch, os atores, em unanimidade, dão respostas erradas em algumas tentativas e corretas em outras, com respostas de grupo ocasionalmente misturadas, ditas para tornar o teste mais crível. Em cada turno, quando é sua vez de jogar, são mostradas a você as respostas dadas pelos outros. Você precisa decidir se os objetos são iguais ou diferentes — será como o grupo os avaliou, ou como os vê?

Como nos experimentos de Asch, você (como sujeito típico) cederia à pressão grupal, dando, em média, as respostas erradas do grupo em 41% das vezes. Quando você se entrega ao juízo errôneo do grupo, sua conformidade seria vista na varredura cerebral como mudança em regiões específicas do córtex cerebral dedicadas à consciência visual e espacial (especificamente, a atividade aumenta no sulco intraparietal direito). Surpreendentemente, não haveria mudanças nas áreas do prosencéfalo, responsáveis por lidar com conflitos, planejamento, e outras atividades mentais refinadas. Por outro lado, se você faz juízos independentes que vão contra o grupo, seu cérebro seria iluminado em áreas associadas à saliência emocional (as regiões da amídala cerebral direita e do lado direito do núcleo caudeado). Isso significa que a resistência cria um fardo emocional para aqueles que mantém sua independência — a autonomia surge a um custo psíquico.

O principal autor dessa pesquisa, o neurocientista Gregory Berns, concluiu que "gostamos de pensar que ver é acreditar, mas as descobertas do estudo mostram que ver é acreditar no que um grupo lhe diz para acreditar". Isso significa que os pontos de vista de outras pessoas, quando cristalizados em um consenso do grupo, podem, na verdade, afetar como percebemos importantes aspectos do mundo externo, colocando, assim, a questão da natureza da própria verdade. É apenas percebendo nossa vulnerabilidade à pressão social que podemos começar a erigir uma resistência à conformidade quando não nos interessa entregar-nos à mentalidade do rebanho.

O poder da minoria de afetar a maioria

Um corpo de jurados pode ficar "empacado" quando um dissidente consegue o apoio de ao menos uma outra pessoa, e juntos desafiam a visão dominante da maioria. Mas poderia uma pequena minoria modificar a opinião da maioria para criar novas normas, usando os mesmos princípios psicológicos básicos que normalmente ajudam a estabelecer a visão da maioria?

Um grupo de pesquisa de psicólogos franceses propôs essa questão em um teste experimental. Em uma tarefa de nomear cores, se dois "cúmplices" em um grupo de seis estudantes mulheres insistentemente diziam que uma linha azul era "verde", quase um terço da ingênua maioria fatalmente seguia a liderança. Contudo, os membros da maioria não se entregaram à insistente minoria quando estavam todos reunidos. Foi somente depois, quando foram testados individualmente, que responderam como a minoria havia feito, mudando suas opiniões e se deslocando da fronteira entre azul e verde, rumo ao verde, no espectro de cores.[13]

Os pesquisadores também estudaram a influência da minoria no contexto das deliberações de um júri simulado, quando uma minoria discordante impede a aceitação unânime do ponto de vista da maioria. O grupo minoritário jamais foi admirado, e sua persuasão, quando ocorria, funcionava apenas gradualmente, ao longo do tempo. A efusiva minoria exerce mais influência quando possuía quatro qualidades: ela persistia em afirmar uma posição perseverante, aparentava confiança, evitava parecer rígida ou dogmática, e era habilidosa em influência social. Possivelmente, o poder de muitos pode ser enfraquecido pela persuasão de alguns poucos dedicados.

Como essas qualidades de uma minoria discordante — especialmente sua persistência — ajudavam a influenciar a maioria? As decisões da maioria tendem a ser construídas sem envolver o pensamento sistemático e as habilidades de pensamento crítico dos indivíduos no grupo. Dada a força do poder normativo de um grupo em moldar as opiniões dos seguidores, que se conformam sem ponderar, elas são normalmente tomadas acriticamente. A persistente minoria força os outros a processar as informações relevantes mais cuidadosamente.[14] A pesquisa mostra que as decisões de um grupo como um todo são mais ponderadas e criativas quando há uma minoria dissidente do que quando ela não existe.[15]

Se uma minoria puder ganhar partidários para seu lado, mesmo quando está errada, existe esperança para uma minoria com uma causa justa. Na sociedade, a maioria tende a ser a defensora do *status quo*, enquanto a força da inovação e da mudança advém dos membros ou indivíduos da minoria, ou insatisfeitos com o sistema vigente, ou capazes de visualizar novos e criativos caminhos alternativos para lidar com os problemas vigentes. De acordo com o teórico social Serge Moscovici,[16] o conflito entre a visão entrincheirada da maioria e a perspectiva dissidente da minoria é uma condição essencial de inovação e revolução, podendo levar à mudança social positiva. Um indivíduo está constantemente envolvido em uma troca de mão-dupla com a sociedade — adaptando-se às suas normas, papéis, e receitas para a ascensão social, mas também atuando sobre esta sociedade para remodelar as normas.

OBEDIÊNCIA CEGA À AUTORIDADE: A CHOCANTE PESQUISA DE MILGRAM

"Procurava pensar em uma maneira de realizar o experimento de conformidade de Asch de um modo mais humanamente significativo. Estava insatisfeito pelo teste de conformidade ter sido sobre julgamentos de linhas. Fiquei imaginando se um grupo poderia pressionar uma pessoa a praticar um ato cuja importância humana era mais claramente evidente; talvez se comportando agressivamente com uma pessoa, digamos, administrando progressivamente choques mais severos a ela. Mas, para estudar o efeito do grupo [...], você precisaria saber como é o desempenho do sujeito sem nenhuma pressão grupal. Naquele momento, meu pensamento se deslocou, concentrando-se neste controle experimental. Até onde iria uma pessoa sob ordens experimentais?"

Tais reflexões, de um antigo professor e assistente de pesquisa de Solomon Asch, dispararam uma notável série de estudos, feitas por um psicólogo social, Stanley Milgram, que veio a ser conhecida como investigações sobre a "obediência cega à autoridade". Seu interesse no problema da obediência à autoridade surgiu de profundas preocupações pessoais, sobre a prontidão com que os nazistas obedientemente assassinaram os judeus durante o Holocausto.

"O paradigma de [meu] laboratório [...] deu expressão científica a uma preocupação mais geral sobre autoridade, uma preocupação imposta aos membros de minha geração, em particular a judeus como eu, pelas atrocidades da Segunda Guerra Mundial. [...] O impacto do Holocausto em minha psique galvanizou meu interesse pela obediência e moldou a forma particular na qual ela foi examinada."[17]

Gostaria de recriar para você a situação encarada por um típico voluntário neste projeto de pesquisa, e, então, prosseguir para uma síntese dos resultados, descrever dez lições importantes a serem delineadas por esta pesquisa, generalizáveis a outras situações ou transformações comportamentais do dia a dia, para, então, revisar as extensões deste paradigma oferecendo uma série de paralelos com o mundo real. (Ver as Notas para uma descrição de minha relação pessoal com Stanley Milgram.)[18]

O paradigma da obediência de Milgram

Imagine que você vê o seguinte anúncio no jornal de domingo e decide se inscrever. O estudo original envolveu somente homens, embora mulheres tenham sido utilizadas em um estudo posterior. Portanto, convido todos os leitores a participarem deste cenário imaginado.

Public Announcement

WE WILL PAY YOU $4.00 FOR ONE HOUR OF YOUR TIME

Persons Needed for a Study of Memory

*We will pay five hundred New Haven men to help us complete a scientific study of memory and learning. The study is being done at Yale University.

*Each person who participates will be paid $4.00 (plus 50c carfare) for approximately 1 hour's time. We need you for only one hour: there are no further obligations. You may choose the time you would like to come (evenings, weekdays, or weekends).

*No special training, education, or experience is needed. We want:

Factory workers	Businessmen	Construction workers
City employees	Clerks	Salespeople
Laborers	Professional people	White-collar workers
Barbers	Telephone workers	Others

All persons must be between the ages of 20 and 50. High school and college students cannot be used.

*If you meet these qualifications, fill out the coupon below and mail it now to Professor Stanley Milgram, Department of Psychology, Yale University, New Haven. You will be notified later of the specific time and place of the study. We reserve the right to decline any application.

*You will be paid $4.00 (plus 50c carfare) as soon as you arrive at the laboratory.

- -

TO:
PROF. STANLEY MILGRAM, DEPARTMENT OF PSYCHOLOGY, YALE UNIVERSITY, NEW HAVEN, CONN. I want to take part in this study of memory and learning. I am between the ages of 20 and 50. I will be paid $4.00 (plus 50c carfare) if I participate.

Anúncio de convocação de adultos para o estudo de Milgram sobre obediência (cortesia de Alexandra Milgram e Erlbaum Press)*

---

* Anúncio Público
Pagaremos a você 4 dólares por uma hora de seu tempo

Um pesquisador cujo porte sério e avental cinza confere-lhe importância científica saúda você e outro participante em sua chegada ao laboratório da Universidade de Yale, em Linsly-Chittenden Hall. Você está aqui para ajudar a Psicologia Científica a encontrar maneiras de melhorar o aprendizado e a memória das pessoas mediante o uso de punição. Ele lhe diz por que essa nova pesquisa poderá ter consequências práticas importantes. A tarefa é direta: um de vocês será o "professor", que dará ao "aluno" uma série de pares de palavras para memorizar. Durante o teste, o professor dá uma palavra-chave, e o aluno precisa responder com a associação correta. Quando acertar, o professor lhe dá uma recompensa verbal, tal como "Bom", ou "É isso mesmo". Quando errar, o professor deverá pressionar uma alavanca em um aparelho de choque de aparência impressionante, que envia um choque imediato como punição pelo erro.

Precisa-se de pessoas para Estudo Sobre Memória

— Pagaremos a quinhentos homens de New Haven para nos ajudarem a realizar um estudo científico sobre memória e aprendizado. O estudo está sendo feito na Universidade de Yale.

— Cada pessoa que participar irá receber 4 dólares (mais 50 centavos para transporte) por aproximadamente 1 hora. Precisamos de você por apenas 1 hora: não há obrigações subsequentes. Você poderá escolher o período em que gostaria de vir (noites, dias da semana ou finais de semana).

— Não são necessários treinamento especial, formação ou experiência. Queremos:

Operários de Fábrica
Empregados Municipais
Trabalhadores Braçais
Barbeiros
Empresários
Balconistas
Funcionários Públicos
Atendentes de Telefone
Operários de Construção
Vendedores
Funcionários Administrativos
Outros

Todas as pessoas precisam ter entre 20 e 50 anos. Estudantes de colegial e universidade não poderão ser usados.

— Se você preenche estas qualificações, preencha o cupom abaixo e envie-o ao professor Stanley Milgram, Departamento de Psicologia, Universidade de Yale, New Haven. Você será notificado mais tarde da hora específica e lugar do estudo. Reservamo-nos o direito de declinar qualquer inscrição.

— Você receberá 4 dólares (mais 50 centavos para transporte) assim que chegar ao laboratório.

Para:

Prof. Stanley Milgram, Departamento de Psicologia, Universidade de Yale, New Haven, Conn. Quero fazer parte de um estudo sobre memória e aprendizado. Tenho entre 20 e 50 anos. Receberei 4 dólares (mais 50 centavos de transporte) se participar.

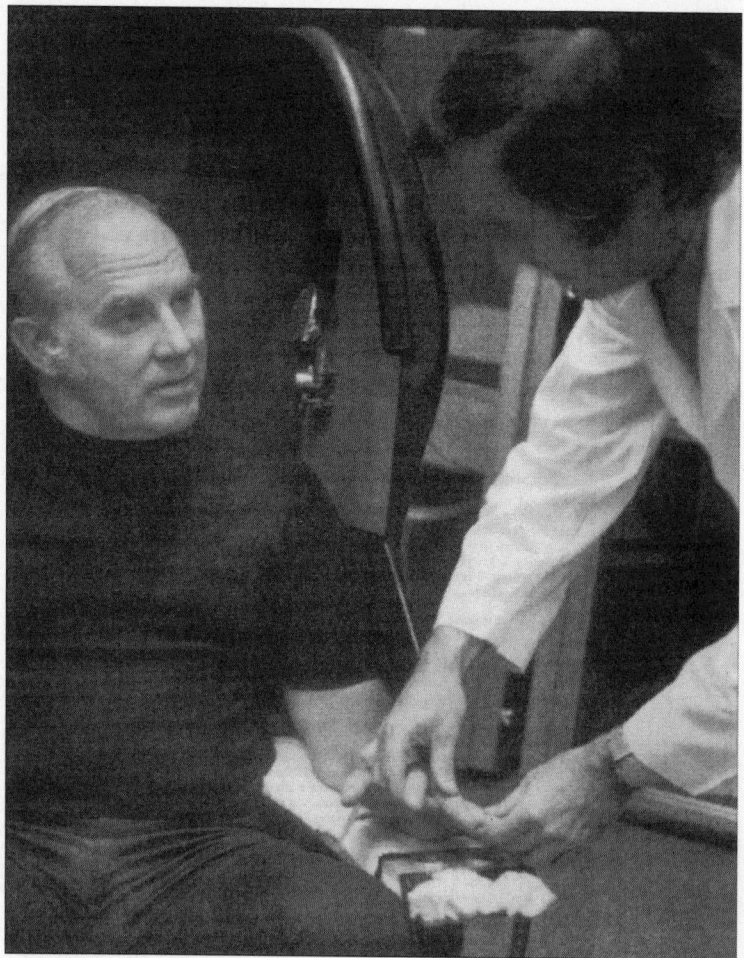

"Aluno" é preso ao aparato de choque em experimento sobre obediência

O gerador do choque tem trinta interruptores, começando por um choque de baixa voltagem, de 15 volts, e aumentando 15 volts a cada nível mais elevado. O experimentador diz a você que a cada vez que o aluno comete um erro, você terá de pressionar o interruptor da voltagem superior seguinte. O painel de controle indica tanto o nível de voltagem de cada interruptor como uma descrição correspondente do nível. O décimo nível (150 volts) diz "Choque Forte"; O décimo terceiro nível (195 volts) é um "Choque Muito Forte"; o 17º nível (255 volts) é um "Choque Intenso"; o 21º nível (315 volts) é um "Choque Extremamente Intenso"; o 25º nível (375 volts) diz "Perigo, Choque Severo"; e nos 29º e 30º níveis (435 e 450 volts), o painel de controle é marcado simplesmente com um sinistro XXX (o símbolo da dor e poder extremos).

Você e o outro voluntário jogam palitinho para ver quem representará cada papel; você será o professor, e o outro será o aluno. (O sorteio é falso, e o outro voluntário é um "cúmplice" do experimentador que sempre interpreta o aluno.) Ele é um sujeito sereno, de meia-idade, que você ajuda a escoltar até o próximo quarto. "Muito bem, agora você irá preparar o aluno para que ele possa receber uma punição", diz o pesquisador a você. Os braços do aluno são amarrados e um eletrodo é preso em seu punho direito. O gerador de choque na sala seguinte irá emitir os choques no aluno — se e quando ele cometer algum erro. Vocês dois se comunicam por um interfone, com o experimentador em pé do seu lado. Você recebe um exemplo de choque de 45 volts, o terceiro nível, que provoca uma dor pequena e latejante, para que tenha noção do que significam os níveis de choque. O experimentador, então, sinaliza para que comece o exame do estudo sobre "aprimoramento de memória".

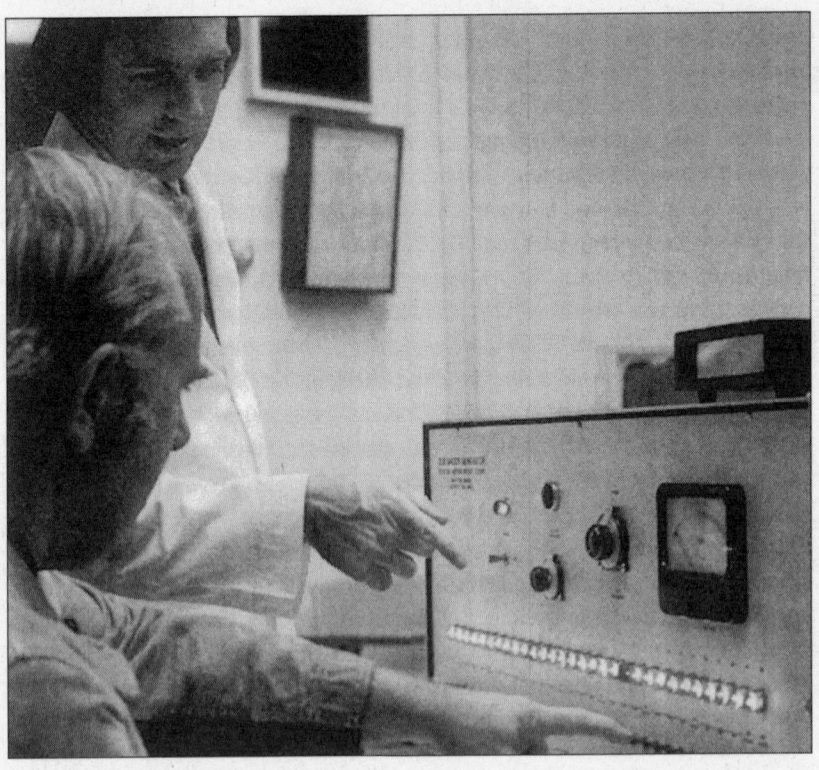

Inicialmente, seu pupilo vai bem, mas logo começa a cometer erros, e você passa a apertar os interruptores de choque. Ele reclama que os choques estão começando a machucar. Você olha para o experimentador, que faz um sinal para continuar. À medida que o nível de choque aumenta em intensidade, os gritos do aluno também aumentam, e ele exclama que acha que não deseja continuar. Você hesita e pergunta se deve prosseguir, mas o experimentador insiste que você não tem escolha senão prosseguir.

Agora o aluno começa a reclamar sobre seu problema de coração, e, por mais que você discorde, o experimentador ainda insiste para que continue. Os erros aumentam; você roga a seu pupilo para que se concentre, para acertar as associações corretas, você não deseja machucá-lo com choques intensos de nível muito alto. Mas suas preocupações e recados motivacionais não exercem efeito. Ele passa a errar mais e mais. Quando o choque se intensifica, ele grita: "Eu não estou aguentando a dor, deixem-me sair!" Então ele diz ao experimentador: "Você não tem direito de me manter aqui! Deixe-me sair!" Um nível acima, ele berra: "Eu me recuso completamente a responder mais perguntas! Tirem-me daqui! Vocês não podem me prender aqui! Estou sentindo um incômodo no coração!"

Obviamente, você não quer ter mais nada a ver com o experimento. Você diz ao experimentador que se recusa a continuar. Você não é o tipo de pessoa que fere os outros dessa forma. Quer sair. Mas o experimentador continua insistindo para que prossiga. Ele relembra-o do contrato, de sua concordância em participar inteiramente. Além do mais, ele reivindica a responsabilidade pelas consequências dos choques que você administra. Depois que aperta o interruptor de 300 volts, você lê a próxima palavra-chave, mas o aluno não responde. "Ele não está respondendo", você diz ao experimentador. Você quer que ele vá até a outra sala e examine o aluno, para ver se ele está bem. O experimentador é impassível; ele não vai examinar o aluno. Em vez disso, ele lhe diz: "Se o aluno não responder em um tempo razoável, cerca de cinco segundos, considere como uma resposta errada", visto que erros de omissão devem ser punidos da mesma forma que os outros — esta é uma regra.

Na medida em que se prossegue até níveis mais perigosos de choque, não há som algum vindo do quarto de seu pupilo. Ele pode estar inconsciente, ou pior! Você está realmente angustiado, e deseja sair, mas nada que diga funciona para conseguir sua soltura daquela situação inesperadamente angustiante. A ordem é seguir as regras e continuar a testar os itens e dar choques após os erros.

Tente imaginar inteiramente qual seria sua participação como professor. Tenho certeza que está dizendo: "De modo algum eu iria tão longe!" Obviamente, você teria discordado, e, então, desobedecido, e simplesmente ido embora. Você jamais liquidaria sua moralidade por quatro pratas! Mas se você realmente fosse tão longe até o último e trigésimo nível de choque, o experimentador teria insistido para que você repetisse aquele interruptor com XXX duas vezes mais, por precaução! Agora, isso seria uma afronta. Esqueça, não, senhor, de jeito nenhum; você cai fora, certo? Quão longe na escala imagina que *você* iria antes de desistir? Quão longe a pessoa média desta pequena cidade iria nesta situação?

O resultado previsto pelos juízes especialistas

Milgram descreveu seu experimento a um grupo de quarenta psiquiatras, e, então, lhes pediu que estimassem a porcentagem de cidadãos norte-americanos que avançariam até cada um dos trinta níveis do experimento. Em média, eles previram que menos de 1% teria prosseguido até o fim, que apenas os sádicos teriam esse tipo de comportamento, e que a maioria largaria tudo até o 10º nível de 150 volts. Não poderiam estar mais errados! Esses especialistas em comportamento humano estavam totalmente errados porque, primeiro, ignoraram os determinantes das circunstâncias do comportamento na descrição do procedimento do experimento. Segundo, seu treinamento em psiquiatria tradicional levou-os a confiar muito fortemente na perspectiva temperamental para compreender um comportamento incomum e desconsiderar os fatores da situação. Eles foram culpados por cometer o erro fundamental de prerrogativa (FAE)!

A chocante verdade

Na verdade, no experimento de Milgram, dois em cada três (65%) voluntários foram até o fim, com um choque de nível máximo de 450 volts. A grande maioria das pessoas, os "professores", eletrocutaram seus "alunos-vítimas" várias e várias vezes, a despeito dos apelos cada vez mais desesperados para que parassem.

E, agora, convido-o a tentar adivinhar mais uma vez: qual foi a taxa de desistência depois de o nível de choque ter atingido os 330 volts — com nada mais do que o silêncio vindo da sala de choques, onde se supunha que o aluno estivesse inconsciente? Quem prosseguiria a partir desse ponto? Qualquer pessoa razoável não desistiria, não sairia, e recusaria as ordens do experimentador para prosseguir dando choques?

Eis o que um "professor" relatou sobre sua reação: "Não fazia ideia do que estava acontecendo. Pensei, sabe, talvez esteja matando esse cara. Eu disse ao experimentador que não assumiria responsabilidade nenhuma por prosseguir. E pronto!" Mas quando o experimentador o reassegurou de que arcaria com a responsabilidade, o preocupado professor obedeceu e continuou até o fim.[19]

E quase todos os que foram até aquela altura fizeram o mesmo que este homem. Como é possível? Se foram tão longe, porque continuaram até o amargo final? Uma razão para esse nível de obediência assustador pode estar relacionada ao professor não saber como sair dessa situação, a não ser por meio da obediência cega. A maioria dos participantes reclamava de tempos em tempos, dizendo que não queria mais continuar, mas o experimentador não os deixava sair, sempre apresentando razões pelas quais deveriam ficar e cutucando-os para que continuassem testando o aluno que sofria. Normalmente, os protestos funcionam e podemos usá-los para sair de situações desagradáveis, mas nada que você diga afeta este impermeável experimentador, que insiste que você deve ficar e continuar a punir os erros. Você olha o painel de choque e percebe que a saída mais fácil reside no último interruptor. Mais alguns botões, e logo se estará fora, sem ameaças do experimentador ou mais resmungos do aluno, agora silencioso. *Voilá!* 450 volts é o melhor jeito de sair — alcançando a liberdade sem confrontar diretamente a figura de autoridade ou precisar reconciliar o sofrimento que já causou com essa dor adicional à vítima. É uma simples questão de ir até o fim, e, então, cair fora.

Variantes do tema da obediência

Ao longo de um ano, Milgram realizou 19 experimentos diferentes, cada qual uma variante do paradigma básico: experimentador/professor/aluno/teste de memória/choque após erros. Em cada um desses estudos, ele alterava uma variável social psicológica, e observava seu impacto na extensão da obediência à pressão injusta da autoridade de continuar a dar choques no "aluno-vítima". Em um estudo, ele acrescentou mulheres; em outros, ele alterou a proximidade ou a distância físicas do elo experimentador—professor, ou do professor—aluno; ou com pessoas se rebelando ou obedecendo antes de o professor ter a chance de começar.

Em uma série de experimentos, Milgram quis mostrar que os resultados não se deviam ao poder de autoridade da Universidade de Yale — pois é disso que se trata em New Haven. Portanto, ele transplantou seu laboratório para um prédio de escritórios precário no centro da cidade de Bridgeport, em Connecticut, e repetiu o experimento como um projeto, sustentando tratar-se de uma firma de pesquisas privadas sem nenhuma conexão aparente com Yale. Não fez diferença alguma; os participantes caíram no mesmo encanto do poder das circunstâncias.

O dado revelou claramente a docilidade da natureza humana; quase todo mundo poderia ser totalmente obediente ou quase todo mundo poderia resistir às pressões da autoridade. Tudo depende das variáveis situacionais que vivenciam. Milgram foi capaz de demonstrar que índices de obediência podem se elevar para mais de 90% das pessoas que atingiram o máximo de 450 volts, ou ser reduzida para menos de 10% — introduzindo uma única variável crucial na receita da submissão.

Quer uma máxima obediência? Faça do sujeito um membro de uma "equipe de pesquisa" na qual o trabalho de administrar o nível de choque para punir a vítima é dado a outra pessoa (um cúmplice da pesquisa), enquanto o sujeito auxilia com outras partes do procedimento. Quer que as pessoas resistam às pressões da autoridade? Forneça modelos sociais de pares que se rebelaram. Os participantes também se recusaram a dar choques se o aluno dizia que queria levar choque; isso é masoquismo, e eles não são sádicos. Eles também relutaram em dar altos níveis de choque quando o experimentador substituía o aluno. Havia mais chance de dar choques quando o aluno estava distante, do que quando era próximo. Em cada variante dessa faixa distinta de cidadãos norte-americanos comuns, de idades e ocupações bastante variadas, de ambos os gêneros, foi possível trazer à tona baixos, médios ou altos níveis de obediência submissa com um estalido do interruptor situacional — como se a pessoa estivesse simplesmente mudando um "sintonizador da natureza humana" dentro de sua psique. Essa ampla amostra de mil cidadãos comuns de históricos bastante variados matiza os resultados do estudo de Milgram sobre obediência entre os mais generalizáveis em todas as Ciências Sociais.

Quando se pensa na longa e sombria história do homem, descobre-se que muito mais crimes abomináveis foram cometidos em nome da obediência do que em nome da rebeldia.*

— C. P. Snow, *Either-Or* (1961)

Dez lições dos estudos de Milgram: criando armadilhas do mal para pessoas boas

Esbocemos alguns dos procedimentos do paradigma dessa pesquisa que seduziram muitos cidadãos comuns a se envolverem neste comportamento aparentemente prejudicial. Ao fazê-lo, quero desenhar paralelos com estratégias de submissão usadas por "profissionais de influência" em ambientes do mundo real, tais como vendedores, recrutadores de seitas e do Exército, publicitários, dentre outros.[20] Existem dez métodos que podemos extrair do paradigma de Milgram para este propósito:

1. Preestabelecer alguma forma de obrigação contratual, verbal ou escrita, para controlar o comportamento do indivíduo de uma maneira pseudolegal. (No experimento de Milgram, isso foi feito concordando publicamente em aceitar as tarefas e os procedimentos.)
2. Dar aos participantes papéis significativos para exercerem ("professor", "aluno") que tragam dentro si valores positivos previamente aprendidos e ativem padrões de respostas automaticamente.
3. Apresentar regras básicas a serem seguidas, que parecem fazer sentido antes de seu uso real, mas podem, então, ser usadas arbitrariamente ou impessoalmente para justificar uma submissão impensada. Da mes-

---

* When you think of the long and gloomy history of man, you will find far more hideous crimes have been committed in the name of obedience than have been committed in the name of rebellion.

ma forma, os sistemas controlam as pessoas formando regras vagas e mudando-as quando necessário, mas insistindo que "regras são regras" e, assim, precisam ser seguidas (como o fez o pesquisador de avental de laboratório ou os guardas do EPS para forçar o prisioneiro Clay-416 a comer suas salsichas.)

4. Alterar a semântica do ato, do ator e da ação (de "machucar vítimas" a "ajudar o experimentador", punindo a vítima pelo elevado objetivo da descoberta científica) — substituindo a realidade desagradável pela retórica desejável, dourando a moldura para que a pintura real fique disfarçada. (Podemos ver o mesmo enquadramento semântico em funcionamento na publicidade, em que, por exemplo, antissépticos bucais de gosto ruim são enquadrados como bons para você porque matam os germes e têm o gosto que se espera de um remédio.)

5. Criar oportunidades para difusão ou abdicação da responsabilidade pelos resultados negativos; outros serão os responsáveis, ou o agente não arcará com a responsabilidade. (No experimento de Milgram, a figura de autoridade disse, quando questionada por qualquer "professor", que ela assumiria a responsabilidade por qualquer coisa que acontecesse ao "aluno".)

6. Começar a trilha rumo ao ato de maldade extrema com um pequeno e aparentemente insignificante primeiro passo, o fácil "pé na porta", que abre caminho para subsequentes e maiores pressões significativas, e que leva à queda vertiginosa.[21] (No estudo da obediência, o choque inicial era de brandos 15 volts.) Esse é também um princípio eficaz para converter bons garotos em viciados em drogas, com a primeira pequena tragada ou cheirada.

7. Montar uma estrutura de níveis que vão aumentando gradualmente, para que seja difícil de perceber a diferença entre esse e o passo anterior. "Apenas mais um pouco." (Ao aumentar cada nível de agressão em etapas graduais de apenas 15 volts, passando por trinta interruptores, nenhum novo nível de dano pareceu aos participantes de Milgram que tinha uma diferença notável do nível anterior.)

8. Mudar gradualmente a natureza da figura de autoridade (o pesquisador, no estudo de Milgram) do inicialmente "justo" e razoável para "injusto" e exigente, ou até mesmo irracional. Essa tática suscita uma

obediência gradual e uma posterior confusão, visto que esperamos coerência das autoridades e amigos. Não perceber que tal transformação ocorreu leva à obediência impensada (e acontece em muitos casos de "encontros seguidos de estupro" e é uma razão pela qual mulheres violentadas permanecem ao lado de seus maridos violentos).

9. Tornar alto o "preço da desistência" e difícil o processo de desistência ao permitir a discordância verbal (que faz as pessoas se sentirem melhor consigo mesmas) enquanto se insiste na submissão comportamental.

10. Oferecer uma ideologia, ou uma grande mentira, para justificar o uso de quaisquer meios para atingir a essencial e desejável meta. (Na pesquisa de Milgram, isso surgiu na forma do fornecimento de uma justificativa aceitável ou racional para que uma pessoa se envolvesse em uma ação indesejada, tal como o desejo da ciência de ajudar pessoas a melhorar sua memória pelo uso criterioso de recompensa e punição.) Nos experimentos de Psicologia Social, essa tática é conhecida como "fachada", porque ela é uma fachada para os procedimentos que se seguem, que podem ser contrariados por não fazerem sentido. O equivalente no mundo real é conhecido por "ideologia". A maioria das nações confia em uma ideologia, tal como "as ameaças à segurança nacional", antes de entrar em guerra ou reprimir a oposição política discordante. Quando os cidadãos temem que sua segurança nacional está sendo ameaçada, elas se dispõem a entregar suas liberdades essenciais para um governo que ofereça tal troca. A clássica análise de Erich Fromm em *Escape from Freedom* (Fuga da Liberdade) nos torna conscientes desse escambo, Hitler e outros ditadores usaram em abundância para obter e se manter no poder: sabidamente, a alegação de que serão capazes de fornecer segurança em troca das liberdades dos cidadãos, o que lhes proporcionará a capacidade de controlar melhor as coisas.[22]

Tais procedimentos são utilizados em variadas situações de influência, nas quais os que detêm autoridade querem que os outros façam o que eles dizem, mas sabem que poucos se envolveriam na "etapa final" sem serem adequadamente preparados psicologicamente para praticar o "impensável". No futuro, quando você estiver em uma posição comprometedora na qual sua submissão estiver em jogo, relembrar tais etapas rumo à obediência im-

pensada poderá permitir que você recue e não avance até o fim do caminho
— o caminho *deles*. Um bom modo de evitar crimes de obediência é afirmar
a própria autoridade pessoal e sempre arcar com toda a responsabilidade
pelas próprias ações.[23]

Replicações e extensões do modelo de obediência de Milgram

Em razão de seu planejamento estrutural e, seu detalhado protocolo, o experimento básico de obediência de Milgram encorajou replicações por investigadores independentes em muitos países. Uma recente análise comparativa
foi feita sobre as taxas de obediência em oito estudos conduzidos nos Estados Unidos e nove replicações em países europeus, africanos e asiáticos.
Detectaram-se níveis relativamente altos de submissão em voluntários da
pesquisa nesses diferentes estudos e nações. O efeito de obediência da maioria, de uma média de 61%, encontrada nas replicações dos EUA, foi superado
pela taxa de obediência de 66% encontrada em todas as outras amostras nacionais. A obediência variou de um mínimo de 31% a um máximo de 91%
nos estudos norte-americanos, e de um mínimo de 28% (Austrália) até 88%
(África do Sul) nas replicações de comparações nacionais. Havia também
estabilidade na obediência ao longo das décadas e dos lugares. Não houve
associação entre a data em que o estudo foi feito (entre 1963 e 1985) e o grau
de obediência.[24]

Obediência a uma poderosa autoridade legítima

Nos estudos originais de obediência, os sujeitos conferiram *status* de autoridade à pessoa que conduzia o experimento porque ela se encontrava
em um ambiente institucional e vestia-se e agia como um cientista sério,
mesmo que fosse apenas um professor de biologia do ensino médio, pago
para representar o papel. Seu poder adveio porque ela era vista como uma
representante de um sistema de autoridade. (Na replicação de Milgram em
Bridgeport, descrita anteriormente, a ausência do prestigioso ambiente
institucional de Yale reduziu a taxa de obediência para 47,5%, comparada
aos 65% em Yale, embora esta queda não fosse estaticamente significativa.)

Muitos estudos posteriores mostraram quão poderoso pode ser o efeito de obediência quando autoridades legítimas exercitam seu poder dentro de suas esferas de poder.

Quando um professor universitário era a figura de autoridade, e dizia a voluntários universitários que suas tarefas eram treinar um filhote, condicionando seu comportamento por meio de choques elétricos, conseguiu extrair 75% de obediência deles. Nesse experimento, tanto o "experimentador-professor" quanto o "aluno" eram "autênticos". Isto é, os universitários atuaram como o professor, procurando condicionar um pequeno e fofinho filhote, o aluno, em um aparato eletrificado. O filhote deveria aprender uma tarefa, e choques eram dados quando ele falhava em responder corretamente em um certo intervalo de tempo. Como nos experimentos de Milgram, eles deveriam administrar uma série de choques de trinta níveis, atingindo 450 volts no processo de treinamento. Cada um dos sujeitos, 13 homens e 13 mulheres, viam e ouviam individualmente o filhote gritando e pulando sobre a grade eletrificada quando pressionavam interruptor após interruptor. Não havia dúvidas de que estavam ferindo o filhote a cada choque que aplicavam. (Embora as intensidades dos choques fossem muito menores do que as indicadas pelos rótulos de voltagem expostos na caixa de choques, ainda assim elas eram poderosas o suficiente para evocar claramente reações de tensão no filhote a cada aperto sucessivo dos interruptores.)

Como se pode imaginar, os estudantes ficaram claramente chateados durante o experimento. Algumas das mulheres choraram, e os homens também expressaram um bocado de angústia. Recusaram-se a continuar, uma vez que podiam ver o sofrimento que estavam causando bem na frente dos seus olhos? Para demasiados estudantes, sua angústia pessoal não os levou à desobediência comportamental. Cerca de metade dos homens (54%) foi até os 450 volts. A grande surpresa veio do alto nível de obediência das universitárias. A despeito de sua discordância e do choro, 100% das mulheres obedeceram o máximo possível, eletrocutando o filhote, quando este tentava resolver uma tarefa insolúvel! Um resultado similar foi encontrado em um estudo não publicado com garotas do ensino médio. (A descoberta típica com "vítimas" humanas, incluindo as próprias descobertas de Milgram, é que não há diferenças entre gêneros no que se refere à obediência.)[25]

Algumas críticas aos experimentos da obediência tentaram invalidar as descobertas de Milgram, argumentando que os sujeitos logo descobriram que os choques eram falsos, e, por isso, foram até o fim.[26] Este estudo, conduzido em 1972 (pelos psicólogos Charles Sheridan e Richard King), elimina quaisquer dúvidas de que os altos índices de obediência podem ter sido resultado da descrença por parte dos sujeitos de que estavam de fato ferindo o aluno-vítima. Sheridan e King mostraram que havia uma nítida conexão visual entre as reações de obediência de um sujeito e a dor de um filhote. De maior interesse é a descoberta de que metade dos homens que desobedeceu mentiu para seus professores, dizendo que o filhote aprendera a tarefa insolúvel, uma enganosa forma de desobediência. Quando solicitou-se a estudantes em uma classe semelhante da universidade que estimassem o quão longe uma mulher comum iria nessa tarefa, eles estimaram 0% — uma comprida distância até os 100%. (Entretanto, essa equivocada baixa estimativa lembra o 1% estimado pelos psiquiatras que avaliaram o paradigma de Milgram.) Novamente, isso enfatiza um de meus argumentos, de que é difícil para as pessoas avaliar completamente o poder das forças das circunstâncias atuando sobre o comportamento individual quando visto de fora do contexto comportamental.

O poder dos médicos sobre as enfermeiras para maltratar pacientes

Se o relacionamento entre professores e estudantes é um dos que são baseados no poder da autoridade, quanto o seria entre médicos e enfermeiras? Quão difícil é, pois, para uma enfermeira, desobedecer a uma ordem dada pela poderosa autoridade do médico — quando ela sabe que ele está errado? Para descobrir, uma equipe de médicos e enfermeiras testou a obediência em um sistema autoritário, verificando se as enfermeiras seguiriam ou desobedeceriam um pedido ilegítimo de um médico desconhecido no ambiente real de um hospital.[27]

Cada uma das 22 enfermeiras recebeu individualmente uma chamada de um médico da equipe, que jamais havia encontrado. Ele lhe disse para administrar imediatamente uma medicação a um paciente, para que, assim, ela fizesse efeito até o momento em que ele chegasse ao hospital. Ele, então, assinaria o pedido de medicação. Ele ordenou que ela desse ao paciente 20 mililitros da droga "Astrogen". A bula do remédio dizia que 5 mililitros eram o comum, e advertia que 10 mililitros eram a dose máxima. Sua ordem eram do dobro da alta dosagem.

O conflito criado nas mentes de cada uma dessas profissionais de saúde se resumia a decidir se deveriam obedecer esta ordem pelo telefone de um desconhecido, administrando uma dose excessiva do remédio, ou se seguiriam a prática médica-padrão, que rejeita tais ordens não autorizadas. Quando esse dilema foi apresentado como um cenário hipotético para uma dúzia de enfermeiras do hospital, dez disseram que se recusariam a obedecer. Contudo, quando outras enfermeiras foram postas na berlinda, quando deparadas com a chegada iminente do médico (e possível raiva por ter sido desobedecido), as enfermeiras, quase em unanimidade, cederam e obedeceram. Todas, exceto uma das 22 enfermeiras testadas de verdade, começaram a entornar a medicação (na verdade, um placebo) para administrá-la ao paciente — antes de o pesquisador impedi-las de fazê-lo. A solitária enfermeira desobediente deveria ter recebido um aumento e uma medalha de honra.

Esse efeito dramático está longe de ser isolado. Do mesmo modo, altos níveis de desobediência cega à todo-poderosa autoridade dos médicos surgiu em uma análise recente de uma grande amostra de enfermeiras registradas. Cerca da metade (46%) das enfermeiras relatou que se lembrava de alguma vez em que "cumpriram a ordem de um médico que, a seu ver, teria consequências prejudiciais ao paciente". Essas enfermeiras submissas se consideravam menos responsáveis em comparação aos médicos quando seguiram uma ordem inapropriada. Ademais, indicaram que a principal base do poder social dos médicos é seu "poder legítimo", o poder de fornecer um cuidado geral ao paciente.[28] Elas estavam apenas seguindo o que tomaram como ordens legítimas — até que o paciente morreu. Milhares de pacientes hospitalizados morrem desnecessariamente a cada ano devido a uma variedade de enganos da equipe, alguns dos quais, imagino eu, incluem estes cumprimentos não questionados de enfermeiras e ajudantes técnicos das ordens errôneas de médicos.

Obediência mortífera à autoridade

Esse potencial das figuras de autoridade de exercitar o poder sobre subordinados pode ter consequências desastrosas em muitos aspectos da vida

Um exemplo disso é encontrado na dinâmica da obediência nas cabines dos pilotos em linhas aéreas comerciais, a qual mostrou conduzir a muitos acidentes aéreos. Em uma típica cabine de linha comercial, o capitão é a autoridade central sobre o primeiro-oficial, e, às vezes, sobre o engenheiro de voo, e o poder dessa autoridade é reforçado pelas normas organizacionais, o histórico militar da maioria dos pilotos, e pelas regras de voo, que fazem do piloto o responsável direto por operar a aeronave. Tal autoridade pode conduzir a erros no voo quando a tripulação se sente forçada a aceitar a "definição da autoridade acerca da situação", mesmo quando essa autoridade está equivocada.

Uma investigação sobre 37 acidentes graves de voo, em que havia dados suficientes de gravadores de voz, revela que em 81% dos casos, o primeiro-oficial não conseguiu monitorar apropriadamente ou contestar o capitão quando este cometeu erros. Utilizando uma amostra maior de 75 acidentes de avião, como contexto para avaliação da obediência destrutiva, o autor deste estudo conclui: "Se considerarmos que tanto o monitoramento quanto a contestação de erros se devem à obediência excessiva, podemos concluir que a obediência excessiva pode ser a causa de 25% de todos os acidentes de avião".[29]

Obediência administrativa à autoridade

Na sociedade moderna, as pessoas em posições de autoridade raramente punem os outros com violência física, como no paradigma de Milgram. Mais comum é a *violência mediada*, quando as autoridades passam ordens adiante a subalternos, que as põem em prática, ou quando a violência envolve um abuso verbal, que mina a autoestima e a dignidade do destituído de poder. As autoridades frequentemente realizam ações que são punitivas e cujas consequências não são diretamente observáveis. Por exemplo, fazer comentários hostis a alguém, que irão abalar intencionalmente seu desempenho e fatalmente afetarão suas chances de conseguir um emprego, é uma forma de violência socialmente mediada.

Uma equipe de pesquisadores holandeses avaliou o alcance da obediência baseada na autoridade para tal situação em uma série de experimentos geniais envolvendo 25 estudos separados com quase 500 participantes, entre 1982 e

1985, na Universidade Utrecht, na Holanda.[30] Em seu "paradigma de obediência administrativa", o experimentador disse ao participante da pesquisa, passando-se por administrador, que fizesse uma série de 15 "comentários tensos" para um candidato a um emprego (um cúmplice treinado) na sala ao lado. Especificamente, os sujeitos foram instruídos a administrar um teste de seleção de emprego para o candidato — se ele passasse no teste, ele conseguiria o trabalho; se fracassasse, permaneceria desempregado.

Eles foram também instruídos a perturbarem e pressionarem o candidato enquanto lhe administravam o teste. Esses 15 comentários de tensão eram cruciais para seu desempenho no teste, e também denegriam sua personalidade, tais como: "Isso foi mesmo idiota." Quando os participantes-administradores emitiam tais comentários cada vez mais hostis, eles "colocaram o candidato sob uma pressão psicológica tão intensa que ele não tinha um desempenho satisfatório, e, consequentemente, fracassava em conseguir o emprego". Além disso, os pesquisadores lhes pediram que continuassem apesar dos protestos do candidato. Qualquer discordância do participante-administrador seria rebatida com até quatro alfinetadas do experimentador para que continuasse a fazer comentários de tensão antes que fossem finalmente autorizados a parar caso fossem inflexíveis. Finalmente, e mais significativamente, os sujeitos eram informados de que a habilidade em trabalhar sob tensão *não* era uma exigência essencial para o trabalho, mas o procedimento precisava ser seguido porque ele ajudava o projeto de pesquisa do experimentador, que estava estudando como a tensão afeta o desempenho no teste. Provocar angústia e prejudicar a oportunidade de outra pessoa não tinha outra serventia senão a de coletar informações para o pesquisador. No grupo de controle, os sujeitos poderiam parar de fazer comentários de tensão a qualquer momento.

Quando questionados se fariam todos os comentários de tensão sob tais circunstâncias, mais de 90% de um conjunto separado de entrevistados holandeses semelhantes disseram que não obedeceriam. Mais uma vez, a "visão de fora" era muitíssimo inferior: 91% dos sujeitos obedeceram ao experimento autoritário até o fim da linha. Esse mesmo grau de obediência radical se manteve até mesmo quando funcionários de escritório foram usados como sujeitos, a despeito dos códigos de ética profissional para lidar com clientes. Da mesma forma, a obediência elevada foi encontrada quando sujeitos foram informados várias semanas antes de sua vinda ao laboratório, de tal forma que tivessem tempo de refletir sobre a natureza de seu papel potencialmente hostil.

Como poderíamos gerar a *desobediência* nesse ambiente? Você pode escolher entre diversas opções: ter vários colegas se rebelando antes da vez do sujeito, como no estudo de Milgram. Ou notificar ao sujeito de sua responsabilidade legal caso o candidato-vítima se ofenda e queira processar a universidade. Ou eliminar a pressão da autoridade para que se prossiga até o fim, como no grupo de controle desta pesquisa — no qual ninguém obedeceu completamente.

Obediência sexual à autoridade: O golpe de revistar despindo

"O golpe de revistar despindo" tem sido perpetrado em uma série de redes de restaurantes *fast-food* em todas as partes dos Estados Unidos. Esse fenômeno demonstra a difusão da obediência perante uma anônima, ainda que aparente, autoridade. O *modus operandi* se resume a um subgerente do estabelecimento ser chamado ao telefone por um homem que se identifica como um oficial de polícia chamado, digamos, "Scott". Ele precisa do auxílio urgente no caso de furto ao restaurante por um empregado. Ele insiste em ser chamado de "senhor" em sua conversa. Anteriormente, ele obteve informações internas relevantes sobre os procedimentos do estabelecimento e detalhes locais. Ele sabe também como solicitar a informação que deseja por meio de questões habilidosamente direcionadas, como fazem os mágicos no palco ou os "telepatas". É um bom trapaceiro.

Por fim, o oficial "Scott" solicita do subgerente o nome da jovem atraente que, diz ele, tem cometido furtos na loja, e acredita-se que leve contrabandos consigo neste momento. Ele quer que ela seja isolada no quarto dos fundos e mantida lá até que ele ou os seus homens possam apanhá-la. A funcionária é detida ali e lhe é dada a opção, pelo "Senhor policial", que conversa com ela ao telefone, ou de ser despida para ser revistada ali e naquela hora por um colega de emprego, ou trazida para a delegacia, para ser revistada lá pela polícia. Invariavelmente, ela escolhe ser revistada naquele momento, visto que sabe que é inocente e não tem nada a esconder. O homem ao telefone instrui, então, o subgerente a revistá-la despida; seu ânus e vagina são examinados, para o caso de haver ali dinheiro roubado ou drogas. Enquanto isso, o homem insiste em ouvir o relato, em detalhes vívidos, do que está acontecendo, e, ao mesmo tempo, as câmeras de vigilância estão registrando esses acontecimentos notáveis enquanto eles se desenrolam. Mas isso é só o começo do pesadelo para a jovem e inocente funcionária e uma excitação sexual de poder para o *voyeur* autor da chamada.

Em um caso no qual fui testemunha especialista, este cenário elementar incluiu em seguida ter um assustado rapaz de 18 anos, com o ensino médio completo, envolvido em uma série de atividades cada vez mais embaraçosas e sexualmente degradantes. A mulher nua é obrigada a saltar e a dançar de um lado para o outro. O homem ao telefone pede ao subgerente que requisite a ajuda de um empregado mais velho para confinar a vítima, para que ele possa voltar a seus afazeres no restaurante. A cena chega ao ponto em que o homem ao telefone insiste que a mulher se masturbe e faça sexo oral no homem mais velho, que deve supostamente mantê-la ali enquanto a polícia vagarosamente está se dirigindo para o restaurante. Essas atividades sexuais continuam por várias horas enquanto aguardam a chegada da polícia, o que logicamente nunca acontece.

Essa bizarra influência da autoridade ausente seduz muitas pessoas nessa situação a uma política de violação do estabelecimento, e, presumidamente, dos próprios princípios éticos e morais, ao molestar sexualmente e humilhar uma jovem empregada, honesta e religiosa. Por fim, os funcionários do estabelecimento são despedidos, alguns são acusados de crimes, o restaurante é processado, as vítimas ficam seriamente angustiadas, e o perpetrador desse trote e de outros similares — é finalmente apanhado e condenado.

Uma reação razoável ao saber desse trote é se concentrar no temperamento da vítima e de seus agressores, como indivíduos ingênuos, ignorantes, crédulos e estranhos. Contudo, quando aprendemos que essa revista foi realizada em 68 estabelecimentos similares de *fast-food* em 32 estados diferentes, em meia dúzia de diferentes redes de restaurantes, e com subgerentes ludibriados de muitos restaurantes em todo país, com vítimas homens e mulheres, nossa análise precisa distanciar-se de apenas culpar as vítimas para reconhecer o poder das forças das circunstâncias envolvido nesse cenário. Não subestimemos o poder da "autoridade" de gerar obediência a tal ponto e em tal medida difíceis de conceber.

Donna Summers, subgerente do McDonald's de Mount Washington, em Kentucky, despedida por ser enganada ao participar desse trote da autoridade pelo telefone, expressa um dos principais temas da narrativa de nosso *O Efeito Lúcifer* sobre o poder das circunstâncias. "Você revê o que aconteceu, e você diz, 'eu não faria isso'. Mas, a não ser que você passe pela situação, por outro lado, como saber o que você teria feito. Não é possível saber."[31]

Em seu livro *Making Fast Food: From the Frying Pan into the Fryer* (Fazendo *Fast-Food*: da frigideira para aquele que frita), a socióloga canadense Ester Reiter conclui que a obediência à autoridade é o atributo mais valioso nos empregados do *fast-food*. "O processo de linha de montagem procura, muito deliberadamente, retirar qualquer pensamento ou arbítrio dos trabalhadores. Eles são apêndices das máquinas", afirmou em entrevista recente. O agente especial aposentado do FBI Dan Jabonski, um detetive particular que investigou alguns desses trotes, disse: "Eu e você podemos nos sentar aqui e julgar estas pessoas e dizer que são muito idiotas. Mas elas não são treinados para usar o bom-senso Elas são treinadas para dizer e pensar, 'Posso ajudá-lo?'"[32]

A CONEXÃO NAZISTA: PODERIA ACONTECER EM SUA CIDADE?

Lembrem-se que uma das motivações de Milgram para começar esse projeto de pesquisa foi compreender como tantos "bons" cidadãos alemães se envolveram no assassinato brutal de milhões de judeus. Em vez de procurar as tendências temperamentais do caráter nacional alemão para aclarar o mal desse genocídio, ele acreditou que características da situação exerceram um papel essencial; que a obediência à autoridade foi um "gatiho tóxico" para os assassinatos injustificados. Após completar essa pesquisa, Milgram ampliou suas conclusões científicas para uma previsão sobre o poder traiçoeiro e penetrante de transformar cidadãos norte-americanos comuns em funcionários de um campo de concentração nazista: "Se um sistema de campos de concentração fosse instalado nos Estados Unidos da maneira como vimos na Alemanha nazista, seria possível encontrar funcionários suficientes para estes campos em uma cidade dos Estados Unidos de tamanho médio."[33]

Consideremos brevemente essa assustadora previsão à luz de cinco investigações muito diferentes e fascinantes sobre a conexão nazista com pessoas comuns voluntariamente recrutadas para agir contra um declarado "inimigo do Estado". As duas primeiras são demonstrações de sala de aula por professores criativos com crianças do ensino médio e do ensino fundamental. A terceira é de um antigo aluno meu de pós-graduação que descobriu que estudantes universitários norte-americanos de fato endossariam a "solução final", se uma figura de autoridade fornecesse justificativa suficiente para fazê-lo. As duas últimas estudaram diretamente os policiais alemães da SS nazista.

Criando nazistas em uma sala de aula norte-americana

Estudantes do ensino médio de Palo Alto, na Califórnia, nas aulas de História Mundial, não foram, como muitos de nós, capazes de compreender a desumanidade do Holocausto. Como um movimento sociopolítico tão racista e assassino vicejou, e como os cidadãos médios puderam ignorar ou ser indiferentes ao sofrimento imposto por ele aos seus companheiros, os cidadãos judeus? Seu criativo professor, Ron Jones, decidiu modificar seu meio para tornar a mensagem significativa a esses descrentes. Para tanto, ele alterou o método didático usual para um modo de aprendizagem experimental.

Ele começou dizendo à turma que iriam simular alguns aspectos da experiência alemã na semana seguinte. A despeito do sobreaviso, o experimento de "interpretação de papéis" que se deu ao longo de cinco dias foi um assunto sério para os estudantes e um choque para o professor, sem mencionar o diretor e os pais dos estudantes. A simulação e a realidade se fundiram, na medida em que estes estudantes criaram um sistema totalitário de crenças e controle coercitivo demasiado semelhante ao elaborado pelo regime nazista de Hitler.[34]

Primeiramente, Jones estabeleceu regras rígidas à classe, que tinham de ser obedecidas sem questionamento. Todas as respostas tinham de se restringir a três palavras ou menos, e precedidas por "Senhor", enquanto os estudantes se postavam eretos ao lado de suas carteiras. Quando ninguém contrariou essa e outras regras arbitrárias, a atmosfera na classe começou a mudar. Os estudantes mais inteligentes e fluentes perderam sua proeminência, enquanto os menos eloquentes e mais fisicamente assertivos assumiram o comando. O movimento da classe foi chamado de "A Terceira Onda". Uma saudação que simulava a mão segurando um copo foi introduzida, além de palavras de ordem que precisavam ser gritadas em uníssono quando ordenado. A cada dia, havia uma nova e poderosa palavra de ordem: "A Força Por Meio da Disciplina"; "A Força Por Meio da Comunidade"; "A Força Por Meio da Ação"; e "A Força Por Meio do Orgulho". Havia mais uma, reservada para mais tarde. Apertos de mão secretos identificavam os privilegiados, e críticas deveriam ser relatadas como "traição". As atitudes seguiam as palavras de ordem — fizeram cartazes que foram pendurados pela escola, alistaram novos membros, ensinaram os outros estudantes a se sentarem em posturas obrigatórias, e assim por diante.

O núcleo original de vinte estudantes de história logo inchou para mais de uma centena de novos "terceiro ondistas". Os estudantes assumiram a missão, tomando-a para si. Eles exigiram cartões especiais de afiliação. Alguns dos estudantes mais brilhantes foram expulsos da sala. O novo e autoritário grupo exclusivo ficou fascinado e abusou dos antigos colegas de sala enquanto eram expulsos.

Jones, então, confidenciou a seus seguidores que eles eram parte de um movimento nacional disposto a lutar por mudanças políticas. Eles eram um "seleto grupo de jovens escolhidos para ajudar nesta causa", disse-lhes. Uma manifestação foi agendada para o dia seguinte, na qual um candidato nacional à presidência deveria anunciar na TV a formação de um programa para a Juventude da Terceira Onda. Mais de duzentos alunos lotaram o auditório da Escola Cubberly, em ansiosa expectativa pelo anúncio. Alegres membros da Onda, vestindo uniformes brancos com tarjas costuradas à mão, pregaram cartazes pelo salão. Enquanto musculosos estudantes ficavam de guarda na entrada, amigos do professor, fazendo as vezes de repórteres e fotógrafos, circularam entre a massa de "verdadeiros fiéis". A TV foi ligada, e todos aguardaram — e aguardaram — pelo grande anúncio de sua coletiva transformação de gansos em cisnes. Eles gritavam: "A Força por meio da Disciplina!"

Em vez disso, o professor projetou um filme da manifestação em Nuremberg; a história do Terceiro Reich apareceu em imagens fantasmagóricas. "Todos precisam aceitar a culpa — ninguém pode declarar que não tomou parte, de alguma forma!" Esse foi o último quadro do filme e o final da simulação. Jones explicou a todos os estudantes reunidos as razões dessa simulação, que foi muito além de sua intenção inicial. Ele lhes disse que a nova palavra de ordem deveria ser "A Força Por meio da Compreensão". Jones prosseguiu, concluindo que "Vocês foram manipulados. Impulsionados pelos próprios desejos para o lugar onde agora se encontram."

Ron Jones teve problemas com a administração porque os pais dos alunos rejeitados reclamaram que seus filhos foram atormentados e ameaçados pelo novo regime. Ainda assim, concluiu que muitos desses jovens aprenderam uma lição vital ao experimentarem pessoalmente a facilidade com que seu comportamento foi tão radicalmente transformado, ao obedecerem a uma poderosa autoridade dentro do contexto de um ambiente parecido com o fascismo. Em seu ensaio posterior sobre o "experimento", Jones apontou que "Nos quatro anos que lecionei na Escola Cubberly, ninguém jamais admitiu estar presente na manifestação da Terceira Onda. Trata-se de algo que todos queremos esquecer." (Após deixar a escola alguns anos depois, Jones começou a trabalhar com estudantes que necessitavam de educação especial em São Francisco. Um poderoso docudrama dessa experiência nazista simulada, intitulado "A Onda", capturou algumas dessas transformações de bons garotos em uma falsa Juventude Hitlerista.)[35]

Criando pequenos monstros na escola fundamental: olhos castanhos *versus* olhos azuis

O poder das autoridades é demonstrado não apenas quando pode exigir obediência de seguidores, mas também até o ponto de definir a realidade e alterar meios habituais de pensar e agir. O caso em questão: Jane Elliot, uma professora popular da terceira série na pequena cidade rural de Riceville, em Iowa. Seu desafio: como educar crianças brancas de uma pequena cidade rural, com poucas minorias, sobre o significado de "fraternidade" e "tolerância". Ela resolveu fazê-las vivenciar pessoalmente como é ser um pobre-diabo e também o maioral, respectivamente, vítimas ou perpetradores do preconceito.[36]

Essa professora designou arbitrariamente uma parte de sua classe como superior em relação à outra — baseando-se apenas na cor de seus olhos. Começou informando a seus alunos que as pessoas de olhos azuis eram superiores àquelas com olhos castanhos, e deu uma série de "evidências" corroborativas para ilustrar essa verdade, tais como o fato de que George Washington tinha olhos azuis e, mais próximo de casa, o pai de um aluno (que, o aluno reclamara, havia batido nele), que tinha olhos castanhos.

A partir daquele momento, disse a sra. Elliott, as crianças de olhos azuis seriam os "superiores" especiais, e as de olhos castanhos seriam o grupo "inferior". Os supostamente mais inteligentes de olhos azuis foram beneficiados com privilégios especiais, enquanto os inferiores de olhos castanhos tinham de obedecer às regras que reforçavam sua condição de segunda classe, incluindo a utilização de um colarinho que possibilitava que os outros os reconhecessem à distância.

Os anteriormente amigáveis garotos de olhos azuis se recusaram a brincar com os maus de "olhos castanhos", e sugeriram que a direção da escola deveria ser notificada de que os de olhos castanhos poderiam furtar coisas. Logo, brigas eclodiram durante o intervalo, e um garoto admitiu ter atingido o outro "para valer" porque "ele me chamou de olhos castanhos, como se fosse uma pessoa negra, como um preto". Em um único dia, as crianças de olhos castanhos começaram a piorar seu rendimento escolar e ficaram depressivas, soturnas e raivosas. Descreveram-se como "tristes", "más", "burras", e "malvadas".

O dia seguinte foi a vez de mudar o rumo das coisas. A sra. Elliott disse à classe que havia se enganado — na verdade, eram as crianças de olhos castanhos as superioras, e as de olhos azuis eram as inferiores, e forneceu novas evidências plausíveis para apoiar essa teoria cromática do bem e do mal. As de olhos azuis agora passaram de suas autodescrições anteriores de "feliz", "boa", "doce" e "agradável" para rótulos depreciativos similares aos adotados no dia anterior pelas de olhos castanhos. Antigos padrões de amizade entre as crianças se dissolveram temporariamente e foram substituídos pela hostilidade, até que esse projeto experimental foi concluído e as crianças foram cuidadosa e completamente interrogadas e devolvidas à sua sala de aula novamente repletas de alegria.

A professora ficou perplexa com a mudança e a total transformação de muitos de seus estudantes, os quais pensava que conhecia tão bem. A sra Elliott concluiu: "Aquelas crianças que eram maravilhosamente cooperativas e atenciosas viraram pequenos terceiro-anistas detestáveis, maliciosos e segregantes. [...] Foi assustador!"

Endossando a solução final no Havaí:
libertando o mundo dos desajustados

Imagine que você é um universitário da Universidade do Havaí (*campus* de Manoa) dentre outros 570 estudantes em qualquer uma das grandes turmas noturnas de Psicologia. Uma noite seu professor, com seu sotaque dinamarquês, altera sua aula usual para revelar uma ameaça à segurança nacional sendo gerada pela explosão populacional (um assunto em voga no começo dos anos 1970).[37] Essa autoridade descreve a ameaça iminente à sociedade, exercida pelo número em rápida ascensão de pessoas física ou mentalmente desajustadas. O problema é apresentado convincentemente como um elevado projeto científico, endossado por cientistas e planejado para beneficiar a humanidade. Você é então convidado a ajudar na "aplicação de procedimentos científicos para eliminar os mental e fisicamente desajustados". O professor em seguida justifica a necessidade de agir com uma analogia à pena de morte como um mal necessário contra o crime violento. Ele lhe diz que suas opiniões estão sendo solicitadas porque você e os outros reunidos ali são inteligentes e bem instruídos, e possuem elevados valores éticos. É lisonjeiro pensar que você se encontra nesse grupo seleto. (Lembre-se da sedução do "Círculo Interno", de C. S. Lewis.) No caso de poder haver qualquer apreensão, ele fornece garantias de que uma pesquisa muito cuidadosa seria conduzida antes da tomada de qualquer tipo de atitude contra essas criaturas humanas desajustadas.

A essa altura, ele apenas quer suas opiniões, recomendações e visões pessoais em uma simples investigação a ser concluída neste momento por você e o resto dos estudantes no auditório. Você começa a responder às perguntas porque foi persuadido de que se trata de um assunto vital para o qual sua opinião importa. Você responde com diligência a cada uma das sete questões e descobre que há muita uniformidade entre suas respostas e as do resto do grupo.

Noventa por cento de vocês concordam que sempre haverá pessoas mais aptas à sobrevivência que outras.

Com relação a matar o desajustado: 79% desejaram que uma pessoa fosse responsável pela morte e a outra levasse o ato a cabo; 64% preferiram o anonimato para aqueles que apertariam o botão, com apenas um botão causando a morte embora muitos fossem pressionados; 89% julgaram que drogas indolores seriam o método mais humano e eficiente de induzir à morte.

Se obrigado por lei a ajudar, 89% gostariam de ser aquele que ajuda nas decisões, enquanto 9% preferiram ajudar nos assassinatos ou em ambos. Apenas 6% dos estudantes se *recusaram* a responder.

Mais incrivelmente, 91% de todos os estudantes concordaram com a conclusão de que "sob circunstâncias extremas, é inteiramente justo eliminar os considerados mais perigosos para o bem-estar comum"!

Finalmente, surpreendentes 29% apoiaram esta "solução final", mesmo que tivesse de ser aplicada à suas próprias famílias![38]

Portanto, esses universitários norte-americanos (alunos do período noturno, e mais velhos, portanto) estavam dispostos a apoiar um plano mortífero para assassinar todos aqueles que fossem considerados por algumas autoridades como menos aptos a viver do que eles próprios — após uma breve apresentação de uma figura de autoridade, seu professor. Agora podemos ver como é que alemães comuns e até mesmo inteligentes puderam defender prontamente a "Solução Final" de Hitler contra os judeus, o que foi reforçado de muitas formas pelo seu sistema educacional, e fortalecido pela propaganda sistemática do governo.

Homens comuns doutrinados em assassinato extraordinário

Uma das mais claras ilustrações de minha exploração de como pessoas comuns podem ser levadas a praticar feitos cruéis, estranhos a seu passado e valores morais, advém de uma descoberta impressionante feita pelo historiador Christopher Browning. Ele relata que, em março de 1942, cerca de 80% de todas as vítimas do holocausto ainda estavam vivas mas, nos meros 11 meses seguintes, cerca de 80% estavam mortas. Nesse curto período de tempo, o *Endlösung* (a "Solução Final" de Hitler) foi energizado por meio de uma intensa onda de esquadrões móveis de assassinatos em massa na Polônia. Esse genocídio exigiu a mobilização de uma máquina de assassinatos em larga escala, ao mesmo tempo em que os soldados alemães fisicamente aptos eram verificados para o decadente *front* russo. Uma vez que a maioria dos judeus poloneses vivia em pequenas e não em grandes cidades, a questão levantada por Browning sobre o alto-comando alemão foi "onde eles encontraram o contingente humano durante o ano central da guerra para a realização logística tão surpreendente daquele genocídio?".[39]

Sua resposta veio dos arquivos dos crimes de guerra nazistas, que registraram as atividades do Batalhão de Reserva 101, uma unidade de cerca de quinhentos homens de Hamburgo, na Alemanha. Eles eram idosos, homens de família, muito velhos para serem arrastados para o Exército; vieram das classes trabalhadoras e da classe média baixa, e não tinham experiência policial militar. Eram recrutas inaptos enviados para a Polônia inadvertidamente, e sem treinamento em sua missão secreta — o extermínio total de todos os judeus vivendo nos remotos vilarejos da Polônia. Em apenas quatro meses, eles atiraram para matar em pelo menos 38 mil judeus, e fizeram com que outros 45 mil fossem deportados para o campo de concentração em Treblinka.

Inicialmente, seu comando lhes disse que essa era uma difícil missão que precisava ser obedecida pelo batalhão. Contudo, acrescentou que qualquer indivíduo poderia se recusar a executar esses homens, mulheres e crianças. Os registros indicam que, a princípio, metade dos homens se recusou, e deixou que outros policiais reservistas se envolvessem no genocídio. Mas, ao longo do tempo, vingaram os processos de modelagem social, assim como a persuasão baseada na culpa feita pelos reservistas que inicialmente realizaram as execuções, além das usuais pressões grupais de conformidade, de "como seriam vistos aos olhos de seus companheiros". Ao final de sua jornada mortal, até 90% dos homens do Batalhão 101 eram cegamente obedientes ao líder do batalhão, além de estarem pessoalmente envolvidos nas execuções. Muitos deles posaram orgulhosos para fotografias de seus íntimos e pessoais assassinatos dos judeus. Como aqueles que tiraram as fotos do abuso a prisioneiros na prisão de Abu Ghraib, esses policiais posaram para "fotos-troféus", como orgulhosos destruidores da ameaça judia.

Browning deixa claro que não se realizou uma seleção especial desses homens, e eles tampouco se prontificaram, ou estavam interessados no carreirismo que poderia se beneficiar desses assassinatos em massa. Antes, eles eram o mais "comuns" que se possa imaginar — até serem colocados em uma situação inédita na qual tinham permissão "oficial" e encorajamento para atuarem sadicamente contra pessoas arbitrariamente rotuladas como "inimigas". O mais evidente na penetrante análise de Browning desses atos diários de maldade humana é que esses homens medianos faziam parte de um poderoso sistema de autoridade, uma polícia estatal política com justificativas ideológicas para destruir judeus, e intensa doutrinação dos imperativos morais de disciplina, lealdade, e deveres ao Estado.

Curiosamente, para o raciocínio que tenho construído de que a pesquisa experimental pode ter relevância no mundo real, Browning comparou os mecanismos subjacentes em operação naquela terra remota e naquele tempo distante aos processos psicológicos em funcionamento tanto nos estudos de obediência de Milgram quanto em nosso Experimento da Prisão de Stanford. O autor aponta: "O espectro de Zimbardo do comportamento dos guardas porta excepcional semelhança com os agrupamentos que emergiram dentro do Batalhão Policial de Reserva 101" (p. 168). Ele mostra como alguns se tornaram sadicamente "cruéis e durões", divertindo-se com a matança, enquanto outros eram "durões, mas justos", porque "obedeciam às regras", e uma minoria foi qualificada de "bons guardas", por que se recusou a matar e fez pequenos favores aos judeus.

O psicólogo Ervin Staub (que quando criança sobreviveu à ocupação nazista na Hungria em uma "casa protegida") concorda que a maioria das pessoas em circunstâncias específicas é capaz de praticar violência extrema e destruir vidas humanas. Da tentativa de compreender as raízes do mal no genocídio e na violência em massa ao redor do mundo, Staub passou a crer que "O mal que surge do pensamento comum e provém de pessoas comuns, é a norma, não a exceção [...]. O grande mal advém de processos psicológicos comuns que evoluem, progredindo em uma sequência contínua de destruição". Ele destaca o significado de pessoas comuns sendo apanhadas em situações nas quais podem aprender a praticar atos cruéis que são exigidos por sistemas de autoridade elevada: "Fazer parte de um sistema configura visões, recompensa adesões a visões dominantes, e torna os desvios psicologicamente exaustivos e difíceis".[40]

Tendo sobrevivido aos horrores de Auschwitz, John Steiner (meu caro amigo e colega sociólogo) retornou por décadas à Alemanha para entrevistar antigos membros da SS nazista, de soldados a generais. Ele precisava saber o que fez esses homens abraçarem um mal tão indescritível, dia após dia Steiner descobriu que muitos desses homens tinham altos resultados na Escala F, que mede o autoritarismo, o que os atraiu para a subcultura da violência na SS. Ele se refere a eles, como os "dormentes", pessoas com certos traços latentes que podem nunca ser exprimidos, exceto quando situações particulares ativam essas tendências violentas. Conclui que "estima-se que a situação foi o determinante mais imediato do comportamento da SS", estimulando os "dormentes" a serem ativos matadores. Contudo, desses sólidos dados de entrevista,

Steiner também descobriu que esses homens levavam vidas normais e livres de violência tanto antes quanto depois dos violentos anos dos ambientes de campos de concentração.[41]

A extensa pesquisa de Steiner com muitos dos homens da SS, em um nível pessoal e acadêmico, levou-o a adiantar duas conclusões importantes sobre o poder institucional e o cumprimento do papel da brutalidade: "O apoio institucional a papéis possui, aparentemente, efeitos mais extensos do que normalmente se supunha. Quando a sociedade consente com e apoia tais papéis de modo implícito, e, especialmente, de modo explícito, as pessoas tendem a sentir-se mais atraídas por aqueles que podem não apenas obter satisfação pela natureza de seu trabalho, mas se tornarem quase carrascos tanto no sentimento quanto nas atitudes."

Steiner prossegue descrevendo como os papéis podem vencer os traços de caráter: "Tornou-se evidente que nem todos os que exercem um papel brutal precisam ter traços sádicos de caráter. Aqueles que seguiram nos papéis não condizentes, de início, com suas personalidades, normalmente alteravam seus valores (i.e., tinham uma tendência a se ajustar ao que era esperado deles nesses papéis). Houve membros da SS que claramente se identificaram e usufruíram de suas posições. Finalmente, houve aqueles que sentiram repulsa e enjoo pelo que foram obrigados a fazer. Tentaram compensar ajudando reclusos sempre que possível. (A vida desse escritor foi salva por funcionários da SS em várias ocasiões.)"

É importante reconhecer que as muitas centenas de milhares de alemães que se tornaram perpetradores do mal durante o Holocausto não o faziam simplesmente porque seguiam ordens dadas pelas autoridades. A obediência a um sistema autoritário que permitiu e recompensou o assassinato de judeus foi erigida sobre um andaime de intenso antissemitismo que existia na Alemanha e em outras nações europeias naquele tempo. A hierarquia de poder alemã moldou esse preconceito e repassou-o aos alemães comuns, que viraram "carrascos voluntariosos de Hitler", na análise do historiador Daniel Goldhagen.[42]

Embora seja importante notar o papel motivador do ódio dos alemães pelos judeus, a análise de Goldhagen sofre de duas falhas. Primeiro, evidências históricas mostram que a partir do começo do século XIX houve menos antissemitismo na Alemanha do que nos países vizinhos, como França e Polônia. Ele também se equivoca em minimizar a influência do sistema de autoridade de Hitler — uma rede que glorificava o fanatismo racial e situações particulares criadas pelas autoridades, como os campos de concentração, que mecanizaram o genocídio. Foi a interação de variáveis pessoais dos cidadãos alemães com as oportunidades situacionais fornecidas por um sistema de preconceito fanático que, combinadas, permitiu que tantos se tornassem dedicados ou arredios carrascos para seu estado.

A BANALIDADE DO MAL

Em 1963, a filósofa social Hannah Arendt publicou o que veio a se tornar um clássico de nossos tempos, *Eichmann em Jerusalém: a banalidade do mal*. Ela forneceu uma análise detalhada do julgamento dos crimes de guerra de Adolf Eichmann, a figura nazista que organizou pessoalmente o assassinato de milhões de judeus. A defesa de Eichmann de suas ações foi similar ao testemunho de outros líderes nazistas: "Estava apenas cumprindo ordens." Como Arendt o colocou: "[Eichmann] se lembrava perfeitamente de que só ficava com a consciência pesada quando não fazia aquilo que lhe ordenavam — mandar milhões de homens, mulheres e crianças para a morte, com grande aplicação e o mais meticuloso cuidado (p. 37)."[43]

Contudo, o mais surpreendente no relato de Arendt sobre Eichmann são todas as maneiras em que ele parecia absolutamente comum:

> Meia dúzia de psiquiatras havia atestado a sua "normalidade" — "ele é, pelo menos, mais normal do que eu fiquei depois de examiná-lo", teria exclamado um deles, enquanto outros consideraram seu perfil psicológico, sua atitude quanto à esposa e aos filhos, mãe e pai, irmãs e amigos, "não apenas normal, mas inteiramente desejável (p. 37)".

Por meio de sua análise de Eichmann, Arendt culminou em sua famosa conclusão:

> O problema com Eichmann era exatamente que muitos eram como ele, e muitos não eram nem pervertidos, nem sádicos, mas eram e ainda são terrível e assustadoramente normais. Do ponto de vista de nossas instituições legais e de nossos padrões morais de julgamento, essa normalidade era muito mais apavorante do que todas as atrocidades juntas, pois implicava que [...] esse era um

tipo novo de criminoso [...] que comete seus crimes em circunstâncias que tornam praticamente impossível para ele saber ou sentir que está agindo de modo errado (p. 299).

Foi como se naqueles últimos minutos [da vida de Eichmann] estivesse resumindo a lição que este longo curso de maldade humana nos ensinou — a lição da temível *banalidade do mal*, que desafia as palavras e os pensamentos (p. 274).

A expressão de Arendt, "a banalidade do mal", continua a ressoar porque o genocídio desencadeou-se pelo mundo, e a tortura e o terrorismo continuam a ser características comuns do cenário global. Preferimos nos distanciar dessa verdade fundamental, vendo a loucura dos malfeitores e a violência despropositada dos tiranos como traços constitutivos de seu modo de ser pessoal. A análise de Arendt foi a primeira a negar essa orientação, ao observar a fluidez com a qual as forças sociais podem levar pessoas normais a realizarem atos terríveis.

Torturadores e carrascos: tipos patológicos ou imperativos situacionais?

Há pouca dúvida de que a tortura sistemática praticada por homens contra seus semelhantes, homens ou mulheres, represente um dos lados mais obscuros da natureza humana. Decerto, como eu e meus colegas fundamentamos, este era um lugar onde o mal inato teria se manifestado entre torturadores que cometeram seus feitos sujos diários por anos no Brasil na condição de policiais que tinham licença do governo para extrair confissões por meio da tortura dos inimigos "subversivos" do Estado.

Começamos nos concentrando nos torturadores, procurando compreender tanto suas psiques quanto as formas pelas quais foram moldados pelas circunstâncias, mas tivemos de expandir nossa rede analítica para capturar seus companheiros de armas que escolheram ser considerados "inimigos comuns": homens, mulheres e crianças que, ainda que cidadãos de sua nação, foram declarados pelo "sistema" como ameaças à segurança nacional do país — como socialistas e comunistas. Alguns tiveram de ser eliminados eficientemente, enquanto outros, que poderiam guardar informações secretas, tiveram que entregá-las por meio da tortura, confessar sua traição, e, então, serem mortos.

Ao levar a cabo sua missão, esses torturadores podiam confiar em parte no "mal criativo" atrelado às ferramentas de tortura e técnicas que foram refinadas ao longo dos séculos desde a Inquisição dos oficiais da Igreja Católica, e, depois, por muitos estados-nação. Contudo, tiveram de acrescentar um bocado de improviso ao lidarem com certos inimigos, para sobrepujar sua resistência e vitalidade. Alguns deles clamaram inocência, recusaram-se a reconhecer sua culpa, ou foram suficientemente firmes para não ser intimidados pela maioria das táticas coercitivas de interrogatório. Foram necessários tempo, descobertas sobre a fraqueza humana para que esses torturadores se tornassem proficientes em seus ofícios. Por contraste, a tarefa dos esquadrões da morte foi fácil. Com capuzes para garantir o anonimato, armas, um apoio do grupo, poderiam exercer seu dever à nação rápida e impessoalmente: "apenas fazendo meu serviço". Para um torturador, o trabalho jamais seria apenas um serviço. A tortura sempre envolve um relacionamento pessoal; é essencial para o torturador compreender que tipo de tortura empregar, que intensidade utilizar em determinada pessoa e em determinado momento. Usar método errado, ou um muito brando, não resulta na confissão, Se exagerasse, a vítima morreria antes de confessar. Em qualquer um dos casos, o torturador fracassa em completar a tarefa e incita a fúria dos oficiais superiores. Aprender a determinar o tipo e o grau certos de tortura para conseguir a informação desejada resulta em recompensas abundantes e elogios incontidos dos superiores.

Que espécie de homens faria tal coisa? Tiveram de depender de impulsos sádicos e de uma história de experiências de vida sociopatas, de rasgar e arrancar a pele de semelhantes todos os dias por anos a fio? Foram esses trabalhadores da violência membros de uma raça distinta do restante da humanidade, sementes ruins, de troncos de árvore ruins, de flores ruins? Ou seria possível que fossem pessoas comuns, programadas para realizar atos deploráveis por meio de alguns programas de treinamentos identificáveis e replicáveis? Poderíamos identificar uma série de condições externas, variáveis situacionais, que contribuíram para a construção desses torturadores e assassinos? Caso suas ações cruéis não sejam rastreáveis até os defeitos internos, mas, antes, atribuíveis a forças externas atuando nelas — os componentes políticos, econômicos, sociais, históricos e experimentais de seu treinamento policial —, talvez possamos generalizar isso através das culturas e ambientes, e descobrir alguns dos princípios operantes responsáveis por essa notável transformação humana.

A socióloga e especialista em assuntos brasileiros Martha Huggins, a psicóloga grega e especialista em tortura Mika Haritos-Fatouros e eu entrevistamos em profundidade dezenas desses operários da violência em vários locais dos crimes no Brasil. (Para uma síntese de nossos métodos e descobertas detalhadas sobre estes operários da violência, ver Huggins, Haritos-Fatouros e Zimbardo).[44] Mika realizara estudo similar anterior sobre torturadores treinados pela junta militar grega, e nossos resultados foram amplamente congruentes com os dela.[45] Descobrimos que os sádicos são selecionados por treinadores, a partir de um processo de treinamento, por não saberem se controlar, por obterem prazer ao infligir dor, e, assim, não sustentar o foco no objetivo da extração de confissões. Assim, de todas as evidências que pudemos compilar, torturadores e algozes de esquadrões da morte não são, de modo algum, estranhos ou desviados antes de representarem seus novos papéis, e tampouco há quaisquer tendências anormais persistentes ou patologias dentre eles nos anos seguintes aos seus trabalhos como torturadores ou algozes. Suas transformações foram inteiramente explicáveis como consequência de uma série de fatores situacionais e sistêmicos, tais como o treinamento que lhes foi dado para poderem representar esse novo papel; a camaradagem do grupo; a aceitação de uma ideologia de segurança nacional; e a crença aprendida de que socialistas e comunistas são inimigos do estado. Outras influências das circunstâncias que contribuíram para seu novo estilo comportamental incluíam fazer com que se sentissem especiais, superiores e melhores do que seus pares em serviços públicos, por serem premiados com essa tarefa especial; o sigilo de seus deveres, sendo compartilhados apenas entre companheiros de armas; e a pressão constante de produzir resultados, independentemente da fadiga ou de problemas pessoais.

Relatamos estudos de caso muito detalhados que documentam a normalidade dos homens envolvidos nesses atos atrozes, aprovados pelo governo, e secretamente apoiados pela CIA, naquele período da Guerra Fria (1964-1985) contra o comunismo soviético. O relato *Torture in Brazil* ("Tortura no Brasil"), de membros da Arquidiocese Católica de São Paulo, fornece informações detalhadas do franco envolvimento de agentes da CIA no treinamento de tortura a policiais brasileiros.[46] Tal informação é corroborada por tudo o que se sabe sobre a instrução sistemática em interrogatórios e torturas oferecida na "Escola das Américas" para detetives de países que compartilhavam, no comunismo, um inimigo comum.[47]

Contudo, minhas colegas e eu acreditamos que tais feitos são reproduzíveis em qualquer tempo e nação em que há uma obsessão pelas ameaças à segurança nacional. Perante os temores e excessos engendrados por uma recente "guerra contra o terrorismo", houve a quase perpétua "guerra contra o crime" em muitos centros urbanos. No Departamento de Polícia da Cidade de Nova York, tal "guerra" gerou "as incursões militares da NYPD (*New York Police Department*)." Essa equipe policial insular recebeu salvo-conduto para perseguir e capturar supostos estupradores, assaltantes e agressores, como ditado pelas condições locais. Usavam camisetas com o lema: "Não há caça melhor do que a caça a homens". Seu grito de guerra era: "Somos donos da noite." Essa cultura policial tão profissionalizada é comparável a dos policiais torturadores brasileiros que estudamos. Uma de suas notáveis atrocidades foi a morte de um imigrante africano (Amadou Diallo, da Guiné), alvejado com mais de quarenta projéteis no momento em que tentava alcançar sua carteira para mostrar a identidade.[48] Às vezes, "merdas acontecem", mas, quando acontecem, há normalmente forças das circunstâncias do sistema em ação.

Homens-bomba: impensados fanáticos ou mártires conscientes?

Surpreendentemente, o que é válido para esses operários da violência é comparável com a transformação de jovens estudantes palestinos em homens-bomba, dispostos a matar civis israelenses inocentes. Relatos recentes da mídia convergem com as descobertas de mais análises sistemáticas do processo de se tornar um assassino suicida.[49]

Quem adota esse papel fatalista? É o jovem pobre, desesperado, socialmente isolado, sem carreira ou futuro? De modo algum. Segundo os resultados de um estudo recente com quatrocentos membros do al-Qaeda, três quartos de uma amostra provinham da classe média ou alta. Esse estudo, do psicólogo forense Marc Sageman, também desvelou outras evidências da normalidade, e até mesmo da superioridade desses jovens convertidos em assassinos suicidas. A maioria, 90%, era proveniente de famílias cuidadosas e íntegras. Dois terços foram para a faculdade; dois terços eram casados; e a maioria tinha filhos e empregos em ciência e engenharia. "Esses são, de muitas maneiras, os melhores e mais brilhantes de sua sociedade", conclui Sageman.[50]

Raiva, vingança e injúria perante a percepção de injustiças são os disparadores motivacionais da decisão de morrer por uma causa. "As pessoas desejam a morte quando duas necessidades fundamentais são violadas a ponto de serem extintas", diz o psicólogo Thomas Joiner, em seu tratado *Why People Die by Suicide* (Por que as pessoas morrem por suicídio). A primeira necessidade é apontada como central à conformidade e ao poder social, a necessidade de pertencer e se relacionar com os outros. A segunda necessidade é o sentimento efetivo de influenciar os outros.[51]

Ariel Merari, um psicólogo israelense que estudou esse fenômeno extensivamente por muitos anos, esboça as etapas típicas do caminho para uma morte explosiva.[52] Primeiro, antigos membros de um grupo extremista identificam pessoas jovens que parecem ter um intenso fervor patriótico, a partir de suas declarações em um comício público contra Israel, ou seu apoio pela causa islâmica ou pela ação palestina. Em seguida, são convidados a discutir sobre quão seriamente amam seu país e odeiam Israel. Pede-se que se comprometam a passar por um treinamento. Os que se engajam passam a fazer parte de uma pequena célula secreta de três a cinco jovens. Eles aprendem os truques do ofício com os mais velhos: fabricação de bombas, disfarce, e seleção e sincronização de alvos.

Finalmente, eles tornam público seu comprometimento privado, ao fazer um vídeo declarando-se "mártires vivos" do Islã (*al-shahid-al-hai*). Em uma mão, seguram o Corão, e, na outra, um fuzil; a insígnia em faixas na cabeça declara sua nova condição. O vídeo os une ao feito final, pois este é enviado às suas famílias. Os recrutas também são informados da Grande Mentira de que não apenas receberão um lugar ao lado de Alá, como seus parentes também serão merecedores de uma alta posição no Paraíso, em virtude de seu martírio. A torta suicida também é adoçada por um bojudo incentivo financeiro, ou uma pensão mensal, que vai para suas famílias.

Sua imagem é exaltada em pôsteres que serão pregados em muros por todos os lugares de sua comunidade no momento em que tiverem êxito em sua missão — tornar-se modelos inspiradores para a próxima rodada de homens-bomba. Para abafar suas preocupações acerca da dor infligida pelos estilhaços e outras partes da bomba, os recrutas são assegurados de que antes de que a primeira gota de seu sangue toque o solo, eles já estarão sentados ao lado de Alá, sem sentirem dor, apenas prazer. A morte é esconjurada; suas mentes foram cuidadosamente preparadas para fazer o ordinariamente impensável. É claro, a retórica da desumanização serve para negar a humanidade e a inocência de suas vítimas.

Dessas maneiras sistemáticas, um grande número de homens e mulheres normais e raivosos é transformado em heróis e heroínas. Suas ações letais modelam o sacrifício e seu comprometimento total como verdadeiros crentes para a causa dos oprimidos. Tal mensagem é enviada, em alto e bom som, ao grupo de jovens homens-bomba seguinte, à espera.

Podemos ver que esse programa utiliza uma variedade de Psicologia Social e princípios motivacionais para ajudar na conversão de um ódio coletivo e furor geral em um dedicado e seriamente calculado programa de doutrinação e treinamento para indivíduos se tornarem joviais mártires vivos. Não é nem algo impensado, nem absurdo, apenas uma disposição mental muito diferente e com diferentes sensibilidades das que estamos acostumados a testemunhar entre jovens em muitos países.

Para o seu novo filme, *Suicide Killers* (Assassinos suicidas), o cineasta francês Pierre Rehov entrevistou muitos palestinos nas prisões israelenses, apanhados antes de detonarem suas bombas, ou cúmplices de ataques frustrados. Sua conclusão sobre eles repercute a análise aqui apresentada: "Cada um deles tentou me convencer de que era o melhor a fazer por razões morais. Eles não são garotos que querem fazer o mal. [...] O resultado desta lavagem cerebral são garotos muito bons internamente, que acreditam excessivamente que estavam fazendo algo excelente."[53]

O suicídio, o assassinato, de qualquer jovem é um corte no tecido da família humana, que nós velhos de todas as nações precisamos nos unir para prevenir. Encorajar o sacrifício da juventude em nome da promoção de ideologias dos velhos precisa ser considerado uma forma de mal que transcende a política local e as estratégias convenientes.

"Soldados perfeitos de 11 de Setembro" e "Rapazes ingleses comuns" estão nos bombardeando

Vale a pena mencionar mais dois exemplos finais da "normalidade" dos assassinos em massa. O primeiro provém de um estudo aprofundado dos sequestradores do 11 de Setembro, cujos ataques terroristas suicidas em Nova York e

Washington D. C. resultaram nas mortes de cerca de 3 mil civis inocentes. O segundo provém de relatos policiais de Londres de supostos homens-bomba no metrô, e em um ônibus de dois andares em junho de 2005, que resultou em recordes de mortos e ferimentos graves.

Os retratos cuidadosamente pesquisados de vários terroristas de 11/09 feitos pelo repórter Terry McDermott, em *Perfect Soldiers* (Soldados Perfeitos) enfatizam apenas o quão comuns eram estes homens em seu dia a dia.[54] Sua pesquisa conduziu McDermott a uma agourenta conclusão: "É possível que haja muito mais homens como estes" soltos por todo o mundo. Uma resenha do livro leva-nos de volta à tese de Arendt sobre a banalidade do mal, atualizada para nossa nova era de terrorismo global. A resenhista do *New York Times* Michiko Kakutani oferece-nos um assustador adendo: "*Perfect Soldier* substitui as caricaturas desproporcionais dos 'gênios malignos' e 'fanáticos agitados' dos retratos de conspiradores de 11 de Setembro por pessoas surpreendentemente mundanas, pessoas que podem facilmente ser seus vizinhos de bairro ou de assento de avião".[55]

Esse cenário assustador foi representado nos subsequentes ataques coordenados no sistema de transporte urbano de Londres por um grupo de homens-bomba, "matadores mundanos", que, despercebidos, tomaram um trem de metrô ou um ônibus. Para seus amigos, parentes e vizinhos na cidade de Leeds, no norte da Inglaterra, estes jovens muçulmanos eram "rapazes britânicos".[56] Nada em seus passados os apontaria como perigosos; na verdade, tudo neles permitia que esses "jovens rapazes" se adequassem discretamente em sua cidade, em seus empregos. Um deles era um hábil jogador de críquete que deixara de beber e das mulheres para levar uma vida mais devota. Outro era o filho de um empresário local que dirigia um restaurante *fish-and-chips*.* Outro era um terapeuta que trabalhava com crianças com deficiência, e recentemente se tornara pai e passara a morar com a família em uma nova casa. Ao contrário dos sequestradores de avião do 11 de Setembro, que levantaram algumas suspeitas pelo fato de serem estrangeiros procurando treinamento de voo nos Estados Unidos, estes jovens haviam nascido ali, e voavam muito abaixo de qualquer radar da polícia. "Não era nem um pouco de seu feitio. Alguém deve ter feito uma lavagem cerebral nele, e o obrigado a fazê-lo", refletiu o amigo de um deles.

---

* Pequenos estabelecimentos que servem pescados com batatas fritas, prato típico inglês. [*N. do T.*]

"O mais terrível sobre os homens-bomba é sua absoluta normalidade", conclui Andrew Silke, um especialista no assunto.[57] Ele aponta que em todos os exames forenses dos corpos dos homens-bomba, não havia nenhum traço de álcool ou drogas. Sua missão é cumprida com mente limpa e dedicação.

E, como vimos, sempre que havia um estudante atirando em uma escola, como em Columbine, nos Estados Unidos, aqueles que pensavam conhecer os responsáveis simplesmente disseram: "Ele era um garoto tão bom, de uma família respeitável [...] não dá para acreditar que ele pudesse fazer isso." Isso nos arrasta de volta à questão levantada em nosso primeiro capítulo, "quão bem realmente conhecemos nossa gente?" e o seu corolário — "quão bem conhecemos a nós mesmos para termos certeza de como nos comportaríamos em situações inéditas, sob intensas pressões das circunstâncias?".

O DERRADEIRO TESTE DE OBEDIÊNCIA CEGA À AUTORIDADE: MATAR OS SEUS FILHOS QUANDO ORDENADO

Nosso último prolongamento da Psicologia Social do mal, dos experimentos artificiais de laboratório para contextos do mundo real, nos surge das matas da Guiana, onde um líder religioso norte-americano persuadiu mais de novecentos seguidores a cometerem suicídio em massa, ou serem mortos por seus parentes e amigos, em 28 de novembro de 1978. Jim Jones, o pastor das congregações do Templo do Povo, em São Francisco e Los Angeles, partiu para estabelecer uma utopia socialista nesta nação sul-americana, onde irmandade e tolerância sobrepujariam o materialismo e o racismo que ele tanto desprezava nos Estados Unidos. Mas ao longo do tempo e pelo lugar, Jones foi transformado, de um cuidadoso "pai" espiritual dessa enorme congregação protestante em um Anjo da Morte — uma transformação verdadeiramente cósmica de proporções luciferinas. Por ora, quero apenas estabelecer o elo entre obediência à autoridade no laboratório de Milgram em New Haven e nesta selva-campo de extermínio.[58]

Os sonhos dos muitos membros pobres do Templo do Povo, de uma vida nova e melhor, nessa suposta utopia, foram demolidos quando Jones instituiu prolongados trabalhos forçados, guardas armados, restrição total às liberdades civis, regimes de privação alimentar e punições diárias que se transformaram em tortura pelas menores infrações de suas muitas leis. Quando parentes preocupados convenceram um congressista a inspecionar a sede, ao lado de uma equipe de jornalistas, Jones providenciou para que fossem mortos antes que partissem. Ele, então, reuniu quase todos os membros que estavam na sede e fez um longo discurso, no qual exortava a todos que tirassem suas vidas bebendo veneno, um refresco com cianeto. Os que se recusaram foram forçados pelos guardas a beber ou mortos a tiro tentando fugir, mas parece, no entanto, que a maioria obedeceu ao seu líder.

Jones era certamente um egomaníaco; ele guardava todos os seus discursos e proclamações, e até mesmo suas sessões de torturas gravadas em fita cassete — incluindo essa última manobra suicida de última hora. Neles, Jones distorce a realidade, mente, suplica, faz falsas analogias, apela para ideologias e para vidas futuras transcendentes, e insiste francamente que eles sigam suas ordens, enquanto sua equipe eficientemente distribui o veneno mortífero aos mais de novecentos membros reunidos ao seu redor. Alguns excertos dessa última hora carregam uma noção das táticas de manipulação da morte que ele utiliza para induzir uma total obediência a uma autoridade enlouquecida:

Por favor, tragam-nos alguns medicamentos. É simples. É simples. Não há risco de convulsões com ele [certamente que há, principalmente para as crianças]. [...] Não tenham medo de morrer. Vocês verão, haverá algumas pessoas paradas lá fora. Elas torturarão algumas das crianças aqui. Elas torturarão o nosso povo. Elas torturarão os nossos velhos. Não podemos aturar isso [...] Por favor, podemos nos apressar? Podemos nos apressar com a medicação? Vocês não sabem o que fizeram. Eu tentei. [...] Por favor. Pelo amor de Deus, sigamos com isso. Nós vivemos — nós vivemos como nenhum outro povo viveu e amou. Tivemos tanto deste mundo quanto se poderia. Vamos acabar com isso. Vamos acabar com a agonia [Aplausos]. [...] Quem quer ir com seu filho tem o direito de ir com o seu filho. Penso que é humano. Eu quero ir — eu quero que vocês também partam. [...] Não precisam se assustar, não precisam temer. É um amigo. É um amigo [...] sentado aqui, mostrem seu amor uns pelos outros. Vamos acabar com isso. Vamos acabar com isso. Vamos acabar com isso. [Crianças chorando] [...] Renunciem à vida com dignidade. Não renunciem com lágrimas e agonia. Nada irá morrer. [...] É apenas passar para outro plano. Não sejam assim. Parem com a histeria. [...] Não iremos morrer. Precisamos morrer com alguma dignidade. Precisamos morrer com alguma dignidade. Não teremos opção. Agora temos alguma opção. [...] Olhem as crianças, é apenas algo para deixá-las descansar. Oh,

Deus [Crianças chorando]. [...] Mãe, mãe, mãe, mãe, mãe, por favor. Renuncie à vida com seu filho [A transcrição completa está disponível *on-line*; ver Notas.][59]

E eles o fizeram, e eles morreram pelo "Pai". O poder do carisma tirânico de líderes como Jim Jones e Adolf Hitler perdura até mesmo depois de fazerem coisas terríveis a seus seguidores, e mesmo depois de sua morte. Qualquer que tenha sido o bem que tenham feito anteriormente, este de algum modo passa a dominar o legado de seus feitos ruins nas mentes dos crentes. Considere o exemplo de um jovem, Gary Scott, que seguia seu pai até o Templo do Povo, mas foi expulso por ser desobediente. Em sua declaração por telefone ao programa nacional que se seguia à transmissão do show *Father Cares: The Last of Jonestown* (O Pai se importa: O Último de Jonestown), de James Reston Jr., Gary descreve como foi punido pela infração às regras. Foi espancado, chicoteado, molestado sexualmente, e obrigado a suportar o seu maior medo: ficar com uma jiboia rastejando pelo seu corpo. Mas, o mais importante, ouçam a enunciação de sua resistente reação a esse tormento. Ele odeia Jim Jones? Nem um pouco. Ele se transformou em um "verdadeiro crente", um "seguidor fiel". Mesmo embora seu pai tenha morrido em Jonestown naquela fonte de veneno, e ele próprio tenha sido brutalmente torturado e humilhado, Gary afirma publicamente que ele ainda admira e até mesmo ama seu "pai" — Jim Jones. Nem mesmo o onipotente partido de *1984*, de George Orwell, poderia reivindicar tamanha vitória.

Agora, precisamos ir além da conformidade e obediência à autoridade. Poderosas como são, não passam do começo. No confronto entre vítimas e criminosos potenciais, como prisioneiro e guarda, torturado e torturador, vítimas civis e homens-bomba, há processos que operam para mudar a constituição psicológica de um e de outro. A desindividuação torna o criminoso anônimo, reduzindo, portanto, a imputabilidade, a responsabilidade e o autocontrole pessoal. Isso permite que criminosos ajam sem os limites que coíbem a consciência. A desumanização retira a humanidade das vítimas potenciais, considerando-as animais, ou coisa alguma. Também investigaremos as condições que fazem com que aqueles que presenciam o mal se tornem observadores passivos cruéis em vez de intrusos ativos, heróis que prestam auxílio e denunciam. Essa parcela do mal da inação é, de fato, a pedra angular do mal, pois permite que criminosos acreditem que aqueles que sabiam o que estava acontecendo aceitaram e aprovaram mesmo que somente por meio de seu silêncio.

Uma adequada conclusão dessa investigação sobre a dinâmica social da conformidade e obediência emerge do psicólogo de Harvard Mahrazin Banaji:

A contribuição da Psicologia Social à compreensão da natureza humana é a descoberta de forças maiores do que nós mesmos, que determinam nossa vida mental e nossas ações — o líder dessas forças [é] o poder da situação social.[60]

Investigando a dinâmica social: desindividuação, desumanização e o mal da inação

A narrativa histórica dos humanos é um amontoado de conspirações, revoltas, assassinatos, massacres, revoluções, desterros, os piores efeitos que a avareza, o partidarismo, a hipocrisia, a perfídia, a crueldade, a fúria, a loucura, o ódio, a inveja, a luxúria, a malícia e a ambição puderam produzir. [...] Não posso senão concluir que a maior parte de seus nativos são a raça mais perniciosa de gentalha pequena e odiosa que a natureza já condenou a rastejar sobre a superfície da terra.
— Jonathan Swift, *As viagens de Gulliver* (1727)[1]

É POSSÍVEL QUE A CONDENAÇÃO TOTAL, POR JONATHAN SWIFT, da raça humana — de nós, selvagens — seja um tanto exagerada, mas considere que ele escreveu essa crítica centenas de anos antes do advento de genocídios de todo o mundo moderno, e antes do Holocausto. Suas perspectivas refletem um tema básico da literatura ocidental, de que a "humanidade" sofreu uma grande queda de seu estado original de perfeição, começando com o ato de desobediência de Adão a Deus, ao sucumbir à tentação de Satã.

O filósofo social Jean-Jacques Rousseau elaborou o tema da influência corruptora das forças sociais pressupondo que os seres humanos são "selvagens nobres e primitivos" cujas virtudes foram atenuadas pelo contato com a sociedade corruptora. Em contrastante oposição a essa concepção dos seres humanos como vítimas de uma todo-poderosa sociedade maligna está a perspectiva de que as pessoas nascem más — de más sementes genéticas.

Nossa espécie é governada por desejos lascivos, apetites insaciáveis, e impulsos hostis, a menos que as pessoas sejam transformadas em seres humanos racionais, sensatos e compassivos por meio da educação, da religião e da família, ou se forem controladas pela disciplina imposta pela autoridade do Estado.

Onde você se posiciona nesse antigo debate? Nascemos bons e somos depois corrompidos por uma sociedade ruim, ou nascemos maus e nos redimimos por uma boa sociedade? Antes de lançar seu voto, considere uma outra perspectiva. Talvez, cada um de nós tenha a capacidade de ser santo ou pecador, altruísta ou egoísta, gentil ou cruel, dominador ou submisso, criminoso ou vítima, prisioneiro ou guarda. Talvez sejam nossas circunstâncias sociais que determinem qual dos nossos muitos modelos, nossos potenciais, passaremos a desenvolver. Os cientistas estão descobrindo que células-tronco embrionárias são capazes de se tornar praticamente qualquer tipo de célula ou tecido, e que células da epiderme comum podem ser transformadas em células tronco embrionárias. É tentador expandir essas concepções biológicas e o que hoje é conhecido como maleabilidade do desenvolvimento do cérebro humano e a "maleabilidade" da natureza humana.[2]

Aquilo que somos é moldado pelos amplos sistemas que governam nossas vidas — riqueza e pobreza, geografia e clima, o momento histórico, o domínio cultural, político e religioso — e pelas situações específicas com as quais lidamos diariamente. Tais forças, por sua vez, interagem com nossa biologia e personalidade elementares. Afirmei anteriormente que o potencial para a perversão é inerente à complexidade da mente humana. O impulso para o mal e o impulso para o bem compreendem juntos a mais fundamental dualidade da natureza humana. Essa concepção oferece um retrato complexo e mais rico das vaidades e charadas das ações humanas.

Examinamos o poder da conformidade do grupo e da obediência à autoridade que podem dominar e subverter a iniciativa individual. Em seguida, acrescentaremos compreensões de pesquisas nos domínios da desindividuação, desumanização e da apatia do espectador, ou o "mal da inação". Esta informação irá finalizar a base para que possamos observar mais inteiramente como indivíduos bons e comuns — quiçá até mesmo você, caro leitor — podem ser levados às vezes a fazerem coisas ruins com os outros, ou até mesmos cruéis, e que violem qualquer noção de decência e moralidade universais.

DESINDIVIDUAÇÃO: ANONIMATO E DESTRUTIVIDADE

O romance de William Golding, *O senhor das moscas*, pergunta como uma simples mudança na aparência exterior de alguém pode disparar alterações dramáticas no comportamento manifesto. Bons jovens coristas ingleses são transformados em pequenas bestas homicidas, após simplesmente pintarem os rostos. Quando a comida acaba na ilha deserta, um grupo de garotos, conduzidos por Jack Merridew, tenta matar um porco — mas não conseguem consumar o ato, pois o ato de matar foi inibido pela moralidade cristã. Então, Jack decide pintar o rosto, transformando-o em uma máscara, e, quando o faz, uma assustadora metamorfose ocorre quando ele vê seu reflexo na água:

> Olhou espantado, não mais para si, porém para um estranho terrível. Derramou a água e se levantou de um salto, excitado, rindo. Junto à poça, seu corpo musculoso ostentava uma máscara que atraía os olhos dos outros [garotos] e os atemorizava. Começou a dançar, e sua risada se tornou um grunhido sedento de sangue. Saltou em direção a Bill e a máscara atrás da qual Jack se escondia, livre da vergonha e constrangimento, parecia ter vida própria.

Depois que os outros garotos do grupo de Jack também se disfarçam com máscaras pintadas, estão prontamente capacitados a "Matarem o porco. Cortarem a garganta. Tirarem seu sangue".[3] Uma vez realizado esse feito estranho de matar outra criatura, saboreiam o prazer de matar tanto os animais quanto seus inimigos humanos, e, em especial, o garoto intelectual cujo apelido é "Piggy" (do inglês, porcalhão, porquinho). Vigora a lei do mais forte, e tudo vai pelos ares quando Ralph, o líder e bom garoto, é perseguido e capturado pelo bando.

Há alguma validade psicológica na noção de que disfarçar a própria aparência pode afetar drasticamente os processos comportamentais? Procurei responder essa pergunta com uma série de estudos que ajudaram a estimular um novo campo de investigação sobre a psicologia da desindividuação e o comportamento antissocial.[4]

O comportamento chocante de mulheres anônimas

O procedimento básico nesse primeiro experimento envolveu mulheres universitárias que acreditavam estar aplicando uma série de choques elétricos dolorosos em outras mulheres, sob o pretexto de uma "fachada" verossímil. Elas teriam múltiplas oportunidades de dar choques a uma de duas jovens a quem viam e ouviam por um espelho transparente de um dos lados. Metade das voluntárias foi aleatoriamente designada para uma condição de anonimato, ou *desindividuação*, e a outra metade, para uma condição em que sua identidade era salientada, ou *individuação*. As quatro universitárias, sujeitos da pesquisa, em cada um dos dez grupos de desindividuação testados separadamente, tiveram sua aparência escondida por capuzes e folgados jalecos, seus nomes substituídos por números, de um a quatro. O experimentador tratou-as como um grupo anônimo, não como indivíduos. Tais procedimentos foram supostamente realizados para mascarar seu comportamento não verbal, para que os outros não pudessem detectar suas reações. O grupo comparativo, por contraste, recebeu crachás com nomes que os ajudavam a se sentir únicos, mas todo o resto era igual tanto para elas quanto para os grupos desindividuados. Tanto os desindividuados quanto os sujeitos comparativos estavam em grupos de quatro mulheres, e pedia-se que elas eletrocutassem repetidamente uma de duas mulheres "vítimas" ao longo de vinte tentativas.

A "fachada" afirmava que as mulheres-alvo eram sujeitos em um estudo sobre a criatividade sob pressão. O trabalho de nossos participantes consistia em pressioná-las administrando dolorosos choques elétricos enquanto eu, como o experimentador na sala ao lado, também atrás de um espelho, administrava o teste de criatividade.

Diferentemente do paradigma de Milgram, não havia figuras de autoridade pressionando-as diretamente para agirem agressivamente enviando os choques dolorosos, pois eu não interagia com elas nos episódios dos choques. As estudantes podiam me ver através da janela de observação, assim como as duas mulheres no suposto teste de criatividade. Ademais, não havia pressão de conformidade ao grupo exercida sobre elas porque não interagiam umas com as outras, permanecendo em cubículos separados adjacentes. Finalmente, tampouco havia uma pressão para que executassem a tarefa, para que, assim, não violassem a lógica do estudo. Se qualquer um dos quatro membros do grupo enviava um choque, a mulher-alvo fingia se machucar, e, assim, haveria suficiente pressão induzida para impactar a sua criatividade. Assim, não administrar os choques não seria nem desobediência, nem intransigência — era possível ser apenas um observador passivo dos choques administrados pelos colegas de grupo em vez de um perpetrador ativo.

O comportamento de interesse era a *duração* do choque administrado — por quanto tempo cada estudante permanecia apertando o botão de choque depois do sinal que "pronto para o choque" aparecesse. Sua decisão não estava em apertar ou não o botão de choque, mas quão rapidamente retiravam o dedo do interruptor, ou se o mantinham pressionado para enviar choques mais demorados às vítimas. Logicamente, poderiam escolher não seguir as instruções e se recusarem até mesmo a apertar o interruptor de choque (nenhuma delas o fez).

Uma das cúmplices foi retratada como sendo muito gentil, a outra, como "maliciosa", nas entrevistas gravadas. Isso foi feito para criar atitudes divergentes perante as duas nas mentes das "provocadoras de tensão". Na verdade, ambas eram cúmplices da pesquisa, treinadas para agir como se estivessem sofrendo quando um leve choque surgisse, para dar uma atuação convincente para que as estudantes na outra sala pudessem testemunhar.

Antes de começar o experimento, cada uma das estudantes recebeu uma amostra de um choque doloroso (de 75 volts) para que, assim, soubessem como doía — mas, é claro, na verdade nenhum choque foi dado durante o experimento. Para cada uma das vinte tentativas, as mulheres tiveram que decidir se, e por quanto tempo, administrariam esse nível-padrão de choque doloroso em uma mulher que parecia sofrer com suas ações. Em seguida, depois que a primeira mulher-alvo saiu, ela foi substituída pela segunda mulher-alvo para mais uma rodada de vinte tentativas. Visto que cada membro das quatro pessoas do experimento e os grupos comparativos foram testados em cubículos individuais contíguos, suas "colegas de equipe" não puderam influenciar diretamente seu comportamento. No entanto, tinham um sentimento de pertencer a um grupo por ficarem juntos inicialmente, enquanto escutaram as gravações em áudio. É importante apontar que, exceto pela manipulação do anonimato versus identificabilidade, tudo no estudo era idêntico para ambos os grupos.

Os resultados foram claros: as mulheres na condição de desindividuação administraram o dobro de choques a ambas as vítimas do que as mulheres do grupo comparativo, que foram aleatoriamente designadas para a condição individuada. Além disso, as mulheres sob anonimato eletrocutaram ambas as vítimas igualmente, aquela anteriormente classificada de agradável e a outra, classificada como desagradável. Não importou o que sentiram anteriormente por elas no momento em que estavam com o dedo no interruptor. Também aumentaram a duração do choque para ambas ao longo das vinte tentativas, pressionando o dedo por mais tempo sobre o botão de choque, enquanto suas vítimas se retorciam e gemiam bem na frente delas. Em contraste, as mulheres individuadas fizeram uma discriminação entre o alvo agradável e o desagradável, eletrocutando a mulher agradável por bem menos tempo do que a desagradável.

O fato de as mulheres anônimas ignorarem ter gostado ou desgostado previamente das duas mulheres-alvo quando tiveram a oportunidade de feri-las revela uma dramática mudança em suas mentalidades quando se encontravam nesse estado psicológico de desindividuação. A escalada de choques, com repetidas oportunidades de administrar suas dolorosas consequências, parece ser um efeito em espiral ascendente da excitação emocional que está sendo vivenciada. O comportamento agitado torna-se autorreforçador, cada ação estimulando uma reação seguinte mais forte e menos controlada. Experimentalmente, isso não surge de motivações sádicas, do desejo de ferir os outros, mas, antes, do sentimento energizante da própria dominação e controle sobre os outros naquele tempo e lugar.

Esse paradigma básico foi repetido com resultados semelhantes numa grande quantidade de estudos de laboratório e de campo, usando máscaras desindividualizantes, administrando ruídos brancos, ou atirando bolas de isopor nas vítimas-alvo, com militares do Exército belga como sujeitos, com crianças de escola e uma variedade de estudantes universitários. Escaladas similares de choque ao longo do tempo foram também encontradas em um estudo no qual o professor-administrador de choques acreditava estar educando seus pupilos-vítimas — eles também enviaram níveis crescentes de choque ao longo de sessões de treinamento.[5]

O Experimento da Prisão de Stanford, como se lembram, apoiou-se em óculos de sol desindividualizantes para os guardas e a equipe, assim como em uniformes militares-padrão. Uma conclusão importante sobressai desse conjunto de pesquisas: qualquer coisa, ou qualquer situação, que torna as pessoas anônimas, como se ninguém sabe quem você é, ou não se importa com isso, reduz o sentimento de responsabilidade pessoal, criando, dessa forma, o potencial para a ação cruel. Isso se torna especialmente verdadeiro quando um segundo fator é adicionado: quando a situação ou alguma companhia lhes dá *permissão* para se envolver em ação antissocial ou violenta contra outros, como nesses ambientes de pesquisa, as pessoas estão prontas para a guerra. Se, em vez disso, a situação transmite apenas uma redução do autocentramento do anonimato e encoraja o comportamento pró-social, as pessoas estão prontas para fazer amor. (O anonimato em ambientes festivos normalmente contribui para grupos mais socialmente envolvidos.) Portanto, a compreensão de William Golding sobre anonimato e agressão era psicologicamente válida — mas de modos mais complexos e interessantes do que ele descreveu.

> Decerto, este meu manto altera meu temperamento.[*]
> — William Shakespeare, *Conto de Inverno*

O anonimato pode ser conferido aos outros, não somente por meio de máscaras, mas também pela forma como as pessoas são tratadas em situações específicas. Quando os outros o tratam como se você não fosse um indivíduo singular, mas apenas um "outro" indiferente sendo trabalhado pelo Sistema, ou se sua existência é ignorada, você se sente anônimo. O sentimento de falta de identidade pessoal também pode induzir ao comportamento antissocial. Quando um pesquisador tratou voluntários de pesquisa universitários ou de modo humano, ou como "cobaias" de experimento, adivinhem quem o explorou quando não estava olhando? Mais tarde, esses estudantes se encontraram sozinhos no escritório do professor-pesquisador, com a oportunidade de furtar moedas e canetas de um prato repleto delas. Os que se encontravam em uma posição de anonimato furtaram muito mais frequentemente do que os estudantes tratados humanamente.[6] A gentileza pode sobrepujar a própria recompensa.

A agressão no *Halloween* da parte de alunos do colégio

O que acontece se crianças vão a uma festa incomum de *Halloween* na qual vestem suas fantasias e o professor lhes dá permissão para fazer brincadeiras agressivas em troca de prêmios? Irá o anonimato, somado à oportunida-

---

[*] *Sure, this robe of mine doth change my disposition.*

de de agredir, levar as crianças a se envolverem em mais agressão ao longo do tempo?

Crianças do ensino fundamental compareceram a uma festa especial e experimental de *Halloween*, dada por um professor e supervisionada por um psicólogo social, Scott Fraser.[7] Havia muitos jogos para brincar, e as crianças ganhavam fichas ao vencer os jogos. As fichas podiam ser trocadas por presentes ao final da festa. Quanto mais fichas você ganhasse, melhores seriam os brinquedos que conseguiria, e, portanto, a motivação para vencer o maior número possível de fichas era alto.

Metade dos jogos tinha uma natureza não agressiva, e metade envolvia confrontos entre duas crianças para atingir uma meta. Por exemplo, um jogo não agressivo podia consistir em estudantes tentando resgatar individualmente e com rapidez saquinhos de sementes em um tubo, enquanto um jogo potencialmente agressivo envolvia dois estudantes competindo para serem os primeiros a tirarem o saquinho para fora do tubo. A agressão típica observada era que os competidores empurravam um ao outro. Não era algo exagerado, mas característico do primeiro estágio de confrontos físicos entre crianças.

O projeto experimental utilizou apenas um grupo, no qual cada criança atuava por si mesma. Esse procedimento é conhecido como o formato A-B-A — pré-parâmetros/alteração introduzida/pós-parâmetros. Inicialmente, as crianças brincaram sem as fantasias (A), depois com as fantasias (B), e, em seguida, novamente sem as fantasias (A). No início, enquanto jogavam os jogos, o professor disse que as fantasias estavam a caminho, e, portanto, começariam a diversão enquanto esperavam sua chegada. Em seguida, quando as fantasias chegaram, elas foram colocadas em quartos diferentes para que, assim, suas identidades se mantivessem desconhecidas, e voltavam a jogar os mesmos jogos, dessa vez com as fantasias. Na terceira fase, as fantasias eram retiradas (para que, supostamente, fossem usadas por outras crianças em outras festas), e os jogos continuaram como na primeira fase. Cada fase de jogos durou cerca de uma hora.

Os dados são um testemunho extraordinário do poder do anonimato. A agressão entre esses alunos de colégio cresceu significativamente tão logo vestiram as fantasias. A porcentagem do tempo total que essas crianças jogaram os jogos agressivos mais do que dobrou do nível de base da média inicial, de 42% (em A) para 86% (em B). Igualmente interessante foi o segundo grande resultado: a agressão sofreu uma alta compensação negativa. Quanto mais tempo a criança passou envolvida em jogos agressivos, menor foi a quantidade de fichas que ganhou durante essa fase da festa. Ser agressivo, portanto, custou-lhes uma perda de fichas. Participar dos jogos agressivos levava mais tempo do que os não agressivos, e apenas um ou dois participantes podia vencer, e portanto, em linhas gerais, os mais agressivos perderam prêmios valiosos. Contudo, isso não importou quando as crianças estavam fantasiadas e anônimas. O menor número de fichas foi obtido durante a segunda fase, a do anonimato, o estágio B, quando as agressões eram mais frequentes; apenas uma média de 31 fichas foi recebida, comparada às 58 fichas do estágio A.

Uma terceira descoberta importante foi que não houve prolongamento do comportamento agressivo de alto nível da fase B para o último nível, na fase A, se comparada à fase A inicial. A porcentagem dos atos agressivos caiu para 36%, e o número de fichas obtidas elevou-se para 79. Assim, podemos concluir que a mudança de comportamento trazida pelo anonimato não criou uma mudança temperamental, interna, mas apenas uma mudança de resposta extrínseca. Mude a situação, e o comportamento invariavelmente mudará. O uso da forma A-B-A também torna claro que o anonimato observado foi suficiente para alterar dramaticamente o comportamento em cada período de tempo. O anonimato facilitou a agressão mesmo que as consequências da agressão física não correspondessem ao interesse imediato da criança em ganhar fichas cambiáveis por ótimos prêmios. A agressão tornou-se a própria recompensa. Objetivos distantes ficaram para escanteio ante a "diversão" do momento presente. (Veremos um fenômeno similar agindo sobre alguns dos abusos de Abu Ghraib.)

Em um estudo de campo relacionado, as crianças que pediam "travessuras ou gostosuras" às casas vizinhas com as próprias fantasias tinham maior probabilidade de furtar doces quando anônimas do que se estivessem identificáveis. Amigos dos pesquisadores dispuseram pratos cheios de doces e outros cheios de moedas, cada um dos quais com a placa "Pegue um". Ultrapassar esse limite representava uma transgressão, um furto. Algumas crianças chegaram sozinhas, outras em grupos de amigas. Na condição de anonimato, o proprietário da casa deixou evidente que não saberia dizer quem eram. Com as identidades ocultas pelas fantasias, a maioria dos que estavam em grupos roubou o doce e o dinheiro (da mesma forma que os universitários, naquele estudo em que os trataram como "cobaias"). Isso contrastou com a condição não anônima, na qual o anfitrião adulto pedia primeiro para que suas identidades atrás das máscaras fossem reveladas.[8]

Dentre as mais de setecentas crianças estudadas nessa situação natural, um maior número de transgressões foi encontrado quando estavam em grupos anônimos (57%) do que quando anônimos ou sozinhos (21%). Menos transgressões ocorreram quando as crianças não anônimas estavam sozinhas (8%), do que quando em grupos de outros não anônimos (21%). Mesmo quando sozinhos e identificáveis, a tentação do dinheiro fácil e de doces deliciosos era grande demais para que algumas crianças a rejeitassem. Contudo, acrescentar a dimensão de anonimato completo transformava essa tentação singular em uma paixão irreprimível, para a maioria das crianças, de apanhar todos os doces que podiam.

Sabedoria cultural: como fazer os guerreiros matarem na guerra e não em casa

Deixemos o laboratório e os jogos em festas infantis para retornar ao mundo real, onde as questões de anonimato e violência podem tornar-se de vida ou morte. Especificamente, vejamos as diferenças entre sociedades que partem para a guerra sem que seus soldados tenham de alterar a aparência e aquelas que sempre incluem rituais de transformações de aparência, pintando os rostos e os corpos, ou mascarando os guerreiros (como em *O Senhor das Moscas*). Uma mudança na aparência externa provoca uma diferença significativa em como os combatentes inimigos são tratados?

Um antropólogo cultural, R. J. Watson,[9] postulou essa questão após a leitura de meu trabalho anterior sobre desindividuação. Sua fonte de dados foi o *Human Relations Area Files* (Arquivos de Relações Humanas por Área), no qual informações sobre culturas ao redor do globo são arquivadas na forma de relatos de antropólogos, missionários, psicólogos, dentre outros. Watson descobriu dois fragmentos de dados sobre sociedades nas quais os guerreiros mudaram ou não suas aparências antes de ir para a guerra e a extensão de quanto mataram, torturaram ou mutilaram suas vítimas, uma variável dependente decisivamente mortífera — o ponto máximo em medidas de resultado.

Os resultados são a confirmação surpreendente da previsão de que o anonimato promove um comportamento destrutivo — quando também é dada a permissão para se comportar de modos agressivos usualmente proibidos. A guerra confere permissão aprovada institucionalmente para matar ou ferir os adversários. Esse investigador descobriu que, entre as 23 sociedades nas quais esses dois conjuntos de dados estavam presentes, em 15 delas os guerreiros mudavam de aparência. Eram as sociedades mais destrutivas; 80% delas (12 das 15) maltratavam seus inimigos. Em contraste, em sete de oito sociedades nas quais os guerreiros *não* alteravam sua aparência antes de partir para a batalha, eles não se envolviam em um comportamento tão destrutivo. Outra forma de olhar essa informação é que em 90% das vezes que as vítimas da batalha eram mortas, torturadas ou mutiladas, isso tinha sido feito pelos guerreiros que haviam inicialmente alterado a aparência e se desindividuado.

A sabedoria cultural dita que o ingrediente-chave para transformar jovens comuns e inofensivos em guerreiros capazes de matar quando ordenados a fazê-lo é, primeiramente, alterar sua aparência externa. A maioria das guerras envolve homens velhos persuadindo os mais jovens a ferirem ou matarem outros jovens como eles. Para os jovens, torna-se mais fácil fazê-lo se antes mudam sua aparência, alternando sua fachada externa habitual ao colocar uniformes militares, máscaras ou ao pintar seus rostos. Com o anonimato assim fornecido e no lugar, saem de sua costumeira compaixão interna e preocupação pelos outros. Quando a guerra é ganha, a cultura, então, dita que os guerreiros retomem seus modos pacíficos. Essa transformação inversa é prontamente realizada fazendo-se com que os guerreiros retirem seus uniformes, máscaras, lavem a tinta dos rostos, e retornem para sua antiga personalidade e conduta pacíficas. Em certo sentido, é como se estivessem em um macabro ritual social, involuntariamente utilizando o paradigma A-B-A do experimento de Fraser do *Halloween*. Pacífico quando reconhecível, assassino quando anônimo, novamente pacífico quando devolvido a sua condição de reconhecimento.

Certos ambientes transmitem um sentimento de anonimato provisório àqueles que vivem ou se comportam em seu meio, sem alterar suas aparências físicas. Para demonstrar a influência do anonimato do lugar de facilitar o vandalismo social, minha equipe de pesquisa realizou um estudo de campo bastante simples. Lembrem-se do Capítulo 1, de que abandonamos carros nas ruas próximas à área residencial do *campus* da Universidade de Nova York, no Bronx, em Nova York, e perto do *campus* da Universidade de Stanford, em Palo Alto, na Califórnia. Fotografamos e gravamos atos de vandalismo contra esses carros, que pareciam nitidamente abandonados (placas removidas, capôs erguidos). No anonimato do ambiente do Bronx, dúzias de passantes, caminhando ou passando de carro, no espaço de 48 horas, detiveram-se para vandalizar o automóvel. A maioria era composta de adultos relativamente bem-vestidos, que arrancaram do carro quaisquer objetos de valor, ou simplesmente o destruíram — tudo à luz do dia. Diferentemente, ao longo de uma semana, nem um único passante se envolveu em qualquer tipo de ato de vandalismo contra o carro abandonado em Palo Alto. Essa demonstração foi a única evidência empírica citada para apoiar a "Teoria da Vidraça Quebrada" sobre o crime urbano. Condições ambientais contribuem para que alguns membros da sociedade sintam que são anônimos, que ninguém da comunidade dominante sabe quem são, que ninguém reconhece sua individualidade e, portanto, sua humanidade. Quando isso acontece, contribuímos para a transformação desses em vândalos e assassinos potenciais. (Para detalhes completos dessa pesquisa e da Teoria da Vidraça Quebrada, consulte o *website* de *O Efeito Lúcifer*.)

A desindividuação transforma nossa natureza apolínea em dionisíaca

Suponhamos que o lado "bom" das pessoas seja a racionalidade, a ordem, a coerência e a sabedoria de Apolo, enquanto o lado "ruim" seja o caos, a desorganização, a irracionalidade e o coração libidinoso de Dionísio. O traço apolíneo central é a reserva e a inibição do desejo; ele é contraposto ao traço dionisíaco de liberação ilimitada e de lascívia. As pessoas podem se tornar más quando são enredadas em situações nas quais os controles cognitivos, que normalmente guiam seus comportamentos de maneiras socialmente desejáveis e pessoalmente aceitáveis, estão bloqueados, suspensos ou distorcidos. A suspensão do controle cognitivo tem múltiplas consequências, dentre elas a suspensão da consciência, da autoconsciência, do sentimento de responsabilidade pessoal, da obrigação, do compromisso, da confiabilidade, da moralidade, da culpa, da vergonha, do medo e da análise da própria conduta em cálculos de custo-benefício.

As duas estratégias principais para efetuar essa transformação são: (a) reduzir os sinais de imputabilidade social do autor (ninguém sabe quem sou, e ninguém se importa), e (b) reduzir a preocupação quanto à autoavaliação do autor. A primeira elimina a preocupação da avaliação social, da aprovação social, por meio do sentimento de anonimato — o processo de desindividuação. Ela é eficaz quando se está operando em um ambiente que transmite o anonimato e dispersa a responsabilidade pessoal. A segunda estratégia interrompe o automonitoramento e o monitoramento da coerência interna, apoiando-se em táticas que alteram o estado de consciência. Chega-se a isso usando álcool e drogas, excitando emoções fortes, envolvendo-se em atitudes hiperintensas, tendo uma noção expandida do tempo presente, no qual não há preocupações com o passado ou o futuro, e projetando nos outros a responsabilidade em vez de dirigi-la para si.

A desindividuação gera um estado psicológico único, no qual o comportamento passa para o controle das exigências das circunstâncias imediatas e dos impulsos biológicos e hormonais. A ação substitui o pensamento, e a busca de prazer imediato domina o adiamento da gratificação, e as decisões ponderadas dão lugar a respostas emocionais impensadas. Um estado de excitação é, normalmente, tanto um precursor quanto uma consequência da desindividuação. Seus efeitos são amplificados em situações inéditas e desestruturadas, nas quais respostas habituais típicas e traços de personalidade são anulados. A vulnerabilidade a modelos sociais e a sinais situacionais é ampliada; assim, torna-se tão fácil fazer amor quanto fazer a guerra — tudo depende do que a situação demanda ou traz à tona. Em um grau extremo, não há noção de certo ou errado, não há pensamentos ou culpa por atos ilícitos, ou medo de ir para o inferno devido aos atos imorais.[10] Com as restrições internas suspensas, o comportamento está totalmente sob controle externo das circunstâncias; o exterior domina o interior. O que é possível e está disponível domina o que é certo ou justo. A bússola moral dos indivíduos e grupos perde sua polaridade.

A transição da mentalidade apolínea para a dionisíaca pode ser ágil e inesperada, fazendo com que pessoas boas façam coisas más, enquanto vivem temporariamente em um momento de presente expandido, sem preocupações pelas consequências futuras de suas ações. Restrições habituais à crueldade ou aos impulsos libidinais fundem-se aos excessos da desindividuação. É como se houvesse um curto-circuito no cérebro, anulando as funções de planejamento e tomada de decisão do lobo frontal, enquanto as porções mais primitivas do sistema límbico, especialmente os centros da agressão e emoção na amídala, assumem o comando.

O efeito Terça-feira Gorda: a desindividuação coletiva como o êxtase

Na Grécia antiga, Dionísio era único entre os deuses. Ele era visto como o criador de um novo nível de realidade que desafiava as compreensões e as formas de viver tradicionais. Representava tanto uma força de liberação do espírito humano de seu confinamento moderado no discurso racional e no planejamento ordenado quanto uma força de destruição: lascívia sem limites e prazer pessoal sem controles sociais. Dionísio era o deus da embriaguez, o deus da insanidade, o deus do frenesi sexual e do desejo de batalha. O domínio de Dionísio inclui todos os estados do ser que acarretam uma perda da auto-consciência e da racionalidade, a suspensão do tempo linear, e o abandono de si aos impulsos da natureza humana que ultrapassam os códigos do comporta-mento e a responsabilidade pública.

A Terça-feira Gorda tem sua origem como uma cerimônia pagã e pré-cris-tã, hoje reconhecida pela Igreja Católica Romana como ocorrendo na ter-ça-feira (terça-feira gorda ou terça-feira da absolvição) antes da quarta-feira de cinzas. O dia santo marca o começo da estação litúrgica cristã da Quares-ma, com seus sacrifícios e abstinências pessoais, até o domingo de Páscoa, 46 dias depois. As celebrações da terça-feira gorda começam na décima se-gunda noite do Dia de Reis, quando os três reis magos visitaram Jesus Cristo recém-nascido.

Na prática, a Terça-Feira Gorda celebra o excesso da busca pelo prazer libi-dinal, do aproveitar o momento, de "vinhos, mulheres e música". Cuidados e obrigações são esquecidos, enquanto os festeiros se entregam à natureza sen-sual das folias coletivas. É uma festividade orgiástica, que desata o comporta-mento de suas restrições usuais e das ações baseadas na razão. Contudo, há sempre a percepção pré-consciente de que se trata de uma celebração tran-sitória, que será logo substituída pela restrição aos prazeres e vícios pessoais, ainda maior que o habitual, com o advento da Quaresma. "O efeito Terça-Feira Gorda" envolve a suspensão temporária das tradicionais restrições cognitivas e morais sobre o comportamento pessoal, quando se faz parte de um grupo de farristas que têm o mesmo objetivo, todos inclinados para a diversão imediata sem preocupações com consequências posteriores e obrigações. É a desindividuação na ação grupal.

DESUMANIZAÇÃO E DESLIGAMENTO MORAL

A desumanização é o conceito central em nossa compreensão da "desumanidade do homem com o homem". A desumanização ocorre sempre que alguns seres humanos consideram outros seres humanos excluídos da ordem moral de ser uma pessoa humana. Os objetos desse processo psicológico perdem sua condição humana aos olhos dos desumanizadores. Ao identificar certos indivíduos ou grupos como estando fora da esfera humana, os agentes desumanizadores suspendem a moralidade que pode normalmente governar ações razoáveis para com seus semelhantes.

A desumanização é um processo central no preconceito, no racismo e na discriminação. A desumanização estigmatiza os outros, atribuindo-lhes uma "identidade estragada". Como exemplo, o sociólogo Erving Goffman[11] descreveu o processo pelo qual as pessoas com deficiência são socialmente desacreditadas. Tornam-se seres humanos incompletos, e, portanto, deslegitimados.

Sob tais circunstâncias, torna-se possível que pessoas normais, moralmente justas, e até mesmo frequentemente idealistas realizem atos de crueldade destrutiva. Não corresponder às qualidades humanas de outras pessoas automaticamente facilita as ações desumanas. O princípio áureo do Evangelho fica então interrompido pela metade: "Faça aos outros o que quiser." É mais fácil ser insensível ou rude com "objetos" desumanizados, utilizá-los para interesses próprios, e até mesmo destruí-los, se eles forem irritantes.[12]

Um general japonês relatou ter sido fácil para seus soldados massacrar brutalmente os civis chineses durante a invasão do Japão à China, antes da Segunda Guerra, "pois pensávamos neles como *coisas*, e não como pessoas como nós". Obviamente, foi assim durante o "Estupro de Nanquim", em 1937. Recordem-se da descrição (no Capítulo 1) dos tutsis feita pela mulher que orquestrou muitos de seus estupros — elas não passavam de "insetos", "baratas". Da mesma maneira, o genocídio nazista dos judeus começou ao criarem, primeiramente, por meio de filmes propagandísticos e pôsteres, uma percepção desses seres humanos como formas inferiores da vida animal, como insetos daninhos, ratos vorazes. Os muitos linchamentos de negros praticados por multidões de brancos em cidades em todos os Estados Unidos foram, da mesma forma, desconsiderados como crimes contra a humanidade, por conta da estigmatização, que os tomava como apenas "pretos".[13]

Por trás do massacre em My Lai de centenas de civis vietnamitas inocentes por soldados norte-americanos estava o rótulo desumanizador e de "*gooks*"* que os soldados ofereciam a todos os asiáticos que aparentavam ser diferentes.[14] Os *gooks* de ontem se tornaram os *hadjis*** e "cabeças de pano" de hoje na Guerra do Iraque, que foi como os novos pelotões de soldados menosprezaram estes cidadãos e soldados de aparência diferente. "Você procura bloquear o fato de que são seres humanos, e os enxerga como inimigos", disse o sargento Mejia, que se recusou a voltar para ativa no que considerou uma guerra abominável. "Você os chama de 'hajis', sabia? Você faz tudo para lidar melhor com o ato de matá-los e maltratá-los."[15]

Tais rótulos e suas imagens associadas podem ter poderosos efeitos motivadores, e isso foi demonstrado em um fascinante experimento controlado de laboratório (mencionado no Capítulo 1, detalhado aqui).

A desumanização experimental: animalizando universitários

Meu colega da universidade de Stanford, Albert Bandura, juntamente com seus estudantes, elaborou um poderoso experimento que elegantemente demonstra o poder dos rótulos desumanizadores para fomentar os atos de agressão contra terceiros.[16]

Setenta e dois voluntários do sexo masculino de universidades das redondezas foram divididos em "grupos de supervisão" compostos por três membros, cuja tarefa era punir a escolha inadequada de outros universitários que supostamente atuavam em um grupo de tomadores de decisão. Os verdadeiros sujeitos do estudo eram, logicamente, os estudantes que cumpriam o papel de supervisores.

Em cada uma das vinte tentativas de chegar a um acordo, os supervisores ouviram a equipe de tomada de decisão (que disseram estar na sala adjacente) supostamente formulando decisões coletivas. Os supervisores receberam

---

* *Expressão pejorativa utilizada para designar um indivíduo de origem asiática.* [N. do T.]
** *Muçulmano que peregrinou a Meca.* [N. do T.]

informações que utilizaram para avaliar a adequação da decisão em cada tentativa. Sempre que uma decisão ruim era tomada, era o trabalho da equipe de supervisão punir o erro por meio de choques elétricos. Eles podiam escolher a intensidade do choque que todos os membros da equipe de tomada de decisões receberiam, de um nível 1, brando, a um nível 10, máximo, em cada uma das tentativas.

Disseram aos supervisores que participantes de diferentes estratos sociais estavam incluídos no projeto para aumentar a sua generalidade, mas cada grupo de tomadores de decisão era composto de pessoas com características similares. Isso foi feito para que os rótulos positivos ou negativos que logo seriam aplicados a eles pudessem servir para o grupo inteiro.

Os pesquisadores alteraram dois elementos dessa situação básica: como as "vítimas" foram rotuladas, e quão pessoalmente responsáveis eram os supervisores pelos choques que administravam. Os voluntários foram aleatoriamente distribuídos em três condições de rotulação — desumanizada, humanizada e neutra — e duas condições de responsabilidade — individualizada e difusa.

Reflitamos primeiro sobre como a rotulação foi imposta e os seus efeitos. Então, veremos como as variações de responsabilidade operaram. Após ambientar-se no estudo, cada grupo de participantes acreditou ouvir por acaso uma conversa no interfone entre o assistente de pesquisa e o experimentador sobre os questionários que os tomadores de decisão supostamente preencheram. O assistente comentou em um breve aparte que as qualidades pessoais exibidas por esse grupo confirmavam a opinião da pessoa por quem haviam sido recrutadas. Na condição *desumanizada*, os tomadores de decisão foram caracterizados como "um bando de animais, de vagabundos". Por contraste, na condição *humanizada*, eles eram caracterizados como "um grupo sensível, compreensivo, ou até mesmo íntegro". Nenhuma referência avaliativa foi feita na terceira condição, a *neutra*.

Deve-se deixar claro que os participantes nunca interagiram com as vítimas de seus choques, e, portanto, não poderiam fazer tais avaliações pessoalmente ou avaliar sua pertinência. Os rótulos eram atribuições de segunda mão, dadas a outros jovens universitários, supostamente voluntários representando um papel específico nessa situação. Dessa forma, tiveram os rótulos algum efeito em como estes estudantes puniram aqueles que supostamente supervisionavam? (Não havia, na verdade, "outros", apenas uma gravação padronizada.)

De fato, os rótulos pegaram e tiveram um grande impacto na intensidade com que os estudantes puniram seus supervisionados. Os que foram rotulados de modo desumanizador, como "animais", foram punidos mais severamente, e o nível de choque aumentou gradualmente ao longo das dez tentativas. O nível de choque elevou-se cada vez mais ao longo das tentativas, até uma faixa de 7 a 10 para cada grupo de participantes. Os rotulados de "bons" receberam a menor quantidade de choque, enquanto o grupo neutro, não rotulado, permaneceu no meio desses dois extremos.

Em seguida, durante a primeira tentativa, não havia diferença nenhuma entre os três tratamentos experimentais quanto ao nível de choque administrado — todos administraram o mesmo nível baixo de choque. Tivessem concluído o estudo ali, a conclusão teria sido que os rótulos não faziam diferença. Contudo, em cada tentativa sucessiva, enquanto os erros dos tomadores de decisão supostamente se multiplicavam, os níveis de choques dos três grupos divergiram. Aqueles que eletrocutavam os chamados de animais o faziam mais e mais intensamente ao longo do tempo, um resultado comparável à escalada de choque das jovens universitárias em meu estudo anterior. Tal elevação da resposta agressiva ao longo do tempo, com prática, ou com experiência, ilustra um efeito autorreforçador. Talvez o prazer não esteja tanto em infligir a dor quanto no sentimento de poder e controle que se sente em tal situação de dominação — dar aos outros o que eles merecem. Os pesquisadores destacam o poder desinibidor da rotulação para despir as outras pessoas de suas qualidades humanas.

No lado positivo desse estudo, essa mesma rotulação arbitrária também resultou em um tratamento mais respeitoso se alguém com autoridade os rotulara positivamente. Aqueles percebidos como "bons" foram os menos feridos. Assim, o poder da humanização de contrapor a punição tem a mesma importância teórica e social que o fenômeno da desumanização. Há uma lição importante aqui sobre o poder das palavras, dos rótulos, da retórica e da rotulação estereotipada, a ser usada para o bem ou para o mal. Precisamos modificar a rima infantil: "Pedras e gravetos podem quebrar meus ossos, mas palavras nunca poderão me atingir", para "mas palavras ruins podem me matar, e as boas, me confortar".*

---

* *Sticks and stones may break my bones, but names will never harm me.* [N. do T.]

E finalmente, o que se pode dizer das variações de *responsabilidade* para o nível de choque administrado? Níveis significativamente mais elevados de choque foram dados quando os participantes acreditavam que o nível de choque era uma resposta média de sua equipe do que quando se tratava do nível direto de decisão pessoal de cada indivíduo. Como vimos anteriormente, a difusão da responsabilidade, seja lá qual forma assumir, reduz a inibição de ferir os outros. Como se pode antever, os níveis mais altos de choque — e, supostamente, de dano — foram administrados quando os participantes se sentiram menos pessoalmente responsáveis e suas vítimas eram desumanizadas.

Quando a equipe de pesquisa de Bandura verificou como os participantes justificaram seu desempenho, descobriu que a desumanização promovia o uso de justificativas autoabsolventes, que, por sua vez, foram associadas a escaladas de punição. Tais descobertas sobre como as pessoas desligam as próprias sanções usuais em relação a se comportarem de maneiras prejudiciais com os outros levou Bandura a desenvolver um modelo conceitual de "desligamento moral".

Mecanismos do desligamento moral

Esse modelo se inicia com a pressuposição de que a maioria das pessoas adota padrões morais em virtude da passagem pelos processos normais de socialização durante sua formação. Tais padrões atuam como guias para o comportamento pró-social e como meios de inibição do comportamento antissocial, como definido pela família e comunidade social. Ao longo do tempo, tais padrões morais externos, impostos pelos pais, professores e outras autoridades, são internalizados como códigos de conduta pessoal. As pessoas desenvolvem controles pessoais satisfatórios sobre pensamentos e ações, que fornecem um sentimento de valor próprio. Aprendem a se reprimir para prevenir a ação desumanizada e a estimular ações humanas. Os mecanismos de autorregulação não são fixos ou estáticos em relação aos padrões morais de uma pessoa. Antes, são governados por um processo dinâmico no qual a autocensura moral pode ser seletivamente ativada para se engajar em uma conduta aceitável; ou, em outros momentos, a autocensura moral pode se desligar de uma conduta repreensível. Indivíduos e grupos podem manter seu sentimento de padrões morais ao simplesmente desligarem seu funcionamento moral costumeiro em certos momentos, em certas situações, para certos propósitos. É como se colocassem a moralidade no ponto morto com o motor desligado sem a preocupação de atingir os pedestres, até que voltassem a engatar a primeira, retornando a uma base moral mais elevada.

O modelo de Bandura vai além ao elucidar os mecanismos psicológicos individuais específicos gerados para converter as ações nocivas em moralmente aceitáveis, quando desatrelam seletivamente as autorrepressões que regulam o comportamento. Visto que se trata de um processo humano fundamental, Bandura argumenta que isso ajuda a explicar não somente a violência política, militar e terrorista, mas também "as situações do dia a dia nas quais pessoas honradas realizam atos que favorecem seus interesses mas possuem efeitos humanos prejudiciais".[17]

Torna-se possível para qualquer um de nós se desligar moralmente de qualquer tipo de conduta destrutiva ou cruel, quando ativamos um ou mais dos quatro tipos seguintes de mecanismo cognitivo.

Primeiro, podemos redefinir nosso comportamento prejudicial como um comportamento honrado. Faz-se isso criando justificativas morais para a ação, ao adotar imperativos morais para purificar a violência. Também se faz isso criando comparações vantajosas para contrastar nosso comportamento íntegro com o comportamento maligno de nossos inimigos. (Nós apenas os torturamos; eles nos degolam.) É possível fazê-lo também utilizando linguagem eufemística que esteriliza a realidade de nossas ações cruéis. ("Danos colaterais" refere-se aos civis que viraram pó durante um bombardeio; "fogo amigo" quer dizer que um soldado foi assassinado pela estupidez ou esforços intencionais de seus companheiros.)

Segundo, podemos minimizar nossa percepção de um elo direto entre nossas ações e seus resultados nocivos, ao dispersar ou deslocar a responsabilidade pessoal. Nós nos poupamos de autocondenações se não nos percebermos como agentes de crimes contra a humanidade.

Terceiro, podemos mudar a forma como pensamos acerca do dano real causado pelas nossas ações. Podemos ignorar, distorcer, minimizar ou desacreditar quaisquer consequências negativas de nossas condutas.

Finalmente, podemos reconstruir nossa percepção das vítimas como sendo merecedoras de punição, culpabilizando-as pelas consequências, e é claro, desumanizando-as, concebendo-as como aquém das preocupações justas reservadas para seres humanos como nós.

Compreender a desumanização não significa desculpá-la

É mais uma vez importante acrescentar aqui que tais análises psicológicas não pretendem jamais desculpar ou abrandar os comportamentos imorais e ilegais de criminosos. Tornando explícitos os mecanismos mentais que as pessoas usam para desligar seus padrões morais de suas condutas, estamos em melhor posição de reverter o processo, reafirmando a necessidade da ligação moral como algo crucial para promover a humanidade empática entre as pessoas.

Contudo, antes de prosseguirmos, é importante deixar clara a noção de que as pessoas em posições de poder e autoridade frequentemente rejeitam os esforços das análises causais das causas das circunstâncias com relação a uma grande preocupação nacional. Em vez disso, em pelo menos um exemplo recente, elas têm endossado perspectivas constitutivas simplistas que teriam feito os juízes da Inquisição sorrirem.

A secretária de Estado Condoleezza Rice é uma professora de Ciência Política da Universidade de Stanford, com especialização em Forças Armadas Soviéticas. Seu treinamento deveria tê-la tornado sensível às análises dos sistemas dos complexos problemas políticos. Contudo, não apenas faltou-lhe essa perspectiva durante uma entrevista com Jim Lehrer em seu *NewsHour* (28 de julho de 2005), como ela também defendeu uma visão temperamental dogmática e simplista. Em resposta à pergunta de seu entrevistador sobre se a política estrangeira dos Estados Unidos estava promovendo, em vez de eliminando, o terrorismo, Rice atacou tal pensamento como uma "desculpa fácil", enquanto deixava claro que esse terrorismo dizia respeito apenas a "pessoas más": "Quando iremos parar de criar desculpas para os terroristas e dizer que alguém está fazendo com que eles o sejam? Não, eles são apenas pessoas más que desejam matar. E eles querem matar em nome de uma ideologia pervertida que não é de fato o Islã, mas querem, de alguma forma, alegar esse disfarce para dizer que se trata de algum tipo de ressentimento. Não se trata de algum tipo de ressentimento. Trata-se de um esforço para destruir, em vez de construir. E até que todo o mundo o chame por seu nome — o mal que isso é — e parar de criar desculpas para eles, penso que teremos problemas."

Eu sou mais humano do que você: a tendência infra-humanizante

Além de perceber e menosprezar os "excluídos" atribuindo-lhes qualidades animais, as pessoas também costumam negar-lhes qualquer "essência humana". A *infra-humanização dos excluídos* é um fenômeno recentemente investigado no qual as pessoas tendem a atribuir emoções e traços humanos singulares aos membros do grupo e negar sua existência aos excluídos do grupo. Trata-se de uma forma de preconceito emocional.[18]

Contudo, vamos além ao afirmar que a essência da humanidade reside primariamente em nós mesmos, mais do que nos outros, até mesmo nos membros de nosso grupo. Enquanto atribuímos infra-humanidade aos excluídos, como se fossem menos que humanos, somos motivados a enxergar a nós mesmos como mais humanos do que os outros. Negamos traços humanos singulares e até mesmo a natureza humana dos outros devido a nosso próprio padrão egocêntrico. A *tendência à auto-humanização* é o complemento da tendência à infra-humanização do outro. Tais propensões parecem ser bastante gerais e multifacetadas. Uma equipe de pesquisadores australianos concluiu sua investigação sobre a percepção da humanidade com uma variante da famosa citação do escritor da Roma antiga Terêncio. Ele orgulhosamente proclamou: "Nada do que é humano me é estranho." Sua torção irônica afirma: "Nada do que é humano pode me ser estranho, mas algo humano é estranho a você."[19] (É improvável que um "Eu" tão imperativo exista entre membros de culturas coletivistas, mas aguardamos novas pesquisas que nos informem dos limites desse egocentrismo.)

Criando inimigos do estado desumanizados

Dentre os princípios operacionais que precisamos acrescentar ao nosso arsenal de armas que ativam maus atos em homens e mulheres normalmente bons estão aqueles desenvolvidos por estados-nação para incitar os próprios cidadãos. Aprendemos sobre alguns desses princípios ao considerarmos como as nações preparam seus jovens para se envolver em guerras mortíferas, enquanto também preparam os cidadãos para apoiar o engajamento a guerras agressivas. Uma forma especial de condicionamento cognitivo por meio de propaganda contribui para consumar essa difícil transformação. As "Imagens do Inimigo" são criadas pela propaganda midiática nacional (em cumplicidade com os governos) para preparar as mentes dos soldados e dos cidadãos para odiar os que se encaixam na nova categoria de "inimigo". Tal condicionamento mental é a arma mais potente de um soldado. Sem ela, ele pode nunca colocar outro jovem na mira de sua arma e atirar para matá-lo. Ele induz a um medo de vulnerabilidade entre os cidadãos, que podem imaginar como seria a vida se fossem dominados por esse inimigo.[20] Tal medo se metamorfoseia em ódio e vontade de tomar uma ação hostil para conter a ameaça. Ele amplia seu alcance na vontade de enviar nossas crianças para morrerem ou serem mutiladas na batalha contra este ameaçador inimigo.

Em *Faces of the Enemy* (Faces do inimigo), Sam Keen[21] mostra como os arquétipos do inimigo são criados pela propaganda visual que a maioria das nações usa contra aqueles considerados como os perigosos "eles", "estrangeiros", "inimigos". Essas imagens visuais criam uma paranoia social consensual focada no inimigo, que poderia fazer mal às mulheres, crianças, lares e ao deus do estilo de vida dessa nação, destruindo, assim, suas crenças fundamentais e valores. Tal propaganda foi amplamente praticada em uma escala mundial. A despeito das diferenças nacionais em muitas dimensões, ainda é possível categorizar toda essa propaganda em um conjunto seleto utilizado pelo *homo hostilis*. Ao criar um novo inimigo maligno nas mentes de bons membros de tribos justas, "o inimigo" é: agressor, sem rosto, estuprador, sem deus, bárbaro, ganancioso, criminoso, torturador, assassino, uma abstração ou um animal desumanizado. Imagens assustadoras revelam uma nação sendo consumida por animais dos mais universalmente temidos: cobras, ratos, aranhas, insetos, lagartos, gorilas gigantes, polvos, ou até mesmo "porcos ingleses".

Um tópico final sobre as consequências de adotar uma concepção desumanizada de outros específicos são as coisas impensáveis que estamos dispostos a fazer a eles, uma vez que sejam declarados oficialmente diferentes e indesejáveis. Mais de 65 mil cidadãos norte-americanos foram esterilizados contra a vontade durante um período (da década de 1920 à de 1940) em que defensores da eugenia utilizaram justificativas científicas para purificar a raça humana, livrando-a de todos os traços indesejáveis. Esperamos essa perspectiva de Adolf Hitler, mas não de um dos juristas norte-americanos mais reverenciados, Oliver Wendell Holmes. Ele liderava uma opinião majoritária (1927) de que as leis compulsórias de esterilização, longe de serem inconstitucionais, constituíam um bem à sociedade:

É melhor para o mundo todo, se, em vez de aguardar para executar a descendência degenerada por crime, ou deixar que morram de fome por sua imbecilidade, a sociedade pode impedir aqueles que são manifestamente inadequados de darem prosseguimento à sua espécie. Já nos bastam três gerações de imbecis.[22]

Peço que se recordem da pesquisa mencionada no Capítulo 12 sobre estudantes da Universidade do Havaí, que estavam dispostos a apoiar a "solução final" para eliminar os inadequados, mesmo quando membros da própria família, se necessário.

Tanto os Estados Unidos quanto a Inglaterra tiveram uma longa história de envolvimento na "guerra contra os fracos". Tiveram sua boa dose de eloquentes e influentes defensores da eugenia e de planos cientificamente embasados para livrar suas nações dos desajustados, enquanto expandiam o *status* privilegiado dos mais aptos.[23]

O MAL DA INAÇÃO: ESPECTADORES PASSIVOS

A única coisa necessária para que o mal triunfe é que os homens bons não façam nada.

— Edmund Burke, estadista britânico

Precisamos aprender que aceitar passivamente um sistema injusto é cooperar com esse sistema, e, portanto, tornar-se partícipe de seu mal.

— Martin Luther King, Jr.[24]

Nossa apreensão habitual sobre o mal se concentra nas ações violentas e destrutivas de criminosos, mas o fracasso em agir pode também ser uma forma de mal, quando ajudar, discordar, desobedecer, ou denunciar são necessários. Um dos maiores e menos conhecidos colaboradores do mal passam ao largo dos protagonistas da injúria e provêm do coro silencioso que olha mas não vê, que escuta, mas não ouve. Sua presença silenciosa na cena dos maus feitos torna ainda mais imprecisa a linha nebulosa entre o bem e o mal. Perguntamos em seguida: por que as pessoas não ajudam? Por que não agem quando sua ajuda é necessária? Seria sua passividade um defeito pessoal, uma frieza, uma indiferença? Diferentemente, há mais uma vez dinâmicas sociais reconhecíveis em jogo?

O caso Kitty Genovese: o socorro tardio dos psicólogos sociais

Em um grande centro urbano, tal como Nova York, Londres, Tóquio ou Cidade do México, está-se literalmente rodeado de dezenas de milhares de pessoas. Caminhamos ao lado delas nas ruas, sentamo-nos perto delas nos restaurantes, cinemas, ônibus e trens, aguardamos na fila com elas — mas permanecemos desligados delas, como se de fato não existissem. Para uma jovem do Queens, elas não existiram quando mais precisou.

> Por mais de meia hora, no Queens [Nova York], 38 cidadãos respeitáveis e cumpridores da lei testemunharam um assassino perseguir e esfaquear uma mulher em três ataques separados, em Kew Gardens. Por duas vezes, o som de suas vozes e o acender repentino das luzes de seus quartos o interromperam e afugentaram. A cada vez, ele retornava, procurava-a e a esfaqueava novamente. Nem uma pessoa sequer telefonou à polícia durante o ataque; uma testemunha ligou para a polícia depois que a mulher estava morta [*The New York Times*, 13 de março de 1964].

Uma nova análise recente dos detalhes desse caso lança dúvidas sobre quantas pessoas realmente viram os acontecimentos que transcorriam e se realmente compreendiam o que estava acontecendo, dado que muitas eram idosas e despertaram subitamente no meio da noite. Contudo, parece não haver dúvida de que muitos moradores dessa bem-cuidada, em geral silenciosa e quase suburbana vizinhança ouviram os arrepiantes gritos e não ajudaram de nenhuma maneira. Kitty morreu sozinha em uma escadaria, onde não mais conseguiu escapar de seu assassino enlouquecido.

Apenas poucos meses mais tarde, deu-se uma imagem ainda mais vívida e arrepiante de quão alienados e passivos podem ser os espectadores. Uma secretária de 18 anos foi espancada, sufocada, despida e estuprada em seu escritório. Quando finalmente conseguiu se livrar do assaltante, nua e sangrando, ela desceu correndo as escadas do prédio até a entrada gritando "Ajudem! Ajudem! Ele me estuprou!" Uma multidão de cerca de quarenta pessoas se juntou na rua movimentada e observou quando o estuprador a agarrou de volta escada acima para continuar seu abuso. Ninguém foi em seu socorro! Apenas a chegada casual de policiais que passavam impediu a continuação do abuso e um possível assassinato (*The New York Times*, 6 de maio de 1964).

Pesquisando a intervenção de espectadores

Psicólogos sociais soaram o alarme ao iniciarem uma série de estudos pioneiros sobre a intervenção dos espectadores. Eles se opuseram à costumeira enxurrada de análises de temperamento sobre o que está errado com os frios espectadores de Nova York, ao tentar compreender o que, na *situação*, congela as ações pró-sociais de pessoas comuns. Naquele tempo, Bibb Latané e John Darley[25] eram professores das universidades de Nova York — Columbia e NYU, respectivamente —, e, portanto estavam próximos do centro dos acontecimentos. Seus estudos de campo eram feitos em uma série de pontos da cidade, tais como em metrôs ou esquinas, além de no laboratório.

A pesquisa dos dois gerou uma conclusão inesperada: quanto mais pessoas testemunhavam uma emergência, *menor* a probabilidade de que alguém interviesse para ajudar. Fazer parte de um grupo passivamente observador significa que cada indivíduo supõe que as outras pessoas disponíveis poderão ajudar ou ajudarão, e, portanto, há uma pressão menor para que se tome a iniciativa do que se as pessoas estivessem sozinhas ou com apenas um outro observador. A mera presença dos outros dispersa o sentimento de responsabilidade pessoal de intervir. Testes de personalidade dos participantes não mostraram relação significativa entre qualquer característica particular de personalidade e a velocidade ou disposição para intervir em emergências encenadas.[26]

Os nova-iorquinos, como os londrinos ou outros habitantes de grandes cidades ao redor do mundo, estão dispostos a ajudar e a intervir quando são diretamente solicitados, ou quando estão sozinhos ou com poucas pessoas. Quanto mais pessoas presentes capazes de ajudar em uma situação de emergência, mais supomos que outra pessoa tomará a dianteira, e portanto, não precisamos nos sobressaltar para assumir um risco pessoal. Ao contrário da frieza, o fracasso em intervir não se dá apenas porque se teme pela própria vida em uma situação violenta, mas também porque se nega a seriedade da situação, teme-se fazer a coisa errada e parecer idiota, ou se está preocupado com os custos de se envolver em algo que "não é da minha conta". Há também uma norma grupal emergente de não-ação passiva.

Quer ajuda? Apenas peça

Um antigo aluno meu, Tom Moriarity, conduziu uma demonstração convincente de que uma simples característica situacional pode facilitar a ativação da intervenção dos espectadores entre os nova-iorquinos.[27] Em duas situações, Tom combinou com um cúmplice de deixar sua bolsa sobre a mesa em um restaurante repleto, ou seu rádio sobre uma canga em uma praia apinhada. Em seguida, outro membro de sua equipe de pesquisa fingiria furtar a bolsa ou o rádio enquanto Tom filmava as ações daqueles que estivessem próximos da cena do crime simulado. Na metade das vezes, literalmente ninguém interveio e impediu o criminoso de escapar com os bens. Contudo, na outra metade, quase todos impediram o criminoso de fugir e impediram o crime. O que fez a diferença?

No primeiro caso, a mulher apenas pediu a alguém próximo que lhe dissesse as horas, fazendo um mínimo contato social antes de sair da cena temporariamente. Contudo, no segundo caso, ela fez um simples pedido a alguém próximo para que ficasse de olho em sua bolsa ou em seu rádio até que ela retornasse. Esse pedido direto criou uma obrigação social de proteger a propriedade da desconhecida — uma obrigação que foi plenamente honrada. Quer ajuda? Peça. As chances de conseguir são boas, mesmo dos supostamente frios nova-iorquinos ou de companheiros de outras cidades.

As implicações dessa pesquisa também ressaltam outro tema que estivemos desenvolvendo, de que as situações sociais são criadas, e podem ser modificadas, pelas pessoas. Não somos robôs programados para agir segundo as demandas das circunstâncias, mas podemos mudar qualquer programação por meio de nossas ações criativas e construtivas. O problema é que, muito frequentemente, aceitamos as definições dos outros sobre a situação e suas normas em vez de estarmos dispostos a assumir o risco de contrapor esta norma e abrir novos canais de opções comportamentais. Uma consequência interessante da linha de pesquisa sobre espectadores passivos e reativos foi a emergência de uma relativamente nova área de pesquisa em Psicologia Social, acerca da ajuda e do altruísmo (bem sumarizada na monografia de David Schroeder e seus colegas).[28]

Quão bons são os bons samaritanos quando estão com pressa?

Uma equipe de psicólogos sociais encenou uma demonstração verdadeiramente poderosa de que o fracasso em ajudar desconhecidos em apuros é mais provavelmente devido a variáveis das circunstâncias do que a inadequações de temperamentos.[29] É um dos meus estudos preferidos, portanto, finjamos mais uma vez que você é um dos participantes.

Imagine que você é um universitário estudando para o sacerdócio no Seminário Teológico da Universidade de Princeton. Você está a caminho de realizar um sermão sobre o Bom Samaritano para que seja filmado para um experimento de Psicologia sobre comunicação eficaz. Você conhece muito bem a passagem do capítulo dez do Evangelho de Lucas. Ela trata de uma pessoa que parou para ajudar uma vítima em apuros na beira da estrada de Jerusalém a Jericó. O Evangelho nos diz que colheremos a justa recompensa no Céu por termos sido Bons Samaritanos na Terra — uma lição bíblica para todos nós prestarmos atenção sobre as virtudes do altruísmo.

Imagine em seguida que você está saindo do Departamento de Psicologia para o centro de filmagem e cruza com um estranho encolhido em um beco, em terrível agonia, gemendo no chão, nitidamente precisando de ajuda. Agora, você pode imaginar alguma situação em que *não* pararia para ser esse bom samaritano, especialmente quando está ensaiando mentalmente a parábola do bom samaritano naquele exato momento?

Volte ao laboratório de Psicologia. Você foi avisado de que está atrasado para a sessão de filmagem agendada e deve se apressar. De maneira aleatória, a outros estudantes de Teologia se disse que estavam ou muito atrasados, ou que ainda tinham bastante tempo para chegar até o centro de filmagem. Mas por que a pressão do tempo sobre você (ou sobre outros) deveria fazer diferença se você é uma pessoa boa, um santo sujeito, alguém que pensa sobre a virtude de intervir para ajudar desconhecidos que padecem, como fez o velho e Bom Samaritano? Estou disposto a apostar que você gostaria de acreditar que *não* faria diferença alguma, que naquela situação você pararia e ajudaria, não importam as circunstâncias. Assim como também os outros seminaristas ajudariam a vítima desamparada.

Tente outra vez: se você apostou, perdeu. A conclusão do ponto de vista da vítima é a seguinte: não seja uma vítima em apuros quando as pessoas estão atrasadas e com pressa. Quase todos os seminaristas — 90% deles — passaram ao largo da imediatamente tentadora oportunidade de ser um bom samaritano porque estavam com pressa para dar um sermão sobre isso. A ciência venceu, e a vítima foi abandonada ao sofrimento. (Como deve imaginar, a vítima atuava para a pesquisa.)

Quanto mais tempo os seminaristas achavam que tinham, mais aptos estavam a parar e ajudar. Assim, a variável situacional da *pressa* foi a causa das grandes variações em quem ajudou ou foi um espectador passivo. Não houve necessidade de recorrer a explicações de temperamento, averiguar se os estudantes de Teologia eram frios, cínicos ou indiferentes, assim como os nova-iorquinos que não estavam dispostos a ajudar no caso da pobre Kitty Genovese. Quando a pesquisa foi replicada, deu-se o mesmo resultado, mas quando os seminaristas estavam a caminho de realizar uma tarefa menos importante, a grande maioria parou para ajudar. A lição desta pesquisa é não perguntar *quem* ajuda ou não, mas antes, *quais* os atributos sociais e psicológicos daquela circunstância, quando tentamos compreender as situações nas quais as pessoas fracassam em ajudar os aflitos.[30]

O institucionalizado mal da inação

Em situações nas quais o mal está sendo praticado, há criminosos, vítimas e sobreviventes. Entretanto, há com frequência observadores das atividades em andamento, ou pessoas que sabem o que está acontecendo e não intervêm para ajudar ou contestar o mal, e, portanto, permitem, por sua inação, que o mal persista.

São os bons policiais que nunca se opõem à brutalidade de seus companheiros, que espancam as minorias nas ruas ou na sala dos fundos da delegacia. Foram os bons bispos e cardeais que acobertaram os pecados dos predadores párocos, em prol da preocupação com a imagem da Igreja Católica. Eles sabiam o que estava errado e nada fizeram para de fato confrontar esse mal, possibilitando assim que os pederastas continuassem a pecar por anos a fio (ao custo final para a Igreja de bilhões em reparações, além de muitos seguidores desencantados).[31]

Da mesma maneira, foram os bons trabalhadores da *Enron*, *WorldCom*, *Arthur Andersen*, e um bando de corporações igualmente corruptas, que desviaram o olhar quando os relatórios estavam sendo adulterados. Além do mais, como apontei anteriormente, no Experimento da Prisão de Stanford, foram os bons guardas que nunca intervieram em defesa dos prisioneiros que sofriam, para chamar a atenção dos maus guardas, perdoando, assim, de modo implícito, a escalada contínua de abusos. Fui eu, que vi essas crueldades e apenas intervim limitando a violência física dos guardas, enquanto permitia que a violência psicológica invadisse a nossa prisão subterrânea. Aprisionando-me nos papéis conflituosos de pesquisador e superintendente da prisão, fui sobrepujado por suas duplas exigências, o que abrandou minha concentração no sofrimento que ocorria diante de meus olhos, e, dessa forma, também fui culpado do mal da inação.

No patamar dos estados-nação, essa inação, quando a ação é necessária, permite que prosperem assassinatos em massa e genocídios, como se deu na Bósnia e em Ruanda e, mais recentemente, em Darfur. As nações, como os indivíduos, normalmente não querem se envolver, e também negam a seriedade da ameaça e a necessidade de ação imediata. Elas também estão prontas para acreditar na propaganda dos governantes em detrimento dos apelos das vítimas. Além do mais, há pressões internas frequentes sobre os tomadores de decisão, exercidas por aqueles que "têm negócios ali", para que deixem estar.

Um dos casos mais desoladores que conheço do mal institucional da inação ocorreu em 1939, quando o governo dos Estados Unidos e seu presidente humanitário, Franklin D. Roosevelt, recusaram-se a permitir que um navio, repleto de judeus refugiados, atracasse em qualquer um de seus portos. O *SS St. Louis* viera de Hamburgo, na Alemanha, até Cuba, com 937 judeus refugiados fugindo do Holocausto. O governo cubano alterou seu acordo anterior de aceitá-los. Por 12 dias, os refugiados e o capitão do barco tentaram desesperadamente conseguir permissão do governo norte-americano para atracar em um porto de Miami, que estava à vista. Negada a permissão para entrar nesse ou em qualquer outro porto, o navio retornou e atravessou o Atlântico. Alguns refugiados foram aceitos na Grã-Bretanha e em outros países, mas muitos acabaram morrendo em campos de concentração nazistas. Imagine estar tão próximo da liberdade, para depois morrer como um trabalhador escravo.

Quando a incompetência se casa com a indiferença e a indecisão, o resultado é o fracasso em agir, no momento em que a ação é essencial para a sobrevivência. O desastre do furacão Katrina, em Nova Orleans (agosto de 2005), é um estudo de caso clássico do total fracasso de sistemas múltiplos e entrelaçados de mobilizarem enormes recursos à disposição com vistas a prevenir o sofrimento e a morte de muitos cidadãos. Apesar dos alertas antecipados de desastre iminente do pior tipo imaginável, autoridades municipais, estaduais e nacionais não se ocuparam de preparativos básicos necessários para a evacuação e segurança daqueles que não poderiam sair por conta própria. Além da impossibilidade de comunicação adequada dos sistemas de autoridade municipais e estaduais (devido a diferenças políticas no alto escalão), a reação da administração Bush foi nula, tardia, e, quando chegou, insuficiente. Líderes inexperientes e incompetentes da Agência Federal de Administração de Emergências (FEMA) e do Departamento de Segurança Interna fracassaram em mobilizar a Guarda Nacional, as unidades de reserva do Exército, a Cruz Vermelha, a polícia do estado, a equipe da Força Aérea para fornecer comida, água, cobertores, remédios e outras coisas para centenas de milhares de sobreviventes vivendo em penúria por vários dias e noites sucessivos. Um ano mais tarde, muito da cidade ainda está engatinhando, com vizinhanças inteiras dizimadas ou desertadas, milhares de casas condenadas à destruição, e pouca ajuda disponível. Perambular por essas áreas desoladas foi doloroso para mim. Os críticos sustentam que a resposta fracassada do sistema pode ser rastreada até questões raciais e de classe, pois a maioria dos sobreviventes que não puderam fugir eram afro-americanos de classe baixa. Esse mal da inação tem sido responsável por mortes, desespero e desilusão de muitos cidadãos de Nova Orleans. É possível que até metade daqueles que finalmente saíram nunca mais retornarão.[32]

Até tu, Brutus?

Cada um de nós precisa imaginar se, e esperar que, quando o momento chegar, tenhamos a coragem de nossas convicções de ser um espectador reativo que soará o alarme quando nossos concidadãos e concidadãs estiverem violando seu juramento de lealdade para com o país e a humanidade. Entretanto, vimos nestes capítulos que as pressões para a conformidade são enormes para ser um jogador do time, não balançar o barco e não arriscar as resoluções de não confrontar nenhum sistema. Essas forças estão normalmente integradas ao poder hierárquico dos sistemas de autoridade de transmitir indiretamente expectativas a empregados e subalternos de que comportamentos antiéticos e ilegais são apropriados em determinadas circunstâncias — definidas por eles. Muitos dos escândalos recentemente descobertos nos níveis mais altos do governo, no Exército e nos negócios, envolvem a mistura tóxica de expectativas tácitas transmitidas pelas autoridades a subordinados que querem ser aceitos no "Círculo Interno", com o apoio subentendido de uma horda de parceiros cientes e calados.

"Líderes tóxicos lançam seu feitiço com amplo alcance. A maioria de nós alega abominá-los. No entanto, frequentemente os seguimos — ou ao menos os toleramos — sejam eles nossos empregadores, nosso CEOs, nossos senadores, nossos padres ou nossos professores. Quando líderes tóxicos não aparecem por conta própria, nós frequentemente os procuramos. Eventualmente, podemos até mesmo criá-los, empurrando bons líderes para o lado nocivo da vida." Na penetrante análise de Jean Lipman-Blumen do relacionamento dinâmico entre líderes e seguidores, em *The Allure of Toxic Leaders* (O Fascínio dos Líderes Tóxicos), somos lembrados de que reconhecer os primeiros sinais de toxicidade em nossos líderes pode nos fornecer uma profilaxia, e impedir que absorvamos passivamente seu veneno sedutor.[33]

> Ao longo da história, tem perdurado a inação daqueles que poderiam ter agido; a indiferença daqueles que poderiam saber das coisas; o silêncio da voz da justiça no momento em que ela mais importava; isso possibilitou que o mal triunfasse.
>
> — Haile Selassie, antigo imperador da Etiópia

POR QUE AS SITUAÇÕES E OS SISTEMAS IMPORTAM

É um truísmo em Psicologia que as personalidades e as situações interagem para gerar o comportamento; as pessoas estão sempre agindo dentro de variados contextos comportamentais. As pessoas são tanto o produto de diferentes ambientes quanto os produtores de ambientes que encontram.[34] Seres humanos não são objetos passivos que simplesmente brigam com as contingências ambientais. As pessoas normalmente selecionam os ambientes em que vão entrar, ou os evitam, e podem mudar o ambiente por meio de suas ações, influenciar os outros nessa esfera social e transformar ambientes de uma miríade de maneiras. Na maioria das vezes, somos agentes capazes de influenciar o curso dos acontecimentos em nossas vidas, assim como de modelar nossos destinos.[35] Além do mais, os comportamentos humanos em sociedades humanas são enormemente afetados por mecanismos biológicos fundamentais, além de valores e práticas culturais.[36]

O indivíduo é a peça chave na esfera de operação em quase todas as grandes instituições ocidentais da Medicina, Educação, Direito, Religião e Psiquiatria. Tais instituições ajudam coletivamente a criar o mito de que os indivíduos são sempre os controladores de seus comportamentos, agindo a partir do livro-arbítrio e da escolha racional, sendo, portanto, pessoalmente responsáveis por cada uma de todas as suas ações. Excluindo os insanos e aqueles de capacidade debilitada, os indivíduos que erram devem saber que estão errando, e devem ser punidos apropriadamente. Os fatores situacionais são considerados como pouco mais do que uma série de circunstâncias extrínsecas de mínima relevância. Ao avaliar os diversos determinantes de qualquer comportamento de interesse, os temperamentalistas apostam mais na Pessoa, do que na Situação. Tal visão aparentemente honra a dignidade dos indivíduos, que devem possuir a vitalidade interior e a força de vontade para resistir a todas as tentações e persuasões das circunstâncias. Nós, do outro lado da trilha conceitual, acreditamos que essa perspectiva nega a realidade de nossa vulnerabilidade humana. Reconhecer tais fragilidades comuns em face dos tipos de forças das circunstâncias vistas até agora em nossa jornada é o primeiro passo para sustentar uma resistência a essas influências prejudiciais e para desenvolver estratégias eficazes que reforcem a resiliência tanto de pessoas quanto de comunidades.

A abordagem da circunstância deve nos encorajar a compartilhar um profundo sentimento de humildade ao tentar compreender os atos de crueldade "inconcebíveis", "inimagináveis" e "absurdos" — violência, vandalismo, suicídio terrorista, tortura e estupro. Em vez de aderir imediatamente ao alto padrão moral que distancia as boas pessoas que somos das pessoas ruins, e que dá pouco tempo para análises dos fatores causadores daquela situação, a abordagem da circunstância dá a estes "outros" o benefício da "caridade atributiva". Ela prega a lição de que qualquer feito, bom ou mal, que qualquer ser humano já tenha cometido, você e eu também podemos fazer — dadas as mesmas forças das circunstâncias.

Nosso sistema legal de justiça criminal superestima as visões do senso comum sustentadas pela opinião pública sobre que coisas fazem as pessoas cometer crimes — normalmente apenas determinantes motivacionais e de personalidade. É o momento para o sistema legal de justiça levar em conta o corpo substancial de evidências das ciências comportamentais acerca do poder do contexto social de influenciar o comportamento, tanto de ações criminais quanto das morais. Minhas colegas Lee Ross e Donna Shestowsky ofereceram uma análise perspicaz dos desafios postulados pela Psicologia contemporânea à teoria e prática legais. Sua conclusão é de que o sistema legal poderia adotar o modelo da prática e ciência médicas ao fazer uso da pesquisa atual sobre o que dá errado, assim como o que dá certo, em como a mente e o corpo trabalham:

> Os trabalhos do sistema de justiça criminal não poderiam mais continuar a ser guiados pelas ilusões sobre a consistência intersituacional no comportamento, por noções errôneas sobre a influência dos temperamentos *versus* circunstâncias no controle do comportamento, ou pelos fracassos de pensar por meio da lógica das interações da "pessoa na situação", ou mesmo pelas confortantes ainda que irreais noções de livre-arbítrio, ou, pelo menos, não mais do que pelas noções, anteriormente consensuais, de bruxaria e possessão demoníaca.[37]

Identidades localizadas

Nossas identidades pessoais têm lugar determinado dentro da sociedade. Nós somos *onde* vivemos, comemos, trabalhamos, e fazemos amor. É possível prever um vasto leque de atitudes e comportamentos a partir do conhecimento de qualquer combinação de fatores "de *status*" — sua etnia, classe social, formação, religião, e onde vive — de modo mais preciso do que conhecendo seus traços de personalidade.

Nosso sentimento de identidade nos é em larga medida conferido pelos outros, nas formas como nos tratam ou destratam, reconhecem-nos ou nos ignoram, glorificam-nos ou nos punem. Algumas pessoas nos deixam tímidos e introvertidos; outras trazem à tona nossa sedução sexual e dominação. Em alguns grupos somos tomados como líderes, enquanto, em outros, somos reduzidos a seguidores. Aprendemos a viver à altura das expectativas que os outros nos creditam. As expectativas dos outros normalmente se tornam profecias que cumprem a si mesmas. Sem que o percebamos, normalmente nos comportamos de maneiras que confirmam as crenças dos outros sobre nós. Essas crenças subjetivas podem nos criar novas realidades. Normalmente nos tornamos quem os outros pensam que somos, a seus olhos e em nosso comportamento.[38]

Você pode ser considerado são em um lugar insano?

As circunstâncias nos conferem suas identidades sociais, mesmo quando deveria ser óbvio que não se trata de nossa identidade pessoal. Lembrem-se do estudo na "falsa ala" do Hospital Psiquiátrico Estadual de Elgin (Capítulo 12), no qual a equipe do hospital maltratou, de diversas maneiras, os "pacientes psiquiátricos" dessa ala; não obstante, não havia pacientes de verdade, mas membros da equipe vestidos como tais, e representando este papel. Da mesma forma, no Experimento da Prisão de Stanford, todos sabiam que os guardas eram garotos de faculdade fingindo-se de guardas, e os presos eram garotos de faculdade fingindo-se de presos. Importava quais eram suas reais identidades? Não exatamente, como viram; não depois de mais ou menos um dia. Eles se transformaram em suas identidades localizadas. Além disso, eu também me tornei o superintendente da prisão, ao caminhar, falar e pensar de modo distorcido — quando me encontrava naquele lugar.

Algumas situações "essencializam" os papéis que as pessoas devem exercer; cada pessoa deve ser o que o papel exige quando está sobre o palco. Imagine, se quiser, que você é uma pessoa totalmente normal que dá consigo internado em uma ala de um hospital psiquiátrico. Você está lá porque um funcionário da triagem equivocadamente o categorizou como "esquizofrênico". Tal diagnóstico foi baseado no fato de você ter se queixado com ele de estar "ouvindo vozes", nada mais. Você acredita que não merece estar lá, e percebe que a maneira de ser liberado é agir do modo mais normal e agradável que conseguir. Obviamente, os funcionários irão logo perceber que houve algum engano, que você não é um doente mental, e o enviarão para casa. Certo?

Não conte que isso vá acontecer, se estiver naquele ambiente. Você poderá nunca ser liberado, de acordo com um fascinante estudo conduzido por outro de meus colegas de Stanford, David Rosenhan, com o maravilhoso título *On Being Sane in Insane Places* (Sobre ser são em lugares insanos).[39]

David e sete colegas passaram por essa mesma situação Agendaram entrevistas com a triagem de diferentes hospitais psiquiátricos, e reclamaram de estar ouvindo vozes e ruídos, "baques", sem dar qualquer outro sintoma incomum. Todos foram admitidos no hospital psiquiátrico local, e tão logo estavam vestidos em pijamas e chinelos, comportaram-se de modo agradável e aparentemente normal em todos os momentos. A grande questão consistia em quão cedo a equipe iria se dar conta, perceber que na realidade eles eram sãos, e lhes diriam adeus.

A resposta simples em cada um dos oito casos, em cada uma das oito alas de hospital, foi: *nunca!* Se você está em um lugar insano, você deve ser uma pessoa insana, porque pessoas sãs não se tornam pacientes de hospícios — prevaleceu a teoria das identidades situacionais. Custou muito trabalho até que fossem liberados, muitas semanas depois, e apenas com a ajuda de colegas e advogados. Finalmente, depois que os oito devidamente sãos conseguiram sair, redigido em cada um de seus boletins médicos encontrava-se a mesma avaliação final: "Paciente exibe esquizofrenia em remissão." Significando com isso que, aconteça o que acontecer, a equipe ainda acreditava que sua loucura iria irromper novamente algum dia — portanto, não jogue fora seus chinelos de hospital!

Avaliando o poder das circunstâncias

Em um nível subjetivo, podemos dizer que é preciso estar mergulhado em uma situação para avaliar seu impacto transformador sobre você e em outros que estejam igualmente situados. Não é possível observar de fora. O conhecimento abstrato da situação, mesmo quando detalhado, não captura o tom afetivo do lugar, seus atributos não-verbais, suas normas emergentes, ou o envolvimento e a excitação do ego de ser um participante. É a diferença entre ser um membro do público em um show de televisão e ser o concorrente sobre o palco. É um dos motivos pelos quais o aprendizado experimental pode possuir efeitos tão potentes, como nas demonstrações de sala de aula da sra. Elliott e de Ron Jones, que visitamos anteriormente. Vocês se recordam que quando quarenta psiquiatras foram solicitados a prever o resultado do procedimento experimental de Milgram, eles subestimaram enormemente a poderosa influência da autoridade? Disseram que apenas 1% chegaria até o nível máximo de choque de 450 volts. Vocês viram quão errados eles estavam. Eles fracassaram em avaliar inteiramente a influência do ambiente psicossocial de fazer com que pessoas comuns fizessem o que não fariam normalmente.

Quão importante é o poder das circunstâncias? Uma revisão recente de cem anos de pesquisa em Psicologia Social compilou o resultado de mais de 25 mil estudos em 8 milhões de pessoas.[40] Essa ambiciosa compilação utilizou a técnica estatística da *meta-análise*, um resumo quantitativo de descobertas por meio de uma série de estudos que revelam o tamanho e a consistência desses resultados empíricos. Ao longo de 322 meta-análises separadas, a conclusão global foi que esse grande corpo de pesquisa em Psicologia Social gerou resultados de dimensões consideráveis — de que o poder das circunstâncias sociais é uma influência sólida e confiável.

Estes dados foram reanalisados, concentrando-se apenas nas pesquisas relevantes para compreender as variáveis do contexto social e os princípios envolvidos quando pessoas comuns participam de tortura. A pesquisadora Susan Fiske, da Universidade de Princeton, descobriu 1.500 resultados separados que revelaram o consistente e confiável das variáveis das circunstâncias sobre o comportamento. Ela conclui: "Evidências em Psicologia Social enfatizam o poder do contexto social, em outras palavras, o poder da circunstância interpessoal. A Psicologia Social acumulou um século de conhecimentos por meio de uma variedade de estudos sobre como as pessoas influenciam umas as outras, para o bem ou para o mal."[41]

OLHANDO ADIANTE PARA MAÇÃS, BARRIS E OPORTUNISTAS

É chegado o momento de apanhar nosso arsenal analítico e direcionar nossa jornada para a mais que distante terra estrangeira do Iraque, para tentar compreender um fenômeno extraordinário de nossos tempos: os abusos registrados digitalmente contra os iraquianos detidos na prisão de Abu Ghraib. Revelações dessas transgressões contra a humanidade saíram da masmorra secreta no Pavilhão 1A, aquela pequena loja de horrores, para reverberar em todo um mundo estupefato. Como isso pôde acontecer? Quem foi o responsável? Por que foram tiradas fotografias que incriminariam os torturadores? Estas e outras questões encheram a mídia por meses a fio. O presidente dos Estados Unidos prometeu "ir ao fundo da questão". Um bando de políticos e especialistas proclamou que foi o trabalho de algumas "maçãs podres". Os torturadores não passavam de um bando de "soldados perigosos" e sádicos.

Nosso plano é reexaminar o que aconteceu e como aconteceu. Estamos agora adequadamente preparados para contrastar essa análise temperamental padrão de identificar os perpetradores do mal, as "maçãs podres", dentro do presumivelmente bom barril, com a nossa busca por determinantes das circunstâncias — a natureza do barril podre. Examinaremos também algumas das conclusões de várias investigações independentes desses abusos, o que nos conduzirá além dos fatores das circunstâncias, na implicação do Sistema — político e militar — em nossa mistura expositiva.

Os abusos e torturas de Abu Ghraib: compreendendo e personificando seus horrores

O memorável estudo de Stanford fornece uma parábola para todas as operações militares de detenção [...]. Os psicólogos tentaram compreender como e por que indivíduos e grupos que costumam agir humanamente podem, às vezes, sob certas circunstâncias, agir de outra forma.

— Relatório do Grupo *Independente* de Schlesinger[1]

WASHINGTON D.C., 28 DE ABRIL DE 2004. ENCONTRAVA-ME NA capital do país representando a American Psychological Association em uma reunião do *Council of Scientific Society Presidents* (Conselho dos Presidentes da Sociedade Científica). Exceto quando estou viajando, raramente tenho tempo de assistir ao noticiário da TV no meio da semana. Quando comecei a mudar de canais em meu quarto de hotel, passei por algo que me deixou imobilizado. Imagens inacreditáveis passavam pela tela no programa da CBS *60 Minutes II*.[2] Homens nus se amontoavam formando uma pirâmide, e soldados norte-americanos posavam com sorrisos sobre a pilha de prisioneiros. Uma soldada caminhava com um prisioneiro nu em uma coleira ao redor de seu pescoço. Outros presos pareciam aterrorizados, prestes a serem atacados por pastores alemães de aparência cruel. As imagens prosseguiam como uma exibição pornográfica de *slides*: prisioneiros nus eram obrigados a se masturbar em frente de uma soldada fumando um cigarro que os saudava em aprovação; prisioneiros eram obrigados a simular sexo oral.

Parecia inconcebível que soldados dos Estados Unidos estivessem atormentando, humilhando e torturando detentos e os forçando a simularem posições homoeróticas. No entanto, ali estavam. Outras imagens igualmente inacreditáveis foram exibidas: presos de pé ou inclinados em posições desconfortáveis, com capuzes verdes ou calcinhas cor-de-rosa cobrindo suas cabeças. Eram estes os excelentes jovens, homens e mulheres, enviados além-mar pelo Pentágono na gloriosa missão de levar a democracia e a liberdade a um Iraque recém-libertado do tirano/torturador Saddam Hussein?

Era incrível ver que em muitas das imagens desse espetáculo de horror os próprios criminosos apareciam ao lado de suas vítimas. Uma coisa é fazer um ato cruel, outra bem diferente é documentar a própria culpa em fotos vívidas e duradouras. O que tinham em mente quando fizeram aquelas "fotos-troféu"? E, finalmente, surgiu na tela o que viria a se tornar o ícone da tortura psicológica. Um prisioneiro encapuzado estava empoleirado precariamente sobre uma caixa de papelão com os braços esticados e fios elétricos presos em seus dedos. Ele havia sido levado a acreditar (pelo sargento Davis) que se suas pernas cedessem e ele caísse da caixa, seria eletrocutado. Seu capuz foi erguido brevemente para que visse os fios vindos da parede até o seu corpo. Eram falsos eletrodos que visavam à indução de ansiedade e não à dor física. Por quanto tempo estremeceu de pavor absoluto, temendo por sua vida, nós não sabemos, mas podemos prontamente imaginar o trauma de sua experiência e nos solidarizarmos com aquele homem encapuzado.

Pelo menos uma dúzia de imagens passou pela tela; eu queria desligar a TV, mas não conseguia desviar os olhos, pois estava capturado pelo vívido poder das fotografias e de seu caráter inesperado. Antes mesmo de começar a considerar hipóteses sobre o que poderia ter chegado a induzir tal comportamento naqueles soldados, tive certeza, assim como o resto da nação, de que a tortura fora obra de algumas "maçãs podres". O general Richard B. Myers, chefe do Estado-Maior das Forças Armadas, em uma entrevista para a televisão, declarou sua surpresa ante estas alegações, e estupefação pelas imagens de abuso criminoso. Contudo, ele disse, estava certo de que não havia provas de que os abusos eram "sistêmicos". Pelo contrário, afirmou que era um trabalho isolado de alguns "soldados perigosos". De acordo com este imponente porta-voz das Forças Armadas, 99,9% dos soldados dos Estados Unidos tinham conduta exemplar no estrangeiro — o que quer dizer que não era preciso se alarmar pelo fato de que menos de 1% deles era — soldados imperfeitos levando a cabo estes abusos abomináveis.

Prisão de Abu Ghraib: pirâmide de prisioneiros com guardas da PM sorridentes

Prisão de Abu Ghraib: PM arrastando prisioneiro pelo chão com uma coleira

"Francamente, penso que estamos todos desapontados pela ação de poucos", disse o general de brigada Mark Kimmitt, entrevistado no show *60 Minutes II*. "Amamos nossos soldados todos os dias, mas, francamente, não estamos sempre orgulhosos de nossos soldados." Era confortador saber que apenas alguns soldados degenerados, servindo como guardas em muitas prisões militares norte-americanas, se envolveram em atos tão inconcebíveis de tortura desumana.[3]

Espere um pouco. Como o general Myers poderia saber que se tratava de um incidente isolado antes de conduzir uma investigação completa do sistema de prisões militares no Iraque, Afeganistão e Cuba? As fotos haviam acabado de ser reveladas; não houvera tempo suficiente para se fazer uma investigação completa de modo a poder postular tal afirmação. Havia algo de perturbador nessa declaração oficial, que absolvia o Sistema e culpava uns poucos no fundo do barril. Sua afirmação era similar às dos chefes de polícia à mídia, sempre que é revelado um abuso policial contra suspeitos — culpem alguns maus tiras degenerados — para desviar a atenção das normas e práticas usuais das salas dos fundos das delegacias ou do próprio departamento de polícia. A pressa em atribuir o juízo temperamental de "garoto mau" a alguns ofensores é comum demais entre os guardiões do Sistema. Da mesma maneira, diretores e professores de escola usam tal instrumento para culpabilizar certos alunos "disruptivos", em vez de ocuparem o tempo em avaliar os efeitos alienantes de currículos entediantes ou práticas pobres nas salas de aula de professores específicos, que podem provocar tais disrupções.

O secretário de Defesa Donald Rumsfeld censurou os atos, chamando-os de "terríveis" e "inconsistentes com os valores de nossa nação". "As descrições fotográficas de militares norte-americanos vistas pelo público sem dúvida ofenderam e enfureceram todos do Departamento de Defesa", afirmou. "Todo malfeitor precisa ser punido, os procedimentos devem ser avaliados e os problemas corrigidos." Então, acrescentou uma declaração que, obliquamente, eximiu a Polícia Militar da Reserva do Exército de uma missão tão difícil: "Se alguém desconhece que aquilo que foi mostrado naquelas fotos é errado, cruel, brutal, indecente e contra os valores norte-americanos, não faço ideia de que tipo de treinamento poderia ter sido fornecido para ensiná-lo."[4] Contudo, Rumsfeld também foi rápido para redefinir a natureza destes atos como "abusos" e não como "tortura". Disse: "A acusação até agora é de abuso, que acredito ser tecnicamente diferente de tortura. Não utilizarei a palavra 'tortura'."[5] Tempo para outra pausa nessa narrativa: a que, tecnicamente, está Rumsfeld se referindo?[6]

Quando a mídia exibiu essas imagens em todo o mundo no horário nobre da TV, nas primeiras páginas dos jornais, em revistas e em páginas da internet durante dias ininterruptos, o presidente Bush lançou um programa de controle de danos imediato e sem precedentes, para proteger a reputação de seu Exército e de sua administração, especialmente de seu secretário de Defesa. Cumprindo seus deveres, declarou que faria investigações independentes para ir "ao fundo da história". Imaginei se o presidente iria também fazer investigações que pudessem chegar ao "topo" deste escândalo, para que tivéssemos o retrato completo dele, e não apenas a moldura. Pareceria que sim, dado que o diretor adjunto das operações de coalizão no Iraque, o general de brigada Mark Kimmitt, declarou publicamente: "Eu gostaria de me sentar aqui e dizer que se tratou do único abuso contra prisioneiros de que estamos a par, mas sabemos que houve outros desde que estamos aqui no Iraque." (Isto não contradiz a asserção do general Myers, de que foi um incidente isolado e não sistêmico?)

Na verdade, houve tantos casos de abuso, tortura e homicídio descobertos desde que o escândalo de Abu Ghraib veio a público que, em abril de 2006, mais de quatrocentas investigações militares independentes foram iniciadas sob tais alegações, de acordo com o tenente-coronel John Skinner, do Departamento de Defesa dos Estados Unidos.

Duas outras reações públicas às fotos de abusos são dignas de nota, a primeira de uma famosa figura da mídia, a segunda expressando o "ultraje" de um congressista norte-americano. Para o arquiconservador e apresentador de *talk-show* Rush Limbaugh, as fotos, tais como a da pirâmide de presos nus, pareciam algo mais do que um trote universitário: "Não há diferença se comparado ao que acontece no rito iniciático de *Skull and Bones* [uma sociedade secreta da Universidade de Yale], e iremos arruinar a vida de pessoas por causa disso, iremos estorvar nossos esforços militares, então, nós realmente os malharemos [os soldados acusados] porque se divertiram. Vocês sabem que essas pessoas estão sendo alvejadas todos os dias. Estou falando de pessoas que estão se divertindo, desses sujeitos. Vocês já ouviram falar de desabafo emocional? Vocês já ouviram falar de descarregar a tensão?"[7]

Torturar como forma de desabafo emocional? Catarse para os soldados tensos? Divertir-se apenas descarregando um pouco de tensão? Essas eram as justificativas dessa celebridade influente para os terríveis atos de tortura. Uma sutil diferença entre a situação do "trote" da fraternidade e a situação de tortura em Abu Ghraib é, logicamente, que o compromisso de uma fraternidade implica uma escolha de desejar suportar os maus-tratos como testemunho deste compromisso para aderir à sociedade da universidade. Eles não são for-çosamente sujeitados, sem seu consentimento anterior, a tais humilhações e tormentos por uma hostil força de ocupação inimiga.

O senador James Inhofe (republicano de Oklahoma), membro do Comitê de Serviços Armados, perante o qual o secretário Rumsfeld testemunhou, fi-cou ultrajado. Entretanto, ele declarou ter ficado "mais ultrajado pelo ultraje" causado pelas fotografias do que pelo que elas mostravam. Ele culpabilizou as vítimas por merecerem o abuso, e a mídia por publicar as imagens. "Esses presos, você sabe que eles não estão lá por infrações de trânsito. Se estão no Pavilhão 1-A ou 1-B, são assassinos, são terroristas, são insurgentes. Muitos deles provavelmente têm sangue norte-americano nas mãos, e ficamos aqui, tão preocupados pelo tratamento dado a esses indivíduos." Prosseguiu o ata-que argumentando que a mídia estava provocando maiores violências contra os norte-americanos ao redor do mundo ao publicar o ultraje causado pela exposição das fotos.[8]

O Pentágono utilizou um argumento similar em seu esforço para bloquear a liberação das imagens. Contudo, o relato interno do general de divisão Donald Ryder contestou a visão de que esses prisioneiros eram violentos, apontando que alguns iraquianos eram detidos por longos períodos simplesmente porque haviam expressado "descontentamento ou má vontade" com relação às forças norte-americanas. Outro relato torna evidente que muitos dos internos eram "civis inocentes" (de acordo com a superintendente da prisão, a general de brigada Janis Karpinski). Eles foram apanhados em batidas militares em cida-des onde atividades insurgentes ocorreram. Nessas batidas, todos os membros do sexo masculino das famílias, incluindo os garotos, foram encarcerados na prisão militar mais próxima, e, em seguida, levados a Abu Ghraib para inter-rogatório.

Embora tenha visto muitas imagens horripilantes de abusos extremados ao conduzir minha pesquisa sobre a tortura no Brasil, e ao preparar palestras so-bre tortura, algo me atingira em cheio, por ser diferente e ao mesmo tempo familiar, nas imagens que emergiam da exoticamente alcunhada Prisão de Abu Ghraib. A diferença tinha a ver com a jovialidade e a ausência de vergonha mostrada pelos criminosos. Era só "curtição", de acordo com a soldada apa-rentemente desavergonhada Lynndie England, cujo rosto sorridente desmen-tia o caos que se dava a seu redor. Todavia, um sentimento de familiaridade me assombrava. Com um choque de reconhecimento, percebi que assistir a algumas dessas imagens me fizera reviver as piores cenas do Experimento da Prisão de Stanford. Havia sacos sobre as cabeças dos presos; a nudez; os jogos sexualmente humilhantes de camelos copulando ou homens pulando carniça uns sobre os outros com genitais à mostra. Esses abusos semelhantes foram impostos por guardas universitários em seus presos universitários. Ademais, assim como em nosso estudo, os piores abusos ocorreram durante o turno da noite! Além do mais, em ambos os casos, os presos estavam detidos em prisão preventiva.

É como se a pior situação possível de nosso experimento prisional fosse conduzida ao longo de meses sob condições terríveis, em vez de se dar em nossa breve e relativamente benigna prisão simulada. Eu tinha visto o que poderia acontecer a bons garotos quando se encontravam imersos em uma situação que lhes oferecia um poder praticamente absoluto no cumprimento de seus deveres. Em nosso estudo, os guardas não tiveram treinamento anterior para seus papéis, e receberam apenas um mínimo de supervisão da equipe para restringir o abuso psicológico contra os prisioneiros. Ao imaginar o que poderia acontecer se todas as restrições que operavam em nosso ambiente experimental fossem removidas, eu sabia que na Prisão de Abu Ghraib, poderosas forças das circunstâncias deveriam estar em jogo, e mesmo forças sistêmicas mais dominadoras deveriam estar em funcionamento. Como poderia saber a verdade sobre o contexto comportamental naquela distante situação, ou descobrir qualquer verdade sobre o sistema que a criara e a mantivera? Era para mim evidente que o Sistema estava agora lutando poderosamente para ocultar a própria cumplicidade na tortura.

CONFERINDO SENTIDO AOS ABUSOS ABSURDOS

O projeto do Experimento da Prisão de Stanford tornou evidente que, de início, nossos guardas eram "maçãs boas", algumas das quais azedaram com o tempo pelas poderosas forças das circunstâncias. Ademais, percebi posteriormente que fomos eu e minha equipe de pesquisa os responsáveis pelo Sistema que fizera aquela situação funcionar de modo tão eficiente e destrutivo. Fracassamos em oferecer restrições hierárquicas adequadas para prevenir o abuso contra os prisioneiros e elaboramos um programa e procedimentos que encorajaram um processo de desumanização e desindividuação que estimulou os guardas a agir de formas criativamente más. Mais adiante, pudemos canalizar o poder do Sistema para concluir o experimento quando este começou a sair do nosso controle, e após uma contestadora me obrigar a reconhecer minha responsabilidade pessoal pelos abusos.

Em contraste, ao tentar compreender os abusos que se deram em Abu Ghraib, começamos com o fim do processo, com os maus atos documentados. Portanto, precisamos fazer uma análise inversa. Precisamos determinar como esses guardas deveriam ter sido como pessoas *antes* que fossem destinados a guardar estes prisioneiros naqueles pavilhões da prisão iraquiana. Seria possível determinar quais patologias, caso haja, os guardas podem ter trazido para dentro da prisão, para que possamos separar suas tendências constitutivas do que aquela situação particular pode ter incitado neles? Em seguida, seria possível descobrir como era o contexto comportamental no qual foram atirados? Qual era a realidade social para os guardas naquele ambiente particular e naquele momento em particular?

Por fim, precisamos descobrir algo acerca da estrutura de poder responsável por criar e manter as condições de trabalho e de vida de todos os habitantes daquela masmorra — tanto dos prisioneiros iraquianos quanto dos guardas norte-americanos. Que justificativas pode o Sistema fornecer por ter utilizado essa prisão específica para abrigar "detentos" indefinidamente, sem recurso legal, e interrogá-los utilizando "táticas coercitivas"? Em quais níveis se deu a decisão de suspender as salvaguardas da Convenção de Genebra e as próprias regras de conduta do Exército referente a prisioneiros, a saber, o repúdio a quaisquer ações cruéis, desumanas e degradantes em seu tratamento? Tais regulamentos fornecem os padrões de conduta mais básicos no tratamento a presos, e para qualquer democracia, seja em tempos de guerra ou de paz. As nações as colocam em prática não tanto pela boa vontade caridosa, mas para garantir um tratamento decente dos próprios soldados, caso sejam capturados como prisioneiros de guerra.

Não tendo sido treinado como repórter investigativo, e não tendo os meios de viajar até Abu Ghraib, ou de entrevistar os participantes-chave desses abusos, tinha poucos motivos para esperar que chegaria ao fundo ou ao topo desse intrigante fenômeno psicológico. Seria uma vergonha não ser capaz de formular uma compreensão dessa violência aparentemente absurda, baseada em meu conhecimento único como "alguém de dentro", por ter sido o superintendente da prisão de Stanford. O que aprendi do paradigma do EPS sobre investigar abusos institucionais é a necessidade de avaliar diversos fatores (temperamental, das circunstâncias e sistêmico) que conduzem ao resultado comportamental que queremos compreender. Estava curioso também para saber quem apontara os holofotes sobre os abusos que se davam naquela masmorra.

Joe Darby, heroico informante, sujeito comum

O jovem soldado que vazou a informação sobre a "pequena loja de horrores" e expôs seus atos sombrios para o escrutínio público foi Joe Darby, um reservista de 24 anos. O jovem é um herói, pois obrigou os militares a reconhecer a existência de tais práticas abusivas, e a agir para detê-las em todas as suas prisões. Darby estava na mesma 372ª Unidade da Polícia Militar que os militares do turno da noite daquela prisão, mas não trabalhava naquele posto.

Seu amigo, certo dia, o cabo Charles Graner, deu a Darby um CD repleto de centenas de imagens digitais e trechos de vídeo que ele e os outros guardas haviam registrado. Algumas das imagens já haviam circulado pela unidade; outras eram até mesmo exibidas como proteção de tela em computadores. De início, Darby se entreteve olhando as fotografias, pensando que era "bem divertido" ver uma pilha de iraquianos nus em uma pirâmide mostrando as bundas. Mas, quanto mais olhava, mais angustiado se sentia com o que via. "Não conseguia digerir aquilo direito", afirmou. Sentiu que era errado os americanos fazerem coisas tão terríveis com outras pessoas, mesmo se tratando de estrangeiros aprisionados em uma zona de guerra. "Não conseguia parar de pensar naquilo. Após cerca de três dias, tomei a decisão de entregar as fotos", relatou. Ele refletiu intensamente acerca da decisão, dividido entre a lealdade aos amigos e o imperativo de sua consciência moral. Darby conhecia Lynndie England desde o treinamento básico. Contudo, afirmou, o que vira "transgredia tudo em que acreditava pessoalmente, e tudo o que me foi ensinado sobre as normas jurídicas".

Assim, naquele dia de janeiro de 2004, Joe Darby realizou um salto gigante pela moral da humanidade entregando uma cópia do CD, com um comentário anônimo em um envelope de papel-manilha, para um agente da Divisão de Investigação Criminal. Em seguida, confidenciou ao agente especial Tyler Pieron (comandante de investigação criminal do Exército dos Estados Unidos na Prisão de Abu Ghraib) o fato de que ele colocara o CD no envelope, e que estava disposto a conversar mais detidamente com a Divisão de Investigação Criminal. Tendo delatado seus amigos nesse processo, Darby queria permanecer anônimo enquanto continuava a trabalhar em Abu Ghraib, por medo de retaliação.[9]

Foi preciso muita coragem de Darby para fazer uma denúncia tão ruidosa, sabendo que isso com certeza ofereceria problemas para seus amigos da 372ª Unidade que apareciam no CD. Contudo, enquanto os outros faziam a coisa errada, Darby fez a coisa certa.

Também devemos levar em conta que sua condição militar era das mais inferiores, um médico na reserva militar. Estava se confrontando abertamente com o que se passava em uma prisão administrada pelo Exército — uma prisão, como viria a descobrir depois, na qual havia uma seção que consistia em um centro especial de interrogatório criado pelo próprio secretário de Defesa para trazer à tona a "inteligência litigiosa de terroristas e insurgentes". Foi preciso bravura para desafiar o sistema.[10]

A época das flores da macieira na capital do país

A sorte me foi favorável. Um antigo estudante de Stanford, que trabalhava na Rádio Pública Nacional em Washington, reconheceu os paralelos entre as fotos de Abu Ghraib e aquelas que havia mostrado nas palestras de minha disciplina sobre o Experimento da Prisão de Stanford. Ele me procurou em meu hotel, na capital federal, para dar uma entrevista à rádio pouco depois de a história vir à tona. O ponto principal de minha entrevista foi a contestação da desculpa das "maçãs podres" dada pelo governo, oferecendo a alternativa da metáfora do "barril podre", que deduzi da semelhança entre a situação em Abu Ghraib e o Experimento da Prisão de Stanford. Muitas outras entrevistas à TV, rádio e jornais se seguiram a essa entrevista à Rádio Nacional, para fornecer cuidadosos comentários sobre variadas maçãs e sórdidos barris. Meu comentário foi procurado pela mídia porque poderia ser dramatizado por meio de vívidas cenas de vídeo e fotografias de nossa prisão experimental.

Essa publicidade nacional, por sua vez, lembrou Gary Myers, advogado de um dos policiais militares, de que minha pesquisa era relevante por iluminar os determinantes externos do comportamento supostamente abusivo de seu cliente. Myers convidou-me para ser uma testemunha especialista do primeiro-sargento Ivan "Chip" Frederick II, o policial militar responsável pelo turno da noite nos Pavilhões 1A e 1B. Eu aceitei, em parte para ter acesso a todas as informações de que precisava para compreender completamente o papel da tríade de elementos na análise atributiva deste estranho comportamento: a Pessoa, a Situação e o Sistema, que introduziu essa pessoa nesse lugar para cometer tais crimes.

Com essas informações históricas, esperava avaliar mais inteiramente as transações dinâmicas que fomentaram tais desatinos. No processo, concordei em oferecer a assistência devida ao cliente de Myers. Contudo, deixei claro que minha admiração se dirigia mais a Joe Darby, que fora suficientemente corajoso para expor os abusos, do que para qualquer pessoa envolvida na execução deles.[11] Sob tais circunstâncias, juntei-me à equipe de defesa do primeiro-sargento Frederick e embarquei em uma jornada neste novo coração das trevas.

Comecemos nossa análise adquirindo uma melhor noção de como era o lugar — a Prisão de Abu Ghraib — geográfica, histórica, politicamente e em sua estrutura e função operacional recente. Então, poderemos passar a examinar os soldados e prisioneiros nesse contexto comportamental.

O LUGAR: A PRISÃO DE ABU GHRAIB

A 32 quilômetros a oeste da capital do Iraque, Bagdá, e a alguns poucos quilômetros de Fallujah, encontra-se a cidade iraquiana de Abu Ghraib (ou Abu Ghurayb), onde está localizada a prisão. Situa-se dentro do triângulo sunita, o centro da violenta insurgência contra a ocupação dos Estados Unidos. No passado, a prisão foi chamada pela mídia ocidental de "A Central de Tortura de Saddam", por ter sido o lugar onde, durante o reinado do governo de Baath, Saddam Hussein providenciou a tortura e assassinato de "dissidentes" em execuções públicas bissemanais. Há alegações de que alguns desses prisioneiros políticos e criminosos foram usados em experimentos semelhantes aos nazistas, como parte do programa de armas químicas e biológicas do Iraque.

Em um dado momento, até 50 mil pessoas eram mantidas no esparramado complexo da prisão, cujo nome pode ser traduzido como "Casa dos Pais Estranhos" ou "O Pai do Estranho". Sempre teve uma reputação repulsiva, por ter servido como manicômio para diversos reclusos com perturbações graves, na era pré-torazine. Construída por uma empreiteira britânica, em 1960, cobria 1,15 quilômetro quadrado e possuía um total de 24 torres de guarda rodeando o perímetro. Era uma pequena cidade esparramada, dividida em cinco complexos amuralhados, cada qual destinado a guardar tipos particulares de prisioneiros. No centro do pátio aberto erigia-se uma enorme torre de 122 metros de altura. Ao contrário da maioria das prisões norte-americanas, construídas em áreas rurais remotas, Abu Ghraib encontra-se à vista de grandes prédios residenciais e escritórios (talvez construídos antes de 1960). Em seu interior, suas celas se apinhavam com até quarenta pessoas confinadas em um espaço de 4 metros quadrados, vivendo em condições desprezíveis.

O coronel Bernard Flynn, comandante da Prisão de Abu Ghraib, descreveu quão próxima a prisão estava daqueles que a atacavam: "É um alvo de alta visibilidade, porque estamos em uma vizinhança ruim. Todo o Iraque é uma vizinhança ruim. [...] Há uma torre construída tão próxima da vizinhança que podemos ver dentro dos quartos, sabe, bem ali sobre as varandas. Havia franco-atiradores em cima daqueles telhados, sobre as varandas, atirando nos soldados que estivessem nas torres. Assim, estamos constantemente de guarda, tentando defendê-la e tentando impedir os insurgentes de entrarem."[12]

Após as forças norte-americanas derrubarem o governo Saddam, em março de 2003, o nome da prisão foi mudado de Abu Ghraib, para dissociá-la de seu passado desagradável, para Centro de Detenção de Bagdá (do inglês, BCCF) — iniciais vistas em muitos relatórios investigativos. Quando o regime de Saddam sucumbiu, todos os prisioneiros, incluindo muitos criminosos, foram soltos, e a prisão foi saqueada; tudo que pudesse ser retirado foi furtado — portas, janelas, tijolos: digo o nome de algo, esse algo foi roubado. Acidentalmente — e não relatado pela mídia —, o zoológico da cidade de Abu Ghraib também foi aberto e todos os animais selvagens libertados. Por certo tempo, leões e tigres perambularam pelas ruas, até que fossem finalmente capturados ou mortos. Um antigo chefe de departamento da CIA, Bob Baer, descreveu a cena que testemunhou nessa notória prisão: "Visitei Abu Ghraib por um par de dias depois que foi liberada. Foi a paisagem mais terrível que já vi. Eu disse: 'Se há uma razão para se livrar de Saddam Hussein, essa razão é Abu Ghraib.'" Seu relato implacável acrescenta: "Havia corpos comidos por cachorros, havia tortura. Você sabe, eletrodos saindo das paredes. Era um lugar terrível."[13]

Embora os oficiais superiores britânicos tivessem recomendado que a prisão fosse demolida, as autoridades norte-americanas decidiram reconstruir a prisão o mais rapidamente possível para que pudesse ser utilizada para deter todos os suspeitos dos vagamente definidos "crimes contra a Coalizão", suspeitos de liderar insurgências e criminosos variados. Os responsáveis por esse diversificado grupo de detentos eram soldados iraquianos de caráter duvidoso. Muitos dos detidos eram civis iraquianos inocentes, que foram apanhados em batidas militares casuais ou em postos nas estradas por "atividade suspeita". Detiveram famílias inteiras — homens, mulheres e adolescentes — para serem interrogadas, à caça de informações que poderiam ter sobre a inesperada insurgência crescente contra a Coalizão. Uma vez presos e revelada a sua inocência depois do interrogatório, eles não eram soltos porque os militares temiam que se juntariam à insurgência, ou porque ninguém queria assumir a responsabilidade pela tomada de tal decisão.

O altaneiro alvo dos ataques de morteiros

A imponente torre de 122 metros no centro da prisão logo se tornou o alvo da mira de ataques de morteiro, geralmente à noite, lançados do alto de edifícios próximos. Em agosto de 2003, um ataque de morteiro matou 11 soldados que estavam dormindo em tendas no pátio, em um "solo macio". Em outro ataque, um explosivo destroçou uma tenda cheia de soldados, dentre eles o coronel Thomas Pappas, o líder de uma das brigadas de inteligência militar situadas na prisão. Embora Pappas tenha saído ileso, o jovem soldado que era seu motorista foi despedaçado e morreu, assim como outros soldados. Pappas ficou tão abalado por esse horror repentino que nunca mais retirou seu colete à prova de balas. Fui informado de que ele sempre vestia seu colete e capacete, mesmo quando tomava banho. Foi em seguida declarado "inapto para combate" e liberado de seus deveres. A deterioração de sua condição mental não permitiu que fornecesse a supervisão, vitalmente necessária, aos soldados, que trabalhavam na prisão. Após os terríveis ataques de morteiro, Pappas abrigou a maioria dos soldados dentro das paredes da prisão, no "solo duro", o que significava que passaram a dormir em pequenas celas, como os prisioneiros.

Histórias sobre a morte de seus companheiros, e o ataque constante e ininterrupto de franco-atiradores, granadas e morteiros criaram uma sensação de temor entre todos os designados para a prisão, que sofreu sob ataque inimigo até vinte vezes em uma semana. Tanto os soldados dos Estados Unidos quanto os prisioneiros e detentos iraquianos foram mortos pelo fogo inimigo. Ao longo do tempo, os ataques destruíram parte do complexo da prisão, deixaram prédios queimados e escombros em toda parte.

Os disparos de morteiro eram tão frequentes que passaram a fazer parte do espaço surreal de loucura de Abu Ghraib. Joe Darby lembra-se de discutir com os companheiros, enquanto tentavam adivinhar o tamanho e a localização do morteiro depois de escutarem o estrondo de seu lançamento; se era um de 60 ou 80 mm, ou mesmo grande o suficiente para ser uma explosão de 120 mm. Entretanto, a insensibilidade psíquica perante a morte não durou para sempre. Darby confessa que "alguns dias antes de minha unidade deixar Abu Ghraib, subitamente as pessoas começaram a se preocupar pela primeira vez com o ataque dos morteiros. Era estranho. Elas ficavam todas amontoadas juntas contra a parede. Dei comigo agachado em um canto, rezando. A insensibilidade estava desaparecendo. É uma das coisas que se precisa ter em mente quando se vê as fotografias. Todos ficamos insensíveis de diferentes maneiras."

De acordo com um informante de alta patente que trabalhou ali por vários anos, a prisão permaneceu um lugar muito perigoso para se trabalhar ou se abrigar. Em 2006, o comando militar finalmente decidiu abandoná-la, mas um pouco tarde demais para desfazer o dano causado por sua decisão anterior de ressuscitá-la.*

Contribuindo para o infortúnio dos soldados, a despedaçada Prisão de Abu Ghraib não possuía rede de esgoto — apenas buracos no chão e banheiros químicos para todos os prisioneiros e soldados. Por não serem regularmente esvaziados, eles transbordavam, e nas temperaturas mais altas do verão o fedor era horrível para todos, o tempo todo. Não havia sistema adequado de banho; a água era racionada; não havia sabonetes; a energia elétrica falhava com regularidade, pois não havia geradores confiáveis. Os prisioneiros fediam, assim como toda a dependência que os cercava. Debaixo das chuvas pesadas de verão, quando as temperaturas saltavam para 45ºC, a prisão se tornava um forno ou uma sauna. Durante uma tempestade de vento, finas partículas de poeira entravam nos pulmões de todos, causando congestão e infecções virais.

Depois que decidiram demolir a alta torre, para eliminá-la como um alvo fácil para os insurgentes, os ataques de morteiro foram menos frequentes, mas

---

* A Prisão de Abu Ghraib foi oficialmente fechada em 15 de agosto de 2006, e todos os prisioneiros remanescentes foram transferidos para Camp Crooper, perto do aeroporto de Bagdá.

essa enorme demolição contribuiu com mais destroços e degradação para o espaço da prisão.

Nem a qualidade da comida compensava as outras deficiências das acomodações. Ainda que esse enorme estabelecimento tenha sido recém-reformado pelo Exército norte-americano, não havia refeitórios. Durante mais de dois anos após a ocupação de Abu Ghraib, os soldados escolhidos para servirem ali eram obrigados a comer rações termoestabilizadas e refeições prontas embaladas. Um refeitório foi finalmente construído em dezembro de 2003. Em suma, não consigo expressar melhor a situação do que um primeiro-sargento de investigações militares em serviço no local, que me disse quão terrível era trabalhar em um lugar como aquele: "que por um longo período se pareceu com o inferno na Terra."[14]

Oitenta acres de inferno

Os entusiastas da história norte-americana irão nos lembrar, neste momento, de que uma prisão ainda mais infernal foi criada e mantida pelas Forças Armadas dos Estados Unidos durante e depois da Guerra Civil. Camp Douglas era uma prisão a poucos quilômetros de Chicago, para a qual milhares de prisioneiros confederados foram enviados. Foi parcamente construída sobre um pântano desapropriado, com recursos inadequados, liderança indecisa e negligente, nenhuma diretriz clara para lidar com os prisioneiros de guerra, e enorme hostilidade contra os "traidores" confederados, da parte dos civis locais e do pequeno batalhão de guardas que chegaram a supervisionar até 5 mil prisioneiros. Camp Douglas ficou conhecido como "oitenta acres de inferno", porque milhares de presos ali morreram, como trabalhadores escravos, de fome, por espancamentos brutais, tortura, maus-tratos propositais, doenças contagiosas e doenças virais. O equivalente do inferno na terra no Sul para soldados da União capturados era a mais conhecida Prisão de Andersonville.[15]

O NOVO COMANDANTE CHEGA AO LOCAL, MAS A PAISAGEM É INVISÍVEL

Em junho de 2003, um novo oficial foi encarregado da desastrosa prisão iraquiana A general de brigada da reserva militar Janis Karpinski foi feita comandante da 800ª Brigada da Polícia Militar, que operou a Prisão de Abu Ghraib e estava no comando de todas as outras prisões militares no Iraque. A indicação era estranha por dois motivos: Karpinsky era a única comandante mulher na zona de guerra, não tinha experiência alguma em administrar qualquer tipo de aparato prisional. Ela deveria comandar 3 grandes cadeias e 17 prisões em todo o Iraque, 8 batalhões de soldados, centenas de guardas iraquianos, e 3.400 inexperientes reservistas do Exército, assim como o especial Centro de Interrogatório no Pavilhão 1A. Era uma exigência avassaladora para ser depositada sobre as costas de uma tão inexperiente oficial de reserva.

De acordo com diferentes fontes, Karpinski logo abandonou seu posto em Abu Ghraib devido aos seus perigos e às terríveis condições de vida, e retornou para a segurança e comodidade de Camp Victory, próximo ao aeroporto de Bagdá. Estando Karpinski fora do local, viajando com frequência até o Kuwait, não havia nenhuma supervisão hierárquica diária no prédio Além do mais, ela alega que recebera informação dos altos escalões da hierarquia de que o Pavilhão 1A era um "lugar especial" e não estava sob sua supervisão direta — portanto, ela nunca o visitou.

Ter uma mulher apenas nominalmente encarregada também encorajou atitudes sexistas entre os soldados, o que levou a um colapso na disciplina e ordem militar comuns. "Os subordinados da general Karpinski em Abu Ghraib às vezes desconsideravam suas ordens e não cumpriam os códigos de usar uniformes e prestar continência aos superiores, o que veio a se juntar aos padrões negligentes que prevaleceram na prisão", disse um dos membros da brigada. O soldado, que falou sob a condição do anonimato, também disse que os comandantes em campo rotineiramente ignoravam as ordens da general Karpinski, dizendo que não precisavam ouvi-la porque ela era uma mulher.[16]

Uma tarefa ela de fato realizou, seguindo um costume, que consistia em "limpezas" semanais, quando ela tomou decisões sobre quais presos deveriam ser liberados, seja porque não eram perigosos, seja porque provavelmente não possuíam informações úteis, além de não serem insurgentes ou criminosos. Contudo, fui informado de que Karpinski evitava riscos ao soltar relativamente poucos detentos, enquanto muitos novos prisioneiros eram trazidos diariamente; assim, a população da prisão continuava a inchar. Para piorar as coisas, embora poucos saíssem, havia um influxo constante de presos de outras prisões, como, por exemplo, quando Camp Bucca ficou superlotado.

Quando a população da prisão inchou para mais de 10 mil detentos durante os primeiros seis meses do mandato de Karpinski, havia, entre os presos, trinta adolescentes, com idades entre 10 e 17 anos. Para esses garotos, não apenas não havia qualquer tipo de programa educacional, como não ficavam em espaços separados. "Era desolador ver as condições sob as quais esses jovens viviam por meses seguidos", comentou um observador. Ademais, nenhuma providência foi tomada quanto a separar presos com transtornos mentais, ou sofrendo de uma série de doenças contagiosas, como tuberculose.

É curioso, pois, que dadas as terríveis condições em Abu Ghraib, a general Karpinski tenha feito um relato positivo em uma entrevista para o *St. Petersburg Times* em dezembro de 2003. Ela disse que, para muitos dos iraquianos presos em Abu Ghraib, "as condições de vida eram agora melhores do que se estivessem em suas casas". E acrescentou: "Em certo momento, ficamos preocupados de que eles não desejassem sair." Contudo, naquele mesmo momento, enquanto a general Karpinski concedia uma entrevista tão eufórica na véspera de Natal, o general de divisão Antonio Taguba conduzia uma investigação sobre relatos de numerosos incidentes de "abusos criminais sádicos, grosseiros e desumanos", cometidos por seus soldados da 372ª Unidade da Polícia Militar, durante o turno da noite no Pavilhão 1A.

Posteriormente, a general Karpinski foi admoestada, suspensa de seu cargo, repreendida oficialmente e destituída do posto de comando. Ela também foi rebaixada para o posto de coronel e reformada. Foi a primeira oficial a ser considerada culpada na investigação dos abusos dos prisioneiros, por seus pecados de omissão e ignorância — não por algo que fizera, mas pelo que não fizera.

Em sua autobiografia, *One Woman's Army* (O Exército de Uma Mulher), Karpinski conta seu lado da história.[17] Ela relata a visita de uma equipe do Exército de Guantánamo, dirigida pelo general de divisão Geoffrey Miller, que lhe dissera: "Nós iremos mudar a natureza do interrogatório em Abu Ghraib." Isso significava "retirar as luvas", parar de ser tão brando com os suspeitos de insurgência e começar a utilizar táticas que tornariam a "inteligência litigiosa" necessária na guerra contra terroristas e insurgentes. Miller também insistiu para que o nome oficial da prisão deixasse de ser Centro de Detenção de Bagdá e voltasse a sua designação original, ainda temida pela população iraquiana: a Prisão de Abu Ghraib.

Ela também comenta que o general de Exército Ricardo Sanchez, o comandante das forças norte-americanas no Iraque, repetiu o tema que o general Miller formulara sobre presos e detentos sendo não mais do que "iguais a cães", e a necessidade de endurecer no trato com eles. Na visão de Karpinski, seus oficiais superiores, os generais Miller e Sanchez, estipularam um novo programa de desumanização e tortura em Abu Ghraib.[18]

A PESSOA: GOSTARIA DE APRESENTAR-LHES "CHIP" FREDERICK

Encontrei Chip Frederick pela primeira vez em 30 de setembro de 2004, quando seu advogado, Gary Myers, providenciou para que eu passasse um dia com ele e sua mulher, Martha, em São Francisco. Enquanto realizávamos uma entrevista em profundidade de quatro horas de duração, Martha fez um pequeno passeio turístico, após o qual almoçamos em minha casa, em Russian Hill. Desde então, mantive uma correspondência ativa com Chip Frederick, e mantive-me em contato por telefone e e-mail com Martha e a irmã mais velha de Chip, Mimi Frederick.

Após examinar todos os registros e relatórios disponíveis sobre ele, providenciei para que um psicólogo clínico militar (dr. Alvin Jones) conduzisse uma avaliação psicológica completa de Frederick em setembro de 2004.[19] Revisei esses dados, assim como a avaliação cega independente do teste Inventário Multifásico Minnesota de Personalidade (MMPI), feito por um especialista em avaliação psicológica. Além disso, administrei uma escala de colapso psicológico no momento da nossa entrevista, e um especialista em stress no trabalho avaliou seus resultados independentemente. Comecemos com alguns dados históricos gerais, acrescentemos dados pessoais familiares e um pouco da autoavaliação recente de Frederick, e, então, revisemos as avaliações psicológicas formais.

Chip tinha então 36 anos, era filho de um mineiro de carvão de West Virgínia de 77 anos, e de uma dona de casa de 73 anos de idade. Cresceu na pequena cidade de Mt. Lake Park. Descreve sua mãe como bastante presente e cuidadosa, e seu pai, como muito bom para ele. Uma de suas lembranças favoritas é o conserto de carros na garagem na companhia do pai. Sua irmã mais velha, Mimi, de 46 anos, é uma enfermeira diplomada. Casou-se com Martha em junho de 1999, na Virgínia; conheceram-se quando ela estagiava na penitenciária onde ele trabalhava. Ele tornou-se, então, o padrasto de suas duas filhas adultas.

Em toda sua vida, Chip frequentou regularmente as missas na igreja batista, pelo menos em domingos alternados. Ele se considera uma pessoa moral e espiritual, mesmo depois de seu envolvimento nos abusos em Abu Ghraib. Antes de ir para o Iraque, ele fez a faculdade da comunidade local e depois cursou disciplinas na Universidade Allegheny, em Maryland, mas não chegou a concluir sua graduação. Era um estudante mediano, nunca ficou reprovado em uma disciplina, e gostava de adquirir novas habilidades. Chip, contudo, está mais para atleta do que para intelectual; jogava basquete, beisebol, futebol e futebol americano no ensino médio. Quando adulto, continuou a jogar softbol como interceptador esquerdo, possuindo uma boa média de interceptação, em vez de valorizar a distância. Seus passatempos favoritos são a caça e a pesca. É também uma pessoa "sociável", possuindo muitos amigos íntimos de longa data, com os quais manteve contato ao longo dos anos. Ele é muito próximo desses amigos, que são, disse ele, o tipo de gente por quem "você daria a vida". Chip mencionou que também mantinha contato próximo com sua sobrinha e sobrinho. Em geral, é um homem familiar: conta com sua família, e eles sempre puderam contar com ele. Ele ama sua esposa, Martha, a quem descreve como "perfeita", e "uma mulher muito forte", e ama as filhas dela "como se fossem suas".

Chip está com boa saúde e em boa forma física. Nunca foi operado, fez psicoterapia ou tomou medicamentos para problemas mentais. Seu único embate com a justiça aconteceu quando ele tinha 19 anos, por uma detenção por "perturbar a paz" que acarretou uma fiança de 5 dólares, que recebeu por gritar muito alto e por muito tempo em um jogo noturno de esconde-esconde. Raramente fuma, bebe apenas algumas cervejas por semana, e jamais usou drogas ilegais.

Chip se descreveu da seguinte maneira: "muito silencioso, às vezes tímido, prático, terno, muito conciliador, e, em geral, uma boa pessoa."[20] Entretanto, é importante que notemos algumas autodescrições adicionais: Chip normalmente teme ser rejeitado pelos outros, e, assim, em qualquer desavença, ele costuma ceder para ser aceito; ele muda de opinião para contemplar os outros, para que assim "não fiquem bravos comigo, ou me odeiem". Outros podem influenciá-lo mesmo quando ele acredita estar decidido. Não gosta de ficar sozinho; gosta de estar próximo dos outros, e fica deprimido quando fica sozinho por algum tempo.

Algumas de minhas pesquisas sobre timidez fornecem apoio empírico para este elo entre timidez e conformidade. Descobrimos que estudantes universitários tímidos tinham mais chance de ceder, para concordar com os outros cujas opiniões eram discrepantes das suas, quando acreditavam que teriam de defender seu ponto de vista abertamente, considerando que não se conformariam se não tivessem de temer um confronto público.[21]

O sujeito é superpatriótico — todo dia ele hasteia a bandeira norte-americana em frente de casa, e a abaixa ao pôr do sol. Ele dá a bandeira de presente para amigos e familiares. "Comprei várias bandeiras para dar à família, para meu lugar de trabalho, e as levei todas para o Kwait. Acho que tinha nove ou dez. Levei-as comigo quando estava em Bagdá, e enviei-as para minha mulher", afirmou durante nossa entrevista. Chip Frederick sente "arrepios" e fica de "olhos marejados" quando escuta o Hino Nacional. Ele me escreveu recentemente de sua cela na prisão: "Fico orgulhoso em dizer que servi o meu país a maior parte de minha vida adulta. Estava bastante preparado para morrer por meu país, minha família e meus amigos. [...] Quis ser alguém que faria a diferença."[22] (Preciso admitir que tais sentimentos parecem um tanto exagerados, em relação ao meu patriotismo mais cauteloso e brando.)

Sua irmã, Mimi, tem o seguinte a dizer sobre seu irmão mais novo:

Crescer com Chip foi delicioso para mim. Estamos a três meses de eu ser 11 anos mais velha do que ele. Chip era uma pessoa silenciosa. Era atencioso com seus pares. Chip sempre foi cuidadoso com os sentimentos dos outros e jamais foi um tipo de pessoa vingativa. Chip era teimoso e gostava de pregar peças. Ele sempre dava ao cachorro manteiga de amendoim para comer, e gargalhava tanto que rolava no chão! Chip era um esportista e membro de um time. Sua filosofia de vida é a justiça, e ele ainda tem uma forte crença nisto, na responsabilidade e imputabilidade. Eu me lembro dele partindo para o serviço militar aos 17 anos, quando não passava de um garoto, apenas para retornar como um jovem crescido, e demonstrando essas mesmas habilidades que ele tanto prezou. Chip gosta de caçar e de pescar em seu tempo livre. Ele gosta de esportes, de corrida de carros e motos, e de passar tempo com sua família.[23]

Primeiro-sargento Chip Frederick segurando orgulhosamente
uma bandeira dos Estados Unidos no Iraque

Os Registros de Frederick na Penitenciária e no Serviço Militar

Antes de ser convocado para o Iraque, Chip Frederick trabalhou como agente penitenciário em uma pequena prisão de segurança média, o Centro Penitenciário de Buckingham, em Dillwyn, na Virgínia, por cinco anos a partir de dezembro de 1996. Ele era um agente de pavilhão, responsável por supervisionar de 60 a 120 reclusos, dependendo do momento. Enquanto se encontrava em treinamento institucional, conheceu Martha, sua treinadora. A única mancha em seu registro é uma reprimenda por ter usado uma vez o uniforme errado. Contudo, isso é compensado por uma menção honrosa que recebeu por impedir o suicídio de um recluso. Antes de se tornar um agente penitenciário, Frederick trabalhou fazendo óculos na Bausch & Lomb.

Tive a possibilidade de rever muitas de suas avaliações de desempenho, conduzidas anualmente pelo Departamento das Penitenciárias de Virgínia. Uma súmula das observações-chave de vários avaliadores fornece uma noção de quão bem Chip progrediu no treinamento probatório para se tornar um agente penitenciário. Ele praticamente superou as expectativas em quase todas as dimensões específicas de desempenho.

"A/P Frederick foi eficiente ao realizar essas [sic] tarefas que lhe foram atribuídas durante o período probatório. Atingiu todos os padrões de desempenho estabelecidos." "O agente Frederick revela iniciativa e realiza um trabalho muito bom" (abril de 1997).

Uma mancha negativa em seu registro de desempenho com o Departamento das Penitenciárias de Virgínia diz: "O empregado precisa ser mais consistente nas atribuições de seu posto e reforçar as chamadas em pé." (novembro de 1997).

Em todos os outros seis critérios, ele é cotado como "Corresponde às Expectativas", exceto em "Moderado, mas precisa melhorar", no critério de iniciar e concluir os procedimentos de chamada. (Vocês se lembram do suplício do procedimento de chamada no EPS?)

De resto, os comentários são uniformemente positivos: "Ele é um agente muito bom e mostra habilidades de liderança." "Sua aparência excede as expectativas" (novembro de 1998). (Isso também era válido ao lidar com as chaves e o equipamento. Em todos os outros critérios, ele "corresponde às expectativas".)

"O agente Frederick atinge todos os critérios e tem o potencial de ser um agente excelente." "O agente Frederick realiza um excelente trabalho em controlar a custódia, controle e segurança dos detentos." "O agente Fredrick está sempre impecável, limpo, tem os sapatos polidos e aparenta sentir orgulho de seu uniforme" (novembro de 1999).

"O agente Frederick opera e mantém o posto de maneira cuidadosa, segura e limpa. Quando designado para o alojamento especial, ele mantém sua área limpa e pronta para inspeções." "O agente Frederick está sempre vestido apropriadamente para a atribuição de seu posto. Ele conserva uma aparência profissional." "Trabalha bem tanto com seus colegas quanto com os detentos. Ele tem um conhecimento completo do trabalho a ser feito, e estabeleceu medidas e procedimentos. Não apresenta dificuldades em ajudar os outros a finalizar as atribuições de seus trabalhos" (outubro de 2000).

No todo, tais avaliações são cada vez mais positivas, a ponto de o desempenho de Chip Frederick "exceder as expectativas". Contudo, é significativo apontar uma conclusão-chave em um desses relatórios finais: "Não havia fatores que fugiam ao controle do funcionário que afetassem seu desempenho." É importante ter isso em mente precisamente porque argumentarei que "os fatores das circunstâncias que fugiam ao seu controle" minaram seu desempenho em Abu Ghraib.

Na avaliação final de Frederick, em maio de 2001, suas notas eram altas: "O agente Frederick faz um ótimo trabalho como agente de piso. Comunica-se bem com os detentos em sua área e na força de ataque." "O agente Frederick exibe um alto padrão de aparência e conduta profissional." "O agente Frederick faz um ótimo trabalho reforçando todas as medidas .promulgadas." "O agente Frederick realiza um ótimo trabalho durante as chamadas."

É evidente que Chip Frederick se tornou um valioso agente penitenciário, altamente eficiente quando tinha procedimentos explícitos e medidas promulgadas a seguir. Ele claramente aprendeu com seu trabalho e se beneficiou da vigilância e da avaliação de seus supervisores. Ele é também alguém para quem a aparência e o zelo pessoal são importantes, da mesma forma que manter uma conduta profissional. Tais qualidades, centrais à identidade pessoal de Chip, estiveram sob ataque pelas terríveis condições que afirmamos existir na Prisão de Abu Ghraib, e foram ainda piores no turno da noite no Pavilhão 1A.

Chip se alistou nas Forças Armadas em 1984 pelo dinheiro, pela experiência e para estar com seus amigos. Também parecia a coisa patriótica a fazer naquele momento. Serviu por mais de 11 anos na Guarda Nacional em uma unidade de engenharia de combate, e acrescentou a esse serviço mais dez anos na Polícia Militar da Reserva. A única marca negativa em seu registro foi recebida por se atrasar para a formatura no começo de sua carreira. Depois de treinado, foi enviado ao Kuwait, em maio de 2003, e, depois, a uma pequena cidade, Al-Hillah, ao sul de Bagdá, onde serviu ao lado de meia dúzia de amigos íntimos na 372ª Unidade da PM. Ele era um sargento de operação encarregado de enviar patrulhas.[24]

A missão era excelente, a população nos amava. Não houve grandes incidentes ou ferimentos. Era um local pacífico até sairmos [e as forças da Coalizão Polonesa assumirem o comando]. Fiz questão de aprender sobre a cultura, aprendi um pouco da língua árabe, e preocupei-me em interagir com o povo. Enviei pacotes cheios de doces para minhas crianças [naquele vilarejo]. Minhas crianças sempre ficavam eufóricas comigo.

Frederick relatara também que continuava a se orgulhar por ter sido capaz de fazer aquelas crianças sorrirem pelo simples fato de que prestava atenção nelas, e dispunha de seu tempo para brincar com elas.[25]

Durante esse período, foi capaz de satisfazer seu enorme desejo de impecabilidade "passando a ferro parcialmente" seu uniforme. Isso significava que, após lavar e secar seu uniforme, ele o colocava sob uma chapa de compensado sob seu colchão, e dormia sobre ele por uma semana. Ele era o único soldado que tinha vincos nas calças, e caçoavam dele por isso, mas não se importava, "porque é coisa minha; não gosto de me descuidar". Ele se descreve como um perfeccionista que sempre gosta que as coisas estejam "agradáveis, asseadas e limpas". Sua propensão pelo asseio era tão exagerada que às vezes "deixava sua mulher maluca". Infelizmente, havia pouco tempo e nenhuma razão para tal asseio na Prisão de Abu Ghraib, onde foi parar no começo de outubro de 2003.

Uma indicação do serviço exemplar à nação de Chip Frederick como soldado encontra-se em um exame de todas as condecorações que ele recebeu ao longo dos anos. Elas incluem: Medalha do Mérito Militar (concedida três vezes); Medalha dos Integrantes da Reserva Militar (concedida quatro vezes); Medalha de Defesa Nacional (concedida duas vezes); Medalha das Forças Armadas da Reserva com Dispositivo "M"; condecoração do Desenvolvimento Profissional de Praça; condecoração do Serviço Militar; condecoração de Treinamento Internacional a Integrantes da Reserva Militar (concedido duas vezes); Medalha da Guerra Global contra o Terrorismo; e Medalha Expedicionária da Guerra Global contra o Terrorismo. Além dessas, ele estava prestes a receber uma estrela de bronze pela forma eficiente com que lidara com um incidente de tiroteio com um detento sírio em Abu Ghraib, mas não a recebeu depois que as revelações do abuso vieram à tona. Pelo que me consta, são credenciais bastante impressionantes, especialmente para alguém que foi depois chamado de um "soldado perigoso".

Avaliações psicológicas[26]

Em testes padrão, o QI de Chip incide sobre a faixa mediana em medidas combinadas de inteligências verbal e de desempenho.

Três medidas de personalidade e de funcionamento mental possuem escalas de veracidade que avaliam como a pessoa testada retrata a si mesma ao longo de todos os itens do teste, detectando mentiras, respostas falsas ou defensivas. Chip não revelou tendência alguma de se apresentar de modo excessivamente positivo ou negativo, no que concerne ao funcionamento psicológico. Contudo, é importante dar destaque à conclusão: "As escalas de veracidade indicam que o paciente se apresentou como um indivíduo moralmente virtuoso", segundo o psicólogo das Forças Armadas que conduziu a avaliação. Ademais, estes resultados padronizados indicam que Chip Frederick não possui "tendências sádicas ou patológicas". Essa conclusão sugere fortemente que a atribuição temperamentalista de culpa da "maçã podre" feita contra ele pelos militares e defensores do governo não possui, na verdade, uma base que a confirme.

> Os resultados do teste sugerem uma motivação interna do paciente de obter e manter relacionamentos carinhosos e de apoio mútuo. Espera-se que ele seja obediente, dócil e conciliador, enquanto procura relacionamentos nos quais ele pode confiar aos outros um apoio emocional, afeição, estímulo e segurança. Seu temperamento será provavelmente pacifista, e procurará evitar o conflito. Acerca disso, ele terá uma tendência geral a hesitar expressar sentimentos negativos, por medo de segregar-se dos outros. Exibirá uma excessiva necessidade de segurança, de ligação e de ser cuidadoso, e se sentirá desconfortável quando sozinho. Isto subjaz, em parte, à sua tendência de se submeter aos desejos dos outros com vistas a conservar a segurança.[27]

Uma avaliação independente do exame de personalidade de Chip Frederick feita por um especialista em psicologia clínica, dr. Larry Beutler, indica uma concordância substancial com as conclusões do psicólogo clínico das Forças Armadas. Primeiro, ele aponta que "os resultados da avaliação podem ser considerados indicadores razoavelmente confiáveis e válidos de seu funcionamento atual".[28] Dr. Beutler prossegue, dizendo, em negrito: "Deve ser salientado também que não há evidência de uma patologia geral. [...] [Ele] não está manifestando sérias patologias de personalidade ou do Eixo 1".*

Isso significa que Chip não mostra evidência alguma de uma personalidade psicopática, que o predisporia a cometer uma crueldade sem sentimento de culpa no ambiente de trabalho. Ele também recai sobre a "faixa normal e sadia" no que se refere à esquizofrenia, depressão, histeria, e todas as outras grandes psicopatologias.

---

* Seção do Manual de Diagnóstico e Estatística de Perturbações Mentais (DSM-IV) dedicada aos transtornos mentais. [N. do T.]

Entretanto, o dr. Beutler também afirma em sua pertinente opinião que uma síndrome de traços psicológicos subjacentes levanta dúvidas sobre a liderança de Chip em situações complexas e exigentes, tais como as encontradas em Abu Ghraib.

Tais sintomas [os de Frederick] podem impedir sua habilidade de responder a situações novas, e podem reduzir sua flexibilidade e habilidade de se adaptar à mudança. Ele tende a ser indeciso, inseguro, e a confiar nos outros nos momentos em que precisa tomar decisões. [...] Ele busca a afirmação de seu valor e o reconhecimento por seus esforços, e depende significativamente de outros para ajudá-lo a elaborar e conservar um programa de trabalhos, ou para tomar decisões. [...] Ele se deixa levar facilmente pelos outros, e, apesar de seus esforços para "fazer o que é direito", é capaz de se permitir ser excessivamente guiado pelas circunstâncias, autoridades, e pressões dos colegas.

Tais relatórios deixam claro que o primeiro-sargento Chip Frederick poderia ser um bom "líder socioemocional", mas não se sairia tão bem como um "líder de tarefas", uma distinção que os pesquisadores da liderança utilizam para diferenciar seus dois estilos contrastantes. Um líder socioemocional é sensível às necessidades dos que estão em sua organização e se envolvem em atividades que promoverão a qualidade positiva na participação do grupo. Por outro lado, um líder de tarefas se concentra nos aspectos mais formais da liderança, tais como estabelecer normas e planos de trabalho, distribuir tarefas e disponibilizar um respaldo instrutivo, com vistas a atingir as metas do grupo. Do ponto de vista ideal, o líder de um grupo deveria possuir ambos os traços, mas, habitualmente, o trabalho é dividido entre diversos líderes, e cada qual é melhor em um ou outro conjunto de atributos. Um grupo irá precisar de líderes de tarefa eficazes mais do que de bons líderes sócioemocionais, quando se encontra em situações ambíguas que envolvam mudança de necessidades e a falta de objetivos explícitos — um exemplo clássico do ambiente do turno da noite no Pavilhão 1A. Não importa quão bem Chip tenha se saído anteriormente ao liderar em circunstâncias penitenciárias, ele era simplesmente a pessoa errada para o complexo trabalho de líder naquele turno, naquele momento e lugar.

Chip Frederick também realizou a avaliação primária do tipo e extensão do esgotamento psicológico individual (*burnout*) no interior de um ambiente organizacional. Ele o fez imaginando sua situação de trabalho, do modo como o vivia em Abu Ghraib. O *Maslach Burnout Inventory* (Inventário de Burnout* de Maslach), ou MBI, identifica três aspectos da relação de uma pessoa com um local de trabalho específico: exaustão emocional, despersonalização e realização pessoal. Foi desenvolvido por Christina Maslach (lembrem-se da heroína do Experimento da Prisão de Stanford). A medida foi posteriormente refinada e ampliada em sua pesquisa com o dr. Michael Leiter, que forneceu uma análise "às escuras" das reações de Frederick (isto é, ele desconhecia quem era seu "cliente" e seu ambiente de trabalho específico).[29]

De acordo com o dr. Leiter, os resultados de Chip revelam um perfil incomum de *burnout* nestas três dimensões. Usualmente, uma situação de *burnout* no trabalho é caracterizada pela combinação de um alto grau de exaustão, uma elevada despersonalização e um sentimento reduzido de realização pessoal no trabalho. Entretanto, Chip mostrou poucos sinais de despersonalização ou uma avaliação negativa de sua realização pessoal. Não obstante, ele revela uma exaustão emocional intensa:

> O perfil indicou tratar-se de uma pessoa que vive uma exaustão extrema, o que caracterizaria o *burnout*. Especificamente, a avaliação indica uma pessoa emocionalmente esgotada e cronicamente exausta. Seus ciclos de recuperação não fornecem alívio ou descanso do trabalho suficientes para permitir-lhe restabelecer as energias, levando a uma condição de esgotamento crônico. É evidente que seu estado atual seja contrário ao da identidade do indivíduo: ele se imagina capaz de lidar com sérias exigências, mas está subjugado pelas atuais circunstâncias. [...] Em linhas gerais, este perfil indica uma pessoa que experimenta um *burnout* no trabalho que é específico à situação profissional em questão. O perfil sugere que sob condições de trabalho diferentes, ele seria um participante produtivo e entusiasmado.

Pesquisas em Psicologia Cognitiva revelam que o desempenho em uma série de tarefas é minado por certas condições, tais como a tensão crônica e as múltiplas atribuições, que impõem uma carga excessiva aos recursos cognitivos do sujeito. A memória e a solução de problemas, assim como o juízo e a tomada de decisões, sofrem quando a capacidade normal da mente

---

* Dentre os psicólogos brasileiros, a expressão inglesa foi preservada, considerando a ausência de um termo equivalente em língua portuguesa. A palavra *burnout* designa, desde a disseminação da pesquisa de Maslach, uma reação aguda e prolongada de stress. [N. do T.]

é sobrecarregada.[30] Sustentarei que o nível habitual de capacidades cognitivas de Chip foi de fato sobrecarregado pelo peso incomum imposto pelas exigências das circunstâncias que enfrentou durante as noites em seu novo e opressivo trabalho.

Com esses indícios em mente, passemos a nos concentrar nas "condições de trabalho" a que aludiu o relatório do dr. Leiter. Da perspectiva de Chip, como era trabalhar no Pavilhão 1A durante o turno da noite? Convido você, leitor, a assumir a mesma disposição mental utilizada anteriormente em nossa jornada, quando se imaginou como um participante, ou sujeito, de diversos experimentos em Psicologia Social. Tente se colocar no lugar de Chip Frederick por alguns meses, de outubro a dezembro de 2003.

Uma maçã podre ou uma farinha do melhor saco?

Antes de abandonarmos a análise de temperamento para considerarmos as forças das circunstâncias em jogo, precisamos ter em mente que esse jovem *não* trouxe patologias para o interior da situação. Não há nada em seu registro, pelo que pude constatar, que previsse que Chip Frederick se envolveria em qualquer forma de comportamento sádico e abusivo. Pelo contrário, há muito nos registros sobre ele sugerindo que, caso não fosse obrigado a trabalhar e a viver em uma situação tão anormal, ele poderia ter sido o soldado norte-americano exemplar nos cartazes de anúncio de recrutamento militar. Ele poderia ter sido honestamente utilizado, no lugar dos pseudo-heróis fabricados das Forças Armadas, os soldados Jessica Lynch e Pat Tillman.[31] As Forças Armadas poderiam ter utilizado o primeiro-sargento Ivan Frederick como um superpatriota que amava seu país e estava pronto para servi-lo até a última gota de seu sangue. Ele poderia ter sido a melhor das maçãs do melhor dos barris.

Em certo sentido, Chip Frederick também poderia ter sido um dos participantes de nosso Experimento da Prisão de Stanford, que sabíamos ser bons jovens, normais e sadios — antes de descerem àquela prisão subterrânea. Embora não possuísse o mesmo nível de inteligência do que o deles ou uma origem de classe média, Chip pode ser comparado a eles pelo fato de ter começado como uma *tabula rasa*, que logo seria rabiscada de modo ousado por um ambiente prisional patológico. Qual foi a situação que suscitou o pior nesse normalmente bom soldado? Como pode ter ficado indelevelmente marcada nele, distorcendo seu funcionamento mental e comportamental usuais? Qual a natureza do "barril" no qual foi atirada esta que era uma "boa maçã"?

A SITUAÇÃO:
PESADELOS E JOGOS NOTURNOS NO PAVILHÃO 1A

Por possuir experiência anterior em penitenciárias, o primeiro-sargento Frederick foi encarregado do comando de um pequeno grupo de outros policiais militares no turno da noite em Abu Ghraib. Ele tinha de supervisionar quatro pavilhões no "solo duro", isto é, dentro da estrutura de concreto, e não nos campos de tendas do lado de fora cercados por arame farpado. Um desses campos era o Camp Vigilant (depois modificado para Camp Redemption), que possuía quatro recintos para prisioneiros de guerra. Dentro do Pavilhão 1A (Alfa) havia uma dependência especial, restrita para interrogatórios de reclusos, ou "detentos". Eram normalmente conduzidos por interrogadores com contrato civil, alguns auxiliados por tradutores (contratados pela Titan Corporation), e frouxamente supervisionados pela inteligência militar, a CIA, e outras agências governamentais.

A princípio, o primeiro-sargento Frederick estava responsável por cerca de quatrocentos prisioneiros. Isso foi no começo de outubro de 2003, quando sua 372ª Unidade da Polícia Militar (com base em Cresaptown, Maryland) substituiu a 72ª Unidade da Guarda Nacional de Polícia Militar. Inicialmente, ele tinha capacidade para lidar com os complexos deveres que lhe foram designados, embora fossem mais trabalhosos do que a centena de prisioneiros de segurança média que estiveram sob seu comando nos EUA. Contudo, pouco depois de o presidente Bush ter declarado "missão cumprida", em vez de receberem apoio dos cidadãos iraquianos, as coisas viraram de pernas para o ar. Uma onda de revolta e terrorismo estrangeiro contra a ocupação dos EUA e da Coalizão os arrastou para fora de controle. Ninguém antecipou quão extensa, coordenada e mortífera ela seria, e como assim prosseguiria em escala ascendente.

A vingança pela morte de tantos soldados se imiscuiu livremente com o temor da incerteza de como conter a explosão. Ordens foram enviadas para recolher todos os possíveis suspeitos em cidades onde explodira qualquer revolta violenta. Isso se traduziu em detenções em massa de famílias inteiras, especialmente de homens. O sistema de detenção não foi capaz de processar adequadamente essa nova carga. O registro dos detentos e o possível interrogatório foram deixados de lado, e recursos básicos se tornaram completamente inadequados sob a pressão de uma população de detentos que dobrou em novembro, e quase triplicou para mais de mil em dezembro.

De Chip foi exigido que estivesse encarregado de todos eles e, além de dirigir uma dúzia de militares, supervisionar os cinquenta a setenta policiais iraquianos que guardavam mais de mil iraquianos aprisionados sob diferentes acusações criminais. A polícia iraquiana, que trabalhava nos Pavilhões 2, 3 e 4, era famosa por infiltrar armas e outros contrabandos para os detentos em troca de dinheiro. Embora a idade média dos prisioneiros estivesse na faixa de 20, também havia até cinquenta adolescentes, assim como crianças que chegavam a 10 anos de idade, e idosos com mais de 60 — todos *juntos* em celas enormes. Detentas, prostitutas, e esposas de generais e de homens que haviam sido líderes importantes no partido de Saddam, estavam abrigadas no Pavilhão 1B (Bravo). Cada um dos pavilhões Alfa e Beta mantinham cerca de cinquenta prisioneiros de cada vez. Em suma, estar encarregado desse complexo edifício sem os recursos adequados e lidar com uma multiplicação súbita da população de presos estrangeiros representaria um pesado fardo para qualquer pessoa cuja experiência anterior limitava-se a policiar um pequeno número de civis de segurança média em uma pequena cidade na Virgínia.

Treinamento e responsabilidade

Zimbardo: — Por favor, conte-me sobre o treinamento para ser um guarda, um líder dos guardas nesta prisão.[32]

Frederick: — Não houve. Não houve treinamento para esse trabalho. Quando nos reunimos em Fort Lee, tivemos uma aula sobre consciência cultural, de cerca de 45 minutos, e que consistia basicamente em não discutir política, não discutir religião, não chamá-los de "*aayrabs*", não chamá-los de "jóqueis de camelo", "cabeças de toalha", não chamá-los de "cabeças de trapo, *aayrabs*".

Z: — Como você descreveria a supervisão que recebeu e a responsabilidade que sentiu possuir perante seus oficiais superiores?

Frederick: — Inexistente.

Z: — Quem era o superior direto a quem você se reportava?

Frederick: — O sargento de primeira classe Snyder. Eu estava encarregado de quatro pavilhões, e ele estava encarregado de mim, e assim sucessivamente. O próximo da hierarquia era o capitão Brinson. Acima do capitão Brinson estava o capitão Reese; acima de Reese, o tenente-coronel Phillabaum.

O turno de Frederick começava às 4 da tarde, e durava 12 horas, até às 4 da madrugada. Ele prosseguiu, relatando que poucos desses oficiais sequer estavam presentes no Pavilhão Alfa à noite, ou faziam pequenas aparições no começo do turno. Ele não tinha supervisão do sargento Snyder, pois seu superior não possuía treinamento profissional em penitenciárias. Diversas vezes, contudo, Chip ofereceu sugestões e recomendou mudanças a Snyder, Brinson e Reese.

Z: — Você fez recomendações?

Frederick: — Sim, sobre como operar o estabelecimento. Não algemar prisioneiros a portas de celas, não despir os presos, exceto os autoflageladores, não lidar com presos com problemas mentais. [...] Uma das primeiras coisas que solicitei assim que cheguei foram regras e procedimentos de operação. [...] Estava abrigando no mesmo lugar jovens, homens, mulheres e doentes mentais, e isso viola os códigos militares.

Z: — Portanto, você tentaria entrar em contato com os superiores na hierarquia?

Frederick: — Eu dizia a todos que chegavam e que achava possuir alguma patente. [...] Normalmente me diziam, "Apenas veja o que pode fazer, continue o bom trabalho", é assim que a Inteligência Militar quer que seja feito.

Em outros momentos, Chip disse que seria ridicularizado e repreendido por superiores ao reclamar. Dadas as condições da zona de combate, diziam, ele teria de fazer o melhor possível. Ele com certeza não estava no Kansas ou na prisão de Dillwyn, na Virgínia. Ele nunca receberia procedimentos escritos e claros, nenhuma medida formal, nenhuma diretriz estruturada. Não havia nenhum apoio procedimental de que Chip necessitava para seguir ordens, para ser o tipo de líder que esperava ser na missão mais importante de sua vida. Ele estava por conta própria, sem nenhum sistema de apoio em que pudesse confiar. Essa era, definitivamente, a pior condição de trabalho para ele, dadas as suas necessidades e valores básicos, que acabamos de examinar a partir de suas avaliações. Era uma receita certa para o fracasso. E era só o começo.

Trabalho noturno ininterrupto

Esse soldado não apenas trabalhou durante a metade de um dia, como o fez sete dias por semana, sem nenhuma folga por quarenta dias! Então, ele teve um dia de folga, seguido de mais duas semanas inteiras de trabalho, antes que pudesse conseguir um dia de folga depois de quatro noites de trabalho. Não consigo imaginar um emprego em que tal cronograma de trabalho não seja visto como desumano. Dada a escassez de pessoal treinado para trabalhar em penitenciárias, ou talvez pelo fracasso dos superiores em avaliar a extensão de sua carga diária de trabalho, não houve reconhecimento ou preocupação pelo potencial de stress ou *burnout* no trabalho de Chip Frederick. Ele tinha que fazer o que lhe ordenavam e simplesmente parar de reclamar a seus superiores.

Para onde se dirigia às 4 da madrugada, quando seu longo turno de 12 horas terminava? Ele simplesmente ia para a cama em outra parte da prisão — dentro de uma cela! Ele dormia em uma cela de 2 por 2,7 metros, sem banheiro mas com um bocado de roedores que passavam por ali. Era suja porque não havia produtos de limpeza e água suficientes para limpá-la. Chip Frederick me disse durante nossa entrevista: "Não pude encontrar produtos para manter o estabelecimento limpo. O encanamento era ruim. As fezes se acumulavam nos banheiros químicos. Havia lixo e bolor por toda parte. Era um lugar asqueroso. Havia pedaços de corpos no estabelecimento [...] Havia matilhas de vira-latas correndo pelo lugar [presentes desde os tempos em que os presos executados por Saddam eram enterrados em uma parte da prisão e vira-latas desencavavam os seus restos]. Você sabe, eu estava tão esgotado mentalmente quando saía pela manhã, que tudo o que queria fazer era dormir."

Ele costumava perder o café da manhã, o almoço, e normalmente fazia apenas uma refeição diária, que consistia em rações em embalagens térmicas, e refeições prontas nada apetitosas — as refeições militares embaladas, prontas para o consumo "as porções eram pequenas devido ao grande número de soldados que precisavam ser alimentados. Eu comi muita bolacha com queijo", relatou Chip. Outro problema de saúde emergente para esse jovem atlético e sociável foi ter parado de se exercitar porque estava sempre cansado, e ele não podia socializar com os amigos devido aos conflitos de horário de trabalho. Mais e mais sua vida girava inteiramente em torno da supervisão da prisão e dos reservistas que trabalhavam sob seu comando. Eles logo se tornariam o que os psicólogos sociais chamam de "grupo de referência", um novo grupo que haveria de exercer grande influência sobre ele. Ele estava mergulhado em uma "situação total", do tipo que o psicólogo Robert Jay Lifton descrevera anteriormente como os que auxiliavam no controle mental em seitas e nos campos de prisioneiros de guerra na Coreia do Norte.

Muitos outros na cena noturna

Os dois reservistas que serviram mais frequentemente no turno da noite no Pavilhão Alfa foram o cabo Charles Graner Jr. e a médica Megan Ambuhl. Graner foi designado como encarregado direto do Pavilhão 1A durante o turno da noite, visto que Chip tinha que se deslocar para supervisionar os outros pavilhões. Quando estavam fora de serviço, a médica Sabrina Harman os substituía. Às vezes, o sargento Javal Davis a substituiria. A sargento de primeira classe Lynndie England era uma arquivista que não estava encarregada do serviço, mas fazia visitas frequentes ao namorado, Charles Graner. Ela comemorou seu vigésimo primeiro aniversário no pavilhão. O médico Armin Cruz, do 325º Batalhão da Inteligência Militar, também se encontrava com frequência no pavilhão.

Também havia os "adestradores de cães", soldados que iam ao pavilhão para empregarem seus cães, fosse para intimidar os presos para que falassem, fosse para forçá-los a sair de suas celas caso suspeitassem que estivessem portando armas, ou apenas como demonstração de força. Cinco equipes foram enviadas a Abu Ghraib em novembro de 2003, tendo obtido prática na Prisão da Baía de Guantánamo. (Dois desses adestradores, depois acusados de abusos a prisioneiros, eram o sargento Michael Smith e o primeiro-sargento Santos Cardona.) Enfermeiras e médicos também eram casualmente solicitados, quando surgia algum problema médico. Também estava presente uma série de funcionários civis da Titan Corporation, que realizaram interrogatórios de presos suspeitos de guardar informações sobre atividades rebeldes ou conhecimento das atividades terroristas. Eles normalmente precisavam de tradutores para ajudá-los na interação com os suspeitos. O FBI, a CIA e a equipe da inteligência militar também surgiam de vez em quando para interrogatórios especiais.

Como seria de se esperar, visitantes de alta patente raramente apareciam no meio da noite. A comandante Karpinski jamais visitou os Pavilhões 1 A/B durante os meses em que Chip esteve na função, com exceção de uma vez em que serviu de guia a uma equipe de TV. Um reservista da unidade relatou ver Karpinski apenas duas vezes nos cinco meses em que estivera em Abu Ghraib. Alguns poucos oficiais faziam breves aparições ao final da tarde. Chip aproveitou essas raras ocasiões para relatar problemas com a instalação e para sugerir mudanças que esperava que pudessem ser realizadas; nenhuma delas aconteceu. Diversas outras pessoas, que não portavam uniformes nem identificação, chegavam e partiam, indo de um ao outro pavilhão. A nenhum deles pediu-se que mostrassem as credenciais, e, portanto, operavam em total anonimato. Contra as regras da conduta militar, funcionários civis davam ordens aos guardas militares sobre coisas que queriam que fizessem para aprontar presos específicos para interrogatório. Soldados em serviço não devem receber ordens de civis. Essa linha se tornou crescentemente obscura com o aumento da utilização de equipes de civis para preencher papéis anteriormente atribuídos à inteligência militar.

As cartas e mensagens de e-mail de Chip para sua casa diziam claramente que uma função-chave que ele e outros reservistas no Pavilhão 1 Alfa possuíam era ajudar os interrogadores a realizar seus trabalhos com mais eficiência. "A Inteligência Militar nos encorajou e nos disse 'Bom trabalho'". Eles normalmente não permitem que outros assistam ao interrogatório. Mas, visto que gostam da forma como administro a prisão, eles abriram uma exceção." Estava orgulhoso por relatar que esses homens eram bons no que foram fazer, amolecendo os detentos de tal forma que concediam as informações que os interrogadores desejavam. "Da maneira como lidamos com eles, nós ajudamos a fazê-los falar. [...] Com o nosso jeito de corrompê-los, tivemos um alto índice de sucesso. Eles costumam ceder depois de algumas horas."

As mensagens de Chip para casa apontam com insistência que equipes de inteligência, incluindo oficiais da CIA, linguistas e interrogadores de empresas de segurança privada, dominaram a ação que ocorria no estabelecimento subterrâneo de Abu Ghraib. Contou-me que não poderia identificar qualquer um desses interrogadores porque se mantinham deliberadamente anônimos. Raramente concediam seus nomes e não possuíam identificação em seus uniformes; na verdade, a maioria nem chegava a utilizar um traje militar. O relato de Chip se aproxima das abordagens da mídia sobre o clima criado pela insistência do general Sanchez de que a melhor maneira de conseguir informações acionáveis dos detentos seria por meio de métodos radicais de interrogatório e sigilo.

Algumas regras para as tropas norte-americanas na prisão facilitaram a omissão da responsabilidade por suas ações, um fator que também pode ter aberto a porta para o abuso. De acordo com um memorando sem data da prisão, intitulado "Diretrizes Operacionais", que cobria o bloco de celas de segurança máxima (Pavilhão 1A), a abreviatura "MI [Inteligência Militar] não será utilizada nessa área".

"Ademais, é recomendável que todo o pessoal militar na área isolada minimize a divulgação de suas verdadeiras identidades para estes detentos especiais. O uso de uniformes esterilizados [livres de identificação] é altamente recomendado, e os guardas NÃO devem se dirigir uns aos outros pelo verdadeiro nome e patente na área isolada."[33]

A própria investigação das Forças Armadas confirmou a veracidade das descrições de Frederick sobre as estratégias radicais empregadas na prisão. Descobriram que interrogadores encorajavam reservistas que trabalhavam na prisão a preparar os presos para interrogatório, física e mentalmente.[34] O limite tradicionalmente estabelecido entre militares lidando com detentos apenas por meio de procedimentos de detenção, e da equipe militar trabalhando na coleta de informações foi turvado quando estes reservistas eram recrutados para ajudar a preparar os detentos para interrogatório coercitivo. Agentes da inteligência militar também eram culpados por alguns dos piores abusos. Por exemplo, para obter informações de um general iraquiano, os interrogadores encharcaram seu filho de 16 anos, sujaram-no com barro, e, então, o arrastaram nu para o frio. O sargento Samuel Provenance (Companhia Alfa, do 302º Batalhão da Inteligência Militar) relatou a diversas agências de notícia que dois dos interrogadores abusaram sexualmente de uma adolescente, e que o restante da equipe estava ciente desses abusos. Veremos no próximo capítulo que abusos muito piores foram cometidos por uma série de soldados e civis, em acréscimo aos cometidos pelo time de Chip Frederick do turno da noite.

"Espero que a investigação [dos abusos contra reclusos] inclua não apenas as pessoas que cometeram os crimes, mas também algumas pessoas que os encorajaram", afirmou o general de brigada Mark Kimmitt, diretor adjunto das operações de Coalizão do Iraque, em uma entrevista a Dan Rather para o *60 Minutes II*. "Porque eles certamente compartilham algum nível de responsabilidade." (Perceberemos que o Sistema foi vagaroso em acusar e investigar seus próprios oficiais.)

Chip Frederick também mantinha sob sua custódia de 15 a 20 "detentos-fantasmas", prisioneiros listados apenas como propriedade de OGA — *Other Government Agency* (Entidade de Outro Governo). Por se supor que eram oficiais de alta patente que possuíam valiosas informações a conceder, os interrogadores recebiam licença para utilizar todos os meios necessários para extrair estas informações. Tais detentos eram "fantasmas" porque não havia nenhum registro oficial de suas presenças no local, nunca foram listados oficialmente, e não possuíam identidade. Durante nossa entrevista, Chip me confiou: "Eu vi um deles, depois que foi morto por soldados da Força Delta. Eles mataram o sujeito. Fiquei com a impressão de que ninguém se importava. Ninguém se importava com o que acontecia por ali."[35]

Esse "sujeito" era um detento-fantasma que foi gravemente espancado por uma unidade da Força de Operações Especiais da Marinha, e, então, torturado no cavalete durante o interrogatório por um agente da CIA, sufocado até a morte, embalado em gelo em um envoltório para corpos com um IV marcado em seu braço (por um médico) para que assim os seus assassinos fingissem que estava doente e seria levado ao hospital pela manhã. Antes de ser despejado em algum lugar por um motorista de táxi, alguns dos militares (Graner e Harman) do turno da noite tiraram algumas fotos com ele como lembrança, apenas para constar. (Analisaremos esse caso mais detalhadamente no capítulo seguinte.) Contudo, o efeito exercido sobre os PMs no turno da noite, que testemunharam esses e outros exemplos de abuso implacável por parte de vários visitantes do Pavilhão 1A, certamente estabeleceria uma nova norma social de aceitação do abuso. Se fosse possível passar incólume depois de matar, qual seria o problema em esmurrar alguns detentos resistentes ou constrangê-los ao fazê-los permanecer em situações humilhantes?, refletiram.

O fator medo

Havia muito a temer dentro das muralhas da prisão — não apenas os presos, mas também Chip Frederick e todos os outros guardas. Como na maioria das prisões, os presos com tempo e inventividade nas mãos irão fabricar armas com praticamente tudo o que estiver ao alcance. Ali, suas armas foram feitas de metal partido de camas e janelas, pedaços de vidro e escovas de dente afiadas. Com menos inventividade e algum dinheiro, presos poderiam subornar os guardas iraquianos para supri-los com pistolas, facas, baionetas e munição. Por uma quantia, esses guardas também passariam notas e cartas de e para membros da família. Frederick foi alertado pelos colegas da 72ª Companhia da PM, que sua unidade substituíra, de que muitos dos guardas iraquianos eram extremamente corruptos — eles chegavam até mesmo a ajudar em tentativas de fuga fornecendo informações de segurança, mapas da instalação, roupas e armas. Eles também contrabandeavam drogas para os detentos. Embora Frederick estivesse nominalmente a cargo desses guardas, eles se recusariam a fazer turnos nos pavilhões, e costumavam ficar apenas sentados em mesas fora do pavilhão, fumando e conversando. Isso deve ser acrescido a todas as outras fontes de constantes frustrações e pressões sofridas por Chip Frederick ao administrar uma instalação de segurança.

Os presos atacavam os guardas regularmente, tanto verbal quanto fisicamente; alguns atiravam fezes e outros usavam suas longas unhas para arranhar os seus rostos. Uma das mais assustadoras e inesperadas séries de eventos no pavilhão aconteceu em 24 de novembro de 2003, quando policiais iraquianos contrabandearam uma pistola, munição e baionetas para dentro das celas para um sírio, suspeito de rebeldia. A pequena tropa de Chip entrou em tiroteio com ele, e conseguiram dominá-lo sem matá-lo. Contudo, o acontecimento abriu o precedente para todos no lugar ficarem eternamente vigilantes e mais temerosos ainda com relação aos ataques letais contra eles.

As rebeliões de presos eram provocadas pela má qualidade da comida, frequentemente intragável e insuficiente. Rebeliões também ocorriam quando ataques de morteiros explodiam próximo ao "solo macio" de Abu Ghraib. Como apontado anteriormente, o estabelecimento estava sob bombardeio diário, e tanto guardas quanto presos se feriam, e alguns eram mortos nesses ataques. "Eu estava sempre com medo", Chip me confessou. "Os ataques de morteiro, de foguetes e os tiroteios eram muito assustadores. Antes do Iraque, eu nunca havia estado em uma zona de combate." Contudo, ele tinha que engolir o medo e agir bravamente, dada sua posição de autoridade sobre os detentos, seus colegas militares e a polícia iraquiana. A situação exigia que Chip Frederick fingisse não estar assustado, e que, ao contrário, parecesse calmo, frio e controlado. Este conflito entre sua pose externa, aparentemente equilibrada, e o tumulto interior, piorou quando mais e mais reclusos chegavam à prisão e cresciam as exigências de superiores escolhidos para conseguir mais "informação acionável" dos detentos.

Em acréscimo a esse medo contido, Chip Frederick suportou a pressão e exaustão geradas pelas exigências excessivas desse complexo novo trabalho, para o qual estava totalmente despreparado e destreinado. Considere, também, a abismal discrepância entre seus valores centrais — ordem, asseio e limpeza — e o caos, sujeira e desordem que o rodeava a todo o momento. Embora devesse estar encarregado de todo o complexo, ele relatou sentir-se "fraco" porque "ninguém trabalhava comigo. Eu não conseguia fazer mudança alguma na administração do lugar". Ele também passou a se sentir anônimo, porque "ninguém respeitava minha posição. Estava claro que não havia nenhuma obrigação". Além do mais, a estéril fealdade do ambiente físico no qual se encontrava construía um completo anonimato. O anonimato do lugar se combinava ao anonimato da pessoa, visto que se tornou norma parar de utilizar os uniformes militares completos em serviço. E, a sua volta, mais visitantes e interrogadores civis iam e vinham sem nome. Ninguém responsável era prontamente identificável, e a aparentemente interminável massa de presos, usando macacões laranjas ou totalmente nus, também não se distinguiam uns dos outros. Era o ambiente mais radical para criar desindividuação que se poderia imaginar.

Paralelos com os guardas do Experimento da Prisão de Stanford

Agora que examinamos o ambiente de trabalho, podemos começar a enxergar paralelos com os estados psicológicos experimentados por Chip Frederick e seus colegas com os dos guardas do Experimento da Prisão de Stanford. Os processos de desindividuação criados pelo anonimato da pessoa e o anonimato do lugar são evidentes. A desumanização dos prisioneiros é nítida em virtude de seu número, da nudez forçada e da aparência do uniforme, assim como pela inabilidade dos guardas de compreender seu idioma. Um dos policiais militares do turno da noite, Ken Davis, relatou posteriormente em um documentário televisivo sobre como a desumanização se desenvolveu em seus pensamentos: "Nunca fomos treinados para ser guardas. Os superiores disseram 'Usem a imaginação. Derrubem os prisioneiros. Queremos que estejam derrubados quando voltarmos'. Assim que os prisioneiros chegavam, nós os oprimíamos imediatamente. Nós os algemávamos; os jogávamos no chão; alguns eram despidos. Diziam a todos nós: eles não passam de cães [frase familiar?]. Dessa forma, você começa a desenvolver essa imagem das pessoas, e, de súbito, você começa a enxergar essas pessoas como inferiores a humanos, e você começa a fazer coisas com elas as quais não poderia nem imaginar. E é aí que a coisa ficou assustadora."[36]

O tédio operava nos dois ambientes prisionais, gerado por longos turnos durante as noites quando tudo estava sob controle. O tédio era um potente motivador de tomada de ações que pudessem trazer alguma animação, uma busca de sentimento de algum controle. Os dois grupos de guardas decidiram de maneiras que pensavam ser "fazer coisas acontecerem", interessantes e divertidas.

Logicamente, tudo isso se agravou pela falta de treinamento específico da missão para um trabalho difícil e complexo, e pela falta de supervisão de uma equipe de controle, o que tornava desnecessárias as obrigações. Em ambas as prisões, os artífices do sistema deram permissão para os guardas manterem um controle total sobre os prisioneiros. Em acréscimo, os guardas temeram que os presos escapassem ou se rebelassem, como o fizeram nossos guardas de Stanford, embora, é claro, com consequências menos mortíferas. Obviamente, a Prisão de Abu Ghraib era de longe mais letal do que nossa prisão, relativamente benigna, em Stanford. Contudo, como o experimento revelou, o abuso dos guardas e sua agressão contra os presos se elevava à noite, culminando em uma série de atos sexuais e homofóbicos impostos aos prisioneiros. O mesmo era válido, de modos mais perversos e radicais, no Pavilhão 1A. Além do mais, em ambos os casos, os piores abusos ocorreram durante o turno da noite, quando os guardas sentiram que as autoridades os percebiam menos; portanto, estavam livres das restrições elementares.

Deve-se deixar claro que as forças das circunstâncias, como as descritas aqui, não incitam os guardas diretamente a fazer coisas más, como no paradigma da pesquisa de Milgram. Exceto pelo encorajamento dado por alguns interrogadores civis para "amolecer" os detentos, para assim deixá-los mais vulneráveis, eram as forças das circunstâncias de Abu Ghraib — assim como as da prisão de Stanford — que criaram *liberdade* em relação às usuais restrições morais e sociais para cometer atos abusivos. Tornou-se evidente para ambos os grupos de guardas do turno da noite que eles poderiam sair impunes, mesmo cometendo muitos comportamentos tabus, visto que a responsabilidade se dispersara; ninguém os contestava quando as novas normas emergentes tornaram aceitável um comportamento antes inconcebível. É o fenômeno de "quando o gato sai, o rato faz a festa". É o resquício do *Senhor das Moscas* de Golding, quando os adultos supervisores se ausentam e os saqueadores mascarados provocam a destruição. Isso também deve nos lembrar da pesquisa sobre anonimato e agressividade relatada no capítulo anterior.

É importante apontar algumas das conclusões alcançadas pelo quadro independente organizado por James Schlesinger, que comparou as situações nas duas prisões. Fiquei surpreso em descobrir os paralelos desenhados no relatório entre as condições de nossa prisão simulada em Stanford e as condições prisionais "demasiado reais" de Abu Ghraib. Em um apêndice de três páginas (G), o relatório descreve os estímulos de tensão psicológica, as bases para o tratamento desumano aos presos, e os fatores psicossociais envolvidos quando seres humanos comuns comportam-se desumanamente para com outros:

O potencial para o tratamento abusivo de detentos durante a Guerra Global Contra o Terrorismo era inteiramente previsível, com base na compreensão fundamental dos princípios da Psicologia Social, aliada à consciência de numerosos fatores ambientais de risco conhecidos. [A maioria dos líderes não estava ciente desses fatores de risco.]

Tais condições nem desculpam, nem absolvem os indivíduos que se envolveram em comportamentos imorais e ilegais deliberados [mesmo que] certas condições tenham elevado a possibilidade de tratamento abusivo.

Descobertas da área da Psicologia Social sugerem que as condições de guerra e a dinâmica de operações com detentos carregam riscos inerentes de maus-tratos, e, portanto, devem ser abordados com grande cuidado e cuidadoso treinamento e planejamento.

[O] marco do estudo de Stanford [...], relativamente benigno, fornece uma moral da história a todas as operações militares de detenção. Em contraste, em operações militares de detenção, os soldados trabalham sob condições de combate angustiantes que estão longe de serem benignas.

Os psicólogos tentaram compreender como e por quê indivíduos e grupos que usualmente agem com humanidade podem, às vezes, agir de outra forma sob certas circunstâncias.

Dentre as concepções em Psicologia Social identificadas pela investigação de Schelsinger, e que ajudam a explicar por que comportamentos abusivos ocorrem, encontram-se a desindividuação, a desumanização, a imagem do inimigo, o pensamento grupal, o desligamento moral e a facilitação social. Discutimos todos esses processos anteriormente em relação ao Experimento da Prisão de Stanford, e eles ali operavam, assim como em Abu Ghraib, com exceção do "pensamento grupal". Não acredito que essa tendenciosa maneira de pensar (que promova um consenso grupal ante a posição do líder) estivesse em jogo entre os guardas do turno da noite, porque não planejavam sistematicamente seus abusos.

O "pensamento grupal" é um conceito desenvolvido pelo meu antigo professor de Yale, o psicólogo Irving Janis, para abarcar as más decisões tomadas em grupos compostos por pessoas inteligentes. Tais grupos suprimem a discordância, em interesse da harmonia grupal, quando formam um grupo afável e coeso, que não inclui pontos de vista discordantes, e tem um líder diretivo. A desastrosa invasão da Baía dos Porcos, em Cuba (1961), é um exemplo excelente do pensamento grupal do gabinete ministerial do presidente John Kennedy. Mais recentemente, o pensamento grupal estava em funcionamento na crença compartilhada pela Comunidade de Inteligência (IC) norte-americana e o gabinete ministerial de Bush de que o Iraque possuía armas de destruição em massa (o que, por sua vez, levou à guerra contra o Iraque): "A equipe da IC envolvida na questão das armas de destruição em massa no Iraque demonstrou diversos aspectos do pensamento grupal: examinar poucas alternativas, reunir as informações de modo parcial, pressionar a conformidade dentro do grupo, negar a crítica e o raciocínio coletivo." O pano de fundo para esta conclusão pelo Comitê de Inteligência do Senado está disponível on-line; ver Notas.[37]

Em uma análise independente publicada no periódico *Science*, a psicóloga social Susan Fiske e seus colegas corroboram a perspectiva tomada pela investigação de Schlesinger. Eles concluem que "Abu Ghraib é, em parte, resultado de processos sociais normais, e não apenas do mal extraordinário individual." Entre os processos sociais identificados estão a conformidade, a obediência socializada para com a autoridade, a desumanização, os preconceitos emocionais, a tensão das circunstâncias, e o aumento gradual dos abusos, de um mínimo para um extremo.[38]

Um ex-soldado do Iraque oferece documentação adicional sobre a relevância do EPS, para a compreensão da dinâmica comportamental em funcionamento nas prisões militares no Iraque, e, ademais, de por que uma liderança forte é crucial.

Professor Zimbardo,

Eu fui um soldado [agente principal da contrainteligência] na unidade que se estabeleceu em Camp Cropper, o primeiro estabelecimento de detenção instalado em Bagdá depois que o regime de Baath foi deposto. Posso certamente relacionar as lições de seu estudo prisional com minhas observações em solo iraquiano. Lidei extensivamente com a polícia militar e com os detentos durante todo o meu percurso e vi muitos exemplos de situações que o senhor descreveu no estudo.

Entretanto, diferentemente dos soldados em Abu Ghraib, nossa unidade teve uma liderança muito competente, e as coisas nunca sequer se aproximaram do nível de Abu Ghraib. Nossos líderes conheciam as regras, estipulavam as metas, e supervisionavam a todos para garantir que as regras fossem seguidas. As infrações eram investigadas e, quando necessário, os infratores eram punidos. Missões de detenção são desumanizadoras para todos os envolvidos. Penso que fiquei entorpecido durante as primeiras duas semanas. O envolvimento ativo de nossos líderes impediu-nos de esquecer quem éramos e por que estávamos ali. De qualquer modo, tive prazer em ler o resumo de seu experimento; ele trouxe mais clareza ao meu pensamento.

Atenciosamente,
Terrence Plakias[39]

A dinâmica sexual no Pavilhão 1A

Um dos atributos incomuns na equipe do turno da noite no Pavilhão Alfa foi a mistura de guardas homens e mulheres. É digno de nota que, nesta cultura de jovens adultos não supervisionados, as mulheres eram bastante atraentes. Acrescente a essa mistura emocionalmente carregada a jovem Lynndie England, que frequentava o turno para estar com seu novo namorado, Charles Graner. England e Graner logo se envolveram em tórridas fugidelas sexuais, documentadas em fotos e vídeo digital. Finalmente, ela engravidou e em seguida deu à luz seu filho. Entretanto, deve ter havido algo mais entre Graner e a guarda de 29 anos Megan Ambuhl, pois se casaram em seguida — depois de ele ter sido condenado à prisão.

A mídia, que se concentrou no triângulo England-Graner-Ambuhl, deu pouca cobertura ao fato de que havia prostitutas entre os presos iraquianos criminosos, vistas se exibindo com os seios nus para os reservistas que tiravam suas fotos. Em acréscimo, havia um recorde de homens detentos nus, em parte por conta da estratégia de humilhação imposta a eles pelas ordens de autoridades superiores, e em parte porque não havia trajes de prisão laranja o suficiente para todos. Ironicamente, alguns dos presos tiveram de usar calcinhas cor-de-rosa em vez de cuecas, por causa de um engano no pedido de suprimentos. Para que fossem forçados a usar as calcinhas sobre as cabeças numa forma divertida de humilhação, era um passo.

Apesar das solicitações de Chip Frederick de separar os detentos jovens dos adultos, um grupo de prisioneiros iraquianos supostamente estuprou um garoto de 15 anos que foi aprisionado com eles. A médica Sabrina Harman marcou a perna de um desses homens com uma caneta: "Eu sou um Estrupador" [sic]. Em outro, uma marca de batom foi circulada ao redor de seus mamilos com seu número de identificação na prisão também marcado com batom em seu peito. A atmosfera sexual era explosiva. Há provas de que um policial militar sodomizou um detento com uma lanterna e também com um cabo de vassoura. Os detentos homens eram frequentemente ameaçados de violação por certos guardas. Outra evidência aponta para um PM no caso do estupro de uma detenta. Aquele lugar estava mais para um palácio pornô do que para uma prisão militar.

James Schlesinger, que dirigiu uma das muitas investigações independentes, descreveu o que ele viu e ouviu sobre as atividades noturnas do turno da noite: "Era como no filme *O clube dos cafajestes* (*Animal House*)". Era uma situação saindo do controle de qualquer pessoa.

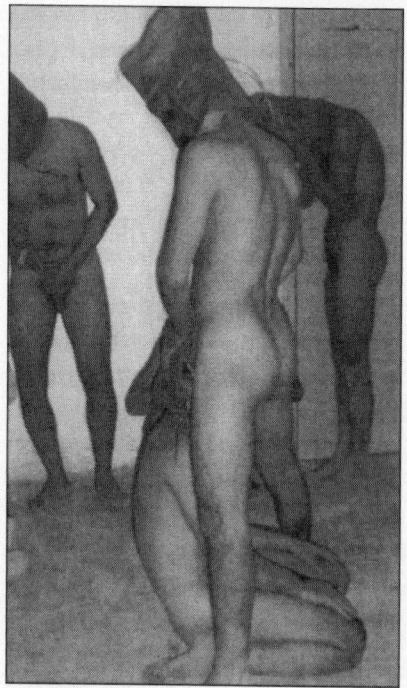

Prisioneiros de Abu Ghraib forçados a simular sodomia e a se masturbar

Chip Frederick se recorda que os abusos ocorreram na seguinte ordem cronológica:

1 a 10 de outubro de 2003: Nudez, algemar às portas das celas, forçar o uso de roupas íntimas femininas. Isso foi levado adiante com a substituição da 72ª Companhia da PM.

1 a 25 de outubro: Poses sexuais (na presença de MI — algemados juntos e nus). Ademais, um soldado desconhecido, que afirmava ser de Guantánamo, revelou a Graner algumas posições desconfortáveis utilizadas em Guantánamo.

8 de novembro: Rebelião no complexo Ganci [um dos complexos separados em Abu Ghraib]. Sete detentos foram transferidos do "solo duro" (Pavilhão 1A). Estavam de posse de diversas armas e planejavam apanhar um PM como refém e depois matá-lo. Essa foi a noite da pirâmide, dos ataques, poses sexuais e masturbação. Os cães vieram nesse momento.

De acordo com uma investigação completa, o relatório do general Antonio Taguba elenca uma longa série de abusos e torturas praticadas e atribuídas a diferentes membros da unidade da PM nos Pavilhões 1A e 1B. As acusações nesse relatório condenatório incluem o seguinte:

a. Quebrar bastões de luz química e entornar o líquido fosfórico sobre os detentos;
b. Ameaçar detentos com pistolas 9mm carregadas;
c. Despejar água fria sobre detentos nus;
d. Espancar detentos com um cabo de vassoura e uma cadeira;
e. Ameaçar detentos do sexo masculino de violação;
f. Permitir que a guarda da polícia militar costure a ferida de um detento que foi machucado após ser atirado contra a parede de sua cela;
g. Sodomizar um detento com um bastão de luz química e possivelmente com um cabo de vassoura;
h. Utilizar cães treinados do Exército para assustar e intimidar detentos com ameaças de ataque, que, em uma ocasião, de fato morderam um detento.

O abuso intencional da equipe da polícia militar inclui os seguintes atos:

a. Esmurrar, estapear e chutar detentos; saltar sobre seus pés descalços;
b. Filmar e fotografar detentos homens e mulheres;
c. Forçar detentos a se posicionar em diversas posições explicitamente sexuais para serem fotografados;
d. Forçar os detentos a se despirem, e mantê-los despidos por vários dias seguidos;
e. Forçar detentos do sexo masculino a utilizar roupas íntimas femininas;
f. Forçar grupos de detentos do sexo masculino a se masturbarem, enquanto são fotografados e filmados;
g. Empilhar detentos despidos do sexo masculino e saltar sobre eles;
h. Posicionar um detento nu sobre a caixa de comida embalada, com um saco de papel sobre a cabeça, e amarrar fios a seus dedos das mãos, dos pés, e no pênis para simular tortura elétrica;
i. Colocar uma corrente de cachorro ou uma tira ao redor do pescoço de um detento nu e fazer com que uma soldada pose para uma foto;

j. Um guarda da PM fazer sexo com uma detenta;

k. Usar cães adestrados (sem focinheiras) para intimidar e assustar os detentos, que, em pelo menos um caso, morderam e feriram severamente um detento;

l. Tirar fotos de detentos iraquianos mortos.

"Estas descobertas são amplamente fundamentadas por confissões por escrito fornecidas por diversos suspeitos, declarações escritas fornecidas pelos detentos, e declarações de testemunhas", conclui o general Taguba.[40]

Pastor alemão sem focinheira aterrorizando prisioneiro nu

Notas de advertência

Pareceria que tal lista de infrações e crimes militares concluiria o caso sobre os acusados. Contudo, neste mesmo relatório, o general Taguba conclui que esses PMs foram preparados por superiores para se envolverem nesses abusos. Ele declara que "os interrogadores do serviço de inteligência militar (MI) e outros interrogadores de agências governamentais dos EUA solicitaram ativamente que guardas da PM preparassem as condições física e mental para favorecer o interrogatório de testemunhas."

O relatório de investigação do general de divisão George Fay vai ainda mais longe em fornecer uma declaração mais condenatória sobre o papel ativo da equipe do MI nesses abusos. Seu relatório aponta que, por um período de sete meses, "a equipe do serviço de inteligência militar supostamente pediu, encorajou, omitiu e solicitou que a equipe da Polícia Militar [os reservistas do turno da noite] abusasse de detentos, e/ou participasse no abuso contra detentos, e/ou violasse procedimentos estabelecidos de interrogatório e leis aplicáveis."[41] Veremos depois os relatórios de ambos os generais mais detalhadamente no próximo capítulo, para destacar nosso foco sobre os fracassos do sistema e a cumplicidade do comando nos abusos.

A noite de 25 de outubro de 2003

Por volta da meia-noite, no Pavilhão 1A, três detentos iraquianos foram arrastados de suas celas, obrigados a se agacharem nus no chão, acorrentados uns ao outros, e forçados a simular atos sexuais. Uma das fotos do abuso mostra um grupo de presos rodeados por cerca de sete soldados olhando para eles. Os protagonistas-chave eram um interrogador, Ramon Kroll, e o especialista do MI Armin Cruz. Dentre os identificados como observadores passivos estava o PM Ken Davis. Ele assistiu a tudo e nada fez senão se afastar (eternamente arrependido por não ter intervindo imediatamente). Outro observador foi o reservista do MI Israel Rivera, que o descreveu como um incidente de *O senhor das moscas*. Ele também não interveio, mas, no dia seguinte, Rivera denunciou Cruz e Kroll, que, em seguida, foram julgados em tribunal militar, tendo Cruz sido condenado a oito meses de prisão, e Kroll, a dez meses de detenção. O pai de Cruz havia sido o primeiro cubano a se formar em uma Academia Militar dos Estados Unidos, em West Point. Graner também foi apontado como tendo participado do incidente, mas não foi destacado como um dos ofensores.

O disparador desse crime específico foi o rumor que circulava de que esses presos haviam violentado um garoto detento, e esse foi o troco pela ofensa. Frederick também apontou que ele ficou igualmente irritado pelo incidente, pois reclamara aos superiores que essas violações iriam acontecer se os jovens fossem mantidos com prisioneiros adultos. Ironicamente, uma investigação militar subsequente indicou que esse rumor era falso, ou ao menos que esses três presos não estavam envolvidos em nenhuma violação.

Um poderoso documentário sobre este acontecimento, como exemplo dos abusos do turno da noite, foi ao ar no programa de notícias diárias *Fifth Estate*, da *Canadian Broadcast Company*, em 16 de novembro de 2005. A história completa, com depoimentos tocantes e históricos detalhados, está disponível em seu *website* (ver Notas).[42]

O catalisador Graner

O cabo reservista Charles Graner é para o turno da noite da Prisão de Abu Ghraib o que foi o guarda "John Wayne" para o turno da noite na Prisão de Stanford. Ambos eram catalisadores que faziam as coisas acontecerem. "John Wayne" foi muito além dos limites do papel atribuído, enquanto tramava "pequenos experimentos" por conta própria. O cabo Graner excedeu em muito sua função, ao abusar dos presos, física e psicologicamente. Significativamente, tanto Graner quanto "John Wayne" eram personagens carismáticos que irradiavam confiança e uma atitude atrevida e resoluta que influenciava os colegas de turno. Embora o primeiro-sargento Frederick fosse seu superior, Graner passou a dominar o Pavilhão 1A, mesmo quando Chip estava presente. Parece que a ideia original de tirar fotos surgiu dele, e muitas das fotos foram feitas com sua câmera digital.

Graner, um membro da reserva de fuzileiros navais, serviu como guarda de prisão na Guerra do Golfo — sem incidentes. Durante a Operação Tempestade no Deserto, ele trabalhou no maior campo de prisioneiros de guerra por cerca de seis semanas, novamente sem incidentes. "Ele era um dos sujeitos que nos mantinha para cima", lembra-se um dos membros da companhia. Outro colega se recorda de Graner como "um sujeito engraçado, expansivo, e ágil nas piadas". Acrescenta: "Pelo que vi, ele não tinha um lado maléfico." Novamente, de acordo com outro membro da unidade de Graner, um confronto potencialmente violento entre ele e alguns soldados com os presos iraquianos foi evitado apenas pelos comandantes encarregados do campo, que mandaram os bem disciplinados soldados assumirem o comando.

Um vizinho de longa data, que conhecera Graner por trinta anos, acrescentou uma avaliação positiva: "Ele era mesmo um bom sujeito Não tenho nada além de boas coisas a dizer sobre Chuck. Ele nunca deu trabalho a ninguém". Sua mãe registrou seu orgulho em seu anuário do colegial: "Você sempre deixou seu pai e a mim orgulhosos. Você é o melhor."[43]

Entretanto, do outro lado da balança está um Graner que foi acusado de abusar fisicamente da esposa, que terminou por divorciar-se dele. Relatos da mídia indicam que fora repreendido diversas vezes quando trabalhou como agente em penitenciárias de segurança máxima.

No turno da noite no Pavilhão 1A, todas as restrições externas ao comportamento antissocial de Graner foram sopradas pelo vento. O caos e as intimidades casuais substituíram a disciplina militar; qualquer coisa parecida com uma estrutura forte de autoridade estava fora do alcance; e com o encorajamento constante do serviço de inteligência militar e dos interrogadores da segurança privada para que ele "amolecesse" os detentos antes do interrogatório, Graner caiu prontamente em tentação.

Charles Graner ficou totalmente sexualizado nesse ambiente permissivo e volátil. Estava envolvido em uma relação amorosa e sexual com Lynndie England, documentada em muitas fotografias. Ele fez uma mulher iraquiana expor os seios e os genitais enquanto ele a fotografava. Sabe-se que Graner forçou uma masturbação em grupo entre os prisioneiros e ordenou que detentos homens despidos rastejassem "de modo que suas genitálias fossem arrastadas pelo chão", enquanto ele gritava para eles que eram "umas bichas de merda".[44] Além disso, Graner foi o primeiro a pensar em empilhar os presos como uma pirâmide. E também quando um grupo de presos nus com sacos sobre as cabeças foi forçado a se masturbar em frente de soldados homens e mulheres, Graner jocosamente disse a Lynndie England que "a fila de detentos se masturbando era um presente de aniversário".[45]

Após seu julgamento, Chip Frederick escreveu a mim sobre Graner. "Eu não o culpo inteiramente. Ele simplesmente tinha um jeito de fazer com que tudo parecesse normal. Sinto muitíssimo por minhas ações, e, se pudesse voltar a outubro de 2003, faria as coisas de modo diferente. [...] Gostaria de ter sido mais forte..."[46]

Matthew Wisdom, o primeiro a relatar os abusos aos superiores em novembro de 2003 (embora sua reclamação tenha sido ignorada), testemunhou no julgamento de Graner. Ele disse que Graner gostava de espancar os reclusos e, além do mais, que ele gargalhara, assobiara e cantara enquanto abusava deles. Quando Joe Darby perguntou a Graner sobre um tiroteio que se dera no pavilhão, Graner estendeu a ele dois CDs cheios de fotografias incriminadoras. Incomodado pela imoralidade das cenas retratadas, Darby perguntou a Graner o que elas significavam para ele. Graner respondeu: "O cristão que há em mim diz que isso é errado, mas o agente penitenciário em mim diz: eu adoro fazer um adulto se mijar todo."

Chip Frederick ainda se arrepende de ter se deixado influenciar por Graner. Eis uma situação na qual havia validade preditiva das tendências de personalidade de Chip de se conformar e obedecer. Lembrem-se das conclusões de sua avaliação psicológica: Chip costuma temer a rejeição alheia, e, portanto, em qualquer discordância, ele normalmente cede para ser aceito; ele muda de opinião para se ajustar ao grupo, de modo que não fiquem "chateados ou irritados comigo". Os outros podem influenciá-lo até mesmo quando acredita que está decidido. Desafortunadamente, sua decisão foi minada pela pressão, medo, exaustão, assim como pela influência de Graner.

Uma visão alternativa de Charles Graner

No clássico filme japonês *Rashomon*, de Akira Kurosawa, o mesmo acontecimento é descrito de maneiras bastante diferentes por um grupo de pessoas que estiveram nele presentes. Mencionei que esse era o caso do Experimento da Prisão de Stanford. O guarda "John Wayne" e o prisioneiro Doug-8.612 disseram depois à mídia que estavam apenas "fingindo" sadismo, ou fingindo-se de louco, respectivamente. Mais recentemente, o guarda Hellmann deu mais uma versão de suas ações:

> Naquele tempo, se você me perguntasse sobre os efeitos que eu provocava neles, eu diria, bem, eles devem ser uns fracos. São fracos ou estão fingindo. Porque não acreditaria que o que eu fazia poderia realmente provocar um colapso nervoso em alguém. Para nós, era apenas uma tentativa de levantar os ânimos. Você sabe. Sejamos os titereiros aqui. Obriguemos essas pessoas a fazerem certas coisas.[47]

Outros presos e guardas do EPS relataram ou que tinha sido uma experiência terrível, ou que não tinha sido nada de mais. A realidade, em alguma medida, está na mente de quem a contempla. Contudo, em Abu Ghraib, as vidas das pessoas foram dramaticamente abaladas pelo consenso de realidade das forças militares, da corte marcial e da mídia.

Charles Graner foi retratado, no princípio da investigação, como a verdadeira "maçã podre" do bando — sádico, maligno, envolvido em abusos perversos contra detentos. Seu registro histórico de problemas em uma penitenciária nos Estados Unidos foi apresentado como evidência de que uma natureza violenta e antissocial fora trazida para o Pavilhão 1A. Trata-se de um exagero irresponsável da mídia.

Ao contrário, um exame do arquivo de desempenho de Graner do Instituto de Penitenciárias em Greene County, na Pennsylvania, revela que ele *jamais* fora acusado, suspeito ou repreendido por qualquer ofensa ou maus-tratos a algum recluso.

Um contraste ainda mais dramático entre Graner como monstro irresponsável e Graner como um bom soldado é encontrado em sua avaliação de desempenho durante o mês-chave do abuso contra prisioneiros. Em 16 de novembro de 2003, em um formulário de assessoria de desenvolvimento (4.856) fornecido a Graner pelo líder de pelotão, o capitão Brinson, ele é destacado pelo ótimo trabalho que fazia:

> Cabo Graner, você está fazendo um ótimo trabalho no Pavilhão 1 do BCCF, assim como no NCOIC da área de "Contenção de MI". Você recebeu muitos elogios das unidades de MI aqui, e, especificamente, de TC [escurecido; supostamente tenente-coronel Jordan]. Siga nesse nível de desempenho, e nos ajudará a triunfar em nossa missão global.

Ele é, então, advertido a vestir seu uniforme militar e a manter uma aparência militar apropriada (o que ninguém no pavilhão estava fazendo). Uma segunda advertência reconhece o alto nível de tensão com que ele e outros operavam no pavilhão. Pede-se a Graner que esteja ciente dos efeitos que tal tensão pode ter sobre seu comportamento, especificamente em relação ao uso de força ao lidar com um detento em particular. Contudo, a versão de Graner do uso apropriado de suas forças é aceita por este oficial: "Eu apoio sua decisão totalmente, quando diz que precisa se defender", acrescenta o oficial. (Um arquivo em PDF desta declaração de conselhos encontra-se disponível; ver Notas, p. 518.)[48]

O policial reservista Ken Davis concedeu recentemente um relato surpreendentemente corroborativo de uma interação que teve com Graner:

Certa noite, após ter largado seu turno, ele [Graner] estava rouco

E eu disse: "Graner, você está ficando doente?"

E ele: "Não."

E eu disse: "Bem, o que está havendo?"

E ele respondeu: "Bem, eu preciso gritar, e fazer outras coisas com os detentos que penso serem moral e eticamente erradas. O que você acha que eu deveria fazer?"

Eu disse: "Então, pare de fazer essas coisas."

E ele: "Não tenho escolha."

E perguntei: "O que quer dizer?"

Ele disse: "Sempre que uma bomba é disparada do lado de fora do arame farpado, ou fora da cerca, eles entram e me dizem, eis mais um norte-americano perdendo a vida. E a não ser que nos ajude, o sangue deles também está em suas mãos."[49]

Dado o conhecimento dos altos níveis de tensão no Pavilhão 1A, pode-se pensar que alguma equipe de saúde mental seria chamada para ajudar os soldados a lidar construtivamente com a desordem. Um psiquiatra foi mandado a Abu Ghraib por diversos meses, mas ele não tratou ou aconselhou qualquer um dos PMs que precisavam de tal especialista, e tampouco trabalhou com qualquer um dos detentos com transtornos mentais. Em vez disso, registra-se que sua função principal era ajudar o serviço de inteligência militar a realizar interrogatórios mais eficazes. Megan Ambuhl afirmou que "Não houve reclamações críveis de sodomia, estupro, nem havia fotos ou vídeos de tais atos, pelo menos não pelos sete PMs envolvidos nessa investigação." Ela prossegue: "Estou de posse de todos os vídeos do começo da investigação. Passei mais de 13 horas por dia naquele bloco. Nenhum estupro ou sodomia aconteceu."[50] Saberemos um dia o que realmente ocorreu ali, e quem ou o que deve ser culpabilizado pelos horrores de Abu Ghraib?

As "Fotos-Troféu":
A depravação documentada digitalmente

Em guerras entre nações e em confrontos com criminosos, soldados, polícia e guardas de prisão são frequentemente brutais em seus abusos, tortura e assassinato dos "inimigos", suspeitos, e prisioneiros. Tais ações são esperadas (ainda que não sejam aceitas) em zonas de guerra, quando vidas são postas em risco no cumprimento do dever, e quando "estrangeiros" perpetram abusos contra nossos soldados. Não esperamos ou aceitamos tais comportamentos por parte de agentes de governos democráticos, quando não há ameaça iminente a suas vidas, e quando os presos estão vulneráveis e desarmados.

Da mesma maneira, muitos americanos se afligiram há alguns anos, em março de 1991, quando uma gravação em vídeo mostrou um grupo de oficiais da polícia de Los Angeles (LAPD) espancando ininterruptamente um motorista afro-americano desarmado, Rodney King. Mais de cinquenta golpes de cassetetes o atingiram enquanto jazia indefeso no chão, ao passo que duas dúzias de oficiais da lei assistiam ao espancamento, e alguns deles ajudaram a manter King no chão, empurrando os pés contra suas costas.

Em sua análise do poder das imagens visuais na sociedade moderna, a romancista Susan Sontag escreveu:

> Há um longo tempo — pelo menos seis décadas — as fotos têm deixado as marcas de como os conflitos importantes são julgados e lembrados. O museu da memória ocidental é, hoje, sobretudo, visual. As fotos têm um poder insuperável para determinar o que recordamos dos fatos, e agora parece provável que a associação determinante que as pessoas de todo o mundo com a guerra que os Estados Unidos desencadearam de forma preventiva no Iraque no ano passado serão as fotos da tortura de prisioneiros iraquianos praticada por norte-americanos na mais infame de todas as prisões de Saddam Hussein, Abu Ghraib.[51]

Sontag prossegue, destacando o conteúdo das imagens como indicativo dos piores excessos de uma cultura que cresce *desavergonhadamente*, enquanto seus cidadãos são expostos todos os dias a programas de TV como o de Jerry Spring, e outros em que os participantes estão competindo para se humilharem publicamente. Ela aponta a cultura norte-americana como uma cultura que admira o poder e o domínio irrestritos. Sontag ilumina em seguida a ausência de vergonha, referindo-se ao rótulo de "Estupefação e Choque" que o Pentágono deu à investida contra Bagdá em março de 2003, antes da batalha. (Desde então, alguns críticos propuseram a designação "Vergonha e Espanto" para caracterizar o que foi feito desde então ao Iraque pelas Forças Armadas e pelas irresponsáveis empresas privadas.)

As imagens digitais que saíram de Abu Ghraib tiveram um impacto único em toda a população ao redor do mundo. Nunca antes vimos tais evidências visuais de abusos sexuais e torturas feitas por guardas da prisão, ou de homens e mulheres aparentemente se divertindo com os próprios atos atrozes, com a audácia de posarem e registrarem suas ações brutais. Como puderam? Por que deram a estes abusos as próprias assinaturas visuais? Tomemos em consideração algumas explicações possíveis.

Poder digital

Uma resposta simples é que a nova tecnologia digital faz de qualquer sujeito um fotógrafo instantâneo. Ela fornece um retorno imediato e sem nenhum tempo de revelação das fotos, e as imagens podem ser fácil e rapidamente compartilhadas pela internet sem qualquer censura de laboratórios de revelação. Por serem as câmeras digitais convenientemente pequenas em tamanho e grandes em capacidade, além de baratas, elas são tão disseminadas que se torna fácil para qualquer um tirar centenas de fotos em um determinado lugar. Assim como os diários da internet (*blogs*) e os *podcasts* pessoais permitem que pessoas comuns experimentem momentos de fama efêmera não editada, "possuir" fotografias incomuns que podem ser distribuídas em toda a rede por meio de uma série de páginas da internet concede a outros seus momentos de glória.

Pense no fato de que um *site* pornográfico amador encorajou os visitantes a disponibilizarem imagens de suas mulheres e namoradas nuas em troca de livre acesso aos vídeos pornográficos que oferecia.[52] Soldados foram convidados a trocar fotos da zona de guerra pelo mesmo acesso livre à pornografia, e muitos o fizeram. Uma tarja em que se lia "sanguinolento" foi inserida em algumas dessas imagens, tais como uma em que um grupo de soldados norte-americanos sorria e acenava diante dos restos carbonizados de um iraquiano, com a legenda "*Burn Baby Burn*" ("Arda, Querido, Arda").

Fotos-Troféu de outras épocas

Essas imagens são resquícios das "fotos-troféu" de negros sendo linchados ou queimados vivos nos Estados Unidos, entre as décadas de 1880 e

1930, enquanto observadores e criminosos posavam para a câmera. Vimos no último capítulo como tais imagens são emblemáticas da pior desumanização possível, pois, além de descreverem a tortura e o assassinato de negros norte-americanos por "crimes" assaz espúrios contra os brancos, as fotos que documentaram estes profanos acontecimentos eram convertidas em cartões-postais, a serem comprados e enviados a amigos e parentes. Algumas das imagens incluem crianças sorridentes trazidas pelos pais para testemunharem o tormento de homens e mulheres negros durante uma morte violenta. Um catálogo documental de muitos desses cartões-postais é encontrado em um livro recém-publicado, *Without Sanctuary* (Sem refúgio).[53]

Outras dessas fotos-troféu foram tiradas por soldados alemães durante a Segunda Guerra Mundial, de suas atrocidades pessoais contra judeus poloneses e russos. Apontamos no capítulo anterior que até mesmo "homens comuns", velhos soldados, reservistas alemães, inicialmente resistentes a executar famílias de judeus, com o tempo passaram a documentar seus feitos criminosos como matadores.[54] Há ainda outro depósito visual de tais execuções com seus perpetradores, como se pode ver em *Photographing the Holocaust* (Fotografando o Holocausto), de Janina Struk.[55] O massacre dos armênios realizado pelos turcos também se encontra documentado em fotos em um *website* dedicado a esse genocídio.[56]

Outro gênero de fotos-troféu, comum à era pré-direitos dos animais é a dos grandes caçadores e pescadores exultantes em frente a marlins, tigres ou ursos pardos. Lembro-me de ver Ernest Hemingway posando para uma foto assim. A imagem que representou o ícone clássico do caçador de safári é, no entanto, a do presidente americano Teddy Roosevelt em pé e orgulhoso defronte a um enorme rinoceronte que havia acabado de abater. Outra foto mostra o ex-presidente e seu filho Kermit sentados sobre um búfalo da Índia em uma pose indiferente com as pernas cruzadas e uma grande arma na mão.[57] Tais fotos-troféu eram declarações públicas do poder e sobrepujança do homem sobre as poderosas feras da natureza — conquistados devido a sua perícia, coragem e tecnologia. Curiosamente, nessas fotos, os vencedores aparecem bastante sérios, raramente sorrindo; são vencedores de uma batalha contra adversários terríveis. Em certo sentido, posam como o jovem Davi com sua pedra perante o caído gigante Golias.

Exibicionistas atuando para *voyeurs*

As faces sorridentes de muitos dos guardas do turno da noite em Abu Ghraib sugerem uma dimensão diferente das fotos-troféu: o exibicionismo. Algumas das fotos dão a impressão de que os abusos não passavam de suportes disponíveis para que exibicionistas documentassem os extremos a que poderiam chegar em um ambiente incomum. Tais exibicionistas também parecem antecipar uma audiência de afoitos *voyeurs* que se divertiriam com a visão dessas excentricidades. Contudo, deixaram de perceber que o compartilhamento de arquivos e a fácil distribuição tornariam as imagens digitais independentes dos fotógrafos; eles perderiam o controle sobre quem chegaria a vê-los — e foram, portanto, apanhados em flagrante pelas autoridades.

Com exceção da imagem emblemática da tortura do homem encapuzado com eletrodos em suas mãos, e das fotos dos cães ameaçando os prisioneiros, a maioria das outras fotos-troféu possuem uma natureza sexual. O elo entre tortura e sexualidade lhes dá uma qualidade pornográfica perturbadora, ainda que fascinante para muitos observadores. Somos todos convidados a descer à masmorra sadomasoquista, para olhar mais de perto essas atrocidades em ação. Embora seja horrível assistir a tais abusos, as pessoas não conseguem desviar os olhos.

Fiquei surpreso em descobrir o alcance do voyeurismo que é hoje possibilitado pela internet. Um *website* chamado simplesmente www.voyeurweb.com afirma atrair 2,2 milhões de visitantes diariamente para sua página gratuita de pornografia amadora.

Causas complexas e dinâmica social

O comportamento humano é complexo, o que significa que há, comumente, mais de uma razão para cada ato; em Abu Ghraib, acredito que as imagens digitais foram o produto de múltiplas causas e dinâmicas interpessoais, além da sexualidade e do exibicionismo. Status e poder, vingança e retaliação, desindividuação dos indefesos — é possível que todos esses elementos estivessem envolvidos nos abusos e no registro das fotos. Além disso, precisamos considerar que algumas delas eram na verdade permitidas e encenadas pelos interrogadores.

PM de Abu Ghraib em cela da prisão com o rosto pintado no estilo de um grupo de rock

Fotos encenadas utilizadas para ameaçar detentos

Há uma razão simples para as fotos-troféu em Abu Ghraib: os interrogadores, civis e militares pediram aos PMs que posassem para eles. Uma versão da história, de acordo com a oficial reformada Janis Karpinski, e relatada anteriormente por alguns dos soldados acusados, é que, inicialmente, a ideia de tirar as fotos era para, depois, utilizá-las como ameaças para ajudar no interrogatório. "Eles montam essas fotos para conseguir confissões, 'para abreviar a conversa'", disse Karpinski em 4 de maio de 2006, durante uma palestra que se deu na Universidade de Stanford. "Eles abririam os *laptops*, mostrariam as fotos, e diriam aos presos: 'Comece a falar, ou amanhã você estará no fundo dessa pilha.' Isso foi feito intencional e metodicamente."[58]

Certamente, algumas das fotos são claramente montadas para a câmera de alguém, com PMs sorrindo para a câmera, acenando, e apontando para algo digno de nota na cena. A foto desumanizadora de Lynndie England arrastando um detento pelo chão com uma coleira em seu pescoço tem, provavelmente, essa origem. É improvável que ela tenha trazido uma coleira em sua mochila. Contudo, tudo isso exigia, para a capacitação social, que algum oficial desse a permissão aos PMs de tirar uma foto sequer desses abusos. Tal permissão abriu as portas para essa nova atividade noturna, de criar outras cenas de mal criativo em operação. Uma vez iniciada, não se avistava seu fim, porque a prática aliviava o tédio dos policiais, vingava-os, permitia que demonstrassem seu domínio, se divertissem e montassem jogos sexuais — até Joe Darby abrir o bico e terminar com o espetáculo.

As fotos de Abu Ghraib

A professora de literatura comparada Judith Butler nos convida a reconsiderar a importância das fotografias de Abu Ghraib não como provenientes dos caprichos de alguns policiais militares que as tiraram. Antes, argumenta que os PMs eram "fotógrafos infiltrados", cujas imagens refletiram os valores básicos das Forças Armadas — homofobia, misoginia e dominação sobre todos os inimigos.[59]

Obtendo Status, Obtendo Vingança

Reconheçamos o status geralmente inferior dos Reservistas das Forças Armadas dentro da hierarquia militar, que pode ser bastante degradante para um reservista escalado para o turno da noite em uma prisão terrível. Eles perceberam que estavam no fundo do barril, trabalhando sob condições horríveis, recebendo ordens de civis, e sem poder recorrer a autoridades que se importassem o suficiente para verificar o que estava acontecendo. Os únicos na cena com status inferior a eles eram os próprios prisioneiros.

Assim, a natureza dos abusos, do mesmo modo que a sua documentação, serviu para estabelecer um domínio social inequívoco de cada guarda sobre todos os prisioneiros por meio dessa comparação descendente. A tortura e o abuso eram exercícios de puro poder para o bem da demonstração de seu controle absoluto sobre seus inferiores. As fotos eram necessárias para que alguns dos guardas se convencessem da superioridade deles, assim como para difundir seu status dominante sobre os pares. As fotos lhes concederam "direitos ostensivos". É também possível que o racismo estivesse envolvido em alguma medida, com atitudes geralmente negativas para com árabes representando um "outro" muito diferente. Foi um extravasamento de hostilidade proveniente de 11 de setembro de 2001, foram ataques terroristas contra todos os homens de pele escura de alguma origem árabe.

Uma causa mais imediata, compartilhada por muitos soldados, foi a vingança em honra a companheiros mortos ou seriamente feridos por insurgentes iraquianos. É evidente que a vingança tenha levado à retaliação contra os reclusos que se rebelaram ou que supostamente violentaram um garoto. Por exemplo, os sete presos empilhados na pirâmide foram enviados ao Pavilhão 1A após se rebelarem em Camp Ganci, e ferirem uma PM no processo. Humilhá-los e espancá-los era "ensinar-lhes uma lição" sobre as consequências de terem perdido o controle. Outro exemplo: o único preso que Chip Frederick golpeou foi aquele que esmurrou forte no estômago porque ele supostamente havia atirado uma pedra e ferido uma PM. Forçar os detentos a simular sexo oral ou se masturbar em público na frente de soldadas, e, então, documentar essa humilhação, era mais do que apenas uma tática de constrangimento. Tratava-se de cenários sexuais criados pelos PMs como revide para os detentos que, a seu ver, passaram dos limites.

A Desindividuação e o Efeito Terça-feira Gorda

Todavia, como compreender a concepção de Lynndie England de que se tratava apenas de "curtição"? Nesse caso, acredito que a desindividuação esteja envolvida. O anonimato da pessoa e do lugar que apontamos anteriormente pode criar um estado mental alterado, o qual, quando combinado com a dispersão da responsabilidade pelas ações, induzem à desindividuação Os atores imergem em suas ações físicas de alta intensidade sem planejamento racional ou consideração das consequências. O passado e o futuro dão lugar a uma perspectiva temporal hedonista, de presente imediato. É um espaço mental no qual as emoções governam as razões, e as restrições à passionalidade se afrouxam.

É o "Efeito Terça-feira Gorda", de viver o momento por detrás de uma máscara que oculta a identidade e dá vazão a impulsos libidinosos, violentos e egoístas, impulsos estes que são normalmente contidos. O comportamento, assim, irrompe em resposta às exigências imediatas das circunstâncias, sem conspiração planejada ou premeditação maliciosa. Vimos o que aconteceu quando esse fenômeno *"Senhor das moscas"* foi trazido para dentro de meu laboratório na Universidade de Nova York, quando mulheres desindividuadas administraram choques cada vez mais intensos em vítimas inocentes. Isso também foi recriado por alguns dos guardas de nossa prisão de Stanford. Nessas situações, tal como em Abu Ghraib, padrões de restrição social contra agressões e ações antissociais são suspensos enquanto as pessoas vivenciam maior amplitude de liberdade comportamental.

Assim como não encorajei meus guardas a agirem com sadismo, tampouco as Forças Armadas encorajaram seus guardas a se envolverem em abusos sexuais contra os presos. Todavia, em ambas as situações, uma norma geral de permissividade prevaleceu, o que constituiu um sentimento de que os guardas poderiam fazer o que quisessem, pois não seriam pessoalmente responsabilizados, e poderiam se livrar facilmente das consequências, pois ninguém estaria observando. Nesse contexto, o raciocínio moral tradicional é amortizado, as ações falam mais alto do que as lições há muito aprendidas, e os impulsos dionisíacos suprimem a racionalidade apolínea. O desligamento moral foi então acionado para mudar a paisagem mental e emocional daqueles apanhados em sua teia.

Comparações com abusos praticados por soldados de elite britânicos e americanos

Se os princípios da Psicologia Social, que, pelo que argumentei, operavam no turno da noite no Pavilhão 1A, não dizem respeito a *pessoas*, mas à *situação*, deveríamos encontrar abusos similares em outros ambientes similares, perpetrados por diferentes soldados naquela mesma zona de combate. De fato, há pelo menos dois exemplos desse tipo de comportamento — ambos raramente notados pela mídia dos EUA.

Soldados britânicos designados para a Prisão de Basra, no Iraque, também abusaram sexualmente de cativos, forçando-os a simularem sodomia uns com os outros depois de despi-los. Suas fotos chocaram o público britânico, que não podiam acreditar que seus jovens cometeriam atos tão terríveis, e, tampouco, que os registrariam. O fato de um dos acusados ser um herói condecorado em combate anterior foi uma frustração ainda maior das expectativas do público britânico. Ainda pior, e mais concreto, foi o que relatou a *BBC News* em 29 de junho de 2004: "Tropas britânicas trocavam fotos de abusos." O subtítulo acrescentou: "Soldados britânicos trocavam centenas de fotos de brutalidades contra presos iraquianos." Diversos soldados que serviram como membros de elite do Regimento da Rainha de Lancashire concederam algumas das imagens ao *Daily Mirror*, uma das quais mostrava um preso encapuzado sendo golpeado com a coronha de um fuzil, soldados urinando sobre ele, e uma arma apontada para sua cabeça. Os soldados afirmaram que havia muitas outras fotos de abusos como aquela, que compartilhavam em "uma cultura de troca de imagens". Contudo, os comandantes das Forças Armadas as destruíram quando foram encontradas em suas bagagens no momento em que deixavam o Iraque.

Em 12 de maio de 2004, a edição de *60 Minutes II*, Dan Rather, da CBS, transmitiu um vídeo caseiro feito por um soldado norte-americano que revelou as condições de Camp Bucca e de Abu Ghraib. O trecho do vídeo mostra o desdém de uma jovem soldada pelos presos iraquianos. Ela diz: "Dois presos já morreram... mas e daí? Dois a menos com que me preocupar." Vários outros soldados que estiveram em Camp Bucca e são acusados de abusar dos presos dali disseram a Rather que "os problemas começaram com a cadeia de comando — a mesma cadeia de comando encarregada de Abu Ghraib quando as fotos da tortura e do abuso foram tiradas."[60]

Outro exemplo registrado dessa perda de controle envolveu soldados dos EUA da 82ª Divisão Aerotransportada, localizada na base de operações avançadas (FOB) Mercury, perto de Fallujah. Era o lugar onde revoltosos e outros reclusos estiveram aprisionados temporariamente antes de serem transferidos para Abu Ghraib. "'Maníacos assassinos' é como eles [os cidadãos de Fallujah] nos chamavam, porque sabiam que se fossem pegos e aprisionados por nós antes de irem para Abu Ghraib, seria o inferno para eles." O testemunho desse sargento descreve como iriam "foder com uma PSB" (pessoa sob controle) espancando-a ou torturando-a com severidade. Ele prossegue, relatando que "Todos no campo sabiam que, se você quisesse extravasar sua frustração, apareceria na tenda PSB. De certo modo, era um tipo de esporte."

Outro sargento da mesma unidade refletiu sobre as razões dos abusos, que incluíam quebrar as pernas dos detentos com um taco de beisebol. "Às vezes nós nos chateávamos, e, então, fazíamos com que todos se sentassem em um canto, e os obrigávamos a montar uma pirâmide. Isso, antes de Abu Ghraib, mas exatamente como lá. Fizemos isso para nos entreter."

O capitão do Exército Ian Fishback, um oficial dessa "unidade de elite", também testemunhou para o *Human Rights Watch,* em setembro de 2005, sobre o abuso sistemático contra prisioneiros que ocorria naquela situação prisional. Ele revelou que os soldados também haviam documentado esses atos terríveis em imagens digitais. "[Em FOB Mercury] disseram que possuíam fotos semelhantes ao que ocorrera em Abu Ghraib, e, por serem tão similares, os soldados destruíram as fotos. Eles as queimaram. A citação exata dizia: 'Eles [os soldados de Abu Ghraib] estavam tendo problemas pelas mesmas coisas que nos pediam para fazer, e, portanto, destruímos as fotos.'"[61]

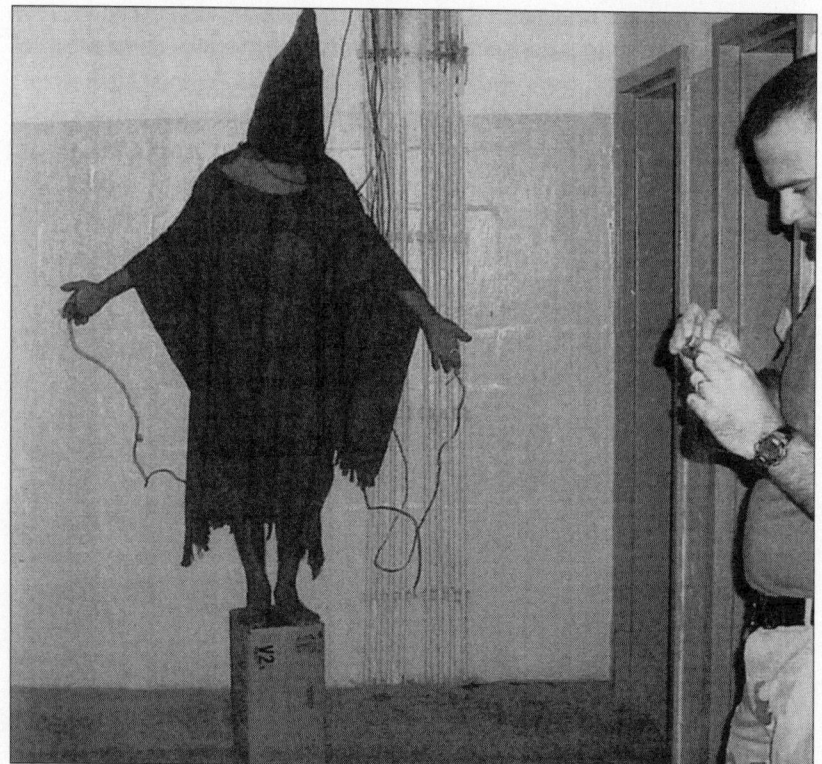

Chip Frederick com "Homem Encapuzado", a imagem emblemática da tortura

Nós encontraremos novamente o capitão no próximo capítulo, no qual sua detalhada descrição dos abusos cometidos por sua unidade combina com a do Pavilhão 1A, com exceção do abuso sexual.

LEVANDO O SARGENTO IVAN FREDERICK A JULGAMENTO

A equipe de investigadores e promotores das Forças Armadas empenhou um zelo considerável no preparo dos casos contra cada um dos sete PMs acusados. (Tivesse o comando militar responsável por Abu Ghraib investido um mínimo de atenção, preocupação e recursos em supervisão e manutenção da disciplina, não haveria necessidade desses julgamentos.) O plano era simples e convincente: após reunir provas e depoimentos suficientes, eles elaboraram um acordo de atenuação da pena para cada um dos réus pelo qual as sentenças mais severas seriam reduzidas se eles reconhecessem sua culpa e depusessem contra os colegas. Os julgamentos começaram com um mínimo de envolvidos, como o especialista Jeremy Sivits, para "entregar" cada um dos outros, aprofundando-se nos três principais: Frederick, Graner e England.

Cinco acusações foram lançadas contra Frederick. Em uma Averiguação dos Crimes, como parte do acordo, o acusado aceitou-as como verdadeiras, suscetíveis à prova, e aceitáveis como evidência:

Chip Frederick sentado sobre o "Garoto Merda"

Conspirar para Maltratar Detentos. Acusações de conspiração são normalmente difíceis de provar em cortes civis sem uma forte evidência, como um registro escrito ou gravado do planejamento. Contudo, este caso de conspiração de PMs consistiu em entrar em um "acordo não verbal" com outros PMs no Pavilhão 1A, no "solo duro". Isso significa que uma "conspiração não verbal" existia entre o acusado e Davis, Graner, Ambuhl, Harman, Sivits e England. Eles, supostamente, acordaram, em grupo, "que se envolveriam em atos específicos com o propósito de maltratar detentos (subordinados), uma violação do artigo 93 do Código da Justiça Militar" (Averiguação dos Crimes, p. 3). Teriam feito esse acordo por meio de piscadelas, acenos de cabeça ou das mãos? Em contraposição, quereria isso dizer que se envolveram nessas atividades registradas de comum acordo e, portanto, em retrospecto, deve ter havido uma conspiração anterior?

Abandono do Dever. Como suboficial encarregado, Frederick "tinha o dever de tratar todos os detentos com dignidade e respeito, e de proteger detentos e presos em sua presença contra abusos ilegais, crueldade e maus-tratos" (Averiguação dos Crimes, p. 6). Ele abandonou todos esses deveres.

Maus-tratos a Detentos. Isso se refere ao prisioneiro encapuzado com eletrodos ligados a seus dedos, que foi levado a acreditar que, se caísse da caixa sobre a qual era forçado a se manter, seria eletrocutado. Frederick ligou um dos fios à mão esquerda do prisioneiro, e tirou uma foto como "lembrança". (Também foi mencionada nessa acusação, como parte do contexto, a razão pela qual esse detento, apelidado de "Gilligan", fora obrigado a ficar sobre a caixa por longos períodos em posições extenuantes. Ele era mantido "acordado como parte de um programa de administração do sono. A administração do sono normalmente inclui exercícios físicos rigorosos para manter um detento desperto antes de ser interrogado" [Averiguação dos Crimes, p. 6]). Há outras especificações de maus-tratos contra vários detentos na pirâmide humana, e de quando colocaram um detento, apelidado de "garoto merda" (porque se cobria de fezes), entre duas macas (na tentativa de que parasse de defecar) e então Frederick posou para uma foto, sentado sobre ele. (Deve-se mencionar que os médicos aconselharam esse tratamento, de manter o detento com desordens mentais amarrado entre duas macas para impedi-lo de se ferir; não foi uma ideia de Frederick, mas, antes, o cumprimento de um protocolo médico.)

Agressão Consumada por Ofensa Física. Uma vez, Frederick esmurrou um detento no estômago "com força suficiente para deixá-lo sem respiração" (Averiguação dos Crimes, p.8). (Esse detento foi um dos agitadores trazidos para o Pavilhão 1A depois de sua tentativa de fuga e agressão a uma PM em Camp Ganci.)

Atos Indecentes contra Outrem. Isso se refere ao acusado ter forçado diversos detentos a se masturbarem em frente de soldados de ambos os sexos, além de outros detentos, enquanto eram fotografados. "Naquelas circunstâncias, a conduta do acusado foi caracterizada por trazer descrédito às Forças Armadas, e ser prejudicial à boa ordem e disciplina", argumenta a averiguação. "Essas fotografias e outras imagens capturadas pelo acusado e seus co-conspiradores foram tiradas por razões pessoais. As imagens foram salvas em computadores pessoais, e não para propósitos oficiais." (Averiguação dos Crimes, p. 9).

O julgamento

O julgamento de Frederick foi realizado em Bagdá, em 20 de outubro de 2004, a despeito da moção do conselho de defesa para que se realizasse em algum lugar dos Estados Unidos. Como me recusei a me deslocar para um lugar tão perigoso, fui até a base naval de Nápoles, na Itália, onde dei meu depoimento em uma videoconferência no interior de uma sala de segurança máxima. Era uma situação complexa porque, em primeiro lugar, meu testemunho era interrompido pelo atraso nas respostas de som, e em segundo lugar, as imagens do julgamento na tela de vídeo congelavam de vez em quando. Contribuindo para a dificuldade estava o fato de que conversava com uma tela de TV, e não interagia diretamente com o juiz. Para tornar as coisas ainda mais difíceis, fui obrigado a não utilizar apontamentos durante meu depoimento, o que significou recuperar da memória as centenas de páginas de cinco relatórios investigativos lidos cuidadosamente, além de todas as outras informações de apoio reunidas sobre Frederick e as condições do Pavilhão 1A.

Dado que Frederick já havia entrado em um processo de reconhecimento de culpa, meu depoimento foi concentrado inteiramente em especificar as influências das circunstâncias e sistêmicas em seu comportamento, induzidas pelo impacto de um ambiente anormal em um jovem bastante normal. Também esbocei os resultados da avaliação psicológica, os aspectos positivos de seu histórico antes de ser designado para o Pavilhão 1A, e os pontos de destaque de minha entrevista com ele. Isso foi feito no esforço de apoiar a conclusão de que Frederick não trouxera tendências patológicas para aquele contexto comportamental. Antes, argumentei que a *circunstância* suscitou nele os comportamentos aberrantes nos quais ele se envolveu e dos quais ele se arrepende e é culpado.

Também deixei claro que, na tentativa de compreender como as ações de Frederick foram impingidas pela dinâmica social das circunstâncias, não me dedicava a uma "desculpologia", mas, antes, a uma análise conceitual que não costuma ser considerada de modo sério o suficiente na definição de sentenças. Ademais, ao conceder minha confiança e relevância para este caso, esbocei as principais características e descobertas e alguns paralelos entre o Experimento da Prisão de Stanford e o ambiente de abuso na Prisão de Abu Ghraib. (Meu depoimento completo se encontra nas páginas 294 a 330 da transcrição do "Julgamento de Ivan 'Chip' Frederick", outubro de 2004. Infelizmente, ele não se encontra disponível *on-line*.)

O promotor público, o major Michael Holley, dispensou o impulso de meu argumento situacional. Argumentou que Frederick sabia distinguir o certo do errado, possuía treinamento militar adequado para a tarefa, e, em suma, tomou uma decisão racional de se envolver nos comportamentos imorais e prejudiciais dos quais era acusado. Assim, ele colocou toda a culpa na propensão de Frederick a praticar o mal deliberadamente, enquanto descartava todas as influências das circunstâncias e sistêmicas como indignas de consideração pela corte. Ele também relembrou que a Convenção de Genebra era válida, e que os soldados deveriam saber suas restrições. Isso não é verdade, como veremos no capítulo seguinte: o presidente George Bush e seus consultores legais alteraram a definição desses detentos e de tortura em uma série de memorandos legais que tornavam a Convenção de Genebra obsoleta durante a "guerra ao terror".

O Veredito

O juiz militar, coronel James Pohl, levou apenas uma hora para devolver o veredito de culpado em todas as instâncias. A sentença de prisão de Frederick foi estipulada em oito anos. Meu depoimento teve, aparentemente, um efeito mínimo sobre a severidade de sua sentença, assim como o apelo eloquente de seu advogado, Gary Myers. Todos os fatores circunstanciais e sistêmicos que detalhara valeram pouco no palco das relações públicas internacionais, estabelecido pelas Forças Armadas e pelas hierarquias da administração Bush. Eles precisavam mostrar para o mundo e para o povo iraquiano que eram "implacáveis contra o crime", e rapidamente puniriam esses poucos soldados perniciosos, as "maçãs podres" no interior do bom barril do Exército dos EUA. Uma vez que tenham sido julgados, sentenciados e presos, apenas assim essa mancha nas Forças Armadas norte-americanas poderá desaparecer.[62]

Charles Graner recusou-se a reconhecer a culpa e obteve uma sentença de dez anos. Lynndie England, em uma complicada série de julgamentos, foi condenada a três anos de prisão. Jeremy Sivits pegou um ano, enquanto Javal Davis apanhou seis meses. Sabrina Harman saiu-se com uma sentença leve de seis meses, baseada na evidência de sua gentileza anterior para com iraquianos antes de ser destacada para Abu Ghraib. E finalmente, Megan Ambuhl não foi condenada à prisão.

Algumas comparações relevantes

Não há dúvidas de que os abusos nos quais se envolveu Chip Frederick trouxeram sofrimento físico e emocional para os presos sob seu comando, além de humilhação e raiva para suas famílias. Ele reconheceu sua culpa, foi declarado culpado e recebeu uma condenação severa. Da perspectiva dos iraquianos, ela foi muito benevolente; de meu ponto de vista, ela foi muito severa, dadas as circunstâncias que precipitaram e sustentaram os abusos. Contudo, é esclarecedor comparar sua sentença com a de outro soldado em outra guerra, que foi sentenciado com a pena capital por ofensas contra civis.

Uma das primeiras máculas ao orgulho das Forças Armadas dos EUA vieram durante a Guerra do Vietnã, quando soldados da Companhia Charlie invadiram o vilarejo de My Lai em busca de combatentes vietcongues. Não encontraram nenhum, mas as pressões crônicas, as frustrações e os temores desses soldados irromperam em uma fúria inimaginável contra os civis locais. Mais de quinhentas mulheres, crianças e idosos vietnamitas foram assassinados em uma cortina de fogo de metralhadoras, e queimados vivos em suas cabanas, e muitas mulheres foram estupradas e estripadas. Algumas delas chegaram a ser escalpeladas! Descrições aterrorizantes dessas crueldades foram verbalizadas de modo pragmático por alguns dos soldados no filme *Interviews with My Lai Vets* (Entrevistas com veteranos de My Lai). Seymour Hersh forneceu um detalhado relato das atrocidades em seu livro, *My Lai 4*, que os expôs publicamente pela primeira vez, um ano depois.

Apenas um soldado foi considerado culpado por esses crimes, o tenente William Calley Jr. Seu oficial superior, o capitão Ernest Medina, que estivera no local durante essa "missão de localizar e destruir", e que relatou ter pessoalmente disparado contra os civis, foi absolvido de todas as acusações e renunciou ao posto. O capitão Medina, apelidado de "Cachorro Louco", ficou, na verdade, orgulhoso de seus homens da Companhia Charlie, afirmando: "Tornamo-nos a melhor companhia do batalhão." Talvez tenha sido um juízo um tanto prematuro e apressado.

O tenente Calley foi considerado culpado pelo assassinato premeditado de mais de cem civis vietnamitas em My Lai. Sua prisão perpétua foi reduzida para três anos e meio, passados em um quartel em prisão domiciliar, nunca tendo passado um dia na prisão. A maioria das pessoas desconhece que ele foi, subsequentemente, perdoado desse genocídio e retornou a sua comunidade, onde se tornou um orador remunerado e um honrado empresário. Poderia ter sido diferente se Calley fosse apenas um soldado e não um oficial? Poderia também ter sido diferente se "fotos-troféu" fossem tiradas pelos soldados da Companhia Charlie, e que tornassem vívido e real o que palavras sobre essas atrocidades brutais falharam em transmitir? Penso que sim.

Outra série de comparações relevantes surge quando se compara esses PMs do turno da noite a outros soldados que foram recentemente acusados e sentenciados por cortes marciais por crimes diversos. Torna-se evidente que, embora tenham sido condenados por crimes semelhantes ou ainda piores, as sentenças transmitidas a esses outros soldados foram muito mais brandas.

Primeiro-sargento Frederick. Obteve uma sentença máxima por seus crimes, de 10 anos de cadeia, dispensa desonrosa (DD), e redução para o mais inferior dos postos, E1. Com o acordo, recebeu 8 anos de prisão, DD, rebaixamento para E1, e abdicação de quaisquer pagamentos e direitos, incluindo os 22 anos que acumulara de sua aposentadoria.

Cabo Berg foi considerado culpado por homicídio negligente, automutilação, e falso testemunho. Sentença máxima: 11 anos de prisão. Recebeu: 18 meses e E1.

Sargento de Primeira Classe Price foi considerado culpado de agressão, maus-tratos e obstrução da justiça. Sentença máxima: 8 anos de prisão, DD, e E1. Recebeu: rebaixamento para primeiro-sargento, nenhum tempo de prisão, nenhuma DD.

Cabo Graner foi considerado culpado de agressão, maus-tratos, conspiração não verbal, atos indecentes e abandono do dever. Sentença máxima: 15 anos de prisão, DD e E1. Recebeu: 10 anos de prisão, DD, E1, e uma multa.

Soldado Brand foi considerado culpado de agressão, maus-tratos, falso testemunho e mutilação. Sentença máxima: 16 anos de prisão, DD e E1. Recebeu: apenas um rebaixamento para E1.

Sargento (nome confidencial) foi considerado culpado de agressão, descarga ilegal de arma de fogo, roubo e abandono do dever. Recebeu: apenas uma carta de reprimenda.

Soldada England foi considerada culpada de conspiração, maus-tratos, e ato indecente. Sentença máxima: 10 anos de prisão, DD e E1. Recebeu: 3 anos de prisão.

Sargento de Primeira Classe Perkins foi considerado culpado por agressão exacerbada, agressão e ofensa, e obstrução da justiça. Sentença máxima: 11,5 anos de prisão, DD e E1. Recebeu: 6 meses de prisão e rebaixamento para primeiro-sargento.

Capitão Martin foi considerado culpado por agressão exacerbada, agressão, obstrução da justiça, e conduta imprópria de um oficial. Sentença máxima: 9 anos de prisão. Recebeu: 45 dias na prisão.

Fica claro, portanto, que as escalas da justiça militar não foram sequer equilibradas nesses crimes comparáveis. Acredito que tenham sido as fotos-troféu o que acrescentou um peso considerável para inclinar as decisões legais contra o turno da noite. Para uma série mais completa dessas comparações, e para uma lista de sessenta soldados que foram à corte marcial e de seus temperamentos, assim como outros esclarecimentos sobre o registro dos abusos de Abu Ghraib, vejam a interessante página na internet www.supportmpscapegoats.com.

A transformação do guarda da prisão Ivan Frederick no prisioneiro número 789.689

Nossa meta ao procurar descrever o Efeito Lúcifer tem sido a de compreender as transformações do caráter humano. É possível que uma das transformações mais radicais e raras que se possa imaginar se dê em alguém que parta de uma posição de poder como guarda da prisão para uma posição de total impotência como um detento. É um caso triste, quando se trata deste que já foi um excelente agente penitenciário, um soldado dedicado, e marido carinhoso. Ele foi castigado, e sentiu-se quase arruinado pelo veredicto da corte militar, e seu subsequente cruel tratamento durante a reclusão. Chip Frederick está hoje reduzido a um número — 789.689 — como um recluso em Warehouse Road, no quartel disciplinar dos Estados Unidos, em Fort Leavenworth. Após ser condenado em Bagdá, Chip foi enviado para o Kuwait, onde foi colocado em uma solitária, mesmo não representando perigo para si ou para os outros. Ele descreve suas condições ali como similares às de seus pavilhões em Abu Ghraib, mas sua situação ficou ainda pior quando foi aprisionado em Fort Leavenworth.

A Chip estavam dando remédios para insônia, depressão e crises de angústia, de que passou a sofrer durante o ano em que o escândalo estourou. Na prisão de Kansas, contudo, lhe foram negados todos os medicamentos, e foi obrigado a interromper bruscamente o tratamento. Isso implicou não dormir e viver sob constante tensão. "Acho que não consigo, acho que não aguento mais", ele me escreveu no natal de 2004.[63] Ele foi colocado em uma cela pequena e fria, com apenas dois finos cobertores e nenhum travesseiro, e forçado a vestir meias e cuecas desgastadas, sujas de fezes e urina. Seu tratamento desumano se ampliou ao ser levado para o Texas, para o julgamento de um colega. As Forças Armadas rasgaram em público seu uniforme, com as nove medalhas de honra e condecorações que conquistara ao longo de vinte anos de serviço militar, enquanto, às lágrimas, ele assistia a tudo Além disso, para esfregar sal em seus ferimentos, ele foi trazido perante o tribunal, para que a mídia pudesse vê-lo algemado. Ele é lembrado diariamente de que não se fazem coisas que humilhem o Exército dos Estados Unidos sem sofrer as consequências.

Agora que todos os julgamentos dos "Sete de Abu Ghraib" estão concluídos, o tratamento de Chip Frederick melhorou. Ele vai ao curso de barbeiro na prisão para aprender um novo ofício, visto que jamais poderá servir como agente penitenciário novamente. "Eu adoraria ser readmitido no Exército para voltar lá e ser posto à prova. Eu era aquele que nunca desistia de nada, aquele que poderia fazer a diferença [...]. Estava preparado para morrer pelo meu país, minha família e meus amigos. Eu quis ser aquele que faria a diferença [...]. Tenho orgulho de ter servido meu país a maior parte da minha vida."[64]

Conseguem ver o paralelo com Stew-819, o preso do EPS que insistia em voltar para nossa prisão, para mostrar aos colegas que não era um prisioneiro ruim? Isso faz lembrar também um experimento clássico de Psicologia Social, que mostrava que a lealdade a um grupo era maior quanto mais severo fosse o seu ritual de iniciação.[65]

A vida de Martha Frederick também foi dilacerada por esses julgamentos e atribulações. Poderão se recordar que ela é agente penitenciária na prisão da Pennsylvania, onde eles se conheceram. "Abu-Iraque é o fosso da desumanidade, e Abu se tornou o cemitério no qual a vida que conhecia foi enterrada, 'tio Phil'. [...] Uma vida normal, como a conhecia, JAMAIS poderei retomar. A vida se tornou uma luta constante para se elevar acima dos escombros daquele lugar, financeira e mentalmente."[66]

Outro efeito colateral dessa triste história é a decisão recente de Martha de se divorciar de Chip, por causa dos fardos financeiros e emocionais pelos quais ela teve de passar. A decisão foi outro golpe devastador para ele. Contudo, Martha continua firme em seu apoio a ele. Ela me escreveu: "Estive ao seu lado, à frente e atrás dele durante tudo o que aconteceu. E continuarei a estar, mesmo separada dos laços do matrimônio. Mas simplesmente não consigo continuar vivendo neste vácuo."[67]

E, finalmente, há outra triste resposta à questão de se os interrogatórios abusivos valeram a pena. Elas renderam os frutos à informação acionável buscados pelo comando civil e militar? Talvez, mas não, provavelmente não, talvez um pouco, mas dificilmente valeu o dano irrefutável à imagem moral dos EUA, o sofrimento dos interrogados, e o duradouro impacto psicológico dos interrogadores. Logicamente, as fontes administrativas dirão que encontraram o que estavam procurando, mas se trata de informação confidencial, e, assim, nunca poderão dizer o quanto esses interrogatórios coercitivos ajudaram na guerra contra o terror, e na guerra secundária contra os rebeldes. Eles não estão isentos da mentira para apagar os rastros que deixaram. Contudo, os maiores especialistas em tortura e em interrogatório policial concordam que esse tipo de abuso físico cometido com táticas humilhantes e degradantes raramente rende provas dignas de confiança. Conseguem-se confissões e revelações construindo um vínculo, e não por meio da ameaça; conquistando a confiança, e não estimulando o ódio.

Já vimos as reações negativas de alguns soldados que participaram desses interrogatórios militares. Muitos inocentes que não tinham nenhuma informação útil a fornecer foram presos; pouquíssimos interrogadores foram treinados, e havia ainda menos tradutores treinados, e uma exigência grande demais do alto escalão para obter informações imediatas — sem se importar com as condições. O cientista político e especialista em tortura Darius Rejali registrou que duvida da confiabilidade desses procedimentos de interrogatório, usados em todas as bases militares no Iraque, Guantánamo e Afeganistão. Ele sustenta que há um consenso de que as pessoas dirão praticamente qualquer coisa sob condições de coerção física. Você encontrará provas desse fato em documentos oficiais dos Estados Unidos, incluindo o Manual de Interrogatórios do Exército Americano (FM 30-15), o Manual Kurbak da CIA (1963), e o Manual de Exploração de Recursos Humanos (1985). Em um de seus ensaios em Salon.com, Rejali afirma que a tortura gera um fascínio macabro, dando ao interrogador uma urgência parecida com a do vício em drogas, quando mergulhado no processo, mas deixando um legado de destruição, o qual são necessárias gerações para reverter.[68]

COMENTÁRIOS FINAIS

No próximo capítulo, deslocaremos a atenção de soldados individuais, apanhados em um ambiente comportamental desumano, para a consideração do papel que o Sistema exerceu em criar as condições que estimularam os abusos e as torturas em Abu Ghraib, além de muitas outras prisões militares. Depois, examinaremos as complexidades das influências sistêmicas que operaram para criar e manter uma "cultura do abuso". Em primeiro lugar, examinaremos os pontos de destaque de muitas investigações militares independentes desses abusos. Isso nos permitirá averiguar até que ponto essas investigações envolvem as variáveis do Sistema, tais como falhas na liderança, pouco ou nenhum treinamento específico, recursos inadequados, e prioridades de interrogatório-confissão, como os maiores causadores do que ocorreu no turno da noite em Abu Ghraib. Em seguida, examinaremos relatórios do *Human Rights Watch* para abusos comparáveis — ou ainda piores — descritos por oficiais de uma divisão de elite, a 82ª Divisão Aerotransportada no Iraque. Ampliaremos nossa busca, e investigaremos os modos pelos quais as Forças Armadas e as hierarquias do governo criaram situações similares em outras prisões militares para facilitar a "guerra contra o terrorismo", e a "guerra contra a insurgência". Faremos isso com a ajuda de entrevistas e análises relatadas em um documentário da *Frontline*, da PBS, chamado *A Question of Torture* (Uma questão de tortura) (18 de outubro de 2005), que detalha o papel da administração Bush e da hierarquia das Forças Armadas de sancionar, em primeiro lugar, a tortura na Prisão da Baía de Guantánamo, e, depois, transportá-la para Abu Ghraib e outros lugares.

Trocarei de papéis: de um cientista comportamental transformado em repórter psicológico investigativo, neste capítulo, para o de promotor, no capítulo seguinte. Acusarei diversos membros da hierarquia militar de uso indevido de sua autoridade, para fazer a tortura operar na Prisão da Baía de Guantánamo, e, então, exportar essas táticas para Abu Ghraib. Eles deram permissão para que a Polícia Militar e a Inteligência Militar empregassem essas táticas de tortura — sob expressões esterilizadas — e fracassaram em fornecer liderança, supervisão, responsabilidade, e treinamento específico para a missão, necessário para os PMs do turno da noite no Pavilhão 1A. Afirmarei que eles são, doravante, culpados dos pecados de delegação e de omissão.

Ao colocar o Sistema em um julgamento hipotético, concluiremos levando o presidente Bush e seus conselheiros ao banco dos réus, por seu papel de redefinir a tortura como uma tática aceitável e necessária na dispersa e nebulosa guerra contra o terror. Eles são também acusados de isentar os revoltosos capturados e todos os "estrangeiros" sob detenção militar das garantias fornecidas pela Convenção de Genebra. O secretário de Defesa Rumsfeld é acusado de criar centros de interrogatório onde os "detentos" estão sujeitos a uma série de "abusos" extremamente coercitivos, com o propósito duvidoso de obter confissões e informação. Ele também é provavelmente responsável por outras violações dos padrões morais norte-americanos, tais como "terceirizar a tortura" contra detentos importantes a países estrangeiros, dentro do programa de governo de "entrega extraordinária".

Pretendo mostrar que o Sistema, de Bush e Cheney a Rumsfeld, e descendo a hierarquia de comando, instaurou o fundamento de tais abusos. Se assim o for, então, nós, como sociedade democrática, temos muito a fazer para garantir que futuros abusos sejam impedidos, ao insistirmos que o Sistema modifique os atributos estruturais e as políticas operacionais de seus centros de interrogatório.

Concluiremos o próximo capítulo com um comentário otimista, pois, de fato, um plano foi elaborado em Abu Ghraib para treinar melhor os PMs, a equipe do serviço de inteligência militar e os interrogadores no exercício de suas funções de poder. Meu colega em Psicologia, o coronel Larry James, foi recém-enviado para aquela prisão (maio de 2004) para instalar uma nova série de procedimentos operacionais, com o intuito de desencorajar o tipo de violência que examinamos neste capítulo. De especial interesse é a exibição a todos os PMs e equipe relevante do DVD do Experimento da Prisão de Stanford, como parte do treinamento. Como isso aconteceu e seus efeitos atuais são parte das boas notícias que virão desse lugar de más notícias.

Esse panorama positivo vai então nos levar ao capítulo final. Lá, tentaremos contrabalançar parte da negatividade com que lidamos em nossa longa jornada, ao oferecer duas perspectivas encorajadoras sobre o aprendizado de modos de resistir a influências indesejadas e sobre a celebração dos heróis e do heroísmo.

Finalmente, reconheço que possa parecer um tanto exagerado para alguns leitores que eu enfatize paralelos entre nosso pequeno experimento de Stanford em uma prisão simulada e as perigosas realidades de uma prisão na zona de combate. Não são as dessemelhanças físicas que importam, mas a dinâmica psicológica elementar que é comparável em ambas.[69] Além disso, ressaltaria que diversos investigadores independentes realizaram esta comparação, como no relatório de Schlesinger (citado no início deste capítulo) e em um relatório do ex-criptologista naval Alan Hensley. Em sua análise dos réus acusados dos abusos, ele concluiu:

No caso de Abu Ghraib, um modelo descrito detalhadamente no estudo de Zimbardo, erigido a partir de fatores praticamente idênticos, e resultando em evidências empíricas se encontrava presente de antemão para prever com o máximo de certeza que esta sucessão de acontecimentos ocorreria sem a deliberação consciente dos participantes.[70]

Quero concluir esta fase de nossa jornada com a análise do chefe do departamento de Bagdá da revista *Newsweek*, sobre o que ele pensa que deu errado em uma guerra que começou com boas intenções:

O que deu errado? Muita coisa, mas o momento mais crítico foi o escândalo de Abu Ghraib. Desde abril de 2004, a libertação do Iraque se tornou um exercício desesperado de prevenção de danos. O abuso contra prisioneiros em Abu Ghraib afastou uma grande parcela do público iraquiano. Além de tudo, de nada adiantou. Não há provas de que todos maus-tratos e a humilhação tenham salvado uma única vida norte-americana, ou tenham levado à captura de um grande terrorista, a despeito das afirmações das Forças Armadas de que a prisão produziu "informação acionável".[71]

CAPÍTULO 15

Levando o sistema a julgamento: a cumplicidade do comando

O ENCERRAMENTO PATRIÓTICO DA DECLARAÇÃO DO PROMOTOR DO EXÉRCITO, o major Michael Holley, no julgamento do sargento Ivan Frederick, arma o palco para nossa análise sobre o uso da tortura em "combatentes ilegais" e detentos aprisionados em prisões militares do Iraque, Afeganistão e Cuba:

> E eu o lembraria, senhor, que, como nós, o inimigo luta no campo moral, e isso pode formar um argumento em comum para nossos inimigos, tanto agora quanto no futuro. E eu pediria também que pensasse nos inimigos que possam se entregar no futuro. Idealmente, é isso que queremos. Queremos que fiquem tão intimidados pelo poder de combate do Exército dos Estados Unidos, que cheguem a se entregar. Mas se um prisioneiro — ou um inimigo, em vez disso, acreditar que será humilhado e sujeitado a um tratamento degradante, por que não continuaria lutando até [seu] último suspiro? E, ao lutar, poderão levar vidas de soldados, vidas que, caso contrário, não teriam sido perdidas. Esse tipo de comportamento [dos PMs acusados] tem um impacto a longo prazo, tem por fim, sobre os soldados, nossos soldados, e marinheiros, fuzileiros navais e pilotos, que podem ser capturados futuramente, e no tratamento que receberão, e encerro por aqui.

O promotor continua a tornar evidente que o que está em jogo, nesse e em outros julgamentos dos "Sete de Abu Ghraib", é nada menos do que a honra das Forças Armadas:

Finalmente, senhor, a honra de nosso Exército dos Estados Unidos é tão preciosa quanto frágil. Temos uma confiança sagrada no Exército dos Estados Unidos, em todos os Exércitos, mas, em particular, em nosso Exército é onde sustentamos essa grande responsabilidade e poder, o poder de impor a força sobre os outros. E a única coisa que nos diferencia da imposição injusta do poder, e de se tornar um rival, uma máfia, uma gangue de criminosos, é que temos essa noção de honra de que fazemos o correto, seguimos as que são dadas a nós, e fazemos as coisas honradas, e esse comportamento [os abusos e torturas da prisão de Abu Ghraib] degrada isso. E, também nós, tal como qualquer outro Exército, necessitamos de um patamar moral, sobre o qual nos reunirmos.[1]

Minha declaração de encerramento no julgamento de Frederick foi espontânea e improvisada. Ela prenunciou alguns argumentos-chave que serão desenvolvidos neste capítulo, e que fornecem uma dimensão mais completa para a tese de que as poderosas forças das circunstâncias e sistêmicas estavam em funcionamento, provocando os abusos. Além disso, desde o julgamento (outubro de 2004), mais evidências emergiram que mostram claramente a cumplicidade de um grande número de comandantes militares nos abusos e torturas no Pavilhão 1A, na prisão de Abu Ghraib. Eis o texto de minha declaração:

O Relatório Fay e o Relatório Taguba indicam que esse [abuso] poderia ter sido prevenido se as Forças Armadas aplicassem parte dos recursos e parte das preocupações que estão aplicando a estes julgamentos — Abu Ghraib jamais teria acontecido. Mas Abu Ghraib foi tratada com indiferença. Não houve prioridade, a mesma baixa prioridade em segurança que no Museu Arqueológico de Bagdá [cujos tesouros foram pilhados depois de Bagdá ter sido "libertada", enquanto os soldados observavam passivamente]. Ambos são elementos de baixa prioridade [militar], e este calhou de acontecer sob essas infelizes circunstâncias. Assim, penso que as Forças Armadas estão sendo julgadas, em particular, todos os oficiais que estão acima do sargento Frederick, que deveriam saber o que estava acontecendo, deveriam tê-lo impedido, deveriam tê-lo parado, e deveriam tê-lo contestado. São eles que deveriam estar sendo julgados. Ou, se o sargento Frederick é, em alguma medida, responsável, seja lá qual for a sentença, ela precisa ser, penso eu, mitigada pela responsabilidade de toda a hierarquia.[2]

Neste capítulo, nosso caminho seguirá diversas direções diferentes, que deverão nos levar a esboçar, por detrás da tela negra de ocultação, o papel central de muitos atores-chave do teatro de Abu Ghraib — os diretores, dramaturgos, e diretores de cena que tornaram possível essa trágica peça. Em certo sentido, os PMs foram meros coadjuvantes, "sete personagens à procura de um autor", ou de um diretor.

Nossa tarefa é determinar quais foram as pressões sistêmicas existentes do lado de fora da situação, no "solo duro" do interrogatório em Abu Ghraib. Precisamos identificar os grupos específicos culpados, em todos os níveis da cadeia de comando, de criar as condições responsáveis pela implosão da integridade humana naqueles PMs. Ao apresentar a cronologia dessas forças intrincadas, trocarei de papéis, da testemunha especialista de defesa para o de advogado de acusação. Nessa qualidade, introduzo um novo tipo de mal moderno, o "mal administrativo", que constitui a fundação da cumplicidade da cadeia política e militar de comando nesses abusos e torturas.[3] Tanto as organizações públicas quanto as privadas, por operarem no interior de uma estrutura legal, e não em uma estrutura ética, podem infligir sofrimento, e até a morte, ao seguir a fria racionalidade de cumprimento das metas correspondentes à sua ideologia, um plano geral, uma equação custo-benefício, ou o limite máximo de lucro. Sob tais circunstâncias, seus fins sempre justificam meios eficientes.

AS INVESTIGAÇÕES DOS ABUSOS DE ABU GHRAIB EXPÕEM AS FALHAS DO SISTEMA

Em resposta a numerosos relatos de abuso, não apenas em Abu Ghraib como também nas prisões militares em todos os cantos do Iraque, Afeganistão e Cuba, o Pentágono conduziu pelo menos uma dúzia de investigações oficiais. Examinei atentamente a metade delas para preparar meu papel na defesa do sargento Ivan Frederick. Nesta seção, irei desenhar cronologicamente alguns dos relatórios-chave, e destacarei suas conclusões por meio de suas citações literais. Fazê-lo nos fornecerá uma noção de como oficiais de alta patente e do governo avaliaram as causas da tortura e do abuso. A única exceção foi o relatório Schlesinger, encomendado pelo secretário Rumsfeld.

Olhando para baixo, em vez de para cima na cadeia de comando, esses relatórios são limitados em seu alcance, e nenhum é tão independente ou imparcial quanto se desejaria. Contudo, fornecem-nos um ponto de partida em nosso caso contra as cadeias de comando das Forças Armadas e do governo, que iremos suplementar com relatórios da mídia e de órgãos especializados, complementados por depoimentos em primeira mão de soldados envolvidos em tortura. (Para uma cronologia completa dos abusos e relatórios investigativos de Abu Ghraib, ver o *website* nas Notas.)[4]

O Relatório Ryder foi o primeiro a enviar sinais de alerta

O Chefe de Polícia Militar do Exército, o general de divisão Donald Ryder, preparou o primeiro relatório (6 de novembro de 2003) por ordem do general Sanchez. Ryder foi eleito em agosto para liderar uma equipe de avaliação, como solicitado pela unidade de investigação criminal do Exército. Essa unidade é identificada como CJTF-7 (Força-Tarefa de Junta Combinada 7), uma força-tarefa de múltiplas funções do Departamento de Defesa (DoD), que inclui o Exército, a Marinha, o Corpo de Fuzileiros Navais, a Força Aérea, e uma equipe de civis do DoD.

Esse documento examinou todo o sistema prisional no Iraque, e sugeriu maneiras de melhorá-lo. Ao final, Ryder concluiu que houve sérias violações dos direitos humanos, assim como inadequações no treinamento e no efetivo em todo o sistema. Seu relatório levanta preocupações acerca dos limites vagos entre os PMs, que deveriam somente vigiar os prisioneiros, e o serviço de inteligência (MI), designado para interrogar os prisioneiros. Ele apontou que os MIs tentaram alistar os PMs para se envolverem em atividades que "preparariam" os detentos para interrogatório.

A tensão MI-PM remonta à Guerra do Afeganistão, durante a qual os PMs trabalharam com os MIs para "armar condições favoráveis para entrevistas subsequentes", um eufemismo que significa dobrar a vontade dos prisioneiros. Ryder solicitou a estipulação de procedimentos "para definir o papel dos soldados da polícia militar [...] claramente separando as ações dos guardas das do serviço de inteligência militar". Seu relatório deveria ter destacado todos os encarregados dos sistemas prisionais militares.

Apesar dessa valiosa contribuição, "Ryder atenua seu alerta", de acordo com o jornalista Seymour Hersh, "concluindo que a situação não atingiu ainda o ápice da crise. Embora alguns procedimentos sejam falhos, afirmou, ele 'não descobriu unidades de polícia militar aplicando propositadamente práticas de confinamento inapropriadas'." Lembrem-se que esse relatório surgiu no momento dos abusos mais flagrantes no Pavilhão 1A, no outono de 2003, antes da revelação do médico Joe Darby (13 de janeiro de 2004). O artigo de Hersh na revista *New Yorker* (5 de maio de 2004), que disparou o escândalo, concluiu do relatório de Ryder que "sua investigação foi no mínimo um fracasso, e, no máximo, encobridora".[5]

O Relatório Taguba é completo e rigoroso[6]

Uma vez divulgadas as notórias fotografias entre as autoridades militares e a equipe de investigação em janeiro de 2004, o general Sanchez foi obrigado a ir além do trabalho de encobrimento de Ryder. Ele encarregou o general de divisão Antonio M. Taguba de fazer uma investigação mais completa das alegações de abusos contra detentos, fugas não registradas e falhas disseminadas de disciplina e responsabilidade. Taguba realizou um trabalho admirável, por meio de uma investigação extensa e detalhada, publicada em março de 2004. Embora tenha sido feito para permanecer em sigilo, por fazer acusações diretas de descumprimento do dever de oficiais, por elencar outras fortes acusações contra colegas e ter incluído como prova algumas das "fotos", era suculento demais para não ter vazado para a mídia (provavelmente em troca de altas quantias).

O Relatório Taguba vazou para *The New Yorker*, na qual suas principais descobertas e fotos foram publicadas na matéria de Hersh, mas isso ocorreu apenas depois que as fotos também foram divulgadas para os produtores da *60 Minutes II*, e transmitidas em 28 de abril de 2004. (Vocês se lembrarão de que foi isso que me lançou nesta aventura.)

Taguba não perdeu tempo em refutar o relatório do general, seu colega "Infelizmente, muitos dos *problemas sistêmicos* que emergiram durante a avaliação [de Ryder] são as mesmas questões tematizadas por esta investigação", escreveu. (Grifo.) "Na verdade, muitos dos abusos sofridos por detentos ocorreram durante, ou próximo ao momento daquela avaliação." O relatório continuou: "Ao contrário das descobertas do relatório do general de divisão Ryder, acredito que o pessoal designado para a 372ª Companhia da PM, da 800ª Brigada da PM, foi instruído a alterar procedimentos no estabelecimento, para 'armar as condições' para os interrogatórios do MI." Seu relatório deixou claro que os oficiais da inteligência do Exército, agentes da CIA, funcionários de empresas privadas e OGAs [agências de outros governos] "solicitaram ativamente que os guardas da PM armassem as condições físicas e mentais para favorecer o interrogatório de testemunhas."

Para embasar essa afirmação, Taguba citou declarações juramentadas de diversos guardas sobre a cumplicidade da equipe do serviço de inteligência militar e dos interrogadores.

A dra. Sabrina Harman, 372ª Companhia da PM, afirmou em sua declaração juramentada concernente ao incidente no qual um detento foi colocado sobre uma caixa com fios atados aos seus dedos das mãos, dos pés e ao pênis, "que seu trabalho era o de manter o detento acordado". Ela disse que o MI conversava com o cabo Graner [sic]. Declarou que "O MI queria que o fizéssemos falar. É trabalho de Graner [sic] e de Frederick fazer coisas para MI e OGA, para obrigá-los a falar."

Taguba apresentou um depoimento do sargento Javal Davis sobre o que ele observou no que se refere à influência do serviço de inteligência e das OGAs sobre os guardas da PM:

"Testemunhei prisioneiros na seção de contenção do MI, ala 1A, obrigados a fazer várias coisas que eu questionaria moralmente. Na Ala 1A, fomos informados de que tinham várias regras diferentes e diferentes SOP ['procedimentos de operação padrão'] de tratamento. Nunca vi um conjunto de regras ou SOP dessa seção além daquelas expressas verbalmente. O soldado encarregado da 1A era o cabo Graner [sic]. Ele declarou que os agentes e soldados do MI pediram a eles que fizessem coisas, mas nada sequer chegou a ser escrito, para que reclamasse [sic]." Quando questionado por que as regras em 1A/1B eram diferentes daquelas nas outras alas, o sargento Davis declarou: "As outras alas são de prisioneiros comuns, enquanto as 1A/B estão sob custódia do serviço de inteligência (MI)."

Quando questionado por que ele não informara à cadeia de comando sobre esse abuso, o sargento Davis declarou: "Porque presumi que, se estivessem fazendo coisas fora do comum ou fora das diretrizes, alguém teria dito alguma coisa. [Observe o mal da inação novamente em funcionamento.] Além disso, essa ala pertence ao MI e pareceu-me que a equipe do MI aprovara o abuso." O sargento Davis também declarou que ouviu um MI insinuar aos guardas que abusassem dos detentos. Quando questionado sobre o que o MI dissera, ele declarou: "Afrouxe este cara para nós." "Certifique-se de que ele terá uma noite ruim." "Garanta a ele o tratamento." Ele afirmou que esses comentários foram feitos para o cb Granier [sic] e para o sgt Frederick. Finalmente, o sgt Davis declarou que [sic] "o pessoal do MI, a meu entender, tem congratulado Graner [sic] pela forma como tem lidado com as custódias do MI. São exemplos de declaração: 'Bom trabalho, eles estão sendo dobrados muito rapidamente. Eles respondem a todas as perguntas. Eles estão liberando boas informações, finalmente' e 'Continue assim', coisas desse tipo."

Parecida com a privação de roupas de cama, lençóis, uniformes e travesseiros aos presos provocada pelos guardas do EPS por violação às regras é a declaração feita a Taguba pelo especialista Jason Kennel, da 372ª Companhia da PM:

"Eu vi que estavam nus, mas os MI me pediam para tirar suas roupas de cama, lençóis e roupas." Ele não podia se recordar quem no MI o instruíra a fazê-lo, mas comentou que: "se quisessem que eu fizesse algo de que precisavam, deveriam ter me entregado alguma documentação." Ele foi informado depois que "Não poderíamos fazer coisa alguma que constrangesse os prisioneiros."

Trata-se de apenas um exemplo das contínuas incoerências entre a realidade da situação abusiva e o encorajamento informal feito pelos MIs e por outros agentes no pavilhão aos PMs para que abusassem dos detentos. Se, de um lado, davam ordens expressas de abuso, de outro, a declaração pública oficial insistia que "Não toleramos o abuso contra prisioneiros e tudo que não constitua tratamento humano". Tal estratégia criou, posteriormente, a possibilidade de uma negação plausível.

De igual interesse momentâneo para estabelecer paralelos com o EPS é a ênfase do Relatório de Taguba da necessidade de uniformidade das "chamadas". Lembrem-se do papel central que as "chamadas" vieram a representar, como

ocasião para o abuso contra nossos presos do EPS. "Há uma falta de padronização na forma como o 320º Batalhão da PM conduziu as chamadas físicas de
seus detentos." O relatório prossegue, reclamando da falta de padronização das
chamadas:

> Cada complexo dentro de um acampamento específico realizava suas chamadas
> diferentemente. Alguns complexos faziam com que os detentos fizessem filas de
> dez pessoas, alguns os faziam sentarem-se em fileira, e alguns deslocavam todos
> os detentos para um canto, e os contavam enquanto caminhavam de um canto a
> outro do complexo.

O Relatório Taguba especifica que os altos escalões das Forças Armadas,
cientes dos extremados abusos contra detentos, sugeriram a corte marcial,
mas nunca levaram isso adiante. Sua inação, dado o conhecimento dos
abusos, fortaleceu a impressão de que não haveria a punição pela opressão
aos presos:

> Outro claro exemplo de que a liderança da brigada não se comunicava com seus
> soldados, nem garantia suas capacidades táticas, refere-se ao incidente do abuso
> contra um detento, ocorrido em Camp Bucca, no Iraque, em 12 de maio de 2003.
> [...] Uma extensa investigação da CID ["Divisão de Investigação Criminal"] re-
> velou que quatro soldados do 320º Batalhão da PM chutaram e espancaram de-
> tentos após uma missão de transporte na Base Aérea de Talil. [...]
> Acusações formais à UCMJ foram apresentadas contra esses soldados, as-
> sim como uma Investigação do Artigo 32, conduzida pelo tenente-coronel
> Gentry. Ele recomendou uma corte marcial geral para os quatro acusados, que
> a general de brigada Karpinski apoiou. Apesar desse abuso documentado, não
> há evidências de que a general de brigada Karpinski tenha sequer tentado re-
> lembrar aos soldados da 800ª Brigada da PM as exigências da Convenção de
> Genebra no que diz respeito ao tratamento a detentos, ou tomado qualquer
> providência para garantir que tal abuso não se repetiria. E tampouco há qual-
> quer evidência de que o ten-cel (P) Phillabaum, o comandante dos soldados
> envolvidos no incidente abusivo em Camp Bucca, tenha tomado qualquer ini-
> ciativa para garantir que seus soldados fossem treinados apropriadamente para
> lidar com os presos.

O que Temos Aqui é uma Falha em se Comunicar,
em Educar e em Fornecer Liderança

Taguba oferece muitos exemplos de como os soldados e os PMs reservistas não foram apropriadamente treinados e não receberam os recursos e informações necessárias para realizar suas difíceis funções como guardas da Prisão de Abu Ghraib. O relatório declara:

> Há uma escassez geral de conhecimento, implementação e ênfase nas exigências básicas legais, regulatórias, doutrinárias e de comando no interior da 800ª Brigada da PM e de suas unidades subordinadas. [...]
>
> A custódia de detentos e prisioneiros criminosos após processamento era inconsistente de presídio para presídio, complexo para complexo, acampamento para acampamento, e *até mesmo de turno para turno em toda a AOR* (Área de Responsabilidade) *da 800ª Brigada da PM*. [O grifo foi acrescentado para enfatizar as diferenças de turno do dia para o da noite no Pavilhão 1A]

O relatório declara também:

> As unidades de detenção de Abu Ghraib e de Camp Bucca excedem significativamente o limite máximo de capacidade, enquanto o contingente da guarda é pequeno e com poucos recursos. A desproporção contribuiu para as pobres condições de vida, fugas, e lapsos de responsabilidade em diferentes estabelecimentos. A superlotação dos edifícios limita também a habilidade de identificar e segregar líderes da população de detentos, que podem estar organizando fugas e rebeliões dentro da penitenciária.

O relatório prossegue identificando um dos problemas levantados por Chip Frederick sobre policiar o pavilhão, onde numerosos civis sem identificação e outros desconhecidos iam e vinham, e davam ordens a ele e a sua equipe.

> Em geral, a equipe de civis norte-americanos contratados (Titan Corporation, CACI, etc.), cidadãos de outros países que não Estados Unidos e Iraque, e empreiteiros locais não parecem ser apropriadamente supervisionados na unidade de detenção de Abu Ghraib. Durante nossa inspeção no local, eles circulavam com excessivo livre acesso, sem tutela, pela área de detentos. Ter

civis com diversos trajes (civis e DCUs [Unidades de Camuflagem no Deserto]) no interior e próximo à área de detentos provoca confusão, e pode ter contribuído para as dificuldades no processo de responsabilização para detecção de fugas.

Taguba documenta muitos exemplos de fugas e rebeliões de presos, e descreve encontros letais entre PMs e detentos. Em cada um dos casos, o relatório repete sua conclusão: "Nenhuma informação sobre descobertas, fatores que contribuíram, ou ação corretiva foi fornecida à equipe de investigação." O relatório também toma notas acerca de uma grande rebelião de presos, que teve consequências letais, uma das quais mencionada por Chip Frederick como um prelúdio de uma transferência para o seu Pavilhão 1A dos líderes rebeldes, que, depois, vieram a sofrer abusos ali:

24 de novembro de 2003 — Rebelião e disparo em 12 detentos [...] Vários detentos supostamente começaram a se rebelar, cerca de 1.300 em todos os complexos no acampamento Ganci. Isto resultou em disparo letal em 3 detentos, 9 detentos feridos, e 9 soldados dos EUA feridos. Uma investigação 15-6 do Cel Bruce Falcone (220ª Brigada da PM, subcomandante) concluiu que os detentos rebelados protestavam por melhores condições de vida, que a rebelião tornou-se violenta, que o uso de força não-letal foi ineficaz, e, após o Cmt [Comandante] do 320º Batalhão da PM ter executado a "Última Chance", o plano de contenção de emergência, o uso de força mortífera foi autorizado.

O que ou quem foi o culpado por esta rebelião, e pelo uso de força mortífera para contê-la? Taguba conclui que vários problemas estavam envolvidos. Ele salienta:

Dentre os fatores que contribuíram, estava a falta de treinamento abrangente para os guardas, SOPs [Procedimentos de Operação Padrão] falhos ou inexistentes, chamadas informais conduzidas antes dos turnos, nenhum exercício ou treinamento continuado, uma combinação de armas quase mortíferas com armas mortíferas, nenhum AAR [relatório pós-ação] conduzidos após os incidentes, ROE [regras de engajamento] não estipuladas ou não compreendidas, superlotação, uniformes não padronizados, e comunicação deficiente entre o comando e os soldados.

Taguba ficou particularmente preocupado que o treinamento obviamente inadequado da brigada da PM, conhecida como comando militar, nunca fosse corrigido:

Descubro que a 800ª Brigada da PM não foi adequadamente treinada para uma missão que incluía operar uma prisão ou instituição penal no Complexo da Prisão de Abu Ghraib. Como descobriu a Avaliação de Ryder, também concordo que as unidades da 800ª Brigada da PM não receberam treinamento específico para penitenciárias durante o período de mobilização. Unidades da PM não receberam suas missões antes da mobilização ou durante o treinamento no posto de mobilização, e, assim, não puderam treinar para missões específicas. O treinamento que foi realizado nos locais de mobilização foram [sic] desenvolvido e implementado por membros da mesma patente, com pouca ou nenhuma orientação ou supervisão do Batalhão ou da Brigada, e consistia basicamente em realizar tarefas comuns e treinamento policial. Entretanto, não encontrei evidência de que o Comando, embora consciente desta deficiência, tenha sequer solicitado o treinamento específico para penitenciárias ao Comandante da Escola da Polícia Militar, à Penitenciária do Exército em Mannheim, na Alemanha, ao chefe de polícia militar do Exército, ou aos Quartéis Disciplinares do Exército norte-americano em Fort Leavenworth, no Kansas. [...]

Essa investigação indica que a general de brigada Karpinski e sua equipe fizeram um trabalho deficiente na alocação de recursos em toda a JOA [Área de Operações Combinadas]. Abu Ghraib normalmente abrigava entre 6 a 7 mil detentos, ainda que fosse operada por apenas um batalhão. Em contraste, a instalação para HVD [Detentos de Alta Visibilidade] mantém apenas cem detentos, e é igualmente administrada por um batalhão inteiro [...]

Além de possuir um contingente extremamente baixo, a qualidade de vida dos soldados designados para Abu Ghraib era muitíssimo precária. Não havia DFAC [Refeitório], PX [Correio], barbearia, instalações de MWR ["moral, bem-estar e recreação"]. Houve numerosos ataques de morteiros, fuzis e de RPG [granadas impulsionadas por foguete], uma séria ameaça aos soldados e detentos do local. O complexo prisional também se encontrava extremamente superlotado, e faltava à brigada os recursos adequados e o pessoal para resolver sérios problemas logísticos. Finalmente, devido a vínculos anteriores e convívio entre os soldados dentro da Brigada, parece que a amizade frequentemente predominava sobre a liderança apropriada e os relacionamentos subordinados.

Taguba investe contra os comandantes negligentes e deficientes

Uma das características excepcionais do relatório do general Taguba, comparado com todas as outras investigações feitas sobre os abusos em Abu Ghraib, é a disposição para identificar os comandantes que falharam no exercício da liderança militar — e quem mereceria algum tipo de punição militar. Vale a pena dispor algumas das razões pelas quais o general investiu contra muitos líderes militares, devido aos seus papéis na criação de um comando que foi motivo de chacota em vez de um embuste, ao invés de um modelo de liderança militar. Estes eram os líderes que deveriam ter fornecido a estrutura disciplinar para estes desafortunados PMs:

> Com respeito à missão da 800ª Brigada da PM em Abu Ghraib, descubro que há um claro atrito e falta de comunicação efetiva entre o Comandante da 205ª Brigada da MI, que controlava a FOB [Base de Operações Avançadas] de Abu Ghraib depois de 19 de novembro de 2003, e o Comandante da 800ª Brigada da PM, que controlava as operações a detentos no interior da FOB. Não havia divisão clara de responsabilidades entre os comandos, pouca coordenação no nível de comando, e nenhuma integração entre as duas funções. A coordenação ocorria nos níveis mais inferiores, com pouca supervisão dos comandantes. [...]
>
> O 320º Batalhão da PM foi estigmatizado como unidade, devido ao abuso anterior a detentos ocorrido em maio de 2003, na Instalação de Internamento de Bucca (TIF), no período sob comando do ten (P) Phillabaum. Apesar de seus sinais de deficiência tanto como comandante quanto como líder, a general de brigada Karpinski permitiu que o ten (P) Phillabaum continuasse no comando de seu batalhão mais problemático, cuidando, de longe, do maior número de detentos na 800ª Brigada da PM. [...]
>
> Muitas testemunhas declararam que a S-1 da 800ª Brigada da PM, maj Hinzman e o S-4, maj Green, eram basicamente desajustados, mas, apesar de numerosas reclamações, esses oficiais não foram substituídos. Isso teve efeito prejudicial na eficácia e na disposição para o combate da equipe da Brigada. Além disso, o promotor de justiça do comando da Brigada, ten-cel James O'Hare, mostrou falta de iniciativa, e não se dispôs a se responsabilizar por quaisquer de suas ações. O Ten-Cel Gary Maddok, o subcomandante da Brigada, não supervisionou apropriadamente a equipe da Brigada, falhando em esquematizar as

prioridades, tomar ação corretiva efetiva, quando necessário, e supervisionar as funções diárias. [...]

Ademais, diversos oficiais e praças antigos foram repreendidos/disciplinados por má conduta durante esse período.

A partir de minha leitura da análise de Taguba, sou obrigado a concluir que Abu Ghraib foi um "Clube dos Cafajestes" em um nível *oficial*, assim como no turno da noite de PMs do Exército de Reserva no Pavilhão 1A. Doze oficiais e praças receberam reprimendas ou foram castigados (brandamente) por suas más condutas, descumprimento do dever, falta de liderança, e consumo excessivo de álcool. Um exemplo gritante envolveu o capitão Leo Merck, comandante da 870ª Brigada da PM, que supostamente tirou fotos de suas soldadas nuas sem o conhecimento delas. Um segundo exemplo envolveu praças que descumpriram o dever ao confraternizarem com seus comandantes oficiais subalternos e ao dispararem seus fuzis M-16 enquanto saíam de seus carros, casual e negligentemente estourando um tanque de gasolina!

Taguba recomendou que uma dúzia de indivíduos em posições de comando, que deveriam ter sido modelos positivos em suas funções perante os soldados de carreira e reservistas sob suas ordens, mereciam ser deslocados do comando ou desencarregados do cargo, e receberem um Memorando de Reprimenda do oficial-general.

Seu relatório cita muitos exemplos específicos de falha na liderança de cada uma das seguintes autoridades:

General de brigada Janis L. Karpinski, comandante da 800ª Brigada da PM; coronel Thomas M. Pappas, comandante da 205ª Brigada da MI; tenente-coronel (P) Jerry L. Phillabaum, comandante do 320º Batalhão da PM; tenente-coronel Seven L. Jordan, ex-diretor da Junta de Interrogatório e do Centro de Inquirição, e oficial de ligação da 205ª Brigada da MI; major David W. Di-Nenna, S-3 do 320º Batalhão da PM; e capitão Donald J. Reese, comandante da 372ª Companhia da PM.

Outros oficiais subalternos e praças também são citados por Taguba, por sua importância nas posições que ocupavam no Pavilhão 1A. Dentre eles: primeiro-tenente Lewis C. Raeder, chefe de pelotão da 372ª Companhia da PM; sargento Marc Emerson, sargento de operações do 320º Batalhão da PM; primeiro-sargento Brian G. Lipinski, 372ª Companhia da PM; sargento de primeira classe Shannon K. Snider, sargento de pelotão da 372ª Companhia da PM.

O Relatório Taguba emitiu uma justificativa comum para repreender aqueles que deveriam estar encarregados das operações no Pavilhão 1A: Reese, Raeder, Emerson, Lipinski, e Snider. Cada um deles foi acusado de um ou mais dos seguintes delitos:

- Falhar em garantir que os soldados sob seu comando direto soubessem e compreendessem as proteções concedidas a detentos pela Convenção de Genebra, relativa ao tratamento de prisioneiros de guerra;
- falhar em supervisionar apropriadamente seus soldados, que trabalhavam ou "visitavam" o Pavilhão 1A do "solo duro" de Abu Ghraib;
- falhar em estabelecer e reforçar apropriadamente padrões básicos do soldado, proficiência e responsabilidade;
- falhar em garantir que os soldados sob seu comando direto fossem apropriadamente treinados em Operações de Internação e Reabilitação.

Aqui, portanto, encontram-se mais evidências dos apelos feitos por Chip Frederick e outros guardas da PM em seu turno, por não fazerem ideia do que era adequado e do que era inaceitável, na situação em que tinham de preparar detentos para o interrogatório.

Contudo, a culpabilidade não é imputada apenas às Forças Armadas. Essa investigação também revela que diversos interrogadores civis e intérpretes foram equivocadamente envolvidos no abuso. Dentre eles, o Relatório Taguba identifica os seguintes acusados: Steven Stephanowicz, interrogador civil dos EUA, CACI, da 205ª Brigada de Inteligência Militar, e John Israel, intérprete civil dos EUA, CACI, da 205ª Brigada de Inteligência Militar.

Stephanowicz é acusado de ter "permitido e/ou instruído PMs, não treinados em técnicas de interrogatório, para que facilitassem interrogatórios 'armando as condições' que não foram sequer autorizadas e nem estavam de acordo com regulamentos/políticas aplicáveis. Ele sabia claramente que suas instruções correspondiam a *abuso físico*". (Grifo meu.) É exatamente o que Frederick e Graner disseram que foram encorajados a fazer por esses civis que pareciam estar encarregados da ação principal no Pavilhão 1A: extrair informação acionável por interrogatório de detentos por quaisquer meios necessários.

O efeito da modelação negativa do "mal da inação" também fica expresso na admoestação de Taguba ao sargento Snider, por "fracassar em reportar um soldado, que, sob seu controle direto e em sua presença, abusou de detentos pisando com firmeza sobre suas mãos e pés descalços".

Antes que deixemos o Relatório Taguba e prossigamos para algumas descobertas em várias outras investigações independentes, precisamos destacar sua poderosa conclusão acerca da culpabilidade de alguns oficiais militares e trabalhadores civis que não foram ainda julgados, e tampouco acusados, pelos abusos em Abu Ghraib:

> Diversos soldados do exército dos EUA cometeram atos odiosos e graves infrações da lei internacional em Abu Ghraib e em Camp Bucca, no Iraque. Ademais, líderes, superiores de importância na 800ª Brigada da PM e na 205ª Brigada da MI falharam em seguir os regulamentos, políticas estabelecidas e diretivas do comando para impedir abusos contra detentos em Abu Ghraib e em Camp Bucca durante o período de agosto de 2003 a fevereiro de 2004. [...]
>
> Especificamente, suspeito que o cel Thomas M. Pappas, o ten-cel Steve L. Jordan, o sr. Steven Stephanowicz e o sr. John Israel foram *direta ou indiretamente responsáveis pelos abusos em Abu Ghraib*, e recomendo com veemência uma ação disciplinar imediata, como descrita nos parágrafos precedentes, assim como a instauração de Sindicância 15 para determinar o alcance completo de suas culpabilidades. (Grifo meu.)

O Relatório Milolashek culpa apenas os poucos

O general de Exército Paul T. Milolashek, inspetor-geral do Exército, examinou 94 casos confirmados de abusos a detentos no Afeganistão e no Iraque, e as condições que contribuíram para essas violações da política militar americana (o relatório foi emitido em 10 de fevereiro de 2004). Mesmo que o relatório identifique as muitas ocasiões de decisões falhas pelo alto-comando e oficiais militares que contribuíram com os abusos, o general Milolashek concluiu que os abusos não resultaram de nenhuma *política* militar, e nem foram culpa de qualquer oficial superior. Em vez disso, ele aponta seu raio de culpa somente para os soldados rasos, por terem cometido os abusos. Deixemos que o registro de Milolashek mostre que esses 94 casos de abuso a detentos em prisões militares no Afeganistão e Iraque foram simplesmente devidos a "ações não autorizadas tomadas por alguns poucos indivíduos". Assim, a faxina do inspetor-geral absolveu toda a cadeia de comando de qualquer responsabilidade pelos danos. Os 94 casos de abuso, ademais, vão muito além do confinamento do turno da noite no Pavilhão 1A.

Essa "absolvição" dos oficiais dos altos escalões deveria ser embalada com o Relatório Ryder, pois são gêmeos. Contudo, antes de prosseguirmos, é importante contrapor à conclusão do general, de que nenhum figurão é responsável, as inconsistências em relação a outras descobertas do relatório. O relatório comenta que as tropas receberam "direção ambígua do comando acerca do tratamento a detentos", e, além disso, que as políticas de interrogatório estabelecidas "não eram claras e continham ambiguidades". Ele também comenta que a decisão dos altos-comandos nas prisões iraquianas de confiar nas diretrizes da Prisão da Baía de Guantánamo ("Gitmo") foi errada. Os detentos em Gitmo eram considerados "combatentes hostis" de alto valor, que podiam possuir informação acionável suficiente para extrair, de modo a combater o terrorismo e a revolta. O secretário Rumsfeld descreveu uma série de técnicas rígidas de interrogatório a ser usadas nestes detentos; contudo, elas de algum modo atravessaram o Atlântico e foram parar nas prisões iraquianas e aplicadas em detentos comuns. O relatório de Milolashek alega que essa ação dos altos escalões oficiais militares "parece contradizer os termos da decisão de Rumsfeld, que declarou publicamente que as diretrizes eram aplicáveis apenas a interrogatórios em Guantánamo; e isso levou ao uso das técnicas de interrogatório de 'alto risco' que abriram espaço considerável para a sua má utilização, particularmente sob condições de combate de alta tensão".

O RELATÓRIO DE FAY/JONES ASCENDE E AMPLIA A CULPA[7]

O general de Exército Anthony R. Jones auxiliou o general de divisão George R. Fay a conduzir uma investigação sobre as alegações de que a 205ª Brigada de Inteligência Militar estava envolvida em abusos a detentos em Abu Ghraib. Eles também investigaram se quaisquer organizações ou equipes superiores ao comando da brigada estavam de alguma forma envolvidas nestes abusos.[8] Embora o relatório mantenha a atribuição temperamentalista de praxe, de colocar a culpa nos indivíduos perpetradores dos abusos

— mais uma vez aqueles "pequenos grupos de soldados e civis moralmente corruptos — ele amplia de maneira reveladora a causação para fatores das circunstâncias e sistêmicos.

"Os eventos em Abu Ghraib não podem ser compreendidos isoladamente", é a introdução de Fay/Jones ao esboçarem como o "ambiente operacional" contribuiu para os abusos. Compatível com a análise psicológica social que venho propondo, o relatório prossegue detalhando as poderosas forças sistêmica e das circunstâncias que operam no interior, e ao redor, do ambiente comportamental. Considere a relevância dos três parágrafos que se seguem, extraídos do relatório final:

O tenente-coronel Jones descobriu que, apesar de oficiais superiores do alto escalão não se comprometerem com os abusos em Abu Ghraib, eles detinham responsabilidade por falta de supervisão da instalação, fracassando em responder em tempo hábil aos relatórios do Comitê Internacional da Cruz Vermelha, e por ter despachado memorandos de medidas que não ofereciam instruções claras e consistentes para execução em um nível tático.

O general de divisão Fay descobriu que, de 25 de julho de 2003 a 6 de fevereiro de 2004, 27 membros da 205 MI Bda [Brigada] supostamente requisitaram, encorajaram, permitiram ou solicitaram que a equipe da Polícia Militar (PM) abusasse dos presos e/ou *participasse do abuso contra detentos*, e/ou violasse procedimentos instituídos de interrogatório, além de leis e regulamentos aplicados durante as operações de interrogatório em Abu Ghraib. (Grifo meu.)

Os líderes das unidades localizadas em Abu Ghraib ou que supervisionavam soldados e unidades em Abu Ghraib falharam em supervisionar os subordinados ou em fornecer supervisão direta nesta importante missão. Esses líderes falharam em aprender com os próprios erros, e falharam em fornecer treinamento específico continuado. [...] A ausência de liderança eficaz foi uma das causas de não terem descoberto nada antes, e de eles não terem tomado ações para prevenir os incidentes abusivos, violentos e sexuais, e os incidentes de má interpretação e confusão. [...] *Os abusos não teriam ocorrido, tivesse a doutrina sido seguida e o treinamento para a missão realizado.* (Grifo meu.)

A junta do relatório desses generais sintetiza os múltiplos fatores que descobriram, e que contribuíram para os abusos em Abu Ghraib. Sete fatores são identificados como determinantes primários para os abusos:

- "propensão criminosa individual" (o suposto temperamento dos PMs reservistas);
- "falhas na liderança" (fatores sistêmicos);
- "relacionamentos de comando anômala, na brigada e nos escalões elevados" (fatores sistêmicos);
- "envolvimento de múltiplas agências/organizações nas operações de interrogatório em Abu Ghraib" (fatores sistêmicos);
- "falha na eficácia da triagem, certificação e integração de interrogadores/analistas/linguistas terceirizados" (fatores sistêmicos);
- "falta de compreensão clara dos papéis e responsabilidades dos PMs e MIs nas operações de interrogatório" (fatores das circunstâncias e sistêmicos);
- "falta de segurança e proteção em Abu Ghraib" (fatores das circunstâncias e sistêmicos);

O Relatório Fay/Jones especifica, assim, seis de sete fatores determinantes dos abusos como remontáveis a fatores das circunstâncias ou sistêmicos, e apenas um fator de temperamento. Ele parte, então, para uma ampliação dessa visão geral, destacando numerosos fracassos sistêmicos que exerceram papéis-chave na facilitação dos abusos:

Mirando além da responsabilidade pessoal, de liderança e de comando, as questões e problemas sistêmicos também contribuíram para o ambiente volátil no qual os abusos foram cometidos. O relatório elenca dúzias de fracassos sistêmicos específicos, variando de preocupações doutrinárias e de medidas, questões de liderança, comando e controle, a questões de recursos e de treinamento.

Cooperando em uma "Equipe de Trabalho" com atividades ilegais da CIA

Fiquei surpreso em descobrir nesse relatório uma crítica aberta e pública ao papel da CIA nos interrogatórios abusivos, o qual deveria ser clandestino:

A escassez sistêmica de responsabilidade do interrogador para com suas ações e perante os detentos perturbou as operações com presos em Abu Ghraib. Não está claro como e sob qual autoridade a CIA poderia inserir prisioneiros como o DETENTO-28* em Abu Ghraib porque nenhum memorando de esclarecimento existia sobre o assunto entre a CIA e a CJTF-7. Agentes da CIA locais convenceram o coronel Pappas e o tenente-coronel Jordan de que estavam autorizados a *operar fora das regras locais e procedimentos estabelecidos.* (Grifo meu.)

Pausemos um momento para deixar que essa declaração ressoe, antes de refletirmos como essa questão dos vínculos das Forças Armadas com a CIA foi resolvida. Fay/Jones apontou que, "Quando o coronel Pappas levantou a questão do uso de Abu Ghraib pela CIA com o coronel Blotz, o Coronel Blotz encorajou o coronel Pappas a cooperar com a CIA porque todos faziam parte do mesmo time. [Da mesma forma,] o coronel Blotz ordenou ao tenente-coronel Jordan que cooperasse."

Criando um ambiente de trabalho insalubre

A maneira pela qual esse trabalho secreto de agentes da CIA, "acima e além da lei", contribuiu para um ambiente cancerígeno é desenvolvido no Relatório Fay/Jones com uma análise psicológica:

> A morte do DETENTO-28 e incidentes como a pistola carregada na sala de interrogatório são vastamente conhecidos na comunidade norte-americana (tanto no MI quanto na PM) em Abu Ghraib. A especulação e o ressentimento derivaram de uma falta de responsabilidade pessoal, e do fato de algumas pessoas estarem acima da lei e dos regulamentos. O ressentimento contribuiu para o ambiente insalubre que existia em Abu Ghraib. A morte do DETENTO-28 permanece sem solução.

O uso operacional do anonimato como um escudo protetor para eximir-se de um assassinato é apontado de passagem: "Agentes da CIA trabalhando em Abu Ghraib utilizaram pseudônimo [*sic*] e nunca revelaram seus verdadeiros nomes."

---

* Teremos, posteriormente, mais a dizer acerca desse detento, chamado Manadel Al-Jamadi.

Quando as alegações em causa própria dos PMs revelaram-se verdadeiras

A investigação Fay/Jones oferece apoio às alegações de Chip Frederick e de outros PMs do turno da noite, de que muitas das ações abusivas foram encorajadas e apoiadas por uma série de indivíduos trabalhando para o serviço de inteligência militar de sua unidade:

> Os PMs que estão sendo processados alegam que suas ações advieram da direção do MI. Ainda que em causa própria, essas alegações possuem de fato algum fundamento. *O ambiente criado em Abu Ghraib contribuiu para a ocorrência desses abusos, assim como o fato de ter permanecido desconhecido pelas altas autoridades por um longo período de tempo.* O que começou como nudez e humilhação, tensão e treinamento físico [exercício], desenvolveu-se em ataques sexuais e físicos por um pequeno grupo de soldados e civis não supervisionados e moralmente corruptos. (Grifo meu.)

Esses generais investigadores deixam evidente de modo sistemático os papéis predominantes exercidos pelos fatores sistêmico e das circunstâncias nos abusos. Contudo, não podem abrir mão da atribuição temperamentalista dos perpetradores, como aqueles poucos indivíduos "moralmente corruptos", assim chamadas "maçãs podres" em um barril perfeito, repleto até a borda da "nobre conduta da vasta maioria de nossos soldados".

Bons cães realizando o serviço sujo

O Relatório Fay/Jones foi um dos primeiros a detalhar e acusar uma das técnicas "aceitas" usadas para facilitar interrogatórios eficazes. Ele aponta, por exemplo, que o uso dos cães foi importado pelo general de divisão Geoffrey Miller da prisão de Gitmo, em Cuba, mas o relatório acrescenta: "O uso de cães em interrogatórios para 'amedrontar' detentos foi utilizado sem a devida autorização."

Uma vez que se autorizou oficialmente o uso de cães amordaçados para induzir medo nos prisioneiros, não levou muito tempo até que fossem informalmente desamordaçados com vistas a aumentar o fator medo. O Relatório Fay/Jones identifica um interrogador civil [número 21, um empregado da CACI], que utilizou um cão sem mordaça durante um interrogatório, e que gritou para PMs onde um cão era usado contra um detento para "levá-lo para casa". Para demonstrar que os cães podiam destruir coisas, esse cão dilacerou o colchão do detento. Outro interrogador (Soldado 17, 2º Batalhão do MI) é acusado de deixar de relatar o uso impróprio de cães que testemunhou quando o treinador permitiu que o cão chegasse a extremos para assustar dois jovens detentos, enviando o cão sem focinheira para dentro da cela deles. O interrogador também falhou em relatar a conversa entre adestradores sobre a competição de assustar detentos a ponto de eles defecarem nas calças. Eles alegaram terem feito vários detentos urinarem em si mesmos quando ameaçados pelos cães.

Presos nus são presos desumanizados

O uso de nudez como um incentivo para manter a cooperação de detentos foi importado das prisões do Afeganistão e Guantánamo. Quando chegou a vez de utilizar a tática em Abu Ghraib, o Relatório Fay/Jones apontou: "os limites entre a autoridade e as devidas opiniões legais tornaram-se difusos. Eles simplesmente levaram adiante o uso da nudez no campo de batalha do Iraque. O uso da roupa como incentivo [nudez] é significativo, pois, provavelmente, contribuiu para uma escalada de 'desumanização' dos detentos e armou a cena para que um número maior de abusos [dos PMs] mais severos ocorresse."

Quando segregação torna-se isolamento

Embora o general de Exército Sanchez tenha aprovado a tática de "isolamento" em períodos de tempo prolongados para presos específicos, parece que o que quis dizer foi "segregação" deles de outros detentos. No "solo duro" de Abu Ghraib, contudo, Sanchez cumpriu sua palavra, e muitos detentos foram totalmente isolados e privados de contato com o mundo exterior, como em uma solitária, "apartados do cuidado e alimentação necessários pelos guardas da PM, e do interrogatório do MI". O Relatório Fay/Jones aponta que "Essas celas tinham ventilação limitada ou escassa, nenhuma iluminação, e eram, com frequência, excessivamente frias ou quentes. O uso de salas de isolamento no solo duro de Abu Ghraib não era monitorado ou controlado de perto. Sem treinamento adequado, sem diretrizes claras ou experiência nessa técnica, os PMS e os MIS puderam praticar ainda mais abusos; privação sensorial e condições de vida perigosas e insalubres".

Distribuindo a culpa: oficiais, MI,
interrogadores, analistas, intérpretes, tradutores e médicos

O Relatório Fay/Jones conclui declarando culpados todos aqueles que sua investigação revelou serem responsáveis pelo abuso a detentos em Abu Ghraib — ao todo, 27 indivíduos, com nome e código de identificação. O significativo, para mim, é a quantidade de pessoas que sabiam dos abusos, que os testemunharam, participaram deles de diversas maneiras, e nada fizeram para preveni-los, impedi-los ou denunciá-los. Elas forneceram a "prova social" aos PMs de que era aceitável que continuassem a fazer o que quer que desejassem. Suas faces sorridentes e silenciosas receberam apoio social da rede englobante da equipe geral de investigação, que aprovou abusos que, ao contrário, mereciam reprimendas. Mais uma vez, vemos o mal da inação abrindo caminho para o mal da ação.

Médicos e enfermeiros eram normalmente culpados por não auxiliarem as vítimas que sofriam, por observarem a brutalidade e desviarem o olhar, e por coisas piores. Eles passaram falsos atestados de óbito e mentiram acerca da natureza dos ferimentos e de membros quebrados. Descumpriram o juramento hipocrático, e "venderam suas almas por uma miséria", de acordo com o professor de Medicina e Bioética Steven H. Miles, em seu livro *Oath Bretrayed* (Juramento quebrado).[9]

No topo da lista de culpados está novamente o inepto coronel Pappas, com 12 acusações independentes contra ele, e, novamente, o tenente-coronel Steven Jordan (diretor do Centro de Inquirição e da Junta de Interrogatório). Os seguintes oficiais, excluídos da lista de Taguba, são destacados por Fay e Jones como igualmente culpados: o major David Price (oficial de operações daquele centro), o major Michael Thompson (segundo no comando de operações do centro), e a capitã Carolyn Wood, oficial encarregada do Elemento de Controle de Interrogatório (ICE) daquele centro.

Antes de revermos algumas das ações compreensíveis do elenco de personagens inferiores que foram ao mesmo tempo diretores e plateia de os "Sete de Abu

Ghraib", é importante parar para examinar o destino da capitã Carolyn Wood. Como líder da 519ª Brigada de Inteligência Militar quando era apenas uma tenente, Wood tinha um importante papel a representar, e teve uma péssima atuação. Na Prisão Bagram, no Afeganistão, Wood autorizou novas e mais duras diretrizes para interrogatório, o que resultou, de alguma maneira, no severo espancamento de detentos; um foi morto, e uma detenta sofreu abusos sexuais de três de seus interrogadores do MI. O Relatório Fay/Jones aponta que a "capitã. Wood deveria ter sabido do potencial de abuso contra detentos em Abu Ghraib", dado o conhecimento de abusos anteriores de soldados sob seu comando no MI. Contudo, Wood recebeu uma Estrela de Bronze de mérito após seu trabalho no Afeganistão, e outra Estrela de Bronze, além de uma promoção, após a revelação dos abusos em Abu Ghraib.[10] Se tal liderança recebe tamanhas distinções, no que, portanto, consiste uma má liderança naquela unidade militar?

A falha em intervir de vários observadores dos abusos no Pavilhão 1A ajudou a perpetuá-los. Dentre os identificados como cúmplices impassíveis dos abusos encontram-se:

- soldado 15, interrogador do MI, e soldado 22 (também ouviu os PMs dizerem que estavam utilizando detentos para "treinamento com munição de borracha", atingindo-os até que ficassem inconscientes);
- soldado 24, analista da inteligência (presente em abuso a detentos em muitas fotografias);
- soldada 25, interrogadora (que "achou engraçado" quando adestradores assustaram detentos invadindo suas celas, enquanto os cães atacavam; ela também esteve presente quando uma pirâmide de prisioneiros nus foi formada);
- soldado 20, médico (que testemunhou o abuso a presos e viu fotos da pirâmide);
- soldada 01, médica (também viu a pirâmide humana quando chamada para fornecer tratamento médico).

Também estão incluídos aqueles, mencionados anteriormente, que observaram os ataques dos cães e nunca contestaram os adestradores ou denunciaram os abusos.

Não contentes em observar em silêncio, muitos outros ansiosamente aderiram à desordem. Um analista do Exército (soldado 10) atirou água em três detentos nus; um interrogador (soldado 19) participou ativamente do abuso a três detentos retratados nas fotografias, atirando bolas de borracha em seus genitais, vertendo água sobre eles e dando instruções aos PMs para abusarem de um detento que foi depois encontrado "choramingando no chão, nu e encapuzado". O Relatório Fay/Jones identifica outro interrogador envolvido pessoalmente: "a Soldada 29 viu Graner estapear um detento; viu um protetor de tela de computador com a imagem de sete presos nus em uma pirâmide humana; viu as fotos sendo tiradas; sabia que os PMs deram um banho frio em um detento, fizeram-no rolar na areia, e o forçaram a ficar em pé no frio até que secasse; ela o despiu e o levou para fora, em uma fria noite de inverno."

O mais revelador no apoio à defesa de Chip Frederick é que essa interrogadora é acusada de dar instruções a PMs para maltratar e abusar de detentos. Está provado que ela disse isso ao sargento Frederick quando os detentos não cooperaram em um interrogatório — o que "aparentemente resultou em mais abuso" (de acordo com Fay e Jones).

Essa extensa investigação de dois generais deveria descartar quaisquer alegações de que os PMs do turno da noite do Pavilhão 1A abusaram e torturaram os prisioneiros somente por causa de motivações tortas de suas personalidades, ou por impulsos sádicos. Ao contrário, a imagem que emerge é a de causalidade múltipla e complexa. Muitos outros soldados e civis foram, de diferentes maneiras, identificados e implicados no processo de abuso e tortura. Alguns eram perpetradores, outros, facilitadores, e alguns, observadores que falharam em denunciar. Ademais, vemos que uma legião de oficiais é também apontada como responsável, em decorrência de falhas na liderança, e por criarem a situação impossível e caótica na qual Chip Frederick e aqueles que o serviram se encontraram mergulhados.

Contudo, o general Sanchez não foi pessoalmente implicado, nessa investigação, em qualquer um dos delitos. De todo modo, ele não escapou totalmente, de acordo com o general Paul J. Kern, que disse aos repórteres: "Não achamos o general Sanchez condenável, mas o julgamos responsável pelo que ocorreu e deixou de ocorrer."[11] Ora, isso não passa de uma retórica elegante: o general Sanchez não é "condenável", mas meramente "responsável" por tudo! Não seremos tão caridosos com esse oficial.

Neste momento, voltemo-nos para uma investigação especial ordenada por Rumsfeld, e dirigida não por outro general, mas pelo ex-secretário de defesa James Schlesinger. Esse comitê não conduziu investigações novas e independentes; antes, entrevistou líderes do Pentágono e militares de alta patente, e seu relatório nos oferece aspectos muito importantes para o caso que estamos compondo.

O Relatório Schlesinger identifica culpabilidade[12]

Este é o último relatório investigativo que apresentaremos. Ele oferece provas valiosas para nosso caso acerca da contribuição das influências das circunstâncias e sistêmica para os abusos em Abu Ghraib. É de interesse especial sua especificação das muitas desvantagens da operação do centro de detenção, o seu destaque das culpabilidades de liderança e comando, e a revelação do encobrimento das fotos dos abusos pelas Forças Armadas, depois que Joe Darby entregou o CD de fotos a um investigador criminal militar.

O que me mais me impressionou, pelo caráter inesperado, e o que foi mais admirado nesse relatório, é a seção dedicada a detalhar a relevância da pesquisa em Psicologia Social na compreensão dos abusos em Abu Ghraib. Infelizmente, ela encontra-se escondida em um Apêndice (G), e é provável, portanto, que não será lida amplamente. Esse adendo ao Relatório Schlesinger também apresenta paralelos entre a situação de Abu Ghraib e os abusos que ocorreram no Experimento da Prisão de Stanford.

Abusos militares disseminados

Em primeiro lugar, o relatório aponta a natureza disseminada do "abuso" em todas as instalações militares dos Estados Unidos. (O termo "tortura" nunca é utilizado.) Naquele momento, em novembro de 2004, houve 300 incidentes de supostos abusos contra detentos em áreas de operação combinada, com 66 incidentes estabelecidos como "abuso" por forças em Guantánamo e no Afeganistão, e mais 55 no Iraque. Um terço desses incidentes estava relacionado ao interrogatório, e ao menos cinco mortes de detentos foram relatadas como tendo acontecido durante o interrogatório. Àquela altura, duas dúzias de casos adicionais de mortes de detentos ainda estavam sob investigação. Esse terrível cômputo parece preencher o "vácuo" a que Fay e Jones se referiram em seu relatório, sobre os abusos no Pavilhão 1A. Ainda que sejam os exemplos mais evidentes de abusos perpetrados por soldados, podem ter sido menos terríveis que os assassinatos e mutilações em outras penitenciárias militares que visitaremos adiante.

Áreas de maior problema e condições exacerbantes

O Relatório Schlesinger identifica cinco áreas de maior problema que nutriram o contexto dos abusos. São elas:

- treinamento específico inadequado de soldados da PM e do MI;
- defasagem de recursos e equipamentos;
- pressão sobre interrogadores para que produzissem "informação acionável" (com pessoal inexperiente e destreinado, e detentos sob custódia por 90 dias antes de serem interrogados);
- liderança "fraca", inexperiente, e operando em uma estrutura confusa e sobejamente complexa;
- interferência da CIA sob regras próprias, sem responsabilizar ninguém da estrutura de comando militar.

O relatório também especifica uma série de condições vigentes que exacerbaram a difícil tarefa dos soldados na Prisão de Abu Ghraib, notadamente aqueles no solo duro do Pavilhão 1A. Ele lista as seguintes condições que atingiram os PMs e MIs naquele pavilhão:

- o temor constante dos PMs, dado que a instalação encontrava-se sob o contínuo fogo hostil de morteiros e granadas lançadas por foguete;
- as tentativas de fuga de detentos eram numerosas;
- diversas rebeliões na prisão;
- carência grave de recursos da MI e da PM;
- falta de coesão da unidade e de liderança de escalões intermediários dos MI e PM;
- unidades de reserva da MI e da PM perderam experientes suboficiais e outras equipes devido ao rodízio de volta aos Estados Unidos e/ou transferência;

- soldados da PM da 372ª não foram treinados para a tarefa de guarda de prisão;
- incapacidade de lidar com grande número de detentos;
- a 800ª da PM estava entre as unidades de menor prioridade e não tinha capacidade de superar as deficiências que confrontou;
- falta de disciplina e padrões de comportamento não estabelecidos e reforçados;
- delineação difusa de responsabilidade entre os comandos e pouca coordenação; estrutura de comando negligente e anômala;
- líderes fracos e ineficazes; líderes fracassaram em garantir que os subordinados fossem adequadamente treinados e supervisionados;
- alguns membros da equipe médica fracassaram em denunciar abusos testemunhados contra detentos e forneceram apoio tático enquanto observadores;
- "o secretário Rumsfeld declarou publicamente que conduziu um detento em custódia sigilosa, a pedido do diretor da Central de Inteligência." Essa ação forneceu um modelo de logro aos altos níveis de comando, que foi imitada de diversas maneiras por outros no comando em Abu Ghraib.

O que temos aqui é, novamente, uma falha na liderança

Mais uma vez, este relatório torna evidente o fracasso total na liderança em todos os níveis, e sua contribuição para os abusos perpetrados pelos PMs do notório turno da noite:

O comportamento aberrante no turno da noite do bloco de celas 1 em Abu Ghraib teria sido evitado com treinamento apropriado, liderança e supervisão. Esses abusos [...] representam um comportamento tortuoso e uma falha na liderança e disciplina.

Houve outros abusos não fotografados durante sessões de interrogatório, e abusos durante sessões de interrogatório em outros lugares que não Abu Ghraib.

Novamente, os abusos não foram apenas o fracasso de alguns indivíduos em seguir padrões conhecidos. E são mais do que o fracasso de alguns poucos líderes em reforçar uma disciplina adequada. *Há tanto uma responsabilidade institucional quanto pessoal dos níveis mais elevados.* (Grifo meu.)

Em um nível tático, corroboramos a conclusão das investigações de Jones/Fay de que a equipe de inteligência militar divide a responsabilidade pelos abusos de Abu Ghraib.

A estrutura difusa de comando em Abu Ghraib foi posteriormente exacerbada pelas relações confusas da cadeia de comando acima.

A incerta cadeia de comando estabelecida pela CJTF-7, combinada à fraca liderança e à falta de supervisão, contribuiu para a atmosfera em Abu Ghraib que permitiu que os abusos ocorressem.

No nível da liderança, houve atrito e falta de comunicação entre a 800ª Brigada da PM e a 205ª Brigada da MI, entre o verão e o outono de 2003. [...] Houve falta de disciplina, e padrões de comportamento não foram estabelecidos ou reforçados. Uma atmosfera de comando complacente e anômala entrou em vigência.

Houve sérios lapsos de liderança em ambas as unidades em todos os níveis de comando de suboficiais subalternos, ao nível de batalhão e de brigada. Os comandantes em ambas as brigadas sabiam, ou deveriam saber, que os abusos ocorriam, e deveriam tomar providências para impedi-los.

Ao não comunicar os padrões, medidas e planos aos soldados, seus líderes apoiaram uma aprovação tácita dos comportamentos abusivos contra os prisioneiros.

A liderança fraca e ineficaz do general no comando da 800ª Brigada da PM e do general no comando da 205ª Brigada da MI permitiu os abusos em Abu Ghraib.

Concordamos com a descoberta de Jones de que o tenente-coronel Sanchez e o general de divisão Wojdakowski fracassaram em garantir supervisão adequada das operações de detenção e interrogatório.

O Conselho Independente revela que os fracassos na liderança da general de brigada Karpinski ajudaram a armar as condições prisionais que levaram aos abusos.

Encobrimento das fotos dos abusos

O Conselho de Schlesinger também menciona de passagem como as Forças Armadas responderam à revelação do abuso e da tortura nas "fotos-troféu".

Curiosamente, o comitê utiliza uma linguagem que exime todos os oficiais de negligência e conduta ilegal. Houve uma tentativa de encobrir, minimizando o significado e a importância dessa incriminadora evidência fotográfica de tortura e abuso:

"Os oficiais que viram as fotos em 14 de janeiro de 2004, não percebendo sua provável importância, não recomendaram que fossem mostradas a outros oficiais superiores." Com base no relatório interino para os comandantes do CJTF-7 e do CENTCOM (Comando Central dos Estados Unidos) na metade de março de 2004, seu impacto não agradou os oficiais ou a equipe oficial, como indicado pela recusa em transmiti-las sem demora aos escalões superiores. Novamente, a relutância de trazer à tona más notícias para a cadeia de comando foi um fator que impediu a notificação ao secretário de Defesa.

O general Richard Myers, chefe da Junta do Estado-Maior, tentou atrasar a exibição pública das fotos pela CBS em abril de 2004; tinha, portanto, alguma consciência de sua "provável importância". Contudo, como mencionado anteriormente, este general sentiu-se livre para dizer publicamente que ele sabia que estes acontecimentos não eram "sistemáticos", mas, pelo contrário, deviam-se a ações criminosas de "algumas maçãs podres".

A psicologia social do tratamento desumano

Dentre as dúzias de investigações dos abusos em penitenciárias militares, o Relatório Schlesinger é único, por oferecer uma reflexão detalhada das questões éticas envolvidas e um resumo das pressões psicológicas e das forças das circunstâncias que operavam na Prisão de Abu Ghraib. Infelizmente, ambos atributos especiais encontram-se escondidos no final do relatório, nos apêndices H, "Ética", e G, "Pressões e Psicologia Social", quando, na verdade, deveriam ter sido destacados.

De relevância pessoal é a identificação pelo comitê dos paralelos entre os abusos do Experimento da Prisão de Stanford e de Abu Ghraib. Façamos um breve exame dos principais pontos levantados nesta seção do Relatório Schlesinger:

O potencial para tratamento abusivo dos detentos durante a guerra global contra o terrorismo foi inteiramente previsível, baseando-se na compreensão fundamental do princípio dos princípios [sic] da Psicologia Social associada a uma consciência dos conhecidos e numerosos fatores ambientais de risco. [...] Descobertas do campo da Psicologia Social sugerem que as condições da guerra e a dinâmica das operações com detentos carregam riscos inerentes de maus-tratos humanos, e devem, portanto, ser abordadas com grande cautela, e cuidadoso planejamento e treinamento.

Contudo, o relatório apontou que a maioria dos líderes militares desconhece esses fatores de risco tão importantes. Ademais, o Relatório Schlesinger deixou claro que a compreensão dos fundamentos psicológicos dos comportamentos abusivos não desculpa os criminosos, como já declarei anteriormente ao longo de todo este livro: "Tais condições não desculpam e nem absolvem os indivíduos que se envolveram em condutas imorais ou ilegais" mesmo que "certas condições tenham aumentado a possibilidade de tratamento abusivo".

As lições do Experimento da Prisão de Stanford

O Relatório Schlesinger ousadamente proclamou que o "memorável estudo de Stanford fornece uma parábola para todas as operações militares de detenção". Ao opor o ambiente de Abu Ghraib ao relativamente benigno ambiente do Experimento da Prisão de Stanford, o relatório deixa claro que "em operações de detenção militar, soldados trabalham sob tensas condições de combate que estão longe de ser benignas". A implicação disso é que se pode esperar que tais condições de combate criem abusos de poder ainda mais radicais por parte da polícia militar do que foi observado em nosso falso experimento prisional. O Relatório Schlesinger continua a explorar a questão central com a qual estivemos lidando em toda a jornada do Efeito Lúcifer.

"Os psicólogos tentaram compreender como e por que indivíduos e grupos que costumam agir humanamente podem, às vezes, sob certas circunstâncias, agir de outra forma." Dentre os conceitos delineados pelo relatório, e que ajudam a explicar por que os comportamentos abusivos ocorrem entre seres humanos comuns, encontram-se os seguintes: desindividuação, desumanização, imagem do inimigo, pensamento grupal, desligamento moral, facilitação social e outros fatores ambientais.

Um dos fatores ambientais destacados foi a prática disseminada de despir os detentos. "A remoção das roupas como técnica de interrogatório desenvolveu-se em algo muito mais amplo, resultando na prática de manutenção prolongada de grupos de prisioneiros nus em Abu Ghraib." Em sua sensível análise de por que essa prática da nudez forçada representou um papel causal nos abusos contra detentos por PMs e outros do Pavilhão 1A, o Relatório Schlesinger apontou que a intenção inicial era fazer com que os detentos se sentissem mais vulneráveis e que se tornassem mais dóceis com os interrogadores. Entretanto, ele descreve como esta tática, ao final, estimulou a criação de condições desumanizadoras no pavilhão.

Ao longo do tempo, "esta prática teve possivelmente um impacto psicológico também nos guardas e interrogadores. O uso de roupas é uma prática intrinsecamente social, e o seu despojamento pode ter provocado, portanto, a involuntária consequência de desumanizar os detentos aos olhos daqueles que interagiram com eles. [...] A desumanização reduz as barreiras morais e culturais que frequentemente frustram [...] o tratamento abusivo".

Comuns a esses relatórios investigativos, e a outros não incluídos aqui, estão dois elementos-chave: eles especificam uma variedade de determinantes das circunstâncias e ambientais dos abusos em Abu Ghraib; eles também identificam muitos determinantes sistêmicos e estruturais desses abusos. Contudo, por influência da alta patente militar, ou do secretário de Defesa, Donald Rumsfeld, os autores desta dúzia de relatórios param antes de atribuírem a culpa aos altos níveis da cadeia de comando.

Para um olhar mais claro deste retrato mais amplo, deixemos esta base de provas e nos voltemos para um relatório recente de *Human Rights Watch*, a maior organização em defesa dos direitos humanos em todo o mundo (ver www.hrw.org).

O RELATÓRIO DA *HUMAN RIGHTS WATCH*: "ESCAPANDO IMPUNE DA TORTURA?"[13]

Getting Away with Torture? (Escapando impune da tortura?) é o título provocativo do relatório (abril de 2005) de *Human Rights Watch* (HRW), que salienta a necessidade de uma investigação verdadeiramente independente dos muitos abusos, torturas e assassinatos de prisioneiros pela equipe de civis e militares dos Estados Unidos. Ele exige uma investigação de todos aqueles que foram os arquitetos das medidas que levaram a injustificáveis violações dos direitos humanos.

Podemos pensar na masmorra de torturas de Abu Ghraib e em instalações similares em Gitmo e em outras prisões militares no Afeganistão e Iraque como tendo sido planejadas pelos altos "arquitetos" Bush, Cheney, Rumsfeld e Tenet. Em seguida, vieram os "defensores", os advogados que montaram uma nova linguagem, e os conceitos que legalizaram a "tortura" de modos e meios inéditos — os conselheiros legais do presidente Alberto Gonzales, John Yoo, Jay Bybee, William Taft e John Ashcroft. Os "contramestres" da construção do trabalho de tortura foram os líderes militares, como os generais Miller, Sanchez, Karpinski e seus subalternos. Finalmente, vieram os técnicos, os soldados de infantaria encarregados de conduzir o trabalho diário do interrogatório coercitivo, de abuso e tortura — os soldados no serviço de inteligência, os agentes da CIA, interrogadores civis e militares, tradutores, médicos e a polícia militar, incluindo Chip Frederick e seus colegas do turno da noite.

Pouco depois das revelações fotográficas dos abusos em Abu Ghraib, o presidente Bush jurou que "os malfeitores serão levados à justiça".[14] Entretanto, o relatório da HRW lembra que apenas os recrutas foram levados à justiça, e que nenhum dos que criaram as medidas e forneceram a ideologia e a permissão para que tais abusos ocorressem jamais o foi. "Nos meses de intervenção", o relatório da HRW conclui:

> Tornou-se claro que a tortura e o abuso não ocorreram apenas em Abu Ghraib, mas também em dezenas de penitenciárias em todo o mundo, que em muitos casos os abusos resultaram em morte ou trauma severo, e que uma grande parcela das vítimas era de civis sem ligações com o al-Qaeda ou com o terrorismo. Há também evidências de abusos em "locais secretos" controlados no exterior, e de envio de suspeitos para masmorras em outros países que não os diretamente envolvidos no conflito, onde a tortura é costumeira. Até hoje, os únicos malfeitores que foram levado à justiça, contudo, foram aqueles situados na parte inferior da hierarquia. As provas exigem mais. Contudo, uma muralha de impunidade cerca os arquitetos das políticas responsáveis pela sistemática dos abusos.
>
> Como mostra este relatório, crescem as provas de que líderes civis e militares da alta hierarquia — incluindo o secretário de Defesa Donald Rumsfeld, o ex-di-

retor da CIA George Tenet, o general de Exército Ricardo Sanchez, o antigo alto comandante no Iraque, e o general de divisão Geoffrey Miller, ex-comandante do campo de prisioneiros na baía de Guantánamo, em Cuba — tomaram decisões e programaram medidas que facilitaram sérias e disseminadas infrações à lei. As circunstâncias sugerem fortemente que eles ou sabiam, ou deveriam saber que tais infrações se deram em decorrência de suas ações. Há também uma quantidade crescente de dados que afirmam que, quando provado que o abuso estava mesmo ocorrendo, deixaram de agir para estancá-lo.

Os métodos coercitivos aprovados por altos oficiais e amplamente empregados nos últimos três anos incluem táticas exaustivamente condenadas pelos Estados Unidos, consideradas como barbaridade e tortura quando praticadas por outros. Mesmo o manual de campo do Exército condena alguns desses métodos, considerando-os tortura.

Embora muitas provas importantes permaneçam em segredo, uma série de descobertas feitas nos últimos 12 meses, compiladas aqui, já constitui um caso urgente para uma investigação completa e genuinamente independente, acerca de o que os altos oficiais fizeram, o que sabiam, e como reagiram quando ficaram cientes da natureza disseminada dos abusos.

Por mais frustrantes que sejam as imagens dos abusos e torturas pelos PMs do turno da noite do Pavilhão 1A, elas empalidecem se comparadas com os muitos assassinatos de detentos por soldados, pela CIA e por outros funcionários civis. "Se os Estados Unidos quiserem limpar a mancha de Abu Ghraib, precisam investigar aqueles que estão no topo, e que ordenaram e fecharam os olhos para os abusos, e confessar tudo aquilo que o presidente autorizou", disse Reed Brody, conselheiro especial de *Human Rights Watch*. Ele acrescenta que "Washington precisa repudiar, de uma vez por todas, os maus-tratos a detentos em nome da guerra contra o terror".[15]

Muitos agressores, poucos punidos, e oficiais que conseguem salvo-conduto

Esclareçamos os fatos acerca da extensão dos abusos contra detentos no Iraque, no Afeganistão e na baía de Guantánamo. Uma declaração recente do Exército indica que mais de seiscentas acusações de abusos a detentos foram registradas desde outubro de 2001. Dessas, 190 jamais foram investigadas, ou não há investigação conhecida — os "agressores fantasmas". Pelo menos 410 outras acusações foram investigadas com as seguintes consequências: 150 enfrentaram ações disciplinares, 79 foram à corte marcial, 54 foram considerados culpados, 10 foram condenados a mais de um ano de prisão, 30 foram condenados a menos de um ano, 14 não foram presos, 10 foram absolvidos, 15 casos ainda estão pendentes ou as acusações foram retiradas, e 71 foram repreendidos administrativa ou extrajudicialmente. Ao fazer a conta, têm-se pelo menos 260 investigações encerradas ou cuja condição vigente não era clara em abril de 2006, quando o relatório foi publicado.[16] Um dos adestradores, o sargento Michael Smith, foi condenado a seis meses de prisão por usar seu cão sem focinheira para atormentar prisioneiros. Ele persistiu dizendo que estava "seguindo ordens de amolecer os prisioneiros para interrogatório". Está também registrado que disse que "os soldados não devem ser brandos ou meigos", e ele não o foi.[17]

Quanto a 10 de abril de 2006, não há sinais de que as Forças Armadas tenham sequer tentado instaurar processo contra um único oficial sob a doutrina da responsabilidade de comando pelos abusos que cometeram pessoalmente, ou pelos de seus subordinados. No relatório detalhado de todos os abusos investigados, apenas cinco oficiais foram acusados criminalmente, nenhum deles sob a doutrina da responsabilidade do comando. Um capitão do Exército foi acusado de negligência pelas mortes de dois detentos no Afeganistão; as acusações foram retiradas. Um tenente da Marinha foi acusado por agressão e negligência na morte de um detento-fantasma, Manadel Al-Jamadi; foi absolvido. Três outros oficiais, um tenente, um capitão e um major, foram condenados pela corte marcial pelo abuso contra detentos, seja por participarem diretamente do abuso, ou por ordenarem que suas tropas o fizessem; um recebeu uma sentença de apenas 45 dias na prisão, o outro pegou dois meses, e o terceiro foi exonerado e não recebeu sentença prisional. O comando militar é brando com seus oficiais incorretos por meio da utilização de audiências extrajudiciais, e reprimendas administrativas que são feitas para ofensas menores e sentenças fracas. É assim, mesmo nos mais de setenta casos de abusos criminais sérios, incluindo dez homicídios e vinte casos de agressão. Tal permissividade se estende também a agentes da CIA em pelo menos dez casos de abuso, e a vinte funcionários civis trabalhando para a CIA ou para as Forças Armadas. Dessa maneira, torna-se evidente que o abuso a detentos foi difundido muito além de Abu Ghraib e, além disso, que há uma deficiência geral da responsabilidade do comando em todos os casos de abuso e tortura (ver Notas para acessar o relatório completo dos abusos e deficiências em julgar oficiais culpados).[18]

A HRW ascende a cadeia de comando

Após sua documentação detalhada dos disseminados abusos cometidos por soldados das brigadas da PM e da MI, da CIA e dos funcionários civis trabalhando como interrogadores, a HRW sobe em quase toda a cadeia de comando, em sua acusação de responsabilidade criminosa pelos crimes e torturas de guerra:

> Embora haja, obviamente, íngremes obstáculos políticos no processo de investigar um secretário de Defesa no poder e outros oficiais da alta hierarquia, a natureza dos crimes é tão séria, a quantidade de provas dos delitos é tão volumosa, que seria uma abdicação de responsabilidade da parte dos Estados Unidos não partir para o passo seguinte. A não ser que estes que elaboraram e autorizaram políticas ilegais sejam julgados, todos os protestos de "repulsa" às fotos de Abu Ghraib pelo presidente George W. Bush e por outros se tornarão vazios de significado. Se não houver uma imputabilidade real por esses crimes, durante anos os perpetradores de atrocidades ao redor do mundo irão apontar para seu tratamento aos prisioneiros para desviar a crítica das próprias condutas. De fato, quando um governo tão poderoso e influente quanto dos Estados Unidos desafia abertamente as leis contra a tortura, ele virtualmente convida os outros a fazerem o mesmo. A muito necessária credibilidade de Washington como defensora dos direitos humanos foi danificada pelas revelações de tortura, e sofrerá ainda mais danos se a tortura continuar a ser seguida pela completa impunidade dos criadores das políticas públicas.[19]

Despindo a imunidade dos arquitetos de políticas ilegais

Tanto os Estados Unidos quanto a lei internacional reconhecem o princípio de "responsabilidade do comando" e de "responsabilidade dos superiores", pelos quais indivíduos de autoridade militar ou civil podem ser criminalmente responsáveis por crimes cometidos por aqueles sob seu comando. Três elementos são necessários para que tal responsabilidade seja estabelecida. Primeiro, deve haver uma relação clara entre superior e subordinado. Segundo, o superior precisa ter conhecido, ou ter motivos para saber que seu subordinado estava prestes a cometer um crime, ou já havia cometido. Terceiro, o superior precisa ter fracassado em tomar as medidas necessárias e cabíveis para prevenir o crime, ou punir o ofensor.

Crimes e torturas de guerra são puníveis sob os termos da Lei dos Crimes de Guerra de 1996, da Lei Antitortura de 1996, e do Código Uniforme de Justiça Militar (UCMJ). *Human Rights Watch* prossegue seu informe, afirmando a existência de um caso de *prima facie*, que autoriza a abertura das investigações criminais com respeito a quatro oficiais: o secretário de Defesa Donald Rumsfeld, o ex-diretor da CIA George Tenet, o general de Exército Ricardo Sanchez e o general de divisão Geoffrey Miller.

Aqui, poderei apenas esboçar algumas das justificativas para considerar cada um desses oficiais responsáveis pelos atos de tortura e abuso cometidos sob sua vigilância — uma descrição completa, com evidências embasantes, são fornecidas no relatório da HRW.

Em julgamento: o secretário de Defesa Donald Rumsfeld

Rumsfeld disse ao Comitê do Senado para as Forças Armadas: "Tais acontecimentos ocorreram sob minha vigilância. Como secretário de Defesa, respondo por eles. Assumo toda a responsabilidade."[20]

HRW afirma que o "secretário Rumsfeld deve ser investigado por crimes e torturas de guerra praticados pelas tropas dos EUA no Afeganistão, Iraque e Guantánamo sob a doutrina da 'responsabilidade do comando'. O secretário Rumsfeld criou as condições para que tropas cometessem crimes de guerra e tortura, ao excluir e menosprezar a Convenção de Genebra.[21] Ele o fez aprovando técnicas de interrogatório que infringiam a Convenção de Genebra e a Convenção Contra a Tortura, e aprovando a ocultação dos detentos do Comitê Internacional da Cruz Vermelha" HRW prossegue:

Desde os primeiros dias da guerra do Afeganistão, o secretário Rumsfeld estava ciente, por meio de memorandos, relatórios do ICRC, relatórios de direitos humanos, e relatos da imprensa, de que as tropas estavam cometendo crimes de guerra, incluindo atos de tortura. Contudo, não há sinais de que ele tenha exercido sua autoridade para alertar para a interrupção dos maus-tratos contra prisioneiros. Tivesse feito isto, muitos dos crimes cometidos pelas tropas poderiam ter sido evitados.

Uma investigação deveria também examinar se as técnicas ilegais de interrogatório aprovadas pelo secretário Rumsfeld para Guantánamo foram mesmo utilizadas para infligir um tratamento desumano a detentos no local, antes que ele suspendesse a autorização do uso dessas técnicas sem necessidade de prévia aprovação sua. Deveria ser também examinado se o secretário Rumsfeld aprovou um programa secreto que encorajou a coerção física e a humilhação sexual de prisioneiros iraquianos, como afirmado pelo jornalista Seymour Hersh. Se alguma das acusações for verdadeira, o secretário Rumsfeld pode também, além da responsabilidade do comando, incorrer na responsabilidade como instigador de crimes contra detentos.

Rumsfeld autorizou uma lista de métodos de interrogatório, que infringiam a Convenção de Genebra e a Convenção contra Tortura, utilizada contra detentos em Guantánamo, posteriormente migrada para outras prisões militares no Afeganistão e Iraque. Dentre suas diretivas para o preparo de detentos para interrogatório encontravam-se:

O uso de posições de tensão (como ficar de pé) por um máximo de quatro horas por dia, em isolamento, por até 30 dias;
O detento precisa também ter um capuz sobre sua cabeça durante o transporte e o interrogatório;
Privação de luz e de estímulos auditivos;
Remoção de todos os itens de conforto (incluindo artigos religiosos);
Remoção de roupas;
Utilizar as fobias individuais dos detentos (tais como medo de cães) para induzir tensão.

Além disso, procedimentos de operação-padrão advogaram a exposição de detentos a condições extremas de calor, frio, luz e barulho.

O Departamento de Defesa foi seguidamente alertado sobre a tortura e abusos contra detentos pelo Comitê Internacional da Cruz Vermelha (ICRC) em maio e julho de 2003 (antes da exposição pública de Abu Ghraib), e, novamente, em fevereiro de 2004.[22]

O ICRC relatou centenas de alegações de abusos contra presos em vários postos militares, realizando sucessivos pedidos para que tomassem providências imediatas para corrigir estes abusos. Tais preocupações foram ignoradas, os abusos recrudesceram, e as inspeções do ICRC foram limitadas. Em seu relatório de fevereiro de 2004 — apresentado confidencialmente para os oficiais das forças de coalizão — das infrações contra "pessoas protegidas e privadas de sua liberdade" durante sua internação pelas forças de coalizão, o ICRC destacou o seguinte:

- Brutalidade durante captura e custódia inicial, causando frequentemente a morte ou ferimentos graves;
- coerção física e psicológica durante interrogatório para garantir a informação;
- confinamento prolongado em solitária, em celas desprovidas de luz;
- uso desproporcional e excessivo da força, resultando em morte ou ferimento durante seu período de reclusão.

O relatório do ICRC conclui alertando com severidade que o secretário de Defesa deveria ter prestado atenção, mas que aparentemente não o fez: "As práticas descritas neste relatório [de 24 páginas] são proibidas pela Lei Humanitária Internacional. Que prestemos mais atenção às unidades correcionais. Em particular, as unidades correcionais devem rever suas políticas e práticas, tomar ações corretivas e aprimorar o tratamento aos prisioneiros de guerra e outras pessoas protegidas sob sua autoridade."

A Anistia Internacional também ponderou, por meio do próprio relatório aprofundado, sobre a prisão e a tortura no Iraque. Ela convoca as autoridades do Iraque, Estados Unidos e Inglaterra a "tomarem medidas urgentes e concretas para garantir que os direitos humanos fundamentais de todos os detentos iraquianos sejam respeitados. Em particular, estas autoridades precisam urgentemente fazer salvaguardas para proteger os detentos da tortura e dos maus-tratos".[23]

Mark Danner, um professor de Jornalismo da Universidade da Califórnia, em Berkeley, analisou todos os documentos relevantes para seu livro *Torture and Truth: America, Abu Ghraib and the War on Terror* (Tortura e Verdade: Estados Unidos, Abu Ghraib, e a Guerra Contra o Terror). Danner conclui, a partir de sua minuciosa investigação, que "Pela leitura dos documentos, o secretário de Defesa Donald Rumsfeld estava envolvido muito pessoalmente na aprovação dos procedimentos que foram além do limite do que é permitido pela legislação militar e civil, no tocante ao que pode ser feito com prisioneiros".[24]

Em julgamento: ex-diretor da CIA George Tenet

HRW acusa o ex-diretor da CIA George Tenet de uma variedade de infrações. Sob direção de George Tenet, e comprovadamente com sua autorização específica, os detentos foram torturados pela CIA por meio de "afogamento simulado" (o quase afogamento de um suspeito) e pelo confisco de seus remédios. Outras técnicas comprovadas, utilizadas pela CIA, incluem falso sufocamento, fazer os presos ficarem em "posições de tensão", bombardeio de luz e de som, privação de sono, e fazer os detentos acreditarem que estão nas mãos de governos estrangeiros conhecidos por sua tortura rotineira. Sob o diretor Tenet, a CIA "entregou" os detentos a outros governos que torturavam os detentos. Sob direção de Tenet, a CIA também privou os detentos da proteção da lei, em locais secretos nos quais permaneciam completamente indefesos, sem recursos ou medicamentos, sejam quais fossem, sem contato com o mundo exterior, e completamente à mercê de seus algozes. Esses presos, em detenções de longo prazo durante as quais permaneciam incomunicáveis, efetivamente "desapareceram".

Lembrem-se que a investigação Fay/Jones concluiu que "a detenção e as práticas de interrogatório da CIA levaram a uma perda de responsabilidade, abuso, redução da cooperação interagência, e uma atmosfera misteriosa insalubre que posteriormente envenenou o ambiente de Abu Ghraib". Com efeito, a CIA operou com regras próprias e fora da lei.

Sob o diretor Tenet, a CIA também desenvolveu a prática disseminada de utilizar "detentos-fantasmas". Quantos? Nunca saberemos ao certo, mas o general Paul Kern, importante oficial que supervisionou o inquérito de Fay/Jones, disse ao Comitê do Senado para as Forças Armadas, "O número de [detentos-fantasmas] é de dúzias, talvez chegue a cem". A CIA mantinha um número de detentos fora dos registros em Abu Ghraib, ocultando-os do ICRC.

O tenente-coronel do Exército Steven Jordan, o segundo no comando no esforço de coleta de inteligência em Abu Ghraib enquanto ocorriam os abusos, disse aos investigadores militares que "agências de outros governos" e uma sigilosa força-tarefa de elite "traziam detentos rotineiramente por um curto período de tempo", e que os detentos eram mantidos sem seus números de internação, com seus nomes excluídos dos registros. Tais práticas são violações da legislação internacional.[25]

Goeth, o "Homem de Gelo"

O Relatório Fay/Jones menciona um destes casos "fantasmas": em novembro de 2003, um detento iraquiano de nome Manadel Al-Jamadi, levado para a prisão pela Força de Operações Especiais da Marinha e interrogado por um agente da CIA, nunca foi formalmente registrado. Jamadi foi "torturado até a morte", mas a causa de sua morte foi acobertada de uma maneira muito incomum.

A repórter investigativa Jane Mayer lançou luz sobre o sinistro papel exercido pela CIA nesse homicídio e em seu apavorante acobertamento. Seu fascinante relato, *A Deadly Interrogation* (Um Interrogatório Letal) na revista *The New Yorker* (14 de novembro de 2005) levanta a questão: "Pode a CIA matar uma pessoa de maneira legal?"

O caso Al-Jamadi é particularmente importante para nós, em nosso esforço de compreender o contexto comportamental em Abu Ghraib no qual Chip Frederick e os outros "soldados perigosos" trabalharam. Eles estavam mergulhados em um ambiente onde observavam detentos-fantasmas sendo cotidianamente violentados, torturados, e, em algumas vezes, até assassinados. Eles testemunharam os agressores literalmente "eximindo-se do assassinato".

Se comparado ao ocorrido com o detento-fantasma Manadel Al-Jamadi, alcunhado "homem de gelo", o que foi feito com os presos comuns pode parecer apenas uma "curtição". Eles sabiam que ele fora espancado, sufocado até a morte, e, em seguida, despachado num saco com gelo.

Al-Jamadi era considerado um alvo de alta importância para interrogatório por ser acusado de fornecer explosivos para os revoltosos. Uma equipe da Força de Operações Especiais da Marinha capturou-o em sua casa nos arredores de Bagdá em 4 de novembro de 2003, às 2 da madrugada. Ao final da captura, após uma luta violenta, tinha um olho roxo, um corte no rosto, talvez uma meia dúzia de costelas fraturadas. Os membros da Força entregaram Al-Jamadi à CIA em Abu Ghraib para interrogatório, conduzido por Mark Swanner. Esse agente da CIA, acompanhado de um tradutor, levou Al-Jamadi a uma cela de contenção da prisão, despiu-o, e começou a berrar-lhe que dissesse onde as armas estavam localizadas.

De acordo com a matéria de Mayer na *New Yorker*, Swanner pediu aos PMs para levar o preso para o Pavilhão 1 Alfa, na sala dos chuveiros, para que fosse interrogado. Ordenaram a dois PMs que (por outro civil anônimo) acorrentassem o prisioneiro contra a parede, mesmo estando ele já completamente dócil. Mandaram-nos pendurá-lo pelos braços em uma posição de tortura, conhecida como "Suspensão Palestina" (Praticada pela primeira vez durante a inquisição espanhola, quando era conhecida como *strappado*). Após deixarem a sala, um dos PMs se recorda: "ouvimos muita gritaria." Em menos de uma hora, Manadel Al-Jamadi estava morto.

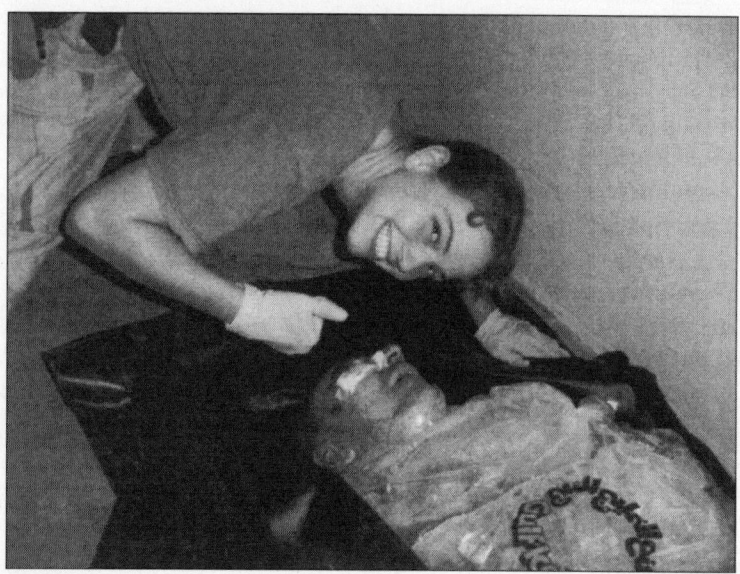

PM de Abu Ghraib posando com o "detento-fantasma" assassinado no Pavilhão 1A

Walter Diaz, o PM encarregado da guarda na ocasião, disse que não havia necessidade de pendurá-lo daquela maneira, dado que ele estava algemado e não oferecia resistência. Quando Swanner ordenou aos PMs que descessem o cadáver da parede, "sangue começou a jorrar de seu nariz e boca, como se tivessem aberto uma torneira", relatou Diaz.

O problema agora para a CIA era o que fazer com o corpo da vítima. O capitão Donald Reese, comandante da PM, e o coronel Thomas Pappas, comandante do MI, foram alertados desse "incidente infeliz" em seu turno. Eles não precisavam se preocupar, porque a CIA assumiria a questão em suas mãos furtivas. Al-Jamadi foi mantido na sala de chuveiros até o dia seguinte, embalado no gelo e atado com uma faixa para retardar a decomposição do cadáver. No dia seguinte, um médico inseriu um acesso intravenoso no braço do "homem de gelo" e conduziu-o para fora da prisão em uma maca, como se ainda estivesse vivo e meramente doente, para não irritar os outros detentos, que foram informados de que ele havia sofrido um ataque cardíaco. Um motorista de táxi da região transportou o corpo para um local desconhecido. Todas as provas foram destruídas, e não houve vestígios em papéis, porque Al-Jamadi nunca chegou a ser oficialmente registrado. Os membros da Força de Operações Especiais da Marinha foram isentos por sua participação na contenção de Al-Jamadi, o médico não foi identificado, e, vários anos mais tarde, Mark Swanner continua a trabalhar para a CIA, sem processos criminais contra ele! O caso está praticamente encerrado.

Dentre todas as outras imagens terríveis na câmera digital do cabo Graner estavam várias fotografias do "homem de gelo", gravadas para a posteridade. Primeiro, havia uma foto de uma médica bonita e sorridente, Sabrina Harman, inclinada sobre o corpo alquebrado de Al-Jamadi fazendo um sinal de aprovação com a mão. Em seguida, Graner entrou na cena para acrescentar seu sorriso de aprovação, antes que o "homem de gelo" derretesse. Certamente, Chip e os outros PMs do turno da noite sabiam o que havia acabado de ocorrer. Se tais coisas aconteciam e eram realizadas com tanto primor, então a masmorra do Pavilhão 1 Alfa era uma "Fantástica Fábrica" onde tudo podia acontecer. Não tivessem tirado as fotos, e se Darby não tivesse soado o alarme, o mundo poderia nunca ter sabido do que aconteceu nesse lugar outrora secreto.

Apesar de tudo, a CIA continua desimpedida pelas leis que deveriam conter seus agentes de torturar e assassinar as pessoas, mesmo em sua guerra global contra o terrorismo. *Ironicamente, Swanner admitiu não ter obtido informações úteis desse detento-fantasma assassinado.*

Esse envolvimento da CIA na tortura não é algo novo, o que se torna evidente na análise do historiador Alfred McCoy em seu livro recente, que documenta o papel da CIA da Guerra Fria à Guerra contra o Terrorismo. De acordo com McCoy, as fotos chocantes do abuso em Abu Ghraib não são novidade. Em sua perspectiva:

> Se olharmos atentamente essas fotos granuladas, podemos ver a genealogia das técnicas de tortura da CIA, de suas origens, nos anos 1950, até a perfeição dos dias atuais. De fato, as fotografias do Iraque ilustram uma prática padrão de interrogatório no interior do *gulag* global das prisões secretas da CIA, em funcionamento sob jurisdição do Executivo desde o começo da guerra contra o terror. Essas fotos, e as investigações posteriores que movimentaram, oferecem sinais intrigantes de que a CIA foi tanto a agência condutora em Abu Ghraib quanto a fonte das torturas sistemáticas praticadas em Guantánamo, Afeganistão e Iraque. Sob essa luz, os nove soldados julgados pelos abusos em Abu Ghraib estavam apenas cumprindo ordens. A responsabilidade por seus atos jaz muito acima, muito acima, ascendendo à cadeia de comando.[26]

Em julgamento: general de Exército Ricardo Sanchez

Como Rumsfeld, o general de Exército Ricardo Sanchez também reconheceu em altos brados sua responsabilidade: "Como alto comandante no Iraque, eu aceito a responsabilidade pelo que ocorreu em Abu Ghraib."[27] Contudo, tal responsabilidade deveria implicar consequências, e não ser empregada apenas como um aceno para as câmeras da televisão. *Human Rights Watch* inclui esse alto comandante dentre os quatro que deveriam ir a julgamento pela tortura e pelos crimes de guerra. Seu relatório declara:

> O general de Exército Sanchez deve ser investigado pelos crimes de guerra e tortura, seja como diretor, seja sob a doutrina da "responsabilidade do comando". O general Sanchez autorizou métodos de interrogatório que infringem a Convenção de Genebra e a Convenção contra Tortura. De acordo com

a *Human Rights Watch*, ele sabia, ou deveria saber, que tortura e crimes de guerra eram cometidos por tropas sob seu comando direto, mas fracassou em tomar medidas eficazes para detê-los.

Ponho o general Sanchez em julgamento neste livro porque, nas palavras do relatório HRW: "ele promulgou regras e técnicas de interrogatório que violaram a Convenção de Genebra e a Convenção contra a Tortura, e, além disso, porque sabia ou deveria saber sobre a tortura e os crimes de guerra cometidos por tropas sob seu comando."

Dada a escassez de "informação acionável" conseguida na Prisão da baía de Guantánamo, apesar de meses de interrogatório, houve pressão sobre todos para que extraíssem informações dos terroristas urgentemente, fosse como fosse. Mark Danner relatou um e-mail enviado pelo oficial do serviço de inteligência, o capitão William Ponce, a seus colegas, apressando-os a fornecerem uma "lista de solicitações de interrogatório" por volta da metade de agosto de 2003. O capitão infundiu sua mensagem com um prenúncio ameaçador do que viria a acontecer em Abu Ghraib: "Senhores, estamos tirando as luvas, no que se refere a esses detentos." Sua mensagem continua: "Coronel Boltz [o segundo na hierarquia da MI no Iraque] deixou claro que queremos dobrar esses indivíduos. As baixas se acumulam, e precisamos começar a reunir informações para ajudar a proteger nossos soldados de quaisquer ataques vindouros."[28]

De agosto a setembro de 2003, o general Geoffrey Miller, recentemente encarregado da penitenciária de Gitmo, encabeçou uma equipe visitante de especialistas para o Iraque. Sua missão era disseminar a nova firmeza nas políticas de interrogatório para o general Sanchez Karpinski, e outros. "O general Miller encostou o dedo no peito de Sanchez e lhe disse que queria informações", afirmou Karpinski.[29] Miller foi capaz de convencer esses oficiais com o auxílio evidente de Rumsfeld e de outros generais poderosos, a partir dos pretensos chamados sucessos em Gitmo.

Sanchez formalizou suas regras para interrogatório em um memorando em 14 de setembro de 2003, introduzindo medidas mais severas do que as praticadas pelos PMs e MIs.[30] Algumas das metas explicitamente afirmadas eram "criar medo, desorientar os detentos e trauma da captura". Essas técnicas recém-aprovadas, advindas de Rumsfeld por Miller, incluíam:

Presença de cão treinado das Forças Armadas: explorar o medo dos árabes pelos cães enquanto se preserva a segurança durante os interrogatórios. Os cães estarão amordaçados e a todo o momento sob controle dos [...] adestradores, para evitar contato com os detentos.

Administração de sono: fornecimento a detento de um mínimo de 4 horas de sono por um período de 24 horas, não excedendo 72 horas seguidas.

Gritos, Música Alta e Controle de Luz: utilizados para criar medo, desorientar o detento e prolongar o trauma da captura. Volume moderado para evitar lesões.

Posições de tensão: uso de posturas físicas (sentar, ficar de pé, ajoelhar, deitar de bruços, etc.) por não mais de 1 hora. Uso da(s) técnica(s) não excederá 4 horas, e será fornecido descanso adequado entre a aplicação de cada posição.

Falsa Bandeira: convencer o detento de que indivíduos de outro país que não os Estados Unidos o estão interrogando.

O Relatório Schlesinger indicou que uma dúzia das técnicas de Sanchez extrapolou as que são aceitas pelo Manual de Campo do Exército 34-52, e eram mais severas do que aquelas aprovadas para Guantánamo. O memorando de Sanchez foi levado a público em março de 2005, em resposta a uma ação judicial. Ela surgiu cerca de um ano depois de o general Sanchez ter mentido para o Congresso, em testemunho juramentado (em maio de 2004) de que ele nunca ordenara ou aprovara o uso de intimidação por cães, privação de sono, ruído excessivo, ou indução de medo. Ele deveria ser julgado por todas as razões esboçadas acima.

A visão de um soldado sobre a extensão do envolvimento direto do comando militar na direção dos abusos contra detentos surgiu de Joe Darby, nosso heroico delator: "Ninguém do comando sabia sobre o abuso, porque ninguém do comando se importava o suficiente para descobrir. Esse era o verdadeiro problema. Toda a estrutura de comando era desatenta, vivendo no próprio mundinho. Não foi, portanto, uma conspiração — foi pura e simples negligência. Eram todos ignorantes."[31] O general Sanchez foi forçado pelo alto-comando do Exército a se reformar mais cedo (1º de novembro de 2006), devido ao seu papel no escândalo de Abu Ghraib. Ele admitiu: "Eis a razão principal, a única razão, por eu ter sido forçado a me reformar." (*Guardian Unlimited*, 2 de novembro de 2006, *U.S. General Says Abu Ghraib Forced Him Out*, "General Norte-Americano Afirma que Abu Ghraib Obrigou-o a Sair".)

Em julgamento: general de divisão Geoffrey Miller

Human Rights Watch afirma que "O general de divisão Geoffrey Miller, como comandante da rigidamente controlada prisão da baía de Guantánamo, em Cuba, deve ser investigado por sua possível responsabilidade em crimes de guerra e atos de tortura cometidos ali contra detentos". Ademais, ele "sabia ou deveria saber que tropas sob seu comando cometiam crimes de guerra e atos de tortura contra detentos em Guantánamo". Além disso, "o general Miller possivelmente propôs métodos de interrogatório para o Iraque que foram a causa imediata da tortura e dos crimes de guerra cometidos em Abu Ghraib".

O general Miller foi comandante da Força-Tarefa Combinada-Guantánamo (JTF-GTMO) de novembro de 2002 a abril de 2004, quando se tornou o general no comando das Operações de Detenção no Iraque, posição exercida até 2006. Ele foi enviado para Gitmo para substituir o general Rick Baccus, cujos superiores julgavam que estava "mimando" os prisioneiros, ao insistir que as diretrizes da Convenção de Genebra fossem cumpridas à risca. Em pouco tempo, "Camp X-Ray" foi transformado em "Camp Delta", com 625 internos, 1.400 MIs e PMs, e muita tensão.

Miller foi um inovador, e desenvolveu equipes especializadas em interrogatório que pela primeira vez integraram o serviço de inteligência militar (MI) com a força da polícia militar (PM) — turvando uma linha antes impermeável no Exército. Para adentrar a mente dos presos, Miller confiou em especialistas. "Ele trouxe cientistas comportamentais, que eram psicólogos e psiquiatras [civis e militares]. E estes procuraram vulnerabilidades psicológicas, pontos fracos, modos de manipular os detentos para fazê-los cooperar, e espécies de vulnerabilidades psíquicas e culturais."[32]

Utilizando os registros médicos dos presos, os interrogadores de Miller tentaram induzir a depressão, a desorientação e a exposição. Os presos resistiram: houve greves de fome, pelo menos 14 presos cometeram suicídio logo de início, e, ao longo dos anos seguintes, muitas centenas de presos tentaram se suicidar.[33] Recentemente, três detentos em Gitmo cometeram suicídio, enforcando-se com a roupa de cama; nenhum deles foi acusado formalmente, apesar de estarem ali por muitos anos. Em vez de reconhecer esses atos como de desespero, um porta-voz escarneceu-os, como uma jogada das relações públicas para conseguir atenção.[34] Um contra-almirante sustentou que não foram atos de desespero, mas, antes "um ato de luta armada assimétrica contra nós".

As novas equipes de interrogatório de Miller foram encorajadas a se tornarem mais agressivas, dada a autorização oficial do secretário Rumsfeld das mais duras técnicas já aprovadas para uso dos soldados norte-americanos. Abu Ghraib viria a ser o novo laboratório experimental de Miller, para testar suas hipóteses sobre os meios necessários para conseguir "informação acionável" de prisioneiros resistentes. Rumsfeld foi a Gitmo com seu assistente Stephen Cambone, para encontrar Miller e se assegurar de que todos jogavam o mesmo jogo.

Lembrem-se do que a general Karpinski afirmou que Miller lhe disse: "Você precisa tratar os presos como cães. Se [...] acreditarem que eles são algo diferente de cães, você efetivamente perdeu o controle de seu interrogatório, para começo de conversa [...] E funciona. É o que fazemos na baía de Guantánamo."[35]

Karpinski também registra ter Miller "surgido ali, e me dito que ele iria 'guantanamizar' a operação de detenção (em Abu Ghraib)".[36] O coronel Pappas relatou que Miller dissera-lhe que o uso de cães em Gitmo comprovou-se eficaz em armar a atmosfera para conseguir informações dos presos e que o uso de cães "com ou sem focinheira" era permitido.[37]

Para certificar-se de que suas ordens seriam seguidas, Miller escreveu um relatório e se assegurou de que sua equipe deixasse para trás um CD com instruções detalhadas a serem seguidas. Então, o general Sanchez autorizou suas novas regras severas, as quais foram elaboradas a partir de muitas técnicas utilizadas em Guantánamo. O general veterano do Exército Paul Kern deixou claro os problemas causados pela aplicação em Abu Ghraib de táticas aprovadas em Gitmo: "Acredito que isso provocou confusão. Quero dizer, encontramos em computadores de Abu Ghraib memorandos SECDEF [do secretário de Defesa Rumsfeld] que foram escritos para Guantánamo, não para Abu Ghraib. E foi isso que causou a confusão."[38] Por todas as razões descritas acima, o general Geoffrey Miller está em nossa lista de réus em julgamento por seus crimes contra a humanidade.[39]

Em suas acusações, *Human Rights Watch* deteve-se pouco antes de atingir o cume da responsabilidade do sistema pelos abusos e torturas em Abu Ghraib: o vice-presidente Dick Cheney e o presidente George W. Bush. Não hesitarei tanto. Daqui a pouco, acrescentarei esses dois a nossa lista de réus levados aqui a julgamento. Eles serão acusados de montar o programa que redefiniu a natureza da tortura, suspendeu proteções concedidas a prisioneiros sob a legislação internacional, e encorajou a CIA a se envolver numa série de táticas ilegais e letais, em decorrência de suas obsessões pela chamada guerra contra o terror.

Contudo, precisamos primeiro explorar mais a questão de se os abusos do Pavilhão 1A foram um incidente isolado causado por estas poucas maçãs estragadas, ou se seus comportamentos ofensivos eram parte de um padrão mais amplo, aprovado tacitamente, e largamente praticado, de abusos por muitos do quadro civil e militar, envolvidos na captura, detenção e interrogatório de suspeitos de insurgência. Minha argumentação será de que esse barril de maçãs começou a apodrecer de cima para baixo.

TORTURA, ONIPRESENTE TORTURA, E CAOS PARA ACOMPANHAR

Como o fez no dia seguinte em que as fotos dos abusos foram pela primeira vez levadas a público, o general Richard Myers, presidente da Junta de Chefes do Estado-maior, continua a negar qualquer envolvimento de todo o sistema nos abusos; em vez disso, continua a depositar toda a culpa nos "Sete PMs de Abu Ghraib". Afirmou publicamente (em 25 de agosto de 2005): "Acho que realizamos pelo menos 15 investigações em Abu Ghraib, e lidamos com isso. Quero dizer, basta um leitura rápida — se foi apenas o turno da noite em Abu Ghraib — o que de fato foi, foi apenas uma pequena parcela dos guardas que participou disso, isto é uma prova bastante boa de que não se tratava de um problema mais difundido."[40]

Ele sequer chegou a ler os relatórios? A partir apenas das seções dos relatórios independentes que resumi aqui, não poderia ser mais claro que os abusos foram muito além dos poucos PMs que surgiram nas imagens do Pavilhão 1A. Essas investigações implicam a liderança militar, os interrogadores civis, a inteligência militar e a CIA na criação das condições que semearam os abusos. E, pior, eles participaram de outros abusos, ainda mais mortíferos.

Vocês se lembrarão que o Comitê Schlesinger detalhou 55 casos de abusos contra detentos em todo o Iraque, assim como 20 exemplos de mortes de detentos ainda sob investigação. O Relatório Taguba encontrou muitos casos de abusos criminosos injustificáveis, constituindo "abusos *sistemáticos* e ilegais contra detentos" em Abu Ghraib [grifo meu]. Outro relatório do Pentágono registra 54 alegações documentadas desse tipo de crime de guerra em Abu Ghraib. O Comitê Internacional da Cruz Vermelha disse ao governo que seu tratamento a detentos em muitas de suas prisões militares envolveu coerção física e psicológica "equivalente à tortura". Além disso, ele relata que tais métodos utilizados em interrogatórios em Abu Ghraib "parecem ser procedimentos operacionais regulares para obter confissões ou extrair informações". E acabamos de rever a mais recente estatística de mais de seiscentos casos relatados de abusos em todas as prisões militares dos Estados Unidos no Afeganistão, Iraque e Cuba. Parece o trabalho de "algumas maçãs podres", em uma masmorra podre, em uma única prisão podre?

Revelações de abusos muito difundidos contra prisioneiros *antes* de Abu Ghraib

Embora os comandos administrativos militares e civis tenham procurado isolar os abusos e a tortura no Iraque como uma aberração de alguns poucos soldados ruins que trabalhavam no turno da noite no Pavilhão 1A no outono de 2003, novos documentos do Exército desmentem essas asserções. Em 2 de maio de 2006, a ACLU (Sindicato Americano das Liberdades Civis) liberou documentos do Exército revelando que oficiais de altos escalões do governo tinham notícia de casos extremos de abusos contra detentos no Iraque e no Afeganistão duas semanas *antes* de se deflagrar o escândalo de Abu Ghraib. Um documento intitulado "Alegações de Abusos contra Detentos no Iraque e no Afeganistão", datado de 2 de abril de 2004, detalhava 62 investigações em andamento de abusos e *homicídios* de detentos pelas forças norte-americanas.

Os casos incluíam agressões, murros, chutes, espancamentos, falsas execuções, abusos sexuais de detentas, ameaças de morte a uma criança iraquiana para "mandar uma mensagem a outros iraquianos", privação de roupas, espancamento e eletrochoques com aparelhos de sobrecarga, arremesso de pedras em crianças iraquianas algemadas, sufocamento de detentos com os nós de suas mantas, e interrogatórios com a arma apontada em sua direção. Ao menos 26 casos envolviam mortes de detentos iraquianos. Alguns deles já haviam passado por um processo de corte marcial. Os abusos foram além de Abu Ghraib e atingiram Camp Cropper, Camp Bucca, e outros centros de detenção em Mosul, Samarra, Bagdá e Tikrit, no Iraque, assim como em Orgun-E no Afeganistão (vide Notas para o relatório completo do ACLU).[41]

O relatório do Pentágono da décima segunda investigação dos abusos militares conduzido pelo general de brigada Richard Formica apontou que tropas de Operações Especiais dos Estados Unidos continuaram a utilizar um conjunto cruel e não autorizado de técnicas de interrogatório contra detentos durante um período de quatro meses no começo de 2004. Isso foi bem *depois* dos abusos de Abu Ghraib, em 2003, e depois que a aprovação de seu uso fosse revogada. Alguns presos recebiam apenas biscoitos e água por um período de até 17 dias, eram mantidos nus, presos em celas tão pequenas que não podiam nem ficar de pé e nem deitados por uma semana inteira, congelados, privados de sono, e sujeitos a uma sobrecarga de estímulos. Apesar dessas descobertas, nenhum dos soldados recebeu uma única reprimenda. Formica acreditou que os abusos não foram "deliberados" ou devido a "falhas pessoais", mas a um "fracasso de políticas inadequadas". Ele também acrescentou a esse encobrimento que, baseando-se em suas observações, "nenhum dos detentos parecia ferido ou em más condições em decorrência deste tratamento".[42] *Incrível!*

Fuzileiros navais matam civis iraquianos a sangue-frio

Concentrei-me em compreender a natureza do barril podre das prisões que podem corromper bons guardas, mas há um barril maior e mais mortífero, que é a guerra. Em todas as guerras, em todas as épocas, em todos os países, as guerras transformam homens comuns, e até mesmo bons, em assassinos. É para isso que os soldados são treinados, para assassinar aqueles apontados como seus inimigos. Contudo, sob as tensões extremas das condições de combate, como fadiga, medo, raiva, ódio e vingança a pleno vapor, homens podem perder o compasso moral e ir além do assassinato de combatentes inimigos. A não ser que a disciplina militar seja estritamente mantida, e cada soldado saiba que porta a responsabilidade pessoal por seus atos, e que são observados por oficiais superiores, a fúria é liberada em orgias inimagináveis de estupro e assassinato de civis, assim como de soldados inimigos. Sabemos que essa perda era verdadeira em My Lai e em outros massacres menos conhecidos, tais como o da *Tiger Force* no Vietnã. Essa unidade combatente de elite deixou um rastro de sete meses de execuções de civis desarmados.[43] Miseravelmente, essa brutalidade da guerra que ultrapassa o campo de batalha e atinge as cidades se tornou verdade também no Iraque.[44]

Especialistas militares alertam que uma vez que os soldados precisem lutar contra um inimigo evasivo em uma guerra assimétrica, tornar-se-á cada vez mais difícil para eles manter a disciplina sob tais condições de tensão. As atrocidades em tempos de guerra ocorrem em todas as guerras e são cometidas pela maioria das forças de ocupação, mesmo as mais equipadas. "Um combate envolve tensão, e comportamento criminoso para com civis é um sintoma clássico de tensão de combate. Se houver soldados suficientes em combates suficientes, alguns deles irão assassinar civis", afirma um alto oficial de um órgão de pesquisa militar em Washington.[45]

Precisamos reconhecer que soldados são assassinos bem treinados que concluíram com sucesso uma intensa experiência de aprendizado em campos de treinamento, com o campo de batalha como a sua provação. Eles precisam aprender a sublimar seu treinamento moral anterior, guiado pelo mandamento "não matarás". Novos treinamentos militares, programados para religar o cérebro à aceitação do assassinato como resposta natural em períodos de guerra, são conhecidos como a ciência da "assassinologia". Esse termo, cunhado pelo tenente-coronel aposentado Dave Grossman, hoje professor de ciência militar em West Point, está desenvolvido em seu livro *On Killing* (Sobre Matar) e em seu *website*.[46]

Contudo, às vezes a "ciência de criar assassinos" pode escapar ao controle e tornar o assassinato comum. Considere as reações de um soldado de 21 anos, que acabou de matar um civil no Iraque que se recusara a parar em um posto na estrada: "Não foi nada. Por aqui, matar alguém é como esmagar uma formiga. Quero dizer, você mata alguém e é tipo, 'Beleza, vamos comer uma pizza'. Sabe, eu achava que matar alguém era uma experiência que mudava a vida. Então eu fiz isso, e foi, tipo, 'Está bem, tanto faz'."[47]

Em 19 de novembro de 2005, uma bomba à beira da estrada explodiu na cidade de Haditha, no Iraque, matando um fuzileiro naval dos EUA e ferindo outros dois soldados. Nas horas seguintes, registra-se que 15 civis iraquianos foram assassinados por um dispositivo explosivo improvisado, de acordo com uma investigação da Marinha. Caso encerrado, visto que tantos iraquianos são mortos dessa forma quase diariamente. Contudo, um habitante da cidade (Taher Thabet) fez uma filmagem dos corpos cravejados de balas e a entregou à agência da revista *Time* em Bagdá. Isso forçou a uma investigação mais séria sobre os assassinatos de 24 civis por esse batalhão de fuzileiros navais. Ao que parece, os fuzileiros entraram em três casas e assassinaram metodicamente, com pistolas e granadas, a maior parte de seus ocupantes, incluindo sete crianças e quatro mulheres. Eles também executaram um motorista de táxi e quatro estudantes que pararam o táxi em uma estrada próxima.

Houve uma nítida tentativa de encobrimento pelos altos oficiais da Marinha, quando perceberam que se tratava de assassinatos à queima-roupa de civis, cometidos pelos fuzileiros que abandonaram as leis de combate. Em março de 2006, o comandante do batalhão e dois comandantes de sua companhia foram retirados do comando; um deles afirmou ter sido essa uma "perda política". Muitas outras investigações estão ainda em andamento e poderão encontrar ainda mais oficiais superiores culpados. É importante acrescentar a essa terrível história que esses fuzileiros do 3º Pelotão, a Companhia Kilo, eram soldados experientes, em sua segunda ou terceira missão. Eles participaram anteriormente da luta feroz em Fallujah, onde quase metade de seus companheiros foi morta ou seriamente ferida em combate. Portanto, havia muita raiva e sentimentos de vingança se acumulando antes do massacre de Haditha.[48]

A guerra é o inferno para os soldados, mas é sempre pior para civis e, especialmente, para crianças na zona de combate, quando os soldados se desencaminham da trilha moral, agindo cruelmente com elas. Em outro incidente recente que está sendo investigado, tropas dos Estados Unidos mataram até 13 civis no vilarejo de Ishaqi, no Iraque. Alguns foram encontrados amarrados e com tiros na cabeça, incluindo várias crianças. Oficiais militares norte-americanos, a par de que "não-combatentes" tinham sido mortos, apelidaram as baixas de "mortes colaterais" (novamente um caso de rótulo eufemístico, associado ao desligamento moral).[49]

Imaginem o que acontece quando um oficial superior dá aos soldados permissão para matar civis. Quatro soldados acusados de matar três iraquianos desarmados durante uma invasão surpresa a uma casa na cidade de Tikrit, no Iraque, tinham ordens do comando da brigada, o coronel Michael Steele, a "matar todos os revoltosos, os terroristas". O soldado que relatou essa nova lei de combate foi ameaçado pelos colegas, caso contasse a alguém acerca dessas execuções.[50]

Um dos maiores horrores da guerra é o estupro de mulheres civis inocentes por soldados, como documentado no massacre de mulheres tutsis pelos milicianos hutus em Ruanda, descrito no capítulo 1. Uma nova alegação de uma terrível brutalidade parecida veio à tona no Iraque: um grupo de soldados norte-americnaos (da 101ª Divisão Aerotransportada) é acusado pelo tribunal de estuprar uma garota de 14 anos, após assassinar seus pais e sua irmã de 4 anos, e, em seguida, atirar em sua cabeça e queimar todos os corpos. A prova é clara de que essa sanguinária agressão foi premeditada, porque trocaram de uniforme antes (para que não fossem identificados), depois de avistarem a jovem em um posto na estrada, e por terem assassinado toda a família antes de abusá-la. As Forças Armadas culparam inicialmente os revoltosos pelos assassinatos.[51]

Essa suspensão das autorrestrições à crueldade, muito frequente entre soldados da zona de combate, não é limitada aos militares norte-americanos. Soldados britânicos foram filmados espancando jovens iraquianos. O homem que filmava, um cabo naquela unidade, pode ser ouvido gargalhando, enquanto instiga seus camaradas a desfrutarem dos abusos. Obviamente, o primeiro-ministro Tony Blair prometeu investigar aquilo que um de seus porta-vozes das Forças Armadas descreve como as ações limitadas a "um pequeno número de soldados".[52] Ao menos ele teve a decência de não utilizar a metáfora das "maçãs podres".

Passemos além das generalizações abstratas, estatísticas e investigações militares, e ouçamos as confissões de vários interrogadores do Exército norte-americano, sobre o que viram e o que eles mesmos fizeram no caso do abuso contra detentos. Como veremos, eles registram a difusão do abuso e os padrões de tortura que testemunharam ou praticaram pessoalmente.

Examinaremos brevemente o programa recém-descoberto em Gitmo, que permitia que jovens interrogadoras, apelidadas pela mídia de "gatinhas da tortura", empregassem sedução em seu arsenal de táticas de interrogatório. Sua presença e táticas precisavam ser feitas com a aprovação do comandante; elas não decidiram simplesmente "ficar à vontade" em Cuba por conta própria. Veremos como não apenas os PMs reservistas do pavilhão 1A se envolveram em atos desprezíveis de abuso, mas soldados de elite e oficiais militares também realizaram muitos atos, ainda mais brutais, de violência contra os presos.

Finalmente, veremos que a extensão da tortura praticamente não tem fronteiras, devido à "terceirização" da tortura para outros países em programas conhecidos como "entregas", "entregas extraordinárias", e, até mesmo, "entregas reversas". Descobriremos que não apenas Saddam torturou o seu povo, mas que os Estados Unidos também o fizeram, e o novo regime iraquiano também tem torturado seus concidadãos e concidadãs em prisões secretas em todo o Iraque. Pode-se apenas sentir pesar pelos iraquianos quando seus torturadores surgem embalados em aparências tão diferentes.

E agora: as testemunhas de acusação

O médico Anthony Lagouranis (aposentado) foi interrogador do Exército durante cinco anos (de 2001 a 2005) com passagem pelo Iraque em 2004. Embora tenha residido primeiramente em Abu Ghraib, Lagouranis foi destacado para uma unidade especial de coleta de inteligência que prestou serviços em penitenciárias em todo o Iraque. Quando ele fala sobre a "prática do abuso" que permeou os interrogatórios do Iraque, sua base de dados é nacional, e não específica ao Pavilhão 1A.[53]

E há também o sargento Roger Brokaw (reformado), que trabalhou em Abu Ghraib por seis meses como interrogador, a partir da primavera de 2003. Brokaw relata que poucos com os quais conversou, apenas 2% talvez, eram perigosos ou rebeldes; a maioria foi trazida ou isolada pela polícia iraquiana, por antipatizar ou ter alguma desavença com alguém. A maioria dos homens diz que uma das razões pelas quais a coleta de inteligência foi tão ineficaz era porque as penitenciárias estavam abarrotadas de pessoas que não possuíam qualquer boa informação a dar. Muitos foram apanhados em capturas de todos os homens de famílias inteiras em uma área de atividade rebelde. Como havia poucos interrogadores e tradutores treinados à disposição, quando esses detentos eram finalmente entrevistados, quaisquer informações que pudessem ter já estavam frias e ultrapassadas.

Surgiu um bocado de frustração por se despender tantos esforços por tão poucos resultados concretos. Essa frustração também levou a muita agressão, como poderia prever a velha hipótese frustração-agressão. O tempo estava correndo; a insurgência crescia; avolumava-se a pressão dos comandantes militares, que sentiam o humor de seus chefes civis esquentar, no alto da hierarquia. A extração de informações era vital.

Brokaw: "Porque estávamos apanhando pessoas por qualquer coisa, sem nenhuma desculpa. Havia cotas [*sic*], cotas para interrogar tantas pessoas por semana e enviar respostas para a hierarquia."

Lagouranis: "Raramente conseguíamos boas informações dos presos, e acredito que seja porque pegávamos presos inocentes, que não tinham informação alguma a dar."

Brokaw: "E 98% das pessoas com quem eu falava não tinham razão para estar ali. Eles os apanhavam simplesmente pela aparência, e invadiam suas casas e arrastavam essas pessoas para fora, e as atiravam em campos de detenção. O coronel Pappas [disse que] havia pressão da parte dele para conseguir informações. Consigam informações. 'Apanhemos essas informações, salvem a vida de um soldado. Se as tivermos, sabe, se encontrarmos essas armas, se encontrarmos esses revoltosos, salvaremos as vidas de soldados.' E acredito que isso levou à ideia de que qualquer coisa que os interrogadores e policiais militares quisessem fazer àquelas pessoas para afrouxá-las era desculpável."

Brokaw também relatou que a mensagem sobre "retirar as luvas" desceu pela cadeia de comando, para dar sentido a essa metáfora de boxe.[54]

Brokaw: "Eu ouvi a frase. 'Nós iremos retirar as luvas. Iremos mostrar a essa gente quem é que manda.' E ele estava se referindo aos detentos."

À medida que a rebelião contra as forças de Coalizão tornava-se mais letal e abrangente, a pressão sobre PMs e MIs para extrair aquela esquiva informação acionável tornava-se ainda maior. Um entrevistado anônimo disse à *Frontline* da PBS (18 de outubro de 2005):

"A maioria dos abusos em todo o Iraque não está fotografada, e, portanto, jamais provocará indignação. E isso torna as coisas mais difíceis pois, ao redor do Iraque, no banco de trás de um jipe, ou em um contêiner de embarque, não há uma câmera. Não há câmeras. Não há [*sic*] fotos. Não há filmadoras. E não há ninguém olhando por sobre seus ombros, e você poderá fazer o que desejar."

Lagouranis acrescentou alguns detalhes: "Agora é em todo o Iraque. É... como eu disse, há gente torturando pessoas em suas casas. As unidades de infantaria estão torturando pessoas em suas casas. Eles usavam coisas, como fogo. Eles esmagavam os pés das pessoas com a parte chata da cabeça de um machado. Eles quebravam ossos, costelas. Sabe, aquilo era... aquilo era coisa séria." E concluiu: "Quando as unidades partiam para as casas dessa gente, e realizavam essas invasões, eles simplesmente ficavam nessas casas e as torturavam." Brokaw testemunhou alguns desses mesmos abusos: "Eu vi olhos roxos e lábios inchados, e alguns precisaram ser tratados por lesões feias nas pernas e braços."

Quão longe permitiram que os PMs e MIs chegassem, nessa busca por informações?

Lagouranis: "Parte disso era, precisavam obter informações, mas parte disso também era puro sadismo. Você simplesmente queria continuar pressionando, cada vez mais, e ver até onde podia chegar. É natural que as pessoas atinjam um nível intenso de frustração quando se está sentado ali com alguém sobre o qual sente que tem total poder e controle, e não consegue que ele faça o que você quer. E você faz isso o dia todo, todos os dias. A certa altura, você começa a ser mais firme".

O que ocorre quando se acrescenta um alto temor e vingança como catalisadores psicológicos a esta volátil composição?

Lagouranis: "Se você está com muita raiva porque está sendo bombardeado por morteiros a todo o momento — quero dizer, foguetes, eles estão lançando RPG [granadas lançadas por foguete] em nós, não há nada que se possa fazer. E as pessoas estão morrendo à sua volta em decorrência desse inimigo invisível. E, você entra na barraca de interrogatório com esse sujeito que, segundo pensa, pode estar fazendo esse tipo de coisa, e você sabe, você quer ir o máximo que puder."

A que ponto de fato chegaram?

Lagouranis: "Lembro-me do primeiro-sargento encarregado da instalação de interrogatório. Ele soube que os fuzileiros navais estavam usando apenas água gelada para reduzir a temperatura do corpo do preso. E eles lhe davam... eles tomavam sua temperatura retal, para se certificarem de que ele não iria morrer. Eles o mantinham suspenso com hipotermia, nesse ambiente que chamavam de 'manipulação ambiental', com a música [retumbando alto] e as luzes estroboscópicas. Então, traziam cães treinados e os lançavam sobre os prisioneiros. Mesmo assim, os cães eram controlados — tinham focinheiras e eram contidos por adestradores. Mas o preso não sabia disso, porque estava vendado. São pastores alemães enormes. Assim, quando fazia uma pergunta e não gostava da resposta, eu acenava para o adestrador, e o cão latiria e saltaria sobre o prisioneiro, mas ele não podia mordê-lo [...] às vezes ele molhava o macacão de tão apavorado, sabe? Principalmente porque estava vendado. Eles não podem saber — sabe, é bastante terrível estar nessa situação. Isso é uma coisa que me mandaram fazer, e fiz com que o primeiro-sargento aprovasse cada uma das coisas que me disseram para fazer."

O desligamento moral facilita o comportamento de jeitos que seriam normalmente autocensurados por pessoas morais.

Lagouranis: "É porque você de fato sente que está fora da sociedade normal, sabe? Sua família, seus amigos, eles não estão lá para ver o que está se passando. E todos também estão participando nessa que não sei o que é... psicose, ou na falta de palavra melhor, essa ilusão sobre o que se está fazendo ali. E aquilo é aprovado por você quando olha em volta e tudo está arruinado, sabe? Quero dizer, foi assim que senti. Lembro-me de estar nesse contêiner de embarque em Mosul. Estive com um sujeito [um prisioneiro interrogado] a noite inteira. E você se sente tão isolado, que sente que pode fazer o que quiser com esse sujeito, e, talvez, você queira mesmo fazer."

Esse jovem interrogador, que deverá conviver pelo resto da vida com esse conhecimento do mal que cometeu, como parte do serviço a seu país, descreve como a violência possui um modo de ascender, de alimentar-se de si mesma.

Lagouranis: "Você prosseguia, querendo pressionar mais e mais, e ver até que ponto conseguia chegar. E parece que isso faz parte da natureza humana. Quero dizer, tenho certeza de que você leu estudos conduzidos em prisões norte-americanas nos quais colocam um grupo de pessoas encarregadas de um outro grupo de pessoas, e é dado a elas controle sobre as outras, e bem rapidamente a situação se volta para a crueldade e a tortura, sabe? Portanto, é bem comum." [Podemos supor que ele está se referindo à prisão da Universidade de Stanford? Se assim for, o EPS assumiu um *status*, como lenda urbana, de uma "prisão real".]

A necessidade de lideranças fortes para restringir o abuso é essencial:

Lagouranis: "E eu vi isso [a crueldade e o abuso] em todas as penitenciárias em que fui. Se não havia uma liderança bem forte que dissesse 'Não iremos tolerar o abuso', [...] em todas as penitenciárias haveria abuso. E mesmo entre pessoas como os PMs, que não estão tentando conseguir informações... eles simplesmente o fazem porque é algo que as pessoas fazem ali, caso não sejam controladas internamente, ou de cima."

Após presenciar casos ainda piores de "abusos provenientes dos fuzileiros da força de reconhecimento em North Babel", Lagouranis não aguentou mais. Começou a escrever relatórios acerca dos abusos, documentando-os com fotos das feridas e declarações juramentadas dos presos, e, então, enviou todas essas informações através da cadeia de comando da Marinha. Como foram recebidas essas acusações? Assim como as reclamações de Chip Frederick feitas a seus superiores acerca das condições disfuncionais em Abu Ghraib, ninguém do comando da Marinha respondeu às reclamações desse interrogador.[55]

Lagouranis: "Ninguém apareceu para ver o que acontecia; ninguém veio conversar comigo sobre isso. Eu senti como se estivesse enviando relatórios de abusos para lugar nenhum. E ninguém estava investigando, ou não havia como investigá-los, ou não tinham desejo de fazê-lo". [Um silêncio oficial assim funciona como um boicote a qualquer discordância.]

É possível que uma razão para o fracasso das autoridades em responder aos apelos de ajuda desse jovem interrogador, e para aliviar o seu dever, seja a incerteza e o conflito que ocorrem nos níveis elevados da instituição. Havia desentendimentos sobre o quanto a "tortura" poderia entrar nos interrogatórios coercitivos.

A FBI confrontou-se com a CIA sobre o que considerou como formas equivocadas de lidar com suspeitos, especialmente os de "alto valor". Um relatório crítico das táticas da CIA pode ser encontrado em um memorando do FBI:

Para FBIHQ [Quartel-General do FBI]. Entrei em salas de entrevistas e encontrei um detento acorrentado pelas mãos e pelos pés em posição fetal deitado no chão, sem cadeira, água ou comida. Na maioria das vezes, eles haviam urinado ou defecado em si mesmos, e foram deixados ali por 18 a 24 horas, ou mais.

Um caso especial que mostra até que ponto chega uma equipe de interrogatório na Prisão de Guantánamo está nos documentos sobre o "prisioneiro 063". Seu nome era Mohammed al-Qahtani, o suposto "vigésimo sequestrador" dos ataques terroristas do 11 de Setembro. Ele foi atormentado de quase todas as maneiras que se possa imaginar. Foi obrigado a urinar em si mesmo, foi privado de sono e comida por dias a fio e aterrorizado por um feroz cão de ataque. Sua continuada resistência teve como resposta outros abusos. O prisioneiro 063 foi forçado a vestir um sutiã feminino, e uma calcinha foi colocada em sua cabeça. Os interrogadores zombaram dele, chamando-o de homossexual. Chegaram mesmo a amarrar-lhe uma coleira e o fizeram realizar truques de animais. Uma interrogadora montou sobre al-Qahtani, na esperança de excitá-lo sexualmente, e depois o castigaram por violar suas crenças religiosas. Repórteres investigativos da revista *Time* revelaram, de hora a hora, minuto a minuto, em detalhes vívidos, o livro de registros de al-Qahtani durante o interrogatório secreto de um mês de duração.[56] É uma mistura de táticas rudes e brutais, outras sofisticadas, assomadas a muitas que são simplesmente tolas e estúpidas. Qualquer detetive da polícia experiente poderia ter extraído mais desse prisioneiro em menos tempo e utilizando táticas menos imorais.

Sobre o conhecimento desse interrogatório, o consultor jurídico geral da Marinha Alberto Mora ficou escandalizado com o que considerou práticas ilegais, indignas de quaisquer Forças Armadas ou governos que as tolerem. Em uma eloquente declaração, que fornece a visão essencial da apreciação do que representa tolerar tais interrogatórios abusivos, Mora afirmou:

Se a crueldade não é mais declarada ilegal, mas é, em vez disso, aplicada como uma política pública, ela altera a relação fundamental do homem com o governo. Ela destrói a noção inteira de direitos individuais. A Constituição reconhece que o homem tem um direito intrínseco, não conferido pelo estado ou pelas leis, de dignidade pessoal, incluindo o direito de estar livre da crueldade. Ele se aplica a todos os seres humanos, não apenas nos Estados Unidos — mesmo àqueles considerados "combatentes inimigos ilegais". Ao abrir essa exceção, a Constituição inteira se desintegra. É uma questão transformadora.[57]

O que peço que considerem agora, caros leitores, em seu papel de júri, é a comparação de algumas dessas táticas planejadas com aquelas que presumidamente se originaram das supostas "mentes pervertidas" dos PMs do Pavilhão 1A, reveladas em suas fotos. Adicionadas às muitas fotos de detentos com calcinhas sobre as cabeças está a imagem terrível de Lynndie England arrastando um prisioneiro pelo chão com uma coleira em volta de seu pescoço. Parece agora razoável concluir que as calcinhas sobre a cabeça, a coleira, e o cenário desumanizador foram todos emprestados de práticas antigas da CIA, realizadas pelas equipes especiais de interrogatório de Gitmo, criadas pelo general Miller, e se tornaram táticas de interrogatório geralmente aceitas, e praticadas em todas as zonas de guerra. Mas é proibido fotografar!

Soldados de elite o fazem: a 82ª unidade aerotransportada quebra ossos e queima as fotos

A testemunha mais impressionante para meu caso contra toda a estrutura de comando talvez seja o capitão Ian Fishback, diplomado e condecorado por West Point, e capitão de uma unidade aerotransportada de elite em serviço no Iraque. Sua carta recente para o senador John McCain, reclamando dos abusos desenfreados sendo perpetrados contra os prisioneiros, começa assim:

> Sou formado por West Point, e estou servindo atualmente como capitão na Infantaria do Exército. Servi em dois turnos de combate com a 82ª Divisão Aerotransportada, no Afeganistão e no Iraque. Enquanto servi na Guerra Global contra o Terror, as ações e declarações de meus líderes levaram-me a acreditar que as políticas públicas dos Estados Unidos não exigem, no Afeganistão e no Iraque, a aplicação da Convenção de Genebra.

Durante uma série de entrevistas a *Human Rights Watch*, o capitão Fishback revelou em detalhes minuciosos as consequências perturbadoras da confusão dos limites legais impostos aos interrogadores. Seu relato é complementado por dois sargentos em sua unidade na Base de Operações Avançadas (FOB) em Camp Mercury, próximo à Fallujah.[58] (Embora mencionado no capítulo anterior, fornecerei aqui uma versão mais completa das revelações do capitão Fishback e de seu contexto.)

Em sua carta ao senador McCain, Fishback declarou que, além de espancar os rostos e os corpos dos prisioneiros antes do interrogatório, entornavam substâncias químicas ardentes nos rostos dos presos, acorrentavam-nos em posições que levavam ao colapso físico e os obrigavam a realizar exercícios que faziam com que perdessem a consciência. Eles até mesmo os empilhavam em pirâmides, à Abu Ghraib. Tais abusos ocorreram antes, durante e depois da irrupção do escândalo dos abusos em Abu Ghraib.

> Quando estávamos na FOB Mercury, tínhamos presos que eram empilhados em pirâmides, não nus, mas ainda assim eram empilhados em pirâmides. Tínhamos prisioneiros que eram forçados a realizar exercícios extremamente exaustivos por pelo menos duas horas seguidas. [...] Houve um caso em que atiraram água fria em um preso, e ele foi deixado ao relento durante a noite. [Como Lagouranis

relatou, eis novamente a tática de exposição às forças extremas da natureza.] Houve um caso em que um soldado apanhou um taco de beisebol e golpeou forte a perna de um detento. Tudo isso são coisas que estou ouvindo de meus sargentos.

Fishback testemunhou que os comandantes dirigiam e toleravam os abusos: "Diziam a mim: 'Esses sujeitos eram disparadores de IED [dispositivo explosivo improvisado] na semana passada.' Então, nós ferrávamos com eles. Ferrávamos feio com eles [...] mas é preciso entender, essa era a norma." (Lembrem-se de nossa discussão passada, sobre as *normas emergentes* em situações particulares em que algumas práticas novas rapidamente se tornam o padrão que precisa ser cumprido e ao qual é preciso adequar-se.)

Um dos sargentos de Fishback testemunhou: "Todo mundo no campo sabia que se você quisesse espairecer sua frustração, você dava as caras na tenda dos PUCs [os prisioneiros eram chamados de PUCs, 'pessoas sob controle']. De certa forma, era um esporte. Um dia [outro sargento] aparece e diz para um PUC agarrar uma vara. Ele disse para que se inclinasse, e quebrou sua perna com um taco de metal. Enquanto nenhum PUC aparecia morto, isso aconteceu. Ficamos com o taco para quebrar braços e pernas."

Espantosamente, Fishback relata que seus soldados também documentaram em fotos digitais os abusos contra os presos.

[Em FOB Mercury] disseram que tinham fotos semelhantes ao que aconteceu em Abu Ghraib, e por serem tão similares ao que aconteceu em Abu Ghraib, os soldados destruíram as imagens. Eles as queimaram. Eles [os soldados em Abu Ghraib] estavam tendo problemas com as mesmas coisas que nos disseram para fazer, e, portanto, destruímos as fotografias.

Por fim, o capitão Fishback começou uma campanha de 17 meses de duração denunciando suas preocupações e reclamações a seus superiores — com a mesma ausência de reação que o interrogador Anthony Lagouranis e o sargento Ivan Frederick receberam. Ele foi a público com sua carta para o senador McCain, que ajudou a fortalecer a oposição de McCain à suspensão da Convenção de Genebra pelo governo Bush.

Logicamente, a denúncia heroica de Fishback não o tornou benquisto entre seus superiores. Ele foi trazido de volta para casa, para Fort Bragg, na Carolina do Norte, e foi segregado ali para interrogatório pelas Forças Armadas. Contudo, ele não recuou à pressão, como pode ser inferido a partir do último trecho de sua carta para o senador McCain:

> Se abandonamos nossos ideais em face da adversidade e da agressão, é porque jamais os possuíramos de fato. Preferiria morrer lutando a abdicar da menor parte da ideia do que são os "Estados Unidos".

A dança erótica das "gatinhas da tortura" no confessionário de Gitmo

Nossa próxima testemunha revela um novo artifício de depravação que as Forças Armadas (provavelmente em parceria com a CIA) desenvolveram em sua prisão de Guantánamo. "O sexo foi usado como arma para criar uma ruptura entre o detento e sua fé islâmica", relatou Erik Saar, um intérprete militar trabalhando neste campo. Esse jovem soldado foi para a baía de Guantánamo repleto de fervor patriótico, acreditando que poderia ajudar na guerra contra o terrorismo. Contudo, ele logo percebeu que não estava ajudando em nada; que o que estava acontecendo lá era "um erro". Em uma entrevista para a rádio, no programa *Democracy Now*, de Goodman, em 4 de abril de 2005, Saar ofereceu detalhes ricos sobre as táticas sexuais usadas contra os presos, táticas que testemunhara em primeira mão. Ele desenvolveu nessa entrevista o que expôs em um livro, *Inside the Wire: A Military Intelligence Soldier's Eyewitness Account of Life at Guantanamo* (Do Lado de Dentro da Cerca: O Relato de um Soldado da Inteligência Militar sobre a Vida em Guantánamo).[59]

Durante os seis meses em que serviu no lugar, Saar, que é fluente em árabe, teve de traduzir para o preso o que o interrogador oficial perguntava e dizia, e, então, repetir em inglês as respostas dos presos para o interrogador. Ele exercia um papel semelhante ao de Cyrano de Bergerac, exigindo que usasse as palavras precisas para transmitir um ao outro o sentido exato das intenções do interrogador e do prisioneiro. O novo truque envolvia o uso de uma sedutora interrogadora. Saar relatou: "a interrogadora incitava sexualmente os presos para fazê-los se sentirem sujos. [...] Ela esfregava os seios em suas costas, falava sobre as partes de seu corpo. [...] O preso ficava espantado e enfurecido."

Saar largou o seu posto porque se convenceu de que tal estratégia de interrogatório "era totalmente ineficaz e divergente dos valores de nossa democracia".[60] A colunista do *The New York Times* Maureen Dow cunhou de "Gatinhas da Tortura" as interrogadoras de Gitmo que faziam uso da sedução para obter informações e confissões.[61] Passemos para o "lado de dentro da cerca", para detalhes mais completos de como eram esses interrogatórios.

Saar relata um encontro particularmente dramático, e que poderia ser classificado sob a rubrica militar "Invasão de Espaço por Mulher". A vítima era um saudita "muito valioso" de 21 anos, que passava a maior parte de seu tempo rezando em sua cela. Antes que o procedimento começasse, a interrogadora "Brooke" e Saar eram "esterilizados", tendo seus nomes em seus uniformes encobertos para preservarem o anonimato. Então, Brooke disse: "O detento com quem iremos conversar é um desgraçado, e precisaremos modificar as coisas um pouco", porque, como deixou claro, "estou começando a sofrer o diabo lá em cima porque ele não está falando. Precisamos tentar algo novo esta noite". Acreditava-se que esse detento saudita tomara aulas de voo com os sequestradores do 11 de Setembro, e, por isso, era muito valioso. Saar percebeu "que quando os interrogadores militares questionavam um detento que não cooperava, eles muito rapidamente desejavam 'esquentar as coisas': gritar, entrar em confronto, representar o tira malvado, esquecer a construção de vínculo".

A interrogadora Brooke prosseguiu: "Preciso apenas que ele sinta que necessite mesmo cooperar comigo e não tem outras opções. Acho que deveríamos fazê-lo se sentir tão sujo que não poderia voltar para sua cela e passar o resto da noite rezando. Precisamos colocar uma barreira entre ele e seu Deus."[62] Quando o prisioneiro não respondeu a suas perguntas, a interrogadora decidiu esquentar as coisas.

"Para a minha surpresa", exclamou Saar, "ela começou a desabotoar lentamente a sua blusa, de modo provocador, quase como uma *stripper*, revelando uma camiseta marrom do Exército colada contra seus seios. [...] Ela caminhou lentamente por detrás dele, e começou a esfregar seus seios contra suas costas". Ela provocou o preso: "Você gosta destes grandes peitos norte-americanos, Fareek? Estou vendo que você está começando a ficar duro. O que acha que Alá pensa disso?" Ela, então, o rodeou e se sentou em sua frente, e colocando as mãos sobre os seios, provocou o preso com "Você não gosta destes peitões?". Quando o preso desviou o olhar, voltando-se para Saar, ela desafiou sua masculinidade: "Você é gay? Por que fica olhando para ele? [...] Ele pensa que eu tenho seios lindos. E você?" (Saar aquiesce).

O prisioneiro resiste, cuspindo nela. Inabalável, a interrogadora avança ainda mais. Enquanto desabotoa suas calças, pergunta ao prisioneiro:

"Fareek, você sabia que estou menstruada? [...] O que acha de eu o tocar agora mesmo?" [Quando ela retirou sua mão da calcinha, parecia que ela estava coberta com seu sangue. Ela lhe perguntou mais uma vez quem lhe pedira que aprendesse a voar, quem o enviara para a escola de voo.] "Seu merda", disse rispidamente, passando o que parecia sangue menstrual em seu rosto. [...] "O que acha que seus irmãos vão pensar quando, de manhã, virem sangue menstrual de uma mulher norte-americana em seu rosto?" Disse então, levantando-se: "A propósito, nós fechamos a água de sua cela esta noite, e, portanto, esse sangue ainda estará aí amanhã", lançou, enquanto saíamos da barraca. [...] Ela fez o que achou melhor para conseguir as informações que seus chefes estavam pedindo. [...] Que diabos eu havia acabado de fazer? Que diabos estávamos fazendo naquele lugar?

Sim, de fato era uma pergunta muito boa. Contudo, não havia nunca uma resposta clara para Saar ou para qualquer outro.

Outras revelações sobre os crimes e más condutas em Gitmo

Erik Saar revela uma série de outras práticas fraudulentas, antiéticas e ilegais. Ele e outros das equipes de interrogatório tinham ordens estritas de nunca falar com observadores da Cruz Vermelha Internacional. Ele recebeu ordens de ficar longe deles. Sobre os "detentos-fantasmas", ele diz, "havia um bando deles, não fazemos ideia de como e por que vieram a Gitmo. Não havia provas de suas culpabilidades. Muitos estavam deprimidos". Relatou ainda: "Também havia crianças em Gitmo, mantidas fora do central Camp Delta. Não tinham valia para interrogatório, mas eram mantidas ali por um longo tempo." Ninguém jamais relatou acerca de crianças prisioneiras em Gitmo, levadas para lá do Iraque e do Afeganistão.

"Falsos arranjos" eram providenciados quando havia dignitários visitantes agendados para vistoriar e observar um interrogatório "típico". Um ambiente fictício era montado para parecer que a cena era real e comum. Lembrava muito o modelo do campo para judeus criado pelos nazistas em seu campo de concentração de Teresienstadt, na Tchecoslováquia, onde fizeram os observadores da Cruz Vermelha Internacional e outros acreditarem que os reclusos estavam todos felizes com seu remanejamento. Erik Saar descreve que tudo era esterilizado dentro do arranjo "aprovado":

> Uma das coisas que aprendi quando me juntei à equipe de inteligência foi que quando ocorria uma visita VIP, significando que poderia ser um general ou um funcionário de um alto escalão do governo, uma das agências de inteligência, talvez, ou mesmo uma delegação do Congresso, havia um esforço conjunto para explicar aos interrogadores que deveriam encontrar um detento que cooperara anteriormente, e colocá-lo na tenda de interrogatório no momento em que o VIP estivesse fazendo sua visita e sentando-se na sala de observação. Em essência, deveriam encontrar alguém que tem colaborado, com o qual fossem capazes de se sentar a uma mesa e ter uma conversa normal, alguém que no passado já tivesse fornecido inteligência adequada, e, então, teriam de reencenar o interrogatório para o VIP visitante.
>
> Em linhas gerais, como profissional da inteligência, isso era insultante. E para ser honesto com você, não creio que era o único a sentir isso, porque para a comunidade da inteligência, toda a sua existência está voltada para fornecer aos criadores de políticas públicas informações corretas para que eles tomem as decisões corretas. Sim, essa é a razão de ser da comunidade da inteligência, simplesmente fornecer informações corretas. E esse conceito, de criar esse mundo fictício em Gitmo, que pareceria uma coisa àqueles que o estivessem visitando, quando na realidade se tratava de algo muito diferente, era algo que minava tudo o que, como profissionais, tentávamos fazer no serviço de inteligência.

Os supervisores podiam observar qualquer interrogatório por um espelho escuro em uma outra sala, mas, segundo Saar, "raramente o faziam". Sessões importantes com detentos muito valiosos deveriam ser filmadas com câmeras ocultas. Se o tivessem feito, os oficiais superiores poderiam ficar tão irritados quanto esse intérprete ficou com tais táticas sexuais perversas, e poriam um fim nisso. Mas não foi o que ocorreu, afirma Saar:

> Havia câmeras nas barracas, mas as sessões não eram gravadas; o general [Geoffrey] Miller achou que filmar só poderia causar problemas legais. O vídeo sim-

plesmente projetava o interrogatório em uma tela na sala de observação. Para a imensa maioria das sessões, os únicos que sabiam o que ocorria na barraca eram o interrogador, o linguista e o detento.

"Terceirizando" a tortura

Evidências adicionais da disseminada tortura velada como meio de forçar a extração de informações de suspeitos resistentes são reveladas em programas secretos da CIA, que levava prisioneiros para países estrangeiros que concordavam em realizar serviços sujos para os Estados Unidos. Em uma política conhecida como "entregas", ou "entregas extraordinárias", dúzias, talvez centenas de "terroristas de alto valor" (HVTs) eram levados para uma série de países estrangeiros, frequentemente em jatos corporativos concedidos pela CIA.[63] O presidente Bush aparentemente autorizou que os detentos sob custódia da CIA "desaparecessem" ou "fossem entregues" a países onde o uso da tortura é bem conhecido (e documentado pela Anistia Internacional).[64] Tais prisioneiros eram mantidos incomunicáveis por longos períodos em centros secretos de detenção, em "locais não revelados". Em "entregas inversas", as autoridades estrangeiras prendiam "suspeitos" em ambientes que não os de combate ou de batalha, e os transferiam para sua custódia, normalmente para a Prisão da Baía de Guantánamo, sem as proteções legais básicas concedidas pela legislação internacional.

O presidente do Centro de Direitos Constitucionais, Michael Ratner, afirmou acerca deste programa:

> Eu chamo isso de terceirizar a tortura. O que isso significa é que na chamada guerra contra o terror, a CIA apanha pessoas em qualquer lugar do mundo, e se ela não quer se envolver diretamente na tortura, ou no interrogatório, seja lá o termo que quiser utilizar, ela as enviará para outro país com o qual nossos serviços de inteligência possuem uma relação íntima. Pode ser o Egito, pode ser a Jordânia.[65]

Um agente da CIA do alto escalão encarregado do programa de entrega era Michael Scheuer. Ele fala diretamente:

> Levamos pessoas para os países de suas origens no Oriente Médio, caso estes países tivessem um processo legal em andamento contra eles, e estavam dispostos a rece-

bê-los. Tal pessoa seria tratada de acordo com as leis daquele país, não com as leis dos Estados Unidos, mas com as leis do Marrocos, Egito, Jordânia, escolha você.[66]

Obviamente, as táticas de interrogatório usadas nesses países incluiriam técnicas de tortura sobre as quais a CIA não desejava falar, contanto que houvesse informações úteis surgindo delas. É difícil, contudo, em nossa era de alta tecnologia, manter esse programa escondido por muito tempo. Alguns dos aliados dos Estados Unidos foram examinados e detectaram ao menos trinta voos suspeitos de estarem envolvidos com a CIA no programa de terceirização da tortura. A investigação revelou que os suspeitos-chave eram transportados para complexos da era soviética na Europa oriental.[67]

A partir de meu julgamento, tais programas de terceirização da tortura não indicam que a CIA e os agentes da inteligência militar estavam relutantes em torturar os prisioneiros, mas que acreditavam que os agentes naqueles países sabiam como fazê-lo melhor. Eles haviam aperfeiçoado a prática do interrogatório abusivo por mais tempo do que os norte-americanos. Esbocei aqui apenas uma pequena amostra dos abusos muito mais prolongados a todo tipo de detentos em prisões militares norte-americanas, de modo a refutar a asserção do governo de que tais abusos e torturas não eram "sistemáticos".

Necropsias e atestados de óbito de detentos mantidos em instalações no Iraque e no Afeganistão revelam que quase metade das 44 mortes relatadas ocorreu durante ou depois de interrogatórios feitos por fuzileiros navais, pela inteligência militar ou pela CIA. Esses homicídios resultaram de técnicas abusivas de interrogatório, tais como encapuzar, engasgar, estrangular, espancar com objetos não cortantes, afogar, privar de sono, e manipulação de temperaturas extremas. O diretor executivo da ACLU, Anthony Romero, deixou claro que "não há dúvidas de que os interrogatórios resultaram em mortes. Oficiais de alta patente que sabiam sobre a tortura cruzaram os braços, e aqueles que criaram e endossaram tais políticas devem ser responsabilizados".[68]

ATINGINDO O TOPO:
RESPONSABILIZANDO DICK CHENEY E GEORGE W. BUSH

Como se tornou cada vez mais evidente nos meses depois que as fotos [de Abu Ghraib] foram a público, esse padrão de abusos não resultou de atos de soldados isolados que quebraram as regras. Resultou de decisões, tomadas pelo governo Bush de deturpar, ignorar e descartar essas regras. As políticas do governo criaram o clima de Abu Ghraib, e o clima para abusos contra detentos em todo o mundo, e de diversas maneiras.

Essa concisa declaração da *Human Rights Watch*, em seu relatório "Estados Unidos: Eximindo-se da Tortura?" dirige nossa atenção para o cume da longa cadeia de comando, rumo ao vice-presidente Dick Cheney e ao presidente George W. Bush.

A Guerra ao Terror enquadrou a mudança de paradigma da tortura

Na esteira das falhas presidenciais anteriores — em sua "Guerra Contra os Substantivos" — contra a Pobreza e as Drogas — o governo Bush declarou uma "Guerra ao Terror" após os ataques de 11 de setembro de 2001. A premissa central dessa nova guerra reza que o terrorismo é a ameaça principal à "segurança nacional" e à "pátria-mãe", e deve ser combatido de todas as maneiras possíveis. Esse fundamento ideológico tem sido utilizado por praticamente todas as nações como um mecanismo para obter apoio popular e militar para a agressão, assim como para a repressão. Foi utilizado livremente por ditaduras da direita no Brasil, Grécia, e em muitas outras nações durante as décadas de 1960 e 1970 para justificar a tortura e as execuções dos esquadrões da morte, de cidadãos enquadrados como "inimigos do estado".[69] A democracia cristã de direita na Itália utilizou a "estratégia de tensão" ao final da década de 1970, para exagerar o medo do terrorismo das Brigadas Vermelhas (comunistas radicais) como meio de controle político. Logicamente, o exemplo clássico é o da rotulação, da parte de Hitler, dos judeus como os provocadores do colapso econômico dos anos 1930. Eles eram a ameaça interna que justificou um programa de extermínio para a conquista, e exigiu o extermínio tanto na Alemanha quanto nos países ocupados pelos nazistas.

O medo é a arma psicológica de escolha do Estado para amedrontar os cidadãos, para que sacrifiquem suas liberdades básicas e proteções aos preceitos da lei em troca da segurança prometida por seu governo todo-poderoso. O medo é o eixo de apoio que obteve a adesão da maioria do público dos EUA e do Congresso, primeiro para uma guerra preventiva contra o Iraque, e, depois, para a manutenção absurda de uma série de políticas do governo Bush. Em primeiro lugar, o medo se disseminou do modo como o fez Orson Welles, prevendo um ataque nuclear aos Estados Unidos e seus aliados, proveniente das "armas de destruição em massa" do arsenal de Saddam Hussein. Por exemplo: na noite do voto no Congresso da resolução sobre a Guerra do Iraque, o presidente Bush disse à nação e ao Congresso que o Iraque era uma "nação maligna" que ameaçava a segurança dos Estados Unidos. "Sabendo desses fatos", salientou Bush, "os norte-americanos não podem ignorar a ameaça que se aglutina contra nós. Ao nos defrontarmos com a clara evidência do perigo, não podemos esperar pela prova final — a evidência incontestável — que viria como uma nuvem na forma de um cogumelo."[70] Tal nuvem foi espalhada em todos os Estados Unidos, não por Saddam, mas pela equipe de Bush.

Ao longo dos anos seguintes, discurso após discurso, todos os membros-chave do governo Bush ecoaram esse alerta medonho. Um relatório foi preparado pela Divisão de Investigações Especiais pelo representante do Comitê de Reforma Governamental Henry A. Waxman, sobre as declarações públicas do governo Bush sobre o Iraque. Ele partiu de uma base de dados pública de todas as declarações feitas nesse molde, por Bush, Cheney, Rumsfeld, o secretário de Estado Colin Powell, e a conselheira de Segurança Nacional Condoleezza Rice. Segundo o relatório, esses cinco oficiais fizeram 237 declarações específicas, "falsas e ilusórias", sobre a ameaça iraquiana em 125 aparições públicas, uma média de cerca de 50 para cada discípulo. No mês de setembro de 2002, o primeiro aniversário dos ataques do 11 de Setembro, registra-se que a administração Bush fez cerca de 50 declarações enganadoras e fraudulentas ao público.[71]

Em sua análise investigativa, Ron Suskind, autor premiado com o Pulitzer, rastreia grande parte da perspectiva do governo Bush da guerra contra o terror a partir da declaração de Cheney. Logo após o 11 de Setembro Cheney o definiu: "Se há uma chance de 1% de que cientistas paquistaneses estejam ajudando a al-Qaeda a construir ou desenvolver uma arma nuclear, temos de tratar isso como uma certeza, no que diz respeito a nossa resposta. Isso não se refere a nossa análise... mas a nossa resposta." Suskind escreve em seu livro *The One Percent Doctrine* (A doutrina do um por cento): "Dito isso, a afirmação ficou: o padrão de ação que iria modelar os acontecimentos e respostas do governo pelos anos seguintes." Ele prossegue afirmando que, infelizmente, o vasto governo federal não opera de modo eficiente ou eficaz sob as novas formas de tensão, tais como essa guerra ao terror, e sob a dissonância cognitiva de insurgência e rebelião inesperadas dos prisioneiros. "Há impulsos protetores, cronogramas contraditórios, regras para quem faz o quê, e quem representa as ações para cidadãos, o soberano, os chefes; ele realiza grande coisas, sim, mas é frequentemente definido por suas disfunções. E isso significa que mente e dissimula, esconde o que pode, e às vezes no sentido contrário à autopreservação, porque sem sua confiança [dos cidadãos], não passa do filme *Como Enlouquecer seu chefe (Office Space)*."[72]

Um outro método de disseminar o medo pode ser visto na politização do sistema de alerta de ameaça de terrorismo (os códigos por cor), feito pelo Departamento de Segurança Interna do governo Bush. Acredito que, inicialmente, sua intenção era servir, assim como os alertas para desastres, para mobilizar cidadãos a se prepararem para uma ameaça. Contudo, ao longo do tempo, os 11 alertas vagos jamais trouxeram conselhos realistas para a ação dos cidadãos. Alertadas de um ciclone, as pessoas são instruídas a evacuarem; alertadas de um tornado, sabemos que precisamos recolher-nos a um abrigo subterrâneo; mas, avisados de que um ataque terrorista virá em algum momento, em algum lugar, somos instruídos apenas a "ficar mais alertas", e, logicamente, a prosseguirmos com nossos negócios, como de hábito. Jamais houve algum tipo de explanação pública ou prestação de contas quando cada uma dessas muitas ameaças deixou de se materializar, apesar de suas supostas "fontes confiáveis". A mobilização de forças nacionais para cada elevação de nível de ameaça custa ao menos 1 bilhão de dólares por mês, e cria tensão e angústia desnecessárias na população. Ao final, transmitir os níveis de ameaça pelos códigos de cor era menos um sistema de alerta válido do que uma maneira onerosa encontrada pelo governo de garantir e sustentar o temor da nação pelos terroristas — na ausência de qualquer ataque.

O autor existencialista francês Albert Camus ressaltou que o medo é um método; o terror produz medo, e o medo faz com que as pessoas parem de pensar racionalmente. Faz as pessoas pensarem em abstrações acerca do inimigo, os terroristas, os rebeldes que nos ameaçam, e que precisam, dessa forma, ser destruídos. Assim que começamos a pensar nas pessoas como uma classe de entidades, como abstrações, elas se convertem nas "faces do inimigo", e os impulsos primitivos de matar e torturar vêm à tona até mesmo entre as pessoas mais pacíficas.[73]

É conhecida publicamente a minha crítica desses "alarmes-fantasmas" como não funcionais e perigosos, mas há evidências de que o aumento dos votos a Bush esteja intimamente relacionado com a irrupção desses alertas.[74] A questão aqui é que, ao estimular e sustentar o medo de um inimigo próximo, a administração Bush foi capaz de situar o presidente como o todo-poderoso comandante supremo de uma nação em guerra.

Ao se intitular de "comandante supremo" e ao expandir vastamente os poderes conferidos a ele pelo Congresso, o presidente Bush e seus conselheiros passaram a acreditar que estavam acima da lei nacional e internacional e que, portanto, quaisquer de suas políticas eram legais simplesmente asseverando-as em um novo molde de interpretação oficial legal. As sementes das flores do mal que floresceram nas negras masmorras de Abu Ghraib foram plantadas pela administração Bush no enquadramento da triangulação: ameaças à segurança nacional, medo e vulnerabilidade do cidadão, e interrogatório/tortura para vencer a guerra ao terror.

O vice-presidente Dick Cheney como "O Vice-Presidente da Tortura"

Um editorial do *Washington Post* chamou Dick Cheney de "Vice-Presidente da Tortura", em decorrência de seus esforços de derrotar, e, finalmente, modificar a emenda da autorização do orçamento do Departamento de Defesa.[75] Esta emenda exigia o tratamento humano aos prisioneiros que estavam sob custódia militar norte-americana. Cheney fez um incansável lobby para conseguir uma exceção para a lei que permitia à CIA utilizar todos os meios necessários para extrair informações de seus suspeitos. Cheney argumentou que tal projeto de lei ataria as mãos dos agentes da CIA, e os exporia a possíveis denúncias legais por seus esforços na guerra global contra o terror. (E vimos uma pequena prova de quão brutais e letais esses esforços podem ser.)

A legislação proposta pelo senador John McCain, um ex-prisioneiro de guerra no Vietnã, ele mesmo uma vítima dos horrores da tortura, bane o uso do tratamento cruel, desumano e degradante por qualquer agência do governo. Ela também exige que todos os interrogatórios militares se ajustem ao Manual de Campo do Exército para Interrogatório de Inteligência (FM 34-52). O projeto de lei não apenas foi aprovado por 90 contra 9 votos no Senado, como foi fortemente endossado em uma carta pessoal a McCain por mais de uma dúzia de altos comandantes das Forças Armadas: dos fuzileiros navais, do Exército e da Marinha. Eles afirmaram que o manual de campo do Exército é o "padrão-ouro", testado e aprovado, que deveria ser seguido à risca.

Como uma nota de acréscimo, esses generais e almirantes acreditam que "quando agências que não o Departamento de Defesa prendem e interrogam prisioneiros, não deveria haver brechas legais que permitissem um tratamento cruel e degradante".[76]

McCain toma uma perspectiva mais ampla sobre a tortura e a necessidade de endireitar o compasso moral dos Estados Unidos. Em um ensaio para a revista *Newsweek*, sobre "A verdade acerca da tortura" (*The Truth About Torture*), McCain sustentou que:

> Essa é uma guerra de ideias, uma luta para aprimorar a liberdade em face do terror, em lugares onde as regras opressivas geraram a malevolência que criou os terroristas. Os abusos contra prisioneiros custam-nos um preço terrível nessa guerra de ideias. Eles inevitavelmente se tornam públicos, e quando o fazem, ameaçam nossa postura moral. [...] Os maus-tratos aos prisioneiros nos ferem mais do que a nossos inimigos.[77]

É improvável que a aprovação dessa legislação ofusque o apoio passional de Cheney ao uso de todos os meios à disposição da CIA para extrair confissões e informações de suspeitos de terrorismo mantidos em sigilo. Isso deverá acontecer quando considerarmos a aderência constante às crenças que ele expressou logo após os ataques do 11 de Setembro. Em uma entrevista televisionada para a *Meet the Press*, da NBC, Cheney fez uma declaração notável:

> Teremos de trabalhar, entretanto, em uma espécie de lado negro, se me permite a expressão. Precisaremos passar um tempo nas sombras do mundo da inteligência. Muito do que precisa ser feito aqui terá de ser feito silenciosamente, sem qualquer discussão, utilizando as fontes e métodos que estão disponíveis para as nossas agências de inteligência, se quisermos vencer. Esse é o mundo onde essas pessoas operam, e, portanto, será vital que utilizemos, basicamente, todos os meios à nossa disposição para atingir nosso objetivo.[78]

Em uma entrevista para a NPR, o ex-chefe do Estado-Maior, em defesa do ministro de Estado Colin Powell, o coronel Lawrence Wilkerson, acusou a equipe de neoconservadores de Cheney-Bush de aprovarem diretrizes que levaram ao abuso contra prisioneiros por soldados no Iraque e no Afeganistão Wilkerson esboçou o caminho tomado por tais diretrizes:

> Estava claro para mim que havia um rastro de auditoria visível do escritório do vice-presidente [Cheney], passando pelo secretário de Defesa [Rumsfeld], e descendo para os comandantes em campo, que formularam cuidadosamente os termos — o que para um soldado significa duas coisas: não estamos obtendo inteligência suficiente, e é preciso conseguir provas — e, ah, a propósito, eis algumas formas para consegui-las.

Wilkerson também se referiu a David Addington, conselheiro de Cheney, como "um leal defensor da permissão para o presidente, exercendo sua capacidade de chefe supremo, de distorcer a Convenção de Genebra".[79] Isso nos leva diretamente ao pináculo do poder.

O presidente George W. Bush como "Comandante Supremo da Guerra"

Como comandante encarregado de uma guerra ilimitada ao terrorismo global, o presidente George W. Bush confiou em uma equipe de conselheiros legais para estabelecer uma base legítima para uma guerra preventiva de agressão contra o Iraque, para redefinir a tortura, para criar novas leis de combate, para restringir as liberdades individuais por meio do chamado Ato PATRIÓTICO (*Patriot Act*) e autorizar a espionagem legal, a escuta telefônica, e a varredura de ligações de cidadãos norte-americanos. Como de costume, tudo isso é feito em nome da conservação da sagrada segurança nacional da pátria-mãe na guerra global contra você-sabe-o-quê. A equipe de conselheiros legais de Bush consistia em: Alberto R. Gonzalez, conselheiro do presidente (subsequentemente promovido a procurador-geral da Justiça dos Estados Unidos); John Yoo, vice-assistente do procurador-geral, e Jay S. Bybee, assistente do procurador-geral (ambos do Departamento de Justiça); procurador-geral John Ashcroft; e William H. Taft IV, conselheiro legal do Ministério do Exterior dos Estados Unidos.

Alberto Gonzales ofereceu o seguinte juízo legal ao presidente (memorando de 25 de janeiro de 2002): "A natureza dessa nova guerra implica uma grande melhoria em outros fatores, tais como a habilidade de obter rapidamente uma informação [...] Em meu julgamento, esse novo paradigma torna obsoletas as limitações estritas de Genebra sobre a inquirição de prisioneiros inimigos".

Os memorandos da tortura

Em 1º de agosto de 2002, um memorando do Departamento de Justiça, mencionado na imprensa como o "Memorando da Tortura", definiu estritamente "tortura", não em termos de o que a constitui, mas apenas em termos de suas consequências mais extremas. Ele sustentou que a dor física precisa ser "equivalente em intensidade à dor que acompanha ferimentos físicos sérios, tais como disfunção de um órgão, deficiência de função corporal, ou até mesmo a morte". Na esteira desse memorando, para processar qualquer um acusado de crimes de tortura, é necessário que haja uma "intenção específica" do acusado de causar "dor e sofrimento agudo, físico ou mental". A "tortura mental" foi estritamente definida para incluir apenas atos que resultariam em "dano psicológico significativo por uma duração de tempo significativa, como, por exemplo, durante meses ou anos".

O memorando prosseguiu afirmando que a ratificação anterior do estatuto antitortura de 1994 poderia ser considerada inconstitucional porque interferiria no poder do presidente como comandante supremo. Outras diretrizes dos advogados do Departamento de Justiça deram ao presidente o poder de reinterpretar a Convenção de Genebra para servir às intenções do governo na guerra ao terror. Combatentes capturados no Afeganistão, soldados talibãs, suspeitos de integrar a al-Qaeda, revoltosos, e todos os detidos e sob custódia não poderiam ser considerados prisioneiros de guerra, e, portanto, não obteriam quaisquer proteções legais a que tem direito um prisioneiro de guerra. Como "inimigos não combatentes", seriam detidos indefinidamente em qualquer instalação no mundo, sem advogado ou acusações específicas contra eles. Além disso, o presidente aparentemente aprovou o programa da CIA de "fazer desaparecer" os terroristas muito valiosos.

Ainda que circunstancial, a prova é convincente. Em seu livro *State of War: The Secret History of the CIA and the Bush Administration* (Estado de guerra: a história secreta da CIA e da administração Bush), por exemplo, James Risen conclui que há "um acordo secreto entre os altos funcionários administrativos para blindar Bush e conceder-lhe isenção", em relação ao envolvimento da CIA nas novas táticas radicais de interrogatório.[80]

Uma descrição menos generosa do relacionamento entre o presidente Bush e sua equipe de conselheiros legais advém do professor de direito Anthony Lewis, após um exame completo de todos os memorandos disponíveis:

> Os memorandos se assemelham aos conselhos de um advogado da máfia para seu chefe acerca de como contornar a lei e se manter fora da prisão. Evitar um processo legal é literalmente um tema dos memorandos. [...] Outro tema, ainda mais profundamente perturbador, é que o presidente pode ordenar a tortura de presos mesmo que isso seja proibido pelo Estatuto Federal e pela Convenção Internacional Contra a Tortura, da qual os Estados Unidos fazem parte.[81]

Os leitores estão convidados a ler todo o material relevante que esbocei aqui (os relatórios investigativos, o relatório da ICRC, e outros), assim como todos os 28 "memorandos da tortura" dos conselheiros legais do presidente Bush, Rumsfeld, Powell, Bush, e outros que abriram o caminho para a legitimação da tortura no Afeganistão, Guantánamo e Iraque. Em um notável livro de 1.249 páginas, *The Torture Papers: The Road to Abu Ghraib* (Os documentos da tortura: a estrada para Abu Ghraib), editado por Karen Greenberg e Joshua Dratel, o rastro completo de documentos e memorandos é apresentado, expondo a perversão das perícias legais dos advogados do governo.[82] Ele nos fornece uma análise sobre como tais "perícias que tanto fizeram para proteger os norte-americanos no mais legalizado dos países — podem ser pervertidas na causa do mal".[83] Os editores concluem sem titubear a importância que esses documentos devem ter para que os cidadãos compreendam os motivos e intenções de seus líderes eleitos e outras autoridades do governo:

> Enquanto a famosa estrada para o inferno está pavimentada de boas intenções, os memorandos internos do governo reunidos nessa publicação demonstram que o caminho para o purgatório que é a baía de Guantánamo ou Abu Ghraib foi definitivamente pavimentado com más intenções. As políticas que resultaram em abusos desenfreados contra detentos, primeiramente no Afeganistão, depois na baía de Guantánamo, e, em seguida, no Iraque, foram o produto de três propósitos perniciosos elaborados para facilitar a detenção unilateral e irrestrita, o interrogatório, o abuso, o julgamento e a punição dos prisioneiros: (1) o desejo

de excluir os detentos do alcance de qualquer tribunal ou lei; o desejo de abolir a Convenção de Genebra com respeito ao tratamento de pessoas capturadas no contexto de conflitos armados; e (3) o desejo de absolver aqueles que implementam tais políticas de qualquer responsabilidade por crimes de guerra sob a legislação internacional e dos Estados Unidos.

Certamente, qualquer alegação de boa-fé — de que aqueles que formularam as políticas estavam apenas equivocados, na busca de segurança em face do que é certamente uma ameaça terrorista genuína — é desmentida pela mais que tacitamente conhecida ilegalidade de seu propósito [...] A mensagem passada por estes memorandos é indubitável: os criadores de tais políticas não gostam de nosso sistema de justiça, com suas limitações e inspeções, direitos e restrições, ao qual juraram seguir. Esta antipatia e desconfiança perante nossos sistemas de justiça militar e civil são positivamente não-americanas.[84]

O professor de direito Jordan Paust (ex-capitão, promotor de justiça chefe das tropas do exército dos Estados Unidos) escreveu acerca dos conselheiros legais de George W. Bush, que prepararam tais justificativas para tortura contra detentos: "Somente na era nazista tantos advogados estiveram claramente envolvidos em crimes internacionais concernentes ao interrogatório de pessoas detidas durante a guerra."

Encabeçando a lista de conselheiros está o procurador-geral da Justiça Alberto Gonzales, que ajudou a desenvolver um memorando legal que reinterpretou a "tortura" como mencionado acima. Somente após a revelação das fotos de Abu Ghraib, Gonzales e o presidente Bush repudiaram esse memorando que oferecia a concepção mais radical de tortura. A dedicação de Gonzales em expandir os poderes presidenciais no interior da estrutura de guerra ao terror foi comparada àquele do influente advogado nazista Carl Schmitt. As ideias de Schmitt sobre liberar o poder executivo das restrições legais em tempos de emergência ajudaram a suspender a constituição alemã, e deram a Hitler um poder total. O biógrafo de Gonzales apontou que ele era um homem afável, que passava por um "homem comum" sem tendências sádicas ou psicopatas.[85] Contudo, em seu papel institucional, os memorandos legais de Gonzales foram responsáveis pela suspensão das liberdades civis e por interrogatórios brutais de suspeitos de terrorismo, ao infringir a legislação internacional.[86]

Os interrogatórios em Gitmo sofrem oposição da Força-Tarefa de Investigação Criminal do Departamento de Defesa

Segundo um relatório recente da MSNBC, líderes da Força-Tarefa de Investigação Criminal do Departamento de Defesa afirmaram ter alertado sistematicamente altos funcionários do Pentágono (desde o começo de 2002, e ao longo dos anos seguintes) que as severas técnicas de interrogatório utilizadas por uma equipe de inteligência separada não produziria informações confiáveis, poderia consistir em crime de guerra e constrangeria a nação quando viessem a público. As preocupações e conselhos desses experientes investigadores criminais eram amplamente ignorados por todos os da cadeia de comando que dirigiam os interrogatórios em Gitmo e em Abu Ghraib, em prol das formas intensas e coercitivas de interrogatório. Alberto J. Mora, ex-consultor jurídico geral da Marinha, confessou abertamente apoiar os membros dessa força-tarefa: "O que me deixa intensamente orgulhoso nesses indivíduos é aquilo que afirmaram: 'Não faremos parte disso, mesmo que sejamos obrigados'. São heróis, não há outra maneira de descrevê-los. Eles demonstraram uma enorme coragem e integridade pessoal ao defenderem os valores norte-americanos e o sistema pelo qual todos vivemos". Por fim, tais investigadores não conseguiram deter estes abusos, mas apenas desacelerá-los, fazendo com que o secretário de Defesa Rumsfeld retirasse algumas das técnicas mais cruéis de interrogatório.[87]

Obsessões com a guerra ao terror

Podemos ver que a obsessão de Bush com a guerra ao terror impulsionou-o pelo perigoso caminho disposto no pronunciamento tardio do senador Barry Goldwater: "O extremismo em defesa da liberdade não é um vício [...] a moderação em busca da justiça não é uma virtude." De acordo, o presidente Bush autorizou a vigilância doméstica dos cidadãos norte-americanos pela Agência de Segurança Nacional (NSA) sem mandados judiciais. No que equivale a uma ampla operação de extração de dados, um enorme volume de tráfego de telefone e internet tem sido reunido pela NSA e enviado ao FBI para análise — na verdade, sobrecarregando sua capacidade de processamento efetivo desse tipo de informação.[88]

Tal vigilância requer o "acesso pela porta dos fundos" das maiores redes de telecomunicações do solo norte-americano, o direcionamento de chamadas internacionais e a cooperação secreta das maiores companhias de telecomunicações, de acordo com um dossiê detalhado da *New York Times*, de janeiro de 2006.[89] A matéria do *Times* revelou os excessos inerentes ao investir tanto poder ao presidente sem as restrições e inspeções legais ou do Congresso. Comparou-se o caso do sentimento de Bush de estar acima da lei com o do presidente Richard Nixon, que "soltou os cães da vigilância doméstica nos anos 1970", e o defendeu com sua declaração: "Quando é o presidente que faz, não é ilegal."[90] Bush afirma a mesma coisa com o mesmo sentimento de impunidade.

Este sentimento de estar acima da lei é visto também no uso sem precedentes das "declarações assinadas". No processo de aprovação, quando uma lei passa pelo congresso, o presidente afirma sua prerrogativa de *não* seguir a lei que acabou de assinar. O presidente Bush utilizou essa tática mais do que qualquer outro presidente na história dos EUA, mais de 750 vezes, para desobedecer estatutos passados aprovados pelo Congresso quando entram em conflito com sua interpretação da Constituição. Isto incluiu colocar sua restrição pessoal à emenda de McCain contra a tortura.[91]

Contudo, a afirmativa do presidente Bush do poder executivo foi contestada em uma recente decisão da Suprema Corte que limita sua autoridade. Ela repudiou os planos da administração Bush de levar os detentos de Guantánamo a julgamento em tribunais militares, porque não são autorizados pelo estatuto federal, e violaram a legislação internacional. De acordo com o *The New York Times*, "A decisão marcou o maior empecilho até agora para a vasta expansão do poder presidencial objetivada pela administração."[92]

Contraditoriamente, em seu desejo de livrar o mundo do mal do terrorismo, a administração Bush tornou-se ela própria um exemplo gritante do "mal administrativo". É uma organização que inflige dor e sofrimento até a morte, enquanto utiliza à revelia eficientes procedimentos racionais e formais para disfarçar a substância do que faz — ignorando os meios para justificar o que seus membros consideram como fins supremos.[93]

Outros exemplos desse mecanismo do mal administrativo em funcionamento incluem o extermínio dos judeus pelos nazistas durante o Holocausto, o papel da NASA no desastre da *Challenger*, a promoção de cigarros viciantes pelos executivos das companhias de tabaco e seus "cientistas especialistas" contratados, e as práticas empresariais fraudulentas da Enron e de outras empresas desonestas. O mal administrativo é sistêmico, no sentido de que existe além de uma única pessoa, uma vez que suas políticas estão em ação, e seus procedimentos assumem o controle. Mesmo assim, eu diria, as organizações devem ter líderes, e tais líderes precisam arcar com as responsabilidades por criar e manter tais males.

Acredito que um sistema consista em agentes e agências cujo poder e valores criam ou modificam as regras e expectativas para "comportamentos aprovados" dentro de sua esfera de influência. Em certo sentido, o sistema é mais do que a soma de suas partes e de seus líderes, que também recaem sob suas poderosas influências. Em outro sentido, contudo, os indivíduos que representam papéis-chave em criar um sistema envolvido em condutas ilegais, imorais e antiéticas, deveriam se responsabilizar, independentemente das pressões que lhes são impingidas pelas circunstâncias.

O presidente Bush e seus conselheiros foram capazes de alterar o Ato de Crimes de Guerra (de 1996) fazendo pressão sobre o Congresso para aprovar o Ato dos Tribunais Militares dos Estados Unidos de 2006 (projeto de lei do senado 3.930), que o assinou em 17 de outubro de 2006. Ele foi traçado em parte para rejeitar a decisão da Suprema Corte acerca de *Hamdan vs. Rumsfeld*, que contestou o uso pelo governo de tribunais militares em julgamentos de detentos na Prisão de Guantánamo. Este novo Ato dos Tribunais Militares permite uma série de práticas controversas concernentes à detenção e ao tratamento pelo governo norte-americano dos "*combatentes inimigos ilegais*". Aqueles assim designados não são contemplados pelos direitos militares dos soldados, e tampouco pelos direitos civis dos cidadãos. O presidente recebe amplos poderes em tempos de guerra para designar os que se enquadram nesta categoria, incluindo cidadãos norte-americanos, que perdem, deste modo, o direito a *habeas corpus* e a proteções fornecidas pela Convenção de Genebra. Elas podem ficar detidas indefinidamente, ser julgadas apenas pelo tribunal militar, cujos juízes podem utilizar boatos como provas, mesmo quando obtidas sem um mandado de busca, e cujo veredito pode ser dado por apenas dois terços dos membros do tribunal. Ademais, ele acolhe ao menos mais dois atributos questionáveis: permite muitas técnicas de interrogatório, qualificadas apenas de "humilhantes", e protege, retroativamente, todos os funcionários do governo que possam estar envolvidos em "crimes contra a humanidade", incluindo o assassinato de detentos interrogados por agentes da CIA, e por outros. (Assim, praticamente todos os abusos dos PMs em Abu Ghraib são permitidos, porque seriam qualificados como meramente "humilhantes", e não como tortura.)

Apoiar o Ato de Crimes de Guerra e a Convenção de Genebra é indispensável a todas as nações civilizadas que optaram por viver sob o jugo da lei, e não sob o jugo do poder tirânico. O Ato dos Tribunais Militares é uma "lei tirânica, que será considerada inferior no parâmetro da democracia norte-americana, a versão da nossa geração do Alien and Sedition Acts ('Ato de Estrangeiros e Sedição')", segundo editorial do *New York Times* (8 de setembro de 2006). Onde estão os cidadãos ultrajados e as pessoas amantes da liberdade de todo o mundo?[94]

Membros do Júri, Seu Veredicto, Por Favor

Você leu aqui o depoimento de muitas testemunhas oculares, assim como seções-chave de relatórios resumidos realizados pelos maiores comitês investigativos independentes, assim como partes das abrangentes análises da *Human Rights Watch*, da Cruz Vermelha, a ACLU, Anistia Internacional, e *Frontline*, da PBS, acerca da natureza dos abusos e torturas contra presos sob custódia das Forças Armadas norte-americanas.

Você acredita agora que os maus-tratos a detentos no Pavilhão 1A de Abu Ghraib, cometidos pelo sargento Ivan "Chip" Frederick e por outros PMs encarregados do turno da noite tenham sido uma aberração, um incidente isolado causado apenas por umas poucas "maçãs podres", os supostos "soldados perigosos"?

Além disso, você acredita agora que tais abusos e torturas fizeram ou não parte de um programa "sistemático" de interrogatório coercitivo? A extensão dos abusos e torturas nesses interrogatórios ultrapassa em muito o tempo, o lugar, e o conjunto de atores restritos ao turno da noite do Pavilhão 1A em Abu Ghraib?

Dada a reconhecida culpa desses PMs acusados pelos abusos fotografados, você agora acredita que havia forças das circunstâncias suficientes (um "barril podre") e pressões do sistema ("construtores do barril podre") atuando sobre eles, e que deveriam ter mitigado a extensão de suas condenações de prisão?

Você está disposto e preparado a considerar a cumplicidade dos abusos, em Abu Ghraib e em muitas outras instalações prisionais militares e administradas pela CIA, de cada um dos seguintes membros de alta patente do comando militar: general de divisão Geoffrey Miller, general de Exército Ricardo Sanchez, coronel Thomas Pappas e tenente-coronel Steven Jordan?[95]

Está disposto e preparado a dar uma sentença de cumplicidade dos abusos, em Abu Ghraib e muitas outras instalações prisionais militares e administradas pela CIA, de cada um dos seguintes altos integrantes do comando político: ex-diretor da CIA George Tenet e secretário de Defesa Donald Rumsfeld?

Está disposto e preparado a dar uma sentença de cumplicidade dos abusos, em Abu Ghraib e muitas outras instalações prisionais militares e administradas pela CIA, de cada um dos seguintes altos integrantes do comando político: vice-presidente Dick Cheney e presidente George W. Bush?

Um pequeno recesso

(Entretanto, você poderá desejar observar um comentário sobre um tribunal recente que julgou a administração Bush por seus "crimes contra a humanidade".)[96]

Enquanto está deliberando, observe esta seção final sobre uma tentativa positiva do sistema militar de reconhecer a necessidade de um treinamento de guarda adequado e de realizar restrições institucionais eficazes dos abusos de poder no interrogatório de prisioneiros.

O EPS VAI A ABU GHRAIB COMO GUIA DE TREINAMENTO CONTRA A SOBRECARGA DE PODER E FALTA DE HUMANIDADE

Durante o longo voo do Havaí para Bagdá, o coronel Larry James assistiu ao DVD do Experimento da Prisão de Stanford, *Quiet Rage*, várias vezes seguidas, "24 vezes", talvez. "O que Zimbardo fez de errado?" "O que deveria ter feito de diferente para evitar os abusos em sua prisão?" Ele levantou essas questões porque estava a caminho de uma missão especial: *consertar Abu Ghraib!* O dr. James é um renomado psicólogo clínico que por anos ocupou a cadeira do Departamento de Psicologia do Centro Médico do Exército Walter Reed. Ele recebeu esta tarefa única em maio de 2004, sob comando do general de divisão Geoffrey Miller, com quem trabalhou na Prisão da Baía de Guantánamo (Sim, o mesmo general cujas estratégias e táticas anteriores causaram tanto dano às prisões de Cuba e Iraque.)

Como diretor-chefe de Ciência Comportamental, James reportava-se diretamente ao general Miller. Como um dos oficiais mais importantes, James conseguiu promulgar suas políticas e procedimentos quase imediatamente. Enviei a James diversas caixas de nosso recém-criado DVD, quando soube que ele fora designado para Abu Ghraib. Ele sugeriu que me juntasse a ele na missão, mas fiquei muito temeroso pelo perigo de ir com ele. Teria me juntado à missão com prazer, não fosse o ambiente letal que existia naquela prisão e em todo o Iraque. Eu o entrevistei em seu retorno, perguntando-lhe sobre o que optara como o melhor conjunto de estratégias de prevenção para evitar novos abusos.[97]

Em geral, seu objetivo era estruturar procedimentos que criassem e mantivessem uma boa ordem e disciplina nesse ambiente prisional e correspondessem aos critérios da Associação Correcional dos Estados Unidos. Ele providenciou visitas a Abu Ghraib e também a Camp Bucca de um tenente-coronel do Exército que era chefe do Departamento de Ciência Comportamental do Quartel Disciplinário (Leavenworth, Kansas), e também de um inspetor de penitenciária da Associação Correcional dos Estados Unidos. Todas as suas descobertas e recomendações foram implementadas. Em decorrência de sua análise da situação, um hospital de saúde mental foi construído para os prisioneiros, e, pela primeira vez, uma grande equipe de profissionais de saúde mental foi nomeada para Abu Ghraib para fornecer serviços aos detentos.

Em seguida, ele estabeleceu algumas regras de base para si mesmo:

1. Não ferir.
2. Manter tudo a salvo; física e psicologicamente; o cuidado com a saúde deve espelhar os padrões adotados pela Associação Correcional dos Estados Unidos.
3. Manter tudo na legalidade; corresponder a todos os princípios do Código Uniformizado da Justiça Militar.
4. Manter tudo dentro da ética; certificar-se de que ninguém está ferido, e perguntar continuamente: "Eu fiz algo para infringir os padrões éticos da Associação Correcional dos Estados Unidos?"
5. Tornar os interrogatórios eficazes; criar condições que transformem "interrogatórios" em "entrevistas" investigativas dos detentos, elabo-

radas para adquirir a inteligência necessária para salvar vidas de norte-americanos de maneiras não abusivas.

O coronel James caminhava pelas dependências à noite e em horários diversos, conversando com guardas e equipe, sempre atento para abusos, erros ou condutas inconsistentes com a boa ordem e disciplina. Ele trabalhou pessoalmente para deter os problemas e más condutas, ou, se não podia resolver alguma questão, relatava suas preocupações diretamente ao general.

Após examinar cada aspecto da prisão, o coronel James estabeleceu os seguintes sete níveis de Supervisão da Prisão e das Regras de Direção do Tratamento e Interrogatório de Prisioneiros na Prisão de Abu Ghraib, presumidamente ampliáveis a outras instalações:

1. Deve haver supervisão por oficiais superiores a todo momento, incluindo turnos da noite.
2. "Interrogatórios" precisam ser substituídos por "entrevistas" ao modo dos detetives de investigação dos Estados Unidos nas delegacias. Uma pessoa sozinha jamais deve conduzir as entrevistas; deve haver ao menos dois presentes na cabine de interrogatório, o entrevistador e o intérprete, pelo menos. Dessa forma, poderão fiscalizar um ao outro, e ter disponível uma dupla avaliação.
3. Uma medida "restrita" por escrito deve explicitar quais ações são proibidas e quais as permitidas durante essas entrevistas a prisioneiros, eliminando qualquer ambiguidade acerca do que pode e do que não pode ser feito ou justificado.
4. "Treinamento específico" compulsório deve ser obrigatório para todos os envolvidos com esses entrevistados.
5. As cabines de entrevistas precisam estar abertas para vigilância por meio de espelhos de observação, permitindo a visão a partir dos corredores por oficiais e outros, e todas as entrevistas precisam ser filmadas para análise subsequente e exame administrativo.
6. A polícia militar irá percorrer regularmente toda a instalação em intervalos aleatórios, reportando com regularidade aos superiores e deixando os guardas e entrevistadores cientes de que estão sempre sob vigilância. (Dessa forma, James também providenciou para que dois psicólogos militares fossem os seus "embaixadores excursionistas".)

7. Múltiplos níveis de supervisão e observação são necessários, com inspeção médica de cada prisioneiro entrevistado, antes e depois da entrevista, para averiguar qualquer sinal de condição médica alterada como consequência do procedimento da entrevista. Da mesma forma, um advogado das Forças Armadas deverá examinar todos os procedimentos, assim como outros níveis de supervisão regular construídos no sistema.

Embora não fosse parte desses procedimentos oficiais, Larry James encorajou os PMs a assistirem a *Quiet Rage: The Stanford Prison Experiment*, e a discutirem as lições sobre o abuso de poder e sua relação com o papel de guarda dentro de um ambiente prisional.

Teria sido ele capaz de instaurar procedimentos tão fortes de supervisão *antes* da revelação dos abusos? Difícil dizer, mas acredito que seria até mesmo improvável que alguém pensasse em criar essa missão. Se esse conjunto de procedimentos já tivesse sido criado, seria menos provável que estes abusos tivessem ocorrido? Parece que sim, pois tais condições teriam eliminado a confusão e a difusão da responsabilidade, enquanto também deixaria evidente que o comportamento de todos estava sob vigilância. (Logicamente, isto também se aplica ao que poderia ter acontecido no EPS.)

É bom que tantas práticas aparentemente eficientes tenham sido instauradas, mas fizeram diferença? A resposta de James foi: "Minha variável dependente é que não houve abusos desde que estas regras foram instauradas [em novembro de 2005]."

Desde então, o Pentágono decidiu fechar a prisão de Abu Ghraib, libertando alguns de seus detentos e transferindo outros para Camp Crooper, próximo ao aeroporto de Bagdá. O maior assessor jurídico da Inglaterra exigiu recentemente que os Estados Unidos fechassem a Prisão da Baía de Guantánamo (que, segundo o Departamento de Defesa, manteve ao longo dos anos um total de 759 prisioneiros).[98] Ele acredita que esse centro de detenção se tornou um símbolo internacional da injustiça. O promotor Peter Goldsmith afirmou que a confiança daquele campo nos tribunais militares não corresponde ao compromisso britânico do princípio do "julgamento justo segundo os padrões internacionais".[99] O magistrado investigativo mais proeminente da Espanha, Baltasar Garzón, também apelou aos Estados Unidos para que fechassem essa prisão, "um insulto aos países que respeitam as leis". Ele afirma que a Espanha aprendeu a lição com os males da Inquisição, de que a "tortura e a degradação não funcionam como técnicas investigativas".[100]

O coronel Larry James foi premiado com uma Estrela de Bronze por seu serviço militar especial. É um grande prazer para mim concluir este capítulo celebrando esta realização singular de meu colega e amigo. Eu desejaria que ele tivesse o poder para fazê-lo alguns anos antes.

QUE ENTRE A CLARIDADE

Bem, chegamos ao final de nossa longa jornada juntos. Admiro seu poder de persistir em frente, mesmo após confrontar-se com parte do que há de pior na natureza humana. Foi especialmente difícil para mim revisitar as cenas de abusos no Experimento da Prisão de Stanford. Também foi difícil defrontar-me com minha ineficiência em ajudar a obter uma resolução melhor no caso de Chip Frederick. Como um otimista constante, ter encarado todos os males do genocídio, massacres, linchamentos, torturas, e outras coisas horríveis que as pessoas fazem com as outras, já começava a escurecer minha visão de mundo positiva sobre a condição humana.

Na fase final de nossa jornada, deixaremos que a claridade entre e ilumine esses cantos sombrios da psique humana. É chegado o momento de acentuar o positivo, e de eliminar o negativo. Devo fazê-lo de duas maneiras. Primeiramente, receberemos alguns conselhos bastante fundamentados sobre como resistir a influências sociais de que se não precisa ou se deseja, mas que nos bombardeiam diariamente. Enquanto reconhecemos o poder das forças das circunstâncias de influenciar a maioria de nós a nos comportarmos mal em muitos contextos, também deixo claro que não somos escravos desse mesmo poder. É por meio da compreensão de como operam tais forças que poderemos resistir, confrontar, e impedir que elas nos levem à tentação indesejável. Tal conhecimento pode nos liberar do subjugo do poderoso alcance da conformidade, submissão, persuasão, e outras forças de influência e coerção social.

Tendo explorado as fraquezas, debilidades e fáceis transformações do caráter humano ao longo de nossa jornada, terminamos com um comentário mais positivo ao celebrarmos o heroísmo e os heróis. Mas, agora, espero que esteja disposto a aceitar a premissa de que pessoas comuns, até mesmo boas, podem ser seduzidas, iniciadas e reentradas para se comportarem de formas más sob a influência das poderosas forças sistêmicas e das circunstâncias. Se assim o for, estará também você pronto para endossar a premissa inversa: de que qualquer um de nós é um herói em potencial, esperando que surja uma situação que nos possibilite mostrar do que somos feitos? Passemos agora a aprender a resistir à tentação, e celebremos os heróis.

CAPÍTULO 16

Resistindo às influências das circunstâncias e celebrando o heroísmo

Toda saída é uma entrada para algum outro lugar.
— Tom Stoppard, *Rosencrantz e Guildenstern Estão Mortos*

CHEGAMOS AO FIM DE NOSSA JORNADA, POR LUGARES SOMBRIOS que capturam as mentes de nossos viajantes. Testemunhamos as condições que revelam o lado brutal da natureza humana, e ficamos surpresos com a facilidade e a extensão com que pessoas boas podem se tornar cruéis com as outras. Nosso foco conceitual tem sido o de tentar compreender como essas transformações acontecem. Embora o mal possa existir em qualquer lugar, olhamos mais de perto o seu lugar de gestação, em guerras e prisões. Elas normalmente se transformam em tubos de ensaio, nos quais a autoridade, o poder e a dominação se fundem e, quando cobertos pelo sigilo, suspendem nossa humanidade, e furtam as qualidades de que nós, seres humanos, mais prezamos: cuidado, gentileza, cooperação e amor.

Muito de nosso tempo foi gasto na prisão simulada que eu e meus colegas criamos no porão do Departamento de Psicologia da Universidade de Stanford. Em apenas poucos dias e noites, o verdadeiro paraíso que é Palo Alto, na Califórnia, e a Universidade de Stanford transformaram-se em um fim de mundo. Jovens sadios desenvolveram sintomas patológicos que refletiram extrema tensão, frustração e desamparo, sofridos como prisioneiros. Suas contrapartes, aleatoriamente designadas para o papel de guardas, cruzaram várias vezes a linha entre interpretar o papel com frivolidade e abusar seriamente de "seus prisioneiros". Em menos de uma semana, nosso pequeno "experimento", nossa falsa prisão, recuou para o pano de fundo de nossa consciência coletiva, para ser substituída por uma realidade de prisioneiros, guardas, e quadro de funcionários da prisão que parecia a todos surpreendentemente real. Era uma prisão governada por psicólogos, e não pelo Estado.

O olhar minucioso que empreguei sobre a natureza dessas transformações, as quais nunca foram totalmente pormenorizadas, visava levar cada leitor o mais próximo possível deste lugar especial onde podemos contrapor o poder pessoal ao poder institucional. Procurei transmitir o sentimento dos processos que se desvelavam, pelos quais um grupo de variáveis aparentemente menores das circunstâncias, tais como os papéis sociais, as regras, normas e uniformes, vieram a ter um impacto muito poderoso sobre todos os que foram apanhados em seu sistema.

Em um nível conceitual, propus que déssemos maior consideração e peso aos processos situacionais e sistêmicos do que normalmente fazemos ao tentar examinar comportamentos aberrantes e mudanças de personalidade aparentes. O comportamento humano está sempre sujeito às forças das circunstâncias. Esse contexto está imbricado em um contexto macrocósmico maior, que é frequentemente um sistema de poder particular elaborado para se manter e se sustentar. Análises tradicionais feitas pela maioria das pessoas, incluindo as realizadas em instituições legais, religiosas e médicas, concentram-se no ator como o único agente causal. Consequentemente, elas minimizam ou desprezam o impacto das variáveis das circunstâncias e determinantes sistêmicos que modelam os resultados do comportamento e que transformam os atores.

Felizmente, os exemplos e informações de apoio deste livro contestarão o rígido erro fundamental de prerrogativa, que situa nas qualidades interiores das pessoas a fonte principal de suas ações. Acrescentamos a necessidade de reconhecer tanto o poder das situações quanto o enquadre comportamental fornecido pelo Sistema que forja e sustenta o contexto social.

Nossa jornada partiu da prisão realista para a realidade do pesadelo que era a Prisão de Abu Ghraib, no Iraque. Paralelos surpreendentes emergiram entre os processos psicossociais em funcionamento nestas duas prisões: a falsa e a demasiado real. Em Abu Ghraib, nosso olhar analítico se concentrou em um jovem, o primeiro-sargento Ivan Chip Frederick, que realizou uma dupla transformação: de bom soldado para mau guarda prisional, e deste para um prisioneiro que padece. Nossa análise revelou, assim, como o Experimento da Prisão de Stanford, os fatores temperamental, das circunstâncias e sistêmico que cumpriram papéis cruciais no estímulo aos abusos e torturas que Frederick e outros membros civis e militares praticaram contra os presos sob sua custódia.

Saí, então, de minha posição como pesquisador imparcial em Ciências Sociais para assumir o papel de acusador. Ao fazê-lo, expus a vocês, leitores-jurados, os crimes da alta hierarquia do comando militar e da administração Bush, que fizeram deles cúmplices, ao criarem as condições que, por sua vez, tornaram possíveis abusos e torturas desumanos, vastamente disseminados em todas as prisões militares norte-americanas. Como exaustivamente observado, a visão que forneci não nega a responsabilidade destes PMs, nem a sua culpa; a explicação e a compreensão não desculpam os maus feitos. Antes, compreender como os acontecimentos ocorreram, e avaliar quais foram as forças das circunstâncias que agiam sobre os soldados pode nos ajudar com meios preventivos de modificar as circunstâncias que podem trazer à tona tais comportamentos inaceitáveis. Não basta punir. "Sistemas ruins" criam "situações ruins", que criam "maçãs podres", que criam "maus comportamentos" até mesmo em boas pessoas.

Pela última vez, conceituemos Pessoa, Situação e Sistema. A Pessoa é um ator no palco da vida cuja liberdade comportamental é informada por seu conjunto — genético, biológico, físico e psicológico. A Situação é o contexto comportamental que tem o poder, por meio de suas funções normativas e retribuidora, de dar sentido e identidade à condição e aos papéis do ator. O Sistema consiste em agentes e agências cuja ideologia, valores, e poder criam situações e ditam papéis e expectativas de comportamentos aceitáveis dos atores, dentro de sua esfera de influência.

Com isso, na fase final de nossa jornada, levaremos em conta conselhos sobre como prevenir ou combater as forças negativas das circunstâncias que atuam sobre todos nós de tempos em tempos. Mostraremos como resistir a influências que, ou não queremos, ou não necessitamos, mas que recaem sobre nós diariamente. Não somos escravos do poder das forças das circunstâncias. Mas precisamos aprender os métodos para resistir e se opor a elas. Em todas as situações que exploramos juntos, havia sempre alguns poucos, uma minoria, que se manteve firme. Chegou o momento de tentar expandir essa minoria refletindo acerca de como foram capazes de resistir.

Se pude, em alguma medida, fazer com que se avalie que sob certas circunstâncias *você* pode se comportar da forma como fizeram os participantes nas condições de pesquisa descritas aqui, e na prisão real de Abu Ghraib, peço que avalie agora: poderá aceitar a ideia de *você* como Herói? Celebraremos também o que há de bom na natureza humana, os heróis dentre nós, e a imaginação heroica em todos nós.

APRENDENDO A RESISTIR A INFLUÊNCIAS INDESEJADAS

Pessoas com transtornos paranoicos têm grande dificuldade em se conformar, submeter-se, ou responder a uma mensagem persuasiva, mesmo quando oferecida pelos bem-intencionados psicoterapeutas ou pelos entes queridos. Seu cinismo e desconfiança criam uma barreira de isolamento que as defende do envolvimento na maioria dos encontros sociais. Por serem duramente resistentes às pressões sociais, fornecem um modelo extremo de imunidade à influência, ainda que, é claro, a um grande custo psíquico. No outro extremo da escala encontram-se as pessoas excessivamente ingênuas e incondicionalmente crédulas, que são alvos fáceis para todo e qualquer golpista.

Dentre eles estão as muitas pessoas que foram presas fáceis de fraudes, golpes e contos do vigário em algum momento de suas vidas. Cerca de 12% dos norte-americanos são enganados por charlatões criminosos todos os anos, perdendo às vezes as economias de toda uma vida. É possível que essa figura seja semelhante em muitas nações. Embora a maioria das pessoas enganadas esteja acima dos 50 anos, em algum momento da vida em que a sabedoria deveria prevalecer, muitas pessoas de todas as idades são regularmente ludibriadas por trapaceiros em *telemarketing*, planos de saúde, e bilhetes premiados.[1]

Lembra-se do trote da falsa autoridade, perpetrado em uma adolescente inocente em uma lanchonete do McDonald's, descrita no capítulo 12? Você certamente se perguntou: "Como ela e os outros adultos enganados por esse trote puderam ser tão burros?" Bem, o mesmo trote foi eficiente em fazer com que muitos outros funcionários de restaurantes *fast food* seguissem cegamente esta falsa autoridade. Quantos? Lembre-se que isto aconteceu em 12 diferentes cadeias de restaurantes em quase 70 estabelecimentos diferentes, em 32 estados![2] Apontamos que o subgerente de uma lanchonete McDonald's, que foi totalmente enganado pelo trote do trapaceiro, perguntou-nos a todos: "A

RESISTINDO ÀS INFLUÊNCIAS DAS CIRCUNSTÂNCIAS

não ser que esteja naquela situação, naquele momento, como pode saber o que você faria? Você não sabe o que faria."[3]

A questão é: em vez de nos distanciarmos dos indivíduos que foram ludibriados, presumindo seus atributos temperamentais negativos — burrice, ingenuidade —, precisamos compreender por que e como pessoas como nós foram completamente seduzidas. Só então estaremos em condição de resistir e de difundir a consciência dos métodos de resistir a tais trotes.

A dualidade da dissociação *versus* saturação

Na condição humana, há uma dualidade básica de dissociação *versus* saturação, de suspeita cínica *versus* envolvimento. Dissociar-se dos outros pelo medo de ser "tomado" é uma postura defensiva extrema, mas é verdade que quanto mais abertos somos à persuasão dos outros, mais possivelmente seremos influenciados por eles. Contudo, o envolvimento aberto e passional é essencial para a felicidade humana. Queremos nos sentir fortes, confiar plenamente, agir espontaneamente, e nos sentirmos ligados aos outros. Queremos estar completamente "saturados" de vida. Às vezes, ao menos, queremos suspender nossas faculdades de avaliação, e abandonar nossa reserva primitiva de hesitação. Queremos dançar apaixonadamente ao lado de Zorba, o grego.[4]

E, ainda assim, precisamos regularmente avaliar o valor de nossos vínculos sociais. O desafio para cada um de nós é saber como melhor oscilar entre os dois pólos, imergindo completamente e distanciando-se apropriadamente. Saber quando estar envolvido com os outros, quando apoiar e ser leal a uma causa ou um relacionamento, em vez de rompê-lo, é uma questão delicada com a qual todos nós nos defrontamos regularmente. Vivemos em um mundo no qual algumas pessoas almejam nos usar. No mesmo mundo, há outras que genuinamente desejam que compartilhemos reciprocamente o que acreditam ser metas positivas. Como dizer quem é quem? Eis a questão, caro Hamlet e cara Ofélia.

Antes de começarmos a lidar com meios específicos para combater as influências de controle mental, precisamos considerar outra possibilidade: a velha ilusão da *invulnerabilidade pessoal*.[5] E então? Sim. Eu? *Não!* Nossa jornada psicológica deveria tê-lo convencido a avaliar como o cortejo de forças das circunstâncias que destacamos podem tragar a maioria das pessoas. Mas Você não, certo? É difícil estender as lições que aprendemos de uma perspectiva intelectual aos nossos códigos de conduta. O que é facilmente aplicável no plano abstrato a "esses outros" não é facilmente aplicado concretamente a nós mesmos. Nós somos diferentes. Assim como não há duas impressões digitais iguais, ninguém tem o mesmo padrão genético de desenvolvimento e personalidade de uma outra pessoa.

As diferenças individuais devem ser celebradas, mas, perante as fortes e frequentes forças das circunstâncias, as diferenças individuais arrefecem e são comprimidas. Em tais situações, os cientistas comportamentais conseguem prever o que a maioria das pessoas irá fazer, desconhecendo a particularidade das pessoas que compõem um grupo, conhecendo apenas a natureza de seu contexto comportamental. Deve ficar claro que nem mesmo o melhor psicólogo pode prever como cada indivíduo irá se comportar em uma situação específica; sempre existe algum grau de variação individual que não pode ser explicado. Por esta razão, você pode rejeitar as lições que estamos prestes a aprender, considerando-as inaplicáveis a você; você é o caso especial, a extremidade da curva normal. Contudo, esteja certo disso, ao preço de ser apanhado desprevenido agindo de forma extremada.

Meu conselho do que fazer no caso de encontrar um "canalha sujo e degenerado", disfarçado de um bom sujeito ou de uma doce senhora idosa tem sido acumulado ao longo de muitas décadas de muitas experiências pessoais. Como um garoto mirrado e fraco tentando sobreviver nas ruas cruéis de meu gueto em South Bronx, aprendi alguns macetes básicos da cidade grande; eles consistiam em descobrir rapidamente como certas pessoas reagiriam em determinadas situações. Aprendi essa habilidade o suficiente para me tornar o líder da gangue, do time, ou da classe. Em seguida, fui treinado por uma chefe inescrupulosa a ludibriar frequentadores do teatro a guardarem seus chapéus e casacos quando não queriam, e a manipulá-los a pagarem gorjetas para os receberem de volta, mesmo quando isso não era necessário. Como seu aprendiz, tornei-me experiente em vender programas de shows caros quando havia versões gratuitas à disposição, e em encher os garotos de doces e bebidas, caso seus pais não os estivessem escoltando ao nosso balcão de doces. Também fui treinado a vender revistas de porta em porta, provocando pena, e, portanto, vendas, aos simpáticos habitantes de cortiços. Mais tarde, estudei formalmente as táticas que a polícia utiliza para extrair confissões de suspeitos, que torturadores aprovados pelo estado usam para conseguir o que quiserem de suas vítimas, e que os recrutadores de seitas usam para seduzir inocentes para suas alcovas. Meu aprendizado se ampliou para estudar as táticas de controle mental usadas pelos soviéticos, os métodos usados pelos comunistas chineses na Guerra da Coreia, e em seus maciços programas de reforma do pensamento nacional. Também estudei nossos conterrâneos, os manipuladores de mentes da CIA, o programa patrocinado pelo estado MKULTRA,[6] e o poder carismático e letal de Jim Jones sobre seus seguidores religiosos (descrito nos capítulos precedentes).

Eu aconselhei e aprendi com aqueles que sobreviveram a várias experiências em seitas. Ademais, envolvi-me durante toda a vida em pesquisa investigativa sobre persuasão, submissão, discordância e processos grupais. Meus escritos sobre alguns destes tópicos incluem um manual de treinamento para ativistas pela paz durante a Guerra do Vietnã, assim como diversos textos elementares sobre a mudança de atitude e a influência social.[7] Tais credenciais são oferecidas apenas para sustentar a credibilidade deste comunicador sobre a informação que será fornecida a seguir.

Promovendo o altruísmo por meio do experimento da autoridade virtuosa

Imaginemos um experimento de autoridade oposto ao de Milgram. Nosso objetivo é criar um ambiente no qual as pessoas acatarão as demandas de intensificar, ao longo do tempo, o *fazer o bem*. Os participantes seriam levados lenta e gradualmente a se comportarem de modos cada vez mais altruístas, mais além do que imaginavam ser possível, rumo a ações cada vez mais positivas e sociáveis. Em vez do paradigma organizado para facilitar uma lenta descida para o mal, podemos substituí-lo por um paradigma para uma lenta ascensão para a bondade. Como poderíamos formular um ambiente experimental no qual isso fosse possível? Esbocemos imaginariamente um experimento assim. Para começar, imagine que providenciaríamos para cada participante uma hierarquia de experiências ou ações que variam de atos levemente positivos aos quais ele ou ela estão acostumados, até realizar ações cada vez melhores. Os extremos da virtude empurram-no para cima, ao longo de todo o percurso, até que se envolva em ações que a princípio pareciam inimagináveis.

Poderá haver uma dimensão temporal no projeto, para aqueles cidadãos ocupados que não praticam a virtude porque se convenceram de que simplesmente não têm tempo para despender em boas ações. O primeiro "botão" do "Gerador de Bondade" pode ser passar 10 minutos escrevendo um bilhete de agradecimento para um amigo, ou um cartão para um colega, desejando-lhe a convalescença. O próximo passo pode exigir que se passem 20 minutos aconselhando algum garoto com problemas. Aumentar a pressão desse paradigma poderá então exigir a concordância do participante a conceder 30 minutos de seu tempo a ler uma história para uma empregada doméstica analfabeta. Assim, a escala altruísta ascende, despendendo uma hora ajudando um estudante com dificuldades, e, depois, cuidando dos filhos de um pai ou mãe solteiros, para que estes visitem a mãe doente, trabalhar uma noite em um refeitório de albergue, ajudar veteranos de guerra desempregados, devotar parte de um dia levando um grupo de crianças órfãs ao zoológico, ser capaz de conversar com veteranos feridos, e assim por diante; um compromisso, passo a passo, de conceder um tempo precioso todas as semanas para causas cada vez mais importantes. E fornecer, pelo caminho, modelos sociais para quem já está envolvido na tarefa solicitada, ou para quem toma a iniciativa de passar para o nível seguinte, deve funcionar para encorajar a obediência à autoridade virtuosa, não é mesmo? Vale tentar, visto que, até onde sabemos, nada parecido com esse experimento chegou a ser realizado.

Idealmente, nosso experimento sobre bondade social terminaria quando a pessoa estivesse fazendo algo que jamais imaginara fazer antes. Nossa trilha de bondade poderia incluir contribuições para criar um ambiente sadio e sustentável, que poderia partir de atos mínimos de conservação ou reciclagem a atividades cada vez mais substanciais, tais como dar dinheiro, tempo e compromisso pessoal a causas "verdes". Convido-o a expandir esta noção em uma série de domínios nos quais a sociedade se beneficiaria, à medida que os cidadãos fossem "até o fim" — fazendo o bem sem qualquer ideologia de apoio, pois, como sabemos pela teoria da discordância, as crenças seguem o comportamento. Faça com que as pessoas realizem boas ações, e elas irão gerar os princípios subjacentes necessários para justificá-los. Estudiosos talmúdicos devem rezar não para obrigar as pessoas a acreditem em sua reza, mas apenas para fazer o que é necessário para que as pessoas comecem a rezar; só então, elas passarão a acreditar naquilo e, também, naquele para quem estão rezando.

Pesquisadores apoiam um efeito altruísta do experimento inverso de Milgram

Como observado, este experimento inverso ao de Milgram jamais foi realizado. Suponha-se que tenham de fato tentado realizá-lo em laboratório, ou melhor, em suas casas e comunidades. Funcionaria? Poderíamos usar o poder da autoridade e da situação para produzir a virtude? Baseando-se naquilo que sei da natureza humana e nos princípios da influência social, estou confiante de que poderíamos trabalhar para estimular a justiça em nosso mundo, empregando princípios básicos de influência social (para algumas referências, ver Notas).[8]

O experimento de Milgram inverso descrito aqui combina três táticas simples de influência e que foram exaustivamente estudadas e documentadas por psicólogos sociais: a tática "pé na porta", o modelo social, e a autorrotulação da prestabilidade. Eu apenas os reuni para promover o altruísmo Além disso, os pesquisadores descobriram que estas táticas podem ser usadas para promover todo tipo de comportamento social — de doar o próprio dinheiro para uma instituição de caridade, a aumentar a reciclagem e até mesmo doar sangue no posto mais próximo da Cruz Vermelha.

Nossa "lenta ascensão para a bondade, passo a passo", faz uso do que os psicólogos chamam de tática do "pé na porta" (FITD). Essa tática começa pedindo-se a alguém que faça uma pequena tarefa (o que a maioria realiza prontamente), e, em seguida, que realize um pedido maior, mas relacionado ao anterior (o que sempre foi o verdadeiro objetivo).[9] A demonstração clássica desta tática foi realizada há mais de quarenta anos por Jonathan Freedman e Scott Frases.[10] Eles pediram a moradores do subúrbio que pusessem uma placa grande e feia que pedia: "Dirija com Cuidado", em seus belos quintais de subúrbio. Menos de 20% dos proprietários das casas o fizeram. Contudo, três quartos dos proprietários concordaram em colocar a placa se duas semanas antes elas tivessem dado um pequeno passo e pregado em suas janelas um discreto aviso de 7 centímetros que encorajava a direção cuidadosa. A mesma abordagem funciona com outro comportamento sociável. Por exemplo, pesquisadores descobriram que preencher um abaixo-assinado aumentava o apoio financeiro aos necessitados, responder a um pequeno questionário elevava a vontade das pessoas em doar seus órgãos para os outros depois que morressem, economizar um pouco de energia elétrica induzia os proprietários a economizarem mais energia elétrica, e afirmar um compromisso em público aumentava a reciclagem de papéis.[11] E o que é mais surpreendente, este efeito FITD pode ser melhorado ao encadear uma série de pedidos cada vez maiores, colocando dois pés na porta — tal como nosso experimento de Milgram inverso sobre a promoção do altruísmo.[12]

Nosso experimento inverso de Milgram também empregaria os *modelos sociais* para encorajar comportamentos sociáveis. No EPS e na Prisão de Abu Ghraib, havia um excesso de modelos sociais que apoiavam o comportamento abusivo. Virar do avesso o poder dos modelos sociais para promover atos positivos pode ser igualmente eficaz em obter os resultados desejados e inversos. Pesquisadores descobriram que os modelos altruístas aumentam as chances de que as pessoas ao redor se envolvam em comportamentos positivos e sociáveis. Eis um pequeno exemplo de suas descobertas: modelos sociais foram exibidos para aumentar as doações para o Exército de Salvação; para promover a ajuda a um estranho com o pneu furado; para reduzir as taxas de agressão, e promover respostas pacíficas; para reduzir o despejo de lixo em vias públicas; aumentar a doação de dinheiro para crianças pobres e a disposição para compartilhar os próprios recursos com os outros.[13] Uma sugestão, contudo: lembre-se de praticar o que prega. Os modelos persuadem muito mais do que as palavras. Um exemplo: em um conjunto de experimentos, crianças eram expostas a um modelo adulto que pregava-lhes a avareza ou a caridade por meio de um sermão persuasivo. Contudo, este adulto, então, começava a praticar atos avaros ou caridosos. Os resultados mostraram que as crianças tinham mais probabilidade de fazer o que o modelo fez do que aquilo que disse.[14]

A sabedoria dos estudiosos talmúdicos mencionada anteriormente é consistente com outro princípio de influência social subjacente a nosso experimento de Milgram inverso: confira a alguém um *modelo identitário* do tipo que gostaria que ele tivesse, imputando-lhe a ação que quererá trazer à tona nele. Quando se diz que alguém é prestativo, altruísta, e gentil, essa pessoa terá mais chances de manifestar comportamentos prestativos, altruístas e gentis para com os outros. No Experimento da Prisão de Stanford, nós designamos aleatoriamente alguns jovens para os papéis de prisioneiro e guarda, e eles logo assumiram a postura e os comportamentos desses papéis. Assim, também, se dizemos a alguém que ele ou ela é uma pessoa prestativa, ele ou ela assumirão a conduta e as ações condizentes com esse rótulo de identidade. Por exemplo, pesquisadores descobriram que dizer a alguém que ele é uma "pessoa generosa" aumenta a aceitação a um pedido de uma grande contribuição para prevenir a esclerose múltipla; afirmar às pessoas que são gentis torna-as mais propensas a ajudar alguém que derrubou no chão um grande número de cartões; e àqueles que receberam a notável identidade de "doadores de sangue" estão mais aptos a continuar a doar seu próprio sangue para um estranho, a quem não esperam conhecer ou encontrar.[15]

Uma das grandes vantagens de nossa espécie é a habilidade de explorar e compreender nosso mundo social, e, em seguida, usar o que sabemos para tornar nossa vida melhor. Ao longo deste livro, vimos o poder da situação para produzir o mal. Afirmo agora que podemos tomar os mesmos princípios básicos e utilizar o poder da situação para produzir a virtude. Temo pelo futuro da humanidade se este meu argumento estiver incorreto, ou se eu fracassar em tornar este argumento aceitável para você. Posso sugerir que você dê hoje um pequeno passo, e realize o experimento inverso de Milgram em sua própria vida? Acredito que você é a pessoa exata para fazê-lo, e para servir como modelo para os outros para transformar nosso mundo em um com um futuro mais positivo. Se não você, então quem?

Um programa de dez passos para resistir a influências indesejadas

Se levarmos em consideração alguns dos princípios da Psicologia Social que fomentaram o mal que vimos durante o curso de nossa jornada, então, mais uma vez — como acabamos de fazer no exemplo da construção do Gerador de Bondade —, permita-nos utilizar variantes destes princípios para fazer as pessoas acentuarem o positivo e eliminarem o negativo em suas vidas. Dado o alcance dos diferentes tipos de influência, seria necessário adaptar a resistência a cada tipo. Combater comprometimentos dissonantes errôneos exige o uso de diferentes táticas de oposição às estratégias de docilização usadas sobre nós. Confrontar-se com discursos persuasivos e oradores poderosos obriga-nos a usar diferentes princípios para lidar com aqueles que nos desumanizariam ou desindividuariam. Os meios para minar o pensamento do grupo também são diferentes dos meios de modificar o impacto de intensos recrutadores.

Desenvolvi para você um compêndio desse tipo; contudo, ele oferece mais profundidade e especificidades do que é possível lidar neste capítulo. A solução é torná-lo totalmente disponível, gratuitamente, no *website* especial, desenvolvido para complementar este livro: www.lucifereffect.com. Dessa forma, você poderá lê-lo em seu tempo livre, tomar notas, verificar as fontes de referência nas quais me baseei, e contemplar situações nas quais você porá em prática, na sua vida, estas estratégias de resistência. Ademais, após ter encontrado uma tática particular de influência social usada sobre você ou sobre pessoas que conhece, você poderá se voltar para este prático guia, procurando as soluções do que fazer da próxima vez, para estar em melhores condições de dominar esse desafio.

Segue abaixo meu programa de dez passos para resistir ao impacto de influências sociais indesejadas, e, ao mesmo tempo, para promover a elasticidade pessoal e a virtude cívica. Ele utiliza ideias que cortam caminho entre diversas estratégias de influência e fornecem modos simples e eficazes de lidar com elas. O segredo da resistência jaz no desenvolvimento de três elementos: autoconsciência, sensibilidade para as circunstâncias, e macetes urbanos. Você verá como são centrais a muitas destas estratégias gerais de resistência.

"Eu errei!" Comecemos encorajando a admissão de nossos erros, primeiro os nossos, depois, os dos outros. Aceite o ditado de que errar é humano. Você cometeu um erro de julgamento; sua decisão foi errada. Você tinha tudo para acreditar que estava certo, mas agora sabe que errou. Diga as palavras mágicas: "Sinto muito"; "Desculpe-me"; "Peço perdão". Diga a si mesmo que aprenderá com os seus erros, crescerá melhor a partir deles. Não continue colocando seu dinheiro, tempo e recursos em maus investimentos. Avance. Fazê-lo reduz a necessidade de justificar ou racionalizar nossos erros, e, portanto, de continuar a dar apoio a ações más e imorais. A confissão do erro facilita a motivação para reduzir a dissonância cognitiva; a dissonância se evapora quando ocorre um teste de realidade. "Cortar o mal pela raiz", em vez de resolutamente "empurrar com a barriga", quando se está errado, tem um custo imediato, mas sempre resulta em ganhos a longo prazo. Pense em quantos anos a Guerra do Vietnã perdurou, muito depois que os oficiais militares e administrativo dos altos escalões, tais como o secretário de Defesa Robert McNamara, já sabiam que a guerra era um erro e não podia ser vencida.[16] Quantas milhares de vidas foram perdidas em nome desta teimosa resistência, quando o reconhecimento do fracasso e do erro poderia tê-las salvo? Quanto bem adviria de todos nós se nossos líderes políticos admitissem seus erros similares no Iraque? Trata-se de mais do que uma decisão política de "livrar a cara" negando os erros em vez de salvar as vidas de soldados e civis — é um imperativo moral.

"Eu estou atento". Em muitos ambientes, pessoas espertas fazem coisas tolas porque falham em se preocupar com características-chave nas palavras ou ações de agentes de influência, e falham em prestar atenção em sinais situacionais óbvios. Muito frequentemente funcionamos no piloto automático, utilizando velhos roteiros que funcionaram no passado, nunca parando para avaliar se ainda são apropriados ao aqui e agora.[17] Seguindo o conselho da pesquisadora de Harvard Ellen Langer, precisamos transformar nosso estado habitual de desatenção automática em uma "plena atenção", especialmente em novas situações.[18] Não hesite em disparar um sinal de alerta para seu córtex; quando estamos em situações familiares, os velhos hábitos continuam a reinar, mesmo que tenham se tornado obsoletos ou errados. Precisamos ser lembrados a não viver nossas vidas no piloto automático, mas sempre dispor de um momento zen para refletir sobre o significado da situação imediata, para pensar antes de agir. Jamais embarque impensadamente nas situações em que os anjos e as pessoas sensíveis temem colocar os pés. Para melhores resultados, acrescente o "pensamento crítico" à atenção plena em sua resistência.[19] Peça provas que sustentem as afirmações; exija que as ideologias estejam suficientemente elaboradas para permitir-lhe separar a retórica da substância. Tente determinar se os meios recomendados em algum momento justificam fins potencialmente nocivos. Imagine as últimas consequências de qualquer prática corrente. Rejeite soluções simples para consertar rapidamente problemas pessoais ou sociais complexos. Apoie o pensamento crítico desde os primeiros momentos da vida das crianças, alertando-lhes para as propagandas de TV enganosas, as reclamações tendenciosas e perspectivas distorcidas que lhes são oferecidas. Ajudem-nas a se tornarem consumidoras mais sábias e cautelosas.[20]

"Eu sou responsável." Assumir a responsabilidade pelas próprias decisões e ações reinsere, para o bem ou para o mal, o ator na direção. Permitir que as pessoas abram mão das próprias responsabilidades, dispersá-las, faz delas poderosos passageiros em um carro que se desloca temerariamente sem um motorista responsável. Tornamo-nos mais resistentes a influências sociais indesejadas quando mantemos sempre um sentimento de responsabilidade pessoal e quando estamos dispostos a arcar com nossas ações. A obediência à autoridade é menos cega quanto mais cônscios estamos de que a difusão da responsabilidade apenas disfarça nossa cumplicidade individual na conduta de

ações questionáveis. Sua conformidade a normas grupais antissociais é atenuada na medida em que você não permite a transferência da responsabilidade, quando se recusa a dividir a responsabilidade com toda a gangue, a seita, a loja, o batalhão ou a empresa. Sempre imagine um futuro em que os atos de hoje serão julgados, e ninguém aceitará suas desculpas de "estar seguindo ordens", ou "todo mundo estava fazendo".

"Eu sou Eu, o melhor que posso." Não permita que os outros o desindividuem, que o coloquem em uma categoria, uma gaveta, um encaixe, que o transformem em um objeto. Afirme sua individualidade; alto e claro, declare educadamente seu nome e suas credenciais. Insista que os outros também se portem desta maneira. Faça contato visual (retire todos os óculos escuros), e ofereça informações sobre si mesmo que reforcem sua identidade única. Ache um denominador comum com os detentores de poder em situações de influência, e use-o para aprimorar as semelhanças. O anonimato e o sigilo ocultam os delitos e minam os laços humanos. Podem se tornar o solo onde germinará a desumanização, e, como agora sabemos, a desumanização abre o caminho letal para intimidadores, estupradores, terroristas e tiranos. Avance um passo além da autoindividuação. Trabalhe para modificar quaisquer condições sociais que fazem com que as pessoas se sintam anônimas. Em vez disso, apoie práticas que façam com que os outros se sintam especiais, para que eles também tenham um sentimento de valor próprio e pessoal. Jamais pratique ou permita a estereotipia negativa: palavras, rótulos, e piadas que podem ser destrutivas, caso zombem dos outros.

"Eu respeito a autoridade justa, mas me rebelo contra a autoridade injusta." Em cada situação, trabalhe para fazer uma distinção entre aqueles que são autoridades em virtude de sua especialidade, sabedoria, qualidade de veterano, ou condição especial, daqueles que são figuras de autoridade injustas, que exigem nossa obediência sem possuir nenhuma substância. Muitos dos que assumem a capa da autoridade são pseudolíderes, falsos profetas, homens ou mulheres convictas, autopromotoras que não devem ser respeitadas, mas desobedecidas e expostas francamente à avaliação crítica. Pais, professores, e líderes religiosos devem ter um papel mais ativo no ensino às crianças dessa diferenciação crítica. Devem ser educados e corteses quando for o caso, e, mesmo assim, serem crianças boas e sábias na resistência às autoridades que não

merecem seu respeito. Fazê-lo irá reduzir nossa obediência cega às autoproclamadas autoridades, cujas prioridades não são de nosso interesse.

"Desejo a aceitação do grupo, mas valorizo minha independência." O encanto da aceitação de um grupo social desejado é mais poderoso do que o mítico anel dourado de *O Senhor dos Anéis*. O poder desse desejo de aceitação fará com que algumas pessoas realizem quase qualquer coisa para serem aceitas, e cometam excessos ainda maiores para evitar a rejeição do Grupo. Somos de fato animais sociais, e, normalmente, nossas ligações sociais nos beneficiam e ajudam a alcançar objetivos importantes que não alcançaríamos sozinhos. Contudo, há momentos em que a conformidade à norma de um grupo é contraproducente ao bem da sociedade. Cumpre determinar quando seguir a norma e quando rejeitá-la. Em última análise, vivemos em nossas próprias mentes, em um esplêndido isolamento, e, assim, precisamos estar dispostos e preparados para declarar nossa independência, não importa a rejeição social que isso possa provocar. Não é coisa fácil, principalmente para os jovens com uma autoimagem instável, ou para os adultos cuja autoimagem é isomórfica com a de seus trabalhos. As pressões para que "trabalhem em equipe", para sacrificarem a moral pessoal em nome desta equipe, são quase irresistíveis. O que é preciso é que recuemos um passo, reunamos opiniões distintas, e encontremos novos grupos que irão apoiar nossa independência e promover nossos valores. Sempre haverá um outro grupo, diferente e melhor para nós.

"Serei mais vigilante com o quadro geral." Quem faz o quadro torna-se artista ou trapaceiro. O modo como os problemas são enquadrados é assaz mais influente do que os argumentos persuasivos em suas fronteiras. Além do mais, quadros eficazes não parecem de todo quadros, mas bocados, imagens visuais, frases de efeito, logotipos. Eles nos influenciam sem que o saibamos, e moldam nossa orientação rumo a ideias ou problemas que promovem. Por exemplo, os eleitores que eram a favor da redução dos benefícios fiscais para os ricos foram encorajados a votar contra um "imposto de espólio"; o imposto era exatamente o mesmo, mas a expressão que o definia era diferente. Desejamos coisas que são enquadradas como "escassas", mesmo quando são abundantes. Temos aversão a coisas enquadradas como perdas potenciais, e preferimos o que nos é apresentado como um ganho, mesmo quando a proporção entre o prognóstico positivo e o negativo é semelhante.[21] Não queremos uma probabilidade de

40% de perder X sobre Y, mas queremos os 60% de probabilidade de obter Y sobre X. O linguista George Lakoff mostra claramente em seus escritos que é fundamental estar ciente do quadro do poder, e estar atento, de modo a contrabalançar sua pérfida influência em nossas emoções, pensamentos e votos.[22]

"Eu equilibrarei minha noção de tempo." Podemos ser levados a fazer coisas que não são exatamente aquilo em que acreditamos, quando nos permitimos ficar presos em um presente expandido. Quando paramos de confiar em nossa noção dos comprometimentos com o passado, e nossa noção de responsabilidades futuras, abrimo-nos para tentações situacionais de nos envolvermos em excessos, tal como o de *O Senhor das Moscas*. Ao deixar de "seguir o fluxo", quando os outros a seu redor estão sendo abusivos ou fora de controle, está-se apoiando sobre uma perspectiva temporal que se alonga para além do hedonismo e do fatalismo orientados pelo presente. Você tem mais chances de se comprometer com uma análise de custo-benefício de suas ações quando em relação às suas consequências futuras. Ou você pode resistir ao ser suficientemente ciente de um quadro pretérito que abarca seus valores e padrões pessoais. Ao desenvolver uma noção de tempo ponderada, na qual o passado, o presente e o futuro podem ser convocados para ação, dependendo da situação e da tarefa à mão, você terá melhores condições de agir com responsabilidade e sabedoria do que quando sua noção de tempo inclina-se para a dependência a um ou dois quadros temporais. O poder das circunstâncias é enfraquecido quando o passado e o futuro se combinam para conter os excessos do presente.[23] Por exemplo, uma pesquisa indica que os gentios justos que ajudaram a ocultar os judeus holandeses dos nazistas não se atrelaram a um tipo de racionalização utilizado por seus vizinhos para *não* ajudar. Esses heróis dependeram das estruturas morais baseadas em seu passado e de não perder de vista um futuro em que olhariam para trás, para essa terrível situação, e seriam forçados a se perguntarem se fizeram a coisa certa quando escolheram não sucumbir ao medo e à pressão social.[24]

"Não sacrificarei minhas liberdades cívicas e pessoais pela ilusão de segurança." A necessidade de segurança é um determinante poderoso para o comportamento humano. Quando defrontados com supostas ameaças à nossa segurança, ou a promessa de nos protegermos de um perigo, podemos ser levados a nos envolvermos em ações que nos são estranhas. Muito frequentemente,

boateiros influentes obtêm poder sobre nós oferecendo um contrato fáustico: você estará a salvo se abdicar de parte de sua liberdade, pessoal e cívica, para essa autoridade. O tentador mefistofélico irá argumentar que seu poder de salvá-lo depende do pequeno sacrifício, da parte de todas as pessoas, desse pequeno direito ou daquela pequena liberdade. Rejeite esse trato. Nunca sacrifique as liberdades pessoais básicas pela promessa de segurança, porque os sacrifícios são reais e imediatos, e a segurança é uma ilusão distante. Isso é verdadeiro tanto em um tradicional acordo conjugal quanto no compromisso de bons cidadãos com os interesses de sua nação, quando seu líder promete segurança pessoal e nacional ao custo de um sacrifício coletivo de suspensão de leis, privacidade, e liberdades. O clássico *Escape from Freedom* (Fugindo da liberdade), de Erich Fromm, lembra-nos que este é o primeiro passo de um líder fascista, mesmo em uma sociedade denominada democrática.

"Eu posso me opor a sistemas injustos." Os indivíduos vacilam perante a intensidade dos sistemas que descrevemos aqui: os sistemas militares e carcerários, assim como as gangues, cultos, fraternidades, empresas, e mesmo famílias anômalas. Mas a resistência individual, combinada com a de outras pessoas que compartilham do mesmo pensamento e resolução podem, juntas, fazer diferença. A próxima seção neste capítulo irá retratar indivíduos que transformaram sistemas, ao se prontificarem a se arriscar como denunciadores de corrupções em seu interior, ou trabalhando construtivamente para modificá-los. A resistência pode envolver retirar-se fisicamente de uma situação total na qual todas as informações, recompensas e punições são controladas. Pode envolver a contestação da mentalidade do pensamento do grupo, e ser capaz de documentar todas as alegações de delitos. Pode implicar que se consiga a ajuda de outras autoridades, conselheiros, repórteres investigativos, ou compatriotas revolucionários. Os sistemas têm poderes enormes de resistir à mudança e de suportar o mais legítimo dos ataques. Eis um lugar onde os atos individuais de heroísmo, que contestam sistemas injustos e os seus criadores do barril podre, são mais eficazes quando se solicita a adesão dos outros à causa. O sistema pode redefinir a oposição individual como algo ilusório, mero par de oponentes, como se compartilhassem uma *folie à deux*, mas se você tiver três do seu lado, torna-se uma força de ideias com as quais se deve lidar.

Este programa de dez passos é, de fato, apenas uma introdução rumo à construção de resistência individual e vitalidade comunitária contra influências indesejadas e tentativas ilegítimas de persuasão. Como mencionado, uma série maior de recomendações e referências relevantes e fundamentadas pode ser encontrada no *website* de *Lucifer Effect* sob o título *Resisting Influence Guide* (Guia de resistência à influência).

Antes de passarmos para a última parada de nossa jornada, ao celebrarmos os heróis e o heroísmo, gostaria de acrescentar duas recomendações finais. Em primeiro lugar, evite os pecados venais e as pequenas transgressões, tais como trair, mentir, fofocar, espalhar rumores, rir de piadas racistas ou sexistas, importunar e intimidar. Eles podem se tornar etapas para atos piores. Eles servem como minifacilitadores para pensar e agir destrutivamente contra seus companheiros. Em segundo lugar, modere as tendências de seu grupo de referência. Isso significa aceitar que seu grupo é especial, mas, ao mesmo tempo, respeitar a diversidade que outros grupos oferecem. Aprecie plenamente a maravilha da variedade humana e de sua diversidade. Assumir essa perspectiva irá ajudá-lo a reduzir as inclinações grupais que conduzem ao menosprezo pelos outros, ao preconceito, à estereotipia, e aos males da desindividuação.

OS PARADOXOS DO HEROÍSMO

Uma jovem contesta uma autoridade mais velha, forçando-a a reconhecer sua cumplicidade em feitos repreensíveis que estão sendo cometidos sob sua observância. O confronto da jovem vai além, e ajuda a abolir o abuso contra detentos inocentes feitos pelos guardas. Sua ação pode ser qualificada como "heroica", dado que uma porção de outras pessoas que testemunharam o sofrimento dos prisioneiros falhou em agir contra o sistema, quando viram seus excessos?

Gostaríamos de celebrar o heroísmo e os heróis como atos especiais de pessoas especiais. Contudo, a maioria das pessoas que são apanhadas neste plano superior insiste que o que fizeram não foi especial, mas algo que todos deveriam ter feito naquela situação. Eles se recusam a se considerarem "heróis". Talvez, esse tipo de reação advenha da noção impregnada em todos nós — de que os heróis são super-homens e supermulheres, a um nível acima, ou mais acima, do resto da estirpe comum. É possível que mais do que sua modéstia esteja em operação. Em vez disso, talvez tenhamos uma ideia errada do que é preciso para ser heroico.

Vejamos agora o que há de melhor na natureza humana, e a transformação do ordinário em heroico. Examinaremos concepções e definições alternativas de heroísmo e proporemos uma forma de classificar diferentes tipos de ação heroica; em seguida, analisaremos alguns exemplos que se enquadram nessas categorias; e, por fim, construiremos uma tabela de contrastes entre as banalidades do mal e do heroísmo. Mas, antes, retornemos à pessoa e ao ato que deu início a esta seção e pôs fim ao Experimento da Prisão de Stanford.

Lembrem-se (do capítulo 8) de que Christina Maslach era uma recém-agraciada com o Ph.D. do Departamento de Psicologia de Stanford, com quem me tornei romanticamente envolvido. Quando se deparou com um grupo de presos acorrentados sendo conduzidos para o banheiro com sacos sobre suas cabeças, enquanto guardas gritavam-lhes ordens, e quando testemunhou minha aparente indiferença para com o sofrimento desses jovens, ela explodiu.

Seu relato posterior do que sentiu naquele momento, e como ela interpretou as próprias ações, fornece-nos uma boa noção sobre o complexo fenômeno do heroísmo.[25]

O que ele [Zimbardo] viu foi uma explosão incrivelmente emotiva de minha parte (Costumo ser uma pessoa bastante contida). Estava furiosa e assustada, e em lágrimas. Eu disse algo como: *"O que você está fazendo com esses garotos é uma coisa terrível!"*

Portanto, qual é a história importante surgida de meu papel como a "concludente" do Experimento da Prisão de Stanford? Penso que há diversos temas que gostaria de destacar. Primeiro, contudo, quero dizer o que esta história não é. Ao contrário do mito norte-americano padrão (e banal), o Experimento da Prisão de Stanford não é uma história sobre o indivíduo solitário que desafia a maioria. Em vez disso, é uma história sobre a maioria — sobre como todos que tiveram contato com esse estudo de prisão (participantes, pesquisadores, observadores, consultores, família e amigos) foram completamente tragados para o seu interior. O poder da situação de sobrepujar a personalidade e a melhor das intenções é, aqui, a trama-chave.

Dessa forma, por que minha reação foi tão diferente? A resposta, penso eu, reside em dois fatos: eu era uma participante tardia da situação, e uma "estrangeira". Diferentemente de todos os outros, não fui uma participante voluntária nesse estudo. Ao contrário de todos, eu não tinha um papel socialmente definido no contexto da prisão. Ao contrário de todos, não estava lá todos os dias, sendo conduzida enquanto a situação se agravava pouco a pouco. Assim, a situação na qual entrei no fim da semana não era exatamente "a mesma" que para todos os outros — faltava-me a história, o lugar e a perspectiva consensual anterior. Para eles, a situação era interpretada como estando ainda dentro de uma faixa de normalidade; não para mim — que considerava aquilo um hospício.

Como estrangeira, não tinha a opção das regras sociais específicas, as quais poderia desobedecer, e, portanto, minha discordância assumiu uma forma diferente — de contestar a situação em si. Essa contestação foi vista por alguns como uma ação heroica, mas, naquele momento, ela não parecia exatamente heroica. Pelo contrário, era uma experiência bastante assustadora e solitária de ser o dissidente, duvidando de meu julgamento sobre situações e pessoas, e talvez até de meu valor como pesquisadora em Psicologia Social.

Em seguida, Christina levanta uma profunda consideração. Para um ato de discordância pessoal que seja digna de ser chamada de "heroica", é preciso tentar modificar um sistema, corrigir uma injustiça, endireitar um erro.

Tive também de levar em conta, no fundo de minha mente, o que faria se Phil continuasse o EPS apesar de minha discordância. Teria apelado para autoridades superiores, o chefe do departamento, o reitor, o Comitê de Sujeitos Humanos, para denunciá-lo? Não sei ao certo, e fico feliz que não tenhamos chegado a esse ponto. Mas, em retrospecto, a ação teria sido essencial para a tradução de meus valores em ações significativas. Quando se reclama de alguma injustiça, e a reclamação resulta apenas em modificações cosméticas, enquanto a situação segue intacta, dissidência e desobediência não são de muito valor.

Ela atinge um ponto que foi levantado em nossa discussão sobre a pesquisa de Milgram, em que foi afirmado que a discordância verbal era apenas um bálsamo para o ego do "professor", para que se sentisse melhor em relação às coisas terríveis que estava fazendo com o "aprendiz". A *desobediência comportamental* era necessária para desafiar a autoridade. No caso do experimento de Milgram, contudo, jamais houve desobediência maior do que um recuo silencioso, no qual o professor-perpetrador saía da situação angustiante sem modificá-la de uma maneira significativa. A compreensão de Christina sobre o que a minoria heroica deveria ter feito depois que se opuseram à figura de autoridade nunca foi retratada com tanta eloquência:

O que importava, para o clássico estudo original de Milgram, era o fato de que um terço dos participantes desobedeceu e se recusou a ir até o fim? Suponha que não fosse um experimento; suponha que a "fachada" de Milgram fosse verdadeira, que pesquisadores estavam pesquisando o papel da punição no aprendizado e na memória, e estivessem testando cerca de mil participantes em uma série de experimentos em que responderiam a perguntas práticas sobre o valor educacional de aplicar judiciosamente uma punição Caso desobedecesse, e se recusasse a continuar, recebesse seu pagamento, e saísse silenciosamente, sua ação heroica não impediria que os próximos 999 participantes passassem pelo mesmo sofrimento. Teria sido um evento isolado sem impacto social, a não ser que incluísse, avançasse e desafiasse toda a estrutura e as suposições da pesquisa. A desobediência do indivíduo precisa ser traduzida em uma desobediência sistêmica que obrigue à mudança da situação ou da própria agência, e não apenas em algumas condições em vigor. É muito fácil para as situações más cooptarem as intenções dos bons contestadores ou mesmo dos heroicos rebeldes, concedendo-lhes medalhas pelos seus feitos, e um vale-brinde para que guardem suas opiniões para si.

De que são feitos o heroísmo e os heróis?

Em que situação alguém que se envolva em um ato considerado heroico, com base no critério que apresentaremos a seguir, não se torna um "herói"? Além disso, sob quais circunstâncias pode seu ato ser considerado como não heroico, mas covarde?

A ação de Christina teve a consequência positiva de concluir uma situação que saíra de controle e começara a fazer mais mal do que o pretendido em seus primórdios. Ela não se considera uma heroína porque estava apenas expressando seus sentimentos e crenças pessoais, que foram traduzidos (por mim como diretor da pesquisa) no resultado desejado por ela. Ela não precisou nos denunciar para que as altas autoridades interviessem de modo a interromper o desgovernado experimento.

Compare suas condições com a de dois heróis em potencial naquele estudo, o prisioneiro Clay-416 e o prisioneiro "Sargento". Ambos desafiaram abertamente a autoridade dos guardas, e sofreram consideravelmente ao fazê-lo. A greve de fome de Clay e a sua recusa em comer as salsichas confrontaram-se com o controle total dos guardas, o que deveria ter incitado seus pares a lutarem por seus direitos. Isso não ocorreu. A recusa do Sargento em pronunciar obscenidades em público, a despeito da importunação do guarda "John Wayne", também deveria ter sido vista como uma oposição heroica por seus pares e provocado uma rebelião por não suportarem esse tipo de abuso. Não ocorreu. Por que não? Em ambos os casos, eles agiram sozinhos, sem compartilhar seus valores ou intenções com os outros prisioneiros, sem pedir o seu apoio e reconhecimento. Portanto, foi fácil para os guardas os acusarem de "encrenqueiros", e condená-los como culpados responsáveis pelas privações feitas pelos guardas ao restante dos presos. Seus atos poderiam ser considerados heroicos, mas eles não podem ser considerados heróis porque jamais agiram para modificar todo o sistema abusivo e nunca reuniram todos os dissidentes.

Outro aspecto do heroísmo é ressaltado pelo exemplo de ambos. O heroísmo e o *status* de herói são sempre atribuições sociais. Outro que não o ator confere essa honra à pessoa e ao feito. É preciso que haja um consenso social sobre o significado e a importância da consequência de um ato para que ele seja avaliado como heroico, e para que seu agente seja chamado de herói. Espere! Não tão rápido! Um homem-bomba palestino que é morto no ato de matar judeus civis inocentes recebe um status heroico na Palestina e um status demoníaco em Israel. Da mesma maneira, agressores precisam ser vistos como heroicos combatentes da liberdade ou como agentes covardes do terrorismo, dependendo de quem confere a atribuição.[26]

Isso significa que as definições de heroísmo sempre estão atadas ao tempo e à cultura. Até hoje, titereiros representam a lenda de Alexandre, o Grande, perante crianças em vilarejos remotos da Turquia. Em cidades onde seus postos de comando foram instalados e seus soldados se casaram com os cidadãos das vilas, Alexandre é um grande herói, mas nas cidades que foram simplesmente conquistadas em sua infatigável jornada por governar o mundo conhecido, Alexandre é retratado como um grande vilão, mais de mil anos após sua morte.[27]

E, além disso, para fazer parte da história de qualquer cultura, os atos de um herói precisam ser registrados e preservados por aqueles que são letrados e que possuem o poder de escrever a história ou transmiti-la em uma tradição oral. Povos pobres, indígenas, colonizados e analfabetos possuem poucos heróis amplamente conhecidos, pois não há registro de seus atos.

Definindo os heróis e o heroísmo

O heroísmo nunca foi sistematicamente investigado pelas ciências comportamentais.[28] Os heróis e o heroísmo parecem ter sido melhor explorados pela literatura, arte, mitos e cinema. Dados de diferentes fontes documentam os males da existência humana: homicídios e suicídios, taxas de criminalidade, populações nas prisões, níveis de pobreza, e a taxa de esquizofrenia em uma dada população. Dados quantitativos semelhantes para atividades humanas positivas não são fáceis de encontrar. Não registramos quantos atos de caridade, simpatia, ou compaixão ocorrem em uma comunidade ao longo de um ano. Apenas ocasionalmente ficamos sabendo de um ato heroico. Esse índice aparentemente baixo nos leva a acreditar que o heroísmo é raro e os heróis são verdadeiramente excepcionais. Todavia, um interesse renovado acerca da importância de remeter-se ao lado bom da natureza humana tem surgido de novas pesquisas e do rigor empírico do movimento de Psicologia Positiva. Liderado por Martin Seligman e seus colegas, este movimento criou uma mudança de paradigma, em direção à acentuação do positivo na natureza humana, para minimizar a duradoura atenção da Psicologia ao lado negativo.[29]

Concepções vigentes de heroísmo enfatizam primariamente seu risco físico, sem se remeter adequadamente a outros componentes dos atos heroicos, tais como a nobreza do propósito e atos não violentos de sacrifício pessoal. Emana das análises das virtudes humanas por psicólogos positivos uma série de seis grandes categorias do comportamento virtuoso que desfrutam de um reconhecimento quase universal pelas culturas. A classificação inclui: sabedoria e conhecimento, coragem, humanidade, justiça, temperança e excelência. Destas, a coragem, a justiça e a excelência são as características centrais do heroísmo. A excelência abarca as crenças e ações que ultrapassam os próprios limites.

O heroísmo nos remete ao que é certo na natureza humana. Importamo-nos com histórias heroicas porque elas servem como lembretes poderosos de que as pessoas são capazes de resistir ao mal, de não sucumbir às tentações, de se elevar acima da mediocridade, e de dar importância ao chamado para a ação e de servir quando os outros falham em agir.

Muitos dicionários modernos descrevem o heroísmo como "cavalheirismo" e "bravura", e estes, por sua vez, são descritos como coragem, e a coragem retorna mais uma vez aos versos heroicos. Contudo, dicionários mais antigos esforçavam-se em desconstruir a concepção, oferecendo distinções sutis entre as palavras usadas para descrever os atos heroicos. Por exemplo, o *1913 Webster's Revised Unabridged Dictionary* associa heroísmo com coragem, bravura, fortitude, intrepidez, cavalheirismo e valor.[30] Como parte da definição para cada uma destas palavras, o editor do dicionário procurou garantir que o leitor compreendesse como estas diferiam entre si.

Coragem é a firmeza de espírito e a elevação da alma, no encontro destemido com um perigo. Bravura é uma coragem audaz e impetuosa, como a de quem tem continuamente em vista uma recompensa e a exibição de sua coragem em atos ousados. Fortitude tem sido frequentemente considerado como "coragem passiva" e consiste no hábito de encontrar o perigo e suportar a dor com espírito inquebrantável e constante. O valor é a coragem exibida na guerra (contra oponentes vivos), e não pode ser aplicada a um único combate; ele jamais é usado figurativamente. Intrepidez é a coragem firme e inabalável. Cavalheirismo é a coragem aventureira, que procura o perigo com um espírito elevado e alegre.

O dicionário prossegue desenvolvendo exemplos de rodapé, de que um homem pode exibir coragem, fortitude e intrepidez nas ocupações comuns da vida, assim como na guerra. O valor, a bravura e o cavalheirismo são exibidos em duelos. O valor pertence apenas à batalha; a bravura pode ser exibida em um único combate; o cavalheirismo pode ser manifestado seja no ataque, seja na defesa; mas, no caso da última, a defesa é frequentemente transformada em ataque. O heroísmo pode colocar em prática todas estas variações de coragem. É o desprezo pelo perigo, não por ignorância ou imprudente leviandade, mas a partir de uma nobre devoção a alguma grande causa e uma justa confiança de ser capaz de encontrar o perigo no espírito desta causa.[31]

Heróis militares

Historicamente, a maioria dos exemplos de heroísmo enfatizou os atos de coragem que envolveram bravura, cavalheirismo e risco de ferimentos sérios ou morte. Segundo os psicólogos Alice Eagly e Selwyn Becker, a combinação de coragem e propósito nobre tem mais chances de resultar na consideração de alguém como herói do que apenas a coragem isolada.[32] A ideia de nobreza no heroísmo é, normalmente, tácita e fugidia. Geralmente, o risco de vida e mutilação ou o sacrifício pessoal é muito mais conspícuo. O ideal heroico do herói de guerra serviu como tema tanto para épicos antigos quanto para o jornalismo moderno.

Aquiles, comandante das forças gregas na Guerra de Troia, é normalmente tido como um herói de guerra arquetípico.[33] O envolvimento de Aquiles no combate foi baseado em seu compromisso com um código militar que definiu suas ações como cavalheiro. E, ainda, enquanto seus atos eram heroicos, sua motivação prioritária era a busca de glória e renome que o tornaria imortal nas mentes dos homens após sua morte.

A historiadora Lucy Hughes-Hallett afirmou que "Um herói pode se sacrificar de tal forma para que os outros possam viver, ou para que ele possa viver para sempre na mente dos outros. [...] Aquiles dará qualquer coisa, incluindo a própria vida, para reafirmar a própria singularidade, para favorecer sua vida de importância, e fugir ao esquecimento".[34] O desejo de se arriscar fisicamente em troca de um reconhecimento duradouro ao longo de gerações pode parecer uma relíquia de outra era, mas ele ainda autoriza sérias considerações em nossa avaliação do comportamento heroico moderno.

Essa visão histórica do herói também sugere que há algo inato especial no que se refere aos heróis. Hughes-Hallett escreve: "Há homens, escreveu Aristóteles, tão divinos, tão excepcionais, que, naturalmente, por direito ou por seus dons extraordinários, transcendem todo julgamento moral ou controle constitucional: 'Não há lei que incorpore homens desse calibre: são eles próprios a lei.'" Surge uma definição da concepção aristotélica: "É a definição de um espírito magnífico. Está associada com a coragem e a integridade, e um desdém por compromissos paralisantes pelos quais a maioria, os não heróis, administram suas vidas — atributos que são amplamente considerados nobres. [...] [Heróis são] capazes de qualquer coisa significativa — a derrota de um inimigo, a salvação de uma raça, a preservação de um sistema político, a conclusão de uma viagem — que *mais ninguém* poderia ter realizado".[35] (Grifo meu.)

Esse conceito de serviço conspícuo que distingue um guerreiro de seus pares persiste até os dias de hoje em nossos serviços militares. O Departamento de Defesa dos Estados Unidos reconhece o heroísmo ao conceder uma série de medalhas por atos considerados acima ou além do dever. A maior delas é a Medalha de Honra, concedida a cerca de 3.400 soldados.[36] As regras que regem a Medalha de Honra enfatizam o papel do cavalheirismo e da intrepidez, a disposição de entrar no coração da batalha sem hesitar, o que distingue claramente o desempenho do indivíduo do de seus companheiros de luta.[37]

De modo similar, as Forças Armadas britânicas concedem a Cruz de Victoria como a mais alta medalha pelo heroísmo, definido como a conduta valorosa em face de um inimigo.[38]

O ideal do herói militar é claramente ecoado em outros contextos, e inclui aqueles que arriscam rotineiramente sua saúde e a vida no cumprimento do dever, tais como oficiais de polícia, bombeiros e paramédicos. A insígnia concedida a bombeiros é uma versão da Cruz de Malta, um reconhecimento simbólico do credo do cumprimento heroico em nome do qual os Cavaleiros de Malta juraram viver na Idade Média. A Cruz de Malta, em sua forma original, permanece um símbolo de cavalheirismo para as Forças Armadas na Cruz de Victoria britânica, e, de 1919 a 1942, na versão da Marinha dos Estados Unidos da Medalha de Honra, a Cruz de Tiffany.

Heróis civis

Se Aquiles é o herói de guerra arquetípico, Sócrates ostenta a mesma distinção como herói civil. Seu ensinamento era tão ameaçador às autoridades de Atenas que ele se tornou alvo da censura do governo, e foi, ao final, julgado e sentenciado à morte por se recusar a renunciar a suas visões. Quando equacionamos o heroísmo militar de Aquiles com o heroísmo civil de Sócrates, torna-se claro que, enquanto os atos heroicos são normalmente feitos em serviço para outras pessoas ou para destacar princípios morais fundamentais de uma sociedade, o herói frequentemente trabalha vinculado às forças construtivas e destrutivas. Hughes-Hallet sugere que "as asas da oportunidade são empenadas com as penas da morte." Ela propõe que os heróis se expõem a um perigo mortal em busca da imortalidade. Tanto Aquiles quanto Sócrates, exemplos poderosos de heroísmo, encontram suas mortes em cumprimento de códigos de conduta divergentes, pelos quais escolheram viver.

A escolha de Sócrates de morrer por seus ideais serve como um lembrete normativo eterno do poder do heroísmo civil. Sabemos que, no momento da sentença de Sócrates, ele invocou a imagem de Aquiles em defesa de sua decisão de morrer em vez de se submeter a uma lei arbitrária que silenciaria sua oposição ao sistema que combatera. Seu exemplo faz lembrar o heroísmo similar do patriota da Guerra Revolucionária Americana, Nathan Hale, cuja postura mortal desafiadora será mais tarde usada para ilustrar um tipo de ação heroica.

Heroico estudante chinês, "Homem Tanque", enfrentando carros de combate do Exército

Evoque o feito ousado do "rebelde desconhecido" que confrontou uma linha de 17 blindados em movimento que visavam trucidar a passeata pela liberdade do Movimento Democrático Chinês da Praça de Tiananmen, em Beijing, em 5 de junho de 1989. Este jovem interrompeu o avanço mortífero de uma coluna de tanques por 30 minutos, e escalou sobre o da frente, e sabe-se que exigiu de seu motorista: "Por que você está aqui? Minha cidade está um caos por sua causa. Vá embora, dê a volta e pare de matar o meu povo." O anônimo "Homem Tanque" tornou-se um símbolo internacional imediato de resistência; ele encarou o teste derradeiro de coragem e honra pessoal, e delineou para sempre a imagem orgulhosa de um indivíduo levantando-se em oposição contra um rolo compressor das Forças Armadas. A imagem dessa confrontação foi transmitida em todo o mundo e tornou-o um herói universal. Há histórias conflituosas sobre o que aconteceu com ele como consequência por esse ato, alguns relatam seu aprisionamento, outros sua execução, outros a sua fuga anônima. Independentemente do que aconteceu, sua condição de herói civil foi reconhecida quando o Homem Tanque foi incluído na lista da revista *Time* como as 100 pessoas mais influentes do século XX (abril de 1998).

O risco físico exigido de civis que agem heroicamente difere de um soldado ou de alguém que toma a iniciativa, porque profissionais são atados pelo dever e um código de conduta, e por serem treinados. Assim, o padrão de risco físico entre os vinculados e os não vinculados ao dever pode diferir, mas o estilo de envolvimento e sacrifício potencial exigido pela ação é bastante similar.

Heróis civis que realizam atos que envolvam riscos físicos imediatos são reconhecidos em prêmios, tais como o Carnegie Hero Awards, dos Estados Unidos, e a George Cross, na Grã-Bretanha.[39] Autoridades britânicas e australianas também reconhecem ações heroicas que envolvam grupos.[40] A Austrália, por exemplo, reconheceu "um grupo de estudantes que impediu e conteve um agressor após um ataque de arco e flecha a um estudante na Tomaree High School, em Salamander, New South Wales", em 2005, concedendo ao grupo uma menção por bravura. A menção foi: "Por um ato coletivo de bravura, por um grupo de pessoas em circunstâncias extraordinárias, consideradas dignas de reconhecimento". Mais uma vez, um conceito aparentemente simples é ampliado do comportamento de um herói solitário para o de um herói coletivo, que examinaremos brevemente.

Heróis que se arriscam fisicamente *versus* heróis que se arriscam socialmente

Uma definição oferecida por psicólogos menciona o risco físico como atributo definidor do herói. Para Becker e Eagly, os heróis são "indivíduos que escolhem assumir riscos em nome de uma ou mais pessoas, a despeito da possibilidade de morrer ou sofrer sérias consequências físicas por estas ações".[41] Outros motivos para o heroísmo, tais como o heroísmo conduzido por princípios, são reconhecidos mas não elaborados. É curioso que psicólogos promovam um protótipo tão estreito de heroísmo, e excluam outras formas de risco pessoal, que podem ser qualificadas como atos heroicos, tais como riscos à própria carreira, a possibilidade de aprisionamento, ou a perda da posição social. A discordância da definição acima surgiu do psicólogo Peter Martens, que apontou que ela destacou apenas os heróis que se atinham a uma ideia ou a um princípio — o complemento de nobreza do heroísmo que sinaliza o herói aristotélico dentre o proletariado.[42]

O senador John McCain, ele mesmo um herói que resistiu em dar qualquer informação militar apesar de ter sido submetido à torturas extremas, acredita que o conceito de heroísmo pode ser alargado além do risco físico ou do sofrimento. McCain sustenta que "o padrão da coragem é representado, como acredito que deva, por ações que põem em risco a vida, o corpo, ou outros que possam causar ferimentos pessoais muito sérios em prol do bem dos outros, ou por defender uma virtude — um padrão normalmente confirmado por atos heroicos nos campos de batalha, mas não necessariamente limitado ao valor marcial".[43] Cada uma destas descrições de comportamento heroico equaciona as características encontradas no heroísmo físico e civil, enquanto destacam as diferenças críticas entre ambos.

As diversas concepções de heroísmo também mapeiam grosseiramente ideias de coragem, justiça, e superação, que Seligman e seus colegas desenvolveram como parte de seu sistema de classificação de virtudes e forças. Por exemplo, a virtude da coragem é erigida sobre quatro forças de caráter, que incluem a autenticidade, a bravura (levemente similar à intrepidez), a persistência (similar à fortitude), e o entusiasmo. A justiça é descrita como outra virtude. A lealdade, a liderança e o trabalho em equipe encontram-se incluídos dentro desta virtude. Na prática, o conceito de servir a uma causa ou ideal nobre é, frequentemente, em última instância, uma questão de justiça, como, por exemplo, na abolição da escravatura. E, finalmente, a transcendência é outra das virtudes que dizem respeito ao heroísmo, na medida em que é a força que obriga a ligação a um universo mais amplo, e dá sentido a nossas ações e existências. Embora não esteja articulado na literatura sobre o heroísmo, a transcendência pode estar relacionada à concepção de *Webster's 1913* da fortitude no comportamento heroico. A transcendência pode permitir a um indivíduo envolvido em um ato heroico que permaneça desligado das consequências negativas, antecipadas ou reveladas, que estão associadas ao seu comportamento. Para que seja heroico, é preciso se elevar acima dos riscos e perigos imediatos que o heroísmo necessariamente implica, seja reenquadrando a natureza dos riscos ou alterando sua relevante importância aos valores "de ordem mais elevada".

Uma nova taxonomia do heroísmo

Estimulado pela reflexão acerca dos comportamentos heroicos associados ao Experimento da Prisão de Stanford, iniciei uma exploração mais completa desse intrigante tópico, em diálogo com meu colega psicólogo Zeno Franco. Primeiramente, nós ampliamos a concepção de risco heroico; em seguida, propusemos uma definição aprimorada de heroísmo; e, finalmente, erigimos uma nova taxonomia do heroísmo. Tornou-se evidente que o risco ou o sacrifício não deveriam ser limitados a uma ameaça imediata da integridade física, ou a uma ameaça de morte. O componente do risco no heroísmo pode ser qualquer ameaça séria à qualidade de vida. O heroísmo poderia incluir, por exemplo, um comportamento persistente diante de ameaças conhecidas, a longo prazo, à saúde, ou de consequências financeiras sérias; perda de status social ou econômico; ou ostracismo. Por alargar consideravelmente a definição de heroísmo, também pareceu necessário excluir algumas formas de heroísmo aparente, que podem, na verdade, não ser heroicas, mas "pseudo-heroicas".

Em seu livro *The Image: a Guide to Pseudo-Events in America* ("A imagem: um guia para os pseudoacontecimentos nos Estados Unidos"), Daniel Boorstin esvazia a confluência moderna entre o heroísmo e a celebridade. "Dois séculos atrás, quando um grande homem surgia, as pessoas procuravam nele o propósito de Deus; hoje, procuramos seu assessor de imprensa. [...] Dentre as irônicas frustrações de nossa era, nenhuma provoca mais sofrimento do que estes nossos esforços de satisfazer nossas extravagantes expectativas de grandeza humana. Em vão fazemos marcas de celebridade artificiais crescerem onde a natureza plantou apenas um herói."[44]

Outro exemplo do que o heroísmo *não* é pode ser visto em um livro infantil sobre os heróis norte-americanos que oferece cinquenta exemplos.[45] Suas histórias de heroísmo, na verdade, destacam um grupo de atividades ou papéis que são necessários mas insuficientes para implicar um verdadeiro status de herói. Todos os exemplos são modelos exemplares dignos de imitação, mas apenas uma fração deles corresponde às exigências constituintes do status de herói. Nem todos os dissidentes, guerreiros ou santos são heróis. O herói precisa abarcar uma combinação de nobreza deliberada e um sacrifício pessoal. Às vezes, os indivíduos são considerados heróis mesmo quando não o mereceram por suas ações, mas se tornam assim por algum propósito de uma agência ou governo. Estes "pseudo-heróis" são criações da mídia promovidas por poderosas forças sistêmicas.[46]

Os heróis são premiados de diversas maneiras por seus feitos heroicos, mas, se antecipam ganhos secundários no momento de seu ato, precisam ser necessariamente desqualificados de seu status de herói. Contudo, se os ganhos secundários se acumulam após o seu ato, sem a previsão de consegui-los, o ato ainda pode ser considerado heroico. A questão é que um ato heroico é *sociocêntrico*, não egocêntrico.

O heroísmo pode ser definido por suas quatro características essenciais: (a) ele deve ser realizado voluntariamente; (b) precisa envolver um risco ou sacrifício potencial, tal como ameaça de morte, uma ameaça imediata à integridade física, uma ameaça de longo prazo à saúde, ou o potencial de séria degradação da própria qualidade de vida; (c) ele deve ser conduzido a serviço de uma ou mais outras pessoas, ou da comunidade como um todo; e (d) ele não deve conter ganhos secundários extrínsecos, antecipados no momento do ato.

O heroísmo a serviço de uma ideia nobre é usualmente o resultado de uma decisão repentina, um momento de ação. Além disso, o heroísmo de risco físico frequentemente envolve uma probabilidade, não a certeza, de ferimentos sérios ou morte. O indivíduo que realiza o ato é geralmente retirado da situação após um breve período de tempo. Por outro lado, pode-se argumentar que algumas formas de heroísmo civil são mais heroicas do que os heroísmos de risco físico. Pessoas como Nelson Mandela, Martin Luther King, Jr. e dr. Albert Schweitzer, dispostos e cientes, submeteram-se aos obstáculos da atividade heroica civil, dia após dia, por muito tempo de suas vidas adultas. Nesse sentido, o risco associado ao heroísmo do risco físico é melhor definido como *perigo*, enquanto o risco envolvido no heroísmo civil é considerado *sacrifício*.

O sacrifício implica custos que não são temporais. Tipicamente, heróis civis têm a oportunidade de examinar cuidadosamente suas ações e de ponderar as consequências de suas decisões. Cada um deles poderia ter optado por recuar em relação à causa defendida, pois o custo de suas ações tornou-se opressivo, mas não o fizeram. Cada um destes indivíduos arriscou sua qualidade de vida em muitos níveis. Suas atividades tiveram consequências sérias; captura, aprisionamento, tortura, risco aos familiares, e, até mesmo, assassinato.

Retornando para a definição de heroísmo do *Webster's 1913*, podemos dizer que sustentar os ideais civis mais elevados perante o perigo é o conceito central do heroísmo. Assumir riscos físicos é apenas um meio de se defrontar com os perigos que podem ser encontrados ao realizar atos heroicos. Somos lembrados de que o heroísmo "é um desprezo pelo perigo, não por ignorância ou imprudente leviandade, mas por uma *devoção nobre a uma grande causa*, e uma confiança justa na própria capacidade de se encontrar com o perigo no espírito desta causa" (Grifo meu.) O perigo pode ser ameaça imediata à vida, ou pode ser traiçoeiro Veja uma das declarações de Nelson Mandela, no início de sua prisão de 27 anos por se opor à tirania do *apartheid*:

> Durante minha vida, dediquei-me à luta do povo africano, lutei contra a dominação branca, e lutei contra a dominação negra. Compartilhei o ideal de uma sociedade livre e democrática, na qual todas as pessoas vivam juntas em harmonia, e com iguais oportunidades. É um ideal pelo qual espero viver e conquistar. Mas, caso seja necessário, é um ideal pelo qual estou preparado para morrer.[47]

Baseado nesta definição mais flexível do heroísmo, Zeno Franco e eu criamos uma taxonomia prática que inclui 12 subcategorias de heroísmo, discriminando duas subcategorias dentro do tipo heroico militar e do risco físico, e dez subcategorias do tipo civil e do risco social. Ademais, a taxonomia identifica características discriminantes para cada um dos 12 tipos de heróis, assim como a forma de risco que encontram, e dá alguns exemplos colhidos de fontes históricas e contemporâneas.

A taxonomia foi desenvolvida *a priori*, baseando-se na reflexão e na revisão de literatura. Não possui fundamento empírico, mas consiste em um modelo prático aberto a modificações por novas descobertas científicas, e licenças e acréscimos dos leitores. Ficará claro que as subcategorias, definições, riscos e exemplos oferecidos estão todos profundamente ligados à cultura e ao nosso tempo. Eles refletem amplamente uma perspectiva pós-moderna, euro-americana, de classe média adulta. Incorporar outras perspectivas irá certamente expandi-la e enriquecê-la.

	Subtipo	Definição	Risco/Sacrifício	Exemplos
Heroísmo Militar — Cavalheirismo, Bravura, Valor	1. Militar e de outros vínculos de dever. Heróis de Risco Físico	Indivíduos relacionados com as Forças Armadas ou outras carreiras de reação de emergência, que envolvem constante exposição a situações de alto-risco: os atos heroicos precisam exceder o chamado do dever.	Ferimentos graves Morte	Aquiles Detentores de Medalhas de Honra Hugh Thompson Almirante James Stockdale

	Subtipo	Definição	Risco/Sacrifício	Exemplos
Heroísmo Civil	2. Heróis Civis — Nenhum vínculo de dever Heróis de Risco Físico	Civis que tentaram salvar os outros de lesões físicas ou de morte, enquanto sabiam que estavam colocando suas próprias vidas em risco.	Ferimentos graves Morte	Heróis de Carnegie
Heroísmo Social — Fortitude, Coragem, Intrepidez	3. Figuras religiosas	Pessoas dedicadas durante toda a vida a princípios elevados ou que fundam novos alicerces religiosos/espirituais. Normalmente servem como professores ou exemplos públicos de dedicação.	Sacrifício de si no caminho ascético Incomodar a ortodoxia religiosa	Buda Maomé São Francisco de Assis Madre Teresa
	4. Figuras Político-Religiosas	Líderes religiosos que se converteram em políticos para promover uma mudança maior, ou políticos que têm um sistema profundo de crenças espirituais que direcionam a prática política.	Assassinato Prisão	Gandhi Martin Luther King Jr. Nelson Mandela Reverendo Desmond Tutu
	5. Mártires	Figuras políticas ou religiosas que conscientemente (às vezes deliberadamente) arriscam suas vidas à serviço de uma causa.	Morte certa ou quase certa em nome de uma causa ou ideal	Jesus Sócrates Joana d'Arc José Martí Steve Biko

Heroísmo Social — Fortitude, Coragem, Intrepidez

Subtipo	Definição	Risco/Sacrifício	Exemplos
6. Líderes políticos ou militares	Líderes que conduzem uma nação de modo singular em um tempo de dificuldade; servem à unificação da nação, fornecem uma visão compartilhada, e incorporam qualidades vistas como necessárias para a sobrevivência de um grupo.	Assassinato Oposição Derrota Eleitoral Campanhas de Difamação Prisão	Abraham Lincoln Robert E. Lee Franklin Roosevelt Winston Churchill Václav Havel
7. Aventureiros/ Exploradores/ Descobridores	Indivíduos que exploram áreas geográficas desconhecidas ou usaram meios de transporte novos e não testados.	Saúde Física Ferimentos Sérios Morte Perda de oportunidades (duração da jornada)	Odisseu Alexandre o Grande Amélia Earhart Yuri Gagarin
8. Heróis de Descobertas Científicas	Indivíduos que exploram áreas desconhecidas da ciência, utilizam métodos de pesquisa novos e não testados, ou descobrem novas informações científicas vistas como valiosas para a humanidade.	Impossibilidade de convencer os outros da importância das descobertas Ostracismo profissional Perdas financeiras	Galileu Galilei Thomas Edison Marie Curie Einstein
9. Bom samaritano	Indivíduos que se prontificam a ajudar os outros em necessidade; situação que envolva uma inibição considerável para o altruísmo; pode não implicar risco físico imediato.	Sanções punitivas das autoridades Detenção Tortura Morte Perda de oportunidades Ostracismo	Salvadores do Holocausto Harriet Tubman Albert Schweitzer Richard Clark Richard Rescorla

Heroísmo Social — Fortitude, Coragem, Intrepidez

Subtipo	Definição	Risco/Sacrifício	Exemplos
10. Superadores de adversidades / Prejudicados	Indivíduos que superam deficiências ou condições adversas e prosperam apesar das circunstâncias, e servem de exemplos para outros.	Fracasso Rejeição Desprezo Inveja	Horatio Alger Helen Keller Eleanor Roosevelt Rosa Parks
11. Heróis burocratas	Empregados de grandes empresas envolvidos em embates controversos em seu interior, ou entre instituições; tipicamente envolve permanecer firme aos princípios apesar das pressões intensas	Comprometer uma carreira cuidadosamente cultivada Ostracismo profissional Perda de *status* social Perda financeira Perda de credibilidade Risco à saúde	Louis Pasteur Edward Tolman Barry Marshall
12. Denunciadores	Indivíduos cientes de atividades ilegais ou antiéticas em uma organização, e que denunciam a atividade sem esperar recompensa	Comprometer uma carreira cuidadosamente cultivada Ostracismo profissional Perda de *status* social Perda financeira Perda de credibilidade Represália física	Ron Ridenhour Cynthia Cooper Coleen Rowley Deborah Layton Christina Maslach Joe Darby Sherron Watkins

Uma amostra dos perfis de heróis

Dar vida ao heroísmo por meio de exemplos humaniza o conceito e ilustra suas muitas formas. Traçarei o perfil de uma dúzia de indivíduos que são particularmente interessantes, ou que conheço pessoalmente. Tendo argumentado que as situações fazem os heróis, podemos utilizar alguns grandes marcadores das circunstâncias para agrupar alguns deles, tais como o *apartheid*, o macartismo, as Guerras do Vietnã e do Iraque, e os suicídios/assassinatos em massa em Jonestown.

Heróis do apartheid

Na vanguarda dos esforços de promoção da liberdade e dignidade humanas, encontram-se tipos especiais de heróis dispostos a se envolver em batalhas de toda uma vida contra a opressão sistêmica. Em tempos recentes, Mahatma Gandhi e Nelson Mandela tomaram caminhos heroicos que conduziram a seus engajamentos e desmantelamentos de dois sistemas de *apartheid* (do inglês, "segregação"). Em 1919, Gandhi iniciou uma resistência pacífica à autoridade britânica sobre a Índia. Ele foi preso por dois anos. Nos vinte anos seguintes, ele lutou pela libertação da Índia, pelo tratamento igualitário de membros do sistema de classe hindu, e pela tolerância religiosa. A Segunda Guerra Mundial atrasou o advento da autodeterminação indiana, mas, em 1948, o país finalmente celebrou sua independência da Grã-Bretanha. Gandhi foi assassinado pouco tempo depois, mas tornou-se o exemplo de duradoura resistência não violenta à opressão.[48]

A África do Sul desenvolveu uma estrutura formal e legalizada de segregação em 1948, que prevaleceu até 1994, e que praticamente escravizou a população negra nativa. Nelson Mandela foi julgado por incitar greves e reuniões de protesto, além de outras acusações, em 1962. Ele passou os 27 anos seguintes encarcerado na notória prisão de Robben Island. Durante o período em que ficou preso, Mandela e seus companheiros políticos na prisão utilizaram o próprio sistema prisional para criar uma situação de resistência real e simbólica que serviu para galvanizar o povo da África do Sul e o mundo para que abolissem o sistema de *apartheid*. Ele foi capaz de transformar as identidades autocriadas de várias gerações de prisioneiros levando-os a entender que eram prisioneiros políticos atuando com dignidade para apoiar uma causa justa. Nesse processo, porém, ele ajudou a transformar as atitudes e crenças de muitos dos guardas, e, também, a contestar todo o sistema prisional.[49]

Heróis antimacartistas

A ameaça do comunismo global, entre os anos de 1950 a 1989, com a queda do muro de Berlim, foi o que o medo do terrorismo global é hoje: ela ditou a política nacional, fomentou guerras e exigiu um enorme dispêndio de recursos e de vidas. É importante lembrar do macartismo porque ele foi uma forma semioficial de controle repressivo, autoritário, do governo, que ocorreu em uma democracia madura. Aqueles que neutralizaram a histeria anticomunista propulsionada pelo senador Joe McCarthy e o Comitê de Atividades Antiamericanas nos Estados Unidos jamais receberam o reconhecimento duradouro e universal que Gandhi e Mandela exerceram. No entanto, sua oposição à injustiça corresponde ao nosso critério de definição.

No auge da era McCarthy, a Universidade da Califórnia iniciou um "juramento de lealdade" que todos os membros da faculdade precisavam assinar. Um professor de Psicologia, Edward Tolman, recusou-se a assinar o juramento e liderou um pequeno grupo de professores que se opuseram à política. Em 18 de julho de 1950, Tolman apresentou uma carta de protesto ao reitor da Universidade da Califórnia, Roberto Sproul. Em agosto daquele ano, os membros do conselho da Universidade da Califórnia demitiram 31 professores, incluindo Tolman, pela sua recusa em assinar o juramento de lealdade. Mais tarde, naquele mês, os professores iniciaram uma ação judicial, *Tolman contra Underhill*. Em 1952, a Suprema Corte do Estado julgou a favor dos que não assinaram. Durante a disputa do juramento de lealdade, Tolman encorajou outros jovens membros da faculdade a assinar o juramento e deixar a luta contra o ato para ele e outros que poderiam (financeiramente) arcar com a sua continuidade. Tolman, um acadêmico de fala mansa, sem antecedentes de envolvimento político, tornou-se profundamente respeitado por seu corajoso exemplo, por muitos professores e funcionários do sistema da Universidade da Califórnia.[50]

Outros heróis da era McCarthy eram jornalistas investigativos, tais como George Seldes e I. F. Stone, e os cartunistas Herb Block e Daniel Fitzpatrick. Durante esse período, o nome de I. F. Stone foi inserido na lista do Subcomitê do Senado de Segurança Interna, de 82 "patrocinadores mais ativos e típicos das organizações de frente comunista". Como consequência por constar da lista negra, Stone foi forçado a mover uma ação judicial para reaver seu registro de jornalista.[51]

Passando de uma ameaça comunista imaginária deparada pelos Estados Unidos para uma ameaça e crueldade palpável diária da dominação nacional por um regime comunista, encontramos Václav Havel. Havel é extraordinário no sentido de um Dalai Lama, e é comum no sentido em que um ex-ajudante de palco e escritor pode ser. Porém, ele foi o arquiteto da "Revolução de Veludo", que derrubou o regime comunista tcheco em 1989. Antes de finalmente convencer o governo de que seu comunismo de marca totalitária era destrutivo de tudo o que a Tchecoslováquia defendia, Havel foi preso diversas vezes por quase cinco anos. Foi uma figura de liderança no desenho do manifesto da carta de direitos 77, e na organização do movimento de direitos humanos da Tchecoslováquia, de intelectuais, estudantes e operários. Como um apoiador apaixonado da resistência não violenta, Havel é famoso por ter articulado o conceito de "pós-totalitarismo", que desafiou seus conterrâneos a acreditarem que tinham o poder de mudar um regime repressivo que inadvertidamente apoiavam ao se submeterem passivamente à sua autoridade. Em cartas que escreveu da prisão para sua esposa e em discursos, Havel deixou claro que o primeiro passo na deposição de uma ordem social e política inaceitável é que seus cidadãos percebam que estão vivendo confortavelmente em uma mentira. Esse homem tímido e despretensioso tornou-se presidente da Assembleia Federal, e, quando o governo comunista finalmente rendeu-se perante o poder do povo, Václav Havel foi democraticamente eleito o primeiro presidente da nova República Tcheca. Ele hoje continua, como um famoso cidadão reservado, a se opor contra a injustiça política, e a apoiar os esforços pela paz mundial.[52]

Heróis de Guerra do Vietnã

Dois tipos aparentemente diferentes de heroísmo militar em condições de extrema pressão surgem nas ações de James Stockdale e Hugh Thompson. Stockdale, um ex-colega de Stanford no Instituto Hoover (um professor convidado para meu curso sobre controle mental), ascendeu ao posto de vice-almirante antes de morrer, aos 81 anos, em julho de 2005. Ele é considerado um dos exemplos mais claros de heroísmo militar no século XX, por ter suportado severas sessões de tortura frequentes ao longo de sete anos de aprisionamento, jamais cedendo aos seus algozes vietcongues. Seu segredo de sobrevivência foi confiar no seu treinamento anterior em filosofia, que permitiu a ele resgatar o aprendizado dos filósofos estoicos, principalmente Epicteto e Sêneca. A concentração de Stockdale permitiu-lhe distanciar-se psicologicamente da tortura e da dor, que ele não podia controlar, e galvanizar seu pensamento para coisas que ele podia controlar à sua volta, na prisão. Ele criou um código de conduta de autovontade para si e para os outros aprisionados com ele. A sobrevivência em condições de trauma severo exige a não rendição ao inimigo, como quando Epicteto foi torturado pelos governantes romanos milhares de anos atrás.[53]

Hugh Thompson se distingue por sua enorme coragem em uma batalha quase letal — contra seus próprios soldados! Um dos acontecimentos mais terríveis na história das Forças Armadas dos EUA foi o massacre de My Lai, que se deu em 16 de março de 1968, durante a guerra do Vietnã. Cerca de 504 civis vietnamitas foram reunidos e assassinados no vilarejo de Son My (My Lai 4 e My Khe 4) por soldados norte-americanos e oficiais da Companhia Charlie, o capitão Ernest Medina e o tenente William Calley Jr.[54] Em represália às perdas militares das emboscadas e armadilhas explosivas, o comando militar expediu uma ordem de destruição de "Pinkville", codinome do vilarejo comunista vietcongue. Sem encontrar guerreiros inimigos ali, os soldados juntaram todos os habitantes do vilarejo — idosos, mulheres, crianças e bebês — e metralharam-nos até a morte (alguns deles foram queimados vivos, estuprados e escalpelados).

Enquanto esse massacre estava em andamento, um helicóptero, pilotado pelo primeiro-sargento Hugh Thompson Jr., que sobrevoava a região para fornecer cobertura aérea, desceu a aeronave para ajudar um grupo de civis vietnamitas que pareciam ainda estar vivos. Após retornarem ao helicóptero, Thompson e seus dois tripulantes, depois de lançarem sinalizadores de fumaça, avistaram o capitão Medina e outros soldados aproximando-se com velocidade para atirar nos feridos. Thompson passou com seu helicóptero de volta sobre o vilarejo de My Lai, onde os soldados estavam prestes a explodir uma choupana repleta de vietnamitas feridos. Ele ordenou que o massacre parasse e ameaçou abrir fogo com a artilharia pesada do helicóptero, em qualquer soldado ou oficial norte-americano que contestasse sua ordem.

Embora os tenentes encarregados fossem mais antigos que Thompson, ele não deixou que a hierarquia interferisse em sua moralidade. Quando ordenou que os civis fossem retirados do abrigo, um tenente reagiu dizendo que eles sairiam com granadas. Recusando-se a voltar atrás, Thompson respondeu: "Posso fazer melhor do que isso. Mantenham seu pessoal parado. Minhas armas estão sobre vocês." Ele ordenou, então, que dois outros helicópteros viessem para evacuação médica dos 11 vietnamitas feridos. Seu avião retornou para resgatar um bebê que avistara ainda agarrado à mãe morta. Apenas depois que Thompson relatou o massacre a seus superiores é que as ordens de cessar-fogo foram dadas.

Por sua intervenção dramática, e pela cobertura da mídia que recebeu, Thompson tornou-se *persona non grata* nas Forças Armadas, e, como punição, foi obrigado a voar pelas mais perigosas missões de helicóptero inúmeras vezes. Ele foi derrubado cinco vezes, quebrando a coluna e sofrendo cicatrizes psicológicas duradouras de sua experiência terrível. Levou trinta anos até que as Forças Armadas reconhecessem seus feitos heroicos e os de seus companheiros, Glenn Andreotta e Lawrence Colburn, com a Medalha por Heroísmo do Soldado, o maior prêmio por bravura do Exército dos Estados Unidos sem contato direto com o inimigo. Hugh Thompson morreu em janeiro de 2006. (Paradoxalmente, o tenente Calley foi tratado como herói em alguns quartéis, tendo até uma canção em sua homenagem que esteve entre as "40 Mais" da *Billboard*, 1971.)[56]

Denunciadores nas Guerras do Vietnã e Iraque, e mulheres no Front Doméstico

Formas menos dramáticas de heroísmo ocorrem quando um indivíduo confronta verbalmente um sistema com notícias que este não deseja ouvir, como no caso da cumplicidade de oficiais e homens envolvidos nos abusos e assassinatos de civis. Dois desses soldados são Ron Ridenhour, que expôs o massacre de My Lai, e Joe Darby, o reservista do Exército cuja ação heroica expôs os abusos e torturas de Abu Ghraib.

Embora os oficiais envolvidos no episódio de My Lai tenham buscado acobertar a atrocidade, Ron Ridenhour, um soldado de 21 anos recém-enviado ao Vietnã, fez tudo o que pôde para desvelá-la. Ele soube do evento pelo relato de cinco soldados e testemunhas oculares, que estiveram na cena sangrenta, e passou a investigá-lo independentemente no Vietnã, e continuou a fazê-lo depois de voltar para casa. Ridenhour enviou cartas ao presidente Nixon, aos membros do Congresso, aos oficiais do Departamento de Defesa e aos Departamento do Exército argumentando que uma investigação pública do massacre de My Lai era necessária. Em sua carta, Ridenhour deixou claro que "como um cidadão consciencioso, não tenho desejo de denegrir a imagem dos soldados norte-americanos aos olhos do mundo". Entretanto, ele insistiu que uma investigação era essencial (um ano após o incidente). Ele foi amplamente ignorado, mas persistiu até que sua causa justa fosse reconhecida. Ridenhour demonstra o exemplo de herói com princípios em suas cartas a esses oficiais: "Permaneço irrevogavelmente convencido de que, se você e eu acreditamos verdadeiramente nestes princípios de justiça e igualdade para todos os homens perante a lei, ainda que humildes, e que é a própria espinha dorsal sobre a qual é fundado este país, então precisamos otimizar uma investigação pública e geral desse tipo com todos os nossos esforços combinados."[57]

Após a revelação, por um jovem repórter investigativo, Seymour Hersh, que conseguira um material valioso de Ridenhour, uma grande investigação foi iniciada, e suas descobertas empilham quatro volumes do Relatório Peers, lançado em 14 de março de 1970. Embora até vinte oficiais convocados estivessem identificados como envolvidos no massacre de diversas maneiras, apenas o tenente William Calley Jr. foi condenado e sentenciado por seus crimes. Embora tenha sido condenado à prisão perpétua, a punição foi abrandada para três anos e meio de prisão domiciliar, e ele foi, em seguida, perdoado pela Secretaria do Exército.[58] Casualmente, Ridenhour partiu para a carreira de jornalista, mas me contou em uma conversa que sempre sentiu o descrédito de muitas pessoas em Washington, por ter exposto o massacre de My Lai.

Agora, sabemos muito bem os acontecimentos que rodearam os abusos cometidos contra prisioneiros do solo duro de Abu Ghraib, no Pavilhão 1A, por PMs e outros envolvidos na coleta de inteligência. Esse comportamento escandaloso foi subitamente interrompido quando imagens dramáticas de tortura, humilhação e violência foram impostos à atenção dos comandantes militares. Foi um jovem bastante comum que realizou uma coisa extraordinária, e que causou a interrupção do horror. O que ele fez exigiu muita determinação pessoal, na opinião de meus contatos militares, pois era um médico do Exército de reserva que colocou um oficial superior em destaque, pois algo horrendo ocorria sob sua observância.

Quando olhou pela primeira vez as fotos no CD que Charles Graner lhe dera, Derby achou que eram bastante engraçadas. "Para mim, aquela pirâmide de iraquianos nus é hilária, quando se olha para ela pela primeira vez. [...] Quando surgiu do nada, eu apenas ri", recordou-se em uma entrevista recente.[59] Contudo, na medida em que as revia — as sexualmente explícitas, aquelas que mostravam os espancamentos, e muitas outras —, seu sentimento mudou. "Aquilo simplesmente não me parecia direito. Eu não conseguia parar de pensar naquilo. Depois de cerca de três dias, tomei a decisão de entregar as fotografias." Era uma decisão difícil para Darby, pois ele percebia plenamente o conflito moral com o qual se deparara. "Você precisa entender: não sou o tipo de sujeito que denuncia outra pessoa. [...] Mas isso, para mim, ultrapassou os limites. Tive de escolher entre o que sabia ser moralmente correto, e minha lealdade para com outros soldados. Não poderia ter os dois."[60]

Darby temeu a retaliação contra ele pelos soldados em sua companhia, a não ser que permanecesse anônimo na ação.[61] Ele fez uma cópia do CD de imagens, escreveu uma carta anônima acerca delas, inseriu-o em um envelope simples de papel-manilha, e entregou-o a um agente da Divisão de Investigação Criminal (CID), comentando apenas que o disco tinha sido entregue em seu escritório. Pouco depois, o agente especial Tyler Pieron insistiu, e fez Darby admitir: "Fui eu que as enviei", e, então, fez uma declaração juramentada. Ele foi capaz de manter o anonimato até que o secretário de Defesa Donald Rumsfeld inadvertidamente "vazou" o nome de Darby durante as audiências do Congresso em 2004 acerca destes abusos — enquanto Darby jantava com centenas de soldados em um refeitório. Ele foi logo despachado, e, ao final, escondido sob custódia militar para protegê-lo pelos vários anos seguintes. "Mas não me arrependo de nada", disse Darby recentemente. "Fiquei em paz com a decisão antes de entregar as fotografias. Eu sabia que se as pessoas descobrissem que tinha sido eu, eu não seria admirado."

As revelações conduziram a uma série de investigações formais sobre os abusos naquela prisão, e em todas as outras instalações militares nas quais os detentos eram mantidos. As ações de Darby impediram grande parte da tortura e do abuso, e levaram a modificações significativas na forma como a Prisão de Abu Ghraib foi administrada.[62]

Mas nem todos pensam que Darby fez a coisa certa. Para muitos, mesmo em sua cidade natal, nas montanhas Allegheny, a atenção atraída por Darby para os abusos foi antipatriótica, antiamericana, e até mesmo ligeiramente traiçoeira. *Hero a two-timing Rat* ("Um herói dissimulado e alcaguete"), dizia a manchete do *New York Post*. Mesmo aqueles que não ficaram irritados com sua denúncia ficam surpresos que ele possa ser um herói, visto que se trata de um garoto tão comum de uma família pobre, um estudante mediano que era atormentado na escola. Seu professor de História e treinador de futebol do ensino médio, Robert Ewing, um veterano do Vietnã, de forma eloquente sintetizou as reações controversas:

Algumas pessoas estão chateadas com o que ele fez — por tê-las traído —, e também por conta do que aconteceu com aqueles funcionários, a decapitação. Eles podem dizer que o que os guardas fizeram não é nada se comparado com isso. Mas [...], se nós, como país, como uma cultura, acreditamos em certos valores, não podemos desculpar aqueles comportamentos. Se por acaso o vir novamente, direi que estou muito orgulhoso. E à medida que o tempo passa, a maioria dos norte-americanos também irá perceber isso.[63]

Eu ajudei a providenciar para Darby uma menção presidencial da *American Psychological Association* em 2004. Ele não pode aceitar essa honra pessoalmente porque ele, sua esposa e sua mãe precisavam permanecer em custódia militar de proteção por vários anos, depois das diversas ameaças de retaliação que receberam. Darby foi finalmente reconhecido nacionalmente como herói quando foi agraciado com o prêmio John F. Kennedy Profile in Courage de 2005. Ao conceder o prêmio, Caroline Kennedy, presidente da John F. Kennedy Library Fondation, afirmou: "Indivíduos dispostos a assumir riscos pessoais em promoção do interesse nacional e para sustentar os valores da democracia norte-americana devem ser reconhecidos e encorajados em todas as partes do governo. Nossa nação está em dívida com o médico do Exército norte-americano Joseph Darby, por ter lutado pelas regras da lei que abraçamos como uma nação."

Desafios a sistemas de autoridade não estão ligados a gênero: mulheres são tão propensas a denunciar crimes e injustiças quanto os homens. A revista *Time* honrou três dessas mulheres ao elegê-las as "Pessoas do Ano" (2002) por seu ousado confronto da enorme fraude corporativa e incompetência do FBI. Cynthia Cooper, uma auditora interna da WorldCom, foi a responsável por ter revelado práticas contábeis fraudulentas que acarretaram um prejuízo de 3,8 bilhões de dólares fora dos livros da empresa. Após meses de intensa investigação, Cooper e sua equipe de auditores expuseram as práticas enganosas, o que resultou na demissão e acusação dos altos funcionários da empresa.[64]

Sherron Watkins, vice-presidente da extravagante Enron Corporation, também denunciou a vasta corrupção corporativa que ali se desenrolava, e que envolvia "maquiar a contabilidade" para dar a aparência de grande sucesso para encobrir a falência. A anteriormente respeitável firma de contabilidade Arthur Andersen também foi implicada nesse enorme escândalo.[65] Uma advogada do FBI, Colleen Rowley, denunciou o FBI por seu fracasso em dar prosseguimento aos apelos de sua agência para que verificassem uma pessoa que fora identificada como um terrorista potencial, e que se revelou como um dos coconspiradores dos ataques terroristas de 11 de setembro de 2001. Essas "três mulheres de conduta normal, mas de extraordinária coragem e juízo" se arriscaram muito por contestar suas bases de poder estabelecidas.[66]

Os heróis de Jonestown

Debbie Layton e Richard Clark foram dois sobreviventes em meio aos 913 cidadãos norte-americanos que morreram no suicídio e assassinato em massa que ocorreu em Jonestown, na Guiana, em 18 de novembro de 1978. Debbie vinha de uma família de brancos relativamente abonada e bem-educada de Oakland, na Califórnia, enquanto Richard era de origem humilde, afro-americana, do Mississippi. Ambos se tornaram meus amigos pessoais quando chegaram na Área da Baía de São Francisco após terem escapado dos horrores do pesadelo de Jonestown. Ambos são qualificados como heróis, de diferentes maneiras: Debbie, como uma denunciante, e Richard, como um bom samaritano.

Debbie se uniu à congregação do Templo do Povo do reverendo Jim Jones com 18 anos. Foi uma leal seguidora por muitos anos, e, ao final das contas, tornou-se a secretária de finanças do Templo. Como tal, foi-lhe confiada uma circulação de milhões de dólares para fora de Jonestown para depósitos em contas secretas em bancos suíços. Sua mãe e seu irmão, Larry, também eram membros do Templo. Mas, ao longo do tempo, ela percebeu que Jonestown estava mais para um campo de concentração do que para a prometida utopia onde a harmonia racial e o estilo de vida autossustentável prevaleceriam. Quase mil fiéis foram sujeitados a trabalho árduo, semidesnutrição, e abusos físico e sexual. Guardas armados os rodeavam, e espiões se encontravam infiltrados em suas vidas. Jones forçou-os a praticar treinamentos de suicídio regulares, chamados de "Noites Brancas", que assustaram Debbie e a fizeram compreender que ele estava, na verdade, preparando-os para um suicídio em massa.

Sob grande perigo pessoal, ela decidiu fugir de Jonestown e levar a mensagem de seu potencial poder destrutivo para os preocupados parentes e para o governo. Ela não pôde nem mesmo alertar a mãe doente de seu plano de fuga, com medo de que sua reação emocional pudesse advertir Jones. Após executar uma série complexa de movimentos, Debbie fugiu e imediatamente fez tudo o que podia para alertar as autoridades das condições abusivas de Jonestown e avisá-las do que ela acreditava ser uma tragédia iminente.

Em junho de 1978, ela expediu uma declaração para o governo dos Estados Unidos, avisando de um potencial suicídio em massa. Seus 37 tópicos detalhados começavam assim: "Ref. à Grande Ameaça e Possibilidade de Suicídio em Massa por membros do Templo do Povo Eu, Deborah Layton Blakey, declaro o seguinte, sob pena de perjúrio: O propósito desta declaração é o de chamar a atenção do governo dos Estados Unidos para a existência de uma situação que ameaça as vidas de cidadãos norte-americanos que vivem em Jonestown, na Guiana".

Seis meses depois, como nas profecias de Cassandra, sua previsão foi estranhamente confirmada. Infelizmente, seus apelos de ajuda encontraram o ceticismo dos funcionários do governo, que se recusaram a aceitar que uma história tão bizarra pudesse ser verdade. No entanto, alguns parentes preocupados acreditaram nela, e encorajaram o congressista da Califórnia Leo Ryan a investigar. Repórteres, um câmera, e alguns parentes acompanharam Ryan em sua visita. Enquanto se preparava para voltar para casa com uma avaliação positiva do que fora levado a acreditar se tratar de condições de vida ideais, diversas famílias que decidiram desertar sob sua proteção se uniram a Ryan. Mas era tarde demais. Jones, àquela altura bastante paranoico, acreditou que os desertores revelariam a verdade acerca de Jonestown ao mundo exterior. Ele matou o congressista e alguns de sua companhia e providenciou para que fossem distribuídos cianeto com refresco para seus cansados fiéis. Seu infame último discurso de meia hora foi comentado no Capítulo 12; uma versão completa encontra-se disponível *on-line* no *website* de Jonestown.[67]

Debbie Layton escreveu um relato eloquente sobre como ela e tantos outros foram aprisionados pelos chamarizes persuasivos desse pregador diabólico. A satânica transformação de Jim Jones, de pastor religioso benevolente a anjo da morte, se desdobra de forma arrepiante em seu livro, *Seductive Poison* ("Veneno sedutor").[68] Afirmei em outro lugar que há paralelos notáveis entre as técnicas de controle mental usadas por Jones e aquelas descritas no clássico romance de George Orwell, *1984*, que podem fazer do fenômeno de Jonestown um experimento de campo do mais radical controle mental imaginável — e talvez até mesmo patrocinado pela CIA.[69]

Eu ajudei a atender Richard Clark e sua namorada, Diane Louie, depois que retornaram a São Francisco, tendo escapado do suicídio em massa. Richard era um homem simples e pragmático, de fala vagarosa mas de sensível percepção de pessoas e lugares. Ele disse que, no momento em que chegou em Jonestown, ele pôde perceber que havia algo de muito errado Ninguém na Terra Prometida estava rindo. Todos na suposta terra da fartura tinham fome. As pessoas sussurravam e nunca riam. Não apenas o trabalho vinha antes da diversão, como não havia sobrado espaço para a diversão A voz de Jones retumbava no local, dia e noite, ao vivo ou por uma gravação. Pessoas de diferentes sexos eram segregadas em barracões separados, e o sexo, mesmo entre casados, era proibido sem o consentimento de Jones. Ninguém poderia sair, porque ninguém sabia onde estava, no meio de uma floresta em uma terra estrangeira, a milhares de quilômetros de casa.

Richard Clark arquitetou um plano. Ele se candidatou a um trabalho que ninguém queria no "chiqueiro", que era uma parte isolada e fedorenta do complexo irregular. O lugar era ideal para que Richard fugisse da retórica entorpecente de Jones, e para procurar um caminho pela floresta rumo à liberdade. Uma vez traçada, vagarosa e cuidadosamente, a sua fuga, ele contou a Diane sobre seu plano e disse que quando chegasse o momento oportuno, eles poderiam fugir juntos. Em oposição ao contínuo sistema de espionagem de Jones, Richard tomou a decididamente arriscada decisão de contar aos membros de algumas poucas famílias sobre a fuga planejada. Na manhã do domingo de 18 de novembro, Jones ordenou que todos tirassem férias em celebração ao retorno do congressista Ryan para os Estados Unidos com a mensagem dos bons trabalhos sendo conduzidos na utopia socialista agricultora. Era a deixa para a saída de Richard. Ele reuniu seu grupo de oito pessoas e, fingindo que sairiam para um piquenique, conduziu-os à floresta em segurança. Quando atingiram a capital em Georgetown, todos os seus amigos e familiares estavam mortos.

Richard Clark morreu recentemente de causas naturais, sabendo que tomou a decisão correta de confiar em sua intuição, seus macetes urbanos, e em seus "detectores de inconsistência". Mas, acima de tudo, estava contente por ter salvo as vidas daqueles que o seguiram, um herói comum, para fora do coração das trevas.[70]

Um modelo quadrimensional de heroísmo

Baseando-se nos conceitos de coragem e exemplos de comportamento heroico apresentados aqui, um modelo elementar de heroísmo pode ser deduzido.

Dentro de uma estrutura motivacional global de uma pessoa específica, o heroísmo pode ser descrito em três séries contínuas: Tipo de Risco/Sacrifício; Estilo de Engajamento ou Abordagem; e Busca. O eixo do Tipo de Risco/Sacrifício está ancorado de um lado pelo risco físico, e por outro, pelo risco social. De modo semelhante, o Estilo de Engajamento ou Abordagem está ancorado de um lado pela abordagem ativa (cavalheiresco) e, pelo outro lado, pela abordagem passiva (com fortitude). Na terceira dimensão, a Busca é descrita como estando a serviço da preservação da vida ou da preservação de um ideal. Embora sejam sinônimos em alguns sentidos — a preservação da vida também é uma ideia nobre — a distinção é importante no interior desse contexto. As primeiras três dimensões desse modelo estão descritas nesta ilustração. Acrescentaremos uma quarta mais tarde.

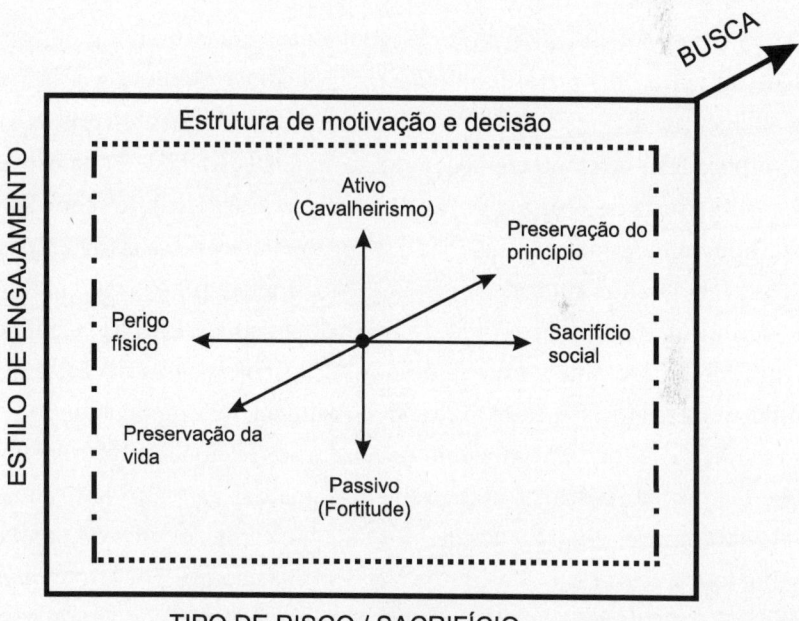

Posicionemos três tipos diferentes de heróis nesse espaço modelo, Nathan Hale, Madre Teresa e Richard Rescorla. O herói da Guerra Revolucionária Americana Nathan Hale trabalhou como espião nos escalões britânicos por algum tempo, antes de ser apanhado. Se suas atividades eram patrióticas, não eram heroicas por si mesmas. Tivessem essas atividades clandestinas passado despercebidas, ele nunca teria se tornado um herói norte-americano. Foi no momento de sua execução nas mãos dos britânicos, uma morte aceita com dignidade, que ele se tornou uma figura heroica. "Eu lamento que tenha apenas uma vida a dar pelo meu país" foi a clássica despedida. Nesse momento, Hale exibiu grande fortitude, sacrificando sua vida a serviço de um princípio.

Um tipo muito diferente de heroísmo é encontrado na vida e no trabalho da Madre Teresa. Suas atividades não podem ser resumidas a um único ato, como o foi a rebeldia de Nathan Hale em sua execução. Antes, seus atos heroicos atravessam décadas. Sua dedicação em permitir que os pobres agonizantes morressem em um estado de graça, de graça católica, foi apoiada no serviço de um princípio (compaixão), na qual estava ativamente e perpetuamente envolvida, e os sacrifícios que fez tomaram o caminho ascético em direção à glória: sua pobreza, sua castidade, e sua recusa de si mesma em prol do bem dos outros.

Outro terceiro herói, a ser colocado em nossa grade multidimensional é Richard Rescorla. Ele foi o diretor de segurança dos escritórios da Morgan Stanley* no World Trade Center (WTC) na época dos ataques terroristas do 11 de Setembro. Um veterano condecorado do Vietnã (Estrela de Prata, Coração Violeta, e Estrelas de Bronze por Valor e Serviço Meritório), Rescorla salvou as vidas de milhares de empregados da Morgan Stanley por suas ações decisivas. Rescorla desafiou autoridades do WTC ao ordenar que os empregados em seus escritórios evacuassem o prédio em vez de seguir a ordem de permanecer em suas mesas. Durante a evacuação dos 44 dos 74 andares da Torre WTC 2, indicam os relatos, Rescorla acalmou verbalmente os empregados com um alto-falante, disse-lhes que parassem de falar pelos telefones celulares e continuassem a descer as escadas. Rescorla e dois guardas da segurança treinados por ele e três outros empregados da Morgan Stanley morreram quando o edifício implodiu. Rescorla e sua equipe receberam as honras por terem salvado as vidas de cerca de 2.800 empregados que saíram do WTC-2 antes de seu colapso.[71] Em contraste com o heroísmo de uma figura como Nathan Hale, o ato de Rescorla foi ativo e realizado diretamente a serviço da preservação da vida, ainda que sua glória também tenha demandado o sacrifício físico derradeiro.

Nathan Hale, Richard Rescorla, e Madre Teresa representam diferentes aspectos do ideal heroico. As distinções entre suas ações iluminam a diversidade

---

* Firma de Serviços Financeiros Mundiais. [*N. do T.*]

de atos que correspondem ao enigmático padrão heroico. Suas ações são mapeadas sobre nosso modelo de heroísmo.

Uma quarta dimensão a ser acrescentada a esse modelo é a da Cronicidade. Heróis podem surgir a partir de ações instantâneas, ou seu heroísmo pode advir ao longo do tempo. O heroísmo arguto, o heroísmo revelado em um único ato, é descrito no contexto marcial como bravura — um ato de coragem em uma única batalha. Em contraste, o heroísmo militar crônico, a coragem exibida constantemente em batalha, é chamada de valor. Não há ainda termos comparáveis para denotar a duração do heroísmo civil, talvez porque a qualidade dramática do heroísmo que é mostrada em situações arriscadas não é tão facilmente evidente na esfera cívica. Dentre os heróis civis, podemos contrastar um heroísmo do momento, específico de um tempo e de um lugar, como o dos denunciadores, com o heroísmo crônico demonstrado por um envolvimento duradouro a serviço da sociedade, como o de Martin Luther King Jr.

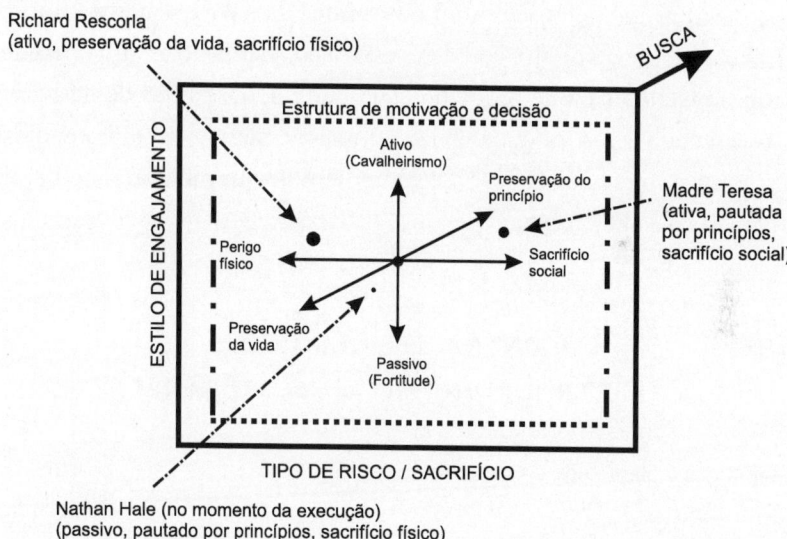

Heroísmo coletivo como questão de grau

A figura solitária heroica, como o corajoso delegado em um faroeste, que derruba um bando de renegados, é apoiada, na maioria dos casos, por grupos de pessoas que trabalham em uníssono em emergências, desastres e situações que exigem uma ação combinada. Os movimentos clandestinos, que libertaram escravos do Sul levando-os para cidades do Norte, só conseguiram funcionar com os esforços coordenados de muitas pessoas que trabalharam arriscando suas vidas. De modo semelhante, os primeiros a agirem ante desastres costumam ser cidadãos voluntários trabalhando em equipes fracamente organizadas. Como foi o "homem tanque", muitos indivíduos que trabalham em harmonia coletiva são anônimos. Eles enfrentam o perigo sem esperar uma notoriedade pessoal, mas pelo bem de responder a um chamado de serviço comunitário.

Um exemplo especial desse tipo de heroísmo coletivo ocorreu no voo United Airlines 93, sequestrado por terroristas em 11 de setembro de 2001. A princípio, os passageiros, acreditando que o avião retornava ao aeroporto, seguiram a norma permanecendo em suas poltronas. Mas quando alguns passageiros foram alertados por chamadas de telefones celulares sobre a colisão de outros aviões com o World Trade Center e o Pentágono, uma nova norma emergiu. Um pequeno grupo deles se reuniu nos fundos da nave e planejaram tomar o controle da cabine do piloto. Um deles estava ao telefone com um operador da companhia telefônica, que o ouviu dizer: "Ao ataque!", antes de desligar. Sua ação combinada impediu que o avião atingisse o seu objetivo pretendido, ou a Casa Branca, ou o Capitólio. Esse campo é hoje um memorial ao heroísmo coletivo da mais alta ordem.[72]

CONTRASTES HEROICOS:
O EXTRAORDINÁRIO *VERSUS* O BANAL

A fama não é planta que cresça em solo mortal.

— John Milton

Para a noção tradicionalmente aceita de que os heróis são pessoas excepcionais, podemos agora acrescentar uma perspectiva que a contradiga — que alguns heróis são pessoas comuns que fizeram algo extraordinário. A primeira imagem é a mais romântica e é favorecida pelo mito antigo e pela mídia moderna. Ela sugere que o herói realizou algo que as pessoas comuns na mesma condição não fariam ou não poderiam ter feito. Essas superestrelas precisam ter nascido com um gene de herói. São a exceção à regra.

Uma segunda perspectiva, que podemos chamar de "a regra é a exceção", nos direciona para o exame da interação entre a situação e a pessoa, a dinâmica que impeliu um indivíduo a agir heroicamente em um tempo e lugar específicos. Uma situação pode agir tanto como catalisadora, encorajando a ação, ou ela pode reduzir as barreiras para a ação, tais como a formação de redes coletivas de apoio social. É impressionante como, na maioria dos casos, as pessoas que se envolvem em ações heroicas rejeitam sistematicamente o nome de herói, como vimos ser o caso de Christina Maslach.

Tais agentes de atos heroicos costumam argumentar que apenas faziam o que parecia necessário naquele momento. Estão convencidos de que qualquer um agiria da mesma forma, ou acham difícil compreender porque os outros não o fariam. Nelson Mandela afirmou: "Eu não era um messias, mas um homem comum que se tornou um líder em decorrência de circunstâncias extraordinárias".[73] Frases como essa são usadas por pessoas que agiram heroicamente em todos os níveis da sociedade: "Não foi nada de especial"; "Eu fiz o que precisava ser feito". São os refrões do "comum" ou do guerreiro cotidiano, ou "herói banal". Comparemos esta banalidade positiva com o que Hannah Arendt nos ensinou a chamar de "a banalidade do mal".

Sobre a banalidade do mal

Esse conceito emergiu das observações de Arendt do julgamento de Adolf Eichmann, indiciado por crimes contra a humanidade por ter ajudado a orquestrar o genocídio de judeus europeus. Em *Eichmann em Jerusalém: um relato sobre a banalidade do mal*, Arendt formula a ideia de que tais indivíduos não deveriam ser vistos como exceções, monstros, ou sádicos pervertidos. Argumenta que tais atributos de temperamento, comumente aplicados como perpetradores de feitos cruéis, servem para separá-los do resto da comunidade humana. Em vez disso, Eichmann e outros como ele, afirma Arendt, deveriam ser revelados em sua normalidade. Quando percebemos isso, tornamo-nos cientes de que tais pessoas são um perigo difuso e oculto em todas as sociedades. A defesa de Eichmann foi a de que ele estava simplesmente cumprindo ordens. Sobre os motivos e a consciência desse assassino em massa, Arendt comenta:

Quanto aos seus motivos baixos, ele tinha certeza absoluta de que, no fundo de seu coração, não era aquilo que chamava de *innerer Schweinehund*, um bastardo imundo; e quanto à sua consciência, ele se lembrava perfeitamente de que só ficava com a consciência pesada quando não fazia aquilo que lhe ordenavam — embarcar milhões de homens, mulheres e crianças para a morte, com grande aplicação e o mais meticuloso cuidado.

O que é mais espantoso no relato de Arendt sobre Eichmann são todas as formas nas quais ele parecia absolutamente normal e totalmente comum:

Meia dúzia de psiquiatras havia atestado a sua "normalidade" — "pelo menos, mais normal do que eu fiquei depois de examiná-lo", teria exclamado um deles, enquanto outros consideraram seu perfil psicológico, sua atitude com relação à esposa e filhos, mãe e pai, irmãs e amigos, "não apenas normal, mas inteiramente desejável".[74]

E a conclusão de Arendt, hoje clássica:

O problema com Eichmann era exatamente que muitos eram como ele, e muitos não eram nem pervertidos, nem sádicos, mas eram e ainda são terrível e assustadoramente normais. Do ponto de vista de nossas instituições legais e de nossos padrões morais de julgamento, essa normalidade era muito mais apavorante do que todas as atrocidades juntas, pois implicava que [...] esse era um tipo novo de criminoso, efetivamente *hostis generis humani*, que comete seus crimes em circunstâncias que tornam praticamente impossível para ele saber ou sentir que está agindo de modo errado.[75]

Então, surge o auge da história, em que se descreve a nobre marcha de Eichmann para a forca:

Foi como se naqueles últimos minutos [da vida de Eichmann], estivesse resumindo a lição que este longo curso de maldade humana nos ensinou — a lição da temível *banalidade do mal*, que desafia as palavras e os pensamentos.[76]

A noção de que "homens comuns" podem cometer atrocidades foi desenvolvida mais completamente pelo historiador Christopher Browning, como apontamos anteriormente. Ele desvelou a aniquilação sistemática e pessoal dos judeus em remotos vilarejos na Polônia, cometidas por centenas de homens do Batalhão Policial da Reserva 101, enviado de Hamburgo, na Alemanha, para a Polônia. Esses homens de família da classe operária, de meia-idade, originários da classe média baixa, atiraram em milhares de judeus desarmados — homens, mulheres, idosos e crianças — e providenciaram a deportação para campos de morte de outros milhares. Mesmo assim, Browning sustenta em seu livro que eram todos "homens comuns". Ele acredita que as políticas de genocídio do regime nazista "não eram eventos aberrantes ou excepcionais, e mal agitavam a superfície da vida cotidiana. Como demonstra a história do Batalhão da Reserva 101, o assassinato em massa e a rotina tornaram-se um. A própria normalidade se tornara excessivamente anormal".[77]

O psicólogo Ervin Staub sustenta uma visão semelhante. Sua vasta pesquisa conduziu-o à conclusão de que "O mal que irrompe do pensamento ordinário e é cometido por pessoas ordinárias é a norma, não a exceção".[78] A crueldade deveria ser atribuída a suas origens sociais, mais do que a seus determinantes "de caráter" ou "personalidades defeituosas", segundo a análise de Zygmunt Bauman dos horrores do Holocausto. Bauman acredita ainda que a exceção a esta norma é o indivíduo raro que possui a capacidade de impor a autonomia pessoal na resistência das exigências das autoridades destrutivas. Tal pessoa raramente tem consciência de que possui esta força oculta, até que seja posta à prova.[79]

Outra qualidade da banalidade do mal conduz-nos ao interior do covil dos torturadores para considerar se tais pessoas, cuja missão é utilizar todos os meios necessários para dobrar a vontade, a resistência e a dignidade de suas vítimas, são algo diferentes de vilões patológicos. O consenso entre os que estudaram os torturadores é que, em geral, eles não se distinguiam da população geral em sua origem ou temperamentos, antes de assumirem esse trabalho sórdido. John Conroy, que estudou homens envolvidos em torturas em três diferentes locais na Irlanda, Israel e Chicago, concluiu que, em todos os casos, os "atos impronunciáveis" foram cometidos por "pessoas comuns". Ele sustenta que os torturadores extravasam a vontade da comunidade que representam na supressão de seus inimigos.[80]

De sua profunda análise dos soldados treinados pela junta militar grega para serem torturadores aprovados pelo estado (1967-1974), minha colega, a psicóloga grega Mika Haritos-Fatouros, concluiu que não se nasce um torturador, mas este é construído por seu treinamento. "O filho de qualquer um irá fazê-lo", é sua resposta à questão: "Quem poderá ser um torturador eficaz?" Em uma questão de alguns meses, jovens comuns de vilarejos rurais tornaram-se "armados" por seu treinamento de crueldade a agir como bestas brutais, capazes de infligir os mais horrendos atos de humilhação, dor, e sofrimento a qualquer um rotulado como "o inimigo", e eram todos, logicamente, cidadãos do próprio país.[81] Essas conclusões não se limitam a uma nação, mas são comuns em muitos regimes totalitários. Estudamos os "operários da violência" no Brasil, policiais que torturaram e assassinaram outros cidadãos brasileiros pela junta militar dominante. Baseando-nos em todas as evidências que pudemos acumular, eles também eram "homens comuns".[82]

Sobre a banalidade do heroísmo[83]

Podemos agora entreter a noção de que a maioria das pessoas que se tornam perpetradores de feitos cruéis são diretamente comparáveis àqueles que se tornam perpetradores de feitos heroicos, semelhantes por serem pessoas apenas comuns e medianas. A banalidade do mal compartilha muito da banalidade do heroísmo. Nenhum dos atributos é consequência direta de tendências constitutivas; não há atributos internos especiais ou tampouco patologias ou bondade habitando o interior da psique humana ou do genoma humano. Ambas as condições emergem em situações particulares em momentos particulares, quando as forças das circunstâncias cumprem um papel coercitivo de deslocar indivíduos específicos ao longo da linha decisória, da inação para a ação. Há um momento decisivo de escolha, quando uma pessoa é apanhada em um vetor de forças que emanam de um contexto comportamental. Tais forças se coadunam para aumentar a probabilidade de agir para ferir outras pessoas, ou agir para ajudá-las. Sua decisão pode ou não ser conscientemente planejada ou cuidadosamente tomada. Em vez disso, poderosas forças das circunstâncias mais frequentemente conduzem à ação. Dentre os vetores de ação situacional estão: pressões e identidade de grupo, a difusão da responsabilidade pela ação, um foco temporal no momento imediato, sem consideração pelas consequências futuras derivadas do ato, a presença de modelos sociais, e o compromisso com uma ideologia.

Um tema comum nos relatos de cristãos europeus que ajudaram os judeus durante o Holocausto pode ser sintetizado como a "banalidade da bondade". O que é mais e mais espantoso é o número desses salvadores que fizeram a coisa certa, sem se considerarem heroicos, que agiram meramente por um sentimento de decência comum. A normalidade de sua bondade é especialmente espantosa no contexto do mal incrível do genocídio sistemático dos nazistas em uma escala nunca antes ocorrida no mundo.[84]

Procurei mostrar ao longo de nossa jornada que os guardas da polícia militar que atormentaram prisioneiros, em Abu Ghraib, e os guardas da prisão em meu Experimento da Prisão de Stanford, que abusaram de seus prisioneiros, ilustram uma transição temporária ao modo de *O Senhor das Moscas*, de indivíduos comuns em perpetradores do mal. Precisamos colocá-los ao lado daqueles cujo comportamento maligno é duradouro e extenso, tiranos como Idi Amin, Stalin, Hitler e Saddam Hussein. Os heróis de um momento também se encontram em contraste com os heróis de toda uma vida.

A ação heroica da recusa de Rosa Parks em se sentar na seção dos "de cor" na parte traseira do ônibus no Alabama, da exposição de Joe Darby das torturas de Abu Ghraib, ou dos primeiros a reagirem à pressa do desastre do World Trade Center, são atos de bravura que ocorrem em tempos e locais específicos. Em contraste, o heroísmo de Mahatma Gandhi ou de Madre Teresa consiste em atos valorosos repetidos ao longo de toda uma vida. O heroísmo crônico está para o heroísmo do instante como o valor está para a bravura.

Essa percepção implica que qualquer um de nós poderia facilmente se tornar herói ou perpetrador do mal, dependendo de como somos influenciados pelas forças das circunstâncias. Torna-se imperativo descobrir como limitar, restringir e prevenir as forças das circunstâncias e sistêmicas que impelem alguns de nós rumo à patologia social. Mas, igualmente importante, é a injunção para cada sociedade estimular uma "imaginação heroica" em sua população. Isso é obtido transmitindo a mensagem de que cada pessoa é um herói à espera, que será chamado a fazer a coisa certa quando o momento das decisões chegar. A questão decisiva para cada um de nós é se deve agir em auxílio aos outros, para impedir o mal aos outros, ou não agir de modo algum. Precisamos preparar muitas coroas de louros para todos aqueles que irão descobrir seu reservatório de forças e virtudes ocultas, permitindo-lhes se aproximarem para agir contra a injustiça e a crueldade e se manterem firmes seus princípios morais.

O amplo conjunto de pesquisas sobre os determinantes das circunstâncias do comportamento antissocial que examinamos aqui, apoiado pelas investigações de Milgram sobre o poder da autoridade e o poder institucional no EPS, revela a extensão na qual pessoas normais e comuns podem ser levadas a se envolverem em atos cruéis contra outros inocentes.[85] Nesses estudos, porém, e em muitos outros, enquanto a maioria obedecia, conformava-se, resignava-se, era persuadida e seduzida, havia sempre uma minoria que resistia, discordava e desobedecia. Em certo sentido, o heroísmo jaz na habilidade de resistir a poderosas forças das circunstâncias que tão prontamente enredam a maioria.

São as personalidades dos resistentes diferentes daqueles que obedecem cegamente?[86] Seriam como Clark Kent, cuja aparência normal esconde os extraordinários poderes do Super-Homem? De modo algum. Antes, nossa concepção da banalidade do heroísmo postula que os agentes de atos heroicos do momento não são, em essência, diferentes daqueles que constituem a média dos facilmente seduzidos. Não há muita pesquisa empírica sobre a qual apoiar essas afirmativas. Por não ser o heroísmo um fenômeno simples que pode ser estudado sistematicamente, ele desafia definições claras e coleta de dados imediata. Os atos heroicos são efêmeros e imprevisíveis, e sua apreciação é definitivamente retrospectiva. Por serem os heróis frequentemente entrevistados meses ou anos depois de ocorrido seu comportamento heroico, não há estudos prospectivos do que o fotógrafo Henri Cartier-Bresson poderia chamar de "momento decisivo" da ação heroica.[87] Geralmente, não sabemos o que é a matriz de decisão para os heróis quando resolvem se envolver em atividades carregadas de risco.

O que parece evidente é que o comportamento heroico é raro o suficiente para não ser prontamente previsível por qualquer avaliação psicológica de personalidade. Elas medem diferenças individuais entre pessoas em seu ambiente comportamental usual padrão, não nos ambientes atípicos que frequentemente trazem à tona feitos heroicos.

O tenente Alexander (Sandy) Nininger é um exemplo de caso de soldado heroico que se envolveu em combates extraordinariamente destemidos e ferozes durante a abominável Batalha de Bataan, da Segunda Guerra Mundial. Esse jovem de 23 anos, formado em West Point, candidatou-se a procurar franco-atiradores japoneses onde a luta era mais intensa. Com granadas, um fuzil, submetralhadora e baioneta, Nininger matou sozinho muitos soldados japoneses em intenso combate acirrado, e continuou lutando mesmo depois de ferido. Apenas depois de destruir um abrigo inimigo ele desabou e morreu. Seu heroísmo conferiu-lhe uma Medalha de Honra póstuma, a primeira concedida naquela guerra.

O que torna esse herói objeto de nosso interesse é que nada de seu passado previria que ele iria se envolver nessa matança. Esse jovem quieto, sensível e intelectual parece ter afirmado que ele jamais mataria ninguém por ódio. E, no entanto, ele o fez repetidamente, sem preocupação pela própria segurança. Tivesse ele realizado todos os testes de personalidade disponíveis, teriam estes ajudado a prever este inesperado comportamento violento? Nesse exame do teste de personalidade, o autor Malcolm Gladwell conjetura que o perfil de Nininger poderia ser tão grosso quanto uma lista telefônica, mas "seu perfil nos diria pouco acerca daquilo em que estamos mais interessados. Para isso, precisaríamos nos unir a ele nas florestas de Bataan". Em suma, precisamos entender a Pessoa na Situação.[88]

O HEROÍSMO LEGITIMA O VÍNCULO HUMANO

Por razões que não compreendemos inteiramente, milhares de pessoas comuns em todos os países ao redor do mundo, quando se encontram em circunstâncias especiais, tomam a decisão de agir heroicamente. Em face disso, a perspectiva que tomamos aqui parece esvaziar o mito do herói, e transformar algo especial em algo banal. Não é o caso, contudo, pois nossa posição ainda reconhece que o ato de heroísmo é de fato especial e raro. O heroísmo sustenta os ideais de uma comunidade, serve como um extraordinário guia, e provê um modelo exemplar para o comportamento sociável. A banalidade do heroísmo quer dizer que somos todos heróis em potencial. É uma escolha que podemos todos ser levados a fazer em algum momento. Acredito que tornando o heroísmo um atributo igualitário da natureza humana, em vez de uma característica rara de poucos eleitos, podemos melhor estimular os atos heroicos em todas as comunidades. Segundo a jornalista Carol Depino: "Todos têm a capacidade de se tornar um herói, de uma forma ou de outra. Às vezes, pode-se não percebê-lo. Para alguém, poderia ser tão pequeno quanto manter uma porta aberta e dizer 'olá' para o outro. Somos sempre heróis para alguém."[89]

Esse novo tema da universalidade dos heróis comuns encoraja-nos a repensar sobre os heróis comuns dentre nós, aqueles cujos sacrifícios diários enriquecem nossas vidas. A visão cínica de Daniel Boorstin, comentada anteriormente acerca das celebridades forjadas pela mídia em heróis, dá lugar à sua profunda apreciação dos heróis cotidianos não celebrados, que vivem e trabalham entre nós:

> Nessa vida de ilusão e quase ilusão, a pessoa com virtudes sólidas que pode ser admirada por algo mais substancial do que sua fama normalmente se revela como o herói não celebrado: o professor, a enfermeira, a mãe, o policial honesto, o trabalhador em tarefas solitárias, mal pagas, desprestigiadas e desconhecidas. Invertidas as coisas, estes podem permanecer heróis, precisamente porque permanecem não celebrados.[90]

E, assim, a mensagem de despedida que podemos extrair de nossa longa jornada no interior do coração das trevas, e para fora de lá, é que os atos heroicos e as pessoas que neles se envolvem devem ser celebrados. Elas formam elos essenciais entre nós; eles forjam nosso Vínculo Humano. O mal que persiste em nosso meio precisa ser minimizado, e finalmente, superado, pelo bem maior dos corações coletivos e resoluções pessoais heroicas do homem e da mulher comuns. Não se trata de um conceito abstrato, mas algo de acordo com o que nos lembra o poeta russo e ex-prisioneiro do Gulag de Stalin, Aleksandr Solzhenitsyn: "A linha entre o bem e o mal está no centro de cada coração humano".[91]

Obrigado por compartilharem esta jornada comigo.

Ciao, Phil Zimbardo

A ilusão de anjos e demônios de M. C. Escher — revisitada.
M. C. Escher — "Cicle Limit IV" © 2006 The M. C. Escher Company-Holland.
Todos os direitos reservados. www.mcescher.com

NOTAS

Capítulo 1: A psicologia do mal:
as transformações de caráter dependendo da situação

1. Milton, John. *Paradise Lost. In: John Milton: Complete Poems and Major Prose.* Hughes, M. Y. (org.) Nova York, Odyssey Press: 1667/1957. Citação do Livro 1, p. 254; descrição da Conferência Demoníaca de Satã no Livro 2, II, 44 — 389.
2. Pagels, Elaine. *The Origins of Satan.* Nova York: Random House, 1995. p. xvii.
3. Frankfurter, D. *Evil Incarnate: Rumors of Demonic Conspiracy and Satanic Abuse in History.* Princeton, Nova Jersey: Princeton University Press, 2006. p. 208 — 9.
4. Alguns livros valiosos para se examinar outras perspectivas psicológicas sobre o mal incluem: Baumeister, R. F. *Evil: Inside Human Cruelty and Violence.* Nova York: Freeman, 1997; Miller, A. G. (org.) *The Social Psychology of Good and Evil.* Nova York: Guilford Press, 2004; Shermer, M. *The Science of Good & Evil: Why People Cheat, Gossip, Care, Share and Follow the Golden Rule.* Nova York: Henry Holt, 2004; Staub, E. *The Roots of Evil: The Origins of Genocide and Other Group Violence.* Nova York: Cambridge University Press, 1989; Waller, J. *Becoming Evil: How Ordinary People Commit Genocide and Mass Killing.* Nova York: Oxford University Press, 2002.
5. Há uma bibliografia crescente em psicologia cultural que compara as diferenças de comportamento e valor entre sociedades que podem ser descritas como aquelas que estimulam uma orientação individualista e de maior independência, e aquelas mais interdependentes e comunitárias. Um bom ponto de partida acerca de como essas diferentes perspectivas influenciam concepções de *self* é encontrado em: Markus, Hazel; Kitayama Shinobu. *Models of Agency: Sociocultural Diversity in the Construction of Action. In: Nebraska Symposium on Motivation*; Murphy-Berman, V., Berman, J. (org.) *Cross-Cultural Differences in Perspectives on Self.* Lincoln: University of Nebraska, 2003.

6.   Uma das melhores referências sobre o conceito de essencialismo, como usado pelos psicólogos, pode ser encontrada em Gelman, Susan. *The Essencial Child: Origins of Essentialism in Everyday Life*. Nova York: Oxford University Press, 2003.

       Outra fonte valiosa sobre as formas nas quais nossa disposição mental acerca da inteligência como uma qualidade essencial (fixa) ou gradual (variável) afetam o sucesso em muitos domínios pode ser encontrada na súmula de Carol Dweck de décadas de pesquisa original. *Mindset: The New Psichology of Success*. Nova York: Random House, 2006.

7.   Uma abordagem construtiva para lidar com tal violência nas escolas pode ser encontrada no trabalho de meu colega, o psicólogo Elliot Aronson. Ele utiliza o poder do conhecimento da Psicologia Social para oferecer um guia de como mudar o ambiente social da escola, de tal forma que a compaixão e a cooperação substituam a competição e a rejeição: Aronson, E. *Nobody Left to Hate: Teaching Compassion After Columbine*. Nova York: Worth, 2000.

8.   Kramer, Heinrich; Sprenger, Jakob. *The Malleus Maleficarum of Kramer and Sprenger ("The Witches' Hammer")*, editado e traduzido pelo rev. Montague Summers. Nova York: Dover, 1486/1948. Escrito por monges dominicanos alemães. Um resumo interessante se encontra disponível *online* no comentário de Stephanie du Barry (1994), http://users.bigpond.net.au/greywing/Malleus.htm.

9.   Precisamos creditar a esse desafortunado voo de imaginação teológica o legado de violência contra as mulheres. A historiadora Anne Barstow liga o uso sistêmico e a aceitação generalizada da violência masculina contra as mulheres ao seu apoio por parte dos poderes masculinos da Igreja e do Estado, que deram início a essa "moda das bruxas". Barstow, Anne L. *Witchcraze: A New History of European Witch Hunts*. São Francisco: HarperCollins, 1995.

10.   Mills, C. Wright. *The Power Elite*. Nova York: Oxford University Press, 1956. p. 3 — 4.

11.   Keen, Sam. *Faces of the Enemy: Reflections on the Hostile Imagination* (edição ampliada). Nova York: Harper & Row, 1986/2004. Ver, também, o poderoso DVD que o acompanha, produzido por Bill Jersey e Sam Keen. Informações adicionais encontram-se disponíveis em www.samkeen.com.

12.   Simons, L. W. "Genocide and the Science of Proof". *National Geographic*, Janeiro de 2006. p. 28 — 35. Ver, também, as perspicazes análises dos homicídios em massa no capítulo de Dutton, D. G.; Dyankowski, E. O; Bond, M. H. *Extreme Mass Homicide: From Military Massacre to Genocide. Agression and Violent Behavior*. V. 10 (Maio-Junho, 2005), p. 437 — 473.

      Esses estudiosos da psicologia argumentam que fatores políticos e históricos moldam a seleção de um grupo-alvo em massacres militares, genocídios e assassinato político. Tal seleção se baseia na crença de uma vantagem anterior injusta tomada por este grupo-alvo, ou por ele recebida no passado A violência é, portanto, justificada como vingança contra esse "grupo canceroso". Por sua vez, tal percepção justifica o assassinato de pessoas não violentas, baseando-se na pressuposição de risco e perigo futuros para o grupo ofendido, agora ofensor.

13. Parte da triste história da utilização do estupro como arma do terror gira em torno de uma mulher, já chamada de "a ministra do estupro" pelo investigador Peter Landesman em seu extenso relatório de 2003, em *The New York Times Magazine*, 15 de setembro de 2003. p. 82 e segs. 131. (Todas as citações seguintes são deste relatório.)

14. Hatzfeld, Jean. *Machete Season: The Killers in Rwanda Speak*. Nova York: Farrar, Straus and Giroux, 2005.

15. Dallaire, R.; Beardsley, B. *Shake Hands with the Devil: The Failure of Humanity in Rwanda*. Nova York: Carroll and Graf, 2004.

16. O psicólogo Robert Jay Lifton, autor de *The Nazi Doctors*, argumenta que o estupro costuma ser uma ferramenta deliberada de guerra, para colocar em movimento sofrimento contínuo e humilhação extrema, que irão afetar não apenas a vítima, mas, também, todos à sua volta. "Uma mulher é vista como um símbolo de pureza. A família gira em torno desse símbolo. Eis, então, um ataque brutal a isso, estigmatizando-os todos. Tudo isso perpetua a humilhação, reverberando entre os sobreviventes e em suas famílias inteiras. Dessa forma, o estupro é pior do que a morte." Landesman, p. 125. Ver, também: Stiglmayer, A. (org.) *Mass Rape: The War Against Women in Bosnia-Herzegovina*. Lincoln: University of Nebraska Press, 1994.

17. Chang, Iris. *The Rape of Nanking: The Forgotten Holocaust of World War II*. Nova York: Basic Books, 1997. p. 6.

18. Badkhen, A. *Atrocities Are a Fact of All Wars, Even Ours*. San Fracisco Chronicle, 13 de agosto de 2006. p. E1 — E6. Nelson, D.; Turse, N. A Torture Past. *Los Angeles Times*, 20 de agosto de 2006. p. A1 e s.

19. Bandura, A.; Underwood, B.; Fromson, M. E. *Disinhibition of Aggression Through Diffusion of Responsibility and Dehumanization of Victims*. Journal of Research in Personality. 9 (1975), p. 253 — 69. Os participantes acreditavam que os outros supostos estudantes na sala ao lado estavam sendo eletrocutados quando pressionavam alavancas; nenhum choque foi dado nesses "animais" fictícios e nem a outros.

20. Citado em um artigo do *New York Times* sobre nosso estudo de desligamento moral, em meio à toda a equipe prisional relacionada às execuções de penas de morte. Casey, Benedict. In the Execution Chamber the Moral Compass Wavers. *The New York Times*, 7 de fevereiro de 2006.

     Ver Osofsky, M. J.; Bandura, A.; Zimbardo, P. G. The Role of Moral Disengagement in the Execution Process. *Law and Human Behavior*, 29 (2005). p. 371 — 93.

21. Explorei recentemente esses temas em meu discurso pelo prêmio *Havel Foundation Vision 97*, que recebi em 5 de outubro de 2005, sobre o aniversário de Václav

Havel, ex-presidente da República Tcheca e seu heroico líder revolucionário. Ver Zimbardo, Philiph G. *Liberation Psychology in a Time of Terror*. Praga: Havel Foundation, 2005. *Online*: www.zimbardocom.havelawardlecture.pdf.

22. Tagore, Rabindranath. *Stray Birds*. Londres: Macmillan, 1916. p. 24.

Capítulo 2: As detenções-surpresa de domingo

1. Essa precoce pesquisa e teoria sobre a desindividuação foi sintetizada em meu capítulo de 1970, *The Human Choice: Individuation, Reason, and Order Versus Desindividuation, Impulse, and Chaos. 1969 Nebraska Symposium on Motivation*, Arnold, W. J.; Levine, D. (org.). Lincoln: University of Nebraska Press, 1990. p. 237 — 307. Um artigo mais recente sobre vandalismo pode ser visto em: Zimbardo, P. G. Urban Decay, Vandalism, Crime and Civic Engagement. *In: Schrumpfende Sädte/Shrinking Cities* Bolenius, F. (org.). Berlim: Philipp Oswalt, 2005.

2. O diplomado pesquisador Scott Fraser conduziu a equipe de pesquisa do Bronx, e seu colega, Ebbe Ebbesen, conduziu a equipe de pesquisa de Palo Alto

3. "Diary of an Abandoned Automobile". *Time*, 1 de outubro de 1968.

4. Tivemos de conseguir a aprovação da polícia local para fazer esse estudo de campo, assim, me notificaram da preocupação dos vizinhos sobre o carro abandonado ter sido então roubado — por mim.

5. A "Teoria da Vidraça Quebrada" de redução do crime ao se restaurar a ordem na vizinhança foi primeiramente apresentada em Wilson, James Q.; Kelling, George L. "The Police and Neighborhood Safety". *The Atlantic Monthly,* março de 1982. p. 22 — 38.

6. Ajudei a desenvolver um programa para treinar ativistas antiguerra a criarem o apoio dos cidadãos a candidatos da paz nas eleições seguintes, utilizando estratégias e táticas básicas em Psicologia Social de persuasão e obediência. Bob Abelson, meu ex-professor de Yale, e eu reunimos essas ideias em um manual operacional: Abelson, R. P.; Zimbardo, P. G. *Cavassing for Peace: A Manual for Volunteers* (Ann Arbor, Michigan: Society for the Psychological Study of Social Issues, 1970).

7. O primeiro desses confrontos com a polícia ocorreu na Universidade de Wisconsin, em outubro de 1967, quando estudantes protestaram contra o recrutamento no *campus* pela Dow Chemical, a fabricante das infames bombas *napalm*, que queimavam a terra e os civis no Vietnã. Também lá, o reitor da universidade agiu apressadamente, confiando na polícia da cidade para conter os manifestantes, que, em vez disso, os enfureceu ainda mais com gás lacrimogêneo, surras de cassetete, e desordem completa. Lembro-me de uma imagem da mídia particularmente vívida de uma dúzia de policiais espancando um único estudante que rastejava, a maioria deles com a identidade oculta pelas máscaras de gás, ou

tendo retirado suas plaquetas de identificação. O anonimato, assomado à autoridade, é uma receita para o desastre. O desdobramento desse acontecimento foi a mobilização de estudantes em todos os Estados Unidos. Eram, em sua maioria, estudantes despolitizados ou que não tinham, até então, se envolvido em tais atividades — diferentemente dos estudantes europeus, que literalmente se entrincheiraram em protesto pelas restrições de seus governos ao acesso gratuito à educação pública e outras reclamações de injustiça.

Era o Dia do Trabalho de 1970 na Universidade Estadual de Kent, em Ohio, quando estudantes começaram a protestar contra a escalada da Guerra do Vietnã por Richard Nixon e Henry Kissinger, no Camboja. Alguns estudantes incendiaram o edifício do Curso de Treinamento dos Oficiais de Reserva. Mil homens da guarda nacional receberam ordens de ocupar o *campus* e atiraram gás lacrimogêneo nos manifestantes. O governador de Ohio, James Rhodes disse à televisão: "Nós iremos erradicar o problema, não tratar o sintoma". Esse comentário infeliz foi o estopim para as reações extremas dos guardas sobre os estudantes que estavam criando o problema — que tinham de ser "erradicados", sem negociação ou reconciliação

Quando um grupo de estudantes desarmados se reuniu, em 4 de maio, e deslocou-se em direção a um grupo de setenta soldados com baionetas preparadas em seus fuzis, um dos soldados entrou em pânico e atirou diretamente neles. Em um piscar de olhos, houve uma saraivada de disparos da maioria dos outros guardas contra os estudantes. Em três segundos, 67 tiros foram disparados! Quatro estudantes foram mortos; oito ficaram feridos, alguns gravemente. Dentre os mortos e feridos, alguns não estavam sequer próximos da cena do confronto, mas a caminho da aula, distantes da linha de fogo. Alguns, como Sandra Schewer, atingida a 120 metros de distância, e, ironicamente, Bill Schroeder, um estudante do Curso de Treinamento dos Oficiais da Reserva, também atingido, não estavam protestando, mas foram apenas vítimas dos "danos colaterais".

Um soldado, mais tarde, afirmou: "Minha mente estava dizendo que aquilo não era certo, mas atirei no indivíduo, e ele caiu." Ninguém chegou a ser responsabilizado por esses assassinatos. Uma foto emblemática desse acontecimento mostrava uma jovem gritando de horror sobre o corpo de um estudante caído. Isso também mobilizou futuros sentimentos antiguerra nos Estados Unidos.

Menos conhecido do que o massacre em Kent foi um evento similar que ocorreu apenas dez dias depois, na Jackson State College, no Mississippi, em que três estudantes foram mortos, e 12 feridos por centenas de tiros disparados contra estudantes negros, pela Guarda Nacional, na ocupação do *campus*.

Em contraste com tais encontros letais, a maioria das atividades durante as greves de estudantes em todo o país, em maio de 1970, foi relativamente pacífica, embora houvesse alguns casos de distúrbio e violência. Em muitos casos, autoridades estaduais tomaram medidas para impedir a violência. Na Califórnia, o governador Ronald Reagan fechou todos os 28 *campi* de universidade e sistemas estaduais do ensino médio por quatro dias. Soldados foram enviados aos *campi* da Universidade de Kentucky, na Carolina do Sul, Illinois, em Urbana, e Wisconsin, em Madison. Houve confrontos em Berkeley, na Universidade de Maryland, em College Park, e outros lugares. Em Fresno State College, na Califórnia, uma bomba destruiu um centro de computadores valiosíssimo

8. Esse programa foi iniciado por uma faculdade de Stanford e por um grupo de estudantes, e foi apoiado pelo Conselho Municipal de Palo Alto, perante o qual compareci em uma reunião na prefeitura para solicitar esforços urgentes de reconciliação

9. Essa descrição das preparações das detenções de domingo, pela polícia de Palo Alto, não é baseada em registros documentados de nossas transações de então, mas, antes, em minhas lembranças posteriores, somadas à intenção de criar uma narrativa plausível. Minha descrição dos procedimentos experimentais e dos argumentos teóricos para nossa pesquisa combina com o que explicara anteriormente ao delegado Zurcher, e ao diretor da TV da estação KRON, para angariar sua cooperação na filmagem das detenções, e para o câmera antes que chegássemos à delegacia de polícia, além do que lembrei ter dito aos policiais que realizariam as detenções naquela manhã. É meu intuito transmitir essa informação vital ao leitor sem adentrar em uma pedante interrupção, em prol de um formalismo. A razão completa para a condução desse estudo baseou-se em fundamentos mais teóricos, o de testar o impacto relativo dos fatores de temperamento ou de personalidade *versus* os fatores circunstanciais, na compreensão de transformações comportamentais em novos contextos comportamentais. Isto se tornará evidente nos capítulos subsequentes.

10. Os três cenários seguintes foram criados a partir das informações disponíveis de três dos nossos falsos prisioneiros, oriundas das informações históricas e entrevistas posteriores, assim como observações feitas na época das detenções de domingo. Logicamente, tomei a licença criativa de prolongar estas informações para construir os cenários imaginativos. Veremos, no entanto, que há alguns paralelos com o comportamento posterior como falsos prisioneiros.

Capítulo 3: Que se iniciem os rituais de degradação de domingo

1. Salvo quando for apontado, todos os diálogos entre prisioneiros e guardas foram retirados das transcrições literais de filmagens realizadas durante o experimento. Os nomes dos prisioneiros e dos guardas foram modificados para ocultar suas verdadeiras identidades. Os materiais do Experimento da Prisão de Stanford, referidos neste livro, e todas as informações originais e análises, encontram-se preservados nos Arquivos da História da Psicologia nos Estados Unidos, em Akron,

Ohio. Materiais futuros serão igualmente doados e abrigados permanentemente nos arquivos, como os *Documentos de Philip Zimbardo.* A primeira parte será dedicada ao Experimento da Prisão de Stanford. Para acessar informações dos arquivos, ver www.uakron.edu, ou ahap@uakron.edu. O EPS tem sido um tema de vasta discussão na mídia, e alguns participantes escolheram ocultar suas identidades. Porém, esta é a primeira vez que escrevi sobre o experimento de forma tão detalhada para o público-geral. Dessa forma, decidi alterar os nomes de todos os prisioneiros e guardas para ocultar suas verdadeiras identidades.

2. Essas regras foram o complemento daquelas que Jaffe e seus estudantes tinham desenvolvido para seu projeto em meu Curso de Psicologia Social em Ação, na primavera anterior. Nele, eles criaram uma falsa prisão em seu dormitório. Para esse curso, estudantes escolheram entre uma série de dez projetos experimentais sugeridos por mim, todos investigando aspectos de indivíduos em instituições, tais como admissão em asilos para idosos, adesão a seitas, e a socialização nos papéis de prisioneiros e guardas. Jaffe e cerca de uma dúzia de outros estudantes escolheram as prisões como seu tema, e, como parte de sua pesquisa, eles elaboraram e dirigiram uma falsa prisão em seu dormitório por um fim de semana — com resultados dramáticos que estimularam este experimento formal.

Na falsa prisão providenciada por esses estudantes, forneci alguns conselhos, mas não soube o que vivenciaram até apresentarem o projeto do curso na aula, no dia seguinte ao fim de semana da prisão. Fiquei surpreso com a intensidade dos sentimentos, expressos abertamente perante uma grande conferência, como a raiva, a frustração, a vergonha, e a confusão acerca de seu comportamento e os de seus amigos em seus novos papéis. Dei prosseguimento a um questionário com todos eles, em que se tornou evidente que a situação exercera neles um impacto enorme. Mas, dada a autosseleção desses estudantes nesse tópico, não tinha ficado claro se havia algo de incomum com eles ou com o ambiente prisional. Apenas um experimento controlado, com distribuição randômica dos papéis de guarda e prisioneiro poderia separar os fatores temperamentais dos das circunstâncias. Isto se tornou uma das instigações para elaborar este experimento, que fizemos no verão seguinte.

O relatório final de Jaffe do estudo de grupo de 15 e 16 de maio de 1971 é intitulado apenas de "Uma Prisão Simulada". Relatório Inédito Stanford University, primavera de 1971.

3. Relatório de turno do guarda.

4. Avaliação final em áudio do prisioneiro.

5. Refeições planejadas durante a primeira semana com o refeitório do Grêmio Estudantil Tressider, de Stanford:

Domingo — Cozido de carne

Segunda-feira — Feijões apimentados

Terça-feira — Empadão de frango

Quarta-feira — Peru à Moda
Quinta-feira — Panqueca de milho com fatias de bacon
Sexta-feira — Macarrão com almôndegas
Café da manhã: suco, cereais ou ovos cozidos, e uma maçã.
Almoço: 2 fatias de pão com um dos frios seguintes: mortadela, presunto ou salsichão de fígado. Uma maçã, um biscoito, leite ou água.

6. Diário retrospectivo do prisioneiro.
7. Diário retrospectivo do prisioneiro.
8. Diário retrospectivo do prisioneiro.
9. Carta arquivada do prisioneiro.
10. Menção do guarda de entrevista para a *Chronolog*, da NBC, transmitido em novembro de 1971.
11. Diário retrospectivo do guarda.
12. Transcrição literal da filmagem da reunião dos guardas. Ver DVD *Quiet Rage: The Stanford Prison Experiment*.

Capítulo 4: A rebelião de prisioneiros da segunda-feira

1. As citações desse e de outros capítulos sobre o Experimento da Prisão de Stanford são oriundos de uma variedade de fontes de dados, que procuro especificar quando necessário. Dentre esses dados de arquivo estão transcrições literais de filmagens feitas durante diferentes momentos do experimento; relatórios de turno dos guardas, escritos por alguns guardas ao final de seu turno; entrevistas ao final do estudo; relatórios de avaliação final realizados depois que os participantes voltaram para casa e retornaram, normalmente depois de algumas semanas; diários retrospectivos, alguns dos quais foram enviados a nós em diversos momentos após o término do estudo; entrevistas em áudio; entrevistas dadas a um programa da NBC TV, *Chronolog*, em setembro de 1971 (transmitido em novembro de 1971); e observações pessoais, assim como compilações posteriores que Craig Haney, Christina Maslach e eu fizemos em um capítulo publicado. Esta citação advém de um relatório final de avaliação
2. Salvo comentários em contrário, esses e outros diálogos entre presos e guardas são tomados de transcrições literais de filmagens realizadas durante o experimento.
3. Relatório de turno do guarda.
4. Diário retrospectivo do guarda.
5. Diário retrospectivo do guarda.
6. Esse discurso feito pelo prisioneiro 8.612 é um dos eventos mais dramáticos de todo o estudo. Para que a simulação funcionasse, todos precisavam concordar em agir como se aquilo fosse uma prisão, e não uma simulação experimental

de uma prisão. Em certo sentido, isso envolve uma autocensura coletiva, ao concordarem tacitamente em enquadrar todos os acontecimentos nas metáforas da prisão, e não em metáforas experimentais. Isso implica na ciência de todos de que tudo não passa de um experimento, mas todos têm de agir como se fosse uma prisão real. O 8.612 estilhaça esse enquadramento, ao gritar que não se trata de uma prisão, apenas um experimento de simulação. Em meio ao caos daquele momento, houve um súbito silêncio quando ele acrescentou um exemplo concreto, ainda que estranho, de por que não se tratava de uma prisão, porque em prisões, eles não levam embora as roupas e as camas. Então, outro prisioneiro o contradiz abertamente, acrescentando simplesmente: "Levam sim". Após esse diálogo, a regra da autocensura é reforçada, e o restante dos prisioneiros, guardas e equipe, prosseguem todos com o limite autoimposto de expressar a óbvia verdade. Para uma apresentação completa da operação de autocensura, ver o texto recente de Dave Miller: *An Invitation to Social Psychology: Expressing and Censoring the Self*. Belmont, CA: Thomson Wadsworth, 2006.

7.   Diário retrospectivo do prisioneiro.
8.   Entrevista em áudio com o guarda.
9.   Não fica claro o que "contrato" significa nesse caso. Veja informações no *website* do estudo da prisão, em www.prisonexp.org, para os seguintes materiais experimentais: A descrição da pesquisa fornecida aos participantes; o formulário de consentimento informado que assinaram; e a ficha do Comitê de Pesquisa com Cobaias Humanas de Stanford.
10. Diário retrospectivo do prisioneiro.
11. Diário retrospectivo do prisioneiro.
12. Diário retrospectivo do prisioneiro.
13. Citado de nosso capítulo sobre nossas recordações recentes do EPS: Zimbardo, P. G.; Maslach, C.; Haney, C. *Reflections on the Stanford Prison Experiment: Genesis, Transformations, Consequences*. In: Blass, T. (org.) *Obedience to Authority: Current Perspectives on the Milgram Paradigm*. Mahwah, Nova Jersey: Erlbaum, 1999. p. 193 — 237.
14. Ibid., p. 229.
15. Entrevista final do prisioneiro.

Capítulo 5: Dupla confusão da terça-feira: visitantes e desordeiros

1.   Salvo comentários em contrário, estes e outros diálogos entre presos e guardas são tomados de transcrições literais de filmagens realizadas durante o experimento.
2.   Relatório de turno do guarda.

3. Entrevista para *Chronolog*, da NBC (novembro de 1971).
4. Diário retrospectivo do guarda.
5. Diário retrospectivo do prisioneiro.
6. Gravação em áudio sigilosa de entrevista final com o dr. Zimbardo.
7. Diário retrospectivo do prisioneiro.
8. Diário retrospectivo do prisioneiro.
9. Foi esta Agência de Pesquisa Naval que concedeu a verba para minha pesquisa sobre desindividuação (ver capítulo 13), depois ampliada para cobrir o experimento da prisão. Tratou-se do financiamento código: N001447-A-0112-0041.
10. Ver Festinger, Leon. *A Theory of cognitive Dissonance*. Stanford, Califórnia, Stanford University Press, 1957. Ver, também, o volume editado da pesquisa comigo, meus estudantes e colegas da NYU: Zimbardo, Philip G. (org.) *The Cognitive Control of Motivation*. Glenview, Illinois: Scott, Foresman, 1969.
11. Ver Janis, Irving; Mann, Leon. *Decision Making: a Psychological Analysis of Conflict, Choice, and Commitment. Nova York: Free Press, 1977.

Capítulo 6: A quarta-feira está fugindo ao controle

1. Todos os diálogos dos intercâmbios entre presos, guardas e equipe são tomados de transcrições literais de filmagens realizadas durante o experimento, complementadas por anotações de bordo e minhas recordações pessoais. O nome do padre foi alterado para ocultar sua identidade, mas todo o resto acerca dele e de suas interações com prisioneiros e comigo é tão acurado quanto possível.
2. Veremos essa mesma reação no Capítulo 14, quando um guarda real, o primeiro-sargento Frederick, em Abu Ghraib, reclama da falta de diretrizes claras sobre o que era permitido fazer com os prisioneiros.
3. Relatório de turno do guarda.
4. Diário retrospectivo do prisioneiro.
5. Gravação em áudio sigilosa de entrevista final com dr. Zimbardo.
6. Entrevista para *Chronolog*, da NBC (novembro de 1971).
7. Como um aparte, destaco que uma pessoa que me viu discutindo as questões da desumanização dos presos e do poder dos guardas foi o advogado do famoso político radical negro George Jackson. Recebi sua carta na tarde de sábado, 21 de agosto de 1971, convidando-me para ser uma testemunha especialista em defesa de seu cliente, que iria em breve a julgamento pelo suposto assassinato de um guarda, no caso dos *Soledad Brothers*. Ele queria que eu entrevistasse seu cliente, que era mantido em uma solitária da Prisão de San Quentin, na região ironicamente chamada de "O Centro de Ajustamento Máximo" (talvez emprestado de *1984*, de George Orwell). No sábado, os acontecimentos conspiraram para me impedir de aceitar seu convite, visto que Jackson foi morto em uma supos-

ta fuga, embora eu tenha me envolvido em diversos julgamentos posteriores. Um tribunal federal acusou o Centro de Ajustamento de ser uma "punição cruel e incomum". Além disso, também fui testemunha especialista em um segundo julgamento, que veio a ser conhecido como o caso de homicídio e conspiração de "Os Seis de San Quentin", realizado na Corte Estadual de Marin — com suas linhas elegantes desenhadas por Frank Lloyd Wright, apresentando um contraste quase cômico às do Centro de Ajustamento Máximo.

8. Avaliação final do prisioneiro.

9. Tivemos uma audiência da Comissão de Liberdade Condicional mais cedo na quarta-feira, que será apresentada detalhadamente no próximo capítulo. Contudo, como nenhum preso de fato recebeu a condicional, não estou certo sobre o que o Sargento está se referindo, se não aos dois presos liberados devido a reações de tensão extrema. É possível que os guardas tenham contado aos outros prisioneiros que eles receberam a condicional para mantê-los esperançosos. "Segurança máxima" deve significar que estão no Buraco.

10. Avaliação final do prisioneiro.

11. Quando repasso a fita com esta cena novamente, percebo subitamente que esse guarda, que está representando sua versão do papel popularizado por Strother Martin, como o cruel diretor em *Cool Hand Luke* (*Rebeldia Indomável*), parece-se e caminha, na verdade, como o ator Powers Boothe, no papel do infame reverendo Jim Jones, no filme *Guyana Tragedy* (Tragédia na Guiana). Essa monstruosa tragédia iria ocorrer apenas seis anos depois. *Rebeldia Indomável* (1967), roteiro de Donn Pearce, dirigido por Stuart Rosenberg, estrelando Paul Newman como Luke Jackson. *Guyana Tragedy* (1980), dirigido por William Graham.

Capítulo 7: O poder da liberdade condicional

1. Carlo Prescott abriu o dia com o seguinte monólogo perante os outros membros da Comissão: "As comissões de condicional são conhecidas por rejeitar candidatos ideais para liberdade condicional, isto é, pessoas que vêm participando da escola, da terapia, do aconselhamento Eles rejeitam este sujeito porque é pobre, porque não é réu primário, porque a vizinhança de onde vem não lhe dá nenhum apoio, porque seus pais estão mortos, e ele não possui meios de se sustentar, ou, apenas, porque eles não gostam da sua cara, ou porque o reconheceram como alguém que atirou em um tira. Então, eles apanham alguém que é um prisioneiro ideal que nunca fez besteira... um prisioneiro ideal — e o recusam três, quatro, cinco, seis vezes. Garotos, que parecem que irão voltar para a prisão, os que ficarão mais completamente moldados e confundidos pelo ambiente da prisão, tanto que nunca reentrarão na sociedade, são liberados mais frequentemente do que indivíduos que agem naturalmente, que nunca entram em confusão, e con-

seguem roubar ou enganar o suficiente para se manterem fora da prisão. Bem, isso parece louco, mas o que isso quer dizer é que a prisão é um grande negócio. A prisão precisa de prisioneiros. As pessoas que vêm para a prisão e que põem juntas a cabeça para funcionar não voltarão para a prisão, há muitas coisas que podem fazer. Mas as pessoas que entram com sentenças indefinidas... quando diz a eles [como Comissão de Condicional]: 'Eu tenho essa liberdade de movimento para jogar', você está dizendo que a comissão de condicional não deve olhar para as condições mais óbvias, que são..."

2.   Salvo comentários em contrário, estes e outros diálogos entre presos e guardas são tomados de transcrições literais de filmagens realizadas durante o experimento; isso inclui todas as citações das audiências da Comissão de Condicional.

3.   Apresentei-me em uma série de audiências de Comissão de Liberdade Condicional na Califórnia, na Prisão de Vacaville, como parte de um projeto de defensoria pública dirigido pelos escritórios de advocacia de Sidney Wollinsky, em São Francisco. O projeto foi elaborado para avaliar a função das comissões de condicional no sistema de sentenças indeterminadas que se encontrava na época em vigor e sob controvérsia no Departamento Penitenciário da Califórnia. Naquele sistema, os juízes podiam estabelecer uma faixa de duração da sentença para uma condenação, como de cinco a dez anos, em vez de uma sentença fixa. Os prisioneiros, contudo, terminavam cumprindo o tempo máximo, e não a média dos tempos da faixa.

Era deprimente e desolador observar a tentativa desesperada de cada prisioneiro de tentar convencer dois homens da Comissão de que merecia ser solto durante os poucos minutos reservados para a apelação. Um dos membros da comissão sequer prestava atenção, porque lia os arquivos do prisioneiro seguinte, na longa lista a ser processada a cada dia, e o outro olhava o arquivo possivelmente pela primeira vez. Se a condicional fosse negada, como na maioria das vezes o era, o prisioneiro tinha de esperar outro ano para voltar à Comissão. Meus comentários indicaram que um grande determinante da probabilidade da condicional estava na dimensão temporal enquadrada pela pergunta de abertura. Caso tratasse do passado do prisioneiro — detalhes do crime, da vítima, do julgamento, ou problemas com o sistema da prisão —, não haveria condicional. Contudo, se fosse questionado sobre o que estava fazendo naquele momento de construtivo para obter o adiantamento de sua liberdade, ou seus planos futuros após ser liberado, a possibilidade de condicional aumentava. É possível que o oficial da condicional já estivesse convencido e enquadrasse inconscientemente a questão, para obter mais provas de por que um prisioneiro não mereceria a condicional, evidenciando seu passado. Se, por outro lado, ele via alguma esperança na ficha do prisioneiro, concentrar-se no futuro daria ao prisioneiro alguns minutos para elaborar seu potencial otimista.

4. A demonstração de Janet Elliott dos olhos azuis/castanhos é narrada em: Peters, W. *A Class Divided, Then and Now* (Edição Ampliada). New Haven: Yale University Press, 1971/1985. Peter esteve envolvido nas filmagens de dois documentários premiados, *The Eye of the Storm* (O olho da tempestade), da ABC News (disponível pela Guidance Associates, Nova York), e o documentário subsequente em *Frontline*, da PBS, *A Class Divided* (disponível *online* em www.pbs.org/wgbh/pages/frontline/shows/divided/etc/view.html).

5. Essa grande citação de Carlo é da entrevista a *Chronolog* da NBC, feita pelo produtor Larry Goldstein, mas, infelizmente, não utilizada no programa final que foi ao ar.

6. Jackson, George. *Soledad Brothers: The Prison Letters of George Jackson*. Nova York: Bantam Books, 1970. p. 119 — 20.

Capítulo 8: Os confrontos com a realidade na quinta-feira

1. Sonho lúcido é um estado de semiconsciência em que o sonhador pode monitorar, ou mesmo controlar, o desenrolar de seu sonho. Uma boa referência recente desse interessante fenômeno pode ser encontrada no livro de meu colega: LaBerge, S. *Lucid Dreaming: A Concise Guide to Awakening in Your Dreams and in Your Life*. Boulder: Sounds True Press, 2004.

2. Entrevista gravada em áudio com Curt Banks.

3. Avaliação final do guarda.

4. Avaliação final do prisioneiro.

5. Avaliação final do guarda.

6. Avaliação final do guarda.

7. Avaliação final do guarda.

8. Entrevista para o *Chronolog* da NBC, novembro de 1971. "Varnish" estava no terceiro ano de Economia.

9. Avaliação final do guarda.

10. Diário retrospectivo do guarda.

11. "Operação-padrão" (para uma breve definição, ver http://em.wikipedia.org/wiki/Work_to_rule): como medida, a operação-padrão era uma alternativa sindical à greve dos funcionários públicos. Como os trabalhadores de emergências, tais como policiais e bombeiros, seriam despedidos imediatamente ou substituídos caso entrassem em greve, eles precisaram encontrar outras alternativas. Aparentemente, o primeiro precedente nos EUA foi a famosa Greve da Polícia de Boston, de 1919. O então governador de Massachusetts, Calvin Coolidge, demitiu 1.200 homens por causa da greve, e declarou: "Não há direito de greve contra a segurança pública, por ninguém, nunca, em lugar nenhum." Hoje amplamente citado, ele obteve popularidade, o que ajudou a catapultá-lo para

a vice-presidência, e, ao final, para a presidência dos Estados Unidos. Houve um caso em 1969, envolvendo o Departamento de Polícia de Atlanta, quando a Ordem Fraternal da Polícia (FOP) utilizou uma tática similar de "desaceleração", que parece idêntica à "operação-padrão". Naquela época, ativistas *hippies* não costumavam ser presos e recebiam tratamento indulgente pela polícia, o que era amplamente aceito, ainda que de forma não oficial. Protestando por melhores salários e cargas horárias (dentre outras reivindicações), a FOP começou a "desacelerar", despachando um número enorme de multas para *hippies* e outros pequenos transgressores, o que emperrou o sistema administrativo, e tornou praticamente impossível para a força da polícia continuar a trabalhar com eficácia. Naquele tempo, houve um temor de que o crime disparasse, e a polícia, ao final, negociou melhores salários e condições. Ver Levi, M. *Bureaucratic Insurgency: The Case of Police Unions*. Lexington: Lexington Books, 1977; Internacional Association of Chiefs of Police. *Police Unions and Other Police Organizations*. Nova York: Arno Press and the New York Times, 1971. Boletim nº 4, setembro de 1944.

12. Entrevista final com prisioneiro.

13. Questionário pós-experimento do prisioneiro.

14. Avaliação final do prisioneiro.

15. A tática de fazer uso de greves de fome como ferramenta política é remontada pela historiadora política Sheila Howard ao primeiro grevista da fome, Terence MacSwiney, membro do parlamento. Ele foi um prefeito recém-eleito de Cork, que morreu durante uma greve de fome, em 1920, em busca de *status* político como o prisioneiro Gerry Adams (o líder de Sinn Fein) aponta que MacSwiney inspirou diretamente Mahatma Gandhi (ver Prefácio do livro de Bobby Sands). Entre 1976 e 1981, houve diferentes períodos de greves de fome entre os prisioneiros políticos irlandeses, o último dos quais se tornou o mais famoso, depois que dez homens morreram em decorrência dessa greve. Dela, faziam parte sete membros do IRA, destacando-se um de seus líderes, Bobby Sands, e três membros da INLA (Exército de Libertação Nacional Irlandês). Prisioneiros republicanos (IRA/INLA) realizaram uma greve de fome na Prisão de Long Kesh (a prisão "Labirinto"), ao sul de Belfast. Dentre outros protestos, eles conduziram durante a greve de fome um "protesto do cobertor": recusaram-se a usar uniformes da prisão, pois eram símbolo de *status* criminoso; em vez disso, utilizaram cobertores para se manterem aquecidos durante a greve de fome.

Bobby Sands escreveu uma série de poemas inspiradores e outras obras na prisão; eles inspiraram o apoio internacional pela causa política dos povos ocupados, notavelmente no Irã e na Palestina, no Oriente Médio. Do mesmo modo, as bandeiras palestinas são hasteadas ao lado da tricolor irlandesa na cidade de Derry (predominantemente católica/nacionalista/republicana) e em áreas de Belfast.

Algumas referências relevantes são: Howard, Sheila. *Britain and Ireland 1914 — 1923*. Dublin: Gill and Macmillan, 1983; Adam, Gerry. Introdução a *Bobby Sands Writings from Prison*. Cork: Mercier Press, 1997; e Page, Michael Von Tangen. *Prisons, Peace and Terrorism: penal Policy in the Reduction of Political Violence in Northern Ireland, Italy, and Spanish Basque Country, 1968 — 1997. Nova York*: St. Martin's Press, 1998.

16. Avaliação final do prisioneiro.
17. Entrevista final do prisioneiro, fonte também da nova citação ampliada.
18. Diário retrospectivo do guarda.
19. Diário retrospectivo do prisioneiro.
20. Questionário pós-experimento do prisioneiro.
21. Diário retrospectivo do prisioneiro.
22. Essa citação ampliada e a seguinte são do ensaio de Christina Maslach de uma coleção de três, ao lado das de Craig Haney e das minhas: Zimbardo, P. G.; Maslach, C.; Haney, C. Reflections on the Stanford Prison Experiment: Gênesis, Transformations, Consequences. In: *Obedience to Authority: Current Perspectives on the Milgram Paradigm*. Blass T. (org.) Mahwah, Nova Jersey: Erlbaum, 1999. p. 193—237. Citação da p. 214—16.
23. Ibid. p. 216—217.
24. Bruno Bettelheim analisa um fenômeno similar dentre prisioneiros no campo de concentração nazista, no qual esteve internado durante os primeiros estágios do Holocausto, antes de os campos de concentração se transformarem em campos de extermínio. Ele relata como alguns reclusos desistiam de tentar sobreviver, e transformavam-se em zumbis. Sua tocante descrição da sobrevivência e rendição sob condições horrendas merece ser inteiramente citada. Faz parte de seu ensaio, *Owners of Their Face* ("Donos de Seus Rostos"), em seu livro *Surviving and Other Essays. Nova York*: Alfred A. Knopf, 1979.

Minha leitura do poema de Paul Celan foi estimulada pelo que aprendi sobre sobrevivência nos campos, observando os outros e a mim mesmo: mesmo o pior maltrato pela SS não conseguia extinguir a vontade de viver — isto é, enquanto fosse possível reunir a vontade de prosseguir, e de conservar o respeito próprio. Dessa forma, as torturas podem até mesmo fortalecer a própria resolução de não permitir que o inimigo mortal possa dobrar a própria vontade de sobreviver e de se manter fiel a si mesmo, na medida do possível. Assim, a SS tendia a tornar um sujeito lívido de fúria, e isso dava a sensação de se estar muito vivo. Isso fez com que se ficasse mais determinado a prosseguir vivendo, para que assim fosse possível derrotar o inimigo

[...] Tudo isso funcionava até determinado ponto. Se não houvesse, ou houvesse poucos indicativos de que alguém, ou o mundo como um todo, estivesse profundamente preocupado com o destino do prisioneiro, sua habilidade em dar significados positivos aos sinais do mundo exterior por fim desapareceria, e ele se sentiria abandonado, frequentemente o que acarretaria consequências desastrosas para sua vontade, e com isso, também para sua capacidade de sobreviver. Apenas uma demonstração muito nítida de que não se estava abandonado — e a SS providenciava para que este a recebesse muito raramente, e de modo algum nos campos de extermínio, restaurava-se, mesmo que momentaneamente, a esperança, até mesmo para aqueles que já não tinham nenhuma, ou há muito a tinham perdido. Mas aqueles que atingiram o estado máximo de depressão e desintegração, aqueles que se transformaram em cadáveres ambulantes porque a condução de suas vidas tornou-se ineficaz — os assim chamados "muçulmanos" (Muselmänner) —, não podiam crer no que os outros enxergavam como símbolos de que não foram esquecidos. (p. 105—106)

Capítulo 9: A dissipação da sexta-feira

1. Diário retrospectivo do guarda.
2. Ceros era um calouro de 18 anos, que pensava em se tornar assistente social.
3. Relato de incidentes do guarda.
4. Salvo comentários em contrário, estes e outros diálogos entre presos e guardas são tomados de transcrições literais de filmagens realizadas durante o experimento.
5. Carta do advogado a mim, datada de 29 de agosto de 1971.
6. O Relato de Incidente Crítico de Stress (CISD) foi o primeiro tratamento para lidar com vítimas de stress traumático, tal como o causado por ataques terroristas, desastres naturais, estupro e outros abusos. Evidências empíricas recentes, porém, contestam seu valor terapêutico, apontando até para situações em que este é contraproducente, ao aumentar e prolongar o componente emocional negativo do stress. Permitir que as pessoas deem vazão a seus sentimentos, em alguns casos, serve para reviver os pensamentos negativos, em vez de aliviá-los.

   Algumas referências relevantes incluem: Litz, B.; Gray, M.; Bryant, R.; Adler, A. Early Intervention for Trauma: Current Status and Future Directions. In: *Clinical Psychology: Science and Practice*, n. 9, 2002, p. 112—34. McNally, R.; Bryant, R.; Ehlers, A. Does Early Psychological Intervention Promote Recovery from Posttraumatic Stress? *Psychological Science in the Public Interest*, n. 4, 2003, p. 45—79.

7. Diário retrospectivo do prisioneiro.
8. Diário retrospectivo do guarda. Os participantes foram pagos pela semana completa, não pela segunda semana, a qual foi cancelada, ao valor de 15 dólares por cada dia servido como prisioneiro ou guarda.
9. Diário retrospectivo do guarda.
10. Avaliação final do prisioneiro.

11. Avaliação final do prisioneiro.
12. Diário retrospectivo do prisioneiro.
13. Diário retrospectivo do guarda.
14. Avaliação final do prisioneiro.
15. Diário retrospectivo do prisioneiro.
16. Entrevista final do guarda.
17. Questionário pós-experimento do guarda.
18. Diário retrospectivo do guarda.
19. Diário retrospectivo do guarda.
20. Questionário pós-experimento do prisioneiro.
21. Diário retrospectivo do guarda.
22. Entrevista em áudio do guarda.
23. Diário retrospectivo do guarda.
24. Transcrição da entrevista para *Quiet Rage: The Stanford Prison Experiment.*
25. Entrevista para *Chronolog*, da NBC, novembro de 1971.
26. Diário retrospectivo do guarda.
27. Diário retrospectivo do guarda.
28. O apelido do guarda Hellmann, "John Wayne", tem um interessante paralelo que aprendi com meu colega John Steiner. John é professor emérito de Sociologia da Universidade Estadual de Sonoma, sobrevivente do Holocausto e, quando era adolescente, foi prisioneiro do campo de concentração Buchenwald por diversos anos. Quando ele soube que nossos prisioneiros haviam apelidado um dos piores guardas de "John Wayne", ele falou de uma analogia com sua própria experiência: "Bem, os guardas nos campos eram todos anônimos para nós. Nós os chamávamos de 'Herr Tenente' ou 'Sr. Oficial da SS', mas não possuíam nome, identidade. A um dos guardas, contudo, o mais cruel de todos, também lhe demos um apelido. Ele atirava nas pessoas sem razão, matava-as, e empurrava-as contra cercas eletrificadas. Sua violência era como a de um cowboy do Velho Oeste. Portanto, nós o chamávamos de 'Tom Mix', mas apenas pelas costas". Tom Mix era o caubói durão do cinema dos anos 1930 e 1940, que John Wayne veio a se tornar posteriormente para as gerações futuras.
29. Avaliação final do guarda.
30. Questionário pós-experimento do guarda.
31. Questionário pós-experimento do guarda.

Capítulo 10: Significados e mensagens do EPS: a alquimia das transformações de caráter

1. O conceito de desamparo aprendido surgiu originalmente de uma pesquisa com animais feita por Martin Seligman e seus associados. Cães em experimentos con-

dicionantes que recebiam choques inevitáveis, e que não podiam fazer nada para evitá-los, logo passavam a parar de tentar fugir, pareciam entregar-se, e tomavam os choques mesmo quando lhes era dada a oportunidade de fugir facilmente. A pesquisa revelou depois paralelos com os seres humanos que, tendo vivenciado um ruído inevitável, nada faziam para interromper um irritante novo ruído quando podiam. Os paralelos também são evidentes na depressão clínica, em crianças e esposas abusadas, prisioneiros de guerra, e alguns residentes de clínicas de repouso para idosos. Algumas referências bibliográficas incluem: Seligman, M. E. P. *Helplessness: On Depression, Development and Death.* São Francisco: Freeman, 1975; Hiroto, D. S. Loss of Control and Learned Helplessness: *Journal of Experimental Psychology*, n. 102, 1974, p. 187—93; Buie, J. "Control" Studies Bode Better Health in Aging. APA Monitor, julho de 1988, p. 20.

2.   A melhor referência para os dados que coletamos e seus resultados estatisticamente analisados é o primeiro artigo científico publicado: Haney, Craig; Banks, Curtis; Zimbardo, Philip. Interpersonal Dynamics in a Simulated Prison. *International Journal of Criminology and Penology*, n. 1, 1973, p. 69—97. Esse periódico está hoje extinto, e, não sendo uma publicação da American Psychology Association, não há um arquivo disponível. Contudo, um arquivo em PDF desse artigo encontra-se disponível em www.prisonexp.org e www.zimbardo.com. Ver, também, Zimbardo, P. G.; Haney, C.; Banks, W. C.; Jaffe, D. The Mind is a Formidable Jailer: a Pirandellian Prison. *The New York Times Magazine*, 8 de abril de 1973, p. 36 e ss.; e Zimbardo, P. G. Pathology of Imprisonment. Society, n. 6, 1972, p. 4, 6, 8.

3.   Adorno, T. W.; Frenkel-Brunswick, E.; Levinson, D. J.; Sanford, R. N. *The Authoritarian Personality*. Nova York: Harper, 1950.

4.   Christie, R.; Geis, F. L. (org.) *Studies in Machiavellianism*. *Nova York:* Academic Press, 1970.

5.   Comrey, A. I. *Comrey Personality Scales*. San Diego: Educational and Industrial Testing Service, 1970.

6.   Figura 16.1, *Comportamento do Guarda e do Prisioneiro*, em Zimbardo, P. G.; Gerrig, R. J. *Psychology and Life*, 14a edição Nova York: HarperCollins, 1996. p. 587.

7.   Bettelheim, B. *The Informed Heart: Autonomy in a Mass Age*. Glencoe: Free Press, 1960.

8.   Frankel, J. Exploring Ferenczi's Concept of Identification with the Agressor: Its Role in Trauma, Everyday Life, and the Therapeutic Relationship. *Psychoanalytic Dialogues*, n. 12, 2002, p. 101—39.

9.   Aronson, E.; Brewer, M.; Carlsmith, J. M. Experimentation in Social Psychology. In: *Handbook of Social Psychology*. Vol. 1, Lindzsey, G.; Aronson, E. (org.) Hillsdale, Nova Jersey: Erlbaum, 1985.

10. Lewin, K. *Field Theory in Social Science*. Nova York: Harper, 1951. Lewin, K.; Lippitt, R.; White, R. K. Patterns of Aggressive Behavior in Experimentally Created "Social Climates". *Journal of Social Psychology*, n. 10, 1939, p. 271—99.

11. Robert Jay Lifton. *The Nazi Doctors: Medical Killing and the Psychology of Genocide.* Nova York: Basic Books, 1986, p. 194.

12. O filme *Rebeldia Indomável* foi lançado nos Estados Unidos em novembro de 1967.

13. Zimbardo, P. G.; Maslach, C.; Haney, C. Reflections on the Stanford Prison Experiment: Genesis, Transformations, Consequences. In: Blass, T. (org.) *Obedience to Authority: Current Perspectives on the Milgram Paradigm.* Mahwah, Nova Jersey: Erlbaum, 1999. p. 193-237; citação na página 220.

14. Entrevista final com prisioneiro, 19 de agosto de 1971.

15. Lifton, R. J. *Thought Reform and the Situation.* Nova York: Harper, 1969.

16. Ross, L.; Nisbett, R. *The Person and the Situation.* Nova York: McGraw-Hill, 1991.

17. Ross, L. *The Intuitive Psychologist and His Shortcomings: Distortions in the Attribution Process, Advances in Experimental Social Psychology.* Vol. 10, Berlowitz (org.). Nova York: Academic Press, 1977, p. 173—220.

18. Veja um relato mais detalhado destas transformações de papel na descrição de Sarah Lyall em "To the Manor Acclimated". *The New York Times,* 26 de maio de 2002. p. 12.

19. Lifton, R. J. *The Nazi Doctors.* 1986. p. 196, 206, 210—11.

20. Zimbardo, Maslach, Haney. *Reflections on the Stanford Prison Experiment.* p. 226.

21. Zarembo, A. A Theater of Inquiry and Evil. *Los Angeles Times,* 15 de julho de 2004, p. A1, A24—A25.

22. Festinger, Leon. *A Theory of Cognitive Dissonance.* Stanford, Califórnia: Stanford University Press, 1957. Zimbardo, P. G.; Leippe, M. R. *The Psychology of Attitude Change and Social Influence.* Nova York: McGraw-Hill, 1991. Zimbardo, Philip G. (org.) *The Cognitive Control of Motivation.* Glenview, Illinois, Scott: Foresman, 1969.

23. Rosenthal, R.; Jacobson, L. F. *Pygmalion and the Classroom: Teacher Expectation and Pupils' Intellectual Development.* Nova York: Holt, 1968.

24. Bernard, V. W.; Ottenberg, P.; Redl, F. Dehumanization: A Composite Psychological Defense in Relation to Modern War. In: *The Triple Revolution Emerging: Social Problems in Depth.* Perruchi, R.; Pilisuck, M. (org.) Boston, Little, Brown: 1968, p. 16—30.

25. Lief, H. I.; Fox, R. C. Training for "Detached Concern" in Medical Students. In: *The Psychological Basis of Practice.* Lief, H. I.; Lief, V. F.; Lief, N. R. (org.) Nova York, Harper & Row, 1963. Maslach, C. *"Detached Concern" in Health and Social Service Professions,* artigo apresentado para a reunião anual da American Psychological Association, em Montreal, Canadá, 30 de agosto de 1973.

26. Zimbardo, P. G. Mind Control in Orwell's 1984: Fictional Concepts Become Operational Realities in Jim Jones' Jungle Experiment. In: Nussbaum, M.; Golds-

mith, J.; Gleason, A. (org.) *1984: Orwell and Our Future*. Princeton, Nova Jersey: Princeton University Press, 2005. p. 127—54.

27. Citação do apêndice de Feynman no Relatório da Comissão Rogers sobre o acidente da aeronave *Challenger*. Ver o debate sobre esta experiência no segundo volume de seu autobiográfico *What Do You Care What Other People Think? Further Adventures of a Curious Character* (as told to Ralph Leighton). Nova York: Norton, 1988.

28. Ziemer, G. *Education for Death: The Making of the Nazi*. Nova York: Farrar, Straus and Giroux, 1972.

29. Kogon, E.; Langbein, A. (org.) *Nazi Mass Murder: A Documentary History of the Use of Poison Gas*. New Haven, Connecticut: Yale University Press, 1993. p. 5-6.

30. Lifton, R. J. *The Nazi Doctors*. 1986, p. 212, 213.

Capítulo 11: O EPS: ética e extensão

1. O conceito de "situação total" como aquela que exerce poderoso impacto sobre o funcionamento humano foi utilizado por Erving Goffman ao descrever o impacto das instituições sobre os pacientes psiquiátricos e os prisioneiros, e por Robert Jay Lifton, ao descrever o poder dos ambientes de interrogatórios no comunismo chinês. Situações totais são aquelas nas quais se está fisicamente, e, portanto, psicologicamente, confinado ao ponto em que todas as informações e estruturas de recompensa estão contidos dentro de seus limites estreitos. Craig Haney e eu estendemos esse conceito para cobrir escolas secundárias, que, às vezes, agem como prisões. Ver Goffman, E. *Asylums: Essays on the Social Situation of Mental Patients and Other Inmates*. Nova York: Doubleday, 1961. Lifton, R. J. *Thought Reform and the Psychology of Totalism*. Nova York: Norton, 1969. Haney, C.; Zimbardo, P. G. *Social Roles, Role-playing and Education: The High School as Prison. Behavioral and Social Science Teacher*. Vol. 1, 1973, p. 24—25.

2. Zimbardo, P. G. *Psychology and Life*. 12a. edição Glenview, Illinois: Foresman: 1989. Tabela *Ways We Can Go Wrong*, p. 689.

3. Ross, L.; Shestowsky, D. Contemporary Psychology's Challenge to Legal Theory and Practice. *Northwestern Law Review*, n. 97, 2003, p. 108—14.

4. Milgram, S. *Obedience to Authority*. Nova York: Harper & Row, 1974.

5. Baumrind, D. Some Thoughts on Ethics of Research: After Reading Milgram's "Behavioral Study of Obedience". *American Psychologist*, n. 19, 1964, p. 421—23.

6. Savin, H. B. Professors and Psycho-logical Researchers: Conflicting Values in Conflicting Roles. *Cognition*, n. 2, 1973, p. 213—56.

7. Ver cópia da aprovação do Exame da Pesquisa com Sujeitos Humanos em www.prisonexp.org, acessando os *links*.

8. Ver Ross, L.; Lepper, M. R.; Hubbard, M. Perseverance in Self-Perception and Social Perception: Biased Attributional Processes in the Debriefing Paradigm. *Journal of Personality and social Psychology*, n. 32, 1975, p. 880—92.

9. Kohlberg, L. *The Philosophy of Moral Development*. Nova York: Harper & Row, 1981.

10. Ver a pesquisa de Neal Miller sobre *biofeedback* e condicionamento autônomo e seus exemplos de como a pesquisa elementar pode pagar dividendos aplicados: Miller, N. E. The Value of Behavioral Research on Animals. *American Psychologist*, n. 40, 1985, p. 423—40. Miller, N. E. Introducing and Teaching Much-Needed Understanding of the Scientific Process. *American Psyhcologist*, n. 47, 1992, p. 848—50.

11. Zimbardo, P. G. Discontinuity Theory: Cognitive and Social Searches for Racionality and Normality—May Lead to Madness. In: *Advances in Experimental Social Psychology*. Vol. 31. Zanna, M. (org.) San Diego: Academic Press, 1999, p. 345—486.

12. Detalhes sobre o vídeo *The Quiet Rage*: Zimbardo, P. G. (autor e produtor) e Musen, K. (coautor e co-produtor), *Quiet Rage: The Stanford Prison Experiment* (vídeo) Stanford, Califórnia, Stanford Instructional Television Network: 1989.

13. Comunicação pessoal, e-mail, 5 de junho de 2005.

14. Haney, C. Psychology and Legal Change: The Impact of a Decade. *Law and Human Behavior*, n. 17, 1993, p. 371—98. Haney, C. Infamous Punishment: The Psychological Effects of Isolation. *National Prison Project Journal*, n. 8, 1993, p. 3—21. Haney, C. The Social Context of Capital Murder: Social Histories and the Logic of Capital Mitigation. *Santa Clara Law Review*, n. 35, 1995, p. 547—609. Haney, C. *Reforming Punishment: Psychological Limits to the Pain of Imprisonment*. Washington, Distrito de Columbia: American Psychological Association: 2006. Haney, C.; Zimbardo, P. G. The Past and Future of U.S. Prison Policy: Twenty-five Years After the Stanford Prison Experiment. *American Psychologist*, n. 53, 1998, p. 709—27.

15. Zimbardo, P. G.; Maslach, C.; Haney, C. Reflections on the Stanford Prison Experiment: Genesis, Transformations, Consequences. In: Blass, T. (org.). *Obedience to Authority: Current Perspectives on the Milgram Paradigm*. Mahwah, Nova Jersey: Erlbaum, 1999. Citado das p. 221—225.

16. Ibid., p. 220.

17. Maslach, C. *Burned-out. Human Behavior*. Setembro de 1976, p. 16—22; Maslach, C. *Burnout: The Cost of Caring*. Englewood Cliffs, Nova Jersey: Prentice-Hall, 1982. Maslach, C.; Jackson, S. E.; Leiter, M. P. *The Maslach Burnout Inventory*. (3a. edição) Palo Alto, Califórnia: Consulting Psychologist Press, 1996. Maslach, C.; Leiter, M. P. *The Truth About Burnout*. São Francisco: Jossey-Bass, 1997.

18. Maslach, C.; Stapp, J.; Santee, R. T. Individuation: Conceptual Analysis and Assessment. *Journal of Personality and Social Psychology*, n. 49, 1985, p. 729—38.

19. Curtis Banks teve uma destacada carreira na academia, obtendo seu Ph.D. em apenas três anos, e tornando-se o primeiro afro-americano a ser empossado professor do Departamento de Psicologia da Universidade de Princeton. Ele, então, se mudou para lecionar na Universidade de Howard, e também para prestar valiosos serviços ao Serviço de Avaliação Educacional e como editor fundador do *Journal of Black Psychology*. Tristemente, faleceu prematuramente de câncer em 1998.

David Jaffe igualmente prosseguiu do EPS para uma distinta carreira em Medicina, servindo hoje como diretor do Departamento Médico de Emergência na St. Louis Children's Hospital, e professor associado de pediatria na Universidade de Washington, em St. Louis, no Missouri.

20. Zimbardo, P. G. The Stanford Shyness Project. In: *Shyness: Perspectives on Research and Treatment*. Jones, W. H.; Cheek, J. M.; Briggs, S. R. (org.) Nova York: Plenum Press,: 1986. p. 17—25. Zimbardo, P. G. *Shyness: What It Is, What to Do About It*. Reading, Massachusetts: Addison-Wesley, 1977. Zimbardo, P. G.; Radl, S. *The Shy Child*. Nova York: Plenum Press, 1986. Zimbardo, P. G.; Pilkonis, P.; Norwood, R. The Silent Prison of Shyness. *Psychology Today*, maio de 1975, p. 69—70, n. 72. Henderson, L.; Zimbardo, P. G. Shyness as a Clinical Condition: The Stanford Model. In: *International Handbook of Social Anxiety*, Alden, L.; Crozier, R. (org.) Sussex, Reino Unido: John Wiley & Sons, p. 431—47.

21. *San Francisco Chronicle*, 14 de fevereiro de 1974.

22. Gonzales, A.; Zimbardo, P. G. Time in Perspective: The Time Sense We Learn Early Affects How We Do Our Jobs and Enjoy Our Pleasures. *Psychology Today*, março de 1985, p. 21—26. Zimbardo, P. G.; Boyd, J. N. Putting Time in Perspective: A Valid, Reliable Individual-Differences Metric. *Journal of Personality and Social Psychology*, n. 77, 1999, p. 1271—88.

23. Jackson G. *Soledad Brothers: The Prison Letters of George Jackson*. Nova York: Bantam Books, 1970, p. 111.

24. Zimbardo, P. G.; Andersen, S.; Kabat, L. G. Induced Hearing Deficit Generates Experimental Paranoia. *Science*, n. 212, 1981, p 1.529—1.531. Zimbardo, P. G., LaBerge, S.; Butler, L. Physiological Consequences of Unexplained Arousal: A Posthypnotic Suggestion Paradigm. *Journal of Abnormal Psychology*, n. 102, 1993, p. 466—73.

25. Zimbardo, P. G. A Passion for Psychology: Teaching It Charismatically, Integrating Teaching and Research Synergistically, and Writing About It Engagingly. In: *Teaching Introductory Psychology: Survival Tips from the Experts*. Sternberg, R. J. (org.) Washington, Distrito de Colúmbia: American Psychological Association, 1997, p. 7—34.

26. Zimbardo, P. G. The Power and Pathology of Imprisonment. *Congressional Record*, no 15, 25 de outubro de 1971. Audiência Perante o Subcomitê n. 3 do comitê sobre o Judiciário House of the Representatives, Ninety-Second Congress,

First Session on Corrections, Part II, Prisons, Prison Reform and Prisoner's Rights: Califórnia; Washington, Distrito de Colúmbia: U.S. Government Printing Office, 1971.

27. Zimbardo, P. G. *The Detention and Jailing of Juveniles* (Audiência perante o Comitê do Senado dos EUA sobre o Subcomitê Judiciário para Investigar a Delinquência Juvenil, 10, 11 e 17 de setembro de 1973) Washington, Distrito de Colúmbia: U.S. Government Printing Office, 1974. p. 141-61.

28. Zimbardo, P. G. Transforming Experimental Research into Advocacy for Social Change. In: *Applications of Social Psychology.* Deutsch, M.; Hornstein, H. A. (org.): Hillsdale, Nova Jersey: Erlbaum, 1983.

29. Zimbardo, P. G. (consultor e apresentador), Goldstein, Larry (produtor), e Utley, Garrick (correspondente). *Prisoner 819 Did a Bad Thing: The Stanford Prison Experiment. Chronolog,* NBC-TV, 26 de novembro de 1971.

30. Zimbardo, P. G. (consultor e apresentador), Kernis, Jay (produtor), Stahl, Lesley (correspondente). *Experimental Prison: The Zimbardo Effect. 60 Minutes.* NBC-TV, 30 de agosto de 1998. Zimbardo, P. G. (apresentador). *The Stanford Prison Experiment Living Dangerously series,* National Geographic TV, maio de 2004.

31. Gibney, Alex (roteirista-diretor) *The Human Behavior Experiments.* Jigsaw Productions, 1 de junho de 2006, Sundance channel.

32. Newton, J.; Zimbardo, P. G. *Corrections: Perspectives on Research, Policy, and Impact,* relatório inédito, Stanford University, ONR Technical Report Z-13, fevereiro de 1975. (Também publicado em *Adolescence,* v. 23, n. 76, Inverno de 1984, p. 911.)

33. Pogash, C. Life Behind Bars Turns sour Quickly for a Few Well-Meaning Napa Citizens. *San Francisco Examiner,* 25 de março de 1976, p. 10—11.

34. Comunicação pessoal por e-mail, de Glenn Adams, 4 de maio de 2004 (reimpressão autorizada).

35. Lovibond, S. H.; Mithiram, X.; Adams, W. G. The Effects of Three Experimental Prison Environments on the Behaviour of Non-Convict Volunteer Subjects, *Australian Psychologist,* 1979, p. 273—87.

36. Banuazizi, A.; Movahedi, S. Interpersonal Dynamics in a Simulated Prison: A Methodological Analysis. *American Psychologist,* n. 17, 1975, p. 152—60.

37. Orlando, N. J. The Mock Ward: A Study in Simulation. In: *Behavior Disorders: Perspectives and Trends.* Milton, O; Wahlers, R. G. (org.) (3a. edição) Filadélfia: Lippincott, 1973, p. 162—70.

38. Derbyshire, D. When They Played Guards and Prisoners in the US, It Got Nasty. In Britain, They Became Friends. *The Daily Telegraph,* 3 de maio de 2002, p. 3.

39. Bloche, M. G.; Marks, J. H. Doing unto Others as They Did to Us. *The New York Times,* 4 de novembro de 2005.

40. Mayer, J. The Experiment. *The New Yorker,* 11 e 18 de julho de 2005, p. 60—71.

41. Gray, Gerald; Zielinski, Alessandra. Psychology and U.S. Psychologists in Torture and War in the Middle East. *Torture*, n. 16, 2006, p. 128—33, citações das p. 130—31.

42. The Schlesinger Report. In: *The Torture Papers*. Greenberg, K.; Dratel, J. (org.) Reino Unido: Cambrige University Press, 2005. p. 970—71. Teremos muito mais a dizer sobre as descobertas dessa investigação independente no capítulo 15.

43. Alvarez, Richard. Resenha do Experimento da Prisão de Stanford. *Cover*, setembro de 1995, p. 34.

44. French, Philip. Resenha de *Das Experiment*. *The Observer*, online, 24 de março de 2002.

45. Bradshaw, Peter. Resenha de *Das Experiment*. *The Guardian*, online, 22 de março de 2002.

46. Ebert, Roger. Resenha de *Das Experiment*. *Chicago Sun-Times*, online, 25 de outubro de 2002.

47. Gopnik, Blake. A Cell with the Power to Transform. *The Washington Post*, 16 de junho de 2005, p. C1, C5.

48. Mares, W. *The Marine Machine: The Making of the United States Marine*. Nova York: Doubleday, 1971.

Capítulo 12: Investigando a dinâmica social: poder, conformidade e obediência

1. C. S. Lewis (1898—1963), professor de Idade Média e Renascimento ingleses pela Universidade de Cambridge, foi também romancista, escritor de livros infantis e um orador popular sobre temas morais e religiosos. Em seu livro mais famoso, *The Screwtape letters* (1944), ele encarna um experiente demônio no Inferno, que escreve cartas encorajando os esforços de um demônio novato a trabalhar duro na Terra. *The Inner Ring* (O Círculo Interno) foi a palestra comemorativa em King's College, na Universidade de Londres, endereçada aos estudantes em 1944.

2. Baumeister, R. F.; Leary, M. R. The Need to Belong: Desire for Interpersonal Attachment as a Fundamental Human Motivation. *Psychological Bulletin*, n. 117, 1995, p. 427—529.

3. Cialdini, R. B.; Trost, M. R.; Newsome, J. T. Preferences for Consistency: The Development of a Valid Measure and the Discovery of Surprising Behavioral Implications. *Journal of Personality and Social Psychology*, n. 69, 1995, p. 318—28. Ver, também, Festinger, Leon. *A Theory of cognitive Dissonance*. Stanford, Califórnia: Stanford University Press, 1957.

4. Zimbardo, P. G.; Andersen, S. A. Understanding Mind Control: Exotic and Mundane Mental Manipulations. In: *Recovery from Cults*. Langone, M. (org.)

Nova York: W. W. Norton, 1993. Ver também Scheflin, A. W.; Opton Jr., E. M. *The Mind Manipulators: A Non-Fiction Account*. Nova York: Paddington Press, 1978.

5. Além das pressões sociais e normativas que acompanham as visões dos outros, há forças racionais em funcionamento, pois as pessoas podem servir para fornecer valiosas informações e sabedoria. Deutsch, M.; Gerard, H. B. A Study of Normative and Informational Social Influence upon Individual Judgement. *Journal of Abnormal and Social Psychology*, n. 51, 1955, p. 629—36.

6. Associated Press (26 de julho de 2005), *"Cool Mom" Guilty of Sex with Schoolboys: She Said She Felt Like "One of the Group"*. A matéria aborda suas festas com sexo e drogas, de outubro de 2003 a outubro de 2004, na cidade rural de Golden, no Colorado.

7. As tendências autopromocionais, egoístas e egocêntricas foram investigadas exaustivamente. Para uma súmula dos efeitos principais em muitos campos diferentes de aplicação, ver Myers, D. *Social Psychology*. 8a edição. Nova York: McGraw-Hill, 2005, p. 66—77.

8. Pronin, E.; Kruger, J.; Savitsky, K.; Ross, L. You Don't Know Me, but I Know You: The Illusion of Asymmetric Insight. *Journal of Personality and Social Psychology*, n. 81, 2001, p. 639—56.

9. Sherif, M. A Study of Some Social Factors in Perception. *Archives of Psychology*, n. 27, 1935, p. 210—11.

10. Asch, S. E. Studies of Independence and Conformity: A Minority of One Against a Unanimous Majority. *Psychological Monographs*, 70, 1951, todo o n. 416. Asch, S. E. *Opinions and Social Pressure. Scientific American*. Novembro de 1955, p. 31—35.

11. Deutsch, M.; Gerard, H. B. (1955).

12. Berns, G. S.; Chappelow, J.; Zin, C. F.; Pagnoni, G.; Martin-Skurski, M. E.; Richards, J. Neurobiological Correlates of Social Conformity and Independence During Mental Rotation. *Biological Psychiatry*, n. 58, 1 de agosto de 2005, p. 245—53. Blakeslee, S. What Other People Say May Change What You See. *New York Times, on-line*, www.nytimes.com/2005/06/28/science/28brai.html., 28 de junho de 2005.

13. Moscovici, S.; Faucheux. Social Influence, Conformity Bias, and the Study of Active Minorities. In: *Advances in Experimental Social Psychology*. Vol. 6, Berkowitz, L. (org.) Nova York: Academic Press, 1978, p. 149—202.

14. Langer, E. *Mindfulness*. Reading, Massachusetts: Addison-Wesley, 1989.

15. Nemeth, C. J. Differential Contribution to Majority and Minority Influence. *Psychological Review*, n. 93, 1986, p. 23—32.

16. Moscovici, S. Social Influence and Conformity. In: *The Handbook of Social Psychology*. 3a edição Lindzey, G.; Aronson, E. (org.) Nova York: Random House, 1985. p. 347—412.

17. Blass, T. *Obedience to Authority: Current Perspectives on the Milgram Paradigm.* Mahwah, Nova Jersey: Erlbaum, 1999, p. 62.

18. Em 1949, sentado ao meu lado no último ano da Escola Secundária James Monroe, no Bronx, Nova York, estava meu colega de classe Stanley Milgram. Éramos os dois garotos magricelas cheios de ambição e um desejo de fazer algo de nós mesmos, de modo a escaparmos da vida confinada ao nosso gueto. Stanley era o pequeno esperto a quem nos reportávamos para obter respostas competentes. Eu era o alto e popular, o sujeito sorridente a quem os outros garotos pediam conselhos sociais. Já na época começávamos a ser situacionistas. Eu havia acabado de entrar em Monroe — depois de um ano terrível na Escola Secundária North Hollywood, onde era marginalizado e não tinha amigos (porque, soube depois, havia um boato circulando de que eu era de uma família siciliana mafiosa em Nova York) —, e fui eleito "Jimmy Monroe", o garoto mais popular do último ano da Escola Secundária Monroe. Stanley e eu discutimos uma vez como essa transformação ocorreu. Concordamos que eu não havia mudado, mas a situação era o que importava. Quando nos encontramos, anos mais tarde, na Universidade de Yale, em 1960, como professores assistentes iniciantes, ele começando em Yale, e eu, em NYU, revelou-se que Stanley queria mesmo ser popular, e eu queria mesmo ser inteligente. Mas já chega de desejos irrealizados.

Devo também mencionar uma descoberta recente que obtive sobre outro fator em comum que compartilhava com Stanley. Eu era aquele que inicialmente construiu um laboratório no porão, que foi posteriormente modificado para ser o local no qual os experimentos de Milgram em Yale sobre obediência ocorreriam (depois que não pôde mais usar o elegante laboratório de interação do sociólogo O. K. Moore). Eu o havia montado alguns anos antes para um estudo que realizei com Irving Sarnoff, para testar as predições freudianas sobre a diferença entre o medo e a angústia em seus efeitos de afiliação social. Fabriquei um pequeno laboratório no porão do edifício onde ensinamos pequenos cursos introdutórios de Psicologia. Ele tinha o nome deliciosamente britânico Linsly-Chittenden Hall. É curioso também como tanto os seus experimentos quanto o EPS tenham sido conduzidos em porões.

19. Blass, T. *The Man Who Shocked the World.* Nova York: Basic Books, 2004. p. 116.

20. Ver Cialdini, R. *Influence.* Nova York: McGraw-Hill, 2001.

21. Freedman, J. L.; Fraser, S. C. Compliance Without Pressure: The Foot-in-the-Door Technique. *Journal of Personality and Social Psychology*, n. 4, 1966, p. 195—202. Ver, também, Gilbert, S. J. Another Look at the Milgram Obedience Studies: The role of the Graduated Series of Shocks. *Personality and Social Psychology Bulletin*, n. 4, 1981, p. 690—95.

22. Fromm, E. *Escape from Freedom. Nova York:* Holt, Rinehart and Winston, 1941. Nos Estados Unidos, o medo de ameaças à segurança nacional representadas

pelos terroristas, amplificado pelos funcionários do governo, levou muitos cidadãos, o Pentágono, e líderes nacionais a aceitarem a tortura contra prisioneiros como um método necessário de trazer à tona informações que poderiam impedir ataques futuros. Este raciocínio, arguirei no Capítulo 15, contribuiu para os abusos por guardas norte-americanos na Prisão de Abu Ghraib.

23. Kelman, H. C.; Hamilton, V. L. *Crimes of Obedience: Toward a Social Psychology of Authority and Responsibility.* New Haven, Connecticut: Yale University Press, 1989.

24. Blass, T. *The Man Who Shocked the World.* Apêndice C, *The Stability of Obedience Across Time and Place.*

25. Sheridan, C. L.; King, R. G. Obedience to Authority with an Authentic Victim. *Proceedings of the Annual Convention of the American Psychological Association.* Vol. 7 (Part 1), 1972, p. 165—66.

26. Orne, M. T.; Holland, C. H. On the Ecological Validity of Laboratory Deceptions. *International Journal of Psychiatry*, n. 6, 1968, p. 282—93.

27. Hofling, C. K.; Brotzman, E.; Dalrymple, S.; Graves, N.; Pierce, C. M. An Experimental Study in Nurse-Physician Relationships. *Journal of Nervous and Mental Disease*, n. 143, 1966, p. 171—80.

28. Krackow, A.; Blass, T. When Nurses Obey or Defy Inappropriate Physician Orders: Attributional Differences. *Journal of Social Behavior and Personality*, n. 10, 1995, p. 585—94.

29. Tarnow, E. Self-Destructive Obedience in the Airplane Cockpit and the Concept of Obedience Optimization. In: *Obedience to Authority.* Blass, T. (org.), p. 111—23.

30. Meeus, W.; Raaijmakers, Q. A. W. Obedience in Modern Society: The Utrecht Studies. *Journal of Social Issues*, n. 51, 1995, p. 155—76.

31. Da transcrição de *The Human Behavior Experiments*: Sundance Lock, 9 de maio de 2006, Jigsaw Productions, p. 20. Transcrição disponível em www.prisonexp.org/pdf/HBE-transcript.pdf.

32. Estas citações e informações sobre o trote de despir para revistar vêm de um artigo informativo de Wolfson, Andew. *A Hoax Most Cruel IN The Courier-Journal,* 9 de outubro de 2004, disponível, *on-line* em: www.courier-journal.com/apps/pbcs.dll/article?AID=/20051009/NEWS01/510090392/1008Hoax.

33. Citado de uma entrevista para a televisão de 1979 em *Milgram's Progress, American Scientist Online,* com Robert V. Levine, julho-agosto de 2004. Originalmente em Blass, *Obedience to Authority,* p. 35—36.

34. Jones, R. The Third Wave. In: *Experiencing Social Psychology.* Pines, A.; Maslach, C. (org.) Nova York, Knopf, 1978, p. 144—52. Ver, também, o artigo que Ron Jones escreveu sobre seu exercício para a classe da Terceira Onda, disponível em: www.vaniercollege.qc.ca/Auxilliary/Psychology/Frank/Thirdwave.html.

35. *The Wave*, docudrama para a televisão, dirigido por Alexander Grasshoff, 1981.

36. Peters, W. *A Class Divided Then and Now* (edição ampliada). New Haven, Connecticut: Yale University Press, 1985 (1971). Peter participou das filmagens de dois documentários premiados, o documentário para a ABC News, *The Eye of the Storm* (disponível pela Guidance Associates, Nova York), e o documentário subsequente da PBS Frontline *A Class Divided* (disponível *on-line* em www.pbs. org/wgbh/pages/frontline/shows/divided/etc/view.html).

37. Mansson, H. H. *Justifying the Final Solution. Omega: The Journal of Death and Dying* 3 (1972): 79—87.

38. Carlson, J. *Extending the Final Solution to One's Family,* trabalho inédito, University of Hawaii, Manoa, 1974.

39. Browning, C. R. *Ordinary Men: Reserve Police Battalion 101 and the Final Solution in Poland.* Nova York: HarperCollins, 1993, p. xvi.

40. Staub, E. *The Roots of Evil: The Origins of Genocide and Other Group Violence.* Nova York: Cambridge University Press, 1989, p. 126, 127.

41. Steiner, J. M. The SS Yesterday and Today: A Sociopsychological View. In: *Survivors, Victims and Perpetrators: Essays on the Nazi Holocaust* Dinsdale, J. E. (org.) Washington, Distrito de Colúmbia: Hemisphere Publishing Corporation, 1980, p. 405—56. Citações da p. 433. Ver, também, Miller, A. G. *The Obedience Experiments: A Case Study of Controversy in Social Science.* Nova York: Praeger, 1986.

42. Goldhagen, D. J. *Hitler's Willing Executioners.* Nova York: Knopf, 1999. Ver também, o exame de Reed, Christopher. Ordinary German Killers. In: *Harvard Magazine,* março-abril de 1999, p. 23.

43. Arendt, H. *Eichmann in Jrerusalem: A report on the Banality of Evil,* edição revista e ampliada. Nova York: Penguin Books, 1994. p. 25, 26, 252, 276.

44. Huggins, M.; Haritos-Fatouros, M.; Zimbardo, P. G. *Violence Workers: Police Torturers and Murders Reconstruct Brazilian Atrocities.* Berkeley: University of California Press, 2002.

45. Haritos-Fatouros, M. *The Psychological Origins of Institutionalized Torture.* Londres: Routledge, 2003.

46. Archidiocese of São Paulo. *Torture in Brazil.* Nova York: Vintage: 1998.

47. O site oficial da School of the Americas é www.ciponline.org/facts/soa.htm/. Ver, também, um site fundamental: www.soaw.org/new/.

48. Morales, F. The Militarization of the Police. *Covert Action* 67, primavera-verão de 1999, p. 67.

49. Ver o conjunto bibliográfico sobre homens-bomba; dentre as fontes recomendadas, estão: Merari, Ariel. *Suicide Terrorism in the Context of the Israeli-Palestinian Conflict. Institute of Justice Conference.* Washington, Distrito de Colúmbia, outubro de 2004. Merari, Ariel. Israel Facing Terrorism. *Israel Affairs,* 11, 2005, p. 223—37. Merari, Ariel Suicidal Terrorism. In: *Assessment, Treatment and Prevention of Suicidal Behavior.* Yufit, R. I.; Lester, D. (org.) Nova York: Wiley, 2005.

50. Sageman, M. *Understanding Terrorist Networks*, 1 de novembro de 2004, disponível em www.fpri.org/enotes/20041101.middleeast.sageman.understandingterrornetworks.html. Ver também: Shermer, M. Murdercide: Science Unravels the Myth of Suicide Bombers. *Scientific American,* janeiro de 2006, p. 33. Krueger, A. B. Poverty Doesn't Create Terrorists. The New York Times, 29 de maio de 2003.

51. Joiner, T. *Why People Die by Suicide.* Cambridge, Massachusetts: Harvard University Press, 2006. Atran, Scott. Genesis of Suicide Terrorism. *Science*, n. 299, 2003, p. 1534—39. Bloom, Mia M. Palestinian Suicide Bombing: Public Support, Market Share and Outbidding. *Political Science Quarterly,* v. 19, n. 1, 2004, p. 61—88. Bloom, Mia. *Dying to Kill: The Allure of Suicide Terrorism.* Nova York: Columbia University Press, 2005. Gupta, Dipak K.; Mundra, Kusum. Suicide Bombing as a Strategic Weapon: An Empirical Investigation of Hamas and Islamic Jihad. *Terrorism and Political Violence*, n. 17, 2005, p. 573—98. Kimi, Shaul; Even, Shemuel. Who Are the Palestinian Suicide Bombers? *Terrorism and Political Violence*, n. 16, 2005, p. 814—40. Pedhahzur, Ami. Toward an Analytical Model of Suicide Terrorism — A Comment. *Terrorism and Political Violence*, n. 16, 2004, p. 84.144. Pape, Robert A. The Strategic Logic of Suicide Terrorism. *American Political Science Review*, n. 97, 2003, p. 343—61. Reuter, Christopher. *My Life as a Weapon: A Modern History of Suicide Bombing.* Princeton, Nova Jersey: Princeton University Press, 2004. Silke, Andrew. The Role of Suicide in Politics, Conflict, and Terrorism. *Terrorism and Political Violence,* n. 18, 2006, p. 35—46. Victoroff, Jeff. The Mind of the Terrorist: A Review and Critique of Psychological Approaches. *Journal of Conflict Resolution*, v. 49, n. 1, 2005, p. 3—42.

52. Merari, A. Psychological Aspects of Suicide Terrorism. In: *Psychology of Terrorism.* Bongar, B.; Brown, L. M.; Beutler, L.; Zimbardo, P. G. (org.) Nova York: Oxford University Press, 2006.

53. Curiel, Jonathan. The Mind of a Suicide Bomber. *San Francisco Chronicle,* 22 de outubro de 2006, p. E1, 6; citação na p. E6.

54. McDermott, T. *Perfect Soldiers: The Hijackers: Who They Were, Why They Did It.* Nova York: HarperCollins, 2005.

55. Kakutani, M. Ordinary but for the Evil They Wrought. *The New York Times.* 20 de maio de 2005, p. B32.

56. Coile, Z. Ordinary British Lads. *San Francisco Chronicle*, 14 de junho de 2005, p. A1, A10.

57. Silke, A. Analysis: Ultimate Outrage. *The Times* (Londres), 5 de maio de 2003.

58. Passei a me ligar a essa experiência depois de conhecer o irmão de uma das poucas pessoas que escapou do massacre, sua irmã, Diane Louie, e seu namorado, Richard Clark. Ofereci-lhes atendimento quando retornaram a São Francisco, e aprendi muito com seus relatos em primeira mão sobre o horror. Posteriormente, tornei-me testemunha especialista de Larry Layton, acusado de conspiração

para assassinar o congressista Ryan, e, por meio dele, tornei-me amigo de sua irmã, Debbie Layton, outra heroica resistente da dominação de Jim Jones. Saberemos mais sobre eles em nosso último capítulo, no qual heroísmos são discutidos.

59. A transcrição do último discurso de Jim Jones, em 18 de novembro de 1978, é conhecida como a "Gravação da Morte" (FBI no Q042), e está disponível *on-line* gratuitamente, cortesia do *Jonestown Institute*, em Oakland, na Califórnia, como transcrito por Mary McCormick Maaga: http://jonestown.sdsu.edu/Aboutjonestown/Tapes/Tapes/Deathtape/Q042.maaga.html.

60. Banaji, M. Ordinary Prejudice. *Psychological Science Agenda*, n. 8, 2001, p. 8—16. Citação da p. 15.

Capítulo 13: Investigando a dinâmica social: desindividuação, desumanização e o mal da inação

1. Swift, Jonathan. *Gulliver's Travels and Other Works*. Londres: Routledge, 1906. *As Viagens de Gulliver*. Porto Alegre, LP&M: 2005 (1727). A condenação de Swift de seus semelhantes surge indiretamente pelos ataques verbais a seu *alter ego*, Lemuel Gulliver, de diversas celebridades que Gulliver encontra em suas viagens a Brobdingnag, e outros lugares. Nós, humanos brutamontes, somos descritos como "criaturas deformadas, em sua maioria". Também sabemos que nossas inadequações ultrapassam qualquer redenção remediadora, visto que "não há tempo suficiente para corrigir os vícios e desatinos aos quais os brutamontes estão sujeitos, mesmo se suas naturezas foram capazes da mínima disposição para a virtude e a sabedoria".

2. Weiss, R. Skin Cells Converted to Stem Cells. *The Washington Post*, 22 de agosto de 2005, p. A01.

3. Golding, W. *Lord of the Flies*. Nova York: Capricorn Books, 1954, p. 58, 63.

4. Zimbardo, P. G. The Human Choice: Individuation, Reason, and Order Versus Deindividuation, Impulse and Chaos. In: *1969 Nebraska Symposium on Motivation*. Arnold, W. J.; Levine, D. (org.) Lincoln: University of Nebraska Press, 1970.

5. Bond, M. H.; Dutton, D. G. The Effect of Interaction Anticipation and Experience as a Victim on Aggressive Behavior. *Journal of Personality*, n. 43, 1975, p. 515—27.

6. Kiernan, R. J.; Kaplan, R. M. *Deindividuation, Anonymity, and Pilfering*. Artigo apresentado na *Western Psychological Association Convention*. São Francisco, abril de 1971.

7. Fraser, S. C. *Deindividuation: Effects of Anonimity on Agression in Children*. Trabalho inédito, University of Southern California, 1974, comentado em Zimbardo, P. G. *Psychology and Life*, 10ª edição, Glenview, Illinois: Scott, Foresman, 1974. Desafortunadamente, esse estudo nunca foi publicado, porque a série de

dados e materiais do procedimento foram destruídos no incêndio que devastou muitas casas nas Colinas de Malibu, na Califórnia (outubro de 1996), onde estes materiais estavam temporariamente armazenados.

8.   Diener, E.; Fraser, S. C.; Beaman, A. L.; Kelem, R. T. Effects of Deindividuation Variables on Stealing Among Halloween Trick-or-Treaters. *Journal of Personality and Social Psychology*, n. 33, 1976, p. 178—83.

9.   Watson Jr., R. J. Investigation into Deindividuation using a Cross-Cultural Survey Technique. *Journal of Personality and Social Psychology*, n. 25, 1973, p. 342—45.

10. Algumas referências relevantes sobre desindividuação incluem: Diener, E. Deindividuation: Causes and Consequences. *Social Behavior and Personality*, n. 5, 1977, p. 143—56. Diener, E. Deindividuation: The Absence of Self-Awareness and Self-Regulation in Group members. In: *Psychology of Group Influence*. Paulus, P. B. (org.) Hillsdale, Nova Jersey: Erlbaum, 1980, p. 209—42. Festinger, L.; Pepitone, A.; Newcomb, T. Some Consequences of De-individuation in a Group. *Journal of Abnormal and Social Psychology*, n. 47, 1952, p. 382—89. Le Bon, G. *The Crowd: A Study of Popular Mind*. Londres: Transaction, 1995 (1895). Postmes, T.; Spears, R. Deindividuation and Antinormative Behavior: *A Meta-analysis. Psychological Bulletin*, n. 123, 1998, p. 238—59. Prentine-Dunn, S.; Rogers, R. W. Deindividuation in Agression. In: *Aggression: Theorical and Empirical Reviews*. Geen, R. G.; Donnerstein, E. I. (org.) Nova York: Academic Press, 1983, p. 155—72. Reicher, S.; Levine, M. On the Consequences of Deindividuation Manipulations for the Strategic Communication of Self: Identifiability and the Presentation of Social Identity. *European Journal of Social Psychology*, n. 24, 1994, p. 511—24. Singer, J. E.; Brush, C. E.; Lublin, S. C. Some Aspects of Deindividuation: Identification and Conformity. *Journal of Experimental Social Psychology*, n. 1, 1965, p. 356—78. Spivey, C. B.; Prentice-Dunn, S. Assessing the Directionality of Deindividuated Behavior: Effects of Deindividuation, Modeling, and Private Self-Consciousness on Aggressive and Prosocial Responses. *Basic and Applied Social Psychology*, n. 4, 1990, p. 387—403.

11. Goffman, E. *Stigma: Notes on the Management of Spoiled Identity*. Englewood. Cliffs, NJ: Prentice-Hall, 1963.

12. Ver Maslach, C.; Zimbardo, P. G. Dehumanization in Institutional Settings: "Detached Concern. In: *Health and Social Service Professions; The Dehumanization of Imprisonment*. Artigo apresentado para a American Psychological Association Convention, Montreal, Canadá, 30 de agosto de 1973.

13. Ginzburg, R. *100 Years of Lynching*. Baltimore: Black Classic Press, 1988. Veja também as fotografias de linchamento que foram distribuídas em cartões postais em: Allen, J.; Allen, H.; Lewis, J.; Litwack, L. F. *Without Sanctuary: Lynching Photography in America*. Santa Fé, Novo México: Twin Palms Publishers, 2004.

14. Ver Kelman, H. C. Violence Without Moral Restraint: Reflections on the Dehumanization of victims and Victimizers. *Journal of Social Issues*, n. 29, 1973, p. 25—61.

15. Herbert, B. "Gooks" to "Hajis". *The New York Times,* 11 de maio de 2004.

16. Bandura, A.; Underwood, B.; Fromson, M. E. Disinhibition of Aggression Through Diffusion of Responsibility and Dehumanization of Victims. *Journal of Research in Personality*, n. 9, 1975, p. 253—69.

17. Veja a extensa bibliografia de Albert Bandura sobre o desligamento moral: Bandura, A. *Social Foundations of Thought and Action: A Social Cognitive Theory.* Englewood Cliffs, Nova Jersey: Prentice-Hall, 1986. Bandura, A. Mechanisms of Moral Disengagement. In: *Origins of Terrorism: Psychologies, Ideologies, Theologies, States of Mind.* Reich, W. (org.) Cambrige, Reino Unido: Cambridge University Press, 1990, p. 161—91. Bandura, A. Moral Disengagement in the Perpetration of Inhumanities. *Personality and Social Psychology Review (Special Issue on Evil and Violence)*, n. 3, 1999, p. 193—209. Bandura, A. The Role of Selective Moral Disengagement in Terrorism. In: *Psychosocial Aspects of Terrorism: Issues, Concepts and Directions.* Mogahaddam, F. M.; Marsella, A. J. (org.) Washington, Distrito de Colúmbia: American Psychological Association Press, 2004, p. 121—50. Bandura, A.; Barbaranelli, C.; Caprara, G. V.; Pastorelli, C. Mechanisms of Moral Disengagement in the Exercise of Moral Agency. *Journal of Personality and Social Psychology*, n. 71, 1996, p. 364—74. Osofsky, M.; Bandura, A.; Zimbardo, P. G. *The Role of Moral Disengagement in the Execution Process. Law and Human Behavior*, n. 29, 2005, p. 371—93.

18. Leyens, J. P. et al. The Emotional Side of Prejudice: The Attribution of Secondary Emotions to In-groups and Out-groups. *Personality and Social Psychology Review*, n. 4, 2000, p. 186—97.

19. Haslam, N.; Bain, P.; Douge, L.; Lee, M.; Bastian, B. More Human Than You: Attributing Humanness to Self and Others. *Journal of Personality and Social Psychology*, n. 89, 2005, p. 937—50. Citação: p. 950.

20. Em relato da agência de notícias Reuters, uma mãe hutu de 35 anos chamada Mukankwaya disse que ela e outras mulheres hutus reuniram as crianças de seus vizinhos tutsis, a quem começaram a perceber como "seus inimigos". Com repulsiva determinação, elas golpearam até a morte os estupefatos jovens com seus longos cajados. "Eles não choraram, porque nos conheciam", relatou, "eles apenas arregalaram os olhos. Nós matamos mais do que podemos contar". Seu desligamento moral relacionava-se com acreditar que ela e as outras mães assassinas estavam fazendo "um favor às crianças": seria melhor morrer naquele momento, pois se tornaram órfãs, visto que seus pais foram estripados com machadinhas que o governo distribuíra aos homens hutus, e suas mães foram estupradas e mortas por eles. As crianças teriam pela frente uma vida difícil, pensaram as mães hutus, portanto, elas os espancaram até a morte para que, assim, evitassem um futuro desolador.

21. Ver Keen, S. *Faces of the Enemy: Reflections on the Hostile Imagination.* São Francisco, Califórnia: HarperSanFrancisco, 2004 (1991). Vale assistir o DVD que o acompanha (2004).

22. De Bruinius, Harry. *Better for All the World: The Secret History of Forced Sterilization and America's Quest for Racial Purity*. Nova York: Knopf, 2006.

23. Ver: Galton, F. *Hereditary Genius: An Inquiry into Its Laws and Consequences*. 2ª edição Londres: Macmillan, 1892; Watts and Co., 1950. Soloway, R. A. *Democracy and Denigration: Eugenics and the Declining Birthrate in England, 1877—1930*. Chapel Hill: University of North Carolina Press, 1990. Race Betterment Foundation, *Proceedings of the Third Race Betterment Conference*. Battle Creek, Michigan: Race Betterment Foundation: 1928. Black, E. *War Against the Weak: Eugenics and America's Campaign to Create a Master Race*. Nova York: Four Walls Eight Windows, 2003. Black, E. *IBM and the Holocaust: The Strategic Alliance Between nazi Germany and America's Most Powerful Corporation*. Nova York: Crown, 2001.

24. King Jr., M. L. *Strength to Love*. Filadélfia: Fortress Press, 1963, p. 18.

25. Latané, B.; Darley, J. M. *The Unresponsive Bystander: Why Doesn't He Help?* Nova York: Appleton-Century-Crofts, 1970.

26. Darley, J. M. ; Latané, B. Bystander Intervention in Emergencies: Diffusion of Responsabilities. *Journal of Personality and Social Psychology*, n. 8, 1968, p. 377—83.

27. Moriarity, T. Crime, Commitment, and the Responsive Bystander: Two Field Experiments. *Journal of Personality and Social Psychology*, n. 31, 1975, p. 370—76.

28. Schroeder, D. A.; Penner, L. A.; Dovidio, J. F.; Pilliavan, J. A. *The Psychology of Helping and Altruism: Problems and Puzzles*. Nova York: McGraw-Hill: 1995. Ver, também, Batson, C. D. Prosocial Motivation: Why Do We Help Others? In: *Advanced Social Psychology*. Tesser, A. (org.) Nova York: McGraw-Hill, 1995, p. 333—81. Straub, E. Helping a Distressed Person: Social, Personality and Stimulus Determinants. *Advances in Experimental Social Psychology*, vol. 7, Berkowitz, L. (org.) Nova York: Academic Press, 1974, p. 293—341.

29. Darley, J. M.; Batson, C. D. From Jerusalem to Jericho: A Study of Situational Variables in Helping Behavior. *Journal of Personality and Social Psychology*, n. 27, 1973, p 100—8.

30. Batson, C. D. et al. Failure to Help in a Hurry: Callousness or Conflict? *Personality and Social Psychology Bulletin*, n. 4, 1978, p 97—101.

31. Abuse Scandal to Cost Catholic Church at Least $2 Billion, Predicts Lay Leader. *Associated Press*, 10 de julho de 2005. Ver, também, o filme documentário *Deliver Us from Evil*, sobre o padre Oliver O'Grady, condenado por uma série de abusos contra crianças, garotos e garotas, ao longo de duas décadas na Califórnia do Norte. O cardeal Roger Mahoney, que sabia das muitas queixas contra ele, nada fez para retirar O'Grady, mas, antes, transferia esse viciado em sexo para outras paróquias, nas quais ele continuaria a erguer-se sobre bandos de vítimas crianças. (O filme foi dirigido por Amy Berg, distribuído por Lionsgate Films, outubro de 2006.)

32. Baum, D. Letter from new Orleans. *The New Yorker*, 21 de agosto de 2006, p. 44—59. Wiegand, D. *When the Levees Broke: Review of Spike Lee's Documentary (When the Levees Broke: A Requiem in Four Acts*, HBO-TV, 21, 22 de agosto de 2006). *San Francisco Chronicle*, 21 de agosto de 2006, p. F1—F4.

33. Lipman-Blumen, J. *The Allure of Toxic Leaders: Why We Follow Destructive Bosses and Corrupt Politicians—And How We Can Survive Them*. Nova York: Oxford University Press, 2005. Citação: p. ix.

34. Ross, L.; Nisbett, R. E. *The Person and the Situation*. Filadélfia: Temple University Press, 1991.

35. Bandura, A. *Self-Eficacy: The Exercise of Control*. Nova York: Freeman, 1997.

36. Kueter, R. *The State of Human Nature*. Nova York: Universe, 2005. Para um exame dos efeitos psicológicos da cultura, ver Brislin, R. *Understanding Culture's Influence on Behavior*. Orlando, Flórida: Harcourt Brace Jovanovich, 1993. Veja, também, Markus, H.; Kitayama, S. Culture and the Self: Implication for Cognition, Emotion and Motivation. *Psychological Review*, n. 98, 1991, p. 224—53.

37. Ross, L.; Shestowsky, D. Contemporary Psychology Challenges to Legal Theory and Practice. *Northwestern University Law Review*, n. 97, 2003, p. 1081—1114; citação p. 1114. Encontra-se também à disposição para leitura o extenso exame e análise do papel da situação no Direito e na Economia por dois professores de Direito, Jon Hanson e David Yosifon: The Situation, An Introduction to the Situational Character, Critical Realism, Power Economics, and Deep Capture. *University of Pennsylvania Law Review*, n. 129, 2003, p. 152—346. Em acréscimo, meu colaborador Craig Haney tem escrito extensivamente sobre a necessidade de maior inclusão dos fatores contextuais na justiça legal. Ver, por exemplo, Haney, C. Making Law Modern: Toward a Contextual Model of Justice. *Psychology, Public Policy and Law*, n. 8, 2002, p. 3—63.

38. Snyder, M. When Belief Creates Reality. In: *Advances in Experimental Social Psychology*, vol. 18, Berkowitz, L. (org.) Nova York: Academic Press: 1984, p. 247—305.

39. Rosenhan, D. L. On Being Sane in Insane Places. *Science*, n. 179, 1973, p. 250—58.

40. Richard, F. D.; Bond, D. F.; Stokes-Zoota, J. J. One Hundred Years of Social Psychology Quantitatively Described. *Review of General Psychology*, n. 7, 2003, p. 331—63.

41. Fiske, S. T.; Harris, L. T.; Cudy, A. J. C. Why Ordinary People Torture Enemy Prisoners. *Science (Policy Forum)*, n. 306, 2004, p. 1482—83; citação: p. 1482. Veja também a análise de Susan Fiske em *Social Beings. Nova York:* Wiley, 2003.

Capítulo 14: Os abusos e torturas de Abu Ghraib: compreendendo e personificando seus horrores

1. Relatório Final do Painel Independente de Exame das Operações de Detenção DoD. O relatório completo está disponível no *website* do Experimento da Prisão de Stanford em www.prisonexp.org/pdf/SchlesingerReport.pdf/. Ele foi expedido em 8 de novembro de 2004.

2. Relatório no *website* de *60 Minutes II*, da CBS, em: www.cbsnews.com/stories/2004/04/27/60II/main614063.shtml.

3. Há evidências de que o general Myers chamou pessoalmente Dan Rather, oito dias antes de o relatório do abuso ser agendado para ir ao ar no *60 Minutes II*, para solicitar que a CBS adiasse a transmissão desse segmento. Sua justificativa para o adiamento era evitar perigo a "nossas tropas" e aos "esforços de guerra". A CBS acatou a solicitação de Myers, e cancelou a exibição da peça por duas semanas. A CBS finalmente decidiu transmitir o programa, mas só quando descobriu que a revista *The New Yorker* estava preparando um relato detalhado do jornalista investigativo Seymour Hersh. A solicitação revelou que as Forças Armadas estavam cientes dos "problemas com a imagem" que seriam criados pelas iminentes revelações da mídia.

4. Testemunho ao Congresso: Donald Rumsfeld, *Federal Document Clearing House*, 2004, disponível em www.highbeam.com/library/wordDoc.doc?docid=1P1:94441824; Testemunho do secretário de Defesa Donald H. Rumsfeld perante o Senado e o Comitê de Serviços Armados, 7 de maio de 2004; disponível em www.defenselink.mil/speeches/2004/sp20040507-secdef1042.html.

5. Citado em Hochschild, Adam. What's in a Word? Torture. *The New York Times*, 23 de maio de 2004. Susan Sontag ofereceu uma elegante contestação à noção de que esses atos foram meros "abusos" e não "tortura" em seu ensaio.

6. O ministro do exterior do Vaticano, arcebispo Giovanni Lajolo, tinha uma perspectiva diferente: "A tortura? Um golpe mais sério aos Estados Unidos do que o do 11 de Setembro. Exceto que o golpe não foi infligido por terroristas, mas pelos norte-americanos contra si mesmos." O editor do jornal árabe com sede em Londres *Al Quds Al Arabi*, proclamou: "Os libertadores são piores do que os ditadores. Esta é a gota d'água para os Estados Unidos."

7. *It's Not About Us; This Is War! The Rush Limbaugh Show*, 4 de maio de 2004. Ver www.sourcewatch.org/index.php?title=Rush_Limbaugh.

8. Os comentários do senador James Inhofe originam-se da transcrição de uma audiência do Comitê de Serviços Armados, em 11 de maio de 2004, no qual o general de divisão Taguba falou ao comitê sobre a questão do abuso a prisioneiros iraquianos, o seu primeiro testemunho público para o comitê, baseado na investigação de 6 mil páginas (em nove volumes, e que levou um mês para ser realizada). A transcrição completa (cinco páginas de internet) encontra-se *online* no *website* do *The Washington Post* em www.washingtonpost.com/wp-dyn/articles/A17812-2004May11.html.

9. Joseph Darby deu sua primeira entrevista sobre seu papel na revelação dos abusos para Wil S. Hylton, na revista *QG*, setembro de 2006, intitulada *Prisoner of Conscience*. (As citações de Darby são desta fonte.) Disponível *online* em http://men.style.com/gq/features/landing?id=content_4785/.

10. Há um interessante paralelo aqui com outro soldado, Ronald Ridenhour, que denunciou o massacre de 1968, em My Lai, no Vietnã. Ele também era um sujeito "de fora", que aparecera na cena no dia seguinte depois que alguns de seus companheiros massacraram centenas de civis vietnamitas. Pressionado tanto por seu nobre relato da atrocidade e sua violação do que considerava os princípios fundamentais de moralidade pelos quais os Estados Unidos existiam, Ridenhour decidiu ir a público. Suas repetidas solicitações aos oficiais superiores, ao presidente Nixon, e aos congressistas, para que esse massacre fosse investigado foram ignoradas ou abafadas por mais de um ano. Finalmente, a persistência de Ridenhour teve sucesso. Um jovem repórter investigativo, Seymour Hersh, envolveu-se e liberou a história em seu livro, de 1970, *My Lai 4: A Report on the Massacre and its Aftermath*. Talvez não tenha sido acidente que o mesmo Seymour Hersh, hoje mais velho, tenha liberado a história dos abusos de Abu Ghraib em seu artigo no *The New Yorker* (abril de 2004), e seu livro *Chain of Command: The Road from 9/11 to Abu Ghraib* (2004).

11. Desejei organizar um Fundo ao Herói Joe Darby, para coletar doações em todo país, que seriam dadas a Darby uma vez estando ele fora da custódia de proteção. Uma repórter da *USA Today*, Marilyn Elias, disse que sua matéria seria sobre a história deste "herói escondido", e mencionaria o Fundo ao Herói, se eu pudesse fornecer uma fonte para onde as pessoas pudessem enviar doações. Por meses, tentei em vão convencer diversas organizações a serem o conduto público para esse fundo, incluindo a Anistia Internacional, o banco da cidade de Darby, o meu banco em Palo Alto, e a associação das vítimas de tortura. Todos forneceram razões que pareceram ilegítimas. Consegui encorajar a então presidente da American Psychological Association, Diane Halperin, a conceder a Darby uma Menção Presidencial na convenção anual da APA, mas contra grande oposição de membros de seu Quadro de Diretores. Para muitos, era algo político demais.

12. Citado de *A Question of Torture. PBS News Frontline*, 18 de outubro de 2005.

13. CBS, *60 Minutes II*, 28 de abril de 2004.

14. Uma investigadora criminal do Exército, Marci Drewry, foi minha informante acerca das condições que existiam em Abu Ghraib no tempo em que as Forças Armadas assumiram, e durante as investigações dos abusos no Pavilhão 1A. Em uma série de e-mails (16, 18 e 20 de setembro de 2005) e em entrevista ao telefone (8 de setembro de 2005), ela ofereceu relatos em primeira mão das "condições deploráveis e miseráveis dos PMs, assim como dos prisioneiros". Ela exerceu o papel de oficial assistente de operações para a CID (Divisão de Investigação Criminal), investigando crimes de soldados norte-americanos no campo de batalha. A subtenente Drewry foi uma das primeiras a ver as imagens do CD entregue por Darby. Sua unidade iniciou uma primeira investigação interna, e a concluiu em fevereiro de 2004. Disse-me que queria que a verdade viesse à tona acerca das condições nas prisões que poderiam ter influenciado os PMs a se comportarem como o fizeram.

15. *80 Acres of Hell*, programa da *History Channel* sobre Camp Douglas, 3 de junho de 2006.

16. Comentado em Iraq Prison Abuse Stains Entire Brigade. *The Washington Times* (www.washingtontimes.com), 10 de maio de 2004.

17. Karpinski, Janis; Strasser, Steven. *One Woman's Army: The Commanding General at Abu Ghraib Tells Her Story*. Nova York: Miramax Press, 2004.

18. Entrevista com a general de brigada Janis Karpinski para a BBC Radio 4, 15 de junho de 2004. Ela também repetiu estas acusações em uma conferência realizada na Universidade de Stanford, apresentada por mim em 4 de maio de 2006.

19. A avaliação psicológica consistia em uma entrevista com o psicólogo das Forças Armadas, o dr. Alvin Jones, em 31 de agosto e 2 de setembro de 2004, seguida de uma bateria de testes psicológicos. Eles incluíam o *Minnesota Multiphasic Inventory*, 2ª edição (MMPI-2); o *Millon Clinical Multiaxial Inventory-111*; e o *Wechsler Abbreviated Intelligence Scale* (WASI). O relatório oficial da consulta psicológica e os dados do teste foram enviados para mim em 21 de setembro, e encaminhados para o dr. Larry Beutler, chefe do programa de treinamento para Ph.D. na Escola da Faculdade de Psicologia Pacific, em Palo Alto. Ele forneceu uma interpretação independente do teste, desconhecendo a condição e o nome do cliente testado. Eu apliquei o *Maslach Burnout Inventory* (MBI) em minha casa durante minha entrevista com Chip, e ele foi enviado para interpretação a um especialista em estresse no trabalho, dr. Michael Leiter, do Centro de Desenvolvimento Organizacional, em Wolfville, no Canadá. Sua avaliação formal foi recebida em 3 de outubro de 2004. Ele também desconhecia o histórico do cliente testado.

20. Relatório de consulta psicológica, 31 de agosto de 2004.

21. Ver meu livro para um resumo geral desta pesquisa sobre timidez, e outras relacionadas: Zimbardo, P. G. *Shyness: What It Is, What to Do About It*. Reading, Massachusetts: Addison-Wesley, 1977.

22. Carta pessoal, 12 de junho de 2005.

23. Mimi Frederick, correspondência por e-mail de 21 setembro de 2005. (Publicação autorizada.)

24. A 372ª Companhia da Polícia Militar era uma unidade de reservistas com base em Cresaptown, em Maryland. A maioria de seus membros era de pequenas cidades com baixa circulação em Appalachia, onde as propagandas de recrutamento militar aparecem frequentemente na mídia local. As pessoas ali normalmente se alistam quando adolescentes, para ganhar dinheiro e ver o mundo, ou apenas porque é uma forma de sair da cidade onde cresceram. Os membros da 372ª Companhia relataram serem um grupo unido. Ver revista *Time, Special Report*, 17 de maio de 2004.

25. Minha entrevista com Chip, 30 de setembro de 2004, e carta pessoal, 12 de junho de 2005.

26. Súmula do relatório do dr. Alvin Jones sobre entrevista e bateria de exercícios psicológicos com Frederick (31 de agosto a 2 de setembro de 2004).

27. Súmula do dr. Jones de todos os resultados do teste.

28. Estas e outras citações são do "Interpretação do teste do cliente" de 22 de setembro de 2004, por dr. Larry Beutler, em um relatório escrito e enviado a mim.

29. A avaliação do dr. Leiter me foi dada em 3 de outubro de 2004, baseando-se no dado bruto submetido a ele pelas respostas de Chip no *MBI-General Survey*. Ver Maslach, C.; Leiter, M. P. *The Truth About Burnout*. São Francisco: Jossey-Bass, 1997. Ver, também: Leiter, M. P.; Maslach, C. *Preventing Burnout and Building Engagement: A Complete Package for Organizational Renewal*. São Francisco: Jossey-Bass, 2000.

30. Há uma vasta literatura psicológica acerca da sobrecarga cognitiva e carga cognitiva de recursos. Algumas referências incluem: Kirsh, D. A Few Thoughts on Cognitive Overload. *Intellectica*, n. 30, 2000, p. 19—51. Hester, R.; Garavan, H. Working Memory and Executive Function: The Influence of Content and Load on the Control of Attention. *Memory & Cognition*, n. 33, 2005, p. 221—33. Pass, F.; Renkl, A.; Swelle, J. Cognitive Load Theory: Instructional Implications of the Interaction Between Information Structures and Cognitive Architecture. *Instructional Science, n.* 32, 2004, p. 1—8.

31. As notas da saga da soldada Jessica Lynch são de um documentário da BBC 2 indicando que as Forças Armadas dos Estados Unidos falsificaram e distorceram quase tudo acerca de sua narrativa "heroica". A mesma criação militar de um pseudo-herói ocorreu com a ex-estrela do time de futebol Arizona Cardinals, Pat Tillman, morto pelo "fogo amigo" de seus próprios homens — o que foi encoberto, até que a família obrigou que a verdade viesse à tona. A exposição para a BBC de Jessica Lynch foi *War Spin: The Truth About Jessica*, 18 de maio de 2003 (repórter John Kampfner). A transcrição do programa pode ser acessada em: http://news.bbc.couk/2/hi/programmes/correspondent/3028585.stm. O caso de Pat Tillman foi contado em uma série de duas partes em *The Washington Post*: Coll, S. *Barrage of Bullets Drowned out Cries of Comrades: Communication Breakdown, Split Platoon Among Factors of "Friendly Fire"*. *The Washington Post*, 4 de dezembro de 2004, p. A01. Coll, S. *Army Spun Tale Around Ill-Fated Mission. The Washington Post*, 6 de dezembro de 2004, p. A01. Os dois artigos estão disponíveis *on-line* em www.washingtonpost.com/wp-dyn/articles/A35717-2004Dec4.html, e www.washingtonpost.com/wp-dyn/articles/A37679-2004Dec5.html. O pai de Pat Tillman, Patrick, um advogado, continua a investigar a morte do filho. Um artigo recente para o *New York Times* oferece novos detalhes do caso: Davey, M.; Eric, S. Two Years After Soldier's Death, Family's Battle is with Army. *The New York Times,* 21 de março de 2006, p. A01. Veja, também, a poderosa e eloquente declaração do irmão de Pat, Kevin, que se alistou no Exército com Pat em 2002, e serviu com

ele no Iraque e no Afeganistão; intitulado *After Pat's Birthday*. *On-line*: www. truthdig.com/report/item/200601019_after-pats-birthday/.

32. Todas as perguntas e respostas da entrevista são de 30 de setembro de 2004, entrevista em minha casa, gravada em áudio e transcrita por meu assistente Matt Estrada.

33. Smith, R. J.; White, J. General Granted Latitude at Prison: Abu Ghraib used Aggressive Tactics. *The Washington Post*, 12 de junho de 2004, p. A01, disponível em www.washingtonpost.com/wp-dyn/articles/A35612-2004Jun11.html.

34. Um interrogador veterano das Forças Armadas compartilhou sua perspectiva comigo sobre a questão da manipulação pelos interrogadores dos policiais militares, para que os ajudassem a extrair as informações que buscavam: "É aí que jaz o problema. Interrogadores inescrupulosos (do tipo sob ordens descendentes de: interrogadores militares novos, pessoal contratado, pessoal da CIA) dispostos a atuar no interior de noções preconcebidas sobre parte das pessoas dispostas a acreditar nelas. Eu tive a experiência de uma equipe encarregada da detenção de outros (nesse caso, era uma companhia de soldados de infantaria à qual foi dada à missão de gerenciar a prisão) aplicando todo estereótipo de um "interrogador" ao alcance da cultura norte-americana; contudo, quando tomei algum tempo para explicar não apenas que não me envolvi no comportamento que esperavam de mim, mas também por que não o fiz, eles não apenas compreenderam minha perspectiva sobre isso, como concordaram, e *voluntariamente modificaram suas operações para apoiá-lo*. O controle de um ser humano sobre outro é uma responsabilidade apavorante que precisa ser ensinada, treinada e compreendida, não *ordenada*". Recebida em 3 de agosto de 2006; a fonte prefere permanecer anônima.

35. Chip Frederick, entrevista concedida a mim em 30 de setembro de 2004.

36. A declaração de Ken Davis foi incluída em um documentário, *The Human Behavior Experiments*, que foi ao ar no Sundance Channel, em 1 de junho de 2006.

37. Janis, I. Groupthink. *Psychology Today*, novembro de 1971, p. 43—46. As conclusões do Comitê de Inteligência do Senado estão disponíveis em http://intelligence.senate.gov/conclusions.pdf.

38. Fiske, S. T.; Harris, L. T.; Cudy, A. J. C. Why Ordinary People Torture Enemy Prisoners. *Science*, n. 306, 2004, p. 1482—83; citação: p. 1483.

39. Comunicação pessoal por e-mail, 30 de agosto de 2006, com edição autorizada. O escritor trabalha hoje no Gabinete de Segurança do Departamento do Comércio.

40. Relatório do general Taguba apresentado ao Congresso em 11 de maio de 2004.

41. Teremos mais a dizer no próximo capítulo sobre o relatório do general de divisão Fay, assinado em coautoria com o general de Exército Jones. Parte do Relatório Fay/Jones encontra-se em Strasse, Steven (org.) *The Abu Ghraib Investigations: The Official Reports of the Independent Panel and the Pentagon on the Shocking Prisoner Abuse in Iraq*. Nova York: Public Affairs, 2004.

O relatório completo está à disposição em http://news.findlaw.com/hdocs/docs/dod/fay82504rpt.pdf.

42. *Fifth State. A Few Bad Apples: The Night of October 25, 2003.* Canadian Broadcast Company Television News, 16 de novembro de 2005, disponível em http://cbc.ca/fifth/badapples/resource.html.

43. Fuoco, M. A.; Blazina, E.; Lash, C. Suspect in Prisoner Abuse Has a History of Troubles. *Pittsburgh Post-Gazette,* 8 de maio de 2004.

44. Depoimento de um analista de inteligência militar na audiência prejulgamento de Graner.

45. Acordo entre as Partes, Caso *United States v. Frederick,* 5 de agosto de 2004.

46. Comunicado pessoal manuscrito, de Chip Frederick para mim, de Fort Leavenworth, 12 de junho de 2005.

47. Guarda "Hellmann" para *The Human Behavior Experiments,* 1 de junho de 2006.

48. [IMAGEM]

49. Ibid. Relatório do PM Ken Davis em *The Human Behavior Experiments.*

50. Ver www.supportmpscapegoats.com

51. Sontag. Regarding the Torture of Others, 23 de maio de 2004.

52. *Now That's Fucked Up*: www.nowthatsfuckedup.com/bbs/index.php (ver, em especial, www.nowthatsfuckedup.com/bbs/ftopic41640.html.)

53. Allen et al. *Without Sanctuary: Lynching Photography in America.*

54. Browning. *Ordinary Men* (1993).

55. Struk, Janina. *Photographing the Holocaust: Interpretations of the Evidence.* Nova York: Palgrave, 2004.

56. www.armenocide.am.

57. Para mais sobre as fotos-troféu de Teddy Roosevelt com seu filho Kermit, ver *On Safari with Theodore Roosevelt, 1909.* Disponível em www.eyewitnesstohistory.com/tr/htm. Curiosamente, embora a expedição tenha sido multada por "coletar" uma variedade de espécies animais, ela foi, na verdade, um safári de caça no qual 512 animais foram mortos, dentre eles 17 leões, 11 elefantes, e 20 rinocerontes. Ironicamente, o neto de Theodore Roosevelt, Kermit Jr., foi líder da Operação Ajax da CIA no Irã, o primeiro golpe de estado bem-sucedido da agência, que removeu do poder o (democraticamente eleito) primeiro-ministro Mohammed Mossadegh, em 1953. O argumento da CIA para este primeiro golpe foi a ameaça comunista representada ao permitir que Mossadegh permanecesse no poder. De acordo com Stephen Kinzer, um jornalista veterano do *New York Times,* esta operação postulou um padrão para o meio-século seguinte, durante o qual os Estados Unidos eficientemente depuseram (ou apoiaram a deposição) de líderes de estado na Guatemala (1954), em Cuba, Chile, Congo, Vietnã, e, o mais importante para nossa história, Saddam Hussein, no Iraque (2003). Kinzer aponta também que os ambientes nesses países, após os golpes de estado, eram frequentemente marcados pela instabilidade, disputa civil, e incontáveis

ocasiões de violência. Tais operações tiveram efeitos profundos que reverberam até hoje. A imensa miséria e sofrimento que criaram transformaram regiões inteiras do mundo amargamente contra os Estados Unidos. Para fazer a volta completa desde a Operação Ajax, e recentemente, da zona de guerra no Iraque, os Estados Unidos embarcaram em outra missão de contrainteligência e, até mesmo, fizeram planos de guerra contra o Irã. Seymour Hersh, nosso familiar amigo e jornalista da *The New Yorker*, que investigou My Lai e Abu Ghraib, expôs esta revelação: www.newyorker.com/fact/content/?050124fa_fact. Kinzer, S. *All the Shah's Men: An American Coup and the Roots of Middle East Terror.* Hoboken, Nova Jersey: Wiley, 2003. Kinzer, S. *Overthrow: America's Century of Regime Change from Hawaii to Iraq.* Nova York: Times Books, 2006.

58.   A citação é de minhas notas gravadas durante um painel (apresentado por mim), no qual Kanis Karpinski falou como parte de uma sessão sobre "Crimes Contra a Humanidade Cometidos Pela Administração Bush", 4 de maio de 2006. Um interrogador militar veterano lança dúvidas sobre essa versão da permissão, da alta hierarquia de PMs por interrogadores, de tirarem as fotos: "Não acredito que a 'permissão' tenha vindo dos interrogadores, se é que veio de algum lugar. [...] Em minhas mais de duas décadas como interrogador e supervisor de operações de interrogatório, ouvi falar de cada 'abordagem' existente, e não me parece crível que um interrogador não apenas se envolvesse voluntariosamente em atos ilegais de valor duvidoso para o processo de interrogatório, mas que ele conspirasse com outros e dependesse de sua confiança". Recebido em 3 de agosto de 2006; fonte prefere permanecer no anonimato.

59.   Butler, Judith. *Torture, Sexual Politics, and the Ethics of Phtography.* Palestra apresentada no Simpósio da Universidade de Stanford: *Thinking Humanity After Abu Ghraib* (20 de outubro de 2006).

60.   Esse relatório da CBS sobre os abusos em Camp Bucca está disponível *on-line* em www.cbsnews/stories/2004/05/11/60II/main616849.shtml.

61.   Esses relatos e muitos outros encontram-se disponíveis no relatório de Human Rights Watch: *Leadership Failure: Firsthand Accounts of Torture of Iraqi Detainees by U.S. Army's 82nd Airborne Division*, 24 de setembro de 2005, disponível em http://hrw.org/reports/2005/us0905.

62.   A sentença de oito anos de Chip Frederick foi reduzida em seis meses por ordem do General em Comando, e em outros 18 meses pela Clemência do Exército e pelo Comitê da Condicional (agosto de 2006), baseando-se em uma variedade de apelos e justificativas de abrandamento em minha declaração e na de muitos outros.

63.   O tipo de tensão sofrido por Chip à noite no Pavilhão 1A, e depois durante sua prisão, pode ter um grande impacto duradouro no funcionamento cerebral, e na mudança de humor, pensamento, e comportamento. Ver Sapolsky, Robert M. Why Stress Is Bad for Your Brain. *Science*, n. 273, 1996, p. 749—50.

64. Comunicação pessoal, 12 de junho de 2005.

65. Aronson, E.; Mills, J. The Effect of Severity of Initiation on Liking for a Group. *Journal of Abnormal and Social Psychology*, n. 59, 1959, p. 177—81.

66. Comunicação pessoal, 25 de fevereiro de 2005.

67. Comunicação pessoal, 15 de junho de 2005.

68. Rejali, Darius M. *Torture and Modernity: Self, Society, and State in Modern Iran*. Boulder, Colorado: Westview Press, 1994. Veja, também, os ensaios *on-line* disponíveis em http://archive.salon.com/opinion/feature/2004/06/18/torture_methods/index.html, e http://archive.salon.com/opinion/feature/2004/06/18/torture_1/index.html.

69. Um oficial das Forças Armadas me contou: "Eu utilizei o termo 'virando Stanford' quando descrevia comportamentos sádicos e incomuns da parte de pessoas encarregadas de outras."

70. Hensley é um especialista certificado em estresse traumático (BC ETS), e diplomado pela American Academy of Experts in Traumatic Stress, que é hoje conselheiro de antiterrorismo e de operações psicológicas do Governo Federal (PSYOP). Hensley, doutor pela Universidade de Capella, com uma especialização em PSTD, estudou extensamente os abusos em Abu Ghraib. Hensley também comenta: "A confiabilidade das afirmações expressadas nesse artigo podem ser confirmadas por análises similares de uma seleção representativa da unidade dos réus. Uma correlação positiva de dados similares pode indicar a validade do Efeito Zimbardo na Penitenciária de Abu Ghraib, explicando, assim, o comportamento anômalo". (p. 51) Hensley, A. L. *Why Good People Go Bad: A Psychoanalytic and Behavioral Assessment of the Abu Ghraib Detention Facility Staff*. Uma importante estratégia de defesa à Corte Marcial apresentada ao Area Defense Council, em Washington, Distrito de Colúmbia, em 10 de dezembro de 2004.

71. Norland, R. *Good Intentions Gone Bad. Newsweek*, 13 de junho de 2005, p. 40.

Capítulo 15: Levando o sistema a julgamento: a cumplicidade do comando

1. Declaração de Encerramento, 21 de outubro de 2004, pelo major Michael Holley, julgamento em Corte Marcial do sargento Ivan Frederick, Bagdá, 20 e 21 de outubro de 2005, p. 353—54.

2. Minha declaração espontânea de encerramento, 21 de outubro de 2004, p. 329.

3. O "mal administrativo" opera concentrando agentes para desenvolver procedimentos corretos, os passos certos em um processo que é um meio mais eficiente para determinado fim. Estes administradores o fazem sem reconhecer que os meios deste fim são imorais, ilegais e antiéticos. Eles se mantêm convenientemente cegos para as realidades da substância dos abusos — e as consequências

horrendas — geradas por estas políticas e práticas. Os culpados de "mal administrativo" podem ser empresas, departamentos de polícia e penitenciários, ou centros militares ou do governo, assim como grupos revolucionários radicais.

Como vimos cerca de quarenta anos atrás na abordagem meticulosa de Robert McNamara da Guerra do Vietnã, a confiança em uma disposição mental científico-analítica, com uma abordagem técnico-racional-legalista dos problemas sociais e políticos, permite que uma organização e seus membros se envolvam no mal mascarado e eticamente oculto. Em uma de suas manifestações, o Estado sanciona o envolvimento de seus agentes em ações usualmente consideradas imorais, ilegais, e más, ao relançá-las como necessárias para a defesa da segurança nacional. Assim como o Holocausto e a internação de cidadãos nipo-americanos durante a Segunda Guerra Mundial são exemplos de mal administrativo, afirmo ser também o programa de tortura da administração Bush como parte de sua "guerra ao terror".

Esta noção profunda de "mal administrativo" foi desenvolvida por Guy B. Adams e Danny L. Balfour no provocativo livro *Unmasking Administrative Evil* (versão expandida) Nova York: M. E. Sharpe, 2004.

4. Uma boa fonte única da cronologia de Abu Ghraib e dos relatórios investigativos pode ser encontrada em www.globalsecurity.org/intell/world/iraq/abu-ghurayb-chronology.htm.

5. O jornalista investigativo Seymour M. Hersh lançou a história dos abusos e torturas em Abu Ghraib em Torture at Abu Ghraib. American Soldiers Brutalize Iraqis: How Far Up Does the Responsability Go? *The New Yorker*, 5 de maio de 2004, p. 42. Disponível em www.notinourname.net/war/torture-5may04.htm.

6. Disponível em http://news.findlaw.com/nytimes/docs/iraq/tagubarpt.html#ThR1.14.

7. Parte do Relatório Fay/Jones encontra-se em Strasser, Steven; Whitney, Craig R. (org.) *The Abu Ghraib Investigations: The Officials of the Independent Panel and the Pentagon on the Shocking Prisoner Abuse in Iraq*. Nova York: Public Affairs, 2004. O relatório completo está disponível em http://news.findlaw.com/hdocs/docs/dod/fay82504rpt.pdf. Veja, também, Strasser; Whitney. *The 9/11 Investigations: Staff Reports of the 9/11 Commission: Excerpts from the House-Senate Joint Inquiry Report on 9/11: Testimony from Fourteen Key Witnesses*. Nova York: Public Affairs, 2004.

8. Consta que o comandante geral da CENTCOM, John Abizaid, solicitou que um oficial superior ao general de divisão Fay conduzisse a investigação, de modo que ele pudesse entrevistar oficiais da alta hierarquia, o que os regulamentos do Exército impedem Fay de fazer, mas permitem que o general de Exército Jones o faça.

9. Milles, Steven H. *Oath Betrayed: Torture, Medical Complicity, and the War on Terror*. Nova York: Random House, 2006.

10. O caso da capitã Wood foi descrito detalhadamente em *A Few Bad Apples*, CBS News, *The Fifth Estate*, 16 de novembro de 2005.

11. Schmitt, Eric. Abuses at Prison Tied to Officers in Military Intelligence. *The New York Times*, 26 de agosto de 2004.

12. Os membros do Painel Independente que examinaram as Operações de Detenção do Departamento de Defesa deram conhecimento ao secretário de Defesa Donald H. Rumsfeld de que haviam enviado seu relatório final, em 24 de agosto de 2004. Os quatro membros do painel incluíram o ex-secretário de Defesa Harold Brown; o ex-deputado Tillie Fowler (R-Fla.); o general Charles A. Horner, USAF (reformado); e o ex-secretário de Defesa James R. Schlesinger, líder do Painel. O relatório completo, incluindo o Apêndice G, pode ser encontrado em www.prisonexp.org/pdf/SchlesingerReport.pdf.

13. Ver www.hrw.org. Outro recurso valioso para examinar é o fornecido no relatório pelo programa da Fifth Company, Companhia de Transmissão Canadense, intitulado *A Few Bad Apples*, que foi ao ar em 16 de novembro de 2005. Ele se concentra nos eventos no Pavilhão 1A, na noite de 25 de outubro de 2003, quando vários soldados torturaram prisioneiros iraquianos enquanto outros observavam. É o incidente relatado no capítulo 14, que foi iniciado pelo rumor de que estes presos haviam violentado um garoto, o que se revelou inverídico. O site da CBC é uma fonte para a cronologia dos acontecimentos que levaram a estes abusos, para os artigos de Seymour Hersch sobre Abu Ghraib, e os memorandos de Bush, Rumsfeld e Sanchez; disponível em www.cbc.ca/fifth/badapples/resource.html.

14. Ver www.whitehouse.ogv/news/releases/2004/05/20040506-9.html.

15. Abu Ghraib Only the "Tip of the Iceberg". *Human Rights Watch Report*, 27 de abril de 2005.

16. Schmitt, E. Few Punished in Abuse Cases. *The New York Times*, 27 de abril de 2006. p. A24. Esta súmula é baseada no relatório completo preparado pelo Centro de Direitos Humanos e Justiça Global da Universidade de Nova York, em associação com Human Rights Watch e Human Rights First. Seus pesquisadores compilaram as estatísticas de cerca de 100 mil documentos obtidos sob o ato de Liberdade de Informação. Eles destacam que cerca de dois terços de todos os abusos foram cometidos no Iraque.

17. Abu Ghraib Dog Handler Gets 6 Months. *CBS News Video Report*, 22 de maio de 2006. Disponível em www.cbsnews.com/stories/2006/03/22/iraq/main1430842.shtml.

18. O relatório completo está disponível em http://humanrightswatch.info/PDF/06425-etn-by-the-numbers.PDF.

19. O relatório completo da HRW, incluindo as citações dele extraídas, encontra-se disponível em www.hrw.org/reports/2005/us0405/1.htm (para Sumário Executivo); veja, também, /2.htm a /6.htm para seções adicionais deste extenso relatório.

20. Depoimento ao Congresso do secretário de Defesa Donald Rumsfeld, Audiência do Comitê das Forças Armadas sobre o abuso contra prisioneiros iraquianos. *Federal News Service*, 7 de maio de 2004.

21. Ver www.genevaconventions.org/.

22. *Report of the International Committee of the Red Cross (ICRC) on the Treatment by the Coalition Forces of Prisoners of War and Other Protected Persons by the Geneva Conventions in Iraq During Arrest, Internment and Interrogation*, fevereiro de 2004. Ver http://download.repubblica.it/pdf/rapporto_crocerossa.pdf.

23. Anistia Internacional. *Beyond Abu Ghraib: Detention and Torture in Iraq*, 2006, disponível em http://web.amnesty.org/library/print/ENDGMDE140012006/.

24. Citação de *A Question of Torture*, PBS *Frontline*, 18 de outubro de 2005.

25. White, J. Some Abu Ghraib prisoners "Ghosted". *The Washington Post*, 11 de março de 2005.

26. McCoy, A. W. *A Question of Torture: CIA Interrogation from the cold War to the War on Terror.* Nova York: Henry Holt, 2006. p. 5, 6.

27. Depoimento do general de Exército Ricardo Sanchez, Comitê das Forças Armadas, audiência sobre o abuso contra prisioneiros iraquianos, 19 de maio de 2004.

28. Danner, Mark. *Torture and Truth: America, Abu Ghraib and the War on Terrorism.* Nova York: The New York Review of Books, 2004. p. 33.

29. Karpinski, Janis, entrevista para *A Question of Torture*, PBS *Frontline*, 18 de outubro de 2005.

30. Do general Ricardo Sanchez para o comandante do Comando Central, memorando, Interrogatório e Política de Contrarresistência, 14 de setembro de 2003, disponível em www.aclu.org/SafeandFree/SafeandFree.cfm?ID=17851&c=206.

31. Entrevista de Joseph Darby. *GQ*, setembro de 2006.

32. Mayer, Jane. *The New Yorker*. Citado em *A Question of Torture*, PBS *Frontline*, 18 de outubro de 2005.

33. Mais recentemente (junho de 2006), quase noventa detentos em Gitmo realizaram prolongadas greves de fome para protestar contra seu falso aprisionamento. Um comandante da Marinha descartou a ação como nada mais do que uma tática para "chamar a atenção". Para impedi-los de morrer, os oficiais tiveram de começar a forçá-los a se alimentar diariamente por meio de tubos pelo nariz, e ao menos seis deles foram administrados por estudantes de Medicina. Em si mesmo, isso se assemelha a um novo tipo de tortura, embora os oficiais aleguem que é algo "seguro e humano". Ver Fox, Ben. Hunger Strike Widens at Guantanamo. *Associated Press*, 30 de maio de 2006. Selsky, Andrew. More Detainees Join Hunger Strike in Guantanamo. *Associated Press*, 2 de junho de 2006.

Em um capítulo anterior, apontei o papel das greves de fome de prisioneiros políticos na Irlanda e em outros lugares para esboçar um paralelo com a tática usada por nosso prisioneiro Clay-416. Um dos mais celebrados grevistas da fome irlandeses, que morreu pela causa, foi Bobby Sands. É notável que o organizador das greves de fome em Gitmo, Binyam Mohammed al-Habashi, proclamou que ele e outros grevistas, ou teriam suas solicitações respeitadas, ou morreriam como Bobby Sands, que "teve a coragem de suas convicções, e morreu de fome. Ninguém deve acreditar por um momento que meus irmãos aqui possuem menos coragem". Ver McCabe, Kate. "Political Prisoners" Resistance from Ireland to GITMO: "No Less Courage", www.CounterPunch.com, 5 de maio de 2006.

34. GITMO Suicides Comment Condemned U.S. Officials Publicity Stunt Remark Draws International Backlash. *Associated Press,* 12 de junho de 2006. O funcionário do governo era Colleen Graffy, assistente de deputado, secretário do Estado Norte-Americano para Diplomacia Pública. O oficial da Marinha era Henry Harris.

35. Karpinski, Janis, entrevista para *A Question of Torture,* PBS *Frontline,* 18 de outubro de 2005. Também relatado em *Iraq Abuse "Ordered from the Top".* BBC, 15 de junho de 2004, disponível em http://news.bbc.couk/1/hi/world/americas/3806713.stm. Quando Miller chegou em Abu Ghraib, afirmou: "É minha opinião que vocês estão tratando os prisioneiros bem demais. Em Guantánamo, os prisioneiros sabem que estamos no comando, e eles o sabem desde o começo." Disse: "Você precisa tratar os presos como cães. Se acreditarem que eles são algo diferente de cães, você efetivamente perdeu o controle de seu interrogatório." Disponível em www.truthout.org/docs_2006/012406Z.shtml.

36. Wilson, Scott; Chain, Sewell. As Insurgency Grew, So Did Prison Abuse. *The Washington Post,* 9 de maio de 2004. Ver, também, Karpinski, Janis, *One Woman's Army.* Nova York: Hyperion, 2005, p. 196—205.

37. Smith, Jeffrey R. General Is Said to Have Urged Use of Dogs. *The Washington Post,* 26 de maio de 2004.

38. General Kern, em *A Question of Torture,* PBS *Frontline,* 18 de outubro de 2005.

39. O general de divisão Geoffrey Miller reformou-se em 31 de julho de 2006. Ele optou pela reforma sem buscar uma promoção, ou sua terceira estrela, pois seu legado fora manchado por alegações de seu papel direto na tortura e abuso nas prisões de Abu Ghraib e Gitmo, segundo fontes militares e do Congresso.

40. A declaração do general Myers sobre sua insistência em culpar apenas os PMs, "maçãs podres", por todos os abusos de Abu Ghraib, enquanto ignorava e descartava todas as provas de muitas investigações independentes que revelam cumplicidades duradouras de altos oficiais e muitas falhas sistêmicas indicam, ou sua rígida perseverança, ou sua ignorância. Disponível em www.pbs.org/wgbh/pages/frontline/torture/etc/script.html.

41. Mais de 100 mil páginas de documentos do governo foram liberadas, detalhando os abusos e torturas contra detentos, que podem ser pesquisadas por meio da ferramenta de busca da ACLU, para acesso público destes documentos em: www.aclu.org/torturefoiasearch. A matéria sobre o Artigo de Informações do Exército de abril de 2004 está disponível em www.rawstory.com/news/2006, p. A11.

42. Schmitt, Eric. Outmoded Interrogation Tactics Cited. *The New York Times,* 17 de junho de 2006, p. A11.

43. O jornal *The Toledo's Blade,* de Ohio, e seus jornalistas venceram o Prêmio Pulitzer pela investigação das atrocidades cometidas pela *Tiger Force* no Vietnã, a qual, ao longo de um período de sete meses, deixou um rastro de assassinatos e mutilações a civis, ocultado pelas Forças Armadas por três décadas. Essa unidade de comando da 101a. Divisão Aerotransportada foi uma das mais condecoradas unidades no Vietnã. O Exército investigou as alegações de seus crimes de guerra, mutilações, tortura, assassinato, e ataques indiscriminados a civis, e descobriu razões para indiciar 18 soldados, mas nada fez senão arquivar quaisquer acusações contra eles. Ver *Buried Secrets, Brutal Truths,* www.toledoblade.com. Especialistas concordam que uma sindicância anterior das desordens da *Tiger Force* poderia ter impedido a carnificina em My Lai, ocorrida seis meses depois.

44. Um repórter norte-americano, Nir Rosen, que vive no Iraque há três anos, e sabe falar árabe, mesmo os dialetos iraquianos, relata que "A ocupação tem se tornado um vasto crime prolongado contra o povo iraquiano, e sua maior parte passa despercebida pelo povo e pela mídia norte-americanos"; ver Rosen, Nir. *The Occupation of Iraqi hearts and Minds,* 27 de junho de 2006, disponível em http://truthdig.com/dig/item/20060627_occupation_iraq_hearts_minds/. Veja, também, o comentário relacionado, pelo repórter Haifer Zangana: "Todo o Iraque é Abu Ghraib. Nossas ruas são corredores de prisão, e nossas casas, celas, e nossos ocupantes levam adiante sua humilhação e intimidação estratégicas". *The Guardian,* 5 de julho de 2006.

45. Badkhen, Anna. Atrocities Are a Fact of All Wars, Even Ours: It's Not Just Evil Empires Whose Soldiers Go Amok. *San Francisco Chronicle,* 13 de agosto de 2006, p. E1, E6. Citado por John Pike, diretor da GlobalSecurity.org, em p. E1.

46. Grossman, Dave. *On Killing: The Psychological Cost of Learning to Kill in War and Society.* Boston: Little, Brown, 1995. O *website* de Grossman é www.killology.com.

47. Haddock, Vicky. The Science of Creating Killers: Human Reluctance to Take a Life Can Be Reversed Through Training in the method Known as Killology. *San Francisco Chronicle,* 13 de agosto de 2006, p. E1, E6. Citação do ex-soldado do Exército Steven Green, p. E1.

48. Cloud, David S. Marines May Have Excised Evidence on 24 Iraqi Deaths. *The New York Times,* 18 de agosto de 2006. Oppel Jr., Richard A. Iraqi Leader Lambasts U.S. Military: He Says there Are Daily Attacks on Civilians by Troops. *The New York Times,* 2 de junho de 2006.

49. Cloud, D. S.; Schmitt, E. Role of Commanders Probed in Death of Civilians. *The New York Times,* 3 de junho de 2006. Kaplow, L. *Iraqi's Video Launched Massacre Investigation.* Cox News Service, 4 de junho de 2006.

50. MSNBC.COM, *Peers Vowed to Kill Him if He Talked, Soldier Says*. Relatório da Associated Press, 2 de agosto de 2006, disponível em www.msnbc.com/id/14150285.

51. Whitmore, T. *Ex-Soldier Charged With Rape of Iraqi Woman, Killing of Family*, 3 de junho de 2006, disponível em http://news.findlaw.com/ap/0/51/07-04-2006/d493003212d3/a9c.html. Rawe, Julie; Ghosh, Aparisism. A Soldier's Shame. *Time*, 17 de julho de 2006, p. 38—39.

52. Blair Promises Iraq "Abuse" Probe. *BBC News*, 12 de fevereiro de 2006; a matéria e as imagens de vídeo deste abuso estão disponíveis em http://news.bbc.couk/1/hi/UK/4705482.STM.

53. Roger Brokaw e Anthony Lagouranis, em *A Question of Torture*, PBS *Frontline*, 18 de outubro de 2005. Disponível em www.pbs.org/wgbh/pages/frontline/torture/interviews.html.

54. "Tirar as luvas" é frequentemente entendido como lutar contra o oponente com os punhos nus, removendo a proteção das luvas mais macias de boxeadores profissionais, que são frequentemente usadas nessas lutas. Coloquialmente, significa lutar com firmeza e força, sem as restrições das regras usuais que governam tais combates entre adversários.

55. Reid, T. R. Military Court Hears Abu Ghraib Testimony: Witness in Graner Case Says Higher-ups Condoned Abuse. *The Washington Post*, 11 de janeiro de 2005, p. A03. "Frederick, um primeiro-sargento rebaixado a soldado após alegar culpa pelo abuso em Abu Ghraib, disse que consultou seis oficiais superiores, variando de capitães a tenentes-coronéis, sobre as ações dos guardas, mas nunca lhe mandaram parar. Frederick também disse que o agente da CIA, a quem identificou como 'Agente Romero', disse-lhe para 'amolecer' para o interrogatório um suspeito de rebelião. O agente lhe disse que não se importava com o que os soldados fizessem, 'contanto que não o matem', testemunhou Frederick". Disponível em www.washingtonpost.com/wp-dyn/articles/A62597-2005Jan10.html.

56. Zagorin, A.; Duffy, M. Time Exclusive: Inside the Wire at Gitmo. *Time*. Disponível em www.time.com/time/magazine/article/0,9171,1071284,00.html.

57. Citado em Mayer, Jane. The Memo *The New Yorker*, 27 de fevereiro de 2006, p. 35.

58. Detalhes das entrevistas com o capitão Fishback e os dois sargentos estão inseridos no relatório da Human Rights Watch, *Leadership Failure: Firsthand Accounts of Torture of Iraqi Detainees by the Army's 82nd Airborne Division*, setembro de 2005, vol. 17, no 3(G), disponível em hrw.org/reports/2005/us0905/1.htm. A carta completa de Fishback para o senador McCain foi publicada no *The Washington Post*, em 18 de setembro de 2005; disponível em www.washingtonpost.com/wpdyn/content/article/2005/09/27/AR20055092701527.html.

59. Saar, Erik; Novak, Viveca. *Inside the Wire: A Military Intelligence Soldier's Eyewitness Account of Life at Guantanamo*. Nova York: Penguin Press, 2005.

60. Saar, Erik, entrevista para a rádio com Amy Goodman. *Democracy Now,* Pacifica Radio, 4 de maio de 2005, disponível em www.democracynow.org/article. pl?sid=05/05/04/1342253/.

61. Down, Maureen. Torture Chicks Gone Wild. *The New York Times,* 30 de janeiro de 2005.

62. Estas citações de Saar e da interrogadora "Brooke" estão em *Inside the Wire,* p. 220—28.

63. Veja uma história fascinante: Thompson, A. C.; Paglen, Trevor. The CIA's Torture Taxi. São Francisco, *Bay Guardian,* 14 de dezembro de 2005, p. 15 e 18. Essa investigação revelou um jato, nº N313P, pertencente a uma empresa privada, que tinha permissão imprecedente para aterrisar em qualquer base do Exército do mundo; seu uso foi ligado ao sequestro de um cidadão alemão de ascendência libanesa, Khaled El-Masri. Supõe-se que seja um dos 26 aviões da frota da CIA, usados para tais entregas, segundo um especialista em direitos humanos da ACLU, Steven Watt.

64. Ver Human Rights Watch. *The Road to Abu Ghraib,* junho de 2004, disponível em www.hrw.org/reports/2004/usa0604/. Ver, também: Barry, John; Hirsh, Michael; Isikoff, Michael The Roots of Torture. *Newsweek,* 24 de maio de 2004, disponível em http://msnbc.msn.com/id/4989422/site/newsweek/: "Segundo as fontes especializadas, uma ordem oficial do presidente autorizou a CIA a organizar uma série de penitenciárias secretas, fora dos Estados Unidos, e interrogar os que forem nelas encarcerados com dureza inédita."

65. *Frontline, The Torture Question.* Transcrição, p. 5.

66. Ibid.

67. Silva, Jan. *Europe* Prison Inquiry Seeks Data on 31 Flights: Romania, Poland Focus of Investigation into Alleged CIA Jails. *Associated Press,* 23 de novembro de 2005.

68. 21 Inmates Held Are Killed, ACLU Says. *Associated Press,* 24 de outubro de 2005. Relatório completo da ACLU, *Operative Killed Detainees During Interrogations in Afghanistan and Iraq,* 24 de outubro de 2005, disponível em www.aclu.org/news/ NewsPrint.cfm?ID=19298&c=36.

69. Ver: Huggins, M.; Haritos-Fatouros, M.; Zimbardo, P. G. *Violence Workers: Police Torturers and Murders Reconstruct Brazilian Atrocities.* Berkeley: University of California Press, 2002.

70. Casa Branca. *President Bush Outlines Iraqi Threat: Remarks by the President on Iraq* (7 de outubro de 2002). Disponível em www.whitehouse.gov/news/releases/2002/10/20021007=8.html.

71. *Iraq on the Record: The Bush Administration's Public Statements on Iraq,* preparado pelo Comitê da Câmara dos Representantes sobre a Reforma Governamental — Divisão de Investigações Especiais do Grupo Minoritário, 16 de março de 2004, disponível em www.reform.house.gov/min/.

72. Suskind, Ron. *The One Percent Doctrine: Deep Inside America's Pursuit of Its Enemies Since 9/11*. Nova York: Simon & Schuster, 2006, p. 10.

73. Gopnik, Adam. Read it and Weep. *The New Yorker,* 20 de agosto de 2006, p. 21—22.

74. Zimbardo, P. G.; Kluger, Bruce. Phantom Menace: Is Washington Terrorizing Us More Than Al Qaeda? *Psychology Today,* 2003, p. 34—36. Rose McDermott e Philip Zimbardo elaboram este tema no capítulo The Politics of Fear: The Psychology of Terror Alerts. In: *Psychology and Terrorismo:* Bonger, B.; Brown, L. M.; Beutler, L.; Breckenridge, J.; Zimbardo, P. G. (org.) Nova York: Oxford University Press, 2006, p. 357—70.

75. *The Washington Post,* 26 de outubro de 2005, p. A18.

76. Carta ao senador John McCain de 13 comandantes reformados das Forças Armadas e do embaixador Douglas Peterson, 23 de julho de 2005. (Recentemente assinado por 28 comandantes militares aposentados.) Disponível em www.humanrightsfirst.org/us_law/etn/pdf/mccain-100305.pdf. Os comentários de McCain sobre isso no Senado estão disponíveis em http://mccain.senate.gov/index.cfm?fuseaction=Newscenter.ViewPressRelease&Content_id=1611>&Content_id=1611.

77. McCain, John. The Truth About Torture. *Newsweek,* 21 de novembro de 2005, p. 35.

78. Os comentários de Cheney acerca do "lado negro", feitos em *Meet the Press with Tim Russert,* 16 de setembro de 2001, em Camp David, Maryland, podem ser encontrados integralmente em www.whitehouse.gov/vicepresident/news-speeches/speeches/vp20010916.html.

79. Citado de Dowd, Maureen. System on Trial. *The New York Times,* 7 de novembro de 2005.

80. Risen, James. *State of War: The Secret History of the CIA and the Bush Administration*. Nova York, Free Press, 2006.

81. Lewis, Anthony. Making Torture Legal. *The Washington Post,* 17 de junho de 2004, disponível em www.thewashingtonpost.com/wp-srv/nation/documents/dojinterrogationmemo20020801.pdf. O memorando DoD, de 6 de março de 2003, aconselhando Rumsfeld acerca das técnicas de interrogatório, está também disponível em www.news.findlaw.com/wp/docs/torture/30603wgrpt/.

82. Greenberg, K.; Dratel, J. (org.) *The Torture Papers: The Road to Abu Ghraib*. Nova York: Cambridge University Press, 2005. Parte deste material pode ser acessado em www.ThinkingPiece.com/pages/books.html.

83. Citado por Anthony Lewis, na introdução a *The Torture Papers*, p. xiii. Deve ser também mencionado que um pequeno círculo social de advogados do Departamento de Justiça, todos nomeados pelo governo Bush, rebelou-se contra os argumentos legais propostos para dar ao presidente poderes praticamente ilimitados de espionar os cidadãos e torturar inimigos suspeitos. Os repórteres

da *Newsweek* revelaram esta "Revolta no Palácio" (fevereiro de 2006) como "um perfil de coragem silenciosamente dramático". Alguns deles pagaram um alto preço por defenderem o princípio de uma nação de leis, e não de homens — ostracismo, recusa de promoções, e encorajamento para largar o trabalho.

84. Dratel, Joshua. The Legal Narrative. *The Torture Papers*, p. xxi.

85. Minutaglio, B. *The President's Counselor: The Rise to Power of Alberto Gonzales.* Nova York: HarperCollins, 2006.

86. Gonzales, R. J. Resenha de *The President's Counselor*, de Minutaglio *San Francisco Chronicle*, 2 de julho de 2006, p. M1 e M2.

87. Na internet: *Gitmo Interrogations Spark Battle Over Tactics: The Inside Story of Criminal Investigators Who Tried to Stop the Abuse*, MSNBC.COM, 23 de outubro de 2006. www.msnbc.com/msn.com/id/15361458.

88. FBI Fed Thousands of Spy Tips. Report: Eavesdropping by NSA Flooded FBI, Led to Dead Ends. *The New York Times*, 17 de Janeiro de 2006.

89. Lichtblau, Eric; Risen, James. Spy Agency Mined Vast Data Trove, Officials Report. *The New York Times,* 23 de dezembro de 2005. E, também: Liptak, Adam; Lichtblau, Eric. Judge Finds Wiretap Actions Violate the Law. *The New York Times,* 18 de agosto de 2006.

90. Herbert, Bob. The Nixon Syndrome. *The New York Times*, 9 de Janeiro de 2006.

91. Savage, C. Bush Challenges Hundreds of Laws. *The Boston Globe*, 30 de abril de 2006.

92. Greenhouse, L. Justices, 5-3, Broadly Reject Bush Plan to Try Detainees. *The New York Times,* 30 de junho de 2006. Um advogado da Marinha que representava um detento em Gitmo teve sua promoção negada pelo governo Bush por assumir sua tarefa com seriedade e honestidade. O primeiro-tenente Charles Swift não convenceu seu cliente, um cidadão iemenita, a confessar-se culpado, como lhe foi ordenado que fizesse. Antes, ele concluiu que tais comissões eram inconstitucionais, e forneceu apoio para a decisão da Suprema Corte de rejeitá-los em *Hamdan vs. Rumsfeld*. A recusa de sua promoção marcou o fim de uma destacada carreira militar de vinte anos. De acordo com o editorial do *New York Times*: "Com a defesa de sr. Hamdan e seu depoimento perante o Congresso, com início em julho de 2003, o comandante Swift fez o máximo que um indivíduo isolado poderia para expor os erros terríveis da baía de Guatánamo, e as ilegais comissões militares do sr. Bush". The Cost of Doing Your Duty. *New York Times,* 11 de outubro de 2006, p. A26.

93. Adams, Guy B.; Balfour, Danny L. *Unmasking Administrative Evil.* Nova York: M. E. Sharpe, 2004. Uma leitura igualmente importante para compreender a extensão do desastre que passou pelo Iraque com as políticas fracassadas da administração Bush e a recusa pelo Pentágono das realidades do campo de batalha é encontrada em Ricks, Thomas. *Fiasco: The American Military Adventure in Iraq.* Nova York: Penguin Books, 2006.

94. A história original desta tentativa clandestina de destripar o Ato de Crimes de Guerra foi escrito por Smith, R. Jeffrey. War Crimes Act Changes Would Reduce Threat of Prosecution. *The Washington Post,* 9 de agosto de 2006, p. A1. Ela é mais inteiramente relatada e desenvolvida por Jeremy Brecher e Brendan Smith em Bush Aims to Kill War Crimes Act. *The Nation on-line,* 5 de setembro de 2006. Disponível em www.thenation.com/doc2006918brecher.

95. O tenente-coronel Jordan, que supervisionou a força-tarefa de interrogatórios em Abu Ghraib, foi acusado por sete crimes, e condenado por abuso criminoso pelos investigadores do Exército — diversos anos após estes abusos virem à luz. Consta que ele lidou com os abusos construindo uma parede de madeira compensada, para que ele não pudesse vê-los em ação (de acordo com um relatório de Salon.com, 29 de abril de 2006). Jordan foi acusado de sete crimes, pelos artigos do Código Uniforme da Justiça Militar, em 26 de abril de 2006, mas nenhuma decisão foi tomada até 6 de setembro de 2006. Disponível em cbsnews. com/stories/2006/04/26/iraq/main1547777.shtml. O coronel Pappas recebeu imunidade de acusação em um acordo, por testemunhar no caso dos supostos crimes de Jordan. O general de divisão Geoffrey Miller invocou seu direito constitucional de não produzir provas contra si, quando chamado a testemunhar nos casos relacionados envolvendo o uso de cães para ameaçar detentos. A história encontra-se em: Serrano, Richard A.; Mazzetti, Mark. Abu Ghraib Officer Could Face Charges: Criminal Action Would Be First in Army's Higher Ranks. *Los Angeles Times,* 13 de janeiro de 2006.

96. Em janeiro de 2006, um tribunal foi armado na cidade de Nova York pela Comissão Internacional de Inquirição de Crimes Contra a Humanidade Cometidos pela Administração de Bush dos Estados Unidos. Dentre outras acusações dirigidas por esse tribunal ao Governo Bush estavam as seis seguintes denúncias, em acordo com as acusações de cumplicidade do comando trazidas por mim contra Rumsfeld, Tenet, Cheney e Bush.

Tortura. Acusação 1: A administração Bush autorizou o uso da tortura e do abuso, violando, assim, os direitos internacionais humanitários e humanos, e a legislação doméstica e estatutária.

Entrega. Acusação 2: A administração Bush autorizou a transferência ("entrega") de pessoas mantidas sob custódia dos Estados Unidos para países estrangeiros onde a tortura é conhecida e praticada.

Detenção Ilegal. Acusação 3: A administração Bush autorizou a detenção indefinida de pessoas capturadas em zonas de combate estrangeiras, assim como em outros países longe de qualquer zona de combate, e negou-lhes as proteções da Convenção de Genebra acerca do tratamento de prisioneiros de guerra e as proteções da Constituição norte-americana; Acusação 4: A administração Bush autorizou o agrupamento e detenção, nos Estados Unidos, de milhares de imigrantes sob pretextos, e os manteve sem acusação ou julgamento, em violação da legislação internacional de direitos humanos, da legislação constitucional doméstica e dos direitos civis; Acusação 5: A administração Bush utilizou forças militares para capturar e deter indefinidamente e sem acusações cidadãos norte-americanos, negando-lhes o direito de contestar sua detenção nos tribunais norte-americanos.

Assassinato. Acusação 6: A administração Bush cometeu assassinato, ao autorizar a CIA a matar aqueles que o presidente designa, sejam ou não cidadãos americanos, em qualquer lugar do mundo.

Para mais informações sobre esse tribunal e suas conclusões, ver: www.bushcommissionindictments_files/bushcommission.org/indictments.htm. Três vídeos com depoimentos da Comissão dos Crimes de Bush encontram-se disponíveis. Veja detalhes em: www.BushCommission.org.

97. Comunicação pessoal em entrevista com o coronel Larry James, Honolulu, 25 de abril de 2005. James examinou e aprovou a precisão desta seção

98. Os horrores de Abu Ghraib não terminaram para os iraquianos ainda detidos ali, visto que os norte-americanos a abandonaram — eles pioraram. Um novo relatório indica que seus novos algozes, guardas e autoridades iraquianos, estão torturando, quase matando os presos de fome em dietas de arroz e água, forçando-os a viver imundos, sob calor opressivo, e apinhados em pequenas celas quase 24 horas por dia. Em 6 de setembro de 2006, foi realizada a primeira execução em massa desde os dias de Saddam Hussein, contra 26 homens aprisionados nesse inferno. Alguns prisioneiros relatam desejar que os norte-americanos retornem ao comando. A matéria encontra-se disponível *on-line* em www.theage.com.au/articles/2006/09/10/1157826813724.html.

99. Relatado em McWalters, Vanora. Britain's Top Legal Adviser: Close Guantanamo, Symbol of Injustice. *Los Angeles Times*, 11 de maio de 2006.

100. Sciolino, E. Spanish Magistrate Calls on U.S. to Close Prison at Guantanamo. *The New York Times*, 4 de junho de 2006.

Capítulo 16: Resistindo às influências das circunstâncias e celebrando o heroísmo

1. Esse e outros dados relacionados podem ser encontrados em um importante livro publicado pela American Association of Retired People (AARP), baseado na ampla pesquisa do psicólogo social Anthony Pratkanis, de centenas de fitas em áudio gravadas de trapaceiros e caloteiros, arremessando sua rede sobre vítimas potenciais. Ver seu importante livro repleto de conselhos específicos sobre como detectar falcatruas e não ser apanhado nelas: Pratkanis, Anthony; Shadel, Doug. *Weapons of Fraud: A Source Book for Fraud Fighters*. Seattle: AARP Press, 2005.

2. Wolfson, Andrew. A Hoax Most Cruel. *The Courier-Journal*, 9 de outubro de 2005.

3. Citação da ex-subgerente Donna Summers, em *The Human Behavior Experiments*, Jigsaw Productions, Sundance TV, 1 de junho de 2006.

4. *Zorba, o Grego* é o romance clássico de Niko Kazantzakis, escrito em 1952. Aléxis Zorba foi retratado por Anthony Quinn em um filme homônimo de 1964, dirigido por Michael Cacoyannis, e co-estrelado por Alan Bates, como o chefe tímido e intelectual, que é um contraste com a extroversão ilimitada e a devoção de viver a vida com desenfreada paixão.

5. Sagarin, B. J.; Cialdini, R. B.; Rice, W. E.; Serna, S. B. Dispelling the Illusion of Invulnerability: The Motivations and Mechanisms of Resistance to Persuasion. *Journal of Personality and Social Psychology*, n. 83, 2002, p. 526—41.

6. O programa MKULTRA, secretamente financiado pela CIA, nos anos de 1950 e 1960, é bem apresentado por Marks, John D. *The Search for the Manchurian Candidate: The CIA and Mind Control*. Nova York: Times Books, 1979. Uma apresentação acadêmica mais detalhada pode ser encontrada em Scheflin, A. W.; Opton Jr., E. M. *The Mind Manipulators*. Nova York: Grosset and Dunlap, 1978. Veja, também: Constantine, Alex. *Virtual Government: CIA Mind Control Operations in America*. Los Angeles: Feral House, 1997, para uma exposição mais completa dos muitos outros programas patrocinados pela CIA, tais como a *Operation Mockingbird*, elaborada para influenciar a imprensa norte-americana e programar a opinião pública.

7. Um exemplo de meu trabalho nesses diversos domínios de influência social pode ser encontrado nestas publicações: Abelson, R. P.; Zimbardo, P. G. *Canvassing for Peace: A Manual for Volunteers*. Ann Arbor, Michigan: Society for the Psychological Study of Social Issues, 1970. Zimbardo, P. G. Coercion and Compliance: The Psychology of Police Confessions. In: *The Triple Revolution Emerging*. Perruci, R.; Pilisuk, M. (org.) Boston: Little, Brown: 1971. p. 492—508. Zimbardo, P. G.; Ebbesen, E. B.; Maslach, C. *Influencing Attitudes and Changing Behavior* (2a. ed.). Reading, Massachusetts: Addison-Wesley, 1977. Zimbardo, P. G.; Hartley, C. E. Cults Go to High School: A Theoretical and Empirical Analysis of the Initial Stage in the Recruitment Process. *Cultic Studies Jounal*, n. 2, Primavera-Verão 1985, p. 91—147. Zimbardo, P. G.; Andersen, S. A. Understanding Mind Control: Exotic and Mundane Mental Manipulations. In: *Recovery from Cults*. Langone, M. (org.) Nova York: Norton Press, 1993, p. 104—25. Zimbardo, P. G.; Leippe, M. *The Psychology of Attitude Change and Social Influence*. Nova York: McGraw-Hill, 1991.

8. Para aprender mais sobre os princípios básicos de influência social, ver Cialdini, R. B. *Influence* (4a. ed.) Boston: Allyn & Bacon, 2001. Pratkanis, A. R. Social Influence Analysis: An Index of Tactics. In: *The Science of Social Influence: Advances and Future Progress*. Pratkanis, A. R. (org.) Filadélfia: Psychology Press,

2007 (no prelo). Pratkanis, R. A.; Aronson, E. *Age of Propaganda: The Everyday Use and Abuse of Persuasion*. Nova York: W. H. Freeman, 2001. Levine, Robert. *The Power to persuade: How We're Brought and Sold*. Nova York: Wiley, 2003. Bem, Daryl. *Beliefs, Attitudes, and Human Affairs*. Belmont: Califórnia, Brooks/ Cole, 1970. Petty, Richard; Cacioppo, John. *Communication and Persuasion: Central and Peripheral Routes to Attitude Change*. Nova York: Springer-Verlag, 1986. Hassan, Steven. *Combatting Cult Mind Control*. Rochester, Vermont: Park Street Press, 1988. Sagarin, Brad; Wood, Sarah. Resistance to Influence. In: *The Science of Social Influence: Advances and Future Progress*. Pratkanis, A. R. (org.) Filadélfia: Psychology Press, 2007 (no prelo).

9. Burger, J. M. The Foot-in-the-Door Compliance Procedure: A Multiple-Process Analysis and Review. *Personality and Social Psychology Review*, n. 3, 1999, p. 303—25.

10. Freedman, J.; Fraser, S. Compliance Without Pressure: The Foot-in-the-Door Technique. *Journal of Personality and Social Psychology*, n. 4, 1966, p. 195—202.

11. Para algumas referências de aplicações socializantes da tática pé-na-porta, ver: Schwarzwald, J.; Bizman, A.; Raz, M. The Foot-in-the-Door Paradigm: Effects of Second Request Size on Donation Probability and Donor Generosity. *Personality and Social Psychology Bulletin*, n. 9, 1983, p. 443—50. Carducci, B. J.; Deuser, P. S. The Foot-in-the-Door Technique: Initial Request and Organ Donation. *Basic and Applied Social Psychology*, n. 5, 1984, p. 75—81. Carducci, B. J.; Deuser, P. S.; Bauer, A.; Large, M.; Ramaekers, M. An Application of the foot in the Door Technique to Organ Donation. *Journal of Business and Psychology*, n. 4, 1989, p. 245—49. Katzev, R. D.; Johnson, T. R. Comparing the Effects of Monetary Incentives and Foot-in-the-Door Strategies in Promoting Residential Electricity Conservation. *Journal of Applied Social Psychology*, n. 14, 1984, p. 12—27. Wang, T. H.; Katsev, R. D. Group Commitment and Resource Conservation: Two Field Experments on Promoting Recycling. *Journal of Applied Social Psychology*, n. 20, 1990, p. 265—75. Katsev, R.; Wang, T. Can Commitment Change Behavior? A Case Study of Environmental Actions. *Journal of Social Behavior and Personality*, n. 9, 1994, p. 13—26.

12. Goldman, M.; Creason, C. R.; McCall, C. G. Compliance Employing a Two-Feet-in-the-Door Procedure. *Journal of Social Psychology*, n. 114, 1981, p. 259—65.

13. Para referências de efeitos sociáveis de modelos positivos, ver: Bryan, J. H.; Test, M. A. Models and Helping: Naturalistic Studies in Aiding Behavior. *Journal of Personality and Social Psychology*, n. 6, 1967, p. 400—7. Kallgren, C. A.; Reno, R. R.; Cialdini, R. B. A Focus Theory of Normative Conduct: When Norms Do and Do Not Affect Behavior. *Journal of Personality and Social Psychology*, n. 14, 1970, p. 335—44. Rice, M. E.; Grusec, J. E. *Saying and Doing: Effects on Observer Performance*. Journal of Personality and Social Psychology, n. 32, 1975, p. 584—93.

14. Bryan, J. H.; Redfield; Mader, S. Words and Deeds About Altruism and the Subsequent Reinforcement Power of the Model. *Child Development*, n. 42, 1971, p. 1501—8. Bryan, J. H.; Walbek, N. H. Preaching and Practicing Generosity: Children's Actions and Reactions. *Child Development*, n. 41, p. 1970, n. 329—53.

15. Para referências sobre rotulação de identidade social, também conhecida como "altercasting" (Em inglês, "modificação de papéis"), ver: Kraut, R. E. Effects of Social Labeling on Giving to Charity. *Journal of Experimental Social Psychology*, n. 9, 1973, p. 551—62. Strenta, A.; DeJong, W. The Effect of a Prosocial Label on Helping Behavior. *Social Psychology Quarterly*, n. 44, 1981, p. 142—47. Piliavin, J. A.; Callero, P. L. *Giving Blood*. Baltimore: Johns Hopkins University Press, 1991.

16. McNamara, Robert S. et al. *Argument Without End: In Search of Answers to the Vietnam Tragedy*. Nova York: Perseus Books, 1999. McNamara, R. S.; Van de Mark, B. *In Retrospect: The Tragic Lessons on Vietnam*. Nova York: Vantage, 1996. Veja, também, o filme de Errol Morris, *The Fog of War: Eleven Lessons from the Life of Robert S. McNamara* (Sob a Névoa da Guerra), 2004.

17. Quando, em 1979, uma labareda irrompeu em um depósito em Woolworth, na cidade inglesa de Manchester, a maioria das pessoas escapou, mas dez morreram no fogo quando poderiam ter prontamente fugido em segurança. O chefe dos bombeiros relatou que eles morreram porque seguiam o "roteiro do restaurante", em vez do roteiro de sobrevivência. Terminaram o jantar e estavam aguardando para pagar a conta; não se sai de um restaurante até que a conta seja paga. Ninguém quis incomodar os outros; ninguém quis ser diferente. Portanto, esperaram, e morreram todos.

  Esse acontecimento é descrito em uma das vinhetas de um programa britânico de TV no qual estive envolvido, chamado *The Human Zoo*. Encontra-se disponível pela Insight Mídia, Nova York.

18. Langer, E. J. *Mindfulness*. Reading, Massachusetts: Addison-Wesley: 1989.

19. Halpern, D. F. *Thought and Knowledge: An Introduction to Critical Thinking*, (4a. ed.) Mahwah, Nova Jersey: Erlbaum, 2003.

20. Poche, C.; Yoder, P.; Miltenberger, R. Teaching Self-Protection to Children Using Television Techniques. *Journal of Applied Behavior Analysis*, v. 21, 1988, p. 253—61.

21. Kahneman, D.; Tversky, A. Prospect Theory: An analysis of Decision Under Risk. *Econometrica*, n. 47, 1979, p. 262—91. Kahneman, D.; Tversky, A. Loss Aversion in Riskless Choice: A Reference-Dependent Model. *Quarterly Journal of Economics*, n. 106, 1991, p. 1039—61.

22. Lakoff, G. *Don't Think of an Elephant; Know Your Values and Frame the Debate*. White River Junction, Vermont: Chelsea Green, 2004. Lakoff, G.; Johnson, M. *Metaphors We Live By* (2a. ed.). Chicago: University of Chicago Press, 2003.

23. Zimbardo, P. G.; Boyd, J. N. Putting Time in Perspective: A Valid, Reliable Individual-Differences Metric. *Journal of Personality and Social Psychology*, n. 77, 1999, p. 1.271—88.

24. Stein, Andre. *Quiet Heroes: The Stories of the Rescue of Jews By Christians in Nazi-Occupied Holland.* Nova York: New York University Press, 1991.

25. Essa passagem é da p. 216—20, das reflexões de Christina Maslach sobre o significado do Experimento da Prisão de Stanford, no capítulo escrito em parceria com Craig Haney e eu: EPS: Zimbardo, P. G.; Maslach, C.; Haney, C. *Reflections on the Stanford Prison Experiment: Genesis, Transformations, Consequences.* In: Blass, T. (org.) *Obedience to Authority: Current Perspectives on the Milgram Paradigm.* Mahwah, Nova Jersey: Erlbaum, 1999.

26. Os sentidos alternativos do suicídio terrorista podem ser encontrados em um novo livro do psicólogo Fathali Moghaddam, *From the Terrorists' Point of View: What They Experience and Why They Come to Destroy Us.* Nova York: Praeger, 2006.

27. Para detalhes completos, ver a narrativa fascinante de Michael Wood desta tentativa de seguir a jornada realizada por Alexandre em suas conquistas. *In the Footsteps of Alexander The Great: A Journey from Greece to Asia.* Berkeley: University of California Press, 1997. Há também um notável documentário para a BBC da jornada de Wood, produzido pela Maya Vision (1997).

28. Muitas das ideias apresentadas nesta seção são desenvolvidas em colaboração com Zeno Franco, e apresentadas com maior detalhamento em nosso artigo conjunto: *Celebrating Heroism: a Conceptual Exploration,* 2006 (submetido à publicação). Participo também em uma nova pesquisa que procura compreender a matriz de decisões no momento em que um indivíduo resiste a pressões sociais para obedecer a autoridade. Meu primeiro estudo, em colaboração com Piero Bocchario, foi recentemente concluído na Universidade de Palermo, Sicília: *Inquiry into Heroic Acts: The Decision to Resist Obeying Authority.* Em conclusão.

29. Seligman, M.; Steen, T.; Park, N.; Peterson, C. Positive Psychology Progress. *American Psychologist,* n. 60, 2005, p. 410—21. Veja, também: Strumpfer, D. Standing on the Shoulders of Giants: Notes on Early Positive Psychology (Psychofortology). *South Arican Journal of Psychology,* n. 35, 2005, p. 21—45.

30. *ARTFL Project: 1913 Webster's Revised Unabridged Dictionary,* http://humanities.uchicagoedu/orgs/ARTFL/forms_unrest/webster.form.html.

31. Adaptado das definições das notas de rodapé p. 334 e 689.

32. Eagly, A.; Becker, S. Comparing the Heroism of Women and Men. *American Psychologist,* n. 60, 2005, p. 343—44.

33. Hughes-Hallett, Lucy. *Heroes.* Londres: HarperCollins, 2004.

34. Ibid. p. 17. Devemos também relembrar que, depois que Aquiles morreu e se converteu em uma sombra, ele diz a Ulisses que preferiria antes ser o criado vivo de um camponês do que um herói morto. Homero não define o heroísmo como

perícia em batalhas e audácia, mas, mais socialmente, como o estabelecimento e manutenção de laços de fidelidade e cooperação mútua entre os homens. Um guardador de porcos pode ser tão heroico quanto Aquiles (como na *Odisseia* de Homero, em que um guardador protege Ulisses) se ele sustenta as regras de cortesia e respeito mútuo. "Se alguma vez meu pai, Ulisses, serviu-lhe por trabalho realizado ou promessa mantida, ajude-me", afirma Telêmaco quando este, em busca de seu pai, visita os heróis que sobreviveram à guerra de Troia. A pespectiva de Homero sobre o heroísmo é, assim, muito diferente da de Hughes-Hallet.

35. Ibid. p. 5—6. Esta é a definição aristotélica de um herói "trágico". Macbeth é um herói, apesar de ser cruel e ser reconhecido como tal. O herói trágico precisa cair, pois pensa que "é a lei", como visto no personagem Creonte, em *Antígona*.

36. *Medal of Honor Citations*, disponível em www.army.mil/cmh-pg/moh1.htm.

37. *U.S. Code, Subtitle B — Army, Part II — Personnel, Chapter 357 — Decorations and Award.*

38. *Victoria Cross*, disponível em http://en.wikipedia.org/wiki/victoria_cross.

39. Hebblethwaite, M.; Hissey, T. *George Cross Database*, disponível em www.gc-database.couk/index.htm.

40. Governador Geral, *Australian Bravery Decorations,* disponível em www.itsanhonour.gov.au/honours)announcments.html.

41. Becker, S.; Eagly, A. The Heroism of Women and Men. *American Psychology*, n. 59, 2004, p. 163—78. Citação p. 164.

42. Martens, Peter Definitions and Omissions of Heroism. *American Psychologist*, n. 60, 2005, p. 342—43.

43. McCain, J.; Salter, M. *Why Courage Matters*. Nova York: Random House, 2004, p. 14.

44. Boorstin, D. J. *The Image: A Guide to Pseudo-Events in America*. Nova York: Vantage Books, 1992 (1961), p. 45, 76.

45. Denenberg, D.; Roscoe, L. *50 American Heroes Every Kid Should Meet*. Brookfield, Connecticut: Millbrook Press, 2001.

46. O pior do pseudo-heroísmo surge a partir do exemplo da desavergonhada exploração, pelas Forças Armadas norte-americanas, da soldada Jessica Lynch. Por exageros e falsidades, Lynch foi convertida, de uma jovem comum, ferida, inconsciente e capturada, em uma heroína de Medalha de Honra, que, supostamente, derrubara sozinha seus brutais captores. Um cenário totalmente fabricado foi construído porque o Exército precisava de um herói em um momento em que havia poucas boas notícias para mandar para casa sobre a guerra do Iraque. Um documentário da BBC expôs as muitas mentiras e decepções envolvidas na criação dessa heroína fraudulenta. Mesmo assim, a história da soldada Lynch era boa demais para não ser contada por um docudrama da NBC, destacada nas maiores revistas, e recontada em seu livro, que recebeu um adiantamento de 1 milhão de dólares. Ver: *Saving Pvt. Jessica Lynch*. Documentário da BBC Améri-

ca, 18 de julho de 2003. Bragg, Rick. *I Am a Soldier, Too: The Jessica Lynch Story.* Nova York: Vintage, 2003.

47. Brink, A. *Leaders and Revolutionaries: Nelson Mandela.* Disponível em www. time.com/time/time100/leaders/profile/mandela.html.

48. Soccio, D. *Archetypes of Wisdom* (2a. ed.) Belmont, Califórnia: Wadsworth, 1995.

49. Cascio, W. F.; Kellerman, R. *Leadership Lessons from Robben Island: A Manifesto for the moral High Ground* (original enviado para publicação).

50. Kimble, G. A.; Wertheimer, M.; White, C. L. *Portraits of Pioneers in Psychology.* Washington, Distrito de Colúmbia: American Psychology Association, 1991.

51. Navasky, V. *I. F. Stone,* disponível em www.thenation.com/doc/20030721/navasky.

52. Tive a sorte de passar diversos dias com Václav Havel na ocasião de receber o *Havel Foundation Vision 97 Award*, por minha pesquisa e escritos em outubro de 2005. Recomendo sua coleção de cartas enviadas da prisão à esposa, Olga, e a história política fornecida pela introdução das cartas, por Paul Wilson: Havel, Václav. *Letters to Olga: June 1979 — September 1982.* Nova York: Knopf, 1988.

53. Soccio, D. *Archetypes of Wisdom* (2a. ed.) Belmont, Califórnia: Wadsworth, 1995.

54. Hersh, S. *My Lai 4: A Report on the Massacre and its Aftermath.* Nova York: Random House, 1970. Um dos relatos mais completos do massacre em My Lai, incluindo pessoal envolvido, fotografias, e os acontecimentos que levaram ao julgamento do tenente William Calley Jr., é fornecido por Doug Linder em seu *Introduction to the My Lai courts-Martial*, disponível *on-line* em www.law.umkc. edu/faculty/projects/ftirals/mylai/MY1_introhtm/.

As fotografias do massacre de My Lai, com mulheres, crianças, bebês e idosos vietnamitas mortos foram tiradas por um fotógrafo do Exército designado pela Companhia Charlie, Ronald Haeberle, que utilizou a própria câmera, em 16 de março de 1968. Ele não registrou tais atrocidades em uma segunda câmera, a oficial do Exército. Suas fotos expuseram o encobrimento das Forças Armadas, alegando que os mortos eram insurgentes, em vez de civis inocentes, desarmados, assassinados a sangue-frio. Contudo, diferentemente de Abu Ghraib, nenhuma das fotos tinha soldados norte-americanos posando durante os atos de atrocidade.

55. Angers, T. *The Forgotten Hero of My Lai: The Hugh Thompson Story.* Lafayette, Los Angeles: Acadian House Publishing, 1999.

56. As letras da ode ao tenente Calley rezam: "Senhor, segui todas as ordens, e fiz o meu melhor. / É difícil julgar o inimigo, e dizer o que é bom. / E, ainda, não há um homem entre nós que não tenha compreendido". (*Sir, I followed all my orders and did the best I could. / It's hard to judge the enemy and hard to tell the good. / Yet there's not a man among us who would not have understood.*)

57. Ron Ridenhour, carta de 29 de março de 1969, reproduzida em: Anderson, David L. (org.) *Facing My Lai: moving Beyond the Massacre.* Lawrence: University of Kansas Press. Citação, p. 201—6.

58. Bilton, M.; Sim, K. *Four Hours in My Lai*. Nova York: Penguin, 1993.

59. Joe Darby falou publicamente pela primeira vez desde a exposição das atrocidades de Abu Ghraib em uma entrevista a Wil S. Hylton para a revista *GQ*, em setembro de 2006, intitulada *Prisoner of Conscience*. (As citações de Darby são desta fonte.) Disponível *on-line*: http://men.style.com/gq/features/landing?id=content_4785/.

60. Zernike, K. Only a few Spoke Up on Abuse as Many Soldiers Stayed Silent. *The New York Times*, 22 de maio de 2004, p. 1.

61. Williamson, E. One Soldier's Unlikely Act: Family Fears for Man Who Reported Iraqi Prisoner Abuse. *The Washington Post*, 6 de maio de 2004, p. A16.

62. Coronel James Larry, comunicação pessoal, 24 de abril de 2005.

63. Rosin, H. When Joseph Comes Marching Home: In a Western Mountain Town Ambivalence About the Son Who Blew the Whistle at Abu Ghraib. *The Washington Post*, 17 de maio de 2004, p. C01.

64. Pulliam, S.; Solomon, D. How three unlikely Sleuths Exposed Fraud at WorldCom. *The Wall Street Journal*, 30 de outubro de 2002, p. 1.

65. Swartz, M.; Watkins, S. *Power Failure: The Inside Story of the Collapse of Enron*. Nova York: Random House, 2003.

66. Lacayo, R.; Ripley, A. Persons of the Year 2002: Cynthia Cooper, Colleen Rowley and Sherron Watkins. Time.

67. Discurso final de Jim Jones. Novembro de 1978, disponível em http://jonestown.sdsu.edu/AboutJonestown/Tapes/Tapes/DeathTape/death.html.

68. Layton, D. *Seductive Poison: A Jonestown Survivor's Story of Life and Death in the People's Temple*. Nova York: Doubleday, 2003. Veja também seu *website*: www.deborahlayton.com.

69. Minhas ideias com relação às técnicas de controle mental de Jim Jones, assim com as de *1984*, de Orwell, assim como uma dose do programa de controle mental da CIA, MKULTRA, podem ser encontradas em meu capítulo: Zimbardo, P. G. Mind Control in Orwell's 1984: Fictional Concepts Become Operational Realities in Jim Jones' Jungle Experiment. In: *1984: Orwell and Our Future*. Nussbaum, M.; Goldsmith, J.; Gleason, A. (org.) Princeton, Nova Jersey: Princeton University Press, 2005. Um relato detalhado de Jonestown como um experimento apoiado pela CIA é dado na tese de Michael Meires: *Was Jonestwon a CIA Medical Experiment: A Review of the Evidence*. Lewiston, Nova York: E. Mellen Press, 1968. (*Studies in American Religion Series*, v. 35).

70. Veja a matéria acerca de Richard Clark e Diane Louie em que contribuí com o repórter Dan Sullivan: Sullivan, D.; Zimbardo, P. G. Jonestown Survivors Tell Their Story. *Los Angeles Times*, 9 de março de 1979, parte 4. p. 1, 10—12.

71. Grunwald, M. A Tower of Courage. *The Washington Post*, 28 de outubro de 2001, p. 1

72. O voo 93, da United Airlines, foi direcionado para São Francisco, de Nova Jersey, na manhã de 11 de setembro de 2001, quando terroristas sauditas o sequestraram. Provas da Comissão de 11 de setembro indicam que o piloto, os tripulantes, e ao menos sete passageiros lutaram contra os quatro sequestradores. Suas ações desviaram o avião de seu provável alvo, o edifício do Capitólio ou a Casa Branca. Todas as 44 pessoas a bordo morreram quando o avião mergulhou em um campo vazio perto de Shanksville, na Pensilvânia. Sua explosão em alta velocidade (quase 965 km/h) provocou uma cratera de 35 metros de profundidade. Um filme dramático, *United Flight 93* (Voo United 93), foi realizado pela Universal Studios em 2006.

73. Brink. *Leaders and Revolutionaries.*

74. Arendt, H. *Eichmann em Jerusalém: Um Relato Sobre a Banalidade do Mal.* São Paulo, Companhia das Letras, 2007, p. 37.

75. Ibid., p. 276.

76. ibid, p. 274.

77. Browning, C. R. *Ordinary Men: Reserve Police Battalion 101 and the Final Solution in Poland.* Nova York: HarperCollins, 1993. p. xix.

78. Staub, E. *The Roots of Evil: The Origins of Genocide and Other Group Violence.* Nova York: Cambridge University Press, 1989, p. 126.

79. Bauman, Z. *Modernidade e Holocausto* Rio de Janeiro, Jorge Zahar Editora: 1998.

80. Conroy, J. *Unspeakable Acts, Ordinary People: The Dynamics of Torture.* Nova York: Knopf, 2000.

81. Haritos-Fatouros, M. *The Psychological Origins of Institutionalized Torture.* Londres: Routledge, 2003.

82. Huggins, M.; Haritos-Fatouros, M.; Zimbardo, P. G. *Violence Workers: Police Torturers and Murderers Reconstruct Brazilian Atrocities.* Berkeley: University of California Press, 2002.

83. Essa concepção da banalidade do heroísmo foi apresentada pela primeira vez em um ensaio de Zimbardo para o *Edge Annual Question 2006*, um evento anual patrocinado por John Brockman, que convida uma série de acadêmicos para responder a questões provocativas. A pergunta daquele ano foi: "Qual é a sua ideia perigosa?" Ver www.edge.org.

84. Vide Rochat, François; Modigliani, Andre. Captain Paul Grueninger: The Chief of Police Who Saved Jewish Refugees by Refusing to Do His Duty. In: *Obedience to Authority: Current Perspectives on the Milgram Paradigm.* Blass, T. (org.) Mahwah, Nova Jersey: Erlbaum, 2000.

85. Milgram, Stanley. *Obedience to Authority: An Experimental View.* Nova York: Harper & Row, 1974. Veja, tamém, Zimbardo, P. G.; Haney, C.; Banks, W. C.; Jaffe, D. The Mind is a Formidable Jailer: a Pirandellian Prison. *The New York Times Magazine*, 8 de abril de 1973, p. 36 e segs.

86. Pesquisas sobre os correlatos da personalidade que distinguem os termos "obedientes" e "provocadores" aponta apenas para alguns poucos prognosticadores. Aqueles que têm altos resultados em uma medida de personalidade autoritária (Escala F) eram mais propensos a obedecer à autoridade, enquanto os provocadores tinham índices inferiores na Escala F. Ver: Elms, C.; Milgram, S. Personality Characteristics Associated with Obedience and Defiance Toward Authoritative Command. *Journal of Experimental Research in Personality*, n. 1, 1966, p. 282—89.

Uma segunda variável que pode influenciar a tendência a obedecer ou desobedecer é a crença em influências de controle externas da vida em oposição ao controle interno, com maior obediência dentre aqueles que aceitam a noção do comportamento como sendo controlado por forças externas. De modo similar, dentre participantes da pesquisa que eram cristãos, a obediência era maior naqueles que acreditavam no controle divino de suas vidas, enquanto aqueles que tinham índices inferiores de crença no controle divino externo tendiam a rejeitar a autoridade, tanto científica quanto religiosa. Ver Blass, Tom. Understanding Behavior in the Milgram Obedience Experiment: The Role of Personality, situations, and Their Interactions. *Journal of Personality and Social Psychology*, n. 60, 1991, p. 398—413.

87. Midlarsky, E.; Jones, S. F.; Corley, R. Personality Correlates of Heroic Rescue During the Holocaust. *Journal of Personality*, n. 73, 2005, p. 907—34.

88. Gladwell, Malcolm. Personality Plus: Employers Love Personality Tests. But What Do They Really Reveal? *The New Yorker*, 20 de setembro de 2004, p. 42. Disponível *on-line* em www.gladwell.com/2004/2004_09_20_a_personality.html.

89. DePino, Carol S. Heroism Is a Matter of Degree. *El Dorado Times*. Disponível em www.eldoradotimes.com/articles/ 2006/01/17/news/news6.txt.

90. Boorstin, (THE IMAGE, 1992), citação, p. 76.

91. Solzhenistyn, Aleksandr I. *The Gulag Archipelago, 1918—1956*. Nova York: Harper & Row, 1973.

ÍNDICE

1984 (Orwell), 31, 321, 414, 659
abordagem experimental da, 24, 294, 385
Abrigos, para mulheres abusadas, 355
Abu Ghraib, Prisão de, 25, 30, 79
  a influência da Prisão da Baía de
    Guantánamo na, 470-1, 486, 497-8,
    525, 526, 544, 547-9, 561, 572-6,
    586, 609-10
  cobertura da mídia da, 43, 360, 452,
    454-8, 459, 463, 496, 501, 532, 557
  condições caóticas na, 464-9, 470,
    476, 482-91, 495, 523, 537-40, 548
  denunciadores na, 462-4, 466, 502,
    509-10, 532, 540, 570, 573, 654-5,
    655-6, 668
  desindividuação na, 310-11, 487, 491,
    492, 494, 509-10, 512-13
  desumanização na, 491, 492-4, 558-9
  determinantes situacionais de
    comportamento na, 14, 18-19, 42-3,
    452-3, 460, 463, 493-5, 509-12,
    518-19, 530, 544-5, 550, 551,
    608-9, 616
  falhas do comando militar na, 14,
    18-19, 616
  fechamento da, 612
  imagem dos abusos na, 13-14, 18,
    41-3, 311, 401, 452, 454-69, 458,
461-3, 495, 498-9, 500, 501, 503-4,
    505-7, 509-11, 514, 518-19, 522-3,
    532, 550, 551, 553, 555-6, 559, 561,
    562-3, 571, 575, 589, 604, 655
  intimidação com cães na, 486, 497,
    498, 548-9, 551, 561-2, 565, 572-3,
    575, 584
  morte de detentos na, 490, 539, 547,
    562, 563, 568-70
  o papel da administração Bush na, 18,
    43, 457, 519-20, 524-5, 526, 563-4,
    576, 596-7, 599, 601, 608, 616-17
  paralelos com o EPS na, 13, 18,
    459-60, 463, 482-3, 491-3, 501,
    503-4, 512, 518-19, 523-4, 526-7,
    534-5, 553, 557-8, 559, 616-17, 623,
    669-70
  patologia da, 358, 452, 461, 623-4
  perpetradores dos abusos na, 17, 18,
    424, 486-8, 495-505, 509-13, 515-
    20, 522-3, 526, 530, 532-6, 343-52,
    555-6, 559, 561-3, 567-71, 575-6,
    586, 604, 607-8, 616, 655, 668
  polícia iraquiana na, 482, 488-9
  pressões sistêmicas na, 320, 321, 452,
    460-1, 468-71, 491-2, 518-19, 525-6,
    530, 531-78, 608, 616

prisioneiros iraquianos na, 459, 461, 466, 469, 482-3, 488-9, 495, 512, 525

propósito inicial da, 78, 464-5, 506

racismo na, 511-12

reações oficiais aos abusos da, 45, 455-60, 529-30, 535, 552, 556-7, 559-63, 575, 586, 604

reformas na, 526, 608-13, 656

relatórios investigativos sobre, 14, 471, 493, 494, 498, 499-500, 526, 527-8, 530-1, 531-78

Ver também Frederick, Ivan, II ("Chip"); Guerra do Iraque

abuso

aumento gradual do, 384, 495

contra mulheres, 355-6, 385

disparadores situacionais do, 494

em interrogatórios, 523-4

impacto sobre a personalidade do, 213

Ver também Abu Ghraib (Prisão); desumanização; Baía de Guantánamo (Prisão); My Lai, massacre de; forças situacionais; tortura; violência

aceitação, necessidade humana de. Vide conformidade; "Círculo Interno"; aprovação social

Addington, David, 601

Adiantados", experimento escolar com, 314

Administradores, ações punitivas de, 390-1

Afeganistão, abusos em prisões militares norte-americanos no, 525, 529, 531, 532, 543, 549, 550-1, 553, 560, 561, 562, 564, 571, 577, 595, 600-1, 602, 603

Agressão, efeitos do anonimato na, 418-29, 493

Veja também abuso; "identificação com o agressor"; vandalismo; violência

AIDS (Síndrome de Imuno-Deficiência Adquirida), como guerra biológica, 35-6

Alexandre o Grande, status lendário de, 636

al-Jamadi, Manadel (Detento-28, "Homem Gelo"), 546, 547, 562, 568-70

al-Qaeda, 408, 410-12, 597, 602

al-Qahtani, Mohammed, 586

Alteridade, construção social da, 23-4

Veja também desumanização; "imaginação hostil"; infra-humanização, tendência à; moral, desligamento

Altruísmo,

pesquisa sobre, 442

táticas de influência para encorajar o, 621-5

Ambuhl, Megan, 486, 496, 505, 517, 520

Amin, Idi, 669

Andersonville (Campo de Detenção da Guerra Civil), 468

Andreotta, Glenn, 654

Anistia Internacional, 566, 594

Anonimato,

e heroísmo, 656, 663-4

efeitos sociais do, 48, 49, 72, 142, 310, 414, 421-7, 491, 493, 512-13, 547-8, 628-9 (Veja também: agressão; desindividuação; "Efeito Terça-feira Gorda")

antissemitismo, 32, 322, 403-4, 430, 596

Veja também Holocausto

Apartheid, heróis do, 649-50, 669

Veja também Mandela, Nelson

Apolíneos, traços, 427, 428-9, 513

Aprendizagem experimental, efeitos da, 395-8, 451

Aprisionamento, psicologia do, 43, 90, 255, 306-7, 332

Veja também Abu Ghraib (Prisão); prisões; Experimento da Prisão de Stanford (EPS)

Aprovação social, necessidade humana de, 313, 446-7, 628
 Veja também conformidade; "Círculo Interno"; obediência à autoridade
Aprovação Ver necessidades humanas; aprovação social
Aquiles, como herói de guerra arquetípico, 639, 640
Árabes, preconceito contra, 511-12
Arendt, Hannah, 404-5, 411, 665
Armênios, genocídio dos, 33, 508
 Veja também Abu Ghraib (Prisão)
Asch, Solomon, 369-72, 374
Ashcrof, John, 560, 601
Assassinato em massa, 25, 33, 410-14, 445
 Veja também genocídio; Holocausto
"Assassinologia", 578-9
Assistência, aprendida. Ver "desamparo aprendido"
Assistência, pesquisa sobre, 442
Associação Correcional dos Estados Unidos,
 padrões da, 610
Attica (Penitenciária), 317-18
 "caridade deliberativa", 301
Aum Shinrikyo, Culto de, 300
Austrália,
 prêmios por heroísmo na, 642
 replicação do EPS na, 353-4
Autoconhecimento, limites do, 25, 619-20
Autoconsciência como resistência às más influências, 626-31
Auto-humanização, tendência à, 437
Autoridade, contestações significativas à, 631, 634-5
Veja também obediência à autoridade; sistemas de poder; forças situacionais

Baccus, Rick 574-5
Baer, Bob, 465
Bagdá, Penitenciária de (BCCF). Ver Abu Ghraib (Prisão)

Baía dos Porcos como exemplo de pensamento grupal, invasão da, 494
Banaji, Mahrzarin, 415
Banalidade do mal", 19, 40, 404-5, 411, 665-8
Bandura, Albert, 40-1, 431, 434
Banks, William Curtis ("Curt"), 43, 57, 58, 60-1, 74, 78, 91, 123-4, 137, 139, 151, 155, 194-5, 196, 197, 199, 202-3, 205, 207, 215, 217, 220, 246, 251, 266, 270, 284, 296-7, 332, 341, 342
Bataan, Batalha de, 671
Becker, Selwyn, 638, 642
Belzebu, 22
Bem
 categorias comportamentais do, 637-8, 643
 congruência do mal e do, 21-3
 Veja também altruísmo;
  "transformação de caráter"; caritas; heroísmo
Bergevin, Nicole, 36
Berlim (Alemanha), estupros do Exército soviético em, 39
Berns, Gregory, 372
Bettelheim, Bruno, 292
Beutler, Larry, 478
 Panteras Negras, Partido dos, 48, 318
 Tendência. Ver antissemitismo; desumanização; "erro atributivo fundamental"; tendência à infra-humanização; preconceito; auto-humanização
Birch, Bayh, 348
Blair, Tony, 581
 "obediência cega à autoridade". Ver obediência à autoridade
Bloche, M. Gregg, 356
Block, Herb, 651
Bom Samaritano", Experiência do, 443
Boorstin, Daniel, 644-5, 672

Brasil, "operários da violência" no, 405-8, 459, 596, 668

Brody, Reed, 561

Brokaw, Roger, 582

Bronx, o experimento do "carro abandonado" no, 48-9, 426-7

Browning, Christopher, 400-1, 666-7

Bruce, Lenny, 302

Brutalidade. *Ver* violência; Guerra

Bruxas, como agentes de Satã, 22, 29

Bulger, Jamie, 27

Bush, Administração
  afirmações do poder executivo, 605-6
  como exemplo do "mal administrativo", 606-7
  desastre Katrina e a, 445-6
  os abusos na Prisão de Abu Ghraib e, 18, 42, 458, 519, 524-5, 526, 563, 576, 595-6, 598, 602, 609, 617
  políticas de tortura da, 460, 518-19, 526, 536, 560-1, 563-6, 571-2, 574-5, 593, 595-608
  pretensão de "missão cumprida" da, 482
  "pensamento grupal" na, 494

Butler, Judith, 511

Bybee, Jay S., 560, 601

Cacumbibi, Silvéster, 34

Califórnia, Universidade da, controvérsia sobre o "juramento de lealdade" da, 651

Calley, William, Jr., 521-2, 653-5

Camboja, atrocidades no, 22, 39

Cambone, Stephen, 575

Câmera Oculta (show da televisão), 313

Camp Bucca, 514, 536-7, 540, 543, 578, 610

Camp Cropper, 612

Camp Douglas (Campo prisional da Guerra Civil), 468

Campos de concentração nazistas, 292, 295-6, 300, 305-6, 322-3, 394-5, 402-3, 445, 464
  Veja também Holocausto

Camus, Albert, 598

Caráter, transformações de. *Ver* comportamento; interpretação; forças das circunstâncias; "transformação de caráter"

Cardona, Santos, 486

Caritas, definição de, 22n

Catolicismo *Ver* Inquisição; celebridade de padres

Celebridade como "pseudo-heroísmo", 644-5, 672

Challenger (Aeronave Espacial), 322, 606-7

Chang, Iris, 39

Cheney, Dick 527, 560, 576, 595-6, 597, 599-600, 609

Choques elétricos (Bandura), experimento com, 40

CIA (Agência Central de Inteligência)
  administração Bush e a, 576, 599-600, 602, 607-8, 609
  crítica da FBI à, 586-7
  culto do Templo do Povo e a, 659
  "detentos-fantasmas" e, 567-8
  em Abu Ghraib, 489, 534, 546-7, 554, 560, 567-71, 576
  "entregas" e a, 560, 567, 594-5
  indulgência ante os abusos pela, 562
  programa MKULTRA da, 621
  tortura e a, 407, 567-71, 576, 586, 590, 594-5, 599, 600, 602

Círculo Interno, O" (Lewis), 363-6, 447
  Veja também sistemas de poder; aprovação social

Códigos comunitários de conduta, 329-30

Comportamento,
  Categorias de, virtuoso, 637-8, 643

Causas temperamentais *versus* das circunstâncias do, 14, 15, 24-31, 35-46, 123-4, 279, 298-301, 307-9, 321, 324-7, 357, 361, 380, 392-3, 402-6, 408, 411, 416-17, 435-7, 442-3, 446-52, 461-2, 463, 511-12, 518-19, 546, 547, 558-9, 616, 618-21, 664-5, 668, 671

Desobediência comportamental. *Ver* autoridade, contestações significativas à

Falsos juízos do controle individual sobre, 14, 447-9, 619-20

Pertença, necessidade humana de. "Círculo Interno"; aprovação social

Táticas de influência, 14-15, 623-4

Colburn, Lawrence, 654

Columbine, tiroteio da escola de, 412

Combatentes inimigos ilegais", legislação sobre tratamento a, 607

Vandalismo ("carro abandonado"), estudo de campo sobre, 49, 426-7

Comissões Institucionais de Inspeção (CIIs), 333

Comitê Internacional da Cruz Vermelha (ICRC), 564, 565-6, 568, 577, 592, 608

Compartimentalização como mecanismo de defesa do ego, 304

Comrey, Escalas de Personalidade, 284-5

Comunismo como ameaça da Guerra Fria, 650-1

Conformidade
Asch, estudo de, sobre, 369-73, 374
dinâmica social da, 32, 363, 414, 415, 417, 494
funções cerebrais e a, 371-2
razões da, 370, 409, 446-7
resistência à, 44, 613, 627-8, 629
Sherif, estudo de, sobre, 368-9
Veja também submissão; obediência à autoridade; aprovação social

Conroy, John, 485

Constitutiva, caridade *Ver* "Caridade constitutiva"

Contracultura. *Ver* Cultura Jovem

Controle Mental, táticas, 204, 364, 486
Veja também ideologia; forças das circunstâncias; tortura

Controles cognitivos, perda dos, 427-29

Cooper, Cynthia, 477

Coragem, definições de, 460-1, 465
Veja também heroísmo

Coreia, Guerra da, Prisioneiros de Guerra americanos na, 204, 364, 486, 621

Criatividade, usos positivos e negativos da, 9, 230

Crime
"guerra" contra o, 290-91
"Teoria da Vidraça Quebrada" do, 25, 305

Crimes contra a humanidade. *Ver* genocídio; estupro

Crimes de Guerra de 1996, Ato contra, 607

Cruz de Malta, como símbolo de cavalheirismo, 640

Cruz, Armin, 486, 500

Cuba, navio de refugiados judeus em, 445
Veja também Guantánamo ("Gitmo"), Prisão da baía de,

Cubberly, Escola (Palo Alto, Califórnia), 396-7

Cuidado como resistência às más influências, 625-6

Cultura Jovem, dos anos 1960-70, 319

Cupiditas, definição de, 22

Dallaire, Roméo, 38

Danner, Mark, 566-7, 572

Dante, Alighieri, 22, 327

Darby, Joe, 462-4, 467, 502-3, 511, 533, 553, 570, 573, 654, 655-6, 669

Darfur (Sudão), genocídio em, 33
Darley, John, 441
Das circunstâncias, forças
  como incentivos para a ação, 667-8
  como poder para o bem, 620-5, 668
  interpretação e, 302-9, 310, 312, 314,
    349-50, 382, 402, 626
  no golpe de revistar despindo, 391-3,
    617
  pesquisa sobre, 14, 366-7, 368-92,
    394-400, 450-1, 623-5, 669
  poder maléfico das, 24, 35-6, 39, 44,
    45, 93, 124, 257-8, 260, 280-1, 298-
    301, 320-3, 325-6, 335-6, 352, 353,
    361, 363, 494, 626, 635, 668-9
  resistência à indesejadas, 17, 26, 44,
    239-40, 259-60, 299, 385, 448, 461-3,
    526, 613, 618-21, 625-35, 668, 671
Davis, Javal, 486, 520, 534
Davis, Ken, 491-2, 500, 504-5, 517
Defesa dos Estados Unidos,
  Departamento de (DoD)
  medalhas concedidas pelo, 639
  My Lai, massacre, e o, 654-5
  relatório da Força-Tarefa de
    Investigação Criminal do, 604-5
  Veja também Pentágono; Rumsfeld,
    Donald; desumanização
Deliberações do júri, visões da minoria
  vs. maioria nas, 373-4
Demônio Ver Satã
Denunciadores, 27, 414-15, 631, 655-9,
  663
  Veja também nomes de indivíduos
DePino, Carol, 671
Des Forges, Alison, 37
"Desamparo aprendido", 280
Desindividuação
  coletiva, 428
  como força das circunstâncias, 44,
    142, 310, 342, 512-13

como precondição para o
  comportamento abusivo, 17, 49,
  310, 414, 494
experimentos com efeitos de, 44,
  418-25, 432
óculos escuros e, 62
resistência à, 625-6, 628
transformação de caráter e, 414,
  417-30, 558
Veja também anonimato;
  desumanização; "Efeito Terça-feira
  Gorda"; desligamento moral
Despidos na cultura americana, 506, 507
Desumanização
  atrocidades em tempos de guerra e a, 39
  como precondição para o abuso, 32,
    35-9, 628, 632
  como processo psicológico, 24, 39-41,
    44, 315-17, 341-2, 414-15, 493, 494
  doutrinação militar e, 32, 351, 365
  homens-bomba e, 409-10
  nas alas psiquiátricas, 353
  nas prisões, 269, 352
  nudez e, 548
  pesquisa experimental sobre, 44,
    431-4
  resistência à, 625, 628
  transformação de caráter e, 17-18,
    414, 430-9, 558
  Veja também "imaginação hostil";
    natureza humana; desligamento
    moral; alteridade; propaganda;
    Experimento da Prisão de Stanford
    (EPS)
"detentos-fantasmas"
  CIA e, 554, 567-8, 570, 593
  na Prisão da Baía de Guantánamo
    ("Gitmo"), 592-3
  Veja também Al-Jamadi, Manadel
    (Detento-28, "Homem Gelo")
Deus, e a questão do mal, 22-3, 29

Diallo, Amadou, 408

Diaz, Walter, 570

DiNenna, David W., 541

Dionisíacos, traços, 427, 428-9, 513

Discovering Psychology (série de TV), 350

Temperamentais, causas, de comportamento Ver comportamento; Pessoa; responsabilidade pessoal

Dissonância cognitiva, 311-13, 364, 621, 625, 626

Veja também racionalização

Dissonância, Teoria da. Ver dissonância cognitiva

Diversidade, aceitação da, 632

Divina Comédia, A (Dante), 22, 327

Dominação, hierarquias de. Ver Sistemas de poder

Donne, John, 368

Dowd, Maureen, 591

Eagly, Alice, 638-9, 642

Edwardian Country House, The (série de TV), 303

Efeito Lúcifer. Ver "transformação de caráter"

"Efeito Pigmaleão", 314-15

Efeito Terça-feira Gorda", 429-30, 512-13

Eichmann em Jerusalém: Um relato sobre a banalidade do mal (Arendt), 404-5, 665-6

Eichmann, Adolf, 404-5, 665-6

Elgin State Hospital (Illinois), "falsa ala psiquiátrica", estudo na, 354, 450

"Elite de poder", 30-1

Elliott, Jane, 213, 397-8, 451

Emerson, Marc, 541, 542

Emoções, supressão das, 316-17

Veja também desumanização

Empresas

abusos executivos nas, 6

"elite do poder" nas, 10

mal da inação dentro das, 317

Veja também "mal administrativo"

Enfermeiras

abusos em Abu Ghraib por, 550

e obediência às ordens dos médicos, 388-9

England, Lynndie, 42, 459, 462, 486, 496, 502, 510, 512, 516, 517, 520, 522, 587

Enquadrar, poder de. Ver linguagem, usos persuasivos da,

Enron Corporation, 25, 444, 606-7, 657

"Entregas" de detentos, 559, 566, 593-4

Erbert, Roger, 359

Erro atributivo. Ver "erro atributivo fundamental"

"erro fundamental de prerrogativa" (FAE), 301, 380, 387, 616

Escala F (medida de personalidade), 283, 402

Escape from Freedom (Fromm), 385, 631

Escher, M. C. imagem do bem e do mal por, 20

Escolas secundárias, tiroteios em, 27

Escolas

juízos constitutivos nas, 457 (Veja também aprendizado experimental)

propaganda nazista nas, 31-2

Espectador, Intervenção do, fracassos da, 550-1

importância da, 446

pesquisa sobre, 440-2

Veja também inação

Esquadrões da morte no Brasil, 406-8, 668

Estoica, filosofia, como ajuda para sobreviver à tortura, 652-3

"Estupro em Nanquim", 34, 39, 430

Estupro

após um encontro, 385

como crime contra a humanidade, 32, 39

em My Lai, 520-1

em Ruanda, 35-6, 430, 581

nas prisões, 110, 295

no Iraque, 488, 495, 500, 506, 512, 550-1, 581

vínculo masculino grupal e, 35

Ética em pesquisa experimental, 327-37

Eugenia, apoiadores da, 438-9

Ewing, Robert, 656

Exército dos Estados Unidos,

   manual de campo para interrogatório de inteligência, 523-4, 588, 600

   Polícia Militar do Exército de Reserva (PMs), 13, 18, 41, 457, 462, 463-4, 468-9, 470, 476, 482, 495, 510-11, 526, 532, 533-6, 537, 539, 540, 541-2, 543, 545, 547, 548, 550, 551, 552, 554, 555, 559, 563, 569-71, 572, 574, 576, 581, 583-4, 585, 587, 607-8, 612, 617, 620, 668

   uso indevido do programa SERE no, 355-6

   Veja também Defesa dos EUA, Departamento de (DoD); Forças Armadas americanas; Pentágono

Expectativas, como profecias autorrealizadoras, 314

Experimento da Prisão de Stanford (EPS) 25, 43-6, 47-51

   análise de dados para o, 282-92

   audiências do "Conselho de Liberdade Condicional" no, 153, 194-225, 236, 308, 315, 333-4, 348

   cobertura da mídia do, 44, 170-1, 276, 317, 349-50, 489, 463-4

   colapso psíquico dos "prisioneiros" no, 122-5, 147, 157-9, 162-5, 176-7, 204, 208-9, 211-12, 235-6, 249, 252, 257, 260-1, 261, 267-8, 269, 280, 286, 297-8, 308-9, 317-18, 320, 329-30, 337-8, 503-4

   comitê reclamatório dos "prisioneiros", 106, 139-40, 153, 157, 180-1, 217-18, 263

   comportamento de "guarda" em, 77-90, 92-3, 94-106, 112-21, 126-34, 161-2, 164-92, 226-33, 235, 242-3, 245, 246, 249-50, 251, 252, 254, 259, 260, 261-5, 269-78, 280, 284-5, 289-90, 295, 297, 298, 301-2, 303, 305-8, 310, 311, 312, 316, 317, 330-1, 401, 443-4, 458, 460, 491, 500, 503, 511-12, 615-16, 635-6

   conclusão antecipada do, 245-50, 251-2, 256-7, 330-1, 460-1, 632-3, 635

   condições físicas do, 78-9, 126, 158

   "consentimento informado" dos participantes, 333-4

   contexto social do, 47-55, 264, 318-20, 332

   desindividuação no, 421, 461, 491, 512-13

   desumanização e, 157, 170, 171, 188, 192, 196, 197, 202-3, 209, 222-24, 241-42, 329, 352

   disseminação do, 43, 348-53, 359-62, 609-10, 612

   "detenção", fase de, 63-8, 330, 333-4

   elaboração do, 43, 57-62, 89-93, 105, 120, 142, 150, 249, 279, 280, 281, 293-4, 321, 324, 348, 359, 460-1, 624

   fase de "doutrinação" para, 71-93

   filmagens do, 74, 155, 196, 249, 265, 289, 349-50, 463

   filmes documentários sobre, 338, 339, 349, 353, 355-6

   gravações em áudio do, 74, 289-90

   humilhação sexual e, 180-1, 249-50, 460, 492

impacto a longo prazo do, 24-5, 336-42

interpretação do, 17, 123, 151, 245-8, 250, 254, 257-60, 261, 263-4, 280-317, 353, 354, 361-2, 366, 460, 623-4, 668

interpretação no, 43, 259, 305-9, 310, 313, 330-1, 349, 359, 449, 625

mal da inação no, 13, 444-5, 632-3

mentalidade de "guarda" no, 313, 316, 318-20, 325, 330, 338, 363, 421, 491, 503-4, 624, 669

"mentalidade do prisioneiro" no, 90, 92, 112-14, 137-40, 165-7, 205, 207-8, 210-11, 217-19, 222, 224-5, 233-4, 256-7, 260, 265, 267-8, 277-8, 280, 282, 286-92, 295-6, 299, 306, 307, 313, 315, 317, 325, 342-3, 523, 615, 625

na cultura popular, 357-8, 586

opiniões dos participantes sobre, 264-78, 336-7, 337-8

orientação aos "guardas" para o, 58, 73, 77-8, 91-3, 281, 306-7, 308, 333-4, 458, 511-13

paralelos com Abu Ghraib, 13, 18, 460, 462-3, 463, 480-1, 491-2, 501, 503, 513, 519, 523-4, 527-8, 534-5, 553, 557-8, 558, 617, 624, 669

participação da polícia no, 52-3, 293, 331

participação de um dia do "informante" no, 137-9, 165-7, 267-8

privação de sono no, 89, 102, 134, 148, 228, 231, 252-3, 280, 344

questões conceituais levantadas pelo, 293-317

questões éticas levantadas pelo, 266-7, 327-36, 632-3

reações dos novos "prisioneiros" ao, 167-8, 172-6, 187-9, 233-5

"rebelião de "prisioneiros" no, 94-125, 204, 205, 262, 264, 280, 297

reflexões da equipe do, 257-8, 338-42, 460-1, 462, 612

regras para "prisioneiros" no, 74-77, 129-30, 131, 137, 177, 297, 301-2, 310, 317

replicações do, 353-4, 355

resistências fundamentadas dos "prisioneiros" ao, 172-6, 181-7, 233-5, 239-44, 252-3, 255, 263-4, 274-5, 280, 284-5, 309-10, 366, 635-6

sessões devolutivas posteriores, 161, 162, 174, 181-85, 201, 237-38

súmula geral do, 16, 280-1, 299-302, 615, 668

temores de "segurança" no, 123-4, 135-9, 150-2, 261, 309, 491-2

testes de personalidade aplicados antes do, 282-6

visita do "defensor público" ao, 238, 251, 254-6, 308

visita do padre ao, 153-60, 194, 308, 334

visitas aos "prisioneiros" do, 126, 139-49, 176-7, 195, 274, 275, 308, 331, 333-4, 335

website do, 359-60

Faces of the Enemy (Keen), 438

Facilitação social, 494, 509, 552, 559

Fay, George, R., 500

Fay/Jones, Relatório, 500, 530-1, 544-52, 553, 556, 567, 568

FBI (Agência Federal de Investigação) 586-7, 605, 657-8

Federal Emergency Management Association (FEMA), 446

Feynman, Richard, 322

Fishback, Ian, 515, 588-9

Fiske, Susan, 452, 495
Fitzpatrick, Daniel, 651
Flynn, Bernard, 465
Forças Armadas americanas
ataques a civis das, 579
heroísmo nas, 653, 668, 671
negligência perante oficiais abusivos
pelas, 562-3
prevalência de abusos nas prisões das,
513-14, 553, 558, 559-61
procedimentos doutrinários das, 352,
360, 511, 579
regras sobre tratamento aos
prisioneiros das, 460-2
Veja também Abu Ghraib (Prisão);
Guantánamo, Prisão da Baía; Iraque,
Guerra do; nomes de ocupações e
indivíduos; Pentágono; Programa de
Sobrevivência, Evasão, Resistência e
Fuga (SERE); Vietnã, Guerra do
Formica, Relatório, 578
Forte Leavenworth (Kansas), condições
prisionais no, 523-4
Fotografias. Ver "fotos-troféu"
Fotos-"troféus", 401, 505-11, 521, 522
Franco, Zeno, 643-4, 646
Frankfurter, David, 23
Fraser, Scott, 423, 426
Frederick, Ivan, II ("Chip") em Abu
Ghraib, 14, 464, 471, 477, 479, 480,
483-90, 491, 496, 497, 501, 502, 512,
534, 537, 538, 542, 548, 552, 568-9,
570, 586, 608, 616-17
avaliação psicológica de, 470, 472-3,
477-81, 502-3, 519-20
emprego civil de, 473-6
histórico de, 471-3, 519
julgamento de, 14, 463, 464, 516-20,
521, 529-30, 531, 613
prisão de, 14, 523-4
registro de serviço militar de, 476-7

transformações de caráter de, 616-17
Frederick, Martha, 14, 471, 472, 474, 524
Freedman, Jonathan, 623
Freud, Anna, 292
Fromm, Erich, 385
Frontline (programa de TV), 582-85, 608
Fuzileiros navais, campos de
treinamento para o corpo de, 360-1

Gandhi, Mahatma, 650, 669
Garotas da Tortura", na Prisão da Baía
de Guantánamo ("Gitmo"), 581, 586,
590-2
Garzón, Baltasar, 612
Genebra, Convenção de,
desconsideração do governo Bush pela,
461, 519, 526-7, 536, 564-5, 571-4, 589,
601-2, 607
Genocídio
em Ruanda, 25, 33-8, 300, 445
fotos de, 401, 508
inação internacional e, 445
prevalência do, 33, 300, 404, 416
questionário de uma turma da
faculdade sobre, 399-400
Veja também desumanização;
"imaginação hostil"; Holocausto
Genovese, Kitty, 440, 444
Gladwell, Malcolm, 671
Goldhagen, Daniel, 403-4
Golding, William, 48, 311, 418, 422
Goldsmith, Peter, 612
Gonzales, Alberto R., 560, 601, 604
Goodman, Amy, 590
Grã-Bretanha,
bombas no metrô na, 445
crianças assassinas na, 27
crítica à Prisão da Baía de
Guantánamo ("Gitmo") da, 612
currículo de Psicologia no ensino
médio na, 352

prêmios de heroísmo na, 639, 642
refugiados judeus na, 580
resistência indiana à, 650
Graner, Charles, 462, 486, 489, 496, 500-1, 503-4, 516, 517, 520, 522, 534, 542, 552, 570, 655
Grécia, tortura na, 407, 596, 667-8
Greenberg, Karen, 603
Greves de fome como tática de protesto, 239
Grossman, Dan, 579
Grupos
ações heroicas de, 642, 663-4
influência de, 365, 631, 668
perícias e sobrevivência em, 15
Veja também conformidade; "Círculo Interno"; obediência à autoridade; sistemas de poder; aprovação social
Guantánamo ("Gitmo"), Prisão da Baía de, apelos para fechamento da, 612
como influência sobre a Prisão de Abu Ghraib, 470-1, 486-96, 526, 544, 548-9, 560-1, 572-5, 586, 609-10
"entrega reversa" de suspeitos na, 530, 553-4
greves de fome na, 239, 574
julgamento de detentos na, 606, 612
relatórios investigativos sobre, 531-2, 552
responsabilidade da alta hierarquia pelos abusos na, 561, 564-5, 565-6, 571-5
suicídio de detentos na, 574-5
táticas de interrogatório na, 356-7, 525, 531, 544, 547-8, 565, 571, 572, 573, 581, 586, 589-92, 603, 604
visitas de observação a, 592-3
Guerra Civil americana, campos prisionais durante a, 468
Clark, Richard, 658, 659-60
Guerra do Iraque

abusos das Forças Armadas britânicas na, 513, 581
abusos em prisões militares norte-americanas na, 457, 513-15, 531, 543, 552, 559-61, 564-7, 570-1, 576-7, 582-90, 594-5, 600, 602
argumento de Bush para, 494, 595-7
assassinatos de civis na, 578-9
como política errônea dos EUA, 626
desumanização na, 430-1
funcionários civis na, 483, 486, 487, 506-7, 510, 532, 537, 542, 543, 548, 562, 576
impacto do escândalo de Abu Ghraib na, 527
supervisão a prisões militares na, 494-5, 513, 524, 531, 608-13
Veja também Abu Ghraib (prisão); Camp Bucca; CIA; Mercury, Base de Operações Avançadas (FOB)
Guerra Revolucionária Americana, atrocidades britânicas na, 39
Guerra
brutalidade e, 505, 577-8
desindividuação e, 425-9
desumanização dos inimigos na, 436-9
Veja também agressão; nomes de guerras
Veja também obediência à autoridade

Haditha (Iraque), massacre de civis em, 579-80
Hale, Nathan, 640, 661-2
Halloween, experimento sobre anonimato no, 422-5, 426
Hamdam vs. Rumsfeld, 607
Haney, Craig, 43, 56, 58, 60-2, 74, 78, 91, 122-3, 151, 194, 196, 198, 200, 215, 245, 274, 284, 296-7, 298-9, 307-8, 340
Haritos-Fatouros, Mika, 407, 667-8

Harman, Sabrina, 486, 489, 496, 517, 520, 534, 570

Hatzfeld, Jean, 37

Havaí, Universidade do (Manoa), apoio à "solução final" na, 399-400, 439

Hemingway, Ernest, 508

Henderson, Lynne, 343

Hensley, Alan, 527-8

Heroísmo
  apoio social e, 239, 631, 635-6, 663, 664-5
  "banalidade" do, 19, 44-6, 667-70, 671
  celebração do, 527, 613, 672
  concepções alternativas sobre, 664, 671
  definições de, 260, 432-49, 671
  dos resistentes ao Holocausto, 630
  excepcionalidade do, 19, 672
  exemplos de, 637-64, 668-9, 671, 672
  homens-bomba e, 409-10, 636
  imprevisibilidade do, 671
  modelo quadridimensional do, 660-4
  prêmios por, 639, 642, 644-5, 654, 657, 671
  taxonomia do, 643-4, 646-9
  Veja também denunciadores

Hersh, Seymour, 521, 533, 565, 655

Heydrich, Reinhard, 322-3

Hitler, Adolf, 26, 32, 414, 438, 596, 604, 669
  Veja também Holocausto; nazistas

Holley, Michael, 519, 529

Holmes, Oliver Wendell, 438

Holocausto
  aprendizado experimental acerca do, 395-400
  argumento nazista para o, 33, 430-1, 596
  como sistema de extermínio em massa, 33, 322, 416-17, 606-7, 665, 667, 669
  fotos-"troféu" do, 401, 507-8
  médicos da SS nazista e, 295, 305, 322, 323
  na Polônia, 400-1, 508, 642
  navio de refugiados do, 445
  "obediência cega" e, 374, 395, 400-4, 667
  pessoas resistentes ao, 26, 240, 402, 630, 668
  Veja também antissemitismo; genocídio; nazistas

"Homem Gelo". Ver Al-Jamadi, Manadel (Detento-28, "Homem Gelo")

"Homem Tanque" (contestador da Praça Tienanmen), 640-1, 664

Homens-bomba, 27, 408-9, 411, 636

Hospitais psiquiátricos. Ver alas psiquiátricas

Huggins, Martha, 407

Hughes-Hallett, Lucy, 639, 640-1

Human Rights Watch
  perspectiva situacional sobre as atrocidades, 37
  relatórios sobre abusos das Forças Armadas americanas da, 515, 526, 559, 561-8, 574, 576, 608

Humanas, necessidades. Ver Necessidades humanas

Humanidade, crimes contra. Ver genocídio; estupro

Hussein, Saddam, 26, 33, 79-80, 464, 465, 597, 669
  propósito original de Abu Ghraib e, 79-80, 464, 506

Identidade
  determinantes das circunstâncias da, 449-52
  rótulos como influência social, 624-5, 668
  Veja também anonimato; desumanização; desindividuação; interpretação

Identificação com o agressor", 292

Ideologia
base comportamental da, 622
como força situacional, 668-9
como validação para abusos
sistêmicos, 30, 37-8, 44, 320-3, 385

Ilíada (Homero), 33

Image: a Guide to Pseudo-Events in America, The (Boorstin), 644

Imaginação hostil", 31, 36, 559, 598
Veja também desumanização;
desligamento moral; alteridade

Inação, como força para o mal, 13, 44,
257, 260, 263, 295, 327, 414-15, 417,
439-466, 469, 535, 543, 550-1

Inferno (Dante), 22, 327

Inferno
como punição para os maus atos, 29
visão de Dante sobre, 22
visão de Milton sobre, 22-3

Influência social
para promover o altruísmo, 621-5
resistência à indesejada, 26-7, 45, 240,
259, 373, 447-8, 462-3, 613, 617-18,
624-31
Veja também heroísmo; forças das
circunstâncias

Infra-humanização, tendência à, 437

Ingenuidade, como suscetibilidade a
influência social, 618-19

Inglaterra. *Ver* Grã-Bretanha

Inhofe, James, 459

Iniciações, e a lealdade ao grupo, 524

Inimigo, Imagem do *Ver* "imaginação
hostil"

Inquisição
bruxas como alvos da, 22, 28-9
torturas infligidas pela, 28-9, 406,
569, 613

Insanidade, como papel social, 450-1
Veja também loucura

Inside the Wire (Saar), 590-2

Inteligência Militar (MI), equipe e
abusos em prisões militares da, 486,
487, 499, 500, 502, 504, 505, 526,
532-5, 544, 548, 550, 551-2, 555, 556,
562, 568, 572, 574, 576-7, 578, 582-3,
594, 655

Internet, como veículo para fotografias
digitais, 507-8, 509

Interpretação, como influência
situacional sobre o comportamento,
302-9, 311, 312, 314, 350-1, 382, 403,
449-50, 616-17, 625
Veja também modelos de papéis
sociais

Interrogatórios
"guerra ao terror" e, 526
Intervenção, ética da, 328-9
utilidade questionável dos abusos em,
523-4, 527
Veja também ética

Interviews with My Lai Vets (filme), 521

Inverso de Milgram", efeito altruísta do
experimento, 621-5

Investigação Criminal, Divisão de
(CID), 330-31, 476

Invulnerabilidade pessoal, ilusão de,
260, 619-20

Iraque
abuso na pré-guerra de prisioneiros
no, 25, 78-9
caos "pós-libertação" do, 531-2
genocídio curdo no, 33
homens-bomba no, 27

Israel, explosões suicidas contra, 408-9

Israel, John, 542, 543

Itália, táticas políticas de medo na, 596

Jablonski, Dan, 394

Jackson, George, 48, 68, 225, 318, 345,
349

Jacobson, Lenore, 314

Jaffe, David, 43, 73-7, 78, 82, 91, 105, 108, 110, 111, 122, 155, 194, 215, 217, 246, 251, 269, 275, 299, 332

James, Larry, 527, 609-13

Janis, Irving, 494

Joiner, Thomas, 409

Jones, Alvin, 471

Jones, Anthony R. *Ver* Fay/Jones, Relatório

Jones, Jim (líder da seita Templo dos Povos), 300, 412-13, 621, 658, 659

Jones, Ron, 395-7, 451

Jones/Fay, investigação de. *Ver* Fay/ Jones, Relatório

Jonestown (Guiana). *Ver* Templo do Povo, seita do

Jordan, Steven L., 541, 543, 547, 550, 568, 609, 609

Judeus, perseguição aos. *Ver* antissemitismo; Holocausto

Justiça Criminal, valor das ciências comportamentais para o Sistema de, 320-21

Justiça dos Estados Unidos, Departamento de, memorandos sobre tortura, 601-5

Justiça, definição de, 643

Juvenil, detenção, 348
   Veja também reforma prisional; prisões; Experimento da Prisão de Stanford (EPS)

Kakutani, Michiko, 411

Karpinski, Janis, 459, 468-71, 487, 510, 536-7, 539, 540, 556, 560, 572, 575

Katrina, desastre do furacão, como crise da inação, 445-6

Keen, Sam, 32, 438

Kennedy, Caroline, 657

Kennedy, governo, 494

Kennel, Jason, 535-6

Kern, Paul J., 552, 567-8, 575

Khmer Rouge, regime, 22

Kimmit, Mark, 457, 458, 488-9

King, Martin Luther, Jr., 645, 663

King, Richard, 388

King, Rodney, 506

Kissinger, Henry, 296

Kohlberg, Larry, 336

Kroll, Ramon, 500, 501

Lagouranis, Anthony, 582-6, 588-9

Laing, R. D., 328

Lakoff, George, 629-30

Langer, Ellen, 627

Latané, Bibb, 441

Layton, Debbie, 658-9

Lealdade, efeitos da iniciação sobre a, 524

Leary, Timothy, 319

Lehrer, Jim, 436

Leis de esterilização, opinião da Suprema Corte sobre, 438

Leiter, Michael, 480

Lestik, Mike, 359-60

Lewin, Kurt, 294

Lewis, Anthony, 603

Lewis, C. S., 363-4

Lifton, Robert Jay, 295, 305, 486

Limbaugh, Rush, 458-9

Linchamento, de negros por brancos, 430-1, 507-8

Linguagem, usos persuasivos da, 322-3, 325, 383, 432, 435, 580-1, 629-30
   Veja também propaganda

Lipinski, Brian G., 541-2, 542

Lipman-Blumen, Jean, 447

Long Kesh (Belfast), greves de fome na Prisão de, 239

Los Angeles (LAPD), Departamento de Polícia, espancamento de Rodney King pelo, 506

Loucura, base cognitivo-social da, 345-7
  Veja também insanidade; alas psiquiátricas
Louie, Diane, 659-60
Lúcifer, 17, 22-3

Macartismo, resistência heroica ao, 649-50
Machiavellian Scale (medida de personalidade), 283
Maddox, Gary, 540
Making Fast Food: From the Frying Pan into the Fryer (Reiter), 384
"mal administrativo", 531-2, 606-7
Mal
  administrativo, 531, 606-7
  como manifestação demoníaca, 23, 28-30
  concepções essencialista vs. gradualista de, 25-6
  congruência do bem e do, 21-3
  da inação, 13. 44-5, 257, 260, 263, 295, 327, 414-15, 417, 439-46, 470, 534, 543, 550-1
  definição de, 24, 25-6, 295
  importância da compreensão do, 44, 302-20
  psicologia social do, 40-1, 44, 394-415, 416-17
  resistência ao, 19, 672
  Veja também comportamento; sistemas de poder; forças das circunstâncias; "transformações de caráter"
  visões culturais conflituosas sobre, 416-17
Malleus Maleficarum, 28-9
Mandela, Nelson, 239, 645, 646, 650, 665
Mao Tsé-tung, 33
Marinha americana
  medalha concedida pela, 640

táticas abusivas da Força de Operações Especiais da, 489, 568, 569, 586, 594-5
  Veja também Programa de Sobrevivência, Evasão, Resistência e Fuga (SERE)
Marks, Jonathan H., 356
Martens, Peter, 642
Maslach, Christina, 215, 238, 245-8, 258, 308, 332, 341-2, 347-8, 461, 480, 635-6, 665
Maslach, Inventário de "Burnout" (MBI), 480
Mayer, Jane, 356, 568
McCain, emenda, 599-600, 606
McCain, John, 588, 589, 599, 643
McCoy, Alfred, 571
McDermott (padre), 154-60, 194, 238-9
McDermott, Terry, 411
McNamara, Robert, 626
Médica, equipe, em Abu Ghraib, 550, 551, 555
  Veja também médicos; enfermeiras
Médico e o Monstro, O (Stevenson), 299
Médicos
  como figuras de autoridade em hospitais, 388-9
  em campos de concentração nazistas, 295-6, 305-6, 322, 323
Medina, Ernest ("Cachorro Louco"), 521, 653
Mejia (sargento), 431
Memória, usos positivos e negativos da, 325-6
Merari, Ariel, 409-10
Merck, Leo, 541
Mercury, Base de Operações Avançadas (FOB), abusos na, 514-15, 588-8
Miles, Steven H., 550
Milgram, Stanley, estudos sobre obediência por, 282, 331, 365-6, 374-88,

390, 392, 394, 402, 412, 419, 451, 492-3, 634-5, 670
  Veja também obediência à autoridade; "Inverso de Milgram", efeito de altruísmo
Miller, Geoffrey, 470-1, 548-9, 560-1, 564, 572, 574-7, 587, 593-4, 609, 610
Mills, C. Wright, 30-1
Milolashek, Paul T., 543
Milolashek, Relatório, 543-4
Milton, John, 21, 44
Minorias, como agentes da mudança social, 373-4
Modelos de papéis sociais, como influências comportamentais, 623-4, 664, 668-9, 671
Mora, Alberto J., 587, 605
Moral, desligamento
  como precondição para o abuso, 494, 559
  mecanismos cognitivos de, 430-1, 434-6, 512-13, 580, 585
  pesquisa experimental sobre, 39-41, 44-6
  teoria do, 39-41
  Veja também desumanização; tendência à infra-humanização; "Efeito Terça-feira Gorda"; preconceito
Moral, educação, 335-6
Moriarty, Tom, 442
Moscovici, Serge, 374
Mulheres, movimento de liberação das, 48
Mulheres
  abusos a, 355, 385
  caça às bruxas e, 30
  como denunciadoras, 656-60
  como equipe militar da Guerra do Iraque, 458, 462, 468-71, 486, 488, 495, 510, 511
  como interrogadoras de "Gitmo", 581, 586-7, 590-1
  como prisioneiras de Abu Ghraib, 482-3, 496
  como sujeitos do experimento sobre obediência, 387
  no experimento de desindividuação da Universidade de Nova York, 420, 513
  Veja também estupro
Mundial, heroísmo militar na Segunda Guerra, 671
Mundial, Segunda Guerra
  atrocidades dos japoneses na, 34, 39, 430
  estupros do Exército soviético na, 39
  fugitivos judeus e, 27
  Veja também campos de concentração; Holocausto; nazistas
Musen, Ken, 349-50
My Lai 4 (Hersch), 520-1
My Lai, massacre em, 25, 39, 431, 520-1, 579, 663-5
Myers, Gary, 463-4, 471, 520
Myers, Richard B., 455-6, 457, 557, 576

Nações Unidas, e o genocídio em Ruanda, 34, 35-6, 38
Nanquim, estupro em, 34, 39
NASA, Agência Espacial Americana, 322, 606-7
Natureza humana
  compreensão da, 415
  desligamento vs. saturação na, 619
  dualidade fundamental da, 416-17
  perversão da, 325-7, 361-2, 363-4
  qualidades positivas na, 636-7
  Veja também comportamento; sistemas de poder; forças das circunstâncias; psicologia social; "transformação de caráter"

Naval (ONR), Gabinete de Pesquisa, 334

Nazi Doctors (Lifton), 295-6, 305

Nazistas

colaboradores dos, 394, 401, 402-4

conselheiros legais dos, 604

julgamentos de crimes de guerra dos, 309-10, 404

simulações em aula dos, 394-8

Veja também antissemitismo; campos de concentração; Eichmann, Adolf; Hitler, Adolf; Holocausto

Necessidades humanas

frustração das, 409

perversão das, 326, 363

Nininger, Alexander ("Sandy"), 670-1

Nixon, Richard, 606, 654

Nordland, Ron, 528

Nova Orleans, desastre do furacão Katrina em, 445-6

Nova York

ataques terroristas de 11 de setembro, 410-11, 513, 586, 596, 658, 662, 664, 668

comportamento de espectadores em, 440-1, 443

esquadrão de comando policial, 408

experimento sobre vandalismo em, 439-41, 426-7

Nyiramasuhuku, Pauline, 34, 35, 430

O Experimento (filme), 358-9

Oath Betrayed (Miles), 550

Obediência à autoridade

estudo de Sheridan sobre, 384-5

estudos de Milgram sobre, 281, 331, 366-7, 374-5, 389, 391, 394, 412, 419, 451, 492, 634, 670

influência social e, 17, 44, 388, 413-14, 415, 417, 446, 495

no esquema de revista despindo, 392-4

paradigma positivo da, 621-2

pesquisa sobre, 44, 366-94

resistência aos crimes de, 385, 391, 461-2, 627, 628, 631, 634, 667

Veja também conformidade; Holocausto; desligamento moral; Templo do Povo, seita do

objetivos da, 45

Oitenta Acres de Inferno", 468

Olhos castanhos/olhos azuis, demonstração em classe dos, 213-14, 397-8

On Killing (Grossman), 579

One Percent Doctrine, The (Suskind), 597

One Woman's Army (Karpinski), 470-1

ONR. Ver Naval (ONR), Gabinete de Pesquisa

Orlando, Norma Jean, 354

Orwell, George, 31, 321, 414, 659

O"Hare, James, 540

Pacific, Escola de Graduação em Psicologia, 343

Padres, abuso sexual por, 25, 443

Pagels, Elaine, 23

Palestina, homens-bomba na, 27, 408-9

Palo Alto (Califórnia)

departamento de polícia em, 50-7, 194, 293, 309

espírito de comunidade na, 47-8, 49, 427, 615

simulação nazista em escola secundária de, 395-7

Pappas, Thomas M., 466, 541, 543, 547, 550, 570, 575, 583, 609

Paraíso Perdido (Milton), 21-2

Parental, ética da influência, 328-9

Parks, Rosa, 669

Paust, Jordan, 604

Pé na Porta", tática de influência comportamental, 623

Pecados do lobo", 22

Pensamento crítico em resistência às más influências, 453

Pensamento grupal, 494-5, 559, 625, 631

Pentágono
abuso de táticas SERE pelo, 356-8
investigações sobre abusos em prisões militares e o, 531-59, 577, 608
Veja também Defesa dos Estados Unidos (DoD), Departamento de; Fay/Jones, Relatório; Formica, Relatório; Milolashek, Relatório; Ryder, Relatório; Schlesinger, Relatório; Taguba, Relatório

Perfect Soldiers (McDermott), 411

perspectiva situacional do comportamento na, 14-15, 26-7, 44, 415, 446-52, 494, 557-8, 621-5

Pesquisa, experimental
aplicações da, 336-7
em relação aos trotes pela lealdade ao grupo, 524
ética da, 327-36
sobre o poder das forças das circunstâncias, 44, 366-8, 369-92, 394-400
tendências egoístas em, 367-8

Pessoa, definição de, 616-17

Pessoal, responsabilidade. *Ver* responsabilidade pessoal

Philips, Susie, 144-5

Phillabaum, Jerry L., 540-1

Photographing the Holocaust (Struk), 508

Pieron, Tyler, 463, 65

Pilotos, como figuras de autoridade, 389-90

Pitzer, Kenneth, 51

Plakias, Terrence, 495-6

Plous, Scott, 350, 360

PMs. *Ver* Polícia Militar do Exército de Reserva (PMs)

Poder, razões para buscar o, 295

Pohl, James, 519-20

Polícia, delitos da, 25, 30, 408, 444, 457, 506

Ponce, William, 572

Pornografia, acesso pela internet à, 507, 509

Pós-Totalitarismo", 652

Powell, Colin, 597, 603

Preconceito
como processo social que contribui para abusos, 495, 632
demonstração em classe do, 213, 397-8
Veja também antissemitismo; desumanização; infra-humanização, tendência à

Preocupação desligada", 316

Prescott, Carlo, 90, 92, 109-12, 113, 143, 153, 195, 197, 198-225, 237, 238, 296, 684-5

Price, David, 550-1

Primeiros a agir, como pessoas heroicas, 639, 642, 668-9

Prisional, audiências no Congresso sobre reforma, 348-9

Prisões
abusos sistêmicos nas, 320, 321, 351-2, 353, 631
audiências de Comitês de Liberdade Condicional nas, 212
como metáforas da restrição, 44-5, 91
desumanização em, 269, 316-17
durante a Guerra Civil dos EUA, 468
"informantes" nas, 111
males das, 293, 295, 324, 615
papéis impostos pelas, 211, 224-5, 271-2, 349-50
perturbação social nos anos 1970 nas, 51, 67, 317
pesquisas sobre, 338, 340, 349-50, 353, 355

Veja também Abu Ghraib (prisão); campos de concentração; Guantánamo, prisão da Baía de; aprisionamento, psicologia do; juvenil, detenção; San Quentin, Prisão Estadual de; Experimento da Prisão de Stanford (EPS)

Privação de sono como tática de abuso, 89, 102, 134, 148, 227, 228, 231, 252, 280, 344, 517, 523-4, 534, 573

Programa IDB (identificação e destruição de bruxas). Ver inquisição

Projeto de Stanford sobre Timidez, 342

Propaganda, estereótipos negativos e, 31, 322-3, 430-1, 312437-8
Veja também linguagem, usos persuasivos da

Provenance, Samuel, 488

Pseudo-heroísmo", 644

Psicologia Positiva, Movimento da, 637-8, 643

Psicologia Social do mal, 39-40, 44, 394-415, 297-98

Psicologia
do aprisionamento, 43, 90, 255, 306, 332
objetivos básicos da, 330
orientação temperamentalista tradicional da, 27
Veja também comportamento; natureza humana; Psicologia Positiva, movimento da; psicologia social

Psiquiátricas, alas, 354, 450-1
Veja também loucura

Quiet Rage: The Stanford Prison Experiment (filme), 338, 339, 349, 355, 609, 612

Racionalização, 312-13, 364
Veja também dissonância cognitiva

Racismo Ver apartheid; linchamentos

Raeder, Lewis, C., 541-2, 542

Rather, Dan, 489, 514

Ratner, Michael, 594-5
Veja também aprisionamento, psicologia do; pesquisa experimental; forças das circunstâncias; Experimento da Prisão de Stanford (EPS)

Realidade social. *Ver* realidade, construção social da

Realidade
construção social da, 313-14, 366, 503-4
interpretações individuais da, 503-4

Rebeldia Indomável (filme), 33, 52, 128, 209, 216

Reese, Donald J., 541, 542, 570

Regras
como forças das circunstâncias, 301-2, 379, 383, 395-6, 616
sobre o tratamento a prisioneiros militares, 461-2, 610-13

Rehov, Perre, 410

Reiter, Ester, 394

Rejali, Darius, 525

Rejeição, medo de, 364-5
Veja também "Círculo Interno"; aprovação social

Repetition (filme), 359

Rescorla, Richard, 661, 662

responsabilidade do comando", princípio da, 562-3, 571

Responsabilidade pessoal
abdicação da, 309, 310, 384, 414, 421-2, 488
difusão da, 384, 427, 432-3, 435, 493, 627, 668
em resistência às más influências, 15, 627
em sistemas de poder, 320-2, 607
normas sociais ocidentais de, 448

Veja também comportamento; compartimentalização; forças das circunstâncias

responsabilidade superior", princípio da, 563-4

responsabilidade. Ver responsabilidade pessoal

Ressonância Magnética Funcional (FMRI), 371-2

Reston, James Jr., 414

Revistar despindo, golpes de, 392-4, 618-19

Rice, Condoleezza, 436, 597

Ridenhour, Ron, 654, 655

Risen, James, 602

Rivera, Israel, 500

Rockefeller, Nelson, 318

Romero, Anthony, 595

Roosevelt, Franklin D., 44-5, 445

Roosevelt, Kermit, 508

Roosevelt, Theodore, 508

Rosenhan, David, 450

Rosenthal, Robert, 314

Ross, Lee, 301, 449

Rousseau, Jean-Jacques, 416

Rowley, Colleen, 657-8

Ruanda, genocídio em, 25, 33-8, 430

Rumsfeld, Donald, 357, 457-8, 459, 463, 526, 532, 544, 552-3, 555, 559, 560, 564-7, 572, 575, 597, 601, 603, 605, 609, 656

Ryan, Leo, 659

Ryder, Donald, 459

Ryder, Relatório, 459, 532-3, 539

Saar, Erik, 590-2

Sacrifício, definição de, 644-5

Sageman, Marc, 408

San Quentin, Prisão Estadual de, 109, 110-11, 317, 338-9, 340, 349

Sanchez, Ricardo, 357, 471, 488, 532, 549, 552, 556, 560, 564, 571-4, 575, 609

Satã, 22, 29, 416

Scheuer, Michael, 594-5

Schlesinger, James, 493

Schlesinger, Relatório, 454, 493, 495, 496-7, 527, 532, 553-8, 573, 577

menção ao Experimento da Prisão de Stanford no, 358, 553, 557, 558

Schmitt, Carl, 604

Schroeder, David, 442

Schweitzer, Albert, 645

Scott, Gary, 414

Sedução dos Líderes Tóxicos, A (Lipman-Blumen), 447

Seductive Poison (Layton), 659

Segurança Interna dos Estados Unidos, Departamento de, 446, 598

Segurança nacional"
como justificativa para abusos sistêmicos, 321-2, 330, 385, 405-6, 407, 596-9, 601, 630-1
inimigos desumanizados de, 436-9

Segurança, Agência Nacional de (NSA), 605

Segurança, como necessidade humana, 630-1

Veja também "Segurança Nacional"

Seis de San Quentin", julgamento dos, 349

Seitas, controle da mente em, 620-1, 659

Veja também Templo do Povo, seita do,

Seldes, George, 651

Seligman, Martin, 637, 643

Semântico, enquadramento Ver linguagem

Senhor das Moscas (Golding), O, 48-9, 311, 418, 422, 425, 493, 500, 512-13, 630, 669

Shake Hands with the Devil (Dallaire), 38

Sheridan, Charles, 388

Sherif, Muzafer, 368

Shestowsky, Donna, 449

Silke, Andrew, 412
Sindicato das Liberdades Civis dos EUA (ACLU),
    relatório sobre os abusos de militares americanos contra detentos do, 577, 608
Síndrome do Réu Primário", 159-60
    Veja também prisões
Sistema legal. Ver sistema de justiça criminal
Sistema, definição de, 417
Sistemas de poder
    ações punitivas dentro dos, 389, 523
    autoproteção dos, 490
    como influências sobre o comportamento, 15, 29-32, 45, 93, 213, 256-60, 279, 281, 299, 300, 302, 309-10, 320-3, 361, 366, 402-5, 407-8, 435, 446-7, 460-1, 607, 613, 616-17, 631
    juízos constitutivos dentro dos, 30, 333
    mal da inação dentro dos, 444-7
    pessoas responsáveis dentro dos, 320, 606
    práticas enganosas de, 331
    resistência aos, 18, 259, 631, 667
    Veja também obediência à autoridade; forças das circunstâncias; Experimento da Prisão de Stanford (EPS); denunciadores
Sistemas. Ver sistemas de poder
Situação, definição de, 616-17
Veja também comportamento; "erro atributivo fundamental"; Holocausto; obediência à autoridade; sistemas de poder; influência social; psicologia social; "transformação de caráter"
Sivits, Jeremy, 516, 517, 520
Skinner, John, 458
Smith, Michael, 486, 562
Snider, Shannon K., 542, 543

Sobrevivência, Evasão, Resistência e Fuga (SERE), Programa de, 355-8
Sócrates, como herói cívico, 640-1
Soledad Brothers (Jackson), 344
Solzhenitsyn, Aleksandr, 672
Sontag, Susan, 506
Spain et al. vs. Procunier et al. (1973), 349
Sparaco, Joe, 56
St Louis, SS (navio de refugiados), 445
Stalin, Josef, 26, 33, 669
Stanford Prison Experiment (grupo de rock), 357-8
State of War (Risen), 602
Staub, Ervin, 402, 667
Steele, Michael, 580-1
Steiner, John, 402
Stephanowicz, Steven, 542, 543
Stockdale, James, 652
Stone, I. F., 651
Strozier, Charles, 36
Submissão, estratégias para garantir a, 382-5
    Veja também conformidade; obediência à autoridade
Suicide Killers (filme), 409
Summers, Donna, 394
Suprema Corte dos EUA, 438, 606, 607
Suskind, Ron, 597
Swanner, Mark, 569, 570, 571
Swift, Jonathan, 416

Tabaco, companhias de, como "mal administrativo", 606-7
Taft, William H. IV, 560, 601
Taguba, Antonio, 470, 553
Taguba, Relatório, 470, 498-9, 530, 533-43, 577
Talmud, perspectiva comportamental do, 622, 624
Tédio, como instigador do abuso, 492, 510-11

Templo do Povo, seita do
poder transformador da, 300, 620
sobreviventes da, 658-80
suicídio-assassinato em massa da, 25,
412-13, 658-60
Tempo, distorções da noção de, 102, 106,
342, 428, 630, 668
Tendência egocêntrica das culturas
ocidentais, 23, 301
Veja também "erro atributivo
fundamental"
Tenet, George, 560, 564, 567-8, 609
Teoria da Vidraça Quebrada" sobre o
crime, 50, 427
Terceira Onda", simulação do fascismo
da, 395-7
Terêncio (poeta romano), 300, 437
Terroristas, ataques, 410-11, 512, 636
Veja também homens-bomba
Testes de personalidade, 282-6
The Wave (docudrama), 397
Thich Nhat Hanh, 311
Thompson, Hugh Jr., 652-3
Thompson, Michael, 550
Tienanmen, "rebelde desconhecido" da
Praça, 641
Timidez, pesquisa sobre, 342
Titan Corporation, 486, 537-8
Tolman vs. Underhill (1950), 651
Tolman, Edward, 651
Tortura
"guerra ao terror" americana e, 460,
518-19, 526, 529, 536, 559-60, 563-7,
572-3, 574-5, 594, 596-608
imputabilidade criminosa pela, 562-3
instrumentos de, 29, 405
nas prisões durante a Guerra Civil, 468
psicologia da, 405-8, 452, 667
táticas de sobrevivência sob, 652-3
Veja também Abu Ghraib (prisão);
abuso; Guantánamo, Prisão da
Baía de

Torture and Truth: America, Abu Ghraib
and the War on Terror (Danner), 566-7
Torture in Brazil (Archidiocese of São
Paulo, 407
Torture Papers, The (Greenberg), 603-4
Transcendência, definição de, 639-40,
643
Transformação de caráter"
de comum para cruel, 17, 21, 24-31,
35-8, 43, 279, 299-301, 318-19, 324-
5, 361-2, 363, 403, 407, 408-9, 427-8,
450-1, 523, 558, 615-18
de comum para heroico, 632, 664,
668-72
desindividuação e, 414, 417-30
traços apolíneos vs. dionisíacos, 427-
9, 513
Veja também comportamento;
heroísmo; sistemas de poder; forças
das circunstâncias
Transtornos paranoicos, resistência à
pressões sociais e, 618
Tribunais Militares americanos de 2006,
Ato dos, 606-7
Tribunais Militares em Guantánamo,
606, 612
Troia, guerra de, 33
Trotes em fraternidades estudantis,
abusos em Abu Ghraib comparados a,
458-9
Turcos, genocídio armênio e os, 33, 508
Subterrâneas, estradas de ferro, 663

Uniformes, impacto psicológico dos, 313-14,
615-16
Universidade de Stanford, 47
como responsável pelo EPS, 333-4
Guiana, suicídio em massa na, 25,
412-13
protestos contra a guerra por
estudantes na, 51-4

Vietnã, guerra do
  atrocidades americanas na, 25, 39,
    294, 520-1, 579, 652-6
  como um erro político dos Estados
    Unidos, 626
  prisioneiros de guerra americanos na,
    652
  protestos políticos contra, 48, 51, 319
Violência
  desindividuação como facilitador da,
    310-11
  interpretação e, 402
  socialmente mediada, 390-1
  Veja também abuso; desligamento
    moral; desumanização; tortura
Voo United Airlines, 143, 664
vulnerabilidade às, 15, 24, 367-8, 387,
  427-8, 447-52, 618-21

Watkins, Sherron, 657
Waxman, Henry A. 597
Weather Underground (grupo radical),
  318
White, Gregory, 349
Why People Die by Suicide (Joiner),
  409
Wilkerson, Lawrence, 600-1
Wisdom, Matthew, 502-3
Without Sanctuary (Allen), 508
Wood, Carolyn, 550-1
World wide web. Ver internet
WorldCom Corporation, 25, 444, 657

Yoo, John, 560, 601

Zimbardo, Philip
  abordagem da psicologia social de,
    294, 295
  carreira de pesquisador de, 341-7, 621
  casamento de, 347-8
  como ativista social, 337, 341, 347-8,
    620
  como testemunha especialista no
    julgamento de Abu Ghraib, 13-14,
    463-4, 518, 530, 531, 612-13
  como testemunha especialista sobre
    as condições da prisão, 317, 347-8
  estilo pedagógico de, 347
  histórico pessoal de, 15-16, 92, 237-8,
    259, 620
  livros especializados de, 349
  simpatias radicais de, 51, 109, 140,
    142
  Veja também Experimento da Prisão
    de Stanford (EPS)
Zimbardo, Time Perspective Inventory
  (ZTPI), 344
Zmijewski, Artur, 359
Zurcher, James, 53, 136
"Guerra ao terror", práticas ilegais e a,
  526, 528, 561-4, 570-1, 576, 596-608
  Veja também Abu Ghraib (prisão);
    CIA (Agencia Central de
    Inteligência); Guantánamo, Prisão
    da Baía de

Este livro foi composto na tipografia
Minion Pro, em corpo 11/15,5, e impresso em
papel off-white no Sistema Digital Instant Duplex
da Divisão Gráfica da Distribuidora Record.